中国环境百科全书

选编本

# 核与辐射安全

《核与辐射安全》编写委员会　编著

主　编　潘自强

副主编　刘　华

中国环境出版社·北京

# 编写委员会

**主　编**　潘自强

**副主编**　刘　华

**编　委**　（按姓氏笔画降序排列）

潘自强　骆志平　罗上庚　杨华庭　陈晓秋

陈　凌　冷瑞平　刘森林　刘　华　白　光

**编委会办公室**

殷德健　汪传高　陈法国

# 编写人员

白　光　白延强　柴国旱　常向东　陈炳德　陈　凌　陈叔平　陈晓秋　陈　英　陈竹舟
程和平　程建平　程　理　崔凤梅　邓　戈　董柏年　杜圣华　范显华　付秉一　傅济熙
谷存礼　顾志杰　管宗州　郭文俊　郭择德　韩洪银　韩新生　胡红波　胡思得　华　旦
黄雅文　季松涛　贾向红　康玉峰　柯国土　冷瑞平　李　春　李国强　李建国　李君利
李晓青　李幼忱　李　泽　林诚格　刘春立　刘春秀　刘大鸣　刘福东　刘汉刚　刘　华
刘开武　刘立业　刘　群　刘森林　刘天舒　刘卫东　刘新华　刘怡刚　刘永德　栾　弘
罗上庚　罗志福　骆志平　马成辉　马如维　马宇蒨　毛亚虹　倪卫冲　潘传红　潘　蓉
潘　苏　潘英杰　潘自强　秦国安　曲静原　任晓娜　阮可强　商照荣　上官志洪　沈雷生
施仲齐　史英霞　宋琛修　宋福祥　苏　旭　苏学斌　孙东辉　孙明生　孙庆红　孙全富
孙造占　汤　搏　陶书生　童　建　万元熙　王传英　王　法　王继先　王炯德　王　驹
王　拓　王显德　王秀琴　王志东　王中堂　王忠秋　魏　康　吴德强　吴　浩　吴　企
吴文广　吴秀花　奚树人　夏益华　肖德涛　肖雪夫　谢满廷　徐国庆　徐　辉　徐文兵
许谨诚　许玉杰　严天文　杨　堤　杨华庭　杨怀元　姚仁太　叶常青　依　岩　殷德健
于俊崇　于忠良　俞　军　袁之伦　苑国琪　岳保荣　岳会国　张海霞　张建岗　张　健
张竞上　张庆利　张天祥　张延生　张　跃　张振涛　张志银　张志忠　张忠岳　赵成昆
赵顺平　赵亚民　赵志祥　郑钧正　钟俊晴　周培德　周平坤　周启甫　周永茂　朱永𬳽

# 出版说明

《中国环境百科全书》（以下简称《全书》）是一部大型的专业百科全书，选收条目 8 000 余条，总字数达 1 000 多万字，对环境保护的理论知识及相关技术进行了全面、系统的介绍和阐述，可供环境科学研究、教育、管理人员参考和使用，也可供具有高中以上文化程度的广大读者查阅和学习。

《全书》是在环境保护部的领导下，组织近 1 000 名环境科学、环境工程及相关领域的专家学者共同编写的。在《全书》按条目的汉语拼音字母顺序混编分卷出版以前，我们先按分支和知识门类整理成选编本，不分顺序，先编完的先出，以求早日提供广大读者使用。

《全书》是一项重大环境文化和科学技术基础平台建设工程。其内容横跨自然科学、技术与工程科学、社会科学等众多领域，编纂工作难度是可想而知的，加上我们编辑水平有限，一定会有许多不足之处。此外，各选编本是陆续编辑出版的，有关条目的调整、内容和体例的统一、参见和检索系统的建立，以及《全书》的编写组织和审校等，还有大量工作须在混编成卷时进行，我们诚恳地期望广大读者提出批评和改进意见。

中国环境出版社

2015 年 1 月

# 前　言

五十多年来，我国核能与核技术利用事业稳步发展，并形成较为完整的核工业体系，核能与核技术在工业、农业、国防、医疗和科研等领域得到广泛应用，有力地推动了经济社会发展。核与辐射安全是核能与核技术利用事业发展的生命线。2011 年 3 月日本福岛核电厂事故后，核与辐射安全及相关环境问题进一步受到了决策人员、专业人员、普通公众的关注，并受到国际社会的广泛重视。由于核与辐射安全知识的专业性强、涉及面广、差异性大，公众对其了解较为有限，或缺乏有效途径系统，公众很难准确地理解具体概念，有时甚至受到了一些不当传言的误导。本书从环境保护的角度出发，以条目的形式对核与辐射安全知识进行了较为系统的介绍，可为相关专业人员和公众了解核与辐射安全知识提供参考。

"核与辐射安全"在本书中包括核安全、辐射安全和核安保，但不包括核安保中涉及案件侦破的有关内容。广义地说，核与辐射安全包括核安全、辐射安全、放射性废物安全、运输安全和核安保。从管理的角度，核与辐射安全常常简称为核安全，在国际原子能机构的文件中通常简称为安全。严格地说，安全和防护是有差异的，防护是指控制辐射照射以防止电离辐射对人和生物产生有害效应；安全是指防止产生事故和事件以及一旦发生如何减轻其后果，主要是对有关源的控制。在本书中不考虑这两者的区分。

本书条目分类索引中所列内容的负责人分别是：总论（潘自强、冷瑞平）；基础知识（刘森林）；辐射生物效应（白光）；辐射量与单位（冷瑞平）；核安全（刘华）；辐射安全（杨华庭）；辐射环境保护（刘森林、陈晓秋）；核与辐射应急（陈凌）；放射性废物安全及核与辐射设施退役（罗上庚）；核安保（刘森林）。在本书编写过程中，骆志平、殷德健、汪传高、陈法国做了大量工作。

本书作为《中国环境百科全书》的选编本独立成册在国内还是第一次，从条目的选择、分类和内容上看，都可能存在不少问题，敬望读者指正。

潘自强　刘华

# 凡　例

1．本选编本共收条目 308 条。

2．本选编本条目按条目标题的汉语拼音字母顺序排列。首字同音时，按阴平、阳平、上声、去声的声调顺序排列；同音同调字按笔画由少到多排列。笔画数相同时，按首字的起笔笔形一（横）、丨（竖）、丿（撇）、丶（点）、㇇（折，包括亅乚𠃍㇛等）的顺序排列。首字相同时，按第二字的音、调、笔画、起笔笔形的顺序排列，余类推。条目标题以希腊字母开头的，例如“α 射线”、“β 射线”、“γ 射线”，按其发音，分别排在拼音字母 A、B、G 部。

3．本选编本附有条目分类索引，以便读者了解本学科的全貌和按知识结构查阅有关条目。

4．条目标题上方加注汉语拼音，所有条目标题均附有外文名。

5．条目释文开始一般不重复条目标题，释文力求规范、简明。

6．较长条目的释文，设置层次标题，并用不同的字体表示不同的层次标题。

7．一个条目的内容涉及其他条目并需由其他条目的释文补充的，采用“参见”的方式。所参见的条目标题用楷体字排印。一个条目（层次标题）的内容在其他条目中已进行详细阐述，本条（层次标题）不必重述的，采用“见”的方式，例如：“钚-239”条中，在叙述其测量方法时，表示为“**测量方法**　见钚-238。”

8．在重要的条目释文后附有推荐书目，供读者选读。

9．本选编本附有全部条目的汉字笔画索引、外文索引。

10．本选编本中的科学技术名词，以全国科学技术名词审定委员会公布的为准，未经审定和尚未统一的，从习惯。

# 目　录

# 条目音序目录

G



H

# A

α celiang

**α测量** （α-ray measurement） 测量放射性核素发射的α粒子，确定某介质中放射性核素含量的方法。通常在环境介质中除天然放射性核素以外，人工放射性核素的含量均比较低。

α测量的目的就是通过对α粒子的能量和数量的探测，根据α粒子与发射该粒子的核素的特定关系而取得被测介质中的核素的种类和含量。根据不同的测量目的，可分为总α放射性测量和α谱测量。

总α放射性测量是分析某种介质所有α核素发射的α粒子数，包括人工和天然放射性核素；α谱测量是通过测量选定的α能量道域上的α射线的能谱分布给出介质中某种核素的含量（活度浓度），通常人工放射性核素的活度浓度在环境中比较低，所以需要考虑低本底测量。由于α粒子的射程比较短，环境中α放射性对测量的干扰较小，所以对α测量而言不一定要求低本底环境，但探测器本身需要低本底材料，绝对避免探头的污染。一般情况下α谱仪的本底小于 0.016 cpm（计数/min），α计数器的本底小于 0.05 cpm。

**总α放射性测量** 主要探测某介质中含有的放射性核素发射的α粒子数推算被测介质中总α放射性。分为表面污染测量及总α测量。

**表面污染测量** 由于α粒子射程短，所以在表面污染测量时要求测量仪器与被测物体之间距离要近，通常利用测量仪器在距离被测物体表面 1 cm 范围内测量α粒子数，通过仪器刻度系数计算出被测物体表面单位面积内的α放射性的活度，确定其污染程度。表面污染测量一般用来测量放射性工作场所及从事放射性工作人员人体的α污染。

**总α测量** 分为绝对测量法和相对测量法。

**绝对测量法** 不依赖于其他样品或标准仪器的比较而直接得到测量结果。α粒子在物质中射程很短，在固体或液体中，一般只有几微米到 100 μm，质量厚度相当于 10 mg/cm$^2$ 以下。根据待测样品的厚度不同，样品的总α放射性测量可分为薄样法、中间层样法和厚层样法（又称饱和层法、厚源法）三种。由于绝对测量法无须与标准样品和标准仪器作比较，所以需要对影响测量结果的许多因素进行修正。

**相对测量法** 采用与样品源中放射性核素的有效能量相当或相接近的标准源，在同样几何大小的样品盘内做成一系列厚度不等的源，在相同的测量仪器和测量条件下测出每个标准样品源相应的α计数率，然后以α计数率为纵坐标，标准样品源厚度为横坐标作图，得出标准样品源厚度与计数率的关系曲线作为刻度曲线，将待测样品在相同条件下进行测量，根据待测样品的厚度，利用刻度曲线查出刻度系数，将待测样品测得的计数率经过刻度系数修正后与标准样品的活度值比较即可算出待测样品的活度。相对测量法简单方便，适宜于大量重复性测量。

常用的总α放射性测量仪器有正比计数器、闪烁计数器、半导体探测器及长程α探测器（LRAD）。LRAD 在美国应用较多，主要用于退役和去污中的某些小空间或管道等的现场监测。固体闪烁体常用于α表面污染的直接监测，通常探头是便携式的，可以自由移动，并容易去污。液体闪烁体使用较少。在实验室中，由于正比计数器和半导体探测器具有本底低、效率高、价格较低等优点，应用较为广泛。

**α谱测量**　主要探测待测介质中含有的某种发射α粒子的放射性核素的活度浓度。通常采用化学分析与物理测量相结合的方法。化学分析方法可以将某环境介质浓集，然后把不同的元素分离开来，再分别测量其α粒子能谱，从而计算出核素的活度浓度。

由于多数α核素的能量集中在 4～6 MeV，α粒子在物质中的射程很短，并且其能量和射程成非线性关系，所以介质的吸收，包括空气的吸收容易引起谱的峰位降低，峰形向低能方向拖一长长的尾巴，呈现不对称的峰形，为了降低样品源的自吸收以获得好的能量分辨率，必须尽量避免样品的自吸收和α粒子被探测到之前其他介质的吸收，这样就要求用于α谱分析的样品源很薄。

根据制样品源主要流程的不同，可将制源方法粗略分为化学方法和物理方法。化学方法指采集的样品需经预处理、浓集、分离、纯化等较复杂的放射分析化学流程后的制源方法，主要有电沉积、共沉淀及真空升华等方法，一般环境介质由于放射性活度浓度较低，通常采用化学方法制样。物理方法指采集的样品主要依靠诸如粉碎、烘干等物理过程而仅需简单化学处理或不必经化学处理的制源方法，常见的有真空干燥法，一般污染样品放射性活度浓度较高，通常采用物理制样方法。

电沉积法和真空干燥法是最常用的制源方法。电沉积法使用的源衬底一般为 1 cm 厚的不锈钢片，适于制备活性面积为几百平方毫米的源，主要用于半导体探测器谱仪，当然也可用屏栅电离室测量。电沉积法多用于放射性含量低、干扰成分多（如能量相同或接近的其他α核素，影响源性能的化学组分等）、分析单个或少数几个核素、介质组分复杂的样品的制备。共沉淀法使用的源衬底一般为 0.1μm 薄膜滤纸，真空升华法使用的源衬底一般为石英盘，制成的源是最理想的薄源，通常从钨丝上升华。真空干燥法使用的源衬底一般为一面喷铝的涤纶薄膜。真空干燥法适于制备活性面积为大于几百平方厘米的源，用于屏栅电离室谱仪，源的大小主要依赖于屏栅电离室的大小。真空干燥法几乎不涉及化学过程，不损失样品中核素种类，化学回收率接近 100%，可以全面了解样品中所含的α核素。但如果样品中核素较多，势必造成重峰而带来解谱的困难；由于面积很大，要把样品铺得很均匀也是不易做到的，这将影响谱的分辨率；为了做成理想薄源，取样量必须很小，限制了它的灵敏度。

对α粒子能谱测量，有射程测量法、能量灵敏探测器法，包括电离室、正比计数器、闪烁计数器和半导体探测器，以及电磁分析方法等。测量α粒子能谱最简单可行的是射程测量法，即用α粒子在某物质（如空气）中的射程来确定α粒子的能量，其测量不确定度取决于射程歧离的程度及射程-能量关系曲线的准确度。目前常用电离室、半导体等各种探测器通过α粒子能量全部损耗在探测器的灵敏体积中，其输出脉冲幅度与入射α粒子能量成正比的关系来确定α粒子的能谱。这类α谱仪是将α粒子引起的电离收集起来形成电脉冲，以电脉冲的幅度大小作为测量能量的尺度，能量测量分辨率可达 0.2%～0.5%，在常规的环境监测中应用较为广泛。

可用于α谱仪的探测器有：屏栅电离室、正比计数器、闪烁计数器和半导体探测器。由于正比计数器和闪烁计数器的能量分辨率较差，很少用做能谱分析，所以常用于α谱仪的探测器只有两种：屏栅电离室和半导体探测器。

（任晓娜　陈凌）

α shexian

**α射线** （α-ray） 又称α粒子束。指核衰变时释放出的高速运动的α粒子束流。1898年，卢瑟福（Rutherford）发现铀和铀的化合物所发出的射线有两种不同的类型，他把带正电的射线命名为α射线，带负电的射线命名为β射线。许多不稳定核素发生α衰变时会产生α射线，这些核素一般为原子序数大于82的重核（如氡、锕、钍、镭等），也有少数几种核素原子序数小于82。α粒子即氦原子核，其质量近似等于质子质量的4倍，带有两个正电荷，常用$^{4}_{2}He$表示。α衰变放出的α粒子能量大多为4～9 MeV。

α粒子是重带电粒子，它通过物质时，主要与轨道电子发生库仑作用。由于重带电粒子的能量显著大于电子在原子内的结合能，很容易使电子电离。α粒子在物质中行进时，方向不会发生太大偏转，而其自身能量不断减小，运动速度减慢，最后完全失去能量，与外界电子相结合，形成氦原子。因此α射线的电离能力很强而贯穿本领较弱。它在空气中的射程一般只有几厘米。所以从防护上来看，α射线的外照射对人体危害不大，容易防护，一般纸张就能阻挡它，但α射线一旦进入人体，其内照射就会引起明显的组织损伤。此外，对于低能的α粒子而言，它与原子核的弹性碰撞也是一种重要的能量损失过程，该过程会改变α粒子的运动方向，使原子核反冲，带走α粒子的一部分能量，该过程被称为卢瑟福散射。原子核的反冲可使晶格原子发生位移，形成缺陷，造成靶物质的辐射损伤。

α射线的应用十分广泛。可用于放射性同位素火灾自动报警装置、静电消除器及放射性同位素电池等；也可用作“核弹”轰击其他元素原子核作为同位素源或中子源，或者用于研究原子内部结构。

（李君利　程建平）

Anhui Sanli'an fushe shigu

**安徽三里庵辐射事故** （Anhui Sanli'an radiological accident） 1963年发生在安徽三里庵大塘的我国第一起造成人员伤亡的放射源辐射事故。是一起因放射源管理不善导致放射源丢失，造成人员伤亡的重大辐射事故。

**事故原因、经过** 安徽农学院（院址合肥）1960年添置了一枚钴-60放射源，源活度约$2.9\times10^{11}$ Bq（7.8 Ci）。该源由前苏联生产，为直径10.5 mm，长11.5 mm的圆柱体，采用不锈钢包壳密封。采用400 kg的铅罐作为屏蔽。原拟利用该放射源进行农业育种辐照实验，后因科研计划变更，未使用该放射源，而将贮有钴-60放射源的铅罐存放在该学院西侧三里庵大塘边的一块空地上。该空地地形略似半岛，三面环水，另一面进口处原来用篱笆封锁，后来篱笆被人拆除，常有儿童、少年到近旁放牧和玩耍。

1963年1月11日下午1时许，附近青年葛某（男，19岁）和其他4名少年儿童到此水塘内捕鱼，不久又去玩弄铅罐，葛某旋开螺栓将铅塞拔出，并将放射源取出装入左侧衣袋内带回家中。葛家共有5人，分居两室，除葛某外，有葛母（45岁）、葛兄（22岁）、葛妹（14岁）、葛弟（9岁）。当日午后4时许，葛某开始全身不适，恶心呕吐。当晚其叔来访，与葛某同室共宿。盗取放射源的葛某于次日症状加重不能起床，到第3日晚8时，因左腹皮肤疼痛才将放射源自口袋内取出放于床头的针线筐内。第9日葛某被送入当地医院治疗，但因病情严重（急性肠型放射病），救治无效于1月23日在当地医院死亡。

放射源丢失后的第7天，即1月18日下午，学院才发现钴-60放射源丢失，当即报告有关部门并组织查找。在当地驻军的协助下，于1月20日在葛家卧室内的针线筐里找到该放射源，并送回了学院。

**事故影响** 该钴-60源在葛家搁放10天，使这一家人均受到不同程度的照射，出现急性放射病的症状。到1月20日找到放射源后，才确知他们的病因。除葛某已死亡外，其余5名受照者于1月23日和24日分两批转院到位于北京的中国人民解放军 307 医院。葛弟因受照剂量也较大，病情严重，于 1 月 24 日清晨不治而亡。其余 4 人经过大力救治，虽脱离了生命危险，但葛叔因腿部受照剂量较大，损伤严重，一条腿被截肢；葛兄失去了生育能力；葛妹后来所生的三个孩子中有一个智力低下；葛妈臀部出现皮肤烧伤和溃疡。

除此之外，该事故还造成其余 67 人受到 1 Gy 以下程度不等的过量照射。在这次事故处理中，花费医药费、事故处理费 100 余万元。至于病人所受的损失和政府每年给两位因致残而无工作能力人员的社会救济费等还未计算在内。

这起事故虽然已过去多年，但在当地人们心中记忆犹新，甚至将这次事故夸大到神乎其神的地步，社会影响较大。

**经验教训** ①这次事故说明放射源使用单位须认真遵守有关法律法规规定，重视闲置与废旧放射源的安全保卫工作，采取有效措施加强放射源的安全保卫管理，闲置与废旧放射源应及时送交有资质的单位贮存，不得随意搁置。②应采用多种形式，加强法律、法规和辐射安全与防护知识的宣传教育，增强使用放射源单位的守法意识，增强公众对放射源的危害及防护知识，发现可疑的物品应及时向有关部门报告，不能随意捡拾。

（周启甫　康玉峰）

# B

**Baxi Geyaniya fangshexing wuran shigu**

**巴西戈亚尼亚放射性污染事故**（Brazil Goiania radioactive contamination accident） 1987 年发生在巴西戈亚尼亚市，因放射治疗用铯-137 放射源破损导致放射性物质泄漏和污染的辐射事故。放射源丢失和失控事故在世界各地多有发生。一旦这些放射源流入民间，而且扩散，将可能造成人员伤亡、环境污染等严重后果，巴西戈亚尼亚市辐射事故就是其中较严重的一个案例。这起事故造成 14 人受到过量照射，4 人 4 周内死亡；约 11.2 万人接受监测，近 300 人发现受到不同程度的污染；数百间房屋受到监测，其中 85 间发现被污染；整个去污活动产生 5 000 $m^3$ 放射性废物。这起事故对戈亚尼亚地区的社会与经济方面以及当地环境产生了相当大的影响。

**事故原因、经过** 1987 年 9 月，巴西戈亚尼亚市两名清洁工企图在一家废旧的私立放射治疗研究机构存放废弃铯-137 放射治疗机的旧机房中，寻找可以变卖的废旧物品时，将该废弃的放射治疗机机头上的放射源容器偷回家中，并将其拆开。因此，破坏了放射源屏蔽及放射源包壳，源壳内易溶解的放射性氯化铯部分漏出，造成其住所放射性污染。随后将放疗机的金属零件等分卖给了一位当地废品收购站的收废金属者。之后的几天里，收购站店主的一些亲友和邻居摆弄这个弄坏了的放射源屏蔽及放射源，大家纷纷前来观看放射性物质在暗处发出蓝光的这一奇怪现象，店主还将谷粒大小的源碎片分发给几位朋友，他们将其装入口袋、放在床上或涂在身上。几天后，这些人开始出现胃肠道症状，有人开始把他们的健康状况恶化与这稀奇的物质联系起来之后，决定将其送交州保健主管部门。当一位患者带着源碎片到医院看病时，恰好有一位医学物理专家参加会诊，怀疑是放射性导致的皮肤损伤。经过对病人的跟踪、测量和辨认，认为这一事件是放射性物质引发的，并报告了巴西核能委员会。

该放疗机为意大利产，1971 年安装。放射性物质为粉末状氯化铯（CsCl），压实在带有铱窗的一个钨不锈钢圆筒中。放射源特性见下表。

**放射源的特性**

| 成分 | 总活度（1971 年） | 比活度（1971 年） | 体积 | 密度 | 总质量 | $^{137}$CsCl 质量（1971 年） | $^{137}$CsCl 质量（1987 年） | 比活度（1987 年） |
|---|---|---|---|---|---|---|---|---|
| CsCl | 1 999.45 Ci | 22 Ci/g | 31 $cm^3$ | 3 $g/cm^3$ | 93 g | 28 g | 19 g | 14.7 Ci/g |

接到事故报告，巴西核能委员会先后派遣应急队往戈亚尼亚实施应急监测与救援工作，主要开展个人监测、外部去污以及主要污染区域的监测等工作，初步确定事故范围大小，并通知医疗队进行医学救助。

个人监测应急工作：在奥林匹克运动场设立现场基地，用污染监测仪表进行初步的个人监测（11 800 人以上）。约 249 人有内（或）外污染。对这些人初步体外去污后再送去医院去污。通过尿分析及全身计数，确定 129 人有内污染。

医学救助应急工作：医疗队于 9 月 29 日到达戈亚尼亚开始医学应急工作。受严重照射的 50 人，显现出放射皮炎、造血系统变化或严重的内（或）外污染。14 名病人在里约热内卢的马西立欧迪亚斯海军医院受照人员中心接受治疗。

主要污染区确定工作：通过询问调查、局部地面监测与空中监测，确定了主要污染区位于商业区西北角的两个街区范围，主要污染点分布在大约 1 km$^2$ 面积内，且与做铅屏蔽零件交易的地方和直接参与破坏源的人的住所相对应。由于氯化铯溶解度很高，降雨将促使该化合物向环境扩散；加之风使放射性物质再悬浮和弥散，然后重新沉降，这也对铯扩散进入城区有所贡献。除了这些天然过程外，也不能忽略穿越城区的人输运污染物质的可能性以及所产生的放射性家庭生活废物。由主要污染处附近的环境巡测的结果，显示出事故的大小范围，并暗示主要的起作用的污染途径。经全面测量，这次事故造成了 7 个主要污染区，85 间房屋被污染。按防护标准，41 间房屋中 200 多人需要搬离。

事故产生约 3 500 t 放射性废物，在去污工作中收集到的放射性废物共使用 38 000 个工业用圆筒（100 L/桶）、1 400 个铁箱（1.2 m$^3$/箱）和 6 个水泥井。这些装有放射性废物的容器先存放在一个临时库址，1999 年移至面积共有 1.6 km$^2$ 的两处永久性放射性废物库内，形成两个小山丘，覆土造林，划为环境保护区。

**事故影响** 该事故为严重放射事故，从巴西各地赶来的物理人员和医生，将当地奥林匹克运动场作为污染人员的集中点，第一批可疑人员中有 20 人被确定需要住院治疗，估计他们的受照剂量可达到重度急性放射病的水平。

发现事故的当晚，流言开始传播。许多人出现急性焦虑和心理紧张，有 11 万多人涌到体育馆或其他医疗机构要求进行医学检查。许多人去奥林匹克运动场检测站，要求检查是否受放射性污染并给予证明，以作为参加正常社交活动的凭证。在排队候检的人群中，恐惧笼罩在每个人的心头，有人因忧虑和恐惧而晕倒在地，更多的人诉说有腹泻和呕吐等症状。在接受检查的11.2万人中，实际上只有249人（0.2%）被确认受到照射，其中 129 人的体内受到放射性铯污染，54 人需要住院治疗，而受照剂量较大的只有 12 人（剂量超过 2.7 Gy，剂量范围在 2.7～7.0 Gy），其中 4 人抢救无效而死亡。上述情况说明在成千上万要求做医学检查的人员中，绝大部分（99%）是由于社会心理影响造成的各种症状，这种心理影响随着自身对事件的恐惧和忧虑，以及来自外界的歧视，在灾后相当长的一段时期难以恢复。

社会歧视问题在巴西这起事故中表现最为突出，戈亚尼亚市的居民在事件发生后较长一段时间内，仍然受到来自各方面的歧视。新闻媒介的渲染加重了公众对事件的关注，人群中出现了“涉嫌恐怖”症。由于事故的影响，该州的主要农产品销售量减少了 1/4。对当地的社会与经济方面均产生了相当大的影响。

**经验教训** ①这次事故说明放射源使用单

位必须认真遵守有关法律法规规定，重视采取有效措施加强闲置与废旧放射源的安全保卫工作，闲置与废旧放射源应及时送交有资质的单位贮存。②应提高公众的辐射安全防护科普知识，加强宣传教育，不断增强公众和有关人员的辐射防护意识，并消除公众对辐射事件的恐慌心理。③及早发现并上报辐射事故，能减少事故的后果程度，并为有效、妥善处理事故赢得时间，否则，事故对环境、公众和社会的影响会变得更大。④事故不仅带来了经济损失，而且造成公众的恐慌，给社会带来不稳定的影响。

（周启甫　康玉峰）

β celiang

**β测量**　（β-ray measurement）　测量放射性核素发射的β射线，确定某介质中放射性核素含量的方法。通常在环境介质中除天然放射性核素以外，人工放射性核素的含量均比较低。

β测量的目的就是通过对β粒子数量的探测，获得被测物质中的核素的含量。由于β粒子的能量是连续的，所以通常在混合样品中单独核素的鉴别是受限制的，核素不同，所发射的β粒子的最大能量也不相同。根据不同的测量目的，可分为总β放射性测量和β放射性核素活度测量。

β测量过程中容易受外界环境干扰，所以在环境介质的β测量中，通常需要对测量仪器进行屏蔽，并且在低本底环境下测量。对环境介质的测量通常选用低本底计数器，一般情况下β本底小于1 cpm（计数/min）。

**总β放射性测量**　主要探测某介质中放射性核素发射的β粒子数。分为β表面污染测量及总β测量。

**β表面污染测量**　利用测量仪器在距离被测物体表面一定距离内测量β粒子数，通过仪器刻度系数计算出被测物体表面单位面积内的β放射性的浓度，确定其污染程度。表面污染测量一般用来测量放射性工作场所及从事放射性工作人员人体的β污染。

**总β测量**　因β粒子比α粒子的贯穿本领大得多，各核素之间所发射的β粒子的最大能量相差非常悬殊，因此在测量样品中总β时通常将样品均匀铺于样品盘内，质量厚度在 10～50 mg/cm$^2$，一般以 20 mg/cm$^2$ 为宜。利用相对测量的方法，计算样品中总β放射性。为了测量一个放射性样品的活度，可以用活度已知的标准样品与待测样品在相同条件下进行测量，根据测量的量值之比和标准样品的活度值即可算出待测样品的活度值。

常用的总β放射性测量仪器与总α放射性测量仪器相同，有正比计数器、闪烁计数器、半导体探测器等。

**β放射性核素活度测量**　主要探测待测介质中含有的某种发射β粒子的放射性核素的活度。由于在环境介质中放射性活度浓度较低，通常采用化学分析方法把不同的元素分离开来，再分别测量其β粒子计数，从而计算出核素的活度。β放射性核素活度测量方法有小立体角法、4πβ计数法、4πβ-γ符合法、液体闪烁法等。

**小立体角法**　该方法是很早确立的一种放射性核素活度测量方法，原理十分简单，制备好的源各向同性地发射β粒子，测量仪器的探测效率是已知的，通过记录一定立体角内的β粒子计数率便能推算出源的活度。但小立体角法修正因子比较多，所以这种方法不确定度较大，主要修正因子包括几何因子、反散射修正因子、吸收修正因子和γ计数修正等。探测器通常用钟罩形 G-M 管、流气式正比计数器或塑料闪烁计数器等。

**4πβ计数法**　一种将放射性样品用灵敏物质包围起来，或者直接混入到灵敏物质中，使探测器对源的立体角近似为4π的放射性活度测量方法。该方法减少了散射、吸收及几何位置等的影响，对β粒子的探测效率接近 100%，比小立体角方法不确定度小，但仍需要进行自吸收修正。探测器通常使用4π气体计数器、液体闪烁探测器和井型固体探测器等。

**4πβ-γ符合法**　一种在 4π的立体角条件下测量具有β-γ级联衰变核素的放射性活度的符合方法。符合法的好处是避开 4πβ计数法中源自吸收修正的困难，对各种能量的β粒子的探测效率近似为100%，所以这种方法对衰变方式复杂的核素进行测量时引入的误差较小。γ射线的探测器一般使用NaI（Tl）闪烁探测器，β射线的探测器使用4π气体计数器。

**液体闪烁法**　一种将样品直接混入液体闪烁体中，测量样品的放射性活度的4π测量方法。这种方法可以避免吸收的问题，也不存在反散射，探测效率高，常用于测量氚、碳-14等低能β核素。液体闪烁测量的基本原理是电离辐射粒子通过闪烁液时，其辐射能量通过溶剂分子的电离和激发消耗，使溶剂和闪烁体分子退激过程中发出特定波长的荧光光子，随后被光电倍增管的光阴极探测。如果闪烁体溶质的发射光谱与光阴极的有效吸收光谱相匹配，则在光阴极上产生光电子，经各打拿级放大后在光电倍增管的阳极上形成足够大的电脉冲。经电子学线路的分析和处理后产生脉冲计数。由于电脉冲幅度大小与光子数成正比，而光子的产生又与射线粒子的能量成正比，因此，脉冲幅度的大小与射线的能量高低有着相应的关系。这种方法由于存在猝灭效应，所以需要进行猝灭校正。

目前有的高灵敏度低本底液闪计数器，为了有效降低本底，采用了许多措施和手段。如光电倍增管的筛选，采用双管符合与相加电路；采用低放射性材料的样品室、发射层、计数瓶；在主探测器周围增加反符合屏蔽探测器等。低本底高灵敏度液闪谱仪已将本底计数由通用型仪器的16～20 cpm降至1 cpm左右，广泛用于环境样品中的氚、碳-14及所有β核素的鉴别和活度测定上。　（任晓娜　陈凌）

**β shexian**

**β射线**　（β-ray）　核衰变时释放出的β粒子束流。β粒子是电子和正电子的统称，原子核衰变时，放出电子的过程称为$\beta^-$衰变，放出正电子的过程称为$\beta^+$衰变。$\beta^-$衰变中要放出反中微子$\bar{\nu}$，$\beta^+$衰变中还要放出中微子ν，这两种衰变可用如下式子来表示：

$$\beta^-\text{衰变：} {}_Z^AX \rightarrow {}_{Z+1}^{\ A}Y + e^- + \bar{\nu}$$

$$\beta^+\text{衰变：} {}_Z^AX \rightarrow {}_{Z-1}^{\ A}Y + e^- + \nu$$

衰变中发射出的β射线具有连续分布的能谱，其动能可取从0到某一最大能量值之间的任意值。对不同原子核的β衰变，该最大能量值在几十千电子伏到几兆电子伏范围内。

β射线通过介质时，主要的能量损失方式有两种：一种是与轨道电子发生非弹性碰撞，使靶原子发生电离或激发，由此引起的能量损失称为电离损失；另一种是与原子核发生非弹性碰撞产生韧致辐射，由此引起的能量损失称为辐射损失。电子在穿越介质时，运动方向会发生较大改变，这一方面与轨道电子和原子核发生的非弹性碰撞有关，但更主要是与弹性碰撞，即散射有关。正电子束通过物质时，其损失能量的主要过程和负电子一样，它与物质作用的特点在于，在其慢化而快终止时，会与介质中的电子发生湮没而消失，同时释放出两个能量为0.511 MeV的光子。

相同能量下，电子的速度要远大于α粒子的速度，其在物质中的运动径迹要曲折得多，单位路程上损失的能量就远远小于α粒子。因此，与α射线相比，β射线的穿透能力更强，但电离能力却差得多。从β射线外照射防护的角度来看，不仅要考虑能谱连续的β射线本身的屏蔽，还要考虑其产生的韧致辐射的屏蔽，为使韧致辐射尽可能减少，常选用铝、有机玻璃和混凝土一类的低原子序数物质来做β射线的屏蔽材料，再添加一定厚度的高原子序数屏蔽材料，以屏蔽韧致辐射。

β射线的应用十分广泛。根据β射线在物质中近似指数型的吸收曲线，设计制造了β射线密度计和物位计等仪器；利用β射线的辐射生物效应，可利用其进行放射性治疗、辐射育种、辐射杀虫和灭菌等活动。　（李君利　程建平）

**Beikele'er**

**贝可勒尔**　（becquerel）　描述放射性物质活度大小的SI单位的特定名称，1 Bq=1 $s^{-1}$。

放射性现象是物理学家安东尼·贝可勒尔（A.H.Becquerel）于 1896 年首次发现的。他受到伦琴发现 X 射线的启发，用铀盐做了大量实验，证明铀还会发出不同于 X 射线的其他射线，是能使照相底片感光的不可见射线，有比 X 射线更强的穿透力。这是人类第一次发现物质的放射性现象。

自贝可勒尔发现了铀盐的放射性以后，居里夫妇用验电器检验了当时 80 种已知元素的化合物，发现钋元素的化合物也有放射性，铀化合物比纯铀放射性更强，从而推断其中必有一种比铀更强的新放射性元素的存在，历时 4 年终于提取到 0.1 g 氯化镭，并确定镭也是一种新元素，为纪念居里夫人的祖国波兰，就把新发现的元素分别命名为“钋”和“镭”（“波兰”的谐音）。

1908 年，贝可勒尔因病早逝。为了表彰他所做出的杰出贡献，国际上将由他发现的放射性物质发出的射线定名为“贝可勒尔射线”。1975 年第十五届国际计量大会为纪念这位杰出的科学家，特别将描述放射性物质的“活泼程度（不稳定程度）”的量——“活度”的国际单位命名为“贝可勒尔”，简称“贝可”，符号为 Bq。当放射性元素每秒钟有一个原子发生衰变时（严格地说，应是每秒钟内在给定物质量中发生的核转变事件的数目的期望值为 1 时），其活度即为 1 Bq。该次大会同时宣布原来的活度单位居里（Ci）作废。按定义，1 Ci 等于每秒有 $3.7\times10^{10}$ 次衰变，因此有以下关系：

$$1\ \text{Ci}=3.7\times10^{10}\ \text{Bq},\quad 1\ \text{Bq}\approx2.7\times10^{-11}\ \text{Ci}$$

（夏益华　陈竹舟）

bishi dongneng

**比释动能**　（kerma）　描述非带电粒子与物质相互作用时，将多少能量传递给所产生的带电粒子的物理量。是辐射剂量学中很重要的量。

**概述**　非带电粒子与物质相互作用可视为两个阶段，首先是非带电粒子将能量传递给产生的次级带电粒子，其次是次级带电粒子通过电离、激发等过程将能量沉积在物质中。所以，在研究非带电粒子给物质传递能量时，先要度量其给次级带电粒子的能量，比释动能即是描述非带电粒子与物质相互作用时，转移给次级带电粒子的能量的量；吸收剂量则是描述次级带电粒子在物质中沉积的能量的量。

非带电粒子与物质相互作用时，在单位质量的给定物质中产生的次级带电粒子的初始动能的总和。用 $K$ 表示。

$$K=\frac{\mathrm{d}E_{\mathrm{tr}}}{\mathrm{d}m}$$

式中，$\mathrm{d}E_{\mathrm{tr}}$ 为非带电粒子在给定物质的体积元内产生的所有次级带电粒子的初始动能的总和。包括带电粒子在轫致辐射过程中释放的能量，以及在这个体积元内发生的次级过程中产生的所有带电粒子的能量和俄歇电子的能量。$\mathrm{d}m$ 为所考虑的体积元内的物质的质量。

比释动能 $K$ 的 SI 单位为 J/kg，专用名称为戈[瑞]，符号为 Gy，1 Gy=1 J/kg。例如，物质中某点处的比释动能为 1 Gy，表示由非带电粒子在该点的单位质量的给定物质中传递给次级带电粒子（如电子）的初始动能的总和为 1 J/kg。

**比释动能率**　非带电粒子与物质相互作用时，在单位时间内单位质量给定的物质中产生的次级带电粒子的初始动能总和。即比释动能率为 $\mathrm{d}K$ 除以 $\mathrm{d}t$ 得的商：

$$\dot{K}=\frac{\mathrm{d}K}{\mathrm{d}t}$$

式中，$\mathrm{d}K$ 是比释动能在时间间隔 $\mathrm{d}t$ 内的增量。

比释动能率的 SI 单位是 W/kg，符号为 Gy/s。

吸收剂量与比释动能的关系极为密切，在电子平衡的条件下，非带电粒子在体积元内给予次级带电粒子的能量等于该体积元物质所吸收的能量，即此时吸收剂量等于比释动能。有关比释动能和吸收剂量在不同物质的交界面处的关系，以及它们随物质深度变化的关系可参阅有关文献。

（冷瑞平　陈竹舟）

**bujiu xingdong**

**补救行动** （remedial action） 在出现事故的情况下，为减少事故的影响，迅速采取的有效行动。补救行动包括事故早期土壤（去污）恢复、水处理和补救措施等内容。所有的应急补救行动均按照预先制定好的方案和有关的应急响应程序实施。

核事故释放的放射性核素进入环境，造成对大气、水体、土壤等的污染，并通过多种途径转移到动植物产品和饮用水。放射性核素在生物体内具有富集效应，使得某些动植物体内的放射性核素特别高。对这些动植物产品和饮用水的大量食用会造成放射性核素通过内照射对人体形成辐射损伤。

为了避免公众食用被放射性污染的食物，国际上建立了控制食品污染的通用行动水平，并将其表示为在持续性照射或应急情况下应采取食品和饮用水控制防护行动的活度浓度水平。当食物中的污染水平超过规定的行动水平，需要对污染区域实施食品限制措施时，也可采取加工、洗消、去皮、稀释等方法减轻污染，将食品中的放射性核素活度浓度控制在行动水平之下。下表给出了国际原子能机构针对主要放射性核素的食品的通用行动水平。

**针对食品的通用行动水平**

| 放射性核素 | 通用行动水平/（kBq/kg） |
|---|---|
| 供一般消费用食品 | |
| $^{134}Cs$、$^{137}Cs$、$^{103}Ru$、$^{106}Ru$、$^{131}I$、$^{89}Sr$ | 1 |
| $^{90}Sr$ | 0.1 |
| $^{241}Am$、$^{238}Pu$、$^{239}Pu$、$^{240}Pu$、$^{242}Pu$ | 0.01 |
| 牛奶、婴儿食品和饮用水 | |
| $^{134}Cs$、$^{137}Cs$、$^{103}Ru$、$^{106}Ru$、$^{89}Sr$ | 1 |
| $^{131}I$、$^{90}Sr$ | 0.1 |
| $^{241}Am$、$^{238}Pu$、$^{239}Pu$、$^{240}Pu$、$^{242}Pu$ | 0.001 |

注：表中的数值是用于准备消费的食品，不考虑处理（如稀释、清洗等因素），而且是对应每一组中各种核素的总和。

放射性物质释放到环境中后，对环境补救的方法有：

**确定受污染区域的范围** 由于放射性污染的程度不仅取决于污染物的化学成分类型和数量，还与被污染区的各种自然条件有关，特别是地形、地表和地下径流以及土壤、植被的特征有关。同时，还与污染区的农业和工业经营活动有关。所以，综合性分析放射性污染区内的特点，确定污染区的范围，为预防和治理辐射污染决策提供科学依据。

**对污染不同程度的区域采用不同的治理措施** 对于放射性污染，普通的处理方法有物理法、化学法、电化学法、物理-化学联用法、微生物清除方法、焚烧处理和压缩处理这几种方法。①物理法最为简单，但像福岛核事故，由于某些区域污染情况严重，实施物理法，如实施清除污染，会对工作人员的健康产生危害。②化学法就是利用化学清洗剂溶解带有放射性核素的污腻物、油漆涂层或剥离氧化膜层，从而达到去污的目的。具体应用过程中化学法是将清洗被污染的建筑物和各种工业设备、交通工具及农业机械的水，通过泥炭过滤，使大部分的放射性核素被吸附及部分吸收，最有效的方法和措施是用泥炭腐植酸溶液清洗被污染物，可以就地利用泥炭及提取物作为清除剂，或者在相当范围内，固定一个专用的厂房，将各种机械和运往非污染区的物质进行清洗，这样可以在短时间内控制住放射性核素的再扩散和污染。③微生物清除技术是一种把自然存在的生物损害性行为转变为有用活动的方法。微生物清除法速度较慢，但对某些目前还不能处理的放射性污染是一个很好的选择。④焚烧处理是目前国际上广泛采用的处理可燃放射性废物的有效方法之一，针对被核元素污染的纤维类物质、塑料、橡胶类物质、有机离子交换树脂、废有机溶剂等可燃性的废物，可采用焚烧进行处理，以达到大大减容的目的，最后再对焚烧后所得的焚灰进行水泥固化，以便进行最终处置。

**大气污染** 放射性物质主要通过大气释放，随距离增加放射性浓度会逐渐稀释。通过大气的释放不属于生物性传播，而是物理性传播。放射性物质随着大气循环而分散，然后按自然规律衰减。

**土壤恢复**　核电厂放射性物质的泄漏会造成大面积土壤的污染。土壤受到放射性污染的途径主要是大气沉降物。另外，如果出现放射性的液态物质流入到环境中，那么土壤受到的污染可能除表层外还会影响到较深层。对于土壤污染，大多采用铲土去污、深翻客土、可剥离性膜法等方法对其进行去污处理。

**铲土去污**　将受污染的土壤的表层用土铲法运送至放射性废物处置场地进行处理和处置，从根本上防止放射性物质进一步扩散和进入食物链。该方法劳动强度大，操作人员易遭受辐射，大量的铲土会增加处理和处置成本。另外，表层土中还含有可供作物生产的大量有机物质，全部铲走会加剧土地退化。

**深翻、覆盖客土**　客土是相对于被污染的本土而言的。深翻客土是将下层未受核污染的土壤翻至表面，覆盖客土是直接从外界运来未受污染的土壤将污染土壤覆盖。这在一定程度上可防止放射性污染物进入食物链对人体形成内照射。

**可剥离性膜法**　将高分子化合物去污液通过陆地喷洒机械进行快速喷洒，将成膜去污材料覆盖在污染物上，并迅速固定放射性污染物，在最短时间内控制污染源的转移和扩散。该方法对土壤表面去污较好，经济成本相对较低。但对已渗入土壤内部的放射性污染物质基本没有去除作用。

**森林修复法**　森林能够富集大量的放射性核素，且能阻止放射性核素向周边地区扩散。实验分析研究表明，在发生核事故后，森林中放射性核素的持有量是耕地的一倍。利用森林植物可吸收放射性物质，但污染土壤的放射性浓度不能太高。

**水处理**　是对水源水或不符合用水水质要求的水，采用物理、化学、生物等方法改善水质的过程。放射性物质通过大气沉降或液态途径对于水体产生污染，常用的放射性污染后水处理技术有絮凝沉淀法、离子交换法、蒸发浓缩法、吸附法和膜处理法。

**絮凝沉淀法**　依靠絮凝剂使溶液中的溶质、胶体或悬浮物颗粒凝聚为大的絮凝体，从而实现固液分离。向废水中投放一定量的絮凝剂（如硫酸钾铝、铝酸钠、硫酸铁、氯化铁等），通过絮凝剂的吸附架桥、电中和等物理化学作用与废液中微量放射性核素及其他有害元素发生共沉淀，或凝聚成细小的可沉淀的颗粒，并与水中的悬浮物结合为疏松绒粒，从而吸附水中的放射性核素。

**离子交换法**　交换剂与废水接触时，废水中的放射性离子与离子交换剂上的可交换离子进行交换而转移到离子交换剂上，从而使废水达到净化的目的。离子交换树脂是主要的离子交换剂，分为阳离子交换树脂和阴离子交换树脂两种，属于有机离子交换剂。此外，还有无机离子交换剂，如沸石、磺化煤、硅酸铁凝胶、磷酸锆等，它们大都具有耐辐照、价格低廉的优点。

**蒸发浓缩法**　其基本原理是进入蒸发器的废水，通过蒸汽或电热器加热至沸腾，废水中的水分便逐渐蒸发成水蒸气，经冷却凝结成水。除氚、碘等极少数元素之外，废水中的大多数放射性元素都不具有挥发性，因此用蒸发浓缩法处理，能够使这些元素大都留在残余液中而得到浓缩。

**吸附法**　用多孔性的固体吸附剂处理放射性废水，使其中所含的一种或数种元素吸附在吸附剂的表面上，从而达到去除的目的。在对含有放射性的水进行处理时，常用的吸附剂有活性炭、沸石、高岭土、膨润土、黏土等。

**膜处理法**　是借助选择性透过的薄膜，以压力差、温度差、电位差等为动力，对放射性液体混合物实现分离。膜处理技术是一项新兴的分离技术，它具有物料无相变、能耗低、设备简单、操作方便和适应性强等特点，对于含有中、低浓度放射性的水，经2级反渗透净化，一般都能达到排放标准。目前国内外在放射性废水处理中采用的膜技术主要有微滤、超滤、反渗透、纳滤、电渗析、膜蒸馏等方法。

（岳会国　陈竹舟）

**《Bukuosan Hewuqi Tiaoyue》**

**《不扩散核武器条约》**（Treaty on the Non-proliferation of Nuclear Weapons，NPT） 裁军和军控领域中具有普遍性的国际条约。该条约宗旨是防止核武器扩散、推动核裁军谈判和促进核能和平利用国际合作。

**产生背景** 缔结《不扩散核武器条约》的进程始于20世纪50年代后期。1959—1961年，联合国大会先后通过了爱尔兰等国提出的关于“防止核武器广泛散布”的决议。1965年8月，美国向日内瓦18国裁军委员会提出《防止核武器扩散条约》草案；同年9月，苏联向联合国大会提出一项类似的条约草案。1966年秋苏美两国开始谈判，随后于1967年8月24日向18国裁军委员会提出《不扩散核武器条约》联合草案并就该草案与有关国家磋商。1968年3月11日，美苏两国提出联合修正案，并开始就该修正案展开谈判。1968年6月12日，联合国大会核准条约草案，并于同年7月1日开放供签署。《不扩散核武器条约》于1970年3月5日生效。目前，世界上有190多个国家参加了该条约。

**条约内容** 《不扩散核武器条约》由1个序言和11条正文组成。主要内容为：①核武器缔约国不得向任何国家扩散核武器；②无核武器缔约国不得发展和拥有核武器；③无核武器缔约国与国际原子能机构谈判并缔结保障协定，接受该机构的全面保障核查；④所有缔约国享有和平利用核能的权利；⑤各缔约国就尽早停止核军备竞赛和核裁军措施及缔结全面彻底裁军条约进行谈判；⑥任何国家集团有权缔结无核武器区条约；⑦条约的修正、审议、批准、加入、退出等程序性规定；⑧条约所称核武器国家指在1967年1月1日前制造并爆炸了核武器或其他核爆炸装置的国家；⑨条约得在25年后由缔约国决定是否延长。

**缔约各方的义务** ①核武器缔约国不向其他国家转让核武器或其他核爆炸装置或它们的控制权，不协助、不鼓励、不引导无核武器国家制造或取得核武器或其他核爆炸装置及其控制权；②无核武器缔约国不从其他国家接受核武器或其他核爆炸装置，不寻求或接受制造此种武器或装置的任何帮助；③无核武器缔约国单独或会同其他国家，按照《国际原子能机构规约》和该机构的保障制度与国际原子能机构谈判缔结保障协定，把本国领土之内、在其管辖或控制之下的任何地方进行的一切和平核活动中的所有源材料或特种可裂变材料置于国际原子能机构的保障之下，以防止将核能从和平用途转用于核武器或其他核爆炸装置；④所有缔约国在没有国际原子能机构保障措施约束下，不向无核武器国家提供核材料、核设备及相关材料；⑤所有缔约国将促进并有权参加在最大可能范围内为和平利用核能目的而交换设备、材料和科技情报，特别是充分考虑到发展中地区的需要，在无核武器缔约国开展核能和平应用合作；⑥每一缔约国就尽早停止核军备竞赛和核裁军的有效措施，以及就在严格有效国际监督下的全面彻底裁军条约，真诚地进行谈判。

**条约的相关机制** 《不扩散核武器条约》引发或推动了世界上一些直接服务该条约或与其相关的国际机制的建立与发展。主要有以下几个重要制度。

**国际原子能机构的保障制度** 1970年《不扩散核武器条约》生效。国际原子能机构为执行该条约第三条所规定的同无核武器缔约国签订保障协定和实施全面保障核查的任务，吸取其以往保障的经验，制定了专门适用于无核武器缔约国的全面保障制度和规范文件：“根据《不扩散核武器条约》的要求国际原子能机构与各国之间的协定的结构和内容”（即INF/153文件）和“各国和国际原子能机构关于实施保障协定的附加议定书范本”（即INF/540文件）。

这两个文件构成了《不扩散核武器条约》无核武器缔约国以及其他相关国家与国际原子能机构签订保障协定及其附加议定书的基础，其主要内容有：①当事国承诺：机构有权对该国领土内、受其管辖或在其控制下的任何地方进行的一切和平核活动中的所有核材料进行

"全面保障"核查，以确保上述材料没有被转用于制造核武器或其他核爆炸装置；允许机构视察员对有关核设施及场所进行现场视察，以确定申报的准确性和完全性及是否存在未申报的核材料和核活动；②建立国家核材料衡算和控制系统，按国家和设施两级进行核材料衡算与控制管理；③对受保障设施采取封隔/监视措施，防止核材料转用；④建立记录报告制度，记录核材料初始数据和变化资料，向机构提交相关报告和必要的补充资料；⑤接受机构视察员现场核查和必要的扩大接触；⑥机构根据核查结果就当事国的履约情况做出评价并提出保障结论报告。两文件的上述内容是国际保障机制的核心，机构的保障机制已成为当今世界上防止核武器扩散的主要屏障。

**国际核出口控制机制**　《不扩散核武器条约》生效后，为了落实条约第三条的有关规定，一些有核出口能力的缔约国于1976年商定建立了旨在协调各国核出口政策，加强对无核武器国家核出口控制的国际机制，即核供应国集团《核出口准则》及相应的《出口控制清单》。按照该机制，核供应国集团参加国在向无核武器国家出口清单上所列的物项和技术时须按照以下准则行事：①接受国政府保证不将接受的物项和技术转用于核爆炸目的；②转让的核材料和核设施均应置于有效的实物保护之下；③无核武器接受国须同国际原子能机构缔结保障协定，把该国和平核活动中的所有核材料置于该机构的全面保障之下；④对于核扩散敏感性出口，尤其是对铀浓缩设施、设备和技术出口实行特别控制；⑤对供应的或提取的可用于核武器或其他核爆炸装置的材料实行特别控制；⑥进口物项和相关技术的再转让须事先征得原供应国同意，再转让或转让的接受国须提供与原转让供应国所要求的相同保证；⑦实行不扩散原则：供应方在批准核转让时应确信此种转让不会有助于核武器或其他核爆炸装置的扩散或被转用于核恐怖主义目的；⑧供应国得确保具备有效实施《核出口准则》的法律措施，包括出口许可证审批制度、强制性执行措施和违约处罚措施。

**地区无核武器条约**　与《不扩散核武器条约》同时，或在它之后，世界上先后建立了《拉丁美洲禁止核武器条约》等五个地区无核武器条约。这些条约中规定或吸纳了《不扩散核武器条约》中关于不扩散核武器和须同国际原子能机构签订保障协定接受全面保障核查等内容。因此，五个地区无核武器条约和《不扩散核武器条约》建立了联系，并成为该条约的有力支柱。

**条约的成就**　①《不扩散核武器条约》是裁军和军控领域中具普遍影响力的国际条约之一，它使国际社会对于防核扩散机制与措施得到了广泛认同。②根据《不扩散核武器条约》的需要，国际原子能机构建立了全面保障核查机制，扩展了机构保障的范围，使核查措施在减缓和阻止核武器扩散方面发挥了重要作用。③条约所有缔约国在没有全面保障条件下不向无核武器国家进行核出口的规定和行动对于阻止世界上核扩散的势头起到了积极作用。④国际原子能机构基于《不扩散核武器条约》的全面保障核查措施，为国际核查在其他防止大规模毁灭性武器扩散方面的应用建立了先例，为禁产谈判中解决可能遇到的核查问题提供了思路。⑤以《不扩散核武器条约》为核心的国际核不扩散体制为推动核军控、核裁军谈判提供了良好基础，为促进国家间和平利用核能合作提供了有利的国际环境；缔约国的相关承诺和履约行动对于维护国际和平、发展与合作局势具有政治上、舆论上的重要影响力。

**条约的缺失**　①条约中关于三大目标相关义务的规定有失平衡：核不扩散的义务与措施规定得明确具体，且有专门的国际机构负责实施，促进核能和平利用合作和开展核军控、核裁军谈判的目标措施规定得笼统抽象、软弱乏力；②在不扩散义务中未能规定禁止在无核武器国家领土上部署核武器；③有条约缔约国在全面保障下仍然得以秘密研发核武器，反映出以《不扩散核武器条约》为基础的现有国际保障核查机制存有缺失与漏洞；④条约缔约国数量上的增加无法抵消其质量上的缺陷。条约生效以来，一些"核门槛国家"仍然发展了核武器，成为事实上的有核武器国家，这反映出该条约有着难以克服的局限性。

**中国的政策与实践** 中国一贯奉行核不扩散政策，从拥有核武器的第一天，即声明不主张、不鼓励、不从事核武器扩散，也不帮助别国发展核武器。作为拥有核出口能力的国家，中国参加了国际核出口控制的所有机制，对核以及与核有关的两用品出口实行着严格管制。中国于1992年参加《不扩散核武器条约》，支持该条约关于防止核扩散、推动核裁军和促进和平利用核能合作的三大目标。作为条约缔约国，中国恪守该条约的各项规定，严格履行自己的义务，为实现条约三大目标的平衡发展做出了不懈努力和重要贡献。中国通过多种形式同各国开展了核能和平利用的广泛合作表明中国致力于条约目标的平衡发展。中国主张全面彻底核裁军与军备控制并庄严声明在任何情况下都不首先使用核武器，反映了中国政府致力于防止核战争危险和最终消灭核武器的真诚意愿。中国欢迎和支持各地区无核武器条约，并签署这些条约与核武器国家有关的附加议定书，向世界人民展示出中国是一个积极致力于全球核不扩散事业的负责任的国家形象。

（傅秉一　刘永德）

**bu-238**

**钚-238** （plutonium-238）　元素钚的一种放射性同位素，原子序数为94，质量数为238，半衰期为87.74年，符号为$^{238}$Pu。

**基本性质** 钚属于锕系金属，外表呈银白色，熔点640℃，沸点3 234℃。从室温到熔点之间有6种同素异形体，这是冶金学上很独特的现象。钚有四种氧化态，易和碳、卤素、氮、硅起化学反应。钚接触空气后容易锈蚀、氧化，产生氧化物和氢化物，其体积最大可膨胀70%，屑状的钚能自燃。钚有20种放射性同位素，在自然界中只找到两种。一种是从氟碳铈镧矿中找到的微量钚-244。已知钚的同位素中寿命最长的是钚-244，半衰期是$8.26\times10^{7}$年，它具有足够长的半衰期，可能是地球上原始存在的。另一种是从含铀矿物中找到的钚-239，是铀-238吸收自然界里的中子而形成的。其他钚同位素都是通过人工核反应合成的。钚-238是钚的一种常见同位素，是一种放射性超铀元素。钚-238释放α粒子，主要能量为5.499 MeV和5.456 MeV等，伴随发射低能的γ射线。

**来源** 1940年，格伦·西奥多·西博格（G.T. Seaborg）和埃德温·麦克米伦（E.M.McMillan）在柏克莱加州大学实验室，以氘撞击铀-238而合成钚-238，这也是人类首次发现钚元素。科学家随后在自然界中发现了微量的钚。

由于钚-238半衰期只有87.74年，地球环境中基本不存在天然钚-238，工业上使用的钚-238都属于人工产生的放射性核素。一般轻水反应堆型核电厂所产生的核废料中也含有钚-242、钚-239和钚-238的混合物。液-液萃取（也称溶剂萃取）方法常用于钚的工业规模分离和富集。纯的钚-238可通过反应堆辐照镎-237产生，镎-237可从乏燃料后处理中得到。

**用途** 钚-238会放出大量热能，伴随着低能的γ射线和α粒子，每千克的钚-238可产生约570 W衰变热，钚-238可用于制造放射性同位素电池和热电机。

**辐射影响** 钚-238在放射性核素毒性分组中属极毒组核素，因此操作、处理时具有一定的危险性。单一纸张就可以阻挡钚-238所放射出的α粒子，其外照射较容易防护，主要是应避免钚-238以气溶胶形式吸入或误食。

钚-238及其同位素是核事故可能向环境释放的放射性核素之一。联合国原子辐射效应科学委员会（UNSCEAR）2008年向联合国大会提交的报告及科学附件中数据显示，切尔诺贝利事故过程中向大气释放的钚-238的总活度为$1.5\times10^{13}$ Bq。钚-238同位素电池和热源的可能影响参见卫星重返事故。

**测量方法** 《土壤中钚的测定　萃取色层法》（GB/T 11219.1—1989）规定了在常规条件下，环境土壤中钚的测量方法和技术流程，适用于

土壤中钚活度在 $1.5\times10^{-2}$ Bq/kg 以上的测量范围，其基本原理是把土壤样品用硝酸加热浸取，或用硫酸-高氯酸-硝酸-氢氟酸加热溶解进行前处理，然后用三正辛胺聚三氟氯乙烯色层粉萃取色层吸附钚，再经过洗涤色层柱、去除干扰离子等处理，最后进行电沉积制源，用低本底 α 计数器或者 α 谱仪测量。萃取色层法对镎的去污系数偏低，当土壤样品中含有干扰核素镎时，可用 α 谱仪进行测量。脉冲型电离室被用于低水平 α 谱测量，对于钚-238 测量能得到较高的分辨率。基于此原理设计的大面积屏栅低本底 α 谱仪，可以较好地监测相关单位内部及其周边环境中包括钚-238、钚-239 在内的人工 α 放射性核素的水平。

**安全与防护** 对钚-238 的防护应为内照射防护，防止钚-238 经过呼吸道（主要）和消化道进入体内。含钚-238 的放射性粉尘或者放射性气体逸入空间，可能造成工作场所的严重污染。对于钚-238 等超铀核素的基本防护措施为：空气净化、空气稀释、密闭包容、个人佩戴防护用具、避免被污染的手接触食物，同时严格控制向江河湖海排放放射性物质，废水排放前必须经过净化处理。（陈凌　杨华庭）

**bu-239**

## 钚-239

（plutonium-239）　元素钚的一种放射性同位素，原子序数 94，质量数 239，物理半衰期 2.41 万年，符号为 $^{239}$Pu。

**基本性质** 钚-239 是钚最重要的同位素，是一种具放射性的超铀核素，主要进行α衰变。它属于锕系金属，外表呈银白色，接触空气后容易锈蚀、氧化，在表面生成无光泽的灰色二氧化钚。钚有四种氧化态，易和碳、卤素、氮、硅起化学反应。钚暴露在潮湿的空气中时会产生氧化物和氢化物，其体积最大可膨胀 70%，屑状的钚能自燃。

钚有 20 种放射性同位素，但在自然界中只找到两种，其中之一是从含铀矿物中找到的钚-239（另一种是钚-244），其他钚同位素都是通过人工核反应合成的。

**来源** 钚-239 是铀-238 吸收中子而形成的。因此自然界里铀矿物中可以找到痕量的钚-239，而大多数的钚-239 都是由铀燃料元件在反应堆中辐照产生，通过分离得到的。

联合国原子辐射影响科学委员会（UNSCEAR）2008 年向联合国大会提交的报告及科学附件中数据显示，在大气核试验中产生并向全球弥散的钚-239 总量为 $6.52\times10^{15}$ Bq，而切尔诺贝利事故过程中向大气释放的钚-239 总活度约为 $1.3\times10^{13}$ Bq，大气核武器试验和核事故释放是全球环境中钚-239 的主要来源。

**用途** 钚-239 是三个最重要的易裂变同位素之一（另外二者为铀-233 和铀-235）。所谓的具“易裂变性”，是指同位素的原子核受到慢中子撞击后，能够产生核分裂，并另释放出足以支持核链式反应、进一步促使其他原子核分裂的中子。

钚-239 属于易裂变核素，即它们的原子核可以在热中子撞击下产生核分裂，释放出能量、γ射线以及中子辐射，从而形成链式核反应，可作为核电厂的核燃料（铀钚混合燃料）和核武器的裂变原料。

**辐射影响** 钚-239 在放射性核素毒性分组中属于极毒组核素，因此操作、处理时具有一定的危险性。钚衰变时会产生α射线，α射线的穿透能力非常弱，在空气中前进几厘米就将能量耗尽，人体皮肤角质层就能将其阻挡，所以并不会穿透人体的皮肤而进入人体或者对人体产生外照射伤害。钚-239 可能会通过吸入、食入或经过伤口而进入人体，在内脏和骨髓中富集，对人体造血功能等造成危害。

2013 年 UNSCEAR 第 60 次大会报告数据显示，粗略估计 2011 年日本福岛核事故向环境释放的钚-239、钚-238、钚-240 三种核素均约为 1 GBq，对公众受照剂量没有显著贡献。

**测量方法** 见钚-238。

**安全与防护** 由于钚-239 具有以上性质，所以对其主要是进行内照射防护，防止钚-239 经过呼吸道和消化道进入体内。含钚-239 的放射性粉尘或者放射性气体逸入空间，可能造成工作场所的严重污染。在核燃料后处理等环节中，对于钚-239等超铀核素的基本防护措施为：空气净化、空气稀释、放射物质的密闭包容、个人佩戴防护用具、避免被污染的手接触食物，同时严格控制向江河湖海排放放射性物质，废水排放前必须经过净化处理。《电离辐射防护与辐射源安全基本标准》（GB 18871—2002）中明确规定，对于有关源或实践，作为申报豁免基础的豁免水平，钚-239的豁免活度浓度为1 Bq/g，豁免活度为$1\times10^4$ Bq。

（陈凌　杨华庭）

# C

cankao shuiping

**参考水平** （reference level） 在应急或现存的可控制照射情况下，参考水平是指这样的剂量或危险水平，对于计划准许存在的照射高于此水平时是不适当的，在此水平之下应当进行防护最优化。

**沿革** 《电离辐射防护与辐射源安全基本标准》（GB 18871—2002）定义：参考水平是在辐射防护实践中，确定下来的某一可测量的数值，以便在达到该数值时采取相应的措施。对于辐射防护实践中可测的任何一种量都可以建立参考水平，如行动水平、干预水平、调查水平或记录水平等。按此定义参考水平既可用于实践，也可用于干预。此定义的好处在于参考水平可以测量给出，特别适用于某种筛查或紧急情况下的快速判断。附录中给出了任何情况下预期均应进行的干预的剂量水平、应急照射情况下的通用优化干预水平和行动水平以及针对氡持续照射情况下的行动水平。该标准中具有中国特色的表面污染控制水平实质上也是一种参考水平。

目前的发展趋势是GB 18871—2002针对实践和干预的定义将被针对照射情况的定义取代，因此，本条目主要针对照射情况描述。

**应用** 参考水平是一组根据辐射防护原则结合应对一些实际情况的成功经验得到的剂量水平，供人们参考使用。参考水平的适用照射情况和照射分类见下表。

**剂量限制与照射情况类型和照射分类的关系**

| 照射情况类型 | 职业照射 | 公众照射 | 医疗照射 |
|---|---|---|---|
| 计划照射 | 剂量限值，剂量约束 | 剂量限值，剂量约束 | 诊断参考水平（患者），剂量约束（护理、志愿者等） |
| 应急照射 | 参考水平 | 参考水平 | 不适用 |
| 现存照射 | 不适用 | 参考水平 | 不适用 |

参考水平与剂量约束类似，都与防护的最优化一道用于对个人剂量的限制。但剂量约束是针对计划照射情况的，而参考水平则用于应急照射情况（职业照射和公众照射）和现存照射情况（仅对公众照射）。设置参考水平的基本目标是尽可能保持剂量不超过这一水平，并在考虑经济和社会因素后，把所有的剂量降低到可合理达到的尽量低的水平。

在计划照射的情况下，剂量是可以预测的，因此，剂量约束是最优化的上限值。而对于应急照射和现存照射情况，可能存在更宽范围的照射，最优化过程的起始个人剂量可以高于参考水平（见下图）。然而，如果可能，应当努力把参考水平以上的照射降低到参考水平之下。

也不应忽视低于参考水平的照射，应就具体情况进行评价，以查明防护是否是最优化的，是否还需要采取进一步的防护措施。最优化过程的终点不可能事先统一规定在一个固定水平，应当根据具体情况确定。一般来讲，控制特定情况的参考水平应当由国家监管部门制定。

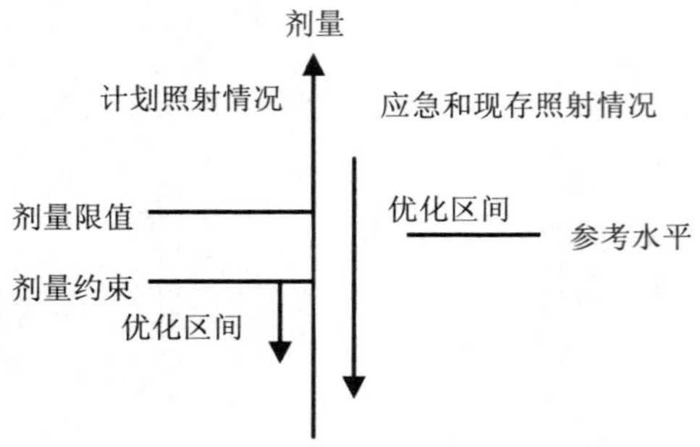


**剂量限值、剂量约束和参考水平示意图**

同剂量限值和约束值一样，也不应把参考水平理解为“安全”和“危险”的分界线。

对于现存照射的参考水平习惯上用年有效剂量表示，应急照射则可用剩余剂量表示。目前，现存照射的参考水平仅用于公众照射，而应急照射的参考水平则可根据公众照射和职业照射分别设置。当参考水平为1～20 mSv时，适用于受照射个人直接受益的照射情况，如现存照射情况中建筑物内氡引起的照射。而当参考水平为20～100 mSv时，常适用于少有的，特别是极端的情况，如受到非受控源的应急照射。

当剂量高于100 mSv时，发生确定性效应的可能性增加，同时会有显著的致癌危险。因此，100 mSv可看作是参考水平的最大值。此值可以是急性照射值，也可以是年照射值。只有在极端情况下，高于此值的照射才有可能是正当的。

医疗照射中的诊断参考水平是针对患者做特定的医学检查诊断或操作而设置。如为了获得合适的诊断图像以确定病情，而不是片面强调图像清晰使被检查者剂量过高所定的照射水平就是其中一种诊断参考水平。此参考水平与所使用的诊断仪器的性能和医（技）师的业务水平有关。诊断参考水平在GB 18871—2002中被称作医疗照射指导水平。

（杨华庭　潘自强）

**chaixie daohui**

**拆卸捣毁**　（dismantlement and destroy）对设施原有系统设备进行分解和把混凝土构筑物转为混凝土碎块。

核设施退役拆卸的对象很多，如手套箱、热室、废液管线、通风管线、排风烟囱和厂房等。核设施与辐射设施退役拆卸较普通工业设施拆卸的主要区别是具有放射性污染风险。因此，退役拆卸需要做好源项调查，根据具体对象选用合适的拆卸工具和设备，做好人员培训和周密计划，实现废物最小化和辐射防护最优化，保证流出物满足国家有关法规标准的要求。建、构筑物拆卸前，需要考虑哪些设备（如吊车）或辅助设施（如供电、供水、通风、采暖设施）将来可能有用，要留到最后拆除。

**拆卸**　拆卸前要设计好人流、物流和气流的合理走向，防止放射性气溶胶的扩散污染。拆卸时可能需要扩大或新开出入口，以便运进机具和运出拆卸下来的物件。要选好搬运路线和包装容器，防止扩大污染和增加受照剂量。计算机模拟可以帮助做出合理的设计，帮助选用适当的工具和培训操作人员。拆卸过程除会遇到放射性污染物外，还可能会遇到非放射性的有毒有害物质，如致癌物石棉、多氯联苯、铍、镉和汞等，对此应采取相应的安全措施。

有的大型设备采取整体吊运，如反应堆压力容器在卸出乏燃料和冷却剂，封堵进出管口之后整体吊出，或送到条件好的拆卸车间进行处理，或直接送处置场整体处置，这也是一种常用的拆卸方式。英国温斯凯尔先进气冷堆（WAGR）的热交换器（见下图）就是整体吊出后运到处置场处置。

英国WAGR堆热交换器吊出反应堆

**捣毁** 一般情况下，建、构筑物的工艺设备被拆卸移走，地面、墙面和天花板经过去污之后，建、构筑物便可以进行拆除或捣毁。拆除需要较多人力和专用工具设备或者还需要登高作业，且方便拆下物料的分类与回收利用。为了在较短时间内完成拆卸任务，常用捣毁方法。定向爆炸是捣毁的一种重要手段。高烟囱、反应堆安全壳、冷却塔均可采用爆炸方式捣毁，这可减少重型机械的需用量，减少人工、设备费用，成本低、工期短，但不便拆下物料的分拣处理。

**关注安全和废物最小化** 核与辐射设施拆卸捣毁时，应重点关注辐射安全、工业安全和环境安全。拆卸捣毁时发生的安全事故，如崩塌、重物坠落、引发火灾等，可能会造成人员的伤亡。

核与辐射设施拆卸捣毁时，会产生很多的砖、土、混凝土和废钢铁，有的有不同程度的污染，有的没有被污染，不应都被当作放射性废物去处置，应做好检测和分类。有的可以再循环/再利用，有的可作工业垃圾处置。必须注意，用无污染和无活化的建筑物垃圾同核设施放射性污染垃圾掺合，使其达到解控水平释放，是不允许的。 （刘春秀　张振涛）

**chuan**

**氚** (tritium) 氢的放射性同位素，经β衰变后形成稳定的核素 $^3$He。符号为 $^3$H。

**基本性质** 氚是一种纯β射线的发射体，半衰期为12.35年，最大能量18.6 keV，平均能量为5.7 keV。氚气（HT）被释放进入环境大气中，主要通过氧化与同位素交换反应转变为氚化水蒸气（HTO）。此外还应考虑太阳光线、植物、土壤等的转化作用。氚的半衰期较长，足以在排放地区产生区域性和全球性的环境影响。

**来源** 天然氚主要在大气中由于宇宙射线中的质子和中子与氮和氧的相互作用而生成，产生率为 $7.2\times10^{16}$ Bq/a，全球的盘存量为 $1.3\times10^{18}$ Bq。1945 年开始的大气层核试验造成了环境氚水平的大幅度提高，1945—1980 年，共有 $1.86\times10^{20}$ Bq 的氚生成释放到环境中。在核动力堆内，由于核燃料的三分裂变，中子直接与锂和硼的同位素作用，以及与天然的重氢作用时产生活化反应，都可以产生氚。联合国原子辐射影响科学委员会（UNSCEAR）2000 年报告给出，截至1997年全球所有核电站和燃料后处理厂向大气释放的氚总量为 $2.96\times10^{17}$ Bq，而向海洋释放的氚总量为 $1.26\times10^{17}$ Bq。全世界各国日益增长的核电站的氚排放已成为环境氚产生的主要人为来源。此外，目前正在建造中的国际热核聚变实验反应堆，其设计的氚盘存量以及再生区日产氚量均在 $10^{16}$～$10^{17}$ Bq/d 的量级。

**用途** 作为示踪剂，氚在生物医学和水文地质研究中有广泛的应用；作为冷光源，氚气自发光管或用氚发光涂料制作的标志牌、仪表盘等可被用于夜间照明；氚还是制造热核武器氢弹和聚变反应堆的主要原料。

**辐射影响** 由于氚发射的β粒子在软组织中射程最多不超过6 μm，比表皮内基底细胞所在的深度还要短，所以氚的外照射剂量可以忽略不计。环境中的HTO主要通过呼吸道、经皮肤吸收及摄入的饮料和各种食物转移到人体，很快与体内水分达到平衡。UNSCEAR 2000年报告给出，反应堆和后处理厂单位氚释放对气态氚和液态氚产生的归一化集体有效剂量，分别是 $2\times10^{-15}$ 人·Sv/Bq（2000 km以内）和 $2\times10^{-16}$ 人·Sv/Bq（50 km以内）。

**测量方法** 在核设施内处理氚的场所，气载氚的放射性通常应用流气式电离室或正比计数器进行监测控制。环境大气中的氚主要利用干燥剂吸附器或冷冻取样方法，捕集大气空气中的湿气，然后用液体闪烁谱仪进行计数测定。对于环境低水平水中氚的测定，目前国内外通用的方法是电解浓集与低本底液体闪烁谱仪测定。对于有机氚样品则需先经过一个专门的氧化燃烧装置将其氧化转变为水。

**安全与防护** 核设施排放的气态氚中主要包含HTO、HT，还可能有氚化甲烷（$CH_3T$）。HT 及 $CH_3T$ 在大气中的留存时间估计平均为

5～10 年。由于 HTO 比 HT 和 $CH_3T$ 具有更强的生物活性和辐射危害，因此 HTO 便成为核工业排放中最受关注的一种氚化合物。

以 HTO 为主要形式的天然氚和核试验落下灰中的氚，主要产生在同温层，氚化水蒸气经过约 1 年的半减期，从同温层流入对流层，随雨水及分子交换作用，从对流层散落到地球表面进入水循环。沉降到海洋表面的氚化水在海洋的混合层被稀释，一部分氚化水变成蒸汽重返大气层，而另有一部分转移到海洋深处。沉积在地面的氚化水，一部分流入池塘、湖泊、河流及海洋，另一部分则渗透到土壤中被植物吸收、挥发，或随地下水流入地表系或海洋。部分氚化水沉降在土壤中，从土壤再进入蔬菜和肉类产品，从而使各种食物受到污染。目前已知与生物材料结合在一起的氚和沉积物中的氚，至少可分成两类。一类是易于流动与周围环境处于平衡的自由水氚，另一类为有机结合氚。与自由水氚相比，由于有机结合氚在生物中有较长的生物半存留期，通常辐射危害更大。

我国的控制标准主要是《核动力厂环境辐射防护规定》（GB 6249—2011），要求核动力厂必须按每堆实施放射性流出物年排放总量的控制，对于 3 000 MW 热功率的反应堆，氚的排放控制值：对气载氚流出物，轻水堆为 $1.5\times10^{13}$ Bq/a，重水堆为 $4.5\times10^{14}$ Bq/a；对液态氚流出物，轻水堆为 $7.5\times10^{13}$ Bq/a，重水堆为 $3.5\times10^{14}$ Bq/a。对于同一堆型的多堆厂址，所有机组的年总排放量应控制在上述控制值的 4 倍以内。

（杨怀元　杨华庭）

**chuanneng xianmidu**

**传能线密度**　（linear energy transfer，LET）表征射线对物质作用能力大小的物理量。定义为带电粒子在单位长度径迹上传递的能量，即入射带电粒子在穿行距离 d$l$ 时，由于与电子碰撞而损失的平均能量减去所释放的次级电子的动能（大于 Δ 的所有电子的动能）之和的平均值 d$E_\Delta$，除以 d$l$ 而得到的商，即：

$$L_\Delta = \frac{\mathrm{d}E_\Delta}{\mathrm{d}l}$$

式中，$L_\Delta$ 的单位为 J/m，$l$ 的单位为 m，$E_\Delta$ 的单位为 eV，因而 $L_\Delta$ 的单位也可表示为 eV/m。

传能线密度是国际辐射单位与测量委员会为描述不同的电离辐射在物质中能量沉积的空间分布差异或特点而引入的，以反映沿着粒子径迹内能量转移在空间分布上的特点。传能线密度又称有限线电子阻止本领，也可用下式表示：

$$L_\Delta = S_{\mathrm{el}} - \frac{\mathrm{d}E_{\mathrm{ke},\Delta}}{\mathrm{d}l}$$

式中，$S_{\mathrm{el}}$ 为线电子阻止本领，J/m；d$E_{\mathrm{ke},\Delta}$ 为带电粒子穿行距离 d$l$ 时释放的电子的动能（大于 Δ 的所有电子的动能）之和的平均值，J。

该定义表示以下能量平衡：虽然该定义规定能量截止 Δ 而不是射程截止，但是初级带电粒子沿某一径迹区段与电子碰撞时的能量损失减去初始动能大于 Δ 的次级电子带走的能量，等于被视为“局部转移”的能量。该定义与以往给出的差别有两个方面：第一，$L_\Delta$ 包括在所有相互作用中电子的结合能。这样 $L_0$ 所指能量损失不再表现为释放电子的动能，即次级电子从与初级带电粒子相互作用中获得的能量全部用于克服电子的结合能，也就是释放电子的动能为零。第二，释放电子的动能阈是 Δ 而不是 Δ 减去结合能。

为了简化表达方式，Δ 可用 eV 表示，因而 $L_{100}$ 就应理解为能量截止为 100 eV 时的传能线密度。如果不加能量限制，那么非定限传能线密度 $L_\infty$ 就是线电子阻止本领 $S_{\mathrm{el}}$，即 $L_\infty = S_{\mathrm{el}}$，也可以简化记为 $L$。

（刘森林　陈竹舟）

# D

**daibiaoren**

**代表人** （representative person） 代表受照人群中受到相对高照射的个人。这个术语等效于并取代以前国际放射防护委员会（ICRP）1990 年建议书中描述的“关键居民组”概念。

**沿革** 评价公众照射的剂量准则是针对个人的，用个人每年所受剂量来表示。但对公众来说，在任何时间和地点所受的剂量都不可能是单一数值，而是一个谱，而且公众中单个成员所受剂量通常是不可能进行实际监测的，所以有必要研究如何估算其剂量以及如何判断是否满足规定要求的方法。为了简化，ICRP 引入了“关键居民组”的概念。

“关键居民组”最早是由 ICRP 第 7 号出版物首先引入的，其表述是：“某些关键途径中某种关键核素的存在，并不会对核设施场外公众中每个成员产生相同的照射。运行前的调查通常可以确定出公众中一个到两个人群组的存在，他们的特征（即习性、年龄、位置）会使他们受到比场外其他公众成员更高的剂量，因而需要对他们进行单独的考虑，即定为关键居民组。”确定关键居民组需要考虑的因素包括：①潜在照射组的住地和年龄分布；②饮食习惯（即特殊的食物和消费量）；③特殊职业习惯（如捕鱼器具的操作）；④住室类型（即屏蔽特性）；⑤家庭习惯（即室外停留时间、洗澡和洗衣的频率）；⑥业余爱好（即捕鱼运动或日光浴）。关键居民组可以在核设施附近，也可以在相距一定距离的地方；可以包括成年男人、妇女，孕妇和儿童；他们可以是食用以特种方法配制或在特定地方生产的食品的个人，也可以是在特种工业部门中工作的人员。关键居民组是公众成员中受到较大照射的个人的代表，同时，在他们所受辐射剂量方面，要尽实际可能地均匀，也就是要使他们在对剂量大小有影响的那些因素方面尽实际可能地均匀。

1985 年出版的 ICRP 第 43 号出版物提到：“通常情况下，关键居民组既不可能由一个人组成，也不可能由非常大的人口组成（以致失去均匀性）。通常最多可达 20～30 人，在极少数情况下，当很大人群均匀受到照射时，关键居民组可以更大一些。”

ICRP 第 60 号出版物中对关键居民组的表述是：“这个组被选择是由于评价源所引起的最高受到照射个人的代表，这就要求由源产生的剂量照射是合理均匀的，即任何个人约束是针对关键居民组平均值的，这就意味着关键居民组的某些人员所受剂量可能高于或低于平均值”，实际上，这就已经提到了关键居民组是最高受到照射个人的代表。

ICRP 第 103 号出版物指出：“关键居民组”概念在过去的应用取得了大量的经验，但这一概念存在某些弱点，因为它要求有局部地区的详细食谱和生活习惯等资料，而这些食谱和生活习惯的数据可能是变化的。同时，公众成员所受剂量的估算技术有了新的发展，特别是概率论方法得到了大量应用。因此，为了实现对公众的放射防护目的，适应ICRP放射防护体系的演变，ICRP提出用“代表人”代替早期的“关键居民组”的概念。

《电离辐射防护与辐射源安全基本标准》(GB 18871—2002)仍采用“关键人群组”的概念，其含义与“关键居民组”是相同的。

**代表人的特征** 主要通过与年龄相关的生理参数、生活习性资料（食谱、居住资料、当地资源）及与剂量评价相关的资料来描述。

年龄相关的生理参数（如年龄组、呼吸率等）主要与剂量系数相关，对于外照射，剂量与年龄的相关性较小，但对于内照射的剂量系数与年龄的相关性较大。GB 18871—2002采用了ICRP推荐的7个年龄段相关的内照射剂量系数。ICRP最近提出在公众剂量评价中有必要适当合并年龄段，但作为一种科学研究，继续发展年龄相关剂量系数剂量学是必要的。

在采用确定论方法评价中，所用的生活习性资料是代表少数受到较大照射的人员的平均值，而不是人群中单个人员的极端值，可以给出某些极端的或异常的生活习性，但它不是代表人的特性。在采用概率论方法评价中，生活习性参数应当是包括相关人群中所有可能值的范围，参数的分布应当与所考虑的位置和相关条件相适应。在得不到当地人群的资料时，可利用合适的国家性或地区性资料进行推算。这些参数分布资料可以在确定论方法中使用，也可以在概率论方法中使用。在采用确定论方法时，通常对于特定的源，对代表人某个照射途径是主要的，采用95%的置信度是合适的。如果是多个照射途径产生较大的照射，最主要的照射途径可取95%，其他照射途径宜取一组合理的和可持续的习性数据。

在选择代表人的特征时，必须考虑合理性、可持续性和均匀性。合理性意味着其特性用于个人时是真实的，不会超出日常生活中可能遇到的个人的特性范围；持续性和均匀性是合理性的一个方面，持续性即所选取的特性在所评价的时间框架内是连续的，均匀性是强调多大的特殊特性极端值应该包括在评价内。如果个人剂量的分布基本上在10倍范围内，应该认为是均匀的。

在考虑代表人的剂量时，应当考虑很多因素：①所有相关的照射途径产生的剂量；②核素的空间分布，以保证受到更大照射的人员都包括在内；③生活习性资料应当以受到照射人群为基础，并且是合理的、可持续性的和均匀性的；④采用适于特殊年龄组合适的剂量系数。一旦这些因素得到考虑，通过评价（使用确定论方法、概率论方法或两者的结合），就可以确定出代表人。（陈凌　陈竹舟）

**daidian lizi jiasuqi**

**带电粒子加速器**（charged particle accelerator）利用电磁场的作用使带电粒子获得高能量的装置。带电粒子加速器是探索原子核和粒子的性质、内部结构和相互作用的重要工具，在工农业生产、医疗卫生、科学技术和安保等方面也都有重要而广泛的作用。

**沿革** 自卢瑟福（Rutherford）1919年用天然放射性元素放射出来的α射线轰击氮原子首次实现了元素的人工转变以后，物理学家就认识到，要想认识原子核，必须用高速粒子与原子核作用。然而天然放射性提供的粒子能量有限，天然的宇宙射线中粒子的能量虽然很高，但是粒子流极为微弱，因此为了开展有预期目标的实验研究，人们研制和建造了多种粒子加速器，且不断地提高其性能。

**结构及分类** 粒子加速器一般包括3个主要部分：①粒子源。提供所需加速的带电粒子，如电子、正电子、质子、反质子以及重离子等。②真空加速系统。存在一定形态的加速电场，并且为了避免粒子与空气分子相互作用，整个系统有高的真空度。③导引、聚焦系统。用一定形态的电磁场来引导和约束被加速的粒子束，使之沿预定轨道运动。

粒子加速器的指标是粒子所能达到的能量和粒子流的强度（流强）和发射度。按照粒子能量的大小，加速器可分为低能加速器（能量小于 100 MeV）、中能加速器（能量为 100～1 000 MeV）、高能加速器（能量为 1～1 000 GeV）和超高能加速器（能量大于 1 TeV）。按其作用原理粒子加速器可分为：静电型加速器、直线加速器、回旋加速器、电子感应加速器、同步回旋加速器、对撞机等；按粒子运动轨道形状可分为：直线加速器、回旋加速器和环形加速器；按加速电场种类可分为：静电场型、电磁感应场型、高频场型。

**应用** 应用粒子加速器的人们发现了绝大部分新的超铀元素和合成的上千种新的人工放射性核素，并系统深入地研究原子核的基本结构及其变化规律，促使原子核物理学迅速发展成熟起来；应用高能加速器人们发现包括重子、介子、轻子和各种共振态粒子在内的几百种粒子，建立了粒子物理学；另外，利用加速器产生的同步辐射，短脉冲强激光和强短脉冲X射线在基础研究和应用中有重要作用。近 20 多年来，加速器的应用已远远超出原子核物理和粒子物理领域。加速器广泛应用在工农业、医疗、科研和安保等各个领域。电子静电加速器被用于辐照加工、消毒等方面。巨型的串列式加速器，如美国橡树岭国家实验室的25 URC和英国达尔士布莱的 NSF 加速器，其加速电压在 25 MV 以上，主要用于核物理基础研究。近年来，一批电压为 1～2 MV 的小型串列式加速器相继产生，在元素痕量分析等方面有着广泛的用途。电磁感应式加速器主要用于金属构件的无损探伤、肿瘤的辐照治疗等。直线谐振式加速器则在医疗和工业辐照方面用途极为广泛，大多用来生产各种放射性同位素。回旋加速器可用来进行材料的活化分析以及辐照损伤的研究，在不损伤和不破坏材料、制品或构件的情况下，完成对材料内部情况的检测，判别材料内部有无缺陷。电子同步加速器已被广泛地用于固体物理、分子生物学及集成电路研制等各个方面。电子感应加速器除了用于产生γ射线做核反应等方面的应用外，还广泛用于工业和医疗方面，如无损探伤、工业辐照、放射治疗等。

**发展趋势** 加速器的发展一直伴随着新原理的提出，同时也促进了新技术的发展。新技术的发展也为新原理的产生创造了条件。

加速器的发展进程中产生的新技术包括：超导磁铁（已在 TEVATRON、RHIC、HERA、KEKB 和 BEPCII 等对撞机上应用）场强的提高、超导高频腔（已在 TRISTAN、LEP、HERA、CEBAF、CESR、KEKB 和 BEPCII 等加速器上使用）的性能提升、强流小发射度电子枪、亚毫微米束团截面和位置快速测量以及冷却技术、自由电子激光和第四代同步光源技术等。另一方面新加速原理如电子或激光驱动等离子体形成极高电场（达 GV/M）等加速机制也正处于探索中。

随着带电粒子加速器的发展，与其相关的磁铁技术、电源技术、高频微波技术、真空技术、束流测量与反馈技术、自动控制技术、低温和超导技术、辐射防护技术、精密机械和准直安装技术等，都在迅速向高、新、精、尖的方向发展。 （钟俊晴 王传英）

**daiji jiliang**

**待积剂量** （committed dose） 用于估算放射性核素摄入体内以后所产生内照射剂量大小的量，是待积当量剂量和待积有效剂量的通称。

**待积当量剂量** 用 $H_T(\tau)$表示，定义为：

$$H_{\mathrm{T}}(\tau)=\int_{t_0}^{t_0+\tau} H_{\mathrm{T}}(t)\mathrm{d}t$$

式中，$t_0$ 为摄入放射性物质的时刻；$H_T(t)$ 为摄入的放射性物质在 $t$ 时刻对器官或组织 T 所产生的当量剂量率（Sv/h）；$\tau$为摄入放射性物质之后经过的时间。

未对$\tau$加以规定时，对成年人$\tau$取 50 年；对儿童$\tau$取 70 年。

**待积有效剂量** 用 $E(\tau)$表示，定义为：

$$E(\tau)=\sum_{T}\omega_{\mathrm{T}}\cdot H_{\mathrm{T}}(\tau)$$

式中，$H_T(\tau)$为积分至$\tau$时间时器官或组织 T 的待积当量剂量（Sv）；$\omega_T$ 为器官或组织 T 的组织权重因数。

未对$\tau$加以规定时，对成年人$\tau$取50年；对儿童$\tau$取70年。

**意义** 待积剂量的定义反映出了内照射危险与外照射危险之间的巨大差别：对于外照射而言，只要远离照射源就可不再受照了；但内照射危险不同，一旦放射性核素进入人体以后，在其充分衰变或排出人体之前的剩余时间内，它们一直都会对人体不断产生照射（有时会是终身照射）。因此要估算内照射剂量的大小，必须要对摄入核素所产生剂量率在几十年内进行积分。 （夏益华 潘自强）

**danyi guzhang zhunze**

**单一故障准则** （single failure criterion） 在一个系统中任一单个部件可能失效，但要求设计仍能实现正确地完成预定的系统功能。

单一故障，即导致某一部件不能执行其预定安全功能的一种故障，以及由此引起的各种继发故障。核电厂中提高系统和部件可靠性的主要设计方法之一是采用多重性，而“单一故障准则”是满足多重性的最低要求，是目前确定核电厂设计方法最重要的设计原则之一。

从概率论的角度来看，“单一故障准则”并不是一个完全合理的要求，因为虽然很多系统都可能执行安全功能，但各系统的安全重要性或重要度可能有很大差异，这从核电厂的概率安全分析结果中可以一目了然。从这个角度讲，也许某些系统仅考虑“单一故障”是不够的，而某些系统仅采用单一系列就能达到所需要的可靠性。“单一故障准则”的优点在于可以有效地提高系统执行功能的可靠性，而要求相对明确和简洁。在目前的技术水平下，任何其他的替代要求都可能导致问题的复杂化，甚至是难于实施。

《核动力厂设计安全规定》中对“单一故障准则”给出了如下的表述：“必须对核动力厂设计中所包括的每个安全组合都应用单一故障准则”。“为检验核动力厂是否符合单一故障准则，必须对有关安全组合进行下述分析：假设单一故障（及其全部继发故障）依次发生在安全组合的各个单元上，直至分析了全部可能故障为止。然后对各有关安全组合逐一进行分析，直至考虑了所有安全组合和全部故障为止。单一故障分析中，不考虑同时发生一个以上的随机故障”。“当把此概念运用于一个安全组合或系统时，误动作必须视为故障的一种模式”。“不符合单一故障准则的情况必须是极个别的，并必须在安全分析中明确证明是正当的”。“某一非能动部件的设计、制造、在役检查和维修均达到很高的质量水平，并且保持不受假设始发事件的影响，则在单一故障分析中可以不必假设它会发生故障。但是，当假定某一非能部件不会发生故障时，必须从该部件所受的载荷、所处的环境以及始发事件发生后要求该部件执行其功能的全时程的角度来论证这种分析方法的合理性”。

**单一故障应用的前提** 在“单一故障准则”中明确单一故障是在始发事件的前提下是必要的，这是因为各系统的功能要求只有在始发事件的背景下才能全面确定，特别是对新设计的核电厂。对成熟的核电厂设计而言，由于可能已经过反复的审查，系统的安全功能能够较好地确定，但也不能排除识别出新的始发事件的可能性。

**单一故障应用的位置** 单一故障假设在“安全组”中，而安全组是“为抑制特定假设始发事件的后果，使之不超过设计基准所规定限值所需要的动作的设备组合”。在事故分析中也要求在安全系统或设备中假设单一故障，对非安全级系统或设备只能考虑其不可用和不利作用。

像单一故障应有始发事件的前提一样，规定单一故障在安全系统或设备中假设是必要的。因为众所周知，按照目前确定论的安全要求，一个系统或设备的安全级别是由其所承担的安全功能及可能动用这个安全功能的频率所确定的。当一个始发事件发生，假设在安全系统或设备中发生单一故障，而分析的结果不能够满足相应的事故验收准则时，说明系统的安全级别划分可能存在问题，或许应将某些原来的非安全级系统更改为安全级系统。

**单一故障适用的故障类型** 对于能动故障

和非能动故障在核电厂设计和分析时都可以考虑单一故障。在机械流体系统中，在需要靠部件的机械运动完成功能的设备接收到动作命令时，拒绝完成其功能，这种故障称为能动故障；在机械流体系统中，流体承压边界的破坏或影响系统内部流量的机械故障，称为非能动故障。能动部件是依靠触发、机械运动或动力源等外部输入而行使功能，因而能以主动态影响系统工作的部件；非能动部件是“无须依赖外部输入而执行功能的部件。非能动部件内一般没有活动的组成部分，其功能的执行系统在感受到某种参数，如压力、温度、流量的变化后完成。然而，基于不可逆动作或变化、又十分可靠的部件，可划为这个类别”。

但是能动部件和非能动部件、能动故障和非能动故障的定义对“单一故障准则”的实施有重大影响。对在能动部件和非能动部件上如何假设单一故障，在我国法规中没有明确要求，只是笼统地规定“对于设计、制造、在役检查和保养的质量达到极高水平的非能动部件的故障，可不予考虑。但在排除非能动部件发生故障的可能时，必须计及始发事件后需要部件发挥作用的全时程，并对基于此种假设的分析方法的正确性作出论证”。

**单一故障发生的时间** 对于能动故障，各个法规或标准中的要求是一致的，即在始发事件需要系统和部件的安全功能的整个时段内均可假设。

对于非能动故障，《核电厂设计安全规定》规定“在排除非能动部件发生故障的可能时，必须计及始发事件后需要部件发挥作用的全时程，并对基于此种假设的分析方法的正确性作出论证”；《法国 900 MWe 压水堆核电厂系统设计和建造规则》规定为“长期内发生的单一能动故障或单一非能动故障”；俄罗斯《核动力厂安全保障总则》规定“如果这部件的可靠性指标不低于没有转动部分的非能动的安全系统部件的可靠性指标，则认为它们的可靠性水平是高的，其故障可以不考虑（因为其概率小）”；美国《轻水堆安全相关流体系统单一故障准则》规定“在长期运行期内，假定不出现短期运行期间已出现过的故障，在此期间要考虑的单一故障可以限定为能动故障或非能动故障”。

**单一故障适用的工况** 在始发事件或初始事件的情况下叠加单一故障。而在目前的法规或标准中对始发事件或初因事件的定义基本相同。

事实上，如果不考虑专设安全设施或安全相关的辅助系统中某个设备或部件故障作为始发事件，由于预计运行事件不会触发专设安全设施的动作，而仅仅可能触发反应堆停堆，对设计并不会产生影响。当然，除了法规和标准的规定外，各国在核电厂的具体设计中还有一套实践或惯例，也是应当给予注意的。

（陶书生　董柏年）

**dangliang jiliang**

## 当量剂量

（equivalent dose）　辐射防护中某一组织或器官中的吸收剂量平均值与不同类型辐射的相对危害效应大小的辐射权重因数加权后所得的积，用 $H_T$ 表示。

定义为：

$$H_{T,R} = D_{T,R} \cdot \omega_R$$

式中，$D_{T,R}$ 为在某个器官或组织（T）内辐射（R）产生的平均吸收剂量（Gy）；$\omega_R$ 为辐射 R 的辐射权重因数。因为$\omega_R$量纲为 1，当量剂量的单位是与吸收剂量相同的，为焦[耳]/千克（J/kg），其特定名称为希[沃特]（Sv）。

当辐射场是由具有不同$\omega_R$值的不同类型的辐射所组成时，要对不同类型辐射所产生的当量剂量求和：

$$H_T = \sum_R \omega_R \cdot D_{T,R}$$

**平均吸收剂量** 见吸收剂量。

**辐射权重因数** 一个量纲为 1 的因数，用它与器官或组织中的吸收剂量相乘，是要反映高 LET（传能线密度）辐射的生物效应与低 LET 辐射的生物效应相比较时，前者是后者的几倍。引入该因数的目的，就是在考虑辐射生物效应的基础上根据器官或组织的平均吸收剂量来推算当量剂量。

研究表明，辐射照射可以在生物体内引起物理的、化学的、生物学的一系列变化，辐射诱发的生物学变化（因而可能引起辐射损伤）的大小不仅与最后吸收的辐射能量有关，而且还与辐射的种类和能量有关，为此引入了反映不同种类（能量）辐射相对生物效应大小的辐射权重因数。

关于辐射权重因数值，《电离辐射防护和辐射源安全基本标准》（GB 18871—2002）规定了不同类型辐射的辐射权重因数，用以考虑不同类型辐射的相对危害效应（包括对健康的危害效应），见表 1。

**表 1　不同辐射类型的辐射权重因数**

| 辐射的类型及能量范围 | 辐射权重因数$\omega_R$ |
|---|---|
| 光子，所有能量 | 1 |
| 电子及介子，所有能量* | 1 |
| 中子，能量＜10 keV | 5 |
| 10～100 keV | 10 |
| ＞100 keV～2MeV | 20 |
| ＞2～20MeV | 10 |
| ＞20MeV | 5 |
| 质子（不包括反冲质子），能量＞2MeV | 5 |
| α 粒子、裂变碎片、重核 | 20 |

* 不包括由原子核向 DNA 发射的俄歇电子，此种情况下需进行专门的微剂量测定考虑。

如果需要使用连续函数计算中子的辐射权重因数，则可使用下列近似公式：

$$\omega_R = 5 + 17\exp\left\{-[\ln(2E)]^2/6\right\}$$

式中，$E$ 为中子的能量，MeV。

对于未包括在表 1 中的辐射类型和能量，可以取$\omega_R$等于 ICRU 球中 10 mm 深处由下式求得的$\bar{Q}$值：

$$\bar{Q} = \frac{1}{D}\int_0^\infty Q(L)D_L \mathrm{d}L$$

式中，$D$ 为吸收剂量，Gy；$D_L$为吸收剂量 $D$ 随水中非定限传能线密度 $L$ 的分布；$Q(L)$为国际放射防护委员会第 60 号出版物中规定的水中非定限传能线密度为 $L$ 时的辐射品质因数。$Q(L)$关系式如表 2 所示。

近年来，国际放射防护委员会 103 号报告书给出的辐射权重因数如表 3 所示。

**表 2　辐射品质因数与非定限传能线密度的关系**

| 水中的非定限传能线密度 $L$/（keV/μm） | $Q(L)$ |
|---|---|
| ≤10 | 1 |
| 10～100 | $0.32L-2.2$ |
| ≥100 | $300/\sqrt{L}$ |

**表 3　不同辐射类型的辐射权重因数**

| 辐射类型 | 辐射权重因数 $\omega_R$ |
|---|---|
| 光子 | 1 |
| 电子和μ子 | 1 |
| 质子和带电π介子 | 2 |
| α 粒子，裂变碎片，重核 | 20 |
| 中子 | $\omega_R = \begin{cases} 2.5+18.2\exp\left\{-[\ln(E_n)]^2/6\right\}, & E_n<1\text{MeV} \\ 5.0+17.0\exp\left\{-[\ln(2E_n)]^2/6\right\}, & 1\text{MeV}\leqslant E_n\leqslant 50\text{MeV} \\ 2.5+3.25\exp\left\{-[\ln(0.04E_n)]^2/6\right\}, & E_n>50\text{MeV} \end{cases}$ 或见下图 |

注：$E_n$表示中子能量。

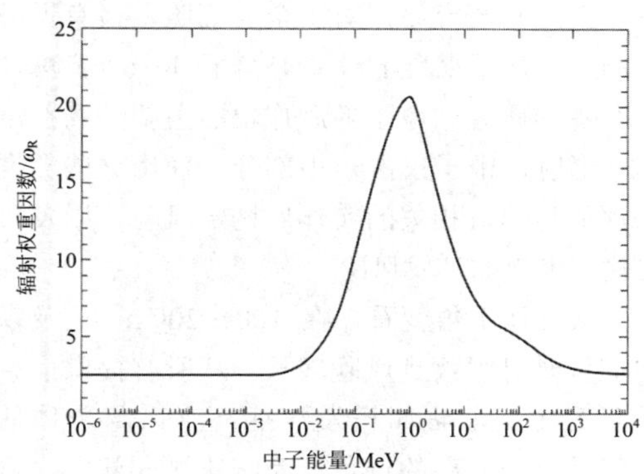


**中子的辐射权重因数$\omega_R$与中子能量的关系**

（夏益华　潘自强）

**dengliziti**

## 等离子体

（plasma）　部分电子被剥夺后的原子及原子被电离后产生的正负离子组成的离子化气体状物质。等离子体是物质第四态，广泛存在于星际空间，是物质存在的基本形态之一。等离子体属多粒子系统，其基本组元是电子和离子（未完全电离时含有中性原子，空间等离子体含有尘埃）。等离子体宏观上呈电中性，内部的电荷分离只存在于很短的距离里。表征电荷分离的尺度称为“德拜长度”，而这种自屏蔽效应称为“德拜屏蔽”。当等离子体与器壁接触时，由于电子和离子热速度的差别，便在器壁表面附近德拜长度线度内形成负电位“鞘层”。由于受控核聚变是通过高温等离子体实现的，所以高温等离子体是受控核聚变研究的载体，由此发展起来的“核聚变等离子体物理学”成为受控核聚变的基础科学。“核聚变等离子体物理学”是物理学的重要分支，其理论体系和实验手段仍在不断的发展和完善中，内容包括色散介质电动力学、等离子体统计力学和磁流体力学。

在磁约束核聚变装置中，等离子体被约束于强磁场背景中，称为磁化等离子体。其中，单个带电粒子的运动轨迹遵从电动力学规律，称为轨道运动。由于磁场形态的多样性、工程技术原因导致的“场的不均匀性和不稳定性”及库仑力支配下的小角度碰撞等原因，粒子的轨道运动呈多样性。和“轨道运动”相比，等离子体作为流体和电介质，还存在大量的“集体运动模式”。有别于一般流体力学系统，等离子体为“磁流体”和“色散电介质”，这种特殊属性使等离子体的“集体运动模式”变得非常复杂，除普通流体的全部集体运动模式外，还具有普通流体所没有的模式。因此，等离子体的集体运动从模式到特征频率都异常复杂。只要存在“自由能”，某些集体运动模式便会激发起来并传播开去，发展成为不稳定模式。加上轨道运动的多样性、轨道运动与集体运动的相互影响以及集体运动不同模式之间的相互影响，使等离子体的运动形态更加多样化和复杂化。等离子体的另一显著特征是容易偏离（甚至远离）原有平衡态，同时有许多“渠道”（自由度）使其回复新的平衡态。因此，等离子体成为远离平衡态的非线性科学研究的主要对象之一。

等离子体在器壁界面形成的鞘层，是核聚变研究中“朗缪探针”的工作原理和所有等离子体加工技术的基础。由于鞘层的成因是德拜屏蔽，是由等离子体“自组织”地形成和维持的，因此，只要控制等离子体的外部宏观参数（如气体种类、气压、放电功率等），即可达到各种加工的目的。等离子体各带电组元（电子、离子和尘埃）均处于游离状态，尤其是电子，它的迁移率很大。这种相对“游离”的状态，使得等离子体中容易发生多种原子、分子过程，包括：电离、复合、激发、退激、热解、裂解、离子合成、亚稳态电离、亚稳态复合、亚稳态及高激发态原子。这些过程在等离子体化工、等离子体涂层、等离子体聚合、等离子体结晶中有非常重要的意义。　（潘传红　万元熙）

**dijiliang zhaoshe**

## 低剂量照射

（low dose exposure）　对受照射人群 100 mGy 以下的低 LET（传能线密度）照射或 50 mGy 以下的高 LET 照射。低剂量率指 0.1 mGy/min（约为 1 小时平均值）的照射。

低剂量照射依受照射对象不同而有很大差别。例如，对于细菌和哺乳类细胞，引起同样效应的低剂量照射可相差百倍。放射生物学和辐射防护主要关心的是影响人体健康的照射剂量。已知大、中剂量（0.5 Gy 以上）的电离辐射照射可对人体造成损害，但更低剂量的照射对人群健康是否有害则尚未定论，因而也是多年来人们积极研究的问题。为谨慎和方便辐射防护管理起见，目前辐射防护采用线性无阈的假设，即假设照射危害与照射剂量呈正比，且零照射对应零危害。

实际上，人类长期以来一直受到来自地表、空间和人体内的各种电离辐射照射，即天然本底照射。人类也正是在这一天然辐射环境中进化至今。由于地理位置和地表结构的不同，世界各地的天然本底辐射水平有不同的数值，有些地区的天然本底辐射水平可高于平均水平数倍甚至数十倍。世界天然本底辐射每年对全球人口造成的平均个人有效剂量为 2.4 mSv/a 左右，这可近似看作是由 2.4 mGy/a 的低 LET 外照射引起，此对应的剂量率仅为 $4.6\times10^{-6}$ mGy/min。可见，天然本底辐射和上述定义中的低剂量和低剂量率相比是非常低的。另一方面，随着核技术和核能应用的不断推广，环境中和某些职业岗位上可能会有微量的照射增加，使相关人群受到天然本底辐射水平以外的额外照射。

对于低剂量照射，人们主要关心照射的致癌效应、是否有遗传效应和非致癌效应问题。

**致癌效应**　低剂量照射致癌研究关键要注重研究设计的完整性，包括考虑广泛的潜在混合因素以及所有研究的统计功效，以显示辐射照射相关癌症的异常发病率。包括分析统计功效的评估、系统性差错的可能性以及其他不确定性来源。

关于辐射相关癌症发病率的流行病学信息主要源于对日本原子弹爆炸幸存者、在工作环境中面临辐照群体、医疗过程中接受射线治疗的患者、暴露于辐射环境源的人群进行的研究。近年来，还发现在居家环境中暴露于天然放射性气体氡及其子体的人群肺癌发病率偏高的现象。在所有研究中，对于全身辐照，最有说服力的一组数据来自于对 1945 年日本原子弹爆炸幸存者的研究。原子弹爆炸辐照主要是高剂量率 γ 辐射，中子仅占一小部分。使用这些数据来评估与辐射相关的实体癌诱发风险，以及白血病和淋巴瘤诱发风险。

从统计学角度看，在 100～200 mGy 及以上剂量时可观察到风险增长。从所有提供信息的研究中提取辐照诱发癌症终生风险总体估计值是一个复杂的过程。为解决这一问题，需采用数学模型，以及全球不同区域各类人口潜在癌症发生率的相关数据，不过，应当充分认识到这些估计值存在的不确定性。联合国原子辐射影响科学委员会（UNSCEAR）当前对辐射诱发致死癌症风险的估计值见下表。风险估计值随年龄而变化，未成年人相对较为敏感。子宫内辐照研究表明，胎儿尤为敏感。

**超额终生死亡风险**

| 急性剂量/Gy | 实体癌/% | 白血病/% |
|---|---|---|
| 0.1 | 0.36～0.77 | 0.03～0.05 |

注：超额终生死亡风险为 1%时，指每 100 人中有一个额外死亡病例。

日本原子弹爆炸的幸存者与大部分在工作过程中照射或暴露于环境辐射源的群体在照射性质上存在较大差异。原子弹爆炸的幸存者的照射来自γ射线和中子的外部辐射，一般来说，他们在短时间内暴露于高剂量的辐射。相反，其他群体中很多人则在长时间内暴露于低剂量辐射，有时辐射来自于进入体内的放射性核素。在俄罗斯南乌拉尔州马雅克核工厂开展的工人健康流行病学研究，以及对 Techa 河附近因该厂的放射性物质排放而暴露于辐射中的人口进行的流行病学研究，为长期暴露于低剂量内部结合态放射性核素的健康影响提供了有价值的信息。对因切尔诺贝利核事故而暴露于辐射的人口进行的跟踪研究为低剂量外照射影响和放射性碘对甲状腺的影响提供了有用信息。这些研究得出的癌症风险估计值与日本原子弹爆炸幸存者研究得出的数值之间相差不大。

相反，对居住在中国和印度天然本底辐射较高地区的人口进行的研究结果并未表明这种程度的照射可增加癌症诱发风险。

癌症产生的原因很多，辐射只是众多原因之一，癌症约占发达国家死亡人数的四分之一左右。从上表中可见，低剂量辐射引起的癌症发病率是非常低的。

**遗传效应** 与对辐射相关癌症的研究不同，流行病学研究并未提供清楚的证据证实辐照对人体具有异常的遗传效应。已采用日本原子弹爆炸幸存者后代的数据开展了规模最大、范围最广泛的研究。在此次或其他任何有关人体研究中，均未观察到遗传效应的频率增加。因此，这些研究无法直接估计出辐照的遗传风险。同时，这些研究也无法证实不存在任何遗传效应风险。这是因为，在未受原子弹爆炸辐射人群较高的发病率基础上，很难发现可能存在与辐照相关的略微增加的发病率。不过，这些研究的结果仍然很有用，它就相关风险的估计提供了上限。

**非致癌效应** 近期，有越来越多的证据表明低剂量照射会导致白内障的发病率上升。因此，2014 年国际原子能机构等国际组织发布的《国际电离辐射防护与辐射源安全基本标准》（正式版）已调低了对眼晶体的当量剂量限值，由原来的 150 mSv/a 大幅度降到了 20 mSv/a。此外，高剂量照射会造成人类循环系统疾病发病率上升，也引发了人们对低剂量照射的担忧。这些非癌症疾病也可以是其他原因自然产生的，在一般大众中相对较为常见，因此，将具体病例归因于低剂量照射，这存在许多难题。例如，缺乏辐照诱发的疾病类型特异性表征；从辐照到病症显现时间跨度较长（数年或几十年）；普通老龄人口与此类辐射有关的疾病自发性发病率较高。

由于此类疾病较为常见，其发病率会受辐照以外的因素影响。因此，流行病学观察往往无法清楚地证实低剂量照射可导致发病率上升。

（杨华庭　潘自强）

**dian-131**

**碘-131**（iodine-131）　元素碘的一种放射性同位素，原子序数 53，质量数 131，符号 $^{131}$I。

**基本性质** 碘有 35 种同位素和 8 种同质异能素，除了碘-127 为稳定核素外，其余均为放射性核素，其中重要的有碘-131、碘-129、碘-125。碘-131 原子核内有 53 个质子和 78 个中子，比稳定的碘元素多 4 个中子。碘-131 是β衰变核素，半衰期为 8.04 d，发射β射线和γ射线，β射线最大能量为 0.607 MeV，在空气中最大射程为 3.63 mm，平均射程为 0.48 mm，主要γ射线能量为 0.364 MeV。碘-131 属于中毒性核素，在人体内的有效半减期为 7.6 d。碘-131 的化学性质与元素碘相同。

**来源** 碘-131 是人工放射性核素，是主要的裂变产物之一，正常情况下自然界中不会存在。尽管核武器试验和反应堆事故会向环境释放大量的碘-131，但目前有的局部环境可观测的微量碘-131 主要来自同位素生产、相关医疗机构和反应堆运行。

反应堆中辐照产生碘-131 的主要核反应有：①用碲金属或其化合物（如二氧化碲）做靶材料，在反应堆中照射，通过（n，γ）反应生成碲-131，碲-131 再经过β衰变而获得碘-131。辐照过的二氧化碲用氢氧化钠溶解，在硫酸介质中蒸馏，含碘-131 的馏分用氢氧化钠溶液吸收，即得到初级产品 Na$^{131}$I 溶液。该方法可以获得较纯的产品，没有α放射性杂质和其他裂变产物的污染，世界上许多国家都采用这个方法。②用浓缩铀做靶材料，通过核裂变 U（n，f）I 而得到碘-131，碘-131 的总裂变产额约 0.82%。用该方法制备碘-131 时，除可能有其他放射性碘同位素的污染外，还含有α放射性杂质和其他β放射性杂质，必须进行有效的纯化，只有少数国家使用。

**用途** 在核医学中，使用 Na$^{131}$I 口服溶液能直接对甲状腺进行检查，也能对甲亢进行治疗，溶液中的碘-131 发射的β射线可杀伤一部分甲状腺细胞，使甲状腺缩小，导致甲状腺合成的甲状腺素减少，使甲亢表现消失。碘-131还可用来标记许多化合物，供体内或体外诊断疾病用，如碘-131 标记的玫瑰红钠盐和马尿酸钠就是常用的肝、胆和肾等的扫描显像剂。

碘-131 还可用来寻找地下水和测定地下水的流速、流向，查找地下管道泄漏，测定油田注水井各油层吸水能力及其变化，以便及时有效地采取措施，调节水流的分配，保持油井的高产稳产等。

**辐射影响** 碘-131 是反应堆主要裂变产物之一，在裂变反应中产额较高，半衰期又较短，易挥发，可作为反应堆周围环境的监测指标。对碘-131 进行监测，能很好地掌握反应堆的运行情况及其对环境的影响。

碘-131 在放射性核素毒性分组中属于中毒组核素，是一种极易挥发的放射性核素，在全球范围内弥散和迁移，并能通过沉降作用进入食物链，最终人类通过食入而遭受内照射。联合国原子辐射影响科学委员会（UNSCEAR）2008 年向联合国大会提交的报告及科学附件显示，对于同位素生产和应用，碘-131 是对公众产生辐射剂量较高的核素之一。

国际上通常以碘-131 的等效释放量作为评价核与辐射事故级别的标准，国际原子能机构和经济合作与发展组织制定的国际核与辐射事故分级表中规定，最高为 7 级的特大核事故是指堆芯核素总量大部分向外释放，一般涉及长、短寿命放射性裂变产物的混合物，其量相当于 $10^{16}$ Bq 以上的碘-131。据估计 1986 年前苏联切尔诺贝利事故释放了 $1.76\times10^{18}$ Bq 的碘-131。另据 2013 年 UNSCEAR 在其第 60 次大会上公布的数据称，日本福岛核事故向环境释放的碘-131 总量约在 $10^{17}$～$5\times10^{17}$ Bq 范围内，为最主要释放核素。

**测量方法** 空气中碘-131 监测用取样器收集空气中的微粒碘、元素碘和有机碘。微粒碘收集在玻璃纤维滤纸上；元素碘及非元素无机碘主要收集在活性炭滤纸上；有机碘主要收集在浸渍活性炭筒内。用低本底γ谱仪测量样品中碘-131 的能量为 0.365 MeV 的特征γ射线。《空气中碘-131 的取样与测定》（GB/T 14584—1993）、《水中碘-131 的分析方法》（GB/T 13272—1991）、《植物、动物甲状腺中碘-131 的分析方法》（GB/T 13273—1991）、《牛奶中碘-131 的分析方法》（GB/T 14674—1993）分别规定了不同介质中碘-131 监测的装置、试剂和具体操作流程。

**安全与防护** 碘-131 在放射性工作场所空气中的最大容许浓度为 0.33 Bq/L，在露天水源中的最大容许浓度为 22 Bq/L。碘-131 的年摄入量限值为：食入 $1\times10^6$ Bq，吸入 $2\times10^6$ Bq。

碘-131 能被高度选择性摄取，浓集于甲状腺内，服食碘片可以有效地“占满”甲状腺，使得碘-131 无法在甲状腺富集，而被快速排出体外。在发生较大量放射性碘向大气释放的事件时，采取躲在室内、关闭门窗及通风系统等隐蔽措施可以明显减少放射性碘-131 的吸入，避免食用被污染的食品可以有效减少碘-131 的食入，而碘片的服食还需根据届时管理部门的提示统一进行。 （陈凌　杨华庭）

dianli fushe

**电离辐射** （ionizing radiation） 又称致电离辐射。是能通过初级过程或次级过程引起电离事件的带电粒子或非带电粒子。

电离辐射按其来源可分为核辐射、原子辐射和宇宙辐射三类。核辐射是在原子核衰变或核反应过程中产生的辐射；原子辐射是在原子或分子轨道电子状态变化时产生的辐射，如钾电子俘获后产生的 X 射线，或伴随γ射线发出的内转换电子；宇宙辐射是从外部空间到达地球的初级粒子及它们与大气层相互作用后产生的次级粒子。

电离辐射又可分为直接电离辐射和间接电离辐射。前者定义为由具有足够动能、可以通过碰撞引起物质电离的带电粒子（如α粒子、质子、电子和β射线等）组成的辐射；后者是由与物质相互作用时能够产生直接电离粒子或引起核变化的非带电粒子（如光子、中子等）

组成的辐射。

电离辐射作用于物质所引起的某些物理、化学变化或生物反应，几乎都是最终通过带电粒子把能量传递给物质所引起的。即使是间接电离粒子，如光子、中子等，也是先通过与物质发生相互作用（如光子的光电效应、康普顿散射和电子对效应，中子与原子核的吸收反应等）生成带电粒子，再通过带电粒子实现对物质的能量传递。（李君利　程建平）

**《Dianli Fushe Fanghu Yu Fusheyuan Anquan Jiben Biaozhun》**

**《电离辐射防护与辐射源安全基本标准》**（Basic Standard for Protection against Ionizing Radiation and for Safety of Radiation Sources）　对电离辐射防护和辐射源安全规定其基本安全要求的标准。它是电离辐射防护和辐射源安全有关标准中最高层次的标准，是制定有关电离辐射防护和辐射源安全的其他标准的基本依据。

**沿革**　有关国际组织和我国早先制定的是辐射防护的基本安全标准，它主要对电离辐射防护规定其基本安全要求。电离辐射防护和辐射源安全基本标准的首个国际标准，是由联合国粮农组织、国际原子能机构、国际劳工组织、经济合作与发展组织核能署、泛美卫生组织和世界卫生组织联合倡议并分别批准的，以 115 号国际原子能机构安全丛书形式于1996年发布的《国际电离辐射防护和辐射源安全基本安全标准》。我国按照与该国际基本安全标准技术内容等效的原则并考虑了过去十多年来实施辐射防护基本标准的经验，制定了《电离辐射防护与辐射源安全基本标准》(GB 18871—2002)。

**内容**　GB 18871—2002 规定的基本安全要求内容涵盖：一般要求、对实践的主要要求、对干预的主要要求、职业照射的控制、医疗照射的控制、公众照射的控制、潜在照射的控制——源的安全、应急照射情况的干预、持续照射情况的干预。GB 18871—2002 的附录给出了：职业照射与公众照射的剂量限值、表面污染控制水平、应急照射情况的干预水平与行动水平、持续照射情况的行动水平、豁免准则和可豁免的源与豁免水平、放射诊断和核医学诊断的医疗照射指导水平、放射性核素的毒性分组、非密封源工作场所的分级、电离辐射的标志和警告标志。

**依据**　不同时期的辐射防护国际基本安全标准都是基于当时有效的国际放射防护委员会（ICRP）建议书制定的。1996 年发布的《国际电离辐射防护和辐射源安全基本安全标准》依据的主要是 ICRP 1990 年建议书（ICRP 第 60 号出版物），同时还考虑了国际核安全咨询组对核安全建议的基本安全原则。ICRP 1990 年建议书现已被 2007 年建议书（ICRP 第 103 号出版物）正式取代。这两份建议书的主要区别在于构建推荐的放射防护体系采用的方法有所不同。1990 年建议书采用的是基于将要求防护照射的人为行动过程区分为实践和干预的方法。2007 年建议书采用的是基于将要求防护照射的照射情况区分为计划照射、应急照射和现存照射情况的方法。有关国际组织目前正在根据 2007 年建议书对 1996 年发布的《国际电离辐射防护和辐射源安全基本安全标准》进行修改，并于 2014 年以国际原子能机构安全标准（编号为 GSR Part 3）形式发布了《辐射防护和辐射源安全：国际基本安全标准》（正式版）。此版本的国际基本安全标准内容涵盖：对防护和安全的一般要求、对计划照射情况的要求、对应急照射情况的要求、对现存照射情况的要求。标准还用一览表给出了：豁免与解控准则和水平、常用密封源的分类、计划照射情况的剂量限值、用于应急照射情况的准则和指导水平。（吴德强　潘自强）

**dong celiang**

**氡测量**　(radon measurement)　用测氡仪器测量环境大气、土壤空气和水中等的氡及其离子浓度的活动。包括氡气测量和氡子体测量。

**作用**　氡（$^{222}$Rn）来源于铀-238 衰变链，氡及其子体均为放射性核素。氡的半衰期为 3.823 5 d，能溶于水和有机质，在地质环境中除以气态方式迁移外，还以溶解态伴随地下水和土壤水迁移。氡化学性质稳定，活动性强，具有很强的迁移能力，它作为一种示踪元素被广泛应用在各个领域，如活断层及隐伏断层的确定、油气的探寻、地裂缝的探测、地震的预测、大气输运的示踪等。氡及其子体广泛存在于土壤、岩石、水和人类一切生活和工作环境空气中，能通过人的呼吸、饮食进入人体，对公众产生不可避免的持续照射，所致剂量约占所有天然辐射的 50%，是人类所受到的来自天然辐射照射的主要来源。所以氡的示踪应用、氡的控制与防护效果的检验、氡对公众健康影响的评价都需要进行氡的测量。

**内容** 包括测量环境大气、土壤空气和水中等的氡浓度、介质表面的氡析出率、环境空气中的氡子体浓度（包括其α潜能浓度）等。

**氡浓度测量** 按取样时间的长短可分为瞬时取样（几秒钟至几十分钟，又称抓取样）、短期取样（1～6 d）和长期取样（1 个月以上）。按取样方式又可分为主动式（用抽气泵取样）、被动式（利用自然扩散方式取样）和连续式（用抽气泵每隔一段时间自动取样）。

*主动式氡浓度测量方法* 典型的有闪烁室法和双滤膜法，它们都是最经典的测氡方法，属于相对测量方法，测氡灵敏度需要通过刻度确定。气球法是我国在 20 世纪 70 年代建立起来的主动式测氡方法，在矿山井下条件，测量结果有一定的再现性，已广泛采用，发挥了一定作用。

*被动式氡浓度测量方法* 适合于大批样同时采样测量。典型的被动式氡浓度测量方法有活性炭吸附法和径迹蚀刻法，分别是短期取样（1～6 d）和长期取样（1 个月以上）累积测量的主要方法，属于相对测量方法，测氡灵敏度需要通过刻度确定。它们可以用于测量氡暴露量（即氡浓度的时间积分）或者采样周期内的平均氡浓度。活性炭吸附法采用活性炭盒（优质的椰壳活性炭做成一定尺寸和形状）和γ谱仪组成测量系统，且测量结果必须考虑温湿度修正。径迹蚀刻法现在主要采用 CR-39（树脂材料）做探测器。

被动式氡浓度测量方法还有脉冲电离室和驻极体法。脉冲电离室适合于稳定氡浓度的测量。驻极体法又分为两种：一种是将驻极体既用于在测量小室产生静电场以提高测氡灵敏度，又将其直接用作探测器；另一种是将驻极体仅用于在测量小室产生静电场以提高测氡灵敏度，而用 CR-39 或者 TLD（热释光材料）作探测器。

*连续式氡浓度测量方法* 大多采用静电收集半导体探测法，该法用高压静电场收集测量小室内氡衰变产生的带正电荷子体钋-218 到半导体探测器表面以提高灵敏度，用半导体探测器对钋-218 衰变产生的高能α粒子进行能量识别并计数，根据测量期间钋-218 衰变产生的高能α粒子计数可以得到氡浓度。典型的连续式氡浓度测量仪器，常用加干燥管的方法消除温湿度对测氡灵敏度的影响，将测氡灵敏度提高到极限；但它不适合长期无人值守测量，由于存在时间延迟现象，也不适合快速变化的氡浓度连续测量。为了克服上述缺点，人们研究了一种具有温湿度自动补偿功能，且基本消除时间延迟现象的静电收集式连续氡浓度测量仪器。

**氡析出率测量** 氡析出率是指在单位时间内穿过介质表面单位面积析出到空气中的氡的活度。测量介质表面的氡析出率是通过收集由介质表面析出的氡来确定的。氡析出率测量方法离不开氡的测量，但却比氡的监测多了一个特殊的取样问题，其“特殊”在于通常是在析出界面扣上集氡罩以积累析出的氡。这样的取样难免有泄漏，不仅有边沿密封不严产生的泄漏，还有由于罩内氡浓度高于罩外空气中氡浓度致使集氡罩内的氡绕过密封材料向罩外扩散迁移，造成氡的泄漏，即“反扩散”。反扩散与边沿的人为密封无关，主要取决于析出介质的空隙度大小，是无法直接消除的。

目前测量氡析出率比较可靠的方法主要有活性炭累积吸附法、等时间间隔法。①活性炭累积吸附法是将一个密闭的集氡罩紧扣在介质的表面，内部放有活性炭，活性炭吸附氡使得集氡罩内部的氡浓度在累积过程中降低，从而有效地减小泄漏和反扩散的影响；活性炭经过数天的吸附后，用γ谱仪测量其吸附氡的量，就可以得到测量期间的平均氡析出率。该方法适合于大批样同时采样测量。②等时间间隔法是将一个密闭的集氡罩紧扣在介质的表面后，等时间间隔取样测量集氡罩内氡浓度，根据集氡罩内氡浓度变化规律来消除泄漏和反扩散的影响以及环境氡浓度的干扰，并通过计算得到介质表面氡析出率的可靠测量结果。

**氡子体测量**　是氡的三个短寿命子体 RaA（钋-218）、RaB（铅-214）和 RaC（铋-214）的活度浓度测量，氡子体的α潜能浓度测量和自由态份额测量。

*氡子体浓度测量方法*　氡子体浓度测量大多采用滤膜取样（即用滤膜滤取一定体积空气中的氡子体），并用贝特曼方程描述滤膜上氡子体的变化规律，由此导出一系列测量的公式。氡子体浓度测量方法，其基本思想是建立三个方程，解出三个未知数（即三个氡子体的浓度），主要有总α计数法和α能谱法两种。①总α计数法对钋-218 和钋-214 衰变释放的α粒子（能量分别为 6.0MeV 和 7.69MeV）不加区分进行总计数，以三段法为主，最典型的有托马斯三段法。②α能谱法对钋-218 和钋-214 衰变释放的α粒子分别计数（在抽真空条件下，氡子体的两个α能谱峰几乎没有重叠），RaA 的浓度可以根据钋-218 衰变释放的α粒子计数单独确定，RaB、RaC 可以根据钋-214 衰变释放的α粒子在两个时间段内的计数和 RaA 的浓度确定。α能谱法测量氡子体浓度的误差比总α计数法的小，尤其是 RaA 浓度的测量误差最小。但α能谱系统一般较贵，在不抽真空条件下，氡子体的两个α能谱峰会有重叠，钋-218 和钋-214 分别产生的α粒子计数必须要进行能谱重叠修正才能得到，这对谱仪的稳定性要求就特别高。

*氡子体α潜能浓度测量*　氡子体α潜能浓度可以直接测量，也可以基于测量氡子体浓度后计算。直接测量方法主要有库斯尼茨法、马尔柯夫快速法、罗尔法、总α计数法、总β计数法、斯达金两段计数法（同时测量氡、钍射气子体α潜能浓度）等。计算法算出的氡子体α潜能浓度较直接测量的结果准确，因为它没有直接测量方法换算系数的误差。

*氡子体自由态份额测量*　氡子体自由态份额测量的关键在于取样，即通过特殊的取样方法把自由态氡子体和结合态氡子体区分开而收集成样品，然后就可以用测量氡子体的方法进行测量。氡子体自由态份额测量方法有扩散管法、扩散组法、冲击器法、金属筛网法等。金属筛网法以其结构简单、使用方便、收集效率高、测量误差小、适合于现场测量等优点而成为最常用的氡子体自由态份额测量方法。

（肖德涛　陈凌）

**dong fanghu**

**氡防护**　（radon protection）　为控制和减少氡及由氡衰变的子体对人类的辐射危害所采取的防护手段和措施。

**沿革**　氡是国际放射防护委员会（ICRP）推荐的慢性照射行动水平具体数据的唯一元素。1988 年世界卫生组织（WHO）下属国际癌症研究机构（IARC）第七届致癌物年报首次将氡列为 A 类致癌物（确定性致癌物）。世界卫生组织（WHO）2000 年《空气质量准则》将氡列入重要的环境致癌物质之一，氡是仅次于吸烟处于第 2 位诱发肺癌的因素。在人类所受照射中，氡及其子体产生的照射剂量是最大的，约占天然辐射产生的照射剂量的 50%（其中氡子体的贡献是主要的）。这种状况使得对氡的研究得到重视，而对氡的防护必然是其中的重要环节。掌握氡在各种介质中的传播规律又是提高氡防护水平的重要前提。研究防氡技术必须以研究氡的析出规律为基础，以降低空气中氡浓度、减少氡的剂量为目的，以达到效益最大而付出的代价最小的最优化水平。虽然铀矿井和居住环境氡的析出在理论上有共同之处，但矿工和居民的氡防护属于不同范畴，防护措施各有特点。

**矿井氡防护**　是对由扩散析出、渗流析出、温差对流析出等途径析出到矿井空气中的氡及其子体采取的各种措施，目的是将其控制到国家法定管理限值以内。《电离辐射防护与辐射源安全基本标准》（GB 18871—2002）规定的对工作场所中氡持续照射情况下补救行动的行动水平是在年平均活度浓度为 500～1 000 Bq/m$^3$（平衡因子 0.4）范围内。达到 500 Bq/m$^3$ 时宜考虑采取补救行动，达到 1 000 Bq/m$^3$ 时应采取补救行动。不仅在铀矿井，在非铀矿山（指不以生产铀为主要目的的各种矿山，即除铀矿山以外的各种矿山）也存在着氡及氡子体危害，即作业地点氡子体α潜能值超过国家标准。

矿井氡防护的主要目的应当是降低井下空气中氡及其子体浓度，减少井下作业矿工吸入氡及其子体的量。矿井氡防护的方法很多，如矿井通风、风流净化、洒水洗壁、防氡覆盖、密闭废弃巷道与采空区、个体防护等，可分为矿井环境控氡防护和矿工个人防护两类方法。

**矿井环境控氡防护**　主要采用堵氡和通风降氡两种方法。堵氡防护是采用水泥等涂堵材料密封地下矿井壁的缝隙，阻断矿井壁中的氡向矿井释放的通道，以及密闭废弃巷道与采空区，大大减小这些区域中积累的高浓度氡向作业矿井扩散的速率，从而达到降低矿井中氡浓度的目的。通风控氡防护是采用地面新鲜空气置换或者稀释矿井中的含氡空气，从而达到降低矿井中氡浓度的目的。矿井通风是保障井下通风空间氡及其子体浓度达到国家允许标准的重要手段。铀矿井通风不仅要求稀释和排除井下有害物，而且要求能够控制和抑制井下有害物的产生量。通过研究氡在多孔介质中渗流—对流—扩散运移析出规律，不仅可以认识矿井中氡的来源，而且可以利用通风压差控制氡渗流来源，达到降低风量，减少防护代价，提高实践的效益。为了提高氡的防护水平，对多孔介质中渗流—对流—扩散运移规律研究还需进一步深化，必须在建立稳态方程分析基础上向非稳态方程发展，由一维向三维发展，使矿井氡防护能够可靠给出恰当的预期，以适应氡防护标准的发展。铀矿井环境氡水平监测是评估铀矿井环境控氡防护措施是否有效的重要手段。

**矿工个人防护**　主要采用佩戴能够高效过滤去除环境空气中氡子体的口罩和测量其在井下作业期间受到氡及其子体和γ照射所致剂量的个人剂量计来实现。

现代矿井氡防护不仅要保证矿井下工作环境满足有关规范要求，而且要使矿井析出的氡量尽可能少，以确保矿井通风排出的污染物尽可能少，达到保护矿井外环境的辐射安全。

**居住环境氡防护**　室内空气中的氡主要来源于以下几个方面：建筑物地基和周围土壤、建筑材料、家用燃料、生活用水以及室外环境空气中的氡。具体到一幢建筑物内哪种氡来源最主要，则因地而异。

人长期生活在高氡浓度的环境中会对健康造成潜在危害。防护措施主要有阻断和控制环境中氡污染源、选择科学的通风方式、使用氡析出率低的材料作为建筑材料。

《电离辐射防护与辐射源安全基本标准》（GB 18871—2002）对住宅中氡持续照射情况下的行动水平也做了规定，即：在大多数情况下，住宅中氡持续照射的优化行动水平应在年平均活度浓度为 200～400 Bq/m$^3$（平衡因子 0.4）范围内。其上限值用于已建住宅氡持续照射的干预，其下限值用于对待建住宅氡持续照射的控制。

《民用建筑工程室内环境污染控制规范》（GB 50325—2010）明确规定对建筑材料表面和土壤表面氡析出率进行测定。①当民用建筑工程场地土壤氡浓度大于 20 000 Bq/m$^3$，且小于 30 000 Bq/m$^3$，或土壤表面氡析出率大于 0.05 Bq/(m$^2$·s)且小于 0.1 Bq/(m$^2$·s)，应采取建筑物底层地面抗开裂措施；②当民用建筑工程场地土壤氡浓度大于或等于 30 000 Bq/m$^3$，且小于 50 000 Bq/m$^3$，或土壤表面氡析出率大于 0.1 Bq/(m$^2$·s)且小于 0.3 Bq/(m$^2$·s)，除采取建筑物底层地面抗开裂措施外，还必须按现行国家标准《地下工程防水技术规范》（GB 50108—2008）中的一级防水要求，对基础进行处理；③当民用建筑工程场地土壤氡浓度大于或等于

50 000 Bq/m$^3$，或土壤表面氡析出率大于或等于 0.3 Bq/(m$^2$·s)，应采取建筑物综合防氡措施。

居住环境氡防护的主要方法有：①建筑物底层宜设计为架空层或地下室，隔绝土壤氡进入室内。架空层或地下室底部要采取多种措施减少混凝土开裂，且底部所有管孔及开口结合部应选用密封剂进行封堵。②架空层或地下室底部下应采用土壤降压法或膜减压法进行防氡。③楼房室内的氡主要来源于楼板和墙体建材的氡析出，要尽量选择低镭含量的建材来有效地控制室内氡浓度。④通风降氡：自然通风是简单、方便和成本最低的降氡方法，适用于氡浓度超标不严重的建筑；对于采用集中式空调的建筑，可以按照通风降氡的要求增加室内外空气的交换率来降低室内空气氡浓度。⑤净化除氡：通过吸附过滤悬浮在空气中的氡子体降低氡的危害。适用于采用空调的建筑和北方冬季采暖需要封闭的建筑。⑥吸附降氡：采用吸附除氡装置持续吸附局部空间空气中的氡，将室内氡水平控制在标准以内。适用于地下局部封闭场所、地下室等。⑦涂堵防氡：采用防氡水泥砂浆或防氡内墙漆等阻氡材料涂刷内墙表面，减小墙体材料中的氡向室内释放速率，降低室内氡水平。

采用何种氡防护方法要根据氡的来源和水平确定，有时需要同时采用几种方法才能达到氡防护要求。

**发展动向** ①地下矿山氡防护的最优化。达到氡防护的限值是对地下矿山氡防护的起码要求，不是最高要求。如果达到限值后仍有可能进一步降低氡及其子体的浓度，防护工作必须进行代价-利益分析，确定可合理达到的尽可能低的水平。②影响室内氡浓度的重要因素是楼板和墙体的氡析出，不仅要严格控制建材中的镭含量，而且要通过改进建材的制造方法和工艺来降低建材表面的氡析出率，并采用地面防氡复合涂料涂刷地面及防氡内墙涂料涂刷墙面等多重氡防护措施来有效地降低室内空气氡浓度。

（肖德涛　潘英杰）

dong gongzuo shuiping

## 氡工作水平

**氡工作水平**　(radon working level)　氡的短寿命子体α潜能浓度的专用单位。它在我国用得较少，但在西方却用得较普遍。不管空气中氡子体之间的平衡关系如何，只要它们产生的α潜能浓度为 1.300× $10^8$ MeV/m$^3$ 或者 $2.08\times10^{-5}$ J/m$^3$，那么空气中氡子体α潜能浓度的水平就为 1 个工作水平，即 1 WL。

1 WL 大致相当于空气中短寿命氡子体与放射性浓度为 100 pCi/L 的氡处于放射性平衡时的α潜能浓度。即

$$1\ \mathrm{WL}=3700\sum_i \frac{\varepsilon_{pi}}{\lambda_i}=1.277\times10^5\ \mathrm{MeV/L} \approx 1.3\times10^5\ \mathrm{MeV/L}$$

式中，$\varepsilon_{pi}$ 为第 $i$ 种氡子体的α潜能；$\lambda_i$ 为第 $i$ 种氡子体的衰变常数。

人接受的氡子体的照射与氡子体α潜能浓度和人在含氡子体的大气中居留的时间成正比，氡子体α潜能浓度的时间积分称作氡子体α潜能暴露量，用 $E_\mathrm{p}$ 表示，即

$$E_\mathrm{p}=\int_0^T C_\mathrm{p}\mathrm{d}t$$

式中，$C_\mathrm{p}$ 是氡子体α潜能浓度；$T$ 是暴露时间。

氡子体α潜能暴露量的单位是 J·h/m$^3$，其专有单位是工作水平月，简称 WLM。1 WLM 相当于在氡子体α潜能浓度为 1 WL 的大气环境中连续暴露 170 h 所接受的氡子体α潜能暴露量。WLM 与 J·h/m$^3$ 之间的关系为

$$1\ \mathrm{WLM}=3.5\times10^{-3}\ \mathrm{J\cdot h/m^3}$$

氡是仅次于吸烟的致肺癌因素，且氡子体的贡献是主要的。氡子体所致肺癌的修正标称危险系数为 $5\times10^{-4}$ WLM$^{-1}$。（肖德涛　潘自强）

dong zhi fei'ai

## 氡致肺癌

**氡致肺癌**　(lung cancer induced by radon)　吸入高浓度含氡空气后发生的，并与氡的吸入有病因学联系的原发性肺癌。氡致肺癌的证据主要来自对井下矿工的流行病研究，近年来居

民病例的对照研究也为氡致肺癌提供了依据。

**特征和判断** 氡致肺癌的临床表现与一般原发性肺癌区别不大。其常见症状为咳嗽、胸痛、气短、咳血、发热等，均为呼吸道多种疾病所共有，结合胸部X线检查或CT、纤维支气管镜、病理学、细胞学等检查可以诊断是否患肺癌，并判断肺癌类型。

一般居民所患肺癌中最常见的是鳞癌，其次是小细胞未分化癌（燕麦细胞癌）和腺癌。小细胞肺癌是早年美国法庭判定铀矿工肺癌的关键指标。后来的研究改变了氡只能引起小细胞肺癌的结论，认为铀矿工肺癌中鳞癌和其他类型癌也有增加，特别是鳞癌，并认为受照时间越久，患鳞癌比例越高。对于氡致肺癌的判断目前倾向于使用病因概率的方法。

**原因** 环境中氡的来源非常广泛。它有三种同位素：氡-222、氡-220和氡-219。通常所说的氡是指氡-222，衰变后产生一系列子体，从钋-218（RaA）到钋-214（RaC′）的半衰期较短，为短寿命子体，其后为长寿命子体（见下表）。

**氡-222及其子体的主要辐射特性**

| 核　素 | 主要衰变类别 | 半衰期 | α粒子能量/MeV |
|---|---|---|---|
| $^{222}$Rn | α | 3.824 d | 5.49 |
| $^{218}$Po（RaA） | α | 3.05 min | 6.00 |
| $^{214}$Pb（RaB） | β，γ | 26.8 min | — |
| $^{214}$Bi（RaC） | β，γ | 19.9 min | — |
| $^{214}$Po（RaC′） | α | 164 μs | 7.69 |
| $^{210}$Pb（RaD） | β，γ | 21 a | — |
| $^{210}$Bi（RaE） | β | 5.01 d | — |
| $^{210}$Po（RaF） | α | 138.4 d | 5.30 |
| $^{206}$Pb（RaG） | — | 稳定 | — |

氡是不活泼的惰性气体，吸入后分布全身并很快与环境中氡达到平衡，离开高氡环境后很快经肺排出，但随氡一同吸进的氡子体以及氡在体内衰变产生的短寿命子体则被肺组织吸附。氡子体是金属粒子，特别是RaA和RaC′，吸入后沉积在呼吸道表面，释放的α粒子能穿透呼吸道表面的黏液层，使呼吸道上皮的基底细胞受到照射。呼吸道中氡子体的廓清主要靠纤毛作用，沉积在叶支气管以下部位的短寿命子体在被廓清前几乎都衰变完毕，并将其全部辐射能量给予了呼吸道的上皮细胞。因此，吸入氡致肺癌的危险主要不是氡，而是氡的短寿命子体。氡诱发肺癌的靶细胞是气管-支气管上皮基底细胞和肺的上皮细胞。

**氡暴露水平和氡致肺癌的终生危险** 氡浓度用 Bq/m$^3$ 表示，氡子体浓度用 J/m$^3$ 或专用单位 WL（1 WL=1.30×10$^8$ MeV/m$^3$=2.08×10$^{-5}$ J/m$^3$）表示，1 Bq/m$^3$ 平衡当量氡浓度的氡子体α潜能浓度为 5.56×10$^{-9}$ J/m$^3$，相当于 2.67×10$^{-4}$ WL。氡子体暴露造成的肺癌危险既取决于氡子体浓度，也取决于暴露时间，一般习惯用浓度（WL）与时间（M/170 h）的乘积表示氡子体累积暴露量，即 WLM（工作水平月）。1 WLM 相当于 3.54×10$^{-3}$ J·h/m$^3$，相当于 6.37×10$^5$ Bq·h/m$^3$（平衡当量氡浓度）。假定居室停留时间为 7 000 h/a 或者工作时间为 2 000 h/a，平衡因子为 0.4，氡浓度为 1 Bq/m$^3$ 的条件下，居室环境 1 年造成的累积暴露量为 4.4×10$^{-3}$ WLM，工作环境 1 年造成的累积暴露量为 1.26×10$^{-3}$ WLM。

氡的浓度随时间、地点和气候等变化很大。典型的室外氡-222 浓度估计值是 10 Bq/m$^3$，其长期平均浓度存在很宽的变化范围，从接近 1 Bq/m$^3$ 到超过 100 Bq/m$^3$。对于室内氡浓度，全世界分布的算术和几何平均值分别为 40 Bq/m$^3$ 和 30 Bq/m$^3$，几何标准差为 2.3 Bq/m$^3$。国际放射防护委员会（ICRP）第 65 号出版物《住宅和工作场所氡-222 的防护》将流行病学中单位氡子体浓度所致肺癌风险与单位有效剂量所致肺癌风险相比，引入了剂量转换惯例因子：对于 1 WLM 的暴露量，工作人员所致的有效剂量为 5.06 mSv，公众成员为 3.88 mSv。世界居民所受氡及其短寿命子体辐射的年有效剂量约为 1.2 mSv，在天然辐射所致年有效剂量（2.4 mSv）中占较大比例。流行病学研究显示，在低至 50WLM（180 mJ·h/m$^3$）的累积暴露量时即可产生有统计学意义的超额肺癌，这一水平仅为某些人群室内氡终身暴露量的 2～5 倍。氡致肺癌的超额危险随照射后时间的推移逐渐降低。为辐射防护的目的，ICRP 第 115 号出版物《氡及其子体所致肺癌危险与氡的声明》推荐，对全年龄组人群危害调整的标称概率系数（死亡）为 $5\times10^{-4}$ $WLM^{-1}$[$14\times10^{-5}(mJ\cdot h/m^3)^{-1}$]，取代 ICRP 第 65 号出版物所推荐的 $2.88\times10^{-4}$ $WLM^{-1}$ [$8.0\times10^{-5}(mJ\cdot h/m^3)^{-1}$]。

值得关注的是，ICRP 第 115 号出版物认为氡及其子体所致剂量应当与 ICRP 辐射防护体系中其他放射性核素一样，使用生物动力学模型和剂量学模型来估算，从而取代基于流行病学资料的剂量转换惯例因子，并拟发表居室和工作场所氡及其子体暴露所致的待积剂量系数。此外，吸烟对氡子体诱发肺癌具有复合作用，目前倾向于认为符合亚相乘模型。

**防治措施** 氡-222 存在于室外空气和含工作场所在内的所有建筑物中，是一个不可避免的辐射照射源。①工作场所的防治措施包括：对巷道、裂隙进行封堵，改进采矿方法，采取湿式作业，改善井下通风，对堆渣场进行覆盖，对局部高氡环境进行过滤等，并进行工作场所监测和个人剂量监测，加强作业人员的健康监护，建立个人健康监护档案和个人剂量档案。②住宅的防治措施包括：保证室内通风，封堵室内地板和墙壁裂隙，避免室内出现负压或增加室内气压等。

（谢满廷　王秀琴　孙全富）

**推荐书目**

孙世荃. 人类辐射危害评价. 北京：原子能出版社，1996.

李素云译. 住宅和工作场所氡-222 的防护. 北京：原子能出版社，1997.

# E

ertong fushe shengwu xiaoying

**儿童辐射生物效应** （radiation biological effects of children） 电离辐射对儿童的辐射效应。“儿童”或“儿童期”指完成发育阶段，无严格的科学和法律界定。这里泛指20岁以下的婴幼儿和青少年。儿童的身高、体重较小，处于发育、成长期，又有较长的寿命时间。儿童的这些解剖学和生理学特征，致使儿童辐射生物效应有些别于成年人的特点。

就辐射的组织反应（确定效应）来说，儿童期受照的辐射敏感性依器官或组织而异，脑、眼晶状体和甲状腺的敏感性显著高于成年人。有些器官和组织（如肺、骨髓和卵巢）的耐受性可能高于成年人。有些器官和组织（如神经-内分泌系统）则与成年人相同。

就比较儿童和成人诱发肿瘤的辐射敏感性而言，大体上说，25%的肿瘤类型儿童期受照更敏感些，包括白血病、甲状腺癌、乳腺癌和脑肿瘤。15%的恶性肿瘤（如结肠癌），儿童的敏感性相同于成年人。外照射时，约10%的恶性肿瘤（如肺癌），儿童的敏感性低于成年人。20%的恶性肿瘤（如食道癌）因数据太少，难以定论。还有30%的恶性肿瘤（如霍奇金病、前列腺癌、直肠癌和子宫颈癌）在任何年龄段都未观察到与辐射照射之间的关联关系。

核电站事故放射性核素摄入致婴幼儿甲状腺剂量8～9倍于成人，儿童甲状腺对外照射致癌效应也非常敏感，受照15～29年超额相对危险达到最大，随着受照年龄的增大，危险明显降低。切尔诺贝利事故严重污染地区小于18岁的青少年甲状腺癌发病率显著增加。

为预防儿童的辐射效应，首要任务是减少儿童的医疗照射，加强对儿童实施放射学程序时的防护。特别是避免实施不必要的放射学检查，对实施较高剂量受照的（如CT和介入放射学）检查程序的正当性判断更应慎重，必须优先考虑采用不涉及电离辐射的替代成像手段（例如超声波或磁共振成像）获取诊断信息的可能性。 （白光 潘自强）

# F

**faranliao**

**乏燃料** （spent fuel） 在核反应堆中经受过辐射照射、达到预期燃耗的核燃料，通常由核电厂或研究用核反应堆产生。乏燃料中包含有大量的放射性元素，包括未反应的铀、新产生的钚和次锕系元素以及裂变产物等。伴随着放射性核素的衰变，乏燃料放出一定量的衰变热，因此必须慎重管理。

**乏燃料的化学成分和放射性** 压水堆核电厂卸出的乏燃料中 96%的质量是剩余未反应的铀，大部分是铀-238，小部分是铀-235。通常情况下，铀-235 的质量分数小于 0.83%，仍然高于天然铀中的比例。乏燃料中大约 0.9%的质量是钚-239、钚-240 和钚-241 等，这些钚由铀-238 俘获中子后经β衰变再俘获中子而产生，其中钚-239 是长寿命易裂变核素，可以用于制造混合氧化物燃料。

对于天然铀核燃料，易裂变成分铀-235 的丰度为 0.71%。当停止使用的时候，总的易裂变材料的成分仍然达 0.5%，其中铀-235 约占 0.23%，钚-239 和钚-241 约占 0.27%。从反应堆中卸除这些燃料的原因并不是裂变物质已经消耗完了，而是因为能够吸收中子的裂变产物已经足够多，导致核燃料无法维持链式裂变反应。

乏燃料中还有少量的次锕系元素镎、镅和锔。在反应堆中由重核俘获中子形成的这些元素的含量依赖于使用的核燃料的性质与反应堆的条件。典型的压水堆核电厂乏燃料中锕系元素的含量和裂变产物的量见表 1、表 2。

**表 1 乏燃料中锕系核素的放射性和量**

| 核素 | 半衰期/a | 衰变类型 | 铀/（Ci/t） | 铀/（kg/t） |
|---|---|---|---|---|
| $^{234}$U | $2.14\times10^{6}$ | α | 0.711 | 0.12 |
| $^{236}$U | $2.39\times10^{7}$ | α | 0.265 | 4.18 |
| $^{237}$Np | $2.14\times10^{6}$ | α | 0.528 | 0.75 |
| $^{236}$Pu | 2.85 | α | 4.914 | $9.2\times10^{-6}$ |
| $^{238}$Pu | 86 | α | 3 704 | 0.22 |
| $^{239}$Pu | 24 400 | α | 323.5 | 5.28 |
| $^{240}$Pu | 6.58 | α | 476.8 | 2.17 |
| $^{241}$Pu | 13.2 | β | $1.03\times10^{5}$ | 1.02 |
| $^{242}$Pu | $3.79\times10^{5}$ | α | 1.379 | 0.35 |
| $^{241}$Am | 458 | α | 166.1 | 0.05 |
| $^{243}$Am | 7 950 | α | 17.49 | 0.09 |
| $^{242}$Cm | 163 | α | 16 136.9 | $4.9\times10^{-3}$ |
| $^{244}$Cm | 17.6 | α | 2 706.6 | $3.3\times10^{-2}$ |

注：1 000MW（e）压水堆，燃耗 33 000MW·d/tU，卸料后 150 d 的放射性。

乏燃料中占其质量 3%的物质是铀-235 和钚-239 的裂变产物。这些物质被认为是放射性废物，但是由于它们可能有工业上和材料上的用途，仍然需要将它们分离出来。铀和钚的裂变产物包含了周期表中从锌到镝的所有元素，这些元素按照质子数的分布出现两个峰：第一个峰是锆、钌、钼、锝等，另一个峰是碘、氙、铯、钡、镧、铈、镨、钕等。许多裂变产物不具有放射性，或者是寿命很短的β放射性同位素，但是仍然有相当数量的产物是中长寿命的β放射性同位素，如锶-90、铯-137，以及很长寿命的锝-99和碘-129等。

表2　乏燃料中主要裂变产物的放射性

| 核素 | 半衰期 | 卸除时的放射性（$1\times10^6$）/（Ci/tU） |
|---|---|---|
| $^{3}$H | 12.3 a | $7.04\times10^{-4}$ |
| $^{85}$Kr | 10.8 a | $1.13\times10^{-3}$ |
| $^{90}$Sr | 27.7 a | $7.74\times10^{-2}$ |
| $^{95}$Zr | 65.5 d | 1.383 |
| $^{106}$Ru | 368 d | 0.543 |
| $^{125}$Sb | 2.7 a | $8.69\times10^{-4}$ |
| $^{129}$I | $1.7\times10^{7}$ a | $3.70\times10^{-9}$ |
| $^{131}$I | 8.05 d | 0.862 |
| $^{133}$Xe | 5.27 d | 1.610 |
| $^{134}$Cs | 2.05 a | 0.246 |
| $^{137}$Cs | 30 a | 0.108 |
| $^{144}$Ce | 28.4 d | 1.108 |
| $^{147}$Pm | 4.4 a | 0.102 |
| $^{151}$Sm | 87 a | $1.25\times10^{-4}$ |
| $^{154}$En | 16 a | $7.00\times10^{-4}$ |
| $^{155}$En | 1.81 a | $7.48\times10^{-4}$ |

注：1 000MW（e）压水堆，燃耗 33 000MW·d/tU。

**乏燃料的衰变热**　当核反应堆关闭的时候，链式核裂变反应也随即停止，然而由于裂变产物的β衰变，乏燃料仍然放出大量的热量，热功率大约是核反应堆稳定工作时功率的7%。在反应堆关闭1 h以后，衰变热功率约为稳定工作时的功率的1.5%，1 d以后变为0.4%，1周后变为0.2%，然后随着时间延长继续慢慢减小。

压水堆乏燃料卸除放置1年后，放射性降低到 $2\times10^6$～$3\times10^6$ Ci/tHM，热功率降到 $1\times10^6$ W/tHM，以后持续下降。300年之前，放射性和释热主要来自裂变产物，之后主要来自锕系元素（图1）。

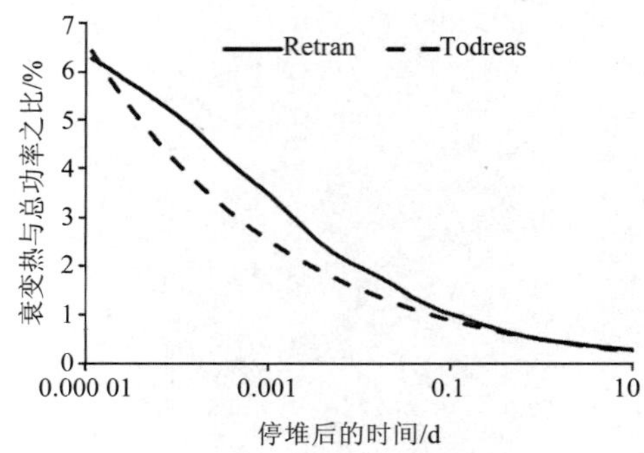


图1　反应堆紧急关闭以后，衰变热与总功率之比随时间的变化情况

注：图中两条曲线分别以两种模式计算。一种是Retran模式，它使用了11组指数衰变；另外一种是Todreas和Kazimi于1990年发表的计算方法，主要借助前期所做的经验数据进行回归。

从核反应堆中移出的乏核燃料通常会储存在乏燃料贮存水池（图2）中进行冷却，同时对其放射性提供屏蔽。核电厂乏燃料冷却时间一般不少于3～5年。乏核燃料水池使用热交换器，让冷却水在其中循环流动将衰变热带走。

图2　乏燃料贮存水池

**处理**　对于乏燃料的处理，目前的技术路线有两条：一是经过化学后处理分离铀、钚加以循环利用的闭合燃料循环策略，典型的处理工艺是使用磷酸三丁酯作为萃取剂的普雷克斯萃取流程；二是不进行化学处理直接进行整备以后处置的一次通过策略。

**最终处置**　通常的最终处置采用深地层地质处置的方式。不同的乏燃料处理技术路线，其最终处置的对象是不同的。对于化学分离的技术路线，通过后处理提取了可循环利用的铀和钚，其余的放射性核素留在废物中，转化为高放废物玻璃固化体，进行最终处置。对于一次通过的技术路线，要处置的是乏燃料本身，必须对乏燃料进行必要的整备以满足最终处置的要求。（康玉峰　朱永赡）

**《Faranliao Guanli Anquan He Fangshexing Feiwu Guanli Anquan Lianhe Gongyue》**

**《乏燃料管理安全和放射性废物管理安全联合公约》**（Joint Convention on the Safety of Spent Fuel Management and on the Safety of Radioactive Waste Management）　简称《联合公约》。是加强乏燃料和放射性废物管理安全方面的一项鼓励性国际公约。

**沿革**　国际原子能机构于1995年启动《乏燃料管理安全和放射性废物管理安全联合公约》的制定，最初公约的名称是《放射性废物管理安全公约》。由于一些国家认为乏燃料除了具有放射性废物的属性，还具有资源的属性，最后将公约的名称改为现名。国际原子能机构外交大会于1997年9月5日审议通过了《联合公约》，外交大会上我国投了弃权票，其理由是我国关切的超越国境运输问题没有被反映在公约中。1997年9月29日开放供签署，按照《联合公约》规定，需得到25个国家批准，而且其中要包括15个拥有运行核电厂的国家才能生效。《联合公约》于2001年1月18日生效。截至2012年8月2日，已有64个缔约方，42个签约国。

**目的**　《联合公约》的目的是：①通过加强缔约国的管理和国际合作，包括适当时与安全有关的技术合作，在世界范围内实现和保持高安全水平的乏燃料和放射性废物管理；②确保在乏燃料和放射性废物管理的各个阶段都有预防潜在危害的有效措施，保护个人、社会和环境免受电离辐射的有害影响；③防止有辐射后果的事故发生，一旦发生尽可能地减轻其后果。

**适用范围**　《联合公约》适用于民用核反应堆运行产生的乏燃料的管理安全以及民事应用产生的放射性废物的管理安全，但为后处理而在其设施中保存的乏燃料除外。对于军用或国防计划所产生的乏燃料和放射性废物，则仅当其被永久转为民用计划时才适用。

**缔约国责任**　《联合公约》强调，确保乏燃料和放射性废物管理安全的最终责任在于对应这些材料拥有管辖权的国家身上。缔约国的主要义务为：应在其国家法律框架内通过立法、管理和行政的措施以及其他必要的步骤，确保在乏燃料和放射性废物管理的所有阶段都能充分保护个人、社会和环境不受到辐射的伤害。就履约所采取的措施向缔约方审评会议提交报告。

《联合公约》还对这类物质的跨越国界运输做了规定。

**中国履约情况**　中国派代表参加了《联合公约》的制定和审议工作。2006年4月29日第十届全国人民代表大会常务委员会第二十一次会议做出了关于加入《联合公约》的决定，并提出两点声明：一是对《联合公约》中提及的“超越国界运输”的理解是作为抵达国的任何缔约方在同意来自另一缔约方的国内实体的超越国界运输前，应当向该超越国界运输的启运国确认该超越国界运输已得到该启运国的批准。二是《联合公约》暂不适用于中华人民共和国澳门特别行政区。

中国政府派《联合公约》履约代表团首次参加了2009年5月11日—20日在奥地利维也纳国际原子能机构总部召开的缔约方第三次审评会议，48个缔约方中的45个参加了这次会议。2012年5月14日—23日，中国政府再次派《联合公约》履约代表团参加了在奥地利维也纳国际原子能机构总部召开的缔约方第四次审评会议。通过《联合公约》的履约活动，进一步推动了我国乏燃料和放射性废物的安全管理工作，对该领域更加开放、透明、规范化的管理发挥了积极作用。

**主要内容**　《联合公约》的主要内容除了序言外共包括7章、44条。

序言部分主要叙述缔约各方就乏燃料管理安全和放射性废物管理安全领域达成的共识。

第 1 章共有 3 条，对《联合公约》的目标、定义、适用范围做了界定。

第 2 章是针对乏燃料管理安全方面的内容，共 7 条，主要涉及乏燃料的一般安全要求，已存在的设施，拟议中的设施选址、设计和建造、安全评价、运行以及乏燃料的处置。

第 3 章是针对放射性废物管理安全方面的内容，共 7 条，主要涉及放射性废物的一般安全要求，已存在的设施和以往实践，拟议中的设施选址、设计、建造、安全评价、运行以及关闭后的制度化措施。

第 4 章是关于缔约各方在履约措施方面的内容，共 8 条，主要涉及履约措施、立法和监管框架、监管机构、许可证持有者的责任、人力与财力、质量保证、运行辐射防护、应急准备以及退役。

第 5 章的 2 条条款主要是针对跨越国界运输以及废密封源方面的具体规定。

第 6 章对缔约方的会议形式做了具体规定，共 9 条，主要涉及筹备会议、审议会议、特别会议、提交报告、出席会议、简要报告、语言、保密和秘书处。

第 7 章的 7 条条款是针对分歧的解决，签署、批准、接受、核准和加入，生效，《联合公约》的修正，退约，保存人，批准文本方面的具体内容。（马成辉　赵亚民）

**faranliao houchuli**

**乏燃料后处理**　（spent fuel reprocessing）又称核燃料后处理，在核燃料循环领域简称后处理。是对在反应堆中使用过的燃料进行化学处理，以除去其中的裂变产物等杂质，并回收易裂变物质和可转换物质以及一些其他可利用物质的过程。

后处理是一门复杂的技术，其处理对象有很强的放射性，工艺过程在重屏蔽的设施中进行，铀钚的净化、分离系数通常为 $10^6$～$10^8$。最初提取钚的目的是生产核武器。这种类型的钚称为武器级钚，其钚的同位素组成见下表。

**武器级钚的同位素组成**

| 名称 | 组成 |
|---|---|
| $^{238}Pu$ | 0.05% |
| $^{239}Pu$ | 93.5% |
| $^{240}Pu$ | 6.00% |
| $^{241}Pu$ | 0.40% |
| $^{242}Pu$ | 0.05% |

现在后处理主要用于处理核电厂乏燃料。后处理钚可以返循环，制造混合氧化物核燃料，用于反应堆发电；原则上，后处理铀也可以作为燃料再使用，但只有铀的价格高达一定水平后才是经济的。就增殖堆而言，其核燃料不仅能够使用来自乏燃料返循环的钚和铀，而且也能够使用全部锕系元素，实现闭合核燃料循环，这样可使从天然铀中获取的能量增加到未经返循环的几十倍。

后处理能够减少高放废物的体积。如果轻水堆核电厂乏燃料不经过后处理而直接包装处置（即“一次通过核燃料循环”），将会产生高放废物 2 $m^3$/t U（辐照前）；而通过目前普遍采用的普雷克斯工艺流程处理乏燃料，产生的高放废物量仅为 0.3 $m^3$/t U。

**沿革**　为了生产核武器用的钚-239，第二次世界大战期间建造了第一批大型生产反应堆，开展了从乏燃料中提取钚的大量研究工作，部分研究成果获得了工程应用。

1943—1945 年，美国橡树岭国家实验室研究成功了磷酸铋流程。把辐照铀燃料溶解在硝酸中，用磷酸铋共沉淀分离钚。1944 年下半年，在美国华盛顿州的汉福特工厂首次大规模地使用了这一流程，分离钚是成功的，但它存在严重缺点，即不能回收铀。

醋酸盐分离过程，其原理是通过控制钚与铀的共沉淀条件，实现铀钚共去污和铀钚分离，通常与氟化镧共沉淀法结合使用。缺点是分离效率低、流程长、产生的废物量大。

同时回收净化铀和钚的第一个溶剂萃取流程——雷道克斯（Redox）流程是第二次世界大战后不久在美国阿贡国家实验室研究成功的。

该流程用甲基异丁基酮（异己酮）作有机溶剂，并在水相中加入硝酸铝以改善分离。1948—1949 年，美国橡树岭国家实验室进行了该流程的中间工厂试验。1952 年 10 月在汉福特工厂开始大规模运行。该流程的缺点是高放废液中盐分高，这是由于用硝酸铝作盐析剂造成的。

1948—1950 年，开始了一种改进的溶剂萃取方法——普雷克斯（Purex）流程的研究。Purex 流程用稀释的磷酸三丁酯（TBP）作有机溶剂，水相中加入硝酸取代硝酸铝作为盐析剂。1950—1952 年在美国橡树岭国家实验室进行了中间工厂试验，分别于 1954 年 11 月和 1956 年 1 月先后在萨凡那河工厂、汉福特工厂投入了运行。

布特克斯（Butex）流程，以二丁基卡必醇（$C_4H_9OC_2H_4$-$OC_2H_4OC_4H_9$）为萃取剂、硝酸为盐析剂，是 20 世纪 40 年代后期由巧克河实验所的英国化学小组研究成功的。经巧克河实验所的中间试验工厂验证后，英国在温次凯尔工厂便采用此流程大规模地从低燃耗天然铀辐照燃料中分离铀、钚和裂变产物，一直到 70 年代，因发生爆炸才停止使用。

随着核动力的商业化，法国、英国、日本、俄罗斯、印度等国进行了商业核电厂乏燃料后处理，普遍采用普雷克斯流程。美国于 1976 年 10 月，以防止核扩散为由，宣布无限期中止商业后处理和钚的返循环。1977 年 4 月，美国再次声明禁止商业反应堆核燃料后处理。虽然 1987 年予以解禁，但政府没有提供启动商业后处理所必需的补贴。1993 年 3 月，美国能源部发起了全球核能伙伴计划，但仅限于研究。我国的动力堆乏燃料后处理中间试验工厂于 2010 年 12 月成功实现了热调试。

**普雷克斯（Purex）流程** 为英文名称“plutonium and uranium recovery by extraction”的缩写，是当前后处理的标准方法，为各国普遍采用。磷酸三丁酯对硝酸水溶液中铀、钚和裂变产物的萃取能力差别是 Purex 流程的化学分离基础。用 30%磷酸三丁酯-碳氢化合物（如煤油）为萃取剂、用硝酸为盐析剂，以络合物 $UO_2(NO_3)_2·2TBP$、$Pu(NO_3)_4·2TBP$ 的形式萃取铀、钚，裂变产物和次锕系元素镅、锔保留在水相，从而实现铀、钚的共去污。由于 TBP 对三价钚萃取能力很小，利用这一性质可以分离铀钚。

铀钚分离早期使用氨基磺酸亚铁 $[Fe(NH_2SO_3)_2]$ 或硝酸亚铁 $[Fe(NO_3)_2]$-硝酸肼（$N_2H_5NO_3$ 支持还原剂）为钚的还原剂。为了减少废物量和减缓对设备的腐蚀，共去污分离循环使用四价铀$[U(NO_3)_4]$-硝酸肼作为钚的还原剂。钚纯化循环则使用硝酸羟胺（$NH_2OHHNO_3$）-硝酸肼作为钚的还原剂。出于同样的理由，料液的氧化调价由亚硝酸钠（$NaNO_2$）改为二氧化氮（$NO_2$）或四氧化二氮（$N_2O_4$）。

Purex 流程包括首端（乏燃料组件剪切、剪切短段溶解、溶解液澄清、料液制备）；共去污分离循环（铀钚与裂变产物、次锕系元素分离，铀、钚分离，铀反萃，溶剂再生）；铀纯化循环（料液制备，铀进一步与裂变产物、镎钚分离，铀反萃，溶剂再生）、钚纯化循环（料液制备，钚进一步与裂变产物、铀分离，钚还原反萃）；铀尾端（通常为硝酸铀酰溶液蒸发浓缩、硝酸铀酰脱硝制备三氧化铀、产品包装、产品暂存）；钚尾端（通常为草酸钚沉淀、草酸钚过滤、草酸钚焙烧制备二氧化钚、产品包装、产品暂存）；放射性废液蒸发；蒸残液固化；固体废物处理；整备等环节。流出物经监测达标排放。

核电厂反应堆乏燃料后处理钚产品中易裂变钚的份额随燃耗的增加而下降。某核电装置的数据显示，燃耗由 30 GW·d/tU 增加到 60 GW·d/tU，易裂变钚由约 70%降低至约 50%。

后处理铀的组成取决于燃料的初始富集度和入堆时间。铀-238 仍然是主要组成；铀-235 含量小于 1%；铀-232 非常少，主要是由钚-236 经$\alpha$衰变生成，乏燃料贮存约 10 年达到峰值浓度，它的子体具有强$\gamma$放射性；铀-236 为中子吸收体，典型含量在 0.4%～0.6%。其他次要铀同位素还有铀-233、铀-234 和铀-237。

Purex 流程使用的主要设备有剪切机、连续（或批式）溶解器、溶解液沉降离心机、混合澄清槽、萃取柱、离心萃取器、流化床、蒸发器、沉淀过滤装置、焙烧炉、流体输送装置等。

Purex 流程废物的处理方法：高放废液目前普遍使用玻璃固化工艺，将它转化成适于长期贮存的稳定的硼硅酸盐玻璃废物，经过一定时间暂存后，送地质库处置；中、低放废液也需要处理，当前使用较多的是水泥固化方法，根据废物固化体的特性，进行深层或浅层埋藏处置；固体废物经整备后处置。

**发展趋势** 后处理未来的发展方向包括以下几个方面。

**继续发展 Purex 流程** 包括：①进一步提高经济性、可靠性、安全性。研究高性能的萃取剂、还原剂、络合剂、关键设备、结构材料，以简化工艺流程，提高安全技术水平，降低运行成本为目标。②开展高放废液全分离流程和工程应用研究。后处理减少了废物体积，但无法减少高放废物的放射性活度和发热量。解决办法是对高放废液进行全分离，分组分离铀、钚、次锕系元素（镅、锔、镎）、中寿命及长寿命裂变产物（铯、锶、锝）和镧系元素，将高放废液转变成中、低放废液固化处置，提取的锕系元素、长寿命裂变产物待条件成熟后嬗变破坏。我国清华大学研究的高放废液全分离流程已经在实验室台架规模的试验装置上热验证成功。③应对核不扩散和适应嬗变要求的 Purex 流程变体流程研究。这一研究的核心是不单独分离提取纯净的钚产品，产出的铀钚和次锕系元素制成燃料，返循环到第四代快中子堆。为满足分离-嬗变要求，分离方法必须十分有效。Purex 或类似水法流程获得的产物可能还需要通过电解处理，才能制造嬗变堆靶件。

**“高温处理”研究** 所谓高温处理包括挥发（分离）、在不相混的液态金属-金属体系或金属-熔盐体系中液-液萃取、熔盐中电解分离精炼、分级结晶。通常使用氯化物或氟化物（如 LiCl+KCl 或 $LiF+CaF_2$）熔盐或镉、铋或铝这类熔融金属，它们最适于处理金属燃料而不是氧化物燃料，高温电解电冶金处理技术可用于从高放废物中分离锕系元素。与已经投入运行的水法冶金工艺相比，它更适于处理高燃耗和冷却时间短的燃料，但仍处于早期的研究阶段。

（张天祥　于忠良　朱永赡）

fanyingdui

## 反应堆

**反应堆** （reactor） 又称核反应器或核反应炉。是用来启动、维持和控制自持链式核反应的装置。最初的链式反应装置用石墨砖作为慢化剂堆砌而成，因此得名“堆”。后来采用轻水或重水等作为慢化剂（甚至无慢化剂）的此类装置，也一直沿用这个名称，如快堆、聚变堆等。广义上讲，应包括裂变堆、聚变堆和裂变聚变混合堆，但目前一般仅指裂变堆。

**沿革** 1942 年 12 月 2 日美国芝加哥大学成功启动了世界上第一座核反应堆，人类进入原子能时代。1954 年前苏联在奥布宁斯克建成了世界上第一座核电厂，1961 年美国建成世界上第一座商用压水堆核电厂。时至今日，核能已成为世界的主要能源之一。截至 2011 年 3 月，全世界已经建造了 1 100 余座民用核反应堆和数百座用于舰船推进的核反应堆。

**分类** 根据用途，核反应堆可以分为以下几种类型：①将中子束用于实验或利用中子束的核反应堆，包括研究型反应堆、材料实验堆等；②生产放射性同位素的核反应堆；③生产核裂变物质的核反应堆，称为生产堆；④提供取暖、海水淡化、化工等所用热量的核反应堆，称为供热堆；⑤为发电而提供能量的核反应堆，称为发电堆；⑥用于推进船舶、飞机、火箭等的核反应堆，称为推进堆。

另外，根据燃料类型，核反应堆分为天然铀堆、浓缩铀堆、钍堆；根据中子能量，分为快中子堆、中能中子堆、热中子堆和谱移堆；根据冷却剂材料，分为水冷堆、气冷堆、有机液冷堆、液态金属冷堆；根据慢化剂材料，分为石墨堆、重水堆、压水堆、沸水堆、有机堆、熔盐堆、铍堆；根据中子注量率，分为高通量堆和一般通量堆；根据热工状态，分为沸腾堆、非沸腾堆、压水堆；根据燃料增殖性，分为增殖堆和非增殖堆；根据运行方式，分为脉冲堆和稳态堆等。核反应堆概念上可有 900 多种设计，但现实上种类非常有限。

**工作原理** 20 世纪初，科学家发现，一个中子轰击一个铀原子核可以使其裂变成两个核，裂变后总的质量减少，同时放出能量，尤其重要的是，每个铀原子核裂变时，除裂变碎片之外，还放出 2～3 个中子，多于所消耗的 1 个中子。这意味着，新中子可以进一步去轰击其他铀核，使裂变反应一直持续下去，形成能够持续产生大量能量的链式反应（下图）。裂变放出的中子大约有 0.7%是由裂变产物发生衰变放出的，称为缓发中子。缓发中子的比例虽然非常低，但它却是链式裂变反应成为可控的关键。

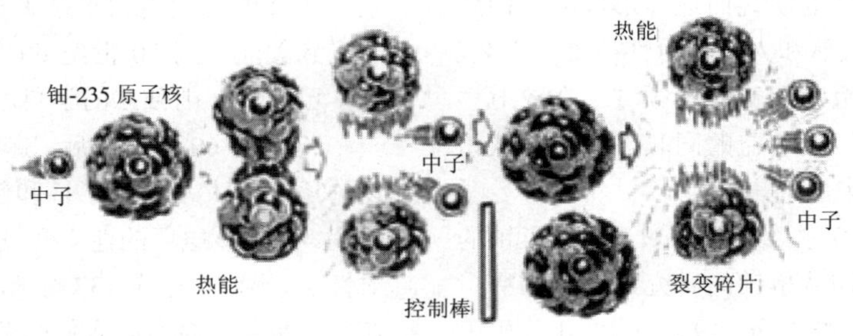


链式裂变反应

**基本结构** 一般来说，反应堆由堆芯（活性区）、控制棒、冷却剂、堆芯容器、反射层和屏蔽层组成。堆芯由核燃料及相关结构材料组成，链式裂变反应在这里发生，绝大部分裂变产生的能量以热能的形式在这里释放；控制棒由强中子吸收材料制成，有计划地安排在堆芯内，通过调节控制棒插入堆芯的深度，可以实现反应堆的启动、功率运行和停闭；冷却剂一般为液态或气态物质，通过它与燃料元件的热传递，将堆芯内产生的热量带走；堆芯容器由钢等材料制成，把整个反应堆堆芯和相关结构包裹起来；反射层布置在活性区周围及上下，用于减少中子的泄漏损失；屏蔽层同样设置在反应堆周围及上下，用于防护γ射线等，以降低辐射危害。

**应用** 核裂变时既释放出大量能量，又释放出大量中子。核反应堆有很多方面的应用，但归纳起来，一是利用裂变产生的能量，二是利用裂变产生的中子。以下仅针对第一类应用进行介绍。第二类应用参见研究型反应堆。

核能发电与传统的化石燃料（如煤炭）相比，具有高效、经济、清洁等特点。1 kg 铀-235 发生裂变所产生的能量理论上相当于约 2 500 t 标准煤燃烧所放出的能量，在现阶段的实际应用中，1 kg 铀可代替 20～30 t 煤。核能的利用，是解决化石燃料储量枯竭的重要途径，同时，核电厂本身不向外排放 CO、$SO_2$、$NO_x$ 等有害气体和固体微粒，也不排放产生温室效应的 $CO_2$。但是，在核能的应用中也存在着一定风险，包括预防和缓解核事故、妥善处置高放废物。可见，确保安全是核能应用开发的一个首要前提。

核能供热是 20 世纪 80 年代才发展起来的一项新技术，这是一种经济、安全、清洁的热源，不仅可用于居民冬季采暖，也可用于工业供热。核能供热的另一个潜在的重要用途是海水淡化，在各种海水淡化方案中，采用核能供热是经济性最好的一种。

核能又是一种具有独特优越性的动力，例如可作为火箭、宇宙飞船、人造卫星、潜艇、航空母舰等的特殊动力，将来可能会用于星际航行。核动力不需要空气助燃，因此可作为地下、水中和太空缺乏空气环境下的特殊动力；由于它耗料少、能量高，是一种一次装料后可以长时间供能的特殊动力。

（柯国土　周永茂）

fangshe dulixue

**放射毒理学** （radiotoxicology） 研究人类在生活和生产活动中可能接触的放射性核素对生物体内照射作用规律及其防治措施的一门科学，是毒理学中的一个重要分支学科，是放射医学的重要组成部分。

**沿革** 放射毒理学是随着放射性核素的发现对其结构和性能的研究而逐步形成的一门新兴学科。在发现天然和人工放射性核素后不久，它们就被应用于医疗和工业等领域。在放射性核素给人类带来巨大利益的同时，也逐渐认识到它们对人类带来的危害。

1896 年贝可勒尔（Becquerel）发现了铀的放射性，由于长期从事铀的研究，受到铀释出的射线照射，皮肤被损伤。19 世纪 80 年代矿工的肺癌死亡率比对照地区居民死亡率高数十倍，后经证实矿井中氡及其子体是铀矿工肺癌的病因。20 世纪初，镭被用作表盘发光涂料的激发能源，描绘表盘的女工因常用舌舔笔尖而摄入镭，10 余年后贫血、骨肉瘤发病率明显增高。这些现象引起了人们的重视，放射毒理学研究开始起步。居里夫人相继发现了放射性镭和钋，在从事研究放射性核素的数十年后，也因受到辐射作用，不幸死于恶性贫血。钍作为造影剂用于临床诊断的 20 年后，逐渐观察到钍致肝胆系统恶性疾病增多。人们从这些惨痛的教训中逐渐认识到放射性核素对人体的危害作用，进而深入开展相应的毒性研究工作。皮埃尔·居里（P. Curie）最先开始进行氡对动物毒性效应的研究，最先提出了辐射毒性效应的概念。1940 年以后，原子物理学、剂量学、放射生物学、放射医学、放射化学以及放射性测量技术等有关学科及技术的迅速发展，大大促进了放射毒理学的发展。

随着放射性核素应用的日益广泛，生产规模也逐渐扩大。特别是第二次世界大战期间，美、英、德、苏竞相研制核武器，美国首先建成核反应堆和核工业，扩大核燃料铀和钚的生产。在此期间对铀、钚和钍的毒性进行了较多的研究，同时对辐射剂量和测量方法、人体组织器官的辐射效应，以及辐射危害评价等方面提出建议，为制定相应的法规、标准提供重要证据，促进了放射毒理学的发展。在 20 世纪 50—60 年代美、苏进行大规模的核武器试验，造成裂变核素的全球性沉降，早期裂片中放射性碘和晚期的锶-90 与铯-137 等具代表意义的放射性核素的毒理学研究受到重视。同时，氡及其子体的毒性也由于铀矿较大规模开采而日益受到关注。到 20 世纪 60 年代中期，放射毒理学已形成一门独立的学科。

20 世纪 60 年代以后，随着钚及超钚核素用途的逐渐扩大，促进了钚和超钚毒理学的深入研究。随着核电厂的建立和发展，裂片核素（放射性碘、锶-90 与铯-137 等）以及氚对人类的潜在危害也越来越引起人们的关注。1986 年，前苏联切尔诺贝利核电厂事故向外界环境释放了大量放射性核素；2011 年，日本福岛核电厂事故再次引起周围地区环境放射性污染。放射毒理学研究面临新的机遇和挑战。

我国放射毒理学学科的建立和专业的发展起步于我国核能事业的发展期。随着核工业的发展以及原子弹和氢弹的试验成功，相应地形成了一定规模的放射毒理学科研体系。在铀、氡及其子体、钍、裂变核素、钚与超钚以及众多的民用放射性核素的放射毒理学研究中取得了重要成果，在职业工作者内污染的流行病学调查与评价、辐射防护标准制定等方面取得了重要成就，对促进核能和核科学技术发展发挥了积极作用。

放射毒理学仍属新兴学科，许多新的领域和课题有待探讨，新形势下产生的新问题有待发现和解决。

**研究内容** 放射毒理学与其他毒理学分支学科相比，既有共性，又有特性。共性体现在研究内容和任务都是在探讨外源性毒物生物转运和生物转化规律的基础上，研究其损伤效应与剂量、时间、结构的关系，旨在为预防和预测危险提供生物学依据。但放射毒理学又具有特性，除了少数核素如铀、钍等要研究其化学毒性外，放射毒理学要研究大多数放射性核素所致的内照射的剂量-效应关系。

放射毒理学的研究对象是可能危害生物机体各种状态的放射性核素。职业工作者接触的放射性核素种类繁多，如开采放射性金属矿与其伴生矿的，主要接触铀系、钍系和锕系放射性核素；铀冶炼、加工等工作主要接触铀-234、铀-235、铀-238；核燃料后处理时则主要接触燃料产品（铀-235、钚-239）、各种裂变产物和惰性气体。对公众而言，开放性接触到的放射性核素除医疗应用的短寿命放射性核素外，则因所处环境的受污染状况、天然水平、居住生活条件和饮食等不同而有差异。

概括来说，放射毒理学的研究内容包括：①放射性核素在体内的生物转运（吸收、分布、转移和排出过程）、核素在体内的生物转化及其动力学模型；②放射性核素内照射作用的特点及其影响因素；③放射性核素的内照射损伤效应规律、剂量-效应关系以及时间-响应关系等；④放射性核素体内污染的监测、剂量评估及其危害评价；⑤研究减少体内放射性核素的医疗措施，包括阻止吸收和加速排除等。

**研究意义** 放射毒理学的研究定量地揭示了放射性核素的剂量-效应关系，其研究成果是放射性核素内照射危害评价的基础；为人体内剂量估算和医学处理提供参数；为临床合理使用医用放射性核素提供依据；为探讨放射生物效应的机理提供可能。（崔凤梅　叶常青）

**推荐书目**

朱寿彭，李章. 放射毒理学. 3 版. 苏州：苏州大学出版社，2004.

**fangshe duxing**

**放射毒性**（radiotoxicity） 机体内的放射性核素因电离辐射作用而致损伤的性能。

**途径及临床表现** 放射性核素可以通过多种途径进入人体，产生放射毒性。放射性核素可经口摄入，经鼻吸入，经由呼吸道、胃肠道、皮肤伤口等途径吸收。人体的放射性核素可随血液循环分散到各器官组织，呈一定的分布规律，大体上可归纳为 5 种类型，包括相对均匀型分布（如氚、碳-14）、亲肝型分布或亲网状内皮系统型分布（如稀土族和锕系核素）、亲骨型分布（如锶-90、镭-226）、亲肾型分布（如铀）、亲其他器官组织型分布。放射性核素内照射损伤尽管与外照射损伤的机理相似，但内照射损伤受放射性核素的辐射与化学特性、体内生物转运、靶器官和组织种类、摄入途径与方式等影响，呈现进入和排出途径局部损伤和损伤部位选择性的特点。损伤部位的选择性与放射性核素滞留或分布特点密切相关。对有大量放射性核素滞留或沉积的器官或组织，称为源器官或源组织。而对受照剂量较大且对机体健康影响较大的器官或组织，则称为靶器官或靶组织。

与衡量其他化学物质急性毒性的方法一样，放射毒性也可用一定时间内引起实验动物50%死亡所需的剂量或浓度（即半数致死剂量 $LD_{50}$ 或半数致死浓度 $LC_{50}$）来表达，以全身或靶器官与靶组织的吸收剂量或单位体重的放射性比活度来表示。但不同放射性核素的辐射类型、辐射能量、衰变速率等都影响其生物学作用，所以不能仅以活度数值来评价放射性核素毒性等级。为此，应综合考虑引起一定危害所需的放射性核素的活度和相应的质量，既考虑核素进入人体后的相对危险性，考虑核素被吸收的难易程度，克服单以核素的活度限值来划分的片面性。

**毒性分组** 现常采用年摄入量限值为基准，得到核素导出空气浓度和质量导出空气浓度，据此对放射性核素进行毒性分级，包括极毒、高毒、中毒和低毒四组。①极毒组包括钋-210、锕-227、镭-226、钍-228、铀-234、钚-238、钚-239、镅-243、锎-252 等核素。②高毒组包括锶-90、钌-106、铈-144、铕-154、铅-210、锕-226、钍-226、铀-236、钚-241、镅-241 等，属于这一毒性组的还有气态或蒸气态放射性核素碘-126、汞-193m、汞-194。③中毒组包括钠-22、磷-32、硫-35（无机）、钙-45、锰-54、铁-59、钴-58、锶-89、碘-131、钷-147 等核素，还包括气态或蒸气态放射性核素碘-132、碲-132、汞-193 等。

④低毒组包括氟-18、钾-40、锝-99及其同质异能素锝-99m、铟-113m等，气态或蒸气态的氚（元素、氚水、有机结合氚、甲烷氚）、碳-11、氪-85、碘-132（甲基）等也属于这一毒性组。

放射毒性分组是放射性核素辐射防护管理工作必需的基础资料。如开放型放射性工作单位的级别划分、工作场所的分区、相应的放射性核素的操作量限值和监测结果的评估等都要以放射性核素毒性组别为依据。

（崔凤梅　叶常青）

**fangshe gongzuo renyuan jiankang guanli**

**放射工作人员健康管理**（health management for radiation workers）　为使放射工作人员健康状况满足于放射工作岗位适任性需求而进行的管理。主要涉及放射工作人员的医学监护和健康评价、过量照射的医学处理及辐射事故的医学应急准备和放射性疾病的诊断。

**沿革**　在20世纪40年代核工业起步初期，人们出于对辐射危害的担心，期望通过详细的医学检查尽早发现辐射引起的健康损害，以保障放射工作人员的健康。英国、美国和前苏联等国家纷纷建立了严格的健康检查制度。1965年国际放射防护委员会（ICRP）第9号出版物明确提出医学监督的目的和方法。至20世纪70年代，人们开始对烦琐的健康检查产生质疑。从理论上，低于辐射防护标准限值的职业照射不应该有临床可见的健康损害。1977年ICRP第26号出版物简化了医学监督。1990年ICRP第60号出版物将医学监督定位于评价工作人员健康、保证其从事工作的适任性和为特殊情况提供资料。早年用“禁忌症”或“不适应症”表述对放射性工作人员的健康要求是不恰当的。我国自20世纪80年代提出了放射工作人员的健康标准，并在健康管理中逐渐强化了过量照射的医学处理及辐射事故的医学应急准备工作。

**内容**　放射工作人员健康管理制度是依据相应的国家法律、条例和标准制定的，管理内容主要包括以下方面：

**放射工作人员健康监护**　指为确保工作人员参加辐射工作时及其以后都能适应他们拟或承担的工作任务而进行的医学检查和评价。放射工作人员健康检查以职业医学的一般原则为基础，其主要目的是评价放射工作人员对于其预期工作的适任和持续适任的程度，并为应急或事故照射的医学处理和职业病诊断提供健康本底资料。

放射工作人员健康监护包括职业健康检查和评价，以及职业健康监护档案管理等内容。①职业健康检查包括上岗前、在岗期间、离岗时、受到应急照射或者事故照射时的健康检查。放射工作人员健康检查只能由取得放射工作人员职业健康检查资格的医疗机构承担。主检医师根据检查结果，按照放射工作人员健康标准对受检者从事放射工作的适任性做出评价，给出处理意见。放射工作单位应当为放射工作人员建立并终生保存职业健康监护档案，且允许本人查阅或复制。②职业健康监护档案包括放射工作人员的职业史、职业照射接触史、历次职业健康检查结果及评价、职业性放射性疾病诊疗等资料。《放射工作人员职业健康监护技术规范》（GBZ 235—2011）规定了我国放射工作人员健康监护的基本原则和技术要求。

**放射工作人员健康标准**　对放射工作人员健康要求总的原则是，保证其身体和心理健康以及体质能力足以胜任正常和可能异常情况下的工作，不至于因健康原因引发导致危害公众安全和健康的误操作。放射工作人员健康标准是对职业健康检查结果进行评价的依据。一般情况下，放射工作人员健康标准不高于其他职业人员健康标准。但对于特殊工作岗位有着特殊要求，如核反应堆操纵员不能患有突然丧失能力的疾病（癫痫、重症糖尿病和心理障碍等），且对其精神和心理方面的要求较高；在放射性气溶胶场所需要佩戴呼吸装置的工作人员不能患有严重的心肺系统疾病；接触非密封放射源的工作人员不能患有严重的皮肤疾病等。我国放射工作人员健康标准有《放射工作人员的健康标准》（GBZ 98—2002）和《核电厂操纵员的健康标准和医学监督规定》（GBZ/T 164—2004）。

**过量照射的医学处理及辐射事故的医学应急准备** 过量外照射、放射性核素体表污染和放射性核素内污染是放射性工作场所常见问题。应对受过量照射的人员进行及时的医学处理和长期医学观察；建立去污室做到对放射性核素内污染促排和外污染洗消的技术储备。《核与放射事故干预及医学处理原则》（GBZ 113 —2006）适用于核与放射事故时受照人员的医学处理。

**职业性放射性疾病的正确诊断和治疗** 职业性放射性疾病的诊断原则是，必须有职业照射或应急照射的受照史，依据照射途径、射线种类、照射部位和受照剂量，结合临床表现和实验室检查结果，排除其他因素或疾病，按照放射性疾病诊断标准综合分析后做出诊断。我国卫生部发布的系列放射性疾病诊断标准是各种职业性放射性疾病诊断和治疗的依据。

**趋势** 由于科技进步和辐射防护技术的发展，职业照射水平被控制在剂量限值以下，确定性组织反应的辐射损害已很少发生，应该更多关注过量受照人员的健康管理，对可能大于 100 mSv 人员进行长期医学跟踪观察。同时，要加大过量照射的医学处理及辐射事故的医学应急准备的技术储备，提高应急响应能力。辐射致癌是职业照射关注的主要辐射效应，放射性肿瘤的病因判断与赔偿将成为放射工作人员健康管理的重要内容。 （李幼忱 白光）

**fangshexing baineizhang**

**放射性白内障** （radiation cataract） 由 X 射线、γ射线、中子及高能β射线等电离辐射所致眼的晶状体混浊。

放射性白内障是电离辐射诱发的一种组织反应，其发生存在着阈值，严重程度与照射剂量有关。放射诱发白内障的确切机制尚不清楚。目前认为与晶状体中单个上皮母细胞发生初始损伤，以及通过细胞分裂和分化造成晶状体纤维细胞的缺陷有关。

国际放射防护委员会（ICRP）2007 年建议书将组织损伤的阈值定义为引起 1%的效应发生水平的吸收剂量，对于导致视力障碍的白内障的阈剂量，给出的估计值为单次短时照射总剂量 5 Gy，分割多次照射或迁延照射总剂量大于 8 Gy，多年中每年以分割多次照射或迁延照射接受剂量时的年剂量率大于 0.15 Gy/a；可检出的晶状体混浊对应的阈值则低一些，分别为 0.5～2 Gy、5 Gy 和大于 0.1 Gy/a。ICRP 于 2011 年 4 月发布了一则关于组织反应的声明，对于眼晶状体，吸收剂量的阈值考虑为 0.5 Gy。迄今为止证明小于 1Sv 的辐射照射可以引起视觉损害性白内障超额发生的阈剂量估算值为 0.4 Gy。关于慢性照射，也显示出低剂量辐射存在一定程度的危险。

根据我国职业卫生标准《放射性白内障诊断标准》（GBZ 95—2002），放射性白内障依其表现和后果的严重程度分为四期。①I 期：晶状体后极部后囊下皮质内有细点状混浊，并排列成环形，可伴有空泡。②II 期：晶状体后极部后囊下皮质内呈现盘状混浊且伴有空泡。严重者，在盘状混浊的周围出现不规则的条纹状混浊向赤道部延伸。盘状混浊也可向皮质深层扩展，可呈宝塔状外观。与此同时，前极部前囊下皮质内也可出现细点状混浊及空泡，视力可能减退。③III 期：晶状体后极部后囊下皮质内呈蜂窝状混浊，后极部较致密，向赤道部逐渐稀薄，伴有空泡，可有彩虹点，前囊下皮质内混浊加重，有不同程度的视力障碍。④IV 期：晶状体全部混浊，严重视力障碍。初期，晶状体后极部后囊下皮质内有灰细点状混浊，可伴有空泡。细点状浑浊逐渐发展为盘状浑浊且有空泡。前极部前囊下皮质内出现点状、线状和羽毛状混浊，从前极向外放射。后期可有盘状及楔形浑浊，最后形成全白内障。

放射性白内障的鉴别诊断需要排除其他非放射性因素所致的白内障，如起始于后囊下型的老年性白内障、并发性白内障（高度近视、色素膜炎、视网膜色素变性等）、与全身代谢有关的白内障（糖尿病、手足搐搦、长期服用类固醇等）、挫伤性白内障、化学中毒及其他物理因素所致的白内障、先天性白内障。

做好辐射防护，尽量减小晶状体的受照剂量，是防止放射性白内障发生的有效手段。眼晶体可能受到高剂量照射的人群主要有医学工作人员（如介入放射学操作人员，PET/CT 和回旋加速器操作人员）和工业照相装置操作人员。国际原子能机构（IAEA）等六个国际组织 1996 年批准发布的《国际电离辐射防护和辐射源安全基本安全标准》规定的眼晶体的限值为年当量剂量不超过 150 mSv。我国《电离辐射防护与辐射源安全基本标准》（GB 18871—2002）与上述国际组织标准等效，规定职业照射的眼晶体剂量限值为年当量剂量不超过 150 mSv，对于年龄为 16～18 岁接受涉及辐射照射就业培训的徒工和年龄为 16～18 岁在学习过程中需要使用放射源的学生，眼晶体的年当量剂量限值为 50 mSv；公众照射眼晶体剂量限值为年当量剂量不超过 15 mSv。IAEA 于 2014 年发布的《辐射防护和辐射源安全：国际基本安全标准》（BBS）正式版规定，18 岁以上职业照射人员的眼晶体的剂量限值为连续 5 年平均的年当量剂量不超过 20 mSv，单一年份最大值不超过 50 mSv；年龄为 16～18 岁接受涉及辐射照射就业培训的徒工和年龄为 16～18 岁在学习过程中需要使用放射源的学生，眼晶体的年当量剂量限值为 20 mSv；公众照射眼晶体剂量限值为年当量剂量不超过 15 mSv。

眼晶体职业照射剂量限值的降低也掀起了对眼晶体剂量监测方法的讨论。原来眼晶体剂量监测采用胸部佩戴的能量甄别剂量计给出的 $H_p$（3）表示，现在强调佩戴眼晶体部位的剂量计，针对射线种类的不同，需用单独或组合用 $H_p$（10）、$H_p$（0.07）和 $H_p$（3）表示。IAEA 建议的眼晶体个人剂量监测规范正在讨论中。

（曹毅　童建　岳保荣）

**fangshexing banshuaiqi**

**放射性半衰期**　（radioactive half-time）　又称半寿命。是放射性核素的原子核经过衰变使本身的数目为原先的一半所需要的时间，通常用符号 $T_{1/2}$ 表示。不同放射性核素的半衰期差异很大，短的只有 $10^{-22}$ s，长的可达几十亿年。例如，铀-238 的半衰期约为 45 亿年，铀-235 的半衰期为 7 亿年；氚的半衰期为 12.33 年；碳-14 的半衰期为 5 730 年；钴-60 的半衰期为 1 925 d；钼-99 的半衰期仅为 65.94 h。半衰期越短，代表其原子核越不稳定。

每种放射性核素的半衰期是核素自身的特征。用探测仪器来测量各种放射性核素的半衰期，常作为识别核素的判据之一。最初研究认为半衰期的数值不受外来因素，如温度、压力、化学变化和磁场等周围环境的影响。但是近年来的研究证明，原子核外的电子环境，如处于金属的晶格中，或者原子剥离多个电子成为高剥离电荷离子时，α或β衰变半衰期会发生高达百分之几的变化。

放射性核素的衰变过程是一个统计过程。描写衰变概率的另一个参数是衰变常数$\lambda$。假定某种放射性核素原有 $N_0$ 个，那么单位时间发生衰变的核数目为 $dN = -\lambda N dt$。核数目随时间的变化为 $N(t)=N_0 e^{-\lambda t}$。半衰期与衰变常数的关系式为 $T_{1/2}=0.693/\lambda$。有些放射性核素同时存在几种不同衰变模式，称为具有多个衰变分支的核衰变，各模式的衰变常数为$\lambda_i$，总衰变常数是各分支衰变常数之和。

短半衰期的放射性物质搁置一定时间后，其放射性活度降到很低，不致对环境产生影响；但对于长半衰期的放射性核素，有限的时间对其放射性活度的减少几乎不起作用。因此，核工业尤其要重视对长放射性半衰期核素的使用、运输和储存，以防止其对环境的辐射影响。

（张竞上　许谨诚）

**fangshexing feiqi chuli jishu**

**放射性废气处理技术**　（treatment technology of radioactive gas）　又称放射性废气净化技术。是利用特定的净化设备和装置对排放气流中所含的放射性物质进行净化或处理，最终使排放气流中所含的放射性核素活度降至允许水平。

放射性废气以两种不同的形态存在：一类以气溶胶形态存在，即放射性气溶胶；另一类以放射性气体形态存在，包括气体碘和惰性气体，其有不同适用的处理技术。

**放射性气溶胶的处理** 固体或液体微粒在气体中悬浮形成的亚稳态分散体系称为气溶胶。带有放射性的微粒分散体系称为放射性气溶胶。放射性气溶胶的形成机制主要有三种：①从反应堆冷却剂系统泄漏出活化的锈蚀产物（包括铬-51、锰-54、锰-55、铁-59、钴-58、钴-60和锌-65）；②气体裂变产物衰变成其他核素，例如，气载放射性核素氙-137 衰变后成为气溶胶载带的铯-137；③挥发性的放射性核素吸附到颗粒物质上。

影响放射性气溶胶危害大小及其处理方法的重要特征是颗粒直径大小和放射性比活度。放射性气溶胶的去除方法主要为过滤法，其机理是借助气溶胶微粒具有的惯性、微粒向过滤介质表面的扩散以及微粒被过滤介质的纤维直接截留。处理气溶胶的过滤器包括粗过滤器、中效过滤器、高效粒子空气过滤器和超高效粒子空气过滤器。对放射性气溶胶的过滤通常要用高效粒子空气过滤器，并在高效过滤器之前装有预过滤器，保证其有足够的使用寿命。按结构形式，高效过滤器分为以下三种：带波纹分隔板的深褶高效粒子空气过滤器、微褶高效粒子空气过滤器、无隔板高效粒子空气过滤器。

**放射性气体的处理** 放射性气体碘和放射性惰性气体有不同的处理方法。

**碘处理** 放射性气体碘不仅包含单质碘，而且还含有碘的其他化合物，特别是在环境中存在有机气体、水蒸气、高温和辐射场的情况下，活泼的单质碘会转化为有机碘化合物。放射性气体碘包括单质碘（$I_2$）、有机碘（代表物 $CH_3I$）、无机碘（包括 HI、HOI、$HIO_3$）。单质碘和有机碘是核设施正常运行工况及事故情况下存在的主要形态。不管何种方式产生的碘，其中均含有大量的单质碘，并易被多种材料吸附和去除。

放射性气体碘通常采用固体吸附剂吸附的方法净化。广泛研究和应用的固体吸附剂包括无机吸附剂和活性炭。常用的无机吸附剂包括银交换沸石、浸渍了金属盐（$AgNO_3$）的矾土（$Al_2O_3$）和分子筛及催化剂担体。无机吸附剂具有抗酸、耐高温特性，用于净化含有硝酸蒸气、氮氧化物或温度较高的废气（如核燃料后处理厂的废气）中的碘。活性炭吸附剂由于其优良的吸附特性得到了最广泛的研究和应用。

在相对湿度高的气流条件下，活性炭基炭的物理吸附即可满足对于放射性单质碘的吸附，而对于以甲基碘为主的有机碘，则必须使用借助于化学吸附和同位素交换的浸渍活性炭才能将其有效地净化。在基炭的物理性能满足要求的前提下，浸渍剂的选择及浸渍处理工艺对去除有机碘的能力有较大影响。通常采用放射性甲基碘示踪标准方法进行活性炭的除碘性能试验，以满足规定的效率指标要求。

放射性气体碘的净化，主要采用装填有各种除碘吸附剂的吸附器，包括浸渍活性炭、浸渍分子筛等，其中浸渍活性炭的碘吸附器应用最广泛。碘吸附器有多种结构形式，常用折叠式碘吸附器、抽屉式碘吸附器和深床碘吸附器。

碘吸附器应满足除碘性能、气流阻力、密封性等方面的要求。碘吸附器的性能检验方法有“泄漏率检验”和“净化系数测定”两种方法。前者采用氟利昂类化合物（如 R-11、R-22等）作试验气体测定碘吸附器的机械泄漏率；后者采用碘-131 示踪的甲基碘气体试验，测定碘吸附器的净化系数。

**惰性气体处理** 主要是来自反应堆主回路系统工艺废气，含有较高浓度的氪、氙放射性核素，这些放射性核素除氪-85 外半衰期都比较短，通常采用压缩贮存衰变、常温活性炭滞留、低温活性炭吸附处理。

*压缩贮存衰变* 最早用于压水堆废气处理，是将废气加压贮存在大罐中，在贮存过程中放射性核素发生衰变，待衰变到允许的放射性水平时再受控排放。典型的流程是先通过氢氧复合器去除余氢，经过一个滞留管，去除短

寿命的氪和氙，在滞留管的下游安装高效空气粒子过滤器以过滤放射性气溶胶。从过滤器出来的气体被压缩加压到 1.4～2.1 MPa，通入衰变罐中。目前设计的衰变罐典型贮存时间为 60 d，排入大气的放射性裂变产物主要是惰性气体氪-85，净化效率达到 99.9%以上。该法的缺点是需要大的贮存容积，且长时间高压贮存气体存在安全问题。

*常温活性炭滞留* 其原理是利用活性炭的吸附特性，使气流中的惰性气体被活性炭吸附从而与载气流分离。由于物理吸附的可逆性，气流在通过活性炭床的过程中，会发生多次的吸附解吸过程，惰性气体会比载气流滞后一段时间穿过活性炭床。在这一过程中，被吸附滞留的氙和氪的短寿命放射性同位素不断衰变，从而使流出炭床时的放射性活度衰变到所允许的水平。惰性气体在活性炭床中的滞留时间与气体流量、活性炭质量以及动态吸附系数密切相关。采用该技术可使除氪-85 外的所有惰性气体得到净化，净化效率达到 99.9%以上。目前该技术已得到了越来越多的应用。

*低温活性炭吸附* 其主要流程是先将含有氪-85 的氢、氮混合气体中微量的氧经催化与氢生成水，除去水分后将气体降至低温，然后通过活性炭床。活性炭在低温下对惰性气体甚至是氪的吸附能力显著提高，对氪-85 的吸附效率可达 99%，处理后的干净尾气排往大气。该技术可除去包括氪-85 在内的所有惰性气体，净化效率达到 99%以上，缺点是运行成本较高，因此应用较少。（史英霞　刘群）

fangshexing feiwu chuli

**放射性废物处理**（radioactive waste treatment）为安全或经济目的而改变废物特性的各种操作。其基本目的是减容、从废物中除去放射性核素和改变废物的组成。放射性废物处理是放射性废物治理的中心环节，包括废物预处理和废物整备。废物预处理为安全高效处理创造必要条件；废物整备则为经济、安全地形成适用于贮存、运输和处置的废物包提供良好的条件。放射性废物处理分为放射性气载废物处理、放射性液态废物处理以及放射性固体废物处理。

**气载废物的处理** 气载废物主要来自工艺系统或厂房和实验室的排风系统。气载废物可能含有放射性气体、气溶胶、颗粒物和非放射性有害气体。铀矿冶厂矿废气中主要核素是铀（钍）、镭、氡及其子体；核电厂工艺废气主要组分是惰性气体、碘、颗粒物、气溶胶、氚和碳-14。气载废物中除含有放射性核素外，还可能含有非放射性有害组分，如 HF、$F_2$、$NO_x$、$SO_2$、$H_2$、二噁英等。

气载废物的处理方法很多，常用的有过滤、洗涤、吸附、贮存衰变等。通常，工艺废气需要采用多级净化综合处理流程的废气净化系统来处理。对于厂房和实验室的排风，经过过滤之后一般就可向环境排放。放射性碘通常以碘过滤器净化。以浸渍活性炭为介质的碘过滤器对无机碘除去率可达到 99%，对有机碘除去率可达到 95%。氚的物理化学性质与氢相似，氚的去除十分困难，但氚的毒性低，允许排放浓度相对较高。氡不仅从铀（钍）矿井、废石场和废矿库析出，花岗岩、煤灰砖等建材也释出氡。氡容易被吸附于活性炭、硅胶、橡胶等物质上，加热可解吸。短寿命惰性气体的去除主要靠贮存衰变作用（压缩贮存衰变或活性炭吸附床滞留衰变），贮存衰变是核电厂废气处理的重要措施。

放射性气溶胶是载带有放射性核素的固体或液体微粒（粒径为 0.05～50 μm）在空气或其他气体中形成的分散系。它们主要产生于核燃料循环系统的生产运行过程和核爆炸。气溶胶可以长久悬浮在空气中随气流移动，很容易被吸入肺中，对人体危害很大。因此，在放射性作业现场，特别是开放性操作和铀矿开采现场，要按标准设置可靠的进、排风系统。此外，作业人员要佩戴安全口罩或面具，并定期进行体检。

通常空气净化装置由预过滤器和高效微粒空气过滤器（HEPA）构成。前者去除粒径较大的微粒，以提高 HEPA 的工作寿命和净化效率，减少废过滤器产生量。在某些特殊场合，如空气中含其他有害气体，还要在 HEPA 之前增加气体洗涤或特殊吸附过滤器。

**液态废物的处理** 液态废物，即废液，包括水基废液和有机废液。按放射性水平可分为高放、中放和低放废液。

**水基废液的处理** 水基废液的常用处理方法有过滤、蒸发、离子交换和膜技术等。

过滤 包括直接过滤和化学沉淀-过滤。去污因子 DF 为 2～10，常用作蒸发和离子交换法的预处理。直接过滤的办法很多，如常压过滤、减压过滤、真空过滤、离心过滤、超滤等；化学沉淀-过滤是加入化学凝聚剂或絮凝剂使废水中的放射性核素通过沉淀、共沉淀或吸附载带等途径进入氢氧化物、碳酸盐、磷酸盐等化学沉淀物中。选用特效的化学凝聚剂或絮凝剂可实现某些核素高效净化。

蒸发 最常用的方法，适用于高放、中放和低放废液，能够处理含盐量高的废液，蒸发法有较高的去污因子，一级蒸发的去污因子 DF 为 $10^2$～$10^4$，如果废液中存在易挥发核素（如氚、碘、钌等），去污因子会降低。蒸发容易与其他处理工艺组合，综合费-效比较高，因此长期被广泛使用。蒸发设备包括锅式、中央循环管式、外加热式、薄膜蒸发等。蒸发法近期向多级蒸发、真空蒸发、复合蒸发等方向发展，以提高蒸发的热效率、净化因子和处理效率。

离子交换 借助离子交换剂上的可交换离子（活性基团）与溶液中离子进行交换，选择性地除去溶液中以离子态存在的放射性核素，使废液得到净化。离子交换是处理低含盐量废水的一种好办法，操作简单，易实现遥控和连续运行，去污因子 DF 为 10～100。选用交换容量高和耐磨性好的优质树脂，可获得高的净化能力和较长的使用寿命。离子交换剂有无机离子交换剂（如蛭石）和有机离子交换剂（如离子交换树脂）。反应堆回路冷却水和燃料水池水等的净化处理常用离子交换法。

膜技术 基本原理是水基废液在一定的压差下，利用特别的高分子聚合物膜的选择性渗透性能和不同孔径把水分子压到膜壁外，而大部分溶质被截留在膜壁内，形成“淡水”和“浓水”两股流体，实现浓缩和净化。膜技术在低放废液处理中的应用取得了很大的发展，特别是基于压力差驱动的膜技术已在核电厂被广泛采用。现已广泛工业化的膜技术有反渗透和超滤等。膜技术的优点是能耗较低；可实现模块化设计；有利于工艺流程和生产能力的调整；安装和维修方便。不足是高分子聚合物膜易被油和胶体沾染而失去功能。在前端增加除油和胶体的预处理设备有很好阻止作用。

**有机废液的处理** 有机废液包括从乏燃料后处理产生的废磷酸三丁酯（TBP）-煤油萃取剂、被放射性污染的润滑油和检测用的废有机闪烁液等。处理方法有热解焚烧、急骤蒸馏、湿法氧化和吸附固定等。

废 TBP-煤油可用热解焚烧法处理。把废 TBP-煤油和石灰水[$Ca(OH)_2$]加入球床反应器内，在 350～380℃下热解生成五氧化二磷（$P_2O_5$）和可燃的烷烃气体。$P_2O_5$ 与 $Ca(OH)_2$ 反应生成焦磷酸钙沉积在金属球表面。用反应器中央的搅拌桨驱动，使金属球上下翻动，通过球之间的摩擦把表面的焦磷酸钙磨下来，最后从反应器底部排出。经水泥固化后送贮存或处置。废 TBP-煤油也可用急骤蒸馏法处理回收，即先用碱洗法除去其中的降解产物，再利用 TBP 和煤油的不同挥发温度在真空蒸馏塔上分别收集 TBP 和煤油。

废润滑剂（如机油、真空泵油等）最简便的处理方法是直接喷入固体废物焚烧炉烧掉，也可以用湿法氧化转化为无机废液或用吸附固定的方法处理。吸附有机废液的材料有很多，如木屑、活性炭、黏土和特殊的聚合物。吸附后再用水泥或其他介质将其固化（定）。一种名为 NOCHAR 的聚合物能吸附固定各种润滑油脂、TBP-煤油、闪烁液和油水混合废液，其产品可以直接送去处置，也可按需进行焚烧、水泥固定或长期贮存。

**固体废物的处理** 放射性固体废物按其放射性比活度分为高放、中放、低放、极低放和α

废物。①高放废物的主要特征是放射性水平大于 $1\times10^{10}$ Bq/kg，且释热率大于 2 kW/m$^3$，因此要考虑遥控操作与较厚的辐射屏蔽和冷却措施；②中放废物的放射性水平大于 $4\times10^6$ Bq/kg，其释热率低于 2 kW/m$^3$，只要考虑辐射屏蔽的要求；③低放废物一般不需考虑屏蔽；④对于α放射体活度浓度单个废物包大于 $4\times10^6$ Bq/kg，多个废物包平均大于 $4\times10^5$ Bq/kg 的废物，其操作和安全监管必须十分严格。

放射性固体废物按其形状和物化特性可分为可燃与不可燃、可压实与不可压实、干废物与湿废物等。固体废物的处理方法有数十种，但功能和目的各有不同，应根据实际情况作优选。

固体废物的处理主要为使废物适应后续的贮存、运输和处置，以及实现废物最小化。随着核电和核技术的发展，低、中放固体废物量日益增加，废物最小化备受关注。可有效实现固体废物减容的许多方法，如焚烧、压缩、废金属熔炼等，正日益受到重视并获得发展。

（孙东辉　王显德）

**推荐书目**

罗上庚. 放射性废物处理与处置. 北京：中国环境科学出版社，2007.

马文革，何军勇，等. 放射性固体废物处理技术. 北京：原子能出版社，2007.

**fangshexing feiwu chuzhi**

**放射性废物处置**（radioactive waste disposal）把废物安放进经过批准的设施中，提供安全隔离，确保进入环境的放射性核素的浓度处于可接受的水平。

放射性废物处置必须确保处置库（场）从选址、设计、建造、试运行、运行、关闭到监护各阶段都遵守有关法规和标准，严格执行许可审批制度，保护工作人员和公众健康，保护生态环境，保护子孙后代，不给后代人带来不适当的负担。

20 世纪五六十年代，美、英、法等国家曾将低、中水平放射性固体废物投弃入大西洋和太平洋中。1972 年，71 个国家签字通过的《防止倾倒废弃物及其他物质污染海洋的公约》禁止了在海上倾倒核废料。《中华人民共和国放射性污染防治法》明确规定，我国低、中水平放射性固体废物实行近地表处置；高水平放射性固体废物和α废物实行深地质处置。

**低、中放废物的处置**　不含或只含很少的长寿命核素的低、中水平放射性固体废物（简称“低、中放废物”），包容隔离 300 到 500 年，就可达到安全水平。

低、中放废物处置场选择地质构造稳定、无不良地质作用，水文地质、气象条件、地下资源、运输道路、人口分布和经济发展满足要求，并为公众所接受的场址，建设适宜的处置设施。

低、中放废物的处置，各国从国情出发，因地制宜采用多种方式，包括：地面上混凝土窖仓或近地表混凝土沟壕、窖仓处置；井穴或洞穴处置；废矿井处置等。现在，国际上多数国家采用近地表混凝土工程构筑设施进行低、中放废物的处置，但这只适宜于不含或只含很少量长寿命核素的低、中放废物。

**混凝土沟壕、窖仓处置**　有全地下、半地下、全地上等多种形式。废物包以叠堆或卧堆形式整齐码放，上设活动挡雨帐篷，底部设排水孔，连接集水、排水管网和监测系统。废物装满一层和一单元后灌浇混凝土砂浆填充空隙，压实之后封混凝土盖板。最后覆盖几米厚多层结构组成的覆盖层（通常 3～5 m）。法国芒什（La Manche）和奥布（L’Aube）处置场、西班牙卡勃利尔（El Cabril）处置场、日本六个所村（Rokkasho Mura）处置场都是典型的工程结构近地表处置场。我国西北处置场、广东北龙处置场和在建的四川飞凤山处置场也属于这种类型。

**井穴处置**　建造直径一到数米、深度几米到二三十米内敷钢面的井筒，用来处置放射性较强的废物（如废树脂、废过滤器芯或废放射源等）。装满之后浇注水泥砂浆，盖混凝土盖板，加设顶盖层。印度、加拿大采用这样的设施，处置核电厂产生的较高活度的废物。

**洞穴处置** 利用天然洞穴或人工挖掘的洞穴处置低、中放射性废物。瑞典和芬兰在滨海几十米深海底结晶岩中建废物库，用斜井同海边的核电厂相连，处置核电厂的低、中放废物。美国将内华达核试验场的部分核试验坑改建后作为处置库，20 世纪 90 年代以来，已接收和处置了美国能源部近 30 个单位的许多低放废物、混合低放废物、放射性污染的石棉废物和含高量钍的低放废物。

**废矿井处置** 不属于近地表处置。国际上有采用废盐矿、废铁矿、废铀矿、废石膏矿等处置低、中放废物。原东德的莫斯莱本（Morsleben）处置库就是由废盐矿改建的处置库，在 320～630 m 深层上处置了大量低、中放废物，现已关闭。德国现改建了康拉德（Konrad）废铁矿，在 850 m 深层上建处置单元，已获许可待投入运行。废矿井深度大，人类活动和自然干扰的影响小，处置废物安全性好。但是，矿井的水文地质情况往往比较复杂，裂隙和地下水发育，需要经过整治和安全分析与环境影响评价后才能使用。

**长寿命核素低、中放废物的处置** 对含较高浓度长寿命核素的废物，如废弃的镭源、镭-铍中子源、镅-铍中子源、钚-铍中子源，含碳-14 废物，废弃的反应堆石墨套管和石墨砌块（含碳-14、氯-36 等长寿命核素）等，虽然它们的比活度和释热率不属高放废物或α废物，不必作深地质处置，但它们含较高浓度的长寿命核素，不能作近地表处置。国外许多国家采用中等深度（地下几十米到一二百米深度）地质处置进行包容隔离。法国正在专建这样一个中等深度地质处置库。我国正在制定相关标准和导则，以便安全处置好这类废物。

**高放废物和α废物的处置** 高放废物要深地质处置，采用多重屏障纵深防御体系，与人类生活圈安全隔离万年以上（参见高放废物处置）。我国高放废物处置库的建设自 20 世纪 80 年代中期以来，在选址、核素迁移和安全评价等方面已做了不少开发研究工作，为高放废物处置库的建设和运行打下了初步基础。

α废物的处置也要求采用多重屏障纵深防御体系实现与人类生活圈安全隔离万年以上。世界上只有美国在新墨西哥州建造了超铀废物隔离验证设施（WIPP），1999 年正式投入使用。WIPP 位于离地面 650 m 深地下的盐层中，只处置美国能源部军工超铀废物，这些废物来自美国军工后处理厂、钚生产基地、核武器制造和试验场址以及实验设施。

**极低放废物的处置** 极低放废物是放射性水平很低，但没有达到解控水平的放射性废物。极低放废物产生于核电站、核燃料循环设施、核技术应用和核研究开发的许多活动和部门。特别是核设施退役和环境整治会产生大量极低放废物。分出极低放废物作填埋处置，可大大减少低、中放废物处置场的负担和降低处置费用。

法国和西班牙考虑今后三十年核电站退役会产生大量的极低放废物，专建了极低放废物填埋场，集中处置极低放废物。日本原子力研究所把日本核动力示范堆退役产生的极低放废物处置在东海村场址内特建的填埋设施中。美国能源部允许把放射性水平很低的低放废物送获许可接收这类废物的工业垃圾填埋场或危险废物处置场处置，其所产生的公众个人剂量不超过 0.25 mSv/a。瑞典核电厂运行产生的极低放废物填埋处置在核电厂的填埋场中。英国也批准把极低放废物处置在工业垃圾填埋场中。

《极低水平放射性废物的填埋处置》（GB/T 28178—2011）按放射性残留物的场址对公众有效年剂量≤0.1 mSv 规定了接受废物核素的活度浓度指导值。填埋场应重视减少渗漏液的产生和防止其渗透泄漏进入蓄水层，以免造成对地下水和周围环境的污染；填埋场不得填埋有潜在利用价值的物料；填埋场的选址和建造必须得到批准，不允许自行随意挖坑填埋。

**处置安全性和环境影响评价研究** 放射性废物处置库（场）设置多重屏障体系，使废物中所含的放射性核素牢固包容在处置库（场）中，在衰变到安全水平前无危害量的放射性核素释放进人类生物圈。

处置库关闭后的长时间里，难免有地下水进入处置库。地下水会同废物固化体、废物容器、围岩发生各种物理和化学作用。废物固化体会被溶解或通过离子交换作用释出放射性核素来。这些放射性核素随地下水向处置库（场）外迁移。核素的真实迁移数据是难以获得的，人们研究模拟处置条件下地质介质对核素吸附的分配系数（又称吸附比、分配比），结合实验室研究、地下实验室研究和天然类比研究，建立数学模型来预测核素迁移作用和评估处置库的安全性。这套数学模型包括：①释放模型或核素浸出模型：重点计算分析放射性核素从固化体或乏燃料元件中被地下水的浸出，描述源项问题；②核素迁移模型：包括近场处置库迁移模型和远场地质圈迁移模型，重点计算分析溶出的放射性核素输运出处置库和通过岩石裂缝输运到近地表，描述过程问题；③剂量效应模型或生物圈食物链模型：重点计算分析进入地表水中的放射性核素通过食物链到达人体，产生内照射、外照射的剂量，描述后果效应。

放射性核素从处置库中的废物体溶出，输运到食物链，进入到人体，其过程是极其缓慢的，输运量也微乎其微。因为除了核素本身衰变外，还存在着一系列逆过程，如稀释分散、介质吸附、凝聚、沉淀、矿化、离子交换等。实际上，核素迁移受温度、压力、地下水化学成分、pH-Eh 状态、辐射场和微生物等的耦合作用的影响。为考证所建立的数学模式是否代表实际的处置系统，计算程序是否代表真实系统的各种过程，编程是否正确，要做灵敏度分析，找出强烈影响系统预期性能的因素，并将其影响定量化；还要做不确定度分析，将预期性能与实际性能可能的偏离程度加以定量化。为评价未来的影响，人们假定造成高放废物处置库破坏的事故可能有火山爆发、地震、断层、冰川、陨石坠落等自然事故和采矿、钻井、汲取地下水、战争等人为事故，还有废物感生作用（如衰变热、辐射、应力作用等）造成的事故。这些事故风险几率很小（$10^{-13}$/a～$10^{-9}$/a）。

（罗上庚　潘自强）

**推荐书目**

罗上庚. 放射性废物处理与处置. 北京：中国环境科学出版社，2007.

**fangshexing feiwu fenlei**

**放射性废物分类**　（radioactive waste classification）　为了实现放射性废物安全、经济、科学的管理，对放射性废物所做的划类分级的操作。放射性废物的正确分类是实现放射性废物科学管理的前提条件。放射性废物的分类对废物的产生、处理、整备、贮存、运输和处置的各步骤以及核设施退役，都有重要意义。一个理想的废物分类体系应该：①满足安全管理放射性废物，保护当代和后代人健康，保护环境的要求；②符合国家法律和法规要求；③不给废物产生者和国家增加不适当的负担；④具有现实可行的技术基础；⑤适合有关部门的实施，具有可操作性；⑥为公众所接受；⑦与国际放射性废物分类体系相接轨。

**放射性废物分类方法**　放射性废物的许多性质，都可以作为分类的依据。例如，按废物的物理、化学形态分为：气体废物、液体废物、固体废物；按放射性水平分为：免管废物、极低放废物、低放废物、中放废物、高放废物；按所含核素半衰期分为：长寿命废物、短寿命废物；按所含核素毒性分为：低毒废物、中毒废物、高毒废物、极毒废物；按放射性废物来源分为：核燃料循环废物、核技术利用废物、退役废物等。固体废物还有可燃性废物、不可燃性废物，可压缩性废物、不可压缩性废物，干固体废物、湿固体废物等之分。

**常见的几类放射性废物**　①极低放废物：放射性水平极低，经核安全监管机构批准，可在不专为低、中放废物设计的处置设施中处置的放射性废物。②低放废物：放射性核素的活度浓度较低，在正常操作和运输过程中通常不需要屏蔽的废物。③中放废物：放射性核素的活度浓度及释热率虽然均低于高放废物，但在正常操作和运输过程中需要采取适当屏蔽防护措施的废物。④高放废物：放射性核素的活度浓度及释热率高，在正常操作和运输过程中均需要屏蔽防护措施的废物。高放废物通常指乏燃料后处理第一溶剂萃取循环产生的含有锕系元素和大部分裂变产物的高放废液及其固化体；被认定作为废物的乏燃料；或其他有相似放射性特性的废物。⑤α废物：含半衰期大于30 年的α发射体，其α放射性活度浓度在单个包装中大于 $4\times10^6$ Bq/kg，多个包装的平均α活度浓度大于 $4\times10^5$ Bq/kg 的废物。

**国际原子能机构发布的放射性废物分类法** 国际原子能机构（IAEA）至今已发布了 3 个废物分类标准。1970 年发布的分类标准从废物处理和辐射防护角度将气体废物分为 3 类，液体废物分为 5 类，固体废物分为 4 类（表 1）。指导废物的处理，但没有给废物处置提供明确指导。1994 年发布的分类标准从处置角度将固体废物分 3 类：免管（豁免）废物，低、中放废物和高放废物。其中低、中放废物分为短寿命低、中放废物和长寿命低、中放废物。长寿命低、中放废物在近地表处置场中隔离三五百年不可能衰减到可接受的水平，所以需要地质处置（表 2）。2009 年发布的分类标准从处置角度将固体废物分为 6 类：免管废物、极短寿命废物、极低放废物、低放废物、中放废物、高放废物。

**表 1　国际原子能机构 1970 年发布的分类标准**

| 废物种类 | 类别 | 指标 | 说　明 | |
|---|---|---|---|---|
| 液体废物 | | 放射性浓度/（Ci/L） | | |
| | 1 | $\leqslant10^{-9}$ | 一般可不处理，可直接排入环境 | |
| | 2 | $10^{-9}\sim10^{-6}$ | 处理设备不用屏蔽 | 用一般的蒸发、离子交换或化学方法处理 |
| | 3 | $10^{-6}\sim10^{-4}$ | 部分处理设备需加屏蔽 | |
| | 4 | $10^{-4}\sim10$ | 处理设备必须屏蔽 | |
| | 5 | $>10$ | 必须在冷却下贮存 | |
| 气体废物 | | 放射性浓度/（Ci/L） | | |
| | 1 | $\leqslant10^{-10}$ | 一般可不处理 | |
| | 2 | $10^{-10}\sim10^{-6}$ | 一般要用过滤方法处理 | |
| | 3 | $>10^{-6}$ | 一般要用综合方法处理 | |
| 固体废物 | | 表面照射量率/（R/h） | | |
| | 1 | $\leqslant0.2$ | 不必采用特殊防护 | 主要为β、γ发射体，α放射性可忽略不计 |
| | 2 | $0.2\sim2$ | 运输需薄层混凝土或铅屏蔽防护 | |
| | 3 | $>2$ | 运输需特殊的防护装置 | |
| | 4 | α放射性固体废物 | 主要为α辐射体，要防止超临界问题 | |

注：1 Ci=$3.7\times10^{10}$ Bq；1R=$2.58\times10^{-4}$ C/kg。

**表 2　国际原子能机构 1994 年发布的固体废物分类法**

| 废物级别 | 典型特性 | 处置方案 |
|---|---|---|
| 1. 免管废物 | 对公众成员年剂量低于 0.01 mSv | 不需考虑辐射防护 |
| 2. 低、中放废物 | 对公众成员年剂量高于 0.01 mSv，释热率低于 2 kW/m$^3$ | |
| 2.1 短寿命低、中放废物 | 限制长寿命α核素的比活度，长寿命α放射性核素在单个货包中不超过 4 000 Bq/g，平均每个货包不超过 400 Bq/g | 近地表处置或地质处置 |
| 2.2 长寿命低、中放废物 | 长寿命放射性核素比活度高于短寿命低、中放废物的限值 | 地质处置 |
| 3. 高放废物 | 释热高于 2 kW/m$^3$，且长寿命放射性核素的比活度高于短寿命废物的限值 | 地质处置 |

2009 年 IAEA 发布的放射性废物新分类标准有以下特点：①以放射性活度和核素半衰期为基础，把放射性废物分为 6 类，增加了极短寿命废物和极低放废物。新分类重点考虑废物的最终处置。②多为定性规定，缺乏定量指标，没有给出各类废物的明确界限。新分类标准中，称为“极短寿命废物”的核素半衰期短于 100 d，只要贮存衰变至多几年有限时间，就能解除审管控制做不受控制的处置、使用或排放。这类废物主要为含研究和医疗常用的短寿命放射性核素的废物。“极低放废物”不满足免管废物准则，但不需要高水平包容和隔离，只要在有限审管控制的近地表填埋场中隔离。这类废物的典型废物是低放射性水平的土壤和瓦砾。在极低放废物中，较长寿命放射性核素的含量通常是很有限的。新分类标准把半衰期短于 30 年核素的划作短寿命核素。③对低放和中放废物处置有明显不同要求。新标准规定：“低放废物”高于清洁解控水平，但只含有限量长寿命放射性核素，要求很好包容和隔离直至几百年时间，适于处置在近地表工程处置设施中。“中放废物”不需要考虑或只要求有限考虑散热问题，但含较多长寿核素，特别是α放射性核素的废物，在规定的有组织控制期内，用近地表处置其活度浓度不能衰变到可接受的水平，因此要求用更高级别的包容和隔离，需要几十米到几百米深度的处置。④对高放废物，除高活度浓度外，强调关注衰变热和长寿命放射性核素，要处置在深和稳定的地质层中，通常为地表下几百米或更深的深度。新标准提出的安全评价时间范围为万年。⑤新分类标准涵盖密封源，没有单独分出α废物，指出要按长寿命核素的含量进行安全评价，采取中等深度地质处置或深地质处置。

**美国和法国的放射性废物分类法** 世界各国放射性废物的分类方法有很大不同。美国把固体放射性废物分为低放废物、高放废物、超铀废物、铀矿冶废物、混合废物和其他废物等 6 类。美国没有中放废物这一类，而低放废物分为 A 类、B 类、C 类、超 C 类和混合低放废物。A 类废物放射性水平很低，超 C 类放射性水平很高。A 类和 B 类可近地表处置，超 C 类和混合低放废物处置要作特殊考虑。超 C 类废物包括核电站废树脂、废过滤器芯、某些堆芯部件和一些强密封放射性源等。混合废物是既有放射性危害，又有化学危害的废物。法国从处置角度把固体放射性废物分为短寿命低放废物、极低放废物等 5 类（表 3）。

**表 3 法国固体放射性废物分类法**

| 类别 | 特征和产生 | 处置方式 |
|---|---|---|
| A 类 | 短寿命低放废物，$T_{1/2}$<30 a，活度<3.7 GBq/t。主要为核电厂运行产生的废物 | 近地表处置 |
| B 类 | 低放或中放废物（30 a≤$T_{1/2}$<300 a），低发热率，活度>3.7 GBq/t。主要为换料操作、乏燃料后处理及一些维护工作中产生的废物 | 短寿命——近地表处置；长寿命——中间贮存，待地质处置 |
| C 类 | 长寿命高放废物，高发热率。如后处理产生的高放废物及直接处置的乏燃料 | 深地层处置 |
| FA 类 | 低放废物，含有极少量的长寿命核素。如铀矿开采所产生的废物 | 近地表处置 |
| TFA 类 | 极低放废物，放射性极低（<100 Bq/g）。如退役产生的废物 | 近地表处置 |

美国和法国固体放射性废物分类法的共同点：①都要求对含较多长寿命核素的低、中放废物作地质处置；②铀矿冶废物划作独立的一类废物。

**中国现行的放射性废物分类法** 《放射性废物的分类》（GB 9133—1995）所作分类如下：

**放射性气载废物** 第Ⅰ级（低放废气）：浓度≤$4×10^7$ Bq/m$^3$；第Ⅱ级（中放废气）：浓度>$4×10^7$ Bq/m$^3$。

**放射性液体废物** 第Ⅰ级（低放废液）：浓度≤$4×10^6$ Bq/L；第Ⅱ级（中放废液）：浓度为 $4×10^6$ ～$4×10^{10}$ Bq/L；第Ⅲ级（高放废液）：浓度>$4×10^{10}$ Bq/L。

**放射性固体废物** 首先按核素半衰期和辐射类型分为五种，然后按放射性比活度水平分为不同等级。

*α废物* 含有半衰期大于 30 年的α辐射核素，单个货包中α比活度＞$4\times10^6$ Bq/kg，多个货包平均α比活度＞$4\times10^5$ Bq/kg。

*含有半衰期小于等于 60 d（包括碘-125）的放射性核素的废物* 第Ⅰ级（低放废物）：比活度≤$4\times10^6$ Bq/kg；第Ⅱ级（中放废物）：比活度＞$4\times10^6$ Bq/kg。

*含有半衰期大于 60 d，小于等于 5 年（包括钴-60）的放射性核素的废物* 第Ⅰ级（低放废物）：比活度≤$4\times10^6$ Bq/kg；第Ⅱ级（中放废物）：比活度＞$4\times10^6$ Bq/kg。

*含有半衰期大于 5 年，小于等于 30 年（包括铯-137）的放射性核素的废物* 第Ⅰ级（低放废物）：比活度≤$4\times10^6$ Bq/kg；第Ⅱ级（中放废物）：比活度为 $4\times10^6$～$4\times10^{11}$ Bq/kg，且释热率≤2 kW/m$^3$；第Ⅲ级（高放废物）：比活度＞$4\times10^{11}$ Bq/kg 或释热率＞2 kW/m$^3$。

*含有半衰期大于 30 年的放射性核素的废物（不包括α废物）* 第Ⅰ级（低放废物）：比活度≤$4\times10^6$ Bq/kg；第Ⅱ级（中放废物）：比活度为 $4\times10^6$～$4\times10^{10}$ Bq/kg，且释热率≤2 kW/m$^3$；第Ⅲ级（高放废物）：比活度＞$4\times10^{10}$ Bq/kg 或释热率＞2 kW/m$^3$。

**免管废物** 对公众成员照射所造成的剂量＜0.01 mSv/a，对公众的集体剂量≤1 人·Sv/a 的含极少量放射性核素的废物。

（罗上庚　马成辉）

**推荐书目**

罗上庚. 放射性废物处理与处置. 北京：中国环境科学出版社，2007.

**fangshexing feiwu guanli**

## 放射性废物管理 (radioactive waste management)

对放射性废物的产生、预处理、处理、整备、运输、贮存和处置所做的行政和技术工作，含确立方针政策，制定法规标准，编制规划和计划，办理审批手续，进行辐射监测、安全分析和环境影响评价、公众沟通等。

**放射性废物产生** 放射性废物是含有放射性物质或为放射性核素所污染，其活度或活度浓度大于审管机构规定的解控水平，且预期不会再被利用的废弃物。人类的所有的生产和生活活动不可避免地会产生废物，核活动也不例外。放射性废物主要产生于生产、使用和操作放射性物质的过程，例如：①核燃料循环过程和核电厂的运行；②核技术利用；③核设施退役及污染场址整治；④核研究开发活动；⑤核武器研发/试验/生产等。此外，某些非核工业，如石油、天然气、煤、稀土矿的开采和磷肥的生产等，也可能产生含天然放射性物质的废物，这些废物的活度通常相当低，但含有一些长寿命天然放射性核素。

放射性废物按其物理形态，可分为废气、废液和固体废物；按其比活度可分为高水平、中水平、低水平和极低水平放射性废物（简称高放、中放、低放和极低放废物）。核电厂运行主要产生低、中放废物，核电厂退役将产生大量极低放废物，乏燃料后处理和混合氧化物（MOX）燃料元件制造会产生高放废物和α放射性废物。

放射性废物和其他工业废物相比，数量和体积都是非常少的。以世界上核工业最发达的美国和法国为例：美国人均年产生废物量为 2 500 kg，其中放射性废物量约为 1 kg，仅占 0.04%；法国放射性废物量约为工业废物量的 0.3%，人均低于 1 kg/a。IAEA 对 36 个成员国统计得出，短寿命低、中放废物占 95.5%（体积），长寿命低、中放废物占 2.0%（体积），高放废物占 2.5%（体积）。

**放射性废物特性** 放射性废物与别的有害废物不同，它的危害作用不能通过化学反应、加热、加压、光照、生物降解这类化学、物理或生物的方法消除，而只能通过其自身固有的衰变规律或嬗变（参见*分离嬗变*）来降低其放射性水平和达到无害化。放射性按照指数规律衰减，经过 10 个半衰期，放射性活度降到约为原来的千分之一，经过 20 个半衰期，降到约为原来的百万分之一。放射性废物以各种形式存在，其物理和化学特性、放射性浓度或比活度、半衰期和生物毒性可能差别很大。因此，放射性废物管理有特殊的要求和专门措施。

放射性废物是重要的电离辐射源和环境污染源，放射性废物会产生：①职业照射。从事放射性废物操作的人员在其工作过程难免会受到的照射，这种照射要用国家制定的剂量限值和部门（或单位）提出的管理目标值来控制。②公众照射。废物的处理、处置活动，可能会使周围的公众受到辐射影响，这种照射也是有控制的，国际上一般规定的照射剂量为 0.1～0.3 mSv/a。此外，还有持续性照射、急性照射和潜在照射。放射性废物中所含的长寿命放射性核素会产生持续性照射，但这种照射是受控制的。放射性废物管理活动中，在发生事故时或事故后为了抢救遇险人员、阻止事态扩大或其他应急情况，可能会产生急性照射，但在放射性管理活动中这种照射发生的概率是极低的。放射性废物管理中还存在着有一定发生概率，而又不一定发生的潜在照射，例如，高放废液贮罐、废物焚烧炉的爆炸等。由于在设计和建造时采用纵深防御原则，加上严格管理，有良好预防和减缓作用，因此在放射性废物管理中潜在照射通常是不会发生的。

**放射性废物管理体系** 国际原子能机构要求各成员国必须建立放射性管理的国家框架，建立完善的放射性废物管理体系，制定和执行放射性废物管理政策和策略。如在美国，能源部负责军工核废物的监管，核管会负责民用核废物的监管，环保局负责军工核设施和民用核设施环境保护的监管。

我国政府高度重视放射性污染防治和放射性废物管理，我国放射性废物管理实行：①在国家法律框架下，按照法律、法规标准办事；②建立审管机构，独立行使审管的执法和监督职能；③明确废物产生者和废物管理设施营运者的职责；④实行环境影响评价报告和许可证制度等。

《中华人民共和国放射性污染防治法》第二十四条规定："核设施营运单位应当对核设施周围环境中所含的放射性核素种类、浓度定期向国务院环境保护行政主管部门和所在地省、自治区、直辖市人民政府环境保护行政主管部门报告监测结果。国务院环境保护行政主管部门负责对核动力厂等重要设施实施监督性监测，并根据需要对其他核设施的流出物实施监测。监督性监测系统的建设、运行和维护费用由财政预算安排。"

《中华人民共和国放射性污染防治法》总结我国几十年核能和核技术利用中的经验和教训，参照国际上成熟的通用的实践，对核设施、核技术利用、铀矿开发以及放射性废物管理等方面的污染防治做出了明确规定。确定了核设施的许可证、环境影响评价、辐射环境监测、核事故应急等管理制度；规定了向环境排放放射性废气、废液必须符合国家放射性污染防治标准；规定产生放射性固体废物的单位，应当按照国务院环境保护行政主管部门的规定，对其产生的放射性固体废物进行处理后，送交放射性固体废物处置单位处置，并承担处置费用；设立专门从事放射性固体废物贮存、处置的单位，必须经国务院环境保护行政主管部门审查批准，取得许可证；禁止将放射性废物和被放射性污染的物品输入中华人民共和国境内或者经中华人民共和国境内转移等。

**放射性废物管理基本方法** 放射性废物不仅需要灵敏、可靠的检测手段和各种防御保护措施，而且需要根据一系列法规、标准和导则，实行严格和有效的管理和控制。

放射性废物管理实行从"产生"到"入土"处置的全过程的管理，力求达到安全和最佳的经济、环境和社会效益。放射性废气和废液经过适当净化处理，达到规定的标准或经核安全监管机构批准后才允许排放到环境中去。固体废物要把属于豁免或可排除审管控制的废物和物料分出来，经过适当处理达到解控水平者，实行有限制再循环/再利用或无限制再循环/再利用。对于要进行处置的固体放射性废物，依据其辐射水平和所含核素的半衰期分别作近地表处置、中等深度地质处置或深地质处置。放射性废物管理流程见下图。

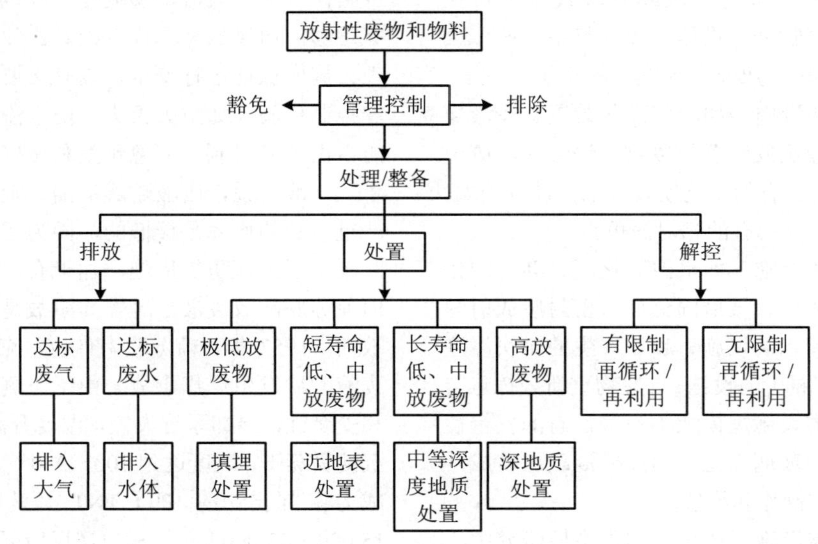


**放射性废物管理流程图**

我国放射性废物管理执行国际放射防护委员会（ICRP）所确定的辐射防护三原则。放射性废物管理要求贯彻：①实践的正当性；②剂量限制和约束与潜在照射危险限制和约束；③防护与安全的最优化。所有实践和干预活动都实行最优化，通过采取安全而又经济的处理、处置措施，保证操作人员和公众受照人数和所受的照射不超过剂量限值，并保持在"可合理达到的尽量低水平"（ALARA 原则）。

放射性废物管理要求实施废物最小化原则，即废物量和活度可合理达到的最小（参见放射性废物最小化）。废物最小化应重视从源头抓起，避免或者减少废物的产生，减少源项是实现废物最小化最重要和有效的做法。如果废物已经产生，应通过去污和贮存衰变等方法使其尽可能地能够再循环/再利用。对无法再利用的废物应尽可能做减容处理，减少要处置废物的体积，最后实行最终安全处置。为此，应科学策划、优化管理；加强培训，提高运行人员的素质，避免或减少事故的发生。

为不断提升放射性废物的管理能力，《放射性废物安全管理条例》规定，国务院环境保护行政主管部门会同核工业行政主管部门和其他有关部门，建立全国放射性废物管理信息系统，实现信息共享。国家鼓励、支持放射性废物安全管理的科学研究和技术开发利用，推广先进的放射性废物安全管理技术。

（罗上庚　潘自强）

**fangshexing feiwu guanli sheshi**

**放射性废物管理设施**　（radioactive waste management facility）　进行放射性废物处理、整备、贮存和处置的场所。放射性废物管理设施涉及核燃料循环前端、后处理，核电厂，放射性同位素生产，核武器研发和核研究中心等许多企业和部门。放射性废物管理设施随核设施和辐射设施的大小、放射性核素操作量和放射性核素类别的不同，差别很大。多数核废物管理设施是核设施的配套设施，由企（事）业单位自营管理；少数核废物管理设施是社会公用或安全上有重大影响的设施，由地区或国家经管（如核技术利用废物库和放射性废物处置场）。我国现行法规标准将放射性废物管理设施列入核设施范围，但从严格意义上说，放射性废物管理设施属于辐射防护设施范围。

**设施类别** 放射性废物管理设施名目很多，可分为废物处理设施、废物整备设施、废物贮存设施和废物处置设施等。

**废物处理设施** 如废气净化装置、废液净化装置、废液蒸发装置、废物焚烧装置、废金属熔炼设施等。有的工艺比较复杂，设备较大，安全性要求较高；有的相对简单。

**废物整备设施** 如水泥固化厂、沥青固化厂、塑料固化厂、玻璃固化厂，密封废放射源打开分拣重新包装设施、超压产生的饼块浇注水泥浆装箱（桶）的设施、α废物重新分拣包装设施等。这类设施规模大小不等，有的安全性要求很高，如玻璃固化厂由厚壁混凝土铸成，完全需要遥控操作和维修。

**废物贮存设施** 核设施和大型核研究中心一般都有自己的废物贮存设施，包括废液贮存库和固体废物贮存库。废液贮存库要严防泄漏。一般来说，废液贮存库建设标准比固体废物贮存库高。对于核技术利用，我国政府要求各省、市、自治区设立集中的核技术利用废物库。现在全国已建立了31座核技术利用废物库。

**废物处置设施** 不同类型的废物应选用不同的处置设施。废物处置设施有深地层处置库、中等深度地质处置库、近地表处置库和极低放废物填埋场等。

**重要作用** 放射性废物管理设施是为主工艺服务的辅助设施，但它是不可或缺的部分。没有完备的放射性废物管理设施，不能确保核设施和辐射设施的正常运行；没有必要的放射性废物管理设施，不能完成核设施和辐射设施的退役。《中华人民共和国放射性污染防治法》规定了放射性污染防治设施必须与核设施主体工程“同时设计、同时施工、同时投入使用”的“三同时”制度。

**安全要求** 放射性废物管理设施的选址、设计、建造、运行和退役，必须贯彻“安全第一”方针，确保工作人员和公众不会受到不可接受的辐射照射，并且可合理达到得尽可能低，保护环境不受影响和损害。

放射性废物管理设施要有足够的辐射防护屏蔽；气流、人流、物流有合理走向；设施内有足够的通风风量和换气次数。放射性废物管理设施应保证运行安全，设有必要的监测设备和控制措施（如防火灭火、防水淹、防噪声、防雷击等），制订应急预案和做好应急响应准备。一般来说，废液贮罐泄漏、焚烧炉爆炸等严重事故的概率是极低的，因为在设计和建造时采用了纵深防御措施，加上有严格的管理。但前苏联高放废液贮罐爆炸事故是值得汲取的教训。1957年，前苏联南乌拉尔克什特姆高放废液贮罐发生爆炸事故。由于监测设备的缺陷和受腐蚀，冷却系统失控，温度升高，水蒸发，沉淀物蒸干，温度达到300～350℃，引起爆炸，威力相当于 70～100 t TNT 炸药，污染面积 15 000～23 000 $km^2$，撤出居民所受集体有效剂量约为 1 300 人·Sv，留下居民所受集体有效剂量约为 1 100 人·Sv。这次事故属于《国际核事件分级表》（INES）的6级重大事故。

放射性废物管理设施应重视安保，设置有效的技保和人保措施。特别要加强对独立的放射性废物管理设施的安保，如核技术利用废物库、近地表废物处置场和极低放废物填埋场等的安保，防止发生恶意袭击、盗窃和无意闯入，造成设施的破坏或放射性物质的丢失，伤害公众和环境，给社会安定带来不良的影响。放射性废物管理设施应建立完善的规章制度，有关人员应接受专门的培训，包括安全文化的培养。

（罗上庚　刘华）

**fangshexing feiwu guanli yuanze**

**放射性废物管理原则** （principles of radioactive waste management） 放射性废物管理需要履行旨在保护人类健康和环境安全的各项措施。

国际原子能机构在征集成员国意见的基础上，经过理事会批准，在1995年发布《放射性废物管理原则》：

**原则 1：保护人类健康** 放射性废物管理必须确保对人类健康的保护达到可接受水平。

放射性废物具有电离辐射危害，必须控制工作人员和公众受到的辐射照射在规定限值之内，并且可合理达到得尽可能低。

为保护人类健康，各国要制定辐射防护要求，放射性废物管理活动或者是与核能生产者有联系的实践，或者是与事故后的处理有联系的干预。在实践情况下，对放射性废物管理不需单独进行正当性判断，而最优化和剂量限值是需要考虑的；在干预情况下，正当性和最优化是需要考虑的，但不需考虑剂量限值。

对于放射性废物处置这样持续时间长的活动，辐射照射可影响到多代不同的人群，确保人类健康要增加安全评价结果不确定性和放射性衰变因素的考虑。

**原则 2: 保护环境** 放射性废物管理必须确保环境保护达到可接受的水平。

放射性废物各阶段向环境的释放保持在实际可做到的最小值。放射性废物管理的优选办法是把放射性核素浓集和包容起来，而不是在环境中稀释和弥散。但是，作为放射性废物管理的一部分，在批准的限值内可以合法释放到大气、水、土壤中，并且也可以复用，应制定合适的安全和控制措施。

放射性核素释放到环境中，除了人类之外其他生物物种也可能受电离辐射的照射，对于这种照射影响也应予以考虑。因为人类是对辐射最敏感的有机体，在评价环境影响时，一般应假定是针对人类的。

放射性废物处置可能对天然资源（如土地、森林、矿藏、地表水、地下水）的未来利用产生不良的影响，因此，放射性废物管理应在实际可行的范围内限制这些影响。

放射性废物管理活动可能引起非放环境影响，如化学污染和生物天然栖息地变更，这些影响需要考虑，并且要使放射性废物管理的环境保护要求至少要达到类似工业活动的水平。

**原则 3：超越国境的考虑** 放射性废物管理必须考虑超越国界对人类健康和环境可能的影响。

一个国家有义务使对其他国家人类健康和环境的有害影响是最小的，且不大于对自己境内已经判定可接受的影响。

在正常释放、潜在释放或放射性核素越境转移时，事发国可根据这一原则的精神通过与邻国或受影响国家交换信息或商议，达成共识。

**原则 4: 保护后代** 放射性废物管理必须保证对后代预期的健康影响不大于当今可接受的水平。

放射性废物安全隔离主要通过采用天然及工程屏障结合的多重屏障体系合理达到保证人员健康不受到不可接受的影响。此外，应考虑有价值天然资源未来勘探或开采的可能性，这对处置设施的隔离能力会产生不利的影响。由于预计遥远未来的影响的固有困难，应考虑长期安全评价的不确定性。

**原则 5: 不给后代增加不适当的负担** 放射性废物管理必须要保证不给后代造成不适当的负担。

享受实践益处的几代人应承担管理所产生废物的责任。现代人的责任是开发技术、建造和营运设施，建立基金体系，有效控制和安排计划。

放射废物管理应尽量不依赖于长期的管理活动。放射性废物处置应妥善保存场址的位置、处置废物量等记录。

**原则 6: 建立国家法律框架** 放射性废物管理必须在适当的国家法律框架内进行，包括明确职责和规定独立的审管职能。

国家应发布放射性废物管理的法律和法规。进行放射性废物管理各项活动的有关部门和机构要明确分工，审管职能与运行职能分离，使放射性废物管理实现独立的审查和监督。

放射性废物管理可能持续许多代人和非常长的时间，现在以及将来运行情况都应予以考虑，应规定职责保持长期持续和资金满足需求的条款。

**原则 7: 控制废物的产生量** 放射性废物的产生量必须保持在可合理达到的最小。

通过优化管理、适当设计和运行、再循环和再利用以及减容等措施，使放射性废物的活度与体积尽可能地减少。需要特别强调，对不同形态的废物和物料分类处理，以减少放射性废物的体积和便于管理。

**原则 8：废物产生和管理间的相依性** 放射性废物管理必须考虑废物产生和管理所有阶段间的相互依赖关系。

放射性废物管理一般分为预处理、处理、整备、贮存和处置等几个阶段。各阶段之间相互联系，在某阶段做出的关于放射性废物管理的决定可能会妨碍后续阶段方案的选择或者对后续阶段产生不利影响。此外，放射性废物管理各阶段产生的废物量与可再循环再利用情况也是有联系的。废物管理各阶段的负责人及产生放射性废物的运行负责人要正确地识别各阶段间的相互作用和关系，考虑在整个放射性废物管理中管理的安全和有效性。这些考虑包括识别和分类废物，组织合理走向以及正确选择放射性废物的包装和运输等，应避免可能有损运行和长期安全的活动。在考虑任一项放射性废物管理活动时，都应该考虑对后续放射性废物管理的影响，尤其要考虑对废物处置的影响。

**原则 9：确保设施寿期内的安全** 放射性废物管理必须确保其设施使用寿期内的安全。设施的选址、设计、建造、试运行、运行及退役，或处置场的关闭，均应优先考虑安全问题，包括预防事故及减弱事故的影响等。

设施的设计、建造、运行和退役活动或处置场关闭应提供并保持适当水平的防护，以限制可能的辐射影响。

放射性废物管理设施的运行应有质量保证、人员培训和资格认证，以及对设施的安全分析和环境影响评估等措施。

欧洲原子能共同体、联合国粮农组织、国际原子能机构、国际劳工组织、国际海事组织、经济合作与发展组织核能署、泛美卫生组织、联合国环境规划署、世界卫生组织等 9 个国际组织在 2006 年联合发布的《基本安全原则》(IAEA，SF-1，2006) 将“核装置安全”、“放射性废物管理安全”和“辐射防护和辐射源安全”等三个标准综合成一体，提出了适用于核装置、辐射源和放射源的应用、放射性物质运输和放射性废物管理的 10 项基本安全原则，包括了上述放射性废物管理 9 条原则。

我国《电离辐射防护与辐射源安全基本标准》(GB 18871—2002) 明确指出，核设施注册者和许可证持有者要对放射性废物实施良好的管理，进行分类收集、处理、整备、运输、贮存和处置，确保：①使放射性废物对工作人员与公众的健康及环境可能造成的危害降到可接受的水平；②使放射性废物对后代健康的预计影响不大于当前可以接受的水平；③不给后代增加不适当的负担。并要求注册者和许可证持有者充分考虑废物的产生与管理各步骤之间的相互关系，并根据所产生废物中放射性核素的种类、含量、半衰期、浓度以及废物的体积和其他物理与化学性质的差别，对不同类型的放射性废物进行分类收集和分别处理，以利于废物管理的优化。这些原则和国际原子能机构发布的《放射性废物管理原则》精神是一致的。

(罗上庚　潘自强)

**fangshexing feiwu zaixunhuan he zailiyong**

**放射性废物再循环和再利用** (recycle and reuse of radioactive waste) 被放射性物质污染的材料、设备、建筑物或场地进行去污、清污后，达到国家核安全监管机构规定的解控水平或控制值后，有限制或无限制利用。再循环如轻微污染的材料（如钢铁、铝、铜、镍、混凝土等），经过去污、熔炼等处理达到国家核安全监管机构规定的解控水平后返回生产流程。再利用如将被放射性轻微污染的建筑物、设备、工具和材料，经去污达到国家核安全监管机构规定的解控水平后进行再利用。再循环和再利用使废物处理资源化，对推动可持续发展有重要作用。

**废物循环利用的意义** 废物再循环和再利用对节约资源（特别是不可再生资源，如水、矿物、土地和热能），节约其生产所需的燃料与人力，减少对环境的不良影响和提高经济效益，促进核事业的可持续发展有重要意义。

放射性废物再循环和再利用涉及核能开发和核技术利用设施的运行、整改和退役过程，潜力大、要求高、标准严，需要科学技术发展与人们认知水平提高的支持。

**放射性废物循环利用的原则** ①必须符合国家有关法律、法规和技术标准规定的要求；②符合废物最小化原则，在安全、经济、合理可行的基础上科学决策、优化实施。

**再循环和再利用举例** 可循环利用的物项很多，例如：

**金属类** 例如，钢铁（如容器、设备构件、钢筋）、铜（如电缆与设备或内衬材料）、镍和镍基合金（如铀富集设备和反应堆热交换器材料）、铅（辐射屏蔽体和容器材料）和锆合金（燃料元件棒包壳材料）等。金属类废物通常用化学去污、电化学去污和物理法去污（如高压水、喷丸、超声波和激光等）去除表面污染，也可用熔炼法使绝大部分放射性核素进入熔渣中，铸锭产品可按其放射性活度水平和审管规定用于核行业利用或无限制利用。我国在衡阳的废金属熔炼厂——金原铀业有限公司下属熔炼中心，年处理量 2 500 t，已熔炼处理了大量废金属，主要熔炼铀矿冶退役产生的废钢铁，少量废铜和废铝。我国现有的大型核设施退役也建造了废金属熔炼厂，拟回收利用退役产生的大量低污染的废金属。

**非金属类** 如混凝土、木材、塑料、玻璃等，通常用物理法去污去除表面污染物后再利用。

**化学物品类** 在核领域使用的许多化学药品，如有机萃取剂磷酸三丁酯/煤油、硝酸、氢氟酸、硝酸铵、钠/钾等，它们大部分可用化学处理方法经净化、吸收、分馏和浓缩等处理后返回工艺流程再循环使用。

**放射性物质类** 反应堆中卸出的乏燃料，通常还剩余较多量的铀-235 并含有新产生的钚-239，这些易裂变物质非常宝贵，乏燃料不宜当作“核废料”弃之做直接处置，而宜后处理提取出来再循环/再利用。

**设备类** 可利用的设备很多，如 ①容器类，包括化工容器、废物容器、屏蔽容器、运输容器等。大部分容器类设备经简单去污都可以再利用。直接盛装放射性废液的化工容器和废物容器，需要深度去污并考虑其腐蚀程度。②泵阀类。由于其结构复杂，不易去污，通常需要拆解后去污，才能达到再利用水平。在不少场合，它们都被水泥砂浆固定后直接送处置场处置。③起重机、运输机类。在辐射工作场所控制区内使用的起重机和运输机具有被放射性污染的可能，在无放射性事故情况下，它们的污染通常是容易被去除的。常用方法有化学擦拭去污、可剥离膜去污。④仪表类。通常只有安装在盛装放射性物料的设备中的一次仪表才会被放射性污染。去污时宜将受污染的一次仪表从系统中拆下，单独进行去污，一般都在本车间或本设施范围内再利用。

**建（构）筑物类** 必须先对建（构）筑物受放射性和其他危险物污染的情况进行仔细调查，获得污染分布情况后进行去污，达到允许水平后才能被再利用。

（孙东辉　王显德）

**fangshexing feiwu zhengbei**

## 放射性废物整备

（conditioning of radioactive waste）　把废物转变为适合运输、贮存和处置的形体，如将液体转变成固体废物（固化）、将废物转入容器加以固定以及提供附加的包装等。

**固化** 气载和液体放射性废物经过净化处理之后，大部分体积已达到允许水平，可排入大气或水体，或者可以复用，留下小体积的浓缩物，如蒸发残渣、蒸浓液、化学泥浆、废离子交换剂和焚烧炉灰烬等，需要经过固化处理。废物固化处理把核素牢固结合到稳定的、惰性的基材中，转变成不易弥散、核素不易浸出的独石体。放射性废液不同，固化方法也不相同。

**中、低放废液固化** 包括水泥固化、沥青固化、塑料固化等。①水泥固化是低、中放废物最早开发和现在仍被广泛利用的固化法，水泥固化体有较强的抗压强度和自屏蔽能力，耐辐射性和耐热性好。水泥固化的缺点：核素浸出率高，有较大增容。②沥青固化产品不属于易燃易爆物，但国内外固化工艺过程曾发生过多次燃爆事故，已被逐渐弃之，现仅有少数国家的核电厂还在使用。③塑料固化具有废物包容量高，固化体品质好的优点，特别是与有机物（如废树脂、废磷酸三丁酯溶剂等）相容性好，所以不少国家在研发和应用。

**高放废液固化** 高放废液具有放射性强、毒性大、核素半衰期长、发热率高、酸性强、腐蚀性大等特点。高放废液固化处理希望把放射性核素牢固结合到基材结构中，其固化产品需进行深地质处置，所以其固化产品性能要求很高，自 20 世纪 50 年代以来，高放废液固化开发了许多工艺，主要有罐式法、煅烧-熔融两步法、焦耳加热陶瓷熔炉法、冷坩埚法等玻璃固化法和人造岩石固化法等。目前，多数国家采用焦耳加热陶瓷熔炉法（简称电熔炉法）。冷坩埚法采用高频（$10^5$～$10^6$ Hz）感应加热，炉体外壁为水冷套管和感应圈。由于靠近水冷的外壁形成数厘米厚的固态玻璃壳，使熔融玻璃包容在冷壁内，减少对熔炉的腐蚀，使炉体的使用寿命大大延长。同时，冷坩埚的炉温可达 1 600℃以上，可适用于处理多种固化对象。我国从 20 世纪 70 年代就开始研发玻璃固化技术，早期研究罐式法，后因考虑其生产能力太低，而转为焦耳加热陶瓷熔炉法，包括配方和产品性能测试的研究等。并与德国合作开展研发工业规模电熔炉。人造岩石固化是通过高温固相反应制成热力学稳定的多相钛酸盐陶瓷固化体。其利用“类质同相”和低温共熔原理，使高放废液中大部分核素进入矿相晶格位置或者嵌入晶格孔隙之间，所形成的固熔体的性能远好于玻璃固化体。澳大利亚核科学技术组织（ANSTO）于 1987 年建成了生产能力为 10 kg/h 的人造岩石固化冷试中间工厂。日本、俄罗斯、美国、法国、加拿大和中国都开展了人造岩石固化实验室研究，有的已进入到工程验证阶段。陶瓷固化也属于这类固化。

**固定** 是在容器中装进要废弃的放射性污染固体物，如切割的废金属片、部件、工具等后，灌进水泥砂浆，通过振动或捣动，使水泥砂浆充满孔隙，形成整体水泥块，避免进水后遭受水泡，增加核素的浸出率。此外，固定还可提高包装体整体强度。固定通常采用水泥砂浆，但也有用熔融沥青、熔融有机聚合物和熔融的铅液等来把容器内的废物固体散块浇铸成一体。

**包装** 固体废物应选择合适的包装容器，以满足运输、贮存和处置的要求。包装容器不仅是为方便搬运、操作和运输，降低对人体的辐照，而且是为以后的安全处置，建造多重屏障体系中的一道好的屏障。包装容器种类很多，主要有：①钢桶。多数用碳钢，少数用不锈钢，壁厚 0.6～2.0 mm，常用的是 200 L、400 L 容积的标准桶。②钢箱。有正方体、长方体多种不同规格的钢箱。③混凝土容器。由于混凝土容器废物包装率过低，现在倾向采用钢桶代替混凝土容器。此外，国际上还使用搪瓷容器、球墨铸铁容器、高整体容器等。高整体容器有很好的耐久性和密封性，耐久达 300 年或更长时间，可直接装脱水的废树脂或蒸干的废物，不必加入固化基质作固化处理而增加废物的体积，适应废物最小化需要。我国也正在发展高整体容器。

外包装容器是为降低辐射水平而附加在废物包外面的包装容器，或因废物包损坏而附加在废物包外面的包装容器。集装容器是为方便运输、搬运、贮存和处置作业而集装多个已封装好的废物包的包装容器。

（范显华　罗上庚）

**推荐书目**

罗上庚. 放射性废物处理与处置. 北京：中国环境科学出版社，2007.

**fangshexing feiwu zhucun**

**放射性废物贮存** （storage of radioactive waste） 将放射性废物临时放置于专门建造的设施内，对废物实施安全管理的活动。贮存目的主要为：①对放射性废物实施安全监管；②通过核素衰变，降低废物的放射性水平；③在适当时机将废物回取，按预期计划进行处理或处置。放射性废物贮存分为排放或解控前贮存、处理前贮存和处置前贮存；贮存的废物可以是气体、液体或固体。废气贮存应用较少，在核电厂（压水堆）对含氢工艺废气常采用压缩贮存，使短寿命惰性气体经衰减后排放。废液罐式贮存应用较多，不同类别的废液须分类贮存。放射性废物贮存通常指固体废物的贮存。

**沿革** 进行核能开发、核技术利用及核燃料生产等单位，都建有不同型式的放射性废物贮存设施，以便对该类废物进行安全管理。20世纪60年代，我国首座放射性固体废物暂存库和城市放射性固体废物暂存库建成投产。此后，在有关地方省（直辖市）以及国防、核工业等领域，先后建设了一批放射性固体废物贮存设施，为保护环境、促进核能开发与应用起到了保障作用。《国务院批转国家环境保护局关于我国中、低水平放射性废物处置的环境政策的通知》（国发[1992]45号文）做出了固体废物的暂存贮存年限不超过5年的规定。

国际原子能机构发布的《放射性废物管理原则》及《放射性废物的处置前管理》详细阐明了放射性废物贮存的安全要点。2012年我国发布的《放射性废物安全管理条例》对与放射性废物处理、贮存、处置相关的安全要素及管理细则都做了明确规定。随着核事业的发展，废物管理经验的丰富以及相关法规、标准体系的健全，我国放射性废物贮存管理水平也在不断提升。

**贮存设施** 基本功能为：①确保废物被隔离，能有效地防止放射性物质通过各种渠道，以不可接受的量释放到环境中；②对贮存废物可监管、可跟踪、可维护，确保废物包容系统的持续完整性；③废物以适合其后续管理的条件贮存，并可回取；④贮存设施的寿命高于废物的预期贮存期，贮存容量留有余地。

贮存设施的选址、设计、建造、运行及退役等，须严格执行相关法规、标准。以实现废物安全管理、辐射防护最优化、废物最小化和妥善处置等设计准则。

贮存设施的规模、型式，需依据废物量、废物特性以及地域、环境条件等综合考虑，规范建设。我国早期建造的放射性固体废物暂存库，其废物贮存区多为地下或半地下坑槽式水泥构筑物，废物任意包装甚至无包装，随意倾倒至贮存坑，致使对所贮存的废物难以监管、回取艰难，给废物贮存设施的退役增加了极大的负担。20世纪80年代后，在对废物贮存确立了“分类收集、严格包装、集中暂存、监测管理、建立档案、限期转运”等基本原则之后，新建造的贮存设施对废物包装、接收贮存、辐射防护及环境监测，特别是废物的可回取性等方面均有了明确的要求。依据废物的特征、数量和产生地，针对性地选择贮存设施的型式，如混凝土贮存箱、室或地下、半地下、地面式暂存库等，并为贮存设施配置废物检测、装卸、运输机具以及辐射、环境监测仪表和去污器具等。必要时还应具备废物减容、包装、固定等整备手段。

贮存技术的发展，使废物贮存的安全性不再仅仅依靠贮存设施，而是把贮存设施、废物整备与包装以及贮存管理综合为废物安全贮存的包容系统。同时考虑把废物现场贮存与地区或国家集中贮存相结合，并及时予以清洁解控或送交处置场，有效地提高了废物贮存的安全性和安全管理的规范性。

**贮存管理** 放射性废物的安全管理，坚持废物最小化、无害化和妥善处置、永久安全的原则。

贮存—衰变：对仅含极短寿命核素的废物，经过适当时间贮存之后，核素衰变到清洁解控水平，或可再利用，实现无害化、资源化；或可当作一般废物处置，大大降低废物处置费用。对含短寿命核素的废物，经过适当时间贮存之后，废物放射性水平降低，可以降级处置，如达到极低放废物水平者可做填埋处置，就可大大减轻废物处置的负担。

贮存管理重点关注：①按废物类别、特征（尤其是放射性活度、半衰期）实行分类入库，分区贮存。②对贮存设施及废物包装进行定期检查，保证贮存设施及废物包装在计划贮存期内的完好性。对有问题的废物包装，及时做安全处理，确保废物随时可回取。③对贮存设施及周边环境按计划进行放射性监测（包括地下水、地表水、土壤和空气），发现污染及时处理，如实上报。④编写并执行“废物贮存管理细则”及“废物贮存管理质量保证大纲”等文件。⑤对废物接收（来源、数量、特征、包装与标识等）、入库贮存（时间、位置）及外运处置（清洁解控、送交处置）等信息，如实完整地记录、建档保存，保持废物贮存信息的准确性和可追溯性。

废物贮存是放射性废物管理三大环节（处理、贮存、处置）的中间过程，须严格执行《放射性废物安全管理条例》中的相关条款。尤其以取得放射性固体废物贮存许可证为前提，按照许可证规定的活动种类、范围、规模和期限从事废物贮存活动。（管宗洲　孙明生）

**fangshexing feiwu zuixiaohua**

**放射性废物最小化**　(radioactive waste minimization)　废物量（体积和重量）和活度（废物中放射性核素量）可合理达到的最小。

**沿革**　国际上，许多国家和地区，废物处置场难以解决，影响了核能和核技术利用的发展，因此废物最小化受到人们的重视，获得有力推进。例如，美国处置民用核废物的 6 个商用近地表处置场，关闭 4 个后产生了很大压力。美国在 1980 年第 96 届议会通过了 96-573 低放废物政策法，要求各州承担自己商业低放废物处置责任，鼓励组织州际协作体建低放废物处置场。但是没有效果。1986 年 1 月美国国会通过了“低放废物政策法的修正案”，重申各州负责处置本州范围内所产生的低放废物，并规定了处置目标和未达到处置目标时的财政处罚办法。但还无明显效果，只在犹他州建了恩佛罗克尔处置场，并仅可接受 A 类低放废物。美国采取经济惩罚法后，处置费用大涨，这有效促进了核电厂实施废物最小化，开发和应用废物减容技术。美国压水堆单台机组固体废物产生量从 1990 年的 500 $m^3/a$ 降至现在的约 20 $m^3/a$ 水平。

我国的废物最小化正在深化认识和逐渐推进，但发展不平衡。大亚湾核电站率先关注并实施废物最小化，1994 年大亚湾核电厂投产，设计固体废物产生量为 482.5 $m^3$/(堆·a)，2009 年实际产生的废物量为 67.4 $m^3$/(堆·a)，取得了相当好的成绩。2009 年国家国防科工局下达了“放射性废物最小化战略和顶层设计研究”项目，设立了多个课题组对各领域的废物最小化进行研究，将对推进我国放射性废物最小化和提升我国放射性废物管理水平发挥积极作用。

**意义和作用**　废物最小化是放射性废物管理基本原则之一。实现废物最小化的作用和意义是明显的：①减少废物产生量，降低废物处置负担，降低核能和核技术利用的成本，具有经济效益；②减少公众受照剂量和环境影响，保护人类健康和生态环境，有重要的环境效益和社会效益，有利于核事业持续发展；③促进科学管理，提高企业文明生产和管理水平。

**法规依据**　国际原子能机构（IAEA）在 1995 年发布的《放射性废物管理原则》中要求，放射性废物的产生量可合理达到的最小。要求通过适当的设计、运行和退役，使放射性废物的活度和废物体积两者都尽可能地最小。IAEA 在 1997 年通过的《乏燃料管理安全和放射性废物管理安全联合公约》第 11 条规定，各缔约方应该采取适当的措施，以保证在放射性废物管理的所有阶段，个人、社会和环境都得到足够的保护，以免受到放射性和其他伤害。为了达到这一目标，各缔约方必须采取适当的措施保证废物的产生量可合理达到的最小。

我国已经在法律法规和标准等不同层面上对废物最小化提出了要求。例如，《中华人民共和国放射性污染防治法》第三十九条规定：核设施营运单位、核技术利用单位、铀（钍）矿和伴生放射性矿开发利用单位，应当合理选择和利用原材料，采用先进的生产工艺和设备，尽量减少放射性废物的产生量。《放射性废物安全管理条例》第四条规定：放射性废物的安全管理，应当坚持减量化、无害化和妥善处置、永久安全的原则。《放射性废物安全监督管理规定》（HA F401）指出：控制放射性废物的产生。放射性废物的产生必须保持在实际可行的最低限度。《放射性废物管理规定》（GB 14500—2002）规定：在一切核活动中，应控制废物的产生量，使其在放射性活度和体积两方面都保持在可合理达到的最低水平。

**实现方法** 废物最小化是整个废物管理水平提高和安全文化素质提高的结果，实现废物最小化的措施概括起来可分为优化管理减少源项、再循环/再利用和减容处理三大方面。

**优化管理减少源项** 是实现废物最小化最重要和最有效的措施。传统的废物管理办法注重废物产生后的处理和处置，通过实践，人们认识到废物管理应该重视从源头抓起，在设计时就重视控制和减少废物的产生，使产生的废物量尽可能少。优化管理减少源项的措施很多，如：①制定和执行法规、标准。②优选工艺流程，选择生产效率高、副产品和废物产生量少的工艺流程。③优化工厂设计，严格执行抗震、防火、防洪规范；有良好通风设计（适当的风量和换气次数）；合理布局，人流、气流和物流走向合理，避免交叉污染；包容放射性好；设置报警装置，避免/减少事故的发生。④优选工艺设备，尽量采用便于检修和退役的模块化设备；选用抗腐蚀和不易活化材料；减少设备的跑、冒、滴、漏；减少维修次数；延长使用寿命。⑤严格废物分类，分出免管废物，对经过处理之后达到清洁解控水平的废物解除审管控制。⑥建立质量保证体系；制订应急预案，做好应急准备。⑦加强培训工作，使员工熟悉工艺过程与系统和设备；提高安全文化素养，激励员工实现废物最小化的积极性。⑧建立废物处理、处置的文档和数据库；建立专门的废物管理机构，负责废物最小化管理工作，包括制定废物最小化策略、废物最小化大纲，开展废物最小化评价等。⑨建立废物处理中心或集中处理站，把分散的处理和整备变为集中的处理和整备。废物处理中心设置焚烧炉、废金属熔炼炉、超级压实机、去污站、洗衣中心，配置系列流动处理装置等。

**再循环/再利用** 不仅可减少废物量，而且可有效利用资源，有利于可持续发展。低污染废物经过贮存衰变、去污或熔炼等方法，达到清洁解控水平者，可有限制再循环/再利用或无限制再循环/再利用。有限制再循环/再利用，如制成废物容器、屏蔽体等回到核工厂内使用，可适当放宽要求；但流入社会作无限制解控，必须经过严格监测达到法规标准并得到核安全监管机构的批准。可实行再循环/再利用的物项很多，例如：①乏燃料后处理回收的铀和钚制造混合燃料元件再利用；②核燃料循环过程使用的$HNO_3$、HF、TBP（磷酸三丁酯）回收再循环利用；③去污过程中的冲洗水、喷射磨料和去污剂循环利用；④退役生产的低污染废钢铁、废混凝土清洁解控后再利用；⑤低污染设备和工具去污后在核工业厂矿内再利用等。

退役产生大量的废钢铁和混凝土废物，其中大部分是低污染或没有污染的。废钢铁和混凝土的再利用，从减少废物量和节约资源角度潜力很大，有很大意义。

影响废物的再循环/再利用涉及许多因素，例如：法规标准符合性，技术可行性，经济约束性，公众可接受性等，必须给予代价-效果分析和评价。

**减容处理** 对于已经产生而且不可能再利用/再循环的废物，应做减容处理，尽量减少要作最终处置的废物的体积。减容处理的方法很多，最重要的有以下几种：

焚烧 可获得较大的减容（20～100 倍）和减重（10～80 倍）。国际上许多大型核研究中心和多堆核电厂建立了焚烧炉。对于尾气中的致癌物二噁英，可通过对从后燃烧室出来的尾气急骤冷却（从 800～900℃快速降到 200℃），避免其生成。我国对二噁英排放控制很严，规定采用 0.5 ng/$m^3$ 限值的标准。

压缩 减容倍数比较小（2～10 倍），但设备简单、成本低、操作容易。使用压头压力为

1 000～2 000 t 的超级压实机，可压缩废金属部件（如金属管道、箱体、泵、阀门）和破碎的混凝土类废物，桶装废物也可有效压实减容。

*废金属熔融处理* 通过高温熔炼，低污染废金属中的放射性核素进入炉渣或废气中，部分核素均匀分配固结于铸锭中。熔铸的金属锭可以用作制造废物容器、屏蔽体等，经检测合格和批准甚至可释放使用。

*去污* 可使废物的放射性水平降低等级或解控成为普通废物处置（参见*放射性去污*）。

*分拣、破碎* 分拣可把极低放废物和免管废物分出来；破碎可减小体积，有利于实现放射性废物最小化。

废物最小化三类方法的代价和效果是不相同的，其比较见下图。

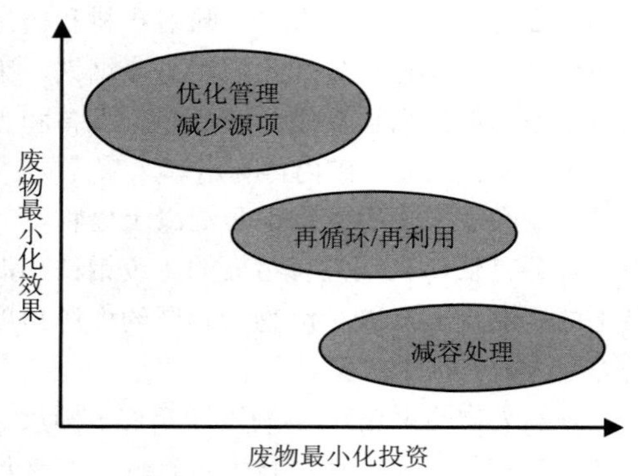


**废物最小化方法的代价-效果比较**

（罗上庚　潘自强）

**fangshexing feiye chuli**

## 放射性废液处理

(liquid radioactive waste treatment)　通过物理或化学方法去除或分离废液中的*放射性核素*，使液态流出物达到排放要求；或使中放和高放废液浓缩减容，浓集了放射性核素的产物能安全贮存和后续处理（例如固化）；使有用的物料能够得以再循环/再利用的工艺过程。

放射性废液的处理方法主要有贮存衰变、过滤、反渗透、蒸发和离子交换等，需根据废液的物化特性、放射性核素组成和浓度、废液量、排放或复用要求等选用，可能应用单一方法，也可能多种方法组合使用。

**贮存衰变** 将放射性废液在贮槽内暂存一定时期，使其中的放射性核素衰变，以降低其放射性浓度。贮存衰变法对长寿命核素无意义，主要适用于含短寿命放射性核素的废液，如核技术应用单位产生的废液经足够时间衰变后其废液就能达到排放要求。对于既含短寿命放射性核素又含长寿命放射性核素的废液，在其积存废液等待处理的过程中短寿命放射性核素得到衰变，可降低待处理废液的放射性浓度。

**过滤** 利用过滤介质让废液中液体通过，而截留其中固体颗粒和悬浮物达到固液分离的过程。在放射性废液处理过程中，过滤常作为其他废液处理工艺（如蒸发、离子交换）的预处理手段，避免固体颗粒和悬浮物对后续处理工艺的影响。过滤的去污因子一般较低（＜10），但在某些情况对某特定放射性核素也有获得较高去污因子。针对不同放射性废液的特性需要使用不同的过滤设备，主要有堆积粒状滤料过滤器、纤维过滤器和预涂层过滤器等。①堆积粒状滤料过滤器主要用于处理低放废液，其滤料有石英砂、无烟煤、活性炭等不同类型，在截留固体颗粒和悬浮物的同时可以吸附废液中的有机物质，为后续处理工艺创造条件；②在压水堆电站使用较多的纤维过滤器是筒型过滤器（也称滤芯式过滤器），由褶皱纤维组件或卷式纤维组件构成，安装在过滤器壳体内，可去除亚微米级颗粒；③预涂层过滤器是在过滤元件表面预涂一层助滤剂，通过涂层对废液进行过滤，可截流较细颗粒。但涂层需定期更新，否则会产生较多二次废物。在先进沸水堆电站中是使用粉末树脂涂敷，在过滤的同时可去除部分离子型放射性核素。除上述过滤器外，还有一种利用离心力对固液分离的设备，主要用于处理含较多固体颗粒的低放废液，其分离效率高，但耗能也高。在废液过滤前添加凝聚剂，使其中悬浮物聚集成细小的颗粒可提高整体过滤效果，已在国外电站得到实际应用。

**反渗透** 在外加压力大于半透膜渗透压差的条件下，利用半透膜有选择性地透水、而不透过水中离子的特性，实现水中离子和水分离的过程。反渗透主要用于处理低放废液，作为预处理手段通过反渗透除去废液中大部分非放射性离子，能提高后续离子交换处理的净化效果，延长树脂的使用寿命。反渗透也能去除废液中部分放射性离子，对放射性核素有一定的净化作用，去污因子可达10～100。为了防止固体颗粒和悬浮物对膜的堵塞，在反渗透前需先对废液进行过滤处理。相对使用单一离子交换方法，过滤-反渗透-离子交换三种技术的组合使用可大幅度提高对低放废液处理的净化效果。

**蒸发** 通过加热使水沸腾蒸发，废液中放射性核素被浓集在较小体积的浓缩液中，二次蒸汽被冷凝成水从而得到净化的过程。由于废液中存在易挥发的放射性的核素以及二次蒸汽的雾沫夹带的原因，使二次蒸汽冷凝液带有少量放射性核素。常采用旋风分离器、泡罩塔或不锈钢丝网填料塔等设备分离二次蒸汽中的夹带物，然后进行冷凝、冷却。当冷凝液的放射性浓度达到复用或排放要求后可复用或排放；当冷凝液的放射性浓度大于排放限值时，可采用离子交换等方法进一步处理或返回蒸发器再进行蒸发处理。放射性废液处理的蒸发器有强制循环蒸发器、外加热式自然循环蒸发器、中央循环管式蒸发器、釜式蒸发器等多种类型，可根据处理规模和所处理废液特征选择，核燃料后处理厂的废液蒸发大多采用外加热式自然循环蒸发器。

去污因子和浓缩倍数是衡量蒸发装置性能的两项重要指标。①去污因子是进入蒸发器废液的放射性浓度与二次蒸汽冷凝液放射性浓度的比值。根据对二次蒸汽所采取的净化措施的不同，蒸发法总的去污因子是$10^3$～$10^6$。如果废液中存在易挥发核素（如氚、碘、钌等），去污因子会降低。废液中如果含有洗涤剂成分，在蒸发过程中易产生大量泡沫，会降低蒸发处理的净化效果。②浓缩倍数是进入蒸发器废液的体积与浓缩液的体积之比，主要取决于废液的化学成分，如总含盐量、易结晶组分含量等。通常废液可浓缩几十至几百倍。蒸发系统复杂，建设和运行费用较高，在新一代核电厂中有用过滤-反渗透-离子交换组合技术取代蒸发的趋势。

**离子交换** 废液中的离子与离子交换剂活性基团上的可交换离子进行交换，使废液得到净化的过程。离子交换剂有无机离子交换剂（如蛭石、沸石等）和有机离子交换剂（离子交换树脂）两大类。根据所能交换的离子状态，离子交换树脂分为阳离子交换树脂、阴离子交换树脂。根据所充填的离子交换剂类型，离子交换器分为阳床、阴床和混床。需根据所处理废液的特性和废液量确定串联或并联离子交换床的数量。压水堆核电厂的水处理多用混床和阳床。

放射性废液离子交换处理所使用离子交换树脂通常为强酸性或强碱性树脂，交换速度快、交换能力强、对废液pH变化敏感性较小，并有较好的耐热性和耐辐照性。离子交换工艺不适合处理含多量悬浮固体、盐分、有机污染物、非电解质和胶体的废液，需采用预处理工艺去除这些杂质。离子交换常与过滤、蒸发等工艺组合使用。离子交换的去污因子随废液特性和离子交换剂的类型而异，一般为10～100。为去除某种专门的放射性核素，已经研发了专门针对某种放射性核素选择性强的离子交换剂，可较大幅度提高其去污因子。采用过滤-反渗透-离子交换组合技术，总去污因子可以达到$10^4$。失效的离子交换树脂可进行再生或直接作为放射性固体废物处理。核电厂的离子交换树脂由于使用时间长，再生会产生较多二次废液需要处理，因此一般不再生。

（张志银 孙明生）

**推荐书目**

罗上庚. 放射性废物处理与处置. 北京：中国环境科学出版社，2007.

顾忠茂. 核废物处理技术. 北京：原子能出版社，2009.

fangshexing guti feiwu jianrong chuli jishu

**放射性固体废物减容处理技术** （volume reduction treatment technology of solid radioactive waste） 减少放射性废物体积的处理方法。不同废物可选择合适的减容方法，主要技术为焚烧和压缩实现废物最小化，使之更适合后续的装卸、贮存、运输和处置。减容具有良好的经济效应、社会效应和环境效应，已越来越受到有核国家的重视。我国核电废物减容技术研究和工程应用，已取得了长足的进步。

**焚烧** 低放固体废物中 40%～80%是可燃和可压缩的，可燃放射性废物的焚烧处理有很多好处，如可获得高度的减容和减重（减容至 1%～5%，减重至 1.25%～10%），减少贮存和处置所占场地以及运输、贮存和处置的费用；使废物无机化转变，免除热分解、腐烂、发酵和着火的可能性；可回收钚-239 和铀-235 等贵重易裂变物质。焚烧可分为两大类：干法氧化和湿法氧化。

**干法氧化** 就是通常所说的焚烧炉焚烧法。焚烧方法有热解焚烧、熔渣焚烧、等离子体焚烧、流化床焚烧及湿法氧化等。焚烧工艺可分为分拣、破碎、进料、焚烧、排灰、烟气冷却和净化等过程。焚烧处理可燃废物时，热解炉可烧塑料、橡胶物之类含量高的废物；废磷酸三丁酯/煤油应用热解焚烧炉，加入氢氧化钙和乳化剂，可解决磷酸腐蚀难题。焚烧时要严格控制燃烧温度，以免产生二噁英对环境造成影响。

**湿法氧化** 又称湿燃烧法，是利用热浓硝酸和硫酸、浓硫酸和过氧化氢或用过氧化氢催化氧化分解有机物。对于酸煮解和过氧化氢催化氧化，目前已在工程上应用。废树脂湿法氧化分解成二氧化碳、水和少量无机残液，无机残液经浓缩后可水泥固化。

**压缩** 压缩减容是借助机械力使废物密实化，提高废物的整体密度。可压实的废物种类很多，除棉、纸、布、橡胶、塑料等软质废物外，污染的木材、玻璃、金属制造阀门、器皿、工具、电缆、废过滤器、风管，以及保温材料、混凝土散块等采用高压或超高压缩可使其达到或接近理论密度，也可获得减容。压缩减容的优点是建造投资和运行费用低，对场址要求不高；设备简单，运行方便，维护保养容易，易实现自动化；二次废物极少。

压缩减容有桶内压实和桶外压缩两种。前者是在桶内多次加料多次压实，桶内压实仅适用于软废物，如工作服、口罩、手套、鞋袜、棉纱、塑料制品等，减容效果较低（仅几倍），而且易反弹。压实机从压头压力来分，有低压（十几吨至 100 t 压力）、中压（100～500 t 压力）、高压（500～1 000 t 压力）和超高压（几千吨压力）之分。超高压实机可以压缩废钢铁构件、混凝土构件，并常用来对桶装废物连桶一起进行压缩压成“饼块”，获得更进一步的减容。超级压缩的压头压力以 1 000～2 000 t 为宜，这种压缩不易出现反弹。超级压缩后，选择合适厚度和重量的“饼块”，配装进另一容器中，并浇注水泥砂浆固定。现在，国际上超级压缩在大型核设施用得较多。为实现废物最小化，我国也有不少核设施使用超级压缩减容。

近年来，国外对废树脂处理采用先脱水，再装桶作超级压缩，也可获得较好的减容效果。我国新建核电厂也有采用这种先进工艺技术。

（范显华　马成辉）

fangshexing hesu

**放射性核素** （radionuclide） 通过各种途径自发发生核衰变的不稳定核素。辐射是放射性核素所具有的特性，每一个放射性核素都具有自己的核衰变特征。元素周期表中每个核素可以有多个同位素。有的仅有一个或多个稳定同位素，其他均为不稳定放射性同位素；有的元素如锝、钷、钚、砹等均无稳定同位素。可以通过用专门仪器探测放射性射线特征谱来识别每种放射性核素的存在以及数量。

放射性核素又分为天然放射性核素和人工放射性核素。天然放射性核素是地球形成时已经存在的放射性核素，因此都是长寿命放射性核素或它们的衰变子体，如镭、钍、铀和氡；或者是宇宙射线与地球上的物质相互作用产生的，如铍-10、碳-14、氯-36 等。人工放射性核素是指稳定的核素经过各种入射粒子的辐照（如中子辐照、带电粒子辐照等）会产生的放射性核素。美国 1996 年出版的 *Table of Isotopes* 中收录了 111 种元素的近 2 200 种放射性核素。放射性核素一方面在医学中被用于诊断和治疗，在工业中广泛应用于辐照加工、放射性示踪和分析测试仪器；而另一方面会发生对人体有害的核辐射伤害。

随着人类对能源的需要增加，核能的规模也将会发展，更多核电厂的运行会积累更多的乏燃料和核废物，而工业和医用放射性同位素的种类和规模也日益扩大，因此，人工放射性核素的产量将会越来越多。对于放射性核素，尤其是长寿命放射性核素的安全使用和处理处置，尽可能降低其对于环境和人类的负面影响，已是当前国际上一个共同关心的重要问题。

（张竞上　许谨诚）

**fangshexing huodu**

**放射性活度**　（activity）　处于某一特定能态的*放射性核素*在单位时间内的衰变数。是表征放射性核素特性的一个物理量，用 $A$ 表示：

$$A=\frac{\mathrm{d}N}{\mathrm{d}t}$$

式中，$\mathrm{d}t$ 为时间间隔；$\mathrm{d}N$ 为在时间间隔 $\mathrm{d}t$ 内，处于特定能态的一定量的核素发生自发核跃迁数目的期望值。

放射性活度单位的专用名称为贝可勒尔，简称贝可，用符号 Bq 表示，$1\ \mathrm{Bq}=1\ \mathrm{s}^{-1}$。常用单位还有居里（Ci）。1 Ci 定义为 1 g 的镭每秒钟衰变的数目。居里与贝可的换算关系为：

$$1\ \mathrm{Ci}=3.7\times10^{10}\ \mathrm{Bq}$$

放射性活度是指放射性核素的转化率，而不是指某种放射性核素所包含的原子核的数量，也不是指某一定量的放射性核素放射出的粒子的数目。若无特别说明，上述所说的“特定能态”是指放射性核素的基态。实际计算时，处于特定能态的放射性核素的活度等于此种核素衰变常数$\lambda$与其数目 $N$ 的乘积。

$$A=\lambda\cdot N=\lambda\cdot N_0\cdot e^{-\lambda t}=A_0\cdot e^{-\lambda t}$$

式中，$A_0$ 为 $t=0$ 时刻放射性核素的活度。

放射性核素常常与该元素的稳定同位素同时存在，或包含在其他固体、液体或气态的物质内，或吸附在其他固体、液体或气态物质上，此时需用其他物理量来表示活度。

一个样品中某种特定放射性核素的比活度 $a_{\mathrm{m}}$，也称质量活度或活度质量比，或单位质量的活度，为该样品中放射核素的活度 $A$ 除以样品的总质量 $m$。一定体积中某种特定放射性核素的活度浓度 $a_{\mathrm{v}}$，也称体活度或活度体积比或单位体积的活度，为该体积中放射性核素的活度 $A$ 除以该体积 $V$。某一表面上某一特定放射性核素的表面的活度浓度 $a_{\mathrm{F}}$，也称面活度或面积活度浓度，为表面积 $F$ 上该放射性核素的活度 $A$ 除以表面积 $F$。

国际标准化组织 ISO 921 对比活度和活度浓度这两个术语进行了区分，即比活度是指单位质量的活度，而活度浓度是指单位体积的活度。对于纯的或无载体的放射性核素样品，即未混入任何其他核素，或不太严格地讲对于放射性核素故有存在某物质中的情况（如天然铀中的铀-235、有机物中的碳-14），或放射性核素的丰度经人工改变的情况下用比活度。一些常用核素的比活度列于下表，比活度可由下式计算：

$$a_{\mathrm{m}}=\lambda N_{\mathrm{A}}/M$$

式中，$a_{\mathrm{m}}$ 为比活度；$\lambda$为放射性核素的衰变常数；$N_{\mathrm{A}}$ 为阿伏伽德罗常数；$M$ 为样品的摩尔质量。

一般而言，无载体的放射性核素很难得到，故在实际应用时常使用放射性活度浓度。

一些常用核素的比活度

| 核素 | 比活度/（TBq/g） | 核素 | 比活度/（TBq/g） | 核素 | 比活度/（TBq/g） |
|---|---|---|---|---|---|
| $^{3}$H | $3.58\times10^{2}$ | $^{99m}$Tc | $1.95\times10^{5}$ | $^{230}$Th | $7.63\times10^{-4}$ |
| $^{14}$C | $1.66\times10^{-1}$ | $^{106}$Ru | $1.22\times10^{2}$ | $^{232}$Th | $4.05\times10^{-9}$ |
| $^{18}$F | $3.52\times10^{6}$ | $^{110m}$Ag | $1.76\times10^{2}$ | 天然钍 | $4.05\times10^{-9}$ |
| $^{32}$P | $1.06\times10^{4}$ | $^{125}$I | $6.51\times10^{2}$ | $^{233}$U | $3.57\times10^{-4}$ |
| $^{36}$Cl | $1.22\times10^{-3}$ | $^{131}$I | $4.60\times10^{3}$ | $^{234}$U | $2.30\times10^{-4}$ |
| $^{40}$K | $2.65\times10^{-7}$ | $^{133}$Xe | $6.93\times10^{3}$ | $^{235}$U | $8.00\times10^{-8}$ |
| 天然钾 | $3.09\times10^{-11}$ | $^{133}$Ba | 9.46 | $^{236}$U | $2.40\times10^{-6}$ |
| $^{45}$Ca | $6.60\times10^{2}$ | $^{137}$Cs | 3.20 | $^{238}$U | $1.24\times10^{-8}$ |
| $^{55}$Fe | $8.79\times10$ | $^{147}$Pm | $3.43\times10$ | 天然铀 | $2.53\times10^{-8}$ |
| $^{56}$Mn | $8.03\times10^{5}$ | $^{192}$Ir | $3.41\times10^{2}$ | $^{238}$Pu | $6.34\times10^{-1}$ |
| $^{57}$Co | $3.12\times10^{2}$ | $^{198}$Au | $9.05\times10^{3}$ | $^{239}$Pu | $2.30\times10^{-3}$ |
| $^{60}$Co | $4.18\times10$ | $^{210}$Pb | 2.84 | $^{240}$Pu | $8.40\times10^{-3}$ |
| $^{63}$Ni | 2.10 | $^{210}$Po | $1.66\times10^{2}$ | $^{241}$Am | $1.27\times10^{-1}$ |
| $^{90}$Sr | 5.11 | $^{226}$Ra | $3.66\times10^{-2}$ | $^{252}$Cf | $1.99\times10$ |
| $^{99}$Mo | $1.78\times10^{4}$ | $^{228}$Th | $3.04\times10$ | | |

（冷瑞平　潘自强）

**fangshexing huobao**

**放射性货包**　(radioactive package)　提交运输的包装与其放射性内容物的统称。

**沿革**　放射性货包的出现与发展，主要伴随着世界范围内的核工业的发展，而后随着核技术利用的发展呈现出多样化。随着放射性物质运输安全性越来越受到关注，国际原子能机构（IAEA）于 1959 年提出，并于 1961 年首次发布了第 6 号安全丛书《放射性物质安全运输条例》，随后陆续发布了 1964 年、1967 年、1973 年、1985 年、1996 年、2000 年、2003 年、2005 年、2009 年和 2012 年修订版，并以每两年一个修订周期不断地修订，其中重大的修订有 1985 版和 1996 版。1996 版发布后，编号改为 TS-R-1，2012 年起改为 SSR-6。该标准的基本思想是放射性物质必须采用与之相适应的包装，放射性物质运输的安全必须通过货包的固有安全性来保障。该标准已在国际上得到了广泛采用，或直接纳入国内法规采用或通过转化为国内法规或标准得到采用。我国于 1989 年发布了首部《放射性物质安全运输规定》（GB 11806—1989），2004 年修订并等同采用了 IAEA TS-R-1 的 2003 版，更名为《放射性物质安全运输规程》（GB 11806—2004）。《放射性物品运输安全管理条例》（国务院 562 号令），进一步强化了放射性物质运输安全管理。SSR-6 对货包的分类及其安全要求和监管要求等做了详细的规定，且已纳入联合国危险货物运输规则的范围并协调一致。

**分类**　IAEA《放射性物质安全运输条例》（SSR-6）和我国《放射性物质安全运输规程》（GB 11806—2004），根据货包内放射性物质类型、活度、物理状态和裂变类型，将其分为例外货包、1 型工业货包（IP-1）、2 型工业货包（IP-2）、3 型工业货包（IP-3）、A 型货包、B 型货包和 C 型货包，以及装运特殊内容物的易裂变材料货包和六氟化铀货包。每类货包都有冠以“UN”的联合国编号和专用货运名称。

货包根据运输指数和外表面上任意一点的最高辐射水平分为Ⅰ级（白）、Ⅱ级（黄）和Ⅲ级（黄）三级。

《放射性物品运输安全管理条例》将放射性物品分为三类，运输容器根据装运放射性物品类型分为一类放射性物品运输容器、二类放射性物品运输容器和三类放射性物品运输容器，这里“容器”指“货包”或“包装”。

**接触途径和危害**　放射性物品运输活动范围是在进行放射性物质生产、使用和存储等活动的单位内部和单位外的公众活动区域。放射性工作人员接触放射性货包的途径包括放射性货包的准备、装载、托运、运载（包括中途贮存）、检查、保卫、卸载、接收等作业活动，以及事故情况下应急响应。公众接触放射性货包的途径包括在公共区域内的公众与放射性货包共享运输线和运输工具、运输货包途经居民区、货包运输途中临时停靠和贮存以及运输事故情况等。

放射性货包的危害主要来源于运输的内容物（参见放射性内容物），乏燃料和发热量较大的放射源等运输货包温度较高，接触时还存在烫伤风险。

**安全要求** 放射性货包的特殊安全要求主要包括屏蔽、包容、临界和温度的控制。在运输的例行情况、正常情况和事故情况下，放射性货包的辐射水平、包容性能和临界安全指数应小于《放射性物质安全运输规程》（GB 11806—2004）的要求。在 38℃环境温度和内容物衰变热作用下，人员可接触非独家使用的货包表面温度不得大于 50℃，独家使用的货包表面温度不得大于 85℃。

**功能** 放射性货包的功能由放射性内容物和包装共同实现，主要依靠包装安全性能实现货包的功能。放射性物品运输容器主要用于包容和屏蔽放射性物品、保持次临界、导出衰变热。根据 IAEA 和我国的相关法规，放射性物品运输货包须经受验证运输正常条件和（或）运输事故条件能力的试验。各类型货包的试验项目和要求参见《放射性物质安全运输规程》（GB 11806—2004）。货包试验要考虑各试验项目产生的累积效应以及对后续试验造成最大损坏的影响。货包经受规定的试验后要能防止放射性内容物的漏失或弥散，保持足够的屏蔽能力，防止临界。货包试验中通常使用模拟内容物代替真实的放射性内容物，在对试验结果的评价中要考虑内容物的差异对试验结果的影响。

**设计** 运输放射性物品应当使用与运输的放射性物品类别相适应的专用包装容器。货包设计单位应当建立健全和有效实施质量保证体系，按照国家放射性物品运输安全标准进行设计，可通过试验验证或采用可靠、保守的分析论证或两者相结合等方式，对货包的安全性能进行评价。货包设计中要考虑内容物的特性，内容物与容器材料的相互作用、化学与电化学反应，特别应考虑内容物具有的其他危险性质。对货包的结构、热、包容、屏蔽、临界性能充分考虑并评价安全性能，制定货包的操作规程、验收试验和维修大纲。

**包装制造** 放射性物品运输包装容器制造单位应当按照设计要求和国家放射性物品运输安全标准，对制造的包装进行质量检验，编制质量检验报告。从事放射性物品运输包装容器制造活动的单位，应当具备与所从事的制造活动相适应的专业技术人员、生产条件和检测手段、管理制度和质量保证体系。

**试验** 放射性货包的试验主要用于验证货包经受《放射性物质安全运输规程》（GB 11806—2004）规定的运输正常条件的能力和（或）假想事故条件的能力。这些试验项目模拟了货包运输过程中可能的环境条件和事故景象，包括降水、货包堆积、从运输车辆上的跌落、落体打击、车辆撞击、挤压、火灾、落入水体等。通过分析试验中采集的应力、应变、加速度、变形、图像等数据对货包结构、热工、力学、包容、屏蔽等性能进行分析评价。货包试验时，其内容物可以使用其他模拟物质来代替。在选择模拟物质时，要考虑模拟物与内容物性质的相似性和对试验结果的影响。

**包装使用和维修** 未经质量检验或者经检验不合格的放射性物品运输包装容器，不得交付使用。放射性物品运输容器使用单位应对其使用的放射性物品运输容器定期进行保养和维护，并建立保养和维护档案。包装容器达到设计使用年限，或者发现包装容器存在安全隐患的，应当停止使用，进行处理。《放射性物品运输安全管理条例》规定，一类放射性物品运输容器每两年进行一次安全性能评价，并应将评价结果报国务院核安全监管部门备案；使用境外单位制造的一、二类放射性物品运输容器的，应当在首次使用前报国务院核安全监管部门审查批准或备案。

**发展动向** 在美国和加拿大，目前已批准的放射性物品运输货包的型号分别有 200 个左右。发展中国家核能和核技术的快速发展和应用范围的扩大正引起放射性物品运输货包的类型和数量迅速增加。IAEA 和其他国际组织，以及有核大国对放射性物品运输安全标准的提高使得放射性物品运输货包的安全性能持续提高。（李国强　李晓青）

fangshexing neirongwu

**放射性内容物**　(radioactive content)　包装内的放射性物质连同已被污染或活化的固体、液体和气体。

**沿革**　放射性内容物伴随着放射性物品的应用和运输活动的开展而出现，随着核工业和核技术的发展，放射性内容物的种类呈现多样化，数量和活度范围正越来越大。

**分类**　放射性内容物有多种分类方法，主要有根据比活度、核素分布类型、裂变特性、毒性、物理形态、弥散特性、射线等分类的方法。

**根据比活度分类**　放射性内容物分为低比活度物质和非低比活度物质两类。低比活度物质又分为Ⅰ类低比活度物质（LAS-Ⅰ）、Ⅱ类低比活度物质（LAS-Ⅱ）和Ⅲ类低比活度物质（LAS-Ⅲ）。例如，铀、钍矿石及其浓缩物属于LAS-Ⅰ，氚浓度不高于 0.8 TBq/L 的水属于 LAS-Ⅱ，一些混凝土、沥青固化废物属于 LAS-Ⅲ。

**根据核素分布类型分类**　放射性内容物分为表面污染物体和非表面污染物体两类。表面污染物体指本身不是放射性的，但在其表面分布着放射性物质的固态物体。根据平均 300 $cm^2$（若表面积小于 300 $cm^2$，则按该表面积计）的污染物体表面单位面积固定污染、非固定污染的β和γ发射体及低毒性、其他α发射体的面活度，表面污染物体可分为Ⅰ类表面污染物体（SCO-Ⅰ）和Ⅱ类表面污染物体（SCO-Ⅱ）两类。

**根据裂变特性分类**　放射性内容物分为易裂变材料和非易裂变材料两类。易裂变材料指铀-233、铀-235、钚-239、钚-241 或这些核素的任何组合，不包括未受辐照的天然铀或贫化铀和仅在热中子反应堆内受过辐照的天然铀或贫化铀。易裂变材料以外的其他材料都是非易裂变材料，包括可裂变材料（如铀-238）和非裂变材料（如钴-60）。

**根据毒性分类**　放射性内容物分为极毒、高毒、中毒、低毒四类。具体可参考《电离辐射防护与辐射源安全基本标准》（GB 18871—2002）的附录 D。

**根据物理形态分类**　放射性内容物分为固体（粉末或非粉末）、液体和气体三类。具体容器内的放射性内容物可能是上述三种物理形态之一，也可能是几种形态的混合物。例如，六氟化铀（$UF_6$），在运输时主要呈固体形态，但由于其有较低的三相点，可直接升华为气态，在容器的空腔部分存在有气态 $UF_6$。氚水在运输时为液体形态，同时在容器内存在气态形式的氚水蒸气。

**根据弥散特性分类**　放射性内容物分为特殊形式放射性物质和非特殊形式放射性物质。特殊形式放射性物质主要指不弥散的固体放射性物质或装有放射性物质的密封件，在运输正常情况和《放射性物质安全运输规程》（GB 11806—2004）规定的事故情况下不会产生弥散。典型的特殊形式的放射性物质包括辐照用或医疗上伽马刀机用钴-60 密封源、工业探伤机中用的铱-192、铯-137 等密封源。非特殊形式放射性物质运输时可能会弥散放射性物质，例如镭粉、氚水等属于非特殊形式放射性物质。

**根据射线分类**　放射性内容物分为β发射体、γ发射体、α发射体和中子发射体四类。有些核素在衰变时能产生多种射线，产生的射线又可能与内容物或包装材料中的物质发生核反应，生成其他的放射性核素而产生新的射线。

**接触途径**　工作人员在放射性物品准备、装载、检查、运输、贮存、卸载和容器维修作业中，以及在处理、处置运输事故情况下的放射性物品时，可能接触内容物。公众在运输的正常情况下几乎不可能接触到放射性内容物。在运输的事故工况下，在事故点附近和下风向区域内，以及水体下游的公众可能会直接或间接接触到从容器内撒落或泄漏的放射性物质。图示为放射性物品运输可能的接触及照射途径。

**危害** 放射性内容物的危害与其物理、化学、放射性特性等性质相关，主要的危害因素为辐射照射和化学毒性。例如，核燃料循环中的铀矿石浓缩物为低活度物质，不会产生大的放射性危害，摄入粉末状的浓缩物会产生较小的重金属毒性；六氟化铀是低活度物质，有较小的放射性危害，但其化学毒性越来越得到重视（腐蚀品）；二氧化铀也是低活度物质，有较小的放射性危害，摄入会产生较小的毒性；铀燃料组件基本没有化学危害，放射性危害也较小，但存在一定的临界风险；乏燃料和玻璃固化的高放废物有较大的放射性风险，相对放射性风险其化学和毒性风险较小；钚是极毒物质，且在临界时会产生大的放射性风险；混合氧化物燃料芯块为陶瓷固化体，基本没有化学毒性，除在临界状态下有较大的放射性危害。又如核技术利用中辐照站和医院放射治疗中应用的钴-60 放射源主要为极高的外照射风险。另外，内容物还可能因为具有爆炸性、易燃性、自燃性、腐蚀性、裂变性等危险性因素而产生危害。

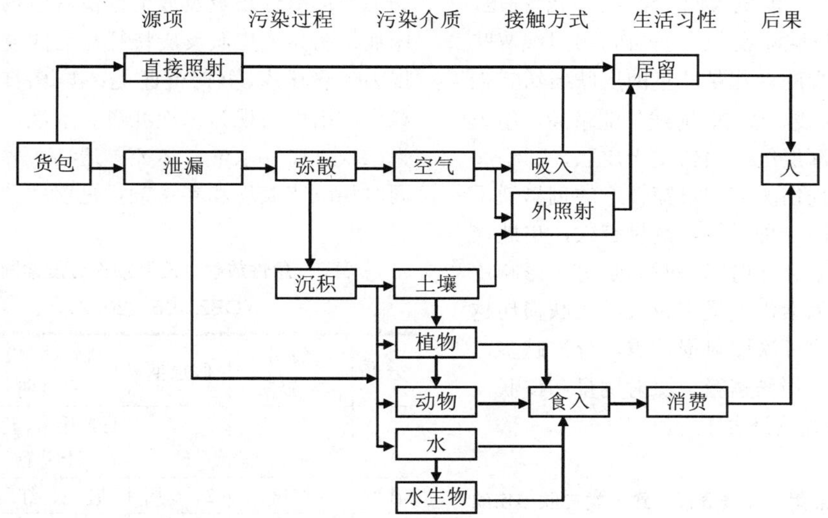


**放射性物品运输可能的接触及照射途径**

**发展动向** 随着核能和核技术的广泛开发利用，运输的放射性物品的种类和核素越来越多，其物理特性、化学特性多种多样。应始终关注装运的放射性物品的类型变化，研究放射性物品对运输包装技术和运输技术的要求，实现放射性物品安全、经济、高效运输。

（李国强　李晓青）

fangshexing pifu sunshang

## 放射性皮肤损伤 （radiation skin injury）

电离辐射（X 射线、γ射线、β射线和高能电子束等）照射皮肤所引起的损伤。其中β射线引起的皮肤损伤又称β烧伤。

**沿革** 放射性皮肤损伤是人类最早认识的放射损伤，1895 年伦琴发现 X 射线三个月后就有 X 射线引起皮肤损伤的报道。放射性皮肤损伤主要见于医疗照射、核武器爆炸、事故照射和职业照射。放射性皮肤损伤在事故照射中占有重要地位，从新中国成立到 2007 年年底，国内较严重辐射事故照射共导致皮肤烧伤 87 例，是最为频发的人类放射损伤。

**特征** 放射性皮肤损伤不同于一般的热或化学烧伤，损伤的临床表现具有以下几个特征。①潜伏期：皮肤受到电离辐射照射后不会立即出现临床症状，而需经历数小时、数周甚至数年的潜伏期；潜伏期的长短取决于皮肤受照剂量和射线的品质，剂量越大，其潜伏期越短。②时相性：急性损伤病程具有明显的时相性，与急性放射病相似，经历初期反应期、假愈期、临床症状明显期和恢复期，各期有明显的临床特点。③迁延性：射线除直接损伤皮肤细胞外，也通过作用于皮肤内血管细胞而引起血管病变，导致局部组织缺血和营养障碍，使皮肤病理改变呈进行性，创面愈合不良、反复破溃或形成难治性溃疡。

**影响因素** 射线种类和受照剂量是决定皮肤损伤严重程度的决定性因素。弱贯穿辐射（β射线、软X射线）能量较低，组织内的射程短，能量大部分被皮肤吸收，引起损伤。β射线皮肤烧伤是易被忽视的，却是严重的皮肤损伤。强贯穿辐射（γ射线、硬X射线）能量高，组织穿透能力强，深层组织损伤重于皮肤，故引起相同程度皮肤损伤所需弱贯穿辐射的剂量低于强贯穿辐射；同一种射线，剂量越大，皮肤损伤越重。剂量率和照射间隔时间是另一影响皮肤损伤的重要因素，剂量率越大，皮肤损伤越重；一次照射比分次照射损伤重，分次越多、间隔时间越长，损伤越轻。照射剂量和皮肤反应的剂量-效应关系见表1。

**表1 电离辐射照射（X线透视）致人类皮肤损伤阈剂量和起始时间（ICRP第118号出版物，2012）**

| 效应 | 阈剂量/Gy | 起始时间 |
|---|---|---|
| 一过性红斑 | 2 | 2～24 h |
| 红斑 | 6 | ≈1.5 周 |
| 暂时性脱毛 | 3 | ≈3 周 |
| 永久性脱毛 | 7 | ≈3 周 |
| 干性脱皮 | 14 | ≈4～6 周 |
| 湿性脱皮 | 18 | ≈4 周 |
| 继发性溃疡 | 24 | ＞6 周 |
| 迟发性红斑 | 15 | 8～10 周 |
| 缺血性真皮坏死 | 18 | ＞10 周 |
| 真皮萎缩（早期） | 10 | ＞52 周 |
| 毛细血管扩张 | 10 | ＞52 周 |
| 真皮坏死（晚期） | ＞15 | ＞52 周 |

皮肤受照面积和部位也影响皮肤损伤程度，受照皮肤面积越大，损伤越重，恢复越慢；不同部位皮肤的放射敏感性不同，屈侧皮肤较伸侧敏感，经常摩擦和潮湿的皮肤较敏感。受照人体性别、生理状况和疾病情况，以及受照时环境情况也对皮肤损伤有影响。

**损伤分类和临床表现** 放射性皮肤损伤根据临床经过分为急性放射性皮肤损伤、慢性放射性皮肤损伤和放射性皮肤癌。

**急性放射性皮肤损伤** 身体局部受到一次或短时间（数日）内多次大剂量外照射所引起的急性放射性皮炎及放射性皮肤溃疡。根据临床症状明显期皮肤反应特征分为四度：Ⅰ度表现为毛囊丘疹、暂时性脱毛；Ⅱ度表现为脱毛、红斑；Ⅲ度表现为二次红斑、水泡；Ⅳ度表现为二次红斑、水泡、坏死、溃疡。各度损伤不同时相临床表现和参考剂量见表2。

**表2 急性放射性皮肤损伤分度诊断标准（GBZ 106—2002）**

| 分度 | 初期反应期 | 假愈期 | 临床症状明显期 | 参考剂量/Gy |
|---|---|---|---|---|
| Ⅰ度 | | | 毛囊丘疹、暂时性脱毛 | ≥3 |
| Ⅱ度 | 红斑 | 2～6 周 | 脱毛、红斑 | ≥5 |
| Ⅲ度 | 红斑、烧灼感 | 1～3 周 | 二次红斑、水泡 | ≥10 |
| Ⅳ度 | 红斑、麻木、瘙痒、水肿、刺痛 | 数小时～10 d | 二次红斑、水泡、坏死、溃疡 | ≥20 |

**慢性放射性皮肤损伤** 由小剂量射线长期照射或急性放射性皮肤损伤迁延而来的慢性放射性皮炎及慢性放射性皮肤溃疡。长期照射累积剂量一般超过15 Gy。根据临床皮肤反应特征分为三度：Ⅰ度表现为色素沉着或脱失、粗糙、指甲灰暗或纵嵴；Ⅱ度表现为角化过度、皲裂或萎缩变薄、毛细血管扩张、指甲增厚变形；Ⅲ度表现为坏死溃疡、角质突起、关节变形、功能障碍。

**放射性皮肤癌** 在电离辐射所致慢性放射

性皮肤损伤的基础上有可能发生皮肤癌。临床表现为损伤部位过度角化、萎缩、毛细血管扩张、瘢痕增生、溃疡长久不愈，在此基础上转变为皮肤癌。四肢躯干多为鳞状上皮细胞癌，面颈部多为基底细胞癌。放射性皮肤癌恶性程度较低，局部组织严重纤维化和血管淋巴管闭塞限制了肿瘤浸润和转移。从受照至皮肤癌的发生为 20～25 年，其中从慢性放射性皮炎至癌变约为 10 年。

**预防和治疗** 加强防护是预防放射性皮肤损伤最根本的办法。特别是注意操作低能β射线辐射体和软 X 射线时的防护措施。对放射性核素体表污染要及时洗消去污，避免放射性核素的体表滞留、持续照射。

根据损伤类型和程度采取相应治疗。治疗方法包括全身支持治疗、局部保守治疗和手术治疗。当损伤深及真皮下、创面较大或难愈的溃疡、癌变、瘢痕挛缩致功能障碍时，采取手术治疗。对于Ⅳ度急性放射性皮肤损伤，一般认为尽量避免急性期手术，待恢复期损伤边界基本清晰时实施。慢性放射性皮肤损伤创面时愈时溃和难愈性溃疡的治疗问题仍待解决。

（李幼忱　吴企）

**fangshexing quwu**

**放射性去污**　（radioactive decontamination）用物理、化学或电化学等方法去除或降低放射性污染的过程。去污的意义和作用很大，如可降低设备、材料、建筑物和地表土壤的污染水平，减少废物的贮存、运输和处置负担，使物料和场地可能再循环/再利用，减少对工作人员和公众的辐射危害等。

**分类** 去污可分为初步去污、深度去污，在役去污、退役去污等。

**在役去污** 是对在役的核设施系统和设备进行去污，例如，在反应堆运行中，结构材料的腐蚀产物和一回路冷却剂受中子活化形成放射性物质，传送、分配、沉积在系统的管道、阀门和水泵的表面，随着反应堆运行时间的增长，会积累得越来越多，导致反应堆回路系统辐射场增强，使运行人员受照剂量增加，给检修工作带来不便，所以需要定期或不定期去污。

理想的在役去污工艺应该具有以下特征：①高去污能力和合理去污速度，使停堆时间尽可能短；②对结构材料侵蚀性小，保证系统和设备的完好；③去污剂的热和辐射稳定性好；④废水量小，并且容易处理；⑤不产生沉淀物，容易冲洗干净；⑥去污剂价格便宜，容易买到。

常用的去污工艺有 AP-AC 法、AP-CITROX 法、CAN-DECON 法等。

**退役去污** 退役工程中，去污是不可缺少的环节，有很多重要的作用，如：①方便设备、系统、厂房的切割解体和拆除；②降低工作人员的受照剂量；③使设备和材料有可能回收利用；④减少核设施的残留放射性量；⑤减少放射性废物的处理和处置量等。

**去污方法** 主要有化学去污、物理去污和电化学去污三大类。在确定去污目标和选择去污技术时，应考虑去污对象的特性、要求去污的程度、工作人员的受照剂量、现有技术条件、二次废物量及处理方法等因素。实际去污工艺往往是几种方法联合使用，与后续处理和处置相匹配，进行代价-利益分析优化选择的结果。用擦拭去污代替水冲去污，减少废水量，有利于废物最小化，已得到人们的共识，并被广泛采纳。

**化学去污** 用化学药剂溶解带有放射性核素的污垢物、油漆涂层、氧化膜层，达到去污目的。常用的化学去污剂有酸、碱、氧化还原剂、络合剂、缓蚀剂和表面活化剂。它们既可单独使用，也可几种去污剂组合使用。化学去污改进工艺有化学泡沫去污、化学凝胶去污和可剥离膜去污等。

*化学泡沫去污* 用含有去污剂和浸润剂的泡沫喷涂在待去污的物体表面，使泡沫与污染表面维持一定的接触时间，然后再用水冲洗，除去泡沫达到去污的效果。泡沫去污较适用于贮槽和设备室等表面积的去污，去污效果好，二次废物量少，便于遥控操作。

*化学凝胶去污* 将化学凝胶用作去污剂的

载体，喷淋或涂刷在待去污物体的表面上，维持一定的接触时间后，用水擦洗或冲洗除去凝胶，使物体表面得以去污。该法特别适用于需要去污剂与污染表面长时间接触的情况，优点是产生的二次废物量少。

*可剥离膜去污* 利用化学去污剂和成膜剂组成含多种官能团的高分子膜，膜内络合剂与污染核素发生作用而被萃取至膜中，当膜剥离时污染物也同时被去除。可剥离膜去污对表面光滑的物件去污效果好，但对多孔性或复杂部件以及深部放射性污染的去除效果较差。该法不产生液体废物，剥下来的膜可用压缩或焚烧方法加以处理。可剥离膜另一功能是起封闭包容作用，防止污染扩散。退役时将可剥离膜涂敷在箱体、墙面、风管及切割工具上可减少切割解体时放射性污染的扩散。

**物理去污** 有吸尘、擦拭、高压射流去污，超声波去污，激光去污，微波去污，金属熔融去污等方法。

*吸尘、擦拭、高压射流去污* 利用普通的清洁技术将建筑物和设备表面的尘埃、气溶胶、粒子去除。这种方法对大量松散污染物真空吸尘是十分有效的。高压喷射水去污利用高压喷射水流的物理冲击力进行去污，已成功用于核电厂主泵部件、压力容器、燃料组件装卸设备、乏燃料水池中格架的去污。高压射流去污除了喷射水外，还可喷射各种磨料，如砂、氧化铝、锆氧砂、微钢珠、塑料珠、干冰等，加强打击强度，增强去污效果。其中以高压喷砂去污和高压喷射干冰去污用得最多。两者相比，喷射干冰去污比喷砂去污成本高，但去污效果好，二次废物量少。高压射流去污可用于难以接近进行擦洗或擦洗工作量太大的表面，包括金属和混凝土表面。该法常用压力为 5～100 MPa，去污效果与喷嘴夹型、水流压力、速度及流量相关。高压射流去污常设置回收循环系统，把废水和磨料收集起来，经过处理，再循环再利用。

*超声波去污* 主要利用空穴冲击波的机械力进行去污。整个过程分为两个阶段：第一阶段因空穴消灭时所产生的巨大冲击力使污垢层从固体表面上被剥松，两者间出现了间隙；第二阶段因空穴作用生成的空洞渗入间隙，并随声压的变化而反复收缩与膨胀，使污垢层剥离，实现去污。

*激光去污* 近年来出现的一种新型的去污技术，属于在极短时间内将光能转变为热能的干式清洗过程。激光为单色性、方向性强的光辐射，通过透镜组合聚焦光束至很小的范围内，在焦点附近的污染层内产生几千度至几万度的高温，使污垢瞬间汽化蒸发或爆裂脱落。激光将物体表面的涂层和氧化膜层消融，产生的挥发物用真空系统和多级过滤器捕集，有机物可用活性炭捕集。激光去污速度快、效率高、便于遥控操作。

*微波去污* 用微波能加热混凝土表层中的结合水，经汽化产生内压，在机械和热应力作用下，混凝土表层爆裂，形成的碎屑和粉末由真空系统收集的去污技术。

*金属熔融去污* 通常对低被污染金属物熔融，将放射性污染物截留于熔渣、炉衬和通风系统或挥发掉以实现去污。金属熔融时某些放射性核素（如铯-137 等）易挥发，故需设置专门的排气净化系统，产生的熔渣富集了放射性核素，需经整备后进行处置。金属熔融法去污的效果与助熔剂种类、熔炼时间和熔炼温度等因素相关。金属熔炼法一般用于轻微污染的金属，并考虑回收利用的场合。核设施退役会产生大量被污染的金属，经去污和金属熔炼可实现有限制或无限制利用。

**电化学去污** 又称电抛光去污。用电解槽作阴极，去污部件作阳极。在直流电作用下发生阳极溶解，金属表面的污染物进入电解液内的去污技术。去污效果与电压、电流密度、温度、电极和电解液性质等许多因素相关。此法的优点是对大面积或形状复杂的导电体部件，在不经切割或拆卸情况下能有效地进行去污；经去污后的金属表面平滑并被氧化保护膜覆盖，不易受二次污染；操作时间短、费用低。缺点是不能对非导体物料去污，产生的废液量较多。

（王显德　罗上庚）

**推荐书目**

罗上庚，张振涛，张华. 核设施与辐射设施的退役. 北京：中国环境科学出版社，2010.

石显吉. 核设施去污技术. 北京：原子能出版社，1997.

**fangshexing sanbu zhuangzhi**

**放射性散布装置** （radiological dispersal device，RDD） 又称“脏弹”。是使用常规爆炸物或某种机械方式散布放射性物质、造成放射性物质弥散和污染的装置。

放射性散布装置不属于“核爆炸”装置，装置中的放射性物质不会增大爆炸的强度。一般而言，散布装置内的放射性物质的活度也不会很强。因为装置内装填的放射性物质的活度过大，就必须在有特殊屏蔽的设施内进行装配，在运输散布装置时也需要增加屏蔽物或增加屏蔽物的厚度，而使装置的总体积和总重量加大，容易暴露目标，难以达到恐怖分子实施恐怖活动的目的。

蓄意进行破坏的恐怖分子利用放射性散布装置的一个目的是制造爆炸事件，造成公众和社会的恐慌，使局部地区发生混乱，特别是在大型社会活动和人员密集的场所，会产生严重的后果。而恐怖分子利用这类装置的更主要目的是，爆炸会使装置内的放射性物质散布，在气流或风力作用下形成烟雾、灰尘而弥散，放射性污染的区域将会扩大。较大区域的放射性污染，必然要为去污花费大量资源，会对该地区的生活、生产产生更为严重的影响。虽然这种装置的爆炸威力不会很大，*放射性活度*也不会很强，一般对受害者的伤害不会十分严重，辐射照射也不会造成急性放射性损伤，但会对社会产生长期影响，对公众的心理伤害也会是长期的。

在处理疑似放射性散布装置爆炸事件时，第一响应人员首先应确定是否有放射性物质散布、受放射性污染的区域和污染程度，对污染区域进行布控，对可能受到伤害或污染的人员进行检查、救治、去污，并要对污染的区域进行去污。为此，可能作为第一响应人的人员有必要接受辐射防护、辐射检测甚至去污的培训。此外，还应为第一响应人员配备必要的辐射剂量监测、表面监测仪表等设备。

放射性散布装置的技术含量很低，制造成本也较低，可供使用的放射性物质也很广泛，较易被蓄意进行破坏的恐怖分子利用。各国的相关主管部门和各个核设施对核材料的控制是极其严格的，不经严格审查批准很难接触接近核材料，更难以获取。但一般而言，放射性散布装置可利用的放射性物质很广且较易于获得。其可使用偷盗的方式获取放射性物质和放射源、废弃的和失控的放射源，甚至各种放射性废物。其中可能包括工业探伤用的钴-60、铱-192，医用的碘-131、锝-99m、镭-226 以及铯-137 等。这些放射性物质主要可能来自工业探伤、石油测井、种子辐照、远距放射性治疗仪、血液辐照器等装置。

为防止恐怖分子利用放射性散布装置制造事国际组织以及包括我国在内的一些国家均采取了相应措施，加强了对核和辐射设施的安保工作，防止放射性物质和放射性源的流失。研发了适于反恐的设备，如车辆、人员通过的门式辐射监测仪，各种固定式、移动式和手持式辐射监测仪。

“放射性散布装置”是恐怖活动最猖獗时期提出的“假想武器”，迄今未见利用的正式报道。但考虑到恐怖分子会利用常人想象不到的任何手段进行破坏的可能性，事先对使用放射性散布装置做好预防工作还是必要的。

（冷瑞平　邓戈）

**fangshexing tongweisu**

**放射性同位素** （radioisotopes） 质子数相同、中子数不同的*放射性核素*。

1910 年英国化学家索迪（F.soddy）提出了同位素假说，即存在不同原子质量和放射性，但其他物理化学性质完全相同的核素。这些核素处在周期表的同一位置，因而命名为同位素。1912 年英国物理学家汤姆孙（J.J.Thomson）利用磁场作用制成了一种磁分离器（质谱仪的前身），用氖气进行实验时发现了原子质量为 20 和 22 的氖。这是第一次发现稳定同位素，即无放射性的同位素。自然界中的所有元素都由两种或两种以上同位素组成。自然界存在的同位素大部分是稳定同位素，而人工产生的同位素基本上是放射性同位素。

放射性同位素的原子核是不稳定的，会自发地转变成另一种原子核或另一种状态并伴随一些粒子或碎片的发射，这就是*核衰变*。放射性同位素进行核衰变时有多种形式，如α衰变、β衰变、γ衰变，还有自发裂变及发射中子、质子的蜕变过程。放射性同位素衰变的快慢，通常用半衰期来表示。半衰期即一定数量放射性同位素原子数目减少到其初始值一半时所需要的时间。半衰期越长，说明衰变得越慢；半衰期越短，说明衰变得越快。半衰期是放射性同位素的特征常数，不同的放射性同位素有不同的半衰期。实验发现，用加压、加热、加电磁场、机械运动等物理化学手段不能改变放射性同位素的半衰期。衰变是一个统计的过程，对于单个原子核的衰变，只能说它具有一定的衰变概率，而不能确切地确定它何时发生衰变。

放射性同位素技术是以核物理、放射化学和相关学科为理论基础，研究放射性同位素及其制品特性、制备、鉴定和应用的一门综合性高技术，包括制备技术和应用技术。制备技术指利用反应堆和加速器等手段，专门为获取放射性同位素及其制品的各种技术；应用技术指运用放射性同位素及其制品以取得实际应用的各种技术，包含信息获取技术、辐射效应应用技术、衰变能利用技术。因此，放射性同位素领域包括放射性同位素制备、放射源制备、放射性药物制备、标记化合物及放射免疫试剂等分支学科。

自放射性同位素发现以来，它的生产和应用一直得到科学家的重视。迄今为止，除了发现的天然放射性同位素外，还利用反应堆和加速器人工制造出 2 200 多种放射性同位素。放射性同位素在医学上的应用已有近一个世纪，主要用于疾病的诊断、治疗和放射免疫分析等，包括了锝-99m、碘-131、氟-18 和铱-192 等多种放射性核素；工业方面使用的有镅-241/铍测井中子源、铯-137γ源、氪-85 测厚仪等；农业领域采用钴-60 开展辐照育种及食品保鲜和灭菌；在一些特殊领域放射性同位素也发挥着不可替代的作用，如美国的深空探测器上携带的放射性同位素电池，其中主要的原料就是钚-238 放射性同位素；在分析方法和研究方法中，放射性同位素示踪等已经得到广泛应用。

放射性同位素技术的发展趋势是：放射性同位素制备向获得高活度、高纯度、高浓度的放射性同位素发展；放射源制备向高均匀性的大尺度放射源和微型放射源发展；放射性药物制备向靶向性好的高比活度放射性药物发展；标记化合物向高比活度定位标记产物发展。

（罗志福　刘森林）

**fangshexing tongweisu shiyanshi**

**放射性同位素实验室**　（radioisotope laboratory）　用来研究放射性同位素（含制品）的特性、制备、鉴定和应用技术开发的设施。相对其他实验室，放射性同位素实验室的最大特点在于必须采取措施防止实验室内放射性同位素对环境的污染和对人员的辐照损伤，必须根据所使用的放射性同位素的毒性、操作量、操作方式和试验工艺进行选址和设计。

根据用途，放射性同位素实验室可以分为放射性同位素制备实验室、放射性同位素分析实验室和放射性同位素应用研究实验室等。

**放射性同位素制备实验室**　主要研究人工制备放射性同位素的方式方法，研究内容包括制靶技术、辐照技术和高效的同位素分离技术。

**放射性同位素分析实验室**　主要用于对各种放射性同位素物理、化学性质进行分析测量。

**放射性同位素应用研究实验室**　主要是开展放射性同位素信息获取、辐射效应、衰变能利用等方面的应用技术研究，也是放射性同位素实验室中比较常见的。每种放射性同位素在应用到某个领域或成为产品之前都要在放射性同位素实验室内进行大量的实验，确保其使用的正当性，如医学上常用的碘-131、锝-99 m 和磷-32 等放射性同位素都是在实验室里经过大量的实验确定了所使用的活度和时机以达到最佳诊疗效果。

**分级** 我国规定将放射性同位素工作场所按照放射性核素日等效操作量从大到小分为甲、乙、丙三级，日等效操作量大于 $4\times10^9$ Bq 的为甲级，日等效操作量为 $2\times10^7$～$4\times10^9$ Bq 的为乙级，日等效操作量为豁免活度值以上至 $2\times10^7$ Bq 的为丙级。放射性核素的实际日操作量与该核素毒性组别修正因子的积除以操作方式与放射源状态修正因子所得的商为放射性核素日等效操作量。对甲级工作场所的选址、设计以及使用过程中的辐射防护要求最严格。

**防护控制** 放射性同位素实验室要严格按照国家标准要求进行辐射工作场所分区控制，通常将放射性同位素包容设备区、去污维修和放射性同位素转运区以及放射性同位素的直接操作和处理区等划为控制区，并根据需要划分控制子区。①甲级工作场所监督区入口处应设置卫生出入口，配备剂量监测仪表、淋浴以及存放专用工作服、个人衣物的地方；控制区入口处应设卫生闸门，配备检修用品、剂量仪表以及个人防护用品，并根据需要设去污用具。②乙级、丙级工作场所可根据需要适当简化。实验室的人流、物流通道设置和气流组织应与分区控制原则相一致，气流流向从放射性污染可能性小的方向流向污染可能性大的方向，并维持一定的压差。应设置放射性废物收集处理设施，配备相应的辐射监测设备，确保放射性物质的排放满足相关标准要求。

从放射性同位素实验室选址和设计开始就应考虑正常实验条件、可能的事故情况以及自然灾害的影响，尽量优化实验室布局和实验工艺流程，采用可靠性较高、稳定性较好的设备，减少实验过程中可能出现失误的环节。

（张海霞　潘自强）

**fangshexing wuran huanjing zhengzhi**

**放射性污染环境整治** （environmental remediation from radioactive contaminant） 受到了放射性物质污染的核设施（包括核试验）在核活动结束后，对场区和环境实施的放射性污染治理工程。

**内容和目标** 整治内容通常包括：对场区的放射性污染进行清除或管控；对污染场址进行整修或恢复；将清理出来的放射性污染物移走或安全处置。核污染环境整治常是一项时间跨度大、涉及面广、内容复杂的工程。环境整治的前提是要做好源项调查，尽量弄清场区放射性物质种类、数量、活度、分布及范围，编制详细的源项调查计划，包括场区核活动的运行史和事故史、分区、科学布点及取样等。整治过程应对产生的废物进行分类。环境整治会产生大量的废物，废物中的放射性活度浓度相差很大，如不加区分混在一起必定增加处理处置费用和延长环境整治的时间。

环境整治目标是在完成上述整治内容后原核设施及其环境的核污染降低的水平。鉴于环境整治后场址利用前景不同，环境整治目标也有所不同。拟开放场址的环境整治目标是场址残留放射性核素通过各种途径给公众造成的附加年有效剂量为 0.1～0.25 mSv。

**原则** ①安全第一。环境整治方案应是安全的，必须保证环境整治作业人员及公众所受到的照射低于国家规定的限值，同时也必须保持在可合理达到的尽量低的水平。整治方案还应重视一般工业操作的人身安全。国内外已颁布了许多相关法规标准，环境整治活动必须遵纪守法，有序实施。②废物最小化。尽量减少环境整治废物产生量和要求特殊处理的废物量（如 $\alpha$ 废物或超铀废物），使环境整治过程及整治后对环境影响最小和整治成本最小化。③整治方案优化。在选择环境整治方案时，应考虑费用-效益比。减少辐射危险，在带来效益的同时要增加工作量及经费支出。反之，经费的减少必然引起单位工作量所带来的效益下降。因而，整治方案的制订者须在减少危险和增加费用间做优化选择。

**计划** 内容包括：确定整治专用管理目标值、整治前源项调查、划定整治边界、确定整治技术及所用设备工具、制定监测方案、环境整治产生的废物管理、环境整治经费、辐射防护大纲及质量保证措施、实施进度等。其中比较重要的是制定符合特定场地的专用管理目标值和源项调查。专用管理目标值主要有：场址残留放射性水平限值、建筑物表面放射性残留标准、无害复用材料标准、极低放废物管理限值和填埋标准、必要时的补救行动水平、剂量管理限值等。

**方法** 环境整治的对象是污染土壤及地下水，整治方法非常多，目前常用的土壤清污方法有以下几种。

**铲除法** 用人工或大型机械将污染的土壤铲除，然后将污染土壤集中到预定的地方处置。机械铲除的优点是生产率高，缺点是难于铲除很薄的一层，致使污染土壤数量常常多于根据源项调查设计的数量；在施工过程中不可避免产生粉尘，为了降低气溶胶就可能增加防护代价；可能使土壤肥力减小。需要铲除土壤的厚度取决于污染的种类和性质、土壤种类（泥土、岩石、砾石）及发生污染与去除污染之间的时间间隔。如果污染是由气溶胶的降落引起的，那么污染深度只有几厘米；如果经过多年，由于降雨的渗透将放射性核素载带至较深层的区域，这时污染厚度可能达几米。我国某核基地退役时，污染土壤面积已超过 1.5 $km^2$，污染深度不等，土壤种类为砂土，污染核素为贫化铀。为了彻底清除污染砂土并使废物产生量最小，当时进行了非常仔细的源项调查，圈定了铲除范围和深度，采用机械铲除和人工铲除相结合的方法，铲除后的场地进行平整，种上植被。铲除后土壤中贫化铀的浓度为 0.2 Bq/g 土，为土壤残留管理目标值的 1/4。

**洗涤法** 对污染土壤进行清洗、溶解、过滤，达到净化的一种方法。美国开发的移动式土壤洗涤系统，可将土壤中的镭含量降至接近本底的 185 Bq/kg；还有的先将污染湿筛分或磨洗，通过调 pH 去除钚和镅。该法会产生二次废物，成本高。

**植物修复法** 在污染土壤上种植具有富集放射性核素能力的植物，如牧草、灌木类，向种植的植物提供充足的水分和营养，使其快速生长的同时，也将污染核素吸收进植物中，经过一定时间后将植物连根取出，达到土壤净化的效果。该法的关键是选择富集能力大的植物，其特点是所需时间长，优点是清污成本低。

**用有机聚合物凝胶体去污** 用喷洒器喷洒到土壤上形成一层凝胶膜，该膜可用清扫工具去除，如果落下灰或沉积物是刚生成的，那么可获得良好的去污比。该技术的主要优点是减少了再悬浮和风蚀，同时防止了放射性的流失。该技术可有效防止地下水、河流、小溪、湖泊被快速污染，在切尔诺贝利核电厂进行了试验。

**就地玻璃固化法** 利用焦耳加热原理处置污染场地的方法，是一种将处理和处置一体化的就地热处理技术。英国利用该法对南澳大利亚的核试验场地进行整治。该场地有被铀、钚污染的土壤、废金属等，验证表明绝大部分的铀和钚被保留在熔铸成的玻璃固化体中，并均匀分布，且浸出率很低。

（谷存礼　顾志杰）

**fangshexing wupin baozhuang**

**放射性物品包装**（radioactive material packaging）　完全封闭放射性内容物所必需的各种部件的组合体。通常包括一个或多个腔室、吸收材料、间隔构件、辐射屏蔽层和用于充气、排空、通风和减压的辅助装置，用于冷却、吸收机械冲击、装卸与拴系以及隔热的部件，以及构成货包整体的辅助器件。包装可以是箱、桶或类似的容器，也可以是货物集装箱、罐或散货集装箱。

**沿革** 放射性物品包装的产生应该随着物质的放射性发现和应用开始。在早期，放射性物品包装并没有受到重视。在美国，20 世纪七八十年代，放射性物品运输保持了非常好的安全记录。从 1974 年开始，放射性物品运输在美国成为一个有争议的问题，该争议始于纽约首席检察官试图禁止钚的空运——在纽约州北部西谷后处理厂分离的液态钚，用设计抵抗 9 m

下落的桶从纽约肯尼迪机场空运至欧洲。法庭和公众的关注导致议员向国会提出议案，1975年美国核管制委员会（NRC）的议案禁止钚的空运直到能经受空运撞击的容器设计和试验后。1976 年纽约市进一步禁止位于长岛的布鲁克海文国家实验室的乏燃料经过本市运输。从此，许多地方团体通过类似于纽约市的运输法令。在我国，从 1989 年《放射性物质安全运输规定》（GB 11806—1989）颁布以来，放射性物品运输包装管理走向规范化。

**功能** 放射性物品包装的作用主要是实现对放射性内容物的包容、屏蔽和保持次临界以及导出衰变热，防止放射性内容物对人员、环境和财产的危害，同时也要保护放射性内容物。

**质量** 放射性物品包装的质量从几十克至上百吨不等，大多数的包装质量小于几吨。例如，用于放射性药盒或示踪用放射性试剂的包装通常为纸板，质量只有几十克；用于核电厂乏燃料运输的包装通常包含较厚的钢、铅等屏蔽材料，有些质量达到上百吨。

**尺寸** 放射性物品包装外形尺寸主要由内容物的尺寸、屏蔽层厚度、散热器尺寸和减震器尺寸等所决定，从几厘米到几米不等，除例外货包外的其他货包的最小外部尺寸不得小于10 cm。

**材料** 放射性物品包装常由碳钢、铸铁、不锈钢、钨、贫铀、铅、混凝土、玻璃纤维、酚醛泡沫、塑料、聚乙烯、聚苯乙烯、玻璃、纸板、木材等材料中的一种或几种制造。金属材料主要用作结构材料和屏蔽射线，非金属材料主要用作减震材料、隔热和吸收中子。材料性能必须符合相关标准规定的环境条件下的使用要求，例如，材料在零下 40℃、环境温度和较高温度下必须具有适当的强度、延展性和韧性。材料的选择还要考虑包装材料之间、包装材料与内容物之间以及包装材料和内容物与清洗溶液、环境介质之间的化学、电化学反应。

**结构** 放射性物品包装通常采用多层结构，由于内容物的物理化学形态、射线性质、几何形态和尺寸不同，包装容器的结构形式有很大的差异，但通常包括内外壳层、中间屏蔽层、封盖、起吊装置、拴系装置、减震结构和防火结构等部件。图示为一种装运活度为20 000 Ci 辐照用密封放射源的运输包装容器结构图，该容器主要包括源容器和保护容器两部分。内壳、外壳通常由 0Cr18Ni9 不锈钢或16MnDR 低温合金钢制成。

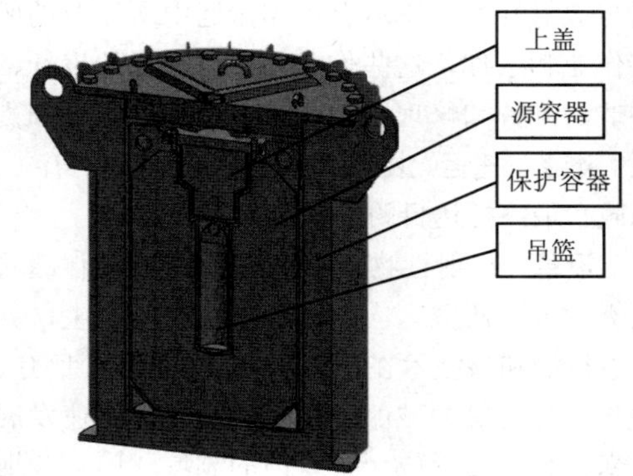


**一种辐照用密封放射源的运输包装容器结构示意图**

源容器的内壳与外壳之间灌注铅，主要起屏蔽作用。源容器上盖的主要作用是封闭容器中的放射源。吊篮用来盛装放射源。为使运输容器免受直接冲击，在容器顶部、底部和外侧装有减震器，在运输碰撞事故情况下，它能产生变形从而吸收能量，以保护本身及内装的放射源免遭损坏。在保护容器的内、外壳之间设置的隔热层既能防止事故条件下短时间内的火烧，又能导出放射源产生的衰变热。

**发展动向** 放射性物品包装是实现放射性物品运输安全的最重要保障措施。随着核能和核技术应用工业的快速发展，装运的放射性内容物的类型越来越多，内容物的活度越来越大，运输方式多样化，运输范围全球化，而且公众对环境保护的意识日益增强。放射性物品包装的类型正向多样化、专用化方向发展，而且已有百吨级以上的大型包装容器。近年来，国际上对放射性物品运输安全十分重视，对运输包装从设计、试验、使用、维修等方面进行了立法规范。用于放射性物品包装制造的材料研究、包装结构研究、包装失效研究等方面的研究工作也正在深入和广泛地进行。

（李国强　李晓青）

**fangshexing wupin yunshu**

**放射性物品运输**　（radioactive material transport）　用车、船、飞机等交通工具将放射性物品从一个地方搬运到另一个地方的活动。包括与放射性物品搬运有关和搬运中所涉及的所有作业和条件，这些作业包括包装物的设计、制造、维护和修理，以及放射性物品货物和货包的准备、托运、装载、运载（包括中途贮存）、卸载和最终抵达目的地时的接收。

**沿革**　放射性物品运输在20世纪初伴随着人类发现、研究、应用放射性核素而产生，并随着核能和核技术在军事、工业、农业、医疗、科研、教育等领域的广泛开发利用而迅速发展起来。目前已形成一个专门的领域，国际和地区相关组织以及各有核大国均成立了专门的机构管理放射性物品的运输，并有多个研究机构开展了放射性物品运输方法、运输装置、运输风险等方面的研究。

**运输量**　国际原子能机构（IAEA）、世界核运输研究所（WNTI）和世界核协会（WNA）估计近年来全世界每年有数千万次放射性物品运输活动，每次运输活动装运1件或多件货包。我国1955—1985年采用铁路和公路运输的放射性物品货包数量分别为44.5万件和213万件，德国1995—2006年每年运输的放射性货包大约有70万件，美国1971—1999年共进行了1.80亿次放射性物品装运活动（每次运输活动装运1件或多件货包）。运输的放射性物品中绝大部分是含有少量放射性的放射性药品、标记化合物、放射性样品、试验和计量放射源、残留放射性废物和含有放射性的日用品，乏燃料和高放废物等含有大量放射性的物品的运输只占很小的份额。近几年随着核能和核技术应用的快速发展，年运输放射性物品货包的数量也在快速增加。

**运输方式**　主要包括陆运（公路运输和铁路运输）、航空运输和水运（海洋和内陆水）。放射性物品运输可以使用这几种运输方式中的一种或几种运输方式的任意组合方式。载客汽车、载货汽车、载客列车、载货列车、客机、货机、客轮、货轮都可以用于运输放射性物品。运输工具的选择要考虑多种因素，其中保障运输安全是要考虑的一项主要因素，通常主要根据运输的货包的指数、重量和外形尺寸来选择运输工具。

**运输工况**　分为运输的例行情况、正常情况和事故情况。①运输的例行情况下无任何偶然事件的发生。②运输的正常情况下可能发生一些小事件，但发生的小事件不会影响货包的使用，在采取纠正措施后，运输活动可以继续进行。这类小事件包括文件错误、标志和标牌张贴错误、货包装卸过程中的碰撞、货包遭受降水和小型落体打击等。③运输事故情况包括运输的货包受到其他车辆或物体的撞击和挤压、持续高温火烧、水体浸没等。

**运输管理**　联合国在《关于危险货物运输的建议书》[ST/SG/ AC.10/1/Rev.14（Vol.I）—2005]中将放射性物品列为第七类危险货物，联合国经济和社会危险货物运输专家理事委员会、国际原子能机构、国际海事组织、国际民用航空组织、国际航空运输协会、万国邮政联盟、国际铁路运输中心办公室、联合国欧洲经济委员会内陆运输委员会、莱茵河航运中心委员会等国际和地区组织先后制定了关于第七类危险货物或放射性物品运输的规章制度。美国、俄罗斯、中国等各有核国家也制定了本国的关于放射性物品运输的法规或引用国际规章作为本国法规管理放射性物品运输，例如，我国的《放射性物品运输安全管理条例》（国务院令第562号）和《放射性物质安全运输规程》（GB 11806—2004）。放射性物品的运输除需要遵守发货人、收货人所在国以及途经国（空运仅“飞越”除外）关于放射性物品运输的管理规定外，还应该遵守关于适用的其他类危险物品运输的管理规定，同时还应遵守国际和其他组织制定的危险物品运输管理规定。我国放射性物品运输采用分类管理办法，根据放射性物品可能产生的辐射后果的严重性，分为一类、二类和三类放射性物品。我国放射性物品运输容器的设计、制造、使用和放射性物品装运活动采用许可证制度。

**环境影响** 放射性物品运输可能的影响包括对人员、财产和环境的辐射照射和污染。运输正常情况下的环境影响主要是有限的外照射辐射。运输事故情况下的环境影响除外照射辐射外，还可能包括释放的放射性物质造成的地面污染、空气污染和水体污染等，以及释放的放射性物质可能被人及动物直接摄入或间接摄入而产生内照射辐射。

放射性物品运输事故通常只产生有限的辐射照射和局部的污染。英国“放射性物品运输事件数据库”中记录了1958—2000年的43年间发生的708起事故和事件信息，并根据国际核与辐射事件分级表分类，大多数事件（680起）分类为0级或1级，分类为2级、3级、4级的只占总数的约4%，最严重的分类为4级的事故只有1起。根据不完全统计，我国核技术应用领域在1988—1998年共发生13起放射性物品运输事故，事故造成57人受照，事故受照集体剂量0.91人·Sv。

放射性物品运输对环境的影响除了要考虑运输物品的放射性和易裂变性质外，还要考虑运输的放射性物品的化学毒性、爆炸性、腐蚀性、易燃性、自燃性等其他性质可能对环境造成的影响，以及事故条件下释放的放射性物品与环境介质发生反应生成的其他有毒有害物品可能对环境造成的影响。

**应急准备和响应** 放射性物品运输应急准备和响应可有效减缓事故的发生或缓解事故后果。发货人和承运人应考虑到所有可合理预见的事件，制定应急响应预案和执行程序，并通过定期和不定期的应急演习以保持应急响应能力。运输期间一旦发生事故或事件应采取切实可行的措施减轻对人类生命和健康以及对环境造成的任何后果，且应考虑除放射性危害外由运输的内容物与环境之间的反应而产生的其他危险物质。通过考虑放射性物品的运输系统、运输的货包类型、运输事故的后果，明确编制应急预案和进行应急准备的依据。为按照事故的严重程度及其后果以逐级响应的方式执行应急预案，应该制订出清楚的、切实可行的执行程序。应急预案与响应应该针对放射性物品运输事故主要是人员损伤和有限的环境污染后果。应急响应主要的行动有事故报告、受伤人员救治、控制火灾及运输事故共有的其他后果、评价和控制辐射危害、防止放射性污染扩散、控制交通、人员去污和附近区域去污、恢复安全状态。放射性物品运输事故响应的责任一般由发货人、承运人、国家和地方政府部门分担，但其主要责任归属发货人和承运人。

放射性物品运输是一项重要的核实践活动，是核能开发和核技术应用的重要条件保障。

（李国强　潘苏）

**fangshexing wupin yunshu anbao**

**放射性物品运输安保** （security in transport of radioactive material） 针对核材料或其他放射性物品及相关设备在运输中的偷窃、蓄意破坏、未经授权接近、非法转让或其他恶意行为所采取的预防、侦查以及响应等系统性措施。

2002年联合国颁布《关于危险货物运输的建议书》（《示范条例》），根据该建议中新的安保要求，国际原子能机构（IAEA）启动了有关放射性物质运输安保相关问题的研究。2008年IAEA出版了核安保系列丛书第9号《放射性物质运输安保》。该丛书主要内容包括安保措施的设计和评价、放射性物质运输安保级别的建立以及放射性物质运输中安保措施指南等。

**职责** 政府和运营者对放射性物品的运输安保都负有各自的职责。

**政府的职责** 主要是建立适宜的放射性物品运输的安保制度，以及基本的法规要求和管理架构。包括：指派独立的监管机构，负责执行、应用、检查和强化立法和监管框架；设定个人、社会和环境的辐射防护目标；制定和完善安保监管目标和标准；确定威胁类型并提出设计和评价运输安保体系的相关要求；定期回顾性审查安保体系，以发展安保技术；建立放射性物品运输安保计划批准程序；建立定期检查程序；制定鉴别、分级和控制敏感信息的政策；报告安保事件，包括丢失事件；建立惩处制度；培育和提升安保文化。

**运营者的职责** 所有运营者（包括托运人、承运人、收货人）及其相关人员，应当在运输中执行和维护符合法规要求的安保措施；所有运营者应当有运输中恶意行为意外事件应对计划，包括对丢失或失窃放射性物品的回收措施；对于国际运输，运营者应当了解不同国家的安保要求并明确安保责任的划分。

**安保措施设计和评价** 在放射性物品运输中采取的防范恶意行为的安保措施，应当基于与运输物品相关的威胁评价以及其可能的潜在后果。放射性物品运输安保方面应考虑的基本要素，包括：政府的职责、法律和监管框架、监管机构、运输中各方（托运人、承运人、收货人等）的职责、安保文化、威胁评价、分级方法、纵深防御、管理体系、应急预案以及保密等内容。

放射性物品运输安保体系的设计，还应当考虑放射性物品的数量和物理、化学形态、运输模式、运输货包、防范措施及恢复能力等因素。安保措施应当能够：①阻止、侦测和延迟在运输中或者中转站临时贮存时出现的未经授权的接近或其他恶意行为；②识别实际可能的恶意行为，并有利于尽可能快地采取适当应对和恢复行动；③恢复遭受损坏、失窃或丢失的放射性物质，并使之重新处于安保控制之下；④缓减偷窃、蓄意破坏或其他恶意行为造成的辐射后果，并使其影响尽可能小。

放射性物品运输安保措施有效性的评价，主要应考虑运输安排、路线、通行安全、信息安全和执行程序等。有效安保体系的一些良好实践：①如果可能的话，应避免运输计划的规律性；②计划运输路线的选择应避开存在自然灾害、不稳定因素或已知有威胁的区域；运输Ⅰ、Ⅱ类放射源，应有备用路线；③总的运输时间、中转次数及中转的等待时间要尽量短；④运输信息和安保措施要限制知晓人群；⑤除非绝对必要，必须有人看管含放射性物品的货包和运输工具；⑥运输及运输途中临时贮存安保措施应与使用和贮存时采取安保措施一致。评价运输中的安保措施是否满足要求，有两种方法：一是基于规定的评价，要求遵照法规中相关的管理和技术规定，通常根据单个货包的活度水平建立不同的运输安保级别；二是基于效能的评价，要求能够防范设计基准威胁。两种评价方法可以单独使用，也可结合使用。

**放射性物品运输安保级别的建立** 放射性物品运输安保分为三个级别：缜密管理实践、基本安保级别和加强型安保级别。放射性物品运输安保级别的建立主要是基于单个货包的，其活度阈值参考了《放射源分类办法》确定危险源所用的 $D$ 值和《放射性物质运输规程》确定放射性物质含量的 $A$ 值。增强型安保级别的活度阈值为：对于《放射源分类办法》中核素表中有的放射源或其他形式放射性物质，阈值为单个货包 $10D$（Ⅰ、Ⅱ类放射源）；而对所有其他放射性核素（下表中的核素除外），阈值为单个货包 $3\,000A_2$。对于混合核素，必须满足：

$$\sum_i \frac{A_i}{T_i} < 1$$

式中，$A_i$ 是单个货包中核素 $i$ 的活度，TBq；$T_i$ 是核素 $i$ 的运输安保阈值，TBq。

**一些重要核素的安保放射性活度阈值**

| 核素 | 运输安保阈值/TBq | 核素 | 运输安保阈值/TBq |
|---|---|---|---|
| $^{241}$Am | 0.6 | $^{103}$Pd | 900 |
| $^{198}$Au | 2 | $^{147}$Pm | 400 |
| $^{109}$Cd | 200 | $^{210}$Po | 0.6 |
| $^{252}$Cf | 0.2 | $^{238}$Pu | 0.6 |
| $^{244}$Cm | 0.5 | $^{239}$Pu | 0.6 |
| $^{57}$Co | 7 | $^{226}$Ra | 0.4 |
| $^{60}$Co | 0.3 | $^{106}$Ru | 3 |
| $^{137}$Cs | 1 | $^{75}$Se | 2 |

| 核素 | 运输安保阈值/TBq | 核素 | 运输安保阈值/TBq |
|---|---|---|---|
| $^{55}$Fe | 8 000 | $^{90}$Sr | 10 |
| $^{68}$Ge | 7 | $^{204}$Te | 200 |
| $^{153}$Gd | 10 | $^{170}$Tm | 200 |
| $^{192}$Ir | 0.8 | $^{169}$Yb | 3 |
| $^{63}$Ni | 600 | | |

对于很小量的放射性物品（如例外货包）、低比活度物质（LSA-I）和低水平污染物（SCO-I）等，除了满足基本安全标准规定和正常商业活动要求外，不需要采取额外的安保措施。这类属于缜密管理实践。在上述两者之间的放射性物质运输采用基本安保级别。运输物品放射性含量与采取的安保级别之间的关系见下图。

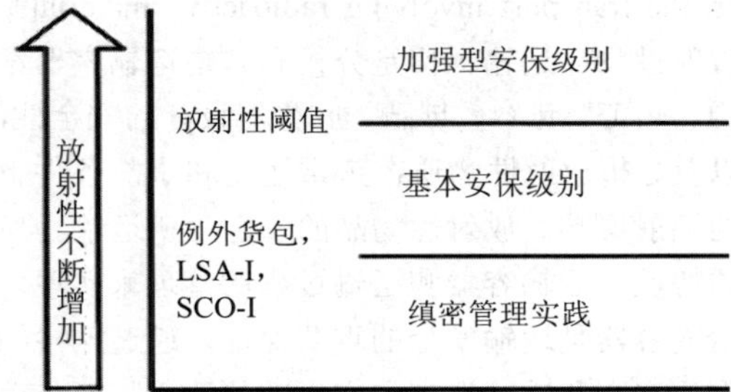


运输物品放射性含量与采取的安保级别之间的关系

**放射性物品运输安保措施指南** 当进行复杂的威胁评价存在困难时，可采用下述的安保措施。下述不同级别安保措施仅为示范条例，是最基本的要求。

**缜密管理实践** 仅需满足基本安全标准和正常商业活动的控制要求。是基本安保级别。①一般安保规定：核安全监管机构应对运营提供管理范围内的相关威胁信息，运营者在制定安保措施时应考虑所有的威胁，如果是国际运输，还应考虑相关国家的信息。所有运营者及其他相关人员采取的安保措施应与其职责和安保级别匹配。运输应当取得许可。当放射性物质在中转站临时贮存时，安保措施应与使用和贮存时采取的措施一致。运营者应当有对货包状态进行审视检查的程序。对于开放性运输方式，应当由合格人员在到达和卸车时对锁扣和密封进行校验；无论是否增加额外的安保措施，都应评价是否能够防范设计基准威胁。②基本安保意识培训。③个人身份校验。④运输工具安保校验。⑤文字资料。⑥安保相关信息交流。⑦人员信誉度。

**加强型安保级别** 除满足基本安保级别的要求外，还应当包括：①承运人和托运人身份证明。②安保计划。对于加强型安保级别，所有运营者及其他有关人员应当制订一个安保计划并严格执行，必要时，应进行定期评价。安保计划至少应包括以下要素且在威胁级别和运输方案变化时应进行适时修订：第一，明确相关人员的职责并授权；第二，规定运输的放射性物质货包或类型的记录保持；第三，审视现行的操作并进行薄弱环节评价，包括联运模式、中转贮存、处理等；第四，明确缓解安保风险的各项措施、设备和资源；第五，提供有效的程序和设备，以供即时报告安保相关事件；第六，制定评价、测试、周期性回顾和更新安保计划的程序；第七，制定保证安保计划信息安全的措施；第八，制定限制运输敏感信息发布范围的措施；第九，制定监视运输位置的措施；第十，明确运输各交接点的责任。③事先通告。④巡迹装备。⑤运输工具的通讯。⑥公路、铁路、岛屿水路运输的附加条款。

此外，国际运输还应遵照其他包括海运、空运及危险货物运输的相关规定。启运国负责制定安保措施，同时，应满足中转国和接收国的安保要求。

**我国放射性物品运输安保** 我国在 1987 年 6 月 15 日由国务院发布了《中华人民共和国核材料管制条例》，规定对核材料实行许可证制度，国家核安全局负责民用核材料管制的监督。第十三条规定了核材料运输必须遵守国家的有关规定，托运单位负责与有关部门制定运输保卫方案。1990 年 9 月 25 日，由国家核安全局会同有关部门联合发布了《中华人民共和国核材料管制条例实施细则》，细则参照 IAEA 的文件对核材料实物保护等级划分进行了规定，我国核材料实物保护等级略严于 IAEA 的要求，同时对运输一、

二、三级实物保护等级核材料的安全保卫措施分别给出了规定，包括运输保卫方案的制订和批准、押运方式、押运人员的职责及突发事件处置方案等。2008 年 9 月 1 日，国家核安全局根据《中华人民共和国核材料管制条例实施细则》发布了核安全导则《核材料运输实物保护》，目的是对核材料运输实物保护提供指导，并作为监督和审评核材料运输实物保护的依据，导则的发布完善了我国核材料运输实物保护的法规，其内容主要包括核材料运输实物保护基本原则、应具备的能力、组织机构核职责、核材料运输实物保护方案的内容及各级别核材料运输实物保护要求，规定了核材料运输实物保护应遵守以下原则：①与设计基准威胁和核材料实物保护级别相适应；②注重人防，加强技防，使探测、延迟、响应相协调；③纵深防御、及早探知、快速响应、最大限度减少损失；④尽量减少核材料转运次数和时间，尽量缩短运输总时间；⑤确保参与核材料运输的成员可靠和胜任；⑥运输方案的保密；⑦尽量采用不固定的运输日程和事先确定备用运输路线。导则中对一、二、三级核材料的公路运输、铁路运输、水路运输和航空运输的方式分别提出了具体的实物保护要求。《核材料运输实物保护》的制定参照了 IAEA 指导文件和他国经验，但相比 IAEA 的文件具有较强的可操作性，是我国核材料运输实物保护系统设计、审评和监督的重要指导文件。

随着我国核电事业和核技术利用的发展，国务院相继发布了《放射性同位素与射线装置安全和防护条例》（2005 年 9 月 14 日）、《放射性物品运输安全管理条例》（2009 年 9 月 14 日）、《放射性废物安全管理条例》（2011 年 12 月 20 日），这三个条例中分别对放射源、放射性物品运输活动、放射性废物处理处置的实物保护提出要求，明确了实物保护的安全监管职责。在《放射性物品运输安全管理条例》中对放射性物品进行了分类，其相关运输活动的实物保护措施在申请文件中描述。根据上述条例，国家核安全局即将发布《放射源实物保护》和《放射性物品运输核与辐射安全分析报告的标准格式与内容》核安全导则，对具体的实物保护措施提出要求。

我国放射性物品运输的安保从法律法规建设、监管职责、系统设计、应急响应及评价等已达到 IAEA 的要求，目前国内有关部门和单位正在开展核安全立法、放射性物品运输活动实物保护设计基准威胁的研究制定、放射性物品相关设备安保要求研究、实物保护技术研发及核安保文化普及等工作，以进一步加强和完善我国放射性物品及相关设备运输的安保工作。（陈凌　刘天舒　刘森林）

**fangshexing wupin yunshu anquan pingjia**

**放射性物品运输安全评价**（safety assessment on the transport involving radioactive material）放射性物品运输评价是分析和确定运输容器结构、热工、包容、屏蔽、临界等设计的安全性，以及分析放射性物质在正常运输和事故条件下的辐射影响。放射性物品的安全由所运输物质的特性、运输容器和运输过程的管理来实现。运输容器是运输安全的重要保证，通过严格的设计审查和试验达到国家标准的要求。而与运输过程相关的方案制定、线路选择、车辆及货包的固定、辐射测量等活动也都与安全目标的实现紧密相关。因此，运输安全评价包括对运输容器的安全评价和运输过程的安全评价，形成的文件都要经过国家核安全监管机构的独立审查。

放射性物品运输过程的安全评价常用两种方法，一种是确定论的方法，另一种是概率论的方法。近十多年来国际原子能机构一直推动概率安全分析技术在放射性物质安全运输领域的应用。目前概率论方法在我国也已经得到使用。

**放射性物品运输容器安全评价的内容**　包括：①结构评价，包括结构设计的描述、材料、制造和检验、货包的一般要求、货包的提升和拴系准则、正常运输条件、运输事故条件、钚空运的事故条件、易裂变材料货包空运的事故条件、特殊形式、燃料棒等。②热评价，包括热工设计描述、材料性能和部件的技术规范、正常运输条件下的热评价、运输事故条件下的热评价等。③包容，包括包容系统的描述、正常运输条件下的包容、运输事故条件下的包容、B 型货包的泄漏率试验等。④屏蔽评价，包括屏蔽设计的描述、源项描述、屏蔽模型、屏蔽评价等。⑤临界评价，包括核临界安全设计描述、易裂变材料特性参数、一般问题、单个货包评价、正常运输条件下货包阵列评价、运输事故条件下货包阵列评价、易裂变材料空运货包、基准评价等。⑥货包操作规程，包括装载、卸载规程、空货包的运输准备、其他规程等。⑦验收试验和维修大纲。

**放射性物品运输安全评价的内容** 主要包括：①待运放射性物质的物理、化学、结构等基本特性。②运输货包的安全特征，包括货包各部件强度计算，货包经受正常和事故运输条件能力的试验或分析结果，货包屏蔽、热影响和核临界分析结果，以及货包的固定。③正常运输条件及其辐射影响分析。④运输时潜在照射（可能的事故）产生的可能性及其性质和大小，为预防或控制这些辐射可以采取的措施。应考虑两种情况：一是事故条件可能导致容器屏蔽能力的降低，二是可能导致放射性物质释放的情况。⑤可能导致包容系统失效（单一失效或组合失效）的各种途径，以及这类失效可能造成的后果。⑥运输路况和环境条件可能影响安全的情况，及其可能的后果。⑦与防护和安全有关的操作失误可能造成的后果。

不管是对正常运输情况，还是对事故工况的安全评价，都应对工作人员和公众的辐射影响进行分析。

**正常运输情况下的辐射影响** 正常运输情况下的辐射影响分析首先应根据货包特性，分析运输时对公众和工作人员的照射途径，如乏燃料公路正常运输过程照射途径主要是γ和中子的外照射。然后估算各类人员（机组人员、运输工具检修人员、装卸作业人员、警卫和押运人员、安全监测和检查人员、运输线上周围居民和行人、运输线上旅行人员、停运期间周围居民等）所受的剂量。

辐射剂量评价模式以剂量作为离开源的距离的函数，同时根据照射距离与货包特征尺寸的不同情况分别用点源公式或线源公式来计算。当与源（货包）的距离大于货包特征尺寸的两倍以上的时候，可将货包考虑为点源。如果照射距离小于货包特征尺寸的两倍，则假定为线源几何条件。

**放射性物品运输事故分析及其辐射影响** 运输事故景象根据铁路运输和公路运输两种方式有所不同。铁路运输事故根据其发生的情景可分为三类，即碰撞事故、脱轨事故以及其他事故。公路运输事故是指汽车事故，汽车事故按其发生的情景可分为碰撞事故和无碰撞事故两类。

在运输事故中，车厢或货包会与其周围环境之间发生相互作用。通过对事故景象进行分析，可将这种相互作用分为火烧、撞击、挤压、贯穿和浸没五种。事故中货包所承受的载荷可以是这五种作用的不同的结合。对于一个给定的放射性物质运输货包，它在事故期间所受到的机械载荷和热载荷将决定货包包装损坏的类型程度和放射性内容物可能的释放量。事故严重程度的类别通常是由故障树分析推导出来的，一般将引起特定货包响应的所有运输事故归为一个运输事故类别。概括地，可把放射性物品运输事故分为三类：①屏蔽没有损坏并且内容物没有释放的事故；②屏蔽损坏但包容性完好、内容物没有释放的事故；③包容完好性丧失使内容物释放的事故。

放射性物品运输事故概率分析可应用故障树方法。通过分析各个基本事件发生的概率，即可得出各个事故类别或事故序列的发生概率。

放射性物品运输事故的后果取决于很多因素，包括货包的类型、内容物的物理和化学形态、毒性、数量、运输方式和影响货包完整性的事故严重程度，事故地点和气象条件也会影响事故后果的严重程度。

对于可能发生放射性物质弥散的事故，分析过程包括三个步骤：源项分析；照射途径确定；事故后果计算。

如果需要给出风险结果，在计算得到各个事故序列的后果后，与概率相结合可得出放射

性物品运输的辐射风险。　（张建岗　潘苏）

**fangshexing wupin yunshu shigu yingji**

**放射性物品运输事故应急**　(emergency response for transport accidents involving radioactive material)　由放射性物品运输事故引起的辐射应急。放射性物品的托运人应当制定核与辐射事故应急方案，在放射性物品运输中采取有效的辐射防护和安全保卫措施，并对放射性物品运输中的核与辐射安全负责。托运人应当编制核与辐射事故应急响应指南，承运人、托运人应按核与辐射事故应急响应指南的要求，做好事故应急工作。托运人和承运人应当对直接从事放射性物品运输的工作人员进行运输安全和应急响应知识的培训，并进行考核。

**放射性物品运输应急计划和准备**　对于一类放射性物品的运输，托运人和承运人都应有应急计划和执行程序。

应急计划（或预案）应该能应对各种可能的事故，其内容应包括：①编制应急计划的依据；②有关部门和组织的责任、能力和义务；③向关键组织和人员报警及通知的程序；④向公众预报、信息沟通和提出建议的方法；⑤用辐射剂量和污染水平表示的干预水平；⑥防护行动；⑦响应行动的程序；⑧资源和医疗救治支援；⑨培训、演习和更新计划的程序。

应按照应急计划的要求做好应急准备，包括组织、人员、通信、监测等物资设备的准备，培训与演习等。应急计划和准备的依据（也是基础），由以下几方面来确定：①放射性物品的运输系统；②运输的货包类型；③运输线路状况及运输事故可能的后果。

为了确定编制应急计划的依据，应该对运输系统进行评价，并且确定采用的主要线路。为识别事故多发地区和事故影响较大的地点，应当利用交通事故的统计资料；然后，在考虑运输事故可能后果的基础上确定编制计划的依据。

原则上，放射性物品运输事故的应急计划与其他危险货物运输事故应急计划是类同的。只要有可能，最可取的办法是把放射性物品运输事故应急响应计划与其他危险货物运输事故的应急响应计划统一考虑制订，同时应该注意到放射性物品运输事故可能引起辐射照射以及事故地点附近的放射性污染，需要建立特殊的处理方法。

环境保护、公安、消防部门要提供应急响应支持。如果发生事故，在事故现场的承运人员（例如车辆机组人员）或公众成员应快速报告公安、环保等有关部门。

执行应急计划时，考虑到事故及其后果的严重程度，应该制订出清楚的、切实可行的程序。应预先设立干预水平，当超出这些干预水平时，则需要采取相应的防护措施。应考虑到，运输事故可能发生在交通不便的偏远地区和需要控制公众出入的居民区，因此应使应急计划在不利的地形和恶劣的气候条件下也能执行。

**放射性物品运输事故的应急响应**　放射性物品运输事故后果主要是可能引起人员损伤和有限的环境污染，应急响应应针对这些特点，在响应放射性物品运输事故时，根据不同的后果采取不同的响应行动。主要的应急响应行动有：①对受损伤的人员采取援救行动，并提供紧急医学援助；②控制火灾及运输事故共有的其他后果；③查明运输容器或货包的完整性是否受损，评估可能的辐射危害；④开展辐射监测；⑤恢复货包以及运输车辆；⑥控制交通，确定污染区的边界，建立隔离边界；⑦工作人员去污；⑧对附近区域进行去污，使其恢复到安全状态。

应该注意，一旦完成上述响应行动，放射源得到控制，应急状态可以终止。但是，货包的复原、毗邻区域的去污和恢复，是下一步采取的必要步骤。　（张建岗　陈竹舟）

**fangshexing zhongliu**

**放射性肿瘤**　(radiogenic neoplasm)　致电离辐射照射后发生的并与所受的照射有流行病学病因联系的恶性肿瘤。放射性肿瘤的发生是致电离辐射照射主要的随机效应。放射性肿瘤发病率不高。

放射性肿瘤遵从致癌效应不存在剂量阈值的线性无阈假设，其严重程度与剂量大小无关，但效应发生的概率随着剂量的增大而升高。

**辐射流行病学证据** 人类辐射致癌的危险估计主要来自日本广岛、长崎原子弹爆炸幸存者、工矿企业和医疗受照群体的医学追踪研究，联合国原子辐射影响科学委员会（UNSCEAR）和国际放射防护委员会（ICRP）逐年、系统地评估了人体各脏器辐射致癌的流行病学成果，并以此作为制订辐射防护标准的生物学基础。

人类流行病学资料告诉我们，中等和高剂量致电离辐射的照射可致人类白血病和多种实体癌，如氡及子体诱发的肺癌，过量外照射诱发的女性乳腺癌和肺癌，镭（镭-224，镭-226）诱发的骨和关节肿瘤，钍（钍-232）诱发的肝胆系统肿瘤，放射性碘诱发的儿童甲状腺癌等。

辐射导致的癌症危险不仅与辐射种类、受照剂量和剂量率的大小有关，不同组织和器官的辐射致癌敏感性也是不一样的，还与受照者受照时年龄（青年人更为敏感，胎儿尤其敏感）、性别、遗传易感性等因素有关。下图是日本广岛、长崎原子弹爆炸幸存者死亡率的数据，显示了辐射照射对身体13个部位诱发癌症敏感性的差异。

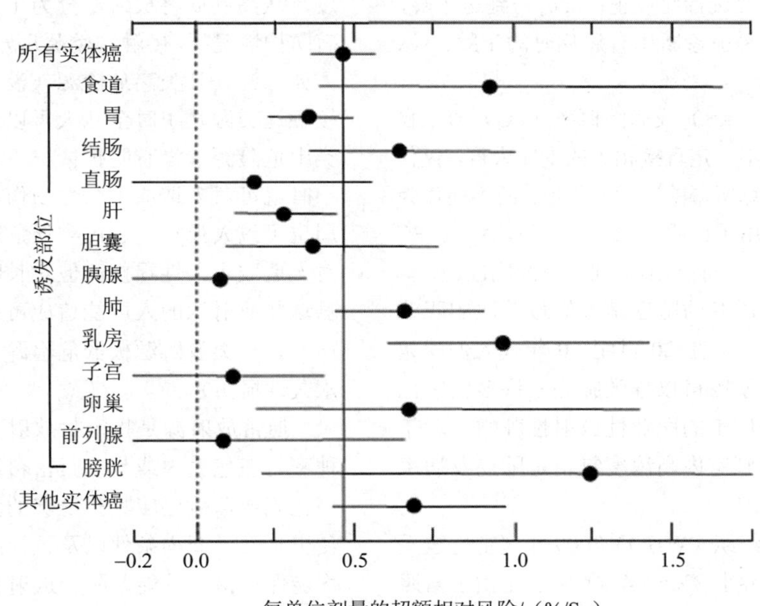


**辐射照射对身体各部位诱发癌症敏感性**

至今人们尚不清楚辐射致癌的机理。一般来说，致癌过程始于身体器官中单个“类似干细胞”的细胞DNA（脱氧核糖核酸）中一个或多个基因发生变异。辐射可同时损伤DNA双螺旋的两个分支，这往往会产生复杂的化学变化，令DNA分子受损。这种复杂的DNA损伤很难得到正确修复，即便是低剂量辐射时也存在着DNA变异可能（概率极小，但并非不存在），因而增加了癌症诱发风险。

**个体病因判断** 辐射诱发的癌症并无特异性，那么，哪些人所患的哪种癌症是放射性肿瘤呢？美国国家卫生研究院1985年发表了用于估算辐射致癌病因概率（PC）的报告。PC是某人所患某种癌症的全部病因中归因于辐射的份额，为自辐射引起某种癌症的超额相对危险与全部相对危险的比值，PC=$R/(1+R)$。

以辐射致癌病因概率（PC/AS）作为判定放射性肿瘤的依据。我国也引入了这一方法，并制订了相应标准。

PC ＝（RR–1）/RR ＝ ERR/（1+ERR）

ERR 是几个量的简单乘积，即

$$\mathrm{ERR} = F(\mathrm{dose}) \cdot T(\mathrm{age_e}, Y) \cdot K(\mathrm{age_e}, \mathrm{age_a}, \mathrm{sex})$$

式中，$F$ 为描述 ERR 与辐射品质和剂量 dose 的函数关系；$T$ 为描述 ERR 与照后经历时间的函数关系；$K$ 为描述 ERR 与受照时年龄、到达年龄和性别的函数关系；$\mathrm{age_e}$ 为受照时年龄；$Y$ 为受到辐射照射后，癌症在 $Y$ 年后被诊断的相对可能性。如果癌症是在辐射致癌潜伏期之内诊断出的，需要进行此校正；$\mathrm{age_a}$ 为到达年龄，实际应用中就是被诊断患有癌症时的年龄；sex 为性别。

归因份额（AS）或病因概率（PC）值来自于与指定个体不一定直接相关的受照人群，仅代表通过人群计算所得的数学期望值，而不能作为精确的概率应用于已明确患癌的个体，AS 或 PC 值不可避免地存在着不确定性和不准确性。

氡及子体诱发的肺癌是人们最关注的职业性放射性肿瘤。早在 20 世纪 30 年代人们就认识到矿工高氡暴露可以导致肺癌。许多国家已将肺癌列为铀矿工的职业性放射性肿瘤。近年来，人们注意到室内高浓度氡也是肺癌发病率增高的一个原因。

世界卫生组织（WHO）2009 年《室内氡手册》估计，世界上 3%～14%的肺癌是由于氡照射引发的。WHO 对欧洲 13 个地区（7 148 个病例）、北美 7 个地区（3 662 个病例）和中国 2 个（沈阳市和陇东地区，1 050 个病例）地区共计 11 860 例肺癌的病例对照研究进行了综合分析，提供了居室氡致肺癌的最重要流行病学证据。肺癌危险随着室内氡浓度的升高而成比例地增加，室内氡浓度升高 100 Bq/m$^3$，肺癌相对危险增加 11%（95%量倍区间：5%～19%）（UNSCEAR 2006 年报告书）。

（白光　潘自强）

**fangsheyuan**

**放射源**　（radioactive source）　用天然或人工放射性核素制成的、以发射某种辐射为特征的制品。

**分类**　放射源的种类很多，分类方法也是多种多样。根据放射源的辐射类型可分为α源、$\beta^-$源、$\beta^+$源（正电子源）、γ源、低能光子源、中子源和放射性同位素热源等；按照放射源的封装方式可分为密封放射源和非密封放射源；根据放射源的几何形状可分为点源、线源、面源、柱源和圆环源等；根据用途可分为医疗用源、工业辐照用源和工业过程控制仪表用源等；根据放射源对人体健康和环境的潜在危害程度，从高到低将放射源分为 I 类极危险源（没有防护情况下，接触这类源几分钟到 1 h 就可致人死亡）、II 类高危险源（没有防护情况下，接触这类源几小时至几天可以致人死亡）、III 类中危险源（没有防护情况下，接触这类源几小时就可对人造成永久性损伤，接触几天至几周也可致人死亡）、Ⅳ类低危险源（基本不会对人造成永久性损伤，但对长时间、近距离接触这些放射源的人可能造成可恢复的临时性损伤）、V 类放射源极低危险源（不会对人造成永久性损伤）。

通常放射源是指密封放射源；密封源是一种密封在包壳内或具有紧密覆盖层的放射源，该包壳或覆盖层应具有足够的强度使源在设计使用条件、磨损条件以及预计的事件条件下，均能保持密封性能，防止放射性物质的泄漏。《中华人民共和国放射性同位素与射线装置安全和防护条例》（国务院 449 号令）将密封源称为“放射源”。

**参数**　表征放射源的基本参数有辐射类型、活度及辐射强度、源的使用期限、源的外形结构和尺寸等。衡量放射源强弱的主要参数是放射源的活度（单位时间内发生衰变的原子核数），规定的国际单位为贝可（Bq，1 Bq=1/s）。但有时活度也采用居里（Ci，1 Ci=3.7×10$^{10}$ Bq）为单位，1 Ci 定义最初来自 1 g 的镭每秒钟衰变的数目。

**放射源的制备** 放射源的制备主要包括制备放射源用的核素、制备技术两个方面。

**制备放射源用的核素** 可用于制备放射源的核素很多，主要有钚-238、钚-239、镅-241（制备α源）、氚、镍-63、氪-85、锶-90、钷-147（$\beta^-$源）、钠-22、锗-68/镓-68（$\beta^+$源）、钴-60、铯-137、铱-192（γ源）、铁-55、钴-57、镉-109、镅-241（低能光子源）、钋-210/铍、钚-238/铍、镅-241/铍、锎-252（中子源）和锶-90、钋-210、钚-238（放射性同位素热源）。选择制备放射源的核素时，应该考虑以下原则：①发射的射线种类和能量适用，不需要的辐射类型不影响使用；②核素的半衰期较长；③比活度较高；④适宜形成稳定的物理化学形态或稳定的化合物；⑤容易获得，价格可接受。

**制备技术** 放射源的制备技术主要是源芯制备和包壳密封技术。源芯制备主要围绕电化学、硅酸盐和粉末冶金等工艺开展研究；包壳密封则研究各种焊接方法，包括氩弧焊、电子束焊、激光焊等。

**质量控制** 为保证安全，需根据使用工况和意外事故的环境条件制订放射源的安全级别要求，然后据此进行放射源的质量控制（包括原型源试验和制品的泄漏和污染检查以及活度、粒子发射率等），明确使用期限。

**应用** α源主要用于烟雾报警器、静电消除器和放射性避雷器等。β源主要用于β活度测量参考源、静电消除器、测厚仪、皮肤敷贴器以及气相色谱仪的电子捕获器等，一般是平面源或薄片源。γ源是使用最多的放射源，广泛应用于工业、农业、医疗和科研等各个部门，如辐照装置、核仪表、无损探伤和医疗照射等。钴-60辐照装置中使用的都是Ⅰ类圆柱型钴源，使用场所有专门的屏蔽要求。低能光子源是利用发射低能γ射线和X射线的放射性核素，或利用β射线与靶物质产生的韧致辐射制成的源，主要用于厚度计、密度计和X射线荧光分析仪等。中子源在石油天然气和煤田勘探、活化分析、中子照相、水分测量和核反应堆启动等领域有广泛的应用。放射性同位素热源用于寒冷环境的供热和制作同位素电池。

放射源从生产、运输、使用、存贮到回收过程都应注意辐射防护。凡已经采取了安全保护措施，正常使用的放射源，对人体是基本没有危害的。对于Ⅰ到Ⅴ类放射源，我国实行放射源类似“身份证”的编码管理制度，每个放射源都有一个唯一编码，从编码中可以了解到放射源的生产厂家（或国家）、放射源中的放射性核素、出厂日期和放射源类别等信息。

（罗志福　刘华）

**fangsheyuan anbao**

## 放射源安保 （security of radioactive source）

针对放射源的偷盗、破坏、非法转移或其他恶意行为所采取的预防、侦查以及响应等系统性措施。放射源指的是永久密封在密封容器中或紧密黏合在一起呈固态且没有免除监管控制的放射性物质，但不包括为处置目的而封装的物质或研究堆和动力堆核燃料循环中的核材料。

**安保职责** 有效的国家监管控制体系是放射源安全和安保的基础。对于放射源安保，国家相关部门应对国内存在的犯罪动机、意图以及潜在实施能力等进行威胁评价。国家应采取适当的措施，确保在国境内或在其管理控制下的放射源在整个寿期内的安全保卫，包括安全文化的提升、相关教育培训等。国家相关部门还负责建立有效的立法和监管体系作为实施放射源安保措施的依据。放射源的安保有赖于国家多个部门，比如监管机构、科研团体、民政部、国防部、交通部、外交部、海关、执法以及其他安保相关等部门的合作。国家有责任确保这些部门具备相应的资金、人力以及技术等资源。

营运单位对满足相关要求的放射源安保措施的实施和维护承担主要责任，即便其依据相关规定委托了第三方实施安保行动。营运单位应按照规定的时间间隔对放射源进行核查，确保它们处于正常状态。如监管机构要求，营运单位还应在威胁评价的基础上对放射源开展脆弱性评估。营运单位负责提升本单位的安保文化，并建立与安保等级相称的管理系统。

**安保系统设计** 放射源安保系统由营运单位的安保专业人员负责设计，以遏制敌方实施恶意行为，或通过侦查、迟滞和响应使敌方成功实施恶意行为的可能性最小化。安保系统通常应包括遏制、侦查、迟滞、响应及安保管理等基本功能。①遏制。指通过一定的方法或措施，使有动机的敌方放弃尝试。遏制功能通常通过一定方式的信息沟通，使敌方确信由于安保措施的存在，成功实施恶意行为变得非常困难，或即使成功也会带来敌方不可接受的后果来实现。②侦查。指通过各种手段，如视频监视、电子感应、衡算控制等，发现以擅自转移或破坏放射源为目的的侵入或尝试侵入。③迟滞。指通过设置障碍或其他物理方法，阻碍敌方擅自接触、转移或破坏放射源的尝试。迟滞措施的有效性，决定了在侦查之后敌方转移或破坏放射源所需要的时间。④响应。指在侦查到侵入之后采取的防止敌方成功实施行动，或减轻潜在后果的行动。这些行动通常由安保或执法人员或其他国家部门实施，比如在恶意行为实施或尝试实施过程中制止敌方行动，防止敌方利用放射源造成有害后果，回取放射源，降低后果严重性等。⑤安保管理。包括为放射源安保提供充足的资金和人力资源，为放射源安保以及有效的安保文化制定政策、程序、计划及记录，同时还包括制定敏感信息控制的程序。放射源安全和安保措施都以保护人类健康和环境为目的，安全措施和安保措施在设计过程中就应相互协调，做到功能互不损害。

**安保等级** 根据对当前放射源的威胁评价结果、放射源的吸引力、放射源特性（放射源特征的差异导致它们受犯罪分子青睐的程度不同）以及擅自转移或破坏将带来的潜在后果的分析与综合判断，针对放射源的安保建立了基于分级方案基础上的分级安保体系。该分级方案可确保具有最严重后果的放射源受到最高程度的安全保卫。基于分级方案采取相应的安保措施，以确保放射源受到足够保护，同时，也确保这些措施正当地使用或不会消耗不必要的社会成本。安保系统的等级可分为A、B和C三个水平，其中A代表了最高程度的安保要求。每一安保水平对应不同的安保目标。水平A的目标是防止放射源的擅自转移；水平B的目标是使放射源被擅自转移的可能性降到最低；水平C的目标是降低放射源被擅自转移的可能性。针对放射源的恶意行为包括擅自转移以及放射源的破坏。如果安保措施能实现上述针对擅自转移的目标，那么也将有效降低成功破坏放射源的可能性，而且具备侦查破坏行为并做出响应的能力。针对不同的安保等级，安保系统各项功能应该实现的目标见表1。放射源分类和安保等级的对应关系见表2。通常，在确定该对应关系时还应考虑放射源的吸引力，放射源贮存状态、脆弱性和威胁水平、可移动性等其他因素，并根据情况作适当调整。

**表1 安保等级和安保功能目标**

| 安保功能 | 安保目标 | | |
|---|---|---|---|
| | 水平A | 水平B | 水平C |
| 侦察 | 对任何擅自接触安保区域/放射源位置的行动进行快速侦察 | | |
| 侦察 | 对任何尝试擅自转移放射源的行动，包括内部工作人员进行快速侦察 | 对任何尝试擅自转移放射源的行动进行侦察 | 对擅自转移放射源的行动进行侦察 |
| 侦察 | 对侦察结果进行快速评估 | | |
| 侦察 | 迅速与响应人员进行沟通 | | |
| 侦察 | 具备通过核查发现放射源丢失的手段 | | |
| 迟滞 | 在侦察后提供充分的迟滞功能使响应人员能制止擅自转移 | 提供迟滞功能，使擅自转移的可能性降至最低 | 提供迟滞功能，降低擅自转移的可能性 |
| 响应 | 在有效报警后迅速开展响应，有充足的资源以制止并防止擅自转移 | 迅速启动响应，以制止擅自转移 | 在放射源被擅自转移事件发生时，采取适当行动 |
| 安保管理 | 对放射源所在地进行接触控制，使其只能被已授权人员接触 | | |
| 安保管理 | 确保已授权人员是可信赖的 | | |
| 安保管理 | 鉴别并保护敏感信息 | | |
| 安保管理 | 制定安保计划 | | |
| 安保管理 | 确保具备管理安保应急计划中包含的安保事件的能力 | | |
| 安保管理 | 制定安保事件报告系统 | | |

**表 2 常见放射源的建议安保等级**

| 类别 | 放射源 | $A/D$ | 安保水平 |
|---|---|---|---|
| 1 | 放射性同位素电源<br>辐照装置<br>远距放射治疗<br>伽玛刀 | $A/D \geqslant 1\,000$ | A |
| 2 | 工业 CT<br>高/中剂量率近距治疗 | $1\,000 > A/D \geqslant 10$ | B |
| 3 | 使用高活度放射源的工业仪表<br>测井仪 | $10 > A/D \geqslant 1$ | C |
| 4 | 低剂量率近距治疗<br>使用低活度放射源的工业仪表<br>骨密度仪<br>静电消除仪 | $1 > A/D \geqslant 0.01$ | 采用基本安全标准（参见辐射防护标准）中规定的措施 |
| 5 | X 射线荧光装置<br>穆斯堡尔谱仪<br>正电子发射计算机断层扫描成像<br>校验源 | $0.01 > A/D$，且 $A >$ 豁免水平 | |

注：$A$ 为放射源活度值；$D$ 为活度水平值，高于该水平的放射源被认为是“危险的”，如果不进行安全可靠的管理，极有可能造成严重健康效应。$D$ 值在国际原子能机构相关标准中给出。

**安保措施** 对应不同安保功能所能采取的具体安保措施，参见核安保措施。

**放射源运输安保** 放射源运输过程中涉及的安保问题，参见放射性物质运输安保。

**我国放射源安保管理** 目前主要依据《中华人民共和国放射性污染防治法》、《中华人民共和国放射性同位素与射线装置安全和防护条例》（国务院令第 449 号）、《放射性同位素与射线装置安全和防护管理办法》（环境保护部令第 18 号）以及《放射性同位素与射线装置安全许可管理办法》（国家环境保护总局令第 31 号）执行。国务院第 449 号令规定，国务院环境保护主管部门对全国放射性同位素的安全和防护工作实施统一监督管理，我国的放射源管理采用辐射安全许可制度。这些法规条例在对放射源安全与防护问题做出规定的同时，也涉及了对放射源防盗、防丢失以及建立安保制度等放射源安保方面的要求。辐射安全许可证的持有单位根据本单位生产、销售或使用放射源的现状制定具体的放射源安保计划，并接受监管单位的监督管理。

我国放射源安保虽然受到越来越多的重视，但是从技术（含审管）的角度开展放射源安保相关研究仍然较少，也尚未制定专门针对放射源安保的规定。

（骆志平　刘森林）

**《Fangsheyuan Anquan He Bao'an Xingwei Zhunze》**

**《放射源安全和保安行为准则》**（Code of Conduct on the Safety and Security of Radioactive Sources）　2003 年 9 月 8 日经国际原子能机构理事会核准，于 2004 年 1 月在维也纳出版，反映 2003 年 3 月在维也纳举行的“放射源保安国际会议”（霍夫堡会议）得出的重要结论，鼓励所有国家加强对放射源的控制的行为准则。中国是 88 个就执行该行为准则进行书面承诺的国家之一。

**范围和对象** 《放射源安全和保安行为准则》适用于所有可能对个人、社会和环境造成重要危险的放射源，不适用于《核材料实物保护公约》规定的核材料，但含有钚-239 的源除外。行为准则亦不适用于军事计划或国防计划范围内的放射源。

**沿革** 国际原子能机构（IAEA）理事会根据 1998 年在法国第戎举行的“辐射源安全和放射性物质保安国际会议”的倡议，于 1999 年 9 月核准了编制《放射源安全和保安行为准则》（简称《行为准则》）的行动计划。2000 年 9 月的 IAEA 理事会大会提请各国对此关注，2000 年 12 月布宜诺斯艾利斯会议（即“主管辐射源安全和放射性物质保安国家监管机构国际会议”）对此表示支持，并呼吁各国采用和执行《行为准则》。

2001 年，IAEA 根据布宜诺斯艾利斯会议成果，要求秘书处与各国就执行《行为准则》的经验进行磋商。2002 年 8 月《行为准则》的修订草案提交至IAEA理事会，经2003年3月技术和法律专家第二次会议讨论修改，确定了其适用范围，并增加了鼓励统一国家放射源登记格式以及有关放射源进出口控制条款的内容。2003年7月技术和法律专家第三次会议就《行为准则》的范围及文本达成了一致，并于2003年9月获得IAEA理事会核准，取代IAEA 2001年3月印发的版本（IAEA/CODEOC/2001）。IAEA理事会于2004年9月核准了《放射源安全和保安行为准则：放射源的进口和出口导则》（简称《进出口导则》），并于2005年印发，以期协调各国放射源的进口和出口政策，促进《行为准则》的落实。

**主要条款和内容** 《行为准则》实施的目标是各国通过制订、统一和执行相关政策、法律和条例并通过促进国际合作：①实现和保持放射源的高水平安全和保安；②防止擅自接触或损坏放射源以及防止放射源丢失、被盗或被擅自转移，以便减少这类源所产生的有害事故性照射或恶意使用这类源对个人、社会或环境造成损害的可能性；③减轻或尽量减少涉及放射源的任何事故或恶意行为的放射后果。

为达到上述目标，《行为准则》要求各国应采取适当的必要措施，包括建立管理和保护放射源的有效的国家法律和监管控制系统，确保受权管理放射源的人员能获得并使用辐射防护、安全和保安方面的适当设施和服务，确保为其监管机构、执法机构及其应急服务组织工作人员进行适当培训的充分安排。建立国家放射源登记簿，并尽可能用统一格式进行。当发现存在潜在跨境影响的放射源的任何失控或任何事件时，应确保通过IAEA已建立的机制或其他机制，迅速向可能受到影响的国家提供相关信息。在安全和保安的情况下，鼓励有可能的重复使用或收贮后回取再利用放射源。涉及1类、2类放射源进口或出口（及其运输）的国家应采取适当的措施，以保持与本《行为准则》的要求吻合。

《行为准则》还对设计人员、制造商（放射源制造商和含放射源装置的制造商）、供应商、用户以及废源管理人员强调，他们对放射源安全和保安负有责任，他们应根据涉及一个或多个放射源的失控和恶意行为的可能性，就其境内使用各种源的威胁进行薄弱环节评估。各国应对根据本《行为准则》的规定从另一国以秘密方式得到的，或通过参与为实施本《行为准则》而开展的活动以秘密方式得到的任何信息严格保密，并不应要求任一国家提供按照其国家法律不准提供的或将危及该国安全的任何信息。

**作用和意义** 采用和执行《行为准则》使许多国家有关放射源的监管基础结构和能力取得了显著改进，放射源的安保状况得以持续改进。许多国家已经向国际原子能机构秘书处提供了国家联络点，并通过执行《进出口导则》的有关进出口控制和批准程序，保证了1类源和2类源的进口和出口安全可控，使进口国和出口国双方受益。《行为准则》推进了IAEA、各国持续提供国际、多边和双边支持，促进国家间信息交流，促进各国政府、许可证持有者和国际组织之间的密切合作，促进和加强了各国对具有高度危险的放射源的保安。

2005年12月，我国将《行为准则》和《进出口导则》的有关要求纳入《放射性同位素与射线装置安全和防护条例》（国务院令第449号），以法律形式规范了放射源安全和保安工作，强化了辐射安全监管体系和能力建设，提升了放射源的固有安全性，有效降低了放射源失控等涉源事件的发生，确保了环境的辐射安全持续好转。（刘怡刚　刘华）

**fangshe zhenduan**

**放射诊断** （diagnostic radiology） 利用X射线特有的穿透作用、荧光效应和感光效应，将X射线穿过人体，根据成像介质上显示出的人体组织或器官明暗层次不同的影像判断疾病的技术手段。

**沿革** 1895年11月8日，德国物理学家伦琴发现了X射线，同年12月22日他拍摄了其夫人左手的X射线影像，开创了揭示人类活体内部结构之先河；1896年，X射线始用于临床医学；1972 年，首台 X 射线计算机断层摄影装置（CT）应用于临床；1977 年，美国学者努德尔曼（Nudelman）获得首张数字减影血管造影（DSA）影像；20 世纪 90 年代以来，相继出现了计算机 X 射线摄影（CR）和数字 X 射线摄影（DR）等技术。一个多世纪以来，X 射线诊断技术迅速发展并广泛普及，为人类的疾病诊断和健康保健立下了丰功伟绩，并且始终占据电离辐射医学应用各个分支中的最大份额。

**分类** 放射诊断设备主要分为摄影用 X 射线机、透视用 X 射线机、心血管造影 X 射线机、CT 机以及专用 X 射线机。专用 X 射线机包括：乳腺摄影 X 射线机、床边 X 射线机、牙科 X 射线机、口腔全景摄影 X 射线机及手术 X 射线机等。从成像技术上可分为模拟 X 射线成像和数字 X 射线成像。模拟 X 射线成像是指传统的 X 射线透视荧屏影像和 X 射线胶片影像即增感屏-胶片成像系统；数字 X 射线成像是指计算机 X 射线成像技术，包括：计算机 X 射线摄影（CR）系统、直接放射成像技术（DR）等。传统 X 射线荧光屏透视系统因患者及操作人员接受剂量较大，且图像质量差已逐渐淘汰。

**放射诊断剂量** 放射诊断程序中患者剂量测量的主要目的是建立和使用指导水平（诊断参考水平）以及风险评估比较。在后一种情况下，应当评估有一定危险的器官和组织的平均剂量。剂量测量另一个目的是评估设备性能，这项工作是放射诊断设备质量保证过程的一部分。

我国“九五”期间全国医疗照射水平调查研究表明，同一投照部位，不同的医院、不同的省份而致受检者的剂量差别很大，就全国平均而言，七种 X 射线诊断所致受检者体表入射剂量（ESD，mGy/次）分别是：门诊胸透 3.04±2.41；群检胸透 2.49±1.38；胸片正位 0.36±0.14；胸片侧位 1.53±1.18；腰椎正位 5.78±1.82；腰椎侧位 12.51±4.16；腰骶关节 5.40±3.10。另外，还对五种 X 射线摄影检查致受检者 ESD 进行了典型调查，结果显示：腹部摄影为 3.23 mGy，乳腺摄影为 3.57 mGy，髋关节摄影为 2.70 mGy，骨盆摄影为 1.70 mGy，四肢摄影为 0.39 mGy。CT 检查导致的器官剂量范围在 10～100 mGy，一般低于发生确定性效应的水平。当前 X 射线透视机产生的入射空气比释动能率在正常模式下通常小于 0.02 Gy/min，但高剂量率模式可以达到 0.2 Gy/min。长时间使用这些机器，尤其是在高剂量率模式下，可能会导致高于 2 Gy 的皮肤剂量，即达到或超过某些确定性效应的阈值水平。

**放射诊断的防护** 医疗照射已成为最大的人工电离辐射照射来源。因此在电离辐射医学应用日益广泛普及的同时，必须充分重视并切实加强其相应的放射防护与安全工作，并有必要进行 X 射线成像系统的优化设计和合理应用，进行剂量测量和评价进而控制剂量。从而实现趋利避害，促进电离辐射医学应用更好地造福人类。放射防护三原则之一的剂量限值不适用于放射诊断的防护，取而代之的是剂量参考水平。因此，放射诊断防护强调的是正当性判断、防护与安全的最优化和剂量参考水平。对患者防护必须给予足够的重视，在满足诊断的同时，应尽可能减小照射野，严格控制照射剂量，对邻近照射野的敏感器官和组织进行屏蔽防护。（徐辉　岳保荣）

**fangshe zhiliao**

**放射治疗** （radiation therapy） 利用放射线，如放射性同位素产生的α、β、γ射线和各类射线装置，如 X 射线治疗机或加速器产生的 X 射线、电子束、质子束及其他粒子束等治疗肿瘤的一种方法。

**沿革** 放射治疗主要治疗的是恶性肿瘤。放射治疗已有百余年历史，X 射线和镭被发现之后，很快就用于临床治疗恶性肿瘤。随着放射物理学和放射生物学的不断进步，放射治疗临床有了突飞猛进的发展，已成为治疗恶性肿瘤的主要手段之一。有 60%～70%的恶性肿瘤患者在治疗过程中需要采用放射治疗手段，近 40%患者通过放射治疗得以治愈或获得长期生存的机会。此外，放射治疗还广泛用于治疗 70 余种良性病。

**分类** 放射治疗分为远距离治疗和近距离治疗两类。

**远距离治疗** 基本方法是应用 X 射线或密封放射性源产生的射线在体外照射一定的靶区。用于远距离放射治疗的设备有 X 射线治疗机、钴-60 治疗机和医用加速器等。①X 射线治疗机可分为浅层 X 射线治疗机（60～160 kV）和深部 X 射线治疗机（180～400 kV），缺点是射线能量低，穿透力弱，皮肤剂量高，现已较少使用。②钴-60 治疗机因γ射线穿透能力强，深部剂量高，适用于深部肿瘤的治疗，但钴-60 的半衰期相对比较短，需要不断地换源和加装源，因而，近年来钴-60 治疗机也在不断地减少。③医用加速器有电子感应加速器和电子直线加速器。电子感应加速器输出的是高能电子束；电子直线加速器输出的是高能电子束和高能 X 射线。目前用得最多的是电子直线加速器。

**近距离治疗** 基本方法是将一个或一组密封的放射源置于或植入患者体内、天然腔内或组织间，通过其释放的γ射线或β射线照射数厘米的组织。其特点是表面剂量高，对周边正常组织损伤相对较小。治疗技术涉及腔管、组织间和术中、敷贴等方式。这一技术发展很快，可使大量无法手术治疗、外照射又难以控制或复发的病人获得再次治疗的机会，并有良好疗效，而正常组织不受到过量照射，可避免严重并发症，成为放射治疗技术上的一个焦点。后装技术就是其中一种。“后装”是后装法腔内放射治疗的简称，具体是将空的放射源容器妥善而准确地放置在人体的天然管腔内，然后在安全防护条件下用手操作或用遥控装置自隔室将放射源通过管道推送到病人管腔内的放射源容器内，对病人进行腔内治疗。过去，后装技术仅能用于妇科肿瘤治疗，最新一代后装治疗机已把这种技术扩大应用到鼻咽、直肠、膀胱、胰腺、前列腺等肿瘤的治疗。放射性粒子植入治疗，是在 X 射线透视或 CT 引导下，将放射性粒子均匀地植入肿瘤周围，通过放射性粒子持续释放出射线来达到最大限度地杀死肿瘤细胞的作用而达到治疗的目的。

**放射治疗的控制** 放射治疗中，防护患者的途径主要是以下三种：①给肿瘤区域精确的治疗剂量，提高肿瘤的局部控制率。在对不同类型和不同分期的肿瘤进行放射治疗时，偏离最佳剂量一定范围会对预后产生影响，因此必须保证靶区剂量的精确性。②定位准确。定位不准将会造成肿瘤靶区得不到有效照射，癌细胞得不到有效控制，而不应该受到照射的正常组织受到了照射。③在治疗过程中，尽量减小肿瘤靶体积相邻周围正常组织和器官受照，减少正常组织受照引起的放射并发症。严重的照射剂量不准和定位不准，都会造成事故性照射。国际放射防护委员会第 86 号出版物提出，25% 到 50%的超剂量照射，在 5 年内由于并发症造成的死亡概率为 50%；大于 25%的欠剂量照射，在治疗过程中一直未被发现，癌症变成晚期，没有机会进行补救治疗。5%到 25%的超剂量照射，将增加非生命危险的并发症，降低癌症控制率。因此，准确的剂量、准确的定位和有效保护照射靶区周围正常组织对放射治疗中患者防护至关重要。（徐辉　岳保荣）

feinengdong anquan

## 非能动安全

**非能动安全** （passive safety） 采用自然界物质固有的规律，如物质的重力、流体的自然对流、扩散、蒸发、冷凝等非能动原理来达到核设施安全目的的一种安全理念或设计技术。

**非能动部件与能动部件的比较** 能动部件是指依靠触发、机械运动或动力源等外部输入而行使功能的部件。能动部件的故障模式主要表现为泵、风机等该启动而未启动，该停止而未停止；阀门该关闭而未关闭，该打开而未打开；以及泵、风机等的运行故障。非能动部件是指不依靠触发、机械运动或动力源等外部输入而行使功能的部件。严格说来，泵、风机、阀门属于能动部件，容器、管道、滤网等属于非能动部件。逆止阀可视作一种特殊的非能动部件，但实际上在逆止阀内也存在运动部件，也可能存在由于卡涩、断轴等原因导致失效的机理，因此在可靠性要求很高的安全系统设计中，把逆止阀看作能动部件。一般认为，与能动部件相比，非能动部件具有更高的可靠性。基于能动部件和非能动部件可靠性方面的差异，核安全法规对两者在单一故障准则应用中做了区别对待。在安全系统设计中，要求考虑能动部件的单一故障，而不要求考虑非能动部件的单一故障。根据确定论事故分析规则，在事故初期应考虑一个能动部件的单一故障，而不用考虑非能动部件的单一故障；在事故后期可考虑能动部件的单一故障，也可考虑非能动部件的单一故障（如泄漏等）。

**非能动安全系统与能动安全系统的比较**

**能动安全系统**　在传统核电厂安全系统设计中，较多采用能动安全系统，如应急堆芯冷却系统、安全壳喷淋系统、辅助给水系统等，依靠泵、阀门等来履行安全功能。能动安全系统的弱点在于：①能动部件结构比较复杂，自身容易发生故障；②需要外部动力供应，包括交、直流电源和压缩空气等；③需要其他支持系统，如设备冷却水系统、通风空调等系统运行；④在安全系统运行过程中需要为实现特定功能而改变泵运行状态和阀门的开关状态。因此能动安全系统存在较多的故障模式，如启动故障、运行故障等，可靠性相对较低。

**非能动安全系统**　仅依靠重力、自然循环和蓄压工作。非能动安全技术与传统设计采用的能动安全技术不同，非能动安全系统投运时只要相关阀门的一次性切换，不需要机械设备的连续运转，不需要外部动力供应，也不需要支持系统。因此相对于传统的能动安全系统而言，非能动安全系统设计简单、部件少、可靠性高。

**非能动安全系统与非能动部件的差异**　非能动安全系统主要由非能动部件组成，但非能动系统中也可能存在一些特定的能动部件，如爆破阀等，用于实现在正常运行时对非能动安全功能的隔离；此外，非能动安全系统往往需要信号触发，用于实现非能动系统的投运等。因此，在核电厂安全系统设计中，可以不考虑非能动部件的单一故障，但需针对非能动安全系统设计作适当考虑，使其满足单一故障准则要求。

**非能动安全技术在核电厂安全系统中的应用**　非能动安全技术在以前核电厂局部安全系统中已有应用，如压水堆安全注射系统中的安注箱，当反应堆冷却剂系统压力达到低于箱内氮气压力时动作，将箱内硼水注入堆芯；又如采用非能动氢气复合器来控制安全壳内氢气浓度等。随着核安全技术的发展，在一些先进核电厂设计中已用非能动安全技术完全替代了传统的能动安全技术，如在 AP1000 核电厂中，设计了非能动余热排出系统、非能动安全注入系统、非能动安全壳冷却系统和非能动主控室应急可居留系统等。AP1000 通过采用非能动安全系统，简化了核电厂安全系统配置，减少了安全支持系统，减少了安全级设备，提高了核电厂安全系统的可靠性水平。

**非能动安全系统的可靠性及不确定性**　需要注意，由于非能动安全系统，特别是自然循环系统的驱动力较小，可能会受到外部因素（如震动、加热）或内部因素（如各系统之间相互影响、管道流体阻力变化、不可凝气体积聚）影响导致系统性能下降或丧失，因此需要关注非能动安全系统在某些特定条件下的不确定性和可靠性问题。

**针对非能动安全系统的不确定性而采取的措施**　为降低非能动安全系统不确定性对核电厂安全的影响，避免安全相关的非能动安全系统的不必要触发，在 AP1000 设计中提出了纵深防御系统/投资保护系统的理念，并在设计可靠性保证大纲和运行可靠性保证大纲中对其可用性和可靠性提出了相应的管理要求。纵深防御系统/投资保护系统包括正常余热排出系统、启动给水系统、主控室加热通风空调系统等，以及相应的支持系统，包括设备冷却水系统、厂用水系统以及电厂备用柴油发电机等。它们不属于安全系统，但在事故情况下若其可用将维持运行或自动启动，以限制事故的发展，缓解事故后果，纵深防御系统的运行将可能避免非能动安全系统的触发和投运。

**非能动安全系统实例**　在 AP1000 设计中，

采用了下列4种非能动安全系统。

**非能动余热排出系统** 在反应堆冷却剂系统中，引入一个非能动热交换器（见图1），在蒸汽发生器二次侧热阱功能丧失或其他需要非能动余热排出系统投运时，水流自然循环到该热交换器，将热量带到安全壳内的换料水箱。

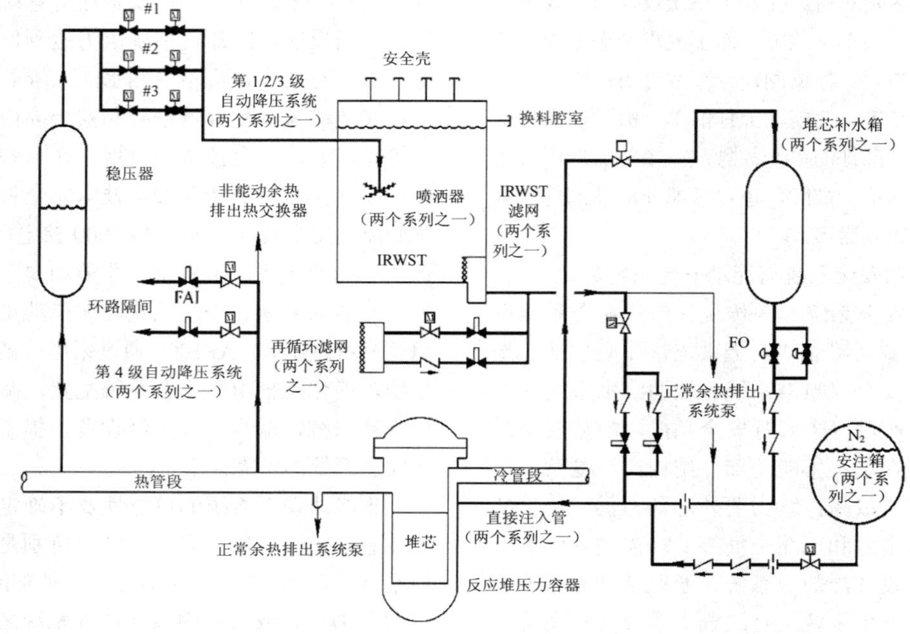


**图1 AP1000非能动安全注入系统**

**非能动安全注入系统** 由两台堆芯补水箱、两台安注箱和一台位于安全壳内的换料水箱组成，连接于反应堆压力容器直接注入管线并充满硼水，依靠重力或蓄压向反应堆压力容器注入硼水。此外，自动卸压系统和安全壳地坑及地坑滤网也是非能动安全注入系统的重要组成部分，在必要时可通过打开自动卸压阀降低反应堆冷却剂系统压力以实现安注箱和内置换料水箱的非能动安全注入功能，在内置换料水箱排空之后，安全壳地坑作为非能动安全注入系统水源实现长期的安注再循环功能（见图1）。

**非能动安全壳冷却系统** 以钢安全壳作为传热界面。在安全壳屏蔽厂房顶部设有水箱，水依靠重力喷洒到安全壳顶部外侧，沿安全壳外壁向下流动形成水膜，吸收从安全壳内传导出来的热量，产生的蒸汽从屏蔽厂房顶部中间开口排出，剩下的水通过屏蔽厂房底部的排水沟排出。同时，将空气从安全壳屏蔽厂房顶部引入，沿导流板外侧流经安全壳屏蔽厂房底部，再沿导流板内侧和安全壳外壁向上流动，同蒸汽一起排出。当安全壳内压或温度过高时，系统自动投运，保证安全壳不受损坏（见图2）。

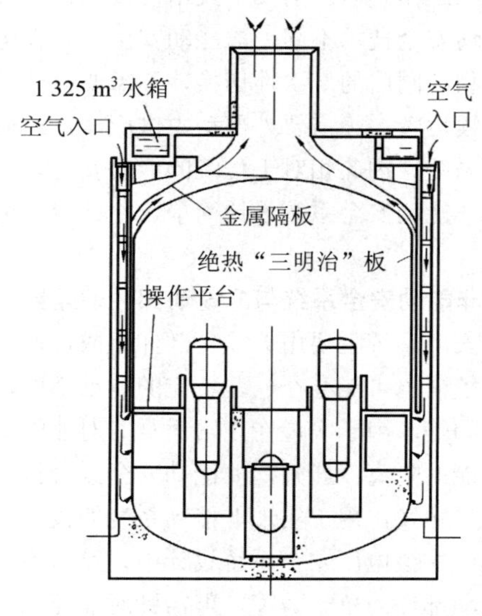


**图2 AP1000非能动安全壳冷却系统**

**非能动主控制室可居留系统** 在主控制室送风管内出现“高-高”粒子信号、碘的放射性超标信号或丧失交流电源超过 10 min 的条件下，为保持主控制室环境适合人员居留，非能动主控制室可居留系统将自动启动，从应急压缩空气储存罐向主控制室输送干净空气，并维持主控制室一定的正压。

（柴国旱　林诚格）

**推荐书目**

顾军. AP1000 核电厂系统与设备. 北京：原子能出版社，2010.

林诚格. 非能动安全先进核电厂 AP1000. 北京：原子能出版社，2008.

**feirenlei wuzhong fushe xiaoying**

## 非人类物种辐射效应（effects of ionizing radiation on non-human species）

核设施释放的放射性物质进入环境后，通过各种途径对生物及其种群（除人以外的动、植物和微生物）产生的辐射效应。非人类物种指除人类以外的生物和种群。

非人类物种辐射效应可以划分为几大类：早期死亡、发病率增加、繁殖能力下降和遗传效应。一般假定发病率和生殖障碍是在比导致死亡低得多的剂量下出现。由于非人类物种存在自然选择，只有在特定环境条件下，当变异成为优点时，遗传效应才能在种群水平传播。生态系统是一个极其复杂的系统，对生态系统的效应通常是在种群或群落层次观察到的。但有关剂量效应的信息则通常是在个体这一层次获得的。

排放到环境中的放射性核素进入生态系统，会对野生生物种群产生慢性低剂量率照射。当构成种群的个体没有可觉察到的效应时，可能也没有种群水平的效应。同样，如果组成种群的个体没有效应，可能也不会有群落效应。以此类推，直至生物组织的各个水平。假如认为生物种群是防护的目标，应把防护工作的重点放到受照剂量最大和（或）最敏感的种群上。由此可见，应该考虑的是那些可能受长期、低水平辐射影响而且对生物种群延续具有影响的个体表征，包括死亡率、受精率、产卵率、生长率、活力和突变率等。

动物和植物对电离辐射敏感程度的范围很大。生物对辐射的敏感性与受照时所处的生命阶段有关。胚胎和未成熟型比成熟个体更为敏感。动物对电离辐射的敏感程度范围很宽。哺乳动物是最敏感的，其次是鸟类、鱼类、爬行动物和昆虫。高等植物对电离辐射最敏感，其次是苔藓、地衣、藻类等。植物的辐射敏感部分通常位于根部和芽尖的分生组织，而对于树木，则是环绕树干的年轮。分生组织的这种浅表部分使其特别易受来自沉积放射性核素的辐射照射的损害。繁殖能力对种群的延续特别重要，似乎是对放射性最敏感的种群性标志。

**沿革及发展** 国际放射防护委员会（ICRP）在其 60 号出版物中指出，“委员会相信未来保护人类达到当前认为需要的程度而采取的控制环境的标准，可以保证不致危害其他物种。在偶尔的情况下，不属于人类的某些物种中的个体可能受到危害，但不致达到危及整个物种或在各个物种之间造成不平衡的程度。目前该委员会在管辖人类环境方面仅限于针对放射性核素在环境中的转移，因为这直接影响人类的放射防护”。这种保护了人类也就保护了环境的观点是不全面的。理由如下：①存在没有人类生存的环境，如过去曾在北大西洋深海进行放射性废物处置、在北冰洋倾倒放射性废物的海域等。②在放射性污染区域，如核试验污染区、放射性废物处置场等，人类可以主动避开这些区域，但生物不能。③存在对人类不产生直接影响，但对环境产生长期不利影响的情况。在非核领域有许多的例子。

ICRP 在其 91 号出版物中，首次阐述了环境保护的伦理学基础，提出以辐射效应为基础，通过参考生物（RAPs）的方法，评估电离辐射对生物区系的影响的框架。

ICRP 在其 103 号出版物中阐述了环境保护的目的：“避免或减少有害辐射效应产生的概率，使其维持在这样一个水平，即对保持生物多样性的影响可以忽略，天然栖息地、群落和生态系统的健康和现状得到保护。”ICRP 指出，“与人类的放射防护相比，委员会承认环境保护的目的是既复杂又难以表达清楚的，然而，委员会的确赞成全球为保持生物的多样性，确保物种的保护，保护自然栖息地、群落和生态系统的健康与现状的需求和努力”。ICRP 在该出版物中提出，针对主要环境中的具有代表性的若干典型生物，开发参考动植物及其相关数据库，这些实体将构成一个理解照射与剂量、剂量与效应及这些效应的潜在后果之间关系的方法的基础。

随着人类对环境保护的认识日益深刻，电离辐射防护不仅要保护人而且要保护非人类物种的观念逐渐得到广泛接受，这是辐射防护和环境保护概念的重要变化。

**辐射生物效应的基本概念** 电离辐射将能量传递给生物体引起的任何改变，统称为电离辐射生物效应。辐射在生物体中诱发生物效应的靶均是 DNA，所有 DNA 分子的直径约为 2 nm，辐射在其中的能量沉积是相似的。电离辐射可以诱发不同类型的 DNA 损伤，其中最重的是难以修复的 DNA 双着丝点断裂。细胞对辐射的敏感性差异显著，辐射敏感性也与细胞周期有关，不同器官或部位其敏感性也不相同。由于存在能量沉积的不均匀空间分布，因而在相同剂量下，其生物效应可能不同。可以运用相对生物效应定量化描述这种差异，该因子与所规定的特定生物体或组织中的生物学终点有关。高辐射剂量可以杀死大量细胞，从而损害活的器官和组织的功能，高于一定的阈剂量，确定性效应将发生，且效应的严重程度随剂量而增加。

辐射对生物的效应与辐射条件和照射水平密切相关。辐射条件可分为急性照射和慢性照射。①急性照射指辐照在一段时间内发生，这个时间段比呈现任何明显的生物反应所需要的时间要短。②慢性照射指照射可在生物自然寿命期的大部分内持续发生，其时间函数的描述自然针对总剂量的估算。照射水平分为高水平照射和低水平照射。①高水平照射指导致急性反应的照射，急性反应通常是一种严重的（和明显的）反应，最严重的是死亡。②低水平照射指只对生物正常死亡率和时间关系有边缘性和远期效应的照射，它会引起生物正常生物学过程的某些可觉察效应而不至造成对个体的任何明显损伤。事故下释放到环境中的放射性核素会随着事故的严重程度和发生情景不同，引起上述辐射照射的各种组合。

**电离辐射对环境中动物的效应** 除了异常的大剂量照射情况外，哺乳动物的损伤或致死，大都是由于造血系统障碍和胃肠道黏膜紊乱所造成的。例如，哺乳动物受到 10～15 Gy 的照射后，可在 10 d 内死于胃肠道损伤。胃肠道综合征的半数致死剂量（$LD_{50}$）对小鼠、大鼠、猕猴和狗分别为 12 Gy、11 Gy、9 Gy 和 8 Gy。哺乳动物在受到 1.6～10 Gy（中线剂量）的全身照射后数周内死于骨髓功能衰竭（造血系统综合征）。鸟类 $LD_{50/30}$ 在 4.6～30 Gy。爬行类在辐射致死性和对急性辐射的敏感性方面比鸟类和哺乳类要小。昆虫对辐射的敏感性一般大大小于脊椎动物，引起昆虫成虫死亡所需剂量通常约为脊椎动物所需剂量的 100 倍。这种差异通常归因于昆虫成虫在发育中很少有细胞分裂和分化。在不同种类中，最终死因大都是粒细胞减少、血小板减少或淋巴细胞减少。在 $LD_{50/30}$ 和动物体重之间存在着相反的关系，大型动物的 $LD_{50/30}$ 为 1.6～2.5 Gy，小型动物的 $LD_{50/30}$ 为 6～10 Gy。各种家畜（山羊、绵羊、牛、马、驴和猪）的 $LD_{50}$ 为 1.2～3.9 Gy（中线剂量）。对于野生动物，出生率是比死亡率更为敏感的辐射表征参数，抑制繁殖率所需要的最小剂量可能还不到产生直接死亡所需剂量的 1/10。

在水环境中，鱼类对急性辐射最为敏感，发育中的胚胎更是如此。在照射后 60 d 中，海洋鱼类的急性照射 $LD_{50}$ 范围为 10～25 Gy，海洋无脊椎动物 $LD_{50}$ 范围的上限为几百戈[瑞]。在水生生物中，繁殖效应是一个较为敏感的辐射效应指标。

**电离辐射对陆生植物的影响** 植物的辐射损伤表现为形态或表现异常、结果少或产量低、繁殖能力丧失以及在强照射情况下的死亡。植物的辐射敏感性很宽，且通常与动物的敏感性范围相重叠。一般而言，大型植物比小型植物具有更高的辐射敏感性，按照辐射敏感性的递减顺序分别为针叶乔木、落叶乔木、灌木、草本植物、地衣和真菌。对急性辐射照射最不敏感的是苔藓、地衣、藻类和微生物。

高等植物的急性致死剂量范围为 10～1 000 Gy（按整株植物平均的吸收剂量）；苔藓、地衣和单细胞等低等植物，都有很高的辐射耐受性，其致死剂量的上限可能要高出一个数量级。大量的研究表明，剂量率为 1 000～3 000 μGy/h 时，在最敏感的植物物种中已发现慢性照射的效应。有研究表明，在敏感植物中，400 μGy/h 以下的慢性照射就会产生效应（尽管是轻微的），而在生存于天然植物群落内的更广泛的植物中，却不会有明显的有害效应。

**评价非人类物种辐射影响的方法和标准** 由于在自然界中存在大量的物种，为了评价辐射对生物的影响，有必要选择参考动植物。参考动植物（reference animals and plants，RAPs）是具有类似生命周期和照射特征的生物体（并不指具体的物种），是评价生物个体照射量、辐射剂量和能量响应的共同基础，并作为评价其他生物个体（如不同的照射途径、生物积累等）和种群的起点。

ICRP 建议在选择参考动植物时，应考虑野生动植物的保护，渔业、农业和林业等的相关物种，生态毒理学研究的要求，已有剂量效应资料以及公众和决策者对这些生物了解的程度等。

ICRP 参考动物和植物工作组已经开始考虑 12 个种类的参考动植物，对其所属的种类、简要的生物学特性进行了叙述。它们是：鹿、啮齿动物、鸭、青蛙、淡水鱼、海洋比目鱼、海蜗牛、蜜蜂、蚯蚓、松树、草以及褐海藻。对每一种参考动植物，都意味着将发展相应的剂量学模式和参考环境条件。

为了建立电离辐射对生态环境影响的评价方法，欧共体 15 国于 2000 年 11 月至 2003 年 10 月，开展了欧洲辐射环境危险评价框架（FASSET）计划，从环境剂量学、放射性核素在生态系统的转移、电离辐射生物效应、电离辐射的评价框架四个方面开展了协调研究，推荐了 31 种参考动植物，建立了相应的辐射生物效应数据库，对各种参考生物开发了内照射和外照射剂量计算方法等。在 FASSET 计划研究的基础上，为完善电离辐射对环境中生物和生态系统的影响评价方法，欧共体开展了“电离辐射的环境危害：评价与管理（ERICA）”（2004—2007）项目研究，围绕生物和生态系统保护，提供关于电离辐射的环境影响评价、危害特征及管理的一套完整方法，包括 ERICA 总方法和 ERICA 程序。

ERICA 程序用于估算环境介质的活度浓度、生物的活度浓度及生物剂量，从而评价电离辐射对参考生物的危害。ERICA 程序分为三级筛选。①一级筛选是将环境介质（水、沉积物或土壤、空气）中的放射性活度浓度与由生物剂量率限值反推出的环境介质浓度比较，计算累计风险商，比值小于 1，则认为是安全的，不需要进一步评价；比值大于 1，则需要进一步评价。②二级筛选结合特定厂址中具体生物的放射生态学参数、栖息特征等，估算生物受到的辐射剂量率。二级筛选引入生物剂量率筛选水平，取值为 10 μGy/h，其依据是假设参考生物在该剂量率水平以下的长期照射下，不会产生有害的辐射效应。二级筛选需要输入环境介质和参考生物的放射性活度浓度等。③三级筛选是在二级筛选的基础上引入统计学方法，需要输入更多的参数，例如核素分配系数、核素浓度比 CR 值及其分布特征、辐射权重因子等，以计算参考生物具有统计学意义的辐射剂量率。

美国能源部（DOE）在 2000 年已形成了评价水生和陆生生物辐射剂量的技术标准，并可提供相应的计算机程序。DOE 评价生物剂量采用分级方法，包括三个层次：数据集成，包括明确评价区域及其特征，以及筛选所需要的水、沉积物和土壤中的放射性浓度数据；根据在生物浓度指南中列出的土壤、植物和水中放射性核素浓度限值，采用常用的筛选方法进行筛选，与生物浓度指南列出的放射性核素浓度限值和生物防护剂量限值进行比较；采用场址具体特征的参数和模式，进行分析和评价。

为了促进各国在环境辐射剂量估算领域的水平，IAEA 发起了辐射安全环境模型（EMRAS Ⅱ）研究计划（2009—2011）。其中第 4 工作组是生物种群（剂量估算）模式化组，其目的是对生物剂量估算模式进行比对和有效性研究；第 5 工作组是野生生物转移参数手册组，其目的是开发和建立一个在线的野生生物转移参数数据库；第 6 工作组是生物种群剂量效应模式化组，目的是通过一系列亚组，建立动物和植物种群的照射与电离辐射效应的关系。

根据国际原子能机构（IAEA）、美国能源部（DOE）和联合国原子辐射影响科学委员会（UNSCEAR）的相关报告，对陆地动物建议的剂量率限值为 40 μGy/h，对陆地植物和水生生物剂量率限值为 400 μGy/h。其基本依据为：在全面考虑了长期放射性辐照对生物种群影响的现有数据后，可以得出这样的结论，即在生物种群中，小部分个体受到剂量率限值的辐照（因而整个种群受到的平均剂量率更低），在种群水平上不会有任何有害的效应，即低于这个剂量水平（对于长期照射而言），不会对陆地植物和水生生物种群水平产生有害的影响。欧共体 ERICA 模式中，推荐 10 μGy/h 为参考生物筛选水平，其假设是低于该辐射剂量率水平的长期照射不会对生物产生有害的辐射效应，即生物受照剂量低于这个水平时，不需要开展进一步的剂量评价工作。

**发展现状和建议** ICRP 在其 108 号出版物“环境保护：参考动物与参考植物的概念和运用”中详细阐述了环境保护体系，定义了一整套（12 种）参考生物，并描述了其基本生物学和生活史特征。在 ICRP 108 号出版物中，说明了在要求进行环境评价时，在辐射防护框架中如何使用 RAPs 导出启动管理行动（考虑水平）数值的方法。

2011 年，ICRP 出版了 114 号出版物“环境保护：参考动物和植物的转移参数”，收集方便直接使用的转移参数（生物体与环境介质的放射性活度浓度比值，CR），并且假设已知环境介质（例如水体、沉积物、土壤或空气）中的放射性活度浓度（可直接测量，或者通过相关模式计算获得），当已知生物栖息环境中的核素活度浓度时，为估算 RAPs 的整体生物放射性活度浓度提供参考。

ICRP 在将来的出版物中将考虑 RAPs 和代表性生物如何使用到不同的照射情况。在我国已有的核燃料循环设施（包括铀矿山、水冶厂、核燃料元件厂等）环境，以及目前积极推进建设的核电厂环境管理中，在核污染场址的环境整治、放射性废物运输、处置等活动的环境影响中，都涉及对非人类物种辐射影响的评估问题。

我国在非人类物种辐射影响研究方面已取得了一些进展，例如开展核设施放射性核素在野生动植物的生态转移研究、非人类物种参考生物的筛选、某些野生动植物的辐射剂量评价方法等。在我国的核设施环境管理中，目前还没有建立放射性流出物对生态环境中非人类物种（野生动植物等）的辐射影响评价导则，也没有生物辐射剂量评价的相关标准。

非人类物种辐射影响研究是辐射防护和环境保护涉及的新领域。开展非人类物种参考生物筛选、辐射影响评价方法和模式等相关研究，对核环境管理、核设施生态环境影响评价等具有重要意义。（李建国 潘自强）

**fenli shanbian**

**分离嬗变** （partitioning and transmutation，P-T） 用化学和物理的方法将高放废液中次锕系元素、长寿命裂片产物核素及长寿命活化产物核素分离出来，然后通过核反应将它们转化为短寿命放射性核素或稳定核素的技术和方法。分离嬗变旨在减少高放废物地质处置负担和充分利用核能，是一种尚处于研究阶段的高新技术。

**沿革** 高放废液成分复杂，其组分包括：①裂变产物；②活化产物；③腐蚀产物；④萃余的铀、钚；⑤由中子俘获形成的超铀元素；⑥包壳材料；⑦中子毒物；⑧后处理引入的化学试剂和有机物杂质。高放废液中含有三十多种元素的上百种同位素，其中重要的放射性核素有几十种，许多核素的生物毒性很大，属极毒或高毒类，许多核素有高释热率。高放废液中含有的次锕系元素（如镎、镅、锔等）、长寿命裂片产物核素（如硒-79、铷-87、锝-99、钯-107、锡-126、碘-129和铯-135等）、长寿命活化产物核素（如碳-14、氯-36、镍-59、锆-93、铌-94等），半衰期长者超过百万年，使高放废物需要深地质处置，包容隔离万年以上。

20世纪60年代科学家们提出了分离嬗变概念，降低高放废液的毒性和长期危害作用，减小需要深地层处置的废物的体积，节省处置费用，可减少公众对高放废物的忧虑，使公众易于接受，还可实现资源充分利用。一度成为研发的热点，许多国家相继开发P-T技术，但由于分离嬗变实现难度大、要求条件高和经济性差等原因，在80年代曾中止发展。90年代后又成为热门课题，一些国家正在开展双边或多边合作开发研究。

**分离** P-T技术首先要求分离出超铀元素和长寿命裂变产物核素，并且要实现锕系-镧系元素的良好分离。高放废液分离通常把高放废液中的元素分为4～5个组，如：①MA组（镎、镅、锔）；②碘和锝组；③锶和铯组；④其他元素组。碘-129和锝-99是产额高、含量大的长寿命裂变产物核素；锶-90和铯-137是产额高、含量大的重要释热核素。放射性衰变热是影响处置时间、处置库设计和处置容量的关键因素，从高放废液中分离出锶和铯，可使处置库的容积和投资大大减少。

分离技术已开发研究出很多分离流程，包括水法流程和干法流程，有的已完成原理性实验，有的还进行了放大实验和热验证。

**水法流程** 已开发的水法分离流程包括：①美国TRUEX流程；②法国DIAMEX流程；③日本DIDPA和荚醚流程；④俄罗斯烷基氧膦+硼烷酸流程；⑤我国清华大学TRPO流程和中国原子能科学研究院的HDEHPA—CMP流程和荚醚流程等。清华大学TRPO流程已进行了生产堆高放废液全分离流程的冷试验和小型热试验。

**干法流程** 高放废液分离的干法分离流程有氟化物挥发法、氯化物熔融法、高温电解法等。干法分离有工艺简单、分离效率高、二次废物量少等许多重要优点，但有腐蚀作用大、辐射防护安全要求高等很多难点，尚在攻关中。

**嬗变** 可以通过反应堆（热中子堆或快中子堆）、加速器、加速器驱动的次临界装置以及裂变-聚变混合装置等多种途径来实现。常规轻水堆可燃烧钚，但不能嬗变次锕系核素（MA）。在常规轻水堆中，由于俘获/裂变比大，一使MA量增加；二使低原子量的MA转变为高原子量的MA。快中子堆中子谱硬，注量率高，不仅能燃烧钚，还可嬗变MA，是当前可用于消耗钚和嬗变MA较成熟和现实的技术。

快中子增殖堆（简称快堆）可以产生较多快中子，用来使铀-238转换成易裂变核素钚-239，可以提高核资源的利用率。中国原子能科学研究院已建成了实验快堆，为解决核能发展的长远资源问题开辟了良好前景。

强流质子加速器产生的强流质子轰击重金属（如钨、铅、铀等），发生散裂反应，产生大量中子。当束流为250 mA时，可产生$10^{20}$中子/(cm$^2$·s)，可用来嬗变次锕系元素。

ADS是中能强流质子加速器与次临界反应堆耦合的装置，可用ADS来完成嬗变。把次锕系元素和长寿命核素做成适当的燃料元件，装在次临界反应堆中进行嬗变，并把产生的能量传输出去利用。ADS主要包括三大部分：①驱动器；②散裂中子源；③次临界反应堆（见下图）。ADS嬗变有许多优点，例如：①几乎不产生新的和原子量更重的MA，嬗变效率高；②安全性好，加速器关闭，次临界装置就“熄火”，无临界问题。

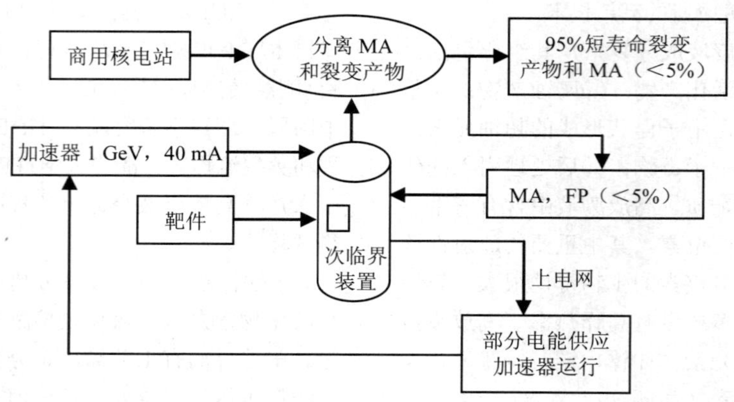


加速器驱动次临界嬗变示意图

ADS 嬗变实现难度大，如中能强流质子加速器的建造，加速器、散裂中子源和反应堆的接口，燃料元件的制造等，有许多难关需要攻克。

嬗变能够减少次锕系元素和长寿命裂变产物核素的数量，但不能完全消灭次锕系元素和长寿命裂变产物核素。因此，嬗变可大大减少高放废物地质处置的负担，但不能完全免除高放废物的地质处置。（刘春立　周培德）

**fengxian zhiyin**

**风险指引**　(risk-informed)　在传统工程分析的基础上补充概率安全分析结果所形成的一种涵盖风险信息的分析、决策和管理的方法。该方法将风险信息与传统分析要考虑的其他因素结合起来，使得营运单位和核安全监管机构对核电厂的设计和运行的关注水平与它们对健康和安全的重视程度相一致。该方法通过以下方式改进了传统的分析方法：①在更大范围内明确地考虑对核电厂安全构成挑战的事件；②提供一种逻辑方法，可以根据风险重要度、运行经验或工程判断来确定这些挑战事件的优先次序；③利用更广泛的资源来应对这些挑战；④明确地判断和量化分析中存在的不确定性；⑤通过提供一种对关键假设的敏感性分析来获得更好的管理决策。该方法可以用来减少确定论中不必要的保守或用来确定保守性不足的区域，并为附加的管理行动和要求提供依据。

**风险指引理念的发展**　风险指引理念最大的特点是引入了概率安全分析（PSA）的分析结果。20 世纪 70 年代，随着美国核管会（NRC）发表的 WASH1400 报告对美国三哩岛核事故主导序列的成功验证，PSA 方法引起了人们的广泛关注。NRC 在 1988 年要求所有的美国核电厂进行全面的自我评价。多数的核电厂选择了 PSA 作为分析的基本方法。NRC 于 1995 年 8 月发布了“概率风险评价应用政策声明”，鼓励在所有监管领域中使用 PSA 技术，以补充确定论的监管模式并支持 NRC 传统的纵深防御理论。1998 年，NRC 正式明确风险指引方法是监管决策中的一种重要方法，并于当年颁布了 5 个管理导则（RG1.174—RG1.178）。2000 年，NRC 更新了反应堆监督管理程序（ROP），将风险指引技术方法更深入地融入到核安全监管中。2004 年，NRC 推出了以 PSA 计算结果为依据的安全系统性能指标（MSPI）并正式应用于 ROP 的性能指标体系中，风险指引技术方法的应用被提高到了一个新的水平。

我国核安全监管部门高度重视并密切跟踪国际风险指引方法的研究和应用。2010 年，我国国家核安全局发布了技术政策《概率安全分析技术在核安全领域中的应用》（试行），鼓励核工业界在核安全领域更广泛地应用 PSA 技术。2011 年，国家核安全局启动了国内运行核电厂 PSA 应用试点工作，并制定试点规划，指导 PSA 应用工作。虽然风险指引决策方法目前主要应用于核电厂，但其理念也可更广泛地应用到其他类型核设施的安全管理。

**风险指引的决策过程** NRC 于 2011 年发布的《概率风险评价用于特定核电厂执照申请基准变更的风险指引决策方法》（RG1.174）为核电厂使用风险指引方法提供了通用的导则。RG1.174 强调在使用此方法进行变更申请决策时要综合考虑并满足一组关键原则：①所建议的变更必须遵守现行的核安全法规，除非该变更与豁免的要求或规定明确相关；②所建议的变更必须能够维持纵深防御理念；③所建议的变更要有足够的安全裕量；④任何变更如果导致了风险增加，则必须保证风险增加量很小并与安全目标政策声明的要求一致；⑤结合性能监测措施跟踪变更后的影响。

在进行风险指引决策过程中应考虑上面的每一项原则，具体的决策过程如下图所示。

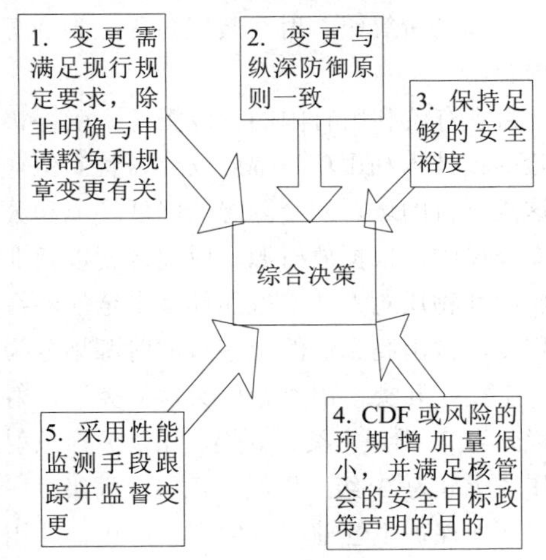


风险指引决策过程

**风险指引的应用实例** ①维修规则的修改。1999 年，NRC 在 10CFR50.65（a）（4）中规定：在执行维修活动（包括但不限于：定期试验，维修后的验证试验、纠正性维修和预防性维修）之前，核电厂必须评估这些维修活动可能引入的风险增加。美国核电厂的实践证明，在维修前的风险评估可以很好地提高核电厂的安全水平和设备可靠性，有利于降低返修率和重复性维修。②技术规格书的变更和优化。RG1.177 提出了用于指导技术规格书具体条款的变更申请的准则，比如延长后撤时间（AOT）或监督试验间隔（STI）等。迄今为止，AOT 延长和 STI 延长的实践多数得到了 NRC 的批准。美国核电也从优化的技术规格书中获得了实惠。③风险指引在役检查。RG1.178 提供了针对管道在役检查优化的方法，它使用了概率断裂力学与 PSA 得出的严重事故序列相结合的方法来评估管道与焊缝的风险重要度。NRC 已经批准了很多核电厂使用这种方法对其管道和焊缝的在役检查进行优化，或减少不必要的检查项目，或延长检查周期，使得核电厂不仅大幅降低了人员辐射剂量，还节省了检查费用和缩短了大修工期。④我国运行核电厂也曾利用风险指引理论、通过概率安全分析对延长核电厂应急柴油机 AOT 进行了风险评价，经技术审评后，获得了监管机构的批准。

（依岩　柴国旱）

fushe anquan guanli

**辐射安全管理** (radiation safety management) 以实现保护人类和环境免于辐射的有害影响为目标的各种活动。辐射安全管理贯穿于辐射和放射性同位素应用活动的整个过程和各个方面。辐射和放射性同位素的应用可能对人类和环境造成辐射危险，如辐射照射可能对人体造成有害的健康效应，放射性物质向环境的释放可能造成环境污染或对环境生物产生照射，失去有效控制的放射源可能丢失、被盗等，必须通过采取适当的安全和防护措施将辐射危险控制在可接受的允许范围内。

**分类** 根据管理对象的不同，辐射安全管理可以分为铀矿冶的辐射安全管理、放射性物品运输的辐射安全管理、核技术利用的辐射安全管理以及核燃料循环的辐射安全管理等。根据实施主体的不同，辐射安全管理可以分为政府部门的辐射安全监督管理、辐射和放射性同位素应用单位内部的辐射安全管理，以及行业协会、行业主管部门的辐射安全行业管理等。

在我国，行业管理是政府部门监管的有益补充。

**原则** 辐射安全管理应遵循10项基本安全原则。参见《基本安全原则》。

**我国辐射安全管理制度** 我国法律规定环境保护部统一负责全国辐射安全监督管理工作，卫生、公安、交通运输等部门根据职责分工，实施监督管理。我国已经建立了比较完善的辐射安全管理的法律法规制度框架体系，从高到低包括法律、条例、部门规章、标准和导则等层次。①我国辐射安全管理方面的法律主要有《中华人民共和国环境保护法》《中华人民共和国环境影响评价法》和《中华人民共和国放射性污染防治法》等；②条例有《建设项目环境保护管理条例》《放射性同位素与射线装置安全和防护条例》《放射性物品运输安全管理条例》《放射性废物安全管理条例》等；③部门规章是对法律和条例的细化，如《建设项目环境影响评价分类管理名录》《放射性同位素与射线装置安全许可管理办法》《放射性同位素与射线装置安全和防护管理办法》《放射性物品运输安全许可管理办法》等。

上述法律、条例和部门规章，规定了我国辐射安全的大量管理制度。如环境影响评价、环境保护“三同时”、建设项目竣工环境保护验收和监督检查等制度，是包括辐射项目在内的所有建设项目均应遵守的环境保护制度。由于辐射源、辐射活动的特殊性，根据辐射安全管理的10项原则，我国法律、条例和部门规章还设置了大量的专门制度，其核心是许可证管理制度，即要求所有核技术利用单位、从事放射性物品运输的单位、从事放射性废物贮存和处置的单位均应建立内部管理体系，取得许可证，并承担安全责任。

持证单位、地方监管部门、国家监管部门、行业协会、行业主管部门内以及国际原子能机构等国际组织共同组成了一张全方位、全过程的辐射安全管理网络，通过设立和实施一系列的安全管理制度，将核技术利用、放射性物品运输、铀矿和伴生矿开发利用以及核设施运行等辐射活动的风险控制在可接受的范围内，实现经济、社会和环境的多赢。

（潘苏　刘华）

**fushe anquan xukezheng**

## 辐射安全许可证 (radiation safety license)

为了促进放射性同位素、射线装置的安全应用，保障人体健康，保护环境，依据《中华人民共和国放射性污染防治法》中设立的针对放射性同位素与射线装置的生产、销售、使用单位实施许可管理制度，在《放射性同位素与射线装置安全许可管理办法》中明确了许可证照。

辐射安全许可证由正本和副本组成，有效期5年。正本上明确被许可单位的名称、地址、法定代表人、证书编号、许可范围、发证日期以及许可的截止日期等主要信息。而副本则记载许可的工作场所名称、地址，放射源的核素名称、活度、编码及其台账，非密封放射性同位素的名称、最大日等效操作量、年最大操作量，工作场所等级，射线装置名称、类别等具体内容。

为了有效利用有限的行政资源，确保极高危险的核技术利用项目辐射安全监管到位，减少这类项目的运行安全隐患，降低环境和公众的安全风险，根据放射源、射线装置以及非密封放射性物质对人体健康和环境安全的潜在危害程度，按由高到低的顺序将放射源划分为5类（Ⅰ类、Ⅱ类、Ⅲ类、Ⅳ类、Ⅴ类），射线装置分为3类（Ⅰ类、Ⅱ类、Ⅲ类），放射性工作场所分为3级（甲级、乙级、丙级）。国务院环境保护主管部门对生产、销售、使用Ⅰ类放射源和Ⅰ类射线装置以及使用甲级放射性工作场所的辐射工作单位辐射安全许可实施审批和日常监管，其余的辐射工作单位辐射安全许可审批和日常监管由省级环境保护主管部门实施。

一个辐射工作单位生产、销售、使用多类放射源、射线装置或者非密封放射性物质的，只需要申请一个辐射安全许可证。辐射工作单位依照本单位拥有的核技术利用项目的最高危险性类别，向有管辖权的环境保护主管部门申领辐射安全许可证，其中有属于国务院环境保护主管部门审批的项目，则该单位的辐射安全许可证由国务院环境保护主管部门审批颁发。

辐射工作单位在申请领取辐射安全许可证时需按照生产放射性同位素的单位，销售放射性同位素的单位，生产、销售射线装置的单位，使用放射性同位素、射线装置的单位，分别提交相应的申请材料。（刘怡刚　刘华）

**fushe fanghu**

**辐射防护**　（radiation protection）　研究预防电离辐射对人产生有害作用的应用性学科。在美国、日本和法国等国又称作保健物理；在独联体各国，以及波兰和匈牙利等国则多称为放射卫生；国际原子能机构则称辐射安全。辐射防护、保健物理、放射卫生和辐射安全是同义词，其研究对象是相同的，但具体内涵存在一些差异，这是由于其形成和发展过程的差异引起的。在美国早期参与辐射防护的人员主要来自物理等理科专业，故称保健物理。在前苏联早期负责辐射防护的部门为卫生部门，主要人员来自卫生专业，故称放射卫生。辐射安全则与核设施和辐射设施发展的安全直接相关。辐射防护涉及防止电离辐射对人产生有害作用的所有问题，但不包括核与辐射安全的一切问题，如核设施临界安全就属于核安全，辐射生物效应的研究则属于放射医学领域。

辐射防护作为应用性学科，其基础学科有辐射剂量学、放射生物学、放射生态学、放射医学、辐射屏蔽学和辐射探测等，也涉及核工程、气象学、地质水文学、统计学、工业安全、法律、教育和实用心理学等。

辐射防护的内容包括：①辐射防护基本原则和辐射防护标准；②辐射防护方法；③辐射监测；④辐射防护评价；⑤核与辐射事故应急。

**辐射防护基本原则和辐射防护标准**　辐射防护基本原则是：①实践的正当性，即对任何辐射实践，事前必须充分论证，由主管当局做出判断，认定其利大于弊；②辐射防护的最优化，也就是在实施辐射实践过程中，选择最优方案，将一切辐射照射保持在可合理达到的、尽量低的水平上；③限制个人剂量，即用剂量限值对个人所受照射加以限制。辐射防护标准规定了剂量限值，通常分为基本限值、剂量约束、管理目标值和参考水平（参见辐射防护标准）。剂量基本限值是不可接受剂量水平的下限，是固定值，不能作为防护设计和安排工作的依据。

在实施辐射实践过程中，必须根据辐射防护的三项基本原则和辐射防护标准，从全局出发，综合性地处理有关技术管理问题。因此，辐射防护的主要任务是，在考虑到经济和社会因素之后，应该按保证照射水平是可合理达到的尽量低的原则进行实践的设计、计划以及其后辐射防护设备的使用与操作。其中包括根据辐射防护最优化原则和基本限值确定剂量约束值、管理目标值和参考水平等标准。

在国际上，研究和推荐辐射防护标准的机构主要是国际放射防护委员会（ICRP）和国际原子能机构（IAEA）等。1991 年 ICRP 出版了第 60 号出版物。根据这一基本标准，IAEA 等国际机构在 1996 年发布了国际原子能机构安全丛书第 115 号《国际电离辐射防护和辐射源安全基本安全标准》，这一出版物是由 IAEA、联合国粮食及农业组织（FAO）、国际劳工组织（ILO）、经济合作与发展组织核能署（OECD/NEA），泛美卫生组织（PAHO）和世界卫生组织（WHO）联合倡议的。中国在 1988 年发布了国家标准《辐射防护规定》（GB 8703—1988）和《放射卫生防护基本标准》（GB 4792—1984）。1995 年初，原国家环保局、卫生部、国家核安全局和中国核工业总公司决定，成立辐射防护标准联合起草小组，制定统一的标准。经过多次讨论，对修改的原则达成了下述一致的共识：①等效采用 IAEA 等国际机构发布的《国际电离辐射防护与辐射源安全基本安全标准》；②保留现行标准中行之有效的规定，反映和总结近年来中国辐射防护工作的新经验，从原则上尽可能解决实际工作中迫切需要解决的一些问题；③尽可能吸取各国的辐射防护的新成果。根据这些原则，制定了新的国家标准《电离辐射防护与辐射源安全基本标准》（GB 18871—2002）。2007 年 ICRP 发布了第 103 号出版物，代替以前的 60 号出版物，它更新、整合和发展了从 1990 年以来发表的控制辐射源照射的附加导则。随后，IAEA 等国际组织决定修改 1997 年发布的标准，2011 年发布了《辐射防护与辐射源安全》（暂行本）。

**辐射防护方法** 为达到防护标准所必须采取的措施，包括技术防护方法和管理防护方法。

**技术防护方法** 可分为外照射防护和内照射防护。外照射防护的基本方法是：缩短受照时间；增大与辐射源的距离；在人与辐射源之间增加屏蔽。内照射防护的基本方法是：对放射性物质“包容”和“稀释”。各种防护器械和设备实际上都是上述基本方法的具体化。

**管理防护方法** 防护方法的重要组成部分，但也是容易被忽视的方面。包括规章制度、人员培训、机构设置和经费管理等。

**辐射监测** 为评价和控制辐射或放射性物质的照射所做的测量和对测量结果的解释，可分场所监测、环境监测和流出物监测。①场所监测又可分为个人剂量监测和工作场所辐射监测。②环境监测是对工作场所以外的环境辐射水平进行监测，可分为运行前的调查及运行和退役期间的监测。在环境监测中要特别注意识别和监测关键核素、关键途径和关键居民组。在 ICRP 2007 年建议书中建议用代表人取代关键居民组的概念（参见*代表人*）。③流出物监测的对象是场所和环境的连接处（参见*放射性流出物监测*），其主要任务是：检验排入环境的放射性物质量是否符合管理限值的要求；检验放射性废物处理设施的效能，及时发现可能导致隐患的事件；提供环境评价的源项。

为了做好辐射监测工作，对一切伴有辐射的实践和设施，都应按辐射防护最优化原则制定出相应的辐射监测计划。监测计划应包括：①监测对象的描述；②主要危害因素、途径和可能被危害人群的识别及分析；③监测对象和周期的选择；④监测方法和仪器的选择，其中包括监测灵敏度和不确定度的分析；⑤监测质量保证；⑥记录和报告制度等。

**辐射防护评价** 根据辐射防护原则和标准，对防护的质量与效能所做的评价（参见*辐射防护评价*）。具体做法是，根据源项和辐射监测的结果，选择恰当的模式和参数，计算工作人员和公众所受个人剂量和集体剂量；根据辐射防护最优化的原则，综合分析防护方法和剂量数据，提出进一步改进辐射防护的方法及防护资源最佳分配方案，使工作人员和公众所受剂量保持在可合理达到的尽量低水平。

辐射防护评价可分为工作人员辐射防护评价和公众辐射防护评价（又称辐射环境影响评价，参见*辐射环境影响评价*）。公众辐射防护评价是核设施环境影响报告书的主要组成部分。在进行公众辐射防护评价时，应特别注意模式和参数的选择，并用实际的监测数据验证模式和参数的可用性。

近年来，人们极大地增加了对环境保护的关注。与人类的辐射防护相比，环境保护的目标既复杂又难以表达清楚。尽管如此，一些国家（如美国、加拿大和澳大利亚等）先后制定了有关辐射环境保护的规定。ICRP 在 2003 年发布了第 91 号出版物《非人类物种电离辐射影响评价框架》（参见*非人类物种辐射效应*）。

**核与辐射应急** 由于核设施存在较大的潜在危险，所以近年来核与辐射事故应急已发展为辐射防护的一个重要方面。对任何核设施，均应进行潜在危险分类、应急响应分类，据此制订事故应急响应计划。事故应急响应计划主要应包括：应急状态分类、应急组织、应急设施、事故后果评价、应急措施。事故应急响应计划是辐射防护纲要的组成部分，在制订辐射防护纲要和辐射监测计划时，应兼顾到事故应急响应计划的要求，使事故应急响应与正常的辐射防护工作有机地结合在一起。在 ICRP 发布的第 103 号出版物《国际放射防护委员会 2007 年建议书》中，对事故应急情况，不再采用剂量限制的概念，而是应用参考水平。

（潘自强　刘森林）

**推荐书目**

李德平，潘自强. 辐射防护手册：第三分册 辐射安全. 北京：原子能出版社，1990.

**fushe fanghu biaozhun**

## 辐射防护标准 （radiation protection standard）

为了保障放射工作人员和公众的辐射安全，保护环境，根据剂量限制体系及辐射防护原则所制订的统一规定。辐射防护标准由基本安全标准及其门类通用标准组成。

**沿革** 中国的原子能事业起步于20世纪50年代。为了适应原子能事业的发展，1960 年颁布了第一个辐射防护标准《放射性工作卫生防护暂行规定》。在此标准中，规定了放射工作人员针对不同种类射线的每日最大容许剂量，与放射性工作场所相邻的地区内不参加放射工作的其他工作人员的外照射最大容许剂量，以及居民区居民的外照射最大容许剂量。1974 年颁布了新的标准《放射防护规定》（GBJ 8—1974）。在该规定中，将受照部位按器官分成四类。并针对职业性放射工作人员、放射性工作场所相邻及附近地区工作人员和居民、其他居民分别规定了各类器官的最大容许剂量。

为了采纳国际放射防护委员会（ICRP）第 26 号出版物中的关于辐射防护的新概念与原则，中国于 1984 年和 1988 年分别颁布了《放射卫生防护基本标准》（GB 4792—1984）和《辐射防护规定》（GB 8703—1988）。它们规定的辐射工作人员的年剂量当量是指一年工作期间所受外照射的有效剂量当量与这一年内摄入放射性核素所产生的待积有效剂量当量两者的总和，但不包括天然本底照射和医疗照射。标准规定了辐射工作人员和公众成员的全身有效剂量当量限值以及部分器官剂量当量限值。

**基本安全标准** 在过去，通常讲的辐射防护基本安全标准指的是剂量限值以及由它引出的各种导出水平。自从 1977 年 ICRP 发布了第 26 号出版物后，基本安全标准所涉及的内容扩大为整个剂量限制体系：实践的正当性、辐射防护最优化和个人剂量限值。①实践的正当性是指在实施伴有辐射照射的任何实践之前，都必须经过正当性判断，确认这种实践具有正当的理由，即能够获得超过代价的正的纯利益。②辐射防护的最优化是指应避免一切不必要的照射，在考虑到经济和社会因素的条件下，所有辐射照射都应保持在可合理达到的尽量低的水平。③个人剂量限值是指用剂量限值对个人所受的照射加以限制。

**现行标准** 参照相关国际组织在该领域的最新工作进展，我国于 2002 年发布了国家标准《电离辐射防护与辐射源安全基本标准》（GB 18871—2002），用以代替 GB 4792—1984 和 GB 8703—1988。

该标准主要通过在以下方面的更新反映辐射防护问题的最新进展：①将辐射源安全和辐射防护并列，重视“做到满足防护要求的方法”；②管理要求成为新基本标准的重要组成部分；③可控制的天然辐射照射明确纳入辐射防护的范围；④医疗照射的控制成为控制人类所受辐射照射的重要方面；⑤应急准备和响应是辐射源安全的重要环节；⑥持续照射情况的干预为核设施退役和事故后大面积污染处置提供了依据；⑦放射性废物最小化是放射性废物管理的重要基本原则。

该标准规定对任何工作人员的职业照射，由核安全监管机构决定的连续 5 年的年平均有效剂量（不可作追溯性平均）不超过 20 mSv，任何一年中有效剂量不超过 50 mSv，眼晶体年当量剂量不超过 150 mSv，四肢或皮肤的年当量剂量不超过 500 mSv。实践使公众所受年有效剂量不超过 1 mSv，特殊情况下如果 5 个连续年平均剂量不超过 1 mSv，则某一单一年份有效剂量限值可提高到 5 mSv，眼晶体年当量剂量不超过 15 mSv，皮肤年当量剂量不超过 50 mSv。

**最新进展** 2007 年，ICRP 发布了第 103 号出版物《国际放射防护委员会 2007 年建议书》，代替 1991 年的第 60 号出版物。2007 年建议书继续保持 ICRP 的放射防护三项基本原则，强调防护最优化原则的重要性，并沿用 ICRP 第 60 号出版物中的剂量限值。但根据最新的辐射照射的生物和物理科学信息，更新了当量剂量和有效剂量的辐射和组织权重因数。并预计将得到关于眼睛辐射敏感性的新数据。建议国家有关管理部门制定氡浓度的国家参考水平，以支持氡照射的最优化。建议书从以前以过程为基础的实践和干预的防护方法，发展为基于辐射照射情况的防护方法，并把辐射照射情况分为计划照射、应急照射和现存照射三类。建议书还包括了开发一种描述环境放射防护框架的方法。2010 年 ICRP 发布的 115 号报告中，基于对新的健康效应数据的评估，建议将氡浓度的以活度浓度表示的参考水平上限值，对于工作场所从 1 500Bq/m$^3$ 降至 1 000 Bq/m$^3$，对于室内从 600 Bq/m$^3$ 降至 300 Bq/m$^3$。2011 年 4 月 ICRP 基于最新确认的数据发布声明，建议将计划照射情况下职业人员眼晶体当量剂量限值调整为 5 年期间年平均剂量不超过 20 mSv，其中任何一年不超过 50 mSv。

为了反映自 1996 年以来辐射安全领域的最新进展，基于联合国原子辐射影响科学委员会（UNSCEAR）在辐射照射的健康和环境后果方面的最新数据以及 ICRP 最新出版物的成果，联合国粮农组织（FAO）、国际原子能机构（IAEA）、国际劳工组织（ILO）、经合组织核能署（OECD/NEA）、泛美卫生组织（PAHO）、世界卫生组织（WHO）、欧盟（EU）以及联合国环境规划署（UNEP）联合组织对 IAEA 安全丛书第 115 号《国际电离辐射防护和辐射源安全基本安全标准》（IBSS）进行了修订，并于 2011 年发布了《国际电离辐射防护和辐射源安全基本安全标准（暂行版）》，以在将来取代安全丛书第 115 号。新的暂行版 IBSS 从一般防护与安全要求、计划照射情况、应急照射情况以及现存照射情况 4 个方面阐述了为保护人类和环境免受电离辐射危害以及确保辐射源安全所必须满足的技术和监管方面的要求。

**门类通用标准** 在辐射防护基本安全标准之下的通用标准可分为许多个门类：核燃料循环、反应堆核动力厂、辐射设施和放射性同位素、环境辐射防护、辐射监测、辐射事故和辐射应急、放射性物质运输、放射性废物管理、辐射防护评价、医学防护、辐射防护最优化、辐射屏蔽、防护器具等。比如，《密封放射源一般要求和分级》（GB 4075—2009）、《粒子加速器辐射防护规定》（GB 5172—1985）等属于辐射设施和放射性同位素门类的通用标准；《辐射防护仪器β、X 和γ辐射周围和/或定向剂量当量（率）仪和/或监测仪》（GB/T 4835 —2008）、《气态排出流（放射性）活度连续监测设备》（GB/T 7165）等属于辐射监测门类的通用标准；《放射性废物的分类》（GB 9133 —1995）、《低中水平放射性固体废物的浅地层处置规定》（GB 9132—1988）等属于放射性废物管理门类的通用标准。

**与辐射防护标准有关的国内外组织** 中国于 1985 年 7 月成立了全国核能标准化技术委员会辐射防护分技术委员会，负责辐射防护相关标准的编制计划建议、标准审查工作，并对口国际标准化组织核能标准化委员会辐射防护分委员会（ISO/TC85/SC2）的技术业务工作。

在国际上，联合国原子辐射影响科学委员会（UNSCEAR）、ICRP、国际原子能机构（IAEA）等国际组织发表辐射防护相关的技术报告、建议书、标准和导则等。UNSCEAR 是联合国下属国际机构之一，主要负责对电离辐射照射的水平及其影响进行评估和报告。各国际组织和政府将 UNSCEAR 发布的技术报告作为评估电离辐射风险和建立防护措施的科学基础。ICRP 的主要任务是就放射防护基本原理、估计电离辐射危害的定量方法以及据此确定防护标准提出建议，标准种类包括 ICRP 建议书和出版物。ICRP 的建议书是辐射防护专业领域内各国际标准化组织和各国标准化机构制定其基本安全标准的主要依据。IAEA 主要活动之一是制定核安全相关标准并使其适用于和平利用核能的活动，负责制定和审查的安全标准可分为安全基本法则、安全要求以及安全导则三个层次，涵盖核安全、辐射安全等多个领域。上述这些机构的标准或建议书为世界各国所公认，成为各国制定本国辐射防护标准的基础。

（骆志平　潘自强）

fushe fanghu dagang

**辐射防护大纲**　(radiation protection programme)　又称辐射防护计划。是由核安全监管机构认可的一种文件化的程序，包括但不限于计划、进度、建立并实施的其他措施等，以达到并持续符合法律法规的要求，实现职业照射的最优化。

**大纲的目标**　通过采用与危险的性质和程度相称的管理结构、政策、规程和组织安排，来反映辐射防护和安全的管理责任的实施情况。

**大纲的建立、审评和认可**　每一个许可证持有者都应建立并实施与许可活动的范围和内容相适应的辐射防护大纲，辐射防护大纲同实践的所有阶段或者与设施的寿期有关，即从设计、工艺过程控制到退役。最优化原则，包括在许多情况下采取措施以预防或降低潜在照射和缓解事故后果，是制定和实施辐射防护大纲的主要推动力。应基于实用的步骤和工程控制措施，使职业照射剂量保持在可合理达到的尽量低水平。

应建立有效的辐射防护大纲的审评和认可机制，辐射防护大纲的制定、审评和认可机构之间应及早建立和保持相互对话机制，并定期评价辐射防护大纲的内容及实施情况。

**基本内容**　辐射防护大纲是辐射防护工作的基础文件，涵盖了辐射防护的全部内容，主要包括：

**辐射防护的基本目的和原则**　要防止人员受到确定性效应的照射，减小发生随机性效应的概率。严格遵守辐射防护三原则：实践的正当性、辐射防护最优化、个人剂量限制。

**依据的法规**　国家的法律法规。

**适用范围**　所有涉及辐射照射的实践活动和人员。

**组织机构和人员**　应建立有效的组织管理机构以确保辐射防护大纲制定的合理措施的有效实施，以达到和持续满足法律法规的要求。人员可分为放射工作人员和非放射工作人员，应明确各自的辐射防护责任。

**剂量限值、剂量约束和参考水平**　工作人员年有效剂量和器官当量剂量应严格控制，使之低于剂量限值。剂量限值是在正常情况下为了保护个人而制定的防护水平，是与人相关的。剂量约束和参考水平是针对确定源项制定的保护个人的剂量水平，是与源或设施相关的，剂量约束用于计划照射情景，参考水平用于应急和现存情景以及医疗照射。

**工作场所的分区管理**　为方便辐射防护管理和职业照射的控制，工作场所可分为“控制区”和“监督区”。把需要和可能需要专门防护手段或安全措施的区域定为控制区；把未定为控制区，在其中工作通常不需要专门的防护手段或安全措施，但仍需要经常对职业照射条件进行监督和评价的区域定为监督区。应当编制进、出控制区的规则和程序。

**辐射防护最优化的实施**　涉及辐射照射的工作都应当进行 ALARA（合理可能尽量低）分析，制定 ALARA 计划，可分为：①计划阶段：根据以往经验、现场辐射水平、工作条件、工作时间以及其他因素制订计划。②准备阶段：准备好需要的设备和工具并确认它们的可用性和可靠性，对人员进行培训。③实施阶段：监测现场剂量、剂量率和工作状态的变化；检查工作计划和程序执行情况；发生非正常状况，采取必要的改正行动。④经验反馈阶段：总结经验教训，比较预期和实际接受的剂量。

**辐射监测**　可分为个人监测、工作场所监测，其测量结果是进行辐射安全评价、采取相应的防护措施以及辐射防护最优化不可缺少的资料和依据。①个人监测和评价：对控制区的工作人员、有时进入控制区并可能受到显著照射的人员或职业照射剂量可能大于 5 mSv/a 的人员，均应进行个人剂量监测。在个人监测不可行的情况下，可根据场所监测结果和受照时间对人员职业照射做出评价。对监督区或偶尔进入控制区的人员，如预期其剂量在 1～5 mSv/a 范围内，应尽可能进行监测。对于受照剂量始终不大于 1 mSv/a 的工作人员一般可不进行个人监测。②工作场所监测：包括定期重复或连续监测，目的在于确认工作环境的安全程度，及时发现问题和隐患；鉴定操作程序和辐射防护大纲的效能是否符合规定的要求；估计个人剂量上限，为制定个人监测计划和辐射防护管理提供基础资料。③监测的质量保证：应贯穿于从监测大纲制定到监测结果评价的全过程，以确保测量设备具有所要求的计量特性；测量与分析程序得以正确建立和执行；监测结果得以正确记录、评价和妥善保管。

**放射源安全管理** 要确保放射源在任何时候均处于受控状态。

**事故应急和准备** 按照要求制订应急计划，做好应急人员和物质准备，按计划进行培训和演练。

**安全文化** 提高各类人员的安全文化素养是提高管理水平的主要途径。包括：①把防护和安全视为核与辐射技术持续发展的组成部分；②制定防护与安全高于一切的方针和程序；③规定人员的防护和安全责任，经过培训并有相应资质；④规定防护与安全决策的权责关系；⑤及时查清和纠正影响防护与安全的问题。

**培训和授权** 所有的辐射工作人员必须接受不同层次的辐射防护培训。

**职业健康监护** 健康监护主要目的：①评价工作人员的健康；②决定工作人员在特殊情况下承担预定任务的适应性；③提供事故照射和职业病等有用信息。

**职业照射记录** 职业照射记录是职业照射控制和管理的不可缺少的一部分，应规定记录形式、详细程度和保存期等。

（张庆利　施仲齐）

**fushe fanghu mubiao**

## 辐射防护目标 (radiation protection goal)

即保护人类和环境，防止辐射照射对人类和环境产生有害效应，保障工作人员和公众的健康和安全，保障非人类物种的生态环境及其生存和繁衍。

从保护人类的角度，必须制定辐射防护与安全基本标准和一系列辐射防护与安全规定、导则以及采取相应管理措施。目的是防止有害的确定效应（组织反应）并限制随机效应的发生率，使之达到被认为可以接受的水平；另一个附加的目的是保证伴有辐射照射的各种实践都具有正当的理由。国际放射防护委员会（ICRP）26 号出版物认为辐射防护的主要目的是为人类提供一个适宜的防护标准而不致过分地限制产生辐射照射的有益的实践。ICRP 103 号出版物指出，主要目的在于为防止辐射照射对人类和环境产生的有害效应，提供一个适当的防护水平，而又不过分地限制跟这种照射可能相关的人类的努力和活动。综上所述，辐射防护对象是人和环境，目标就是保护人类和环境。

ICRP 是一个研究推荐防护政策和体系的民间国际团体。在 20 世纪，其所研究的放射防护对象是人类。但在其建议书中也涉及环境。如在 ICRP 26 号出版物中的表述为“虽然辐射防护的主要目的是那些使人类受到照射的活动建立和维持适当的安全条件，但是为保护人类所需要的安全水平大概也足以对其他种生物（虽然不一定是其中所有的个体）提供足够防护。因此委员会相信，只要人类得到充分保护，那么其他生物大概也可以得到足够的保护”。ICRP 60 号出版物对此问题的陈述是：“委员会相信，为了保护人类达到当前认为需要的程度而采取的控制环境的标准，可以保证不致危及其他物种。在偶尔的情况下，不属于人类的某些物种中的个体可能受到危害，但不致达到危及整个物种或在各个物种之间造成不平衡的程度。目前，委员会在关心人类环境方面仅限于针对放射性核素在环境中的转移，因为这是直接影响人类的辐射防护的。”这种观点，概括地说就是保护了人类就保护了环境，显然这是典型的人类中心论。从近代的可持续发展的角度看，仅仅从人类中心论观点看问题是不全面的，应该从人类、生物和生态等方面全面的考虑。

与人类的辐射防护相比，目前，关于辐射

防护的环境保护目标尚没那么清晰。保持生物的多样性，确保物种的保护，保护自然栖息地、群落和生态系统的健康和现状等目标可以用不同的方法来实现。非人类物种的辐射防护原则与人类辐射防护原则进行协调是必要的。用防止或减小可能引起动物和植物早期死亡或繁殖率减小效应的频度，使其对物种保护、生物多样性保护或自然栖息地或群落状况的影响达到可忽略水平的方法保护环境。电离辐射防护不仅要保护人类，而且要保护非人类物种，遵循从人类中心论向包括生物和生态在内的环境和谐相处的观点转移，维持可持续发展和保护生物多样性，保护生物资源等现代环境保护的公认原则，这是辐射防护概念的重大变化。

（张延生　杨华庭）

**fushe fanghu pingjia**

**辐射防护评价**（radiation protection assessment）以辐射防护标准为依据，评价用于辐射防护的设施和方法是否符合原则的工作。辐射防护评价按所评价人员的对象可分为职业工作人员辐射防护评价和公众辐射防护评价（或称环境辐射防护评价）；按实践工作阶段可分为选址、设计、运行和退役的辐射防护评价。

辐射防护评价是辐射防护学在当前需要研究的主要问题，也是辐射防护工作中必须解决的现实问题。不做出辐射防护评价，辐射防护管理就缺乏依据，辐射防护设施与方法的改进就没有明确的目标，辐射防护监测就失去了意义。在国家标准《电离辐射防护与辐射源安全基本标准》（GB 18871—2002）中对辐射防护评价提出了下述明确的要求：“如果照射可能大于核安全监管机构规定的某种水平，则进行相应的安全评价和环境影响评价，并作为其申请书的一部分提交给核安全监管机构。”

**辐射防护评价内容**　包括辐射防护管理评价、辐射防护技术措施评价和人员所受辐射照射评价三个方面。①辐射防护管理评价，主要是评价辐射防护的机构设置、规章制度、人员素质、经费管理及统计报表等是否有效地实现了最优化纲要。②辐射防护技术措施评价，主要是评价辐射安全技术、排放控制、废物管理及辐射监测等技术措施（包括设施），是否按辐射防护最优化原则进行设计，运行中效能是否符合设计的要求。③辐射照射评价是辐射防护评价的中心环节，包括个人剂量的评价和集体剂量的评价。评价个人剂量时，应包括所有有关的源或实践所造成的总的照射；评价集体剂量时，通常可以仅对给定的源或实践做出评价的结果。在每次辐射防护评价中，均应根据评价的结果，提出改进辐射防护工作的意见。

辐射防护评价的内容主要包括：①评价范围和区域划分；②单位的基本状况，主要设施、工艺流程、“三废”产生量及治理措施；③单位地址与环境，含地形和地质、人口分布、土地、生态、水资源及利用、气象和水文；④与环境有关的主要设施，含放射性废物处理和处置系统，放射性物质的运输；⑤源项，含气态、液态流出物、固态放射性废物；⑥流出物监测和环境监测，含监测质量保证；⑦环境效应，含常规运行时的辐射效应和事故对环境的影响；⑧评价结论。

**辐射防护最优化**　是辐射防护评价的核心（参见辐射防护最优化）。辐射防护评价主要就是评价是否满足辐射防护最优化的原则。通过持续、反复的过程，达到防护的最佳水平。这些过程包括：估计包括潜在照射在内的照射情况；选择剂量约束或参考水平的适宜值；鉴明可供选择的可能的防护方案；选择主要情况下的最佳方案；实施所选择的防护方案。在设计过程中，必须确保源相关的剂量不得超过有关的约束值。防护的最优化是确定一个在约束值以下的可接受的剂量水平。优化剂量水平是设计的防护行动的预期结果。辐射防护最优化是一个前瞻性的反复过程，其目的是防止或降低未来的照射。它既需要定性的判断，也需要定量的判断。最优化过程应当系统、谨慎地构建，以保证考虑到所有有关方面，并不断地探究是否已经做到了最好，是否所有可合理减小剂量的措施都已经采用，还需要所有有关组织的各个层次承担相应的义务以及提供充足的程序和资源。最佳的选择通常是与照射情况相关的，不宜事先确定最优化过程应该停止的剂量水平，最佳的选择可以接近也可以远低于相应的源相关剂量约束值或参考水平。防护的最优化并非是剂量的最小化，最优化的防护是仔细地对辐射危害和保护个人可利用资源进行权衡的评估结果。因此，最佳的选择未必是剂量最低的选择。除了降低个人照射之外，还应当考虑减少受照射人员的数目。集体有效剂量过去一直是且现在仍然是工作人员防护最优化的一个重要参数。当照射涉及多人口、大区域、长时间时，总的集体有效剂量并非做出决策的有效手段，因为不恰当地汇总信息，可能误导防护措施的选择。在实际最优化评价中常常以对集体剂量的积分截尾。社会价值评价经常影响放射防护水平的最终决定，所以决策过程还应包括其他社会关注和道德问题，以及公开透明的考虑。决策过程可能经常有利益相关方的参与，而不单是辐射防护专家。

辐射防护评价中应包括废物最小化的内容（参见*放射性废物最小化*），并应考虑与辐射防护最优化的关系。

**辐射照射评价** 是辐射防护评价的中心环节。为了进行辐射照射评价，需要明确评价的指标，建立评价的方法。

**职业人员评价指标** 对职业照射工作人员，评价的指标是：①个人剂量，表示与个人危害相关的量，通常用年平均有效剂量表示，它与对个人危害的平均水平相关；②集体剂量，表示与实践影响相关的量，通常用年集体有效剂量表示；③年集体有效剂量分布比，其定义是年有效剂量超过年剂量限值某一分数（如3/10）的年集体有效剂量与总年集体有效剂量之比，它表示对个人危害较高部分所占比例。

**确定职业人员个人剂量的方法** 对于外照射通常是直接利用外照射个人剂量计的监测结果。外照射个人剂量计的读数通常是表示人体表面吸收剂量的近似值，而不是个人有效剂量。为了精确地确定个人有效剂量，需要研究在各种不同辐射场下胶片、热释光等个人剂量计的读数与个人有效剂量的关系。在一般情况下可以把个人剂量计的读数作为有效剂量的近似值。对于可能出现较高剂量和剂量场不均匀的情况，则应采用附加剂量计，如指环剂量计，有时应考虑用具有视听报警的直读式个人剂量计。对于内照射，监测方法通常是测定排泄物中放射性物质的浓度或用人体计数器直接测量体内放射性物质活度，然后估算年摄入量和剂量负担。对铀矿工作人员，现在已有一些国家采用氡个人剂量计，用于估算氡及其子体的剂量。与外照射相比，内照射剂量估算的不确定度要大得多。

**公众评价指标** 对于公众，评价的指标是：①关键居民组个人有效剂量，通常用年有效剂量表示。关键居民组指在某一给定实践所涉及的各受照居民组中，预期将受到最大辐射照射的居民组。在国际放射防护委员会 2007 年建议书中提出用代表人代替关键居民组，代表人代表人群中所受高端照射人员所接受剂量的个人。②集体剂量，通常用年集体有效剂量表示。集体剂量的计算范围（即评价范围）可分为三种：局地的，其计算范围一般在半径为 50～100 km 范围内，对核电厂一般规定为 80 km 左右；区域的，计算范围一般定为半径 1 000 km；全球的，年集体有效剂量分布范围很宽时，则应给出分范围的剂量分布。

**确定公众剂量的方法** 计算和确定公众剂量的方法通常是：测定和计算核实践排放到环境中的放射性流出物数量（即源项）；调查和分析评价范围内有关气象、水文、人口分布、居民食谱和使用因子等资料；选择适当的放射性物质在环境介质中迁移和剂量估算模式，以及放射性物质在环境介质中转移的参数和人体中代谢的参数；然后计算关键居民组所受的剂量和集体剂量。再结合核实践的环境监测数据，分析和评价计算的结果。

在辐射照射评价的基础上，应对辐射防护代价进行定量和定性的估算，全面评价辐射防护管理和技术措施，制定或修订辐射防护大纲。在辐射防护评价的过程中，应尽量采用各种定性和定量决策技术，如分析树方法、代价效能、代价利益分析和多准则法等，研究和确定各种因素的相对权重，进行灵敏度分析，根据最优化的原则，评价所获得的材料，明确改进辐射防护的措施与目标，形成建议。

在核实践中，危害因素常常不仅仅是辐射。在进行辐射防护评价时，要考虑到其他危害因素的存在及其可能的影响。为了减小对公众的照射，有必要设置废物处理和处置设施，而处置和处理设施的运行又可能增加职业照射集体剂量；显然，在考虑这一问题时，应同时研究两个因素。但这一问题的研究非常复杂，现在还没有研究出统一衡量各种危害的指标，但危害指标的研究已取得了很大的进展。在进行辐射防护评价时，应经常考虑到它是全面危害评价的组成部分。

为了提供一个在所有照射情况下环境保护的良好框架，国际放射防护委员会在其 2007 年建议书中提出了采用参考动物和植物对非人类物种进行评价的建议。在此之前，一些国家（如美国、加拿大和澳大利亚等）的相关机构已经明确提出了这方面的要求。

（潘自强　刘森林）

**推荐书目**

李德平，潘自强. 辐射防护手册：第三分册 辐射安全. 北京：原子能出版社，1990.

潘自强. 中国核工业 30 年辐射环境质量评价. 北京：原子能出版社，1990.

**fushe fanghu yu fusheyuan anquan yuanze**

**辐射防护与辐射源安全原则**　（principles of radiation protection and the safety of radiation sources）　采取各种措施，保障可能引起辐射危险的源的安全，保护人类免受辐射危害的原则。辐射防护与辐射源安全原则主要涉及辐射防护和辐射源安全的基本目标和通用法则，而辐射防护与辐射源安全的要求和导则等下层文件则根据具体应用对象和范围将这些原则逐步深入和细化。所指的辐射限于电离辐射，不含非电离辐射。而源的概念是广义的，既可以包括放射性物质，也包括含有放射性物质或能产生电离辐射的器件、装置和设施。

**目标**　为人类提供适宜的防护与安全标准，而不致过分地限制会产生辐射照射的有益实践，或避免在干预时付出不适当的代价。

防护目标是防止受照个体出现确定性效应，降低群体中发生随机效应的概率；安全目标是对源采取并保持有效的控制以保护个人、社会和环境免受辐射危害。

**沿革**　国际放射防护委员会 1977 年第 26 号出版物中提出了辐射防护三原则，即正当性、最优化和剂量限制体系，1990 年的 60 号出版物再次重申了此三项原则。而国际原子能机构 1996 年在此基础上，出版了安全丛书第 120 号《辐射防护与辐射源安全原则》，其中又引入辐射源安全、法制体系和责任等因素，提出了辐射防护与辐射源安全的 11 项原则。

2006 年，国际原子能机构与欧洲原子能共同体、粮农组织、国际劳工组织、世界气象组织、经济合作与发展组织核能署、泛美卫生组织、联合国环境规划署和世界卫生组织等 9 个国际组织联合发布了编号为 SF-1 的《基本安全原则》文件。《基本安全原则》将 1993 年的《核设施安全原则》、1995 年的《放射性废物管理原则》和 1996 年的《辐射防护与辐射源安全原则》三个出版物整合取代。对于原则应用的语气也由原来的“应当”强化为“必须”。

**针对实践的原则**　①实践应当是正当的。即该实践产生的利益应当大于对受照个体和社会带来的可能辐射危害。②对于正当的实践，医疗照射除外，应当采取剂量限制措施确保任何个人不会受到不可接受的辐射照射。③对于除治疗照射外的任何辐射源的照射，应当采取一切必要措施使受照剂量、受照人数和受照的可能性达到可合理达到的尽量低的水平。④应当采取各种合理可行的强化安全运行措施，防止出现辐射事故并缓解事故后果。

**针对干预的原则**　①任何干预措施都应当

满足利大于弊的原则。②应当对各种干预的形式、规模和持续时间等因素综合进行优化，使其净利益最大化。

**针对源的原则** ①在源的布局时，应当综合考虑会影响源的安全、照射大小或潜在照射的可能性、受照个体、群体和环境的各种因素。②源的设计与建造应当满足可靠、稳定和方便的管理运行，以确保防护和安全在高置信度水平。因此，应当对人为因素、系统测试、运行经验反馈和纵深防御各个方面进行综合考虑。③源的运行与使用应当基于运行规程和工况条件，不断总结运行经验和吸取教训，确保源的安全与安保和辐射防护最优化。

**针对防护与安全的基础架构原则** ①政府部门应当建立有效的法制体系以监管实践和干预活动，明确各核安全监管机构的职责。②相关法制体系内的各责任方应当为防护与安全提供应有的支持，验证防护与安全的有效性，准备合适的应急计划。

**国内应用** 我国虽未正式发布辐射防护与辐射源安全原则，但在核能与核技术应用的实践中和审管过程中使用了这些原则。

（杨华庭 潘自强）

**fushe fanghu zuiyouhua**

## 辐射防护最优化

（optimization of radiation protection） 在考虑了经济和社会因素之后，使个人受照剂量的大小、受照射的人数以及受照射的可能性均保持在可合理达到的尽量低水平的行为。

**沿革** 国际放射防护委员会(ICRP)在1965年第9号出版物中首次提出了辐射防护最优化原则。1973年22号出版物提出的代价-利益分析和单位集体剂量的货币价值的概念，真正使得辐射防护技术和经济效益联系起来。1983年37号和1988年55号出版物介绍了最优化的代价-效能、代价-利益和多属性分析等运算方法和判断标准以及最优化应用的计算实例。1977年26号、1990年60号和2007年103号三份建议书都进一步阐述和发展了最优化概念的内涵。

**研究内容** 辐射防护最优化是辐射防护体系的三项原则之一，是否推行和实施最优化已成为判断辐射防护实践优劣的重要标志。

最优化的方法和实施，从简单的常识判断（定性方法）到定量方法，如代价-利益分析，乃至多属性分析，均有助于判断是否要对实践或实践的某一组成部分采取减少照射的措施。防护的最优化主要是源相关的，所以首先用于任一实践的设计阶段。这时，最易达到节省资源而又能有效地降低剂量的目的。运行阶段的最优化通常涉及操作方法和步骤上的改变，往往也很有效，但也需事先策划。

多数最优化方法倾向于对社会及全体受照人员的利益和危害进行分析，但利益和危害不可能在社会中以相同的方式分配，因此有可能在某一小群体和另一小群体之间引起相当大的不公平。这可以通过在最优化过程中引入源相关的个人剂量的限制来减少这种不公平，并限制该源产生的个人剂量不超过剂量约束值。这种源相关的限制便是所谓的剂量约束。对于潜在照射来说相应的限制是危险约束。这些是最优化不可缺少的一部分。

对于良好的实践而言，辐射防护最优化必须贯穿于实践或设施的选址、设计、调试、运行和退役的全过程。

**辐射防护最优化方法的实施** 为了避免浪费人力物力资源，在进行最优化分析前，应首先明确需解决问题的性质和目标，确定研究的范围和边界。通过与工程和防护专家的广泛深入讨论细化可能的选择和因素。任何有关辐射防护研究的因素均包括防护的代价和人员的剂量，但并不是所有的因素都直接与定量分析有关。要特别注意用工程判断来处理一些难以定量化的因素，因此，不应当认为辐射防护最优化就一定是定量分析。

防护最优化是一个不断循环迭代的过程，首先，要充分考虑各种可能影响照射的因素，即详细考察“何时、何地、如何和谁受到了照射”这一问题的各个环节。其次，要有利益相关者的积极参与，即考虑技术、经济、社会、环境和伦理诸因素对防护措施的影响，否则最优化的效果可能会大打折扣。影响因素包括：①受照人口特征：性别、年龄、健康状况、敏感人群、遗传特性和生活习惯。②照射特征：照射的时间和空间分布、受照人数、最小和最大个人剂量、平均个人剂量、集体剂量、潜在照射的可能性、事故照射等。③不同人群的照射转移：公平性、可持续性和习惯等。④社会考虑和价值：公正性、不同年龄、个人获得的利益、社会利益、受照人群的信息和知识水平等。⑤环境考虑：对其他生物种群的影响等。⑥技术和经济方面：可行性、代价和不确定性等。通过对比具体实际防护行动和目标，通常可很快简化上述因素的许多内容。

最优化过程的目的是得出最优的防护方案。由于最优化原则本身就具有判断的特性，要求明确各种方案中的参数、数据、假设和取值。对方案进行评价时，要对各种方案的可行性进行比较。方案本身可能是针对源本身采取措施的（这种常常是最有效的），可能是针对个人的，也可能是针对源与人之间的环境，也可以是上述情况的组合方案。

利益相关者的参与是最优化过程的重要内容。利益相关者包括决策者、营运单位、辐射防护机构、受照射人员或其代表（如工会）、决策技术支持机构（合格专家和实验室）以及当地的政府部门和社团。无论利益相关者的参与深度和参与形式如何，决策者要对最终决策承担责任。

**常用定量决策方法** 包括代价-效能分析法、代价-利益分析法、多属性效用分析法等。

**代价-效能分析法** 为了定量地比较同一实践几种防护方案的优劣，可先分别列出各个方案的集体剂量 $S_i$ 所对应付出的代价 $X_i$，并将其标在集体剂量-代价坐标图中，从图中可直接辨别并淘汰非代价-效能方案（★号代表的方案）。再依据最高可付出防护代价和所允许的最大集体剂量这两个约束条件排除 1 方案和 5 方案。然后，在剩余下来的代价-效能方案中，再分别计算各方案间为减少单位集体剂量变化所对应代价的变化，即 $\Delta X_i/\Delta S_i$，称作代价-效能比，其中 $\Delta X_i$ 为实施某方案较前一方案增加的代价，而 $\Delta S_i$ 为相应的集体剂量的减少。根据代价-效能比数值较小的方案相对较优的原则，在 2、3 和 4 方案中确定何者为最优方案。

代价-效能分析法相对简单，在最优化分析中常用来初步筛选所考虑的方案。其不需要预先确定单位集体剂量对应的货币价值（$\alpha$值），因此，不包括防护代价和集体剂量间的转换，不是严格意义上的防护最优化分析。

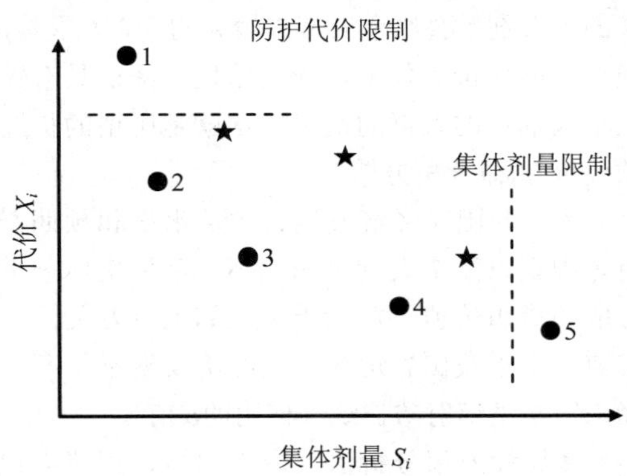


**代价-效能分析法示例**

**代价-利益分析法** 引入伴有辐射照射的某项实践后，带来的利益可表示为 $B=V-(P+X+Y)$。

式中，$B$ 为纯利益；$V$ 为毛利益；$P$ 为除与辐射防护有关的代价之外的所有生产代价；$X$ 是为达到相应防护水平而需要付出的防护代价；$Y$ 为该防护水平所对应的辐射照射危害代价。

若能使纯利益 $B$ 达到极大值，即可认为辐射照射已保持在可合理达到的尽量低水平。上式中的独立变量是该项实践对应的集体剂量 $S$。因此，辐射防护最优化的条件是上式对自变量 $S$ 的导数为零，即 $\mathrm{d}B/\mathrm{d}S=0$。

一般情况下，可认为 $V$ 和 $P$ 不随集体剂量 $S$ 变化，而为降低集体剂量 $S$ 会降低辐射危害 $Y$，但也会增加防护代价 $X$。当 $\mathrm{d}X/\mathrm{d}S=-\mathrm{d}Y/\mathrm{d}S$ 时，即当减少单位集体剂量所付出的防护代价正好与所对应减少的辐射危害代价相抵时就是最优点。另按辐射防护的线性无阈假设，$Y$ 与 $S$ 成正比，即 $Y=kS$。因此，当 $\mathrm{d}X/\mathrm{d}S=-k$ 时即为最优的辐射防护水平，相应的防护方案即为最优的防护方案。由于实际并未有具体的 $k$ 值，实用中用的是国家主管部门发布的 $\alpha$ 值，因此，当为减少单位集体剂量所付出的防护代价小于但尽可能等于 $\alpha$ 值就是可接受的最优值，相应的方案是最优防护方案。

这种代价-利益分析方法只考虑了总的集体剂量，而未涉及个人剂量存在某种形态的分布这一事实。

对于个人剂量分布不均匀的情况，因为较大的个人剂量会给个人带来较大的危害，显然，在一定的代价条件下，应设法优先降低具有较大个人剂量的人群的剂量。这就是所谓的扩展的代价-利益分析方法。

依不同国家经济发展、生活水平和预期寿命等因素以及个人剂量的大小，单位集体剂量对应的货币价值可从几千美元到上百万美元。目前，由于我国各地区之间经济发展不平衡，尚未发布供辐射防护统一使用的 $\alpha$ 值。

**多属性效用分析法**　由工程学、管理学和心理学等几个学科结合发展而成，是一种用途广泛的决策方法。其特点是把一些难以用货币计量的社会、人文和心理等因素定量化，从而可以对那些通常只能做定性分析的问题做出定量判断。

这一方法首先要求对所考虑的各个因素确定效用函数，然后计算不同防护方案相应的效用值，最后比较各个方案的总效用值，总效用值高的方案为优。

这一方法要求赋予每个效用函数的表达式，这在实际工作中并不容易。而且要求评价和指定权重因子，对此引入某种形式的专家表决系统也许是有益的。从国内外的辐射防护实际应用情况看并不广泛。

**最优化原则的应用**　辐射防护最优化的作用是巨大的，国际上最突出的例子是在核电领域。20 世纪 80 年代，世界范围内核电的发电量持续增长，但通过贯彻最优化原则，使照射剂量得到明显的下降。例如，美国在 1980—1992 年，核电的年发电量增加了 70%左右，而核电厂工作人员的总集体剂量却下降到原来的 1/2 左右。

从核能机构的职业照射信息系统的年报可知，控制职业照射并使之最优化是核电厂辐射防护工作的一项主要任务。全世界压水堆核电厂每个机组的年平均集体剂量已从 1992 年的 2 人·Sv/堆降到了 2009 年的 0.77 人·Sv/堆，最低值甚至达到了 0.24 人·Sv/堆。我国压水堆核电厂在 2009 年平均集体剂量是 0.54 人·Sv/堆，属于比较先进的水平。

通过防护优化和工艺改进及其他措施，我国铀矿山井下作业人员的个人剂量从 20 世纪 60 年代初期的年人均剂量 40 mSv 下降到 70 年代的近 30 mSv；进入 80 年代到 21 世纪初，基本保持在 20 mSv 以内；2006—2011 年，又进一步保持在 10 mSv 以内。但世界地下铀矿山 80 年代末的平均年人均剂量就不到 5 mSv，这说明我国地下铀矿山的防护优化工作还大有潜力可挖。

集体剂量是最优化应用的关键因素，但近年来，对集体剂量有滥用的趋势。因此，ICRP 建议，对于照射涉及大量人口、大的地理区域和较长的时间尺度的情况，要慎用集体剂量，尤其是在数据存在大的不确定度的情况下。

在实际工作中，防护最优化主要在辐射防护方案和措施的选择、设备和工艺的设计和确定各种管理限值时使用。当然，防护最优化不是唯一的因素，但它是确定措施、设计和限值的重要因素。　（杨华庭　潘自强）

**fushe gongzuo changsuo fenqu**

**辐射工作场所分区**　(classification of areas of radiation works)　核或辐射设施的工作场所通常区分为辐射工作场所和非辐射工作场所。辐射工作场所（又称放射性工作场所）分区，是指对其进行进一步的分类分区，以便于辐射防护管理，尤其是便于有效地对辐射工作人员的职业照射实施控制。

关于辐射工作场所分为控制区和监督区所采用的分区原则是逐步演变的。国际放射防护委员会（ICRP）1977年建议书（ICRP第26号出版物）建议，工作人员在其内接受照射剂量不超过年限值3/10的区域为监督区；受照射剂量超过年限值3/10的区域为控制区。ICRP 1990年建议书（ICRP第60号出版物）认识到，按1977年建议书的这个建议所施行的控制区与监督区的划分有太大的任意性，建议改为主要依据工作区域是否要求采用专门防护措施或安全规定来划分控制区和监督区，并强调分区应在设计阶段确定或由运行管理者根据运行经验与判断确定。现行的国际和国内辐射防护和安全标准所采用的辐射工作场所分区原则与其完全一致。

《国际电离辐射防护和辐射源安全基本安全标准》（国际原子能机构安全丛书第115号，1996年版）和我国国家标准《电离辐射防护和辐射源安全基本标准》（GB 18871—2002）的有关条款规定：辐射工作场所分为控制区和监督区两类区域；为了便于在正常工作条件下控制正常照射、防止污染扩展和防止潜在照射或限制其程度，要求或可能要求采用专门防护措施或安全规定的任何区域，划定为控制区；不需要采用专门防护措施和安全规定，但需要经常核查其职业照射条件的、未被定为控制区的任何区域，划定为监督区；应尽可能采用实体边界明确划定控制区的边界，采用适当手段划定监督区的边界；应在控制区的进出口处和控制区内其他适当位置设立醒目的警告标志，在监督区的入口处设立表明监督区的标牌。

GB 18871—2002还规定：对于核或辐射设施的范围较大的控制区，如果其内的辐射照射水平（注意不是工作人员接受照射剂量的大小）或放射性污染水平在不同的局部区域变化较大，需要采用不同的专门防护措施或安全规定时，可对其再划分为不同的子区。关于如何划分核或辐射设施的控制区子区，则宜由设施的设计者或供应者确定，或由国家相关行业标准推荐。

在实际工作中，有些核设施采用不同的颜色来区分子区，以利于警示或人员随时判别自己所在的区域。（吴德强　刘森林）

**fushe huanjing guanli**

**辐射环境管理**　（radiation environmental management）　环境管理的重要组成部分，为了防治放射性污染，保护环境，保障人体健康，促进核能、核技术的开发利用，通过全面规划和有效监督，对人为活动引起环境辐射水平升高而进行的一项综合性活动。根据《中华人民共和国放射性污染防治法》规定，国务院环境保护行政主管部门对全国放射性污染防治工作实施统一监督管理。通过运用法律、法规、标准，以及经济、教育和科学技术手段，协调核能、核技术的开发利用与环境保护之间的关系，处理国民经济各部门、各社会集团和个人有关环境问题的相互关系，使社会经济发展在满足人们物质和文化生活需要的同时，防治放射性污染，保护环境，保障人体健康。

**管理范围**　核设施和辐射设施选址、建造、运行、退役和核技术、铀（钍）矿开发利用过程中发生的放射性污染防治活动，以及引起天然辐射水平升高的人为活动，包括引起辐射照射或辐射照射危险增加的活动（实践）和采取减小照射的防护行动（干预）。参见实践与干预。

**管理原则**　为防止辐射照射对人和环境的有害影响提出一个适当的防护水平，但不过分地限制可能与照射相关的有益的人类活动。国家对放射性污染的防治，实行预防为主、防治结合、严格管理、安全第一的方针。国家建立和保持有效的法律和政府安全框架，包括独立的监管机构；保护当前和今后的人类和环境免于辐射危险；采取防护行动减少现有的或未受监管控制的辐射危险。

对所有可能导致公众辐射照射的实践和干预活动均应符合辐射防护原则。

**正当性原则**　任何改变照射情况的决定都应当是利大于弊，通过引入新的辐射源，减小现存照射，或降低潜在照射的危险，人们能够取得足够的个人或社会利益以弥补它引起的损害。

**防护最优化原则** 在考虑了经济和社会因素之后，个人受照射剂量的大小、受照射的人数以及受照射的可能性均保持在可合理达到的尽量低水平。在主要的情况下，防护水平应当是最佳的。为了避免这种优化过程的严重不公平的结果，应当对个人受到特定源的辐射剂量或危险加以限制（采用剂量约束或危险约束以及参考水平）。

**剂量限值的应用原则** 除了患者的医疗照射之外，任何个人受到来自监管源的计划照射的剂量之和不能超过国家标准规定的相应限值。此外，在放射性废物管理方面，应采取一切可合理达到的措施实现废物最小化，包括采用最佳可行技术实施对所有废气、废液和固体废物流的整体控制方案的优化和对废物从产生到处置的全过程的优化，力求获得最佳的环境、经济和社会效益，并有利于可持续发展；在应急管理方面，必须做出一切实际努力防止和减轻核事故或辐射事故，并为核或辐射事件（事故）的应急准备和响应做出安排。

**管理制度** 建立了严格的辐射环境管理制度。①在核设施的污染防治方面，确立了核设施（选址、建造、装料、运行、退役等）许可制度、环境影响评价制度、“三同时”制度（即放射性污染防治设施应当与主体工程同时设计、同时施工、同时投入使用，并经验收合格后，方可投入生产或使用）、规划限制区制度、实行国家监督性监测和核设施营运单位自行监测相结合的监测制度、核事故应急制度、核设施退役计划和退役费用预提制度；②在核技术利用的污染防治方面，确立了辐射安全许可制度、环境影响评价制度、“三同时”制度、废放射源收贮制度、放射源安全保卫制度；③在铀（钍）矿、伴生放射性矿开发利用的污染防治方面，确立了开采或者关闭铀（钍）矿和伴生放射性矿的环境影响评价制度，“三同时”制度，铀（钍）矿监测和定期报告制度，铀（钍）矿、伴生放射性矿开采过程中产生的尾矿的贮存和处置制度，铀（钍）矿退役管理制度；④在放射性废物的管理方面，确立了排放量申请和报告制度、放射性流出物排放监控制度、放射性固体废物分类处置制度、放射性固体废物经营（贮存、处理和处置）许可证制度、放射性废物进境和过境管制制度等。

**技术标准** 放射性污染防治标准由国务院环境保护行政主管部门根据环境安全要求、国家经济技术条件制定，国务院环境保护行政主管部门和国务院标准化行政主管部门联合发布。我国《电离辐射防护与辐射源安全基本标准》（GB 18871—2002），对实践和干预的辐射环境管理作出了规定。

适用于该标准的实践包括：①源的生产和辐射或放射性物质在医学、工业、农业或教学与科研中的应用，包括与涉及或可能涉及辐射或放射性物质照射应用有关的各种活动；②核能的产生，包括核燃料循环中涉及或可能涉及辐射或放射性物质照射的各种活动；③核安全监管机构规定需加以控制的涉及天然源照射的实践；④核安全监管机构规定的其他实践。

适用该标准的干预情况是：①要求采取防护行动的应急照射情况，包括已执行应急计划或应急程序的事故情况与紧急情况，核安全监管机构或干预组织确认有正当理由进行干预的其他任何应急照射情况；②要求采取补救行动的持续照射情况，包括天然源照射，如建筑物和工作场所内氡的照射，以往事件所造成的放射性残存物的照射，以及未受通知与批准制度，及控制的以往的实践和源的利用所造成的放射性残存物的照射；核安全监管机构或干预组织确认有正当理由进行干预的其他任何持续照射情况。

**发展趋势** 围绕保护人类和环境免于电离辐射有害影响这一基本安全目标，政府负有勤勉管理的义务和谨慎行事的责任。尽管辐射照射对人体健康的影响已经得到了相当充分的了解，但是辐射照射对环境的影响一直缺乏彻底的调查研究。目前的辐射防护体系一般对人类环境中的生态系统提供适当的保护，以防止它们受到辐射照射的有害影响。为环境保护目的而采取的措施，一般旨在保护生态系统，避免对某一物种（有别于生物个体）产生不利后果的辐射照射。

早在 20 世纪 60 年代，人们就开始研究辐射对生物的影响。为了交流非人类物种放射防护研究的经验，从 20 世纪末开始，召开了一系列的国际会议。特别是 2003 年 10 月，国际原子能机构联合联合国原子辐射影响科学委员会、欧洲委员会和国际放射生态联合会，在瑞典斯德哥尔摩召开了“电离辐射影响环境保护”国际会议。来自全世界 38 个国家和 11 个国际组织的 200 多名专家、学者与代表参加了本次会议。会议的主要收获是：一些国际组织在研究加强放射性物质排入环境的控制时，明确考虑除人类之外的其他物种的防护时机已经成熟。

目前对于非人类物种放射防护的基本考虑包括：①任何辐射照射不应对濒临灭绝，或处于生态逆境，或具有特别生态价值的任何物种、栖息地或地貌产生任何有害的影响（保护和保持原则）；②任何辐射照射不应影响环境支持现代和后代人类和生物生存的能力（可持续发展原则）；③任何辐射照射不应影响每一种群内、在不同种群之间以及在不同类型栖息地和生态系统之间的多样性保持（保护多样性原则）；④任何环境辐射照射源的管理均遵循利益和危害平等分配的原则，即由辐射照射源产生的利益和辐射照射产生的任何伤害的补偿之间平等分配的原则（环境公平原则）；⑤在决定任何环境辐射照射源的可接受性及其相应管理时，应当考虑影响决策的人们所持的不同的道德和文化观点（人类尊严原则）。

目前，为了提供一个在所有照射情况下环境保护的良好框架，国际放射防护委员会（ICRP）提议采用参考动物和植物。为了建立可接受性的基础，计算所得的这些参考动物和植物的附加剂量，可以与那些已知的或预期的具有确定生物效应的那些剂量率及这些类型动物和植物在它们的天然环境中正常遭受到的剂量率进行比较。然而，ICRP 不准备制定对环境保护的任何形式的“剂量限值”。电离辐射可能仅仅是一个较小的因素（取决于环境照射情况），为试图实现这些环境保护目标，一种均衡发展观是必要的。采用防止或减小可能引起动物或植物早期死亡或繁殖率减小，使其对物种保护、生物多样性的保持或自然栖息地或群落状态的影响达到可忽略水平的方法保护环境。（陈晓秋　康玉峰）

**fushe huanjing jiance**

**辐射环境监测**　（radiation environmental monitoring）　又称环境辐射监测。是为了解环境中的放射性水平，通过测量环境中的辐射水平（外照射剂量率）和环境介质中放射性核素含量，并对测量结果进行解释的活动。狭义的辐射环境监测专指电离辐射环境监测，这时，辐射环境监测也称环境放射性监测。广义的辐射环境监测还包含电磁辐射环境监测。在此仅限于狭义的辐射环境监测。

**沿革**　我国的辐射环境监测始于20世纪50年代核工业创立初期，当时主要由核设施营运单位自行监测，监测范围局限于核设施周围地区。1964 年我国开始进行大气层核试验，在全国设立了 45 个监测点，监测核试验落下灰的辐射环境影响。随着大气层核试验的停止，这些监测点逐渐消亡。20 世纪 80 年代，原国家环境保护局在全国范围内组织开展了“全国环境天然放射性水平调查研究”，创建了我国辐射环境监测体系的基础。20 世纪 90 年代又组织开展了针对核设施和核技术应用项目的放射性污染源调查和我国首批核电厂等重点源的监测，提升了环境保护监督监测的能力。21 世纪初，环境保护部开始组织建设全国辐射环境监测网络，对重点核设施进行流出物监测和环境监测，对全国辐射环境质量进行监测，同时，国家和地方在“十五”、“十一五”期间陆续投入了大量辐射环境监测方面的硬件基础能力建设。目前，我国已建立了完整的国家和地方两级全国辐射环境监测组织体系，初步建立了国家辐射环境监测网络系统，包括全国辐射环境质量监测、重点监管的核与辐射设施周围环境的监测、核与辐射事故应急监测，已建成了一批辐射环境质量监测国控站点。经过几十年的发展，我国辐射环境监测工作从无到有、从弱到强、从局部到全国，得到了比较全面的发展。

**分类** 根据环境保护的管理需要，环境保护部门组织实施的辐射环境监测可分为：环境质量监测、监督监测、应急监测等。根据辐射防护评价的需要，环境监测也可分为两种：与源相关的环境监测和与个人相关的环境监测。核设施、核技术利用、铀钍矿和伴生放射性矿开发利用、放射性废物管理单位，依据法律对本单位可能造成的放射性污染和环境影响，开展辐射环境监测并向环境保护部门报告监测结果。

**环境质量监测** 主要是监测区域环境中污染物的分布和浓度，以确定环境质量状况。定时、定点的环境质量监测历史数据，可以为环境质量评价和环境影响评价提供必不可少的依据，环境质量监测特点是监测范围较大，可大至整个国家领土，或是某个地方的行政辖区范围。通过环境质量监测，能准确、及时、全面地反映区域内环境质量现状及发展趋势，为环境管理、污染防治、环境规划等提供科学依据。通常，环境质量监测由政府主导实施，能为对污染物迁移转化规律的科学研究提供基础数据。辐射环境质量监测除上面提到的作用外，还能掌握区域内辐射背景连续数据，在判定突发事故（包括境外事故）对环境的影响时提供比较参考数据。

**监督监测** 又称监督性监测。是针对特定辐射源的监测，为监督该辐射源是否对周围环境造成影响或影响的程度而进行的监测。主要目的是防止该辐射源对周围公众造成不可接受的辐射危害。监督监测数据为环境保护管理和执法提供依据。

**应急监测** 是针对某个核设施或一定区域内突然发生的或对社会产生广泛负面影响的事件、事故或灾难而开展的监测。旨在查明污染物种类、污染程度和范围，以及发展趋势，为应急决策和社会管理提供科学依据。

**与源相关的环境监测** 是针对由特定污染源或活动产生的环境辐射水平（如空气中吸收剂量率）的测量或环境介质中放射性浓度（如土壤中的γ核素活度浓度）的测量，重要的是要发现该污染源在周围环境中的污染贡献增量，在调查期间为区分特定污染源或活动的贡献可能需要进行比较测量。

**与个人相关的环境监测** 是同一人群组可能受到若干个污染源照射情况下的环境监测，其主要目的是评估所有这些源对该人群组造成的剂量。在环境保护实际工作中，监督监测是典型的与源相关的环境监测，环境质量监测则是一种与人相关的环境监测。

**实施主体和职责** 根据我国现有体制，环境监测实行双轨制，即环境保护主管部门依法设立的环境监测机构根据国家有关法规标准开展环境监测，属于政府行为；辐射源（设施）营运单位根据国家有关法规和自身的需要也开展环境监测。《中华人民共和国环境保护法》和《中华人民共和国放射性污染防治法》等有关法律规定，国家负责组建全国环境监测网络，各级政府负责设立环境监测机构，并组织开展监测工作。主要工作职责是：监测网络、监测机构的组建和运行；辖区内环境质量的监测与发布；辖区内污染源的监督监测，污染排放监测；发生环境突发事故时，及时开展应急监测；环境监测技术的科学研究。

**目的** 环境监测的基本目的都是为了发现环境受污染的程度，但根本目的取决于执行主体的期望目标。

国家机构环境监测的主要目的有：①掌握区域辐射环境质量状况和变化趋势，为评价区域辐射环境质量和国民公众剂量提供基础资料；②监控核设施和伴有辐射设施的辐射污染排放，为环境执法和辐射污染防治提供科学依据；③预警核与辐射事故（事件），确保核与辐射环境安全；④在事故情况下及时开展应急监测，为应急防护决策提供第一手资料；⑤为公众提供环境安全信息，促进核与辐射设施与周围公众的和谐相处。

营运单位环境监测的主要目的：①检验和评价营运设施对放射性物质包容的安全性和流出物排放控制的有效性，反馈有利于优化或改进“三废”排放和辐射防护设施的信息；②测定环境介质中放射性核素浓度或照射量率的变化，检验排放对环境影响程度是否控制在目标值内，评价公众受到的实际照射及潜在剂量，或估计可能的剂量上限值，证明设施对环境的影响符合国家标准，对公众是安全的；③出现事故排放时，保持能快速估计环境污染状态的能力，为厂内应急决策提供依据，为厂外应急决策提供参考；④为监管部门和公众提供信息。

**辐射环境监测方案** 又称辐射环境监测大纲，简称监测方案或大纲。环境监测工作要能满足相应的监测目的，作为监测工作的总纲和实施依据，监测方案的制订应始终围绕监测目的。

根据各类监测的目的，监测方案必须包括辐射测量和有关支持材料的收集以及关键组和居民的剂量评估。监测方案的设计必须考虑下列因素：①辐射源的放射性总量和放射性核素组成；②源周围辐射场空间与时间特征；③批准的排放量与排放率；④来自邻近任何的污染源或活动的可能贡献，排放途径、照射途径，现场的环境特性，辖区居民的特点与习惯；⑤来自计划的与潜在的释放以及关键人群组年平均个人剂量和环境的重要性。

环境监测是在设施外围的环境中实施，指出公众和环境的照射增加的监测。环境监测方案包括辐射场测量和环境样品中放射性核素活度浓度测量。与人类照射有关的环境样品主要是空气、饮用水、农产品和天然食品以及浓集放射性核素和作为度量放射性水平趋势的指示生物。实施与源相关的环境监测是为了评价特定辐射源和放射性核素排放对环境的影响。为确定特定源对环境的影响，测量点和采样点必须加以选择，而采用的分析方法必须能探测该源引起的放射性污染和由其造成的辐射。监测方案的设计始终与被监测环境现场的特性有关。环境监测必须探测环境中放射性核素浓度或剂量率的长期变化趋势。环境监测的其他目标是核实源项监测结果和证实环境中放射性核素的迁移预测。环境监测方案必须是综合性的，而且必须与异常情况下局部地区快速响应、采样与测量、剂量率或放射性水平测量能力相适应。另外，支持监测方案必须包括其他种类的测量和数据收集活动，即相关的综合环境特性（气象、水文、土壤类型等）、人口特性（年龄分布、饮食习惯、职业等）和经济特性（土地和水的利用、农业技术等）。

监测方案的设计必须符合监测目标。环境监测方案的规模和需要，首先决定于关键人群组预期剂量的重要性。测量和采样必须在装置边界外公众容易进入的合适地方进行。测量和采样必须包括外部辐射水平测量和一切相关的环境样品、食品和饮用水放射性核素浓度的测量。测量和采样的地点必须根据监测目标和现场特性而定，需保证：①能确定公众最高辐射剂量；②能评估关键和重要人群的剂量；③能确认放射性核素污染最大地区。

环境监测方案必须能根据源项监测结果检验预测，并根据其结果在必要时评估公众剂量。为此，采样和测量必须在根据排放的弥散方式而确定的一些点上进行。此外，关键居民组的生活习惯与消费方式的了解将确定最合适的采样程序。

监测目标和监测方案在设施运行的不同阶段（运行前、运行阶段、退役和退役后长期管理）是不同的。在设计监测方案时必须考虑来自附近的任何辐射源或活动的可能贡献：排放途径和人类受照射途径、现场的环境特性、所涉居民的特点和生活习惯、来自计划和潜在的释放所致关键人群组年平均个人剂量。常规监测方案的设计也必须为事故情况下的应急监测提供良好的基础，在监测安排中要有相当大的灵活性，以便使监测方案能很快地由常规运行转为应急情况下的监测。对可能的应急情况的监测进行充分准备和规划是极为重要的。

监测方案的制订是优化过程的结果，需要考虑测量资源可利用性、不同照射途径的相对重要性以及放射性和剂量水平的约束值。监测方案一旦实施，必须定期复查，确保它连续地实现目标。

与个人相关的环境监测，必须在同一个人群组受到几个实践或源潜在照射的地方实施。一个例子是在邻近的范围内有几个营运单位被政府批准有权将液体流出物排入同一水体。在这种情况下，与人相关的环境监测方案必须在涉及特定关键人群组具体活动的地方实施。

与个人相关的环境监测方案的设计原则和与源相关的环境监测方案的设计原则十分相似。在与个人相关的环境监测情况下，必须从能确定所有排放的综合影响的地点选择采样点位，例如，在上述情况下，地表水或水处理设施的汇合处。此类监测方案的独特设计，必须要有每个贡献源发射的辐射和排出的放射性核素的化学与物理形态及排放频率等资料，以便采用合适的采集和测量方法。

**辐射环境监测的实施** 辐射环境监测从监测方案的设计开始，还需要经过监测实施计划的编制（如果需要的话）、现场测量或采样、样品的前处理和实验室分析、监测数据的处理和分析、剂量评价、结果整理与报告编制、记录与报告的存档等。另外，在整个流程中还需要覆盖与监测方案同步制定的质量保证计划中的质量保证和质量控制要求。

**采样技术要求** 采样方案必须适合于监测的状况，并与具体监测目的的目标相一致。采样点位和采样频度取决于任务目的要求、释放类型、放射性核素量和释放引起的预期照射等情况（参见环境辐射监测方法）。

**测量技术要求** ①在监测方案的框架中，正常和应急释放情况下或持续照射状态下的环境监测是在环境中和在实验室中进行的。辐射测量的技术要求是：选择测量的介质、点位和频度；选择适合于特定辐射类型和能量响应的仪器设备；为最低和最高辐射或放射性探测水平规定要求。②用于测量的仪器设备的选择必须考虑使用这些仪器设备所要达到的目的，还必须考虑设施在正常运行和应急期间可能释出的放射性核素的量级；样品测量频度取决于被监测的项目和介质中放射性浓度随时间的变化情况；测量的时间间隔应与被监测的放射性核素的半衰期相适应。③用于实践和持续照射情况下低水平测量的设备和方法，其最低可测活度（MDA）必须能保证放射性核素水平测量事实上比相应介质中的放射性核素的限值或行动水平低 1～2 个数量级。如果规定的限值低于本底水平，那么 MDA 能保证测到低于本底水平就够了。如果监测数据被用于关键人群组年剂量的评估和核查是否与实践情况剂量约束值或干预水平一致，相应设备的MDA必须选择能保证测到的水平显著低于规定的计及人体多种照射途径的参考剂量水平。对于必须控制的每种照射途径，必须分配一定份额的参考剂量；MDA 必须保证对这些可能剂量贡献的探测。④用于应急情况下测量的设备必须能测量在严重事故情况下可能出现的高辐射或高放射性核素水平。由于在这种情况下源项的导出对决策非常重要，这种监测至少必须能提供在该事件中在放射学上最重要的放射性核素的有关数据（参见环境辐射监测方法）。

（赵顺平　赵亚民）

fushe huanjing yingxiang pingjia

**辐射环境影响评价** （radiation environmental impact assessment） 对电离辐射或放射性物质可能造成的环境影响进行分析、预测和评估。辐射环境影响评价因电离辐射或放射性物质的来源不同大致可区分为（但不仅限于此）核燃料循环设施的辐射环境影响评价、核技术应用项目的辐射环境影响评价、人为活动引起的天然辐射水平增加的辐射环境影响评价、放射性物质运输的辐射环境影响评价以及辐射对非人类物种的影响评价等。

**核燃料循环设施的辐射环境影响评价** 核燃料循环指核燃料循环的全过程，包括铀矿冶、转化、同位素分离、元件制造、核电厂、燃料后处理以及放射性废物处理处置设施。核燃料循环设施的辐射环境影响评价是就设施选址、建设、运行和退役（包括退役后）等过程可能对环境造成的辐射影响所进行的预测和评估，目的是对设施产生的放射性污染和对环境的辐射环境影响做出评价，并提出防治措施，以保护环境，改善环境质量。

**评价内容** 一般包括正常和事故状态下放射性物质排放的环境影响评价。评价的具体工作内容因阶段不同而有所差别。在选址阶段，主要工作内容是通过资料调研、现场踏勘及参考电厂数据资料的类比，提供足够的厂址区域的环境资料（地质、地震、水文、气象、人口分布等），预估设施可能的辐射环境影响，判定厂址实施应急计划的可行性和厂址的适宜性，并对工程设计提出环境保护方面的要求。在设计建造阶段，主要的评价工作内容是通过实地调查或实验手段，提供厂址区域实际的环境资料，预测其正常运行和事故状态下的环境影响，提供核燃料循环设施放射性源项的设计参数和环保设施的设计资料，说明其是否能满足有关的规定和要求，提供放射性水平本底调查结果和环境辐射监测计划，评价施工建造过程的环境影响，并提供核电厂的场内应急计划及与场外应急计划的接口与协调。在运行阶段，主要是根据环保设施的运行情况、放射性流出物的实际排放量和环境监测资料，对核燃料循环设施运行过程实际的环境影响做出评价。在退役阶段，评价工作重点是通过对退役方案、退役过程及退役以后的放射性源项分析，预测退役过程和退役后的环境影响，提出保护环境的措施。近些年来，流出物排放对非人类物种的影响，也已逐渐纳入辐射环境影响评价的内容。

**评价方法** 有两种：①利用核燃料循环设施流出物的排放资料，采用合适的环境转移模式和剂量估算模式，计算放射性核素排放在各种环境介质中的辐射水平，进而估算公众中的最大个人有效剂量和当量剂量，以及整个受照人群的集体有效剂量和当量剂量，并与国家规定的相应的剂量限值和本底照射水平作比较。②借助于环境监测资料进行类似的计算。鉴于核燃料循环设施正常排放产生的环境放射性水平的增量在多数情况下比放射性本底水平小得多，因此，在设施投入运行后，借助于环境监测结果所作的估算一般是作为补充的和具有验证作用的方法，并用于发现异常或事故排放。事故条件下，上述两种方法则是相辅相成、互相补充的评价方法。运用模式估算剂量中的几个关键环节是：①选择合理的评价模式，它们应能表征放射性核素在环境介质中的迁移转化规律，还应能反映人体对放射性核素的摄入和代谢特征；②合理地确定向环境的放射性释放源项，包括放射性核素的释放率、释放量以及物理、化学特性；③选择能够反映核燃料循环设施及其厂址特征的各种计算参数，例如，扩散参数、气象水文参数、核素在环境介质中的转移参数，以及居民对食品和饮水的消费量等；④进行模式有效性和参数不确定性分析，以估计模式预测结果的可靠性。

**评价指标** 核燃料循环设施放射性物质排放环境影响评价的基本评价指标是向环境排放的放射性物质造成的公众中个人的最大有效剂量（即代表人所受的平均有效剂量）和群体接受的集体有效剂量。

**核技术应用项目的辐射环境影响评价** 核技术已广泛应用于医学、工业、农业科研等方面。对于核技术应用项目，其辐射环境影响评价主要是论述核技术应用项目建成运行后所产生的辐射或放射性物质对环境造成的影响。评价内容包括正常和事故状态下的辐射环境影响评价。需要考虑的照射途径一般包括：气态放射性释放与液态放射性释放引起的照射以及来自辐射源（例如，放射源与加速器）的直接外照射。评价指标同样是公众中个人的最大有效剂量（即代表人所受的平均有效剂量）和群体接受的集体有效剂量。

**人为活动引起的天然辐射水平增加的辐射环境影响评价** 人类的很多活动可能引起天然辐射水平的明显增加，从而对环境产生新的影响。造成天然辐射水平增加的人为活动不同，对环境的辐射影响大小和性质就可能不同，开展辐射环境影响评价的要求、内容和方法也不同。例如，航空、航天活动会使航空、航天人员受到较高水平的宇宙射线照射，但这种活动无需考虑其辐射环境影响。用天然放射性核素含量较高的煤渣砖盖房，辐射环境影响评价的主要内容是评估γ外照射和氡释出的影响。人为活动引起的天然辐射水平增高的环境影响评价，其要求、内容和方法，基本类同于铀矿冶开采。

**放射性物质运输的辐射环境影响评价** 放射性物质（包括乏燃料）运输辐射环境影响评价的内容一般包括正常运输过程和运输事故情况下的辐射环境影响。其评价指标是运输路线沿途公众受到的最大个人有效剂量和集体有效剂量。正常运输情况下的照射途径是由货包表面剂量率产生的外照射。

**辐射对非人类物种的影响评价** 辐射防护的目标是既要保护人类，也要保护非人类物种免受辐射危害。因此，辐射环境影响评价的内容也应包括释放到环境的放射性物质对非人类物种影响的评价。近年来若干国际组织和一些国家已经在非人类物种放射影响评价的方法研究方面开展了大量工作。国际放射防护委员会提出了评价非人类物种放射影响的方法，美国、加拿大、英国等国家已在国家层次上提出了非人类物种放射影响评价的标准、方法，欧洲的芬兰、法国、德国、挪威、西班牙、瑞典和英国的15个单位联合开发了“评价电离辐射对欧洲生态系统环境影响的框架”。在我国，非人类物种放射影响评价正被逐渐引入到核设施（特别是核电厂）的辐射环境影响评价中。建设中的核电厂结合电厂特点，不同程度地开展了辐射对非人类物种影响的评价，重点是对非人类物种辐射剂量的初步估算。

（陈竹舟　刘森林）

**fushe huanjing zhengzhi yu huifu**

## 辐射环境整治与恢复

（radiation environmenttal remediation and recovery） 针对现存照射的情况（指在不得不作出控制决策时照射就已经存在的照射情况，包括紧急事件发生后的持续照射），而采取重建、修复或恢复等减小照射的补救行动的过程。这些行动可以是移开既已存在的源，改变照射途径，或减少受照人数，目的是避免或减少在现存照射情况下非此即可能发生的照射，直到满足可接受的整治和恢复准则（即与补救行动最优化水平相应的环境整治和恢复的目标）。

**补救行动的通用程序** 实施补救行动的通用程序主要包括以下4个方面：①初始场址的特征化和补救行动准则的选择；②补救行动方案的识别和最优化，编制补救行动计划并获得批准；③补救行动计划的实施；④补救行动后的管理。

这些主要活动每完成一步，都应该对该区域做出是否开放（无限制地利用）或部分开放（限制利用）的决策，或进行下一步活动。对于特定区域，实施中所采取的活动取决于过程中每一步活动的详细程度和复杂程度。在整个过程中，应当采用基于潜在危险的迭代方法。

**要求采取补救行动的持续照射情况** ①天然源照射，如建筑物和工作场所内氡的照射，以及天然存在的放射性物质；②以往事件所造成的放射性残存物的照射，以及未受通知与批准制度控制的以往的实践和源的利用所造成的放射性残存物的照射；③核安全监管机构或干预组织确认有正当理由进行干预的其他任何持续照射情况。

**基本原则** ①为了减少或避免照射，只要采取补救行动是正当的，则应采取这类行动；②任何这类补救行动的形式、规模和持续时间均应是最优化的，使在通常的社会和经济情况下，从总体上考虑，能获得最大的净利益；③在持续照射情况下，除非超过有关行动水平[见《电离辐射防护与辐射源安全基本标准》（GB 18871—2002）附录H]或参考水平，否则一般不需要采取补救行动；④对于适用《电离辐射防护与辐射源安全基本标准》的任何特定干预情况的各项有关要求的应用应与该干预情况的性质、严重程度和所涉及的范围相适应。

**补救行动的正当性** 与特定实践有关的补

救行动的正当性判断应考虑该实践的注册或许可情况：①对于已注册或许可并处于辐射防护体系控制下的实践，在考虑与该实践有关的持续照射的补救行动时，其正当性判断应是该实践正当性判断的组成部分，不应单独考虑补救行动本身的净利益；②对于未履行注册或许可程序的以往的实践，可以只根据与补救行动直接有关的各种因素（如厂址开放的价值、去污可避免的健康危害、投资以及公众的接受程度等）来判断补救行动的正当性。

对于一种已确定为正当的补救行动，即通过检验确认其能带来净利益而认为有理由实施的补救行动，应在实施过程中对其详细特征不断加以动态调整，以使所获得的净利益达到最大。

**补救行动的最优化**　补救行动的形式、规模和持续时间均应是最优化的，使在通常的社会和经济情况下，从总体上考虑，能获得最大的净利益。

应用防护最优化原则的一个必要的步骤是选择适宜的参考水平。应以适当的量规定通过补救行动实施的行动水平，如考虑采取补救行动时的年剂量率或所存在的放射性核素的适当平均的活度浓度。

为现存照射情况制定参考水平所考虑的主要因素是，控制这种情况的可行性，以及类似情况过去的管理经验。包括：①根据照射的性质、照射情况对个人及社会带来的利益和其他社会准则，以及降低或防止照射的可行性，表征相关的照射情况；②通过考虑国家或区域特征和优势，以及（如果适宜的话）考虑国际导则和其他良好实践的通用最优化程序，确定特定的参考水平。

**参考水平**　用于现存照射情况下防护和安全的最优化。参考水平由政府、监管机构或另一相关主管部门确定或核准。对于现存照射情况下的职业照射和公众照射，参考水平作为实施防护行动时为最优化目的确定方案范围的一个边界条件。

参考水平代表剂量水平或危险程度，高于参考水平则判定不适合计划允许照射发生，低于参考水平则实施防护和安全的最优化。所选择的参考水平值将取决于所考虑的照射的普遍情况。最优化防护战略旨在使剂量保持在参考水平以下。在确定现存照射情况时，实际照射可能高于或低于参考水平。参考水平将用作判断是否需要采取进一步防护措施的一个基准，如需采取这种措施，则以参考水平为基准来确定实施这些措施的优先次序。在现存照射情况下，即便最初接受的剂量低于参考水平，也应实施最优化。

现存照射情况的参考水平通常应当设定在1～20 mSv预期剂量层次内。有关的个人应当获悉关于照射情况以及降低辐射剂量措施的基本信息。在那些生活方式可能成为照射的关键环节的情况下，实施个人监测或评价及教育与培训可能是重要的。在核事故或辐射事件之后，在污染的土地上生活是这类照射的典型情况。在大多数的现存照射情况下，把照射降低到接近（或近似）于视为“正常”情况的水平，既是受照射个人的愿望，也是主管部门的愿望。这特别地适用于人类活动产生的物质导致的照射情况，即人为活动导致天然辐射水平升高（NORM）的那些物质残留物和事故污染。

辅助辐射环境整治与恢复决策的一个通用的参考水平，通常以一个适当定义的关键组的平均剂量表示，即来自现存所有源（包括天然本地照射）10 mSv/a的有效剂量。低于通用的参考水平的补救措施通常是合理的，国家有关部门也可以对这些区域规定一个较低的参考水平。

此外，为限制特定剂量组分（如来自氡的吸入）对年剂量的贡献，可建立仅限于该剂量组分的特定参考水平。这个特定参考水平应当是通用参考水平的一个适当份额，以年剂量或次级量表示，如剂量率或活度浓度。

另一类针对以往实践的残留放射性物质污染的场区或土壤，在采取清除和补救行动后重新开放或利用时，则应根据剂量约束值控制公众受持续照射的水平。

**土壤中剩余放射性的可接受水平** 由核安全监管机构规定的拟向公众开放的场址土壤中以活度浓度表示的剩余放射性通过辐射防护最优化而选定的水平。待评估的场址土壤中活度浓度低于此水平时，方可解除控制，开放利用。场址开放分为无限制开放和有限制开放两类。

对以往实践的残留放射性物质污染的场区或土壤，在采取清除和补救行动后实施重新开放或利用时，应根据剂量约束值控制公众受持续照射的水平。

不同场址剂量约束值的选择，应该基于开放后必须保证对现在和将来可能生活或工作在场址内或其附近的任何个人所产生的危险足够小的基本原则。在考虑开放类型、污染原因、污染土壤量、去污代价，以及其他因素的基础上，通过辐射防护最优化的方法来选定。

对涉及现存的人工照射情况做出放射防护决策可能也是必要的，例如，来自未按照辐射防护体系管理的操作引起的放射性释放所导致的环境中的残留物，或来自一个事故或一个放射事件的受污染土地。

**放射性残存物持续照射的剂量约束** 对于获准的实践或源退役所造成的持续照射，其剂量约束应不高于该实践或源运行期间的剂量约束。使用这类剂量约束的典型情况有：①核设施退役后厂址的开放；②以往实践所污染的场区或土地的重新开发或利用，并且这种重新开发或利用可能导致公众照射的增加。

剂量约束值通常应在公众照射剂量限值10%～30%（即 0.1～0.3 mSv/a）的范围之内。但剂量约束的使用不应取代最优化要求，剂量约束值只能作为最优化值的上限。如果不存在其他照射的可能性，并且降低照射的经济代价太大，则在这种情况下经核安全监管机构认可，可将剂量约束值放宽到 1 mSv/a。如果剂量约束已超过 1 mSv/a，并且为进一步减小持续照射而采取技术性措施的经济代价太大，则在这类情况下应采用行政手段对持续照射进行有组织的控制，应对有组织控制的严格程度进行抉择，使之适应当时的情况。

另外，从事诸如工厂和建筑物的修理或放射性废物管理活动等工作或进行场址和周围地区去污的补救工作的工作人员必须遵守计划照射情况下职业照射的相关要求。在受影响区域内长期从事补救工作或从事延续性工作所接受到的照射应作为计划中的职业照射的一部分，即使辐射源是“现存”的。

（陈晓秋　夏益华）

**推荐书目**

IAEA.Remedition Process for Areas Affected by past Activities and Accidents. IAEA Safety Standards Series No.WS-G-3.1. Vienna，2007.

**fushe jiance**

## 辐射监测

（radiation monitoring） 为评价和控制辐射照射而对辐射或放射性物质所进行的测量以及对测量结果的解释。

为了评价辐射照射对人体的影响，必须估算人受到的当量剂量、有效剂量等量度辐射危害的量。而这些量往往不能直接测量，必须根据其他一些可直接或间接测定的量按一定模式来估算。辐射监测的结果是估算工作人员和公众受照剂量，确认工作场所和环境的安全程度，进行辐射安全评价和辐射防护最优化分析不可缺少的资料，也是采取辐射防护和安全管理措施的依据。这些资料还可以用来鉴定操作上存在的问题或设施的缺陷，发现事故征兆，以便及时采取防范措施，防止重大事故的发生。

按照辐射监测的性质和目的，辐射监测可分为常规监测、与任务相关的监测和特殊监测。根据监测对象则可分为个人监测、场所监测、环境监测和流出物监测。

**辐射监测计划** 辐射防护标准规定，一切伴有辐射的实践或源，都应根据具体情况，按照辐射防护最优化的原则制订出辐射监测计划（又称监测大纲），开展辐射监测工作。辐射监测计划分为常规和应急两种监测计划。常规监测计划是指在规定的时间间隔内进行监测和对预见到的某些情况进行监测的计划。应急监测计划则是针对可能引起人员受照或放射性物质外泄超过限值的情况制订的监测计划。应急监测应列入应急计划。应根据具体情况和可能的事故情景，设置固定式连续监测系统或便携式监测仪表，能在应急情况下发出声、光报警信号和反馈辐射水平信息。应急监测设备必须满足响应快、量程宽、长期稳定性好和自动显示等条件，能迅速为主管部门或相应的应急组织采取应急对策，提供足够资料和依据。通常的辐射监测计划应包括下列内容：①辐射监测类型、目的和要求；②需要直接或间接测量的辐射量，待估算量及其估算模式或方法；③相应的辐射管理标准或执行限值；④辐射测量方案，包括测量方法、采用的测量仪表或设备；⑤测量频度；⑥对测量记录的要求，记录的保存和销毁；⑦对监测计划的审查和修改程序；⑧监测的质量保证措施。

**测量结果的评价** 辐射照射评价的基础是定量描述已测定的量和待估算量之间关系的模式（估算方法）。这种模式把直接测量的量和防护标准，如限值量和参考水平等，联系起来，并可提供足够保守的受照剂量的估计，而使低估的可能性小到可接受的程度。

辐射照射危害评价是以个人剂量监测和场所辐射水平的监测数据为依据。集体剂量通常是根据个人剂量监测的结果，但往往也要用依据场所监测所建立的模式推算出的个人剂量数据。从监测所得到的个人有效剂量与相关的辐射防护标准比较，可评价是否遵守了国家相关标准的要求；而集体剂量与类似单位相比，可反映辐射防护的水平和辐射防护最优化实施的优劣。

**监测质量保证** 为了达到辐射监测的目的，必须保证测量结果的可靠性，因此质量保证方案是任何监测方案的重要组成部分，用来确保仪器和设备正常工作，测量和分析方法能正确建立和实施，记录准确及时，保持满足要求的测量准确度。一般来说，质量保证措施有：①对监测仪表和设备的定期检定、校准和维护，保证其质量；②对监测人员进行培训和考核，使他们能掌握选定的监测方法，正确使用仪器设备，实施监测方案；③通过对照样品的常规分析和采用标准分析方法来验证监测方案采用的方法；④通过计量标准的传递体系，使测量的结果可溯源到相应的国家计量标准。

这些措施使测量结果达到适度的置信度。监测质量保证要贯穿于从监测方案的制订、实施到监测结果的评价的每一阶段。

（张延生　杨华庭）

**fushe jiance yibiao**

**辐射监测仪表** （radiation monitoring instrument） 为辐射防护目的而采用的辐射监测装置或仪器的统称。监测仪表的测量结果是估算剂量、安全评价和采取防护对策的重要依据。

**仪表构成** 辐射监测仪表一般由辐射探测器和信号处理记录系统两部分组成，其主要特性包括探测效率、能量分辨、死时间等。辐射探测器是辐射监测仪表的关键器件，仪器的性能指标主要取决于探测器，其主要作用是把沉积在探测器灵敏区的辐射能量转变为信号处理系统能够记录和分析的信号。

根据工作介质以及发生的效应，常用的探测器可分为气体探测器、闪烁探测器和半导体探测器等。①气体探测器是利用电离辐射在工作气体中的电离以及离子在电场中的漂移倍增机制实现辐射测量；②闪烁探测器是通过光电转换器件将辐射在闪烁体中产生的荧光转化为电信号来实现辐射测量；③半导体探测器是通过电场收集辐射在半导体介质中产生的载流子实现辐射测量。探测器的工作模式可分为脉冲模式、电流模式和均方电压模式。脉冲模式最为常见，可用于记录单个辐射事件，但在极高计数率情况下，不得不采用电流模式和均方电压模式。电流模式常用于高计数率场合以及辐射剂量学测量，而均方电压模式则特别适用于混合辐射场的测量。除上述几种探测器外，在个人监测和环境监测中也使用固态探测元件，如热释光、辐射光致荧光、光激发光、固体核径迹、气泡聚合物等，由这些元件做成的剂量计连同其测读设备亦属辐射监测仪表。

近年来生物医学、高能物理、国土安全和其他一些应用领域是推动辐射探测技术发展的主要原动力，辐射探测器的一些重大进步主要集中在闪烁探测器和半导体探测器方面，涌现出了一批以 $LaBr_3$：Ce、ZnSe：Te、$SrI_2$：Eu 为代表的高性能无机闪烁探测器，它们具有高的光输出、快响应、低余辉和高的有效原子序数；以 CdZnTe 为代表的化合物半导体探测器不仅具有良好的能量分辨率，在室温下工作的特性也使其在成像、应急、反恐等领域获得了更为广泛的应用。光电转换器件也经历了快速发展，紧凑型光电倍增管、二维位置灵敏光电倍增管和硅光电转换器件的出现都具有重要意义，后者具有小体积、低功耗、高转化效率和不受磁场干扰等特点。此外，成像技术、基于数字信号处理器及现场可编程门阵列等器件的数据获取系统、嵌入式核素分析软件、快速模板匹配、数据融合等技术的发展和应用也大大提高了辐射监测仪表的性能。

**仪表分类** 按照监测对象可分为个人监测仪表、场所监测仪表、环境监测仪表和流出物监测仪表，主要包括个人剂量监测仪表、区域外照射监测仪表、表面污染监测仪表、空气污染监测仪表、实验室样品分析测量设备。还有一些针对特殊应用场合的监测系统，如用于大范围或应急监测的车载、船载、航空辐射监测系统，用于安保的人员、车辆、火车监测的门式辐射监测系统，用于退役及清洁解控测量的大体积计数系统、传送带监测系统、整体物件测量系统等。

**个人剂量监测仪表** 用于外照射个人剂量监测和体内污染监测。外照射个人剂量计的选择与监测对象和监测目的密切相关，可分为光子剂量计、β-光子剂量计、甄别型光子剂量计、肢端剂量计、中子剂量计、电子个人剂量计等。主要特性包括灵敏度、能量响应、不确定度、量程、方向响应及过载等。目前被动式外照射个人剂量计主要由热释光和光激发光元件主导，而电子个人剂量计的探测器则主要是盖革-米勒计数器（GM 计数器）和半导体探测器。

体内污染监测是为估算由于摄入放射性核素产生的内照射剂量而进行的监测，可分为直接测量法和间接测量法。直接测量仪器包括全身计数器、器官计数器等，其主要组成为一个或多个高纯锗 HPGe 或碘化钠 NaI（Tl）能谱仪、屏蔽体、定位装置和校准体模，测量时应特别注意要清除体表污染的干扰。间接测量法是对生物样品和实物样品的取样、处理和分析测量。

**区域外照射监测仪表** 用于工作场所和环境的辐射水平监测。主要监测仪器包括用于β/X/γ和中子测量的固定或便携式周围/定向剂量当量（率）仪，主要由电离室、GM 计数管、闪烁探测器、半导体探测器及相应的电流/计数/能谱测量和分析显示单元构成。在仪器选择和使用过程中，应特别关心其能量响应、角响应、线性及过载特性。应根据测量对象的能量范围和剂量率范围，选择合适的监测仪，确定合理的校准方案，尽量不使用早期无“抗阻塞”设计的剂量仪。

**表面污染监测仪表** 用于各种物体和人体的表面污染监测，分为直接监测法和间接监测法。直接监测采用各类α/β表面污染监测仪、全身α/β/γ污染监测仪、手脚α/β污染监测仪等，主要由正比计数器、薄窗 GM 计数管、闪烁探测器、半导体探测器及相应的计数和分析显示单元构成。可简便快速获得测量结果，适用于面积较大而又光滑的表面。对于污染表面形状复杂、容器管道内部或难于直接监测的特殊低能β核素，宜采用间接监测法。间接监测法包括擦拭法（干、湿）和表面置样检查法。表面污染监测仪最重要的指标是表面活度响应和探测效率。仪器的能量响应特性、待测表面与监测仪的距离、扫描速度、被污染基体材料的特性等都会影响监测结果。校准及科学的报警阈值设定方法对表面污染监测有关键作用。

**空气污染监测仪表** 空气污染监测的任务是对工作场所、气载流出物、大气环境中的气载污染物的种类和浓度进行的测量，主要包括惰性气体、氚、碘、气溶胶、氡及子体等。可采用固定式、移动式、个人取样器进行监测，可根据需要选择一种或几种监测手段。主要监测仪器是各类放射性气溶胶监测仪、放射性惰性气体监测仪、放射性碘监测仪、氚监测仪、个人携带式或固定式取样器等。仪表主要由空气采样单元、探测器单元（半导体探测器、闪烁探测器和电离室）及相应的电子单元构成。

**实验室样品分析测量设备**　当直接测量法受现场条件制约难于进行或其灵敏度难于满足测量要求时，通常采用取样、处理、测量的实验室分析方法，应特别关注样品的代表性和样品处理方法可能对测量结果产生的影响。介质一般包括擦拭样、空气、水及水生物、土壤及沉积物、动植物及其产品等。监测内容包括α/β/γ总活度、α/γ核素分析、核素活度、沉降率等。常用的监测分析仪器主要包括γ谱仪、α谱仪、β计数器、液闪计数器、电感耦合等离子体质谱等。

**应急监测相关仪表**　应急监测的主要目的是为确认或修改防护决策提供及时的信息，为此需要通过放射性物质测量，确定其位置和属性。所用的仪器类型包括辐射监测设备，污染监测仪，空气取样器，剂量仪，γ谱仪，总α、β计数器，实验室分析设备。监测方法包括地面监测、航空监测、个人监测、应急取样及样品分析等。

*地面监测*　包括烟羽监测、地面沉积、环境剂量率、源、表面污染监测。监测仪器包括地面自动监测站、便携式仪器、车载式监测设备——移动放射实验室。移动实验室常用配置包括γ谱仪，总α、β计数器，液闪计数器和其他辐射探测仪器。

*航空监测*　特别适合于快速测量，获取大面积表面污染数据以及大范围搜寻、探测、定位和识别失控的γ放射源。最常用的航测仪器是HPGe和NaI（Tl）谱仪，也可采用高气压电离室、正比计数器和GM计数管或其他类型的剂量率监测仪表。

*个人监测*　目的是控制应急响应人员的照射和污染，监测来自事故区域人员的皮肤和衣物的污染，监测放射性碘的摄入情况。个人监测仪器主要包括各类个人剂量计、便携式表面污染仪、甲状腺计数器等。另外，门式人员污染监测仪可满足大量人群的快速监测需要。

*应急取样及样品分析*　主要目的是准确快速评价空气、土壤、水、食物、蔬菜等环境介质的污染水平，除取样代表性外，满足大量样品的快速测量需要是其主要特点。另外，对于来自屏蔽放射性物质（包括特殊核材料）的γ射线的主动及被动式探测，也属于放射应急响应机构的重要任务。相应的一些新型监测仪器包括大范围辐射探测系统、网络化探测系统、屏蔽核材料探测系统等。

辐射监测仪器选择应考虑监测目的、监测对象、辐射类型、使用环境、仪器性能指标等综合因素。至少应考虑以下事项：①剂量率或活度浓度范围；②灵敏度；③被监测同位素/辐射性质；④报警阈值；⑤电源及其备份；⑥环境条件；⑦测试、校准和易于维护；⑧异常情况下的功能；⑨过载响应；⑩故障指示；⑪其他核素对测量结果的潜在影响（特别是在进行中子、氚和其他β监测时）。

**仪表校准与测试**　各类辐射防护监测仪器均列入我国强制检定工作计量器具的目录范围，周期为12个月。必须按照要求对所使用的仪器进行定期检定或校准。对于我国计量技术能力还不能覆盖或许多投入使用后就不便再送到实验室校准的仪器，应采取型式试验、首次使用前检验、周期检验、功能检查、维修/调整后检验等多种措施，确认仪器处于良好的工作状态。　　（张庆利　杨华庭）

**fushe jiance zhiliang baozheng**

## 辐射监测质量保证

（quality assurance for radiation monitoring）　为使监测的结果具有适当的置信度所采取的有计划的系统的行动。这些活动可归纳为严密的组织、文件化的管理、规范化操作和有效的控制等几个方面。质量保证应贯穿于监测的全过程，包括与给定的测量有关的所有信息、设备与操作等的组织准备直至测量结果的处理各个环节。

制订任何一个监测计划，都必须包括相应的质量保证计划，必须对与质量保证有关的各种因素明确规定控制方法，至少包括监测过程控制、人员保证、仪器设备保证、设施和环境保证、方法控制等方面。应根据监测类型和监测对象具体制订质量保证计划。质量保证计划包括组织机构和人员，计量器具和测量仪器，样品采集、运输、贮存，分析测量，记录，审核等。

**组织机构和人员** 应对质量保证管理机构或人员设置做出明确规定，并规定其在监督、管理和指导执行质量保证计划方面的责任、权利和工作程序。机构应建立并持续完善单位的质量管理体系，充分拥有对单位内部监测部门各监测阶段的监督权和核查权。在设置机构和规定职责时，应涉及监测过程中从事每个环节工作的所有人员，明确规定机构或人员的责任和义务。当监测任务涉及多个部门或个人时，应明确规定各方责任和义务，并形成文件。

从事辐射监测和质量管理的工作人员，应在文化程度、专业知识、技术水平和实际工作经验等方面满足要求，并保持相对稳定。通过定期培训、考核确保其达到并保持与其承担的工作相适应的水平，持证上岗。

**计量器具和测量仪器** 辐射监测应采用合格的测量仪器和设备。我国计量法规定对涉及安全防护和环境保护的计量器具实行强制检定。必须按照要求对所使用的仪器进行定期检定或校准。检定或校准所采用的标准源或参考辐射应经过国家计量部门检定合格或可溯源到国家标准；采用的标准参考物质应具有均匀、稳定的具有放射性或化学计量特性，基体应与样品基体相同或相近，放射性活度应与待测样品中的活度相近。用于检验仪器工作状态的检验源应具有良好的长期稳定性。各种计量器具必须精心维护，进行期间核查和稳定性控制，使其计量学特性维持在规定限度内。对于我国计量技术能力还不能覆盖或许多投入使用后就不便再送到实验室校准的仪器，应采取型式试验、首次使用前检验、周期检验、功能检查、维修/调整后检验等多种措施，将仪器寿期内任何检验结果与型式试验的数据比较，确认仪器处于良好的工作状态。

**样品采集、运输、贮存** 采样计划和程序是为了保证采集到具有代表性样品并保持样品稳定。采样计划包括选择合适的采样地点、位置、采样时间、采样频率和采样方式；制定和严格遵守各类样品的采样、包装、运输和贮存的详细操作程序；准确地测量样品的质量、体积或流量；根据实际使用条件用实验测定采样装置的收集效率；应定期采集平行的瞬时样品，确定采样的不确定度；应保存一定比例的留样备查，并明确规定其保存期。

**分析测量** 样品的处理和分析测量方法应有完备的书面程序，分析测量应采用标准方法或经过鉴定和验证过的方法，应注意防止样品的交叉污染。为确定分析测量的不确定度，应分析测量质量控制样品（平行样品、掺标样品和空白样品）；为确定分析测量的精密度，应分析测量平行样品；为确定分析测量的准确度，应采用相同的操作程序，分析测量相应的标准参考物质或掺标样品或盲样。为发现和度量样品在预处理和分析过程中的沾污，以便进行本底扣除，应分析测量空白样品；应准确配制载体和标准溶液，并根据其稳定性确定使用期限；为确定分析测量的系统不确定度，应参加实验室间比对和能力验证活动；应对分析测量装置定期进行期间核查，编写专门程序并严格执行；应记录分析测量装置的稳定性检验结果并画在质量控制图上，当测量值落在控制限以外或连续两次落在警戒限以外时，或一系列测量值虽在控制限以内，但显示出偏离控制限的倾向时，应查明原因并采取校正措施。

**记录** 应编制适宜的记录及其管理规定，记录中应给出质量方面的客观证据，所有记录必须与所记录的项目、实践活动和结果一一对应。记录内容包括监测记录，质量控制记录，验证核查记录，监测计划及质量保证审核记录，人员培训和考核记录，纠正、预防和改进措施的记录等。原始记录需有记录人和复核人签字确认。应对不同类型监测的原始记录资料以及监测计划的结果规定适当的保存期限，应分类建立监测资料档案和保管、使用、报告等制度。

**审核** 应制订和执行有计划的、有文件规定的内部和外部审核制度。负责审核的单位必须制订审核人员的资格标准，应具备审核领域的专业知识、技术水平和工作经验，熟悉有关法规、标准、工作程序和生产过程，与所审核的工作没有直接关系。审核人员应写出书面审核报告，对发现的问题应采取必要的纠正措施，并应对是否得到有效纠正进行确认。

（张庆利　张延生）

**fushe jinggao biaozhi**

## 辐射警告标志 （radiation precaution sign）

在实际或可能发射电离辐射的物质、材料（及其容器）和设备（及其所在区域）上附加的有一定规格和颜色的标志。它旨在警示人们注意到可能存在的电离辐射危险，告诫人们远离相应处所。警告标示包括两部分：①电离辐射基本标志（见图 1），其中 *D* 是电离辐射基本标志图形黑色内圆直径，可等比例缩放使用，以根据不同场合实际需要，分别粘贴于放射性物质的外包装上、各种射线装置上或者带有电离辐射的工作场所，这个标志表示可能发射或实际存在电离辐射。②附加的文字说明、颜色或标记（见图 2），目的是用刻意理解的方式来表示照射危险的所有有关的大小和特征。警告标志中的正三角形边框为黑色，三角形的背景颜色为黄色，含义是警告人们注意可能发生的危险，“当心电离辐射”用黑色粗等线体字。正三角形外边 $a_1 = 0.034L$，内边 $a_2 = 0.700a_1$，$L$ 为观察距离。

**辐射警告标志的起源** 三叶形辐射标志（除了其颜色外）最初是 1946 年在加利福尼亚大学伯克利分校的辐射实验室“涂鸦”出来的。辐射实验室健康化学组组长 Nels Garden 和他的工作组印制了这种三叶形标志，最初的底色是蓝色。Garden 先生表示，之所以选择蓝色，是因为在大多数开展放射性工作的区域很少见到使用蓝色。后来人们很快认识到，将蓝色作为底色不是一个好的选择，因为蓝色不是一种与“警告”有关的颜色，而且这种颜色还容易消退，尤其是在户外。将黄色用作底色被认为是 1948 年初由橡树岭国家实验室定型的。20 世纪 50 年代初，有人建议对三叶形辐射标志进行修改，例如，在三叶之间或里面添加直线箭头或波形箭头，但是美国国家标准学会和联邦法规在 20 世纪 50 年代中期最终确定使用目前这一标志。

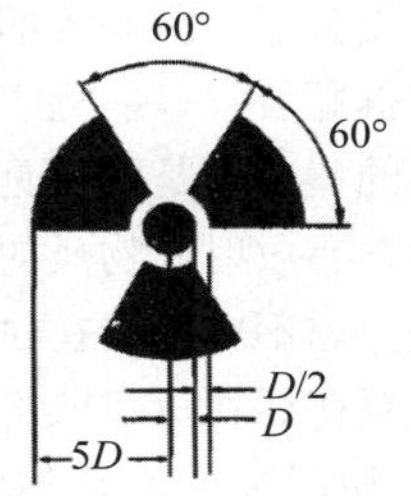


**图 1　电离辐射基本标志**

**图 2　电离辐射警告标志**

**图 3　新增加的电离辐射警示标志**

**辐射警告标志的新发展** 根据国际原子能机构的调查，三叶形辐射标志在核工业界之外几乎无人认识。为此，在 2007 年 2 月，国际原子能机构和国际标准化组织联合宣布启用一个新增加的电离辐射防护与安全的警示标志（见图 3），旨在对广大公众更加形象和醒目地警示电离辐射的潜在危险，警告人们当接近有较大潜在危险的放射源时应迅速远离之。新标志将是对传统辐射警告标志的补充，但并不取代基本的电离辐射标志。新标志提供了与源相关的危险的更多信息，使未经培训的、未被告知的公众成员更明确地意识到远离危险源的必要性。新标志用以识别可导致死亡或严重损伤的危险源，即Ⅰ类、Ⅱ类和Ⅲ类放射源，例如，辐照装置、远距放射治疗源、工业γ射线探伤源等。将该标志设置在贮源装置的表面，以警告人们不要试图拆卸装置或靠近该装置。这个标志在正常使用的情况下是不可见的，但是如果有人试图拆卸含有放射性物质的设备，它就会显露出来。该标志不应设置在建筑物入口的门上，也不应设置在运输货包或集装箱表面。国际原子能机构和国际标准化组织希望国际社会、各国政府、产业部门能迅速采纳和应用推广这一新标志，以改善核技术应用的安全，更好地保护人类和环境。目前已有一些放射源制造商计划在生产新的危险源时使用新标志。但目前我国尚未在国家有关法规标准中，使用这一新的辐射警告标志。　　（刘华　刘森林）

**fushe pingbi**

**辐射屏蔽**　（radiation shielding）　利用辐射与材料原子的相互作用来降低某一区域的辐射水平，以达到保护环境、减少人体受辐照量的一种辐射防护技术。

**辐射分类**　分为带电粒子辐射和非带电辐射。

**带电粒子辐射**　包括电子和重带电粒子辐射。①核衰变中发射的带有负电荷的电子称为β射线；由加速器产生的高能量连续电子束或脉冲电子束，若为正电荷则被称为正电子。②重带电粒子是部分或全部失去核外电子的各种原子核，因此它们都带正电荷，如α粒子和质子。裂变产物是质量较大的重带电粒子。

**非带电辐射**　分为电磁辐射和中子。①电磁辐射包括γ射线和 X 射线两类。γ 射线指由核发生的或由物质与反物质之间的湮灭过程中产生的电磁辐射，前者称为特征 γ 射线，后者称为湮灭辐射；X 射线是由处于激发态的原子退激时发出的电磁辐射或带电粒子在库仑场中慢化时所产生的电磁辐射，前者称为特征 X 射线，后者称为轫致辐射。②中子由核反应、核裂变等过程产生，中子是电中性的。

**辐射与物质的相互作用**　带电粒子辐射和非带电辐射与物质的互相作用过程有显著的差异。①带电粒子通过物质时，会与物质的核外电子或原子核的库仑场发生互相作用。对于质子、α粒子以及裂变碎片等重带电粒子而言，主要是通过与物质中轨道电子间的库仑场作用，以直接致电离辐射方式将其能量传递给物质，只有极少数入射粒子通过与核作用而发生大角度散射。②不带电粒子以间接致电离辐射方式在物质中沉积能量。例如，X 射线和 γ 射线将其全部或部分能量传递给物质中原子核外的电子，产生所谓的次级电子；中子几乎总是以与物质中的原子核发生核反应或核裂变过程产生次级重带电粒子；然后，所产生的电子或快速带电粒子在物质中发生直接致电离辐射。

**α粒子辐射屏蔽特性**　α粒子电离能力很强，在物质中运动时使物质原子电离而不断损失能量，最后能量耗尽而停留在物质中。α粒子在物质中射程很短，用一张普通的纸就能阻止它。虽然α粒子不能穿透皮肤，不需要担心其外照射屏蔽，但是应特别重视预防它的内照射，如果含放射α粒子核素的物质经消化器官、呼吸器官或伤口积蓄在体内，就能使局部组织严重损伤。例如，钚是α粒子放射性元素，它易蓄积在骨髓中，微量蓄积就能致命。

**β粒子辐射屏蔽特性**　β粒子与物质互相作用的能量损失率远小于α粒子，而且其径迹要曲折得多，由于β粒子与物质原子的轨道电子质量相同，单次碰撞可能损失大部分能量并发生大的方向偏转。β射线在物质中的射程不大，穿过人体组织的距离较短，在接触β辐射源的操作及设备维修时，应防止皮肤的局部烧伤。操作β辐射源的工作箱应采用低原子序数的材料（例如，铝或有机玻璃），以减少β粒子产生的韧致辐射。此外，应关注对β辐射源内照射防护。

**光子辐射屏蔽特性** 与带电粒子不同，光子（包括γ射线和X射线）和中子是非带电粒子，不能像带电粒子那样通过不断地与原子作用产生电离与激发而不断地损失能量。γ光子在通过物质时主要通过光电效应、康普顿散射和电子对形成等过程把能量传递给物质原子的电子而本身被减弱或吸收。①光电效应是光子把全部能量传给电子，使电子从原子的束缚中释放出来，这对低能γ光子（能量小于几十万电子伏的γ光子）的吸收起主要作用。②康普顿散射是光子与自由电子碰撞，把部分能量传给电子，同时改变自己的方向和能量，对降低中能γ光子（能量在几十万电子伏和几兆电子伏之间）的能量起主要作用。③电子对形成是γ光子与核的库仑场发生作用，γ光子完全湮没，其能量转换成一对正负电子的质量和动能以及反冲核的动能，对高能γ光子（能量大于几兆电子伏）的吸收起主要作用。

γ射线的穿透能力较强，能够进入或穿透人体组织。质量密度大的材料可以有效地吸收γ射线，通常采用铅、钢、混凝土等作为屏蔽材料。

**中子辐射屏蔽特性** 中子进入物质，多数情况是通过弹性散射和非弹性散射将其能量传递给物质的原子核，慢化成热中子或超热中子，然后通过辐射俘获等过程被物质原子核吸收。①弹性散射是中子和物质的原子核发生弹性碰撞（质心系），把部分或全部能量（取决于中子与原子核碰撞前各自运动方向的夹角）传给反冲核，同时改变自己的能量和运动方向。反冲核的质量越小，一次碰撞的中子平均损失能量越多，例如，对能量为2 MeV的快中子与氢核平均碰撞18次就可以慢化成热中子；而2 MeV的快中子与铅核碰撞则大约需要2 000次才能慢化成热中子。②非弹性散射通常先形成复合核，在发射中子后反冲核除得到动能外，其本身还处于激发态，并通过放出γ光子而回到基态。非弹性散射发生的概率随中子能量和物质原子序数的增加而增加。一次非弹性散射可以把相当多的能量传给反冲核，所以非弹性散射是快中子（能量大于1 MeV）减速的主要过程。辐射俘获反应（n，γ）是中子被物质吸收的最后一个过程。大多数核素都易与热中子发生（n，γ）反应，少数核素还易与超热中子发生共振吸收反应。

快中子有很强的穿透能力，应选择与中子发生核反应截面大的材料作为中子辐射的屏蔽材料。快中子屏蔽材料应具有以下特性：①质量密度大，例如，钢可以通过非弹性散射把快中子慢化下来；②含有足够多的氢，例如，水可以有效地把非弹性散射阈值以下的中子慢化为热中子；③含硼、钆、铪等热中子吸收截面大的材料，可有效吸收热中子。

**关注点的辐射水平** 为了保护环境和工作人员的健康，应根据工作人员接近辐射源的种类、频率和时间，确定各个关注点不同的辐射水平，分区进行屏蔽。

**屏蔽设计** 依据辐射源的类型和强度，选择屏蔽体材料和形状，通过计算分析确定屏蔽体的厚度，使关注点的辐射水平不大于限定的目标值。

**屏蔽方式** 针对辐射场的特点，通过选用几种合适的屏蔽体材料、厚度以及分层组合，可以获得良好的辐射屏蔽效果，达到屏蔽体体积小、重量轻的目的，同时还要考虑结构稳定性好和建造成本低的因素。例如，对于具有快中子、热中子和γ射线辐射的反应堆屏蔽，在屏蔽体前端应优先考虑将快中子慢化成热中子的材料，中部侧重考虑吸收热中子的材料，后端主要考虑屏蔽γ射线的材料。

在核设施辐射场所的人员出入口宜采用屏蔽门或迷宫式的屏蔽体结构，保护场所外人员的安全；在屏蔽体中有贯穿件的部位，也应采用迷宫式的局部屏蔽，防止辐射泄漏。人员进入辐射水平高的部位检修设备时，可考虑采用可移动的局部屏蔽。

**核反应堆的辐射屏蔽** 根据用途不同，核反应堆可分为动力堆、生产堆、研究堆和空间堆等，其中以生产能源为主的动力堆产生的辐射源最强。

核电厂中的反应堆是辐射源发源地，在通过核裂变产生能量过程中，伴随着发射高强度的中子和γ射线，辐照堆芯材料中的原子核持续进行裂变、散射、吸收等各种核反应，源源不断地产生和累积大量裂变产物和活化产物。一个发电能力为 1 000 MW 的反应堆，在满功率运行时其γ射线能量发射率接近 $10^{21}$ MeV/s，中子发射率约为 $10^{20}$ n/s。停堆之后，堆芯内中子数迅速衰减，但裂变产物和活化产物的γ射线仍可达 $10^{20}$ MeV/s。

反应堆的屏蔽主要对象是中子和γ射线，屏蔽体由压力容器内的多重钢、水屏蔽和压力容器外周围厚约 2 m 的环形混凝土墙等构成。几层钢、水屏蔽分别是由堆芯隔板、堆芯筒体、热屏蔽、压力容器及其中间的水层构成的。这些屏蔽除了具有安全防护的目的外，还有一些工程上的考虑，如热屏蔽可用来保护压力容器的机械性能，不致因过量的中子照射而变坏；降低混凝土中的发热以及防止屏蔽体外设备的活化等。

**反应堆冷却剂系统的屏蔽** 辐射源主要是反应堆运行时堆芯快中子照射冷却剂中的氧-16发生（n，p）反应生成能发射高能γ的放射性核素氮-16。此外，还有从破损燃料元件泄入冷却剂中的裂变产物和被中子活化的结构材料腐蚀产物等。

反应堆冷却剂系统的屏蔽包括反应堆冷却剂系统四周的环形吊车承重墙及其上面的水泥操作地板，也有把安全壳的混凝土结构算做是该屏蔽组合的组成部分。

**核电厂房的屏蔽** 一般采用两级屏蔽的方式，即反应堆的屏蔽（一次屏蔽）和反应堆冷却剂系统的屏蔽（二次屏蔽）。当堆运行时，反应堆回路冷却剂流经这些管道和设备有较强的放射性，工作人员是不可接近的。反应堆的中子屏蔽设计主要是防止这些设备的活化，γ屏蔽设计主要保证在停堆后来自反应堆内的辐射水平低于来自这些管道和设备的辐射的水平。反应堆冷却剂系统的屏蔽主要是为保护工作人员的健康，降低反应堆厂房周围环境的γ辐射水平。一次和二次屏蔽的概况见下图。

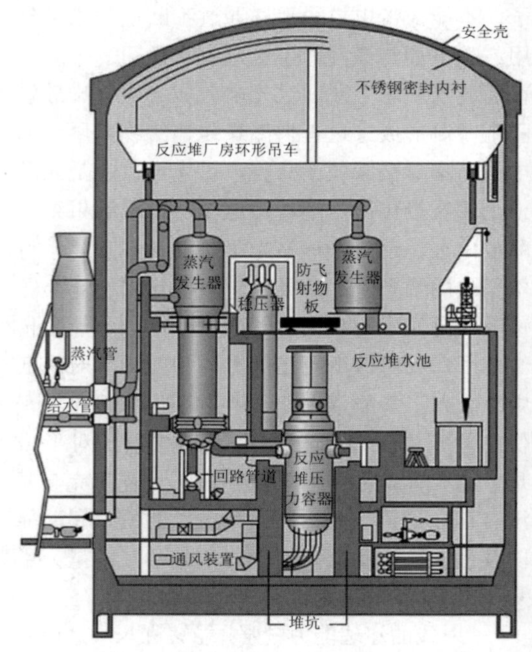


**反应堆厂房一次和二次屏蔽示意图**

**核燃料循环的屏蔽** 核燃料循环指核燃料的获得、使用、处理和回收利用的全过程。核燃料循环通常可分为前端和后端。①前端包括铀矿勘探和开采、矿石加工（选矿、浸出、沉淀等多种工序）、铀的提取、精制、浓缩、转化、燃料元件制造等。在核燃料循环的前端工艺中，涉及的是锕系天然放射性核素的辐射。这些放射性核素衰变时放出α粒子或β射线，伴随有不太强的γ射线，因此应着重关注内照射的防护。②后端包括核燃料经反应堆辐照以后的乏燃料贮存和后处理。经反应堆长期的中子辐照，乏燃料中积存了大量的裂变产物、锕系和其他活化产物的放射性核素，这些放射性核素衰变时除了包括α粒子、β射线和γ射线等所有类型的辐射外，还有少量自发裂变和（α，n）反应中子。由于乏燃料具有很强的γ射线，因此屏蔽设计的主要工作是对γ射线的辐射屏蔽，并兼顾适当的中子屏蔽。

**加速器的屏蔽** 加速器是利用电磁能将带电粒子加速到较高能量，轰击特定的靶核，通过核反应产生所需种类粒子的装置。加速器包括高压倍增器、直线加速器、回旋加速器和高能加速器等很多种类，用于科学研究或工业生产。

加速器运行时会产生很强的辐射和材料的活化，辐射类型和强度取决于加速器的用途，应采取有针对性的屏蔽措施。由于装置材料可能被活化，加速器停闭时，也要限制人员的进入和滞留时间。

**核技术应用中的屏蔽** 核辐射已在核技术领域得到了广泛的应用，例如，材料厚度测量或缺陷探测、核医学、辐射育种、辐照成像等。

核技术应用中的辐射源多种多样，有放射α粒子、β射线、γ射线或中子单一类型的辐射源，也有这些类型辐射源的组合。因此，需根据辐射源的类型和强度有针对性地进行屏蔽设计。

（程和平　华旦）

**推荐书目**

J. Kenneth Shultis，Richard E. Faw. Radiation Shielding. Prentice Hall PTR，2000.

**fushe sheshi**

**辐射设施** （radiation facility） 核设施和铀矿开采、冶炼及纯化之外，凡需要考虑辐射防护和安全的，具有一定规模生产、加工、利用、处理放射性物质，或安装有较大辐射装置的场所。

**分类** 辐射设施包括大型的工业化规模的辐照站、辐射消毒厂、种子辐照站等，其安装有大型的活度强的放射源或功率较大的加速器；放射性废物的处理和处置设施；治疗和诊断用的辐射装置，如远距离治疗仪、血液辐照器、多束治疗仪等装置。有些辐射设施是单独的实体，有些辐射设施则隶属于研究单位、学校和医疗等单位。有关加速器和放射性废物的处理和处置设施的详细介绍，参见带电粒子加速器和放射性废物管理设施。铀矿开采、冶炼及纯化以及放射性废物处理、处置设施按其性质应属于辐射设施，但从管理方便角度出发，通常划入核设施。辐射设施与核设施的差别，参见核设施。

**应用** 辐射设施有非常广泛的应用。辐照加工多用于使材料或其组分的物理性能发生变化，即通常所说的辐照改性、辐射交联等，如对电线电缆进行照射改进其性能，以及使塑料发泡等；种子辐照常用于对各种谷类、豆类（如玉米、花生、高粱等）的照射，以及烤烟的照射。辐射照射食品可消灭食品中的细菌和寄生虫，达到防腐保鲜的目的。辐射消毒常用于各种医疗器械的消毒，达到杀灭病原体、病毒、微生物和细菌等目的。

大型辐射设施使用的放射源的活度一般很强，如工业规模的辐照站和辐射消毒厂用的钴-60源的活度可高达185 PBq（5MCi），小型种子辐射器用的铯-137源的活度也达185 TBq（5 kCi），辐照加工厂使用的加速器的功率很大、束流很强。所以说辐射设施的辐射危险性一般都极高，必须严格管理和控制。

**辐射设施设计和运行阶段的要求** 辐射设施必须经国家核安全监管机构的审批，必须有相应的完善的辐射防护措施和安全措施，保证工作人员和公众的安全。设施必须设计有足够的屏蔽，安装辐射监测系统、辐射报警系统、辐射及剂量显示系统，以及能有效防止人员进入强辐射区域的安全连锁系统等，也要安装用于安保目的的监视系统、门控系统，同时还要提供相应的个人防护用具，如个人剂量计、防护衣具等。

此外，还必须根据辐射设施的运作工况，周密考虑可能出现的各种异常事件。例如，大型辐照装置通常采用两种运行方式：一种是先将计划辐照的物品放置在屏蔽的辐照大厅内，然后通过远距离控制提升大型放射源或启动加速器，对物品进行照射；另一种是放射源或加速器的靶位固定不动，将计划辐照的物品放置在传送装置上，在传送装置经过辐照大厅时使物品受照。上述两种方式都曾发生过多起事故。前一种运行方式曾发生过因提升装置失灵将放射源卡在某处而不能放回原储放位置的事故，处理卡源使其返回原位的事故通常有相当的难度；还发生过因停电，连锁系统失控，放射源未能返回储放位置，进出辐照大厅控制门失控，致使人员误入辐照大厅受照的事故。后一种方式曾发生过传送装置上的物品包卡住的事故。此外，也应考虑到非工作人员从传送装置出入口进入辐照大厅等事件发生的可能性等。故此，应在辐照设施设计、运作阶段以及在制订应急计划时，周详地考虑到各种可能遇到的情景。在强辐射照射时和照射后一段时间内，辐照大厅内的臭氧浓度会很大，因此应对辐照大厅的通风、人员再进入的时间以及向环境的排放等制定相应的规定。

**辐射设施停运关闭阶段的要求** 因辐射设施的放射源一般都很强，设施决定停止运行时，仍应按要求向国家核安全监管机构进行通报审批。特别要妥善保管、处理处置好放射源。避免发生严重事故。例如，巴西的戈亚尼亚市有一个远距离治疗设施停止运行时，未对治疗仪的头部和铯-137 源进行任何处理和处置。原场址拆除后，两个清洁工进入该处，他们对该治疗仪一无所知，认为可能很值钱，即将其头部和铯-137源拆走，运至家中后进行拆解。放射源破裂后造成环境严重污染，14 人受到大剂量照射，其中 4 人在 4 周内死亡（参见巴西戈亚尼亚放射性污染事故）。西班牙、墨西哥和摩尔多瓦等国都发生过将丢弃的放射源与废金属混在一起送至金属熔炼厂进行熔炼的事件，严重污染熔炼厂及其周围环境，不但造成人员恐慌，也造成巨大的经济损失。我国山西忻州市一辐照站关闭后，未妥善保管废弃的放射源，造成一枚放射源失控，导致 3 人受到大剂量照射而死亡的严重事故。 （冷瑞平 潘自强）

fushe shengwu xiaoying

## 辐射生物效应 （radiation biological effect）

泛指电离辐射对受到照射的人和所有生物的影响。人和其他生物体受到电离辐射照射后，会导致组织和器官出现功能或结构的变化、损伤甚至损害。这些改变统称为辐射的生物效应。

根据出现辐射生物效应个体的不同，分为躯体效应和遗传效应。躯体效应指受照者个体身上出现的辐射效应。胚胎或胎儿在母体内受到照射，其后发生的辐射效应是特殊的躯体效应。遗传效应指表现在受照者后代身上的辐射效应。尽管辐射照射在动物身上可以引起遗传效应，但是目前尚没有人类双亲受照导致后代遗传疾病增加的直接证据。

根据辐射效应和受照剂量的关系，又分为组织反应（又称确定效应）和随机效应。辐射的剂量-效应依赖关系是研究辐射效应的基础，辐射效应与辐射照射剂量紧密相关，不同剂量所致的健康后果见表 1。

**表 1 不同剂量所致的健康后果**

| 受照剂量/mGy | 健康后果 |
|---|---|
| 3 000～5 000 | 50%的受照者未经治疗时，在 30～60 d 死亡 |
| 1 000 | 10%～25%的人发生急性放射病 |
| 500 | 约 5%的人出现症状 |
| 200 | 小剂量照射上限值 |
| 100 | 大于 100 mGy 时可观察到辐射致癌危险的增加 |

**组织反应** 是有剂量阈值特征的细胞群损伤。组织或器官受到超过一定剂量的照射会导致细胞因子的释放和细胞丢失，关键细胞群的辐射损伤超过一定量并持续一定时间，就会有临床表现。损伤的严重程度随剂量的增加而加重。急性放射病、放射性白内障和放射性皮肤损等均属组织反应。这样的效应以前称为确定效应，现在称为组织反应。

组织反应的特点是具有剂量阈值，效应的严重程度随剂量的增加而加重。小于 100 mGy 的照射，无论是单次急性照射还是慢性小剂量照射均不可能导致组织反应。

核和辐射事故时，受到较高剂量照射的

个人出现呕吐，48 h 后淋巴细胞计数降至 $1.0\times10^9/L$ 以下时，预示受照剂量可能大于 1 Gy，有可能发生急性放射病。更高的受照剂量，将引起更严重的辐射损伤。

成年人全身γ射线照射 1%发病率和死亡率的急性吸收剂量估计阈值列于表 2。

**表 2 成年人全身γ射线照射 1%发病率和死亡率的急性吸收剂量的估计阈值**

| 效应 | 器官/组织 | 发生效应时间 | 吸收剂量/Gy |
|---|---|---|---|
| 发病率，1% | | | |
| 暂时不育 | 睾丸 | 3～9 周 | 约 0.1 |
| 永久不育 | 睾丸 | 3 周 | 约 6 |
| 永久不育 | 睾丸 | ＜1 周 | 约 3 |
| 造血抑制 | 骨髓 | 3～7 d | 约 0.5 |
| 皮肤潮红 | 皮肤（大面积） | 1～4 周 | ＜3～6 |
| 皮肤烧伤 | 皮肤（大面积） | 2～3 周 | 5～10 |
| 暂时脱发 | 皮肤 | 2～3 周 | 约 4 |
| 白内障 | 眼 | 几年 | ＜0.5 |
| 死亡率，1% | | | |
| 骨髓综合征 | | | |
| 未进行医学治疗 | 骨髓 | 30～60 d | 约 1 |
| 良好医学治疗 | 骨髓 | 30～60 d | 2～3 |
| 胃肠道综合征 | | | |
| 未进行医学治疗 | 小肠 | 6～9 d | 约 6 |
| 良好医学治疗 | 小肠 | 6～9 d | ＞6 |
| 肺炎 | 肺 | 1～7 个月 | 6 |

**随机效应** 是假设不存在剂量阈值的，包括辐射致癌和遗传效应，主要指辐射致癌效应，它的发生概率与受照剂量成比例关系。辐射致癌的人类证据主要来自中、高剂量受照人群的长期流行病学观察，如自 1950 年开始的日本广岛和长崎原子弹爆炸幸存者的寿命研究，自 20 世纪 30 年代开始的多群体过量医疗外照射和内照射人群的跟踪研究，铀矿工氡致肺癌的辐射流行病学调查，近年来前苏联切尔诺贝利核电厂事故受照人群、各国核工业群体的辐射流行病学研究，以及居民室内氡与肺癌的流行病学研究。

人类流行病学研究证实，电离辐射能诱发除慢性淋巴细胞白血病外的人类所有类型白血病，外照射可致皮肤癌（恶性黑色素癌除外）、肺癌、女性乳腺癌，氡摄入可致肺癌发病率增高，镭摄入可致骨肉瘤，钍和钚摄入可致肝癌，放射性碘摄入致儿童甲状腺癌发病率增加。还有一些研究发现，受照人群中膀胱癌、食管癌和结肠癌发病率也有升高。

联合国原子辐射影响科学委员会对辐射诱发致命性癌症超额死亡风险的估计值示于表 3。

**表 3 辐射诱发致命性癌症超额死亡风险（两性平均值）**

| 急性照射剂量/Gy | 死亡风险/% | |
|---|---|---|
| | 实体癌 | 白血病 |
| 0.1 | 0.36～0.77 | 0.03～0.05 |
| 1.0 | 4.3～7.2 | 0.6～1.0 |

辐射流行病学研究揭示，1～2 Gy 剂量以上的辐射照射也有可能增加人群非癌症疾病（如心脑血管疾病）发病率。

（白光 孙全富 叶常青）

**推荐书目**

潘自强，夏益华. 辐射安全手册. 北京：科学出版社，2011.

fushe shiyingxing fanying

## 辐射适应性反应 （radioadaptive response）

预先以低剂量的辐射处理细胞或机体，可诱导细胞或机体对随后的高剂量辐射所致损伤的抗性的现象。

联合国原子辐射影响科学委员会（UNSCEAR）1986 年规定，就人体照射而言，低剂量辐射是指剂量在 0.2 Gy 以内的低线性能量传递辐射或 0.05 Gy 以内的高线性能量传递辐射，同时剂量率在 0.05 mGy/min 以内。实际研究中把照射剂量符合上述条件而剂量率高于 0.05 mGy/min 的辐射也称作低剂量辐射。

**沿革** 1984 年，有学者首先证实人淋巴细胞在低剂量辐射条件下可诱导出细胞遗传学适应性反应，此后低剂量辐射诱导的适应性反应不断地在体内和体外实验中被证实。UNSCEAR 1994 年报告附件 B《细胞和机体对辐射的适应性反应》首次肯定了辐射适应性反应的科学事实，并将低剂量辐射增强免疫功能的作用包括在适应性反应之内。

**特点** 低剂量诱导的辐射适应性反应具有下述特点：①离体细胞照射和整体动物照射均可诱导出适应性反应；②适应性反应的诱导与预先照射的剂量和剂量率有关，也与预先低剂量照射和随后大剂量照射之间的时间间隔有关；③低剂量辐射和化学物质之间可交叉诱导适应性反应。

**机制** 低剂量辐射诱导适应性反应的机制尚未完全阐明，目前认为低剂量辐射直接引起细胞的 DNA 损伤，或者通过诱导活性氧自由基的产生而间接损伤 DNA。DNA 损伤和活性氧作为触发因素，激活 ATM-p53、PKC-MAPK 以及 NF-κB 等细胞信号分子，引起 c-fos、c-jun、INF-α、IL-6 和 p53 等相关基因的表达或关闭，产生一系列可增强细胞抗氧化能力和 DNA 损伤修复能力的蛋白或酶，从而对随后的高剂量辐射或化学物攻击产生抗性。在整体水平上，低剂量辐射可诱导哺乳动物和人体的适应性反应，减弱随后由大剂量辐射或化学物对机体造成的损伤，降低肿瘤的发生概率，其机制与低剂量辐射增强机体的免疫功能有关。

低剂量辐射适应性反应对低剂量照射人群健康影响的评估具有重要的实际应用价值。由于存在辐射适应性反应，目前采用的辐射致癌线性无阈模型有可能高估低剂量辐射的致癌危险，然而国际放射防护委员会从辐射防护目的出发，依然谨慎地采用了线性无阈模型。

（曹毅　童建　苏旭）

**fushe weihai de zhongshen weixian guji**

**辐射危害的终身危险估计** （lifetime risk estimates for radiation detriment） 用于定量描述辐射照射对人体不同部位有害健康效应。包括辐射相关癌症或遗传效应的发生率及其致死率、生活质量以及由此引起损失寿命的年数。

国际放射防护委员会（ICRP）103 号出版物中对辐射危害的终身危险估计是基于终身归因危险（LAR），其含义是随访期间内受照射人员经历的超过未受照人员（对照人群）癌症基线发病率或死亡率的超额发病数或死亡数。

辐射防护中用代表性人群的男女平均和不同受照时年龄平均的终身危险估计来表征辐射致癌危险，称之为标称危险系数。ICRP 103 号出版物标称癌症危险是依据发病率数据计算的（表 1）。

**表 1　性别平均标称危险和危害**

| 组织 | 标称危险系数/[例/（$10^4$ 人·Sv）] | 致死份额 | 致死性和生活质量调整标称危险① | 相对寿命损失 | 危害 | 相对危害② |
|---|---|---|---|---|---|---|
| a）全人群 | | | | | | |
| 食道 | 15 | 0.93 | 15.1 | 0.87 | 13.1 | 0.023 |
| 胃 | 79 | 0.83 | 77.0 | 0.88 | 67.7 | 0.118 |
| 结肠 | 65 | 0.48 | 49.4 | 0.97 | 47.9 | 0.083 |
| 肝 | 30 | 0.95 | 30.2 | 0.88 | 26.6 | 0.046 |
| 肺 | 114 | 0.89 | 112.9 | 0.80 | 90.3 | 0.157 |
| 骨 | 7 | 0.45 | 5.1 | 1.00 | 5.1 | 0.009 |
| 皮肤 | 1 000 | 0.002 | 4.0 | 1.00 | 4.0 | 0.007 |
| 乳腺 | 112 | 0.29 | 61.9 | 1.29 | 79.8 | 0.139 |
| 卵巢 | 11 | 0.57 | 8.8 | 1.12 | 9.9 | 0.017 |

| 组织 | 标称危险系数/ [例/（$10^4$人·Sv）] | 致死份额 | 致死性和生活质量调整标称危险① | 相对寿命损失 | 危害 | 相对危害② |
|---|---|---|---|---|---|---|
| 膀胱 | 43 | 0.29 | 23.5 | 0.71 | 16.7 | 0.029 |
| 甲状腺 | 33 | 0.07 | 9.8 | 1.29 | 12.7 | 0.022 |
| 骨髓 | 42 | 0.67 | 37.7 | 1.63 | 61.5 | 0.107 |
| 其他实体 | 144 | 0.49 | 110.2 | 1.03 | 113.5 | 0.198 |
| 性腺（遗传） | 20 | 0.80 | 19.3 | 1.32 | 25.4 | 0.044 |
| 合计 | 1 715 | | 565 | | 574 | 1.000 |
| **b）工作年龄人群** | | | | | | |
| 食道 | 16 | 0.93 | 16 | 0.91 | 14.2 | 0.034 |
| 胃 | 60 | 0.83 | 58 | 0.89 | 51.8 | 0.123 |
| 结肠 | 50 | 0.48 | 38 | 1.13 | 43.0 | 0.102 |
| 肝 | 21 | 0.95 | 21 | 0.93 | 19.7 | 0.047 |
| 肺 | 127 | 0.89 | 126 | 0.96 | 120.7 | 0.286 |
| 骨 | 5 | 0.45 | 3 | 1.00 | 3.4 | 0.008 |
| 皮肤 | 670 | 0.002 | 3 | 1.00 | 2.7 | 0.006 |
| 乳腺 | 49 | 0.29 | 27 | 1.20 | 32.6 | 0.077 |
| 卵巢 | 7 | 0.57 | 6 | 1.16 | 6.6 | 0.016 |
| 膀胱 | 42 | 0.29 | 23 | 0.85 | 19.3 | 0.046 |
| 甲状腺 | 9 | 0.07 | 3 | 1.19 | 3.4 | 0.008 |
| 骨髓 | 23 | 0.67 | 20 | 1.17 | 23.9 | 0.057 |
| 其他实体 | 88 | 0.49 | 67 | 0.97 | 65.4 | 0.155 |
| 性腺（遗传） | 12 | 0.80 | 12 | 1.32 | 15.3 | 0.036 |
| 合计 | 1 179 | | | | 422 | 1.000 |

注：① 定义为 $Rq+R(1-q)\,[(1-q_{\min})q+q_{\min}]$，式中 $R$ 是标称危险系数，$q$ 是致死性，$[(1-q_{\min})q+q_{\min}]$是给予非致死癌症的权重。这里 $q_{\min}$ 是对于非致死癌症的最小权重，$q_{\min}$ 校正不适用于皮肤癌。

② 给出的数值不应视作含过高的精度，给出 3 位有效数字有助于追踪所作的计算。

辐射危害是一个用以定量辐射照射在身体不同部位的有害效应的概念。它是由标称危险系数确定的，由致死性、生活质量调整标称危险、寿命损失和遗传危险四部分组成，合计危害则是身体各部位（组织或器官）的危害之和。组织权重因子计算要经过复杂的步骤：确定辐射相关癌症的终身癌症发病率危险估计值；应用剂量和剂量率效能因数；危险估计值在人群间的转移；计算标称危险系数；致死性调整；生活质量调整；寿命损失年数调整；辐射危害和相对辐射危害；组织权重因数。

ICRP 第 103 号出版物给出的随机效应的危害调整标称危险系数列于表 2。ICRP 认为，1990 年以来在标称危险估计值中的小差别没有实际意义。ICRP 建议，为放射防护目的，当前国际辐射安全标准所依据的总致死危险系数估计值约为 5%$\mathrm{Sv}^{-1}$ 仍然是合适的。

**表 2　随机效应的危害调整标称危险系数**

单位：$10^{-2}\mathrm{Sv}^{-1}$

| 受照人群 | 癌症 | | 遗传效应 | | 合计 | |
|---|---|---|---|---|---|---|
| | ICRP 103 | ICRP 60 | ICRP 103 | ICRP 60 | ICRP 103 | ICRP 60 |
| 全部人群 | 5.5 | 6.0 | 0.2 | 1.3 | 5.7 | 7.3 |
| 成年人 | 4.1 | 4.8 | 0.1 | 0.8 | 4.2 | 5.6 |

ICRP 出于放射防护目的，给涉及在低于 100 mSv（单次或年剂量）的剂量范围内归因于

辐射的危险估计，仅适用于辐射防护。

标称危险系数只用于全部人群而不是个人。

（白光　潘自强）

**fushe xinli xiaoying**

**辐射心理效应**　（radiation-caused psychological effect）　个体经历真实的或传闻的核和辐射突发事件并对此应激事件认知评价后而出现的一系列以感觉、知觉、记忆、思维、情感、意志、个性及心身疾病等形式表现的心理和生理反应的总和。这些反应可以是适应的，也可以是适应不良的。核和辐射突发事件指由于人为失误、技术局限、设备故障或自然灾害等原因，致使核设施、核装置、核武器、核材料、放射性物质或其他放射源发生意外，造成或可能造成重大人员伤亡、财产损失、生态环境破坏和严重社会危害、危及公共安全的紧急事件。不同类型的核和辐射突发事件可以引起人员确定性效应（如急性放射病、皮肤辐射损伤）和随机性效应（如癌症、遗传效应）这些与电离辐射作用有关的损伤效应，可引起与电离辐射作用无直接关系的常规损伤和心理效应。不同类型核和辐射突发事件引起的心理效应的可能范围、涉及人数和地域见下表。

**不同类型核和辐射突发事件引起的心理效应的可能范围、涉及人数和地域**

| 突发事件类型 | 范围 | | 人数 | | 地域 | |
|---|---|---|---|---|---|---|
| | 有限 | 广泛 | 有限 | 大量 | 现场 | 场外 |
| 反应堆事件 | - | + | + | | + | +/- |
| 临界事件 | + | - | + | - | + | - |
| 丢失或被窃危险源 | + | - | + | +/- | + | +/- |
| 使用或误用工业危险源 | + | - | + | +/- | + | +/- |
| 医学诊疗中不当使用 | + | - | + | - | + | - |
| 运输和实验室事故 | + | - | + | - | + | - |
| 蓄意使用放射性物质 | - | + | - | + | + | +/- |
| 空气、食品和供水的放射性污染 | - | + | - | + | NA | + |

注：“+”表示预期会有；“-”表示预期会没有；“+/-”表示视事件范围而定；“NA”无可用资料。

**分类**　辐射心理效应是人们经历真实的或传闻的核和辐射突发事件后出现的应激反应，它是个体通过对自然环境和社会环境的刺激的认知评价后出现的一种特殊的情绪状态，是人类生活中重要的组成部分，具有双重作用。良性的应激反应可动员机体，有效地应付来自环境的各种刺激；负面的应激反应是由于刺激过强或时间过长超出了个体耐受限度所致，它会有损于个体的身心健康。真实的或传闻的核和辐射突发事件引起的心理效应可以造成三种后果，即个体心理危机、社会心理效应和社会动荡。

**个体心理危机**　事件发生后，尤其是灾难性事件发生后，人的心态稳定性和心理健康遭到破坏和损害。个体可出现持续的恐惧、焦虑、无助、失落、无安全感等表现，极大地影响着人的身心健康。即使事件结束，留在人们心灵中的恐怖情绪和恐慌心理还不会很快消失，甚至在有些情境的刺激下，这种情绪和心理还会强化，形成心理压力；而持久的负面情绪的积累，会使人产生心理矛盾和冲突，出现心理危机，甚至心理损伤。

**社会心理效应**　个体的不良心理效应的传播、蔓延，最终可引发群体的社会心理危机。主要表现在：①民众恐惧、恐慌心理加剧。恐惧情绪往往是由刺激直接引起，更多的出现在突发事件发生的初期；恐慌心理是由恐惧而引起的，多出现在突发事件的后期，它在人们之间相互感染和强化，以“社会传染”方式引起局部甚至是全体社会的普遍恐慌。②民众焦虑感增加。焦虑在平时也会出现，但是在事件发生过程和之后显得更为突出，且有可能长时间的存在。③民众安全感降低。安全感的降低尤见于事件的直接受损者，因为他们受到丧失生命、严重健康效应、肢体残疾、精神受损、财产损失的威胁。其他间接受影响者的安全感也会降低。这种心理危机会引起整个社会安全感的降低。

**社会动荡**　核和辐射突发事件引起的社会心理效应的加剧可引起社会心理危机并产生社会动荡，这种动荡可能又会引起社会、政治、经济等方面的动荡和不稳定。

**原因** 核和辐射突发事件与严重的自然灾害或外伤性事故相比，引起心理社会效应的原因有其特点：一是因为这种危险是属于非志愿和不熟悉的，电离辐射和放射性是感觉器官觉察不到的“毒物”，这种没有“痕迹”的灾害对心理健康会造成看不见的持续威胁；二是人们从一些历史事件（如二战时广岛、长崎原子弹爆炸，前苏联的切尔诺贝利核电厂事故，日本的福岛核电厂事故，巴西戈亚尼亚放射性污染事故）知悉，这些事件可造成环境的放射性污染，可引起一些隐性的不可逆转的核辐射损伤，诱发疾病和导致死亡，尤其是对儿童和孕妇。这两个起因的结合变成了一个强有力的应激源，使得核和辐射突发事件在人们心目中较为可怕，从而会有较多的人员产生急性和慢性心理效应。

**防治措施** 首先要做好干预前的准备工作，包括确定干预地点、估计干预对象的人数及其分布、制订实施方案（流程、路线、干预技术）、做好专业人员培训和物资储备等。常用的干预技术是ABC法。A是指心理急救和稳定情绪；B是指行为调整、放松训练和心理晤谈；C是指认知调整、情绪减压和哀伤辅导。对心理障碍的所有危机干预，其核心是“善解人意、善于沟通”，应立足于非精神性和非疾病性的观点，采用公共卫生的方法做好心理危机干预工作。对在事件后采用简易的心理救助后其心理障碍仍不能得到缓解的少数受害者，则须进一步采用专业性治疗措施，如催眠疗法、精神分析法、行为疗法等。

（叶常青　潘自强）

**推荐书目**

潘自强，叶常青，陈竹舟. 核与辐射恐怖事件管理. 北京：科学出版社，2005.

叶常青，徐卸古. 核生化突发事件心理效应及其应对. 北京：科学出版社，2012.

**fushe yichuan xiaoying**

## 辐射遗传效应 (genetic effects of radiation)

个体生殖细胞受到电离辐射的作用，其遗传物质即DNA（脱氧核糖核酸）受到损伤，造成基因突变或染色体畸变，并在受照者的后代传递，使后代发生遗传疾病的随机性效应。在人类，目前还没有证据能直接证明双亲一方或双方受到辐射照射而导致后代发生遗传疾病。但是，大量的实验研究已给出了令人信服的证据，电离辐射能在植物和动物体系中产生遗传效应。辐射诱发遗传效应的表现形式，小到观察不到表型变化，大到出现身体畸形、机体功能丧失，甚至过早死亡。

**历史简述** 对辐射遗传效应的关注和研究始于20世纪20年代初。1923年，美国遗传学家赫尔曼·约瑟夫·穆勒（H.J.Muller）在德克萨斯大学开始研究镭和X射线对果蝇的遗传效应，但是由于放射线杀死生殖细胞导致繁殖能力完全丧失，开始的研究几乎没有获得有关的结果。直到1926年，穆勒采用了隐性和显性可见遗传标记的重排和组合实验设计，鉴定染色体从父母向子代传递，他的研究才有了突破。穆勒通过观察受照雄性果蝇的后二代中性状的缺失，得以检测辐射诱发的隐性致死突变的存在，并定量测算诱发突变，由此发现了X射线的诱发突变作用。

20世纪50年代起，辐射遗传学家开始进行人类辐射遗传效应研究，主要针对日本广岛、长崎原爆受害者人群开展的遗传效应和危险评价研究，建立了人群辐射危险评价理论方法。与此同时，也开展了一系列的动物实验。至今，仍然没有肯定辐射遗传效应的人群研究证据。由此，大量的动物实验特别是针对小鼠的实验数据，就成为人类辐射遗传效应危险估计的主要基础。联合国原子辐射效应科学委员会（UNSCEAR）2001年报告中，根据采集到的小鼠34个基因的突变率数据，得出急性X射线或γ射线照射诱发的平均突变率为每戈瑞每个基因 $1.08\times10^{-5}\pm0.30\times10^{-5}$。引入传统的剂量率效应因子3，给出的持续照射条件下的平均诱发突变率为每戈瑞每个基因 $0.36\times10^{-5}\pm0.10\times10^{-5}$。

**基本特征**　遗传疾病指由遗传物质的改变而引起的或者是由致病基因所控制的疾病，并且具有垂直传递即由亲代向后代传递的和终身的特征。根据致病基因的遗传方式可将遗传病分为单基因疾病（即孟德尔疾病）、多基因遗传病和染色体大的结构或数目异常产生的染色体病。作为遗传物质的 DNA 分子是电离辐射作用的靶分子，而且双链断裂是电离辐射 DNA 损伤的主要类型，其后果会导致基因的缺失、重排，染色体结构异常。辐射诱发遗传改变是以缺失为主，常常包含一个以上基因的缺失。而辐射诱发的缺失中仅仅很小部分与存活出生相一致。辐射诱发人的遗传效应最可能的表现是后代多器官系统的发育异常，而不是单基因突变疾病。由于受影响的后代的生殖适当性或适合度降低，辐射诱发的影响发育的许多遗传改变预期会在后一、二代被强烈地选择性淘汰掉。

**加倍剂量**（DD）　指在一代中产生等同于自发突变量所需要的辐射剂量。理想地说，加倍剂量被用于估计所给定的一套基因的自发与诱发突变的平均发生率的比值。加倍剂量的倒数（1/DD）是每单位剂量的相对突变危险性（RMR）。完全根据小鼠的数据最先确定的 DD 值为 1 Gy。根据人类 26 种常染色体显性疾病表型而得出修订的非加权平均自发突变率，为每代每个基因 $2.95\times10^{-6}\pm0.64\times10^{-6}$。采用人的自发突变率数据和小鼠诱发突变率数据的修订估计值，得出新的加倍剂量为（$0.82\pm0.29$）Gy。这个值与以前采用的 1 Gy 没有很大的差别。UNSCEAR 2001 年报告和国际放射防护委员会（ICRP）第 103 号出版物均建议继续采用 1.0 Gy 的 DD 值。

在缺乏辐射诱发人类遗传疾病的数据的情况下建立的加倍剂量法，是以正常人群自发突变率为基线给出辐射所致遗传疾病的相对增加量。其第一前提是假定照射剂量（$D$）与遗传效应（$I$）之间为线性相关，其遗传学理论基础是用于解释群体基因突变动力学的平衡理论。加倍剂量法的目的在于更好地利用由小鼠动物模型研究获得的突变数据、人群自发的遗传疾病基线频率数据以及群体遗传学理论，来估计人类辐射遗传疾病的危险。加倍剂量法自 20 世纪 70 年代早期被采用至今，运用下列方程式来估计辐射诱发遗传疾病频率的预期增加危险。

$$\text{每单位剂量危险} = P \times [1/\text{DD}] \times \text{MC}$$

式中，$P$ 为要研究的遗传疾病类别的基线频率；DD 为加倍剂量，Gy；MC 是疾病类别特异的突变成分，即每单位相对增加的突变率所相对增加的疾病频率。

迄今，研究小鼠诱发突变的基因都是存活非必需基因，也正好位于基因组的存活非必需区域。由此，将小鼠研究得到的诱发突变率用于人的遗传危险估计，被认为可能会高估促发疾病的诱发突变率。因此，在上述危险评价方程中要引入（乘以）一个修正因子，即潜在恢复力修正因子（PRCF）。

**辐射遗传疾病危险估算程序**　①建立人类所有类型遗传疾病的基线频率（一组 $P$ 值）。②为人类基因估计每代平均自发突变率。③因没有人的数据可供参考，因此要估计小鼠的辐射诱发基因突变的平均突变率，并假定小鼠的发生率与人的相当。④从上述步骤②和③估计遗传 DD。⑤为不同类别遗传病估计 MC。MC 是突变率变化与疾病频率增加之间关系的相对量度。⑥要估计不同类型突变的 PRCF。PRCF 考虑了活产儿不同程度的突变恢复力，也就是与胎儿/胚胎发育相一致的突变分数。⑦用从上述步骤①到⑥的估计值，为人类每一类遗传疾病建立如下危险估计方程式：

$$\text{每单位剂量危险} = P \times [1/\text{DD}] \times \text{MC} \times \text{PRCF}$$

ICRP 第 103 号出版物推荐的新的遗传危险系数只考虑两代照射和两代遗传危险。关于每代遭受照射人群直至两代的遗传效应危险系数：孟德尔疾病危险为每戈瑞 $0.13\times10^{-2}$～$0.25\times10^{-2}$（平均为 $0.19\times10^{-2}$/Gy）；慢性多因素疾病危险为每戈瑞 $0.03\times10^{-2}$～$0.12\times10^{-2}$（平均为 $0.08\times10^{-2}$/Gy）；先天性异常疾病危险为每戈瑞 $0.24\times10^{-2}$～$0.30\times10^{-2}$（平均为 $0.27\times10^{-2}$/Gy）。全部类别疾病的危险为平均 0.54×$10^{-2}$/Gy。上述估计值是对于生殖人群。对于总人群，估计值再乘以 0.4。针对全部人群，性腺组织辐射遗传效应的相对危害值为 0.044，加上卵巢癌的相对危害值 0.017，之和要比判断的组织权重因子值 0.08 小。根据 ICRP 第 103 号报告，与性腺剂量相关的全部人群的遗传效应危险估计值约为 20 例/10 000 人/Sv，比先前的 ICRP 第 60 号出版物的估计值降低了 5 倍。（周平坤　叶常青）

fushe zhi'ai

**辐射致癌**　（radiation carcinogenesis）　电离辐射诱导人和动物发生恶性肿瘤的生物学效应。是电离辐射对人类最重要的健康危害之一，是唯一得到确认的低剂量电离辐射对人类的健康效应，是制定辐射防护剂量限制体系的主要生物学基础。辐射致癌是电离辐射的随机性效应，即受照人群中辐射诱发的癌症概率随照射剂量的增加而增加，且可能没有剂量阈值。

**沿革**　1895 年伦琴发现了 X 射线，其很快用于医学诊治中，不久就出现受照者白血病和皮肤癌的报道。日本放射线影响研究所对广岛和长崎原子弹爆炸幸存者长期系统的流行病学研究提供了辐射致癌的确凿证据，并导出了辐射致癌的剂量-响应数学模型，使辐射致癌危害的研究进入定量评估的新阶段。自 20 世纪开始，有关国家对核工业工人和其他职业照射人群、核事故受照人群、高本底地区居民等进行了健康状况的大规模调查；不少国家还对居室氡所致居民肺癌危险进行了研究，提供了直接估计低剂量持续照射致癌效应的重要资料。在我国，“阳江高本底辐射与居民癌症”、“室内氡水平与肺癌危险”、“铀矿工和云锡矿矿工肺癌”和“医用诊断 X 射线工作者恶性肿瘤”等调查是国际上具有影响的辐射流行病学研究。

流行病学调查获得的辐射致癌危险系数为既往受一定剂量照射后发生个体癌症患者的放射学病因判断和继后的赔偿提供了依据。1985 年美国国立卫生研究院特别工作组发布《放射流行病学表》（NIH85-2748），提出了病因概率计算模式和参数；2003 年的修订版根据新的资料而编制《交互式放射流行病学程序》（NIH03-5387）。该方法被国际劳工组织、国际原子能机构和世界卫生组织 2010 年联合出版的《职业性电离辐射照射有害健康效应的归因方法及其在癌症赔偿计划中的应用》所推荐，为工伤裁定、劳动保险、索赔申诉和司法判决提供了有用的工具。

**研究内容**　辐射可在大多数组织和器官诱发癌症，诱发的癌症与人群自发的癌症并无可鉴别的临床和病理特征。也就是说，辐射并不诱发特征性的癌症，而是使癌症的发生率增加。辐射致癌作用是用流行病学的方法与参照人群相比较而认知的。造血组织对辐射敏感，诱发的白血病潜伏期短，表现为白细胞增殖失控，但不产生局限性实体肿块。故在辐射致癌危险评价中常将恶性肿瘤分两类，即白血病和实体癌，后者是除白血病以外的其他恶性肿瘤总称。

辐射致癌经历始动、促进、恶性转化和肿瘤的发展四个阶段，有一个相当长的潜伏期，对白血病至少 2 年，对实体癌 10 年以上。辐射诱发癌症的概率除与受照剂量相关外，还与辐射的类型、照射方式（由内、由外、急性、慢性、全身、局部）、宿主因素（性别、年龄、体质、生理状况、生活方式、遗传易感性）和环境等因素有关。

国际放射防护委员会（ICRP）第 103 号出版物和美国电离辐射生物效应委员会第 7 号第 2 阶段报告根据日本原爆幸存者寿命研究的原爆 2002 年剂量体系和 1958—1998 年的随访结果等最新数据，考虑到致癌危险随性别、受照年龄和发病年龄等因素的变异，拟合了癌症超额相对危险和超额绝对危险剂量响应模型，总的看来：

实体癌符合线性模型：$F(D)=a_0+a_1D$

白血病符合线性平方剂量响应模型：

$$F(D)=a_0+a_1D+a_2D^2$$

式中，$F$ 为癌症危险；$D$ 为吸收剂量；$a_0$、$a_1$、$a_2$ 为常数。

大量的实验研究和流行病学调查表明，分次照射和持续照射产生的致癌危险小于同等剂量的急性照射；当用较高剂量急性照射的危险估计值（如原爆幸存者的危险）估计分次照射和持续照射（如职业照射或环境照射）的危险时，应该用剂量和剂量率效应因子（DDREF）加以校正。ICRP 第 60 号出版物为辐射防护目的推荐的 DDREF 值为 2，ICRP 第 103 号出版物依旧采用。目前认为：对实体癌由中、高剂量效应外推很低剂量效应的最合适方法是线性剂量效应模型结合应用 DDREF；对白血病用线性平方剂量响应模型。评价人群辐射致癌危险，通常使用危险系数，即单位剂量所致的危险增加。

**问题与趋势** 基于现今的放射流行病学调查研究成果，就大于 50～100 mSv 的持续照射，或者大于 10～50 mSv 的急性照射而言，已经观察到了有统计学意义的癌症危险增加，而流行病学方法难以直接揭示在低剂量范围内（＜100 mSv）的癌症危险。辐射致癌是否真的无阈，低剂量照射的致癌危险是否能用线性无阈模型由高剂量急性照射的危险外推，仍未定论。因而，加强基础生物学方面研究，把实验室基础研究与传统流行病学的研究相融合，发展辐射分子流行病学，建立与后基因组时代发展相适应的流行病学研究与分析技术和策略，已成为当前辐射致癌效应研究的发展方向。

（王继先　叶常青）

**Fudao hedianchang shigu**

## 福岛核电厂事故

（Fukushima nuclear power plant accident） 2011 年 3 月 11 日 14:46（日本时间），太平洋地震引发海啸，造成位于日本东北部地区的福岛第一核电厂发生的多机组堆芯熔化、氢气爆炸、多处厂房被摧毁、大量放射性释放的严重事故。该事故是继美国三哩岛核电厂事故、前苏联切尔诺贝利核电厂事故之后，人类利用核能历史上又一次严重的核事故，该事故被评定为 7 级，事故持续的时间和影响的范围都是史无前例的。

**事故原因、过程** 该事故的诱因是日本海域发生特大地震，引发海啸，海啸袭击了东京电力公司的福岛第一核电厂和福岛第二核电厂。由于海啸高度超过电站对于洪水的设防能力，使大量海水越过防波堤，造成厂址内所有供电能力丧失，导致反应堆余热长时间不能排出，多机组发生堆芯熔化、氢气爆炸。该事故的诱因虽然是外部自然灾害，但核电厂的设防能力不足，以及事故后的应对措施不当也是造成本次事故的重要原因。

福岛核电厂发生事故前是世界上装机容量最大的核电厂之一，由福岛第一核电厂、福岛第二核电厂组成，共 10 台机组（一厂 6 台，二厂 4 台），均为沸水堆。本次主要造成了福岛第一核电厂 6 台机组发生事故。事故发生前 6 台机组的基本参数见下表。

**福岛第一核电厂 6 台机组主要参数**

| 机组号 | 堆型 | 安全壳 | 热功率/MW | 电功率/MW | 投入商运时间 | 堆芯燃料组件数量 | 乏池燃料组件数量 |
|---|---|---|---|---|---|---|---|
| 1 号机组 | BWR-3 | MARK-I | 1 380 | 439 | 1971.3 | 400 | 292 |
| 2 号机组 | BWR-4 | MARK-I | 2 436 | 760 | 1974.7 | 560 | 587 |
| 3 号机组 | BWR-4 | MARK-I | 2 436 | 760 | 1976.3 | 560 | 514 |
| 4 号机组 | BWR-4 | MARK-I | 2 436 | 760 | 1978.1 | 0 | 1331 |
| 5 号机组 | BWR-4 | MARK-I | 2 436 | 760 | 1978.4 | 560 | 946 |
| 6 号机组 | BWR-5 | MARK-II | 3 293 | 1 067 | 1979.1 | 764 | 876 |

沸水堆核电厂工作流程是：冷却剂从堆芯下部流进，在沿堆芯上升的过程中，从燃料棒获取热量，使冷却剂变成蒸汽和水的混合物，经过堆芯上部汽水分离器和蒸汽干燥器，由分

离出的蒸汽来推动汽轮发电机组发电。沸水堆所用的燃料和燃料组件与压水堆类似，均为低浓缩铀棒束燃料组件，沸腾水既作慢化剂又作冷却剂。沸水堆与压水堆不同之处在于：①冷却水保持在较低的压力（约为70个大气压）下，水通过堆芯变成约285℃的蒸汽，并直接被引入汽轮机。沸水堆只有一个回路，省去了容易发生泄漏的蒸汽发生器，因而更简单。②采用抑压池式安全壳，安全壳内容积较小。③在正常运行工况下，冷却水中不含硼。④反应堆控制棒从堆底部插入堆芯。

福岛第一核电厂建造时的最大设计基准海啸浪高为3.1 m。2002年，根据日本土木工程师协会推荐的日本核电厂海啸评估结果，日本东京电力公司提高福岛第一核电厂设计基准海啸的浪高至5.7 m。但是，这次海啸的浪高达到了14～15 m，导致福岛第一核电厂整个厂区被淹，反应堆厂房和汽轮机厂房区域最大水淹深度达到4～5 m，导致1—4号机组的所有交流供电系统丧失，只有应急柴油发电机6B能向5号和6号机组提供应急电源。

3月11日地震前福岛第一核电厂的1、2、3号机组处于功率运行状态，4、5、6号机组处于定期检修状态。4号机组压力容器内的所有燃料均已移到乏燃料水池。11日14:46，地震导致福岛第一核电厂所有的厂外供电丧失，三个正在运行的反应堆自动停堆，应急柴油发电机按设计自动启动并处于运转状态。此后，由于海啸造成海水冷却泵、应急柴油机和配电盘被水淹没，导致除6号机组外其他机组均失去交流电源，这致使利用海水冷却带走反应堆余热的余热排出系统和用海水冷却带走设备运行中产生热量的辅助冷却系统均失去其原有功能。此外，核电厂的直流供电系统也由于受水淹而遭受严重损坏，仅存的一些蓄电池最终也由于充电接口损坏而导致电力耗尽。直流供电系统丧失导致核电厂仪控系统全部失灵，操纵员失去了在主控室对核电厂操控的手段。由此可见，由于地震和海啸的联合作用，导致福岛第一核电厂系统大范围受损，电厂状态远远超出了核电厂已经编制的严重事故管理指南的覆盖范围。由于1号至3号机组丧失了把堆芯余热排出的有效手段，导致核电厂设置的具有非能动安全特性的隔离冷凝器、由堆芯产生的蒸汽驱动的堆芯隔离冷却系统和高压堆芯注入系统也不能长期维持运行，加上由于未能及时降低反应堆冷却剂系统压力和安全壳压力导致临时注入管线不能向堆芯有效注水，最终导致1、3、2号机组堆芯相继恶化，燃料包壳的锆和水蒸气的化学反应产生大量氢气。此外，燃料包壳破裂致使放射性物质扩散到反应堆压力容器内。更严重的是，在反应堆压力容器降压过程中，氢气和放射性物质首先扩散至安全壳内，然后由于安全壳泄漏或安全壳卸压排放进入反应堆厂房。泄漏出来的氢气在反应堆厂房顶部发生爆炸，1号和3号机组的操作楼层遭到破坏。事故发生后，大量放射性物质进入大气。3号机组的构筑物遭到破坏后，4号机组的反应堆厂房也发生了爆炸，上部结构遭到破坏。

**事故影响** 最初根据对放射性物质释放可能性的评估，日本政府确定福岛第一核电厂周围半径20 km范围内78 000人进行撤离，20～30 km的范围内62 000人需要在室内隐蔽。之后，2011年4月，由于地面放射性核素水平升高，日本政府又要求位于电厂东北部区域的10 000人进行撤离。

根据放射性物质释放的水平，事故评定为7级，为最高级别，与切尔诺贝利核电厂事故同级。此次事故导致大量放射性物质向大气释放，其中碘-131、铯-137的总释放量分别为$1\times10^{17}$～$5\times10^{17}$ Bq和$6\times10^{15}$～$20\times10^{15}$ Bq。并且很大一部分进入大气的放射性物质扩散到北太平洋而不是进入日本本土，估计碘-131、铯-137分别约为$6\times10^{16}$ Bq和$5\times10^{15}$ Bq，但是估计只有一小部分（约5%）放射性物质是沉积在福岛核电厂周围80 km海域内。此外，也有大量的放射性物质通过污染的水在有意或无意情况下进入北太平洋，其中铯-137的总释放量为$3\times10^{15}$～$6\times10^{15}$ Bq，而碘-131的释放量约为铯-137的3倍以上。

事故释放持续了相当长的时间，由于大气环流的作用，世界各国先后测量到了碘-131 和铯-137 核素，认定为福岛核事故的释放。

截至 2012 年 12 月底，约有 24 500 名工作人员进入现场，其中 15%受雇于东京电力公司（TEPCO），其余受雇于承包人或分承包人。2012 年 11 月，TEPCO 指出约 34%的工作人员受到的累积总有效剂量超过 10 mSv，约 0.7%的工作人员（167 人，主要是 TEPCO 人员）受到的累积总有效剂量超过 100 mSv，有 6 名 TEPCO 人员受到的累积总有效剂量超过 250 mSv。报道的最高有效剂量是 679 mSv，约 90%是来源于内照射。报道的最高外照射剂量是 199 mSv。

公众受到照射剂量最高的区域是 20 km 撤离区和有意撤离区。2011 年 3 月 12 日撤离的人群中成年人受到的总有效剂量（包括外照射和吸入照射）估计平均小于 5 mSv，而后来撤离的人员估计平均小于 10 mSv。这些人群中 1 岁龄婴儿甲状腺受到的平均剂量估计小于 50 mGy。第二高区域是福岛市区，第一年的总有效剂量成年人和 1 岁龄婴儿分别平均是 4 mSv 和 7.5 mSv（主要包括三种照射途径：外照射、吸入和食入）。而福岛所辖其他区域以及周边区域公众受到的平均剂量成年人和婴儿分别小于 3 mSv 和 4 mSv。但是所有的剂量均只是平均值，由于各种因素，对于任何人群的真实剂量均会围绕平均值有显著的波动。截至 2012 年 12 月 31 日，事故发生后进入现场工作的 25 000 名工作人员没有发现辐射相关的死亡。由于所受剂量均低于发生确定性效应的阈值，不可能发生确定性效应相关的健康效应。由于进入放射性污染的积水中，三名工作人员的腿部皮肤受到短期伤害。对于这些事故后进入现场工作的人员已经建立了长期健康监测。大部分（99.3%）工作人员的有效剂量小于 100 mSv，因此辐射诱发癌症的概率会很低。12 名工作人员甲状腺受到的剂量为 2～12 Gy，但是在正常医疗防护下，这群人中发生一例甲状腺癌的概率为 10%。第二批人员包括 155 名，主要是受到超过 100 mSv 的外照射。对于公众，联合国原子辐射效应科学委员会估算在福岛所辖非撤离区域 1 岁龄婴儿平均终身剂量约为 50 mGy。在这一水平下，世界卫生组织估算事故诱发甲状腺癌的危险是 100 例中约 0.05 例（附加于 0.2 例的基线水平）。

福岛核事故反映出以下几个方面情况：它是由自然灾害引发的一起严重事故，地震和海啸摧毁了附近大范围区域内的社会基础设施，如电力供应、通讯和运输系统；频繁发生的余震阻碍了各种事故响应活动；事故造成了核燃料、反应堆压力容器和安全壳等损伤，涉及多个反应堆事故同时发生。总之，此次事故有许多方面和过去的三哩岛核电厂事故和切尔诺贝利核电厂事故是不同的。这起事故，严重影响了公众对核电的可接受性，并警醒了那些对核安全过度自信的核能从业人员。因此，必须从这起事故吸取必要的教训，更加重视核安全保障的纵深防御原则。

**经验教训** 日本政府给出了五类经验教训：第 1 类教训是基于该事故是一起严重事故，可以从审查严重事故预防措施的足够性角度吸取的教训。第 2 类教训是可以从审查对该严重事故响应的适当性角度吸取的教训。第 3 类教训是可以从审查对该事故的核灾难的应急响应的适当性角度吸取的教训。第 4 类教训是可以从审查在核电厂中建立的安全设施的可靠性角度吸取的教训。第 5 类教训是可以从审查在总结所有教训的过程中安全文化的彻底性角度吸取的教训。

福岛核事故发生后，国际原子能机构派出了一个专门调查组，对福岛第一核电厂的核事故进行了调查，形成了 15 个调查结论和 16 个经验教训，主要有以下几方面：①福岛核事故表明，外部事件灾害的严重程度超出了以前人类的认知水平，应进一步考虑其对目前电站的影响。共性原因导致的故障应作为一站多堆和多个电站的重点考虑内容，要保证独立的机组恢复可以使用所有的厂内资源。②对于严重事故情况下可能丧失功能的应急设施设备，应为其考虑简单易用的功能替代。③核电厂内要有抗震性能高、适当屏蔽和通风、装备精良的厂房，以容纳应急响应中心（与福岛第一核电厂和第二核电厂的性能类似），并能够抵御其他外部灾害，如洪水。它们需要充足的资源准备，必须为事故管理人员保证身体健康并提供辐射防护。④应急响应中心应该有根据可靠的仪表和线路获得的特别重要的安全相关参数，如冷却剂液位、安全壳状态、压力等，并有充足可靠的通信线路与控制室和其他厂内厂外设施保持通讯。⑤外部事件有可能影响多个电站或同时影响一个电站的多台机组。这需要有充足大量的资源，包括经过培训的有经验的人员、设备、物料补给和外部支持。应确保有充足的有经验人员团队，能够应对不同类型的机组，并可随时支持受影响的电站。⑥日本有组织良好的应急准备和响应体系，这体现在福岛核事故的处理过程中。但是复杂的结构和组织体系可能导致紧急决策的拖延。　（岳会国　王中堂）

# G

**γ celiang**

**γ测量** （γ-ray measurement） 通过测量放射性核素发射的γ射线，确定某介质中γ核素种类和水平的一种测量分析方法。

根据不同的测量目的，γ测量可分为γ放射性核素活度测量和γ辐射剂量测量。前者是根据γ射线与发射该射线的核素的特定关系获得被测物质中的核素的种类和含量；后者是根据测量结果，结合γ射线与物质的相互作用关系，给出单位质量该物质吸收的γ射线的能量。

通常在环境中由于天然放射性核素和宇宙射线的影响，γ放射性的本底相对较高，在测量环境介质中γ核素的活度时干扰比较大，所以一般在环境样品的分析中要求在低本底条件下测量。

**γ放射性核素活度测量** 通常采用γ谱方法进行测量。大多数放射性核素在衰变过程中都伴随发射具有特征能量的γ射线，γ谱分析就是用γ谱仪对测量得到的γ射线能谱进行分析，从而得到待测介质中某种核素的活度。

**γ谱仪** 常用的γ谱仪有 NaI（Tl）γ谱仪和 HPGe（高纯锗）γ谱仪，前者效率高，分辨率较低，操作和维护较容易，仅适合分析少数几个单能γ核素；后者分辨率高，需低温下使用，可同时分析多个γ核素。随着核技术的发展，目前用于γ谱测量的探测器除了 NaI（Tl）探测器和 HPGe 探测器外，还有常温半导体探测器，如 LaBr 探测器和 CZT（碲锌镉）探测器。

**γ谱分析方法** γ谱测量实质上对特定γ射线在仪器中形成的全能峰参数进行分析。该全能峰一般为正态分布，峰参数包括峰位置、半高宽和峰面积，分别表征被测γ射线的能量、谱仪的分辨率和核素含量相关的参数。通过峰位置（γ射线的能量）确定物质中含有的放射性核素种类，通过峰面积确定核素的含量。常用的谱分析方法是逆矩阵法和最小二乘法，两种方法均与测量的介质及测量时的几何条件相关。①逆矩阵法适用于 NaI（Tl）γ谱仪，它是一种简单的方法，选择几个特征道区分别代表样品中的各核素，而每个特征道区的计数是各个核素贡献之和，在刻度时，用于确定特征道区的核素必须与被分析核素完全一致，通过刻度系数（即逆矩阵）计算物质中核素的含量。②最小二乘法适用于 HPGe γ谱仪，首先确定全能峰面积，然后计算全能峰效率，根据全能峰效率计算物质中核素的活度。通常全能峰的确定需根据测量的核素和介质类型、几何条件等选择用于谱仪刻度的参考核素或样品，其几何条件应与被测对象一致，用于全能峰效率刻度的核素可以与被测对象不同，被测对象的γ全能峰效率可以通过拟合的效率曲线得到，但在测量过程中均需考虑符合相加修正。如果刻度用参考样品与被测样品介质差异较大，测量时还需考虑自吸收修正。

**γ谱仪应用** γ谱测量是分析样品中γ核素

含量的主要手段，分析的样品可以是固体、液体、生物（包括动物和植物）、空气滤膜等，分析的核素可以包括天然和人工的γ核素。γ谱测量一般包括实验室γ谱测量、就地γ谱测量、航空γ谱测量及车载γ谱测量。①实验室γ谱测量是将γ谱仪固定安装在实验室的铅室内，测量某一样品中核素的活度浓度。通常样品需要简单的处理，固体样品需要烘干、粉碎，介质的粒径大小通常要小于60目；液体样品采用蒸发或共沉淀等方法浓集；生物样品经炭化、灰化处理成灰样测量；空气滤膜裁剪成与样品盒形状一致的样品平放在样品盒内。②就地γ谱测量是在野外将γ探测器朝向地面，直接测量地面铀、钍、钾含量和地表人工放射性核素的含量。③航空γ谱测量是将γ谱仪安装在直升机或其他低速飞机上，用于地表大面积航空辐射侦察或烟羽辐射测量。④车载γ谱测量将γ谱仪安装在汽车上，按选定的测线（路线），测量地面或周围土壤及岩石所致辐射水平。

在自然界中存在天然放射性核素及宇宙射线，容易干扰γ测量，所以在测量环境介质中放射性核素含量时要求在低本底条件下进行。通常降低本底的方法有几种：①选择低本底材料制作屏蔽室，降低天然本底对测量的影响，这是在环境测量中最基本的要求。②利用反康普顿谱仪降低本底，但反康普顿谱仪通常价格高，操作复杂。③在山洞、地下或水下建立实验室，降低宇宙射线的影响，但在这些环境下要求有良好的通风，保证实验室氡浓度降到最低。目前国内外均有超低本底的实验室。

**γ辐射剂量测量**　γ辐射剂量测量通常指γ空气吸收剂量测量和人体外照射剂量测量，包括瞬时剂量率测量和累积剂量率测量。这里主要介绍环境γ空气吸收剂量率测量。

对于环境空气剂量率测量，一般情况下是测量距离地面1 m处的空气吸收剂量率。环境辐射场大致包括如下几个方面：宇宙射线、地壳放射性（铀系、钍系及钾-40的γ辐射）、全球性沉降（裂变产物的γ辐射）及事故情况下的放射性释放。

γ辐射剂量测量仪器通常包括电离室、GM计数管、闪烁型测量仪、半导体型测量仪和热释光探测器。电离室、GM计数管、闪烁型测量仪和半导体型测量仪主要用于瞬时监测和连续监测。电离室相对比较灵敏，能量响应比较好，通常作为刻度仪表或环境测量仪表；GM计数管和半导体型测量仪上限比较高，可以测量较强的剂量率；闪烁型测量仪轻便、功耗小，可以作为可携式仪表测量工作场所的空气吸收剂量率。累积监测采用热释光探测器，置于指定地点较长时间，给出这段时间的累积剂量，针对环境辐射场通常放置1个季度。

（任晓娜　陈凌）

γ shexian

**γ射线**　（γ-ray）　波长小于$10^{-8}$ m的电磁辐射。γ射线是原子核从较高能态跃迁至较低能态时的产物，能量一般在千电子伏到十几兆电子伏。1900年，法国科学家维拉德（Paul Ulrich Villard）首次发现了γ射线，成为继α、β射线之后发现的第三种原子核射线。根据波粒二象性，γ射线具有波的干涉、衍射等一切波动性，同时γ射线又是一种粒子流，这种粒子称为γ光子、γ光子不带电荷，其静止质量为0。

由于γ射线是非带电粒子，它不能与原子直接发生电离激发等过程损失能量，而是先以一定的概率与物质发生相互作用生成次级带电粒子，再通过次级带电粒子实现对物质的能量传递。γ射线在介质中主要通过三种作用机制来沉积能量。

**光电效应**　主要发生在束缚最紧的内层电子上，γ光子的全部能量转移给原子内层的某个束缚电子，使之发射出去成为光电子，而γ光子自身消失。由于光电子的发射造成了内部壳层的空位，使原子处于激发状态，随后原子通过发射特征X射线或俄歇电子的方式退激。

**康普顿散射**　主要发生在束缚最松的外层电子上，γ光子与外层轨道电子发生散射，部分能量传递给该电子使其脱离原子轨道成为反冲电子，同时γ光子损失能量并改变方向成为散射光子。

**电子对效应** 当γ光子的能量大于 1.022 MeV 时，在原子核库仑场的作用下会发生电子对效应，γ光子转化为一个正电子和一个负电子，其动能之和为γ光子能量与 1.022 MeV 的差值，同时原子核受到反冲，该部分反冲能量很小，可以忽略不计。

此外，还存在其他γ光子与物质的相互作用，例如，γ射线能量极低时发生的瑞利相干散射和汤姆逊散射，与核作用的核共振散射（又称穆斯堡尔效应），能量很高超过核反应阈能时还会发生光核反应。

与α、β射线相比，γ射线的电离能力最弱，但穿透能力极强，可穿透几百米的空气。因此γ射线的主要危害是外照射，需要很厚的屏蔽材料（如铅）才能阻挡。

γ射线是目前应用最为广泛的射线，可用其进行工业探伤，制作测厚仪和密度计。此外，在辐射育种、测井、杀菌、食品贮藏保鲜、治虫、治癌等方面也都有应用。

（李君利　程建平）

**ganyu shuiping**

**干预水平** （intervention level） 针对应急照射情况或持续照射情况所制定的可防止的剂量水平。

**干预目的** 辐射照射引起的对人的有害健康效应分为确定性效应和随机性效应两大类。干预的目的是为了有效控制和减少核事故引起的对公众和工作人员的辐射剂量，以防止发生严重的确定性健康效应；同时，将随机性健康效应的危险降低至可接受的水平，减少目前和将来在公众中随机性健康效应的发生。

**干预原则** 指为实现应急的目标而进行的干预应遵循的辐射防护原则。干预是为保护公众而采取的强制性的防护措施（存在困难、代价和风险），它在降低公众可能接受的辐射剂量的同时，也会干扰公众的正常生活，还可能给公众和社会带来新的危害。因此，在应急干预决策的过程中，既要考虑辐射剂量的降低，也要考虑实施防护措施的困难和代价，并综合考虑社会、经济、政治和外交等方面的因素。这就需要遵循一定的干预原则，权衡利弊，针对具体情况，慎重采取相应的干预行动。目前，国际上比较普遍地只以正当性和最优化作为干预的基本原则。

**干预水平** 《电离辐射防护与辐射源安全基本标准》（GB 18871—2002）中规定了我国在核或辐射应急中采用的干预准则，并提出了一系列“通用干预水平”，如表 1、表 2、表 3 所示。

**表 1　为紧急防护措施推荐的通用干预水平**

| 防护行动 | 通用干预水平（由防护行动可避免的剂量） |
|---|---|
| 隐蔽 | 10 mSv |
| 撤离 | 50 mSv |
| 碘预防 | 100 mGy |

**表 2　为临时性避迁和永久性再定居推荐的通用干预水平**

| 防护行动 | 可避免剂量 |
|---|---|
| 临时性避迁 | 第一个月 30 mSv<br>随后的某一个月 10 mSV |
| 永久性再定居 | 寿期内 1 Sv |

**表 3　食物通用行动水平推荐值**

| 放射性核素 | 推荐值/（kBq/kg） | |
|---|---|---|
| | 作为普通消费的食物 | 牛奶、婴儿食物和饮水 |
| $^{134}$Cs、$^{137}$Cs、$^{103}$Ru、$^{106}$Ru、$^{89}$Sr | 1 | 1 |
| $^{131}$I | | 0.1 |
| $^{90}$Sr | 0.1 | 0.1 |
| $^{241}$Am、$^{238}$Pu、$^{239}$Pu、$^{240}$Pu、$^{241}$Pu | 0.01 | 0.001 |

**操作干预水平（OIL）** 以环境监测结果表示的干预水平，相当于用可防止剂量表示的干预水平的可测量的放射性量，表示为环境或食物样品中放射性核素或可测量的剂量率。它是由相应的通用干预水平或者通用行动水平推算

出的水平值，可以直接与仪器测量结果或实验室分析结果相比较的量。操作干预水平是一种行动水平，事故时根据环境监测数据与批准的操作干预水平进行比较，若操作干预水平被超过，要求采取相应的防护措施。因此，决策者应用操作干预水平可立即和直接地根据环境测量结果确定适当的防护行动。

国际原子能机构（IAEA）在 20 世纪 90 年代出版的《国际辐射防护和辐射源安全基本安全标准》中提出了操作干预水平，在此基础上，IAEA-TECDOC-955 技术报告推荐了操作干预水平。

IAEA 推荐的 OIL 缺省值共分为 9 个类别，对应的仪器监测结果或者实验室分析结果超过缺省值时，建议采取相应的防护行动。OIL 是将周围环境剂量率和标记核素（碘-131、铯-137）活度浓度作为采取防护行动的指标值，不同类别的 OIL 采用各自的环境监测项和实验室分析项作为比较对象，具体如表 4 所示。

**表 4　IAEA 推荐的反应堆事故中 OIL 的缺省值**

| OIL# | 定义 | 缺省值 | | 防护行动 | 缺省值假定条件概述 |
|---|---|---|---|---|---|
| OIL1 | 烟羽环境剂量率 | 1 mSv/h | | 撤离或在专设的隐蔽所隐蔽 | 堆芯熔化事故后泄漏的放射性物质导致吸入剂量为烟羽外照射剂量的 10 倍，烟羽照射 4 h，该防护行动的可防止剂量为 50 mSv |
| OIL2 | 烟羽环境剂量率 | 0.1 mSv/h | | 服用稳定碘和临时隐蔽 | 堆芯熔化事故后泄漏的放射性物质导致吸入甲状腺剂量为烟羽外照射剂量的 200 倍，烟羽照射 4 h，该防护行动的可防止剂量为 100 mSv |
| OIL3 | 地面沉积环境剂量率 | 1 mSv/h | | 撤离或在专设的隐蔽所隐蔽 | 照射时间 1 周，由于核素衰减和屏蔽等因素造成剂量减少 75%，防护行动的可防止剂量为 50 mSv |
| OIL4 | 地面沉积环境剂量率 | 0.2 mSv/h | | 临时避迁 | 地面污染核素组成为堆芯熔化混合核素在事故后 4 d 时的典型值，由衰变和环境因素造成的衰减因子为 50%，30 d 该防护行动可防止剂量为 30 mSv。该 OIL 适用于停堆后 2～7 d |
| OIL5 | 地面沉积环境剂量率 | 1μSv/h | | 食物和牛奶的预防性禁用 | 假设由这些高于本底的污染地区生产的食品或牛奶，其污染可能会超过通用行动水平 |
| OIL6 | 地面沉积中 $^{131}$I 活度浓度 | 普通食品 | 10 kBq/m$^2$ | 禁止食用食物 | ①$^{131}$I 为主要污染核素（适用于停堆 2 个月后）；②食品受到直接污染或奶牛直接食用受到污染的牧草；③污染食品未经加工处理 |
| | | 牛奶 | 2 kBq/m$^2$ | 禁止食用牛奶 | |
| OIL7 | 地面沉积中 $^{137}$Cs 活度浓度 | 普通食品 | 2 kBq/m$^2$ | 禁止食用食物 | ①$^{137}$Cs 为主要污染核素（适用于停堆 2 个月后）；②食品受到直接污染或奶牛直接食用受到污染的牧草；③污染食品未经加工处理 |
| | | 牛奶 | 10 kBq/m$^2$ | 禁止食用牛奶 | |
| OIL8 | 食物、水或牛奶样品中 $^{131}$I 活度浓度 | 普通食品 | 1 kBq/kg | 限制食物 | ①$^{131}$I 为主要污染核素（适用于停堆 2 个月后）；②污染食品未经加工处理 |
| | | 牛奶和水 | 0.1 kBq/kg | 限制牛奶和水 | |
| OIL9 | 食物、水或牛奶样品中 $^{137}$Cs 活度浓度 | 普通食品 | 0.2 kBq/kg | 限制食物 | ①$^{137}$Cs 为主要污染核素（适用于停堆 2 个月后）；②污染食品未经加工处理 |
| | | 牛奶和水 | 03 kBq/kg | 限制牛奶和水 | |

（岳会国　陈竹舟）

gaofang feiwu chuzhi

**高放废物处置** (disposal of high level radioactive waste) 把高放废物埋置在离地表几百米甚至更深的稳定的地质体中，使之与人类的生存环境长期安全隔离。

**沿革** 对于高放废物的处置，曾经提出过“太空处置”、“深海沟处置”、“冰盖处置”、“岩石熔融处置”、“深钻孔处置”等方案。经过多年的研究，许多方案因为不可能实现或被国际法所禁止而已被淘汰。目前被人们普遍接受，并且在技术和工程上可行的方案，只是深地质处置。

**多重屏障隔离体系** 地质处置的安全目标是把经过整备的高放废物封隔在深部的地质处置库内，使之与生物圈长期隔离，以确保被释放和迁移到生物圈的放射性核素对人类和环境的影响处于可接受的水平，并防止人员的无意闯入。

处置库一般为矿山式地下工程，包括竖井或斜井、主巷道、处置巷道、水平处置坑或垂直处置坑。处置库普遍采用包括工程屏障和天然屏障在内的“多重屏障隔离系统”。工程屏障包括废物体、废物罐、处置容器和缓冲回填材料；天然屏障可选择花岗岩、黏土岩、凝灰岩和岩盐等。

**严格选址、设计和建造** 高放废物处置包括场址筛选和确定场址、概念设计和详细设计、建造地下实验室、开展示范处置、建库、运行、关闭等阶段。处置库的选址包括规划选址阶段、区域调查阶段、场址特性评价阶段和场址确认阶段。处置库的选址需要综合考虑地质条件、未来自然变化、水文地质、地球化学、建造和工程条件、人类活动、废物运输、环境保护、土地使用、社会影响及公众参与10个方面的因素。处置库的设计需要考虑长期隔离高放废物的有效性、废物罐和缓冲回填材料的长期稳定性、地下工程的长期稳定性、废物的可回取性和处置库运行期间的辐射防护等。高放废物地质处置的安全评价期一般为1万年。由于高放废物中含有镎-237、钚-239、镅-241和锝-99等放射性核素，它们具有放射性强、毒性大和半衰期长等特点，对其进行安全处置的难度极大，投资费用很高。

**国际发展状况** 高放废物的安全处置受到国际组织和有关国家的高度关注。国际原子能机构成员国大会于1997年通过了《乏燃料管理安全和放射性废物管理安全公约》，明确条约签字国安全处理处置乏燃料和放射性废物的责任。各有核国家也均在国家层面上高度重视高放废物安全处置的工作。他们大部分通过制定国家政策、颁布法律法规、成立专门机构、筹措专门经费、建立专门的地下研究设施（地下实验室）和开展长期研究开发等方式，从政策、法规、机构、经费、设施和科研等方面确保高放废物的安全处置。目前进展较快的国家有瑞典、芬兰、法国和美国。瑞典确定了Forsmark高放处置库场址，芬兰确定了Olkiluoto高放处置库场址，两国都规划在2020年左右建成高放废物处置库。法国已经确定Bure为处置库场址。美国高放废物处置库研发开始最早，投资最大。1983年美国在6个州选出9个预选场址，1986年从中筛选出3个，1989年选定尤卡山场址。2002年国会和总统批准了尤卡山场址，但2010年决定中止尤卡山项目，这有政治原因和技术原因，但美国高放废物处置的研发工作并未完全停止。

**我国的研发工作** 我国高放废物地质处置研究始于1985年，开展了选址和场址评价、地下实验室和处置库概念设计、工程屏障材料、放射性核素迁移、安全评价等研究，在甘肃北山、内蒙古、新疆、华东、华南和西南6大预选区调查基础上，初步确定了甘肃北山为处置库重点预选区。

2003年颁布的《中华人民共和国放射性污染防治法》规定“高水平放射性固体废物实行集中的深地质处置”。2006年国防科工委、科技部和国家环保总局联合发布《高放废物地质处置研究开发规划指南》，明确了深地质处置开发的主要技术路线和开发的总体设想，提出了在 21 世纪中叶建成我国高放废物地质处置库的目标。2007 年，国务院批准《国家核电中长期发展规划（2005—2020 年）》，明确提出 2020 年建成我国高放废物地质处置地下实验室的目标。 （王驹　徐国庆）

**gaofang feiwu chuzhi dixia shiyanshi**

**高放废物处置地下实验室** （underground research laboratory for disposal of high level radioactive waste） 建造于一定深度、用于开发和验证高放废物地质处置技术的地下研究设施，在一定情况下用于评价场址适宜性，并作为高放废物处置研究开发、验证实验、设备考验的中心。

**分类** 地下实验室一般可分为普通地下实验室和特定场址地下实验室。但是，根据建设目的和功能要求的不同，也有介于两者之间的地下实验室，如为确认场址而建设的地下实验室、在处置库预选区特定预选地段建设的地下实验室等。①普通地下实验室一般利用废旧矿山坑道或民用隧道，如水电站隧道、高速公路或铁路隧道等改建而成，也有重新选址新建的，主要用于方法学实验和开发处置技术，与未来处置库场址的具体位置没有特定的联系。②特定场址地下实验室建造在已选定的处置库场址上，起着场址评价、技术开发、集成和验证处置技术、最后确认处置库场址和验证废物处置工艺和方案的可行性等重要作用，并有可能逐步演变成真实的处置库的一部分。从特定场址地下实验室获得的数据可以直接用于处置库的设计和安全评价。

**结构** 地下实验室的型式有平巷型（如瑞士的 Grimsel 和 Mt. Terri）、竖井＋平巷型（例如，比利时的 URF 和加拿大的 URL）、斜坡道＋竖井＋平巷型（如瑞典的 Äspö）、斜坡道型（如美国的 ESF）等多种型式。

**用途** 地面实验室研究工作受空间和实验条件的限制，有很大的局限性，在此基础上建立起来的数学模型等又作了很多简化和假设，其正确性和可靠性需要进行验证，因而需要建造地下实验室。地下实验室是建造高放废物地质处置库的先行步骤，是建设高放废物处置库不可少的研究和试验平台。在处置库开发的不同阶段，地下实验室起着不同的作用，包括：①开发特定的场址评价技术及相应的仪器设备，并验证其可靠性；②了解深部地质环境、获取深部岩石和水样品、为其他基础研究提供各类试验样品和地下试验场所；③开展 1∶1 工程尺度验证实验，在真实的深部地质环境中考验各类工程屏障，如废物体、废物罐及缓冲回填材料等的性能；④开发和验证处置库开挖、施工、建造、回填和封闭等技术，完善概念设计，优化工程设计方案，全面掌握处置技术，并估算建造处置库的各种费用；⑤开展地下现场核素迁移实验，了解核素在地质介质中的迁移规律；⑥为处置库安全评价、环境影响评价提供各种数据；⑦开展示范处置，为未来实施真正的处置作业提供经验；⑧培训地下实施的管理和技术人员；⑨作为公众参观、了解地质处置技术的窗口，为提高公众信心、加强与公众的沟通提供条件。公众通过参观地下实验室，了解处置库的结构及其安全性能，了解处置库各类屏障阻滞和隔离放射性废物的能力，可以显著增强对处置库安全的信心。

地下实验室开展的实验有：开挖方法实验、开挖损伤实验、场址评价方法实验、水文地质实验、放射性核素迁移实验、气体迁移实验、加热实验、多场耦合实验、工程屏障系统长期性能实验、地下工程稳定性实验、施工方法实验、施工工艺实验、处置工艺实验、原型处置库实验、示范处置等。

**国外发展状况** 世界上已有 18 个普通地下实验室，包括：瑞典的 Stripa 和 Äspö（均建于花岗岩中）、瑞士的 Grimsel（花岗岩）和 Mt. Terri（黏土岩）、德国的 Asse（岩盐）、比利时的 URF（黏土岩）、加拿大的 URL（花岗岩）、韩国的 KURT（花岗岩）、日本的釜石（花岗岩）和东浓（花岗岩）、捷克的 Josef Gallery（花岗岩）等。正在建造的普通地下实验室有日本的瑞浪地下实验室（花岗岩）和幌延地下实验室（黏土岩）。

世界上特定场址型的地下实验室，有芬兰的 ONKALO（花岗岩）地下实验室、美国的 WIPP（岩盐）地下实验室等。

**我国研发情况** 按照国务院2012年批准的《核安全与放射性污染防治“十二五”规划及2020年远景目标》，我国计划于2020年建成高放废物地质处置地下实验室。正在开展地下实验室前期研究、建设方案研究和功能研究等工作。（王驹 徐国庆）

gerui

## 戈瑞 （Gray）

用于衡量电离辐射在受照物质中所产生的吸收剂量大小的剂量学单位。是为了纪念著名的英国物理学家路易斯·哈罗德·戈瑞（Louis Harold Gray）而专门命名的吸收剂量的SI单位的特定名称，符号为Gy。1 Gy = 1 J/kg，它取代原来的吸收剂量单位拉德（rad）（1 Gy=100 rad）。

实际应用中，更多使用的是它的千分之一单位（毫戈，mGy）或百万分之一单位（微戈，μGy）。

即：1 mGy=1/1 000 Gy

1 μGy=1/1 000 000 Gy

从定义可以看到，吸收剂量是可以测量的普通物理量，可适用于不同的各种剂量范围；除了可以作为受照物质中吸收剂量大小的单位以外，戈[瑞]也可以作为比释动能的单位。

（夏益华 陈竹舟）

geren jiance

## 个人监测 （individual monitoring）

利用工作人员佩带的剂量计或其他测量设备，对工作人员受到的外照射剂量、体内污染（内照射剂量）和体表污染所进行的测量以及对测量结果的解释。原则上个人剂量监测是要测量个人有效剂量和器官或组织的当量剂量。个人剂量监测可用于验证辐射控制措施的有效性，发现工作场所辐射水平的变化，可作为场所监测结果的确认和补充，识别可降低辐射剂量的工作实践，在事故照射下提供有用的信息；体表污染监测则是为了及时发现体表污染并采取相应措施，防止工作人员将放射性污染物质带出控制区，避免放射性污染物可能经口腔或皮肤转移渗透到体内。

**个人监测的范围** 一般不包括公众，只有在严重事故情况下才可能涉及对公众的监测。注册者、许可证持有者和用人单位应负责安排工作人员的职业照射监测和评价。职业照射评价主要应以个人监测为基础。①对于任何在控制区工作的工作人员，或有时进入控制区工作并可能受到显著职业照射的工作人员，或其职业照射剂量可能大于5 mSv/a的工作人员，均应进行个人监测。在进行个人监测不现实或不可行的情况下，经核安全监管机构认可后可根据工作场所监测的结果和受照地点和时间的资料对工作人员的职业受照做出评价。②对在监督区或只偶尔进入控制区工作的工作人员，如果预计其职业照射剂量在1～5 mSv/a范围内，则应尽可能进行个人监测，并对这类人员的职业受照进行评价。评价应以个人监测或工作场所监测的结果为基础。③对于受照剂量始终不可能大于1 mSv/a的工作人员，一般可不进行个人监测。应根据工作场所辐射水平的高低与变化和潜在照射的可能性与大小，确定个人监测的类型周期和不确定度要求。注册者、许可证持有者和用人单位应对可能受到放射性物质体内污染的工作人员（包括使用呼吸防护用具的人员）安排相应的内照射监测，以证明所实施的防护措施的有效性，并在必要时为内照射评价提供所需要的摄入量或待积当量剂量数据。

**分类** 个人剂量监测可分为外照射个人剂量监测和体内污染监测。对于个人剂量监测服务机构来说，定期参加国际、国内比对是质量保证的有效手段。

**外照射个人剂量监测** 是对来自体外辐射源的辐射剂量的测量以及对测量结果的评价。外照射个人剂量监测的量是个人剂量当量 $H_P(d)$，对于强贯穿辐射，$d$=10 mm；对于弱贯穿辐射（如 β 射线或能量低于 15 keV 的光子），

$d$=0.07 mm；对于眼晶体，$d$=3 mm。个人剂量计的选择与监测对象和监测目的密切相关，可以使用下述类型的剂量计：①光子剂量计，仅能给出 $H_P(10)$的信息；②β-光子剂量计，可给出$H_P(0.07)$和$H_P(10)$的信息；③甄别型光子剂量计，除给出关于 $H_P(10)$的资料外，还可给出关于辐射类型、有效能量以及高能电子探测方面的指示性信息；④肢端剂量计，对于β-光子辐射可给出 $H_P(0.07)$信息；⑤中子剂量计，可给出中子的 $H_P(10)$信息。

许多呈现可测量的辐射相关变化的材料都可用作剂量计元件，这些变化可能仅针对特定类型的辐射出现。某些材料在高剂量或高剂量率下显示有颜色的变化，如固体聚氯乙烯、某些玻璃、硫酸亚铁和氯仿溶液、乙炔和一氧化二氮气体等。而适于作为低剂量指示的材料内部所发生的变化，必须经过适当的实验室处理后（被动式探测器）才能被测量到。如热释光和辐射致荧光材料经电离辐射照射后，可分别在加热和紫外辐射照射的条件下发射荧光。外照射个人剂量计通常使用一个或多个辐射敏感的固态探测元件，实现被动式累积剂量测量。用于β/γ测量的常用元件有热释光、胶片、辐射光致荧光、光激发光、石英丝；用于中子测量的常用元件有反照率热释光、核乳胶（核径迹分析）、固体核径迹、气泡聚合物、活化薄膜等；也有使用微型 GM 计数管和半导体探测元件的电子个人剂量计，实现主动式剂量率/累积剂量测量。外照射个人剂量计的主要技术指标包括：灵敏度、能量响应、线性以及过载特性等。目前在我国应用最为广泛的个人剂量计是热释光、光激发光和电子个人剂量计。热释光元件的灵敏度高、能量响应好；光激发光元件的灵敏度高、测量过程简便、可反复测量；电子个人剂量计具有直读、报警功能，便于人员剂量的实时测量和控制。

**体内污染监测**　是为估算由于摄入放射性核素产生的内照射剂量而进行的监测，其测量的量为放射性核素在全身或器官（组织）或排泄物中的含量，或放射性核素的空气浓度。监测方法可分为直接测量法和间接测量法（含空气采样）。选择何种测量方法，在很大程度上取决于要测量的放射性核素的辐射特性、污染物的生物动力学行为、污染物在体内的滞留特性、要求的测量频率、测量设备的灵敏度和方便程度等。直接测量只适用于那些发射足够能量和数量的光子的放射性核素，不能发射高能光子的放射性核素（例如，氚、碳-14、锶-90/钇-90、钚-239）或直接测量法的灵敏度和不确定度不能满足要求时，通常只能用间接法测量。

直接测量　又称活体测量、全身监测或全身计数。测量仪器包括全身计数器、器官（肺、肝、甲状腺、骨等）计数器等。对于全身分布的核素，对全身或大部分身体的测量可得到最大探测灵敏度；对于集中在特定器官或组织中的核素，应监测该器官或部位。如甲状腺、肺、伤口等，需要测定体内核素的分布时，也采用局部监测。全身计数可选择静态测量方式，也可移动被测对象或探测器进行扫描测量。对于高能光子（100 keV 以上），常用大体积 NaI（Tl）闪烁晶体；对于低能光子（如钚-239、镅-241），常用薄 NaI（Tl）晶体，它具有与大晶体相近的探测效率，而本底则低得多；在单一核素测量、已知混合核素成分、人体中天然钾-40 干扰可忽略或可由前期测量推出的情况下，也可采用有机闪烁探测器；半导体探测器的能量分辨高，但灵敏度较低，紧凑排列的 3～6 个探测器已成为监测特定器官（如肺）中污染的标准方法；另外可在室温下工作的碲锌镉探测器，尺寸小、对低能光子的灵敏度高，成为局部伤口监测的理想探测器。活体测量过程中应特别注意要清除体表污染的干扰，对计数器进行良好的效率刻度是获得准确测量结果的关键因素之一。

间接测量　测量从体内分离出来的生物物质（尿、粪便、呼气或血液）或取自工作环境的实物样品（诸如空气、表面污染样品）中的放射性浓度。在间接测量的样品处理过程中，应避免放射性污染或生物污染的转移，确保分析结果和原始样品之间的可追溯联系；还应考虑来自污染的潜在危害，包括生物污染和放射性污染。为保证可追溯性，对样品收集、运输和分析中的每一个步骤，都要编制好相应的文件，以描述和检验已发生的转移。放射性核素在计数之前应从样品基体中或者从其他元素的放射性同位素中分离出来，以便确定放射性活度。应跟踪该放射性核素通过每一步的回收，以便同原始样品中的浓度关联起来。用于间接测量的仪器可分为α、β、光子测量仪器，也采用非放射测量仪器。①利用 ZnS 探测器或流气正比计数器可进行总α计数，利用半导体探测器或屏栅电离室的α能谱方法也可实现核素测量。②常用液闪计数器进行低能β发射体，在某些情况下设置能量窗可区分混合物中二个或二个以上β发射体，用流气型 GM 计数器或正比探测器能获得沉积在样品盘或过滤器上的高能β发射体的总体结果。③光子测量常用 NaI（Tl）闪烁体或半导体探测器，对于极低能量 X 射线需要特殊的测量方法。一些非放射测量技术，如紫外荧光测定法用于铀分析，裂变径迹分析、中子活化分析和电感耦合等离子体质谱法也能实现特定放射性核素的高灵敏测量。

**监测结果的评价** 要控制职业照射水平，不仅要进行职业照射监测，还要在监测的基础上进行评价，以便评价法规、标准的落实程度，并提出改进的建议。分析或剂量评价应依据吸收剂量 $D_T$、当量剂量 $H_T$ 或有效剂量 $E$ 等防护量。大部分情况下，实用量——个人剂量当量 $H_P(d)$ 可作为有效剂量 $E$ 的合适估计，而内照射剂量的评价量是放射性核素的摄入量、待积有效剂量 $E(\tau)$、组织或器官的待积当量剂量 $H_T(\tau)$。

个人剂量评价有一系列指标，剂量分布是工作性质、管理、工作人员以及法规所施加的许多约束的结果。UNSCEAR 推荐采用年平均有效剂量 $E$，年集体有效剂量 $S$，相应于有效剂量 $E$ 为 15 mSv、10 mSv、5 mSv、1 mSv 的集体剂量分布比 $SR_E$，有效剂量 $E$ 为 15 mSv、10 mSv、5 mSv、1 mSv 的个人剂量人数分布比 $NR_E$ 来比较剂量分布和进行趋势评价。

个人剂量评价应包括：①将个人剂量与限值或管理目标值对照，评价人员受照是否控制在安全水平，可根据人均剂量、集体剂量判断是否达到最优化大纲的目标；②对于超剂量的事例，应逐例分析；③集体剂量分布比 $SR_{15}$ 和个人剂量人数分布比 $NR_{15}$ 反映较高受照水平的分布情况，可评价辐射防护措施的有效性，分析原因并提出改进措施；④根据某一时段的个人剂量统计资料，评价人员受照趋势，包括剂量和人数的变化及其原因分析，对防护措施提出建议。

当放射工作人员的年受照剂量小于 5 mSv 时，只需记录个人监测的剂量结果。当放射工作人员的年受照剂量达到并超过 5 mSv 时，除应记录个人监测结果外，还应进行进一步调查。当放射工作人员的年受照剂量大于年限值 20 mSv 时，除应记录个人监测结果外，还应估算人员主要受照器官或组织的当量剂量；必要时需估算人员的有效剂量，以便进行安全评价，还应查明原因，以改进防护措施。

（张庆利　陈凌）

**推荐书目**

潘自强. 辐射安全手册. 北京：科学出版社，2011.

**gongzuo changsuo fushe jiance**

**工作场所辐射监测** （radiation monitoring of the work place） 为获取工作人员工作环境和与其从事的操作有关的辐射水平的数据而进行的监测。

**目的** 主要是：①确定工作场所辐射水平，确认安全程度；②为估计在场工作人员可能受到的照射和工作场所安全评价提供基础资料；③及时发现污染事件和事故征兆，以便及时采取对策，防止污染扩散或事故扩大。工作场所监测的资料还可用来鉴定操作过程和设计特性的优劣，并为工作场所的分区和个人监测计划的制订提供依据。

**分类** 根据辐射监测的性质和目的，辐射监测可分为常规监测、与任务相关的监测和特殊监测。按监测对象工作场所，辐射监测可分为外照射监测、表面污染的监测和空气污染的监测。

**常规监测** 一种确认性质的监测，同连续作业相联系，目的在于表明工作环境对连续操作来说是恰当的，并未发生需要对操作程序做重新评价的变化。可使用连续工作的固定式场所监测仪，以判断是否发生异常或紧急情况。

**与任务/作业相关的监测** 对特定作业进行检查或为某项操作行动的决策提供必要依据所进行的监测。通常用便携式仪器来完成，并应该给出工作期间可能累积的剂量的预测。

**特殊监测** 主要针对下述两种场合：①为适当地监控工作环境所必需的资料尚不够充分；②有可能发生事故或怀疑发生了事故的操作。特殊监测的目的在于为辐射防护和制定操作程序提供更详尽的资料，因此特殊监测应当有明确的目标和期限，一旦目标已达到，就可由常规监测或与任务/作业相关的监测来取代。

**外照射监测** 选用适当的辐射监测仪表，对工作场所进行的巡测，测定周围剂量当量或定向剂量当量。目的在于确定辐射场水平，检查工作场所外照射控制效果，鉴定操作程序的合理性，控制工作人员在现场停留时间和空间，并为个人剂量监测的必要性提供依据。

关于监测计划的制订，要考虑以下几个方面。对于常规监测：①任何能产生辐射的新装置交付使用或现有装置发生或可能发生重大变化时（如反应堆或临界装置的启动或关闭后重新启动），必须巡测其周围区域；②监测频度取决于工作场所辐射水平预期的变化，若辐射场不易变化，只需一般性巡测，若易变化则应预先选定监测点进行周期性监测；③如果工作场所辐射水平有突然迅速增加的倾向，且其变化的严重程度又难以预料，则需在工作场所设置可连续工作具有报警功能的监测系统。对于与任务/工作相关的监测，监测方案的制订在很大程度上取决于所进行的作业对辐射场的影响。如果操作本身对辐射场的干扰不大，只对工作人员所在区域的剂量当量率进行巡测即可，但每次操作前均应巡测。若操作本身对辐射场影响很大，则需对整个操作过程进行一系列的测量。β辐射场易受操作程序的影响，对β、γ混合辐射场要注意操作监测引起β、γ剂量率比值的变化。

**表面污染的监测** 为检查工作场所设备、工作台、地面、墙壁、工作人员体表和工作服等表面是否有放射性物质污染而进行的监测。主要目的是：①及时发现污染事件，以便采取相应的措施，防止污染扩散；②检查污染控制措施是否有效，操作是否违反规程；③确定表面沾污水平，为采取去污措施提供依据；④为制定个人和空气监测计划或修改操作程序提供必要的资料。

表面污染监测方案的设计要考虑以下几个方面：①根据工作场所的实际状况和经验确定监测周期和监测方法，可以用直接或间接监测方法对场所内具有代表性的表面进行监测。②对于缓慢扩散的污染，要定期检测清洁工具、工作鞋、手套等具有代表性的物件表面。③对可能发生大量或急剧扩散的污染的工作场所，必须在出口两侧均设监测点，以确保工作人员离开工作场所时无污染或沾污水平低于控制水平。④与任务/作业相关的监测是常规监测的补充。在操作过程中及操作结束后，测量与操作相关的设备表面或物件表面，有助于控制污染的扩散。与工作相关的监测还包括检查移出工作场所的物件。⑤在使用密封源的工作场所，密封源有可能泄漏，必须定期地检查源的密封性，一般用擦拭法测量表面污染。检查的周期取决于源的等级和使用的情况。

**空气污染的监测** 为确定工作场所放射性气体和气溶胶活度浓度所进行的监测。吸入气载放射性物质是工作人员受到内照射的主要途径，因此监测空气污染是控制内照射的重要措施，其主要目的是发现意外气载放射性污染，以便及时采取对策，并为制定内照射监测方案和调查或估算群体摄入量上限提供资料。

关于监测方案的制订，要考虑以下几个方面：①在操作大量放射性气体、挥发物的场所和经常污染空气的操作岗位，如铀矿冶、核燃料循环设施等设置采样器；②在工作场所若干个选定的能代表工作人员呼吸带的位置设置采样器，根据采集的样品中的活度确定空气中放射性浓度，取样数目和周期根据空气放射性浓度的变化而定；③为了估算个人的摄入量，必要时工作人员要佩带个人空气采样器；④为探测易发生异常的气载放射性污染，在工作场所应设置连续采样的监测系统。

某些核设施检修或大修期间，现场情况复杂，放射性物质包封系统被破坏，内外照射均可能很大。如核电站在大修期间集体剂量占全年总集体剂量的 80%以上。这个阶段的辐射监测和防护对降低辐射照射和实施辐射防护最优化是至关重要的。因此，必须专门制定检修期间的辐射监测计划，根据现场检修计划和具体情况选择监测区域和监测点，对外照射、表面污染、空气污染等进行及时监测。此外，检修期间个人监测最好采取实时监测方案，为制定和改进最优化防护措施提供依据。

各类工作场所监测均应制定和实施最优化监测方案（参见职业照射最优化相关监测）。

**监测结果分析** 工作场所的外照射监测只能给出辐射场性质和辐射水平随空间和时间的变化。由于工作人员在场所内活动方式难以控制，因此监测资料用于估算工作人员器官或组织的剂量当量有一定困难，但可作一些简化的假设，例如，在辐射水平足够低的场所，假定工作人员在工作期间始终处于场所内剂量当量率最高处，于是可以估算出可能接受的剂量当量上限，此时不需要限定工作人员在场所内活动的时间；如果场所辐射水平很高，则必须限定工作人员在高剂量率区域的活动时间。对与工作相关的监测的评价往往是针对特定的工作时间进行的，在此时间内，工作人员接受的剂量不应超过辐射防护管理部门规定的控制值。

表面污染水平与工作人员受照剂量之间的关系难以定量表示。但当表面污染水平保持在适当的控制限值之下时，就已表明对污染的控制是有效的，在现场的人员无异常内污染，一般可不进行其他项目的监测。如果沾污水平超过控制限值，应调查污染源，并根据具体情况确定是否应进行个人内污染和空气监测。由于α和β放射性核素危害不同，应分别进行监测和评价。

空气污染监测数据可用来估算工作人员在一定期间内的总摄入量。估算结果可与防护标准的有关限值加以比较。由于场所空气中放射性浓度随时间、空间变化可能很大，因此要估计区域采样的代表性，应与个人采样器测量结果加以比对，并作适当的修正。此外，在评价危害时还应计算气溶胶粒度分布，必要时引入校正因数。 （张延生　杨华庭）

gongzhong zhaoshe

**公众照射** （public exposure） 公众成员所受的辐射源的照射。

**源项** 公众照射包括获准的源和实践所产生的照射和在干预情况下受到的照射，但是不包括职业照射、医疗照射和当地正常天然本底辐射的照射。与核能开发相关的核设施、核技术在工、科、医等领域的应用，以及使天然放射性水平增加的人为活动在运行期间产生的贯穿辐射，经气体、液体途径排入环境的放射性流出物；产生的放射性固体废物；设施退役残余放射性物质；以及核与辐射设施的事故排放的放射性物质都会导致公众照射。

**控制** 对公众照射进行合理、有效的控制是辐射防护的重要任务。国家标准《电离辐射防护与辐射源安全基本标准》（GB 18871—2002）规定公众照射的剂量限值为 1 mSv/a。1 mSv/a 的剂量限值用于控制各种辐射源所有可能的照射。对于某一特定辐射源产生的公众照射不能用 1 mSv/a 来控制，只能用 1 mSv/a 的一部分来控制。该值在辐射防护领域称为剂量约束。

控制公众照射的剂量约束值常常是剂量限值的一小部分。例如，对于核电厂，国家标准《核动力厂环境辐射防护规定》（GB 6249—2011）规定的剂量约束值小于 0.25 mSv/a，其他核与辐射设施的剂量约束值往往更小。剂量约束不但数值小，还是一个难以度量的物理量。实际上，对公众照射的控制往往更多采用对流出物的控制。流出物指实践中的某个源，得到授权，有计划、有控制地释放到环境中的含有极微量放射性物质的气体或液体，通常目的是得到稀释和弥散。流出物是核与辐射设施向环境排放的放射性源项，流出物经过在环境中传输、稀释、弥散和累积，最后对公众形成辐射照射。对流出物的控制，一般是通过对核与辐射设施规定年排放量限值来实现的。年排放量限值可以通过对流出物中的放射性核素监测进行定量度量。伴随放射性流出物进入环境的非放污染物，如化学物质和废热，也要随放射性流出物一同来控制。

公众照射的群体包括不同年龄、不同健康状况、不同知识水平的个体，有的个体可能对辐射更为敏感。因此，对于公众照射的安全管理，不能以达到剂量标准就满足了。从社会的公平性和伦理学出发，应该重视公众照射的最优化，使公众照射实现可合理达到的低水平。

**评价对象** 公众是个很大的群体，一般距离核与辐射设施较近的公众比距离较远的公众受到的辐射照射剂量会大，不同距离处公众的具体受照射情况需要通过评价模式计算来确定，或者通过详细的环境监测进行实际测量。无论是用评价模式计算还是现场测量，公众受到的辐射照射剂量在数值上会相差很大。对此，公众照射评价需要明确评价中所针对的对象。为了统一和规范公众照射评价中所针对的对象，国际放射防护委员会和国际原子能机构给出了“关键人群组”的概念，规定对核与辐射设施附近公众受照射情况的评价，应针对“关键人群组”进行。2007 年国际放射防护委员会在其第 103 号报告中，建议用“代表人”来代替“关键人群组”。

**监测** 为核实公众照射的控制要求的落实情况，以及改善核与辐射设施与周边公众的关系，需要知晓并公开公众受到辐射照射的情况，为此必须对公众照射开展监测。公众照射监测包括对核与辐射设施流出物的监测，以及在核与辐射设施附近进行的辐射环境监测。辐射环境监测往往是在很高的环境背景值下去探查一个附加的小增量，因此受环境放射性背景值及其他环境因素的影响较大。公众照射监测必须在良好的质量保证条件下，才能取得准确的监测结果。

公众照射监测，既包括核与辐射设施正常运行期间的监测，也包括核与辐射设施事故期间的应急监测，还包括遇到核与辐射突发事件时的监测。应急监测和应对突发事件时的监测与核与辐射设施正常运行期间的监测有很大的差别，核与辐射设施正常运行期间的辐射影响范围相对固定，而核与辐射设施事故释放及核与辐射突发事件的后果变数极大。用于应急或突发事件的监测仪器必须有足够宽的量程，必须做好日常维护保证随时可用。

在核与辐射设施事故期，或核与辐射突发事件时，公众急切想获取辐射监测信息，此时的公众监测既要快又要准。又快又准的辐射监测数据可以起到稳定公众情绪的作用。

（赵亚民　潘自强）

gu-60

**钴-60** （cobalt-60） 金属元素钴的放射性同位素之一，原子序数 27，质量数 27，半衰期 5.27 年，通常情况下化学性质与金属钴相同。符号为 $^{60}Co$。

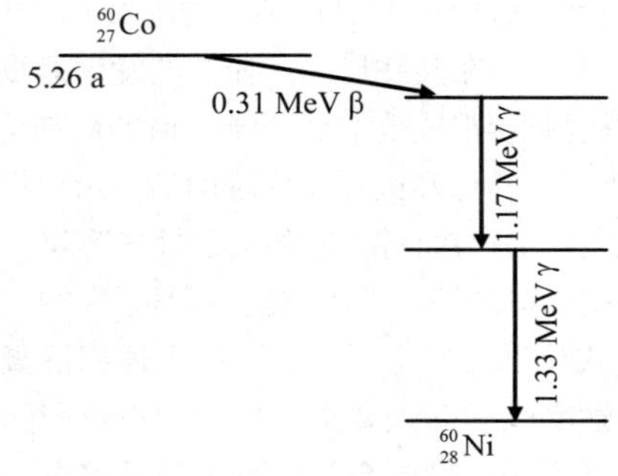


**基本性质** 钴-60 半衰期为 5.26 年，属高毒性核素。它通过β衰变放出能量为 0.315 MeV 的电子成为镍-60，同时放出能量分别为 1.17 MeV 及 1.33 MeV 的两束高能量的γ射线，这也是它在核技术利用领域被广泛应用的主要因素。极高比活度钴-60 处于水中时与普通金属钴不同，体现出可使水中放射性钴-60 显著增加的放射

化学特性。1 Bq 的钴-60 点源在 1 m 远处的照射量常数为 $2.56\times10^{-18}C\cdot m^2/kg$。

**来源和生产** 钴-60 是通过反应堆照射钴-59[$^{59}Co$（n，γ）$^{60}Co$]得到的。人们利用反应堆中子照射的特性，将天然金属钴（钴-59 的丰度为 100%）或含钴的其他合适材料制成靶子（或反应堆的控制棒），在高中子注量率反应堆中辐照适当时间，生产出钴-60。它们的活度浓度通常可达 $3.7\times10^{12}$ Bq/g，高的可达到 $1.0\times10^{13}$ Bq/g 或更高。钴-60 放射源就是将辐照后的钴片或钴粒，根据需要的放射性活度多少取用一定量，封装在双层不锈钢源壳里而得。

**主要用途** 钴-60 放射源的应用非常广泛，几乎遍及社会生活的各行各业。在农业上，常用于辐照育种、辐照防治虫害和食品辐照灭菌与保鲜等；在工业上，常用于无损探伤、辐照消毒、材料辐照改性、辐照处理废物，以及用于厚度、密度、物位的测定等在线自动控制；在医学上，常用于恶性肿瘤的放射治疗；在安保、海关货物进出口查验上，常用于对集装箱、汽车等大型装备进行不开箱探测物品等。

**辐射影响** 钴-60 是人工放射性同位素产物，普通环境中正常情况下不应该存在。核电站反应堆一回路管道和有关的一些部件中可能含有微量的钴，运行后其腐蚀产物进入堆芯被活化产生钴-60。在某些局部（如蒸汽发生器端头内部管板附近）形成数十毫戈瑞/小时的高剂量辐射“热点”；检修和改建反应堆的活动过程也可能导致空气中存在有钴-60 的放射性气溶胶。

**安全与防护** 钴-60 的使用场所（如工业探伤室或放射治疗室）主要采用大体积混凝土构建以达到辐射防护要求，局部和小范围的屏蔽往往采用高密度的金属材料去满足需求，贮存或运输它的容器通常用铅（或贫铀）制成。一般运输钴-60 的容器表面最大容许剂量不得超过 2 mSv/h；而用于工业辐照的高活度钴-60 的运输容器，在独立运输时其外表面最大容许剂量当量率可放宽到不超过 10 mSv/h。水井式辐照装置贮源井水（屏蔽用）中钴-60 体积活度不得大于 10 Bq/L。

使用含有钴-60 的活度浓度小于 10 Bq/g，总活度不大于 $10^5$ Bq 的物品，可将该物品的技术文件（如物品的有关说明书或法定部门的检定证书）等，按照相关法规要求提请省级环境保护主管部门对其豁免申请进行审批，这些物品获得批准后即可免于许可模式的管理。

人们受到钴-60 放射源伤害主要是由于受到其大剂量的外照射所致，这类γ射线的大剂量照射可使人或者生物的造血、免疫系统等功能受到严重损伤，导致身体机能丧失自我修复功能。我国重大辐射事故中放射源致人死亡案例均是钴-60 所致。因此，要做好源的屏蔽，增大操作者与源的距离，减少操作者的工作时间，以尽力减少源的不必要照射；提高含源设备的固有安全性，强化规章制度的制定与实施，杜绝违规操作，避免钴-60 的大剂量照射，降低重大辐射事故发生率。

（刘怡刚　刘华）

**《Guanyu Heneng Lingyu Disanfang Zeren De Bali Gongyue》**

## 《关于核能领域第三方责任的巴黎公约》

（Paris Convention on Third Party Liability in the Field of Nuclear Energy） 第一个保护核能领域核损害受害者的地区性公约，简称《巴黎公约》。1960 年 7 月 29 日于巴黎签订，1968 年 4 月 1 日生效。缔约国 15 个，均为欧洲国家。该公约的目的是：“确保遭受核事件损害的人员得到适当和公正的赔偿，同时又采取必要的措施，确保不会因此而阻碍为和平目的而进行的核能的生产和应用方面的开发工作”；“统一适用于各国的关于造成这种损害的责任的基本规则”。

**修约** 一些国家早就意识到，依据该公约规定的运营者责任额，难以使所有的损害都得到充分的赔偿。于是，该公约缔约国于 1963 年 1 月 31 日，又签订了一个《关于第三方责任的布鲁塞尔补充公约》（简称《布鲁塞尔补充公约》）。其主要内容是，在 1960 年《巴黎公约》的基础上，通过建立由所有缔约国分摊的基金统筹机制，提高核损害的赔偿限额。这也是第一个为核损害赔偿建立补充赔偿机制的地区性条约。两公约曾于1964年和1982年进行过修订。1964年的修订，是为了使其内容与1963年《核损害民事责任的维也纳公约》（简称《维也纳公约》）相一致。1982年的修订有两项内容，其一，是计算单位的修改（从欧洲货币协定计算单位，改为国际货币基金组织的特别提款权单位）；其二，考虑到《布鲁塞尔补充公约》签订以来的货币贬值，故决定将《布鲁塞尔补充公约》规定的两项公共基金都提高2.5倍。

1986年发生的前苏联切尔诺贝利核事故，使国际社会认识到，现有的核责任国际条法不足以为受害者提供充分的赔偿，遂于1997年签订了《1997年修正〈1963年关于核损害民事责任的维也纳公约〉议定书》，对《维也纳公约》作了重大修改，同时又签订了《核损害补充赔偿公约》。为与上述两个国际公约相协调，随后对1960年《巴黎公约》和《布鲁塞尔补充公约》进行了第三次修订。因尚未达到生效条款的要求，迄今未生效。第三次修约的目标是，确保有更多的财务保证，以便为更大范围的受害者提供赔偿，并为缔约国加入《核损害补充赔偿公约》铺平道路。

**修订后的《巴黎公约》** 修订1960年《巴黎公约》议定书的实体部分共26条，主要的内容为：

**大幅度提高了责任限额** 这是对原公约所做的最重要修改，包括五方面内容，即：①将运营者对一次核事件造成的核损害的责任额，提高到不低于7亿欧元；②对于风险较低的核装置和核材料运输中的责任额，提高到7 000万和8 000万欧元；③将原来对运营者规定最高限额，改为规定最低限额，以兼容有限责任和无限责任体系，并与《维也纳公约》的规定相一致；④将现行货币单位改为"欧元"；⑤仿效1997年修订《维也纳公约》议定书的做法，引入了"逐步加入"的过渡机制，规定在1999年1月1日后加入本公约的国家，如不能在加入时使其运营者的责任额达到不低于7亿欧元的要求，可在本议定书通过之日起的5年内，将此数额限定为不低于3.5亿欧元。

**扩大了赔偿的损害范围** 原公约把赔偿范围列在运营者的责任范围中，对于"核损害"没有界定。此次修订增加了核损害定义的条款，与1997年修订《维也纳公约》议定书中的定义基本一致，把赔偿范围从只限于"任何人身伤害或死亡"和"任何财产破坏或损失"，扩大到包括一定类型的经济损失、严重受损环境的恢复措施、由环境损坏引起的经济损失、预防措施的费用以及由此措施所造成的损失等。

**扩大了覆盖的核装置范围** 修订后定义中增加了放射性废物处置设施（包括封闭前和封闭后的）；同时也包括处在退役过程中的装置。使本议定书所覆盖的核装置的范围，大于1997年修订《维也纳公约》议定书规定的范围。

**扩大了适用的地理范围** 原公约规定的适用地理范围，仅限于缔约国领土内的核事件和所受到的核损害。修订后扩大到了包括在任何非缔约国领土或海区内，或在非缔约国注册的船上或飞机上受到的核损害，但这类国家须符合以下三项条件之一：①是《维也纳公约》和1988年联合议定书的缔约国；②在其领土或海区内没有核设施；③其核责任立法规定为别国提供对等互惠的利益，所遵循的原则和《巴黎公约》相同。

**核材料运输中的责任** 议定书增加了一个分款，规定核材料运输过程中从一个运营者向另一运营者的责任转移，只有在后者对所运的核材料有直接经济利益关系的情况下，才被允许。

**连带责任** 保留了原来的规定，当核损害涉及不止一个运营者时，所有运营者应承担连带责任，总的赔偿额即为运营者赔偿额之和。此规定不适用于运输中的核事件造成的核损害，此时若涉及不止一个运营者的责任，则这些运营者所负最高责任额，应为本公约为其中任何一位运营者所规定的最高责任限额。

**强制性的财务保证** 议定书保留了对运营者的财务保证要求，但增加了两个新的条款。一条是要求实行无限责任制的缔约国立法规定，其运营者应持有不低于本议定书所规定责任限额的财务保证；另一条是要求，当运营者没有保险或其他财务保证，或其数额不足以支付赔偿要求时，缔约国应保证为核损害提供赔偿，并达到本议定书规定的责任额。

**延长了受害者索赔的诉讼时效** 将关于生命丧失和人身伤害的诉讼时效延长到30年，其他损害的诉讼时效仍为10年；同时也把主观时效（发现期）从原来的至少2年延长为至少3年；取消了原公约中关于在核事件发生时核材料已被盗、丢失、丢弃或抛弃的情况下，诉讼时效可进一步延长的规定。

**缩小了免责的范围** 议定书仿效1997年《修订1963年〈维也纳公约〉议定书》的规定，只豁免运营者对于直接由武装冲突、敌对行动、内战或暴乱等引起的核事件造成的损害的责任，取消了对于重大自然灾害的免责。

**司法管辖权的修改** 增加了关于专属经济区管辖权的条款，规定对于发生在缔约国专属经济区的核事件，只要该国已将此专属区通知公约保存人，就享有对此事件的管辖权。和1997年《修订1963年〈维也纳公约〉议定书》一样，同样要求享有司法管辖权的缔约国保证，可由国家代表其国民或长期居住的居民行使诉讼权。

此外，议定书并要求缔约国应通过国家立法，规定只有一个法院主管依本公约提起的索赔诉讼。

**修订后的《布鲁塞尔补充公约》** 主要内容为以下几方面：

**补充赔偿体制** 仍维持三级赔偿体制，但较大幅度地增加了基金数额。三级的构成为：①第一级，来自运营者的保险或其他方式的财务保证，其数额提高到至少7亿欧元，与修订后的《巴黎公约》的数额衔接，如运营者的财务保证达不到此数额，则发生核事件的核装置所在的缔约国应以公共基金补足差额；②第二级，从第一级基础上增加的数额，来自装置国的公共基金，其数额为7亿欧元到12亿欧元之间的差额（即5亿欧元）；③第三级，来自缔约国的公共基金，其数额改为3亿欧元。这样便使赔偿总额达到15亿欧元。

**第三级基金的分摊** 现为35%按每一缔约国的国内生产总值(GDP)与所有缔约国的GDP之和的比值分摊;65%按每一缔约国领土内的反应堆热功率与所有缔约国领土内反应堆热功率之和的比值分摊。

**基金的筹集** 只要赔偿额达到本公约所规定的第一级和第二级总额（即12亿欧元），即可要求提供第三级基金，不管规定运营者提供的基金是否用完，也不管其责任是有限的或无限的。

**适用范围** 将适用的地理范围扩大到也适用于在下述区域所受到的核损害，即：“在缔约方领海外的海区内或海区上空”，“在与勘探或开发专属经济区或大陆架自然资源有关的缔约方的专属经济区内或其上空或缔约方的大陆架上”。

由于本公约的第二级和第三级基金主要来自“公共”基金，故其缔约国决定，此基金将只用于加入该基金体系的国家的受害者。

（傅济熙 刘永德）

**Guoji Fangshe Fanghu Weiyuanhui**

**国际放射防护委员会** （International Commission on Radiological Protection，ICRP） 非盈利、非官方的独立的国际科学组织，其宗旨是促进防止与电离辐射照射相关的癌症、其他疾病及其效应。

**所在地及建立时间** ICRP是在英国注册为慈善机构性质的团体，目前在加拿大渥太华设有一个2～3人的秘书处。1928年，ICRP的前身国际X射线与镭防护委员会（IXRPC），在瑞典斯德哥尔摩召开的国际放射学学会（ISR）第二届国际放射学大会上成立。

**沿革** 在第二次世界大战期间，IXRPC停止工作。战争结束后1950年该委员会恢复工作，改组并更名为现在的ICRP，并把放射防护的范围扩大到放射学以外的领域。但是IXRPC改组后，ICRP仍与ISR保持着特殊的关系，随着时间的推移，ICRP极大地扩展了业务范围，涉及辐射和放射性物质产生和使用的防护。

**内部组织和主要活动** 目前，ICRP由主委员会和5个执行委员会组成。主委员会由1位主席和12位委员组成。主委员会的委员根据ICRP自身的规则通过选举得到，并经ISR批准。主委员会委员至少有 1 位委员居住在英国或北爱尔兰。执行委员会委员由主委员会任命，每个执行委员会的主席由主委员会委员担任。主委员会委员的选举主要是依据他们在医学放射学、辐射防护、物理学、保健物理、生物学、遗传学、生物化学、生物物理及其他学科领域的成就与知识，同时考虑到专业知识的平衡而不是国籍。

2003 年 12 月主委员会阿根廷圣卡洛斯-德巴里洛切会议决定成立委员会第 5 委员会。目前委员会的各执行委员会，分别是：①第 1 委员会：辐射效应。涉及考虑辐射诱发癌症和遗传疾病（随机效应）的危险及辐射行为的根本机制；也考虑辐射诱发器官或组织损伤及发育成缺陷（确定效应）的危险、严重程度及机制。②第 2 委员会：辐射剂量。开发外部辐射照射和内部辐射照射评价的剂量系数；开发参考生物动力学和剂量模式，以及公众成员和工作人员参考数据。③第 3 委员会：医学防护。涉及电离辐射用于医学诊断、治疗或生物医学研究时，人员和未出生儿童的防护；也涉及事故照射医学后果的评价。④第 4 委员会：委员会建议的应用。涉及为防护建议体系应用于职业照射和公众照射所有方面提供劝告。也作为与涉及电离辐射防护其他国际组织和专业协会的主要联络点。⑤第 5 委员会：环境保护。涉及环境的放射防护。主要针对保证环境保护方法的开发与应用，与人类的放射防护方法及其他可能危害的环境保护方法保持一致。

ICRP 与其姊妹机构国际辐射单位与测量委员会（ICRU）保持着密切的工作关系，且与许多其他组织具有良好的工作关系。在联合国框架内，这些组织包括国际原子能机构（IAEA）、国际劳工组织（ILO）、联合国环境规划署（UNEP）、联合国原子辐射影响科学委员会（UNSCEAR），以及世界卫生组织（WHO）。其他组织包括国际电工委员会（IEC）、国际辐射防护协会（IRPA）、国际标准化组织（ISO）、欧洲委员会（CE）、经合组织核能署（OECD/NEA）。ICRP 也十分关注主要国家机构所报道的科学技术进步。

ICRP 通过任务组和工作组准备报告在相应的执行委员会会议上进行研讨，最后经主委员会批准。为执行某特定任务，主委员会决定成立任务组，通常是准备起草报告；为详细阐述概念，执行委员会或主委员会决定成立工作组。

**作用和影响** 自 1928 年以来，ICRP 一直致力于开发、维持、详细阐述作为全球使用的放射防护标准、立法、导则、大纲及惯例的共同基础的国际放射防护体系。目前 ICRP 拥有来自 6 大洲约 30 个国家 200 余名志愿者委员。ICRP 委员代表放射防护领域最杰出的科学家和政策制定者。该委员会主要得到有关国际和国家放射防护机构的自愿支持。ICRP 也一直是一个咨询机构，主要是向国际的、地区的和国家的监管与咨询机构提供适宜放射防护所依据基本原则的建议。ICRP 希望其建议对负责放射防护的管理机构及其咨询专业人员和放射学家是有帮助的。

ICRP 主要依靠委员们的奉献精神，发挥委员会内外科学家们集体的聪明才智，融会贯通多学科成果，适时而不断地为辐射防护提供科学、公正、审慎而又可行的建议。这些建议很快就得到了许多国际或地区机构及国家专业人员的采用，并作为其防护工作的依据。

ICRP 的系列出版物为推动全球放射防护科学的研究与实践起到了不可替代的重大作用，为国际政府间组织、国家与地区制定放射防护标准与规范提供了科学基础，为辐射防护专业人士从事辐射防护工作提出了工作依据。

**重要出版物** 基于对电离辐射照射与效应科学知识的理解以及价值判断，ICRP 已经开发了国际放射防护体系。这些价值判断考虑了社会期望、道德规范以及放射防护体系应用中获得的经验。ICRP 已经出版了关于放射防护所有方面的 120 余份出版物，绝大多数出版物涉及放射防护的某个特定领域，而称作基本建议的出版物则描述总的放射防护体系。1928 年 ICRP 前身 IXRPC 出版了第一份建议书，1931 年、1934 年和 1937 年相继出版了建议书。IXRPC 1950 年改组为 ICRP 之后分别在 1951 年、1955 年继续发布其建议书。1958 年 9 月发布了按现行序列编号的 ICRP 第 1 号出版物。ICRP 后续的基本建议书分别是 1964 年发布的第 6 号出版物、1966 年第 9 号出版物、1977 年第 26 号出版物、1990 年第 60 号出版物，以及 2007 年最新发布的第 103 号出版物。

1977 年 ICRP 第 26 号出版物的发布，是辐射防护界的一个重要里程碑。该出版物第一次提出了基于辐射防护三项基本原则的剂量限制体系，即实践的正当性、防护的最优化和个人剂量限值。1990 年 ICRP 第 60 号出版物进一步澄清了该体系中的某些概念，提出了基于实践和干预的放射防护体系，并为了避免防护最优化原则应用过程中可能引起的严重不公平结果，首次正式提出了剂量约束或危险约束的概念。2003 年 ICRP 第 91 号出版物首次提出了非人类物种电离辐射影响评价框架。2007 年 ICRP 第 103 号出版物进一步完善了该放射防护体系，提出了单一的一套用于计划照射情况、应急照射情况以及现存照射情况的放射防护体系，并进一步发展了计划照射情况下剂量约束或危险约束概念，针对应急照射情况和现存照射情况提出了参考水平的概念。

**秘书处** ICRP 目前设有一个 1 名专职的科学秘书，以及 2～3 人的工作团队，主要负责 ICRP 的日常管理工作。

**中国对 ICRP 的贡献** 中国自 1978 年参加 ICRP 第 3 委员会的工作；1986 年参加 ICRP 主委员会的工作。目前，中国科学家参加了 ICRP 主委员会及 5 个执行委员会的工作。中国为 ICRP 的工作做出了积极贡献。

（刘森林　潘自强）

**Guoji Fushe Danwei Yu Celiang Weiyuanhui**

**国际辐射单位与测量委员会** （International Commission on Radiation Units and Measurements，ICRU） 一个非官方的国际学术机构，致力于开发与传播得到国际一致接受的关于与电离辐射相关的量和单位、专门用语、测量程序、电离辐射安全而有效地应用于医学诊断和治疗、电离辐射科学与技术及个体与群体辐射防护的参考数据的建议。

**所在地及建立时间** 目前 ICRU 常设办事机构设在美国马里兰州贝塞斯达的中心商业区。该委员会创建于 1925 年。

**沿革** ICRU 最初是众所周知的国际 X 射线单位委员会，后来是国际放射学单位委员会。ICRU 于 1925 年在伦敦举行的第一届国际放射学大会（ICR）上提出，在 1928 年斯德哥尔摩第二届国际放射学大学正式成立。二战期间 ICRU 停止工作。1950 年后恢复工作，并扩展了其工作范围。

**内部组织和主要活动** ICRU 内部组织包括：委员会和根据报告起草工作需要成立的报告委员会。目前委员会由 1 名主席、1 名副主席、1 名秘书及若干名委员组成；该委员会还包括名誉主席、名誉法律顾问、科学编辑、执行秘书和助理执行秘书等。每个报告委员会是根据某特定报告起草工作需要邀请国际上具权威性和代表性的专家组成。通常，委员会推荐 1 名委员会委员作为某特定报告起草工作的发起人，负责联络和组织起草工作，必要时，报告委员会也可以成立工作组对某个特定问题进行咨询和深入研究。

ICRU 初期的基本目的是建议国际一致认可的应用于医学的辐射测量单位，20 世纪 50 年代初以后逐渐扩大其工作覆盖的领域，涉及辐射技术的工业应用、辐射防护和环境保护等领域。其主要学术活动包括：①收集和评估与辐射测量问题有关的最新数据和信息；②报告委员会负责起草与辐射测量有关问题的专题报告，推荐辐射量的最适宜数值和目前使用中具有最高接受度和最安全的技术；③ICRU 年会及报告委员会工作会议等。除二战期间的 13 年外，初期委员会会议每 3 年在国际放射学大会代表大会期间召开一次，每个参加国都有权力推荐 1 名物理学家和 1 名放射学家参加该大会。国际放射学大会主办国推荐这些委员会会议的主席。后来委员会为了适应工作需要每年召开一次 ICRU 年会。

ICRU 与许多国际机构或组织保持着密切联系，主要包括：美国国家辐射防护和测量委员会（NCRP）、国际原子能机构（IAEA）、世界卫生组织（WHO）、国际放射防护委员会

（ICRP）、联合国原子辐射影响科学委员会（UNSCEAR）、国际标准化组织（ISO）、国际计量局（BIPM），以及国际计量委员会（CIPM）。

**作用和影响**　ICRU 技术报告采用顺序连续编号形式出版发行，内容需要更新的报告就由新的报告所取代。自该委员会创建以来，截至 2011 年现行有效的 ICRU 技术报告共有 75 个。自 2001 年起 ICRU 技术报告以“ICRU 杂志”形式正式发布。该杂志每年一卷，由英国牛津大学出版社出版发行。ICRU 技术报告也可从英国核技术出版社购买。

ICRU 技术报告的起草过程得到了有关国际组织的广泛参与，因而该委员发布的技术报告得到 BIPM、ICRP、IAEA 等国际组织和各国的广泛认可和采纳。ICRU 技术报告推荐的各种电离辐射量和单位，测量程序，以及有关参考数据在涉及电离辐射的科学技术研究、核医学和电离辐射的工业应用、放射防护和环境保护等领域得到了广泛的实际应用。因此，许多国际组织和研究院所，辐射工作人员，患者（特别是癌症患者），甚至是公众都从 ICRU 的活动中直接受益。　（肖德涛　刘华）

**Guoji Fushe Fanghu Xiehui**

**国际辐射防护协会**　（International Radiation Protection Association，IRPA）　辐射防护领域的一个学术性国际组织。IRPA 宗旨是在国际间为促进辐射防护交流与合作提供平台，在人类利用核能、电离辐射和非电离辐射的同时保护人类与环境免受其所带来的危害。涉及的主要领域有与辐射相关的科学、技术、工程、医学和法律等。

**人员组成**　IRPA 成立于 1965 年 6 月 19 日，是一个非盈利性的社会团体，注册地在法国。IRPA 成立当年加入的成员学会有 15 个辐射防护学会，共代表 22 个国家或地区，代表着 4 000 余名个人会员，其中美国保健物理学会会员 2 300 余名。我国在 1989 年以中国辐射防护学会名义加入了 IRPA。IRPA 现有 48 个成员学会，代表了 60 个国家或地区，代表着 13 000 余名个人会员。

IRPA 是一个个人可通过某国或地区的辐射防护学会加入的协会组织，即如果你是某学会会员，而该学会是 IRPA 的成员学会，则你就是 IRPA 的会员。各国或地区的辐射防护学会可在遵守 IRPA 宪章的前提下，自愿申请以成员学会名义加入 IRPA。

**组织机构**　IRPA 最高权力机构是成员学会大会，每个成员学会依据其会员的数目多少和相应缴纳的会费决定其投票的权重份额。成员学会大会的主要任务是修改议事规则和宪章，确定执行理事会人选，选举协会主席和副主席，确定后续协会大会地点和主席。考虑到方便会议筹备和顺利举行，下一届协会大会主席一般由会议所在国或地区的人员担任，并兼 IRPA 副主席职务。IRPA 的常设机构是执行理事会，负责协会的日常运转。理事会成员通过各成员学会提名，经成员学会大会选举产生。

**协会工作**　IRPA 最重要的工作是每四年一次的协会大会，到目前为止已举办过 13 届会议。历届协会大会的情况见下表。

**历届 IRPA 大会情况简表**

| 届数 | 时间 | 举办地点 | 参会人数 | Sievert 奖获得者，国籍 |
|---|---|---|---|---|
| 1 | 1966.9 | 意大利，罗马 | 845 | — |
| 2 | 1970.5 | 英国，伯明翰 | 700 | — |
| 3 | 1973.9 | 美国，华盛顿 DC | — | B.Lindell，瑞典 |
| 4 | 1977.4 | 法国，巴黎 | 1 130 | W.V. Mayneord，英国 |
| 5 | 1980.3 | 以色列，耶路撒冷 | 600 | L.Taylor，美国 |
| 6 | 1984.5 | 西柏林 | 800 | E.Pochin，英国 |
| 7 | 1988.4 | 澳大利亚，悉尼 | 648 | W.Jacobi，德国 |
| 8 | 1992.5 | 加拿大，蒙特利尔 | 1 000 | G.Silini，意大利 |
| 9 | 1996.4 | 奥地利，维也纳 | 1 300 | D.Beninson，阿根廷 |
| 10 | 2000.5 | 日本，广岛 | 1 061 | I.Shigematsu，日本 |
| 11 | 2004.5 | 西班牙，马德里 | 1 330 | A.Gonzalez，阿根廷 |
| 12 | 2008.10 | 阿根廷，布宜诺斯艾利斯 | 1 700 | C.Streffer，德国 |
| 13 | 2012.5 | 英国，格拉斯哥 | 1 500 | R.Osborne，加拿大 |

协会大会一般由全体会议、专题报告会、青年论坛、新进展报告会、成员学会论坛、学术文章张贴与讨论、辐射防护相关技术成果和产品展览等环节构成。成员学会大会也在协会大会期间举行。

协会大会设组织委员会负责会议的组织工作；程序委员会负责学术报告和张贴学术文章的组织安排和遴选；支持委员会负责后勤和其他事宜。

为纪念瑞典辐射防护学家罗尔夫·希沃特（R.M. Sievert），从第三届协会大会开始设立希沃特（Sievert）奖，以表彰在辐射防护领域作出突出贡献的人士，每届一名。

IRPA 也支持成立区域性的辐射防护协会，组织并召开区域性成员学会的会议，截至 2011 年已举办了 40 次区域成员学会会议。如中国、日本、韩国和澳大利亚等亚洲和大洋洲国家成立了“亚洲和大洋洲地区辐射防护协会”。第二届 IRPA 亚洲大洋洲辐射防护大会（AOCRP-2）于 2006 年 10 月 9—13 日在北京召开，来自 23 个国家、5 个国际组织的 400 余人参加了会议。（杨华庭　刘华）

**guoji he yu fushe shijian fenji**

**国际核与辐射事件分级**　（the international nuclear and radiological event scale，INES）针对核能利用、核燃料循环、核技术利用以及放射性物品运输等相关实践中发生的核与辐射事件，分析这些事件对人和环境的影响、对设施放射性屏障和控制的影响以及对纵深防御的影响的安全意义，并依据相应的分级原则对核与辐射事件进行分级。

**沿革**　20 世纪 80 年代，在核设施发生一些事故并引起国际媒体关注后，产生了就核设施运行或具有辐射风险的实践中所发生事件的安全意义进行交流的必要性。在 1990 年，由国际原子能机构（IAEA）和经合组织核能署（OECD/NEA）召集专家制订了最初版本的《国际核事件分级表》（INES）。INES 起初只适用于对核电厂事件进行分级，反映的是从法国和日本利用类似分级表中获得的经验以及一些国家对可能的分级表的考虑。最初版本的 INES 在随后经过了不断改进，1992 年其应用领域扩展到了放射性物质和其他辐射相关的事件，包括放射性物质运输事件。

2001 年，INES 的更新版本《国际核与辐射事件分级表》发布，名称从“核事件”扩展为“核与辐射事件”。更新版本进一步阐明了 INES 的用途，对与运输和燃料循环相关事件的定级做出了明确规定。2008 年发布的最新版本加强了补充指导和说明，并提供了使用相关的实例和建议，以满足人们对交流有关放射性物品和辐射源运输、贮存和使用的所有事件的安全意义的日益需求。

**适用范围**　INES 适用于核电厂、研究堆、核燃料循环设施、放射工作场所发生的事件，放射源或放射性货包的丢失或被盗和失控源的发现，以及个人在其他受监管实践（例如，矿产加工）中受到意外照射的事件等。

INES 只适用于民事应用领域，并且只与事件的安全意义有关，并不适用于核安保相关事件或故意使人受到照射的恶意行为的定级。当装置用于医学目的时，INES 目前只适用于对工作人员和公众造成实际照射事件或装置退化或安全措施不足事件的定级，并不涉及作为医疗程序的一部分对患者实施照射的后果。INES 适用的范围不包括仅与工业安全有关的事件或在核与辐射安全方面没有安全意义的其他事件。

**分级方法**　INES 将核与辐射事件分为 7 级：1～3 级为称为“事件”，4～7 级称为“事故”，无安全意义的事件被划分为“分级表以下/0 级”。

制定该分级方法的原则是，分级表中的事件级别每增加一级，严重程度将增加约一个数量级。1986 年 4 月 26 日发生在前苏联（现乌克兰）的切尔诺贝利事故在 INES 中被定为 7 级，因为该事故对人和环境造成了严重且广泛的影响（参见切尔诺贝利核电厂事故）。2011 年 3 月 11 日发生在日本福岛第一核电厂的事故尽管其释放到环境中的放射性物质碘-131 的放射当量较切尔诺贝利事故要低约 1 个数量级，但该事故释放出的放射性总量已超过 7 级的指标，且对人和环境造成了严重的影响，因此也被定为 7 级（参见福岛核电厂事故）。在制定 INES 定级准则时考虑的另一主要方面是，将在安全上不太严重或具有局部后果的事件与非常严重的事故明显区分开。因此 1979 年三哩岛事故被定为 5 级，因辐射造成 1 例死亡的事故被定为 4 级（参见三哩岛核电厂事故）。

1 级事件只涉及纵深防御劣化，2 级和 3 级事件涉及纵深防御较严重劣化或对人或设施造成较低程度的实际后果，4 级至 7 级事故涉及对人、设施或环境造成严重的实际后果。

**分级准则** 对于每起事件都需要分别考虑人和环境影响，设施的放射屏障和控制影响，以及纵深防御影响等三方面准则。对照每个准则进行安全意义上的分析，导出的最高定级即为确定的该事件的最终级别。INES 事件分级一般准则的主要内容见下表。

INES 事件分级的一般准则

| INES 级别 | 人和环境 | 设施的放射屏障和控制 | 纵深防御 |
|---|---|---|---|
| 特大事故<br>7 级 | 放射性物质大量释放，具有大范围健康和环境影响，要求实施计划的和长期的应对措施 | | |
| 重大事故<br>6 级 | 放射性物质明显释放，可能要求实施计划的应对措施 | | |
| 影响范围较大的事故<br>5 级 | 放射性物质有限释放，可能要求实施部分计划的应对措施；<br>辐射造成多人死亡 | 反应堆堆芯受到严重损坏；<br>放射性物质在设施范围内大量释放，公众受到明显照射的概率高；发生原因可能是重大临界事故或火灾 | |
| 影响范围有限的事故<br>4 级 | 放射性物质少量释放，除需要局部采取食物控制外，不太可能要求实施计划的应对措施；<br>至少有 1 人死于辐射 | 燃料熔化或损坏造成超过堆芯放射性总量 0.1%的释放；<br>放射性物质在设施范围内明显释放，公众受到明显照射的概率高 | |
| 重大事件<br>3 级 | 受照剂量超过工作人员法定年限值的 10 倍；<br>辐射造成非致命确定性健康效应（例如烧伤） | 工作区中的辐射剂量率超过 1 Sv/h；<br>设计中预期之外的区域内严重污染，公众受到明显照射的概率低 | 核电厂接近发生事故，安全措施全部失效；<br>高活度密封源丢失或被盗；<br>高活度密封源错误交付，并且没有准备好适当程序进行处理 |
| 一般事件<br>2 级 | 一名公众成员的受照剂量超过 10 mSv；<br>一名工作人员的受照剂量超过法定年限值 | 工作区中的辐射水平超过 50 mSv/h；<br>设计中预期之外的区域内设施受到明显污染 | 安全措施明显失效，但无实际后果；<br>发现高活度密封无监管源、器件或运输货包，但安全措施保持完好；<br>高活度密封源包装不适当 |
| 异常事件<br>1 级 | | | 一名公众成员受到过量照射，超过法定限值；<br>安全部件发生少量问题但纵深防御仍然有效；<br>低活度放射源、装置或运输货包丢失或被盗 |
| 无安全意义（分级表以下/0 级） | | | |

2008 年版本的 INES 增加了对附加因素的考虑。认为有些特殊的情况可能会同时挑战纵深防御的不同层次，因而可将它视作需要将某事件的级别定得比根据指导意见确定的高一级的附加因素。符合这种条件的附加因素主要有共因故障、规程不完备以及安全文化问题，从而在分级过程中引入了人因因素的考虑。

**INES 应用** INES 不属于 IAEA 的标准系列。由于发生在核设施中或涉及放射源或放射性物质的任何事件都可能会引起媒体和公众的关切，有时造成谣言、心理压力、社会局势紧张甚至经济后果，因此，它作为一个交流工具可及时而准确地回答媒体和公众的关切。其主要目的是促进科技界、媒体和公众之间就所发生事件的安全意义进行交流和了解。这在一定程度上可以促进公众对于涉及核与辐射工业及相关领域的理解，从而在一定程度上促进这些行业的发展。INES 的准则并不取代任何国家已有的正式的核与辐射应急管理中已使用的相关准则，各国应结合自身需要对该类事项进行自主的监管和安排。

为了促进国际交流，IAEA 和 OECD/NEA 开发了一个交流网络。自 2001 年以来，这种基于网络的 INES 信息服务已被 INES 成员用于向科技界以及向媒体和公众通报事件。这种对事件及其在 INES 中定级情况的交流不是一个正式的报告系统，也并不强制任何国家执行。但是许多国家认识到用 INES 标准进行公开交流的意义，截至 2009 年，共有 60 多个国家包括中国参与了该交流网络。

我国国家核安全局于 1994 年组织翻译了 1992 年版本的 INES 手册，命名为《核事件分级手册》，并将其作为我国的核安全法规技术文件（HAF.J 0043），2013 年按照国际核与辐射事件分级的要求，对该技术文件进行了修订。2001 年，我国国防科技工业委员会（现国防科技工业局）发布了《国际核事故分级和事故报告系统管理办法（试行）》。在国家原子能机构的领导下成立了 INES 核事件报告系统（IRS）国家工作组，由核工业主管部门、核安全监督部门及有关集团公司和核电厂等单位的代表组成。 （骆志平 潘自强）

**Guoji Yuanzineng Jigou**

**国际原子能机构** （International Atomic Energy Agency，IAEA） 世界各国在原子能领域开展科学与技术合作的政府间机构。IAEA 与联合国签订有关系协定建立关系，总部设在奥地利维也纳，宗旨是“谋求加速和扩大原子能对全世界和平、健康及繁荣的贡献”和“尽其所能，确保由其本身、或经其请求、或在其监督或管制下提供的援助不致用于推进任何军事目的”。

**成立经过** 1954年12月第九届联合国大会通过决议，要求成立一个专门致力于和平利用原子能的国际机构。1956 年 10 月 26 日，82 个国家的代表在纽约联合国总部举行会议，通过了《国际原子能机构规约》。1957 年 7 月 29 日，该规约生效。同年 10 月，国际原子能机构召开首次全体会议，宣布正式成立。

**成员国** IAEA 成员国，按照其规约规定，分为创始成员国和其他成员国。创始成员国是联合国成员国或联合国其他专门机构成员国在该机构规约开放签署之日 90 天内签署并交存批准书的国家。其他成员国是世界上任何国家经该机构理事会推荐由大会批准交存接受机构规约的国家。截至 2012 年 1 月 1 日 IAEA 有 151 个成员国。

**组织机构** IAEA 的组织有大会、理事会和秘书处。

**IAEA 大会** 由全体成员国组成，是 IAEA 的最高权力机关。各成员国可派正式代表一名，副代表和顾问若干名出席大会。大会通常在每年 9 月举行，其主要职权是：指定和选举理事国；停止成员国特权和权利；批准新成员国；核准机构预算；核准机构年度报告；核准机构规约的修正案；核准总干事任命；讨论机构规约范围内的任何事项。

**IAEA 理事会** 是 IAEA 的决策机关，由 13 个指定理事国和 22 个选举理事国组成。IAEA

的重要事项均由理事会讨论审议批准或经其讨论提出意见后由大会核准。

**IAEA 秘书处** 是 IAEA 的执行机关，由总干事领导，内设六个司（技术合作司、核能司、核安全和安保司、核科学和应用司、保障司、管理司）和决策机关秘书处、对外关系和政策协调办公室、内部监督服务办公室、法律事务办公室等。秘书处人员的聘用，根据规约的规定，“应当以其效率、技术能力及忠诚均达最高标准的人员为首要考虑”，和“充分注意成员国对机构的贡献，并充分顾及地区上的普及”。2010 年年底，秘书处专业人员和支助人员总数为 2 338 名。为便于工作，IAEA 还在纽约、日内瓦、东京、多伦多设立办事处。

此外，IAEA 还有两个实验室——位于奥地利的塞伯斯道夫（Seibersdorf）实验室以及位于摩纳哥的国际海洋放射性实验室。随着业务的扩展，IAEA 秘书处的内设机关也在不断做出调整与完善。例如，切尔诺贝利事故后为加强核安全相关业务把 IAEA 原来的核能和核安全司分为核能和核安全两个独立司，核安全司主管核安全与辐射防护相关业务。为满足核安保业务发展的需要，后来又把核安全司更名为核安全和核安保司。核安全和核安保司下设核设施安全处，以及辐射、运输和废物安全处；司内还设有核安保办公室主办核安保事务。

**经费** 主要来自两个方面：成员国会费（称为正规预算）和成员国自愿捐款（称为活动预算）。正规预算用于 IAEA 各单位的业务开支、人员工资、召开会议、情报交流、专业研究、保障实施以及实验室建设管理费用的开支。活动预算主要用于同成员的技术合作，包括专家服务、开展培训、颁发进修金及提供设备等。2010 年 IAEA 这两项预算总额为 3.89 亿欧元，另有约数千万欧元的预算外捐款。

**职能** 按照机构规约的规定，IAEA 的职能主要有以下七个方面：①鼓励和援助全世界和平利用原子能的研究、发展和实际应用；遇有请求时，充任居间人，使机构一成员国为另一成员国提供服务，或供给材料、设备和设施；并从事有助于和平利用原子能的研究、发展、实际应用的任何工作和服务。②依据规约，并适当考虑到世界不发达地区的需要，提供材料、服务、设备及设施，以满足包括电力生产在内的和平利用原子能的研究、发展及实际应用的需要。③促进原子能和平利用的科学及技术情报的交流。④鼓励原子能和平利用方面的科学家、专家的交换和培训。⑤制定并执行保障监督措施，以确保由机构本身，或经其请求，或在其监督和管制下提供的特种易裂变材料及其他材料、服务、设备、设施和情报，不致用于推进任何军事目的；并经当事国的请求，对任何双边或多边协议，或经一国的请求对该国在原子能方面的任何活动，实施保障监督措施。⑥与联合国主管机关及有关专门机构协商，在适当领域与之合作，以制定或采取旨在保护健康及尽量减少对生命与财产的危险的安全标准（包括劳动条件的标准），并使此项标准适用于机构本身的工作及利用由机构本身、或经其请求、或在其管制和监督下供应的材料、服务、设备、设施和情报所进行的工作；使此项标准，于当事国请求时，适用于依任何双边或多边协议所进行的工作，或于一国请求时，适用于该国在原子能方面的任何活动。⑦每当在有关地区，本来可向机构提供的设施、工厂及设备不充分时，或只能在机构认为不满意的条件下始能获得时，取得或建立有助于履行其授权执行的职能的设施、工厂及设备。

**主要活动和作用** 基于机构的宗旨和职能，IAEA 的活动主要集中于“加速和扩大”原子能在世界上的应用和“监督和管制”其不用于推进任何军事目的两个方面。在机构范围内，前者被称为“促进活动”，后者被称为“保障活动”。

**促进活动** 大致有两个类别：①服务于所有成员国的普适性活动，主要包括核科学和技术信息交流（国际核信息系统/核事件报告系统/核数据库/专业会议/颁发条例、标准和导则及其他核科技文件）、核教育与培训（培训班、进修金、科学访问）、专家服务与设备材料提供及推动核相关国际法律文书的制订等。②针对某一地区需要所开展的地区核合作（如亚太地区核合作计划、非洲地区核合作计划）或同某一成员国的国家项目合作。这类活动通常是考虑特定地区的需要或根据当事国的要求计划确定的，因而它们与相关地区或国家的核科技发展计划关系更为密切，在做法上则以专题合作项目的方式进行，内容也更切合地区或当事国的需要或者原本就是当事国国家发展计划的一部分。

IAEA 的促进活动为世界各国核领域的科技交流与合作搭建了宽阔的平台，对全世界核科学与技术的发展起到了积极的推动作用，因而它受到了国际社会的普遍欢迎。中国作为 IAEA 的重要成员国在这方面同 IAEA 有着全面合作。通过这些合作，中国在对 IAEA 做出积极贡献的同时，也在同 IAEA 的各项合作，包括核和辐射安全及环境相关的合作中受益。

**保障活动** 主要是根据 IAEA 规约和所建立的保障制度，应一国或多国的请求签订保障协定，由机构派视察员对当事国实施保障核查。保障制度由 IAEA 的 INF/66、INF/153 和 INF/540 等文件发布，这些文件对于当事国接受保障的核设施的设计资料审查、核材料记录与报告内容、核查的程序与方法、同当事国的合作等做了详细规定。IAEA 对于保障的执行情况按年度向联合国及当事国作出报告。

IAEA 的保障活动得到了世界上大多数国家的认同和接受，并已成为国际核不扩散体制的基本屏障。机构保障在防止核合作用于推进军事目的，尤其在防止核武器扩散方面发挥着独特的和不可或缺的作用。

（傅秉一　刘华）

# H

**hangkong fushe celiang**

## 航空辐射测量 （aerial radiation survey）

又称航空放射性测量。是航空飞行器搭载辐射测量仪器，在空中进行环境辐射测量的方法。通过航空辐射测量，能够快速了解天然辐射、人工辐射、大气辐射等环境辐射状况。按搭载辐射仪器类型不同，分为航空γ辐射总量测量和航空γ能谱测量。

**沿革** 航空放射性测量始于20世纪40年代中期，源于核武器试验的监测。20世纪50年代，随着和平核能的成功利用，航空放射性测量广泛应用于铀资源勘查。20世纪70年代末，前苏联“宇宙-954”核动力卫星坠落地表事件和美国三哩岛核电厂事故后，航空辐射测量成功应用于核应急监测，详细掌握了放射性碎片的散落范围、核事故放射性烟羽的位置以及放射性污染程度。20世纪80年代中期，前苏联切尔诺贝利核电厂特大核事故后，北欧国家快速启动了核应急航空测量，作出了放射性沉降物和铯-134、铯-137等核素活度分布图。20世纪90年代以后，航空辐射测量已成为辐射环境调查、核设施地区的辐射环境背景测量与定期监测、搜寻丢失辐射源、核应急航空监测等的重要手段，国际原子能机构及时向成员国推荐了航空辐射测量方法。2011年日本福岛核事故10天后，日本和美国联合开展了航空辐射测量。在福岛第一核电厂周围地区，从2011年4月到2011年12月共实施了六次航空辐射测量；在日本陆域全部地区都进行了航空辐射测量，测量结果在相关网站公开发布。

我国航空放射性测量始于1955年，主要用于铀矿勘查。20世纪80年代初，针对前苏联“宇宙-1402”核动力卫星重返大气层核事件，我国首次启动了核应急航空监测响应行动。随后，先后在石家庄市、云南省红河州、上海市等地进行了航空辐射测量。20世纪90年代中期，在我国第一座核电厂——秦山核电厂周围地区进行了辐射环境本底航空测量。2009年，核应急航空监测成功参与了“神盾-2009”国家首次核应急演习。

**测量对象** 根据航空辐射测量目的不同，测量对象有所差异。对于环境辐射调查目的，其测量对象为陆地环境的天然辐射和可能存在的人工辐射（大气层核试验和核事故造成全球落下灰沉降产生），其他如宇宙辐射、飞行器和仪器固有的辐射、大气（氡）辐射等为干扰辐射；对于核事故应急航空监测，其测量对象为核事故产生的放射性烟羽辐射及其沉降到地面的污染辐射，其他辐射均为干扰辐射；对于放射性矿产勘查目的，其测量对象为陆地天然放射性核素的辐射，其他辐射则为干扰辐射；对于搜寻失控辐射源的航空测量，其测量对象为失控辐射源的辐射（天然辐射或人工辐射），其他均为干扰辐射。

**测量模型** 针对航空辐射测量，建立了以下测量模型：①地面点源；②地面有限蝶形面源；③地面无限大面源；④地面有限体源；⑤半无限大体源；⑥空中烟羽辐射源等。

**航空辐射测量系统与飞行器** 由航空辐射测量仪、GPS 导航定位仪（航空型）、雷达高度计、气压高度计、温度湿度计、数字式视频录像系统、航空测量数据收录系统、电源分配装置等组成。航空辐射测量仪有航空γ能谱仪、航空γ辐射剂量（率）仪、航空大气采样与分析仪等类型。

航空辐射测量用的飞行器需要进行必要的改装，去除飞行器上仪表和焊接点的荧光粉等干扰辐射源，以降低飞行器固有的辐射本底。

**航空辐射测量系统刻度** 又称航空辐射测量系统的校准。对所使用的飞行器及航空辐射测量系统在航空辐射测量校准设施上进行一系列系统测试，分离航空辐射测量中相关源项并刻度，以获取相应的刻度因子或效率转换因子的过程。

我国航空辐射测量校准设施有：①航空γ能谱测量校准模型；②动态校准测试带；③海域上空高高度测试带；④人工核素校准源，有点源、面源等。

在测量期间，一旦飞行器和航空辐射测量系统受到辐射污染，更换飞行器或者航空辐射测量系统后，需要重新刻度。

**航空辐射测量方法** 根据航空辐射测量的不同目的和要求而不同，包括：①扫描式或者扫面式测量方法；②“之”字形放射性烟羽云监测方法；③同心圆式监测方法；④巡航式测量方法；⑤路线搜寻式测量方法等。

**影响因素** 航空辐射测量的主要影响因素有：①气象条件，包括风向、风速、风力、温度、湿度、降雨、降雪、气压变化、空气密度变化等；②地形地貌条件，如地形复杂程度、海拔高度、建筑物高度等；③地表覆盖条件，如地表植被发育程度、水系发育状况、地表积雪、地面建筑物分布密度等；④环境地质条件，如地质体大小、形态、展布方向、土壤湿度、孔隙度、岩石密度变化等；⑤辐射源项条件，如不规则状辐射源、不均匀分布辐射源、源项随时间变化、多种辐射源叠合等。

**数据分析与成图** 航空辐射测量数据需要按一定的数据处理方法和流程进行处理与分析。分为预处理和数据处理与分析。数据预处理是对航空辐射测量质量进行分析与控制的过程，统计分析航空测量仪器性能、飞行测量等各项指标，进行测量质量评价。数据处理是对航空辐射测量数据进行数据格式转换、数据定位后，按“能窗”法或者全谱分析方法进行各项修正、剂量率和天然放射性核素与人工核素活度换算的过程。分析航空辐射测量结果，区分辐射热点（区），分析其分布位置、大小、规模、辐射成分、环境地质条件、航迹录像等，做初步推断。

将航空辐射测量结果与地理信息或者卫星影像等结合，以简单明了的图形展示，供图件使用者研读。常用的图件如多参量测线剖面图、单参量追索巡航线影像图、单参量剖面平面图、等值线平面图、影像图、灰度图、色阶图等。

**辐射热点查证** 航空辐射测量中对发现辐射热点（区）进行分析推断后，需要进行实地查证。查证的目的是验证辐射热点（区）的客观性，查明引起辐射热点（区）的原因。

实施查证时，以辐射热点（区）的 GPS 定位数据作为导航点，用辐射仪进行搜索。在辐射热点（区），分别用剂量率仪、就地γ谱仪等测量其分布大小、规模、辐射成分、污染程度等，观察其所处的环境地质条件，做好各项测量和观测记录。据查证情况，做出评价。

**测量灵敏度** 与航空辐射测量系统的探测器大小、飞行器飞行速度、飞行高度、测量对象的源项分布、干扰辐射背景值高低等因素相关。

**航空辐射测量质量评述** 根据航空辐射测量中质量控制过程与记录的统计结果，评述测量仪器质量、航测飞行质量、测量结果质量。计算航空辐射测量方法判断限和探测限。在分析航空辐射测量中各项参量的不确定度基础上，计算合成不确定度。

**辐射水平评价** 应用统计学方法，对辐射剂量率水平进行分析与评述；根据源项分析，分析各源项剂量率水平；对发现的辐射热点（区）、查证情况以及对辐射环境健康危害性做出评价。

**应用领域** ①辐射环境调查，包括核电厂等核设施辐射环境本底调查、核电厂等核设施定期航空监测、大面积辐射污染区调查；②核与辐射应急航空监测；③矿产资源调查，包括铀矿及其他金属矿产勘查。

**发展趋势** 体现在以下三个方面：①航空辐射测量仪器装备技术的创新发展，一是向小型化、智能化、无人机化方向发展；二是向多类型探测装备集约化、综合化方向发展；三是向快速化、网络化、实时化方向发展。②数据分析技术将向全谱分析技术方向发展。③随着核能的快速发展，应用领域除在铀矿勘查领域仍广泛应用外，将转向核电厂周围地区辐射环境本底调查、核电厂的定期监测、核与辐射应急监测、反核恐应急监测等方面。

（倪卫冲　刘森林）

**he'anbao**

**核安保** （nuclear security）　侧重于预防、侦查和响应涉及或直接针对核材料、其他放射性物质、相关设施或相关活动的犯罪行为或故意的未经授权行为的措施。国际上核安保的概念和范围日趋完善和扩大，针对的目标包括：核材料、核设施及关键设备、放射源及射线装置、放射性废物、脱离监管的核材料和其他放射性物质。涉及的活动有：对上述目标的使用、生产、储存、处置、运输、进出口、邮政、非法贩卖，以及核反恐和大型公共活动核安保事件的防范。核安保一般采取的措施包括：当事国法律法规体系制定，主管部门和许可证持有者职责，国际运输中的责任，设计基准威胁的制定、使用和维护，实物保护，核材料衡算与控制，信息安全，核安保事件和核反恐的应急响应，核安保文化，人员培训与教育，质量保证。

**核安保的目的** 目前全球范围内尚无法排除核材料或放射性物质被用于恶意目的的可能性，国际社会都在加强、提高核安保能力，旨在：①防止擅自转移相关设施和相关活动中使用的核材料和其他放射性物质；②防止核材料和其他放射性物质、相关设施和相关活动遭到蓄意破坏；③确保采取迅速和全面的措施，以查找和在适当时追回丢失、失踪或被盗的核材料和其他放射性物质并重新实施监管控制。

**核安保约束性文件** 核安保的责任完全在于各国，国际原子能机构（IAEA）通过“核安保计划”支持各国建立、执行、维护和持久保持有效的核安保制度。为此IAEA编写了《核安保丛书》，其目的在于协助各国连贯一致地执行和持久保持该制度。在此之前，IAEA关于核安保的主要约束性文件有：《核材料实物保护公约》及其修订案、《联合国安理会1373号决议》（国际合作防止恐怖主义行为）、《联合国安理会1540号决议》（关于防止核生化武器扩散）、《制止核恐怖活动国际公约》。

**《核安保丛书》** IAEA《核安保丛书》框架由以下四级出版物构成：核安保法则、建议、实施导则和技术导则。第一级出版物《核安保法则》包含核安保的目标和基本要素，并提供安保建议的基础；第二级出版物《建议》详细阐述核安保的基本要素，并介绍国家为实施基本原则应当落实的各种建议的要求；第三级和第四级出版物《实施导则》和《技术导则》更详细地说明如何采取适当措施实施上述建议。

**《核材料实物保护公约》及其修订案** 是目前支持国际核安保机制最为重要的法律文书，其宗旨是保护核材料在国际运输中的安全，防止未经政府批准、授权的集团或者个人获取、使用或扩散核材料，并在追回和保护丢失或被窃的核材料、惩处或引渡被控罪犯方面加强国际合作，对公约范围内的犯罪建立普遍管辖权，防止核武器的扩散。

**《联合国安理会1373号决议》（国际合作防止恐怖主义行为）** 表达了对国际恐怖主义与核材料非法转移之间密切联系的关切，强调需要加强国际合作以应对这一严重威胁国际安全的挑战。要求所有国家采取有效措施，防止和制止资助恐怖主义行为，并为调查和起诉恐怖主义行为相互给予最大程度的协助。

**《联合国安理会 1540 号决议》（关于防止核生化武器扩散）** 规定各国不向企图开发、获取、制造、拥有、运输、转移或使用核生化武器及其运载工具的非国家行为者提供任何形式的支持。按照各国的程序，通过和实施适当、有效的法律，禁止任何非国家行为者，尤其是为恐怖主义目的而制造、获取、拥有、开发、运输、转移或使用核生化武器及其运载工具以及禁止企图从事上述任何活动、作为共犯参与这些活动、协助或资助这些活动的图谋。要求各国采取和实施有效措施，建立国内管制，防止核生化武器及其运载工具的扩散。

**《制止核恐怖活动国际公约》** 于 2007 年 7 月 7 日生效。强调了核恐怖主义行为可能带来最严重的后果并可能对国际和平与安全构成威胁，迫切需要加强各国之间的国际合作，制定和采取切实有效的措施防止核恐怖主义行为。对放射性物质、核材料、核设施及装置进行了定义。规定了以任何方式利用放射性物质或装置，或以致使放射性物质外泄或有外泄危险的方式或破坏核设施，旨在造成人员伤亡或重大财产损失，或使财产或环境受到重大损害犯罪行为的范围。规定了缔约国应采取必要措施，包括制定国内立法确保放射性材料受到保护。公约的内容还包括缔约国打击核恐怖主义，信息交流，发现、预防和应对核恐怖行为方面应履行的义务；要求缔约国参照国际原子能机构保障措施和实物保护建议对核材料进行监管和保护。

**我国核安保现状** 我国核安保工作近年来发展迅速，主要体现在以下几方面：①建立法律法规体系：在联合国和国际原子能机构有关法律体系和公约宗旨下，颁布了法律、法规、标准和安全导则。目前已颁布的与核安保有关的法律和法规有：《中华人民共和国放射性污染防治法》《中华人民共和国核材料管制条例》《中华人民共和国核材料管制条例实施细则》《放射性同位素与射线装置安全和防护条例》《放射性物品运输安全管理条例》《放射性废物安全管理条例》。对核材料、核设施实物保护、放射源及相关设施安保、核材料和放射性物质运输实物保护、放射性废物及相关设施安保提出了具体要求。核设施和各级政府部门制定了核反恐应急和处置预案，基本涵盖了 IAEA 核安保范围。②加强核材料、核设施保卫：新建核设施按标准建设了实物保护系统，对早期的核设施实物保护系统进行升级改造，加强放射源、放射性废物和运输的安全保卫，针对核反恐制定处置和应急预案。③开展国际合作：加强与 IAEA 和其他国家或地区的合作，加强信息交流以共同应对国际恐怖活动，开展核安保技术研发、人员培训、安保文化传播工作。

（刘天舒　吴浩）

he'anbao cuoshi

## 核安保措施 （nuclear security measure）

防止、侦察和应对涉及核材料、其他放射性物质及相关设施的偷窃、破坏、非法接触与转让或其他恶意行为，在核安保组织机构、规章制度、文化建设、技术措施等方面进行的监督、管理或采取的行动。

**核安保的作用** 通过建立核安保法规体系，设立核安保管理机构，加强核安保文化建设，采取实物保护、核材料衡算与控制等措施，对核材料及其他放射性物质的生产、储存、使用和运输等活动实施监管，防止和处理针对核材料、其他放射性物质及相关设施的偷窃、破坏、非法接触与转让等恶意行为，确保核材料及其他放射性物质的安全使用和储存，保证环境安全和公众健康。

**核安保的对象** 包括核材料、其他放射性物质、相关固定设施及运输工具、敏感信息及其他相关物项，其涉及范围包括对生产、使用、储存及运输中的核材料或其他放射性物质实施的偷窃、破坏等行为。

**制定核安保措施的基本原则** ①纵深防御。根据核材料、其他放射性物质及相关设施的重要程度和防护等级，进行保护分区。设置多层保护屏障，实行分区管理，采用不同的技术措施，入侵者要想实现偷窃或破坏等目标必须突破或绕过多重不同的障碍物，克服不同的技术措施，且在某一层防御失效后，其功能将得到其他层的补偿。②均衡保护。同一层的防护措施具备同等的防御能力，不存在薄弱环节。③最大限度地防止失效和减小部件或系统失效的后果。提高系统、子系统或部件的可靠性，配备必要的冗余设备，制定相应的突发事件处置预案，使系统能够连续、有效地运行，防止事故发生或减轻事故后果。

**国家核安保措施** 为保证核材料、其他放射性物质的合法利用及其安全，防止被盗、破坏、非法转让和使用，国家采取的核安保措施包括以下几种：

**制定相关法规、标准和规定** 国家应根据威胁状况，建立核安保法规标准体系，制定相应的政策方针，进行国家不同部门的职责划分与分配，促进核安保措施的有效执行。

**确定监管责任部门** 由相应的国家核安保监管部门负责核材料、其他放射性物质的管理与监督以及相关许可证的制定、审查、批准和颁发。

**界定设计基准威胁** 设计基准威胁界定了威胁的水平，描述了核设施潜在威胁的属性和特征，是建立实物保护系统、制定突发事件处置预案的依据之一，由国家相关部门负责编制、实施、定期评估与修订。

**核材料、核设施与放射源的分级保护** 根据核材料品种、数量、状态及危害性程度，将核材料的保护等级分为Ⅰ级、Ⅱ级和Ⅲ级。2kg以上的钚，5 kg 以上富集度大于 20%的铀属于Ⅰ级保护等级（参见核材料实物保护）。根据核设施中核材料的品种、数量、辐射水平、状态及其在遭到破坏后可能产生的放射性释放对公众和环境的危害程度，将核设施保护等级分为一级、二级和三级，核电厂属于一级保护等级。根据放射源的类别及对人体健康和环境的潜在危害程度，将放射源保护等级分为一级、二级和三级。Ⅰ类放射源（医疗单位使用的Ⅰ类放射源除外）属于一级保护等级。

**核材料许可证制度** 为了确保国家对核材料进行有效管制和监督，实行核材料许可证制度。核材料许可证是核材料持有单位具有合法安全生产、使用、运输、储存和处置核材料资质的证明文件。

**核材料调拨制度** 核材料的调用由相关部门审核批准，实行计划管理，持有单位必须按照批准的用途使用，不得转用于其他用途。供需双方应签订协议，编制核材料交接报告，上报主管部门。

**视察制度** 为核实核材料是否符合管制的规定，定期对设施或设施外场所进行一系列现场检查、分析和评价活动，对核材料衡算、实物保护、保密制度等管理文件的正确性、完整性、执行情况以及技术措施的可靠性、有效性等进行监督检查。视察分为初始视察、例行视察、非例行视察和特别视察，设施单位应接受并配合视察工作。

**核进出口监督及管制制度** 按照国家核进出口监督管理规定及管制条例，进行核进口及核出口物项的监督审查，确保不发生非法转用。

**奖惩制度** 对核材料管制工作做出显著成绩的单位、个人，给予表扬和奖励；对于未经批准或违章从事核材料、其他放射性物质生产、使用、储存和处置的，按照国家刑法及相关规定要求，给予警告、限期改进、罚款、吊销许可证、追究刑事责任等处罚。

**核安保文化建设** 核安保文化是指个人、组织、机构为了支持和加强核安保工作采用的方法、应有的态度和所采取的行为的集合。通过核安保文化建设，使人们能够充分意识到威胁的真实存在，认识到核安保工作对国家安全、社会稳定、经济发展的重要性，增强公众自觉支持和维护核安保制度的意识，确保核安保有效执行。

**承担核安保国际义务，加强国际交流合作** 支持国际原子能机构在核安保领域发挥中心作用，签署核安保合作协议，推进核安保国际法律文书的普遍性，推广核安保标准和规范，帮助各国提高核安保技术水平。

**营运单位核安保措施** 为确保所持有核材料、其他放射性物质的安全使用、储存、运输，营运单位采取的措施包括以下几点：

**建立核安保组织机构** 营运单位应设立专门的核安保负责机构，确保国家核安保措施在本设施的贯彻实施以及本设施相关规章制度的有效执行。

**制定相关规章制度** 按照国家相关法律法规及标准要求，设施单位应结合实际情况，制定本单位实物保护、核材料衡算与控制、人员培训与考核、奖惩等相关规章制度。

**设置核安保技术措施** 核安保技术措施主要包括：①实物保护。为防止或阻止个人或团伙抢劫、盗窃、非法转移核材料，或破坏核设施、核材料所采取的方法和措施，包括固定场所和运输中的实物保护，由探测、延迟、反应三部分组成，应对和处置针对核设施、核材料的恶意行为。核材料持有单位应根据核材料的质量、数量及危害性程度，建立相应等级的实物保护系统。②核材料衡算与控制。为了有效地控制核材料的数量和移动，阻止和及早发现核材料的丢失与失窃，建立核材料衡算与控制措施，在持有核材料期间，建立衡算制度和分析测量系统，建立平衡区，进行衡算工作；设置核材料控制措施，监测存量和过程状态，探测未授权的活动，控制核材料的移动、位置和使用，为调查和解决核材料的明显丢失提供信息。

**制定突发事件处置预案** 根据设施设计基准威胁，对可能遭受的人为破坏、偷窃、抢劫等事故，制定相应的突发事件处置预案，确定预案执行程序，明确各部门及各级人员的职责，配备相应的设备和器材，定期进行演习和培训，为及时、有效地处置突发事件提供对策。

**核安保文化建设** 设施单位应结合其自身特点、威胁形势的发展等对员工进行设施核安保文化教育和培训，加深员工对核安保的理解，使其认识到核安保的重要性和所面临的威胁是确实存在的，从而培养其高度的警惕性和责任感。

**核安保同核与辐射安全的关系** 核安保关注可能对核材料、其他放射性物质及相关设施造成危害的蓄意行为，主要采取实物保护、核材料衡算与控制等措施。对于偷窃及非法转移等行为通过采取对策尽可能追回丢失的材料；对于恶意破坏则通过采取反应措施制止其行动以免引起放射性释放，而一旦发生放射性后果其后期处理则属于核与辐射安全关注的范围。

虽然两者应对的事件不同，但关注的都是可能产生不良后果的风险，都遵循纵深防御、及早预警、尽可能减小事故后果等基本原则，两者协同作用，以达到保护人员及环境安全的共同目的。如安全壳的设计既能避免事故情况下的放射性物质释放，在一定程度上又能防范对反应堆的外部袭击；出入控制措施既能控制未授权的非法进出，又能指导工作人员在紧急情况下的快速撤离；对于可能带来风险的事故都需要完善的应急计划及处置预案。

（刘卫东　潘自强）

**he'anbao jihua**

**核安保计划** （nuclear security plan） 由营运单位制定、由监管部门根据需要进行审查，对放射性物质和相关设施的核安保相关安排进行详细描述的文档。

国家应当制定保护放射性物质以免其被擅自转移或失控的安保要求。这种安保要求应当既涉及安保系统，也涉及安保管理。营运单位应执行涉及出入控制、人员可信赖度、资料保护、制订安保计划、培训和资格认证、衡算、存量和事件报告的安保管理措施。

营运单位在必要时制订、执行、检验、定期审查和修订安保计划，并遵守计划中的规定。该计划应描述为保护放射性物质已建立的总体核安保系统，并应包括应对威胁程度不断提高、响应核安保事件和保护敏感资料的措施。营运单位应向监管机构证明其是如何履行安保要求的，安保计划应被纳入资料保护范围。

**内容** 核安保计划通常应包括以下内容：①描述放射性物质及其使用和贮存环境；②描

述有待解决的具体安保问题；③描述所执行的安保系统及其目标；④指导营运单位的工作人员执行和维护安保措施的安保程序，以及对安保措施进行维护前后所必须遵守的安保程序；⑤行政方面，包括规定负有安保责任的人员的作用和职责、出入批准程序、可信赖度确定程序、资料保护程序、存量和记录、事件报告以及审查和修订安保计划（包括最长审查间隔时间）的相关事项；⑥将如何扩大程序性和行政性安保措施的规模，以满足国家评定的威胁程度不断加大的需要；⑦响应行动，包括如何配合相关主管部门按照国家相关规定查找和回收放射性物质等。

安保计划通常还应包括营运单位应急计划的相关内容，应针对核安保事件期间警卫和响应力量之间的协调进行定期演练。在侦查到任何恶意行动并对其评估后，营运单位应启动应急计划。

**示例** 以放射源安保涉及的核安保计划为例，说明核安保计划应包含的具体内容。放射源安保计划内容的详细程度和深度应与放射源安保水平相称，对于不同类型的放射源可采取不同水平的安保措施。通常放射源安保系统的等级可分为A、B和C三个水平，每一安保水平对应不同的安保目标。水平A的目标是防止放射源的擅自转移，水平B的目标是使放射源被擅自转移的可能性降到最低，水平C的目标是降低放射源被擅自转移的可能性（参见*放射源安保*）。水平A代表了最高程度的安保要求，通常对应于Ⅰ类放射源的应用实践。关于放射源分类的详细信息，参见*放射源*。

Ⅰ类放射源对应的营运单位制订的安保计划通常应针对以下内容作详细说明：①放射源的描述、分类、用途。②放射源使用和贮存的环境、建筑或设施的描述。如果可能，应描述设施的布局图以及安保系统设置情况。③建筑或设施的方位，与公众可达区域的相对位置。④安保程序。⑤针对特定建筑或设施的安保计划的目标。包括需要关注的特定问题，比如擅自转移、破坏或恶意使用等；为防止不必要的后果而必须采用的控制类型（包括可能需要的辅助设备）；需要实施安保的设备或其他建筑。⑥采用的安保措施。包括实施安保、提供监视、进行接触控制、侦查、迟滞、响应和通讯的措施；用于评价这些措施应对假设威胁的有效性的一些设计特征。⑦与安保相关的应急计划内容。包括事件报告。⑧采用的管理措施。包括管理人员、工作人员和其他人员的安保职责和义务；例行和非例行操作，包括放射源衡算；设备的维护和测试；人员可信赖度的确定；信息安全的应用；获得许可的办法；培训；确定重要的控制程序；应对升高的威胁等级；周期性评估该计划有效性，并根据该评估结果更新安保计划的程序；其他可能需要采取的补充措施；对现行标准或法规的引用。

（骆志平　潘自强）

**he'anquan fagui tixi**

## 核安全法规体系

（nuclear safety regulation system）　由国家立法机构或行政部门颁布的、与核安全有关的法律、法令、条例、部门规章等文件的总称。核安全法规体系的目的是在核能的研究、开发和利用中保证安全，保护工作人员、公众和环境免受过量的辐射危害。

在国际原子能机构《核法律手册》中，“核法律”被定义为“为监管从事与可裂变材料、电离辐射和接触天然辐射源有关活动的法人或自然人的行为而建立的特殊法律规范主题”，其目标是“为以充分保护个人、财产和环境的方式开展与核能和电离辐射有关的活动提供一个法律体系”。

**功能** ①确立国家对核安全监管的法律基础；②建立核安全监管机构，并授予制定核安全法规及独立监管等职责和权力；③确立核安全许可证制度和营运单位安全责任制；④为核事故应急、核损害赔偿等提供法律依据；⑤确立核安全目标和基本要求；⑥为达到上述要求提供指导。

**范围** ①核设施安全；②核材料安全；③辐射防护；④环境保护；⑤运输安全；⑥实体保

卫；⑦核事故应急；⑧事故责任和赔偿；⑨放射性废物安全监管等。

**分类** 广义上讲，核安全法规可分为法律、行政法规、部门规章、安全导则和技术文件五大类。有关核安全的国家标准或行业标准和规范通常也视为核安全法规体系的一部分。现以中国核安全法规为例进行分类说明如下。

**法律** 确定核能发展及其安全监管以及环境保护等基本问题，具有法律约束力的文件。由全国人民代表大会常务委员会通过发布。

**行政法规（条例）** 规定管理范围、管理机构及其职权、监督管理原则及程序等重大问题的法规。由国务院颁布，是具有法律约束力的文件。

**部门规章（规定）** 规定核安全目标和基本安全要求的规章，由国务院批准或国家核安全局批准颁布，是具有法律约束力的文件。

**安全导则** 说明或补充核安全规定或推荐方法和程序的指导性文件。在不遵照导则而采用其他的方法和程序时，必须向国家核安全局论证其安全性。

**技术文件** 提供有关核安全技术、方法、程序和数据等的指导性文件，具有参考性质。

**标准和规范** 属于国家技术标准体系，包括国家标准和行业标准等。因其法律效力的不同，可分为强制性和推荐性标准。与核安全直接有关的标准，应报国家核安全局审查并备案。

**中国核安全法规体系** 1982 年，中国开始研究核安全法规的编制工作。1984 年国家核安全局成立后，开始统一编制核安全法规。目前法律有《中华人民共和国放射性污染防治法》；行政法规有 7 个，分别涉及核设施、核材料、核事故应急管理、放射源同位素与射线装置、核安全设备、放射性物品运输、放射性废物等领域；部门规章有 20 多个；核安全导则有 70 多个。这些法律法规基本上覆盖了核安全监管的各个方面，在内容和安全要求上与国际接轨，奠定了依法监管的基础。

**《中华人民共和国放射性污染防治法》** 2003 年 6 月 28 日由第十届全国人民代表大会常务委员会第三次会议通过，自 2003 年 10 月 1 日起施行。其目的是防治放射性污染，保护环境，保障人体健康，促进核能、核技术的开发与和平利用，明确“预防为主、防治结合、严格管理、安全第一”的方针。

**《中华人民共和国民用核设施安全监督管理条例》** 1986 年 10 月 29 日由国务院发布的第一部针对民用核设施安全监管的行政法规。其目的是为保证民用核设施的建造和营运中的安全，保障工作人员和公众的健康，保护环境，促进核能事业的顺利发展。该条例以核电厂、反应堆、核燃料循环设施以及放射性废物处理设施为监督对象，明确了民用核设施选址、设计、建造、运行和退役等过程中应贯彻“安全第一”的方针。

**《中华人民共和国核材料管制条例》** 1987 年 6 月 15 日由国务院发布。其目的是为保证核材料的安全与合法利用，防止被盗、丢失、被破坏、非法转让和非法使用，保护国家和人民群众的安全，促进核能事业的发展。其适用于一切持有、使用、生产、储存、运输和处理铀-235、铀-233、钚-239、氚、锂-6 及含有这些材料的制品的部门和单位。

**《核电厂核事故应急管理条例》** 1993 年 8 月 4 日由国务院发布。其目的是控制和减少核事故危害，实行“常备不懈、积极兼容、统一指挥、大力协同”的方针以保护工作人员、公众和环境。

**《放射性同位素与射线装置安全和防护条例》** 2005 年 9 月 14 日由国务院发布，自 2005 年 12 月 1 日起施行。其目的是加强对放射性同位素、射线装置安全和防护的监督管理，促进放射性同位素、射线装置的安全应用，保障人体健康，保护环境。其明确了放射源和射线装置分类管理制度，对其生产、销售、使用单位实行许可证管理，对其进出口和转让活动进行审查和备案。

**《民用核安全设备监督管理条例》** 2007 年 7 月 11 日由国务院发布，自 2008 年 1 月 1 日起施行。其目的是加强对民用核安全设备的监督管理，保证民用核设施的安全运行，预防核事故，保障工作人员和公众的健康，保护环境，促进核能事业的顺利发展。其确定了对国内民用核安全设备的设计、制造、安装和无损检验单位实施许可证制度，对境外设备活动单位实施注册登记制度。

**《放射性物品运输安全管理条例》** 2009年9月14日由国务院发布，自2010年1月1日起施行。其目的是加强对放射性物品运输的安全管理，明确了对包装容器的设计和制造实行许可证制度等。

**《放射性废物安全管理条例》** 2011年11月30日由国务院发布，自2012年3月1日施行。其目的是加强放射性废物的安全管理，明确了对贮存和处置设施实行许可证制度。

此外，参考国际原子能机构的有关安全标准文件，国家核安全局还编制发布了一系列部门规章、安全导则，并及时修订。主要的部门规章包括《核电厂厂址选择安全规定》（1986年7月颁布，1991年7月修订）、《核动力厂设计安全规定》（1986年7月颁布，1991年7月和2004年4月两次修订）、《核动力厂运行安全规定》（1986年7月颁布，1991年7月和2004年4月两次修订）、《核电厂质量保证安全规定》（1986年7月颁布，1991年7月修订）、《放射性废物安全监督管理规定》（1991年8月颁布，1997年修订）、《民用核燃料循环设施安全规定》（1993年6月17日发布）等。

在核安全监管中发挥重要作用的法律还包括《中华人民共和国环境保护法》《中华人民共和国环境影响评价法》等。此外，中国有关政府部门正在编制《原子能法》和《核安全法》。《原子能法》作为原子能领域的专门法，其内容应涵盖原子能的研究、发展、应用和安全监管等各个方面。《核安全法》作为原子能法律体系中的一部分，着重于核安全监管问题，以确立核安全监管的基本原则、管理体制和工作机制，为核安全监管工作提供法律保障。

**国外核安全法规体系** 自20世纪50年代开始发展民用核能工业起，世界上核能工业发达的国家就十分重视建立本国核安全法规体系。其范围、名称随各国的法律体系、行政体制以及核工业的发展状况等有所不同。

**美国核安全法规体系** 包括法律、法规、监管导则、技术文件、工业标准等。主要法律有《原子能法》（1946，1954）、《能源改组法》（1974）、《国家环境政策法》（1974）。法规主要为10CFR（能源领域联邦法规）的相关章节，如10CFR50（生产和应用设施的执照申请）、10CFR52（核电厂的执照、证书和批准）、10CFR54（核电厂延寿要求）、10CFR55（操作员执照）和10CFR100（选址准则）等。美国核管会还发布监管导则和技术文件。工业标准包括美国机械工程师协会规范和美国电气和电子工程师协会规范、美国核学会规范、美国混凝土协会规范等。

**英国核安全法规体系** 包括法律、法规、导则等。法律包括《核设施法》（1965）、《劳动健康和安全法》（1974）、《电力法》（1989）、《放射性物质法》（1993）、《环境法》（1995）、《能源法》（2004）等。法规有《核设施法规》《许可证条件和法规》《电离辐射法规》《核反应堆（退役环境影响评价）法规》（EIADR1999）、《辐射（应急准备和信息公开）法规》（EPPIR2001）等。

**日本核安全法规体系** 包括法律、政府法令、部长令、部长公告四个层次。相关法律包括《原子能基本法》《核原料、核燃料物质及反应堆管制法》《电气事业法》《应急准备基本法》《核应急准备特别法》《放射性防护法》《核损害赔偿法》等；日本内阁通常会发布相应的政府法令，如《反应堆管制法实施法令》等；部长令则包括《商用动力堆部长令》《研究堆部长令》《关于辐射灾害预防的部长令》等；部长公告则往往就具体的事项进行更为详细的规定，如《安全重要相关设备的公告》《商用核电厂剂量限值的公告》等。另外，日本原子能委员会还发布针对设计、安全评价、剂量目标和技术能力等方面的“安全审查指南”作为导则使用。工业标准则包括《日本电力协会规范》《日本机械工程师协会规范》《日本原子能学会规范》《日本火电和核电协会规范》等。

**法国核安全法规体系** 包括法律、法令、政令、基本安全规则或导则以及工业标准等。法律有《核透明与安全法》（2006）、《放射性材料和废物可持续管理规划法》(1991，2006）等；法规有《承压设备法令》（1999）、《核承压设备政令》（2005）、《基本核设施及放射性物品运输安全监管法令》（2007）等，这些法规取代了 20 世纪六七十年代颁布的法规。法国核安全机构正对导则进行系统性制修订，以逐步取代基本安全规则等。工业标准包括法国核蒸汽供应系统设计、建造和在役检查规则协会的《核蒸汽供应系统的设计和建造准则》和《压水堆核岛机械部件在役检查规范》等。

**德国核安全法规体系** 包括 6 个层次。第一级为法律，主要有《基本法》《原子能法》（1959，1985，1997）等；第二级为条例，由联邦政府制定，如《辐射防护条例》《许可证程序条例》《核安全官员和报告条例》《核可靠性评估条例》《核财务安全条例》等；第三级是部门规章，由联邦和州的行政部门制定，如环境及自然保护和核安全部发布的安全准则等；第四级为咨询机构文件，如反应堆安全委员会和辐射防护委员会的导则和建议等；第五级为国家标准机构发布的文件，如核安全标准委员会安全标准等；第六级为工业标准和国际标准，如针对部件、系统、组织、运行程序等方面的技术标准和要求，包括德国标准化研究所标准。

**加拿大核安全法规体系** 包括法律、法规要求、导则三个层次。法律包括《原子能控制法》(1946，1954）、《核安全与控制法》(1997）、《核责任法》（1976）、《环境评价法》（1984）以及《核燃料废物法》《紧急情况法》《应急准备法》等；法规要求包括条例、许可证和资质证书及其条件、监管性文件等三类；导则包括指导性文件、技术审查程序以及信息类文件等三种类型。工业标准主要由加拿大标准协会制定。

**俄联邦核安全法规体系** 由联邦法律、总统法令和政府法令、监管机构规则、安全导则和标准等构成。联邦法律有《联邦公众辐射安全法》（1996）和《原子能利用法》（1995）等。总统法令和政府法令往往侧重于政府各部门的职能划分。监管机构还发布了一系列核安全标准、安全导则和指导文件等，用于具体指导核安全要求的执行和落实等。

**韩国核安全法规体系** 包括法律、总统令、行政法规、部门规章（科技部长令）、工业标准、导则等不同层次。法律包括《原子能法》《电力事业法》《环境政策基本法》《韩国核安全研究院法》《实物保护和辐射应急法》《核损害赔偿法》《核损害赔偿协议法》等。法规包括总统令（如原子能法实施法令）和部长令（如原子能法实施规定）。工业标准则需要得到科技部的认可。核安全导则由韩国核安全研究院负责制定。

（刘华　张健）

**he'anquan fenxi**

## 核安全分析

**核安全分析** （nuclear safety analysis） 为确定核电厂在各种运行状态和事故工况下可能产生的潜在危险而进行的全面安全评价。目的是用适当的分析工具建立并确认安全重要物项的设计基准，并且保证核电厂总体设计可以满足为核电厂每一工况类别规定的和可接受的人员剂量和释放的限值。

核安全分析包括确定论和概率论两种分析方法。确定论和概率论的方法是相互补充的，并且这两种方法应该用于对拟取得许可证的核电厂的安全性和能力方面进行决策的过程中。在确定论安全分析方法不能处理的某些方面，如核电厂性能、纵深防御以及风险，概率论安全分析方法却可以对其进行深入分析。

安全分析的起始点是假设始发事件组，确定论安全分析和概率论安全分析通常都采用一组通用的假设始发事件。

**假设始发事件** 任何干扰电厂稳定运行状态从而引发异常事件（诸如瞬态或失水事故）

的核电厂内部或外部事件。假设始发事件本身并不是事故，它是一个引发了一个序列的事件，并由不同的附加故障而导致运行事件、设计基准事故或严重事故的事件。假设始发事件要求电厂缓解系统及人员作出响应，一旦响应失败则可能导致不希望的后果，如堆芯损坏。

**确定论安全分析** 以纵深防御概念为基础，以确保反应性控制、余热排出和放射性包容三项基本安全功能为目标，针对确定的设计基准工况，采用保守的假设和分析方法，并满足特定验收准则的一套方法。

在进行确定论安全分析时，首先，考虑核电厂各种运行模式和假设始发事件的大致发生概率，并按照其概率将其划分到某一工况。这些假设始发事件的可能发生概率来源于其他已有工业设施的经验，并加上一些工程判断和分析。此后，需要对这些始发事件进行分组，对每组仅选择包络工况作为设计基准工况。确定设计基准工况后，对每种工况给出可接受的验收准则。这些准则考虑到如下要求：能导致高辐射剂量或大量放射性释放的核动力厂状态的发生概率极低；具有大的发生概率的核动力厂状态只有较小或者没有潜在的放射性后果。随后，采用一系列保守的假设和方法对这些事件进行分析，以确定满足验收准则。

多年的核电运行经验表明，确定论安全分析方法对保证核安全发挥了重要的作用，但应认识到，并没有绝对的确定论，确定论中也包含着概率因素。和概率论一样，确定论控制的也是风险，只不过这种风险的控制更定性、更粗略一些。例如，确定论中的单一故障准则要求就不是完全合理，目前已充分认识到核电厂各个安全系统的安全重要度可能有很大差异，对所有安全系统均采用单一故障准则并不完全平衡。单一故障准则只是在当时的历史条件下考虑系统和设备可靠性、经济可承受性和准则可操作性的一个平衡。

**概率安全分析** 以概率论为基础的风险量化评价方法，它考虑了一个更广泛的假设始发事件谱及不同假设始发事件的发生概率，并系统地评价缓解系统的可靠性，包括潜在的多重失效、共因失效和人因失效，它能更现实地对核动力厂的风险进行定量评价。

与传统的确定论安全分析方法相比，概率安全分析方法可较现实地反映核动力厂的实际状况，其分析对象不局限于设计基准事故，而是尽可能地考虑更广泛的事件谱，对这些事件的进程进行全面的分析，并在此基础上对风险进行量化。概率安全分析不局限于单一随机故障，而是考虑事件进程中各种系统和设备发生故障的可能性，同时考虑了事件发生后人员干预失效的可能性以及系统、设备、人员之间的相关性。

确定论方法和概率论方法是相辅相成的，确定论方法对保证核安全发挥了重要的作用，概率论方法是传统管理方法的发展和延伸。在使用最佳估算程序进行确定论安全分析和概率安全分析时，需要由敏感性和不确定性分析作补充。

**敏感性和不确定性分析** 敏感性分析（包括对程序输入变量和模型参数的系统性变化）可以用来确定分析所必需的重要参数，并表明输入变量的微小变化不会导致分析结果的剧烈改变（即陡边效应）。不确定性是监管决策过程中必须考虑的问题，在确定论安全分析方法和概率安全分析方法中都存在不确定性，分析过程中存在的不确定性主要包括模型的完整性、模型的适当性和输入参数的不确定性三个方面。总体而言，传统的确定论安全分析方法没有提供评估不确定性的手段，仅在事故进程分析中希望通过保守的方式来处理某些不确定性，而概率安全分析方法可以定量地评价不确定性的影响，并通过敏感性分析和重要度分析等手段进行处理。与确定论安全分析相比较，概率安全分析一般更全面，对许多问题的处理更精细，而概率安全分析所固有的一些问题，在确定论安全分析中往往也存在。不论使用哪种分析方法，都要考虑不确定性的存在，并对其进行适当处理。

不确定性并不是由于在决策过程中使用了

概率安全分析技术而引起的，而仅仅是在概率安全分析的量化过程中被凸显出来了。随着概率安全分析技术的不断发展，提供了评估不确定性的定量化方法，重要的不确定性已经得到并且将继续得到更多的关注。

（依岩　汤搏）

**《He'anquan Gongyue》**

**《核安全公约》**　（Convention on Nuclear Safety，CNS）　1994 年在国际原子能机构外交会议上通过的国际公约，是国际核安全管理框架的基础文件，旨在强化国际核安全合作，明确缔约国的国家责任和国际义务。

**背景**　自从 1954 年 6 月 27 日，前苏联在奥布宁斯克建成世界第一座电功率 5 MW 试验电站以来，清洁、经济的核能发电就逐渐显示出比化石燃料（尤其是煤炭）发电更高的优势，世界也进入了核电发展时期。核能发电也逐渐和水力发电、火力发电一起成为世界电源的三大支柱。但 1979 年美国三哩岛核电厂发生反应堆堆芯严重损坏（参见三哩岛核电厂事故），1980 年法国圣洛朗核电厂发生反应堆堆芯部分损坏，特别是 1986 年前苏联切尔诺贝利核电厂发生灾难性事故后（参见切尔诺贝利核电厂事故），人们逐步认识到核电厂发生严重事故的概率虽然极低，但也不是不可能的。

国际原子能机构（IAEA）于 1984 年和 1985 年分别编写出版了两个与核安全和核事故有关的文件，即《核事故或辐射紧急情况相互紧急援助安排导则》和《放射性物质越界释放的应报告事故、联合计划和信息交流导则》。切尔诺贝利核事故后，IAEA 在这些文件的基础上，很快起草制定并通过了《及早通报核事故公约》和《核事故或辐射紧急情况援助公约》。1992 年 IAEA 和经合组织核能署（OECD/NEA）联合编写了《核事件分级表》及《用户手册》等文件，目的是使核能界、新闻界和公众对事故有共同的理解基础，以便在核电厂出现安全上值得重视的事故时，能迅速并保持一致地向公众进行通报。

但是，上述措施并没有消除一些西方国家对前苏联和东欧的核电厂和其他核设施安全性的担心，以及对发展中国家建造、运营核电厂安全性的顾虑，因此一直在酝酿制定一个国际性的核安全公约。就其原意而言，期望公约带有强制性和约束性。

1991 年 IAEA 通过一项大会决议，正式开始《核安全公约》的起草工作。最初，由于在诸多问题上存在较大分歧，特别是美、英、法等国过分强调本国已有很完整的核法规和管理体系，对重要问题难于取得一致意见，起草工作几度陷入困境，进展缓慢。但是在国际社会和 IAEA 的大量斡旋和持续努力后，并参考了 IAEA 已经制定的安全标准文件，如 1993 年发布的安全要求《核设施安全》等，经 7 次专家组会议讨论、修订，几易其稿的公约起草工作最终完成。

《核安全公约》于 1994 年 6 月 17 日在 IAEA 总部举行的外交会议中通过，同年 9 月 20 日开放供各成员国签署，并在保存人（机构总干事）收到第 22 份批准书、接受书或核准书之日起第 90 天生效，其中应包括 17 个国家至少有一座已达到临界的核设施的此类文书。1996 年 10 月 24 日该公约正式生效，IAEA 为各缔约方加入《核安全公约》文本的保存人。

任何一个主权国家都可以成为《核安全公约》的缔约方，即使其不是 IAEA 的成员国。具有足够授权的地区国家组织也可以成为缔约方，但是不具有额外投票权。缔约方之间的信息交流通过正式官方渠道进行，同时为了提高便利性，普通的技术信息往往还并行采用其他方式，如电子邮件等。截至 2012 年 2 月，该公约共有 74 个缔约方，另有 10 个签约方尚未正式批准该公约。目前所有拥有运行核电机组的国家都是该公约的缔约方。

该公约虽然具有一定的法律约束性，但是总体来说是一种激励性机制，它不试图通过监督或惩罚等方式强制要求缔约方完全履行义务，而是基于共同利益，并通过定期的缔约方会议共同促进核设施安全水平的提高。

**主要内容** 《核安全公约》由序言和 4 个章节组成。

**序言** 集中了各国政府和代表最为关心的原则问题，共 10 条。其中第三条“重申核安全的责任由核设施所在国家承担”和第七条“确认通过现有的双边和多边机制和制订这一鼓励性公约开展国际合作以提高核安全的重要性”非常重要。前者排除了《不扩散核武器条约》中的国际监督机制，强调各缔约国在核安全上有自主权；后者指出核安全国际合作的重要性和必要性，缔约国在公约范围内既有权利也有义务。

**第 1 章“目的、意义和适用范围”** 其所明确的 3 个目的分别是：①通过加强本国措施与国际合作，包括适当情况下与安全有关的技术合作，以在世界范围内实现和维持高水平的核安全；②在核设施内建立和维持防止潜在辐射危害的有效防御措施，以保护个人、社会和环境免受来自此类设施的电离辐射的有害影响；③防止带有放射后果的事故发生和一旦发生事故时减轻此种后果。在该章节中明确提出公约中的核设施是指“缔约国管辖下的任何陆基民用核动力厂，包括设在同一场址并与该核动力厂的运行直接有关的设施，如贮存、装卸和处理放射性材料的设施”，即限于核电厂。在该公约起草之初，大多数国家都认为公约的适用范围应包括所有的核设施，既包括民用核设施，也包括军用核设施，既包括核电厂，也包括全部核燃料循环系统，以及核设施退役的放射性废物管理。从逻辑上讲，包括所有民用核设施的观点是正确的；但从实际运作来讲，难度很大。实际上也证明，公约范围的讨论用的时间不少，几经协商最后才一致同意该公约仅限于核电厂。这是因为从技术上讲，核电厂的安全问题相对比较一致，核安全方面的工作和经验也比较成熟。当该公约的执行取得足够经验后，其范围可扩展包括其他类型的民用核设施（或形成一个单独的公约文件）和放射性废物管理，这样的考虑已经通过第 1 章第九条和第十条予以体现。

**第 2 章“义务”** 提出“每一缔约方应在其本国法律的框架内采取为履行本公约规定义务所必需的立法、监管和行政措施及其他步骤”。根据该条款，缔约方应建立并维持管理核电厂安全的立法和监管框架，建立或指定独立的监管机构，负责制定本国的安全法规，实施许可证制度，并对核电厂进行安全审评和现场监督，必要时采取执法行动。第九条指出“每一缔约方应确保核设施安全的首要责任由有关许可证的持有者承担，并应采取适当步骤确保此种许可证的每一持有者履行其责任”。该公约提出了一些一般安全考虑要求，涉及安全优先政策、财政与人力资源、人的因素、质量保证、安全审评和核实、辐射防护和应急准备等；针对选址、设计和建造、运行方面对核电厂提出了更为具体的要求和规定。另外，第六条“每一缔约方应采取适当步骤，以确保本公约对该缔约方生效时已有的核设施的安全状况能尽快得到审查。就本公约而言，必要时该缔约方应确保作为紧急事项采取一切合理可行的改进措施，以提高核设施的安全性。如果此种提高无法实现，则应尽可能快地执行使这一核设施停止运行的计划”，通过委婉方式，充分反映了一些国家对另一些国家中正在运行的核电厂安全性的担心。当然，这种关闭核电厂的决定要“顾及整个能源状况和可能的替代方案”以及对社会、环境和经济的影响。

**第 3 章“缔约方会议”** 包括时间表、程序安排、特别会议、出席会议、语言、保密、秘书处等程序性的问题。将“缔约方会议”作为单独的一章，可见其对会议的重视程度。《核安全公约》并非具有强制性条款的国际合作机制，而提交国家报告、参加缔约方会议是缔约国的最基本义务。但是该公约并未对国家报告的内容提出详细要求，因此缔约国在此方面具有自主权。第二十五条“简要报告”还提出“缔约方应经协商一致通过并向公众提供一个文件，介绍会议期间讨论过的问题和所得出的结论”。

**第 4 章“最后条款和其他规定”** 属于公

约的常规内容，包括分歧的解决、生效、签署、批准、接受、核准和加入以及退约等内容。

**《核安全公约》的指导性文件** 为指导《核安全公约》的执行，IAEA 还制定了三份重要的指导性文件，即《核安全公约审议过程细则》（INFCIRC/571）、《核安全公约国家报告细则》（INFCIRC/572）、《议事规则和财务规则》（INFCIRC/573）。这三份文件可通过缔约方会议以协商一致的方式进行修订。2009 年《核安全公约》第一次特别会议主要任务就是讨论了这三个文件的修订，2012 年《核安全公约》第二次特别会议（福岛核事故特别会议）再次对这三个文件进行了修订，进一步强调履约机制的透明度，提高该国际机制的有效性。

**《核安全公约审议过程细则》** 规定了横向分组（按专题）和纵向分组（按国家）两种组织形式，目前普遍采取纵向分组，而福岛核事故特别会议则采用了横向分组。参加国家组会议的缔约方代表团应由其监管机构带队，并在适当情况下邀请电力公司的代表参加。各缔约方有义务阅读所有国家报告，提出问题或意见，并回答其他缔约方提出的问题。审议会议的一个半月前应举行官员会议，制订进行这一详细审议过程的一致方案，同时考虑到上次审议会议期间所作的相关决定和已收到的缔约方就国家报告提出的问题和意见的任何倾向。审议会议主席应当与报告员一起准备一份简要报告，并将其提交全体会议，供缔约方以协商一致方式通过，并在审议会议结束时发表。该文件还对会议主席、副主席，国家组主席、副主席，报告员，协调员的岗位进行了规定。

**《核安全公约国家报告细则》** 对国家报告编写原则、结构和格式以及基本内容提出建议，并鼓励缔约方公开国家报告或报告摘要。

**《议事规则和财务规则》** 对范围和定义、审议会议的筹备和召开、特别会议等进行了详细的规定。

**意义** 《核安全公约》第一次在国际范围内达成共识：在确认核电厂安全是国家责任的基础上，各缔约方有义务满足《核安全公约》所规定的义务。在《核安全公约》框架下，拥有核设施的成员国须定期提交报告，就为满足公约所规定的义务而采取的措施接受国际审议。同时，公约的履约过程也是一个自我评估、信息交流和经验共享的过程。

作为国际核能界最高层面的自评估报告，《核安全公约》搭建了一个信息交流和沟通的平台，有利于对核安全形成全球一致的认识，鼓励核安全持续改进，识别全球范围的广泛认知的良好实践、挑战、趋势和重要事件，促进经验共享和国际合作，并通过国家报告增强核安全的透明和公开，使公众确信本国的核安全管理符合国际标准，此外还可以向资源有限的缔约方提供援助以满足发展的要求。缔约方对照《核安全公约》的各项要求和国际核能界核安全管理的良好实践，对本国为保证核安全所采取的措施和所做的努力进行全面、客观、实事求是的自我评价，并针对发现的薄弱环节实施必要、及时的改进。

核安全是国际社会关切的问题，在世界上任何地方发生严重核事故，不但会对当地的人员和环境造成影响，而且其放射性影响可能超越国界，并影响全球范围内公众对核能的接受度。因此，在确认核安全是国家责任的基础上，通过制定国际公约来建立和加强国际核安全十分必要，符合国际社会的根本利益和共同利益。

**中国的履约情况** 1996 年 3 月 1 日全国人民代表大会常务委员会第十八次会议决定，批准《核安全公约》。1996 年 4 月 9 日中国政府代表正式向 IAEA 总干事递交了由江泽民主席签署的《核安全公约》国家批准书，从而使中国成为第 18 个递交批准书的国家。自此之后第 90 天起，该公约对中国生效。

中国从 1996 年加入《核安全公约》以来，一直严格遵守对公约的承诺，认真履行公约中的义务。截至 2012 年 5 月，中国参加了 IAEA 组织的各次缔约方会议，并提交国家报告，即 1999 年、2002 年、2005 年、2008 年、2011 年五次《核安全公约》审议会议，并参加了 2009 年第一次特别会议以及 2012 年 8 月福岛核事故特别会议

（第二次特别会议）。

中国在履约各方的共同努力下，成功地完成了历次国家报告的编写、审议、问题答复和现场审评等工作。环境保护部（国家核安全局）作为该公约的履约组长单位，在相关政府部门和核电企业集团的积极参与和支持下，认真履行《核安全公约》所赋予的义务，体现了中国各履约单位对核安全的高度重视。同时，作为一个交流平台，《核安全公约》履约为国内外相关政府部门和企事业单位提供机会开展深入的交流、沟通与合作；让国内外关注核安全的人士和机构对中国的核安全状况有全面、客观的了解。

**福岛核事故后的动态** 《核安全公约》诞生于切尔诺贝利核事故之后，并充分体现了国际社会加强核安全国际合作的意愿。但 2011 年 3 月福岛核事故发生后，国际社会对核安全提出了新的期望，如对《核安全公约》的履约机制进行完善或强化，部分缔约方和当初参与公约起草的专家提出对三个指导性文件乃至对公约本身进行修改，使之能够反映当前核能产业的变化情况，以及在紧急事态情况下共享信息和资源的要求。2011 年 9 月 IAEA《核安全行动计划》中已经提出：探索建立机制，以加强《核安全公约》等国际公约的有效执行，并应考虑就修订《核安全公约》和《及早通报核事故公约》提出的建议。鼓励成员国加入和有效执行这些公约。

回顾《核安全公约》的制定和执行历史以及福岛核事故后 IAEA 多次重要会议情况，加强核安全管理国际机制短期内更为可行的选择是进一步强化《核安全公约》的履约机制，加强履约主动性和信息透明度，促进核安全国际合作，增强国际社会对核能安全的信任度；同时，缔约方拟定于 2015 年举行外交会议，研究《核安全公约》修约建议。

（殷德健　俞军）

**he'anquan gongneng yu fenji**

**核安全功能与分级** （nuclear safety function and classification） 针对核设施的构筑物、系统或部件所承担的与核安全相关的职责及其重要性进行功能分类和设备分级，在确保达到核安全目的的同时，平衡设施，并降低成本。核安全功能与分级是核安全技术的重要基础之一，核安全功能与核安全分级是相辅相成的，核安全功能是核安全分级的基础，核安全分级是核安全功能的保障。

**核安全功能** 为核安全而必须达到的特定目的。我国核安全法规《核动力厂设计安全规定》（HAF 102）要求，在核电厂设计中，应提供充分的手段使核电厂保持正常的运行状态，保证发生假设始发事件之后立即做出正确的短期响应；以及发生任何设计基准事故期间和之后及发生那些所选定的超过设计基准事故的事故工况之后便于对核动力厂进行管理。

HAF 102 要求，为了保证安全，在各种运行状态下、在发生设计基准事故期间和之后，以及尽实际可能在发生所选定的超设计基准事故的事故工况下，都必须执行下列基本安全功能：控制反应性、排出堆芯热量、包容放射性物质和控制运行排放，以及限制事故释放。HAF 102 附录Ⅰ对三项基本安全功能作了进一步详细划分，并提供了详细的安全功能清单，其可用来作为确定某一构筑物、系统或部件是否执行或有助于执行某一项或多项安全功能的基础，并为确定有助于执行安全功能的安全重要构筑物、系统或部件的适当分类提供基础。

**核安全分级** 按核设施中的构筑物、系统和部件（以下统称物项）是否执行安全功能及此种功能的重要性而划分的等级。凡执行安全功能的物项均属核安全级，不执行安全功能的则属非核安全级。对于机械设备，安全级通常又分为 3 级，安全 1 级对安全的重要性最大，安全 2 级、3 级的重要性依次递减。有时也有安全 4 级，但实际上是非安全级，其要求通常高于同类常规民用设备。对电气和仪表设备，安全级又称 1E 级，在安全级中不再分级。对于各种安全级物项，在设计、制造、试验和检查等方面都有特定的要求，包括选用合适的规范或标准、建立恰当的质量保证等级和抗震分类等。确定物项的安全等级，对核设施的安全性和经济性有重要影响，降低等级会影响核电厂的安全性，不适当地提高等级会增加核电厂的造价。

划分某一构筑物、系统或部件安全重要性的方法必须主要基于确定论方法，适当辅以概率论方法和工程判断，同时应考虑如下因素：①该物项要执行的安全功能；②未能执行其功能的后果；③需要该物项执行某一安全功能的可能性；④假设始发事件后需要该物项投入运行的时刻或持续运行时间。必须在不同级别的构筑物、系统和部件之间提供合适的接口设计，以保证划分为较低级别的系统中的任何故障不会蔓延到划分为较高级别的系统。

**规范等级** 根据不同的规范标准或规范标准的不同部分来进行设计、制造、检查、鉴定的物项（构筑物、系统和部件）将具有不同的质量水平。确定物项的规范等级，实际上就是要确定物项应具有的质量水平。物项的规范等级一般是与其安全等级相对应的，但也允许在综合考虑其他因素的情况下有所不同。如果物项所选用的规范等级比一般与安全等级相对应的规范等级低，必须经过核安全监管部门的审查认可。

**质量保证等级** 一般分为质量保证 1 级、2 级、3 级和非质量保证级，与安全等级及规范等级有关，还与物项的复杂程度以及其设计和制造技术的成熟程度有关。安全 1 级的设备，质量保证必须是 1 级的；安全 2 级和 3 级的设备，质量保证一般是 2 级或 3 级的，也有很多是 1 级的。甚至有的非安全级物项的质量保证也是 1 级的。质量保证等级不只是体现对安全有关物项的要求，更重要的是体现纵深防御原则的第一层，即防止故障发生。不同的质量保证等级的确定，是对物项不同的质量保证等级的要求，体现在质量保证大纲和质量保证程序的内容和深度上。

**抗震分类** 根据安全等级对构筑物、系统和部件的抗震设计要求进行分类。存在以下不同的分类方法：①最简单的方法是分为两类，即抗震Ⅰ类物项和非抗震Ⅰ类物项。抗震Ⅰ类物项应能承受厂址可能发生的最大地震，即安全停堆地震，在地震时及地震后仍能保持它的完整性或可运行性；非抗震Ⅰ类物项则可按非核标准进行抗震设计和建造。②第二种方法是分为 3 类，即抗震Ⅰ类、抗震Ⅱ类和非核抗震类（简称非抗震类）物项。抗震Ⅰ类物项的要求仍是在发生安全停堆地震时及地震后能保持它的完整性或可运行性；非抗震类物项的要求仍是可按非核标准进行抗震设计和建造；而抗震Ⅱ类物项的要求则随不同的分类体系而有所不同，一种是要求在发生运行基准地震时及地震后能保持它的完整性或可运行性，另一种是要求在发生安全停堆地震时及地震后其损伤不致对抗震Ⅰ类物项产生影响。③第三种方法是分为 4 类，即抗震 1 类、抗震 2 类、抗震 3 类和抗震 4 类（对应于非核抗震类）物项。这种方法与第 2 种方法的主要区别是增加了“具有放射性风险但与反应堆无关的物项”这一类，成为抗震 3 类，其抗震要求原则上比抗震 1 类的要低，具体可视放射性风险的大小而定。

**环境鉴定等级** 关于核安全设备的环境鉴定，可根据设备可能承受环境条件的不同，而划分出不同的环境鉴定等级，从而在鉴定的条件和方法上提出不同的要求。环境鉴定一般分 4 个等级：①用以证明安装在安全壳内部的电气和仪表设备，在正常工况、地震载荷、事故期间或之后的状态下，能完成它的规定功能的；②用以证明安装在安全壳内部的电气和仪表设备，在正常工况和地震载荷下，能完成它的规定功能的；③用以证明安装在安全壳外面的电气和仪表设备，在正常工况和地震载荷下，能完成它的规定功能的；④用以证明在正常工况下，能完成它的规定功能的。

（柴国旱　汤搏）

**he'anquan guanli**

## 核安全管理 （nuclear safety management）

核设施或核活动的安全许可证持有人以及相关管理部门为保障核安全、保护人员和环境所建立或实施管理制度和技术措施的总和。

**概念和范围** 核安全是核能发展的首要前提，因此必须对核安全实施严格、系统、有效的管理。广义地讲，核安全管理涉及所有安全相关的要素和过程。从管理主体来看，既包括核设施和核活动安全许可证持有者（简称“营运单位”）内部的核安全管理，也包括国家核安全监管机构实施的独立的外部监督管理；从管理客体来看，既包括对安全重要构筑物、系统、部件等核设施硬件的管理，也包括对相关组织机构、工作制度和程序、人员的管理以及核安全文化的培育。

一般意义上看，核安全管理可以理解为在充分评估风险的基础上，按照安全优先的原则，通过技术管理、组织管理等形式，建立纵深防御体系，设置多道安全屏障，提高核设施固有安全性，采取包括预防和缓解在内的各项综合措施，消除各类安全隐患，并不断持续改进，以保障核安全，即使在万一发生严重事故时限制其放射性后果，避免人员和环境遭受放射性危害。广泛应用于其他行业的风险管理理念和方法也在核安全管理中得到了普遍实践。

保障核安全的措施主要包括：①设计安全性和设备可靠性；②人的行为和动机，包括专业技能、责任心、心理素质和核安全文化素养；③组织与管理的有效性，包括清晰的责任分工、严格的工作程序、有效的经验反馈体系和必要的人力物力资源安排等。这些也是核安全管理的主要对象。

**技术管理措施** 以纵深防御理念为核心，如设置多道安全屏障，贯彻多重性、多样性和独立性的技术原则和单一故障准则；适当依据确定论和概率论安全分析以及工程判断，采用核安全分级对构筑物、系统和部件进行有效管理；开展确定论和概率论安全分析以及实施必要的独立验证；采用成熟技术或经验证技术；利用非能动安全和失效（故障）安全等措施提高固有安全水平；对冗余的系统和设备实施实体隔离；设定具有足够安全裕量的运行限值和条件；通过优化人因工程设计减少人因失误的产生；通过在役检查、定期试验和适当的维修策略保证系统和设备的可用性等。

**组织管理措施** 核安全文化、质量保证和经验反馈为核心。同时，核安全法规还对营运单位内部核安全管理提出了其他要求，覆盖核设施选址、设计、建造、调试、运行和退役等各个阶段，例如，定期安全审查、独立评价和验证，以及自我审查和主动性的外部审查等。①核事故的发生使核安全管理思想和管理原则，尤其是人的工作态度、思维习惯、敬业精神以及组织体系、安全政策、团队精神备受重视，因此核安全文化被正式提出并广泛推广，成为核安全管理的核心，也是在立法要求和监管要求之外保持增强安全的自我约束的方法（参见核安全文化）。②质量保证是为使物项或服务与规定的质量要求相符合，并提供足够的置信度所必需的一系列有计划的系统化的活动，是做好各项安全工作的制度保障和基础条件。③便利、及时、充分的经验反馈则是提高核安全水平的有效方式和动力源泉，有利于保持核安全管理体系的生机活力，促进自我革新。在核电厂建造阶段，工程管理措施则围绕严格、系统的质量管理体系进行组织实施。

**内部审查和监督** 营运单位对核设施承担安全责任，因此营运单位会组织开展内部安全审查，包括对履行运行职能和支持职能的情况进行严格监察，并进行设计审查。监察的目的在于验证是否符合核设施安全运行的规定目标，发现偏离、缺陷和设备故障，并为及时采取纠正措施及进行改进提供信息。审查职能还包括对营运单位的整个安全业绩进行审查，以便评价安全管理的有效性和确定改进的可能性。营运单位的内部监督体系，一般来说分成三个层次：现场工作层检查、管理层监督、内部独立监督和监察。①现场工作层检查是基础性安全保障手段，通过技术手段对原材料、现场具体操作或工作质量进行检查，包括自查、互查以及重要工作监护制度、唱票制度。②管理层监督主要通过核查规程执行情况、现场巡视等来规范员工的工作行为，是培育良好安全文化的关键。③内部独立监督往往由一个独立的专门部门（如安全质保部）执行，其负责对所有安全质量相关领域进行监督和监察，有权对任何不安全行为提出纠正行动要求，限期整改，并有权向高层建议发出停工令。高层管理者的关注重点应是工作基层的作业质量和独立监督部门的监督有效性。

**同行评议** 营运单位还往往利用国内外同行的技术力量和同行评议机制，对其安全管理活动进行评估，如国际原子能机构和世界核营运者协会组织的运行安全评估、运行前安全评估、重要安全事件评估、安全文化评估等，或通过质量认证形式规范和提高内部管理。同行评议专业性高，涉及面广，既可以帮助评议对象发现有待改进的薄弱环节，也可以识别良好实践并在同行中推广。其评议意见未经评议对象的同意不得公开。近年来，中国核能行业协会也开展了诸多类似活动。

**外部监督管理** 为确保核安全，国家设立独立于发展的核安全监管机构，代表国家监管本国核设施的选址、设计、建造、调试、运行、退役各阶段与核安全有关的一切问题。核安全监管机构的具体职能因各个国家政治、法律和行政体制以及核工业发展状况不同而有所差异。一般应包括：①制定核安全法规；②实行许可证制度；③实施核安全审查、评价、检查和执法；④监督核事故应急计划和准备；⑤监督事故管理、处理和赔偿；⑥监管核材料安全；⑦监管辐射安全；⑧监管放射性废物安全；⑨组织核安全科学研究；⑩负责国际核安全合作等。

**公众参与和舆论监督** 由于核安全的高度社会敏感性和重要性，近年来，公众参与和舆论监督也是促进和提高核安全管理的重要因素。（殷德健 刘华）

**he'anquan jishu**

## 核安全技术 (nuclear safety technology)

为保证核设施的安全而建立和发展的手段、方法和技能的总和。核安全技术不仅体现在核设施活动的各个方面，包括选址、设计、建造、安装、调试、运行、退役等，还体现在核安全监管活动中，包括核安全审评、监督、检查等。对于不同的核设施，面临的核安全问题不同，如对于核电厂，核安全关注的是三项基本安全功能，即控制反应性、排出堆芯热量和包容放射性物质，而对于核燃料循环设施，核安全关注的主要是避免发生临界事故（参见核临界安全），因此不同类的核设施采用的核安全技术不同，即使是同类核设施，为解决相同的安全问题也可能采取不同的核安全技术。

**核安全技术的发展** 由于核能发展的历史和自身的特点等复杂原因，其应用一直具有高度的社会敏感性，因此，核安全一直在核能应用中占据重要位置。早在1948年，美国原子能委员会（AEC）就成立了反应堆安全咨询委员会以处理核安全问题。美国1954年的《原子能法》推动了核能的和平利用，要求AEC必须扩展有关核能和可接受的反应堆设计的知识。美国1974年的《能源重组法》，将AEC拆分为美国核管会（NRC）和能源研究和发展署（ERDA），使核安全监管部门完全独立于核能开发部门，形成了目前占主流的核安全监管机制。

在早期的核电厂设计中，将一回路主管道双端断裂事故（LBLOCA）假定为最大可信事故，为此专门设置了用于缓解LBLOCA事故后果的应急堆芯冷却系统（ECCS），并对ECCS开展了大量研究，研究结果导致了许多重要核安全概念及一系列核安全法规和标准得以建立。如1966年美国GE公司在DRESDEN-3核电厂堆芯淹没系统和自动减压系统的设计中引入了冗余的概念；1971年单一故障准则被纳入联邦法规；1972年NRC颁布管理导则安全分析报告格式与内容（RG1.70）；1975年NRC颁布标准审查大纲（NUREG-0800）。至20世纪70年代末，现有大多数核电厂在设计和安全评价上所遵循的确定论安全方法已基本建立起来。在1979年发生美国三哩岛核电厂事故后，对核电厂严重事故的研究得到高度重视，美国立即开展了庞大的三哩岛行动计划，随后又开展了电厂安全评价、电厂外部事件安全评价等多个安全研究和评价计划。这些研究成果最终纳入了联邦法规 10CFR50.34（附加的三哩岛行动计划要求）、NUREG-0933（未解决和通用安全问题的重要性排序）等多个文件中。

2011 年 3 月 11 日发生了日本福岛第一核电厂事故，超过设计基准的外部事件对核电厂安全的影响得到重视，目前有关福岛事故的调查和研究仍在持续进行。

**中国核安全技术** 中国核电厂既有自主设计制造的，也有从法国、美国、俄罗斯、加拿大等国引进的核电项目，核安全技术随着引进项目一起引进，因此我国核安全技术基本与国际主要发达核国家的核安全技术保持一致。同时，中国核电设计研发部门与核安全监管部门采用国际通行核安全标准，在充分消化吸收的基础上，建立了自己的核安全技术体系。以核电厂设计和运行方面为例，核安全技术包括：①核电厂安全相关构筑物、系统和部件等的设计、制造、安装、调试、定期试验、在役检查、预防和纠正性维修、老化管理等技术，以及相关的试验、分析、鉴定等技术；②用于证明核电厂安全性的安全分析技术，包括确定论安全分析和概率安全分析；③为保持事故预防和缓解的能力、保护厂区人员及公众的健康的能力，以及保护环境的能力等而制定的管理要求和运行规程、事故处理规程、严重事故管理指南、应急计划等；④为防止人为破坏而采取的实物保护技术；⑤为恰当评价核电厂运行事件以改进核电厂设计和运行所采用的事件评价技术；⑥为保护厂区人员和公众在电厂运行工况和事故工况期间免受过量辐射照射而采取的辐射防护技术；⑦为管理核电厂运行所产生的废物和排出流、保持厂区人员和公众所受辐射照射可合理达到尽量低及保护环境所采取的放射性废气、废液及固体废物处理技术；⑧为保证核电厂构筑物、系统和设备的可靠性而实施的质量保证活动等。（柴国旱 汤搏）

**he'anquan jishu yuanze**

**核安全技术原则** （technical principles for nuclear safety） 为达到核安全目标在技术上必须遵守的指导原则，包括安全相关活动中贯彻纵深防御概念，提供安全功能，避免共因故障，采用经验证的工程实践和运行经验，事故预防和核电厂安全特性，辐射防护中可合理达到尽量低的原则，实施质量保证活动、运行经验反馈等。

**纵深防御** 设计必须提供多重实体屏障、多层次防御及考虑事故预防与事故缓解。在贯彻纵深防御工作中，还须注意下列方面：①设计必须提供多种手段来保证实现每项基本安全功能。②设计必须尽可能地防止：出现影响实体屏障完整性的情况；屏障在需要它发挥作用时失效；一道屏障因另一道屏障而失效。③设计必须使第一层次至多第二层次防御能够阻止所有假设始发事件升级为事故工况。④设计必须考虑到这样的事实：当缺少某一层次防御时，多层次防御的存在并不是继续进行功率运行的充分条件（参见核电厂纵深防御）。

**安全功能** 为了保证安全，在各种工况都必须执行基本安全功能：①控制反应性；②排出堆芯热量；③包容放射性物质和控制运行排放，以及限制事故释放。必须用全面的、系统的方法来确定在各个时期中完成这些安全功能所必需的构筑物、系统和部件。

**共因故障** 由特定的单一事件或起因导致两个或多个构筑物、系统或部件失效的故障。这种失效可能同时影响到若干不同的安全重要物项。这种事件或原因可能是设计缺陷、制造缺陷、运行或维修差错、自然现象、人为事件，或核动力厂内任何其他操作或故障所引起的意外的级联效应。在设计中尽实际可能采取适当的措施，如应用多重性、多样性和独立性等，使共因故障的影响降低到最小程度。

**多重性** 为完成一项特定安全功能而采用多于最少套数的设备，它是达到安全重要系统可靠性和满足单一故障准则的重要设计原则。在运用多重性原则的条件下，至少一套设备出现故障或失效是可承受的，不至于导致功能的丧失。为满足多重性要求，可采用相同或不同的部件。

**多样性** 为执行某一确定功能设置两个或多个多重部件或系统，这些不同部件或系统具有不同属性，从而减少了共因故障的可能性。

采用多样性原则能减少某些共因故障的可能，从而提高某些系统的可靠性。多样性应用于执行同一功能的多重系统或部件，通过多重系统或部件中引入不同属性而实现。获得不同属性的方式有：采用不同的工作原理、不同的物理变量、不同的运行条件或使用不同制造厂的产品等。

为保证所采用的多样性能提高所完成设计的可靠性，在运用多样性原则时必须谨慎。例如，为降低共因故障的可能性，设计人员应用多样性原则时必须对材料、部件和制造工艺中有无任何相似之处，运行原理或公用的辅助设施中有无细微的类似之处给予关注。采用多样性的系统或部件时，应考虑诸如运行、维修和试验程序中额外的复杂性，或使用可靠性较低设备所带来的缺点，并取得此种附加措施有利于总体效益的合理保证。

**独立性** 为提高系统的可靠性，可在设计中保持下列独立性特征：①多重系统部件之间的独立性；②系统中各部件与假设始发事件效应之间的独立性，例如，假设始发事件不得引起为减轻该事故后果而设置的安全系统或安全功能的失效或丧失；③不同安全等级的系统或部件之间适当的独立性；④安全重要物项与非安全重要物项之间的独立性。

独立性可在系统设计中通过采用功能隔离或实体分隔来实现。①功能隔离：应能减少多重系统或相连接系统中由正常运行或异常运行，或这些系统中任一部件的故障引起的设备和部件不良相互作用的可能性；②部件的实体分隔和布置：在系统布置和设计中，应尽实际可能采用实体分隔原则以增强实现独立性的保证，对于某些共因故障尤其如此。这些原则包括几何分隔、屏障分隔和这两种分隔的组合。分隔方法的选择取决于设计基准中所考虑的假设始发事件。

**经验证的工程实践和运行经验** 对于各类反应堆的设计，应该尽可能采用在运行核电厂中已成功应用的构筑物、系统和部件的设计，至少应该借鉴其他核电厂中取得的相关运行经验。应该考虑可用的运行经验，以保证在设计中充分考虑了安全领域中的所有有关教训。运行经验应作为改进核电厂纵深防御的基本信息来源。应该充分利用大量的运行资料作为设计和安全评价的运行经验反馈。通用的安全研究项目的成果也会有效支持设计单位和审查单位的评价工作。

**事故预防和核电厂安全特性** 核电厂设计必须使其对假设始发事件的敏感性减到最小。核动力厂对任何假设始发事件的预期响应，必须是下列可合理达到的情况（以重要性为序）：①依靠核动力厂的固有特性，使假设始发事件不会产生与安全有关的重大影响，或是使核动力厂产生趋向安全状态的变化；②发生始发事件后，核动力厂借助非能动安全设施或在此状态下连续运行的安全系统的作用，以控制核事件，使核动力厂趋于安全；③发生假设始发事件后，借助为了响应该事件而必须投入运行的安全系统的作用使核动力厂趋于安全；④发生假设始发事件后，借助专门规程使核动力厂趋于安全。

**辐射防护** 对于正常运行及预计运行事件，应该考虑两项设计目标：①保证辐射照射剂量低于规定限值；②保证辐射照射剂量处于可合理达到尽量低的水平。应该比较计算出的剂量当量与规定的剂量限值，来证实符合第一个目标。第二个设计目标意味着在考虑到经济和社会因素后，所有剂量应保证处于可合理达到尽量低的水平。辐射防护的最优化过程应该在一定程度上使代价（费用）和利益（安全增益）相平衡。在此最优化过程中，辐射照射剂量的参考值以及相关的设计措施可以取自目前具有良好运行记录的类似核电厂。

辐射防护的验收准则：①考虑所有的辐射来源，使之保持在严格的技术和管理控制之下；②保证公众和厂区人员，在包括维修和退役的所有运行状态下受到的辐射剂量不超过规定限值并且可合理达到尽量低；③保证公众和厂区人员，由设计基准事故和选定的严重事故引起的辐射剂量不超过可接受限值并且可合理达到尽量低；④必须将有可能导致高辐射剂量或放射性释放的核动力厂状态发生的概率限制在很低的水平，并且保证发生概率高的核动力厂状态仅产生微小潜在的放射性后果；⑤必须确定与核动力厂不同的状态相对应的放射性验收准则，这几种状态的放射性验收准则作为一个最低的安全水平，必须满足国家核安全监管部门的要求。

**质量保证** 营运单位必须制定和实施描述核电厂设计的管理、执行和评价的总体安排的质量保证大纲。这个大纲必须由每个构筑物、系统和部件的更详细计划来支持，以便始终保证设计质量。设计，包括后来的变更或安全的改进，必须按照合适的工程规范和标准所确定的程序进行，并必须体现适用的要求和设计基准。必须确定和控制设计接口。设计的恰当与否，必须由原先从事此工作的人员以外的个人或团体进行验证或核实。验证、确认和批准必须在做施工设计之前完成（参见*核设施质量保证*）。

营运单位必须编制和实施一项覆盖可能影响核电厂安全运行的所有活动的全面的质量保证大纲。必须使质量保证成为可能影响安全的所有活动的必不可少的部分。质量保证的原则和方法必须系统地用于管理活动、运行活动和管理过程以及运行业绩的评价。

营运单位及其他有关组织和人员必须遵守核电厂质量保证有关规定的要求。

**运行经验反馈** 将核电厂在运行和维修、生产过程中出现的设备故障和人因失误界定为不同级别的事件，对其进行根本原因分析、吸取经验教训和采取纠正行动，以防止类似事件重复发生，使运行业绩持续提高的工作（参见*核设施经验反馈*）。

必须系统地评价核电厂的运行经验。必须调查研究安全重要的异常事件以确定其直接原因和根本原因。调查必须向核电厂运行管理者提出明确的建议，核电厂运行管理者必须及时地采取恰当的纠正行动。

必须获得并评价其他核电厂的运行经验和教训，以作为借鉴。应十分重视与国内和国际机构的经验交流及信息共享。

核电厂运行管理者必须与设计有关单位保持适当联系，以向其反馈运行经验的信息及获得与处理设备故障或异常事件有关的建议。

必须收集和保存运行经验的数据，以用作核电厂老化管理、核电厂剩余寿期评价、概率安全评价和定期安全审查的输入数据。

（陶书生　董柏年）

he'anquan jiandu

## 核安全监督（nuclear safety surveillance）

国家核安全监管机构及其派出机构对*核设施*选址、建造、调试、运行及退役各阶段以及核活动各环节实施的监管性检查活动，以督促核设施营运单位遵守核安全法规，履行许可证条件。

**目的** ①监督核设施营运单位履行其安全职责；②监督核实核设施的物项和活动满足核安全法规及许可证条件的情况；③督促及时纠正缺陷和异常状态；④确保核设施的选址、建造、调试、运行和退役符合批准文件和有关要求。

**任务** 监督范围包括由许可证条件所规定或审批许可证过程中所确定的事项。监督的主要任务为：①核实所提交的资料是否符合实际；②监督是否按已批准的设计建造；③监督是否按已批准的质量保证大纲进行管理；④检查核设施的建造和运行是否符合有关法规和许可证条件；⑤考察营运人员是否具备安全运行及执行应急计划的能力等。

**方式和方法** 监督方式可以分为日常监督、例行检查和非例行检查。监督方法主要有：①文件检查；②现场观察；③座谈和采访；④测量或试验。

**监督人员的权利和义务** 监督人员由监管机构任命或授权，有权进入制造、建造和运行现场，调查情况，收集有关资料。监督人员通常须向监管机构报告情况，然后由监管机构采取必要的措施。中国核安全法规规定：监督员有权要求营运单位停止明显违反核安全管理要求和许可证条件的行为以及紧急危及核安全的活动，并必须立即报告地区监督站和国家核安全局追认核准。监督员必须遵守营运单位及有关单位的保卫、保密和辐射防护等方面的规定，并保证未经营运单位及其他有关单位同意，不得将保密资料泄露给任何第三方。

**营运单位的职责和义务** 营运单位及其他相关组织应依法接受监督，如实反映情况，提供资料，保证监督人员能自由进入检查地点。营运单位有权拒绝有害于安全的任何要求，但必须执行监管机构的强制性措施。营运单位的报告制度包括：①定期报告；②重要活动通知；③建造阶段事件报告；④运行阶段事件报告；⑤核事故应急报告等。

**核设施各阶段的监督重点** 各阶段的监督重点和方法有所不同。监管机构一般都编制发布各阶段的监督大纲，并配备相应的监督程序。

**建造阶段** 包括核设施选址、设计、土建、设备制造和安装等活动。核安全监督要检查选址活动是否遵守核安全管理要求及批准的范围；核实厂址特性是否与申请文件相符合；检查营运单位以及核查设计者、供货商的资格及其质量保证能力；要核实与安全有关的构筑物、系统和部件是否满足设计要求；核实与安全有关的物项的制造、建造、安装和试验活动是否满足核安全要求，并符合良好的工程实践。

**调试阶段** 即核设施安装完毕至试运行阶段。核安全监督包括装料前检查、初始装料和初始临界检查、功率提升检查以及调试阶段质量保证大纲的检查等。

**运行阶段** 调试结束后进入长期运行。一般按照年度监督计划执行，以便有系统地验证营运单位是否遵循管理要求并符合总的安全目标。监督范围包括：①运行限值和条件；②辐射防护；③运行人员培训和实际能力；④放射性废物管理；⑤应急计划和应急准备；⑥装料和换料；⑦厂址内的燃料装卸和储存；⑧环境监测；⑨防火；⑩维护和维修；⑪核设备在役检查；⑫电厂修改；⑬在安全上重要的实物保护措施；⑭质量保证大纲及其执行有效性。

**退役阶段** 即核设施停止运行，退出服役直至最终关闭。核安全监督核实核设施退役步骤和退役各阶段的状态是否符合核安全管理要求和退役批准书。特别注意监督：①最后燃料的移出；②放射性去污活动；③保卫措施和防止非法进入；④辐射监测措施等。

（殷德健　张健）

**he'anquan jianguan jigou**

## 核安全监管机构

（nuclear safety regulatory body）　代表国家对核设施和核活动的安全实施独立监督管理的机构。

**基本职能** 监管机构的基本职能是代表国家监管本国核设施的选址、设计、建造、调试、运行、退役各阶段与核安全有关的一切问题，其目的就是要保证厂区人员、公众和环境免受过量辐射危害。具体职能因各个国家政治、法律和行政体制以及核工业发展状况不同，而有所差异。一般应包括：①制定核安全法规；②实行许可证制度；③实施核安全审查、评价、检查和执法；④监督核事故应急计划和准备；⑤监督核事故管理、处理和赔偿；⑥监管核材料安全；⑦监管辐射安全；⑧监管放射性废物安全；⑨组织核安全科学研究；⑩负责国际核安全合作等。

**制定核安全法规** 核安全法规是核安全监管的基础。监管机构必须根据国家立法机构的有关法律及政府的法令，提出、编制、采用或核准各种核安全政策、原则、准则、法规、导则、标准等，以建立核安全法规体系作为监管的依据。

**实行许可证制度** 许可证制度是核安全监管的主要措施，监管机构必须根据法律、法令建立并实施核安全许可证制度。通过对许可证的申请、审查、评价、批准、颁发、修改、延长、暂停和吊销等监管核设施的安全。

**实施核安全审查、评价、检查和执法** 监管机构通过对许可证申请的审查和评价决定是否批准颁发许可证，通过检查和执法保证核设施符合核安全法规要求和许可证条件。

**监督核事故应急计划和准备** 监管机构应协调和监督核事故应急准备以及应急计划的制订和实施。

**监督核事故管理、处理和赔偿** 监管机构应制定核事故管理程序，监督核事故管理、事故后处理，包括对第三方核责任的赔偿。

**监管核材料安全、辐射安全、废物安全和运输安全** 核材料是战略物资，必须受到有效管制。辐射防护是为了保护人员免受电离辐射危害。放射性废物监管和运输监管是为了保证人和环境在现在和将来都避免受到不可接受的损害。这些都与核设施、核活动密不可分，是监管机构的重要监管内容（参见核安全、核材料实物保护、辐射防护、放射性废物管理）。

**组织机构** 监管机构的组织机构取决于国家的政治法律和行政体制以及核设施规模，但在任何情况下要保证：①有足够的权力、人力和财力；②独立于核能发展部门；③能独立、有效地履行其监管职能。

监管机构一般应设置有关核安全法规、许可证审批及管理、监督检查执法、核材料、辐射防护和应急、放射性废物管理、核安全研究、法律和公众事务以及国际合作等部门。在国土广阔、核设施较多的国家，通常还设有地区派出机构。

监管机构的工作人员应该主要由具有广泛的核工程、核安全和辐射防护知识、较强的工程判断和组织行政执法能力的人员组成。监管人员的数量主要依据职责范围以及目前和将来核设施规模确定。

**顾问和咨询组织** 为了集思广益，监管机构可以聘请有资格的专家担任顾问，组成常设或非常设的咨询委员会为法规制定、许可证审批、科研规划或其他专题提供咨询，也可以从国际组织或其他机构聘请顾问或征求咨询意见，但在任何情况下绝不减轻监管机构本身做出决定或提出建议的责任。

**技术支持单位** 在监管机构本身力量不足时，可以组织聘请具有相关专业技能的科研院所承担部分审查、评价、检查、研究等技术支持工作，但在任何情况下，行政审批、监管性检查执法等职能应由监管机构行使并承担责任。

**中国核安全监管机构** 环境保护部（国家核安全局）为中国核安全监管机构，负责统一监督管理和平利用核能中的安全事务，承担民用核设施的核安全监管职责。国家核安全局成立于 1984 年 10 月，由原国家科学技术委员会领导。1998 年 6 月国务院机构改革后，并入原国家环境保护总局，成为“核安全与辐射环境管理司”（对外称“国家核安全局”）。2003 年原国家环境保护总局对外保留国家核安全局的牌子。2011 年 11 月经批准国家核安全局下设三个业务司。国家核安全局通过环境保护部向国务院报告工作，环境保护部副部长兼任国家核安全局局长。环境保护部（国家核安全局）承担核安全、辐射安全和辐射环境管理三大职能，包括拟订有关方针、政策和法规，参与核事故、辐射环境事故应急工作；对核设施和核活动安全、辐射环境、电磁辐射、核技术应用、伴有放射性矿产资源开发利用中的污染防治实行统一监督管理；负责颁发核安全许可证和批复环境影响报告书；对核材料的管制和核承压设备实施安全监督；承担相关国际公约、双边合作协定的履行和实施工作。

环境保护部（国家核安全局）在华北、华东、华南、西南、东北、西北共设立了 6 个地区核与辐射安全监督站，负责所属地区的核与辐射安全现场监督和督察工作。

核安全与环境专家委员会作为环境保护部（国家核安全局）的咨询组织，承担有关政策、法规制定，核安全许可证审批和监督，核安全技术发展和科研计划等重大问题的咨询任务。

环境保护部核与辐射安全中心作为重要的技术支持组织，为国家核安全局提供核安全、辐射安全方面的技术支持。环境保护部辐射环境监测技术中心则为国家核安全局提供辐射环境监测方面的技术支持。

**主要核能国家核安全监管机构** 国际上主要核安全监管机构往往都通过立法的形式确定了独立监管地位，赋予相应的职责，形成系统的监管制度，以有效地执行核安全监管任务。

**美国核安全监管机构** 按照美国《原子能法》（1954 年）和《能源改组法》（1974 年），美国核管会（NRC）于 1975 年成立。委员会由 5 名委员（包括 1 名主席）组成，均由总统任命并经参议院确认，且同一党派人员不能超过三人。执行主管负责主要职能部门的日常运转。NRC 的监管范围包括核设施（核电厂、研究堆、核燃料循环设施等）、核材料、辐射防护和废物管理等；职责包括核安全许可证申请的审查、评价、颁发与管理；核安全检查和执法；运行数据的分析和评价；核安全立法和研究等。其组织体系中包括行政管理人员和专业技术人员，并设有专门的技术咨询机构，如反应堆安全顾问委员会，并在费城、亚特兰大、芝加哥、达拉斯分设四个地区办公室。

**法国核安全监管机构** 1963 年以前，法国核安全事务由原子能委员会负责，1963 年工业部负责基本核设施的安全审批。1973 年，法国工业部内部专门设立了核设施中央安全局，作为法国的核安全监管机构；1991 年改组为核设施安全局，受工业部和环境部共管；2002 年，组建核与辐射安全总局，受工业部、环境部和卫生部共管。根据《核透明与安全法》（2006 年），法国核安全机构（ASN）作为独立行政机构行使核安全监督权，监管范围包括核电厂、核承压设备、核工业活动和运输、研究设施和废物、环境和紧急状态、电离辐射和健康等 6 个领域。ASN 最高管理层由 5 名委员组成，3 人由总统直接任命（包括一名主席），其余两人分别由国民议会和参议院任命。ASN 在核反应堆、核承压设备、放射性物品运输、放射性废物、核研究设施和燃料厂、工业和科研领域辐射防护、医用和医疗领域辐射防护等方面分设了 7 个专家委员会，提供技术咨询意见，并在波尔多、卡昂、香槟夏农、第戎、杜埃、里昂、马赛、南特、奥尔良、巴黎和斯特拉斯堡等地共设立 11 个地区监督站。法国核安全与辐射防护研究院是 ASN 最为重要的核安全技术支持单位。

**加拿大核安全监管机构** 根据加拿大《核安全和控制法》，2000 年加拿大核安全委员会（CNSC）成立，并通过自然资源部向议会汇报工作，从而取代原有的原子能控制委员会。委员会由 7 名委员（包括一名主席）组成，并由联邦政府任命。CNSC 对加拿大核能和核材料的有关活动，从核电厂和研究设施到诊断设备和肿瘤治疗设备、铀矿经营、燃料制造设施、石油勘探放射源的利用到各行业放射性同位素的利用进行独立监督，确保核安全、核安保，保护公众和环境，承担和平利用核能的国际义务。

**德国核安全监管机构** 核设施所在州的州政府均有指定部门负责许可证的审批和监督，一般都设立在州环境部内。1986 年以来，联邦政府环境与自然保护及核安全部（BMU）负责监督各州的审批监督活动。而 1986 年之前相关职能由联邦政府内政部承担。联邦辐射防护局支持 BMU 及各州有关辐射安全的事务。BMU 下属核安全总司，并通过三个职能司分别负责核设施安全、辐射防护和核燃料循环等领域的监管工作。联邦及州核能委员会是州与联邦政府的联合委员会，协助解决州监管当局和 BMU 在监督州活动中的事务。委员会主席由 BMU 的部长担任。反应堆安全委员会和辐射防护委员会是 BMU 的专家咨询机构，反应堆安全研究所是其主要技术支持单位，核安全标准委员会则综合核安全监管和科学技术方面的信息，并制定核安全标准。

**俄罗斯核安全监管机构** 1986 年切尔诺贝利核电厂事故后，前苏联及俄罗斯的核能发展及核安全监管体制经过多次改组，实现了独立的核安全监管。目前俄罗斯核安全监管的职责由联邦环境、工业和核监管局（Rostechnadzor）承担。2008 年俄罗斯政府改组后，部分监管职能划归为俄罗斯联邦自然资源和环境部，如核安全法规的制定等。Rostechnadzor 主要负责核电厂和研究堆、核循环设施、航海核设施、辐射风险设施、核材料衡算和实物保护的监管事宜；另设有 7 个地区站（中央地区、伏尔加地区、乌拉尔地区、北欧地区、远东地区、西伯利亚、顿河地区）；核与辐射安全科学和工程中心和联邦国有企业是其主要技术支持单位。

**日本核安全监管机构** 福岛核事故后，日本政府检讨现有核安全监管机制中存在的问题，决定对核安全监管体系进行调整，并于 2012 年 9 月成立了原子能管制委员会（NRA），隶属于环境省。它整合了内阁府原子能安全委员会、经产省原子能安全保安院（NISA）和文部科学省放射性物质监测和研究堆监管的职能，具体承担核安全、核安保、核保障、辐射监测和辐射源等监管工作。其领导层由一位主席和四位副主席组成，均需经国会批准后由首相任命。另外在全国设置了 22 个地方监督办公室。此前 1999 年日本 JCO 临界事故和 2002 年日本东京电力公司舞弊事件暴露后，日本政府分别重组了其核安全监管机构，但 NISA 的独立性仍备受诟病。

**英国核安全管理机构** 2011 年 4 月，英国对其核安全监管机构进行改革重组，成立了英国核监管局（ONR），该局合并了英国健康和安全署核事务总司（包括核设施监督局、民用核安保局、核保障局）等部门，交通部放射性物品运输监管职能也将划转到 ONR。英国政府计划用 2～3 年完成相应立法程序后，使 ONR 成为完全独立的法人机构。ONR 的监管覆盖民用和军用核活动，如核电厂、放射性废物、放射性物品运输、核潜艇等。但辐射环境管理职能仍由英国环境署和苏格兰环境保护署负责。ONR 总部设在利物浦，在伦敦和切尔滕纳姆分别设有两个分部。

**韩国核安全监管机构** 2011 年10 月韩国成立了直接对总统负责的核安全和安保委员会，承担韩国核安全、核安保和核保障的监管职能。韩国核安全研究院及韩国核不扩散和管制研究院作为其主要的技术支持组织。此前韩国核安全监管工作由教育科技部承担。

**国际原子能机构核安全监管综合评价（IAEA IRRS）** 应成员国的请求，国际原子能机构（IAEA）组织国际核安全专家，参照 IAEA 的核安全标准和国际良好实践，对成员国的核安全监管体系开展综合评价活动，目的是强化成员国核设施安全、辐射安全、放射性废物安全和运输安全等监管体系的效率和有效性；同时，通过参与国专家的交流和沟通，可以有效地促进良好监管实践在国际范围内的广泛反馈和共享，加强国际核安全。其评价范围包括监管政策、技术等诸多领域。

**沿革和实践** 2005 年前，IAEA 通过国际监管评价队对成员国的核安全监管体系进行同行评估；2005 年后，IAEA 对原有的同行评议进行梳理、调整和合并，扩充了评估范围，形成 IRRS 机制，并有计划地对成员国核与辐射安全监管体系开展完整全面的同行评估。

截至 2011 年，IAEA 已经对英国、罗马尼亚、法国、澳大利亚、日本、墨西哥、西班牙、德国、加拿大、乌克兰、俄罗斯、中国进行了核安全监管综合评价，并获得请求并计划对巴基斯坦、捷克、斯洛伐克、保加利亚、韩国进行评价。

福岛核事故后，2011 年 9 月 IAEA 通过《核安全行动计划》，表示将进一步强化 IRRS，并发挥更加积极的作用，以保护 IRRS 的有效性。拥有核电厂的成员国都应自愿并定期接待 IAEA IRRS；并在专家组访问后的三年内开展一次后续跟踪工作组访问。

**评价内容及基础文件** 申请国可根据实际需要确定 IRRS 所评估的具体内容，其中十项核心内容为政府职责、总体安全管理体制、监管机构的职责、监管机构的管理体系、行政许可、技术审评、监督检查、执法、法规导则、应急响应；专题内容为定期安全审查、运行经验反馈；可选内容为与核安保的接口；政策内容包括透明和公开、核设施长期运行和老化管理、人力资源和知识管理等。

IAEA 发布了一系列文件可以用于指导 IRRS 的组织实施，主要包括《基本安全原则》（SF-1）、《促进安全的政府、法律和监管框架》

[GSR Part 1（2010）]、《核与辐射应急的准备和响应》（GS-R-2）、《核设施和活动的管理体系》（GS-R-3）、《核设施和活动的安全评价》（GSR Part 4）及其下层导则类等文件。

**评价阶段及其报告** IRRS 一般分成三个阶段，首先由申请国使用 IAEA 推荐的工具和问卷，参照 IAEA 有关文件进行自我评估。其次 IAEA IRRS 专家团将对申请国进行为期约两周的访问，开展实地评估，并形成综合评价报告。该报告总结 IRRS 活动的实施情况，并列出三方面内容，即良好实践、意见和建议。意见一般是针对所观察到的情况提出建设性意见；建议则针对需要改进的方面提出推荐性意见。最后在实地评估两年后，IAEA 将通过后续跟踪活动来了解和核实申请国针对 IRRS 报告所采取的响应措施。

**中国的实践和成果** 应中国政府的请求，IAEA 分别于 2000 年、2010 年通过国际核安全监管评估团（IRRT）和 IRRS 对中国核安全监管体系进行了综合评价，2004 年针对第一次 IRRT 开展了后续行动。通过开展与国家核安全局、其他政府部门以及核设施营运单位等座谈、评议、现场评估活动，就中国核安全监管体制提出意见。在 2010 年中国 IRRS 报告中，IAEA 共提出了 9 项良好实践、41 项意见和 40 项建议。IAEA 充分肯定了中国核安全监管的独立性和有效性，认为中国全面采用 IAEA 安全标准作为国家标准，制定中长期核电发展规划和核安全和放射性污染防治规划，并强调“安全第一、质量第一”，实施注册核安全工程师制度，发布核安全设备监管法规和程序并实施监管等为良好实践。主要意见包括，考虑在执行国家核安全政策和战略时强化分级方法的使用，确认在审评、监督、执法方面对于基本安全原则没有遗漏和重叠，建立专门机构负责全国放射性废物处理处置，与 IAEA 建立独立的交流沟通渠道等。主要建议包括：及早制定原子能法和核安全法；建立实体化的国家核安全局；定期对现有法规进行评估；配备适当的财政资源和人力资源，以适应快速发展的核电形势；赋予国家核安全局足够的灵活度，以吸引和保留高素质有经验的人才；建立放射性废物和乏燃料管理的综合性政策和策略；加强监管机构的独立核算能力；加强运行经验反馈等。 （刘华 张健）

he'anquan shebei

## 核安全设备 （nuclear safety equipment）

在民用核设施中使用的执行核安全功能的设备。

**分类** 包括核安全机械设备和核安全电气设备。

**核安全机械设备** 包括执行核安全功能的压力容器、钢制安全壳（钢衬里）、储罐、热交换器、泵、风机和压缩机、阀门、闸门、管道（含热交换器传热管）和管配件、膨胀节、波纹管、法兰、堆内构件、控制棒驱动机构、支承件、机械贯穿件以及上述设备的铸锻件等。

**核安全电气设备** 包括执行核安全功能的传感器（包括探测器和变送器）、电缆、机柜（包括机箱和机架）、控制台屏、显示仪表、应急柴油发电机组、蓄电池（组）、电动机、阀门驱动装置、电气贯穿件等。

**典型设备功能及结构** 包括以下几种。

**反应堆压力容器** 是核电厂最关键的部件，不仅用于支撑和容纳堆芯和堆内构件，还必须保持冷却剂的高温高压密封。它是一回路冷却剂的重要压力边界和防止裂变产物溢出的一道重要安全屏障。以压水堆核电厂为例，压力容器长期工作在高温（320℃左右）、高压（15.5 MPa 左右）含硼酸水介质和高放射性辐照的条件下，并且属于在核电厂寿期内不可更换的设备，因此反应堆压力容器设计寿命要求不少于 40 年。

反应堆压力容器（图 1）是一个底部焊有半球形封头的圆筒形承压密封容器，顶部为用法兰螺栓连接的可拆卸半球形封头顶盖。总高一般为 13 m 左右，总重量一般为 300～400 t，筒体内径一般为 4 m 左右，筒体壁厚一般为 200～250 mm。压力容器顶盖和本体通过主法兰、螺栓及上下法兰间的两道镍制“O”形环紧固密封。

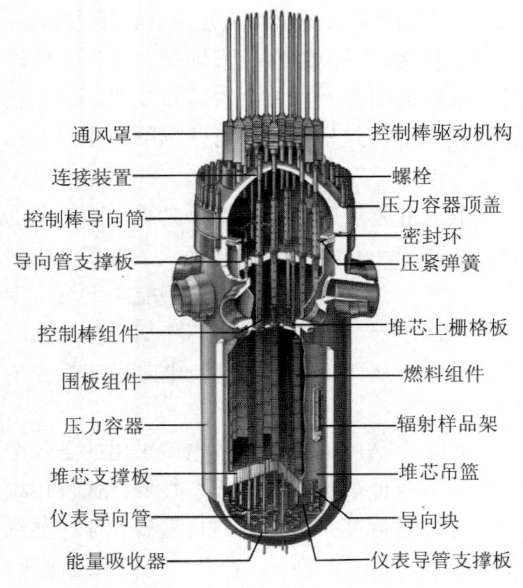


图 1　反应堆压力容器

**蒸汽发生器**　是压水堆核电厂一回路和二回路之间的枢纽，它将反应堆产生的热量传递给二回路，并将二回路的给水变成蒸汽，推动汽轮机做功。

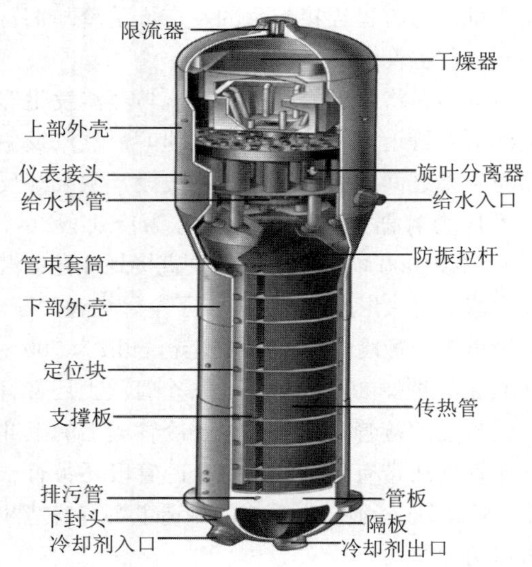


图 2　蒸汽发生器

蒸汽发生器（图 2）总高约 20 m，整个结构由下筒体蒸发段和上筒体汽水分离段两部分组合而成。下筒体蒸发段用来使二回路给水汽化；上筒体汽水分离段则用来将汽水混合物分离，并使蒸汽干燥。蒸汽发生器由上封头、上筒体、锥形连接段、下筒体、下封头、管板、U 形管束组件、汽水分离组件等主要部件组成。①上封头为标准椭球形状，顶部蒸汽出口接管管嘴内有流量限制器，用于主蒸汽管道破裂时限制蒸汽流量过大，从而减缓一回路冷却剂的降温速率和蒸汽发生器构件的热变应力。②上筒体内主要设置有汽水分离器和蒸汽干燥器。上筒体下端设有给水接管，管嘴与筒体内给水环管相连。③下封头通常为半球形，内壁与冷却剂接触表面堆焊 5～6 mm 厚的不锈钢覆盖层，以降低腐蚀，使冷却剂保持良好的水质和较低的放射性水平。④下封头与管板焊成一体，并由焊接在管板上的镍基合金隔板将下封头空间分隔成两个水室，每个水室开有一个进口（或出口）接管和一个入孔。

**稳压器**　是对一回路冷却剂系统压力进行控制和超压保护的重要设备，基本功能是建立并维持一回路系统的压力，避免冷却剂在反应堆内发生容积沸腾。此外，稳压器作为一回路系统的缓冲容器，补偿一回路系统水容积的迅速变化。

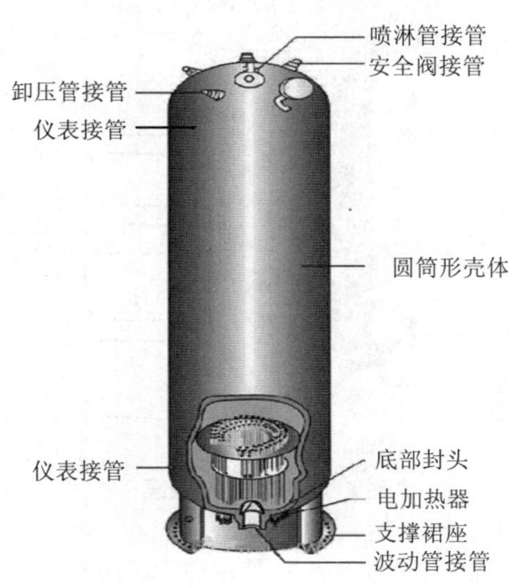


图 3　稳压器

稳压器（图 3）为一立式上下为半球形封头的圆柱筒形高压容器，由容器、波动管、电加热器、喷淋管路、安全阀组等部件组成，用材料为锰-钼-镍低合金钢板或锻件加工焊接成一个整体，内壁堆焊奥氏体不锈钢耐蚀层。

在稳压器顶部封头上焊有喷淋管接口以及能够提供超压保护的安全阀组排放管接口。电加热器由直管护套型电加热器元件组成，通过稳压器下封头电加热器棒套筒从底部插入稳压器中，然后于套筒根部与每根电加热元件焊接密封。加热元件的护套管上端用端塞焊接密封，下端为一密封连接插塞，用其引出电源线。

**反应堆冷却剂泵** 简称主泵，用于驱动带有放射性的高温高压的冷却剂，形成强迫循环，使其以很大的流量流经堆芯，把堆芯核反应过程产生的热量传送给蒸汽发生器。主泵是压水堆冷却剂回路系统中唯一高速运转的机械设备，又是十分精密的功率强大的设备，属于压水堆电站的关键设备之一。

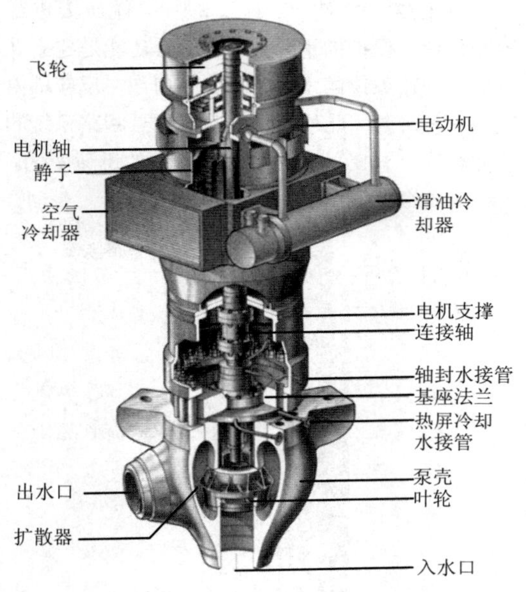


图 4　反应堆冷却剂泵

现代压水堆核电厂使用最广泛的反应堆冷却剂泵是立式、单级、轴密封泵。主要由水力机械部分、轴密封组件部分和电动机部分组成（图 4）。在泵轴末端附近设置轴密封组件，它的作用是保证在电厂正常运行期间从一回路系统沿泵轴向安全壳的泄漏量基本为零。该组件包括三道轴封，其中头两道是全设计压力轴封，第三道只是一个泄漏水导流轴封。轴封组件通过主法兰装到轴上，与泵轴同心放置，这些轴封装在一个密封外罩内，而外罩用螺栓固定在主法兰上。

电动机通常采用空气冷却鼠笼式感应电动机，非核级。惯性/惰转飞轮提高了主泵的惰转性能，当主泵突然断电时，泵仍能继续运行十几分钟，以保证有足够的堆芯冷却，及时采取应急措施，从而提高了全厂断电时堆芯的安全性。

美国的 AP1000 堆型核电厂采用的是每个环路并联两台全密封的屏蔽离心泵，代替传统的一台轴密封泵。屏蔽离心泵直接悬挂在蒸汽发生器下封头汇水腔下，省去了主管道过渡段。由于这种泵没有轴封，不需要轴封水系统，简化了化容系统，也不会引起密封失效产生的丧失冷却剂事故（LOCA），大大增加了安全性。

**主冷却剂管道** 通常压水堆核电厂的反应堆冷却剂系统由 2～4 个环路组成，每条环路包括一台蒸汽发生器、一台主泵和将这些设备与反应堆压力容器连接起来的反应堆主冷却剂管道，也称主管道。

每条环路中反应堆压力容器与蒸汽发生器之间的主管道称为热管段（热腿），蒸汽发生器与主泵之间的主管道称为过渡段，主泵与反应堆压力容器之间的主管道称为冷管段（冷腿）。AP1000 堆型核电厂主泵直接悬挂在蒸汽发生器下封头汇水腔下，省去了主管道过渡段。主管道 3 个管段的直径略有差异，一般为 700～800 mm，壁厚 80 mm 左右。每个管段上还带有一定数量的接管嘴，其中位于冷管段上的上冲管接管嘴还带有热套管。每个冷管段还带有一个 45° 斜接管嘴。主管道的制造主要有铸造和锻造两种方式。

**泵类** 泵是核电厂实现流体介质动力传输的设备，为了实现核电厂安全稳定运行承担了堆芯冷却、余热排除等必不可少的安全功能，其质量和可靠性非常重要。

压水堆核电厂泵按照结构分类，主要有离

心泵、往复泵、屏蔽泵和其他类型核安全级泵；按照驱动方式分类，主要有电动泵、气动泵和柴油机泵等。工作介质主要有水（含硼水等）、蒸汽、化学溶液等。按照其执行的安全功能分为核安全 1、2、3 级。①核安全 1 级泵，承担核电厂反应堆芯冷却，如反应堆冷却剂泵；②核安全 2 级泵，主要包括余热排出泵、上充泵、安注泵、电动/汽动辅助给水泵、水压试验泵等；③核安全 3 级泵，主要包括设备冷却水泵、重要厂用水泵、硼酸再循环泵、硼酸输送泵、化学添加剂混合泵、乏燃料水池冷却泵等。

核电厂泵的主要性能参数有流量、扬程、轴功率、转速等，必须按照最苛刻环境条件和抗震要求进行设计和质量鉴定，同时每台套泵出厂前和投入使用前都必须做严格的检查和测试，确保在核电厂各类工况下能够按照执行预定的功能。

**阀门类** 阀门是核电厂使用数量较多的流体介质输送的控制设备，是系统及管道中的主要部件，具有截止、调节、导流、防止逆流、稳压、泄压等功能，承担了核电厂承压边界、超压保护及其他安全功能，其质量和可靠性非常重要。

压水堆核电厂阀门按照结构特征和功能分类，主要有闸阀、截止阀（或称逆止阀）、节流阀、安全阀、球阀、蝶阀、隔膜阀、减压阀、调节阀、爆破阀等；按照传动方式，主要有手动、自动、动力（气动和电动）等。工作介质主要有水（含硼水等）、蒸汽、空气等。按照其执行的安全功能分为 1 级、2 级、3 级。①核安全 1 级，属于反应堆冷却剂系统压力边界范围的阀门均为核 1 级阀门，如反应堆冷却系统与辅助系统的接口边界上的隔离阀、稳压器安全阀和卸压阀以及稳压器喷淋阀等。②核安全 2 级，主要是在事故时执行安全功能，大部分为专设安全设施用的阀门（包括安全壳隔离阀）。③核安全 3 级，用于反应堆辅助支持系统（如化容系统和余热导出系统）和安全保障设施（如设备冷却系统、重要厂用水系统）的阀门。

核电厂阀门主要性能参数有公称压力、温度、通径和其他特征参数等，必须按照核电厂最苛刻的环境条件和抗震要求进行设计和质量鉴定，同时每只阀门出厂前和投入使用前都必须做严格的检查和测试，保证其质量和可靠性。

**机柜和控制台屏** 核电厂的核安全信号监测、处理、控制均在安全保护与控制仪控系统的机柜和控制台屏中处理和显示，包括堆外核测量系统机柜、过程仪表测量系统机柜、保护系统机柜、停堆断路器机柜、专设安全驱动机柜等。随着计算机的应用，新建设的核电厂普遍采用数字化安全保护系统，根据功能分层为数据采集、数据处理、逻辑处理、数据传输、保护出发信号输出到驱动器的信号转换、操纵员接口、系统接口和隔离、应用软件，与传感器和电缆一起构成了整个核电厂保护系统的神经网络。除了主控制室和电气间的机柜外，还布置了应急停堆盘柜、远程控制盘台、应对未能紧急停堆的预计瞬态（ATWT）的备用设备。

数字化安全保护系统设计中充分考虑共因故障、多样性和冗余设计、电气和实体隔离的独立性、软件的可靠性，系统的硬件采用多层次的热备或冗余、多通道冗余，配备足够的自检系统。数字化的保护系统的机柜和台屏为电气 1E 级，质保等级 QA1 级。各系统的机柜和控制台屏均经过严格的质量鉴定试验，包括模拟运行环境试验、功能试验、各类设计故障安全报警试验、极限环境条件运行试验、热老化试验、机械振动试验、抗电磁兼容和电磁干扰试验、抗震试验，以及平台软件和应用软件的验证和确认。

数字化安全保护系统出厂前经过电路板测试、机柜测试、通道测试、系统集成测试、验收测试。测试项目包括工程应用软件功能、电气性能、通道响应时间、报警、模拟定期试验等。

**传感器（包括探测器）** 核电厂中布置大量互相冗余的核级传感器，主要有堆外核测量探测器（包括源量程、中间量程、功率量程）、堆芯温度测量的热电偶、反应堆压力容器的进水与出水口温度探测器、各种容器的液位计和温度计、管道的流量计、核岛各处辐射监测探测器，各类传感器和探测器的信号均通过监测系统送往反应堆保护系统，为超阈值报警、停堆、专设驱动等核安全功能提供数据。

核级传感器的核安全级别为电气 1E 级，部分安装在容器和管道承压边界上的取样装置是机械 2 级和 3 级，均要求在运行工况和事故工况下确保功能和性能不丧失。核级传感器均需经过抗震、机械振动、热老化、抗电磁兼容试验，安装在安全壳内的传感器还需要经过辐照老化和失水事故试验的验证。

**电气贯穿件** 安装于反应堆安全壳墙体，是用于电缆穿越安全壳的专用电气设备。在正常和各种事故工况下，维持安全壳内外的电气和信号的连接，并确保反应堆安全壳的完整性。

电气贯穿件属于核级设备，安全分级为机械 2 级，部分安装了执行核安全功能电缆的电气贯穿件为电气 1E 级，质保等级 QA1 级、抗震分级为抗震 I 类。按照使用范围分为中压动力、低压动力、低压控制和仪表、低压同轴电气贯穿件以及人员闸门电气贯穿件。

电气贯穿件主要技术参数为额定电压、电流、允许温升、筒体压力等。电气贯穿件的一侧在安全壳内，设计时要进行严格的抗震、机械振动、辐照老化、热老化、失水事故等试验，确保运行工况和事故工况，甚至超设计基准工况时的可靠性。

**应急柴油发电机组** 通常核电厂每台机组配备 2 套应急柴油发电机组，在核电机组停机并失去厂外电源的情况下，应急母线的电压或频率低于定制，此时应急柴油发电机组在规定的时间内恢复向安全系统的负荷供电，保证安全停堆和反应堆安全状态的维持。

每个应急柴油发电机组由发电机、励磁系统、保护系统、启动压缩空气系统、燃油系统、发电机润滑系统、冷却水系统、进气系统、废气系统和消音器、通风和排风系统、输配电系统、仪表和控制设备等构成。应急柴油发电机组安全分级为电气 1E 级、机械 2 级，抗震分级为抗震 I 类。

应急柴油发电机组主要参数为机组启动时间、额定功率、转速、励磁电流、功率因素等，要通过质量鉴定或计算分析确定其可靠性，包括抗震分析、老化试验及可靠性试验等。

**蓄电池组** 蓄电池组、整流器、直流配电装置与母线构成直流系统，作为后备电源和应急电源，在核电厂失去全部交流电源时，为部分 220V 电动泵、核测量系统、堆芯温度等重要仪表探测器、保护系统机柜等执行安全功能的设备提供可靠的不间断供电电源。在 AP1000 核电厂中，应急柴油发电机组为非安全级设备，由蓄电池组为安全级电气仪控设备供电。

核电厂为核安全设备供电的应急蓄电池组为富液式铅酸蓄电池，容量较大，寿命最大可达 15 年，属于 1E 级电气设备。因为是最后的安全供电设备，必须进行严格的鉴定试验，包括抗震、老化试验。主要技术参数有电解液密度与温度、单体电压、蓄电池组浮充电流、容量、充放电时间。核电厂运行阶段应维持蓄电池组在满充状态，季度、年度维护进行电解液密度与温度、单体电压、蓄电池组浮充电流、容量试验、接点腐蚀检查等功能和性能的试验。

**意义** 民用核安全设备是民用核设施中执行核安全功能的机械设备和电气设备，是民用核设施安全防护实体屏障的核心。其质量和可靠性对民用核设施的安全稳定运行十分重要。这些设备发生任何故障都可能带来严重的放射性释放后果。核能历史上较早发生的一起严重事故——美国三哩岛核电厂事故，其直接原因之一就是稳压器泄压阀出现了故障。在我国近 50 年的民用核设施运行历史中，也曾发生过几起因民用核安全设备设计、制造或维护不当而导致的质量事件，对民用核设施的安全稳定运行构成了一定风险，因发现及时、处理得当，消除了安全隐患。（严天文　张健）

**he'anquan shenping**

**核安全审评**　(nuclear safety review)　由国家核安全监管机构组织开展的审查、评价活动，以确定为核安全许可证申请或核安全相关活动申请所提交的文件内容是否符合核安全法规的要求，是否有足够的安全措施保障厂区人员、公众和环境免遭过量辐射危害。核安全审评是核安全许可证制度的重要基础，审评意见将支持国家核安全监管机构做出是否批准或同意相关的申请，并颁发相关的证书（参见核安全许可证制度），或发布批准相关申请的通知等。

**审评依据** ①国家核安全法律法规，例如，《中华人民共和国民用核设施安全监督管理条例》《核电厂厂址选择安全规定》《核动力厂设计安全规定》《核动力厂运行安全规定》《核电厂质量保证安全规定》等；②国家的其他与原子能法、辐射防护、环境保护、公安、卫生等有关的法律和法规；③核安全监管机构已颁发的有关文件、核安全导则和已核准备案的标准；④已通过审评认可的文件（如安全分析报告等）；⑤申请者的承诺等。

**审评流程** 国家核安全监管机构在收到申请书及附送的文件资料后首先确定是否受理该项申请。受理申请后，将组织技术支持部门开展技术审评，对审评资料的完整性、一致性、合理性、正确性或保守性等进行审查，若发现不足之处将通过审评问题的方式要求申请者提供进一步资料或说明，必要时将召开审评对话会。技术支持部门在审评工作完成后将向核安全监管机构提供咨询性审评意见。对于重大的审评活动，核安全监管机构将组织核安全专家委员会对审评意见或结论进行审议。

**审评重点** ①在批准厂址时，从安全方面确认核电厂与所选厂址之间的适宜性；②在批准建造许可证时，审评核电厂的设计安全原则和承诺；③在颁发首次装料批准书前，确定核电厂是否按认可的设计建成，是否符合核安全法规，是否已达到要求的质量并有完整合格的质量保证记录；④在颁发运行许可证前，审评试运行的结果是否与设计一致并确认修订过的运行工况和运行限值及条件；⑤在颁发退役批准书时，审评核电厂的退役步骤和退役各阶段的状态是否符合安全要求；⑥对于操纵员执照申请，审评申请人员是否有相应的资质，是否经过了必要的培训和考核，是否具有规定的经验等；⑦对于运行核动力厂的修改申请，审评是否满足核动力厂安全分析报告以及适用法规和标准的要求，是否有利于安全；⑧对于定期安全审查的审评，关注核动力厂老化、修改、运行经验、技术更新和厂址方面的积累效应。

**审评指导文件** 为规范审评工作，提高审评质量，美国核管会发布了标准审查大纲（NUREG-0800），其针对核电厂安全分析报告的每个章节都有相应的内容，包括审评范围、验收准则、审评过程、评价报告以及作为附录的审评技术见解等。目前标准审查大纲最新版本是 2007 年版。从 2011 年开始，我国国家核安全局也正在组织编制我国自己的安全分析报告格式内容和标准审评大纲。

（柴国旱　孙造占）

he'anquan wenhua

**核安全文化** （nuclear safety culture） 在核行业简称为安全文化。是在组织和工作人员中建立将防护和安全问题作为最高优先事项予以重视的特征和态度的集合。从国际原子能机构（IAEA）提出安全文化的概念起，伴随着其理论的丰富和内涵的深化，安全文化得到了核能界的广泛重视，并逐步衍生出新的概念，如适用于具体领域的辐射安全文化、核安保文化等。

**辐射安全文化** 又称辐射防护文化，是安全文化在辐射安全管理领域的具体体现。辐射防护文化定义为“组织机构和人员具有的种种特性和态度的总和，它确立了优先原则，即辐射防护问题由于其重要性而得到应有的重视”。辐射防护文化的要素包括知识、价值观和伦理观、行为习惯、经验、辐射防护三原则（实践的正当性、辐射防护最优化、个人剂量限制）等。

**核安保文化** 安全文化在核安保领域的具

体体现。核安保文化的定义为“作为一种支持和强化核安保方式的个体、组织和制度的特征、态度和行为的集合”。

从上述三个定义可见，核安全文化、辐射安全文化、核安保文化是一脉相承的，从不同角度阐述了安全文化在核领域的应用。因此，有时为使核行业安全文化区别于其他行业的安全文化，也用核安全文化代表上述三个方面的全部内容。

**沿革** 尽管核电厂采取了很多技术和管理措施提高设计和运行安全、限制人为失误，但是1979年美国三哩岛核事故和1986年前苏联切尔诺贝利核事故的教训促使人们认识到无论设计上如何先进的系统，人的直接或间接错误，都有可能造成某些安全系统或设备失效，从而引发严重的核事故。管理模式、工作作风和习惯以及个人对核安全的参与程度与核安全水平直接相关。

1986年，切尔诺贝利核事故后，国际核社会认真研究总结该事故的经验教训。IAEA国际核安全咨询组（INSAG）在《切尔诺贝利核事故后评审会议总结报告》（INSAG-1）中首次引出“核安全文化”一词，将安全文化概念引入核安全领域。

1991年，IAEA国际核安全咨询组在《核安全文化》（INSAG-4）中首次对核安全文化进行定义，即“核安全文化是存在于单位和个人中的种种素质和态度的综合，它建立了一种超出一切之上的观念，那就是核电厂的安全问题由于它的重要性必须得到应有的重视”。该报告完整阐述了核安全文化的理念，以及如何评价核安全文化的标准，并建立了一套核安全文化建设的思路和策略。自此，核安全文化作为一个系统性概念在核能行业得以逐步推广并广泛接受和采用。

1996年，IAEA等六个国际组织共同发布的《国际电离辐射防护和辐射源安全基本安全标准》将核安全文化正式引入到辐射防护领域。以该文件为蓝本而制定的中国国家标准《电离辐射防护与辐射源安全基本标准》（GB 18871—2002）也沿用了相关规定。近年来，国际辐射防护协会围绕辐射防护文化进行了多次研讨会，其目的是增加辐射防护科学和辐射防护理念基本原则的普及性，强化辐射风险意识，促进从业人员、管理人员和监管机构的经验共享，提高辐射防护的质量和有效性。

2000年6月，IAEA在《核材料实物保护公约》的非正式会议上，提出了核安保文化，要求所有涉及执行实物保护的组织应该赋予核安保文化应有的优先地位，并于2005年将核安保文化写入《核材料实物保护公约》修订版中。2008年IAEA发布了核安保丛书第7号报告《核安保文化》，它使人们能够充分地意识到核恐怖主义威胁的真实存在，认识到核安保工作对经济发展、国家安全、社会稳定的重要性，从而增强公众自觉支持和维护核安保制度的意识。此外，核安保文化的提出也顺应了全球核安保形势的发展要求。20世纪90年代，东西方冷战结束，苏联解体，核材料流失加剧，国际恐怖主义势力抬头，核安保形势不容乐观。加强核安保文化，提高核安保意识，逐渐成为国际社会的共识。

为促进核行业对安全文化的认识和应用，近年来IAEA制定和发布了一系列报告，对安全文化的评估、安全文化的发展阶段、关键要求、具体实践等进行了系统完整的阐述，为安全文化的普及推广发挥了重要作用，并促使安全文化成为立法要求和监管要求之外并广为认可的强化安全管理的自我约束方法。

安全文化的定义几经调整。《国际原子能机构安全术语　核安全和辐射防护系列》（2007年版）将其定义为“在组织和工作人员中建立将防护和安全问题因其重要性而作为最高优先事项予以重视的特征和态度的集合”。此后IAEA官方文件一般都沿用类似的定义，这一定义也为国际核能界普遍接受。也有一些组织和机构对安全文化进行了不同的定义，但是，这些定义的本质属性基本相同。例如，2011年美国核管会发布的“安全文化政策声明”提出安全文化是指“领导层和个体的集体性承诺所产生的核心价值和行为方式，它为保护民众和环境而将安全置于其他目标之上”。中国核安全法规《核动力厂设计安全规定》（HAF 102—2004）和《核动力厂运行安全规定》（HAF 103—2004）也提出了核动力厂营运单位应培育和提高核安全文化的原则要求。

综上可见，尽管针对安全文化尚存在不同的定义和解释，但是它已得到了核工业界和其他工业的广泛认可和重视，并已形成了多样化的方法进行培育和评估。

**内涵** 广义的文化可以理解为群体的意识形态和管理方法以及个体的行为和习惯，其具有相对稳定性，便于传承，成熟的文化表现为潜意识的习惯。核安全文化是融合于组织的一种行为模式，首要表现是大家共同遵守的思维习惯，牢固树立“安全第一、质量第一”的思想，时刻警惕可能危及安全的风险，绝不放过任何一点可以改进安全的地方。其目的是自觉规范组织活动和个人行为，完善安全措施，提高安全水平。简而言之，就是将安全第一的原则“内化于心，外化于形”。

核安全文化既是态度问题，又是体制问题；既与组织有关，又与个人有关，还关系到以恰当的理解和行动处理所有核安全事项。个人态度、思维习惯以及组织氛围虽然看似抽象无形，但是又往往通过有形的方式表现出来，核安全文化的基本要求就是建立各种途径，通过有形的方式检验无形的内涵，从而正确地履行重要的安全职责，即具有高度警觉性、充分的思考、全面的知识、准确的判断和高度责任感。

IAEA INSAG-4 深入论述了核安全文化的定义、特征和本质，目的是对核安全文化形成共同的理解。该报告还阐述了核安全文化对决策层、管理层和个人三层次的要求；并提出一系列问题和定性的“指标”用以衡量所达到的不同层次的核安全文化水平，给看起来抽象的“核安全文化”赋予了物化的内容，为核安全文化的实际应用做出了十分有意义的探索与指导。该报告奠定了核安全文化的基础，并成为核能界推行安全文化的经典报告。此后，核安全文化作为一项高层次的管理原则，在全球核能界得以倡导、实施和推广，并予以不断发展和完善，在创造核电厂优良业绩中发挥重要的作用。

**构成** 根据 IAEA INSAG-4 报告，核安全文化具有两大组成部分，一是组织中必要的体系以及各级领导层的责任；二是各级人员响应这一体系并从中受益所持的态度。对于任何一个具有核安全职责的组织，都可以从政策层、管理层和个人三个层次倡导和培育核安全文化，其中个人的响应尤其重要，下图简洁明了地陈述了核安全文化的构成。

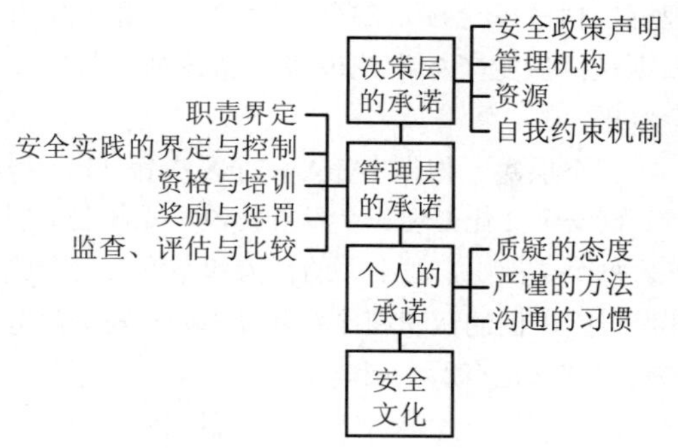


**核安全文化构成**

各级组织和个人在所有活动中，对安全的重视体现在以下六个方面：①对安全重要性的个人认识；②通过培训、教育及自学获得的知识和能力；③承诺，要求高级管理层用行动体现安全的高度优先地位，并且要求共同的安全目标被个体接受；④激励，通过领导力、目标设置、奖惩机制以及个人自发态度实现；⑤监控，包括监查和评估活动以及个人质疑态度的及时响应；⑥责任，通过正式的委派、清晰的职责描述和个人的正确理解加以落实。

基于“安全第一”原则的组织管理体系及管理体系的有效实施（包括责任的落实、问责制度的建立等）是核安全文化的重要基础，而全体员工努力满足管理体系要求，并自觉形成重视安全的主人翁态度和积极的个人响应是构成核安全文化极为重要的要素。因此，核安全文化的实质是在组织内部建立一整套科学、严密、系统、完善的管理体系和规章制度，营造人人自觉关注安全的氛围，通过培训提高员工的知识和技能，培养员工遵章守纪的自觉性和良好的工作习惯，引入激励机制并培养员工个人积极的响应，从而提高员工的安全素养，并最终实现组织安全绩效的持续提升。安全业绩在很大程度上取决于其安全文化；而核安全文化的高低，则在很大程度上取决于领导层和管理层，取决于他们对安全的认识和重视程度以及在安全立法、规章制定和执行过程中的力度。而每个员工是安全活动的直接实施者，同时也是安全文化的最终载体，其对安全要求的正确理解、执行安全规定的严格程度、良好工作习惯则最终决定了核设施或核活动各个环节的安全水平。

**三个层次**　根据 IAEA 安全丛书第 11 号报告，核安全文化呈现三个发展阶段，或称三个层次。每个层次中，对于人的行为和态度对安全的影响，因人们的认识和接受程度不同，安全问题的解决方法也有所不同。

**核安全文化的三个层次**

| 层次 | 特征 | 解决方法 |
|---|---|---|
| 1 | 仅基于规则和法规的安全（要我安全） | 技术性方法 |
| 2 | 良好的安全业绩成为一个组织目标（我要安全） | 程序性方法：再培训 |
| 3 | 安全业绩总能持续改进（完善安全） | 行为性方法：文化 |

一个组织，无论其处于安全文化的哪个层次，都必须满足一个根本要求，即最高管理层要对安全改进做出真诚而有形的承诺。最高管理层应该熟知安全文化的问题，以便能在安全愿景的构建和传播中承担领导责任。管理人员需要知道如何激励团队以及如何避免挫伤其积极性。

IAEA 安全丛书第 11 号报告还提出，核安全文化的发展过程中需要关注和考虑民族文化，促进民族文化以积极的方式影响组织的核安全文化建设。巩固良好核安全文化的一个基本原则，就是尊重人类的健康、安全与幸福，这与所有民族文化的价值体系完全相容。民族文化不应被视为核安全文化的障碍，核安全文化的构建应顺应而不是违背世界丰富多彩的文化潮流。

核安全文化的第一层次，安全改进通常通过安全防护技术来实现，其应遵循 1999 年 IAEA《核电厂的基本安全原则》（INSAG-12）提出的一些原则，以及使用相应的系统和程序控制风险。1999 年发布的《核电厂运行安全管理》（INSAG-13）则提出在核安全文化发展的第二层次，组织应该建立用清晰语言描述的安全价值观或安全目标，并且建立实现这一目标的方法和程序。2001 年 IAEA 发布的《强化安全文化的关键实践》（INSAG-15）提出了核安全文化的 7 个关键要素共 23 个问题，并给出了用于营运单位自我评估的问题，以促进其向核安全文化第三层次发展。

**七个关键要素**　IAEA INSAG-15 提出培育核安全文化的七个关键要素，即①安全承诺：组织高层对安全的承诺是达到优秀的安全绩效的至关重要的因素。这意味着组织高层清晰、明确地要求把安全放在首要位置，且在安全理念上具有绝对的透明度。②程序的使用：适用一切管理活动。好的程序是简单适用、被员工充分理解且在实践中不折不扣执行。③保守决策：安全是相对的，风险是绝对的。每个员工都应充分认识到违背安全绝对优先原则可能带来的严重后果。提倡 STAR（停止—思考—行动—检查）流程，要求全体员工在作业中注意自我检查，争取“做事一次做好”。④有事就报告：缺陷和几乎发生的事故是好的学习机会。创造一种免于责备的工作环境，鼓励员工及时报告与安全相关的一切事项，哪怕极小的缺陷。⑤学习型组织：组织应力求精简、扁平化、终生学习、不断自我组织再造，以维持竞争力。⑥挑战不安全的行为和条件：事件、事故都起源于无意的不安全的或不可接受的过程行为或条件，它们经常被当作惯例而被忽略。

⑦其他基础问题：安全事项上的良好沟通、准确合理的次序和时间表、清晰的组织结构和责任等。

**八条原则** 2006 年世界核电运营者协会（WANO）系统地提出了卓越核安全文化的八条原则（WANO GL 2006-02）：①核安全人人有责。明确界定核安全的责任与权利，并让全体人员清楚自己的责任和权利。落实与核安全责任相关的指挥体系、岗位权限、人员配备和资金保障。公司政策中强调核安全高于一切。②领导层是恪守安全的示范者，领导做安全的表率。高层领导和高级管理者是核安全的主要倡导者，应重视言传身教，要经常不断地、始终如一地宣传贯彻核安全第一的理念。③建立组织内部的高度信任。在组织内建立高度的信任，通过及时准确的沟通来培育这种信任，有畅通的信息流程来提出和处理问题，对员工提出的问题所采取的措施要告知员工。④决策体现安全第一。员工在做出支持核电厂安全、可靠运行的决策时，经过系统和严格的考虑。运行人员得到充分的授权并了解安全期望值，当面临突发或不确定工况时，将核电厂置于安全状态。高级管理层支持和强化保守决策。⑤认识核技术的特殊性和独特性。所有的决策和行动都要考虑核技术的特殊性。反应性控制、持续堆芯冷却、裂变产物屏障的完整性是核电厂有别于其他常规电厂的重要特性。⑥培育质疑的态度。通过质疑假设、分析异常工况、思考行动的潜在不利后果，员工表现出质疑的态度。事故的发生往往来自于，由于组织根据错误的假设、价值和信念所采取的一系列决策和行动。员工要对可能给核电厂安全产生不利后果的状态或活动提高警惕。⑦倡导学习型组织。高度重视运行经验，培育学习和应用经验的能力。通过培训、自我评估、纠正行动和对标，来激励学习和提高业绩。⑧评估和监督活动常态化。采用监督手段来强化安全和提升业绩。通过各种监督方法对核安全进行常态化的监督和检查。

**评估** 个人和组织的工作态度、思维习惯以及工作作风往往是无形的，但是这些品质都可以通过各种具体的形式表现出来。核安全文化的评估就是要建立一套反映核安全文化无形特性和态度，并便于感知、察觉、检查、评价的有形指标。其最终目的是寻求改进核安全文化的具体途径，即通过广泛开展核安全文化评估和对国际核能界和其他工业领域的良好实践，分析评估核安全文化的现状及弱项，及时采取纠正措施和改进行动，最终提高核安全水平。

核安全文化的评估主要通过定性和定量相结合、专题评估和系统评估相结合、自我（内部）评估和独立（外部）评估相结合等方式开展。具体而言，即通过观察、访谈手段，获取核安全从业人员针对核安全事项所表现的行为和特征、对待安全优先的态度。近年来，核安全文化的系统性评估越来越受到重视。例如，《国际电离辐射防护和辐射源安全基本安全标准》（GSR3）提出“高级管理层要对组织的安全文化进行定期评估”；世界核电营运者协会（WANO）《重要运行经验报告 2003-02》也建议开展安全文化自我评估。

核安全文化的评估伴随着核安全文化的发展而逐步丰富完善。2008 年 IAEA 发布了《安全文化评估（SCART）指南》，提出了核安全文化评估的切入点是五个原则，即人人崇尚安全、领导做安全的表率、安全责任明晰、安全要求融入核电厂所有活动、组织具有持续学习和改进安全的能力。该指南进一步细化每一个原则应该包括的行为和特征，形成共计 37 项提问，覆盖核电厂所有成员。具体来说，SCART 通过对核电厂员工的观察和访谈，形成针对 37 项提问的结果；通过对照五大原则和业绩普遍实践，由评估人员针对每一项观察和访谈结果进行打分，最终形成定量和定性相结合的评估结果。

美国核能研究所与美国核管会合作开展的核安全文化评估（NSCA）方法也得到较为广泛的使用，它以卓越核安全文化八大原则为基础，形成 73 项提问，覆盖核电厂董事会成员到电厂一线员工。另外，日本、加拿大和欧洲各国已经准备或开始进行本国的核安全文化评估。总体来说，这些安全文化评估的程序和方法具有较大的一致性。

**在中国的发展现状** 中国密切跟踪国际核安全文化的发展，核能与核技术利用相关企事业单位以核安全文化的基本原则为指导，进行了大量的探索和实践。例如，大亚湾核电厂和秦山三期核电厂等单位的核安全文化工作逐步深入，取得了国际同行的认可。到目前为止，在核能与核技术利用领域普遍认为良好的核安全文化能够将企业的安全理念、安全价值观内化成每个人实实在在的安全需求、安全意识和安全行为，从而产生一种强大的保证安全的动力，能有效提升企业的安全水平。国家核安全局推进核能与核技术相关企事业单位核安全文化建设，要求各企业严格遵守核安全法规，落实核设施核安全责任，坚持按程序工作，在实际工作中积极倡导和大力推进各企事业单位以“安全第一、质量第一”为核心，加强核安全文化建设，在每次核安全监督检查活动中，都将核安全文化建设的检查和评价列为重要的工作内容之一。

2012 年 9 月国务院批准发布的《核安全与放射性污染防治“十二五”规划及 2020 年远景目标》，明确要求“建立核安全文化评价体系，开展核安全文化评价活动；强化核能与核技术利用相关企事业单位的安全主体责任；大力培育核安全文化，提高全员责任意识，使各部门和单位的决策层、管理层、执行层都能将确保核安全作为自觉的行动。所有核活动相关单位要建立并有效实施质量保证体系，按照核安全重要性对物项、服务或工艺进行分级管理，使所有影响质量和安全的活动得到有效控制”。根据该规划的要求，国家核安全局正在组织有关专家，研究和编制核安全文化政策声明，着手修订质量保证法规，研究建立核安全文化评价和考核体系等工作。

另外，安全文化除了在核行业得到广泛应用外，在其他工业领域也得到了高度重视和广泛应用。安全文化概念的应用促进各行业在安全方面不断追求卓越。

（刘华　潘自强）

he'anquan xukezheng zhidu

**核安全许可证制度** （nuclear safety licensing system） 国家通过审批、颁发和管理核安全许可证对核活动/*核设施*进行监督管理的一种制度。核安全许可证是国家授权核安全监管部门批准或认可申请单位和个人可以从事与核安全相关活动的正式文件。核安全许可证通常附有特定要求和条件。

**许可证种类** 主要分为核设施许可证、操纵人员执照、核材料许可证、核安全设备活动许可证等。

**核设施许可证** 按设施选址、建造、首次装料、运行和退役等阶段设置，由国家核安全监管部门在安全审评基础上颁发。只有在获得各阶段的许可证后，才允许进行该阶段特定的活动。以核电厂为例，根据《中华人民共和国民用核设施安全监督管理条例》的规定，我国的核设施许可证包括核电厂厂址选择审查意见书、核电厂建造许可证、核电厂首次装料批准书、核电厂运行许可证、核电厂退役批准书。

*核电厂厂址选择审查意见书* 核电厂的营运单位向环境保护部（国家核安全局）提交核电厂可行性研究阶段的《厂址安全分析报告》和《环境影响报告书》，环境保护部（国家核安全局）审评通过后，颁发《核电厂厂址选择审查意见书》和《核电厂环境影响报告批准书》。根据国家核电基本建设程序规定，国家发展和改革委员会只有在收到环境保护部（国家核安全局）的《核电厂厂址选择审查意见书》和《核电厂环境影响报告批准书》后，才能批准核电厂《可行性研究报告》和营运单位申请的厂址。

*核电厂建造许可证* 核电厂的营运单位向环境保护部（国家核安全局）提交《核电厂建造许可证》申请书，并包括《核电厂可行性研究报告》的批准书、《核电厂初步安全分析报告》《核电厂环境影响报告书》（申请建造阶

段）和《核电厂质量保证大纲》（设计和建造阶段）等附件。环境保护部（国家核安全局）审评通过后，颁发《核电厂建造许可证》，批准核电厂建造后方可开始核岛混凝土浇筑。

**核电厂首次装料批准书** 核电厂建造、安装完毕，经过运行前试验后进入首次装料阶段。核电厂的营运单位向环境保护部（国家核安全局）提交《核电厂首次装料批准书》申请，并包括《核电厂最终安全分析报告》《核电厂环境影响报告书》（申请首次装料阶段）、《核电厂质量保证大纲》（调试阶段）、营运单位应急计划、调试大纲和其他有关附件资料。环境保护部（国家核安全局）审评通过后，颁发《核电厂首次装料批准书》，批准首次装料，许可进行带核反应的调试，按批准的计划提升功率，以及为期 12 个月的试运行。

**核电厂运行许可证** 核电厂完成首次装料、临界和提升功率，经试运行 12 个月后可以申请正式运行的许可证。核电厂的营运单位向环境保护部（国家核安全局）提交《核电厂运行许可证》申请，并包括《修订的最终安全分析报告》和其他有关附件资料。环境保护部（国家核安全局）审评通过后，颁发《核电厂运行许可证》，批准正式运行，许可在遵守《核电厂运行许可证》规定的条件下长期运行。

**核电厂退役批准书** 核电厂的营运单位向环境保护部（国家核安全局）提交退役申请，并包括《核电厂退役报告》《核电厂环境影响报告书》（申请退役阶段）、《核电厂质量保证大纲》（退役阶段）等附件资料，环境保护部（国家核安全局）审评通过后，颁发《核电厂退役批准书》（临时），许可开始进行核电厂退役活动。核电厂退役完成后，经过环境保护部（国家核安全局）检查合格，颁发《核电厂退役批准书》，该核电厂正式退役。

**操纵人员执照** 分为《操纵员执照》和《高级操纵员执照》两种。我国对核电厂和研究堆的操纵人员实施严格的管理，以核电厂为例，持核电厂《操纵员执照》或《高级操纵员执照》的人员方可操纵核电厂反应堆控制系统；持《高级操纵员执照》的人员方可指导他人操纵核电厂反应堆控制系统。核电厂《操纵员执照》和核电厂《高级操纵员执照》的申请者由核电厂主管部门或其委托的单位负责考核，由国家核安全局负责监督、核准并颁发相应执照。

**核材料许可证** 持有核材料数量达到规定限额（0.01 有效公斤的铀、含铀材料和制品；任何量的钚-239、含钚-239 的材料和制品等）的单位，必须申请核材料许可证。核材料许可证申请单位向核工业主管部门提交申请，由核工业主管部门组织审查并颁发核材料许可证。在颁发核材料许可证之前，应首先获得国家核安全局的核准（参见核安保）。

**核安全设备活动许可证** 我国对民用核安全设备及相关活动实行许可制度，包括境内活动单位许可证制度、境外活动单位注册证制度、特种人员（无损检验、焊接）资格管理制度以及进口设备安全检验制度。境内活动单位许可证、境外活动单位注册证由国家核安全局在审评基础上颁发。民用核安全设备焊工、焊接操作工由核安全监管部门核准颁发资格证书。民用核安全设备无损检验人员由核行业主管部门按照核安全监管部门的规定统一组织考核，经国务院核安全监管部门核准，由国务院核行业主管部门颁发资格证书。必须持有许可证书或注册登记证书方可从事的民用核安全设备活动的种类为以下 4 种：①设计；②制造；③安装；④无损检验。无损检验人员必须在取得资格证书后，方可从事相应方法和级别的民用核安全设备无损检验活动。焊工、焊接操作工必须在取得资格证书后，方可从事相应的民用核安全设备焊接活动。

**许可证内容** 因各国的监管体制、许可证制度而有所不同，但一般应包括法律授权的制定和颁发许可证的机构、许可证件持有的组织或个人、核设施（核电厂）的名称和厂址、许可证件所批准的活动、有效期限、许可证限值和条件等。

**许可过程** 包括许可证的申请、审评、颁发和管理。①申请：核设施营运单位或相关人员（许可证申请者）向核安全监管机构提出许可证申请，并提供所要求的资料。②审评：核安全监管机构组织对申请的审查和评价，并决定接受或拒绝申请。③颁发许可证：如审评结果认为申请符合法规规定的核安全要求，则颁发附有限值和条件的许可证件，允许从事所批准的活动。

**许可证管理**　包括定期或不定期的监管性检查、审查或评价，检查核设施的安全状况及许可证条件的执行情况。必要时可要求整改，或采取强制性的措施暂停或吊销许可证。

许可证的有效期限以及许可证条件可以按法规规定的程序作一定的变更。

（柴国旱　张健）

he'anquan zeren

**核安全责任**　（responsibility on nuclear safety）在核能的开发和利用过程中，为避免工作人员、公众和环境受到辐射照射的危害，以及核材料被误用或滥用，而赋予国家、政府及核能开发和利用单位所承担的责任。

**国家责任**　保护工作人员、公众和环境免受辐射照射的危害，以及防止核材料被误用和滥用是一个国家应尽的义务。在国家层面上这个义务的履行主要表现在确定核能开发和利用的目标，并制定与这个目标相适应的法律、法规和政策。国家也必须建立对核能开发和利用进行安全监管的政府机构，并通过法律方式授予该机构足够的权威和独立性。国家也要为核安全监管机构提供足够的资源以保证其能履行相应的职责。

**监管部门责任**　在一个国家内，政府所设立的核安全监管机构承担着具体的核安全监管责任，它的职责主要体现在核安全要求的制定、许可证件的审查和颁发以及核安全监督和检查等几个方面：①核安全监管机构确定核安全要求，以规章的形式颁布，并以核安全导则的形式予以说明和补充。②由于认识到核活动是一项可能对公众健康和安全造成重大影响的活动，世界各国的通常实践是将核能开发和利用纳入许可证管理的范畴。核安全监管机构负责许可证件的审查和颁发，并以许可证条件的形式确定核能开发和利用者的责任。③核安全监管机构通过监督和检查等方式来确定核能开发和利用者履行了许可证条件。当核安全监管机构发现核能开发和利用者没有或不能满意地履行许可证条件时，将采取中止、修改或吊销许可证等措施。

**许可证持有者责任**　由于核能，特别是民用核能的开发和利用者是核能技术应用的直接受益者，所以世界各国通常将一个具体核设施的“核安全全部责任”或“核安全主要责任”赋予核设施的拥有者或营运者。例如，《中华人民共和国民用核设施安全监督管理条例》第七条就明确“核设施营运单位直接负责所营运的核设施的安全，其主要职责是：（一）遵守国家有关法律行政法规和技术标准，保证核设施的安全；（二）接受国家核安全局的核安全监督，及时、如实地报告安全情况，并提供有关资料；（三）对所营运的核设施的安全、核材料的安全、工作人员和群众以及环境的安全承担全面责任”。从技术角度看这样的责任安排也是合理的。

**核损害责任**　核安全责任的一个重要方面是核损害责任。所谓核损害是在出现核事故时对第三方造成的危害。对于核损害责任，目前国际的实践是实施“无过错原则”，许多国家对于核损害赔偿实施“有限责任原则”。①“无过错原则”就是即使核事故不是由核设施的营运方的过失而造成，核设施的拥有者或营运者也要承担赔偿责任，或者说受损害的第三方无须证明核设施营运者的过失或疏忽。这种责任实际上是一种“严格责任”，有时也被称为“绝对责任”或“客观责任”。②“有限责任原则”即核设施拥有者或营运者的赔偿是有额度限制的，超过额度的赔偿由国家承担。实施“有限责任原则”通常是为了鼓励核能的开发和利用。

核安全责任的明确和划分对于保证核安全、促进核能技术的开发和利用，以及在重大事故时保障公众的基本权益都有着非常重要的作用。

（汤搏　赵成昆）

**hebaozhang**

**核保障**　（nuclear safeguards）　国际核保障，又称国际原子能机构核保障。指国际原子能机构（IAEA）依法采用多种措施对核材料和相关核活动实施核实，以确保其和平利用。根据《国际原子能机构规约》《不扩散核武器条约》（NPT）和其他区域性禁止核武器条约的规定，建立核实系统，通过测量、衡算、封隔与监视、视察、资料评价等措施进行核实，确保已申报的特种可裂变材料和相关的其他材料、服务、设备、设施、情报等不被用来生产制造核武器或其他核爆炸装置，确保不存在未申报的核材料和核活动，也不准通过其他途径获取核武器。核保障是通过当事国与 IAEA 签订核保障协定而实施的，当事国有义务履行协定中的承诺，接受 IAEA 为核实所采用的各项措施。

**沿革**　国际核保障体系也是逐渐发展完善的。1954 年第九届联合国大会通过决议同意成立 IAEA。1957 年 IAEA 正式成立。1957 年 7 月 29 日《国际原子能机构规约》生效，授权 IAEA 建立核保障核实系统，开始行使国际核保障职能。初期核保障效果并不明显，国际上技术转让控制得不够严格。20 世纪 70 年代初跨出了重要的一步，发展成全面核保障体系。20 世纪 90 年代初在已签订了全面核保障协定的某国家内，发现有秘密发展核武器项目在进行。这使国际社会认识到现存的国际核保障体系的不足。为此，IAEA 提出了旨在加强保障体系的一些补充措施，经授权形成《附加议定书》。把全面保证协定与附加议定书二者所采用的所有保障措施最佳地结合起来，形成了“一体化核保障”体系，在现有的资源条件下可使保障体系达到最大的有效性和最高的效率。一体化核保障的实施使 IAEA 有能力得出明确结论，当事国已申报的核材料没有被转用，已申报的核设施没有进行非法生产核材料，整个国家不存在未申报的核材料和核活动。

**核实活动**　重要的核实活动包括资料的收集、处理和评价以及视察两部分。

**资料的收集、处理和评价**　IAEA 就某国的核计划和核活动的有关资料的收集、处理和评价是核实工作重要组成部分，是签订一体化核保障协定并持续一体化保障的必要步骤，也可促进核保障方案设计的最佳化。在实施期间，不断进行资料的审查和评价可以指出在各国保障方案所列活动之外实施一些后续行动的必要性，是得出核实结论的依据。资料来源有三方面：当事国提供、IAEA 现场核查活动、公开资料及其他方面。

**视察**　核实的重要活动。是 IAEA 为了核实核材料使用和相关的核活动是否符合核保障协定的规定而委派视察员在核设施或设施外场所进行的检查活动。视察活动可以包括：为了确保设计资料的完整性和正确性以及有效地实施核保障而对设计资料的审查；对核材料的检查，并与当事国上报给 IAEA 的相应报告书做比较；对核材料的存量和物流的核实；封隔和监视装置的安装与运行情况的检查等。视察活动一般可分为初次视察、特别视察、例行视察和专门视察等形式。但是，一体化核保障体系重视不通知的视察。就是进行这种视察时，视察的时间、地点和活动的内容都不预先通知当事国。这样不仅提高了 IAEA 对核材料的非法转用和核设施的滥用的探知能力，而且也能帮助阻止这样行为的发生。增加这样的视察也会节省机构的经费开支。

**核实措施**　重要的核实措施包括核材料衡算、封隔与监视、环境取样三种。

**核材料衡算**　是得出核材料未被转用结论的重要基础。对核材料量值进行衡算，就是在确定的平衡区内，在给定的周期内，计算出不平衡差 MUF，其平衡方程式如下：

$$\mathrm{MUF} = \mathrm{PB} + X - Y - \mathrm{PE}$$

式中，PB 为本周期期初存量；$X$ 为存量增加的总和；$Y$ 为存量减少的总和；PE 为本周期期末存量。上式右端前三项（PB+$X$–$Y$）为账面存量，PE 为实物存量。实际上这四个量都是实测量，都有测量误差（件料除外）。MUF 值的误差为这四个量的误差按一定规则传递合成，用 $\sigma_{\mathrm{MUF}}$ 表示。如果物料平衡，MUF 应为零。如果 MUF 值不为零，应用数理统计方法进行准确度的评价。如果 MUF 值超出误差允许范围，应追查其原因，并将 MUF 与显著量比较，进行核保障意义的评价。

**封隔与监视** 封隔是核设施或设备的一种结构特性，可利用这种特性防止未被察觉的接触或移动核材料或相关的其他材料，或防止对物项的干扰，以确定区域或物项（包括核保障设备或数据）的实体完整性和维持对该区域或物项状态的持续了解。监视就是监测核材料或其他物项的移动，探查对封隔的干扰以及对保障设备、样品和资料的扰乱，通过视察员和仪器的观察来收集有关资料。封隔与监视措施的应用，提供了一种衡算的辅助措施，不仅核实相关的核保障资料保存的完整性的措施，也核实了有关核材料或其他材料、设备、样品的移动情况。

**环境取样** IAEA 用以确保不存在未申报的核材料和核活动的强化保障措施之一。采集环境样品并结合超灵敏分析技术，如质谱法、粒子分析和低活度辐射测量技术，能揭示过去和现在与操作核材料有关的活动信息。采集样品包括各种表面（如设备和建筑结构的表面）、空气、水、沉积物、植物、土壤和生物群。这种取样是在相关的操作核材料和进行核活动的设备和场所进行。但在必要时，按保障协定规定，可在视察员可以进行视察和访问的场所以外采集环境样品。

**探知的量化参数** 为核实必须进行的探知，这些探知参数必须量化，才可形成核保障的量化目标，这些目标是设计核保障方案和确定视察目标的准则，形成了组织保障活动和决定需要技术改进的基础，也是判断核保障是否充分的参考点。探知的量化参数有探知概率、探知时间、显著量等。

**探知概率** 即如果一定量核材料的转用已发生，IAEA 保障活动能产生探知该转用的概率。探知概率通常用 $1-\beta$表示，$\beta$是未探知的概率。衡算活动的探知概率为 $1-\beta_\alpha$，是预先设定的，作为建立取样计划的输入参数。目前使用的 $1-\beta_\alpha$值，对“高”概率水平为 90%，对“低”概率水平为 20%。误报警概率，即衡算的核查数据的统计分析指出已有一定数量核材料丢失，而实际上并未发生转用的概率 $\alpha$。为达衡算目标，$\alpha$被预先选定作为设计取样计划和进行统计检验的输入参数之一。通常设$\alpha$为 0.05 或更小，以使必须进行的核查的不符合或虚假异常的数量减少至最小。

**探知时间** 从核材料转用到这种转用被探知之间可能经过的最长时间。探知时间是用于制定视察目标的及时性分项的因素之一，它是通过规定的视察、实物盘存频度、封隔与监视措施来实现的。探知时间的长短近似于转化时间的估计量。目前对不同种类的核材料可估出转化时间，例如，对钚和高浓铀金属转化时间为 7～10 d；对钚和高浓铀的氧化物或混杂物，转化时间为 1～3 周；对辐照过燃料中钚和高浓铀，转化时间为 1～3 个月；对低浓铀和钍，转化时间为 3～12 个月。

**显著量** 有可能制成一个核爆炸装置的核材料的近似数量。显著量是用于确定衡算、视察等核实措施的目标以及评价其结果的重要数据。不同核材料具有不同的显著量值，如钚为 8 kg，铀-233 为 8 kg（铀-233），高浓铀为 25 kg（铀-235），低浓铀为 75 kg（铀-235），天然铀为 10 t，贫化铀为 20 t，钍为 20 t。

**发展趋势和我国对 NPT 的基本立场** 国际核保障在不断发展，截至 2010 年世界上已有 175 个国家与 IAEA 签订了不同类型的保障协定。核保障体系也在不断完善提高其核实的有效性和效率，为国际核安保发挥重要作用。作为和平利用核能领域唯一的政府间国际组织，IAEA 的重要职能之一是实施保障核查，虽然 IAEA 没参加 NPT 条约，但对 NPT 起着基本核查作用。根据 NPT 规定，每个非核武器缔约国必须与IAEA签订保障协定，IAEA按规约和保障协定的规定，核实该国所承担义务：不发展和制造核武器或其他核爆炸装置，也不从其他途径获得核武器或其他核爆炸装置。

1984年1月1日我国加入IAEA，并在1988年9月与IAEA签订《中华人民共和国和国际原子能机构关于在中国实施保障的协定》。该协定详细规定了保障的目的、目标及实施。我国将部分民用核设施自愿提交保障，接受视察。严格控制与核武器有关的，具有敏感性的材料、设备、设施、技术、情报等在国际上的交流与贸易。1992年我国加入NPT。这些都充分体现了我国对NPT的基本立场：完全禁止和彻底销毁核武器；坚决反对核武器的扩散；与国际社会共同努力，在国际上提高防止核扩散的能力和提高确保核安全的能力。（李泽　刘大鸣）

**hecailiao**

**核材料** （nuclear material）　广义的核材料是指核工业及核科学研究中所专用的材料的总称，包括核燃料及核工程材料（即非核燃料材料）。

核燃料是指能产生裂变或聚变核反应并释放出巨大核能的物质，可分为裂变燃料和聚变燃料(或称热核燃料)两大类。裂变燃料主要指易裂变核素如铀-235、钚-239和铀-233等。此外，由于铀-238和钍-232是能够转换成易裂变核素的重要原料，且其本身在一定条件下也可产生裂变，所以习惯上也称为核燃料。聚变燃料包含氢的同位素氘、氚，锂-6和其化合物等。

核工程材料是指反应堆及核燃料循环和核技术中用的各种特殊材料，如反应堆结构材料、元件包壳材料、反应堆控制材料、慢化剂、冷却剂、屏蔽材料等。例如，特种铝合金、铍、特种不锈钢、特种陶瓷、高分子材料等。

非核燃料材料是指吸收中子后可发生链式反应的核素或可新生成易裂变核素的可转换材料。铀-235、钚-239和铀-233的中子诱发裂变的能量阈值为零，它们被称作易裂变核素，即是能在热中子反应堆中使用的核燃料。钍-232和铀-238吸收中子后，可生成新的易裂变材料铀-233和钚-239，钍-232和铀-238被称为可转换材料。铀-238和钍-232资源丰富，为核能的利用提供了广阔的材料来源。核材料均是放射性核素，使用时必须注意防护。对钚、铀-233、浓缩度超过20%的铀-235实行严格控制与管理，防止上述特种核材料被盗，用来非法生产核武器。安全保障规程适用于燃料循环的全部环节，包括燃料制造、发电、燃料后处理、贮存和运输。

核材料必须置于设有多重实体屏障的保护区内，并实行全面管制与统计，防止损失与扩散。

核保障领域核材料包括源材料和特种可裂变材料。可裂变材料通常指能够发生核裂变的一种同位素或同位素的混合物。一些可裂变材料只能在足够快的中子（如动能高于1 MeV的中子）作用下发生裂变。有些是在包括慢（热）中子在内所有能量的中子作用下都能发生裂变的同位素，通常称为易裂变材料或易裂变同位素。例如，铀-233和铀-235以及钚-239和钚-241既是可裂变的，也是易裂变的；而铀-238和钚-240是可裂变的，但不是易裂变的。可转换材料也属于核材料的范畴。可转换材料可以通过其原子核俘获一个中子而转变成特种可裂变材料。有两种天然存在的可转换材料，铀-238和钍-232。通过俘获中子和经过随后的两次β衰变，铀-238和钍-232被分别转变成特种可裂变材料钚-239和铀-233。

《国际原子能机构规约》对“特种可裂变材料”和“源材料”作出了专门的定义，即：“特种可裂变材料”指钚-239、铀-233、富集了铀-235或铀-233的铀；含有上述一种或数种物质的任何材料以及国际原子能机构理事会随时确定的其他裂变材料，源材料除外。其中，“富集了铀-235或铀-233的铀”指含有铀-235或铀-233或兼含二者的铀，而这些同位素的总丰度与铀-238的丰度比值大于自然界中铀-235与铀-238的丰度比值。“源材料”指天然铀、贫化铀、钍；含上述物质的金属、合金、化合物或浓缩物形态的各种材料；含有上述一种或数种物质的其他材料，其浓度应由国际原子能机构理事会随时确定；以及由国际原子能机构理事会随时确定的其他材料。根据国际原子能机构情况通报INFCIRC/153号的规定，源材料不包括矿石或矿渣。

不同的国内和国际法律文书对核材料的范围可能会有不同的约定。如1987年颁布的《中华人民共和国核材料管制条例》中规定核材料种类为：铀-235及含铀-235的材料和制品；铀-233及含铀-233的材料和制品；钚-239及含钚-239的材料和制品；氚及含氚的材料和制品；锂-6及含锂-6的材料和制品。《核材料实物保护公约》和《制止核恐怖主义行为国际公约》中规定，对钚-238同位素含量超过80%的钚，不作为核材料对待。　　（刘大鸣　李泽）

hecailiao shiwu baohu

**核材料实物保护**　（physical protection of nuclear material）　国家通过立法和监管以及采取技术手段对核材料和核设施进行保护，旨在防范或阻止核材料在使用、贮存和运输中被盗、丢失以及非法转移和防止对核材料和核设施进行人为蓄意破坏的措施。实物保护措施适用于所有使用、贮存和运输过程中的核材料以及核设施。

**沿革**　核材料实物保护的国际法律基础是1987年2月生效的《核材料实物保护公约》。在国际原子能机构（IAEA）的积极推动下，2005年7月完成了对该公约的修订。按照《核材料实物保护公约》及其修订案的有关规定，各国应建立与核材料保护相关的国内法律体制，并指定主管部门对核材料实物保护进行全面监管，包括许可证审批要求或其他授权程序。IAEA建议性文件《核材料和核设施实物保护》（INFCIRC/225/Rev.4）是目前国际上普遍采用的用于核材料实物保护的技术指导文件。2011年IAEA完成了对该建议性文件的修订，并正式出版INFCIRC/225/Rev.5。

**主要目的**　①防止盗窃和其他非法获取在使用、贮存和运输中的核材料；②确保采取迅速和全面的措施，以查找和在适当时追回失踪或被盗的核材料；③保护核材料免遭人为蓄意破坏；④减轻或最大限度地降低人为蓄意破坏所造成的放射后果。

**制度的建立**　一般而言，建立和实施国家核材料实物保护管理制度是政府主管部门的责任。运行和维护核材料实物保护系统、保护核材料安全的主要责任由核材料许可证持有者（或承运者）及核设施的营运者和管理者承担。建立核材料实物保护制度应当实现下列目标：①控制和保护敏感信息，以降低针对核材料和核设施的恶意行为的风险；②通过探测、延迟等技术措施有效地阻止恶意的企图或行为；③采取有效的响应和应对措施减轻恶意行为引起的后果。

**系统的设计**　应基于国家对现实和潜在威胁的评定，通过对威胁和恶意行为潜在后果的分析，并根据国家有关的法律和监管要求，确保采取适当有效的实物保护措施。对擅自转移核材料及破坏核材料和核设施的威胁的评价而确定的设计基准威胁是建立核材料和核设施实物保护系统的一个必要组成部分。何种风险水平对于核材料实物保护而言是可以接受的，以及应当采取何种级别的保护措施来防止威胁应当由政府主管部门决定。在实施核材料实物保护措施时应体现纵深防御原则，即将安保系统与装置、程序（包括警卫及其履行职责）和设施布局等要素通过设计的方式加以有效结合。核材料实物保护的探测、延迟和响应等技术功能均应体现均衡和纵深防御的原则。纵深防御还应当考虑包括现有核安保应急响应能力以及核材料衡算与控制系统在内的相关措施。分级保护是目前国际上普遍采用的对核材料进行适当保护的有效措施。在应用核材料分级保护方案时应考虑当前对威胁的评价、核材料的性质和相对诱惑力以及与擅自转移核材料和蓄意破坏核材料或核设施有关的潜在后果。通过分级保护的方法，可以使受关注的核材料与实物保护措施之间建立适当的关系。对于防止蓄意破坏核材料和核设施的恶意行为，需要从技术上确定不可接受的放射性后果的阈值，以便在考虑现有核安全和辐射防护要求的同时确定适当的实物保护级别。实物保护分级方案对可能导致较严重后果的事件实行较高级别的保护。

**风险管理** 国家核材料实物保护制度应通过风险管理的方式将擅自转移核材料和蓄意破坏核材料和核设施的风险控制在可接受的水平以下。核材料实物保护可以通过以下方式进行风险管理：①通过有效的和可靠的实物保护措施的威慑作用以及对敏感信息和资料的保护以减少威胁；②通过实施纵深防御，或建立和维护核安保文化来提高实物保护系统的有效性；③通过改变核材料的数量和类型以及设施的设计来减轻恶意行为的潜在后果。

核材料实物保护的主管部门、核材料许可证持有者（或承运者）及核设施的营运者和管理者应制订和实施相关的核材料保护应急计划，对擅自转移、偷盗核材料或破坏核材料或核设施的行为做出必要的反应。

**实物保护信息安全** 核材料信息和实物保护信息的安全是目前核安保领域关注的问题。因此，应当采取步骤，以确保适当保护若被擅自泄露可能损害核材料和核设施实物保护的特定或详细资料。核材料许可证持有者（或承运者）及核设施的营运者和管理者应当确定需要保护哪些涉及核材料和核设施安全的信息资料，以及应如何采用分级方案来保护这些信息资料。

**我国实物保护实践** 1987年6月15日，国务院颁布了《中华人民共和国核材料管制条例》，规定国家对核材料实行许可证制度。该条例要求核材料许可证持有单位对生产、使用、贮存和处置核材料的场所，建立严格的安全保卫制度，采用可靠的安全防范措施，严防盗窃、破坏、火灾等事故的发生。1990年9月25日，我国政府的相关部门发布了《中华人民共和国核材料管制条例实施细则》，对核材料实物保护措施的实施和监督管理做出了规定。目前我国对核材料分级保护的规定列于表1，IAEA建议的核材料分类见表2。

**表1　中国核材料实物保护等级划分**

| 材料 | 状态 | 等级 | | |
|---|---|---|---|---|
| | | Ⅰ | Ⅱ | Ⅲ |
| 钚 | 未辐照过的 | >2 kg | 10 g～2 kg | <10 g |
| 铀 | 未辐照过的，$^{235}$U 富集度≥20%的浓缩铀 | >5 kg | 1～5 kg | 10 g～1 kg |
| | 未辐照过的，$^{235}$U 富集度在 10%～20%范围的浓缩铀 | | >20 kg | 1～20 kg |
| | 未辐照过的，$^{235}$U 富集度<10%的浓缩铀（不包括天然铀、贫化铀） | | >300 kg | 10～300 kg |
| 氚 | 未辐照过的，以氚量计 | >10 g | 1～10 g | 0.1～1 g |
| 锂 | 浓缩锂（以锂计） | | >20 kg | 1～20 kg |

**表2　IAEA建议的核材料分类**

| 材料 | 状态 | 类别 | | |
|---|---|---|---|---|
| | | Ⅰ | Ⅱ | Ⅲ③ |
| 钚① | 未辐照过的② | ≥2kg | 500g～2kg | >15g，≤500g |
| $^{235}$U | 未辐照过的②，$^{235}$U 含量>20%的浓缩铀 | ≥5kg | 1～5kg | 15g～1kg，1kg |
| | 未辐照过的②，$^{235}$U 含量在 10%～20%范围的浓缩铀 | | ≥10kg | 1～10kg |
| | 未辐照过的②，$^{235}$U 含量超过天然铀，但<10%的浓缩铀 | | | ≥10kg |
| $^{233}$U | 未辐照过的② | ≥2kg | 500g～2kg | >15g，≤500g |
| 经辐照的燃料 | | | 贫化铀或天然铀，钍或低加浓铀（可裂变物质含量小于10%）④，⑤ | |

注：① 各种钚，但同位素钚-238 浓度大于 10%除外；②未在反应堆中辐照过的材料；或在反应堆中辐照过，但在1 m无屏蔽时其辐射水平等于或小于1Gy/h的材料；③数量低于第Ⅲ类以及天然铀，应按照慎重的管理办法进行保护；④虽然建议了这一保护级别，但各国可根据其对具体情况的评价，规定另外的实物保护材料类别；⑤在未经辐照前由于原有裂变材料含量而划归第Ⅰ和第Ⅱ类的其他燃料，如在1 m无屏蔽时其辐射水平超过1Gy/h，即可降低一级。

由表 1 和表 2 可以看出，我国关于核材料分类的最大特点是把某些量的氚和锂也纳入了监管体系，而 IAEA 却未推荐。

我国现行核材料管制法规对存放于固定场所或部位的不同等级核材料的实物保护基本要求为：①存放一级核材料的部位必须设置武装警卫，出入人员使用专门证件，严格控制非本单位人员进入，履行登记手续，实行“双人双锁”制度；存放一级核材料的场所至少要建立两道完整、可靠的实体屏障，储存一级核材料必须有保险库或保险柜；一级核材料的场所、部位应装设报警、监视等技术防范装置组成的安全防范系统。②二级核材料部位设武装警卫或固定专人昼夜看守，出入人员使用专门证件；二级核材料的场所要建立两道实体屏障，其中必须有一道是完整可靠的；储存二级核材料必须有坚固的库房或柜；二级核材料的场所，其重要部位应装设报警或监视等技术防范装置。③三级核材料部位设专人看守，或将核材料存入安全装置内；核材料场所必须建立一道完整、可靠的实体屏障；警卫人员必须经过严格训练，配备必要的装备、器材，一旦发现破坏、抢劫、盗窃行为，应迅速干预制止，及时报告。无论采用哪一种技术防范措施，都应使之对非法侵入行为发出快速警报。

（刘大鸣　潘自强）

**《Hecailiao Shiwu Baohu Gongyue》**

**《核材料实物保护公约》**（Convention on the Physical Protection of Nuclear Material）国际防核扩散与核安保领域中重要的法律文书，也是联合国已经通过的 13 个国际反恐公约之一。《核材料实物保护公约》（简称《公约》）的主要宗旨是保护用于和平目的的核材料在国际运输中的安全，防止未经政府批准或者合法授权的集体或个人破坏、获取或使用核材料。《公约》文本于 1979 年 10 月 26 日正式通过，1980 年 3 月 3 日在维也纳国际原子能机构总部和纽约联合国总部开放供签署，1987 年 2 月 8 日正式生效。《公约》的保存人是国际原子能机构（IAEA）。截至 2010 年 9 月，共有 145 个国家和国际组织成为《公约》的缔约国（或缔约方）。

**主要内容**　《公约》由序言、正文和两个附件组成，其主要内容为：①缔约国确保对在境内的核材料或装载于属其管辖的船舶或飞机上的核材料，在国际运输中按规定的级别予以保护。②缔约国承诺不输出或输入、也不准许他国经其陆地、内河航道、机场和海港过境运输核材料，除非取得保证该材料已按《公约》附件规定的保护级别受到保护。③在核材料被盗、抢劫或受到威胁时，缔约国应向任何提出请求的国家提供合作，以追回丢失的核材料。④《公约》规定了有关的蓄意犯罪行为的定义、刑事管辖权以及对被控罪犯的起诉和引渡程序。⑤除就国内使用、储存和运输中的用于和平目的的核材料所明确作出的承诺外，《公约》不影响缔约国对这种核材料的主权权利。⑥缔约国之间对《公约》的解释或应用发生争端时，应进行协商解决。当协商无效时，应提交仲裁或提交国际法院裁决。《公约》允许缔约国对提交仲裁或提交国际法院裁决这两种争端解决程序作出保留。⑦规定了核材料的分类方法以及相应的实物保护级别。

**修订及修订后的缔约情况**　20 世纪 90 年代以后，国际上不断发生的核材料非法交易事件和恐怖主义活动，使国际社会认识到恐怖主义已经成为影响地区安全和稳定的现实威胁。在一些国家的倡议下，IAEA 秘书处在 1999 年 6 月举行的 IAEA 理事会上正式提出对《公约》进行修订的建议。1999 年 11 月，IAEA 总干事根据理事会的意见召开了由《公约》缔约国派代表参加的专家工作组会议，对《公约》的适用情况进行审议，讨论是否有必要修订《公约》。由此，《公约》的修订工作正式启动。

**修订程序**　在对国际核材料与核设施安保体制所面临的形势、有关的国际法律体系、技术措施和国际合作等诸方面进行了详细认真的研究和讨论之后，专家工作组得出“显然有必要加强实物保护的国际体制”的结论，并建议采用各种措施，包括起草一项定义明确的修订案以加强《公约》。专家工作组于 2001 年 5 月通过了向 IAEA 总干事提交的最后报告。2003 年 3 月，各国以协商一致的方式通过了《公约》修订案文起草专家会议的最后报告。此后，经过历时两年的讨论和磋商，完成了《公约》修订案文的起草工作。IAEA 总干事在征得 2/3 以上《公约》缔约国的同意后，于 2005 年 7 月召开审议《公约》修订案的外交大会，以协商一致的方式通过了《公约》修订案文本。

**修订内容** 《公约》修订案将《公约》的名称由《核材料实物保护公约》改为《核材料和核设施实物保护公约》。《公约》修订案的适用范围由原《公约》仅适用于核材料国际运输扩展到适用于核材料的国内使用、储存与运输和核设施的实物保护。

《公约》修订案增加了以下方面的内容：

第一，明确了一国建立、实施和维护实物保护制度的责任完全在于该国。

第二，明确了核材料和核设施实物保护的主要目标：①防止盗窃和其他非法获取在使用、贮存和运输中的核材料；②确保采取迅速和综合的措施，以查找和在适当时追回失踪或被盗的核材料；③保护核材料和核设施免遭蓄意破坏；④减轻或尽量减少蓄意破坏所造成的放射性后果。

第三，确立了核材料和核设施实物保护的基本原则：

①国家的责任 一国建立、实施和维护实物保护制度的责任完全在于该国。

②国际运输中的责任 一国确保核材料受到充分保护的责任延伸到核材料的国际运输，直至酌情将该责任适当移交给另一国。

③法律和监管框架 国家负责建立和维护管理实物保护的法律和监管框架。该框架应规定建立适用的实物保护要求，并应包括评估和许可证审批或其他授权程序的系统。该框架应包括对核设施和运输的视察系统，以核实适用要求和对许可证或其他授权文件的条件的遵守情况，并确立加强适用要求和条件的手段，包括有效的制裁措施。

④主管部门 国家应设立或指定负责实施法律和监管框架的主管部门，并赋予充分的权力、权限和财政及人力资源，以履行其所担负的责任。国家应采取步骤确保国家主管部门与负责促进或利用核能的任何其他机构之间在职能方面的有效独立性。

⑤许可证持有者的责任 应当明确规定在一国境内实施实物保护各组成部分的责任。国家应确保实施核材料或核设施实物保护的主要责任在于相关许可证持有者或其他授权文件的持有者（如营运者或承运者）。

⑥安全保卫文化 所有参与实施实物保护的组织应对必要的安全保卫文化及其发展和保持给予适当优先地位，以确保在整个组织中有效地实施实物保护。

⑦威胁 国家的实物保护应基于该国当前对威胁的评估。

⑧分级方案 实物保护要求应以分级方案为基础，并考虑当前对威胁的评估、材料的相对吸引力和性质以及与擅自转移核材料和蓄意破坏核材料或核设施有关的潜在后果。

⑨纵深防御 国家对实物保护的要求应反映结构上的或其他技术、人事和组织方面的多层保护和保护措施的概念，敌方要想实现其目的必须克服或绕过这些保护层和保护措施。

⑩质量保证 应当制定和实施质量保证政策和质量保证大纲，以确信对实物保护有重要意义的所有活动的特定要求都得到满足。

⑪意外情况计划 所有许可证持有者和有关当局应制订并适当执行应对擅自转移核材料、蓄意破坏核设施或核材料或此类意图的意外情况（应急）计划。

⑫保密问题 国家应就那些若被擅自泄露则可能损害核材料和核设施实物保护的资料制定保密要求。

第四，鼓励在自愿的基础上，缔约国之间在实物保护方面进行合作。

第五，规定缔约国可酌情与其他缔约国直接或经由 IAEA 或其他国际组织进行磋商和合作，以获得对国内使用、贮存和运输中的核材料和核设施的国家实物保护系统的设计、维护和改进方面的指导。

第六，增加了“蓄意破坏”的定义，即针对核设施或使用、贮存或运输中的核材料采取的任何有预谋的行为，这种行为可通过辐射照射或放射性物质释放直接或间接危及工作人员、公众的健康与安全，或危及环境。《公约》修订案对蓄意破坏核材料或核设施的违法犯罪行为做了明确的规定，要求缔约国的国内法律应对有关的违法犯罪行为予以惩处，并在引渡或相互司法协助方面开展合作。

第七，增加了核设施的定义，即生产、加工、使用、处理、贮存或处置核材料的设施，包括相关建筑物和设备，这种设施若遭破坏或干扰可能导致显著量辐射或放射性物质的释放。《公约》修订案保留了《公约》中核材料的定义和核材料保护分类表。

**我国缔约情况** 我国于 1989 年 1 月 10 日向 IAEA 递交了加入书，同时声明对《公约》第十七条第 2 款所规定的两种争端解决程序提出了保留。同年 2 月 9 日，《公约》对我国生效。2008 年 10 月，全国人大常委会批准了《公约》修订案。2009 年 9 月，我国政府向《公约》保存人 IAEA 递交了批准书。（刘大鸣　邓戈）

**hedianchang**

**核电厂** （nuclear power plant）　用铀、钚等做核燃料，在核反应堆中将核裂变反应产生的能量转变为电能的发电厂。

**分类** 根据反应堆种类的不同相区别，核电厂分为压水堆核电厂、沸水堆核电厂、重水堆核电厂、石墨水冷堆核电厂、石墨气冷堆核电厂、高温气冷堆核电厂和快中子增殖堆核电厂等。据 2012 年全世界商业运行核电厂数量统计，压水堆核电厂占 61%，沸水堆核电厂占 21%，重水堆核电厂占 9.1%。石墨水冷、石墨气冷堆核电厂已停建，高温气冷堆和快中子堆核电厂尚未实现大规模商业化应用。

**结构** 核电厂由核岛、常规岛和电厂配套设施三大部分组成。核岛主要包括核蒸汽供应系统，常规岛主要包括汽轮发电机组。核燃料在反应堆内产生裂变能，主要以热能的形式出现。它经过冷却剂的载带和转换，最终形成蒸汽或高温气体驱动涡轮发电机组发电。

**工作流程** 以典型压水堆核电厂为例。压水堆核电厂主要由核反应堆、一回路系统、二回路系统及其他辅助系统和设备组成。其工作流程见下图。

**一回路系统** 一回路是将核裂变能转化为水蒸气的热能装置，由反应堆、主循环泵、稳压器、蒸汽发生器以及相应的管道等组成。反应堆内产生的核能，使堆芯发热温度升高，高温高压的冷却水在主循环泵驱动下，流进堆芯，将堆芯中的热量带到蒸汽发生器。蒸汽发生器再把热量传递给二回路循环的给水，使给水加热变成高压蒸汽。放热后的冷却水重新流回堆芯，不断地循环往复，构成一个密闭的环路。一回路系统的压力由稳压器进行调节。压水堆核电厂的一回路系统一般有 2～4 条并联的密闭环路。通常每条环路由一台循环泵和一台蒸汽发生器与相应的管道连接而成。为确保安全，压水堆核电厂一回路系统所有带强放射性的关键设备都安装在一座立式圆柱形或球形的反应堆安全壳内，安全壳厂房采用预应力混凝土或钢结构大型建筑结构，能承受一定压力，以防止在一回路失水事故或其他事故下放射性物质外逸。为了保证堆芯核燃料在任何情况下得到冷却而免于烧毁融化，核电厂设置有多项安全设施。

**二回路系统** 由汽轮机、发电机、冷凝器、凝结水泵、给水泵、给水加热器和中间汽水分离再热器等设备组成。蒸汽发生器的二回路给水吸取了一回路传来的热量变成高压蒸汽，然后推动汽轮机，带动发电机发电。做功后的废气在冷凝器内冷却而凝结成水，再由给水泵送入加热器加热后重新返回蒸汽发生器，再度成为高压蒸汽。这样构成了第二个密闭循环回路。二回路系统的设备均安装在汽轮发电机组厂房内，一回路和二回路通过蒸汽管道与蒸汽发生器连接。

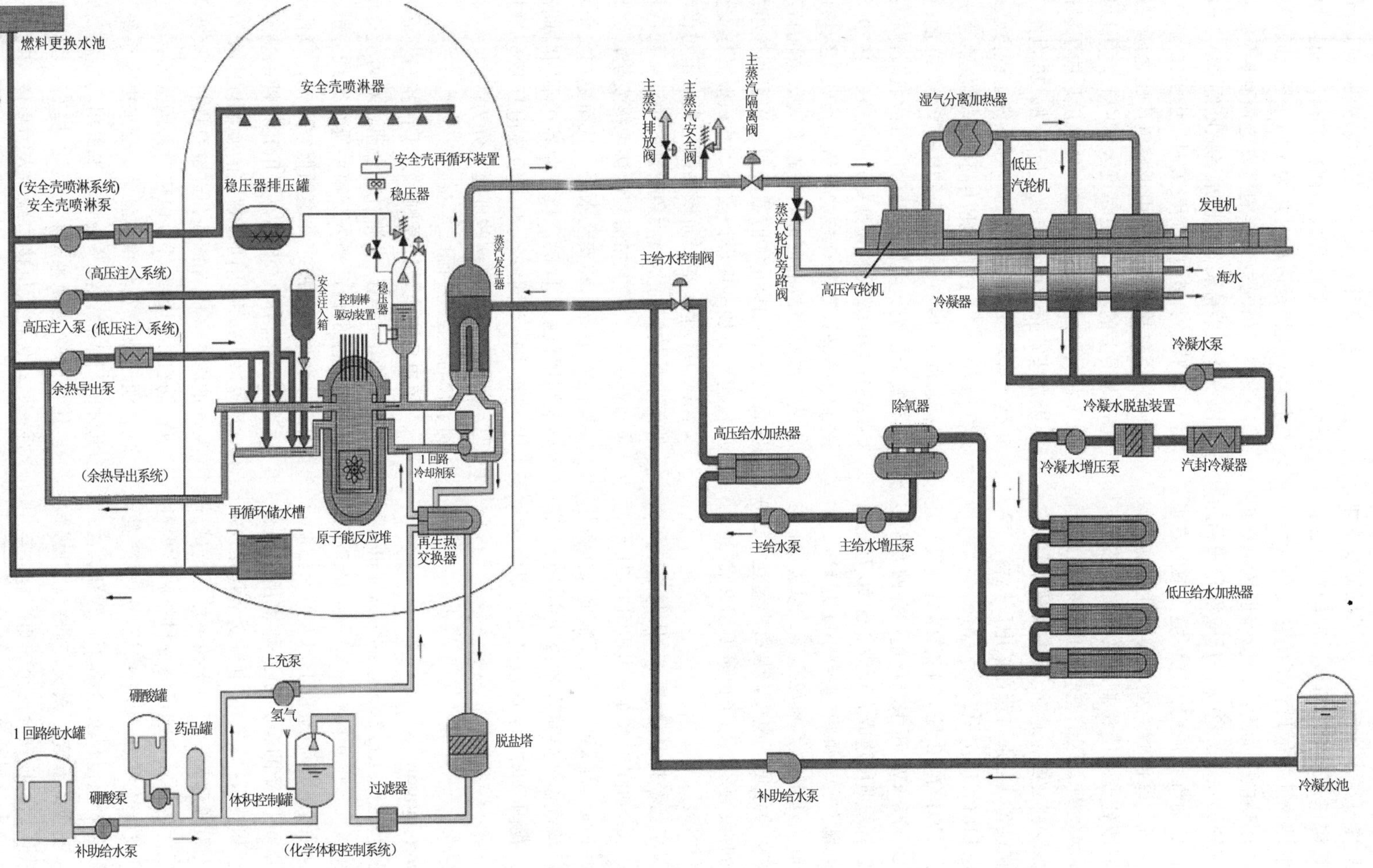


燃料更换水池
安全壳喷淋器
安全壳再循环装置
稳压器排压罐
稳压器
(安全壳喷淋系统)
安全壳喷淋泵
(高压注入系统)
高压注入泵
(低压注入系统)
余热导出泵
(余热导出系统)
安全注入箱
控制棒驱动装置
稳压器
蒸汽发生器
1回路冷却剂泵
再循环储水槽
原子能反应堆
再生热交换器
上充泵
硼酸罐
药品罐
氢气
1回路纯水罐
硼酸泵
体积控制罐
过滤器
脱盐塔
补助给水泵
(化学体积控制系统)
主蒸汽排放阀
主蒸汽安全阀
主蒸汽隔离阀
主给水控制阀
蒸汽轮机旁路阀
湿气分离加热器
低压汽轮机
发电机
高压汽轮机
冷凝器
海水
冷凝水泵
冷凝水脱盐装置
冷凝水增压泵
汽封冷凝器
除氧器
高压给水加热器
主给水泵
主给水增压泵
低压给水加热器
补助给水泵
冷凝水池

压水堆核电厂流程图

**辅助系统** 压水堆核电厂为了保证反应堆和一回路系统正常运行、事故工况的安全保护及防止放射性物质扩散设置了整套安全系统和辅助系统。按功能分为五类：①保证核电厂正常运行的核辅助系统。②保证反应堆和一回路安全和防止放射性物质向大气环境扩散的专设安全设施系统。③回收、处理放射性废物、保护环境的三废处理系统和监测系统。④核电厂采暖空调、水处理、压缩空气等电厂辅助系统。⑤核电厂核燃料装卸、贮存、运输和检测系统。这些系统和设备，分别布置在核电厂燃料厂房、核辅助厂房和电气厂房内。

我国自 1991 年 12 月 15 日首座自行设计建造的秦山 30 万 kW 压水堆核电厂并网发电以来，到 2012 年分别已建成大亚湾 2 台 90 万 kW、秦山 4 台 60 万 kW、岭澳 4 台 100 万 kW、田湾 2 台 100 万 kW 压水堆核电厂，以及秦山 2 台 70 万 kW 重水堆核电厂，装机容量达 1 200 万 kW。同时我国还出口了巴基斯坦 2 台 30 万 kW 压水堆核电厂。

目前国家已经批复建造的二代及改进和三代型 EPR、AP1000 压水堆核电机组共 31 台，装机容量近 3 000 万 kW，同时研究开发大型压水堆核电厂，高温气冷堆和钠冷快中子堆示范核电机组。我国已成为全球核电在建规模最大的国家。 （杜圣华　汤搏）

**hedianchang anquan**

## 核电厂安全 （safety of nuclear power plant）

为了保证在核电厂中预防核事故，或者在核事故后缓解其后果，从而避免工作人员、公众及环境受到不可接受的辐射照射危害所采取的一系列管理和技术措施。核电厂安全是核设施安全的一个组成部分，但由于核电厂在全球分布比较广泛，包含较多的可裂变材料和放射性物质，一旦发生核事故，影响广泛，后果严重，所以国际社会对核电厂安全给予了特别关注。

**核电厂安全的演变** 人类在研究和开发核能之初，就认识到核安全的至关重要性。核电厂安全的最基本技术要求是有效控制核裂变链式反应。1942 年，美国物理学家费米（Feymi）领导的小组在芝加哥大学体育馆看台下建设世界上第一座核反应堆时，为了防止链式反应失控，设置了用绳索吊挂的“安全控制棒”，并安排一个人手持利斧随时准备砍断绳索。20 世纪 50 年代，当核电开始发展时，由于先前的一些研究堆事故，特别是由于核电厂比之研究堆拥有大得多的功率，更靠近人口中心，所以核电厂安全更加受到了关注，并逐步形成了以确定论为基础的一整套安全分析方法。20 世纪 70 年代，概率安全分析作为一种系统工程方法逐步发展起来，并成功地应用于轻水堆安全分析，其标志即为 1975 年 10 月美国核管会发布的《反应堆安全研究：美国核动力厂事故风险评价》（WASH-1400，又称拉斯姆森报告）。1979 年美国三哩岛核事故让核能界清醒地认识到核电厂发生严重事故的可能，并在人因等方面持续提高核安全；1986 年前苏联切尔诺贝利核事故后核能界更加重视设计安全，并积极倡导安全文化；2011 年日本福岛核事故则引发了对极端外部事件的应对、核应急管理的关注。每次核事故都促使人类更加深刻地认识核安全，并切实提高安全要求和安全水平，从而更加安全可靠地利用核能。同时，核行业界在不同时期设计出了具有不同安全水平的核电厂反应堆堆型，美国能源部将这些堆型共分为四代，并得到了较为广泛的引用。

**核电厂安全设计原则** 为了保持三项基本安全功能，核电厂设计时，会通过对可能影响核电厂安全的内部和外部事件进行系统分析，确定一套设计基准，并遵循保守原则，以保证适当的安全裕度。例如，采用冗余性以满足单一故障准则；利用四个独立的实体屏障和五个层次的防御（固有特性、设备及规程）来实现纵深防御；利用多样性以应对共因故障；独立性；通过故障安全和非能动安全来提高系统和部件的可靠性；在系统设计中采用功能隔离或实体分隔来实现独立性，从而提高系统可靠性；通过优化人机接口减少人因事件（参见核安全技术原则）。

**核电厂安全运行管理** 核电厂营运单位对其安全运行负全面责任，应具有相应的决策、运行、支持、审查等职能。从调试开始，营运单位必须履行其全部的职能，包括安全管理、人员培训、辐射防护、放射性废物管理、记录的管理、防火安全、实物保护和应急计划等；按照经批准运行限值和条件由合格的人员运行核电厂，对安全重要构筑物、系统和部件开展维修、试验、监督和检查活动；在整个运行寿期内，考虑到最终退役方面的需要，并尽早做出适当安排。

**核电厂安全性的特点** 核电厂系统复杂、功率水平高、分布相对较广，是备受关注、最为典型的核设施。相对而言，其安全措施和管理制度也更为系统完善。一方面，核电厂的设计基于一整套保守的假设，如设计基准事故和设计基准外部事件，并遵循纵深防御的原则，采用确定论、概率论和正确的工程判断相结合的分析方法，通过采用经验证的技术以及独立性、多重性、多样性的技术手段保障系统的可靠性。另一方面，以“安全第一”为核心的核安全管理制度贯穿于核电厂选址、设计、制造、建造、调试、运行、退役等各阶段，并由核安全监管机构实施外部独立监管。总体来说，相对于其他电力生产方式和工业实践，核电厂安全风险处于社会可接受的风险范围。

（汤搏　赵成昆）

**hedianchang repaifang**

**核电厂热排放** (thermal discharge from nuclear power plant) 核电厂利用核能发电后的余热向环境的排放。核电厂将核能转换为热能用以产生供汽轮机用的蒸汽，汽轮机再带动发电机产生电力，而余热通常由循环冷却水载带而进入环境。一般大型火电厂实际热效率仅为40%，核电厂不及35%，60%以上的热量排入环境。

核电厂循环冷却水的冷却方式与火电厂的相同，通常有如下两种：①一次循环冷却：核电厂循环冷却水一次直流通过冷凝器后直接排放到自然水域，通过与自然水体的掺混将大量余热带入水域。②二次循环冷却：核电厂循环冷却水通过冷凝器后进入冷却塔，将余热通过冷却塔释放到大气中，冷却后的水再次返回冷凝器。随着电力工业的高速发展，火（核）电厂热排放对环境的影响日益突出，越来越受到社会各界的关注和政府部门的重视。

**环境问题分类** 核电厂循环冷却水的冷却方式不同，所带来的环境问题也不相同。

**一次循环冷却的环境问题** 如果核电厂紧邻大海、大河或大型内陆水体，只需使用直流冷却系统就能轻易达到冷却目的。这是一种传统的冷却方式，在此过程中，冷却水在冷凝器中进行一次循环冷却后，以比原来环境水温高几摄氏度甚至十几摄氏度的水温排回大海、湖泊或河流中。由于温排水的水温比环境水温高，在受纳水域会出现少量蒸发情况（约1%），水资源不会出现过多的损失，但温排水可能带来一系列的环境问题，因此这种冷却方式的使用受到了限制或禁止。采用一次循环冷却的一座百万千瓦级核电厂，冷却水的流量约为50 $m^3/s$。如一个核电厂拥有八台机组，冷却水的流量将高达400 $m^3/s$。高于环境水温6～11℃的热水（温排水）源源不断地排入受纳水域，造成环境水温升高，从而产生对水生生物个体及生态系统的热影响，形成热污染。

温排水的热影响主要体现在两方面：①对电厂的影响，受纳水体温度升高导致取水温度增加，进而降低电厂冷却效率，这种影响可以通过冷却水取、排口的合理布局来解决。②对水环境的影响，水温升高使水中饱和溶解氧降低，容易引发赤潮；导致水生生物（藻类、浮游生物和底栖生物）的种群数量和构成发生变化；影响对温度敏感鱼类的迁徙、生长、生殖，甚至可能致死；一些化学物质或重金属的毒副作用也会因水温升高而加剧。温排水对水域生态环境热影响的潜在性、累积性看起来似乎不及化学物质水污染危害大，但长期的、大量的温排水排入水域，将引起环境增温效应，达到损害环境质量的程度，以致危害人体健康和生物生存，形成热污染。热污染从根本上、整体上改变着水体理化特性，进而严重影响水生态系统的结构和功能。此外，与冷却塔和温排水有关的嗜热微生物可能对人体健康造成影响。

关于电站冷却水对水环境的影响，西方国家在 20 世纪已经注意到，并开始立法、制定控制标准来防止热污染。国外防止热污染的主要措施是使用冷却塔冷却或将冷却水在深海喷射扩散。

**二次循环冷却的环境问题** 将核电厂循环冷却水通过冷却塔冷却，余热释放到大气中，可以有效解决核电厂循环冷却水直接排放到自然水域所带来的水环境热污染问题。冷却塔的类型通常可分为湿式冷却系统和干式冷却系统。湿式冷却系统通过把水送入冷却塔或冷却池进行冷却而实现水的再循环，在这个过程中，水通过直接接触空气（主要是通过蒸发）完成冷却。在干式冷却系统中，来自冷却水的热量通过热交换器（无蒸发损失）间接传递到最终散热器中。

对于湿式冷却系统有如下问题需要关注：①冷却塔内携带余热的冷却水从冷却塔填料层滴落，产生噪声；②冷却水水滴在冷却塔内下落过程中，与空气交换热量会产生大量的水蒸气，水蒸气携带大量的余热从冷却塔排气口排出，与周围的空气混合后冷凝为可见雾羽（粒径为 30～40 μm）会形成荫屏而减弱太阳辐射，或引起下雾和结冰而给交通出行造成影响；③冷却水在塔内滴落时，会产生大量的细小水滴（粒径为 30～1 800 μm），随塔内上升气流而带出塔外形成飘滴，飘滴降落在冷却塔周围造成盐沉积；④冷却塔释热会导致在散热区和塔内的微生物数量增加，与这些菌群过量接触有可能致病；⑤冷却塔在一定程度上影响景观。

相对于一次循环冷却，湿式冷却系统从环境中的取水总量可减少近 95%。取水量虽然已大幅减少，但仍相当可观，一座 1 000 MW（e）核电厂的取水量高达 1 $m^3/s$。此外，湿式冷却系统除了会有蒸发水量损失之外，还有因随着气流带走的小水滴而产生的飘移损失，多达 50%或更多的水会被蒸发。

电厂冷却用水需求会对工业、农业和居民用水以及环境造成很大的影响。为了减少热电厂的耗水，在二次循环冷却系统中，干式冷却塔仅仅使用空气进行冷却，几乎没有水的损失，因而不存在蒸发和飘滴所致的环境问题，被设计用来取代传统的蒸发冷却塔。但干式冷却系统的造价要远远高于湿式冷却塔，而且在每年最热的季节里它们会降低电厂效率，限制了电厂的电力输出。

**环境对策和管理** ①倡导废热能“减量化、再利用、资源化”和“资源再利用”的循环经济理念，促进核电厂循环冷却水余热高效回收利用；②采取合适的冷却方式、降低温排放的环境影响；③防止温排水显著改变水体的理化特性，保持当地生物多样性的相对稳定，保证水域生态系统的结构基本完整以及功能不受明显的影响和破坏；④温排水不得降低环境受纳水体现状使用功能，保证现有水质不会降级。对确实由于发展经济或布局调整需降低现状水质管理目标时，必须论证温排放带来的经济和社会利益使得降级是正当的。

我国对热排放按照环境保护法律和法规加以规范和控制。如 2008 修订的《中华人民共和国水污染防治法》第三十五条规定：“向水体排放含热废水，应当采取措施，保证水体的水温符合水环境质量标准”；《中华人民共和国海洋环境保护法》第三十六条规定：“向海域排放含热废水，必须采取有效措施，保证邻近渔业水域的水温符合国家海洋环境质量标准，避免热污染对水产资源的危害”；《近岸海域环境功能区管理办法》（国家环境保护总局令第 8 号，1999）第九条规定，对入海河流河口、陆源直排口和污水排海工程排放口附近的近岸海域，可确定为混合区。应当根据该区域的水动力条件，邻近近岸海域环境功能区的水质要求，接纳污染物的种类、数量等因素，进行科学论证，确定混合区的范围。混合区不得影响邻近近岸海域环境功能区的水质和鱼类洄游通道。

国家标准按照水环境功能规定了相应的水

质标准。例如,《地表水环境质量标准》(GB 3838—2002)中关于水温的规定,对Ⅰ至Ⅴ类水域均为“人为造成的环境水温变化应限制在:夏季周平均最大温升≤1℃,冬季周平均最大温降≤2℃”。《海水水质标准》(GB 3097—1997)规定,对于第一、二类海域海水水质,人为造成的海水温升夏季不超过当时当地 1℃,其他季节不超过 2℃;对于第三、四类海域海水水质,人为造成的海水温升不超过当时当地 4℃。

当温排水排放系统末端可能超过水质标准要求的水温(或温升)时,可考虑设置温排水混合区,但应满足下列要求:①不削弱水体功能的完整性;②不危及到重要的生态敏感区;③不妨碍和影响鱼类等水生生物的正常洄游;④考虑了热效应与其他物质的相互作用后,水质不会发生恶劣变化;⑤不降低邻近环境功能区的水质,对公众没有重大的健康危险。

温排水自扩散器连续向受纳水体排放,排放物的热成分在初始喷射动量、浮力通量和排放系统特征的控制下进行初始稀释和混合,之后过渡到由周围环境作用主导的混合过程。各个瞬时造成受纳水体水温超过该水域水质目标限值的一个有限面积或体积(即包络)称为混合区。从监管的角度出发,将超过环境质量标准规定的区域称为监管混合区。在监管混合区内,允许降级使用受纳水体水质的水温标准,但不得对受纳水体中的野生动植物造成不可逆的、有害的效应;在监管混合区外,水质标准不得改变。

随着全球干旱地区人口的增长及人们对环境影响重视的增加,更为高效节水的水冷技术成为时代的迫切需求。至 20 世纪后期,传统电厂的冷却技术通常是一次直流冷却。与其他技术相比,该技术的运行效率较高,建造和运营成本较低。但随着可用冷却水的不断减少,受管理或自然条件的限制,冷却技术的发展趋势已向干式冷却塔转变。

美国环境保护局正在根据《清洁水法》§316(b)条款制定联邦法规,将要求冷却水取水构筑物的位置、设计、建造和取水量均考虑采用最佳可用技术,使得不利环境影响(即卷吸和碰撞影响以及热排放影响)最小化。事实上,自 20 世纪 70 年代中期起,美国建立的所有新蒸汽电力装置均使用了闭式循环冷却,其中许多装置都使用了冷却塔。

我国也正在研究关于核电厂温排水的环境对策和管理要求。近年来,干式冷却方式在世界各地得到了广泛推广,从发展趋势上看,严格的用水限制、环境影响的压力和许可审查延长等均是推动采用干式冷却的助力因素。

(陈晓秋　赵亚民)

**hedianchang sheji jizhun**

**核电厂设计基准** (design basis for nuclear power plant)　规定核电厂的必备能力,以适应在规定的辐射防护要求范围内所确定的运行状态和设计基准事故。设计基准必须包括正常运行技术规格、假设始发事件造成的核电厂状态、安全分级、重要假设以及在某些情况下特定的分析方法。

在正常运行、预计运行事件和设计基准事故的设计基准中,必须采用保守的设计措施和良好的工程实践,以保障不会发生反应堆堆芯的任何重大损坏;辐射剂量保持在规定限值内,并可合理达到的尽量低。

除设计基准外,设计中还必须考虑核电厂在特定的超设计基准事故包括选定的严重事故中的行为。这些评价所使用的假设和方法可以最佳估算为基础。

**核电厂状态分类**　必须确定核电厂状态并按其发生的概率分成几类。这些类别通常包括正常运行、预计运行事件、设计基准事故和严重事故。必须为每个类别确定验收准则,并且这些准则应考虑到如下要求:频繁发生的假设始发事件必须仅有微小的或根本没有放射性的后果,而可能导致严重后果的事件的发生概率必须很低。

**假设始发事件**　设计核电厂时,必须认识到纵深防御的各层次都可能受到考验,因而必须提供设计措施,以保证完成所需的安全功能和满足安全目标。这些考验来源于假设始发事件，这些事件是根据确定论方法或概率论方法或这两者的组合选定的。在设计中通常不考虑概率很低的各种独立事件同时发生。

假设始发事件包括设备故障、人员差错、人为事件以及自然事件。确定论安全分析和概率论安全分析通常应该采用一组通用的假设始发事件。安全分析的起始点是需要涉及的假设始发事件组。为安全分析而制定的假设始发事件组应该是全面的，并且应该包括在核电厂的任何运行模式（如启动、停堆和换料）期间可能发生的核电厂系统、部件所有可信故障以及人员差错。这应包括内部和外部始发事件。

假设始发事件组还应该包括会对风险有重大贡献的设备的部分故障，也应该包括概率极低或后果不大的事件，至少在过程起始时应该包括它们。

**设计基准事故** 核电厂按确定的设计准则在设计中采取了针对性措施的那些事故工况，并且该事故中燃料的损坏和放射性物质的释放保持在管理限值以内。这是一组有代表性的、能冲击核电厂安全并经有关规章确定下来的事故的集合。按照这一组事故，对核电厂进行分析计算，将结果与可接受限值相对比，可以评价核电厂是否符合安全要求。

设计基准事故包括稀有事故和极限事故两类事故工况。在核电厂设计中，对于一系列的预计运行事件，也按确定的设计准则，采取了针对性的措施。故通常把预计运行事件、稀有事故和极限事故合在一起，统称为设计基准事件。但在不同文献中对此分类不尽相同。

设计基准事件的选择以工程判断、设计经验及运行经验为基础，经不断改进而逐渐完善。目前应用得比较普遍的是美国核管会颁布的安全导则 1.70 中列出的，又经标准审查大纲加以补充说明的一组要求考虑单一故障的事件。这些事件按性质可归为 8 类，详见下表。其他国家确定的设计基准事故与之相比，有一些事故的增减，也有一些工况划分上的不同，但相差不大。

在过去，特别是在三哩岛核电厂事故之前，在事故分析上，几乎把研究工作都集中到“大破口失水事故”上，把这一事故等同为设计基准事故或最大可信事故，认为这一事故代表了对核电厂最严重的考验，如能经受这一事故，也就能经受其他一切事故。核电厂运行经验以及研究，特别是概率论安全分析表明这种做法是片面的。

**设计基准事故一览表——增加外部事件**

| 事故归类 | 事　故 |
|---|---|
| （1）由二回路系统引起的排热增加 | （a）给水温度降低；<br>（b）给水流量增大；<br>（c）蒸汽流量增大；<br>（d）蒸汽发生器的一个卸压阀或安全阀的意外开启；<br>（e）压水堆蒸汽系统安全壳内外管道故障 |
| （2）由二回路引起的排热减少 | （a）厂外负荷丧失；<br>（b）汽轮机脱扣；<br>（c）冷凝器真空丧失；<br>（d）主蒸汽隔离阀关闭（沸水堆）；<br>（e）蒸汽压力调节器故障（关闭）；<br>（f）电厂辅助设备的非应急交流电源丧失；<br>（g）正常给水流量丧失；<br>（h）安全壳内外的给水管道破裂（压水堆） |
| （3）反应堆冷却剂系统流量减少 | （a）包括泵的脱扣和控制器失灵在内的反应堆冷却剂丧失强迫流动；<br>（b）反应堆冷却剂泵的转子卡住和泵轴断裂 |

| 事故归类 | 事　故 |
|---|---|
| （4）反应性和功率分布异常 | （a）控制棒组件在次临界状态或低功率启动状态下的失控抽出；<br>（b）控制棒组件在功率运行下的失控抽出；<br>（c）控制棒误动作（系统误动作或运行人员差错）；<br>（d）一条不用的反应堆冷却剂环路或再循环环路在不适当温度下的启动，以及流量控制器失灵引起沸水堆堆芯流量增大；<br>（e）化学和容积控制系统失灵（压水堆）引起反应堆冷却剂中硼浓度降低；<br>（f）燃料组件意外装错位置和在错误位置下运行；<br>（g）各种弹棒事故（压水堆）；<br>（h）各种落棒事故（沸水堆） |
| （5）反应堆冷却剂装量的增加 | 应急堆芯冷却系统意外运行和化学容积控制系统的失灵引起反应堆冷却剂装量增加 |
| （6）反应堆冷却剂装量减少 | （a）压水堆稳压器的一个卸压阀或沸水堆一个卸压阀的意外开启；<br>（b）安全壳外装有反应堆冷却剂的小管线故障引起的放射后果；<br>（c）蒸汽发生器传热管故障引起的放射后果（压水堆）；<br>（d）安全壳外主蒸汽管线破损引起的放射后果（沸水堆）；<br>（e）反应堆冷却剂压力边界内的各种假设的管道破裂引起的失水事故 |
| （7）来自子系统或部件的放射性物质释放 | （a）废气系统故障；<br>（b）放射性废液系统泄漏或故障（向大气释放）；<br>（c）装盛液体的储罐破损引起的假设放射性物质释放；<br>（d）燃料装卸事故引起的放射后果；<br>（e）乏燃料运输容器掉落事故 |
| （8）未能紧急停堆的预计瞬态 | |

设计基准事故的内容还在继续发展。概率论安全分析方法的应用，为设计基准事故的选择与分类提供了科学的手段，严重事故研究指出了设计基准事故作为评价标准的不足。目前，有些国家已尝试把一些发生频率较高的多重故障导致的事故也列入安全分析报告中必须分析的事故清单之中。在我国，尽管以前的安全分析报告包含有关严重事故的对策报告，在福岛核电厂事故后，以及参考标准审查大纲 2007 版，严重事故的分析势必将纳入安全分析报告，当然还有待进一步的研究得以确定。

**超设计基准事故**　比设计基准事故更严重的事故。超设计基准事故能够导致以下后果：①其后果仍在设计基准事故的保守验收准则范围内，虽然这需要用最佳估算分析予以证实；②其后果超过了设计基准事故的保守验收准则，但最佳估算分析表明不会导致严重的燃料损伤或超过一回路破损限值；③由于多项故障或运行人员差错，安全系统一个或多个安全功能未能执行，导致堆芯严重损坏，危及防止放射性物质从核动力厂释放的其余屏障的完整性。这些事故称作严重事故，从而导致：堆芯损坏加上一回路破损，但安全壳未失效；或堆芯损坏加上一回路破损，并且安全壳也失效，导致放射性物质大量释放到环境，并启动厂外应急响应措施。

福岛核电厂事故后，为了便于公众和媒体进一步了解核安全，美国核管会在“加强 21 世纪反应堆安全的建议”中建议把“超设计基准事故”修改为“设计基准延伸工况”，国际原子能机构的文献也开始采用了该概念。

**设计基准外部事件**　外部事件包括外部人为事件和外部自然事件。前者包括飞机撞击和坠毁、火灾、爆炸和毒气或腐蚀性物质释放等；后者包括地震、极端风、热带气旋、极端降水、极端积雪、龙卷风、极端温度等。外部事件的设计基准是在核电厂具体的厂址条件基础上考虑适当的安全裕度所确定，如设计基准地震动、设计基准洪水位、设计基准龙卷风、设计基准热带气旋等。我国核安全法规和导则对核电厂外部事件的选取、评价方法等进行了详细规定。福岛核事故后，国际核能界对影响核电厂安全的极端外部事件更加重视。（陶书生 汤搏）

hedianchang shigu guanli

## 核电厂事故管理 (nuclear power plant accident management)

核电厂针对可能发生的事故以及在事故发生后所采取的一系列行动，以防止事件升级为严重事故，减轻严重事故的后果，实现长期稳定的安全状态。对核电厂而言，事故管理涉及事故前的应急准备、事故后的应急响应、应急响应终止和事故调查处理等内容，是专业性、技术性很强的工作。

**事故管理背景** 同其他工业的发展一样，核电工业的发展同样面临着各种风险，包括发生核事故的风险。事实证明，压水堆核电厂的各项安全措施是有效而可靠的。尽管如此，美国三哩岛核电厂事故、前苏联切尔诺贝利核电厂事故、日本福岛核电厂事故表明核能的利用还存在着一定的风险。目前，人类掌握的科学技术还无法建造出不带来任何风险的核电厂，核电厂事故管理工作的建立正是总结和汲取历史的经验，不断完善核电安全技术与管理，使在发生事故后有更加完善的处理与预防措施。

**事故管理目标** 采取一切合理可行的措施防止核动力厂事故，并在一旦发生事故时减轻其后果；对于在设计该核动力厂时考虑过的所有可能事故，包括概率很低的事故，要以高可信度保证任何放射性后果尽可能小且低于规定限值；保证有严重放射性后果的事故发生的概率极低。尽管采取措施将所有运行状态下的辐射照射控制在合理可行尽量低，并将能导致辐射来源失控事故的可能性减至最小，但仍然存在发生事故的可能性。这就需要采取措施以保证减轻放射性后果。这些措施包括专设安全设施、营运单位制定的厂内事故处理规程以及国家和地方有关部门制定的厂外干预措施。

**事故管理内容** 根据事故管理的目标，事故管理应分为事故发生前、事故过程中和事故后三个阶段。

根据核电厂纵深防御的原则（参见核电厂纵深防御），第四层次防御的目的是针对设计基准可能已被超过的严重事故，并保证放射性释放保持在尽实际可能的低。这一层次最重要的目的是保护包容功能。除了事故管理规程之外，这可以由防止事故进展的补充措施与规程，以及减轻选定的严重事故后果的措施来达到。核电厂的状态见下图：

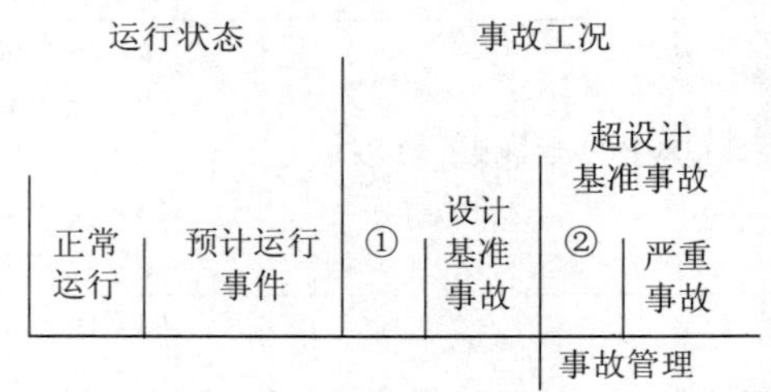


**核电厂状态**

注：①指没有明确地考虑作为设计基准事故，但可为设计基准事故所涵盖的那些事故工况；②指没有造成堆芯明显恶化的超设计基准事故。

**事故发生前** 核电厂处于正常运行状态，事故管理的主要工作内容为做好应急准备，即针对可能发生的事故，为迅速采取有效地开展应急行动而预先所做的各种准备。核电厂的应急准备主要包括如下内容：①制定在紧急状况下必须实施的一切行动的计划和执行程序，包括应急操作规程；②建立能有效地实施各项应急职能的组织机构；③准备好应付紧急状况的设施和设备，并使之保持有效；④为使应急人员具有完成特定应急任务的基本知识和技能所进行的培训、演习和练习。

**事故过程中** 核电厂一旦发生事故，事故管理的工作内容应是立即采取事故缓解和应对措施，并采取减少事故后果的行动。其目标是在事故期间应尽一切努力确保停堆、余热冷却、包容放射性等三项基本安全功能得以实现。事故响应行动主要包括事故的通知、通告；事故应急状态的判定；工程抢修，事故缓解；非应急人员的撤离，防护措施的投入；应急监测的实施；放射性后果的评价等内容。

**事故后** 核电厂事故发生后，特别是在事故发展到后期，事故管理的基本任务是对核电厂事故的调查、分析、研究、报告、经验反馈和档案管理等一系列的工作。事故管理的主要工作包括如下内容：①事故调查，明确调查的目的和要求。事故本身的发生发展过程是按照它的必然规律进行的，因此，事故调查也就是人们对事故的发生发展过程的认识和总结。事故调查要实事求是，一切结论都应在调查和验证基础上产生。②事故分析，在事故调查取得确凿证据基础上，对事故产生的原因、发展演变过程以及可能产生的后果全面总结，是后续行动的基础。③事故处理，在事故调查结束后，根据事故分析的结论，进行事故处理工作。其中包括确定事故的性质，事故责任分析，提出减轻事故后果的行动和防范措施，并建立事故档案等工作。

**应急法规标准** 我国在核事故应急管理方面制定了相应的法规标准，以明确对应急管理体制、应急干预水平、应急计划区、应急状态分级、应急计划审批等方面的要求。已颁布的《中华人民共和国民用核设施安全监督管理条例》《核电厂核事故应急管理条例》及相应的实施细则、导则，对核电厂应急管理工作做了明确的规定。

《电离辐射防护与辐射源安全基本标准》（GB 18871—2002）规定了我国在核或辐射应急中采用的干预准则，提出了“通用干预水平”，见表1、表2、表3。

**表1 紧急防护行动的通用干预水平**

| 防护行动 | 持续时间/d | 干预水平①（可防止剂量） |
|---|---|---|
| 隐蔽 | ＜2 | 10 mSv |
| 撤离 | ＜7 | 50 mSv |
| 碘防护 | — | 100 mGy② |

注：①适当选择的受照人群的辐射剂量平均值；②甲状腺的可防止剂量。

**表2 临时避迁和永久再定居的通用优化干预水平**

| 防护行动 | 持续时间/a | 干预水平①（可防止剂量） |
|---|---|---|
| 临时避迁 | ＜1 | 第一个月 30 mSv，随后的每一个月 10 mSv |
| 永久再定居 | 永久 | 终身② 1Sv |

注：①受避迁影响人群的辐射剂量平均值；②为了保护最敏感的居民组（儿童）通常取70年。

**表3 食物通用行动水平推荐值**

| 放射性核素 | 推荐值/（kBq/kg） | |
|---|---|---|
| | 作为普通消费的食物 | 牛奶、婴儿食物和饮水 |
| $^{134}Cs$、$^{137}Cs$、$^{103}Ru$、$^{106}Ru$、$^{89}Sr$ | 1 | 1 |
| $^{131}I$ | | 0.1 |
| $^{90}Sr$ | 0.1 | |
| $^{241}Am$、$^{238}Pu$、$^{239}Pu$、$^{240}Pu$、$^{241}Pu$ | 0.01 | 0.001 |

**应急管理体制** 我国对核电厂事故应急工作实施国家、地方（省、直辖市、自治区）及核电厂营运单位的三级管理。

**国家核事故应急管理机构** 我国核事故应急管理工作由国务院指定的机构负责，其主要职责是：①拟定国家核事故应急工作政策；②统一协调国务院有关部门、军队和地方人民政府的核事故应急工作；③组织制订和实施国家核事故应急计划，审查批准厂外核事故应急计划；④适时批准进入和终止场外应急状态；⑤提出实施核事故应急响应行动的建议；⑥审查批准核事故公报、国际通报，提出请求国际援助的方案。必要时，由国务院领导、组织、协调全国的核事故应急工作。

**地方核事故应急管理机构** 由核电厂所在省、自治区、直辖市人民政府指定的部门负责本行政区域内的核事故应急管理工作，其主要职责是：①执行国家核事故应急工作的法规和政策；②组织制订场外核事故应急计划，做好核事故应急准备工作；③统一指挥场外核事故应急响应行动；④组织支援核事故应急响应行动；⑤及时向相邻的省、自治区、直辖市通报核事故的情况。必要时，由省、自治区、直辖市人民政府领导、组织、协调本行政区域内的核事故应急工作。

**核电厂营运单位应急管理机构** 核电厂的核事故应急机构的主要职责是：①执行国家核事故应急工作的法规和政策；②制订厂内核事故应急计划，做好核事故应急准备工作；③确定核事故应急状态等级，统一指挥本单位的核事故应急行动；④及时向上级主管部门、国家核安全监管机构和省级人民政府指定的部门报告事故情况，提出进入场外应急状态和采取应急防护措施的建议；⑤协助和配合省级人民政府指定的部门做好核事故应急工作。

**核电厂核事故应急准备、应急响应、应急响应终止** 相关内容见核电厂事故应急。

**事故管理的作用** 从事故前的应急准备、事故时缓解事故和工程措施的实施以及事故后的调查研究、事故分析等事故管理的各项内容来看，事故管理针对可能存在的核安全薄弱环节，有的放矢地采取避免事故的对策，防止类似事故重复发生。通过事故管理，为制定有关核安全法规、标准提供科学依据；通过事故管理，可以使核电厂工作人员受到深刻的核安全教育，吸取教训，提高核安全文化素养和对核安全重要性的认识，明确自己应负的责任，提高安全管理水平；通过事故的调查研究和分析，可以及时、准确、全面地掌握核电厂的安全运行状况，发现问题，并做出正确决策，有利于监督和管理部门开展工作。

（岳会国　赵成昆）

**hedianchang shigu shifa shijian**

## 核电厂事故始发事件

（nuclear power plant accident initiating events） 任何干扰电厂稳定运行状态从而引发异常事件（诸如瞬态或失水事故）的核电厂内部或外部事件。始发事件本身并不是事故，它是一个引发了一个序列的事件，并由不同的附加故障而导致运行事件、设计基准事故或严重事故的事件。始发事件要求电厂缓解系统及人员作出响应，一旦响应失败则可能导致不希望的后果，如堆芯损坏。

始发事件的后果可能较小（如某一多重部件的失效），也可能很严重（如反应堆冷却剂系统主管道的破裂）。设计的主要安全目标在于追求核电厂所具有的特性能够保证：能导致高辐射剂量或大量放射性释放的核动力厂状态的发生概率极低；具有大的发生概率的核动力厂状态只有较小或者没有潜在的放射性后果。

**始发事件的分类** 通常核电厂的始发事件分为内部事件和外部事件两大类。内部事件包括核电厂硬件失效和由人误或计算机软件缺陷造成核电厂硬件的错误运行；外部事件是指可能导致若干个系统面临共同的极端环境条件的事件，包括地震、洪水、飓风、飞机坠落等。内部原因引起的火灾、水淹和飞射物撞击等对核动力厂安全也可能产生重要影响，通常也将这些事件列入始发事件的清单。

根据以往经验，失去厂外电源事件虽然属于外部事件，但由于该事件对核电厂的影响及其分析方法类似于内部事件，因此通常将其归入内部事件分析的范围。而对于内部火灾、水淹事件，虽然为内部始发事件，但由于该类始发事件的分析方法类似于外部事件，因此通常的做法是将其归入外部事件考虑。

**始发事件的确定** 确定核电厂事故始发事件一般有下述四种方法。

**工程评价** 通过系统化地分析核电厂系统和主要设备，找到其中会直接或和其他失效结合后导致放射性释放的失效模式（如运行失效、误动作、断裂、泄漏等）。

**参考现有清单** 参考其他核电厂，特别是同类核电厂概率安全分析（PSA）的始发事件清单以及安全分析报告中的始发事件是一种有效的方法。采用此方法时应注意现有清单对本电厂的适用性。

**演绎分析** 采用类似故障树的方法（如主逻辑图），以不希望的后果（如放射性大量释放）为顶事件，逐步分解成不同类别的可能导致该后果发生的事件，从最底层的各个事件中可以选出始发事件。

**运行经验反馈** 对所研究核电厂和类似核电厂的运行历史经验反馈进行分析，以确定应该增加的始发事件。也可以通过对核电厂运行人员、维修人员、系统工程师、安全分析人员的访谈，确定是否漏掉了一些始发事件。

上述几种方法都存在一定的局限性。为了得到尽可能完备的始发事件清单，一般多将上述几种方法结合起来使用。

**始发事件的概率** 所有始发事件的发生概率均应加以定量。它应定量地用于概率论安全分析中，定性地用于确定论安全分析中。始发事件发生概率一般以 1 次/（堆·a）为单位。确定始发事件概率的方法通常有：①从通用数据源得到；②参考同类电厂 PSA 项目中的始发事件概率；③根据特定电厂（类似电厂）运行经验数据经过分析评价得到；④通过系统故障树分析求得（如失去设备冷却水等支持系统丧失的始发事件发生概率）。

（依岩　柴国旱）

hedianchang shigu yingji

## 核电厂事故应急

（nuclear power plant accident emergency）　由于核电厂发生事故或事件，使其处于某种紧急状态下，为了控制或者缓解核事故、减轻核事故后果而采取的不同于正常秩序和正常工作程序的紧急行动。

**应急目的** 由于采取了纵深防御原则和不断强化核电厂的安全文化，核电的安全性是有保证的，但也仍然不能完全排除发生严重事故的可能性（尽管发生这种事故的概率是极低的）。为了保护环境、保护公众与工作人员的健康与安全，制订场内和场外应急计划，做好应急准备成为确保核安全的最后一道屏障。编制好应急计划，并按应急计划的要求和安排进行应急准备和事故发生时的应急响应，将可以最大限度地减轻事故对环境和公众健康、安全的影响。

**应急管理方针** 我国核事故应急管理工作实行常备不懈、积极兼容、统一指挥、大力协同、保护公众、保护环境的方针。

**应急管理内容** 核事故应急管理是指在事故应急时采取的核事故对策、应急准备、应急措施及事故后恢复行动的管理活动。核事故应急管理主要包括建立应急管理体制，制定相应法规，审批应急计划，做好应急准备，组织和指挥应急行动等。

**应急组织** 为了加强核电厂核事故应急管理工作，控制和减少核事故危害，1993 年 8 月 4 日国务院发布了第 124 号令，即《核电厂核事故应急管理条例》。该条例明确规定了我国的核事故应急工作实行国家、地方和核电厂三级管理体系。我国的核事故应急组织体系，由国家核应急组织、核电厂所在省（自治区、直辖市）核应急组织和核电厂核应急组织构成。应急组织可结合日常机构和协作组织具体情况按照积极兼容、统一指挥和大力协同的原则建制。应急组织中一些人可能担负两种或多种责任，一些职位可由多人担任，核电厂应急组织的基本结构为应急指挥部和下设的应急响应组。

**应急准备** 我国三级管理体系按照不同职能分别进行应急准备工作。

**国家核事故应急协调委员会** 负责全国的核事故应急管理工作，其主要的应急准备工作为：拟定国家核事故应急工作政策；统一协调国务院有关部门、军队和地方人民政府的核事故应急管理工作；组织制订和实施国家核事故应急计划，审查批准场外核事故应急计划。

**省核事故应急协调组织** 负责本行政区域内的核事故应急管理工作，其应急准备工作的主要内容为：执行国家核事故应急工作的法规和政策；组织制订场外核事故应急计划；按应急工作的需求建立各种应急响应资源，并保持应急响应能力。

**核电厂应急组织** 为应付核与辐射事故场内应急而进行的准备工作，包括制订应急计划，建立应急组织，准备必要的应急设施、设备与物资以及进行人员培训与演习等。

**应急状态分级** 我国核电厂核事故应急状

态分为应急待命、厂房应急、场区应急和场外应急四种状态。

**应急响应** 为控制核事故的发展、减轻和缓解事故后果、保护工作人员和公众的健康与安全、保护环境，在核事故应急中需要采取各种应急处理措施。核事故情况千差万别，且往往具有突发性，因此所需采取的应急措施的类型、实施方式和规模也不相同。必须根据事故分析、应急监测与评价结果，按应急计划程序，在统一指挥下有组织、有计划地实施这些措施。应急措施主要包括应急监测、应急评价、应急通信与报警、工程补救措施、隐蔽、服药、撤离、食物与水源控制、交通管制、医学救护等。

**应急终止** 当确认事故已受到控制并且核电厂的放射性流出物的量已低于可接受的水平时，可以考虑结束场内的应急状态。

**应急响应能力的保持** 核电厂应急响应能力的保持是应急管理工作的重要内容，主要包括培训、演习和练习、应急计划和执行程序的修订及应急设施、设备及物资的维护和准备。

（岳会国　陈竹舟）

**hedianchang yanzhong shigu**

## 核电厂严重事故

（severe accident in nuclear power plants） 严重性超过设计基准事故并造成反应堆堆芯明显恶化，可能危及多层或所有用于防止放射性物质释放的屏障的完整性的事故工况。

现有核电厂基于纵深防御原则，设置了多道屏障及专设安全设施，采取了严格质量管理和操纵员选拔培训制度，同时，核电厂选址也有严格要求，因而核电厂抵御外部灾害和内部事件的能力很强。只有在连续发生多重故障及操作失误以及巨大自然灾害的影响下，才存在发生严重事故的风险。

严重事故的发生概率虽然低，但并不是不可能发生的。在核电历史上已发生过的严重事故包括 1979 年美国三哩岛核电厂事故、1986 年前苏联的切尔诺贝利核电厂事故及 2011 年日本福岛核电厂事故。2011 年日本福岛事故之后，人们更加清醒和深刻地认识到，严重事故绝不仅仅是所谓的假想事故。单纯考虑设计基准事故，不考虑严重事故的预防和缓解，不足以保护人员、社会和环境免受危害。

**严重事故的始发事件** 研究分析发现，导致堆芯严重损坏的假设始发事件与核电厂的设计特征有十分密切的关系。归纳起来，共同的主要假设始发事件包括：①失水事故后失去应急堆芯冷却；②失水事故后失去再循环；③全厂断电后未能及时恢复供电；④一回路与其他系统结合部的失水事故；⑤蒸汽发生器传热管破裂后减压失败；⑥失去公用水或失去设备冷却水。假设始发事件中如考虑外部事件，还应加上地震和火灾等。假设始发事件分析表明，可能导致堆芯严重损坏的主要假设始发事件并不多，因此，也便于进一步考虑设计改进或事故预防。

**严重事故的物理过程** 堆芯熔化导致大量放射性释放的过程可以分为两种不同的类型，即低压熔化过程和高压熔化过程。

**低压熔化过程** 以主系统冷却剂丧失为特征。若应急堆芯冷却系统失效，由于冷却剂不断丧失，造成元件裸露升温，锆包壳与水蒸气发生化学反应放出热量与氢气，堆芯水量进一步减少后，堆芯开始自上而下地熔化，直至将压力容器下封头熔穿，熔融物随后与安全壳底板混凝土相互作用，释出 $CO_2$、CO、$H_2$ 等不凝气体，从而造成安全壳晚期超压失效或底板熔穿。

**高压熔化过程** 一般以失去二次侧热阱为先导事件。主系统在失去热阱后升温升压，直至到达稳压器释放阀开启的整定值后，阀自动开启排汽。如二次侧不能恢复热阱，一次侧又失去强迫注水能力，则释放阀会持续启闭循环，使反应堆冷却剂不断丧失，堆芯在较高压力下开始裸露，随后开始熔化。此后的过程，有可能与低压熔化过程相似。但也有可能压力容器下封头熔穿后，由于反应堆冷却剂系统存在高压发生熔融物质喷射弥散，熔融的小颗粒与空气中的氧发生放热化学反应，又加上小颗粒与空气的接触面积大，加强了传热，造成“直接安全壳加热”，使安全壳超压失效。

压力容器熔穿之前，裂变产物从破损或熔融元件释出后，在反应堆冷却剂系统内会有迁移、沉降和再悬浮过程。反应堆冷却剂系统压力边界破损之后，裂变产物进入安全壳后又会经受类似的输运过程。这种输运过程十分复杂，与源项的确定有密切关系，有待于仔细研究。但分析表明，若安全壳能维持一段较长时间不失效，大部分裂变产物因重力而沉降，释出的源项会大大降低。

安全壳作为最后一道放射性屏障，其功能至关重要。在各种安全壳失效模式中，特别重要的是事故发生前的意外开口、安全壳旁路和晚期失效。

**严重事故的研究与对策** 开展严重事故研究最早的国家是美国。1975 年 WASH-1400 报告首次将概率安全分析技术应用到核电厂，对几座典型美国核电厂做了第一次全面的分析，提供了以事件发生频率为依据的事故分类方法，并建立了安全壳失效模式和放射性物质释出模式。WASH-1400 报告首次指出，核电厂风险主要并非来自设计基准事故，而是堆芯熔化事故。

1979 年美国的三哩岛事故引起了世界核能界的震惊。从此以后，美国的严重事故研究进入了全面深入开展的时期。1986 年 4 月切尔诺贝利核电厂事故后，严重事故研究工作进一步获得加速与推进。在美国，作为三哩岛事故响应的“未解决的安全课题”和“三哩岛行动计划”及从 1983 年开始执行的严重事故的研究计划，将核安全研究范围拓宽到事故概率、物理过程、事故处置、安全壳分析、裂变产物与源项、燃料元件行为、人因工程、事故后果与对策、法规与标准等十分广泛的领域。其结果形成了一系列管理法规修订和政策声明，并在对事故机理了解的基础上，形成了一系列配套的分析程序包。法国特别着重于事故对策，并开发出 H 及 U 系列规程和配套的专用设备；日本、英国等则侧重确保核电厂系统的运行可靠性。

为了进一步提高核电的安全性、经济性，使公众能够接受，美国和欧洲国家的业主及设计者分别研究制定了（美国）电力公司要求文件及欧洲电力公司要求文件，提出新一代核电厂的设计要求，日本及韩国也在上述两种文件的基础上提出了日本电力公司要求文件及韩国电力公司要求文件。

许多国家已将严重事故以法规或提供导则的方式纳入核安全监管的要求，提出对核电厂设计的修改或规程的变更；有些国家（如法国、意大利、荷兰）已确定可接受的安全水平的安全目标，也有些国家（如加拿大）以适当扩展设计基准的方式来考虑严重事故。

目前，世界各国对严重事故的研究正以各自不同的重点和技术方向进行着。应该说，严重事故研究的重要性已为国际核能界所认识，已成为核电安全中必须考虑的基本问题。

在一些新的核电厂设计中已增加了应付严重事故的多种措施。除了在预防事故上增加了设备的可靠性，还设计了缓解严重事故的专门设施，例如，防止高压熔堆的卸压装置、防止氢气爆燃的消氢系统、防止安全壳底板熔穿的堆芯捕集器以及实现安全壳的长期冷却的专用安全壳载热系统等。这些措施将在很大程度上减少严重事故下放射性物质外泄的可能性。

2011 年福岛核事故后，国际核能界更加关注核电厂对极端外部事件的设防水平、预防和缓解严重事故的能力、应急管理能力等，并正在研究和采取安全强化措施。

**严重事故管理指南** 严重事故的对策和管理是核电厂应对可能发生的严重事故的必然选择，严重事故管理指南是在严重事故下用于主控室和技术支持中心的可执行文件，是一系列完整的、一体化的针对严重事故的指导性管理文件。严重事故管理指南的基本目标是通过建立一套对策和导则，在发生严重事故情况下使电厂重新回到稳定可控的状态，使厂内和厂外的放射性后果降到最低。严重事故管理的具体目标包括：①使堆芯回到可控稳定状态；②维持或使安全壳回到可控稳定状态；③终止核电厂裂变物质的释放。

**中国核安全法规中有关严重事故的要求** 吸取了国际经验及对严重事故的研究成果，中国已将对严重事故的要求写入核安全法规。在2004年发布的《核动力厂设计安全规定》中，提出了设计中针对严重事故应考虑的事项，包括：①必须采用概率论、确定论和正确的工程判断相结合的方法，确定可能导致严重事故的重要事件序列。②必须对照有关准则审查这些事件序列，以确定必须在设计中考虑哪些严重事故。③对于能降低这些选定事件发生的概率或者当这些选定事件发生时能减轻其后果的可能的设计修改或规程修改，必须加以评价，如属合理可行则必须实施这种修改。④必须考虑核动力厂整个设计能力，包括超过其原来预定功能和预计运行状态下可能使用某些系统（即安全系统和非安全系统）和使用附加的临时系统，使核动力厂回到受控状态或减轻严重事故的后果，条件是可以表明这些系统能够在预计的环境条件下起作用。⑤对于多机组核动力厂，必须考虑使用其他机组可利用的手段或支持，条件是其他机组的安全运行不会受到损害。⑥必须在计及有代表性和起主导作用的严重事故情况下制定事故管理规程。

（陶书生　柴国旱）

**hedianchang yunxing xianzhi he tiaojian**

**核电厂运行限值和条件** （operational limits and conditions of nuclear power plant） 又称核动力厂运行技术规格书。是经国家核安全监管部门批准的，为核动力厂的安全运行列举的参数限值、设备的功能和性能及人员执行任务的水平等一整套规定。运行限值和条件（技术规格书）是核电厂运行必须遵循的最重要的文件之一。技术规格书针对核电厂安全参数和系统提出了要求，如果在运行中发现偏离了要求，如某一参数超出了规定范围、某一台处于备用的设备发生故障、某一定期试验未能按规定的时间和频度进行等，机组就必须在技术规格书规定的时间内采取措施，如撤到规定的某一安全停堆工况，除非在此期间纠正了偏离。

**内容** 运行限值和条件一般包括安全限值、安全系统整定值、正常运行的限值和条件、监督要求。

**安全限值** 设计中采用的或按安全准则确定的限值。在正常运行或预计运行事件工况下不得超过安全限值。安全限值是安全条件的最终边界。安全限值是过程变量的限值，在此范围内核电厂运行是安全的。基本的安全限值是指燃料温度、燃料包壳温度和冷却剂压力的限值。

**安全系统整定值** 是各种自动保护装置的触发点。这些保护装置用以触发保护动作，以防止超过安全限值，并应付预计运行事件。对于安全限值中的参数以及影响压力或温度瞬态的其他参数或参数组合，都要选定安全系统整定值。超过某些整定值将引起停堆以抑制瞬态，超过另一些整定值将导致其他自动动作以防止超越安全限值。还有一些安全系统整定值用于使专设安全系统投入运行，这些专设安全系统的作用是限制预计瞬态过程以防止超越安全限值，或减轻假想事故的后果。

**正常运行的限值和条件** 对每种运行模式和每个安全相关系统规定相应的运行限制条件，以便当某一安全重要物项不可用或某一安全重要参数偏离正常时，要求机组在规定的时间内（后撤时间）处于特定的运行模式（后备模式），从而防止事故发生或在发生事故时能缓解事故后果。确定正常运行的限值和条件的目的是保证安全运行，避免达到安全系统整定值，并使正常运行参数值与规定的安全系统整定值之间留有可接受的裕量。同时保证当发生事故时安全相关系统能执行其功能。正常运行的限值和条件包括运行参数的限值、可运行设备的最低需要量、必需的最少运行人员编制名额和运行人员要采取的规定动作。

**监督要求** 安全相关物项和参数以适当的范围和频度进行试验、标定、监测和检查，以保证运行限值和条件规定的安全限值、保护阈值和运行限制条件的有效性，并使运行人员能够遵守运行限制和条件。

**内部关系** 以冷却剂温度为例说明安全限值、安全系统整定值、运行限值之间的关系，如下图所示。

核电厂运行在正常情况下由控制系统或操纵员按照运行规程使监测的温度及参数保持在稳态范围内。由于负荷变化或控制系统的不平衡，监测的参数有可能超出稳态范围。如果温度上升到报警整定值，操纵员将得到报警，并采取行动来补充自动系统的动作，以便把温度降低到稳态值而不使温度达到正常运行的运行限值（曲线 1，此时应考虑操纵员行动的延迟）。

正常运行限值可处于稳态运行范围和安全系统触发整定值之间的任何水平上。为了考虑正常运行中发生的常规波动，通常在报警整定值和运行限值之间留有裕度。在运行限值和安全系统整定值之间也应留有裕度，以允许操纵员采取措施来控制瞬态而不触发安全系统。如果达到运行限值，操纵员能采取纠正措施来防止达到安全系统整定值（曲线 2）。

一旦控制系统失灵、操纵员失误或由于其他原因，监测的参数可能会达到安全系统整定值，从而触发安全系统，由于安全系统的仪表和设备响应的固有延迟，这种纠正行动应考虑必要的延迟。安全系统投入纠正行动应足够防止达到安全限值，但是不能排除燃料局部的损坏（曲线 3）。

一旦发生超过核动力厂设计所能应付的最严重的故障或安全系统发生一次或多重故障，燃料包壳的温度可能超过安全限值，因此可能释放出大量的放射性物质。另外的安全系统可能被其他参数所触发，从而使其他的专设安全设施投入运行以减轻事故后果（曲线 4）。这种情况已经超出运行限值和条件所管理的正常运行和预计运行事件范围进入了事故工况，应该启动事故管理措施。

安全限值、安全系统整定值、运行限值的关系见下图。

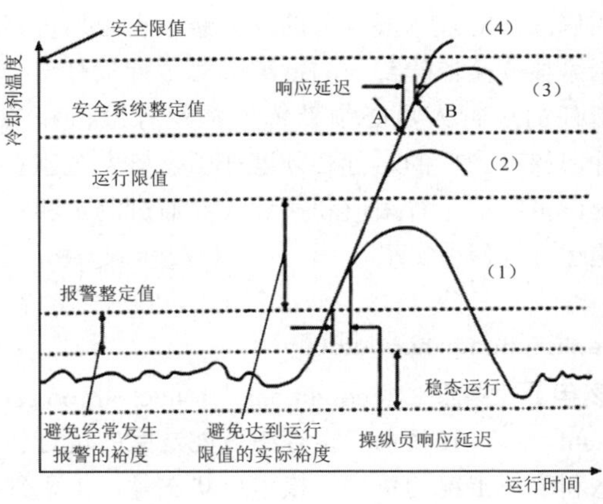


安全限值、安全系统整定值、运行限值关系图

**作用** 确定运行限值和条件的目的：①防止发生可能导致事故工况的状态，即运行限值和条件必须对启动、功率运行、停堆过程、停堆状态、维修、试验和换料等各种正常运行方式和预计运行事件规定安全要求。②如果发生事故工况，则要减轻其后果，即运行限值和条件必须对保证所有安全系统（包括专设安全设施）能在事故工况下执行功能的各种要求做出规定。

为了达到这个目的，运行限值和条件应该：①规定正常运行限值，以保证安全限值和设计假设不被超过，使核电厂运行在设计阶段确定的安全水平上；②规定保护系统和安全设备设施满足单一故障准则的可用性要求，规定运行限值条件，保证事件和事故操作规程的可实施性并维持安全分析报告的有效性；③规定在安全功能不可用或当反应堆状态超过正常运行限值时要采取的行动，以便保证核电厂不在低于设计确定的安全水平下运行并防止设计预期事件发展成事故；④确定监督要求、内容和频度，以便及时监测对技术规格书要求的偏离。

**管理** 确定核电厂运行限值和条件的基础是设计的安全水平，而运行限值和条件的任务是在核电厂运行时维持其安全水平。核电厂在投入运行前必须编制反映其最终设计的技术规格书，并得到国家核安全监管部门的批准。如果设计基准发生变化，技术规格书也要做相应的修改，对技术规格书的任何修改也必须得到国家核安全监管部门的批准。对运行负有直接责任的运行人员必须熟练掌握运行限值和条件。核动力厂的运行必须遵守国家核安全监管部门批准的运行限值和条件，并通过制定和实施运行规程来实现。（杨堤　赵成昆）

**hedianchang zhuangtai**

**核电厂状态**　（conditions of nuclear power plant）　在核电厂运行中可能发生的运行状态和事故工况的总称。核电厂状态是以工程判断、设计及运行经验为基础而确定的。

核电厂状态在美国早期核电厂的安全分析报告中已采用，并大致定型。从早期应用到现在，主要是在应分析的事件与事故清单上有所完善。这种核电厂状态的确定方法，已为拥有核电厂的国家较普遍采用，但针对不同堆型和不同设计，各国采用的事件或事故清单以及可接受限值上可能有所不同。中国采用的核电厂状态也与此相类同。

**分类**　核电厂在设计时就必须确定核电厂状态并按其发生的概率分类。这些类别通常包括正常运行、预计运行事件、设计基准事故和严重事故，其中正常运行和预计运行事件统称为运行状态。必须为每个类别确定验收准则，并且这些准则考虑到如下要求：频繁发生的假设始发事件必须仅有较小或根本没有放射性的后果，而可能导致严重后果的事件的发生概率必须极低。

**正常运行**　包括核电厂正常运行和正常运行瞬态，又称为Ⅰ类工况。其发生概率大于1次/（堆·a），放射性后果不超过正常运行控制值，不会导致保护系统动作。

**预计运行事件**　包括常见故障或中频事件，又称为Ⅱ类工况。其发生概率在$10^{-2}$～1次/（堆·a），放射性后果不超过正常运行控制值，保护系统应使反应堆安全停闭，燃料包壳保持其完整性，系统压力不超过设计值。

**设计基准事故**　包括稀有事故和极限事故。①稀有事故又称Ⅲ类工况，指某个特定的反应堆在整个寿期内可能发生的事故，发生概率为$10^{-4}$～$10^{-2}$次/（堆·a），放射性后果不超过规定限值。②极限事故又称Ⅳ类工况，指的是那些发生概率相当小，但后果可能比较严重的事故，发生概率为$10^{-6}$～$10^{-4}$次/（堆·a），放射性后果不超过规定限值。

以压水堆为例，状态通常的分类见下表。

**压水堆状态分类表**

| 工况分类 | | 事件或事故 |
|---|---|---|
| 正常运行（正常运行及瞬态，Ⅰ类工况） | | 电站的正常启动、停闭和稳态运行；<br>在允许限度内带有燃料包壳缺陷或蒸汽发生器泄漏等的极限运行；<br>允许范围内的运行负荷瞬变 |
| 预计运行事件（常见故障或中频事件，Ⅱ类工况） | | 反应堆启动或功率运行时控制棒组件失控提升；<br>控制棒组件落棒；<br>硼失控稀释；<br>部分失去冷却剂流量；<br>失去正常给水；<br>给水温度降低；<br>负荷过分增加；<br>失去外电源；<br>一回路卸压；<br>主蒸汽系统卸压；<br>功率运行时安注系统误动作；<br>汽轮发电机组故障等 |
| 设计基准事故 | Ⅲ类工况（稀有事故、不常见事故） | 一回路系统管道小破裂；<br>二回路系统蒸汽管道小破裂；<br>燃料组件误装载而投入运行；<br>满功率运行时一个控制棒组件失控抽出；<br>稳压器一个安全阀意外打开并卡死在开启位置；<br>放射性废气、废液事故释放等 |
| 设计基准事故 | Ⅳ类工况（极限事故） | 一回路主管道断裂，堆芯失去冷却的失水事故；<br>二回路蒸汽管道大破裂；<br>蒸汽发生器管子断裂；<br>一台主泵转子卡死；<br>主给水管道断裂；<br>弹棒事故；<br>燃料操作事故等 |

**严重事故** 指超设计基准事故中的某些概率极低的核动力厂状态，可能由安全系统多重故障而引起，并导致堆芯性能明显恶化，它们可能危及多层或所有用于防止放射性物质释放的屏障的完整性。

**安全要求** 对于运行状态（正常运行和预计运行事件），核动力厂必须设计成能够在规定的各种参数（如压力、温度和功率参数）范围内安全运行，并且最低限度必须有一套特定的安全系统辅助设施（如辅助给水能力和应急电源）是可用的。核动力厂的设计对广泛范围的预计运行事件的响应必须是允许核动力厂安全运行或必要时停堆，但不必采取超出纵深防御第一层次或至多不超出第二层次的措施（参见核电厂纵深防御）。对于设计基准事故，必须根据假设始发事件（参见核电厂事故始发事件）清单确定应考虑的设计基准事故，以便设定设计安全重要构筑物、系统和部件的边界条件。在为响应某一假设始发事件而需要立即采取可靠行动时，必须采取措施自动启动所需的安全系统，以防止发展成可能威胁下一道屏障的更严重工况。对于严重事故，必须采用工程判断和概率论相结合的方法来考虑严重事故序列，针对这些序列基于现实的或最佳估算的假设、方法和分析准则来确定合理可行的预防或缓解措施。

在进行核电厂安全分析时将正常运行、预计运行事件和设计基准事故称为设计基准事件（事故）。核电厂除了针对设计基准的安全分析之外，还要做出针对严重事故预防和缓解的对策报告和编制相关导则。

**验收准则** 不同堆型以及不同国家所确定的各类工况的验收准则是略有差异的。对于压水堆，其主要的验收准则包括：

**正常运行** 燃料包壳不应受到任何损坏，物理参数的变化不应要求启动任何保护系统或专设安全设施，放射性释放低于正常运行限值。

**预计运行事件** 达到规定的限值时，保护系统能够关闭反应堆，采取纠正措施后机组应能重新启动。燃料不会发生烧毁，任何安全屏障不应受到损坏。反应堆冷却剂系统的压力小于 110%设计值，放射性释放低于正常运行限值。

**设计基准事故** 对于Ⅲ类工况，一些燃料元件可能损坏，但其数量有限，不影响堆芯的几何形状。一回路的功能和安全壳的完整性不应受到影响。反应堆冷却剂系统的压力小于120%设计值，放射性释放低于相应标准限值。对于Ⅳ类工况，可能导致燃料元件重大损坏，但其数量不会大于规定限值，堆芯形状不受影响，可保持堆芯的冷却。专设安全设施应能保持其持久性功能和完整性。反应堆冷却剂系统的压力小于 120%设计值，放射性释放低于相应标准限值。

**严重事故** 没有明确的验收准则，但这类事故预计发生概率受到国家核安全管理机构安全目标的限制。 （杨堤 赵成昆）

**hedianchang zongshen fangyu**

**核电厂纵深防御** （defence in depth for nuclear power plant） 为了对潜在的人为差错和机械故障进行弥补所提供的多层保护，包括设置多重屏障以防止放射性物质释入环境，以及在这些屏障不能完全奏效时为保护公众和环境免受危害而进一步采取的措施。

纵深防御是核基本安全原则的重要组成部分，也是核安全技术的基础。此概念必须贯彻于安全有关的全部活动，包括与组织、人员行为或设计有关的方面，以保证这些活动均置于重叠措施的防御之下，即使有一种故障发生，它将由适当的措施探测、补偿或纠正。

**实体屏障** 核电厂设置一系列的实体屏障以包容规定区域的放射性物质。所必需的实体屏障的数目取决于可能的内部及外部灾害和故障的可能后果。就典型的水冷反应堆而言，这些屏障通常包括燃料基体、燃料包壳、反应堆冷却剂系统压力边界和安全壳。实体屏障可以有运行和安全双重效用，或只有安全用途。只有当实体屏障没有损坏并且能发挥其设计功能时，才允许功率运行。

**多重防御** 核电厂的设计必须提供多重防御（固有特性、设备及规程），用以防止事故，并在未能防止事故时保证提供适当的保护。包括：①设置多种手段以保证每个基本安全功能（反应性控制、余热排出和放射性包容）的执行；②除固有安全特性外，采用可靠的保护装置；③通过安全系统的自动触发和运行人员的行动，加强对核电厂的控制；④提供冗余、多样和独立的设备和相应规程以预防事故发生、控制事故发展过程和限制事故后果。核电厂在设计上一般设有五个层次防御。

**第一层次防御** 目的是防止偏离正常运行及防止系统失效。要求：按照恰当的质量水平和工程实践，如多重性、独立性及多样性的应用，正确并保守地设计、建造、维修和运行核电厂。

**第二层次防御** 目的是检测和纠正偏离正常运行状态，以防止预计运行事件升级为事故工况。要求：设置在安全分析中确定的专用系统，并制定运行规程以防止或尽量减少这些假设始发事件所造成的损害。

**第三层次防御** 目的是当某些预计运行事件或假设始发事件的升级仍有可能未被前一层次防御所制止，而演变成一种较严重的事件时，将核电厂引导到可控制状态，进而引导到安全停堆状态，并且至少维持一道包容放射性物质的屏障。主要措施是针对这些事件设置专设安全设施。

**第四层次防御** 目的是针对设计基准事故可能已被超过的严重事故，并保证放射性释放保持在尽实际可能的低。这一层次最重要的目的是保护包容功能。除了事故管理规程之外，还可以由防止事故进展的补充措施与规程，以及减轻选定的严重事故后果的措施来达到。

**第五层次防御** 目的是减轻可能由事故工况引起潜在的放射性物质释放造成的放射性后果。要求有适当装备的应急控制中心及厂内、厂外应急响应计划。

核电厂纵深防御作为一项基本要求，任何时候各重保护必须按照不同运行方式的规定一一齐备。特别是功率运行下所有各层次防御都必须总是可用的。上述五个层次防御可分属于两个方面，前两个层次属于事故预防，后三个层次属于事故缓解。事故预防是获得安全的主要手段，设计必须使第一层次至多第二层次防御能够阻止所有假设始发事件升级为事故工况。事故缓解要使厂内厂外的缓解措施随时可用，为大幅度减弱放射性物质事故释放的影响做好准备。

**防御要求** 纵深防御要求在设计过程中必须加以体现：①设计必须提供多重的实体屏障，防止放射性物质不受控制地释放到环境；②设计必须是保守的，建造必须是高质量的，从而为使核电厂的故障和偏离正常运行减至最少，并防止事故提供可信度；③设计必须利用固有特性和专设设施在发生假设始发事件期间及之后控制核电厂的行为，即必须通过设计尽可能地使不受控制的瞬变过程减至最少甚至排除；④设计必须对核电厂提供附加控制，这些附加控制采用安全系统的自动触发，以便在假设始发事件早期阶段尽量减少操纵员的动作，附加控制包括操纵员的动作；⑤设计必须尽实际可能提供控制事故过程和限制其后果的设备和规程；⑥设计必须提供多种手段来保证实现每项基本安全功能，即控制反应性、排出热量和包容放射性物质，从而保证各道屏障的有效性和减轻任何假设始发事件的后果。

为了贯彻纵深防御原则，设计必须尽实际可能地防止：①出现影响实体屏障完整性的情况；②屏障在需要它发挥作用时失效；③一道屏障因另一道屏障的失效而失效。

除极不可能的假设始发事件外，设计必须使第一层次至多第二层次防御能够阻止所有假设释放事件升级为事故工况。设计中必须考虑到这样的事实：当缺少某一层次防御时，多层次防御的存在并不是必须进行功率运行的充分条件。虽然对于降功率运行以外的各种运行模式来说，可视情况规定某些放松条件，但在功率运行下所有各层次防御都必须总是可用的。

纵深防御原则不仅适用于核电厂，也适用于其他核设施。 （陶书生 董柏年）

**hedongli jianchuan**

**核动力舰船** （nuclear powered ship） 采用核动力为推进动力的舰船。

舰船是一种用于军事用途的船舶。核动力是利用可控、自持的核反应来获取能量，通常是用核反应所产生的热量把冷却剂水加热产生蒸汽，用蒸汽驱动汽轮机而得到机械能或电能。核动力舰船多采用蒸汽汽轮机通过齿轮箱减速器连接螺旋桨的推进方式，也可采用蒸汽汽轮机驱动发电机，由发电机向与螺旋桨直接连接的电动机提供电力的电力推进方式。

**沿革** 舰船使用核动力已有50多年历史，目前，世界上已建成投入运行的核动力舰船包括核动力潜艇、核动力航空母舰、核动力巡洋舰等，前苏联建成并运行了核动力破冰船，德国和日本曾建成并运行了具有试验性质的核动力商船。

现代核动力潜艇大多安装有1座反应堆，而前苏联核动力潜艇和美国核潜艇海神号安装了2座反应堆。现代核动力航空母舰一般安装2座反应堆，但美国早期的核动力航空母舰企业号安装了8座反应堆。美国和前苏联都曾运行过以液态金属作冷却剂的核动力潜艇，但目前所有舰船核反应堆都是压水堆。

核动力是军用舰船的理想动力，它可以用比燃煤、燃油少得多的核燃料为舰船提供更多的能量，从而提高舰船的航速和机动性，增大续航力，更好地满足海上作战要求。与核电厂反应堆相比，舰船用核反应堆有其特殊的要求，如要求安全可靠、便于维修、体积小、重量轻、抗冲击、耐振动和摇摆、机动性好等。此外，设备和材料还必须耐盐雾、霉菌和辐照。核动力舰船数量在冷战期间达到高潮，冷战后数量有所下降，据统计目前国外在役、在建的核动力舰船数量详见下表。

**国外在役、在建的核动力舰船数量**

| 国家 | 核动力舰船 | 在役 | 建造中（计划中） |
|---|---|---|---|
| 美国 | SSBN 弹道导弹潜艇 | 14 | |
| | SSGN 巡航导弹潜艇 | 4 | |
| | SSN 攻击艇 | 53 | 11 |
| | 航空母舰 | 11 | 1（2） |
| 英国 | SSBN | 4 | |
| | SSN | 7 | 4（2） |
| 俄罗斯 | SSBN | 13 | 3（4） |
| | SSN | 16 | 2 |
| | SSGN | 6 | |
| | SSAN（辅助核潜艇） | 5 | |
| | 战斗巡洋舰 | 1（KIROV，KN-3 PWR） | |
| | 破冰船 | 7 | |
| 法国 | SSN | 6 | 6 |
| | SSBN | 4 | |
| | 航母 | 1 | |
| 印度 | SSBN/SSGN | 1 | |
| | SSN | 1 | |
| 巴西 | 核潜艇 | | 3 |

**核动力装置** 用于舰船推进的核动力通常由反应堆及一回路系统、核辅助系统、二回路系统、综合控制系统、电力系统、轴系统和辐射防护系统等相关系统组成。①反应堆（参见反应堆）。②一回路系统通常由反应堆冷却剂系统和相关核辅助系统组成。③核辅助系统一般包括压力安全、余热排出、安全注射、补水、设备冷却、净化、废物处理、一次屏蔽水、取样、化学添加、化学停堆和去污等系统。④二回路系统由主汽轮机系统和汽轮发电系统组成。⑤综合控制系统用于控制整个核动力系统，保证其运行的安全、可靠和向运行人员提供足够的信息。⑥综合电力系统由电力系统和电力推进系统组成，用以保证舰船用电和电力推进用电。⑦轴系统由主轴传动系统和辅助轴系传动系统组成，用以传递主汽轮机组或推进电机输出的机械能。⑧辐射防护系统由辐射检测系统和辐射防护设施组成，用以检测辐射，使其剂量水平尽可能低，保证人员的辐射安全。

**放射性防护** 为了不让放射性物质在一回路系统破损时泄出污染潜艇的其他舱室，反应堆、蒸汽发生器、稳压器和一回路冷却剂的循环管路等都布置在潜艇上专设的反应堆舱中。同时，保持反应堆舱内的压力低于其他舱室。为此，设有反应堆舱负压系统，负压系统设有负压压缩机和储气瓶，储气瓶储存反应堆舱内的气体。带有放射性的气体经衰变后排出艇外。

反应堆还要考虑到在停堆一定时间后，其剩余放射性可以允许人员进入舱内的某处进行工作。为保证艇员的健康，对人员的辐射安全有严格的标准规定。由于潜艇的舱室容积有限，要求以最小的反应堆舱容积满足上述要求。反应堆舱容积减小，也可减轻屏蔽重量。

**反应堆屏蔽** 包括一次屏蔽和二次屏蔽。①对反应堆的屏蔽称为一次屏蔽，屏蔽来自反应堆堆芯的辐射。将快中子流减少到在二次回路中不致激活出强的放射性，同时将γ射线辐射降低到安全水平。在反应堆舱内并围绕在反应堆压力容器的周围有一个一次屏蔽水系统，由一次屏蔽水箱和管路等组成。②对反应堆舱的屏蔽称为二次屏蔽，包括反应堆舱的前舱壁、后舱壁屏蔽，反应堆舱通道屏蔽，反应堆舱顶部甲板屏蔽以及一些其他的局部屏蔽等。二次屏蔽能屏蔽包括反应堆、一回路及反应堆舱内所有的辐射，降低中子流和γ辐射，达到安全水平，同时不让受放射性污染的空气进入潜艇的住舱和工作舱室。

核动力舰船因不依赖化石燃料，原则上可实现温室气体和颗粒污染物的零排放，但在整个运行过程中会有一定量的带放射性固体、液体和气体废物产生，通常气体经过处理后排入环境，液体和固体带回基地进行专门处理。

（陈炳德　于俊崇）

**hefanying**

## 核反应

（nuclear reaction）　核子、核或其他类型粒子作为入射粒子与靶核碰撞，导致靶核或入射粒子质量、电荷或能量等状态发生变化的过程。碰撞前后反应体系总的核子数、电荷数、能量和动量都守恒。核反应产物可以是两体、三体或多体，它取决于入射核或粒子以及靶核体系自身的固有性质并与入射能量有密切关系。两体核反应方程表示为

$$a+A\rightarrow b+B+Q$$

式中，左边称入射道；右边称出射道。$A$ 和 $a$ 分别表示靶核和入射粒子；$B$ 和 $b$ 分别表示靶剩余核和出射粒子；$Q$ 表示释放的能量，是核反应前后的质量差，由爱因斯坦质能关系可以计算。当 $Q>0$ 时，表示核反应为放热反应；当 $Q<0$ 时，表示核反应为吸热反应。根据入射粒子类型和核反应机制划分不同类型的核反应过程。

根据入射粒子不同，核反应可以划分为：①由核子（中子、质子）引起的核反应；②由复杂粒子引起的核反应，如轻核的聚变和重核的融合反应，以及非稳定轻核（放射性束）引起的核反应；③由光子引起的核反应称为光核反应；④由介子引起的核反应。

根据核反应的出射粒子的情况，核反应被划分为：①弹性散射 $A(a,a)A$。出射粒子与入射粒子相同，反应 $Q$ 值为 0，核和出射粒子的角度发生变化。②非弹性散射 $A(a,a)A^*$。出射粒子与入射粒子相同，但反应后靶核处于激发态（右上角*号表示），反应 $Q$ 值为剩余核 $A^*$ 的激发能的负值。③重整碰撞 $A(a,b)B$。又称核子交换反应。在这种核反应过程中入射粒子与靶核之间发生了核子交换，出射道中产生了新的原子核和粒子。④俘获辐射反应 $A(a,\gamma)C$。入射粒子进入靶原子核而形成处于激发态的复合核 $C$，通过发出γ射线退激。⑤核裂变。卢瑟福（E. Rutherford）于 1919 年利用钋-214 放出的α粒子轰击氮-14 实现第一个人工核反应（参见核裂变）。

人工新核素的产生以及天体演化过程的解释等都是与核反应相关的研究成果。核反应是人类研究原子核结构、性质、相互作用等方面规律的主要手段之一，也是人类获得核能和人工放射性核素的重要途径。因此，核反应在军

事、核能、核技术等方面得到广泛的应用。

（张竞上　许谨诚）

hejishu

**核技术**　（nuclear technology）　以核物理、辐射物理、放射化学、辐射化学和辐射与物质相互作用为基础，以加速器、反应堆、核武器装置、核辐射探测器和核电子学为支撑而发展起来的综合性现代技术学科。

**沿革**　1919 年，卢瑟福（E. Rutherford）等人发现用 α 射线轰击氮核时释放出质子，首次实现人工核反应。1939 年，哈恩（O. Hahn）和斯特拉斯曼（F. Strassman）发现核裂变。1942 年，费米（E. Fermi）建立了第一个裂变反应堆，开创了人类掌握核能源的新世纪。同时，实现由辐照后燃料中提取裂变物质及建成大规模分离铀同位素的工厂。1945 年 8 月 6 日和 9 日，美国分别向日本广岛和长崎空投了两颗原子弹，首次将核武器用于实战。1964 年 6 月苏联第一座核电厂首次向电网发电；1956 年，英国科尔德霍尔产钚、发电两用的核电厂发电运行。到 20 世纪 70 年代，人们已能把质子加速到 400GeV，并且可以根据工作需要产生各种能散度特别小、准直度特别高或者流强特别大的束流。多种大型加速器和同步辐射光源的建成，医用和工业加速器的成批生产，同位素的应用，射线探测技术、核电子学与计算机的发展，使核技术广泛应用在农业、人口与健康、能源、环境、信息、材料、国家安全等领域以及生命科学、地球科学、凝聚态物理、考古学等多种学科，推动了科学技术的发展。

**主要分支及发展趋势**　核技术通常分为核能技术（又称核动力技术）、核武器技术和核技术应用（又称非动力核技术）三大部分。

**核能技术**　核能技术是世界能源结构中的一个不可缺少的组成部分，在国民经济中占有重要的地位。如果用它取代化石燃料来发电的话，也会减轻温室效应。以核能为动力的潜艇及航空母舰明显优于常规潜艇和航母。核能每年提供人类获得的所有能量的 7%，或人类获得的所有电能的约 16%。1979 年的三哩岛事故和 1986 年的切尔诺贝利核事故及 2011 年福岛核事故在不同时期成为了许多国家停止建造新核电厂的关键理由。目前，国际核能界已经开发出第三代压水堆技术，并正在研发以核能可持续发展和强化核不扩散为目标的第四代先进核能系统。21 世纪末，受控核聚变技术可望从实验室走向实用，从而为人类提供取之不尽的干净能源。

**核武器技术**　核武器技术包括核弹头及其他的技术。1945 年 8 月 6 日和 9 日，美国分别向日本广岛和长崎空投了两颗原子弹，首次将核武器用于实战，共造成约 21 万人伤亡。氢弹可称为第二代核武器。20 世纪 50 年代末，有的国家开始研制根据不同作战要求而增强或减弱某些杀伤破坏效应的特种核武器，即第三代核武器，如中子弹（又称增强辐射弹）、减少剩余放射性弹（即冲击波弹）、感生放射性弹、核电磁脉冲弹等。未来发展的核武器将是第四代核武器。目前，美、俄、法等国研制的第四代核武器主要有金属氢武器、核同质异能素武器、反物质武器等。从技术角度来说，第四代核武器的发展虽以原子弹和氢弹的原理为基础，但所用的关键研究设施是惯性约束聚变和加速器等装置。不像发展前三代核武器那样需要进行大量核试验，第四代核武器的基础是民用核科学研究，因此不受《全面禁止核试验条约》的限制。

**核技术应用**　核技术最初的应用是在医学领域，至今已有 100 多年的历史。现今，世界上有近 90 个国家和地区开展了核技术应用的研究、开发和利用。主要研究带电粒子加速、辐射产生机理、射线与物质的相互作用、辐射探测方法和辐射信息处理。核技术在人们的生产和生活中应用非常广泛，从用于治疗肿瘤的伽马刀、中子刀到手机中的微型零件，从农业育种、食品保鲜到燃煤电厂的烟道气处理，都应用了核技术。21 世纪，以同位素和辐射技术为代表的核技术应用将继续深入应用在能源、资源、环境以及人类健康等各个方面，并将在与信息技术、生物技术、纳米技术、环保技术等方面的交叉渗透中发挥巨大的作用。

（毛亚虹　刘华）

hejishu liyong feiwu

**核技术利用废物**　（radioactive waste from application of nuclear technologies）　核技术在农业、科研、医疗、教学等领域应用过程中产生的放射性废物和不再使用的或废弃的密封放射源。核技术利用活动主要集中在城市，其放射性废物也主要来自城市，因此储存核技术利用废物的场所又称为城市放射性废物库。

**特点**　核技术利用废物与核能开发相关的核工业产生的放射性废物有相似之处，都是指含有放射性物质或被放射性物质所污染，其活度或活度浓度大于清洁解控水平。在放射性废物管理中，核技术利用废物有以下特点：①放射性活度低。除了辐照装置使用高活度放射源之外，绝大多数核技术利用单位使用的放射性活度较低，产生废物的活度和体积比较小。②核技术利用单位多，核技术利用废物分布分散。③核素半衰期短。主要是半衰期短的核素，贮存衰变容易实现废物无害化。④管理能力较弱。核技术利用单位通常缺乏熟悉辐射防护和放射性废物管理的专业技术人员。

**管理措施**　针对核技术利用单位数量多、分散，各个单位的放射性废物数量少及对放射性废物管理能力较弱等特点，我国对核技术利用废物实行由国家统一组织、分省建废物库的方式进行集中收储和管理。1984 年国务院环委办以（84）国环办建字第 029 号文件颁布《建设城市放射性废物库的暂行规定》，1987 年原国家环境保护局以（87）环放字第 239 号文件颁布《城市放射性废物管理办法》。这些文件规定各省、自治区、直辖市建造城市放射性废物库，用来收储辖区内核技术利用单位产生的放射性废物和废放射源。2004 年原国家环境保护总局发布《核技术利用放射性废物贮存库选址、设计与建造技术要求（试行）》，进一步规范城市放射性废物库选址、设计与建造的技术要求，明确核技术利用放射性废物库是属于环境保护公益事业。

**核技术利用放射性废物库**　是暂存库，设计使用寿期为 100 年。对于半衰期短的放射性核素，通过收储期间自然衰变，预期绝大多数废物可以达到无害化。对于在收储期间靠衰变达不到无害化的废物，特别是废放射源，将转送至其他国家储存库或处置场。

**废放射源回收**　核技术利用中有时使用活度很大的放射源，如辐照装置和工业探伤用源。对于这类使用高活度放射源的活动，放射源在报废时的活度仍然很高，在核技术利用放射性废物库暂存难以实现无害化。对这些高活度放射源，要求放射源的用户在购买放射源时签署废放射源回收协议，等到放射源报废时返回源的生产厂家。

近些年，我国在放射性废物管理方面，建造了可收储放射源的国家库，还建造了可收储核工业低、中放废物的处置场。各核技术利用放射性废物库有条件将靠储存衰变难以实现无害化的放射性废物和废放射源及早转送至国家储存库或处置场，国家鼓励将这类放射性废物和废放射源及早转送至国家储存库或处置场。核技术利用放射性废物库收储的放射性废物和废放射源越来越多，应依据国家的标准，对存放的放射性废物和废放射源进行分析和实际监测，确认满足解控要求的按程序申请解控。

**管理要求**　为保证核技术利用废物的安全，我国制定了一系列管理要求，主要包括以下几方面：

**放射性废物的送储要求**　送储放射性废物应为固体废物，其游离液体体积百分率不大于 1%，不应含病原体、易挥发、易燃、易爆等不稳定物质，不应含酸、碱等腐蚀性物质。可燃的放射性废物可先做焚烧处理，将残渣水泥固化处理和整备；对于易发生污染扩散的放射性废物，如放射性废液、粉末状或颗粒状放射性固体废物、放射性湿废物（泥浆、废树脂等）可采用水泥固化技术进行固化处理；植株、动物尸体及其排泄物等放射性废物应脱水、干化或灰化后水泥固化处理和整备；带病原体的放射性固体废物应先经灭菌处理。

**废物库运行要求** 放射性废物和废放射源应分区、分类存放。废物库的布置和废物包的堆码与存放安排应考虑方便检查和回取。放射性废物和废放射源入库后必须建立台账，将废物和废源信息录入废物库信息系统，以便查询和保证信息的长期安全。废物的信息包括废物的特性、容器的特性、存放地点和位置、发送和接收单位、收发日期、事故和事故处理情况等。

**监测要求** 核技术利用放射性废物收储时必须进行放射性监测，以确认所收储的放射性废物和废放射源与申报送储的情况相符；同时对从事收储放射性废物和废放射源工作的人员进行个人剂量监测，并保存监测资料。此外，应定期对核技术利用放射性废物库及周边环境进行常规辐射监测，以便评价和证实废物库运行的安全性，监测内容包括γ辐射剂量率，α、β表面污染水平等，监测数据需要长期保存。

**安保要求** 核技术利用放射性废物库运行单位应建立健全的保安组织机构、管理制度和保卫或保安实施程序。设置适当的安全保卫系统，包括进出口控制、闭路电视监视和库区周界照明与报警系统等。建立必要的事故应对措施，以便使收储的放射性废物和废放射源处于有效监控之下。 （赵亚民 宋福祥）

**hejishu yingyong**

## 核技术应用 (nuclear technology application)

除核能利用以外，放射性同位素与射线装置在工业、农业、医疗、国防及科学研究等方面的应用。有时也称为非核动力应用。核技术的发展与一个国家的整体经济发展水平相同步，并渗透到经济社会许多领域。

**沿革** 1895年，伦琴发现了X射线。1896年贝可勒尔发现铀的天然放射性。随后居里夫妇发现了“钋”和“镭”两种天然放射性核素。1899—1900年发现了α、β和γ射线。1919年卢瑟福利用天然α射线轰击各种原子，确立了原子的核结构，随后又首次用人工方法实现了核反应。初期取得的重大成果是1932年中子的发现和1934年人工放射性核素的制备。此后的40多年，专家学者主要从事放射性衰变规律和射线性质的研究，并用射线对原子核作初步探讨；还创建了一系列探测方法和测量仪器，一些基本设备如各种计数器、电离室等沿用至今。探测、记录射线并测定其性质，一直是核技术应用的一个中心环节。20世纪20年代后期，开始探讨加速带电粒子的原理。30年代初，静电、直线和回旋等类型的粒子加速器已具雏形，在高压倍加器上实现初步核反应。利用加速器可以获得束流更强、能量更高和种类更多的射线束，大大扩展了核反应的研究，使加速器逐渐成为研究原子核、应用核技术的必要设备。

**主要应用** 核技术最初的应用是在医学领域，至今已有100年的历史。第二次世界大战后，核技术开始逐步应用于国民经济各领域。现在，核技术应用已经涵盖工业、农业、医药、卫生等各个方面，几乎没有一个核物理实验室不在从事核技术的应用研究。

**在医学上的应用** 核技术医学应用可分为X射线诊断、放射治疗和核医学。①X射线诊断是利用X线机产生的X射线透过人体，通过仪器观察来诊断脏器是否有病变并确定病变位置；②放射治疗是利用钴-60、铱-192等放射性同位素产生的α、β、γ射线和各类射线装置产生的X射线、电子线、中子束、质子束及其他粒子束来治疗肿瘤；③核医学是利用核素和核技术来进行生命科学和基础医学研究并诊断和治疗疾病。核医学分为基础核医学和临床核医学。临床核医学又包括诊断核医学和治疗核医学。核医学技术与分子生物学技术相结合，发展为分子核医学，将深入到分子、亚分子水平，对疾病的诊断与治疗发挥重要作用。例如，用同位素示踪标记法研究DNA、RNA人类基因组，用放射性同位素研究人类基因表达和治疗基因遗传疾病。利用碳-11、氟-18、氮-13等放射性同位素在正电子发射型断层仪上对患者进行脑受体显像和脑代谢显像，可以揭示脑功能的实质、药物作用机理及疗效、直接显示人脑的代谢情况，探知人类的视听、思维过程。利用放射性标记化合物还可进行药代动力学、药理学研究和新药筛选。21 世纪，新型放射性治疗药物和治疗装置将被更加广泛地应用于恶性肿瘤等疾病的治疗（参见*放射诊断*、*放射治疗*和*核医学*）。

**在工业上的应用**　在工业上应用较多的几种核技术主要为射线检测与控制技术、辐照加工技术、同位素示踪技术和离子注入技术。

*射线检测与控制技术*　这种技术可以实现在线的迅速检测，无须打开包装便可对包装或容器内的物品实现检测。利用探伤装置可以检测到大型管道、工业设备、桥梁建筑等构建的内部缺陷。随着走私、贩毒和非授权武器及火工品贩运，以及恐怖爆炸活动日趋猖獗和隐蔽，在线、实时、可靠、有效的射线（如中子、X、γ）无损检查与控制产品需求将更趋多样化。通过核监控仪表获取信息，与计算机技术相结合，使单纯的测量发展到动态连续检测，并进一步实现闭路信息反馈，完成生产过程的在线实时自动控制。在石油工业中，“测井”过程包括地质特征的研究。当把探测器从天然放射性岩石区移到含石油区或其他液体区时，信号减少。因为石油中含有氢，也可以用中子水分测量仪测量石油的存在。

*辐照加工技术*　利用γ射线和加速器产生的电子束辐照被加工物体，使其品质或性能得以改善的过程。辐射加工可以获得优质的化工材料，储存和保鲜食品，消毒医疗器材，处理环境污染物等。在食品保鲜、医疗卫生用品消毒、辐照化工、“三废”治理等方面，由于采用核技术而大大减少或完全取代了化学添加剂、消毒剂等物质的使用，可以将有毒有害的残留物降到最低，杜绝二次污染，比采用化学技术要安全得多，因此得到快速发展。目前，辐射加工新的应用领域还在不断开拓中，例如，用于调节聚合物分子量的辐照裂解、动物饲料的辐射消毒、有机氟聚合物废物的辐射裂解、生物活性物质的辐射固定化等。

*同位素示踪技术*　在冶金、石油、煤炭、化工、制药、玻璃、造纸、塑料、橡胶、食品、烟草、纺织、电子和航空航天等部门中都有广泛应用。放射性示踪能有效地对化学农药在农作物的各个部位以及土壤、水体中的分布和残留物进行定量分析；能用于新药物研发的药代动力学、药理、药物筛选、受体分别等环节的研究；示踪法对天然气、石油等大型输送管网的检漏特别有效；示踪法测量油田回采的剩余油饱和度是其他技术难以胜任的。当前的关键是研究出好的示踪剂。

*离子注入技术*　把掺杂剂的原子引入固体中的一种材料改性方法，是研究半导体物理和制备半导体器件的重要手段。随着工艺上和理论上的日益完善，离子注入已经成为半导体器件和集成电路生产的关键工艺之一。离子注入还被广泛应用于改变光学材料的折射率、提高超导材料的临界温度，表面催化、改变磁性材料的磁化强度和提高磁泡的运动速度与模拟中子辐照损伤等领域。离子注入在耐磨性、耐腐蚀性（包括高温氧化和水腐蚀）的研究方面已取得重要的进展并得到初步应用；辐照处理和中子嬗变掺杂在生产半导体方面也有很大用途。

**在农业上的应用**　主要是辐射应用和核素示踪技术应用。用辐照处理食品以防止虫蛀、霉烂和发芽，推迟水果后熟，杀灭食品中的害虫、细菌和各种微生物，从而达到延长食品寿命和减少贮存中损失的目的。1980 年，联合国粮农组织、世界卫生组织与国际原子能机构联合专家委员会通过研究得出的结论是：任何食品的辐照，直到总体平均剂量 10 kGy，都没有毒理学危害，也不会引起特殊的营养学或微生物学问题，辐照食品不必再进行毒理学试验。1997 年，再次宣布“任何受到超过 10 kGy 高剂量辐照食品也无任何毒害作用”。

应用辐照能诱发农作物遗传物质有益突变，通过适当的选择和培育，达到改良作物品种或创造出新品种。辐射还可以直接杀死害虫或使害虫的生殖细胞受到损害，丧失生殖能力（遗传不育），从而达到消灭害虫种群的目的。种植业和养殖业采用低剂量辐照，可以刺激生长，提高产量。采用同位素示踪技术可测量土壤的有效养分，研究农药的持久性、降解途径和在食物链中的转移等。

**在分析技术中的应用** 利用放射性同位素放出的射线照射被分析样品，可以测定样品的成分和含量。这种分析方法的灵敏度比普通方法要高得多，甚至可以进行物质微观结构分析。此外，还具有不破坏样品，便于现场在线分析等优点。例如，活化分析已得到广泛应用，涉及材料科学、环境科学、地球化学、宇宙化学、生命科学、法医学和考古学等领域；通过冰岩芯样品的微量元素测定，得到五千年以来南极大气变化的信息；在合成纤维生产中，某些化学品如氟可以改进纺织品特性，通过氟含量或其他预先加入的痕量元素含量的比较可以用活化分析来检验低劣的伪造品；在刑侦中，用中子活化分析可以获得物证等。

**在能源科学中的应用** 放射性同位素衰变时放出的射线作用于物质时，其动能可以转换成光能、热能或电能。其中热能还可以通过某种换能机构进一步转换成电能。例如，放射性发光涂料广泛用于飞机、坦克、潜艇等仪器的表盘上；原子灯由于不需要外部电源就能自动发光，使用寿命又长，不用维修，可在恶劣环境下工作，特别适合用于易燃易爆物品及仓库、地下矿井、坑道的照明和安全标志，以及公路、铁路、航海、航空的信号灯。将同位素热源的热能通过换能器转变成电能的发电装置在空间、海洋和陆地获得广泛应用。如航天器的供电，导航辅助设施、海潮报警器、海底实验室供电和供热，无人管理气象站、飞机导航站、微波中继站等的供电。

**在环境保护科学中的应用** 利用加速器电子束对钢铁厂排出的废气进行辐照，可除去二氧化硫和氧化氮气体，用氨水吸收辐照转化物还可制得硫酸铵和硝酸铵；用电子束法还可以对煤电厂的烟道气进行处理，不但能脱硫脱氮，还能变废物为农用肥料；利用辐射诱变技术制备高效菌种处理有机废水和生活污水，除可以杀菌外，还能使许多有机和无机污染物改性、氧化或分解，从而使生化需氧量及化学需氧量值显著降低，可以对醛类、氰化物、有机汞、亚硝胺、含氯有机物及染料等进行有效处理，不仅效率高、水质好、成本低，而且不需对现有设备进行大规模改造；而利用热等离子处理多种危险废物，既经济、安全，又没有二次污染。

**发展趋势** 以同位素和辐射技术为代表的核技术将继续深入应用在能源、资源、环境以及人类健康等各个方面，并将在与信息技术、生物技术、纳米技术、环保技术等方面的交叉渗透中发挥作用。（毛亚虹 刘华）

**推荐书目**

中国核学会. 核科学技术学科发展研究报告2007—2008. 北京：中国科学技术出版社，2008.

王成孝. 核能与核技术应用. 北京：原子能出版社，2002.

**hejubian**

**核聚变** （nuclear fusion） 轻原子核合成为较重原子核并释放出巨大能量的核反应过程。由于轻核实现核聚变需要高温产生的热运动取得动能，因此核聚变反应又称热核反应。

**意义** 聚变反应是宇宙中能量的主要来源，太阳和其他恒星能长时间发热发光都是来自于核聚变的结果。核聚变是当前很有前途的新能源，是人类巨大的能源宝库。实现人工可控核聚变具有极其诱人的前景。对比裂变反应，核聚变无高端核废料，对环境不会构成大的污染。另外，核聚变不仅释放出巨大的能量，而且所需的原料——氘可以从海水中提取。经计算用1L海水中提取出的氘进行核聚变所释放出的能量相当于燃烧300 L汽油释放的能量。世界上的海水几乎是“取之不尽”的，因此受控核聚变的成功将会使人类摆脱能源危机的困扰。

**方式** 恒星的核聚变反应是靠恒星的重力约束来实现核聚变发生的高温和高压条件，而在地球和其他行星上无法实现重力约束的核聚变，因而人类正在寻找其他方式来实现受控热核反应。目前主要的几种受控核聚变方式为：

磁约束（托卡马克）核聚变、惯性约束（激光约束、重粒子束约束）核聚变。实现的受控聚变反应主要是 $d$+$d$ 和 $d$+$t$ 两个反应。当然，还有其他放能反应，如 $d+{}^{3}\mathrm{He}\rightarrow p+\alpha$ 和 $p+{}^{11}\mathrm{B}\rightarrow 3\alpha$ 反应，它们的直接产物不存在对人体和设备有害的中子。但是理论计算表明，实现后面两种聚变反应需要的物理条件要比前面两个聚变反应的难度更大，而且伴随上述反应的中间过程仍然又有中子产生，目前仅作为理论探讨。

**条件** 人们现在还不能实现将自持的受控核聚变作为能源，主要原因是进行自持的受控核聚变的条件非常高。自持的受控核聚变的发生需要在 1 亿℃的高温和等离子体的高密度并维持足够长时间才能实现（即劳森判据）。经过几十年来科学家的不断努力，在磁约束核聚变中对等离子体的稳定性条件以及人工点火达到受控聚变反应发生的技术等方面已经取得了进展。目前，欧盟、中国、韩国、俄罗斯、日本、印度和美国七方合作的“国际热核聚变实验堆”工程正在紧张地进行，其目标是验证自持的受控氘氚核聚变的科学可行性和工程可行性（参见受控核聚变）。（张竞上　许谨诚）

**heliebian**

**核裂变**　（nuclear fission）　重原子核分裂成两个或两个以上中等质量核碎片并释放巨大能量的核反应过程。核裂变分为诱发裂变和自发裂变。诱发裂变是重核在γ射线、电子、中子和其他的各种带电粒子轰击下出现的核反应；自发裂变是处于基态或同质异能态的重核通过裂变位垒量子力学穿透效应发生的衰变。裂变过程中，在生成中等质量核碎片的同时，还伴随发射多个中子和多个γ射线。核裂变的主要过程为二分裂变。

在每 300～500 个核裂变中还会出现一个三分裂变。在这种裂变模式中，除发射两个质量数差不多的主裂变碎片外，还在大约垂直于主裂变碎片方向上发射一个从氢同位素直到碳核的轻带电粒子。这种被称为轻带电粒子伴随裂变的三分裂现象是在 1946 年由我国科学家钱三强、何泽慧在法国居里实验室工作时所发现的，并做出了理论解释。还应指出，核三分裂变中还包含有约 1‰的带电轻粒子极向发射事件。这种带电轻粒子极向发射现象的特征是，电核数 $Z$=1，2 的轻带电粒子在裂变碎片方向上发射。理论研究指出，重核分裂成三个中等质量碎片，即所谓的“大三分裂”是可能的，已经有观察到此现象的实验报告发表。但这种反应事件可解释为高激发能下二分裂变的一个重碎片的再次断裂，因此，不能认可为物理意义上的“真三分裂变”模式，而被称为核的多重碎裂。因此，所谓的“真三分裂变”仍然是一个待进一步讨论的问题。

在核裂变中，出现稀有四分裂变的概率约为 $2\times10^{-6}$。在这种核衰变过程中会出射两个轻带电粒子。至今进行的少量研究表明，轻带电粒子对可以是α–α、α–$t$ 或α–$p$。

**沿革**　1938 年，德国化学家哈恩（O. Hahn）和斯特拉斯曼（F. Strassman）用元素钡为载体从中子照射后的铀样品中分离出了半衰期分别为 25 min、110 min 和几天的沉淀物。他们还进一步用元素镧为载体，从生长的子体物质中分离出了半衰期分别为 40 min、4 h 和 60 h 的沉淀物，并确认这些沉淀物来源于放射性元素钡的衰变。他们将中子照射后的铀样品中化学分离出钡、镧和铈等元素的事实解释为，样品中的铀元素在中子照射后分裂成了质量数差不多的两个碎片，即发生了核裂变。1939 年，弗雷希（O. R. Fresh）用一个空气电离室观测到裂变碎片具有很大的动能，从而确认了核裂变释放大能量这一事实。随后的实验又确认核裂变发生时还发射多个中子。在这些发现的基础上，费米（E. Fermi）着手探索实现核链式反应的可能性，并于 1942 年 12 月 2 日在美国芝加哥大学建成了世界上第一个可控核裂变反应堆，开创了人类大规模利用核能的历史。

**基本特性**　①巨大的瞬时裂变碎片动能释放。例如，在热中子引起铀-235 和钚-239 裂变反应中，碎片总动能分别可达到 170MeV 和

175MeV。②每次核裂变有多个瞬发中子从碎片发射出来。例如，在热中子引起的铀-235 和钚-239 裂变反应中，每次核裂变发射的平均中子数目分别约为 2.42 和 2.95。③每次核裂变有多个瞬发γ射线从碎片发射出来。平均说来，每次核裂变的瞬发γ射线总能量为 7～9 MeV。④由于裂变碎片的丰中子特性，瞬发中子发射后生成的裂变产物核必须经过多次的$\beta^-$衰变才会成为衰变链末端的稳定核。这种衰变链产生两个效应：①当$\beta^-$衰变形成的产物核具有的激发能高于它的中子结合能时，它会发射缓发中子。而缓发中子衰变常数就是发射缓发中子母核，即先驱核的$\beta^-$衰变常数。裂变产物核的某些缓发中子组的衰变常数达数秒，甚至数十秒。在热中子引起铀-235 裂变反应中，最短半衰期值 $t_{1/2}$=0.230 s±0.025 s，当缓发中子从裂变产物核溴-87 发射时有最长的值 $t_{1/2}$=55.72 s±1.28 s，每次核裂变发射的缓发中子平均中子数目约为 0.015 8 个。②这种链式$\beta^-$衰变过程释放的能量是反应堆停止运行后堆燃料的余热和堆乏燃料的核辐射与发热的来源（参见*裂变产物*）。（韩洪银　许谨诚）

**推荐书目**

R. Vandenbosch，J. R. Huizenga. *Nuclear Fission*. New York：Academic Press，1973.

R. Rhodes. *The Making of Atomic Bomb*. New York：Simon and Schuster，1987.

C. Wagemans. *The Nuclear Fission Process*. Florida：CRC Press，1991.

**helinjie anquan**

**核临界安全**　（nuclear criticality safety）　又称临界安全。是预防临界事故和减轻临界事故后果的一种专门技术。核临界安全是核工业所特有的安全类型。临界事故是意外发生的自持或发散的中子链式反应所造成的能量释放事件，属于严重的核事故，只要发生临界事故就要及时向国际原子能机构通报。核工业国家对临界安全高度重视，采取了非常安全的措施，至今世界上反应堆外未发生灾难性的临界事故。

**临界条件**　裂变物质系统能维持自持链式反应的条件。临界条件也是中子平衡条件。对于某一裂变物质系统，假如每次裂变放出的中子，平均有一个中子能继续与裂变物质的核起裂变反应，这时系统达到临界。

反应堆的运行必须维持临界状态。而在非反应堆的场合，例如，在易裂变材料的生产、加工、处理、储存和运输等过程中，临界安全技术人员必须选定合适的控制方法和安全裕量确保系统处于次临界状态，避免发生临界事故。从世界上反应堆外已发生的临界事故来看，其猛烈程度虽然不高，然而个别事故曾导致在场人员因受到过量的辐射照射而死亡或设备受到损坏，所以核临界安全问题一直受到核工业国家的高度重视。

搞好核临界安全的基本原则，与一般工业安全并无实质性的差别。如要有明确的安全责任制，要有完善的规章制度，有关人员要接受专门的培训，要有必要的监测和控制手段，并要有专职的临界安全人员负责技术指导等。常用的原则为双偶然事件原则，即工艺设计宜含有足够大的安全系数，使得在各种有关工艺条件中至少需要一并发生两种不大可能的、独立的改变，才可能导致临界事故。

**核临界安全的控制措施**　包括几何控制、间距控制、富集度控制等。

**几何控制**　限制设备的一个或多个特征尺寸来确保临界安全。如限制球体、圆柱体的直径，环形体的内外直径，平板的厚度等。几何控制是优先采用的一种临界安全控制方法。

**间距控制**　用保持易裂变材料之间良好的安全间距来控制临界。间距控制是比较好的控制方法。安全间距不仅增加了中子的泄漏，还降低了易裂变材料之间的中子相互作用，以此来确保临界安全。

**富集度控制**　易裂变核素的质量分数富集度越低越不容易达到临界，因此可用控制易裂变核素的富集度来控制临界。与水均匀混合的铀金属和几种铀化合物的铀-235 富集度限值见表 1，富集度低于表中限值时混合物中的铀金属和铀化合物的质量或浓度不受限制都是临界安全的。

表 1 与水均匀混合的铀金属和几种铀化合物的铀-235 富集度限值

| 金属或化合物 | $^{235}U$ 富集度限值/% |
|---|---|
| 铀金属 | 0.93 |
| $UO_2$、$U_3O_8$ 或 $UO_3$ | 0.96 |
| $UO_2(NO_3)_2$ | 1.96 |

资料来源：《反应堆外易裂变材料的核临界安全 第 2 部分：易裂变材料操作、加工、处理的基本技术规则与次临界限值》（GB 15146.2—2008）。

**中子毒物控制** 利用中子毒物（如硼、钆、镉）吸收系统内的中子来防止临界。中子毒物可以是固态，也可以是可溶性溶液。采用中子毒物控制，尤其是采用可溶性中子毒物控制，需同时采用工程措施和行政措施来确保中子毒物的预期分布与浓度。

**易裂变核素浓度控制** 用控制易裂变核素的浓度来控制临界。采用易裂变核素浓度控制需同时采用诸如采样工序、自动浓度测量工序、稀释工序等工程控制措施和行政管理措施来确保易裂变核素浓度在预期的限值之内。

**慢化控制** 由于慢化（慢化物如水、重水、碳）中子能量减小，中子与铀-235 核发生裂变反应的截面 $\sigma_f$ 变得很大，可以安全操作的易裂变材料的量明显减小。如在干法贮存工艺中用控制慢化物的含量和排除慢化物来控制临界。

**反射控制** 系统周围如有反射体（如水、重水、水泥、钢铁、铅、塑料、铍、碳等），泄漏出系统的中子将被反射回来，反射体的厚度愈大，反射作用就愈大。中子反射使可以安全操作的易裂变材料的量减小，所以要对反射材料进行控制。在反射控制无保证的情况下，总是取最大可信值。

**质量控制** 用控制易裂变核素的质量来控制临界。采用质量控制需要对易裂变核素的质量进行取样分析或无损测量分析，并采用行政管理措施，确保易裂变核素的质量不超过限值。

**密度控制** 系统的密度变小，中子自由程变大，增加了中子的泄漏，原来是临界的系统就变成次临界系统。因此，可用控制易裂变核素的密度来控制临界。包括体密度控制和面密度控制。

**单参数限值** 在许多情况下，只要控制工艺过程的一个参数就能防止达到临界状态，这样的次临界限值称为单参数限值。表 2 列出了易裂变核素均一水溶液的单参数限值；表 3 列出了金属单体的单参数限值。应当强调的是，工艺上应用这些次临界限值时必须留有适当的安全裕量，以应对工艺变量的不确定度和某一限值被意外超过。

表 2 易裂变核素均一水溶液的单参数限值

| 参 数 | 次临界限值 | | |
|---|---|---|---|
| | $^{235}UO_2F_2$ | $^{235}UO_2(NO_3)_2$ | $^{239}Pu(NO_3)_4$ |
| 易裂变核素的质量/kg | 0.76 | 0.78 | 0.48 |
| 溶液圆柱的直径/cm | 13.7 | 14.4 | 15.4 |
| 溶液平板的厚度/cm | 4.4 | 4.9 | 5.5 |
| 溶液的体积/L | 5.5 | 6.2 | 7.3 |
| 易裂变核素的浓度/（g/L） | 11.6 | 11.6 | 7.3 |
| 氢与易裂变核素原子数的比* | 2 250 | 2 250 | 3 630 |
| 易裂变核素的面密度/（g/cm²） | 0.40 | 0.40 | 0.25 |

*表示下限值。

资料来源：《反应堆外易裂变材料的核临界安全 第 2 部分：易裂变材料操作、加工、处理的基本技术规则与次临界限值》（GB 15146.2—2008）。

表 3 金属单体的单参数限值

| 参 数 | 次临界限值 | |
|---|---|---|
| | $^{235}U$ | $^{239}Pu$ |
| 易裂变核素的质量/kg | 20.1 | 5.0 |
| 圆柱直径/cm | 7.3 | 4.4 |
| 平板厚度/cm | 1.3 | 0.65 |
| 铀的 $^{235}U$ 富集度质量分数/% | 5.0 | — |
| 质量和尺寸限值有效时的最大密度/（g/cm³） | 18.81 | 19.82 |

资料来源：《反应堆外易裂变材料的核临界安全 第 2 部分：易裂变材料操作、加工、处理的基本技术规则与次临界限值》（GB 15146.2—2008）。

（沈雷生 阮可强）

henongxue

**核农学** （nuclear agricultural sciences） 原子核科学技术与农业科学技术相结合而形成的一门新兴学科，是核素、核辐射技术在农业科学与农业生产中广泛应用的应用科学。

**沿革** 核农学是应用核素与核辐射技术的理论与方法，在农业科学研究与农业生产过程中不断发展而逐渐形成。1927年缪勒尔（H. J. Muller）在德国柏林举行的第三届国际遗传会议上论述了X射线能使果蝇发生突变，并认为诱发突变将在植物改良上发挥重要作用。1928年，斯塔德勒（Stadler）报道了X射线对玉米和大麦的诱变结果，证实了缪勒尔的预言，从此开始了核素与核辐射技术的农业应用。但是，直到第二次世界大战结束，用于军事目的的核技术才开始转向民用，开始了民用核技术的研究与开发。

**基本任务** 核农学既是核科学技术的一个分支学科，又是农业科学和农业技术的重要组成部分。农业科学技术与农业生产的基本任务是有效利用和保护自然界的生物资源，以满足人类的物质需要。因此核农学的基本任务也是有效利用和保护自然界的生物资源，并不断地改造和创造新的生物资源以满足人类的物质需要。它贯穿于农业生产的全过程，即从前期的调查、研究、勘探与计划，到生产中期的种植栽培、饲养繁殖、灾害防治，以及后期的产品加工、保鲜与利用等。

**研究内容** 主要分为同位素示踪技术和核辐射技术及相关基础研究。

**同位素示踪技术** 利用核素的核特性，即放射性核素的衰变与稳定性核质量差异作为信息表达，通过核仪器仪表和许多分析仪获取信息，从而阐明自然界宏观和微观的物质运动与变化规律，揭示农业科学与农业生产的奥秘。通常称核素示踪技术在农业中的应用为狭义上的“核农学”，主要包括核素示踪动力学。

**核辐射技术** 利用核辐射与物质相互作用所产生的物理学、化学和生物学效应，对生命物质进行改造，创造生物新品种（种质），刺激生物增产，杀虫灭菌，利用和保护自然环境等。通常称之为“辐射农学”或“放射农学”。

**核辐射基础** 探索了耐辐射生物的极端环境适应机理，揭示了其独特的超强DNA修复和抗氧化保护机制，初步揭开了“极端环境生物高电离辐射抗性”之谜，并挖掘了一批独特的调控或功能基因，用于培育能在极端干旱或高盐等特殊环境下生长的新型农作物。

此外，核农学的研究内容还包括核素与核辐射应用的方法与技术研究。

**应用** 在我国应用较广的核农学技术主要包括植物辐射诱变育种、农用核素示踪技术、农副产品辐照加工、辐射不育防治害虫。

**植物辐射诱变育种** 在加速农作物新材料创制和优良新品种培育方面发挥了重要作用。截至2011年年底，中国在45种植物上育成了810个突变品种，占目前国际育成植物突变品种总数的1/4，位居世界第一。同时，利用辐射诱变技术创制的数以千计的优异突变基因资源为植物育种技术进步和促进农业生产可持续发展奠定了重要基础。

**农用核素示踪技术** 广泛应用于农业生态环境科学、植物科学、动物科学、植物营养学、土壤学、放射生态学以及分子生物学等学科研究领域。迄今已取得了国家级成果奖20多项、省部级奖百余项，产生了巨大的经济效益、社会效益和生态效益，为我国的“三农”事业和新农村建设做出了巨大贡献。利用核素示踪技术研究集成的作物高效合理施肥技术、土壤污染控制与修复技术和土壤培肥技术等已在全国范围内得到推广应用，在促进粮食增产的同时显著降低了生产成本，实现社会经济效益数十亿元。近年来，农用核素示踪技术已拓展应用于新农药创制领域，推动了我国新农药的创制与应用进程。

**农副产品辐照加工** 在农副产品辐照杀虫灭菌保鲜的安全性评价、各类食品辐照可行性与辐照工艺研究、辐照食品卫生标准、辐照装置设计与设施建造运行标准和辐照食品商业化应用等方面取得了一大批科研成果，其中包括制定并颁布的六大类食品的辐照卫生标准、20 项国家标准。新技术新工艺的研究带动辐照产业持续增长，2010 年达到 20 万 t，居世界第一。

**辐射不育防治害虫** 重点研究了害虫对辐射的敏感性、辐射不育剂量的确定、害虫的人工饲养、辐射处理昆虫的标记与诱捕方法、迁飞与扩散能力的测定、饲养场的运输与释放技术以及性行为习性的观察等；系统研究了辐射对亚洲玉米螟、桃小食心虫、柑橘大食蝇的精子传导、精子活力以及辐射导致的染色体畸变，阐述了辐射导致不育的机理。在世界上首先研究成功桃小食心虫的人工饲养技术。在辽宁桃花岛、贵州惠水县和台湾分别进行了亚洲玉米螟、柑橘大食蝇和柑橘小食蝇的不育蝇的释放试验。

**作用和意义** 核农学的形成与发展促进了农业科学的进步，特别是核农学所具有的独特优势，使之成为现代农业科学技术的重要组成部分，解决了许多农业生物科学研究中没有解决或无法确认的问题甚至认识上的错误，推动了农业科学的技术化，加速了农业新技术革命的进程。

核农学在农业科学与农业生产中的应用，成为改造传统农业、促进农业现代化的重要手段；拓宽了农业高等教育的知识结构，体现了当代科学技术化和技术科学化的特征。

（王志东　商照荣）

**heranliao**

**核燃料** （nuclear fuel） 可被核反应堆利用，通过核裂变或核聚变产生实用核能的材料。

核燃料包括裂变核燃料和聚变核燃料。含有易裂变核素，能在反应堆实现自持裂变链式反应的材料被称为裂变核燃料，有实用价值的易裂变核素有三种，即铀-235、铀-233 和钚-239。在三种易裂变核素中，只有铀-235 存在于自然界，而铀-233 和钚-239 则是钍-232 和铀-238 吸收中子后分别形成的人工核素。因此，有时把铀-235 称为初级核燃料或一次核燃料，把铀-233 和钚-239 称为次级核燃料或二次核燃料。可通过聚变产生能量的核素有三种，即氘、氚、锂-6，被称为聚变核燃料。

根据不同反应堆类型的要求，裂变核燃料总体上可分为两种不同的形态，即液体核燃料和固体核燃料。目前运行的反应堆都是裂变反应堆，且大多采用固体核燃料。固体燃料可分为金属、陶瓷和弥散体三类。

**金属燃料** 指易裂变核素以金属形式存在的核燃料，主要是金属铀（钚）和铀（钚）合金。金属燃料具有密度高、导热性能好、易加工、后处理方便等优点。但铀的熔点低，具有在低温下发生同素异形转变、辐照生长和严重肿胀以及在高温下易于与包壳材料发生反应等缺点，因此金属燃料主要用于低温、低功率和低燃耗的反应堆。采用铀合金材料，可在一定程度上克服上述缺点，提高金属燃料的稳定性。例如，铀-钚-锆合金燃料是快中子反应堆燃料的一个重要研究方向。

**陶瓷燃料** 由难熔化合物组成的核燃料，如铀的氧化物、碳化物和氮化物，其中氧化物是应用最多的燃料。二氧化铀燃料具有高温稳定性良好、辐照稳定性好、与包壳的相容性好等诸多优点，是目前压水堆和沸水堆中广泛采用的核燃料。铀钚混合氧化物陶瓷燃料含有易裂变燃料钚-239 和可转换的核素铀-238，可作为快中子增殖堆和热中子堆的核燃料，在快中子增殖堆中可实现核燃料的增殖。

**弥散体燃料** 以含有易裂变核素的细颗粒或粉末形式弥散在其他非裂变基体材料中的核燃料。弥散体燃料具有辐照性能好、导热性能好、抗腐蚀、使用寿命长、燃耗高等优点。但是必须采用高富集度铀或者密度较高的低富集度浓铀，才能提高反应堆的功率密度。弥散体燃料主要用于试验堆，但也可用于生产堆和动力堆。其中铝基体的弥散体燃料用于试验堆；采用锆基体的燃料用于舰船核动力堆；镁基体的弥散燃料用于早期的泳池式试验堆；$U_3Si_2$ 弥散在铝中是一种比较新的弥散体核燃料，用于制造先进试验堆的板型燃料。

目前核燃料正朝着降低燃料循环成本、提高燃料固有安全性以及减小环境污染等方向发展。 （季松涛 张忠岳）

hesheshi

**核设施** （nuclear facility） 需要考虑临界安全（核安全）问题的规模生产、加工、使用、操作或贮存易裂变材料的设施，包括相关的构筑物和设备。核设施包括铀浓缩厂、核燃料元件生产厂、研究堆（含次临界和临界装置）、核动力厂、乏燃料贮存设施和后处理厂。

**与辐射设施的区别** 从科学技术上说，核设施是不包括辐射设施的，核设施与辐射设施存在明确差别。核设施既有核安全问题也有辐射安全问题，而辐射设施只存在辐射安全问题而没有核安全问题。社会上存在混淆核设施与辐射设施的问题，是由于没有把科学技术上的区分和行政法律上的处理区分开来。在《国际原子能机构安全术语 核安全和辐射防护系列（2007 年版）》中，核设施的定义是：生产、加工、使用、处理、贮存和处置核材料的设施，包括相关建筑物和设备。虽然在该文件中还同时给出了核设施的另外两种定义：①生产、加工、使用、处理、贮存或处置核材料的设施，包括相关的建筑物和设备，这种设施若遭受破坏或干扰可能导致显著辐射或放射性物质释放。②在需要考虑安全水平的基础上生产、加工、使用、处理、贮存或处置放射性物质的民用设施及相关的土地、建筑物和设备。但该文件明确指出，这两种核设施的定义仅分别用于《核材料和核设施实物保护公约》和《乏燃料管理安全和放射性废物管理安全联合公约》，在其他地方应避免使用。因此，放射性废物的处理和处置设施属于辐射设施而不是核设施。但考虑到放射性废物的处理和处置设施具有大量放射性物质，为加强对放射性废物的处理和处置设施的安全监管，我国在《中华人民共和国民用核设施安全监督管理条例》中明确核设施包含放射性废物的处理和处置设施。

需要说明的是：①与反应堆位于同一场址并与反应堆运行直接相关的贮存、操作和处理放射性物质的设施，如乏燃料水池，属于该反应堆的附属设施，不需要单独申领核安全许可证；②在反应堆关闭并转移所有乏燃料后，原设施就不再是核设施了。

**我国核设施现状** 截至 2012 年年底，我国目前共有 15 台运行核电机组，30 台在建核电机组，18 座民用研究堆和临界装置，9 座民用核燃料循环设施。

**运行核电机组** 目前共有 15 台，分别为位于浙江秦山核电基地的秦山核电厂 1 台 30 万 kW 级压水堆型机组、秦山第二核电厂 4 台在参照大亚湾核电厂基础上由我国自行设计建造的 60 万 kW 级压水堆型机组、秦山第三核电厂 2 台从加拿大引进的 70 万 kW 级重水堆型机组，位于广东大亚湾核电基地的大亚湾核电厂 2 台从法国引进的 100 万 kW 级压水堆型机组、岭澳核电厂 4 台在大亚湾核电厂基础上改进的机组，江苏田湾核电厂 2 台从俄罗斯引进的 100 万 kW 级压水堆型机组。

**在建核电机组** 共 30 台，包括在浙江三门和山东海阳建设的 4 台从美国西屋公司引进的 100 万 kW 级非能动压水堆型机组（AP1000），在广东台山建设的 2 台从法国引进的 170 万 kW 级压水堆型机组（EPR），在辽宁红沿河、浙江方家山、福建宁德和福清、广东阳江和广西防城港建设的 20 台在岭澳 3、4 号机组基础上进一步改进的自主设计 100 万 kW 级压水堆型机组，在海南昌江建设的 2 台以秦山第二核电厂 3、4 号机组为参考的 60 万 kW 级压水堆型机组，在山东石岛湾建造的 1 台我国自主设计的球床模块式高温气冷堆核电机组，在田湾核电厂建造的 1 台从俄罗斯引进的 100 万 kW 级压水堆型机组。

**民用研究堆和临界装置** 共 18 座。其中，中国原子能科学研究院拥有 8 座，分别为重水反应堆、游泳池式反应堆、原型微型反应堆、中国实验快堆和 4 座临界装置；同一厂址还有 1 台北京凯百特科技有限公司拥有的医院中子照射器；中国核动力研究设计院拥有 5 座，分别为高通量工程试验堆、中国脉冲堆、岷江试验堆和 2 座临界装置；清华大学拥有 3 座，分别为屏蔽试验堆、低温核供热试验堆和高温气冷实验堆；深圳大学拥有 1 座微型反应堆。

**民用核燃料循环设施** 共 9 座。其中，铀浓缩方面有中核集团陕西铀浓缩有限公司 2 座铀离心分离设施、中核集团兰州铀浓缩有限公司 1 座铀离心分离设施；核燃料元件制造方面有中核集团建中核燃料元件有限公司 4 条核燃料元件生产线、中核集团北方核燃料元件有限公司 2 条核燃料生产线等。

（柴国旱　潘自强）

**hesheshi anquan**

## 核设施安全 （safety of nuclear facility）

核设施实现恰当的运行条件，并预防核事故发生，或者缓解核事故后果，从而避免工作人员、公众及环境受到不可接受的辐射危害。

**核设施安全的重要性** 核设施往往指需要考虑临界安全（核安全）问题的规模生产、加工、使用、操作或贮存易裂变材料的设施，包括铀浓缩厂、核元件制造厂、研究堆（含次临界和临界装置）、核动力厂、乏燃料贮存设施和后处理厂等。这些设施的系统结构较为复杂，通常含有较多放射性物质，这些放射性物质一旦失控释放到环境中，其衰变所放出的射线可能会对人员和环境造成严重的辐射危害。因此有必要通过采取严格、充分的技术和管理措施以及独立有效的外部监管来保障核设施安全。在人类的核能开发和利用过程中，发生过一系列的核事故，包括核材料生产设施、乏燃料后处理设施、研究堆和核电厂等（参见核与辐射事故）。这些事故往往造成环境灾害、人员损失和广泛的社会影响，更加强了人类对核安全问题的重视程度。事实上，人类在核能利用之初就意识到核安全极端重要性，并在核设施的设计和运行过程中采取了一些措施，但受核安全知识、经验和研究等方面的制约，早期核设施的核安全措施较为有限。随着科学技术的发展、运行经验的丰富以及认识水平的提高，核设施所采取的安全措施也越来越完善。

**核设施安全风险的差异** 尽管这些核设施都存在意外临界风险，但是其发生的可能性及后果存在较大差异。例如，对于核电厂而言，一旦链式裂变反应失去控制，可能在较高的功率水平下发生大量放射性物质的大范围释放，对工作人员、公众和环境造成严重影响；对于核燃料制造厂、铀浓缩厂这些核燃料循环前端设施而言，临界事故的可能性较低，影响范围也较小，一般不会对公众和环境造成影响；而对于核燃料循环后端设施，尤其是乏燃料后处理设施，其包含的放射性物质放射性强，毒性大，有发生临界事故的可能，必须采取严格的安全防护措施。当然，核设施除了避免意外临界事故外，还需要考虑其他的安全措施，避免对人员和环境造成危害。

**核设施安全管理** 鉴于核设施安全的重要性，其设计、选址、运行等方面都需要遵守一定的安全原则，并根据核设施类别和特点而有所不同。1993 年国际原子能机构（IAEA）发布了《核设施安全》（安全丛书第 110 号），系统地介绍了核设施的安全目标以及在立法和监管框架、安全管理、技术领域、安全验证等方面的 25 条安全原则。2006 年 IAEA 发布了《基本安全原则》（SF-1），系统总结了 10 条原则，均适合于核设施安全管理。《中华人民共和国放射性污染防治法》和《中华人民共和国民用核设施安全监督条例》则确立了我国核设施安全监管基本制度，包括安全许可证制度、分阶段环境影响评价制度、辐射环境监督性监测等，保障了我国核设施的建造质量和运行安全。

**我国核设施安全状况** 从 1955 年我国核工业起步以来，尤其是在民用核设施的发展过程中，我国核设施保持着较好的安全业绩。截至 2013 年 6 月，我国大陆地区运行的 17 台核电机组安全业绩良好，未发生国际核事件分级表 2 级以上事件和事故，气态和液态流出物排放远低于国家标准限值。部分核电机组的运行指标处于国际前列。在建的 28 台核电机组质量保证体系运转有效，质量处于受控状态。2011 年福岛核事故后实施的核设施综合安全检查结果也表明，我国核设施的安全和质量是有保障的，但是部分研究堆和核燃料循环设施抵御外部事件能力相对较弱，早期核设施退役进程尚待进一步加快。　　　　　　（汤搏　赵成昆）

**hesheshi anquan pingjia**

**核设施安全评价**　（safety assessment of nuclear facility）　以实现核设施安全并以体现核设施设计满足核安全要求为目的，应用核安全系统工程原理和方法，识别与分析核设施工程、系统以及运营过程中的危险和有害因素，预测发生事故或造成职业和公众危害的可能性及其严重程度，并提出科学、合理、可行的安全对策、措施和建议，做出评价结论的活动。

**安全评价目的**　核设施安全评价是一个系统性的过程，它贯穿于整个核设施的设计过程，以确保其设计满足所有的相关安全要求，包括营运单位和国家核安全监管部门确定的安全要求。设计和安全评价都是核设施设计单位进行的同一迭代过程中的组成部分，该迭代过程直到设计满足所有安全要求为止，其中也可能包括在设计过程中提出的安全要求。

**安全评价作用**　①发现核设施设计中存在的薄弱环节，并提出安全措施或对策建议，通过实施设计改进以提高核设施的安全水平，可以有效降低核设施发生事故的频率，并减轻发生事故的后果以及产生的职业危害；②评估核设施设计的安全性能，并给出评价结论，以证明其满足有关的安全要求；③系统地对核设施进行安全管理，更加合理地配置资源以实现投资和安全效益的最佳效果；④促进核设施有关安全标准和可靠性数据的积累，迅速提高安全技术人员的业务水平。

**安全评价范围**　核设施安全评价可针对一个特定的核设施，也可以只针对特定核设施的某些系统或一定区域范围。安全评价范围包括核实设计是否满足给定的安全管理要求、主要技术要求以及核设施设计和核设施系统设计要求，并核实已完成全面的安全分析。安全分析仅是安全评价的一部分，安全评价还包括安全重要工程方面的评价、先前的运行经验以及设备鉴定。核设施安全重要的工程技术方面包括经验证的工程实践和运行经验，创新的设计特性，纵深防御的实施，辐射防护，构筑物、系统和部件的安全分级，外部事件的防护，内部灾害的防护，与适用规范、标准和导则的一致性，载荷和载荷组合、材料的选择，单一故障评价和多重性、独立性、多样性、安全重要物项的在役试验、维护、修理、检查和监测，设备鉴定、老化和磨损机理，人机接口和人因工程的运用，系统之间的相互作用以及设计过程中计算手段的使用等内容。核设施营运单位为申请核安全许可证而向国家核安全监管机构提交的论述该核设施安全性能及确保核安全、保障工作人员和公众健康、保护环境措施的技术文件称为安全分析报告。核设施安全分析分为选址、建造、调试、运行、退役等几个阶段，其结果通常以安全分析报告的形式予以体现。典型的安全分析报告包括厂址安全分析报告、初步安全分析报告、最终安全分析报告、概率安全分析报告、调试报告等。

**安全评价方法**　核设施安全评价方法是进行定性、定量安全评价的工具。安全评价目的和对象的不同，其内容和指标也不同。目前，安全评价方法有很多种，每种评价方法都有其适用范围和应用条件。在进行核设施安全评价时，应该根据评价的对象和要实现的安全评价目标，选择适用的安全评价方法。核设施安全评价方法包括确定论安全分析、概率论安全分析以及故障模式与影响分析法等。一些与安全评价相关的部分，在安全分析中可能没有明确论及如何评价该方面要求的正确实施。在没有明确验收准则可供使用的情况下，对其符合安全要求的评价在很大程度上就只能依赖于良好的工程实践。

**安全评价流程**　包括前期准备，识别与分析危险、有害因素，划分评价单元，定性、定量评价，提出安全措施、对策建议，做出评价结论，编制安全评价报告。

**安全评价的独立验证**　按有关法规、标准或管理规程的要求，以确认安全评价是否满足适用的安全要求为目的，由具备资格且对被验证活动不负操作责任的独立人员对核设施设计、建造以及重要运行操作等所进行的独立核实工作。独立验证可以有效验证安全评价的适当性，提高所得安全评价结论的可信度。通常，独立验证的范围较之安全评价要更窄一些，因为独立验证是针对最重要的安全问题和要求，而不是全部。可以采用与安全评价相同或不同的方法和过程进行独立验证。

**核安全法规要求** 核设施必须进行全面的安全评价，以证实交付制造、建造和竣工的设计满足设计过程开始时提出的安全要求。安全评价必须成为设计过程的一部分，同时在设计和证实性分析活动之间存在迭代过程，而且随着设计计划的进展，其范围不断扩大和详细程度不断提高。安全评价必须基于安全分析得到的数据、以往的运行经验、支持性研究的成果，以及经验证的工程实践。

目前，关于安全评价的法规要求主要是针对核动力厂的，对于核设施也需要遵守其适用部分。《核动力厂设计安全规定》（HAF 102）要求："必须对核动力厂设计进行安全分析，在分析中必须采用确定论和概率论分析方法"，"在提交国家核安全监管部门以前，营运单位必须保证由未参与相关设计的个人或团体对安全评价进行独立验证"。

独立验证应该在营运单位负责下由一组专业人员完成，这组专业人员应独立于该核设施的设计者和进行安全评价的人员。如果这些专业人员未参与任何部分的设计和安全评价，则可认为是独立的。此独立验证是在设计单位内部进行的质量保证审查的补充。

**设计、安全评价和独立验证之间的关系** 核设施安全评价是设计单位在整个设计过程中为满足所有相关安全要求而进行的综合研究工作，而独立验证是由营运单位完成或在其名义下完成的工作，可仅与送国家核安全监管部门报批的设计有关。由于独立验证需要涉及的设计和安全评价问题的复杂性，一般在设计过程中就要部分地进行独立验证，而不只是在核设施设计完成以后才进行。营运单位对独立验证负有完全责任，即使独立验证的部分工作委托给一些独立机构执行也仍然如此。

在设计工作由最初的概念直到最终完成的过程中，设计单位需要考虑营运单位和国家核安全监管部门提出的所有安全要求以及其他要求。由于核能规划的发展以及引入新的设计，在设计过程中，设计要求可能会被修改或澄清；在创新设计情况下，随着设计的深入可能会提出更具体的要求。

在设计过程中，安全评价和独立验证由不同的小组或机构完成，然而它们都是迭代的设计过程中的一部分，且二者的主要目的均是保证核设施满足安全要求。

由于安全问题的讨论和澄清越早，解决起来就越容易，因此独立验证和设计及安全评价相继开展就会使独立验证更有效。当设计工作还在进行时，任何为改进设计和安全评价的建议都更容易被采纳。但另一方面，太密切的联系将给验证的独立性带来疑问。因而，应该找到有效性和独立性之间的平衡。在设计过程中所做出的重大设计决策，营运单位应进行专项独立设计审查，这种审查仅限于该决策的范围并考虑符合适用于决策问题的安全要求。

（李春　柴国旱）

**hesheshi anquan yuanze**

**核设施安全原则**　（safety principles of nuclear facility）　在核设施选址、设计、建造、调试、运行、退役等各阶段，为保证安全，保护工作人员、公众和环境免遭不可接受的辐射危害所应遵循的安全原则。1993 年国际原子能机构（IAEA）发布《核设施安全》（安全丛书第 110 号），系统地介绍了核设施的安全目标以及在立法和监管框架、安全管理、技术领域、安全验证等方面的安全原则。该丛书作为 IAEA 安全标准体系中的安全基础，是其他安全要求、安全导则的基础性文件。

2006 年随着 IAEA 安全标准体系的变革以

及《基本安全原则》（SF-1）的发布，《核设施安全》废止，其部分内容为《基本安全原则》（SF-1）所吸纳，部分内容转化为IAEA安全标准体系中的通用或特定安全要求。

**核安全目标** 任何一种工业实践在带来效益的同时也会产生风险，安全目标旨在尽可能地降低风险。核设施安全目标由总体核安全目标及辐射防护目标和技术安全目标组成。

**总体核安全目标** 在核设施中建立并保持对放射性危害的有效防御，以保护人员、社会和环境免受危害。

**辐射防护目标** 保证在所有运行状态下核设施内的辐射照射或由于该核设施任何计划排放放射性物质引起的辐射照射保持低于规定限值并且可合理达到的尽量低，保证减轻任何事故的放射性后果。

**技术安全目标** 采取一切合理可行的措施防止核设施事故，并在发生事故时减轻其后果；对于在设计该核设施时考虑过的所有可能事故，包括概率很低的事故，要以高可信度保证任何放射性后果尽可能小且低于规定限值；并保证有严重放射性后果的事故发生的概率极低。

**安全原则** 实现上述核安全目标而采取的措施所应遵循的原则。《核设施安全》提出了25项原则。

**立法和监管框架** ①政府应建立核设施安全监管所需的法律法规框架，并对监管机构和营运单位的责任进行明确区分。②核设施安全的首要责任由营运单位承担。③监管机构必须有效独立于负责核能的促进和利用的组织和机构，拥有许可、检查、执法职责以及相应的权力、能力和资源以履行其职责，且不具备任何可能妨碍其安全责任或与其安全责任相矛盾的其他职责。

**安全管理** ④从事安全重要活动的组织应确立安全优先的政策，并在具有明确的职能划分和清晰的沟通方式的管理架构中予以有效执行，即倡导和贯彻核安全文化。⑤从事安全重要活动的组织在核设施整个寿期都应建立并执行相应的质量保证大纲。⑥从事安全重要活动的组织应保证具有足够数量的经过培训和获得授权的人员按照已批准的经验证的程序开展工作。⑦需要在核设施全寿期各阶段都考虑人员绩效的能力和局限。⑧相关组织应准备应急计划并进行适当演习。核设施开始运行前便应具有执行应急计划的能力。

**选址阶段** ⑨核设施厂址选择应考虑可能影响安全，或可能被核设施影响的特征要素以及执行应急计划的可行性。所有厂址特点应该按照核设施预定寿期进行评估，必要时进行再评估，以保证厂址相关要求在安全上继续可接受。

**设计和建造阶段** ⑩核设施的设计应该确保其能够适应可靠、稳定、易管理的运行需要。其首要目标是预防事故。⑪设计应包括纵深防御原则的适当应用，从而保证多层防御和多重屏障能够预防放射性物质的释放，以及保证可能导致大量放射性释放的故障或故障组合的可能性极低。⑫设计中考虑的技术应该是经过验证的，或者通过实验或试验进行鉴定的。⑬在设计的各阶段以及运行要求的制定中都应该系统性地考虑人机界面和人因问题。⑭对现场人员的辐射照射以及对环境的放射性释放应从设计上做到可合理达到的尽量低。⑮在营运单位向监管机构提交报告前，应进行全面的安全评价和独立验证以确认核设施的设计能够满足安全目标和安全要求。

**调试阶段** ⑯核设施运行前应该经过监管机构的特别批准，这种批准基于适当的安全分析和调试大纲。调试大纲应能证明核设施的建造与其设计及安全要求相一致。作为调试大纲的一部分，运行程序应在未来运行人员的参与下尽实际可能地予以确认。

**运行和维修阶段** ⑰来源于安全分析、试验、后续运行经验的运行条件和限值应作为运行安全的边界条件予以确定。必要时应根据核设施所实施的修改对安全分析、运行限值和程序进行更新。⑱运行、检查、试验、维修和其他支持性职能应该由足够数量的经过培训且获得授权的人员按照批准的程序来执行。⑲在核设施整个寿期内都可以获取工程和技术支持，且覆盖安全重要的各专业领域。⑳营运单位应该建立文档化的经批准的程序，以便操纵员能对预期运行事件和事故进行适当响应。㉑营运单位应向监管机构报告安全重要的事件。营运单位和监管机构应建立相互补充的机制来分析运行经验，保证经验教训能够被汲取并采取适当行动。这些经验还应该能为国内和国际的相关机构所共享。

**放射性废物管理和退役阶段** ㉒通过适当的设计措施和运行实践，使放射性废物的产生在活度和体积上都应保持可行的最小化。废物处理和中间贮存应采取与最终安全处置要求相一致的方式加以严格控制。㉓核设施的设计和退役计划应该考虑到在退役过程中限制辐射照射以可合理达到的尽量低。在退役活动开始前，退役计划应获得监管机构的审批。

**安全验证** ㉔营运单位应该通过分析、监督、试验、检查来验证核设施的实物状态及其运行与运行限值和条件、安全要求、安全分析保持一致。㉕按照监管要求，在整个运行寿期内开展系统性的核设施安全再评价，并考虑从所有相关信息源获取的运行经验、重大的新的安全资讯。

**核设施安全原则在中国的应用** IAEA 所确定的《基本安全原则》在中国也得到了广泛的应用，它们基本都体现在核与辐射安全法规文献中，包括法律、行政法规、部门规章、国家标准、安全导则等，并在实践中予以贯彻。例如，《中华人民共和国民用核设施安全监督管理条例》明确规定，核设施营运单位直接负责所营运的核设施的安全，对核设施安全、核材料安全、工作人员和群众以及环境的安全承担全面责任。而作为辐射防护三原则的“正当性、最优化和限值”则体现在《电离辐射防护与辐射源安全基本标准》（GB 18871—2002）等一系列国家标准中。中国还通过《核安全公约》《乏燃料管理安全和放射性废物管理联合公约》等履约机制，积极主动地向国际社会汇报安全原则的落实情况。这些基本安全原则的贯彻落实，为中国核能开发和核技术利用事业的健康发展奠定了坚实的基础。

（刘华　潘自强）

**hesheshi changzhi xuanze**

## 核设施厂址选择 （nuclear facility sitting）

根据核设施含有放射性物料的特点和运行管理需要，结合拟建核设施地区的环境特征和发展规划，按照核设施选址原则和安全要求，通过调查勘探和全面的安全评价以及技术经济比较，确定符合要求的厂址的过程。由于不同核设施包含放射性物质的量以及设施在正常运行和事故工况下对环境造成危害的风险存在显著差异，因此不同核设施厂址选择的原则和安全要求有所不同，通常对核电厂厂址选择的安全要求最高，而对于其他核设施根据其安全特性和对环境影响的风险不同，安全要求有所不同。

**核设施厂址选择原则** 包括厂址适宜性和与厂址相关的工程设计基准评价。

首先，从核安全方面考虑核设施与所选厂址之间的适宜性。对于安全水平要求高的核设施（如核电厂），在选址调查中要关注厂址区域内可能发生的极端外部事件对核设施安全产生的影响，并据此确定设施防护外部事件的设计基准。由于核设施的核安全特性，针对外部事件的防护设计普遍高于其他一般工业与民用设施，而核电厂的设防水平最高。

其次，从环境影响方面考虑核设施与所选厂址之间的适宜性。要充分考虑核设施厂址与周围环境，包括自然环境、社会环境以及核设施寿期内环境规划发展之间的相容性。必须对核设施在正常运行和事故工况下放射性物质释放对环境的影响进行评价，要确保核设施产生的放射性影响符合国家辐射防护规定的相关要求，并尽可能通过合理可行的环境保护措施，最大限度地降低其对环境产生的影响。此外，还要关注核设施建造和运行在非放射性方面产生的环境影响。

最后，考虑应急计划的可实施性。关于实

施应急计划的可行性，主要针对那些在事故条件下需要实施厂外应急撤离的核设施。对于该类核设施的选址，必须评价可能影响应急计划实施的厂址相关因素，包括厂址及区域的人口分布、工业及文化设施、地形地貌、交通通讯条件、气象条件以及可能发生的极端外部事件的影响等，必须确认拟选厂址具备实施应急计划的可行性。

除了上述三项与核设施厂址直接相关的基本因素外，在确定厂址适宜性的分析中，还必须考虑如进料和出料（铀矿、$UF_6$、$UO_2$等）、新燃料与乏燃料以及放射性废物的贮存和运输的可行性等其他相关问题。

在核设施厂址选择中，如果上述评价不能满足要求，而且无法通过工程措施解决拟选厂址可能存在的安全影响、环境影响、应急计划实施可行性以及燃料运输等问题，则必须认为该厂址是不适宜的。

**核设施厂址选择考虑的主要因素** 必须考虑厂址区域内可能发生的外部事件（包括自然事件和人为事件）对核设施安全的影响、核设施正常运行和事故工况下对公众和环境的影响、实施应急计划的可行性，以及燃料与放射性废物的存储与运输的可行性四项基本因素。

**外部事件对核设施安全的影响** 在核设施选址安全评价中所考虑的外部事件包括外部自然事件和外部人为事件。①外部自然事件主要包括地震、地质、水文、气象、土工等；②外部人为事件主要包括能够产生爆炸及相应次生灾害的危险源，如化工厂、石油和天然气储存设施、危险品运输、飞机和船舶撞击、火灾等。外部事件评价的目标是根据厂址所在区域可能发生的外部事件对工程的影响，从核安全角度评价厂址的适应性并确定与厂址相关的工程设计基准，使核设施能够抵御可能来自外部事件的影响，保证核设施安全。

由于核安全的重要性，核电厂工程在厂址的可接受性和防御外部事件的设计方面不同于普通工程，核电厂选址调查的详细程度以及所考虑外部事件风险比普通工程严格很多。其他核设施也由于包含有放射性物质的特点，在厂址调查中根据设施中放射性储存的数量、种类及状态，分别提出适用的选址调查和安全评价要求。在调查中要收集厂址区域内可能对核设施安全产生影响的自然或人为事件发生及其严重性的详细资料，并分析其可靠性、准确性和完整性，而且要考虑到外部事件因素在未来核设施寿期内可能发生的变化。

**核电厂外部事件风险的安全评价** 从确定性分析方法而言，要考虑极端外部事件或者可能发生的外部事件对核设施影响最不利的情况，如厂址区域内可能发生的最大地震、最大洪水、极端灾害性气象条件以及最危险的人为事件影响等；从概率分析角度，对发生概率极低的外部事件影响也要有所考虑，如核电厂厂址极限安全地震动参数（SL-2）的确定，要考虑地震的年超越概率水平为$10^{-4}$，或者说是万年一遇的水平。上述极端的外部事件影响评价结果将作为该厂址核电厂抵御外部事件影响的设计基准，任何拟建的核电厂在抵御外部事件影响的安全设计方面不得低于厂址的设计基准。

在外部事件评价中地震影响受到国内外的高度关注，由于地震活动的不确定性和人类对地震认知的局限性，我国核安全法规对核电厂的抗震设计规定了最低限值，即无论所选核电厂厂址区域地震活动水平如何低，核电厂抗震设计中的SL-2水平向峰值加速度不得低于$0.15g$。此外，在外部事件评价中，还要考虑具有成因关联的可能的极端外部事件叠加带来的影响，如我国东南沿海属于台风多发区，因而在选址评价中要考虑台风与风暴潮的叠加效应。

如果外部事件调查评价结果表明核电厂厂址遭受极端外部事件影响的风险水平较高，而且在现有技术条件下，无法通过核电厂设计或工程措施弥补可能发生的外部事件影响，如位于高地震活动区的厂址，或者在厂址区地表或地下存在显著位移风险等严重的不良地质现象，则认为这类厂址是不适宜的。

**其他核设施外部事件风险的安全评价** 由于核设施种类多，而且安全水平或放射性风险差异很大，通常要根据不同核设施的安全特性及放射性风险水平来确定相应的外部事件评价安全准则。考虑的因素主要包括：该设施放射性储存的数量、种类及状态、固有可靠性及该设施发生的与化学及物理过程相关的风险、设施安装的热动力情况、生产不同类型产品设施的配置、厂内放射源的集中情况以及用于预防和缓解事故严重后果的工程措施的情况等。根据各类核设施风险的上述特点，分别确定其应考虑的外部事件的设计基准，以使总风险减少到可接受的水平。如果核设施及其所有安全措施均不能应对这些事件，而对公众的辐射照射会产生不可接受的风险，则必须认为此厂址是不适宜的。

**核设施对公众和环境的影响** 在核设施选址中必须考虑核设施在正常运行和事故条件下对公众和环境的影响，并考虑核设施的建造、运行乃至退役过程与厂址周围区域的环境包括后期规划发展的相容性。在选址评价中，需要调查的环境因素包括：①厂址及周围区域的自然环境特征，如自然保护区、水源保护区等；②社会环境特征，如城市和工业的状况及未来的发展规划、人口分布、水土利用等；③放射性物质的输运途径，如厂址所在区域的大气弥散条件、受纳水体弥散条件以及与食入途径密切相关的农业、渔业以及其他养殖业等。环境影响评价的目标是从放射性物质释放对公众和环境的影响角度来评价厂址的适宜性。

*核电厂的环境影响评价* 根据《核动力厂环境辐射防护规定》（GB 6249—2011），在厂址选择的过程中必须考虑与厂址所在区域的城市或工业发展、土地利用的状况与规划以及水域环境功能区划之间的相容性，尤其应避开饮用水水源保护区、自然保护区、风景名胜区等环境敏感区；必须在核动力厂周围设置非居住区和规划限制区，非居住区边界离反应堆的距离不得小于 500 m，规划限制区半径不得小于 5 km；核电厂应尽量建在人口密度相对较低和远离人口中心的地区。

从纵深防御的核安全理念出发，在核电厂选址中要充分考虑未来核电厂建设运行与厂址周围地区的环境状况的相容性，不仅要考虑核电厂厂址周围的环境现状，还要考虑到核电厂运行寿期内的规划发展情况，要尽量避开社会高度关注的环境敏感区。在核电厂选址中，需要考虑厂址周围区域是否具备划定非居住区和规划限制区的条件。核电厂周围设置非居住区和规划限制区的目的是保证核电厂运行安全以及核电厂周围区域公众及环境安全。

在核电厂选址的环境影响评价中，必须结合拟建的核电厂设计以及厂址所在区域的环境特征，对核电厂正常运行和事故工况下的环境影响进行详细评价，以确认对公众和环境的辐射风险低到可接受的程度，否则必须认为该厂址是不适宜的。保证核电厂在正常和事故工况下放射性释放对公众和环境的影响符合《核动力厂环境辐射防护规定》（GB 6249—2011）的要求。

*其他核设施的环境影响评价* 根据《电离辐射防护与辐射源安全基本标准》（GB 18871—2002）及相关标准的要求，核设施选址时，应根据该设施的污染源项、地理环境、生态、地质、水文、气象条件和人口分布等因素，在分析比较的基础上做出决策。凡被选取的厂址均应同时考虑到正常运行和意外事件，并满足关键人群组所受的剂量当量不得超过相应限值的规定，公众所受的集体剂量当量符合合理可达到的尽量低的原则。核设施选择厂址时，应首先考虑在事故情况下引起的放射性物质释放可能对公众的影响，同时考虑核设施正常运行期间放射性物质释放对环境的长远影响。在评价和选定核设施厂址时，必须考虑多方面的因素，其中主要有：厂址周围人口分布状况；厂址区域的地质、地震、水文、气象、生态和交通等条件；土地利用情况和远景规划；厂址区域外可能发生的事件对核设施安全的影响；放射性物质和放射性废物的贮存与运输等。核设施的厂址应选择在人口密度较低、流出物稀释扩散条件较好的地点。核设施厂址的确定应进行最优化分析，从全面规划出发，至少选择三个候

选厂址，进行综合评价，择优选定。

**实施应急计划的可行性** 在核设施选址中必须考虑与实施应急计划可行性有关的厂址与环境因素，其中主要包括厂址附近区域范围的人口分布特征、地形地貌、交通通讯、水文气象条件以及任何可能妨碍应急计划实施的外部事件或现象等。评价目标是确认所选核设施厂址周围区域的环境特征，在需要采取实施应急计划的事故状态下，对应急计划的实施不构成不可接受的影响，从实施应急计划可行性角度确认厂址的适宜性。

在围绕核电厂应急计划实施可行性的厂址调查中，最受关注的是厂址周围区域的人口分布特征，包括现有人口和未来核电厂寿期的预期人口。在《核动力厂环境辐射防护规定》（GB 6249—2011）中要求，“核电厂厂址规划限制区范围内不应有 1 万人以上的乡镇，厂址半径 10 km 范围内不应有 10 万人以上的城镇”，主要是从应急计划实施可行性角度提出的，其中的“乡镇”和“城镇”是指人口中心。除了厂址周围存在大规模密集分布的人口中心可能对实施应急计划构成影响外，一些特殊群体如大型的医院、监狱等也会对应急计划的实施构成影响。地形地貌、交通通讯和水文气象条件等方面也有可能影响应急计划的实施，如一些狭长半岛的端部、交通通讯条件封闭的地区以及可能出现的台风和洪水等自然灾害，都会影响到应急计划的实施。在通常情况下，为了避免事故状态下烟羽区的影响，核电厂厂址应具备两条不同方向的应急撤离道路。在应急计划实施可行性的评价中，如果厂址周围区域存在影响应急计划实施，而且存在采取措施也难以克服的因素，则应考虑另选厂址。

在围绕核设施应急计划实施可行性的厂址调查中，需根据核设施的潜在危险考虑厂址特征的影响，保证在事故状态下，能够采取适当的应急措施，使公众免遭不可接受的辐射照射。由于各种核设施的性质、规模和危险性差异较大，应根据核设施的特点以及厂址周围区域的环境条件（人口分布、地形地貌、交通通讯、气象、水文等），分析厂址的适宜性。对于危险性较大的核设施，如大功率的研究堆和乏燃料贮存设施等，应参照核电厂的相关技术要求论证核设施应急计划实施的可行性。

**燃料与放射性废物的贮存与运输的可行性** 对于核电厂、研究堆和乏燃料贮存设施等涉及燃料与放射性废物的贮存与运输的核设施，在确定厂址适宜性的分析中，必须考虑新燃料、乏燃料及放射性废物的贮存和运输的可行性。对于新燃料的运输，应着重论证燃料运输的交通条件、可行性以及是否能够满足《放射性物质安全运输规程》（GB 11806—2004）的有关要求。对于反应堆运行后换料产生的乏燃料的贮存和运输，应重点说明核电厂燃料厂房贮存容量、暂存年限以及乏燃料运往后处理厂的可行性及措施。对于核电厂运行产生的放射性废物，要遵守国家相关的废物处置政策。对于有类似需求的其他核设施，在实际应用中也根据核设施的固有特性参考应用上述有关管理要求和技术措施。

（潘蓉　常向东）

hesheshi dingqi anquan shencha

## 核设施定期安全审查

（periodic safety review of nuclear facility） 核设施营运单位按照核安全监管部门的管理要求，在规定的时间间隔对核设施的安全性按照现行安全标准和实践对核设施设计和运行进行评价比较的方式进行系统性的再评价，以确定核设施在老化、修改、运行经验、技术更新和其他方面的积累效应，目的是确保核设施在整个使用寿期内具有高的安全水平。

核动力厂的定期安全审查在欧洲，特别是法国应用较为普遍。我国核安全监管机构对核动力厂定期安全审查有相关要求，我国的核动力厂已经按照要求开展了相应工作。部分研究堆也参照核动力厂要求开展了相关工作。

**目的** 通过对核设施的综合性评价以确定：①核设施满足现行安全标准和实践的程度（按照现行安全标准和实践进行评价并不意味着必须满足全部现行安全标准的要求）；②保

持许可证发放依据仍然有效的程度；③在下一次定期安全审查之前或寿期末保持核设施安全的各项安排的充分性；④为解决已确定的安全问题所要实施的安全改进。

对定期安全审查的评价是核安全监管体系的一部分。对于维持核设施长期安全运行，定期安全审查是一种非常重要的方法。定期安全审查是对常规安全审查和专项安全审查的补充，而不是替代。

**周期** 核设施定期安全审查应根据相关的周期要求定期执行，直至其寿期终了。通常定期安全审查的周期为十年，例如，核动力厂第一次定期安全审查应在核动力厂开始运行后大约第十年时进行，以后每十年进行一次。在十年期间内预计安全标准、技术以及作为基础的科学知识和分析方法可能会显著改变；核动力厂修改和老化的积累效应需要评价；核动力厂营运单位以及国家核安全监管部门在人员配备、管理结构上可能有显著变化。如果两次定期安全审查之间的时间超出十年，那么，营运单位和核安全监管部门中许多有经验的人员可能离去，因而导致丧失过去审查中得到的直接知识和经验，并失去连续性。

**审查内容** 定期安全审查的范围包括核设施涉及核安全的所有方面。为了便于审查，可以把整个核设施定期安全审查任务划分为若干项安全要素。对于核动力厂，分为 5 个方面 14 个要素，分别包括，核动力厂方面：①核动力厂设计；②构筑物、系统和部件的实际状态；③设备合格鉴定；④老化。安全分析方面：⑤确定论安全分析；⑥概率安全分析；⑦灾害分析。性能和经验反馈方面：⑧安全性能；⑨其他核动力厂经验及研究成果的应用。管理方面：⑩组织机构和行政管理；⑪程序；⑫人因；⑬应急计划。环境方面：⑭辐射环境影响。

**审查策略** 设施定期安全审查应执行以下策略：①对于每项安全要素，都应该用现行的方法进行审查。审查中发现的问题要按照现行的安全标准和实践进行评价。应确定合理可行的纠正行动和安全改进及其实施计划。要考虑各安全要素的相互作用和相互覆盖，并考虑纠正行动和安全改进对所有安全要素的影响。②在考虑所有纠正行动和安全改进的基础上，对依然未能得到合理可行解决的弱项做出全面评价，以评价与这些未解决的弱项相关联的风险，并确定是否继续运行。③定期安全审查一般需要有相应的设计基准文件和概率安全分析，如果得不到这些文件或为了获得这些文件需要做大量的工作，应考虑在定期安全审查之外通过单独计划来得到这些文件。④在定期安全审查中应利用相关的研究成果以及常规安全审查、专项安全审查的结果，以便最大限度地减少重复性工作。⑤定期安全审查是需要有效项目管理和足够资源投入的庞大而复杂的任务，因此核设施营运单位在开始定期安全审查前应从管理上和资源上做好充分的准备。⑥营运单位应对定期安全审查的实施负全面责任。核设施定期安全审查的要求或大纲由营运单位提出，但在审查开始前需经核安全监管部门认可。

（吴文广　杨堤）

hesheshi dingqi shiyan

## 核设施定期试验

（periodic test of nuclear facility） 按运行技术规格书和定期试验监督大纲的要求，对核设施系统、设备或构筑物定期进行的性能参数的测定或其可用性的检查。该检查保证所检查的对象与标准或预先确定的规定措施相符合，其实施是按预先确定好的操作方式、分析方法进行，且其适用性和代表性已经得到验证。定期试验是核电厂确定其系统、设备性能和可用性的重要方法，在其他核设施中也广泛采用。

定期试验的活动包括功能试验、目视验证或检查、化学分析、校验、验证、测量等，应按事先确定的周期执行，并且在实施时保证按照确定的要求完成每项活动、所获得的结果的质量满足要求，以及处理可能存在的偏差，并实施必要的纠正行动。

**目的** 定期试验是核设施安全防御措施之一。在核设施的使用中，应将其可用性维持在设计基准范围内，并有足够的可信度，因此，通过定期试验，将测量或试验的结果与预先确定的准则进行比较，目的是对核设施的能力做出判断，以便持续保障核设施的可用性，确保设计基准不发生改变，确保用于事故分析的假设得到遵守，确保安全功能可用性标准的控制，确保必需的事故程序可应用性。

**周期和准则** 定期试验的周期是根据核设施安全要求、执行安全功能的设备的可靠性数据及相关的安全假设和安全分析制定的监督活动最低频度。同时可以有一定的实施裕度，以便更灵活地执行监督活动。定期试验的准则是预先规定的定期试验的要求，例如响应时间、设备投运、启动顺序、设备校核、定值校核等，以确定定期试验执行的结果是否符合功能和安全设计。

**执行原则** ①符合上游设计文件的规定；②不应使整体安全水平降级；③试验的条件应尽可能与所验证的工况条件具有一样的代表性；④应能够模拟一个设施用于完成某一安全功能的整个运行条件；⑤每个试验程序的设计应尽可能覆盖所验证的功能和设备；⑥当某一功能或系统试验被划分为几个部分时，在每个部分之间应该有必要的重叠；⑦应考虑测量仪表的精度，使测量误差范围在可接受的范围内；⑧其内容和周期的修订应特别考虑运行经验反馈。

**组织管理** 定期试验应分解为计划、实施、跟踪、控制、监督、统计、分析、报告等环节进行针对性的组织和管理。 （吴文广　杨堤）

**hesheshi fanghuo anquan**

**核设施防火安全** （fire protection safety of nuclear facility） 核设施一旦遇明火引发火灾或爆炸，除对设施本身安全构成直接威胁外，还可能导致放射性物质随火灾烟尘逸出至外部环境，使核设施周围公众遭受辐射危害。因此，防火安全对核设施运行起着重要的安全保障作用，在核设施的设计、建造、运行乃至退役各个阶段均须采取措施使其具备足够有效的防火能力，确保核设施安全营运。

**核设施防火性能准则** 目前国内已投运和在建的核电机组所采用的防火设计标准，一般都必须是经过国家安全监管部门审查认可过的国外承包商的标准[如法国核电标准《压水堆核电厂防火设计和建造规则》（RCC-I）、美国西屋公司的《先进轻水堆核电厂防火标准》（NFPA-804）]，才能适用于拟建的核电项目。对于除核电厂以外的各种核设施（研究堆、核燃料循环设施、放射性废物处理设施等），目前在国内尚无适用的防火设计标准。因此，核设施在参照一般工程通用的《建筑设计防火规范》（GB 50016—2006）进行防火安全设计时还须满足我国核安全法规[如《研究堆设计安全规定》（HAF 201）、《民用核燃料循环设施安全规定》（HAF 301）]相关的安全性能要求：

**核安全性能准则** 发生火灾应采取防火及消防措施确保核设施安全功能的实施，达到反应可控并停止运行。

**控制放射性物质外泄的性能准则** 控制工段防火分区面积，扑救火灾可能导致烟尘和水汽夹带放射性物质泄漏到外部环境的后果应可合理达到的尽量低。

**人身安全性能准则** 发生火灾应确保厂内工作人员的人身安全，提供应急照明、通信、正压式空气呼吸面罩、安全撤离通道及其他急救措施。

**核设施防火安全贯彻“纵深防御”对策** 包括第一、第二、第三防御层。

**第一防御层** 选用不燃或难燃器材，降低火灾荷载，尽可能减小火灾事件发生的概率。建立健全的消防事故管理规程和防火安全监管体系。

**第二防御层** 厂房工艺布置符合实体隔离准则，通过防火分区保护安全重要物项，防止火灾蔓延导致冗余设置的安全重要系列（机械或电气）的共模失效。确保防火屏障完整，达到包容火灾、防止发生放射性物质外泄的次生灾害。

**第三防御层** 早期探测火灾并快速有效投入灭火行动，控制火势发展（具备抗震性能的消防水源、消防泵及管网可靠有效）。

**火灾探测和灭火** 火灾自动报警系统由火灾探测器、感应监控回路和火灾报警控制器组成。核设施的集中火警控制盘与主控制室相邻。各层及主要防火区入口设有就地模拟盘。操作大厅及安全相关设备间内设置闭路电视监控系统作为确认火警的辅助手段。

通过固定灭火系统和可移动灭火系统的组合以实现火灾控制。固定灭火系统分为自动灭火系统（包括水基灭火系统、气体灭火系统和化学干粉灭火系统等）和消火栓系统两种。自动灭火系统一般设在高火灾荷载或人员难以接近的场所。①在电缆密集可能产生深部燃烧需要冷却的场所一般优先使用水基灭火系统。②气体灭火系统常用二氧化碳和七氟丙烷作为喷放介质，设置在有控制柜和其他易受水损坏的电气设备场所，全淹没气体灭火系统不宜用于工作人员长期居留处。③化学干粉灭火系统主要用于扑救某些电器设备的火灾。在楼层出入口、防火区和人员疏散通道配备足够数量的灭火器材以快速扑救初期火灾。建立义务消防队和电厂专职消防队，配置足够的消防装备，并与地方公安消防机构保持密切联系，建立消防应急外援协调机制。

除按法规标准完成防火设计，核设施还需通过安全分析报告、火灾危害性分析报告对设施的防火安全作出设计验证，确认防火安全设计满足安全法规标准的要求。

（王炯德　杨堤）

**hesheshi jingyan fankui**

**核设施经验反馈** （experience feedback of nuclear installation） 将核设施在运行和维修生产过程中出现的设备故障和人因失效，按核设施所定准则界定为不同级别的事件，对其进行根本原因分析、吸取经验教训和采取纠正行动，以防止类似事件重复发生的有关工作。从其他国家和地区的核设施发生的事件中吸取有用于核设施的经验教训则称外部经验反馈。

**经验反馈组织** 核设施的经验反馈必须得到组织的保障。异常状态报告、事件界定、直接原因分析、根本原因分析、纠正行动确定和落实、趋势分析及效果评价等环节都必须有人力物力的保障。此外，还必须保证监督和执行过程中有明确的责任和分工。

**事件的报告和界定** 为避免任何有价值的事件信息从经验反馈体系中漏失，通过规程规定，核设施内事件的直接当事人和单位都有责任和义务在他们发现任何不符合项、异常、故障和事故后，除采取必要的纠正行动外，还必须在规定的时间内，写出简单和初步的事件报告单。经验反馈专门组织将对事件的性质和等级做出界定，就是否写事件分析报告、查找直接原因和根本原因以及责任单位等提出建议并经核设施负责人批准后，启动随后的经验反馈过程。

**运行事件原因** 事件一旦发生，应尽快组织人力对事件进行调查分析，收集一切与事件相关的资料，如工作文件、仪表记录、运行日记等，并与事件的相关人员进行访谈，尽可能了解事件发生的实际情况、重组事件发生的逻辑过程、准确界定事件发生逻辑过程中的人因失效和设备故障，然后找出导致各失效发生的直接原因和根本原因，以便于采取纠正行动。

对人因失效和设备故障的直接原因和根本原因分析必须按照规范化和系统化的方法来进行，形成统一的失效直接原因和根本原因分类，在这一基础上进行趋势分析，确定出电厂安全生产方面最薄弱的环节加以改进。

**美国核动力运行研究所方法** 目前世界上较常用的方法，称为“人的行为提高系统”，研究人因失效的根本原因。其思路是：通过逐层分析发生了什么差错（失效），是如何发生的，为什么会发生，从而找出人因失效的根本原因。这是美国核动力运行研究所在三哩岛核电厂事故发生以后，为了更好地进行事件根本原因分析而推行的一种根本原因分析方法。该方法在前苏联切尔诺贝利核电厂事故后得到完善，并被世界上大多数营运的核电厂参照使用。

**安全重要事件评价组方法** 国际原子能机

构安全重要事件评估组在对核电厂进行安全评价中使用的一种方法。该方法的特点是把导致人员失误的原因或引起设备故障的设计、制造、安装、维修、运行等的原因称为直接原因，把组织和大纲存在的缺陷称为根本原因，认为直接原因是由根本原因引发的。它也被世界上部分营运的核电厂用于根本原因分析。针对人因失效、设备故障或组织和组织行为失效进行标准化和系统化分析还有其他的方法可以参考。

**纠正行动的确定及落实** 为了纠正出现的故障和防止事件的重复发生，对分析出来的事件发生的根本原因应采取纠正行动。纠正行动的确定主要从经济性和效果两个方面来考虑，也就是以较少的代价、较高的效果来消除事件发生的原因。

针对不同的事件原因，将采用不同的纠正行动。①针对文件错误的纠正行动，一般包括修改有缺陷或名不副实的运行规程、维修规程和流程图。②针对人因错误要及时把经验教训反馈到运行及维修人员，传达事件信息并列入培训教材。③针对系统和设备的缺陷要修改维修大纲，改进备件供应，改进维修工具或启动以技术改造为目的的工程设计过程。④针对事件根本原因的纠正行动，一般包括优化工作过程和修改管理程序，如增加工作过程风险分析，减少工作过程衔接和沟通的失误等。⑤针对纵深防御失效的环节要修改相应管理程序，改善质量体系的监控职能，也可以包括克服贯彻安全文化方面的薄弱环节或改进管理政策等。

纠正行动一旦确定，应尽快得到执行和落实，监督管理部门对核设施所有的纠正行动进行跟踪管理，检查促进纠正行动的执行和落实，评价过程的有效性。经验反馈过程规范化将经验反馈过程的目的、要求、任务、组织框架、人员责任和运作方法等编制成程序，使经验反馈过程实现系统化和规范化管理。

核设施在安全生产过程中产生的异常，或已经界定为不同级别事件的人因失效和设备故障，以及与之有关的根本原因分析和所确定的纠正行动等经验反馈信息应进行数据库管理。这有助于从一般的人因和设备异常的分析中找出引发重大人因或设备故障的征兆并加以改进，以防止重大人因和设备故障的发生；也使与经验反馈相关的一切信息能够快速地进行传递和共享，加快经验反馈信息的利用和提高经验反馈的效率。核设施还应设定不同的指标，对经验反馈过程中的每一个环节进行定期的评价和回顾，找出过程中的薄弱环节并加以消除，使整个经验反馈系统得到持续的改进。

**核设施运行事件报告制度** 对于核电厂，按照核安全法规《核电厂营运单位报告制度》（HAF 001/02/01）的规定，在核电厂试验和运行期间，发生下列各类事件时，营运单位应该向国家核安全局和所在地区监督站报告：①违反核电厂技术规格书的事件；②导致核电厂安全屏障或重要设备的性能受到严重损害或出现下列工况的事件：明显危害安全的没有分析过的工况，超出核电厂设计基准的工况和在核电厂运行规程或应急规程中没有考虑的工况；③对核电厂安全有现实威胁或明显妨碍核电厂值班人员完成安全运行的自然事件和其他外部事件；④导致专设安全设施和反应堆保护系统自动或手动触发的事件（预先安排的这类试验除外）；⑤任何可能妨碍构筑物或系统实现下列安全功能的事件，停堆和保持安全停堆状态、排出堆芯余热、控制放射性物质释放和缓解事故后果；⑥导致多个独立的具有下列功能的系统、序列或通道同时失效的共因事件，停堆和保持安全停堆状态、排出堆芯余热、控制放射性物质释放和缓解事故后果；⑦放射性释放失去控制的事件；⑧对核电厂安全有现实威胁或明显妨碍值班人员安全运行的内部事件。上述8类所不包括的其他事件，由国家核安全局和营运单位根据事件的性质及其后果确定为对安全有影响的重大事件以及公众普遍关注的事件。

营运单位必须在事件发生后24 h内口头通告国家核安全局和所在地区监督站。口头通告的方式可以是电传、电话或面述。地区监督站应做口头通告记录，在事件发生后3 d内向国家核安全局和所在地区监督站递交书面报告，在事件发生后 30 d 向国家核安全局和所在地区监督站递交事件报告。事件报告的内容包括：核电厂名称和核电机组编号、事件报告编号、事件通告编号、事件名称、始发事件、事件发生时间和结束时间、报告日期、报告人、报告准则、补充报告、事件发生前机组状态和功率水平、事件对运行的影响和事件后功率水平、放射性后果、安全评定、报告摘要和报告正文。

**国际核与辐射事件分级表** 由国际原子能机构（IAEA）和经合组织核能署（OECD/NEA）于 1990 年共同制定，目的是协调一致、迅速地向公众通报有关核事件和放射事件的安全重要性，既有利于核工业界、新闻界和公众对核事件形成共同理解，也有利于核工业界（包括监管机构）开展有效的经验反馈（参见国际核与辐射分级）。（陶书生 柴国旱）

**hesheshi laohua guanli**

**核设施老化管理** （aging management of nuclear facility） 通过一系列技术和行政的手段来监视、控制其构筑物、系统和部件的老化，防止其因老化引起失效，从而提高核设施的可靠性、安全性和经济性。核动力厂的老化现象研究比较深入，老化管理的实践较为系统，下面主要以核动力厂为例对核设施老化管理进行介绍。

**老化现象** 老化是指构筑物、系统和部件的物理特性随时间及其使用情况而发生的变化过程。核设施一旦投入使用，其构筑物、系统和部件就时刻处于老化过程中，随着运行时间的增加，老化效应不断积累，一定时间后性能明显退化，最后可能导致连接部位、设备、结构、体系的正常运行遭遇障碍甚至失效。老化机制主要包括微观结构退化、机械损伤以及电化学引起的退化等三类。

**老化管理方式** 老化管理一般包括预留设计裕量、研究老化机制、监测老化过程、老化部件处理（修复或更换）等几个方面，因此从设施设计之初就应该考虑老化管理。运行中的老化管理措施包括：①按照运行准则运行系统和部件，以降低劣化速率；②按照适用的要求进行检查和监测，以便及时探测任何劣化并确定该劣化的特征；③按照适当的准则评价观测到的劣化，以评价完整性和功能能力；④进行维修（部件修理或更换），以防止或纠正不可接受的劣化。具体来说，可以通过有组织、有计划的工作，实现对老化管理范围内的设备和构筑物长期的、准确的、有效的跟踪，并通过可量化的数据来评价其状态，针对性地进行研究，提出改善的方法，在检修工作过程中实施。分析安全重要设备和构筑物的工作环境及条件，结合老化机理，找出可能导致设备加速老化的原因，提出和实施针对性方法，持续改进运行条件和状态，进而保证其在运行寿期内安全可靠，并为延寿运行提供可能。

对构筑物或部件老化的认知是有效开展老化管理的关键，其应基于对设计基准（包括适用的规范和标准），安全功能，设计和制造（包括材料、材料性能、具体服役条件、制造中的检查、检验和试验），设备鉴定（适用时），运行和维修历史（包括调试、修理、修改和监督），核动力厂通用运行经验和具体核动力厂特有运行经验，相关的研究结果，在状态监测、检查和维修中收集的数据以及这些数据的趋势等方面知识的认知。

**核动力厂老化管理相关要求** 由于部件和构筑物的老化和失效直接影响核电厂的运行安全，所以它们也是国家核安全监管机构监管或关注的领域。根据我国相关核安全导则的要求，核动力厂要制定和执行《老化管理大纲》。该大纲应提供核动力厂开展老化管理的方法，并确定核动力厂进行有效老化管理的要素。

**《核动力厂设计安全规定》** 要求设计中必须为所有安全重要构筑物、系统和部件提供适当的裕度，以便考虑到有关的老化和磨损机理以及与服役期有关的可能的性能劣化，从而保证这些构筑物、系统或部件在其整个设计寿期内能够执行所必需的安全功能的能力。必须考虑到在所有正常运行工况、试验、维修、维修停役以及在假设始发事件中和其后的核动力厂状态下的老化和磨损效应。必须采取监测、试验、取样和检查措施，以便评价设计阶段预计的老化机理和鉴别在使用中可能发生的预计不到的情况或性能劣化。

**《核动力厂运行安全规定》** 要求营运单位必须收集和保存运行经验的数据，以用作核动力厂老化管理、核动力厂剩余寿期评价、概率安全评价和定期安全审查的输入数据；根据所评定的运行时性能劣化的可能性和老化特性确定单个构筑物、系统和部件的预防性和预测性维修、试验、监督和检查的频度。

**《核动力厂安全评价与验证》** 规定安全评价应该考虑到核动力厂的系统和部件会不同程度地受到老化效应的影响。某些老化效应是已知并可以采取措施加以解决的；另外一部分其他的老化效应，单凭经验不能预计，应使用合适的试验、检查和监督大纲，以探测发生的可能性。在设计阶段应该拟订出一份在核动力厂运行寿期内的完整的行动计划及制定为实施此计划的技术先决条件。定期安全审查是一个很好的方法，它可以确定是否正确考虑到了老化和磨损机理，并且可以发现许多未曾预计到的问题。

**核动力厂延寿的关键问题** 在老化管理措施中，部件的疲劳失效监测尤为重要，因为它便于对部件的寿命状态进行实时评估。因此，老化部件的疲劳失效监测和时限老化分析是核动力厂延寿的两个关键问题。

**老化部件的疲劳失效监测** 主要是收集和计算作用在部件上的循环载荷周期次数，从而对部件的疲劳寿命进行预测。通过疲劳失效监测，可以对部件的疲劳敏感区域进行安全评估，也可以快速评估核动力厂的各种瞬态。其实施一般包括：①选择在核动力厂运行过程中能够加速部件疲劳失效的瞬态进行监测；②排除核动力厂中不需要进行监测的瞬态；③确定在监测中需要记录的工程参数；④根据设计数据对疲劳失效情况进行计算。

**时限老化分析** 通过计算和分析来综合评估核动力厂中的相关构筑物、系统和部件老化的影响及其在延寿期内执行其功能的有效性。时限老化分析的项目一般包括：①反应堆压力容器的中子脆化；②钢筋混凝土安全壳预应力筋金属疲劳；③电气设备的环境鉴定；④金属腐蚀裕量；⑤在役裂纹扩展分析；⑥在役金属安全壳的金属腐蚀；⑦基于疲劳累积因子的高能管道断裂。 （秦国安　郭文骏）

**hesheshi shiwu baohu**

**核设施实物保护** （physical protection of nuclear facility） 防止核材料的被盗和非法转移、防止核设施被破坏的保护措施和技术。简称实物保护。

**沿革** 早在1975年，国际原子能机构出版了《核材料实物保护》（INFCIRC/225/Rev.1），作为指导成员国建立本国核材料实物保护体系的标准参考文件，在第四版的修订时增加了破坏核设施、核材料的内容，名称也改为《核材料和核设施实物保护》（INFCIRC/225/Rev.5）。现代实物保护的起源和早期目的是针对武器级核材料的保卫、保密而采取的措施，大多数的核材料都在核设施中使用，但也有单独贮存核材料的库房。随着核能的应用和发展，核设施的工艺系统中许多系统和设备与核安全密切相关，它们一旦遭受人为破坏，会带来放射性意外释放的严重后果，因此实物保护也从核材料延伸到核设施。一般的核设施，其核材料与核设施的实物保护是同一个系统。

核设施实物保护是一个综合性系统，它包括设施设计（包括平面布置等）和警卫组织、保卫制度、人防措施等软件部分以及实体屏障、探测与报警复核系统、出入口控制等硬件部分，实物保护系统应具备有效性和完整性。核设施实物保护的目标是，创造条件将非法转移核材料或破坏核设施的可能性降到最低限度，并提供信息和技术援助，以支持国家采取迅速和全面的措施，确定遗失核材料的地点并追回核材料以及最大限度地减少破坏的影响。因此，实物保护是为生产、使用、运输、处理和贮存中的核材料以及核设施的安全而制定的措施，也可看成是减少核扩散危险的一种措施。

**目的** ①保证核设施和核材料的安全；②防止无罪的或非有意的穿入保护区域；③保证准确探测、识别、拦截和防止有意侵入保护区域；④准确和有效控制并保证经核准者顺利出入保护区域；⑤保证对突发事件及时响应；⑥在应急情况下，保证消防、医疗和事故处理人员顺利出入保护区域。

**要求** ①核设施安全监督管理部门应规定核设施的实物保护要求，以防止遭受破坏。应考虑可能的放射性释放、核设施的地点和国内的具体情况。②不论核材料属于哪类等级，只要核设施有可能遭受破坏，就应执行某种适当的实物保护措施。③一个核设施执行何种实物保护措施，不仅要考虑其使用、存有核材料的类别，还应考虑遭受破坏的潜在的放射性释放危险给环境带来的危害，核材料的分级可能不反映这种危害性，因此，核设施的实物保护必须考虑这种危害性。④核设施放射性释放的危险程度与遭受破坏的方式、核设施的设计状况和安全性有关。因此，应针对不同的核设施遭受破坏的后果严重程度作专门评价，在这方面，核安全专家与实物保护专家应密切配合。

**分级** 根据核设施在遭到破坏后可能产生的放射性释放对公众和环境的危害程度，核设施中核材料的类型、数量、富集度、辐射水平、物理和化学形态、核设施所处地理位置及具体情况等因素，将核设施分为三个实物保护级别。在设施级别与核材料级别不一致时，应按其中的最高等级确定核设施实物保护的级别。

**实施一级实物保护的核设施** 核材料数量达到一级实物保护的设施；堆芯热功率在100 MW（th）以上的反应堆装置；包含一部分新近卸堆的燃料，且总量大于1 017 Bq 铯-137[相当于3 000 MW（th）反应堆的堆芯存量]的乏燃料池；独立存放和处理高放废液的设施；独立的乏燃料元件后处理设施。

**实施二级实物保护的核设施** 核材料数量达到二级实物保护的设施；堆芯热功率为2～100 MW（th）的反应堆装置；独立存放和处理高放固体废物及中放废液的设施；含有需做主动冷却处理核燃料的乏燃料池；若发生不受控临界事故，其影响可能波及周界外超过0.5 km范围的设施。

**实施三级实物保护的核设施** 核材料数量达到三级实物保护的设施；堆芯热功率小于2 MW（th）的反应堆装置；独立存放和处理中放固体废物及低放废液的设施；若失去屏蔽，直接外照剂量率在1 m处超过100 mGy/h的设施；若发生不受控临界事故，其影响可能波及周界外0.5 km范围内的设施；上述未包括的其他核设施。

**核设施的分区保护** 核设施的实物保护区域应划分为控制区、保护区和要害区，实行分区保护与管理。实施一级实物保护的核设施设控制区、保护区和要害区；实施二级实物保护的核设施设控制区和保护区；实施三级实物保护的核设施设控制区。三区呈纵深布局，即要害区在保护区内，保护区在控制区内。

**设计要求** 实物保护系统必须具备探测、延迟、响应功能。同时还应充分考虑以下原则，使实物保护系统的有效性和完整性得到提高：

**纵深防御** 核设施的实物保护应分区保护、层层设防，采用多种技术手段和探测技术使防范对象必须依次避开或突破实物保护系统的保护器件。纵深防御能使防范对象在侵入过程中越来越感到深不可测和困难，攻击该系统以前需做更多的准备工作或中途放弃破坏企图，起到遏制作用。

**均衡防护** 对保护目标的保护措施应尽量做到平衡，使所有可能的入侵路径具有等同的防范效果，包括相似的延迟效果和探测概率，不论防范对象如何企图达到其目的，总会遇到实物保护系统的有效设备，不存在薄弱环节。

**冗余原则** 实物保护系统的主要设备应有冗余，包括探测器、通讯手段、供电等。

**有效性和完整性** 实物保护系统首先考虑系统的有效性、完整性和可靠性，其次是设备的先进性，一般采用比较成熟的技术。实物保护系统的各组成部分构成一体且相互补充，不留漏洞即完整性。各组成部分的运行正常，能发挥预定功能即有效性。

**功能要求** 实物保护系统必须具备的基本功能有探测、延迟、响应。

**探测** 就是发现防范对象的行动，包括探知公开的或秘密的行动。探测过程由以下行动组成：探测器对异常事件做出反应并引发报警；报告并显示信息；由人分析这些信息并判断报警是否有效，如果判断不是噪扰报警，则探知已发生。实物保护的探测功能还包括进入控制。探测工作也可以由警卫、工作人员、固定岗哨、巡逻人员和双人原则完成。探测功能的有效性量度是指感知入侵者行动的概率和报告，并复核报警所需的时间。

**延迟** 实物保护系统的第二项功能，是使防范对象入侵进展变缓慢的手段，它可以靠实体屏障、锁和被激活的延迟器件来实现，固定的且保护起来的警卫也可以起到延迟作用。延迟有效性的量度是防范对象（被探知后）避开或突破某个延迟设备所需的时间。尽管防范对象在被探知前也许受到过延迟，但这种延迟对实物保护的有效性是没有价值的，因为它不能增加对防范对象做出响应的时间。

**响应** 由警卫部队采取的用于阻止防范对象破坏行动得逞的各种行动组成。包括截住和制止两部分。截住被定义为响应部队到达能使防范对象开始停止行动的部位；制止就是在防范对象达到其破坏目的前使其停止的行动。此功能的有效性量度是响应部队的战斗能力。

实物保护系统必须能实现探测、延迟和响应这三项功能；且必须在短于防范对象完成其破坏行动所需时间的一段时间内实现。

**组成** 实物保护系统一般由以下各子系统组成：

**实体屏障** 作用是划定不同区域，控制人员出入，防止未获准的进入以及阻碍和延迟非法入侵。核设施的实体屏障应完整封闭，各区实体屏障的材料、结构、建造要求以及照明设备应满足法规要求。

**出入口控制** 核设施人员和车辆应分别设置出入口，设置门禁系统，使用不易伪造的不同证件出入相应区域，严格控制出入要害区的人数。保护区和要害区人员和车辆出入口应具备检查手段，对破坏工具、违禁品和放射性进行检查；控制区和保护区车辆出入口外应设有车辆减速装置。

**周界探测与报警复核** 核设施的保护区和要害区周界必须装设由外部探测器、内部探测器、报警评价、出入控制、报警通讯等技术防范装置组成的技术防范系统。周界指围绕被保护区域的闭合屏障，探测是对非法入侵保护区、要害区的人员和车辆的探测。报警复核主要由电视监控装置完成，复核的目的是对报警信号进行判别，同时，还应考虑信号传输技术和安全问题、保卫控制中心的人因工程。

**保卫控制中心** 应具备以下功能：①同时接受多路报警，并有声、光显示报警位置；②报警时，自动启动电视监控并进行复核、记录与打印；③接受、记录和打印各种出入口人员和车辆进出信息；④完备的通讯手段和 24 h 值班；⑤能维持 24 h 以上的备用电源。

**通讯系统** 核设施实物保护系统应具备方便、有效的有线和无线通讯联络手段，应具有响应快速、报警功能、直呼与群呼、安全可靠等基本功能，同时要考虑通讯手段的多样性和多重性，尤其是在保卫控制中心、重要的出入口、响应力量值班室等部位。

除以上技术措施外，完善的组织机构和足够的响应力量也是必不可少的。

**实物保护系统的设计和评价** 在设计实物保护系统时，应遵循一些通用的原则以及相关法规的要求，并做到与核设施同时设计、同时施工、同时运行。对已运行的实物保护系统评价时一般不允许进行涉及模拟作案团伙穿越屏障或盗窃核材料和警卫部队执行响应功能的试验，故采用以单项或子系统的性能试验为基础，通过应用系统模拟技术，将部件的有效性估计值组合成系统的有效性估计值，进行评价。

（刘天舒　吴浩）

hesheshi zaiyi jiancha

**核设施在役检查** (inservice inspection in nuclear facility) 按照事先制订的计划(即在役检查大纲)对核设施的设备和部件进行的检查。目的是检测应力、温度、辐照、腐蚀、氢吸附、振动和磨损等因素是否对设备和部件造成损伤,以判断是否可以继续安全运行。主要采用无损检验方法,例如,目视检查、液体渗透检查、射线检查、超声检查、涡流检查以及氦检漏等。在适当的场合下,在役检查还包括系统泄漏试验和系统的水压试验。在役检查的范围和严格程度与被检验和被试验的系统和部件的安全重要性有关。此外,进行在役检查无损检验的单位和个人都应具备必要的资质,即取得相关单位的许可和许可证。某些重要的设备和部件的在役检查所用无损检验方法需要进行验证。下面以核电厂为例,对在役检查的方面和内容进行说明,其他核设施也广泛应用。

**役前检查** 设备和部件在服役之前进行的检查,通常为核设施调试前进行的全部检查。主要目的是建立基准,便于后续在役检查时所得到的数据与基准数据进行比较,从而对在役检查结果进行评价。役前检查的范围一般包括在役检查大纲中包含的所有部件以及部位,包括100%的承压焊缝。

**检查进度** 在核设施运行寿期内规定的在役检查的检查间隔。在检查间隔期内必须完成在役检查大纲中包含的所有内容,并且在核电厂寿期内按照规定好的间隔重复执行在役检查大纲。检查间隔期可以是非均匀检查间隔(3年、7年、13年和17年),也可以是均匀检查间隔(10年)。目前我国核电厂的在役检查的检查间隔均为均匀检查间隔,即10年为一个检查间隔(除田湾核电厂为4年外)。

**无损检验系统** 一般指由无损检验人员、无损检验程序和无损检验设备构成的系统。这一概念源于对无损检验方法的验证。经过验证的无损检验方法在具体实施时,无损检验人员、检验所用程序和设备应与该方法在验证时的人员、程序和设备相同。

**无损检验方法** 核设施在役检查所用的方法。无损检验,有时也称为非破坏性检验,即采用特定的、对被检部位无损伤的检验方法对设备或部件受检部位的表面或内部进行检查。比较常用的无损检验方法有目视检查、液体渗透检查、磁粉检查、射线检查、超声检查、涡流检查以及氦检漏等。其中液体渗透检查和磁粉检查用于表面检查;射线检查和超声检查用于体积检查;涡流检查用于蒸汽发生器传热管的检查;氦检漏用于密封性的检查。

**表面检查** 用于确认受检部位表面或近表面缺陷的存在。

**体积检查** 用于检测受检部位表面下缺陷的存在。

**目视检查** 可以分为直接目视检查和间接目视检查。①直接目视检查:用肉眼观察被检对象或用放大镜对被检对象进行直接的检查。②在无法对被检对象进行直接目视检查时,借助望远镜、反射镜、内窥镜、电视摄像等合适的仪器或方法对受检部位进行间接目视检查。这些仪器的分辨能力至少应与直接目视检查相当。

**液体渗透检查** 利用液体对微细孔隙的渗透作用对受检部位的缺陷进行检测的方法。主要用于非多孔性材料的表面开口缺陷的检测。

**磁粉检查** 对受检部位进行磁化后,利用受检部位表面漏磁场吸附磁粉的现象对受检部位的缺陷进行检测的方法。主要用于铁磁性材料表面和近表面缺陷的检测。

**射线检查** 利用射线对受检部位内部缺陷进行检测的方法。

**超声检查** 利用超声波对受检部位内部缺陷进行检测的方法。

**涡流检查** 利用电磁感应原理,通过测定受检部件内感生涡流的变化来检测缺陷的方法,主要用于薄壁金属管材表面和内部缺陷以及金属部件表面和近表面缺陷的检测。

**无损检验系统验证** 又称检验鉴定、能力验证等。指由独立于检验单位和无损检验人员资格考核和发证单位进行的对在役检查所用无损检验系统综合能力的鉴定，其目的是提高无损检验技术的可靠性和有效性。检验验证源于欧盟和经合组织开展的 PISC 计划（钢构件检验计划）。最初的目的是调查用超声方法对反应堆中所用厚钢材进行缺陷检测、定位和定长的能力。PISC 计划的结果表明，在役检查技术即使完全符合规范/标准的要求，也不能完全保证检测结果的有效性。由此引出对在役检查无损检验技术进行鉴定的概念。无损检验系统验证，一般指对超声检验技术的验证，但是也有认为指对于所有检验方法的验证。

2004 年，秦山第二核电厂压力容器接管安全端焊缝的役前检查，采用了经过验证的超声检验方法。2009 年，中核武汉核电运行技术服务有限公司（核动力运行研究所）完成了压力容器四个检验项目的超声检验的特殊验证，并于 2010 年在秦山第二核电厂 3 号压力容器上首次实施。

**检验人员资质** 执行在役检查的无损检验人员在开展相应的检验活动时应具备的资格，检验时所采用的无损检验方法和级别必须在资格证书所允许的范围内。2007 年原国家环境保护总局发布、2008 年实施的《民用核安全设备设计制造安装和无损检验监督管理规定》（HAF 601）和《民用核安全设备无损检验人员资格管理规定》（HAF 602）对无损检验人员资格考核、证书发布和管理等做出了详细的规定。

**检验单位资质** 执行在役检查的无损检验单位在开展相应的检验活动时应取得许可证，检验时所采用的无损检验方法以及可以检查的设备范围必须在许可证允许的范围内。2007 年，国务院发布了《民用核安全设备监督管理条例》，规定民用核安全设备的无损检验单位应申请领取许可证。《民用核安全设备设计制造安装和无损检验监督管理规定》（HAF 601）规定申请领取民用核安全设备无损检验许可证的单位，应当按照无损检验方法向国务院核安全监管部门提出申请。

**风险指引型在役检查** 利用概率论安全分析结果确定的在役检查。相对于用确定论分析及工程判断而确定的在役检查而言，风险指引型在役检查注重风险重要性高的系统和部件，在确保安全裕度以及风险可以接受的前提下，对在役检查进行优化。 （张跃　孙造占）

**hesheshi zhiliang baozheng**

**核设施质量保证** （quality assurance of nuclear facility） 为使核设施相关物项或服务与规定的质量要求相符合，并提供足够的置信度所必需的一系列有计划的系统化的活动。质量保证是“有效管理”的一个实质性的方面。通过有效管理达到质量要求的途径包括对要完成的任务做透彻的分析，确定所要求的技能，选择和培训合适的人员，使用适当的设备和程序，创造良好的开展工作的环境，明确承担任务者的个人责任等。核设施质量保证包括用于选址、设计、建造、制造、调试、运行、退役等各个阶段的质量保证。

在核电厂建设中，人们都希望所获得的物项和服务能达到预期的质量。传统的做法是以最终检验的方式来验证质量是否符合要求，人们在使用最终检验来控制质量所起的作用和明显的失误中认识到，从原材料准备开始，即应对质量形成的全过程进行有效控制，一方面可使质量不符合要求的情况减到很低程度，另一方面，可在即使遇到出现质量问题时也便于及时查明原因，防止此类问题重复发生。所以，对质量形成的全过程进行质量控制，具有明显的优越性和经济效果。

质量控制是极为重要和有效的一种质量管理手段，而与其相平行的质量保证过程，则对质量形成过程起到保障和支持的作用。

**沿革** 质量保证起源于第二次世界大战期间美国的军工部门，它是早期质量控制理论和实践的进一步发展。最初的质量体系内容主要包括：明确质量目标和措施，在质量管理上运用数理统计方法，对工序和检验进行管理，以及制定齐全的质量标准并实行严密的控制等。

美国原子能委员会 1969 年根据美国机械工程师协会制定的《锅炉及压力容器规范》1968

年版本中的质量保证条款，在美国联邦法规 10CFR50 中编入了附录 B《核电厂和核燃料后处理厂质量保证准则》。这是民用核设施质量保证的第一个国家级法规。

1978 年国际原子能机构（IAEA）颁布了《核电厂和其他核设施安全的质量保证》（50-C-QA）。1989 年第一次修订。1996 年第二次修订，并改为 50-C/SG-Q。它包括编号为 50-C-Q 的法规和编号为 50-SG-Q1 至 Q14 的导则两大部分，相对于 50-C-QA 内容有所扩充。

成立于 1947 年的国际标准化组织（ISO）于 1979 年成立了一个新的技术委员会（TC176），负责制定质量管理和质量保证标准。ISO/TC 176 于 1987 年首次发布的 ISO 9000，成为其他组织建立质量管理体系的依据标准。至今，ISO 9000 已经历了 1994 年、2000 年和 2006 年的 3 次修改。

50-C/SG-Q 与 ISO 9000 标准有以下相同点：①都要求建立一个质量管理（保证）体系，并通过体系的有效实施确保产品、服务和过程的质量；②所含的质量管理要素和内容基本相当。50-C/SG-Q 与 ISO 9000 标准有以下主要区别：①前者专门用于核安全相关活动的质量保证，而后者更具有通用性；②前者强调要“保证公众健康和安全”的社会责任，核安全是第一位的，而后者首先要考虑的是满足顾客的期望和要求，信誉和效益是首要的；③前者明确规定要建立质量保证部门，且质量保证部门及其人员必须拥有足够的权力和组织独立性，而后者无此明确要求。

鉴于 IAEA 的核安全标准（NUSS）项目的五大领域中其他四大领域对于“质量保证”这一领域的引用甚多及其越来越受到重视，“质量保证”和“政府组织”、“应急响应”一起于 1996 年被划入通用安全（GS）系列。IAEA 于 2011 年颁布的《核设施和活动的管理体系》（GS-R-3），替代了 50-C/SG-Q。GS-R-3 的编写考虑了 ISO 的质量管理系统标准，也考虑了一些成员国在制订、实施和改进管理系统方面取得的经验。它没有使用“质量保证”而使用“管理系统”这一术语。“管理系统”体现并包含“质量控制”（控制产品的质量）的初始概念，也贯穿“质量保证”（确保产品质量的系统）和“质量管理”（对质量进行管理的系统）的发展过程。

IAEA 的核安全标准为成员国核安全当局制定本国核安全法规等文件提供参考。因此自 1978 年 IAEA 颁布了 50-C-QA 后，各成员国相继起草或制定本国的核设施质量保证法规。中国核安全法规《核电厂质量保证安全规定》（HAF 0400），经国务院授权由国家核安全局制定，于 1986 年颁布实施。1991 年第一次修订，1998 年以后的编号为 HAF 003。它以 IAEA 的 50-C-QA 为蓝本，没有根据 50-C/SG-Q 和 GS-R-3 进行相应修订，这主要是由我国目前的国情决定的。

**质量保证内容** 根据 HAF 003，质量保证的内容包括质量保证大纲、组织机构、各种控制、检查和监察等。

**质量保证大纲** 为确保物项或服务的质量而制定的关于管理、技术和行政性控制等方面的综合制度，它是质量保证活动的可靠依据。它对所有影响质量的活动提出要求及措施，包括验证需要验证的每一种活动是否已正确地进行，是否采取了必要的纠正措施。质量保证大纲还规定产生可证明已达到质量要求的文件证据。

HAF 003 要求，为了保证核电厂的安全，必须制定和有效地实施核电厂质量保证总大纲和每一种工作（厂址选择、设计、制造、建造、调试、运行和退役等）的质量保证分大纲。国务院于 2007 年发布的《民用核安全设备监督管理条例》要求，民用核安全设备设计、制造、安装和无损检验单位，应当根据其质量保证大纲和民用核设施营运单位的要求，在民用核安全设备设计、制造、安装和无损检验活动开始前编制项目质量保证分大纲，并经民用核设施营运单位审查同意。

**组织机构** 为管理、指导和实施质量保证大纲，应建立一个有明文规定的组织结构并明确规定其职责、权限等级及内外联络渠道。它应独立于其他部门，直接向企业最高领导负责，不受成本和资金的约束以及其他行政部门的干预。

**文件控制** 对质量产生影响的工作的执行和验证所需要的文件应按照规定的程序编制、审批和分发。文件的修改或更正也应按同样程序进行。

**设计控制** 旨在保证设计质量的质保措施。这些措施包括编制设计质保大纲、制定和实施设计计划、设计验证、设计变更管理、文件管理以及各方面的设计接口等。设计应按规定的标准、准则或其他要求进行，并按规定的程序审批，其文件（图纸）按文件控制要求分发。

**采购控制** 对物项和服务的采购活动进行控制。控制深度和范围主要根据物项或服务的失效和差错对安全影响的程度而定。采购控制包括对采购文件的控制、对供方的评价与选择、对所采购物项和服务的控制。

**物项控制** 对材料、零部件以及对物项在贮存、装卸运输和维修方面的控制。材料、零部件应有明显和有效的标识，以防误用。贮存、运输和维修都应按规定的要求进行，以防止损坏。

**工艺控制** 包括对工艺设备的器材以及对工艺人员的控制。工艺文件（如程序、图纸和工艺卡等）和工艺环境都应按规定的要求实施，并由合格的工艺人员进行操作，以确保工艺质量。

**检查和试验控制** 直接验证物项或服务等各项活动是否符合规定要求的一项措施。物项的检查和试验结果要通过标识、检查记录或其他方法予以标记或显示，以标明该物项经检查和试验后是否可以验收或使用，从而防止误用。

**不符合项控制** 用来管理具有不符合项的物项，防止其被误用或误安装。对不符合项应有统一的标签或其他方式来区分，并使用规定的格式填写报告。在报告中应填写不符合项的性质、程度、依据、建议的处置方法以及预备使用的纠正措施等。

**纠正措施** 为了防止不符合项重新出现所采取的一系列对策和行动。它从鉴别不符合项开始，查找造成不符合项的原因直到消除不符合为止。

**监察** 通过证据调查、检查和评价对某一物项或服务是否遵守规定的程序或标准进行审核，并提出书面报告。监察可以按计划进行，也可临时安排计划外的监察。

**评价** 通常指“对供方的评价”。以确定供方是否有能力生产或提供规定质量的物项或服务，并是否有能力提供用以验收其物项或服务的证据。

**检验** 检查工作的一部分，包括对材料、部件、供应品或服务进行调查，在只靠这种调查就能判断的范围内确定它们是否符合规定的要求。

**试验** 为确定或验证物项的性能是否符合规定，使之置于一组物理、化学、环境或运行条件考验之下的活动。

**记录** 为各种物项或服务的质量以及影响质量的各种活动提供客观证据的文件。而客观证据是基于观察、测量或试验的、可被验证的、关于某物项或服务质量的定量或定性资料、记录或事实说明。 （孙造占 柴国旱）

**《Heshigu Huo Fushe Jinji Qingkuang Yuanzhu Gongyue》**

## 《核事故或辐射紧急情况援助公约》

（Convention on Assistance in the Case of a Nuclear Accident or Radiological Emergency） 前苏联切尔诺贝利核事故后不久，根据国际核能应用的发展形势和需求，国际原子能机构（IAEA）大会特别会议通过的核应急两个国际公约之一，简称《公约》。《公约》是在 IAEA 主持下制定的一项国际公约，旨在进一步加强安全发展和利用核能方面的国际合作，建立一个将有利于在发生核事故或辐射紧急情况时迅速提供援助，以尽量减少其后果的国际援助体制。

《公约》于 1986 年 9 月 24 日在维也纳召开的 IAEA 大会特别会议上与《及早通报核事故公约》同时通过，1986 年 9 月 26 日和 10 月 6 日分别在维也纳机构总部和纽约联合国总部开放签署，1986 年 10 月 27 日生效。截至 2012 年 4 月，《公约》共有 108 个成员。

《公约》由序言和正文组成，共十九条，其主要内容是：①在核事故或辐射紧急情况下，缔约国有义务进行合作，迅速提供援助，以尽量减小其后果和影响。②若一缔约国在发生核事故或辐射紧急情况时需要援助，它可以直接或通过 IAEA 向任何其他缔约国和向 IAEA 或酌情向其他政府间国际组织请求这种援助。被请求的缔约国，应迅速决定并通知请求国，它是否能够提供所请求的援助及其范围和条件。③对 IAEA 在本公约范围内的职责作了规定。④请求国应给予援助方的人员必要的特权、豁免和便利，以便履行其援助职务。⑤当援助是以全部偿还或部分偿还为基础提供时，请求国应向援助方偿还因此而发生的有关费用。

中国于 1986 年 9 月 26 日签署《公约》，1987 年 9 月 10 日向 IAEA 交存《公约》批准书，并同时声明对《公约》第十三条第二款所规定的两种争端解决程序，以及在由于个人重大过失而造成死亡、受伤、损失或毁坏情况下的第十条第二款的规定提出保留。《公约》于 1987 年 10 月 11 日对中国生效。中国的主管当局是中华人民共和国国家原子能机构（CAEA），联络点设在国家核事故应急办公室。

截至 2012 年 4 月，IAEA 共组织召开了六次《公约》国家主管当局代表会议，分别为 2001 年、2003 年、2005 年、2007 年、2009 年和 2012 年。会议每两年召开一次，第六次会议因发生福岛核事故，比原计划推迟一年召开。中国参加了这六次会议。（张建岗　王法）

**heshuaibian**

**核衰变**　(nuclear decay)　原子核自发地发射某种粒子而变成另外一种核的过程。核衰变总是发生在放射性核素之中，是认识原子核内部结构的重要途径之一。1896 年法国科学家 A.H.贝可勒尔（Antoine Henri Becquerel）研究含铀矿物质的荧光现象时，偶然发现了铀盐能够放射出穿透力很强可使照相底片感光的不可见射线，这就是衰变产生的射线。衰变中放射性的类型除了α、β、γ粒子之外，还有发射正电子、质子、中子、重离子、中微子等粒子，以及自发裂变、β缓发粒子等。

不稳定的放射性核发射出射线后衰变为另一种核或衰变为能量较低的核，衰变过程中遵守电荷守恒、能量守恒和角动量守恒规律。通常衰变后所产生的产物也是放射性核素，因此会有一连串的衰变过程，直至原子核衰变至一个稳定核素。对所有放射性核素的衰变都可以查到它们之间存在的“亲属”关系，在放射性核素衰变中存在着“四大家族”，形成四个衰变系，即钍系、镎系、铀系、锕系。

为了反映原子核的自发衰变过程，将原子核衰变前后母核与子核各自的状态（能级），包括能量、角动量、宇称以及它们的半衰期，连同衰变类型，所发出射线的能量、分支比以及γ辐射的电磁多极性等信息用图和数据表示出来，这就是在核物理和核化学中广泛应用的衰变纲图。

放射性核素的核衰变在许多学科的研究中都有重要应用。（张竞上　许谨诚）

**hesu qianyi**

**核素迁移**　(nuclide migration)　放射性核素由一个地点向另一个地点，或由一种介质向另一种介质运动的所有自然现象。核素迁移可能是由物理学的、化学的和生物学的机制或由它们的组合所引起的，包括在大气、地表水、地下水、土壤和生物中的迁移。

**大气中核素迁移**　放射性核素在大气环境中迁移的主要过程包括：大气扩散、沉积与再悬浮。气载流出物排放后，流出物中的粒子与周围大气混合进入逐渐扩展的烟羽中，烟羽沿着风向输运，同时扰动湍涡引起粒子湍流扩散，这个过程称之为大气扩散，其决定性影响因素是大气运动（主要参数是风速、弥散系数）和核素的物理化学形态。沉积包括湿沉积和干沉积，导致从烟羽中逐渐清除核素（称为烟羽耗减），并转移到土壤、地表水、植物、建筑物等下垫面。湿沉积速率主要受降水过程影响，干沉积速率受粒子、湍流运动和下垫面性质等因素的影响。惰性气体核素不需要考虑沉积。部分沉积的粒子在风力或其他机械力的作用下发生再悬浮。

大气扩散模式是沿着三个基本理论体系发展的，即梯度输运理论、统计理论和相似理论。已开发了复杂程度不同的各种大气扩散模式，如高斯烟羽模式、拉格朗日轨迹烟团模式、粒子随机游走模式、三维欧拉模式或混合模式等。

高斯烟羽模式假定污染物在横截风向和垂直方向上的浓度分布皆遵循正态分布，其弥散系数可由帕斯奎尔稳定度分类及下风向距离的关系来确定。针对初始建立高斯烟羽模式的假设和帕斯奎尔方法确定弥散系数的局限性，在对释放源活度变化、混合释放、烟羽抬升、风向变化、静风、非平坦地形、烟羽耗减、混合层高度、尾流效应等影响因素进行相应的修正后，高斯烟羽模式已广泛应用于核设施正常工况下气载流出物释放所致年均核素浓度分布预测，以及一定条件下局地范围事故释放的气载核素的浓度估算。

在核与辐射事故后果评价中选取大气扩散模式时，既需要考虑获得可靠的预测结果，也需要考虑减少计算时间。为了在事故开始释放之前预测或实时计算事故后果，一是要实时预报风场，二是大气扩散模式要配合风场计算出事故释放的放射性核素随时间、空间的分布。选取的大气扩散模式通常是轨迹烟团模式、拉格朗日粒子扩散模式（Monte Carlo 方法）和平流扩散方程的数值解。在核与辐射事故后果实时评价中，局地范围目前较多采用的模式是高斯烟羽模式、轨迹烟团模式和粒子扩散模式；对于区域或更大范围较多采用的模式是粒子扩散模式或欧拉三维数值模式。对于全球范围的长期影响评价，目前应用较广的主要是箱模式。

**地表水中核素迁移** 地表水体中的放射性核素通常来源于核设施液态流出物的直接排入、气载流出物的沉积、含放射性核素的地面水和地下水的径流补给。

地表水体中核素在平流或对流、湍流弥散、悬浮物和沉积物的吸附-解吸、泥沙输运等机制作用下迁移。不同水体都有因地而异且随时间变化的水动力学混合特征，在大洋中是大尺度洋流、混合层三维对流和弥散；在近海、海湾和河口是与外海域的海水交换、潮流、近岸流、海床高程、水密度和温度分布；在河流和湖泊是流量的季节变化、宽深比、水力半径、底界面高程和糙率，以及高含沙量时的泥沙沉积输运和大湖呈周期变化的沿岸流。不同形式的废水排放口可以显著地影响下游近场对核素的混合效果。

水体中悬浮物及其沉积物的核素浓度处于动态变化中。分配系数（$K_d$）定义为在达到吸附-解吸平衡后，核素在悬浮物或沉积物中的浓度与水中的浓度之比。$K_d$ 值与核素种类和化学形态，水体中的矿物组分、化学成分、有机质、pH，以及核素与悬浮物和沉积物的离子交换、表面配合、矿化沉淀等作用有密切关系。在相同环境条件下同一元素的各同位素的 $K_d$ 值相同。对某核素而言，其他化学性质相近的参与吸附竞争的离子浓度将影响该核素的 $K_d$ 值，如稳定元素的阳离子 $Ca^{2+}$ 和 $K^+$ 分别是放射性核素阳离子 $Sr^{2+}$ 和 $Cs^+$ 竞争吸附的重要离子。

预测核素在地表水中浓度的基本方法是求解对流-弥散方程，选取求解方法的主要依据是排放源、受纳水体的水动力学混合特征以及流场的均匀性和稳定性。针对不同的水体和研究目的，可以选择复杂程度不同的三维或二维的非均匀稳定流场模型、二维非均匀混合模型和简单的均匀混合模型。

**地下水中核素迁移** 地下水放射性污染的起因是地表的或地下的放射性废物储存、处置设施的泄漏以及被污染了的地表水的下渗。地下水的流动、弥散和岩土对核素的吸附滞留是核素迁移的主要机制。

按含水率区分，含水层达到饱和状态；从地表到潜水位之间的岩土层通常处于含水率变化的非饱和状态，因含有空气而称为包气带。一般情况下，孔隙介质或孔隙-裂隙介质的含水层和包气带中水分运动都服从达西定律。但是，在包气带中达西定律的渗透系数和总水势梯度都随含水率的变化而发生显著变化，导致不同位置和时间的水分运动速度的大小和方向处于动态变化，由 van Genuchten 提出的包气带中水分运动经验公式目前得到了验证和普遍应用。

在地下水核素迁移过程中，表征岩土对核素的吸附滞留能力的分配系数（$K_d$）是一个十分重要的参数，其影响因素包括了地表水中核素迁移所述的诸因素，且作用更复杂，对于特定的场地往往需要通过野外的或实验室的方法测定 $K_d$ 值。由 $K_d$ 值和岩土的其他参数可求得核素迁移的滞留因子（$R_d$），滞留因子定义为地下水实际流速与核素迁移速度之比。在通常地下水岩土中，不吸附或极弱吸附的元素有无机态氢、卤族、锝、以酸根形态存在的硫和磷等；中等吸附的元素有钠、锶、钡、铀、镎等；强吸附的元素有铯、镭、钍、钚和镎等。碳在中性的地下水岩土中属弱吸附，在强碱性条件下属强吸附。

地下水中核素迁移模型可分为对流-弥散物理模型和对流-弥散化学动力学模型。①物理模型考虑了地下水流场、水动力学弥散、岩土对核素的吸附滞留、核素衰变和衰变链等机制，模型的复杂程度覆盖了从适用于孔隙介质均匀稳定流场的解析解，到适用于孔隙-裂隙介质非均匀稳定流场的数值模型。②化学动力学模型考虑了水、气、岩土相互作用系统中水溶物配合、吸附-解吸、离子交换、表面配合、溶解-沉淀、氧化-还原等平衡热力学和化学动力学机制，以及多组分溶质的对流-弥散和核素衰变。

高水平放射性废物地质处置的远场核素迁移可采用孔隙-裂隙介质非均匀稳定流场模型，近场核素迁移采用水动力学、化学、力学、热力学等多因素耦合模型。

**土壤中核素迁移** 表层土壤放射性污染的原因，包括：核设施正常和事故情况下释放的废水和撒落的固体废物直接进入表层土壤、气载流出物的沉积、受到放射性污染的地表水和地下水在地表土壤的利用等。存在于表层土壤的核素经过再悬浮、水土流失、垂向入渗、植物根部吸收等过程进一步在环境中迁移。可根据各种途径进入土壤的核素活度、降水地表径流量和入渗量、土壤对核素的吸附滞留能力、农田耕作方式等参数估算土壤放射性污染水平和范围。依据表层土壤的湿度、粒径、比重，以及植被和气象条件，可估算再悬浮所致空气中核素浓度。

**生物中核素转移** 研究核素从大气、水体、土壤和食物向生物的转移，以及核素在生物体内的分布、滞留和清除。

核素转移到陆生植物的主要途径是表面截获和根部吸收。大气中核素的干湿沉积、放射性污染水的喷灌、污染土壤再悬浮颗粒的黏附等过程导致核素在植物表面的初始截获，截获的各核素的一部分滞留在植物表面，并转移到植物的其他器官。描述这一过程的基本参数是截获因子（$R$）和易位因子（TLF），$R$ 表示初始截获的核素在风吹或降水作用下部分清除后，植物表面滞留截获的份额；TLF 表示植物表面滞留截获的核素向植物特定器官（例如可食用部分）转移的份额。核素经根部吸收向植物的转移系数（TF）表示植物某一器官的核素浓度与根部土壤中生物可利用的离子状态的核素浓度之比。与表面截获比较，对于半衰期较长（例如大于几个月）的核素，根部吸收是长期起主要作用的途径。对于放射性碳，除截获和根部吸收外，还应考虑植物光合作用从空气中的吸入途径。

核素转移到陆生动物的主要途径是摄入污染的空气、食物、水和土壤，其次是体表污染。摄入途径的基本转移参数是核素的摄入率和清除率。摄入率决定于单位时间污染物的摄入量及其核素浓度；清除率决定于核素的物理半衰期和生物半排期。

水体和水生生物构成了复杂的生态体系，生物浓集系数表示核素从水向生物的转移。在平衡条件下，基于生物种类的浓集系数（$B_p$）定义为水生生物 $p$ 中的核素浓度与水中该核素浓度之比；基于器官或组织的浓集系数（$B_{pj}$）

定义为$p$生物$j$器官或组织的核素浓度与水中该核素浓度之比。

库室动力学模型在研究陆生和水生动物体内核素转移中得到广泛使用，目前已建立了包括单库室、多库室、恒定输入率和随时间变化输入率的多种组合模型。

核素在生物中的各种转移参数均受一些共同因素的影响，如核素的种类、形态、浓度、摄入方式（食入还是吸入，单次急性还是长期慢性）、沉积部位和清除过程，以及生物的种类、生活习性、生长周期和发育阶段、食物链、代谢率等。此外，具体的某个转移参数还受其他多种因素影响。例如，TF 明显地受到土壤的理化性质、核素在土壤中的垂向浓度分布和分配系数，以及包括施肥在内的耕作方式等影响，导致不同元素、植物、土壤条件下 TF 值可能存在着数量级的差异。因此，实际工作中往往需要通过现场调查和实验确定转移参数。

（郭择德　陈竹舟）

**《Hesunhai Buchong Peichang Gongyue》**

**《核损害补充赔偿公约》**（Convention on Supplementary Compensation for Nuclear Damage）一部保护因核事故导致的核损害受害者的国际公约，1997 年 9 月 12 日通过，简称《公约》。因尚未满足《公约》生效条款的要求，迄今未生效。

**沿革**　1986 年发生切尔诺贝利核事故后，国际社会认识到，在严重核事故的情况下，仅凭一个国家的能力难以对所有的受害者给予充分的赔偿，故签订本公约。其目的是，建立一个世界范围的责任体制，以补充和加强《1963 年核损害民事责任的维也纳公约》和 1960 年《关于核能领域第三方责任的巴黎公约》（包括修正）所规定的赔偿，以及符合《公约》附件规定的国家法律所规定的赔偿。

**缔约条件**　只有《维也纳公约》或《巴黎公约》的缔约国才能签署或加入《公约》；不是这两公约缔约国的国家，则要求其本国的相关法律符合本公约附件条款的规定。同时还规定，一国境内如有《核安全公约》所定义的核装置，则必须先成为其缔约国，才能批准或加入《公约》。《公约》适用于缔约方领土内和平用途的核装置的运营者依据有关公约或法律负有责任的核损害。《公约》不适用于军用核设施。

**主要规定**　①对每一核事件造成的核损害，实行两级赔偿体制，即先由装置国提供 3 亿特别提款权（SDR），对暂时有困难的国家，可减少为至少 1.5 亿 SDR；当应赔额超出上述装置国的赔偿额时，由各缔约方的公共基金来补充赔偿。②公共基金的分摊方案为，绝大部分按缔约国所拥有的核装机容量分摊（每兆瓦热功率为 300 SDR），小部分按缔约国应缴的联合国会费比率分摊。③一旦发生核事件，当预计其损害将超过或可能超过装置国应赔额而需公共基金补充时，装置国即将该核事件通知其他缔约方，后者应迅速作出必要的安排。其后，当实际需要时，缔约方即可要求其他缔约方，按要求的数额和时间，提供所分摊的公共基金。④公共基金的 50%和装置国的应赔额一起，用于装置国的内外所受损害的索赔，另 50%则只用于其他缔约国所受损害的索赔。⑤装置国的法律可规定，如果核损害是由运营者方面的过错所造成，可从该运营者那里收回依据《公约》提供的基金。⑥分摊方案只依据各国所拥有的核反应堆装机容量，不包括其他核装置。

**附件条款**　《公约》是在《维也纳公约》和《巴黎公约》的基础上建立的，同时也希望有更多非两公约缔约国的国家加入，只要其国内的相关立法与附件的条款相一致。

附件共 11 条，大部分是以《维也纳公约》的相应条款为基础，如规定运营者的绝对和专属责任；责任限额和责任保险金或其他财政保证金限额；责任时效等。也有部分是以《巴黎公约》的相应条款为依据的，如有关运输的条款。从总体上看，附件的条款不及《维也纳公约》或《巴黎公约》详细，而且 1997 年“修正《维也纳公约》议定书”所包含的对核责任制度的改进也未全部纳入附件，这是为了给各国的国内法留下更大的立法空间。

中国参加了《公约》的审议和制定过程，但迄今未加入。（傅济熙　刘永德）

hewuqi

**核武器**　(nuclear weapon)　利用能自持进行的原子核裂变或聚变反应瞬间释放的大量能量，产生爆炸作用，从而造成大规模杀伤破坏效应的武器。

**分类**　核武器有不同的分类。按放能原理，核武器可分为原子弹和氢弹（包括特殊性能氢弹）；按释放能量，可分为高威力、中等威力和低威力核武器；按作战用途，可分为战略核武器和战术核武器。

**原子弹**　主要利用铀-235 或钚-239 等重原子核的链式裂变反应原理制成的核武器，叫作裂变武器，通常称原子弹。要使链式裂变反应自持地进行下去，原子弹中裂变装料的装量必须大于一定的量值，这个最低限量称为临界质量。临界质量的大小与裂变材料的种类、密度、形状以及周围环境有关。铀-235 裸球的临界质量约为 50 kg，而密度为 19.4 g/cm$^3$ 的 α 相钚-239 裸球的临界质量只有 10 kg 左右。在裂变装料外面包上反射中子性能良好的铀-238 或铍，可以减小临界质量。提高裂变装料的密度，也能有效地减小临界质量。密度提高 1 倍，临界质量减小到原来的 1/4。

为了获得一定的威力，原子弹中要装足够量的裂变装料，但又不能装得太多，以确保其在不使用时整个系统处于次临界状态。否则，核装料中自发裂变产生的中子或环境中游荡的中子会引起链式反应，造成核事故。

原子弹的设计原理是，使处于次临界状态的裂变装料瞬间达到超临界，并适时提供若干中子以触发链式反应。超临界状态可通过两种方法来达到：一种是枪法，又称压拢型，即把 2～3 块处于次临界状态的裂变装料，在化学炸药爆炸产生的高压力推动下迅速合拢达到超临界状态；另一种是内爆法，又称压紧型，即用化学炸药爆炸产生的内爆冲击波和高压力压缩处于次临界状态的裂变装料。两法相比，内爆法可少用裂变装料，因而被广泛采用（图 1）。

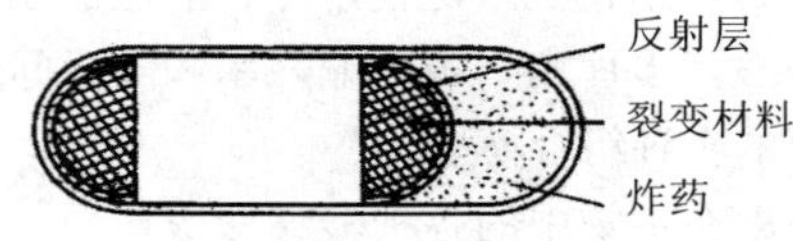


枪法原子弹结构示意图

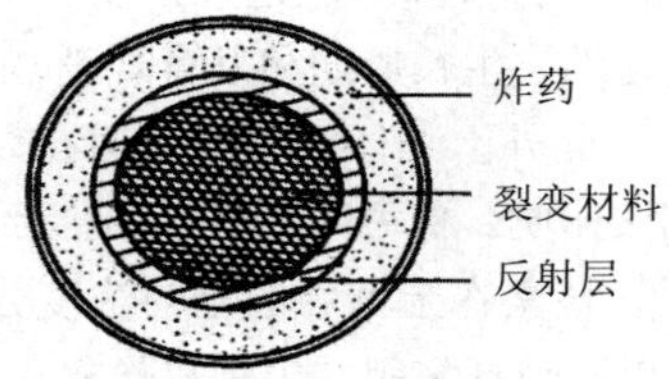


内爆法原子弹结构示意图

**图 1　原子弹**

**氢弹**　主要利用重氢（氘）、超重氢（氚）等轻原子核的热核聚变反应原理制成的核武器，叫作热核武器或聚变武器，通常称氢弹。实现热核聚变反应的先决条件是在含氘氚的热核装料中创造高温、高密度条件。这种条件只能靠原子弹爆炸来提供。所以，氢弹通常包含“初级”和“次级”两部分（图 2）。“初级”是特殊设计的原子弹；“次级”是发生热核反应并诱发更多重核裂变以放出巨大能量的氢弹主体部分。

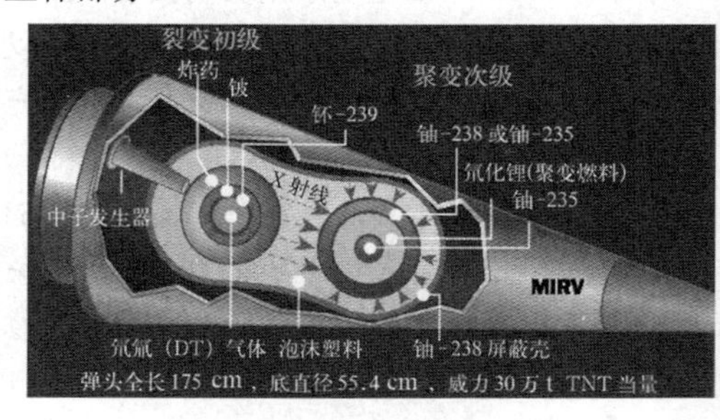


**图 2　氢弹**

**战略核武器**　用于打击敌方战略目标和执行战略任务的核武器。战略核武器通常由威力较高的核弹头和射程较远的投射工具组成，如陆基洲际弹道导弹、潜基弹道导弹、携带核航弹或核巡航导弹的战略轰炸机。当前主要战略核武器型号的威力在几十万吨梯恩梯（TNT）当量。

**战术核武器** 用于打击敌方战役、战术纵深内重要目标的核武器。战术核武器的威力通常较低，多数为数千至数万吨 TNT 当量，个别的也有高达数十万吨 TNT 当量的核航弹和低至 10t TNT 当量的特种核地雷。

**核武器威力** 核武器爆炸释放的能量，比单纯依靠化学炸药的常规武器大得多。燃烧 1 kg 铀或钚可释放出相当于 2 万 t TNT 化学炸药爆炸所释放的能量。1 kg 氘完全聚变可释放 6 万 t TNT 的能量。核武器的威力，也就是它所释放的总能量，通常由爆炸释放同等能量的 TNT 炸药总量来表示，称 TNT 当量。原子弹的威力大多在几百吨至几万吨，由于受临界质量的限制，威力不会太大。由于热核装料没有临界质量的限制，所以氢弹的威力理论上可以设计得很大。前苏联曾试验过威力为 5 000 万 t TNT 当量的氢弹装置。通常称威力在 100 万 t TNT 当量以上的核武器为高威力核武器，10 万～100 万 t TNT 当量为中等威力，万吨 TNT 当量级以下的为低威力核武器。

**杀伤效应** 核武器的特征是利用能量的瞬间释放形成爆炸，并产生大规模杀伤破坏效应。这与核电厂的反应堆里实现的持续放能有根本的区别。在原子弹和氢弹中，核反应以及放出能量的过程大致在微秒量级内完成。由于在有限的核装置空间内，在如此短暂的时间里，释放出巨大的能量，因此在弹体和周围介质里形成了高温高压的等离子气团，中心温度可达上亿摄氏度，压力为百亿甚至千亿个大气压。核爆炸产生的高温高压以及各种核反应产生的中子、γ射线和裂变碎片，最终形成冲击波、光辐射、早期核辐射、放射性沾染和核电磁脉冲等杀伤破坏因素。核武器在不同介质和不同高度（或深度）处爆炸时，其外观景象和杀伤破坏效应有很大的差别。例如，在地下核爆炸时，冲击波效应是主要的，可摧毁地下离爆心近处坚固的工程设施，如地下指挥中心、导弹发射井等；在高空爆炸时，核电磁脉冲效应最为重要，作用范围可达数千公里，可摧毁卫星和来袭导弹，破坏指挥控制系统；而空中和地面核爆炸时，高温、高压、冲击波、核辐射、核电磁脉冲五种杀伤破坏因素均存在。

由于核弹具有冲击波、光辐射、早期核辐射、放射性沾染和核电磁脉冲等多种杀伤破坏效应，又配有多种先进的投掷发射工具，使它成为现今世界上对人员和物体杀伤破坏力最强的武器。核武器的这一固有特性，决定了它在威慑战略中的重要地位和作用。为了特殊的作战目的，已发展出许多种类的特殊性能核武器，即通过调整设计，较大幅度地增强或减弱核武器的某种杀伤破坏因素。主要包括以下几种：①中子弹。实际上也是一种小型氢弹。它以氘氚聚变反应释放的高能中子作为主要杀伤因素，通过设计使核辐射份额增大，而减弱冲击波和光辐射的份额，因此也称增强辐射武器。中子弹主要对付集群装甲目标，它能在给敌方装甲内人员以重大杀伤的同时，大幅度减少对非直接攻击目标的连带毁伤。②冲击波弹。它是以冲击波效应为主要破坏因素的特殊性能氢弹，在设计中要设法大幅度地降低剩余放射性的生成量，因此也称“减少剩余放射性弹”或 RRR 弹。它的主要用途是摧毁敌方坚固的军事目标，且产生的放射性沉降较少，爆后不久，己方部队即可进入爆区。③增强 X 射线弹。以增强 X 射线破坏效应为主要特征，主要用于摧毁来袭的导弹。④核电磁脉冲弹。以增强爆炸后电磁脉冲破坏因素为特征，用来大范围地毁坏敌方通信系统。20 世纪 60 年代初美国在翰斯顿岛上空 400 km 处进行一次威力为 140 万 t TNT 当量的高空核试验，曾使距离该岛 1 400 km 的夏威夷地区街灯同时熄灭，几百台防盗警报器报警，高压线的避雷装置也均被烧毁，引起美国军方对高空核电磁脉冲效应的高度重视。

**发展趋势** 1945 年以来，核武器的技术性能已经有了显著的提高，主要表现在核武器的小型化和轻量化、可靠性、安全性等方面。

**小型化和轻量化** 1945 年投在日本的两颗原子弹，一颗代号为“小男孩”，是枪法铀弹，长约 2.5 m，直径 0.71 m，重约 4.1 t，威力不到 2 万 t TNT 当量；另一颗代号为“胖子”，是内爆法钚弹，长约 3.3 m，直径 1.5 m，重约 4.5 t，威力约为 2 万 t TNT 当量。而到 20 世纪 50 年代中期，美国已研制出可用于 203 mm 大炮的 $W_{33}/M_{422}$ 核炮弹，重量只有 110～120 kg，直径 0.203 m，长度 0.94 m，体积和重量比“小男孩”小得多，但威力仍可有约 1 万 t TNT 当量。设计技术的改进，也推动了原子弹的小型化。例如，发展了“助爆型原子弹”（图 3），即在原子弹中添加热核材料，使更多的裂变材料发生裂变，从而增大威力或使核装置小型化。

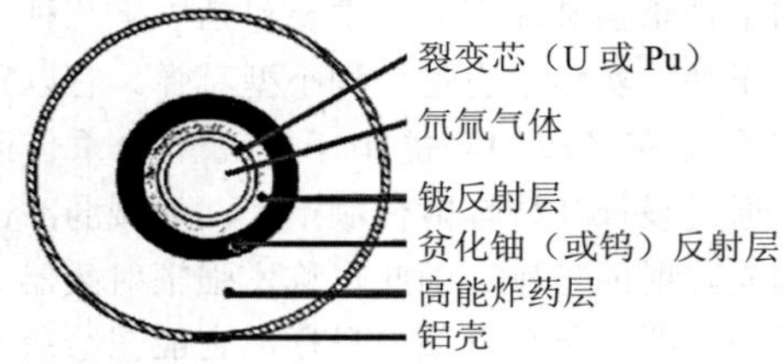


**图 3 助爆型原子弹**

原子弹的小型化对它用作氢弹“初级”有重要意义。美国在 1954 年首次空投的氢弹 MK17，重量有 21 t，直径 1.56 m，威力为 1 100 万 t TNT 当量。而 1985 年服役的和平卫士导弹弹头 MK21，重量只有 0.2 t，直径 0.55 m，威力为 47.5 万 t TNT 当量。核武器的小型化和轻量化，有利于增加投掷距离（射程）和机动性。小型化和轻量化使氢弹的威力有所下降，但是从设计技术和作战性能来看，人们更重视“比威力”这一指标，即单位核弹头重量所释放的威力。或者结合破坏效果考虑，提出一种叫“等效比威力”的指标，即威力的 2/3 次方除以弹头重量。这样 MK17 的等效比威力为 5，而 MK21 为 65，从中可看出巨大的技术进步。

**可靠性** 由于核武器结构复杂，零部件众多，核武器的动作过程是在极短时间里一环扣一环地精密配合进行，动作本身要求处在相当对称均匀的状态。因此对零部件的时间同步性、尺寸公差、密度均匀性、装配精度、对称性等要求很高。过大的公差甚至会使武器失灵。核武器往往又要在较严酷的环境下工作，例如，核导弹在再入大气层时所处的过载和烧蚀等恶劣环境中，也必须按规定要求实现爆炸。另一个重要概念是如何提高库存武器的可靠性。核武器中包含有化学物理性质不稳定的材料，例如炸药和核装料，这些材料在长期贮存过程中会老化、变质、蜕变，特别是它们互相之间的不相容性，会引起加速腐蚀，严重的话就会导致核武器失效。因此除了改善储存环境和储存状态，加强定期检测之外，在武器设计时必须考虑如何延长武器寿命的各种措施，确保库存武器在一旦需要使用时能有足够高的可靠性实现核爆，并达到规定的各项战术指标。

**安全性** 核武器的安全性包含两层意思：①防止越权使用核武器，包括防止被恐怖集团偷盗劫持。为此，除建立严格的法规和严密的安全保卫措施之外，在核武器设计中，在引爆控制系统中要设置多层保险装置和密码锁，避免意外解保以及不掌握密码的人引爆核武器。②在储运和使用操作过程中，万一遇到跌落、火烧、受枪弹射击等意外事故时，如何减少发生核爆甚至发生化学爆炸的风险。这就要求提高核武器内在的安全性，保证降低意外事故中发生核爆炸的风险，在核武器设计时，引入了“一点安全”概念，即要求核装置在发生意外事故时，它的高能炸药万一被引爆，产生一定量值以上的核爆炸能量（例如规定为 2 kg TNT 当量）的概率必须极低（例如小于百万分之一）。但即使没有发生核爆炸，而只发生高能炸药的化学爆炸，其后果也是非常严重的，因为核装置中的钚装料是既有放射性又有剧烈化学毒性的物质，爆炸后散落会造成大范围的污染。为此，核装置中敏感的高能炸药已逐步被钝感的高能炸药所替代，这种钝感的高能炸药即使在受到枪弹射击或载机坠毁这类事故中也不易起爆，从而可防止意外发生化学爆炸和核爆炸。另有一种耐火弹芯，它和钝感高能炸药结合使用，几乎可消除在任何碰撞、着火事故中发生钚散落污染的可能性。

美、苏两国核军备竞赛的结果，使得核武库过度膨胀，至 20 世纪 80 年代，包括战略核武器、战术核武器在内，两国共有 5 万件之多。这种过饱和状态的核武库成为双方经济、社会、环保等方面的沉重包袱。为了减轻负担，同时又要确保它们各自的核优势地位，美、苏两国就削减核武器及其发射工具进行了长期的谈判，达成了若干协议。但在相当长的时期内，核大国仍将把核威慑作为国防安全的支柱，因而核武器也不会很快完全消失。（胡思得）

**推荐书目**

国防科工委科技部. 中国军事百科全书——核武器分册. 北京：军事科学出版社，1990.

heyixue

**核医学**（nuclear medicine） 利用放射性与稳定性核素进行生命科学与基础医学研究，并用于疾病的诊断与治疗的新兴学科。核医学是现代科学技术，如核技术、电子技术、计算机技术、物理学、化学和生物学等与医学相结合的综合性交叉学科。

**沿革** 核医学是物理、化学、核工程与技术、医学等多学科的交叉融合。1923 年赫维西（George de Hevesy）首次利用铅-212 作为示踪剂研究了植物中铅的分布规律，建立了核素示踪原理与技术。耶洛（R. Yalow）和贝尔森（Berson）于 1959 年建立了体外竞争放射分析的新方法，使实验核医学发展到了新的阶段。1926 年布卢姆加特（L. H. Blumgart）和严思（O. Yens）等首次将示踪技术应用于临床，开始了临床核医学时代。1934 年赫维塞用氘水示踪测定全身水量，第一次将稳定核素用于疾病的诊断。1936 年劳伦斯（J. H. Lawrence）用磷-32 进行内照射治疗，开启了放射性核素治疗疾病的新时代。1957 年特克尔（Tucker）等研制成功 $^{99}$Mo-$^{99m}$Tc 发生器，其后各种核素发生器开始商品供应，为核医学的推广发挥了作用。1968 年瓦格纳（Wagner）提出了“核医学”概念。

早期核医学所用的探测器主要是盖革计数管和定标器，1958 年安格（H. Anger）研制出第一台γ照相机，使核医学显像由静态步入动态显像。1962 年库赫（D. Kuhl）发明了发射式重建断层技术，并用于正电子发射计算机断层显像（PET）和单光子发射计算机断层显像（SPECT）。20 世纪 90 年代功能成像与结构成像优势结合发展了新的融合成像设备，如 PET、SPECT 与 CT、MRI 融合为一体，具有灵敏、准确、特异及定位精确等特点。

**内容** 核医学由两个主要部分组成，即实验核医学和临床核医学。

**实验核医学** 主要利用核素和核射线的特性进行生命科学和基础医学研究，探索生命本质中的关键问题，加深对生命现象的认识和病理过程理解的一门边缘交叉学科。核素示踪技术的问世，使得在生理情况下了解整体生物中实际存在的物质运动规律成为可能。将核素与核射线的基础研究与临床核医学紧密相连，不断向临床实践提供新的技术、方法与理论，为临床核医学提供了发展的动力和空间。

**临床核医学** 利用核素进行疾病的诊断与治疗的学科，又可分为诊断核医学与治疗核医学。

诊断核医学 指以脏器显像和功能测定为主要内容的诊断法。按是否将放射性或稳定性核素引入机体又分为体外诊断与体内诊断。①凡是在体外使用放射性或稳定核素及其标记物对机体的血液、组织、分泌物、排泄物和呼出气等样本进行定性与定量分析的方法均称为体外核医学诊断。最常见、最具有代表性的是放射免疫分析，近年来开展较多的还有放射受体分析、稳定核素稀释分析和核素中子活化分析等，这些体外分析方法具有极高的灵敏度和特异性，在基础医学研究与临床应用中非常广泛。②凡是将放射性或稳定性核素及其标记物引入到体内用于疾病诊断的方法称为体内核医学诊断。根据诊断结果是否成像又分为非显像与显像两大类。体内非显像核医学诊断方法主要包括放射性核素功能检查、稳定核素呼气实验、体内核素稀释分析等；体内显像核医学诊断方法是将放射性核素及其标记化合物通过注射、口服、吸入等方式引入到体内，并在组织、细胞沉积或特异结合，在体内发出射线，利用核医学成像设备在体外对特定细胞、组织或脏器进行成像的诊断方法，是一种功能性显像，有别于X线解剖结构成像。临床上最常见的单光子显像是用 $^{99}$Mo-$^{99m}$Tc 发生器生产的 $^{99m}$Tc 标记各类化合物或生物分子进行的各种显像；而常见的正电子显像是注射 $^{18}$F-FDG进行的大脑、心脏和肿瘤的显像。当然，还有其他一些放射性核素标记物的显像，如碘-131、铟-111、铼-186、碳-11等放射性核素的标记物等。

*治疗核医学* 主要是用放射性核素进行内照射治疗，将放射性核素及其标记物通过各种方法和途径引入到病变的组织、器官，或者特定的病变细胞内进行局部或靶向治疗。通常是核素发出β射线或α射线对局部病变细胞产生辐射损伤效应，起到治疗作用。最成功的例子是放射性碘-131治疗甲状腺功能亢进症和甲状腺癌，其他还有磷-32用于治疗血管瘤、湿疹、角膜炎症，锶-89、钐-153用于肿瘤骨转移的治疗，碘-131标记单克隆抗体、配体、反义核酸的靶向治疗等。治疗核医学的发展非常迅速，已成为核医学研究与应用的重要组成部分。

**发展趋势** 由于核医学的发展迅速，与临床各学科之间结合更加紧密并互相渗透，形成了新的分支，如心血管核医学、肿瘤核医学、神经核医学、消化系统核医学、内分泌核医学、儿科核医学等。核医学不仅用于疾病诊断与治疗，还可以用于疾病治疗过程的监控，如 $^{18}$F-FDG PET 显像用于肿瘤化疗和生物治疗效果的监控，氟-18标记特殊底物进行报告基因显像来监控基因治疗的效果，$^{13}$C-尿素呼气实验用于HP感染治疗效果的无害监控等。新型成像设备、生物医学技术和核药学的发展，使核医学进入到新的发展阶段，可以在分子代谢、特异分子识别（如抗原-抗体、配体-受体、核酸-核酸的识别）的水平进行靶向显像与靶向治疗。核医学已经进入分子核医学时代。

（许玉杰　童建）

**推荐书目**

李少林，王荣福. 核医学. 7版. 北京：人民卫生出版社，2008.

范我，强亦忠. 核药学教程. 2版. 哈尔滨：哈尔滨工程大学出版社，2007.

he yu fushe anquan

## 核与辐射安全 (nuclear and radiation safety)

不产生不适当的核反应和核辐射危害的状态。在核能的开发利用中，对核设施、核材料和核活动具有必要和充分的保护和监控，保证其使用的合法性并对工作人员、公众和环境不发生不适当的核辐射危害。保障核与辐射安全的基本目标，就是保护人类和环境免受电离辐射的危害。

核与辐射安全包括核设施安全、核材料安全、辐射安全、放射性废物安全和放射性物质运输安全。从管理的角度，核与辐射安全常简称为核安全。从科学上说，核安全是指核设施或核电厂安全。

**核设施安全** 核设施达到适宜的运行状态，可预防事故或减缓事故后果，从而保护工作人员、公众和环境免受不适当的辐射危害。

**核材料安全** 核材料在持有、使用、生产、储存、运输和处置过程中受到充分的防护、保卫和监控，防止发生事故以及被盗、丢失、破坏、非法转让和非法使用。在《国际原子能机构规约》中，核材料定义为任何源材料或特种可裂变材料；在《中华人民共和国核材料管制条例》中，核材料指超过规定限量的铀、钚、氚、锂等材料及其制品。

**辐射安全** 保护人员免受电离辐射或放射性物质产生的照射，以及对辐射源的防护以防止事故或减缓事故后果，旨在使人员所受的照射剂量和危险度低于规定限值，并保持在可合理达到尽量低的水平。辐射源指可以通过诸如发射电离辐射或释放放射性物质而引起辐射照射的任何物体（参见辐射防护）。

**放射性废物安全** 妥善地处理和处置放射性废物，使人和环境不论现在和将来都免受任何不可接受的损害，并尽量减少后代的剂量负担。放射性废物为包含放射性核素或被其污染，其浓度或活性超过规定的清洁解控水平，且预计不会再被利用的物质。

**放射性物质运输安全** 指核材料或其他放射性物质，在其国内或国际运输转移过程中，受到充分的防护和保卫，以防止发生事故、被盗、丢失或破坏。

在实践中，“核安全”与“核安保”常有关联，国际原子能机构《核安全词汇》中指出，“二者之间并无特别明确的区分”，“一般核安保是针对人为的，可能引起（或威胁）损害其他人的敌意或疏忽的行动；而核安全则是关心无论任何起因，由辐射对人或对环境造成损害更广泛的问题”（参见核安保）。

（董柏年　汤搏）

**he yu fushe anquan mubiao**

**核与辐射安全目标** （nuclear and radiation safety goals） 核设施与核活动应达到的安全水平。制定核与辐射安全目标的基本目的是确保人和环境免受电离辐射的有害影响。

核与辐射安全目标一般由国家核与辐射安全监管机构会同核工业界、公众代表和其他有关方面共同制定。它有利于：①统一对足够与可努力达到的安全水平的认识；②从总体出发确定并有效地解决重要问题以提高安全水平；③便于公众对核与辐射安全有关问题的了解和接受。其中，核安全目标主要用于核设施，辐射安全目标则适用于所有核设施与核活动。

核与辐射安全目标既包括定性目标，也包括必要的定量目标。

**定性核安全目标** 国际上对定性核安全目标已有较广泛的共识。国际原子能机构综合了各国的经验，在安全基本标准《核设施安全》和《基本安全原则》中对“核安全基本目标/总的安全目标”、“辐射防护目标”和“技术安全目标”做出了规定，并指出后两项目标是对总的目标的说明和支持。

**核安全基本目标/总的安全目标** 保护人和环境免受电离辐射的有害影响。在核设施内建立和维持有效的、防御辐射危害的措施，以保护个人、社会和环境使其免受损害。

**辐射防护目标** 确保在所有的运行状态下在核设施内以及任何从核设施有计划排放的放射性物质引起的辐射照射低于规定限值，并保持可合理达到的尽量低水平，还要确保任何事故的放射性后果的减缓。

**技术安全目标** 采取所有合理可行的措施以防止核设施发生事故，以及减缓其万一发生事故时的后果；要以高可信度保证在核设施的设计中，所有可能的事故均已被考虑，包括那些发生概率很低、放射性后果可能极小并低于规定限值的那些事故；还要确保具有严重放射性后果的事故发生概率极低。

**定量核安全目标** 国际上从 20 世纪 80 年代起已开始对定量核安全目标的研究，但因数据、技术和经验的不足，以及定量分析过程的局限性和不确定性，定量目标目前一般仅作整体的追求目标而不作为具体设计或审批中的法定要求。

国际原子能机构核安全顾问组在 INSAG-3 报告中建议现役核电厂堆芯严重损坏的发生概率应低于 $10^{-4}$/(堆·a)；通过事故管理和减缓措施发生需要早期厂外响应的放射性释放事故的概率应低于 $10^{-5}$/(堆·a)。在实现所有的安全原则后，安全水平的改进使堆芯严重损坏概率至少还应降低一个数量级。《核安全公约》要求：缔约国应采取适当步骤，对已有的核设施能尽快进行审查和改进，以提高核设施的安全性。2011 年日本福岛核电厂事故发生后，国际上广泛要求进一步提高核安全标准并加强监管，其政策和措施等正在总结研讨中。

**中国的核安全目标** 在定性核安全目标方面，中国在 1986 年颁布的《中华人民共和国民用核设施安全监督管理条例》中明确规定：“民用核设施……必须有足够的措施保证质量，保证安全运行，预防核事故，限制可能产生的有害影响；必须保持工作人员、群众和环境不致遭到超过国家规定的限值的辐射照射和污染，并将辐射照射和污染减至可以合理达到的尽量低的水平。”国家核安全局《核电厂设计安全规定》中规定：①核安全的最终目标为：建立并保持对辐射危害的有效防御，保护厂区人员、公众和环境。②辐射防护的目标为：保证厂区人员和公众在运行状态下所受到的辐射照射低于规定值，并保持可合理达到的尽量低水平；保证减轻事故引起的照射。③与事故状态有关的目标为：保证从总体上防止事故的发生；保证在出现核电厂设计中考虑到的所有事故序列（即使是概率很低的序列）时其放射性后果不大；通过防范和缓解措施保证发生严重后果的事故可能性极低。

国家核安全局2002年5月发布《新建核电厂设计中几个重要安全问题的技术政策》，提出新建核电厂运行的安全目标是：①堆芯熔化概率为$10^{-5}$/(堆·a)；②大量放射性物质释放概率为$10^{-6}$/(堆·a)。

国务院2012年批复的《核安全与放射性污染防治“十二五”规划及2020年远景目标》中提出总体目标是：“进一步提高核设施与核技术利用装置安全水平，明显降低辐射环境安全风险，基本形成事故防御、污染治理、科技创新、应急响应和安全监管能力，保障核安全、环境安全和公众健康，辐射环境质量保持良好。”关于定量核安全目标，《规划》中提出：“运行核电机组安全性能指标保持在良好状态，避免发生2级事件，确保不发生3级事件和事故；新建核电机组具备较完善的严重事故预防和缓解措施，每堆年发生严重堆芯损坏事件的概率低于十万分之一，每堆年发生大量放射性物质释放事件的概率低于百万分之一；消除研究堆、核燃料循环设施的重大安全隐患，确保运行安全。”

**辐射安全目标** 即在各种核设施与核活动中须达到的辐射防护目标，包括在正常运行与设计基准事故情况下应满足的辐射防护要求。任何核设施、核技术利用及其他核活动的设计与管理都必须满足辐射安全目标要求。

《电离辐射防护与辐射源安全基本标准》（GB 18871—2002）中规定了对任何工作人员的职业照射水平进行控制，使之不超过下述限值：①由核安全监管机构决定的连续5年的年平均有效剂量（但不可作任何追溯平均）20 mSv；②任何一年中的有效剂量：50 mSv；③眼晶体的年当量剂量150 mSv；④四肢（手和足）或皮肤的年当量剂量：500 mSv。

对于年龄为16～18岁接受涉及辐射照射就业培训的徒工和年龄为16～18岁在学习过程中需要使用放射源的学生，应控制其职业照射使之不超过下述限值：①年有效剂量6 mSv；②眼晶体的年当量剂量50 mSv；③四肢（手和足）或皮肤的年当量剂量150 mSv。

在特殊情况下，可依据相关规定的要求对剂量限值进行如下临时变更：①依照核安全监管机构的规定，可将剂量平均期破例延长到10个连续年；并且，在此期间内，任何工作人员所接受的年平均有效剂量不应超过20 mSv，任何单一年份不应超过50 mSv。此外，当任何一个工作人员自此延长平均期开始以来所接受的剂量累计达到100 mSv时，应对这种情况进行审查。②剂量限值的临时变更应遵循核安全监管机构的规定，但任何一年内不得超过50 mSv，临时变更的期限不得超过5年。

实践时公众中有关关键人群组的成员所受到的平均剂量估计值不应超过下述限值：①年有效剂量1 mSv；②特殊情况下，如果5个连续年的年平均剂量不超过1 mSv，则某单一年份的有效剂量可提高到5 mSv；③眼晶体的年当量剂量15 mSv；④皮肤的年当量剂量50 mSv。

对核电厂，除需满足上述正常运行情况下对职业人员和公众的辐射剂量限值外，《核动力厂环境辐射防护规定》（GB 6249—2011）中也明确了“在考虑了经济和社会因素之后，个人受照剂量的大小、受照的人数以及受照射的可能性均保持在可合理达到的尽量低水平。在发生选址假想事故时，考虑保守大气弥散条件，非居住区边界上的任何个人在事故发生后的任意2 h内通过烟云浸没外照射和吸入内照射途径所接受的有效剂量不得大于0.25 Sv；规划限制区边界上的任何个人在事故的整个持续时间内（可取 30 d）通过上述两条照射途径所接受的有效剂量不得大于 0.25 Sv。在事故的整个持续时间内，厂址半径 80 km 范围内公众群体通过上述两条照射途径接受的集体有效剂量应小于 $2\times10^4$ 人·Sv。”（张健）

**he yu fushe anquan zhifa**

**核与辐射安全执法** （nuclear and radiation safety enforcement） 核安全监管机构对核设施营运单位及核活动（包括核技术利用）单位（简称“许可证持有者”）违反核安全法规或许可证条件所采取的强制性措施。

**法律基础** 《中华人民共和国行政处罚法》第八条规定，我国行政处罚的种类包括七类，即警告，罚款，没收违法所得、没收非法财物，责令停产停业，暂扣或者吊销许可证、暂扣或者吊销执照，行政拘留，法律、行政法规规定的其他行政处罚。《中华人民共和国放射性污染防治法》以及《中华人民共和国民用核设施安全监督管理条例》《核电厂核事故应急管理条例》《中华人民共和国核材料管制条例》《放射性同位素与射线装置安全和防护条例》《民用核安全设备监督管理条例》《放射性物品运输安全管理条例》《放射性废物安全管理条例》等七个国务院行政法规对我国核与辐射安全各领域的执法过程和处罚措施进行了详细规定，共同构成了我国核与辐射安全执法的法律基础。

例如，《中华人民共和国民用核设施安全监督管理条例》规定：凡违反规定，有下列行为之一的，国家核安全局可依其情节轻重，给予警告、限期改进、停工或者停业整顿、吊销核安全许可证件的处罚：①凡未经批准或违章从事核设施建造、运行、迁移、转让和退役的；②谎报有关资料或事实，或无故拒绝监督的；③无执照操纵或违章操纵的；④拒绝执行强制性命令的。当事人对行政处罚不服的，可在 15 日内向人民法院起诉。对处罚决定不履行，逾期又不起诉的，由国家核安全管理部门申请人民法院强制执行。对于不服管理、违反规章制度，或者强令他人违章冒险作业，因而发生核事故，造成严重后果，构成犯罪的，由司法机关依法追究刑事责任。《放射性同位素与射线装置安全和防护条例》规定：县级以上人民政府环境保护主管部门和其他有关部门对违反该条例规定的责任人可给予行政处罚，构成犯罪的，依法追究刑事责任；县级以上人民政府环境保护主管部门可按照分级管理的原则，对具有违法情节的生产、销售、使用放射性同位素和射线装置的单位给予责令停止违法行为并限期改正，警告，责令停产停业，暂扣或吊销许可证，没收违法所得，罚款等处罚措施；构成犯罪的，依法追究刑事责任。

**执法主体** 核与辐射安全执法职能属于行政机关，其执法主体是核与辐射安全监管机构。监管机构应拥有适当的权力以使法律、规章和许可证条件得到遵守，包括为保证核安全而要求许可证持有者修改或纠正核设施或核活动的规程等。在法律的授权下，监管机构可制定和发布执法行动的实施细则，并规定许可证持有者的责任和应具备的能力。我国核安全执法主体为环境保护部（国家核安全局），辐射安全执法主体按照分级管理的原则分别为环境保护部和地方环境保护部门。

监管机构采取的强制性命令应以书面形式通知许可证持有者，在非常情况下由地区监督站执行，事后补发通知。对于不服从管理、违反规章制度或者强令他人违章作业，因而产生核与辐射事件或事故，造成严重后果，构成犯罪的，将依法追究刑事责任。

**调查取证** 核与辐射安全执法调查取证是指监管机构对于立案处理的案件，为查明案情、收集证据和查获违法行为人而依法定程序进行的专门活动和依法采取的有关强制措施。根据《中华人民共和国行政处罚法》的规定，除可以当场做出的行政处罚外，行政机关发现公民、法人或者其他组织有依法应当给予行政处罚的行为的，必须全面、客观、公正地调查，收集有关证据；必要时，依照法律、法规的规定，可以进行检查。行政机关在调查或者进行检查时，执法人员不得少于两人，并应当出示证件。当事人或者有关人员应当如实回答询问，并协助调查或者检查，不得阻挠。询问或者检查应当制作笔录。行政机关在收集证据时，可以采取抽样取证的方法；在证据可能灭失或者以后难以取得的情况下，经行政机关负责人批准，可以先行登记保存，并应当在 7 日内及时作出处理决定，在此期间，当事人或者有关人员不得销毁或者转移证据。执法人员与当事人有直接利害关系的，应当回避。

**处罚程序** 行政处罚的决定应基于确切的违法事实。在做出行政处罚决定之前，应当告知当事人做出行政处罚决定的事实、理由及依据，并告知当事人依法享有的权利。当事人有权进行陈述和申辩。在做出涉及责令停产停业、吊销许可证或者执照、较大数额罚款等行政处罚决定之前，应当告知当事人有要求举行听证的权利。当事人要求听证的，行政机关应当组织听证。当事人不承担行政机关组织听证的费用。（殷德健　张健）

**he yu fushe sheji jizhun weixie**

**核与辐射设计基准威胁**（nuclear and radiation design basis threat） 核设施潜在的外部或内部敌人的属性和特征。外部或内部敌人可能试图擅自转移核材料或进行放射性破坏。设计基准威胁给出核设施潜在的威胁水平，是建立实物保护系统以及对已有实物保护系统升级、改造、运行评价的依据，为核设施突发事件处置预案编制和演练提供具体敌情。

**分类** 设计基准威胁分为国家设计基准威胁和设施设计基准威胁。①国家设计基准威胁由国家相关部门负责编制、定期评估、修订并引入相应法规，其内容应能涵盖国内核设施的威胁情况，是界定设施设计基准威胁的基础；②设施设计基准威胁由设施主管单位负责编制、实施、定期评估及修订，其内容应以国家设计基准威胁为依据，并根据设施所在地及周围地区威胁形势确定，其威胁水平不能低于国家设计基准威胁，并取得有关主管部门批准。

**内容** 设计基准威胁由作案目的、威胁类型和威胁要素构成。

**作案目的** 入侵者对核材料、核设施采取恶意行为最终要达到的结果，根据其动机、企图和可能带来的后果分为两种。①破坏核材料核设施引起放射性释放，是为了政治、经济、意识形态、信仰、报复等目的，针对核设施或使用、储存、运输中的核材料采取的蓄意行动，这种行动能够造成辐射危险或放射性物质释放，能够直接或间接地危害人员健康和安全，危及公众和环境。②偷窃、非法转移核材料，是未经许可非法转移核材料的行为。

**威胁类型** 包括可能进行破坏或偷窃的人员种类和作案方式，根据与核设施的关系、对核设施情况的了解程度主要分为三类。①外部人员作案，是与核设施或场所不存在业务往来或未获准接触设施或场所的外部人员，可能是恐怖分子、极端分子、激进分子等进行的核材料偷窃或放射性破坏。②内部人员作案，是具有进出权限、对核设施比较熟悉的内部工作人员或者具有暂时进出授权的其他人员，主动或被动参与的核材料偷窃或放射性破坏。③内外勾结作案，是由内部人员向外部敌人提供协助或内外部敌人共同参与的非法行为，由于内部人员的帮助或参与，作案成功率较高。

**威胁要素** 反映了作案人员的能力及其特征，主要包括作案人数、作案方法（武力、秘密、欺骗等）、采用的战术和策略、个人能力、武器装备、作案工具、通信设备、交通工具、汽车炸弹等。

**界定过程** 设计基准威胁界定是结合威胁形势及相关威胁信息确定核设施潜在威胁水平、威胁类型和威胁要素的过程。主要包括以下三个步骤。

**收集威胁信息** 为了界定符合威胁形势、切合核设施特点的设计基准威胁，首先要建立安全可靠的信息获取渠道，确定威胁信息收集范围，进行信息收集、汇总。信息来源渠道一般包括内部资料、公开刊物文献、相关研究成果等。威胁信息主要涵盖国内外已经发生的核材料案件及其他典型案件，包括国内外已发生的核材料案件、反核事件，恐怖组织、黑社会组织、邪教等非法组织活动，典型的爆炸及刑事案件，煽动群众闹事趁机作案的案件，核设施所在地区威胁信息，以及核设施内部威胁信息等。

**威胁特征分析** 为了详细描述潜在威胁的类型、目的、能力和手段，需要对当前或潜在的威胁信息进行系统的分析和评估。一般将国内外已发生的核材料案件及其他典型案件按照破坏、偷窃、抢劫等类型进行分类统计，对其严重程度、信息真实性及潜在发案的可能性进行评估，结合威胁类型及威胁要素的组成归纳总结主要特征。

**编制设计基准威胁文本** 根据威胁特征分析情况，结合设计基准威胁的内容组成，确定破坏核材料核设施引起放射性释放和偷窃、非法转移核材料两种作案目的下的外部敌人、内部敌人以及内外勾结敌人的主要特征，量化威胁要素，形成设计基准威胁文本，并报请相关部门审核。经分析、评估得到的设计基准威胁应能反映核设施潜在威胁形势，并符合核设施特定情况。

**应用与评估** 设计基准威胁经相关部门发布或批准后执行。在执行过程中需要进行持续的威胁信息收集、整理和分析，并定期进行威胁评估。当威胁形势发生变化或者有重大案件发生时，应及时进行重新评估，确定已有设计基准威胁的适宜性，并依据评估情况进行修订。

（刘卫东　潘自强）

**he yu fushe sheshi tuiyi**

**核与辐射设施退役** （decommissioning of nuclear and radiation facility） 为解除一座核设施或辐射设施的部分或全部监管控制所采取的行政和技术措施。退役目标是无限制开放利用场址或有限制开放利用场址。退役不包括铀矿山废石场和尾矿库与放射性废物处置库（场）的关闭。有些核设施或者它的某些部分，符合法规要求，经核安全监管机构批准进入到新的或者现存的核设施中，它所处的场址仍然处在审管控制之下，也可以认为该设施完成了退役。

退役在计划和评价的基础上用优化方法逐渐和系统地减少辐射危害，确保退役作业的安全，确保退役过程和退役后公众和环境的安全。核设施和辐射设施的安全和经济退役，不仅关系着核工业和核技术的持续发展，还关系着生态环境和子孙后代的健康。

**沿革** 核设施和辐射设施退役工程涉及技术、经济、环境、社会、公众等诸多因素，尤其是大型核设施（如大型核电厂）的退役，延续时间可能要几十年。核设施和辐射设施类型繁多，其规模大小、复杂程度、场址条件、运行状况有很大不同，退役任务的艰巨性和复杂性有很大不同，随设施类型、退役策略和放射性核素盘存量的不同，需用经费和完成退役所需时间差别很大。有的退役工程比较简单，如一些核技术利用的辐射设施（如加速器、钴源装置）；有的退役工程浩大，如核电厂和后处理厂的退役。根据国际经验和教训，核设施和辐射设施退役应该优先考虑减少风险，消除安全隐患，确保公众和环境的安全。

现在，世界上早年建设的军工核设施，尤其是一批称为“冷战遗产”的军工核设施（如美国曼哈顿计划项目），迫切需要退役和环境整治。一批早期建设的核电堆，也已达到设计寿期，正在进行着退役或者已经完成了退役。据国际原子能机构估计，全世界约有2800座核设施需要在未来的几十年中退役。

我国已成功完成了一批核设施、辐射设施、废物贮存库和放化实验室的退役。例如，青海221核基地、上海微堆、山东济南微堆、北京平谷和吉林城市废物库及一批辐照装置的退役。许多达到了无限制开放使用的目标，积累了不少经验。

**退役的程序** 核设施和辐射设施的退役，各国都有自己的程序。我国现行的管理程序如下：①先由业主单位向上级主管部门提交退役申请书（又称退役建议书、退役申请报告）；

②申请书经批准后，开始退役前准备工作和源项调查；③编写退役可行性研究报告、安全分析报告、环境影响评价报告等文件；④批准立项，正式开始退役；⑤业主单位组织实施退役，监理部门进行监督，并接受上级部门的监管和检查；⑥总结建档，专项验收和退役工程竣工验收。

我国《国防科技工业军用核设施安全监督管理规定》要求，对军用核设施实行安全许可制度，其中包括核设施退役需要退役批准书。对退役批准书，确认核设施的退役方案与措施是否符合安全要求。军用核设施退役的最终状态必须经国防科工局会同有关部门验收，确认符合有关安全要求后，营运单位的责任方可终止。核设施的退役过程需要提交：①定期报告（季度报告、年度报告、阶段报告）；②重要活动通告；③ 退役阶段事件报告；④事故应急报告。《中华人民共和国民用核设施安全监督管理条例》及其实施细则，确定了我国民用核设施的安全许可证制度，规定了申请许可证应提交的相关资料。

我国《放射性同位素与射线装置安全和防护条例》规定："使用Ⅰ类、Ⅱ类、Ⅲ类放射源的场所和生产放射性同位素的场所，以及终结运行后产生放射性污染的射线装置，应当依法实行退役。"

我国大型核设施的退役，通常要求运行机构（退役业主单位）先提出一个退役申请报告，说明退役原因、选择的退役策略、具备的条件和退役预期要达到的目标等。退役申请报告批准之后要作退役计划和编制可行性研究报告、安全分析报告、环境影响评价报告和质量保证大纲等。报告的深度和广度应与退役项目的复杂性和潜在的危害及影响程度相适应。可行性研究报告侧重于退役终态目标和退役方案，并对所提退役方案做分析比较，提出推荐方案。安全分析报告侧重于安全分析，提出事故谱，描述设计基准事故、最大可信事故和严重事故，估算工作人员和公众可能的受照剂量。环境评价报告侧重于流出物排放对环境的影响，固体废物的处理与处置，分析关键核素、关键人群组和关键受照途径，估算受照剂量，评价其可接受性。退役单位业主应按照法规要求制定质量保证大纲，在退役实施前报送审管机构审批，并应监督检查执行情况。核设施和辐射设施退役应制订相适应的应急计划和做好应急准备，确定需要采取的防护行动、防护区域及能有效缓解后果的防护措施。

**相关部门职责** 退役涉及监管部门、营运者和相关方。监管部门主要职责为：①组织制定、颁发和监督执行相关法规和标准；②审核退役可行性研究报告、安全分析报告和环境影响评价报告，审核质保大纲和安全相关的其他报告和文件；③颁发许可证；④监督检查、组织验收等。

营运者是退役工程的责任者和执行者，对退役工程负安全责任。营运者主要职责包括：①提出退役方案，提出可行性研究报告、安全分析报告、环境影响评价报告、职业健康报告等，制定退役实施计划；②申请许可证；③筹措经费和人力资源；④建立质保体系和质量保证大纲；⑤组织实施退役；⑥接受监督检查和验收等。

退役工程相关方除了设计和监理外，还可能有多家承包商。参建单位和承包商必须是有资格和经验的单位。应明确这些相关方之间的接口，协调和确定联络方式。相关方主要职责为：①履行承包合同，接受监督和检查；②建立相关的质量保证体系，实施质量控制；③实现废物最小化和节能减排等原则；④遵守辐射防护规则和提高安全文化素养等。

**退役资源筹集** 退役资源包括人、财和物。退役需要许多专家、工程师、技术员和管理人员组成的庞大队伍，留用对退役设施熟悉的人员参加退役是很有好处的，但实际情况是熟悉设施的人员往往已大部分流失。退役有很多不熟悉退役工程和退役设施的人员参加，将成为退役过程的不安全因素，加上退役环境条件处于动态变化中，所以人员的培训非常重要。要使他们自觉重视安全，不出安全事故，重视辐射防护，重视废物最小化，使退役过程产生的废物和向环境的排放合理可达到的尽可能少，使自身和公众受照剂量可合理达到的尽量低。

核设施退役费用与设施类型、规模、退役深度、退役方案等很多因素有关。国与国、厂与厂差别很大。按国外统计资料，核电厂退役费用一般为其总造价的 10%～20%。一座 1 000 MW 压水堆电厂去污和退役费用早先估算约 3 亿美元。据现在估算，要超过 6 亿美元。

退役经费的来源，主要有 3 个渠道：①国家拨款，如军工核设施退役；②由核电收费提取退役准备金，如核电厂退役；③自筹，如核技术利用单位的钴源装置退役等。退役费用的估算尚没有可套用的模式，实际发生的退役费用往往与预算差别较大，经费预算常需要做调整，但所做的调整必须通过审批，并记录在案。

退役需要许多大型设备（如机器人、机械手等）以及熟悉掌握这些设备的技师。建立专营的退役公司实施退役，可以充分利用物力、人力和财力。

**退役活动过程** 可分为：①前期准备，包括确定退役目标和策略，制订退役计划，进行源项调查和场址特性鉴定，编制文件，申请许可，筹措经费，以及建立组织机构和培训人员等；②退役工程的实施，包括去污、设备/系统的切割解体、构筑物拆除或捣毁和放射性废物处理与处置等；③建档验收。退役工程的实施可能要持续几年到几十年。退役任务的艰巨性和复杂性主要在于：①核设施在运行过程往往被放射性污染和活化，场地、设备有放射性污染，操作施工人员要穿戴防护衣具操作；②超期服役的核设施由于设备老化、监控仪表失灵、辐射防护功能降低等原因，所包容的放射性物质有可能进入环境；③退役核设施和正常运行核设施有很大不同，对于正常运行的核设施，放射性物质一般都处于封闭体系之中，而核设施退役要进行切割解体把封闭体系拆开，放射性物质会暴露出来，加上操作环境条件恶劣，容易造成污染扩散和增加人体的受照剂量；④退役所用时间一般要比其建造时间长，例如，核电厂建造时间为 4～6 年，而退役可能需要几十年时间；⑤退役产生废物的处理、处置要求高，完全不同于非核设施的退役；⑥退役工程中可能出现的不可预见问题很多，需要做好计划多变性和经费预算不确定性的准备。

退役所有阶段，从开始计划到最后解除控制，都应在监管控制下进行，特别是大型核设施的退役。实施机构（运行组织）承担退役活动所有的安全和环保责任，整个退役过程必须维持同实践相适应的辐射防护和环境保护。场址从审管控制下开放是退役的最后步骤，需要做场址清污与环境整治，进行检测和验收，评价是否符合法规、标准和核安全监管机构要求，是否达到预定的终态目标。①立即拆除策略经过较短时间就可实现有限制开放使用或无限制开放使用。②延缓拆除策略则要较长时间才可达到有限制开放使用或无限制开放使用。③埋葬退役策略则转变成了一个处置场，相当长时间内不可能开放和使用。

**退役的废物管理** 退役工程的废物/物料管理是一个关键问题，因为一个大型核设施退役可能产生上万吨废物/物料。废物管理花费可能占退役全部花费的 30%～50%或更多。在德国，废物管理成本（包括 30 年贮存成本）估计要占退役总成本的 60%。在西班牙、比利时、俄罗斯、瑞士等国，退役废物管理费用约为退役总费用的 50%。退役废物的管理，应重视以下问题：①实行优化管理，控制气载和液体废物的产生，减少流出物的排放，努力实现废物最小化。②对废物做好分类工作，防止交叉污染，特别要防止α废物的扩大化。③退役前要解决退役废物的处理和处置出路问题，至少要准备好废物贮存场所。④分出极低放废物和清洁解控废物，减少要求作放射性废物处置的废物量。⑤管好非放射性危险废物，如石棉、汞、镉、铍、铬、多氯联苯等。

核设施退役废物最小化有以下两大特点：第一，有大的需求和驱动力，因为核设施退役产生的废物量很大；第二，有巨大潜力，因为退役废物大部分是免管废物、极低放废物或者稍作去污之后可以解控的废物，但解控以后的使用要严格管控。

**退役的安全问题** 包括辐射安全、核安全、一般工业安全、环境安全和劳动卫生安全等。退役工程通过以下措施确保工作人员和公众的安全：①优选工艺方案降低受照剂量；②重视个人辐射防护；③重视安全培训；④加强安全监管等。

对于辐射设施的退役，如钴源房、钴治疗机等，当源的活度仍然比较高或相当高时，必须高度重视源的安全处理和处置，采取可靠的安全措施。

对于退役过程发现的核材料，如铀-235、钚-239，要防止发生核临界反应和应该加强安保，严格保管和及时上交。

退设过程应重视火灾、爆炸、电伤事故，重视摔伤、压伤等一般工业事故，重视非放危险物以及高活性的金属钠、钾等。还有铀屑、锆屑的自燃与六氟化铀与水和潮湿空气的强烈作用等也都是应该重视的安全问题。

退役涉及气载废物、液体流出物的排放；解控废物的再利用或掩埋；放射性废物的运输和处置；场址的开放利用等。这些活动若不严格执行法规标准，都可能影响环境安全。必须遵守相关法规标准和执行核安全监管机构要求，进行准确检测并保存好相关记录，保证长治久安。

核设施和辐射设施退役核心是放射性物质获得安全处理与处置，还一片净土于自然和社会，场址成为绿地开放或转为新用途。退役工程必须确保残留放射性物质和其他有害废物满足标准要求，确保物料和建筑物安全释放和再利用，保护工作人员，保护公众和环境。

（罗上庚　潘自强）

**推荐书目**

罗上庚，张振涛，张华. 核设施与辐射设施的退役. 北京：中国环境科学出版社，2010.

**he yu fushe shigu**

**核与辐射事故**　（nuclear and radiological accident）　在核与辐射领域中发生的对人员、环境或设施造成严重后果的事件。例如，人员伤亡、大量放射性物质向环境释放、反应堆堆芯熔化等。

自人类大规模开展核能和平利用以来，核事故的影响就一直是公众关注的焦点之一。实际上，由于在核能和平利用过程中对核反应的有效控制，以及在长期发展过程中政府和相关技术部门采取的诸多有效措施，发生核与辐射事故的风险以及事故后果都已经被大大降低，核能和核技术利用相关活动已经成为安全性很高的行业。但在长期的核能、核技术利用历史中，也发生了一些具有不同程度影响的事故，以及异常事件。

**事故类型** 根据事故所发生的应用领域和事故特点，曾经发生过的核与辐射事故可以概括为以下几种类型。

**核设施中发生的事故** 核设施中有可能发生临界事故，导致工作场所的严重污染或场外环境的污染，甚至人员的严重辐射损伤；在设施运行期间可能发生一些只具有设施场内后果的事故，也可能发生严重的放射性环境释放事故，导致公众的大范围受照。1945 年美国洛斯阿拉莫斯国家实验室在开展临界实验时发生事故，导致 1 名实验人员受到超过 5.1 Gy 的照射并在 28 d 后死亡，并有 1 名大楼保安也受到约 0.5 Gy 的过量照射。1986 年前苏联发生了严重的切尔诺贝利事故，事故导致反应堆建筑和堆芯结构的严重破坏并导致大量放射性物质向环境的释放。事故造成共 28 人由于受到过量辐射照射死亡，并造成大量的放射性物质向环境释放。

**工业设施中发生的事故** 工业设施中发生的事故包括密封放射源事故，以及加速器或射线装置相关的事故。1987 年 3 月中国河南省郑州市，1 名工作人员被约 100 Ci（合 $3.7\times10^{12}$Bq）的钴-60 放射源照射 10～15 s，受照剂量为 1.35～1.45 Gy，随后导致呕吐、厌食、白血球和血小板降低等组织反应，直到受照后 120 d 左右恢复正常。1991 年美国马里兰州巴尔的摩，由于加速器高压未关闭，一名加速器维护人员的手、足以及头部部分受到 0.4～13 Gy/s 剂量率的超剂量照射，导致四肢大范围截肢，后期剂量评估显示其四肢受照剂量达 55 Gy。

**失控源相关的事故** 失控源是指没有被正常地监管控制，或者因监管不当被遗弃、丢失、偷盗或非法转移的放射源。这类放射源可能导致包括公众受照等情形的严重事故，并且在发生事故时受害者可能并未意识到自身受过量辐射照射。1995 年俄罗斯莫斯科附近发生了一起严重的失控源事故。一名卡车司机被一枚遗弃在车门抽屉里的 48 GBq 的铯-137 放射源过量照射约 5 个月后，由于感到全身疲劳且呼吸急促入院就诊后才发现。事故导致其受到约 7.9 Gy 的照射，并在发现该失控源 22 个月后死于单核细胞性白血病。

**研究设施中发生的事故** 在使用加速器、研究型反应堆、放化实验室以及小型辐照装置等的研究设施中，也可能发生射线泄漏、人员误照等核与辐射事故。

**医学应用中发生的事故** 包括在放射性诊断和治疗过程中发生的核与辐射事故。这些事故可能是由于核医学药物、密封放射源或者射线装置造成过量照射而导致。2006 年英国格拉斯哥 1 名 15 岁的女性患者在接受脑部肿瘤放射性治疗时，就由于治疗方案的失误导致过量照射约 20 Gy。

**其他事故** 包括在放射性物品运输过程中发生的事故，以及其他一些可疑的恶意行为造成的事故。运输过程中发生的核与辐射事故可能导致大量放射性物质向空气或者水体的释放，并导致运输路线附近公众的过量照射。

这些核与辐射事故发生的原因包括反应堆冷却剂丧失、反应堆临界/超临界、系统/设备失效、人为原因、放射源失控等。

根据联合国原子辐射影响科学委员会（UNSCEAR）2008 年报告书中统计的相关数据，截至 2007 年世界范围内已公开的导致急性健康效应或严重公众照射的事故数量以及导致的健康效应情况见表 1。

**表 1 世界范围内已公开的导致严重后果的事故情况汇总**

| 事故类型 | 1945—1965 年 | | 1966—1986 年 | | 1987—2007 年 | |
|---|---|---|---|---|---|---|
| | 数量 | 死亡人数 | 数量 | 死亡人数 | 数量 | 死亡人数 |
| 核设施事故 | 19 | 13 | 12 | 34 | 4 | 3 |
| 工业设施事故 | 2 | 0 | 50 | 3 | 28 | 6 |
| 失控源事故 | 3 | 7 | 15 | 19 | 16 | 16 |
| 研究设施事故 | 2 | 0 | 16 | 0 | 4 | 0 |
| 医学应用事故 | — | — | 18 | 4 | 14 | 42 |
| 合计 | 26 | 20 | 111 | 60 | 66 | 67 |

我国 1954—2007 年发生的核与辐射事故的相关统计见表 2。在此期间我国核与辐射活动（不包括医疗辐射事故）所致死亡人数为 10 人，均因核技术应用引起；核设施保持着良好的运行记录，无人因核设施运行事故死亡。

**表 2 我国核与辐射事故导致伤害人数（1954—2007 年）**

| 实践或活动 | 死亡 | 放射病 | 皮肤烧伤 |
|---|---|---|---|
| 核工业 | 0 | 0 | 52 |
| 核技术应用 | 10 | 49 | 16 |
| 污染现场 | — | 2 | — |
| 总计 | 10 | 51 | 68 |

资料来源：潘自强. 中国辐射水平. 北京：原子能出版社，2010.

**事故影响** 核与辐射事故将对人员、环境和设施造成不同程度的损害。事故导致的辐射泄漏或放射性污染可能对工作人员或公众造成直接的辐射照射（包括内照射和外照射），从而造成一定的随机效应或组织反应。事故如果造成环境放射性污染，环境介质中存在的放射性核素可以直接对人员造成照射，也可能通过饮用水、食物链等环节进入人体从而对人体造成损伤。

核与辐射事故还有可能造成较为严重的社会经济影响，这些社会影响有可能由于核与辐射事故本身对人员或环境造成的影响较大，也有可能是由于在发生事故后欠缺合理的公众沟通工作。由于公众对核与辐射问题的敏感性，在发生事故后如果缺乏及时适当的应急管理措施，可能造成过度的社会恐慌，以及对发展核能和核技术利用相关产业的抵触。

核与辐射事故造成的社会经济影响，往往比事故造成的实际人员和环境影响更深远。2011 年 3 月发生的日本福岛核事故，并没有因辐射导致的人员死亡，但是却导致日本核电产业发展的停滞，并对农产品、海产品供应产业发展造成了较大影响。

**核与辐射事故应急** 针对核设施和核活动中可能发生的核与辐射事故的应急管理，参见核与辐射应急。 （陈凌 潘自强）

**he yu fushe shigu yingji zhihui zhongxin**

## 核与辐射事故应急指挥中心

（nuclear and radiological accident emergency command center） 事故应急期间应急指挥部的工作场所，是应急响应的指挥、管理和协调中枢。应急指挥中心分为场内应急指挥中心和场外应急指挥中心。

**场内应急指挥中心** 是核设施营运单位应急响应的指挥、管理和协调中枢，是核事故应急期间应急指挥部和国家有关部门指派代表的工作场所，是核电厂最重要的应急设施之一。设置在应急指挥中心的应急指挥部在应急响应过程中负责指挥和全面管理、协调场内应急响应行动，与场外有关应急组织和国家有关部门进行通信联络，通报事故信息、应急状态和应急响应信息，保持与场外有关应急组织的联络。

**设施配置** 该中心通常由应急指挥室、技术支持室、辐射评价室、通讯室、休息间、配电间、柴油发电机房、风机房、食品贮存间和必备的生活设施所组成。应配备必要的应急资源，如安全分析报告、环境影响报告书、应急计划和相关实施程序、周边区域地形图、核电厂平面布置图、事故规程、系统流程、电气图、技术规格书、应急联络表、广播警报发布台、各种通讯电话、传真机、个人剂量计与个人防护用品等。

**系统配置** 应急指挥中心为完成基本功能通常需要装备某些系统，如计算机辅助应急决策系统、工况诊断系统、事故后果评价系统、信息传递通信系统和信息显示系统等。①计算机辅助应急决策系统是利用计算的软硬件系统建立核事故应急响应所需的各种信息资源，同时将应急决策所需的各种评价软件集成一体的综合系统。②工况诊断系统主要用于诊断事故状态、预测事故发展趋势、评价损伤状况以及估算释放源项。③事故后果评价系统是利用测量的或计算得到的源项数据和实时气象参数，计算释放的或可能释放的放射性物质在环境介质中的剂量分布，以确定是否需要采取干预行动以及干预行动的距离和范围。④信息传递通信系统和信息显示系统是指将应急响应中各种关键信息进行综合显示的软硬件设备的总和。

**基本要求** 应急指挥中心应设在与主控制室相分离的地方，确保在应急响应期间应急人员可以顺利地到达该中心；应急指挥中心应满足在厂址发生地震时能够顺利开展工作的需求；该中心可获得核电厂的重要安全参数和场内及其邻近地区放射性状况信息以及气象数据，为便于应急指挥人员决策，还需设置各种数据传输和显示系统，同时，还需有联络主控制室等场内其他重要地点以及场内外应急组织的可靠通信手段；应单独设置通风与空调净化系统，以保证具有足够的密封，并有适当长时间防护因严重事故而引起危害的其他措施，确保其可居留性。应急指挥中心的入口还应设有污染检查和去污设施，当外部污染严重时可以防止其内部受到过量污染；另外，该中心内还应储备应急响应人员在整个应急响应期间生活所需的食物、饮用水以及备用个人防护用品。

应急指挥中心的可居留性是一项重要的安全要求，包括要采取适当措施保护中心内的工作人员，防止事故工况下形成的过量照射、放射性物质的释放或爆炸性物质或有毒气体之类险情的继发性危害，以保持其采取必要行动的能力。对应急指挥中心进行可居留性的评价，评价不应局限于设计基准事故，应当适当考虑严重事故的影响。涉及放射性物质释放的事故时，应根据工作人员可能受照射剂量的大小确定是否满足可居留性准则。

如果应急指挥中心对所有假设的事故条件不能全部适用的话，还需在不大可能受到影响的合适地点设立一个备用的应急指挥中心，其功能基本上应能达到应急指挥中心需达到的相关要求。

核电厂应急指挥中心是核电厂应急响应工作的需要。日本福岛核事故发生后，中国国家核安全局对应急指挥中心的功能要求、资源配备和设计可能提出了新的要求。在中国国家核安全局发布的《应急控制中心可居留性及其功能的技术要求》中提出了如下要求内容：应急控制中心按厂址所在地区地震基本烈度提高一度进行抗震设计，并按照设计基准地震动 SL2（相当的地面加速度）进行校核；应具备抵御设计基准洪水危害的能力，在遭遇超设计基准洪水（假想设计基准洪水位叠加千年一遇降雨）的情况下，可参照《核电厂防洪能力改进技术要求》进行防水封堵。

**场外应急指挥中心** 在场外应急响应期间，是省级场外应急指挥部的工作场所，在此进行组织、指挥和协调场外所有应急响应行动。场外应急指挥中心要体现事故应急的基本原则，做到常备不懈、积极兼容，以保障场外应急组织顺利地实施应急响应职能。

**设施配置** 为保障场外各应急响应职能的实施，应急指挥中心的各种设施、设备需要满足必要的设计特性。不要求专门用于核应急响应，然而核设施一旦出现应急状态需要场外做出响应时，应能立即投入使用，即要求按照“常备不懈、积极兼容”的原则进行组织和安排。当确定场外应急指挥中心的规模和配置时，应该考虑下列情况：①场外各应急响应组织的任务、规模和相互关系；②应急设备和资源的可获得性、维修和存放的场所；③省（自治区、直辖市）内涉及场外应急的核设施的数量、规模、安全特性、位置和环境特征；④是否靠近国界；⑤备用电源。

**基本要求** 场外应急指挥中心通常位于省（自治区、直辖市）人民政府所在地，也可设在核设施所在地区（市、县）。应急指挥中心的设计要考虑如下特性需求：①管理和指挥整个场外应急响应；②与核设施营运单位协调应急响应行动；③保证与各级应急组织和指挥人员联络；④应急指挥人员工作必需的活动；⑤能迅速获得应急决策所需的各种数据、资料、预测的评价结果，为决策提供各种必要的手段和设备。

场外应急指挥中心可以与当地非核设施的防灾、救灾指挥设施兼容。 （岳会国 刘森林）

**he yu fushe shigu yuanxiang**

**核与辐射事故源项** （source terms from nuclear and radiological accidents） 在核与辐射事故情况下广泛使用的用以表示从给定的源中放射性物质实际的或可能的释放信息，包括释放的放射性物质的数量、释放份额（释放量占源中放射性核素总存量的份额）、同位素组成、释放率和释放方式。在有些文献中，将反应堆核素总贮存量也称为源项。目前在核电厂严重事故中，将源项分为反应堆堆芯裂变产物释放进入安全壳和进入环境两种。

**沿革** 1962 年，美国原子能委员会（AEC）发布了技术文件《动力和试验反应堆的距离因子的计算》（TID-14844），规定了涉及假想的设计基准事故——失水事故时，反应堆堆芯裂变产物总量向反应堆安全壳释放的份额，同时考虑这些裂变产物在安全壳中的各种减弱机制。然后假定在整个事故期间，安全壳始终保持完整，安全壳内的放射性混合物以安全壳事故压力下的体积泄漏率向环境释放。在这个文件中使用了“源项”这个术语，用于确定反应堆禁区、低人口区和人口中心的距离，是否满足美国联邦法规 10 CFR 100“反应堆选址准则”的要求。

从早期开发反应堆核电厂以来，就试图对假想的核反应堆事故相关的源项与后果的概率做出计算。在这些计算中，重要的中间参数之一是来自给定反应堆事故序列的释放到环境的放射性核素的数量。

**重要核素** 对于不同的核与辐射事故，释放到环境的放射性源项中各核素对人体健康及环境影响的重要度是不同的。以反应堆严重事故为例，决定核素重要度的因素是：①核素在反应堆中的总贮存量；②核素的放射性特性（如半衰期）；③决定核素在核电厂内和外部环境中行为的物理化学性质（如挥发性）；④核素的生物特性（如毒性、生物半衰期）。长期以来一直把碘、铯、惰性气体作为严重事故下最重要的核素。历史上几次重大核事故的实际情况表明，在事故早期，影响人体健康的主要核素是碘、惰性气体，而在事故中后期主要是铯。

**事故源项的意义** 事故源项的大小决定了事故的规模和影响的范围，在环境风险评价中以及在应急计划与应急响应中，事故源项均是重要参数，是应急计划或响应的主要依据之一。长期以来，事故源项受到重视，在核电先进国家进行了广泛的研究，因为源项至少直接关系到下列几个重大问题：①选址。例如，中国《核动力厂环境辐射防护规定》（GB 6249—2011）提出，在发生选址假想事故时的个人剂量，作为确定厂址非居住区、规划限制区边界的依据。同时规定，对于水冷反应堆，该事故一般应考虑全堆芯熔化，否则应进行充分有效的论证。②应急计划、应急准备与响应。核电厂概率安全评价 PSA 第二级的严重事故源项，可作为确定、测算应急计划区的重要参数，在事故响应时决定场外防护行动建议的技术依据。③核设施的安全设计。④环境保护和事故分析。显然，核设施对环境造成的风险取决于事故的源项。

**概率风险评价的结果** 随着核电厂的大量开发建造，政府核安全监管机构和公众更加关注核反应堆严重事故可能对社会造成的风险。美国麻省理工学院核工程系，使用事件树与故障树的概率风险评价方法，用现实的假定系统地分析了大量的事故序列，并定量计算了各种事故系列发生的概率、导致的放射性释放以及对公众的辐射后果。研究和估计当时采用的商用核电厂潜在事故可能给公众带来的风险。这项研究的成果《反应堆安全研究：美国核动力厂事故风险评价》（WASH-1400）提供了对风险有意义的事故源项。先进堆 AP1000 也完成了概率风险评价，得到了相对较小的严重事故源项。

**估计源项的方法** 要特别注意区分不同情况下使用不同方法和为不同目的的源项。例如：①申请核设施或核技术应用许可证件，为评价其安全性预计事故条件下的源项。通常由政府审管部门在管理文件（如管理导则）中对源项的假定作出规定。对核电厂，一般采用确定论方法，对设计基准事故的源项做出假定。例如，美国核管会管理导则 1.195《轻水核动力堆中设计基准事故放射性后果评估的方法和假设》等，提出了核管理委员会人员可以接受的设计基准事故源项假设。②为评价安全水平、用概率论方法得到的事故源项。典型的概率风险评价的结果就是上述美国的 WASH-1400 报告、《AP1000 概率风险评价》。③事故已经发生，但在放射性物质释放进入环境之前根据核设施工况估计的事故源项。美国核管会发布的《响应技术手册》（U.S. NRC，RTM-96）提供了在应急响应期间根据核电厂事故时的监测数据，估计堆芯损伤的状况进而估计源项的方法。④在事故发生、放射性物质释放进入环境以后，根据环境监测结果、用适当的模式推算出此事故实际释放的源项等，并与模式估算得到的源项加以比较。放射性释入环境主要是通过气态和液态两种途径。由于事故释入大气的放射性可能对人产生立即的健康影响，因而大气释放源项受到更大的关注，但液态放射性物质释入地表水（如海洋、河流、湖泊）或地下水的可能性及其影响不应被忽视，福岛核事故后，增加了对液态释放源项的关注。

**辐射事故及其源项** 辐射事故源项主要是已发生的事故实际释放的放射性数量，涉及此辐射源的总放射性活度及其在火灾中可能释放出的份额。国际原子能机构的技术文件《辐射应急期间评价和响应的通用程序》（IAEA-TECDOC-1162），提供了各种放射性核素及化合物在火灾中可能释放的份额，这些数值主要基于核燃料循环设施中发生的火灾、爆炸中实际释放的测量结果。

（施仲齐　陈竹舟）

**he yu fushe yingji**

## 核与辐射应急

（nuclear and radiological emergency）　由核链式反应或链式反应产物的衰变所生产的能量以及辐射照射产生或感知将发生危害的情景。在国际原子能机构（IAEA）发布的《制定核或辐射应急安排的方法》（TECDOC-953）中，“应急”指的是需要采取快速行动缓解对人类健康和安全、生活质量、财产或环境产生危害或有害后果的非常规情景或事件。“应急”包括核或辐射应急以及常规应急，如火灾、危险化学品的释放、暴风雨或地震等。在我国，“核与辐射应急”通常又称为“核与辐射事故应急”，这主要源于一般在发生事故的情况下才会采取应急响应行动的考虑。

对于一个具体设施或活动（如核动力厂、研究反应堆、核燃料循环设施、放射性物品的运输等）的应急准备而言，首先应进行威胁评价，然后在此基础上制订应急计划（预案）和进行应急准备。为了使应急响应能够达到预期的目标，需要按照积极兼容、常备不懈的原则将应急响应能力保持在所计划的水平上。

**威胁评价**　是对核与辐射实践或活动所可能伴随产生的危害的大小、性质和时间特性进行分析的过程。目的在于确定可能需要应急干预的实践和设施，通过确定所适用的威胁类别确定所要求的准备水平。

威胁评价应当确定可能需要进行应急准备的设施、源、实践、现场区域、场外区域或位置，主要包括：①防止严重确定性健康效应的预防性紧急防护行动，方式是将辐射剂量保持在任何情况下都应当采取干预措施的剂量值之下；②避免或降低辐射剂量，防止随机性健康效应的紧急防护行动；③采取的农业对策、食入对策和长期防护措施；④对响应（采取干预行动）人员提供必要的辐射防护。

为便于应急管理，按照威胁的性质和大小将威胁划分为若干类别是有益的。IAEA 将核设施或核活动划分为 5 个威胁类别。

**应急计划（预案）**　为应对应急照射情况所制定并实施的经审批的文件或程序。它提出应急执行程序要满足的目标，在这些程序中规定达到这些目标的管理组织及其职责。有效的应急响应要求在不同管理层次上制定相互支持和一体化的应急计划。我国目前的核应急计划包括三个层次，即营运单位（场内）应急计划、地方政府（场外）应急计划和国家应急计划（预案）。

应急计划的主要内容应包括应急准备与响应的任务、组织机构、设施和设备等。计划应明确规定在应急状态下“做什么，由谁做，如何做”。应急计划主要由以下几个方面的内容构成：①计划的目的、依据和适用范围；②应急组织的职责和任务；③应急准备；④应急响应；⑤应急状态的终止和恢复；⑥应急响应能力的保持。

制订应急计划还应编制相应的具体实施细则，即执行程序，其目的是使应急组织和人员在应急响应时便于操作并能协调一致。

**应急准备**　指采取行动，以有效缓解对人的健康和安全、生活质量、财产或环境的危害或有害影响的能力。应急准备的目的是通过制定完善的应急预案，按照干预原则实现应急响应的目标。为此，要确保应急计划中的各项安排得到落实，使得在任何核或辐射应急状态下，不同层次（现场、地方、国家、国际）上的应急组织都能及时协调并有效地进行响应。

**应急响应**　指采取行动，以缓解对人的健康和安全、生活质量、财产或环境的危害或有害影响。应急响应也可以为正常社会和经济活动的恢复提供基础。

应急响应的主要目标包括：①恢复对局面的控制和防止或缓解在事故现场的后果，包括防止或减少放射性物质的释放和工作人员与公众的辐射照射；②防止在工作人员和公众中发生确定性健康效应；③提供急救，并设法医治辐射损伤的人员；④尽可能地防止随机性健康效应在居民中发生；⑤尽可能防止非放射的有害影响；⑥尽可能保护财产和环境，尽可能防止污染扩散，并采取补救行动减少对环境的影响；⑦为恢复正常的社会与经济活动做好准备。

**应急响应能力的保持** 核与辐射应急响应能力的保持是应急准备的重要组成部分。一般而言，应急响应能力的保持包括应急资源和应急计划与执行程序的保持以及人员及其知识和技能的保持两个方面。很显然，只有同时做好这两个方面的工作，才能保证在应急情况下使应急响应取得预期的成效，实现保护环境、保护公众的目标。①应急资源的保持涉及应急设施和设备和通信安排等的维护、清点和检查，应急计划与执行程序的保持工作主要有计划与程序的审评、修改和批准等；②人员及其知识和技能的保持则需要通过培训和演习等方式加以实现。

应急响应能力的保持是一项内容多样、涉及面广、持续时间长的工作。为了做好这个工作，除了需要完善的制度和组织之外，还要有相应的资源和经费保障。

（曲静原　施仲齐）

**he yu fushe yingji jihua**

**核与辐射应急计划** （nuclear and radiological emergency plan） 又称核与辐射应急预案。是对核与辐射应急响应的目标、政策和运作方式以及对有计划、协调一致和有效的响应所需要的组织、管理和责任等的描述。

**作用与地位** 核与辐射应急计划（预案）规定了国家和地方有关部门、核与辐射事故责任单位等向社会和公众就所承担的应急准备和响应的责任和任务方面所做的承诺，是其他核与辐射相关程序和检查清单编制的基础。作为一份经过审批的文件，核与辐射应急计划（预案）是有约束力的规范性的文件，并应有专门的执行程序加以支持。

**类型与内容** 一般分为核设施应急计划和辐射应急计划两大类。前者适用于核电厂、研究堆、核燃料循环设施、放射性废物处理处置设施、易裂变核材料运输事故等，后者适用于放射源、铀（钍）矿冶和伴生矿、放射性物质（除易裂变材料外）运输、航天器在我国境内坠落、放射性物质熔入金属污染事故等。

**核设施应急计划** 按实施主体，主要分为场内应急计划（即核设施营运单位的核应急计划），场外应急计划（即地方政府的核应急计划，又称场外应急预案），国家、人民军队和其他有关部门的应急预案。核设施应急计划内容主要有：①总则（编制目的、编制依据、原则、适用范围等）；②危险性（威胁源）情况分析，如核电厂及其环境、应急计划区、应急状态分级及应急行动水平；③应急响应时的组织体系、各实施单位的响应功能和责任；④各响应专业组之间相互协作的运行机制，运行方案；⑤技术支撑（后果评价、决策支持、防护行动、应急照射控制、干预原则等）；⑥条件保障（应急设施与设备和防护器材等）；⑦应急响应能力的维持（培训、演习等）；⑧与其他应急组织的协调和相互支持；⑨应急状态终止与恢复；⑩公众信息与沟通等。

此外，场内应急计划严格按照核安全法规要求，详细描述核设施应急设施设备、事故源项与应急计划区划分、应急行动水平、应急运行控制与系统设备抢修、应急纠正行动等内容，专业性较强。场外应急计划为便于各级应急组织使用，注重实用性，突出如下内容：①核设施周围人口与应急环境特点；②场外各应急组织的职责与分工、人员与响应过程、组织间协调与接口；③应急监测与评价；④隐蔽、撤离、服碘等应急防护措施的开展及物资保障。

**辐射应急计划** 按实施主体可分为责任单位、地方辐射应急主管单位、地方政府及有关部门的辐射应急计划。辐射应急计划内容主要有：①总则；②应急组织与职责；③辐射事故分级；④应急行动；⑤应急状态调整、终止和恢复措施；⑥应急能力维持；⑦应急保障等。

**执行程序** 核与辐射事故应急计划一般还

需有配套使用的实施细则，也称执行程序或实施程序，它是应急计划的具体细化。编制执行程序的主要目的是使应急组织的人员在应急期间更加便于操作并能协调一致。有些核设施又将执行程序分为管理程序和技术程序。前者一般包括应急准备过程中人员任命、培训、设施管理、演习、应急启动和行动等方面的要求及规定；后者一般指用于指导应急人员进行辅助决策和行动管理的技术程序或手册。

**主要要素** 包括应急组织、应急设施、应急状态分级、应急计划区等。

**应急组织** 我国的核应急实行三级应急组织体系，即国家核应急组织、核设施所在省（自治区、直辖市）（以下简称省）核应急组织和核设施事故责任单位应急组织。

*国家核应急组织* 包括国家核事故应急协调委及其成员单位、国家核事故应急办公室、联络员组、专家咨询组组成。国家核事故应急协调委（必要时为国务院）领导、组织、协调全国的核应急管理工作，国家核事故应急办公室是其日常办事机构；国家核应急协调委联络员组由各成员单位指派的人员组成；国家核应急协调委专家咨询组由国内核工程、电力工程、核安全、辐射防护、环境保护、放射医学、气象学等方面的专家组成。

*核设施所在省核应急组织* 包括省核应急（协调）委员会和省核应急办公室，以及专家咨询组和若干应急专业组。省核应急（协调）委员会由省人民政府领导和政府有关部门及军队等单位的领导组成。省核应急办公室设在省人民政府指定的部门，由若干专职人员组成。

*核设施事故责任单位应急组织* 包括应急指挥部和下设的应急办公室（或处、科）及若干应急专业组。

辐射事故发生时，省、市、县级环境保护行政主管部门与公安部门成立相关应急组织。必要时，由省人民政府领导、组织、协调本行政区域内的核与辐射应急工作。辐射事故责任单位按自身特点建立相应辐射事故应急指挥和执行部门。

**应急设施** 指用于核与辐射应急响应目的的设施。根据有关法规要求和积极兼容的原则设置，包括用于应急响应目的的场所及其中的应急响应系统和设备。

我国对核电厂的应急设施有明确的要求。核电厂营运单位应考虑设置的主要应急设施可以分为三类。①第一类是专用应急设施，特别是指应急中心（又称应急指挥中心、应急控制中心、应急管理中心或应急运作中心）。②第二类是兼容应急功能的应急设施。包括（但不限于）：控制室、辅助控制点或备用控制室、运行支持中心（或支持点）、技术支持中心（或支持点）、公众信息中心、环境监测设施、气象观测系统、监测评价系统、应急医学救援设施、应急去污洗消设施、应急通信系统。③第三类是辅助应急设施，可指定用作辅助应急设施的大都是无需为应急响应专门设置或无需作专门追加要求的核电厂常设辅助设施。这些设施包括（但不限于）：营运单位场区办公楼、培训中心、应急新闻与信息中心、维修设施、物理化学分析实验室设施、场区医疗急救设施、淋浴与去污设施、保卫设施等。

核电厂应急设施的位置、大小、内部系统和设备配置和布置应满足规定的功能准则。如核电厂辅助控制点或备用控制室是独立于控制室设置的专用控制场所，主要功能是在控制室丧失执行其基本安全功能时，能实施停堆、导出余热、保持停堆状态和监测电厂基本参数，由此确定其系统和设备配置和布置。

场外应急设施主要有：省核应急指挥部（响应中心）、前沿指挥部、环境监测设施、气象监测系统、交通调动与指挥系统、应急通信系统等。

**应急状态分级** 为了对应急状态采取迅速、协调的应急响应行动，需对应急状态进行分级，每个应急状态要采取的响应行动应在事先进行协调，并根据宣布的应急等级实施这些行动。

核设施按其可能出现的事件、事故的辐射后果的严重程度和需要采取的应急响应行动，将应急状态分级。核电厂应急状态依次为应急待命、厂房应急、场区应急和场外应急（总体应急）。

其他核设施的应急状态一般分为三级，即：应急待命、厂房应急、场区应急，潜在危险较大的核设施可能实施场外应急（总体应急）。

根据辐射事故的性质、严重程度、可控性和影响范围等因素，将辐射事故应急状态分为特别重大辐射事故、重大辐射事故、较大辐射事故和一般辐射事故四个等级。

**应急计划区** 为了在核设施发生事故时能及时有效地采取保护公众的防护行动，事先在核设施周围建立并做好应急准备的区域，应急计划区是制定核应急计划的技术基础之一（参见应急计划区）。

**应急计划（预案）的审批** 根据我国核安全法规、导则的有关规定，核电厂营运单位的核事故应急计划必须在主管部门审查后，于核电厂首次装料前12个月报国家核安全行政主管部门审评；研究堆营运单位应急计划须在主管部门审查后，于首次装料前 6 个月报国家核安全行政主管部门审评；核燃料循环设施营运单位应急计划须在主管部门审查后，于首次投料试车前与最终安全分析报告一并报国家核安全行政主管部门审批。上述核设施营运单位的应急计划获得国家核安全行政主管部门的批准是其申领到核设施首次装料（投料）许可文件的必要条件之一。

核电厂所在省的核应急预案必须在核电厂首次装料前12个月报国家核事故应急机构审批。

与核应急计划配套编制的应急执行程序原则上不需经过上述审评手续，但审评部门可以随时调看和检查这些核应急响应的执行程序。

县级以上人民政府环境保护主管部门应当会同同级公安、卫生、财政等部门编制辐射事故应急预案，报本级人民政府批准。生产、销售、使用放射性同位素和射线装置的单位，应当根据可能发生的辐射事故的风险，制定本单位的应急方案。 （上官志洪 王法）

**he yu fushe yingji jiance**

**核与辐射应急监测** （nuclear and radiological emergency monitoring） 在核与辐射应急情况下，为发现和查明放射性污染情况和辐射水平而进行的辐射监测。应急决策和事故评价将是一种反复和动态的过程，通过获得更详细和更完整的信息，不断对初始评价作出改进，而应急监测就是获得所需信息的一个主要来源。核与辐射应急监测属于应急响应行动的一个组成部分，一般指进入核与辐射应急状态以后所进行的非常规性环境监测（广义的应急监测还包括对人员的应急监测）。随着应急响应体系的启动，环境监测也将根据应急监测实施程序的要求在应急组织的统一指挥下逐步展开。

**目的和要求** 尽可能及时地提供关于核与辐射事故对环境及公众可能带来辐射影响方面的监测数据，以便为剂量评价和防护行动决策提供技术依据，这是应急监测的基本目的。当然，由于时间的紧迫性以及照射途径的不同，不同事故阶段的应急监测的目的和任务也不尽相同。在事故早期，主要是尽可能多地获取关于烟羽放射性特性（放射性烟云飘移的方向、高度、核素组成及其分布），以及地面上的辐射水平（地表、空气中的浓度）等方面的资料。而在事故中后期是要获取关于地面上的辐射水平以及与食物链（特别是饮用水和食物）污染相关的资料。

应急监测的具体目的是：①为事故分级提供信息；②为决策者根据操作干预水平（OILs）采取防护行动和进行干预决策方面提供依据；③为防止污染扩散提供帮助；④为应急工作人员的防护提供信息；⑤及时、准确地确定放射性污染的水平、范围、持续时间以及物理和化学特性；⑥验证补救措施（诸如去污程序等）的效能。

相对于常规监测而言，对应急监测方法的要求，应该特别注意如下 3 个方面：①要有足够快的测量速度和足够宽的测量量程。应急监测对速度的要求一般要比常规监测高。在事故早期，对取样代表性和测量的精度要求只能在保证必要监测速度的前提下考虑。应急监测不同于常规监测，需要有宽的量程以满足事故释放条件下的测量要求。②事故释放在环境中的时空分布是变化很大的，因此测量的设计要尽可能反映测量值的时空分布，以及与释放源的相关性。此外，应保证仪器设备在恶劣的环境下正常工作。③应尽量与常规监测网络系统积极兼容，满足监测点位要求并具有较宽的量程和较低的能耗。这样做，不仅可以节约大量开支，更重要的是可以保证监测系统处于良好的运行状态，这对于保证应急监测是至关重要的。

为判断和确定释放的严重性，在放射性物质释放后或疑是放射性物质释放后，应将应急监测的结果与天然本底辐射水平和释放前实施的环境监测结果进行比较。

**计划的设计**　一个应急监测和取样计划的设计，取决于已确定的基本目的。需先提出需要给予回答的一些问题，然后再对确定资源需求（专业人员、设备和实验室设施）的大纲进行设计。

在设计应急监测大纲时，需要对现有的能力和技术经验加以确认。只要还存在着不足，就清楚地表明，需要在诸如经验和能力方面进行建设和改进。在这个过程中，重要的是要确定响应机构和技术专家的作用和责任，以及为每一种操作或功能确定标准的操作程序。那些负责开发监测能力的负责人，还应当考虑与其他管辖区之间建立在共享资源和能力方面的协作和相互支援的协议，以缩短调动时间和响应时间。

在一次核或辐射事故期间，以及紧接着的一段时间内，响应资源很可能会严重超负荷运行，此时最关键的一点是要在获得附加支援以前，保证做到这些资源能尽可能可靠和高效地得到利用。在事故开始阶段，应当利用所有可获得的气象信息以及评价模式的评价结果来确定放射性物质释放可能影响到的有人地区的范围。在安排监测和取样的优先顺序时，应当考虑该区域的功能，即是否是居住区、农业区、郊区、商业区，以及它是否对工业活动、公众服务和基础设施有重要作用；是否需要对人员、家畜、谷物、水源等实施附加防护行动，是否要对饮用水和食物实施禁用，以及对关键基础设施进行维护或恢复。这些都应当根据操作干预水平和其他因素来确定。

在响应的初始阶段，优先要做的应当是确定哪些受影响地区确实是“脏”的（受到污染），而不是苛求准确的定量分析，这一点在响应资源有限时显得特别重要。在一次严重核事故中，可能需要对一个大的地域（100～1 000 km$^2$）展开即时监测。在考虑到释放源项、气象条件等因素的情况下，利用计算机对放射性烟羽扩散进行模拟，可以帮助确定监测的优先顺序和范围。

释放到环境的放射性核素组成取决于核设施事故情景。对于反应堆事故，挥发性放射性核素碘-131、碘-132、碘-133、碲-131、碲-132、铯-134、铯-137、钌-103、钌-106和惰性气体是最可能释放的核素。在一次事故之后的最初几天和几周内，对剂量贡献最大的可能是一些寿命较短的放射性核素，如碘-132、碘-131、碲-132、钌-103、钡-140和铈-141。在制订一个监测和取样计划时，必须考虑这一点。

应急监测和取样计划的设计，取决于可能遇到的事故的规模以及对辐射应急做出响应的资源的可获得情况。例如，对于涉及如源的丢失、小型运输事故、少量放射性物质泄漏这些小规模事故，此时的全部需求可能只是几个熟练掌握辐射防护监测技术的人员，配备基本的辐射监测设备和通信设备，开展必要的辐射监测，熟练解释监测结果，并提出处理建议；对于一次中到大规模的大气释放事故，将需要若干个监测组，通过测定烟羽中空气浓度及来自烟羽的沉积来确定对居民的危害。监测组需要测量由烟云照射、地表照射或直接来自源的周围剂量率。在确定了最直接的一些情况和采取了适当的紧急行动之后，就需要制定取样计划来判明是否需要对人员进行临时性避迁和对动物做隐蔽安排，以及换用不受污染的饲料。蔬菜和其他当地生长的作物、饮用水源和由当地饲料喂养奶牛的牛奶等都需加以检测，并与应急行动水平做比较。这类取样计划的规模和特点将取决于释放的范围和规模，以及当地的农业实践和居民分布方面的人口统计资料。

**实施** 省级应急组织负责组织核事故环境应急监测和辐射事故现场的应急监测工作，确定污染范围，提供监测数据，为辐射事故应急决策提供依据。必要时，国务院环境保护主管部门指派辐射环境应急监测技术中心对事故发生地的省级环境保护部门提供辐射环境应急监测技术支援，或组织力量直接负责辐射事故的辐射环境应急监测工作。

在实施应急监测中，重要的一点是要使用这样的人员：技术熟练，有经验，对其常规工作中的监测设备、样品采集、制备程序以及样品分析熟悉，并接受过非常规的、应急的监测和取样方面的专门培训。在这类工作中，可能会遇到更高的读数，可能需要在样品操作中更加小心，还可能需要采用一些不是很精密的技术来筛选大量样品的非正规做法。特别要注意，在应急监测中使用没有经验的人员和采用未经验证的技术是不适当的，因为这样可能导致不适当的或有误的判断，或不恰当地分配本来就不充足的资源。

作为培训和准备的一部分，必须准备和定期进行比对性演练，以全程检验监测队伍的响应能力，并对取样、测量程序和其他程序进行检验。所有去现场的人员，可能会遇到高水平的外照射、吸入危害和表面污染问题。因此，这些人员应当经过很好的培训和佩戴有恰当的个人防护装备，以及知道个人累积剂量达到回撤剂量指导水平的要求，此时，不宜继续在污染区域工作，必须从污染区域中撤出。

此外，假若一次事故或应急有可能延续一个较长的时间，那么应当安排好替换那些在现场的监测人员。

**主要内容** 核与辐射应急监测的主要内容有：①烟羽监测，通过对放射性烟羽进行循迹剂量率测量确定烟羽的走向和边界；②环境剂量、剂量率的测量，通过对环境外照射剂量率和累积剂量的测量评估事故释放引起的环境辐射水平的变化情况；③地面沉积测量，通过车载或航空测量，评估地面沉积放射性水平，包括地面沉积剂量率、沉积放射性核素组分及分布状况；④人员车辆等的污染测量和表面污染测量；⑤水源、奶和一次性污染食品的活度浓度测量等。

**主要手段** 核与辐射应急监测的主要手段有：固定的监测站网、车载监测系统、水上移动监测和航空测量系统。

**固定的监测站网** 为了早期监测和烟羽追踪，通常在核电厂和其他重要核设施周围建立有若干个辐射监测自动站，形成了固定的监测站网。这些自动监测站将连续测定环境中的剂量率，其中有些站点还能测量气载微尘和气态碘，并把监测信息传至应急中心。还要准备好标有事先选定取样点的地图。

**车载监测系统** 在事故放射性释放开始后，采用车载的辐射监测仪表实施应急监测是一种快速而方便的手段。应急车载监测系统通常具有如下功能：①测量$\gamma$辐射剂量率；②采集和测量空气中气溶胶和碘的活度浓度；③测量地面污染。通常还配置有能够为后续实验室分析而采集水、土壤和农作物（包括牧草）样品的工具。

**水上移动监测** 如果核设施靠近大的水体，而该水体又可能受到核事故的影响，并可能成为应急计划的一部分，则有必要利用船只在水上进行应急辐射监测，测量的主要作用是确定烟羽的分布范围，以及一旦有放射性废液泄漏到水体后按照应急监测计划开展水上监测和取样（水和水生动植物样品）。

**航空测量系统** 见航空辐射测量。

此外，根据不同事故阶段应急监测的目的，综合考虑和利用上述监测手段，并适时启动地面监测小组，对于了解事故释放在环境中的时空分布以及与释放源的相关性是非常重要的。

（陈晓秋　陈竹舟）

**he yu fushe yingji xiangying**

**核与辐射应急响应** （nuclear and radiological emergency response） 在发生了核或辐射事故时，为控制或减轻事故后果而紧急采取的行动及措施。

**应急响应级别** 核事故应急响应是指核设施发生或潜在发生核事故时所采取的应急响应行动。核设施应急状态按其事件或事故的实际辐射后果或预期可能的辐射后果的严重程度和影响范围一般分为四级：应急待命、厂房应急、场区应急和场外应急。核动力厂的应急状态一般为四级，其他核设施的应急状态一般分为三级，即应急待命、厂房应急和场区应急。潜在危险较大的其他核设施可能实施场外应急。

辐射事故应急主要指除核设施事故以外，当发生放射性物质丢失、被盗、失控，或者放射性物质造成人员受到意外的异常照射或环境放射性污染的事件时，采取的应急响应行动。

辐射事故根据其性质、严重程度、可控性和影响范围等因素，分为特别重大辐射事故、重大辐射事故、较大辐射事故和一般辐射事故四个等级。辐射事故应急响应遵循属地为主的原则，特别重大辐射事故的应急响应由环境保护部组织实施。重大辐射事故、较大辐射事故和一般辐射事故的应急响应由省级环境保护部门全面负责。

**应急通知通告** 当核设施进入应急待命状态时，核设施核事故应急机构应当及时向上级主管部门和国务院核安全部门报告情况，并视情况决定是否向省级人民政府指定的部门报告。当出现可能或者已经有放射性物质释放的情况时，应当根据情况，及时决定进入厂房应急或者场区应急状态，并迅速向上级主管部门、国务院核安全部门和省级人民政府指定的部门报告情况；在放射性物质可能或者已经扩散到场区以外时，应当迅速向省级人民政府指定的部门提出进入场外应急状态并采取应急防护措施的建议。省级人民政府指定的部门接到核设施核事故应急机构的事故情况报告后，应当迅速采取相应的核事故应急对策和应急防护措施，并及时向国务院指定的部门报告情况。需要决定进入场外应急状态时，应当经国务院指定的部门批准；在特殊情况下，省级人民政府指定的部门可以先行决定进入场外应急状态，但是应当立即向国务院指定的部门报告。

**应急响应内容** 核事故应急响应行动通常包括应急监测、事故评价、应急通信与报警、工程补救措施、防护措施（隐蔽、服药、撤离、食物与水源控制）的实施、交通管制以及实施医学救护等。

我国的《核电厂核事故应急管理条例》明确规定了核事故应急工作实行国家、地方和核电厂三级管理体系。

国家核事故应急协调委员会负责全国的核事故应急管理工作，统一协调国务院有关部门、军队和地方人民政府的核事故应急工作，组织制定和实施国家核事故应急计划，审查批准场外核事故应急计划，适时批准进入和终止场外应急状态，提出实施核事故应急响应行动的建议，审查批准核事故公报、国际通报，提出请求国际援助的方案。

地方核事故应急协调委员会负责本行政区域内的核事故应急管理工作，组织制订场外核事故应急计划，做好核事故应急准备工作，统一指挥场外核事故应急响应行动，组织支援核事故应急响应行动，及时向相邻的省、自治区、直辖市通报核事故情况。

核设施营运单位设置应急指挥部及应急响应组，负责本设施的应急响应工作。制定场内核事故应急计划，做好核事故应急准备工作，确定核事故应急状态等级，统一指挥本单位的核事故应急响应行动，及时向上级主管部门、国务院核安全部门和省级人民政府指定的部门报告事故情况，提出进入场外应急状态和采取应急防护措施的建议，协助和配合省级人民政府指定的部门做好核事故应急管理工作。

辐射事故应急响应的原则是以人为本、预防为主，统一领导、分类管理，属地为主、分级响应，专兼结合、充分利用现有资源。辐射应急响应行动包括信息的通知与通告，指挥和协调，应急监测，辐射评价和安全防护的实施等内容。 （岳会国　陈竹舟）

he yu fushe yingji zhunbei

**核与辐射应急准备** （preparedness for nuclear and radiological emergency） 为应对核事故或辐射应急而进行的准备工作，包括制定应急预案，建立应急组织，准备必要的应急设施、设备与物资，以及进行人员培训与演习等。应急准备反映了采取有效缓解紧急情况对人和环境影响的行动的能力。

**应急准备的目的** 确保落实在现场以及适当时在地方、地区、国家和国际一级做出协调和有效响应的各项安排；对于已经发生的任何事件，采取切实可行的措施减轻对人员的生命和健康以及对环境造成的任何后果。

**应急准备的原则** 应急准备和响应安排的范围和程度必须能够反映：①核或辐射紧急情况发生的可能性和可能产生的后果，必须考虑到所有可合理预见的事件；②辐射危险的特征；③设施和活动的性质和地点。应急准备应达到具有紧急情况下采取行动保护和通知现场人员以及在必要时保护和通知公众的能力。

**应急组织的建立、健全** 建立、健全负责各级核与辐射应急管理的组织是做好应急准备与响应的前提和主要条件之一。依据《核电厂核事故应急管理条例》的规定，我国实行三级核应急管理组织体系，即国家核应急组织、核电厂（核设施）所在省（自治区、直辖市）核应急组织和核电厂（核设施）营运单位应急组织。国务院指定的部门负责全国的核事故应急管理工作，组织、协调全国的核应急准备和核应急救援；核电厂（核设施）所在省、自治区、直辖市人民政府指定的部门负责本行政区域内的核事故应急管理工作；核电厂（核设施）营运单位应急组织负责组织、指挥本单位的核事故应急准备与响应工作。中国人民解放军是我国核应急工作的重要力量，将在核应急响应中实施有效的支援。

**应急计划** 应急计划（预案）是一份经过审批的文件，它主要描述编制、实施单位的应急组织、应急准备、应急响应安排以及与外部应急组织的协调和相互支援等。应急计划必须有专门执行程序加以补充。

每一注册者或许可证持有者，如果其所负责的源可能发生需要紧急干预的情况，则应制订相应的应急计划（预案）或程序，并经核安全监管机构认可。有关干预组织应根据可能出现的紧急干预情况的严重程度和可能涉及的场外范围制订相应的总体应急计划（场外应急计划）。据以协调场区内、外的应急行动和实施所需要的场外防护行动，以支持和补充根据注册者或许可证持有者应急计划实施的各种防护行动。

应急计划应根据情况包括下列内容：①在报告有关负责部门和启动干预行动方面的责任划分与安排；②对可能导致应急干预情况的源的各种运行操作条件和其他条件等的鉴别；③根据任何情况下预期应进行干预的剂量水平和应急照射情况的干预水平与行动水平，并考虑可能发生的事故或紧急事件的严重程度所确定的有关防护行动的干预水平及它们的适用范围；④与有关干预组织进行联系的程序，包括通信安排和由消防、医疗、公安和其他有关组织获得支援的程序；⑤用于评价事故及其场内、外后果的方法与仪器的描述；⑥事故情况下，发布公众信息的安排；⑦终止每种防护行动的准则。

注册者或许可证持有者和相应的干预组织应对其应急计划及其实施程序定期、不定期进行审查和更新应急计划，以吸取培训及训练与演习的成果、实际发生的事件或事故的经验，适应现场与环境条件的变化、核与辐射安全法规要求的变更、设施和设备的变动以及技术的进步等。应急计划的修订，应说明修改日期和修改内容，并按原审批程序报请批准。

**软硬件条件的设置、维护** 出于应急响应的目的，注册者或许可证持有者和有关干预组织，将根据有关法规要求和积极兼容的原则设置必要的应急设施、设备、系统与器材等，以满足实施应急响应功能的各项要求；并应定期或不定期地对其效能进行检查，以保证所有应急设施、设备、系统和物资等始终处于良好的备用状态。

注册者或许可证持有者的应急设施、设备等软硬件条件的设置，包括主控制室、辅助控制室、技术支持中心、应急控制中心、运行支持中心、公众信息中心、通信系统、监测和评价设施、防护设施、应急撤离路线和集合点等。①在启动应急控制中心以前，主控制室通常是指挥应急响应的主要设施；②在主控制室丧失其完成基本安全功能时，辅助控制室能实施停堆、保持停堆状态、导出余热并监测电厂基本参数；③技术支持中心是获取核动力厂参数、信息和制定严重事故对策的工作场所，对主控制室的工作人员提供技术支持以缓解事故后果；④应急控制中心是应急指挥部在应急期间举行会议及进行指挥的场所；⑤运行支持中心是应急响应期间供执行设备检修、系统或设备损坏探查、堆芯损伤取样分析和其他执行纠正行动任务的人员以及有关人员集合与等待指派具体任务的场所；⑥公众信息中心提供有关应急和公众防护行动的信息，对公众和新闻媒体的信息需求作出响应；⑦通信系统为场内外应急组织之间提供通信联络和数据信息传输；⑧监测和评价设施主要功能是监测、诊断和预测核动力厂事故状态及其场外辐射后果；⑨防护设施是提供掩蔽所之类的一些设施。

场外应急设施一般包括场外应急指挥中心、场外应急监测中心、评价中心、撤离临时安置点、洗消和去污点、场外应急医疗救援设施和公众信息中心。①场外应急指挥中心组织、指挥和协调场外所有应急响应行动；②场外应急监测中心在事故期间能进行环境样品的采集、核素分析和进行环境监测的综合评价；③评价中心在事故期间，接受、分析来自核电厂和场外应急监测中心提供的事故信息，能够供评价人员进行事故后果评价、提供评价结果和提出防护行动建议；④撤离临时安置点能为事故时撤离人员安排临时食宿；⑤洗消和去污点为防止放射性污染的扩大和消除污染，对人员、车辆、地面及部分设备进行测量后按控制标准进行洗消和去污；⑥场外应急医疗救援设施对受伤、受污染人员提供急救、去污和护理；⑦公众信息中心在应急期间经授权可发布有关事故信息、解答公众有关应急信息的查询、接待新闻媒介的采访和收集各界人士的反映等。

注册者或许可证持有者和场外各级应急组织应定期或不定期地对应急设施、设备、系统与器材等方面的效能状况以及其中某些需要不断按要求替换的器材情况进行检查，以监察制定好的设备保持大纲（包括就地和日常巡视的清单）是否得到执行，所使用的或有责任提供的上述所有设备、系统与器材等是否确实存在，是否可以操作，是否能满足实施应急响应功能的各项要求。

**应急通信** 保障在应急期间注册者或许可证持有者以及有关干预组织和核安全监管机构内部（包括各应急设施、各应急组织之间）和外部的快速可靠的通信联络和数据信息传输。一般由语音通信系统、数据收集和传输系统组成，包括应急通知方法与程序。基本要求是应急通信系统具有冗余性、多样性、畅通性、保密性以及抗干扰能力和覆盖范围。应急通信保障包括以下几点：①建设国家核应急通信系统，并建立相应的通信能力保障制度，以保证应急响应期间通信联络的需要。②应急响应时在事故现场的通信需要，由核电厂所在省的核应急组织和核电厂营运单位负责保障。③核电厂之外的其他核设施发生核事故以及其他辐射紧急情况时，尽可能利用国家和当地已建成的通信手段进行联络。④应急响应通信能力不足时，根据有关方面提出的要求，采取临时紧急措施加以解决。必要时，动用国家救灾通信保障系统。

**应急培训** 对所有参与应急响应以及应急计划和应急程序演练的人员提供应急准备与响应的基本知识、技术和方法。旨在使应急人员熟悉和掌握应急计划的基本内容，使应急人员具有完成特定应急任务的基本知识和技能。

培训的主要内容包括：①应急计划的基本内容和完成应急任务的基本知识和技能；②应

急状态下应急行动程序；③应急状态下应急人员的职责。

**应急演习** 为检验应急计划的有效性、应急准备的完善性、应急响应能力的适应性和应急人员的协同性所进行的一种模拟应急响应的实践活动。其目标是：①检验应急计划的各有关部分或整个应急计划是否可有效实施，即检验其可操作性及对各种紧急情况的实用性；②检验各级应急组织是否健全，应急响应人员对各自的职责是否熟悉，在紧急情况下是否能正确响应；③检验各级应急组织的应急响应行动是否协调一致，检验应急指挥和调度的有效性，各应急组织间的协调与配合；④验证各应急设施、设备及仪表等的有效性和充分性。通过演习，找出薄弱环节，经分析论证，明确原因并加以改进，修订和更新应急计划、应急实施程序有关的内容，完善应急准备。

应急演习通常需要进行演习的准备、方案的制订、演习的实施和演习的评价。通常按照其涉及范围分类为单项演习、综合演习和联合演习。

**公众信息与沟通** 在某些紧急事件中，公众收到的来自官方的、新闻媒体的和其他方（包括政府部门）的关于照射的风险和采取适当行动降低风险的信息是令人迷惑且不一致的。因此应对信息沟通的内容与方法，以及公众获得信息的渠道和新闻媒体信息传播的统一管理做好安排，以便在核或辐射应急情况下，向公众提供有用、及时、真实、一致和恰当的信息；对不正确的信息和传闻做出回应，并满足公众和新闻媒介对信息的需求。对于典型问题，应能以通俗的语言描述相关的风险以及公众可采用的降低风险的适当行动。

（陈晓秋　陈竹舟）

**huanjing bendi diaocha**

**环境本底调查** （environmental background survey） 新建核设施首次装料（或运行）之前，或在某项设施实践开始之前，对特定区域环境中已存在的辐射水平、环境介质中放射性核素含量，以及为评价公众剂量所需的环境参数、社会状况所进行的全面调查。对于像核电厂这样的核设施，要求在首次装料前必须完成连续两年以上的环境放射性本底调查。

**主要任务** ①获得核设施附近的自然环境和社会环境资料，包括水文、地质、气象、生态、人口分布、饮食及生活习惯、交通、工农业生产、土地利用等。②获得关于运行前环境中的辐射水平和放射性含量及其变化规律的资料。③识别可能的关键核素、关键途径及关键人群组，识别可能的生物指示体（即对放射性核素具有浓集作用而可以作为指示性监测对象的生物）。

**调查内容** 调查环境γ辐射水平和主要环境介质中重要放射性核素的活度浓度，辐射监测搜寻可能存在的辐射热点（区）及分辨可能存在人工放射性核素的污染。

**调查时间** 环境辐射水平调查的时段不得少于连续两年，并应在核设施投入运行前一年完成。

**调查范围** 针对核电厂，环境γ辐射水平调查范围为厂区半径 50 km 范围内区域，环境介质中放射性核素含量的监测范围为 20～30 km，重点监测核电厂周围 10 km 范围。而其他核与辐射设施或装置的调查范围，应视具体情况而定，也可参考核电厂的做法。

**监测项目与频次** 由于各核设施的自然环境、气象因素及所选堆型不同，监测方案有所差别。监测方案可参照表 1。

**测量分析方法** 在选定测量分析方法时，凡有国家标准的，一律使用国家标准；没有国家标准的，优先选用行业标准。有关的标准测量分析方法见表 2。

**表 1　核电厂辐射环境本底调查监测项目及频次**

| 监测对象 | 布点原则 | 采样频次 | 分析测量项目 |
|---|---|---|---|
| 气溶胶 | 厂区边界 | 连续采样 | 总α、总β或α/β比值 |
| | 厂外地面最高浓度处 | 累积采样 | 总α、总β、γ核素分析 |
| | 主导风下风向距厂区边界＜10 km 的居民区、对照点 | 1 次/月，采样体积约为 10 000 $m^3$ | |
| 气体 | 厂区边界 | 1 次/月，累积 | 氢-3、碳-14、碘-131 |
| | 厂外地面最高浓度处 | | |
| | 主导风下风向距厂区边界＜10 km 的居民区对照点 | | |
| 沉降物 | 厂区边界 | 累积样/月 | 锶-90、γ 核素分布、总 α、总 β |
| | 厂外地面最高浓度处 | | |
| | 主导风下风向距厂区边界＜10 km 的居民区对照点 | | |
| 降水 | 厂区边界 | 降水期间 | 氢-3、γ 核素分析 |
| | 厂外地面最高浓度处 | | |
| | 主导风下风向距厂区边界＜10 km 的居民区对照点 | | |
| 地表水 | 排放口下游混合均匀处 | 1 次/半年 | 氢-3、锶-90、γ 核素分析 |
| | 预计受影响的地表水 | | |
| | 排放口上游对照点 | | |
| 地下水 | 可能受影响的地下水源；对照点 | 1 次/半年 | 氢-3、锶-90、γ 核素分析 |
| 饮用水 | 可能受影响的地下水源；对照点 | 1 次/季 | 总 α 、总 β 、锶-90、氢-3、γ 核素分析 |
| 海水 | 排放口附近海域；对照点 | 1 次/半年 | 氢-3、锶-90、银-110 m、γ 核素分析 |
| 海盐 | 盐场 | 1 次/年 | 锶-90、钾-40、γ 核素分析 |
| 水生物 | 排放口下游水域或海域；对照点 | 1 次/年 | γ 核素分析<br>海洋生物加锶-90 分析 |
| 底泥 | 与地表水（海水）采样点同 | 1 次/年 | 锶-90、γ 核素分析 |
| 陆生植物 | 主导向下风向或排水口下游灌溉区；对照点 | 收获期 | γ 核素分析，碳-14 |
| 家畜、家禽器官 | 主导风下风向厂外最近的村镇；对照点 | 1 次/年 | γ 核素分析 |
| 牛（羊）奶 | 主导风下风向厂外最近的奶场；对照点 | 1 次/半年 | 碘-131 |
| 指示生物 | 厂外地面最高浓度处；排放水域 | 1 次/年 | 锶-90、γ 核素分析、总氚 |
| 土壤，岸边沉积物 | ＜10 km 16 个方位角内（主导风下风向适当加密）；对照点 | 1 次/年 | 锶-90、γ 核素分析 |
| 潮间带土 | 排放口附近潮间带土；对照点 | 1 次/年 | 锶-90、γ 核素分析 |

| 监测对象 | 布点原则 | 采样频次 | 分析测量项目 |
|---|---|---|---|
| 陆地<br>γ辐射 | 厂外地面最高浓度处；<br>厂界周围按半径 2 km、5 km、10 km、20 km、50 km，8 个方位角间隔交叉布点 | 1 次/季 | γ辐射空气吸收剂量率 |
| | 同气溶胶采样点 | 连续 | γ辐射空气吸收剂量率 |
| γ累积<br>剂量 | 厂外地面最高浓度处；<br>厂界周围按半径 2 km、5 km、10 km、20 km，8 个方位角间隔交叉布点 | 1 次/季 | γ辐射空气吸收剂量 |
| 航空辐射监测 | 如有条件，可开展航空辐射监测，在电厂运行前 2 年完成，监测范围可以核岛为中心 50～80 km 陆域海域范围，50 km 范围为主 | — | 地面 1 m 高度处γ辐射空气吸收剂量率<br>可能存在的辐射热点（区）；<br>分辨可能存在其他人工放射性核素的污染 |

注：γ核素分析通过γ谱仪完成，所测核素包括铍-7、钴-57、钴-60、锰-54、铯-134、铯-137 和碘-131。对土壤和沉积物还包括铀-238、钍-232、镭-226 和钾-40 等。

**表 2　标准测量分析方法**

| 监测项目 | 监测对象 | 标准编号 | 标准名称 |
|---|---|---|---|
| γ辐射空气吸收剂量率 | 地表 | GB/T 14583—1993<br>GB 12379—1990 | 环境地表γ辐射剂量率测定规范<br>环境核辐射监测规定 |
| γ辐射累积剂量 | 空间 | GB 10264—1988 | 个人和环境监测用热释光剂量测量系统 |
| | 空间 | JJG593—2006 | 个人与环境监测用 X、γ热释光剂量测量（装置）系统 |
| γ核素 | 水 | GB/T 16140—1995 | 水中放射性核素的γ能谱分析方法 |
| | 可转化为固液态的均匀样品 | GB 11713—1989 | 用半导体γ谱仪分析低比活度γ放射性样品的标准方法 |
| | 生物 | GB/T 6145—1995 | 生物样品中放射性核素的γ能谱分析方法 |
| | 土壤 | GB 11743—1989 | 土壤中放射性核素的γ能谱分析方法 |
| | 饮用水 | GB/T 8538—2008 | 饮用天然矿泉水检验方法 |
| | 水 | EJ/T 900—1994 | 水中总β放射性测定　蒸发法 |
| | 水 | EJ/T 1075—1998 | 水中总α放射性浓度测定　厚源法 |
| 氚 | 水 | GB 12375—1990 | 水中氚的分析方法 |
| 碳-14 | 空气 | EJ/T 1008—1996 | 空气中 $^{14}C$ 的取样与测定方法 |
| 钾-40 | 水 | GB 11338—1989 | 水中钾-40 的分析方法 |
| 钴-60 | 水 | GB/T 15221—1994 | 水中钴-60 的分析方法 |
| 镍-63 | 水 | GB/T 14502—1993 | 水中镍-63 的分析方法 |
| 锶-90 | 水 | GB 6764—1986 | 水中锶-90 放射化学分析方法<br>发烟硝酸沉淀法 |
| | | GB 6765—1986 | 水中锶-90 放射化学分析方法<br>离子交换法 |
| | | GB 6766—1986 | 水中锶-90 放射化学分析方法<br>二-(2-乙基己基)磷酸萃取色层法 |
| | 生物 | GB 11222.1—1989 | 生物样品灰中锶-90 的放射化学分析方法<br>二-(2-乙基己基)磷酸酯萃取色层法 |
| | 土壤 | EJ/T 1035—2011 | 土壤中锶-90 的分析方法 |

| 监测项目 | 监测对象 | 标准编号 | 标准名称 |
| --- | --- | --- | --- |
| 碘-131 | 空气 | GB/T 14584—1993 | 空气中碘-131 的取样与测定 |
| | 水 | GB/T 13272—1991 | 水中碘-131 的分析方法 |
| | 生物 | GB/T 13273—1991 | 植物、动物甲状腺中碘-131 的分析方法 |
| | 牛奶 | GB/T 14674—1993 | 牛奶中碘-131 的分析方法 |
| 铯-137 | 水 | GB 6767—1986 | 水中铯-137 放射化学分析方法 |
| | 生物 | GB 11221—1989 | 生物样品灰中铯-137 的放射化学分析方法 |
| 铀 | 水 | GB 6768—1986 | 水中微量铀分析方法 |
| | 土壤 | GB 11220.1—1989 | 土壤中铀的测定 CL-5209 萃淋树脂分离 2-(5-溴-2-吡啶偶氮)-5-二乙氨基苯酚分光光度法 |
| | | EJ/T 550—2000 | 土壤、岩石等样品中铀的测定 激光荧光法 |
| | 生物 | GB/T1123.1—1989 | 生物样品灰中铀的测定　固体荧光法 |
| | 空气 | GB 12377—1990 | 空气中微量铀的分析方法 激光荧光法 |
| 钍 | 水 | GB 11224—1989 | 水中钍的分析方法 |
| 钚 | 水 | GB 11225—1989 | 水中钚的分析方法 |
| | 土壤 | GB 11219.1—1989 | 土壤中钚的测定　萃取色层法 |
| | | GB 11219.2—1989 | 土壤中钚的测定　离子交换法 |
| 镭 | 生物 | GB 14883.6—1994 | 食品中放射性物质检验　镭-226 和镭-228 的测定 |
| | 水 | GB 11214—1989 | 水中镭-226 的分析测定 |
| | | GB 11218—1989 | 水中镭的 α 放射性核素的测定 |

（赵顺平　任晓娜　胡丹）

**推荐书目**

李德平，潘自强. 辐射防护手册：第二分册 辐射防护监测技术. 北京：原子能出版社，1988.

潘自强. 电离辐射环境监测与评价. 北京：原子能出版社，2007.

**huanjing dong nongdu celiang**

## 环境氡浓度测量

（environmental radon concentration measurement）　对周围环境和室内氡浓度进行的测量。室内氡浓度测量是测量居室和工作室内的氡浓度，是环境氡浓度测量的一部分。

**氡的危害**　见氡致肺癌。

**分类**　环境氡浓度测量主要包括为了了解氡的时空变化规律和监管环境辐射状况而进行的环境和室内氡浓度瞬时测量、评价氡对环境的污染和人类的危害程度而进行的环境和室内氡浓度累积测量和评估铀矿冶设施退役治理工程、建筑材料等是否达标而进行的氡析出率测量。

**环境和室内氡浓度的瞬时测量**　一般采用主动式采样测量方法，可以得到环境和室内某一时刻的氡浓度或者几分钟内的平均氡浓度。目前，典型的环境和室内氡浓度瞬时测量方法有闪烁室法和静电收集半导体连续测量法。

**闪烁室法**　最经典的瞬时测氡方法。一般采用真空法和循环法两种瞬时取样方法。①真空取样法是先将闪烁室抽成真空，再到测量现场采取某一时刻环境氡样，然后等待 3 h 后在实验室用闪烁室测氡装置进行测量。②循环取样法是将闪烁室直接带到测量现场用抽气泵以一定的流率循环几分钟（时间长短以取样平衡为准）完成取样，然后等待 3 h 后在实验室用闪烁室测氡装置进行测量；国内外研制的闪烁室连续测氡仪均采用循环取样法。

**静电收集半导体连续测量法**　目前最常用

的瞬时测氡方法。它采用循环取样法用抽气泵以一定的流率循环几分钟（时间长短以取样平衡为准）完成取样，接着用高压静电场收集测量小室内氡衰变产生的带正电荷子体钋-218到半导体探测器表面以提高灵敏度，用半导体探测器对钋-218衰变产生的高能α粒子进行能量识别并计数，根据测量期间钋-218衰变产生的高能α粒子计数可以得到氡浓度。该方法不仅广泛用于氡浓度随时间变化的规律的研究和环境氡浓度监督性监测，而且特别适合建重要场所长期无人值守氡浓度监测网。在用该方法研究氡浓度随时间变化的规律时要注意取样平衡和衰变平衡所造成的时间延迟现象，以及温湿度对测氡灵敏度的影响。

**环境和室内氡浓度的累积测量** 一般采用被动式（即自由扩散式）采样测量方法，可以得到环境和室内采样周期内的氡暴露量（即氡浓度的时间积分）或者平均氡浓度。目前典型的环境和室内氡浓度的累积测量方法有径迹蚀刻法、活性炭吸附法和驻极体法。

*径迹蚀刻法* 是环境和室内氡浓度长期取样（1 个月以上）累积测量的主要方法，大多采用 CR-39 固体核径迹探测器来记录进入测量小室的氡及其衰变子体释放的α粒子。测量时，先将 CR-39 固体核径迹探测器装入剂量计；再将剂量计置于被测环境中进行累积取样；取样结束后将 CR-39 固体核径迹探测器从剂量计中取出并置于蚀刻槽中进行蚀刻；然后进行径迹测读并得到 CR-39 固体核径迹探测器单位面积上的径迹数（即径迹密度）；最后根据径迹密度求出测量期间的氡暴露量（即氡浓度的时间积分）或者平均氡浓度。该方法广泛用于矿工氡个人剂量测量和环境氡污染水平监测与评价。在实践中，要特别注意三点：①每购进一批新的 CR-39 固体核径迹探测器必须要进行刻度；②除了采样周期外，刻度过程与测量过程中的条件控制必须严格一致；③要有足够的扩散补偿时间。

*活性炭吸附法* 是短期取样（1～7 d）累积测量的主要方法。它采用优质的椰壳活性炭做成一定尺寸和形状的活性炭盒探测器。测量时，先将活性炭用烤箱烘干，待冷却后称取一定重量的活性炭装入活性炭盒；再将活性炭盒置于被测环境中进行累积取样；取样结束后，先对活性炭盒进行称重，得到其采样期间吸附的水量，再将活性炭盒置于低本底γ谱仪测量系统测量其采样期间吸附的氡量；最后根据活性炭盒采样期间吸附的水量和氡量计算出氡暴露量或者平均氡浓度。该方法适合于环境氡浓度较稳定场所的累积测量，当它用于环境氡浓度激烈变化的场所测量时，测量结果的误差一般较大。

*驻极体法* 分为两种：一种是将驻极体既用于测量小室产生静电场以提高测氡灵敏度，又将其直接用作探测器，它适合环境和室内氡浓度长期（1 个月以上）累积测量；另一种是将驻极体仅用于在测量小室产生静电场以提高测氡灵敏度，而用 CR-39 或者 TLD 作探测器，它适合短期（1～6 d）累积测量，而且可以克服活性炭吸附法测量环境氡浓度激烈变化的场所时的缺点，但测量结果的误差一般较大。

**氡析出率测量** 是评价铀矿冶设施退役的重要环评指标。铀矿冶设施场所退役前后都需要进行氡析出率测量，退役前的测量结果是退役治理工程设计的重要基础，而退役后的测量结果是评价退役治理工程是否达标的重要依据。氡析出率测量也是新建筑物室内氡水平控制的重要技术手段。在现代建筑中，建筑材料是室内氡主要来源，有数据显示室内来源于建筑材料的氡占住宅室内氡气来源的 60%～70%。研究发现，一些建筑材料，特别是一些新型建筑材料采用了发泡等技术，尽管建筑材料的放射性核素比活度相近，但其氡析出率有很大差别。现行的建筑材料放射性控制标准不能达到有效控制居民辐射照射的目的，控制居民内照射仅仅依据放射性核素镭的比活度是不够的。镭含量只是影响居室内氡浓度的一个较为重要的因素，氡析出率才能够反映建筑材料的综合特性和较为全面的信息。曾有成员国在世界卫生组织会议上建议采用氡析出率作为建筑材料控制标准。在我国，建材氡析出率已列为室内空气质量强制性检测指标之一。

目前，氡析出率测量比较常用的方法主要

有闪烁室测量法、活性炭-γ能谱累积测量法、静电收集快速测量法。

闪烁室测量法　将集氡罩紧扣在介质的表面 10～15 min 后，先用闪烁室真空法快速取样，再将闪烁室带回实验室进行氡浓度测量，然后根据氡浓度测量结果计算氡析出率。该方法假定可以忽略泄漏和反扩散，也忽略环境氡的干扰，集氡罩内累积的氡浓度是线性增长的。尽管闪烁室测量法的测量结果一般偏低，也不易实现大批量同时采样测量，但它仍然广泛用于铀矿冶设施退役治理场所氡析出率的测量。

活性炭-γ能谱累积测量法　将活性炭盒紧扣在介质的表面，边界用密封材料进行严格密封，经过 2～3 d 的吸附后，将活性炭盒取回实验室用γ谱仪测量其吸附的氡量，就可以得到测量期间的平均氡析出率。该方法泄漏和反扩散影响较小，适合于大批样同时采样测量；但由于活性炭盒尺寸不易做得太大，只适合氡析出率较均匀的介质测量。如果将活性炭盒置于集氡罩内累积取样不仅可以发挥活性炭-γ能谱累积测量法批样性好、测量结果可靠等优点，而且可以克服上述缺点。

静电收集快速测量法　利用静电收集由氡衰变产生的带正电荷子体钋-218 直接测量并实时得到不同累积时间的集氡罩内氡浓度，从而得到氡析出率。人们利用静电收集连续测氡仪和集氡罩研究了一种测量介质表面氡析出率的经验方法，该方法适合源项快速调查和现场监督性监测；人们又利用静电收集连续测氡仪和氡累积箱建立了测量块型建材氡析出率的方法和装置，并建模拟实验房研究了建材氡析出率与墙面氡析出率的关系，提出了块型建材氡析出率限值的建议。国内发明了一种氡析出率快速可靠测量方法，它能够消除泄漏、反扩散与环境氡浓度对测量氡析出率时影响，并采用温湿度自动补偿技术来避免采用干燥剂消除温湿度对静电收集测氡灵敏度的影响，该方法特别适合研制便携式快速氡析出率测量仪。

氡浓度测量的数据处理参见环境辐射测量数据处理。　　（肖德涛　陈凌）

huanjing fushe celiang shuju chuli

**环境辐射测量数据处理**　（data process of environmental radiation measurement）　从原始的环境辐射测量数据中求出被测量对象的最佳估算值及其精度的过程。环境辐射测量数据处理通常包括环境辐射测量数据的统计学处理和其他规范性处理。

**环境辐射测量数据的统计学处理**　在这里所指的辐射是狭义的，仅指电离辐射。辐射测量的量通常是随机量，有所谓涨落现象，所以环境辐射测量数据的统计学处理首先需要计算统计误差。例如，用盖革计数器测量一个“稳定”源得到的数据，结果见下表。

**盖革计数器重复测量结果**

| 次数 | 计数/分 | $\Delta_i$ | $\Delta_i^2$ |
|---|---|---|---|
| 1 | 89 | −10 | 100 |
| 2 | 120 | +21 | 441 |
| 3 | 94 | −5 | 25 |
| 4 | 110 | +11 | 121 |
| 5 | 105 | +6 | 36 |
| 6 | 108 | +9 | 81 |
| 7 | 85 | −14 | 196 |
| 8 | 83 | −16 | 256 |
| 9 | 101 | +2 | 4 |
| 10 | 95 | −4 | 16 |

注：Δ表示平均计数 $\overline{n}$ 与每次计数 $n_i$ 的差，即 $\Delta i = \overline{n} - n_i$，$\Delta_i^2$ 为偏差平方。

用来测定变量值围绕平均值的离散程度的标准偏差，定义为

$$\sigma_n = \sqrt{\frac{\sum_{i=1}^{m}(n_i - \overline{n})^2}{m-1}} \tag{1}$$

式中，$\overline{n}$ 为平均计数率，$\text{min}^{-1}$；$n_i$ 为第 $i$ 次测量的计数率，$\text{min}^{-1}$；$m$ 为总的测量次数；$i$ 为 1，2，3，…，$m$；$\sigma_n$ 为测量值的标准偏差。

标准偏差的重要性在于，用它可描述具有随机误差的实验结果围绕平均值的离散程度。例如，平均说来测量值的 68.27%落在 $\overline{n}\pm\sigma$ 之间，95.45%落在 $\overline{n}\pm2\sigma$ 之间，99.70%落在 $\overline{n}\pm3\sigma$

之间。表中计数率的$\sigma_n$=11.9。

平均值是真值的最好估计量，定义为

$$\overline{n}=\frac{1}{m}\sum_{i=1}^{m}n_i \tag{2}$$

上表中计数率的平均值$\overline{n}$ =990/10=99.0。

平均值的标准偏差用于估计平均值的精密度，定义为

$$\sigma_{\overline{n}}=\frac{\sigma_n}{\sqrt{m}}=\sqrt{\frac{\sum_{i=1}^{m}(n_i-\overline{n})^2}{m(m-1)}} \tag{3}$$

上表中，$\sigma_{\overline{n}}=\sqrt{141.8/10}$ =3.76。

测量值的标准偏差的含义是，如果在同样条件下再重复测量一次，则该测量值约有 68%的概率落在$\overline{n}\pm\sigma$之间。而平均值的标准偏差意指，若在相同条件下重复测量 $m$ 次，得到一个新的平均值，这个平均值落在$\overline{n}\pm\sigma_{\overline{n}}$之间的概率为 68%。

在具体计算时，常常碰到两个或多个独立测量数相加减或相乘除的情况。在此情况下，误差的演算应按照误差传递规律传递。

依据《环境核辐射监测规定》(GB 12379 —1990) 要求，统计学处理包括：

**数据可靠性分析**　为使环境监测数据可以有效地用于评价和相互比较，对任何监测结果均应给出准确度估计和精密度估计。准确度估计是给出监测数据最大可能的误差，它包括取样、放化分离和放射性测量等各个环节所致的误差；精密度估计是给出一组监测数据（至少是 10 个）相对其均值的偏差。

**数据分布检验**　在对一组监测数据进行平均之前，应首先进行统计学检验，以确定数据是否属于同一母体。对任何可疑数据的剔除均应进行统计分布检验。

**中心值和分散度估计**　如果监测数据服从正态分布，应计算算术平均值和标准差。如果服从对数正态分布，应计算几何平均值和几何标准差，如果进行剂量评价，此时应同时给出算术平均值和标准差。在计算中心值时必须排除异常数据，以求平稳的平均值。整筛平均值，是一种获得平稳平均值的方法。当环境放射性水平非常低，数据有一多半小于仪器的探测限时，此时可用概率图外推法确定中心值和偏差。

**环境辐射监测数据的规范性处理**　参照《辐射环境监测技术规范》（HJ/T 61—2001），规范性数据处理内容包括：

**有效数字和修约规则**　在计算过程中一般可多留几位数字，而不必拘泥于通常的规则。最终报告结果的有效数字位数，须限制在合理范围内，即实际的相对误差与有效数字位数反映的相对误差要相当；对一般环境水平的测量结果取2～3 位，误差的有效数字位数取 1～2 位。

**探测下限**　给出探测下限必须同时给出与这一测量有关的参数，如：测量效率、测量时间、样品体积或重量、化学回收率、本底及可能存在的干扰成分。对于计数率、活度或活度浓度的探测下限，均可由最小可探测样品净计数 LLD 算得。一般采用近似满足正态分布的 LLD 大多可以接受，当样品测量时间 $t$ 和本底测量时间 $t_b$ 相等时，采用泊松分布标准差，若统计置信水平为 95%时，净计数率 LLD 由下式计算：

$$\mathrm{LLD}=4.65\sqrt{\frac{n_b}{t_b}}$$

式中，$n_b$是 $t_b$时间内的平均本底计数率。

**小于探测下限数据的处理**　在一个样品的重复测量中出现小于 LLD 或小于零的净计数，仍要按其实际平均值参与平均。给出其最终的活度或活度浓度值时，不能为负值；当其小于探测限时，报 LLD 的 1/10。对几个不同地点或不同时间的环境样品进行平均时，如果测量结果均小于探测限，则不平均，只报探测限；当样品数较多，如果大于 15，且小于探测限的样品数所占比例不很大，如小于 1/3，则可用对数正态分布概率值，求其均值；如果小于探测限的样品数所占比例比较大，如大于 1/3，则小于探测限的样品以其探测限的 1/2 参与平均。

**可疑数据的剔除**　在未经对取样、测量、记录、计算等各环节是否存在差错的仔细审查

前，不得轻易剔除可疑数据；在仔细审查未发现有导致数据偏离一般范围的原因后，建议采用 Grubbs 准则，作统计判断。

（任晓娜　杨华庭）

**huanjing fushe diaocha**

**环境辐射调查**　（environmental radioactivity level survey）　又称环境放射性水平调查。是为某种目的，对指定地区范围内的放射性水平进行测量分析以及为评价目的对其他相关资料进行收集研究分析的活动，包括环境放射性背景调查。

**分类**　环境辐射调查可按目的分为四类：①大范围环境放射性水平普查。对于大范围环境放射性水平普查，可以是一个国家（例如，20 世纪 80 年代国家环境保护局组织开展的全国环境天然放射性水平调查）或一个地区。调查对象可以是广泛的，包括环境介质中的放射性核素含量和贯穿辐射水平。也可以是针对某一特定目的的调查，例如，对氡的水平、饮用水水源地水、矿产资源中天然存在放射性核素等进行普查。②针对特定核与辐射设施周边环境开展的调查。对特定核与辐射设施厂址环境的放射性水平调查，是辐射环境管理中最常见的一种环境水平调查活动。例如，对于核电厂，要求在首次装料前必须完成连续两年以上的辐射背景值调查；针对运行核设施开展的放射性水平现状调查，以确定其运行对周围环境的辐射影响程度等。③针对矿产资源开发利用设施或活动所进行的环境辐射水平调查。④针对特定目的对特定核素所进行的专项调查，如大气、水体、土壤、典型材料，或典型食物中特定核素的调查研究，如空气中铅-210、钋-210，以及典型水体环境生产的虾中铅-210、钋-210 专题分析研究。

**沿革**　自 20 世纪 60 年代以来，全球已有 20 多个国家和地区开展了不同规模的天然放射性水平调查，同时，一些国家还相继开展了大气层核试验落下灰的系统监测与评价。

核能发电、核燃料循环设施、放射性同位素和辐射技术的应用都可能会引起环境辐射水平的改变，同时，人为活动也可以引起天然辐射水平的增加（如矿物的开采、冶炼，特殊建材、磷肥的生产和利用等）。为了及时发现人为活动引起的环境辐射水平的改变，为了科学地评价技术和资源开发可能对环境产生的影响，为了合理地拟定环境放射性监测和管理方案，都需要一份我国环境辐射水平的现状水平、分布及其变化规律的系统性资料。为此，原国家环境保护局依据试行的《中华人民共和国环境保护法》所赋予的关于“国家环境保护主管部门统一组织环境监测、调查和掌握全国环境状况和发展趋势、提出改善措施”的职责和 1982 年国务院有关文件的精神，结合我国核工业已有 30 年的历史、核电事业已经起步、核技术和放射性同位素迅速发展的情况，自 1983 年起，开展了以摸清环境天然放射性现状水平、分布及其规律为主要目的的全国环境天然放射性水平调查。该项目于 1983—1990 年，在全国范围（不包括台湾省），基本以 25km×25km 网格均匀布点调查了陆地环境（分原野、道路和建筑物室内）γ辐射剂量率；与此同位布点同时采集土壤样品，测定分析了土壤中铀-238、镭-226、钍-232 和钾-40 含量。与非放射性常规监测同位布点调查了我国水体中铀、镭-226、钍和钾-40 浓度。在核设施周围和可能造成污染的地区加密布点做了调查。还在 15 个省的 21 个城市对局部地区室内、外空气中氡及其子体浓度做了调查，获得了一份反映我国环境天然放射性现状水平、分布及其规律的基础国情资料。近年来，国内的专项调查研究工作开始较多地关注天然存在放射性核素的取样和测量，例如，钋-210、铅-210 和氡-220 等。

**作用**　对于大范围普查性的调查，其目的是事先确定的。这类调查的目的往往是获得平均水平，比如公众平均接受的陆地γ剂量率、地面附近宇宙射线、环境及室内氡水平等。

对于针对特定核及辐射设施所开展的环境辐射调查，主要目的有：①评价由于核设施的运行而释放到环境中的放射性物质或辐射对人产生的实际或潜在的照射水平，或估计这种照射的上限。②在评价该核与辐射设施的地理范围内，确定天然放射性水平状况。③在上述评价范围内，确定由于大气层核试验、核电厂事故、其他邻近核与辐射设施所产生的人工放射性影响。这种影响包括环境介质中的放射性核素含量以及所引起的辐射剂量。④判断环境辐射现状水平是处于正常范围，还是存在异常。⑤确定背景基线，以便为今后运行时的环境影响作比较。⑥为核及辐射设施在运行寿期终了实施退役的环境影响评价提供基础资料。

**调查内容** 环境辐射调查目的是评价核与辐射设施的辐射环境影响程度。由于评价一个设施引起的环境影响时，除要考虑该设施向环境可能排放的放射性物质，即流出物之外，还需考虑气、液流出物在环境中的传输、弥散，考虑人口分布、食谱和土地利用等，因此，环境辐射调查还应对环境影响评价相关的气象、水文、土地利用、人口分布、饮食习惯等一并调查。

**基本要求** 环境辐射调查既是一项独立的调查工作，又是辐射环境管理链条中的一个环节，需考虑的基本要求是：依据调查目的制定相应的调查大纲和调查的质量保证。

**调查大纲** 调查之前编制调查大纲是做好环境辐射调查的首要环节。在调查大纲中应明确调查内容、地理范围、调查方法、监测或取样频次、监测仪器仪表、调查的组织管理、调查数据处理、调查的资源保证以及调查的质量保证等。

**质量保证** 要想取得有代表性、可比可信的调查结果，必须做好调查的质量保证工作。质量保证应贯穿于调查的始终，从制定调查大纲起直到形成调查报告止都要考虑并执行质量保证要求。比如，调查大纲内容要周全，监测频次要合理，方可保证数据处理的顺利进行；调查时监测与取样点位选择合理方能达到应有的代表性；所用仪器足够灵敏和准确，在选购时就需考虑其技术指标能满足环境监测要求，监测结果方能可信；测量仪器必须定期刻度或校准，校准时所用的标准源应能追溯到国家标准，当有重要元件更换或工作位置变动或维修后，必须重新进行刻度或校准，并做好记录；测量仪器在测量前，应检查本底计数率，并记入质量控制图中；放化实验室必须建立严格的质量控制体系；测量人员须经过专业培训，熟悉所从事的工作性质和测量要求；对异常数据要认真分析，不能轻易取舍；实验室参加比对有助于提高调查结果的可靠性。

**调查报告** 调查结果的评价要围绕事先确定的调查目的进行。为评价公众受到的剂量，必须根据有关模式、参数估算出公众剂量，并将计算得到的剂量与有关剂量限值进行比较。如果调查目的是估计放射性物质在环境中的积累情况，调查结果应以比活度表示，并且将其与运行前背景调查以及以往调查结果或测量结果相比较，评价变化趋势。如果调查目的是检查源项单位向环境的排放是否满足所规定的排放限值，调查结果应同时给出排放浓度和排放总量，并与规定的排放导出限值和年排放量限值总量进行比较。调查报告的内容还应包括：取样或现场测量地点的几何位置；调查核素的种类；分析测量方法；测量结果及其误差等。

**发展趋势** 早期的环境辐射调查通常采用人工的野外现场测量和人工采样后在实验室进行分析测量，随着汽车、航空、通信、卫星定位、地理信息数字化以及核探测等科学技术的不断发展，逐步由车载测量、航空测量、自动连续采样和测量、大批量测量等方法替代简单、繁重的人工分析测量，大大提高了环境辐射调查的工作效率。调查范围逐步由地面向空中、海洋等方面拓展，调查内容更加注重核事故应急、核恐怖袭击所关注的主要放射性核素。测量仪器灵敏度不断提高，使得环境辐射调查的事故预警功能不断提升。 （赵顺平 任晓娜）

**huanjing fushe diaocha dagang**

**环境辐射调查大纲** （programme of environmental radioactivity level survey） 在现场调查前编制的包括调查内容、方法、组织管理、数

据处理、资源保证以及质量保证等内容的要求和要点。无论是大范围的环境辐射普查、区域性的环境辐射调查，还是针对某一对象的专项调查，在开展调查工作之前必须制定出切实可行的调查大纲。

**大纲制定的步骤** 随着相关核设施的类型、规模等的不同，辐射环境调查方案的要求和规模也不同。制定大纲的主要步骤为：收集背景性资料、识别照射途径、确定样品的收集和分析计划、制定质保要求。

**收集背景资料** 包括该地区内其他设施的有关背景资料，可能受照公众的分布和活动，当地的土地和水的利用模式，当地气象、地表和地下水文资料。从中可以识别可能受照人群、重要的核素和可能的环境途径。其他要考虑的因素包括装置的类型、利用的放射性物质的性质和量，释放模式和可能性，释放的可能物理和化学形态，该地区相同污染的其他污染源，环境受体的特性（包括自然特性，如气候、人文、地理、土地制约等）和社会特性（如水库、海港、水坝、湖等，土地利用、居民、工业、娱乐、奶牛场、农场，当地供水资源等）。

**识别照射途径** 通过照射途径和以上有关背景资料的分析，主要目的是要确定“三关键”，即关键途径、关键核素和关键居民组。同时还可以识别指示性生物。

**确定样品的收集和分析计划** 任何环境调查计划的制订都必须在满意的监测灵敏度和合理的代价之间的权衡基础上完成。环境调查是在放射性物质进入环境之后所进行的监测，因此辐射水平一般都比较低，必须把样品的收集和分析计划制订好，以保证在关键的位置上能提供有关环境状况的可靠指示。回答好取什么样，何地、何频率，采用什么方法和设备，如何处理测量结果等问题。还包括对一些有特异性的指示性样品的选择。

**制定质保要求** 要想取得有代表性、可比可信的调查结果，必须做好调查的质量保证工作。

**大纲制定的目的** 制定环境辐射调查大纲，首先要考虑实施环境辐射调查所期望达到的目的：①评价核及辐射设施对放射性物质包容和流出物控制的有效性；②测定环境介质中放射性核素浓度或照射量率的变化；③评价公众受到的实际照射及潜在剂量，或估计可能的剂量上限值；④发现未知的照射途径，并为确定放射性核素在环境中的传输模型提供依据；⑤出现事故排放时，保持能快速估计环境污染状态的能力；⑥鉴别由其他来源引起的污染；⑦对环境放射性背景水平实施调查；⑧证明是否满足限制向环境排放放射性物质的规定和要求。

**大纲制定的考虑因素** 制定环境辐射调查大纲，还要考虑下列客观因素：①源项单位流出物中放射性物质的含量、排放量，排放核素的相对毒性和潜在危险；②源项单位的运行规模，可能发生事故的类型、概率以及环境后果；③流出物监测现状，对实施环境核辐射调查的要求程度；④受照射群体的人数及分布特征；⑤源项单位周围土地利用和物产情况；⑥实施环境辐射调查的代价和效果；⑦实用环境辐射监测仪器的可获得性；⑧环境辐射监测中可能出现的各种干扰因素。

**大纲要点** 不同的调查目的需制定不同的调查大纲。通常，调查大纲中会包含环境辐射监测方案，基本内容一般包括：①监测介质：一般包括空气、水体及水生物、土壤及沉积物、动植物及其产品等；②监测内容：α、β、γ总活度，α、γ核素分析，剂量或剂量率，环境介质中核素活度、沉降率等；③监测地点（取样或监测点的分布）；④监测频度或时节；⑤取样、测量样品的量；⑥取样和测量方法及技术；⑦质量保证计划。根据阶段不同，分为核设施运行前的环境辐射调查大纲和运行期间的环境辐射调查大纲。

**运行前调查大纲** 运行前环境辐射调查大纲应体现下述目的：鉴别出核设施向环境排放的关键核素、关键途径和关键居民组；确定环境背景水平的变化；对运行时准备采用的监测方法和程序进行检查和模拟训练。

核设施运行前环境辐射调查的内容应包括环境介质中放射性核素的种类、浓度、γ辐射水平及其变化；核设施附近的水文、地质、地震和气象资料；主要生物（水生、陆生）种群与分布土地利用情况；人口分布、饮食及生活习惯等。

核设施运行前环境辐射调查至少要取得运行前连续两年的调查资料，要了解一年内放射性背景的变化情况以及年度间的可能变化范围。运行前环境辐射调查的地理范围取决于源项单位的运行规模，对于大型核设施供评价用的环境参数一般要调查到 80 km。

**运行期间调查大纲**　核设施运行期间环境辐射调查大纲的制定要依据调查对象的特点以及运行前环境背景调查所取得的资料而定。

核设施运行期间环境辐射调查应考虑运行前背景调查所确定的关键核素、关键途径、关键居民组。测量或取样点至少有一部分与核设施运行前背景调查时的测量或取样位置相同。①对于存在事故排放危险的核设施，运行期间环境辐射调查大纲必须包括应急监测内容；②对于准备退役的核设施，必须制定退役期间以及退役后长期监护期间的环境辐射调查大纲；③对于核技术应用及伴生放射性矿物资源的利用活动，环境辐射调查大纲的内容可相应简化。

随着源和环境情况的变化，以及环境辐射调查经验的积累，调查大纲要及时调整。一般在积累足够监测资料后，环境辐射调查大纲应当从简。　（赵顺平　任晓娜）

**huanjing fushe jiance fangfa**

**环境辐射监测方法**　（environmental radiation monitoring methods）　为估算和控制环境中的电离辐射或放射性物质而进行的物理和化学测量方法。环境辐射监测的对象是环境介质和生物。环境辐射监测方法按照监测的方式可分为就地环境辐射测量方法和样品的实验室测量分析方法两类。

**就地环境辐射测量方法**　是将探测器携带至现场或将探测器固定安装于现场，直接测量环境辐射水平或放射性水平的一类方法。就地环境辐射测量可分为环境辐射剂量测量、环境地面α/β污染测量和就地环境γ谱测量。

**环境辐射剂量测量**　按照测量时间，环境辐射剂量测量又可细分为环境辐射累积剂量测量、环境辐射瞬时剂量（又称剂量率）测量、环境辐射剂量率连续测量等。

**环境辐射累积剂量测量**　通常采用热释光剂量计（TLD）进行测量。目前常用的 TLD 探测器有 LiF、$CaF_2$（天然）、$CaF_2$（Mn）、$CaSO_4$（Mn）、$CaSO_4$（Dy）、LiF（Mg，Cu，P）等。TLD 探测器一般宜放置在离地面 1～1.5 m 的距离处，测量周期为 1～3 个月。

**环境辐射瞬时剂量测量**　通常采用便携式的高气压电离室、GM 计数管、NaI（Tl）闪烁晶体、CsI（Tl）闪烁晶体、塑料闪烁体作为探测器。为了获得较准确的环境γ-X 辐射空气吸收剂量率，宜对各类探测器进行能量补偿。一般将探测器置于地面上 1 m 高处进行测量，并按等时间间隔（如每 10 s）读取若干个数，取其平均值代表测量点处的环境γ-X 辐射空气吸收剂量率值。

**环境辐射剂量率连续测量**　环境γ剂量监测通常采用高气压电离室和 GM 计数管为探测器，采用一定的时间间隔（如 1～10 s）获取 1 次数据，然后可采用不同方法对所获数据进行处理（例如，高气压电离室探测器，一般对每 5 min 求取平均值，每小时对 12 个 5 min 的剂量率数据再求取平均值和标准差，此数据可用以甄别判断核设施放射性烟羽排放的影响）。环境辐射剂量率连续测量也有采用配以恒温加热装置的 NaI（Tl）为探测器的。环境辐射的中子剂量率一般采用锂闪烁体 [LiI(Tl)和 LiI(Eu)]、氦-3 正比计数管和三氟化硼（$BF_3$）正比计数管为探测器。环境辐射的中子剂量率测量一般采用热中子反应截面大的物质制成的探测器[如氦-3 正比计数管、$BF_3$ 正比计数管以及 LiI（Tl）和 Li（Eu）闪烁体]和聚乙烯等含氢材料做慢化体组成的仪表，其应满足规定的中子注量-剂量换算系数的要求。

**环境地面α/β污染测量** 一般采用 ZnS（Ag）和塑料闪烁体为探测器，其中 ZnS（Ag）闪烁体对α粒子的探测效率可达100%。测量时，一般探测器表面距地面的距离为 1～3 cm。

**就地环境γ谱测量** 一般采用 NaI（Tl）和 HPGe 探测器。目前 NaI（Tl）探测器一般配备 512～1 024 道脉冲幅度分析器。HPGe 探测器一般配以 4 096～8 192 道脉冲幅度分析器构成高分辨率γ谱仪系统。就地γ谱仪通过适当的校准，可同时测量获取土壤中γ放射性核素的活度浓度及其在地面 1 m 高处的空气吸收剂量率贡献。

**样品的实验室测量分析方法** 包括样品采集、样品前处理和测量分析等步骤。

**样品采集** 环境辐射监测中的采样，按照采样介质分为空气、沉降物、水、水系底部沉积物、土壤、生物及食物样品的采集。

空气样品采集 空气样品分为放射性气溶胶、放射性气体和放射性蒸气样品。对放射性气溶胶样品，通常采用空气过滤法进行采集，其采样装置一般由过滤器、流量计（指示及调节装置）和抽气设备三部分组成；对于放射性气体样品和放射性蒸气样品取样，通常采用固体吸附剂（例如，变色硅胶用于氚的吸附，活性炭用于卤素气体的吸附等）法、气洗法和冷凝法等。

沉降物样品采集 沉降物一般包括落下灰及降水。采集落下灰一般用黏纸法、水盘法和高罐法。降水包括降雨和降雪。雨、雪样品通常由漏斗和大容器聚乙烯瓶（约 30 L）组成的雨、雪样品采集器采集。如需要从地面采集降雪样品，应选择平坦地面，用木铲铲取雪样，但需防止在取样过程中引入干扰物质。

水样品采集 包括地表水和地下水。要注意天然水体本身的变化（如河流的枯水期、平水期及丰水期等），选取合理的采样时间、采样体积等。布点应根据河流、湖泊、水库、海洋等水源自然条件，将其分为若干断面进行采样。在不同断面上，应根据水深的具体情况，布设不同深度的采样点。对于深层河水和海水样的采集，则要用专门设计的采样器。

水系底部沉积物样品采集 底部沉积物是水环境体系的重要组成部分。底部沉积物采样断面和采样点的设置原则上与水样品采集相同，以便获取更多的信息。具体采样中常会遇到水控制断面处底质不是泥质区，而是卵石、沙砾区，这时应向下游偏移至泥质区，如对照断面出现类似状况，则应向上游偏移至泥质区。采样器有掘式采泥器和柱状样品采集器。

土壤样品采集 典型的土壤样品采集区应选择在远离公路、铁路的平坦开阔地带。采集区内土壤采样方法，应根据情况选用对角线法、梅花五点法、棋盘法、蛇形法等。对于土壤背景值调查的采样，要特别注意浅土母质的作用。采样点必须包括主要的土壤类型，尽可能选取未受人类活动影响的区域采集。土壤采样深度一般在 30 cm 内。为了定量测量沉降于地面的人工放射性核素的活度浓度，要求采用柱状样品采集器进行垂直深度的土壤样品采集，并准确记录土壤样品的取样深度。

生物及食物样品采集 采集的一般原则是：具有代表性、典型性和适时性。依据监测的目的，在选定采样区域内分别采集植物的根、茎、叶、果或全株。对农作物、蔬菜及粮食的采集，一般在各典型小区按梅花形采样或交叉间隔式采集 5～10 个样，然后混合成一个代表样品；应在收获季节采样。对于水生生物（如浮萍、藻类等）通常采集全株。对食物样品则应选择主要膳食食品，重点放在产地和消费市场上采样。

**样品前处理** 是环境辐射监测的样品取样测量分析中必不可少的步骤。样品前处理的目的是使待测组分转变为溶液体系，破坏有机物，缩小样品体积或质量，便于分离操作。

水样品的前处理 为了抑制水样品在贮存期间可能发生的物理、化学、生物变化，可采用酸化、冷冻或加载体、稳定剂等方法；其中以酸化方法应用最广泛，一般用 HCl 或 $HNO_3$ 调到 pH 为 1～2。有时为了抑制微生物的繁殖，可适当加入少量有机试剂，在分析富营养物的水样时尤其要注意。容器材料应尽量采用聚乙烯或聚四氟乙烯，避免采用金属和玻璃容器。

土壤样品的前处理　采集的土壤样品首先挑去石块和树叶草根，经风干或烘干，然后经研磨过筛（60～100目）。对于γ谱测量分析，则可将研磨过筛后的土壤直接装样品盒待测量；如果做其他分析，则可依据具体情况，选择合适的方法（浸取法、全溶法或熔融法）进行前处理。

生物样品的前处理　分为干灰化法、湿消解法和微波湿灰化法。①干灰化法是目前环境辐射监测常用的方法。干灰化法处理的样品质量（或体积）一般可缩小1%～10%。其优点是：一般不需要外加试剂，不会引入干扰物，可处理的样品量大，对设备腐蚀作用小；其缺点是：易挥发的元素损失率较大，对于粮食等样品的灰化时间太长。②湿消解法又称湿灰化法。其优点是：氧化速率较快，方法简便，元素损失率小；其缺点是：使用酸量较大，腐蚀问题严重，不太适合环境辐射常规监测工作，也难以处理大量样品。③微波湿灰化法最大的优点是灰化时间短（几分钟）、酸用量小（一般数毫升），灰化损失率极小；缺点是处理样品量较少（0.2～10 g）。

**测量分析**　分为物理测量方法和化学分析方法两类。环境辐射的物理测定方法又可细分为总放射性活度测定方法和放射性核素活度浓度的谱测定方法。总放射性活度测定主要是对大量待分析样品进行分类或筛选，初步判断有无放射性以筛选出需要进一步仔细测量的样品。由于辐射测量技术的快速发展，用于测量α谱或β谱及核素活度的技术已相当广泛，用测谱的方法可大大改进仅依据总活度进行分析评价的缺欠和局限性。总放射性活度测定又可进一步分为总α放射性测定和总β放射性测定。

环境样品总α放射性测定　分为直接测定法和浓集（载带或蒸发）测定法，前者是对经前处理后的样品进行直接铺样测量，后者是对前处理后的样品进行进一步的化学处理后再进行铺样测量。按照测量样品厚度的不同，环境样品总α放射性测量可以分为薄层样法、厚层（饱和层厚度）样法和介于两者之间的中间层样法。都必须用α标准源对测量仪器进行效率校准；α标准源的选择应与待测样品中的α粒子能量一致；由于天然存在的主要α粒子能量为3.9～5 MeV，故常规监测中选择天然铀源作为仪器效率的校准较宜，而对人工沾污的待测样品，通常选用钚-238+钚-239标准源。

环境样品总β放射性测定　总β放射性测量的样品，一般需均匀将其厚度铺成10～15 mg/cm$^2$（以15 mg/cm$^2$为宜）。对于环境中天然总β放射性测定，钾-40的贡献是主要的；对有可能受到人工β核素沾染的样品，常常采用“去钾总β测量”。环境样品总β放射性测量中，一般选用KCl作为标准放射源来校准仪器的探测效率。

环境样品α谱测量分析　在环境辐射监测中，会遇到一些源于核燃料循环和同位素生产及应用的人工α放射性核素（如钋、钚、镅、锔等），它们的毒性大、寿命长，在环境中的限制浓度很低，从而构成了一类特殊的测量问题。环境中还存在铀、钍、锕系的天然放射性核素，很多场合下常被当作干扰核素需要加以鉴别。低本底α谱仪是鉴别和测定环境介质中α核素的重要工具。通常用于α谱仪分析的探测器有半导体和大面积屏栅电离室。金硅面垒半导体探测器已广泛用于α能谱分析，通常作为环境样品低水平α能谱分析用的半导体探测器，一般只能采用较大面积（如直径$\phi\approx$ 2.5 cm）的探测器，其能量分辨率在50～60 keV。由于半导体探测器的面积小，为了保证足够的样品量，必须采用浓集的办法制备样品，即先采用共沉淀或离子交换分离浓集，再采用电沉积的方法制成供测量的样品，电沉积效率应大于99%。

环境样品的γ谱仪测量分析　最为广泛应用于环境辐射样品中γ放射性活度浓度测定的仪器是低本底γ谱仪。低本底γ谱仪由NaI（Tl）或HPGe探测器、屏蔽体、放大器和多道分析器等组成。目前，γ谱仪主要有NaI（Tl）γ谱仪和HPGe（高纯锗）γ谱仪两类。NaI（Tl）γ谱仪具有探测效率高、价格便宜和维护容易等优点，但由于能量分辨率差，应用受到限制。HPGe γ谱仪的优点是能量分辨率高（对于 1 333 keV能峰，其半高宽 FHWM 最好可达 1.6 keV）；缺点是探测效率低、价格昂贵、维护较困难。NaI（Tl）γ谱仪通常配 256 道或 512 道；HPGe γ谱仪通常配 4 096 道或 8 192 道多道分析器。屏蔽体可分为简单铅屏蔽体（壁厚 10 cm）、简单钢屏蔽体（壁厚 20 cm）或以铅或钢为主体的交替物质屏蔽体，屏蔽体内径不宜太大，以减少空气中氡子体浓度变化对本底的影响。复杂的低本底 HPGeγ谱仪除了上述结构外，通常增加了由 NaI（Tl）环晶体或塑料环闪烁体组成的反符合屏蔽γ谱仪；为进一步降低本底，在铅屏蔽体的内表面依次衬 1 mm 的镉、铜和塑料，以分别吸收铅、镉、铜产生的 73 keV、23 keV 和 8 keV X 射线，另外，通过选取低钾 NaI（Tl）环晶体和低钾光电倍增管、实验室恒温通风、将低本底γ谱仪置于低放射性含量岩石的深部山洞（如白云岩、盐矿等）等措施，可进一步降低 HPGeγ谱仪的本底水平。γ谱仪在使用前要采用标准源进行能量校准和探测效率校准，如果准确了解γ谱仪的几何结构，也可以采用蒙特卡罗方法模拟计算其能量响应和探测效率校准因子，但通常必须对部分能量点进行实验验证。低本底γ谱仪在实际测量应用时，如果测量样品的条件（如样品的密度、体积等）与获取探测效率因子的条件不一致时，必须进行自吸收修正和几何修正；如果待测的放射性核素具有多条γ射线的级联发射，还应进行级联加和修正。

环境空气中氡（Rn）及其子体测量　见环境氡浓度测量。

**化学分析方法**　针对环境样品中的天然α放射性核素（铀、镭、钋-210、铅-210 等）、裂变产物（氚、锶-90、锆-95、钌-106、碘-131、碘-125、铯-137、铈-141、铈-144、钷-147 等）、活化产物（锰-54、铁-59、钴-60、镍-63、锌-65 等）和超铀元素（钚-239、钚-240、镅-241、锔-242、锌-65 等），采用各自相适应的化学方法，例如：生成络合物、酸碱浸取、载体吸附载带、共沉淀浓集、树脂选择性吸附、萃取、反萃取、酸洗净化、色层柱分离、沉淀分离、还原解析、电解浓集等，将环境辐射样品中的待测放射性核素进行分离、纯化和浓集，而将其他干扰核素予以排除，然后制成单一纯化放射性核素的样品，以便采用激光液体荧光仪、分光光度计、闪烁测量室、低本底α/β测量仪、低本底液闪计数器、低本底液闪谱仪、低本底α谱仪、低本底γ谱仪等物理测量仪器对环境辐射样品中的待测放射性核素进行定量测量分析。环境辐射样品的化学分析方法的主要特点：一是通过对样品进行一系列化学处理，可从样品选择性提取、纯化、浓集待测放射性核素，可用较简单的仪器设备定量测量样品中核素的活度浓度；二是环境样品经过提取、纯化、浓集化学处理后，降低了样品的探测下限。

（肖雪夫　陈凌）

huanjing fushe jiance pingjia

**环境辐射监测评价**　（environmental radiation monitoring assessment）　环境辐射监测质量管理的重要组成部分，是评价环境辐射监测数据的代表性、准确性、精密性、可比性和完整性的特定的评价指标体系。

监测数据要能反映辐射环境质量时间、空间上的分布及变化趋势；要能准确地对我国的经济、环境政策做出科学评估；要能对污染的责任做出公正科学的界定；要能对生态环境发生安全风险做出预警、对污染事故进行应急监测，对处理和受到损害的辐射环境进行生态修复提供科学依据；环境是供全民享用的公共资源，公众有环境知情权；环境辐射监测数据和信息要有公信力、要有科学性，而且在法律上有举证和辩护能力。

**沿革**　目前辐射环境安全管理、环境执法以及社会公众对环境辐射监测数据的需要不断增长，及时、高效、可靠地为社会各方提供公正、权威的评价是辐射监测工作者的责任。由于分析方法的局限性、监测分析人员的技术水平、监测因子的变异性以及各种干扰因素作用，造成数据失真现象时有发生，如果环境辐射监测数据不够准确，将直接影响环境执法、环境管理、污染纠纷仲裁的合理性和准确性，而且对环境评价、环境污染治理，也不可能得出准确结论。

发现和判别异常数据，对其进行合理分析是环境辐射监测评价的重要内容，环境辐射监测工作要求监测数据应达到的质量指标是：监测数据具有代表性、准确性、精密性、可比性和完整性。①代表性表示在空间和时间分布上，所采样品反映总体真实状况的程度；②准确性表示测量值与真实值的一致程度；③精密性表示多次测定同一重复样品的分散程度；④可比性表示在环境条件、监测方法、资料表达等可比条件下所获资料的一致程度；⑤完整性表示取得监测资料的总量满足预期要求的程度或表示相关资料收集的完整性。因此，系统质量保证是全过程的质量保证。

**环境辐射监测评价的方法** 目前，对环境辐射监测评价方法和评价指标体系还缺乏统一的认识，由于环境辐射监测评价人员工作经验和思维方式等方面的差异，其评价的方法也各不相同。研究表明，在一般的监测评价时，应该围绕着“五性”对监测过程中前后制约的各个环节进行评价，才能保证监测数据的准确、可靠。

**监测数据代表性的评价** 样品的代表性是指具有代表性的时间、地点，并按规定的采样要求采集的有效样品的特性。其中采样是关键环节，只有采到有代表性的样品，分析出来的数据才有使用价值和代表性。样品的采集是全部分析工作的基础。忽视了采样的科学性、技术性，所获得的监测数据就难以反映被测对象的真实情况。实践证明：缺乏科学性的采样所带来的误差远大于实验室内分析过程中所产生的误差，不符合规范的采样必然给监测数据带来较大的误差且不能真正反映样品的代表性。因此评价人员应根据自己负责评价的内容，及时发现和杜绝可能出现的问题。此外，数据的代表性还应确保“时空”的代表性。

**监测数据完整性的评价** 在保证样品完整性的同时，为了保证监测数据的完整性，应评价分析方法的选择是否正确，方法的检出限、测试精度是否符合监测对象的要求。若方法选择不当，监测数据就会发生偏差或不准确。环境监测按监测目的不同可分为环境质量现状监测、污染源监督监测、环评监测以及建设项目竣工验收监测等，应着重评价不同的监测方法、规范要求，与其对应的监测项目、分析方法、监测频次及监测数据所要求的质量目标等。

**监测数据精密性、准确性的评价** 精密度和准确度是衡量实验室内测定结果质量的重要指标。因此，在评价这两项指标时除了要确保所用仪器的精度外，还要特别注意每批样品的测试是否有按技术规范要求，有一定比例的样品平行双样分析、加标回收率分析及密码样平行分析等。检查样品平行测量值是否具有良好的重复性和再现性，其精密度是否达到方法给定的室内标准差的要求；样品加标回收率的测量值是否尽可能地与真值接近，回收率达到技术规范要求。此外，除了评价分析过程的精密性、准确性之外，还应评价相应的实验室内质量控制内容，如校准曲线、检出限和空白实验值。

**监测数据可比性（合理性）的评价** 监测数据的可比性（合理性）分析包含时空分布合理性分析、污染物排放规律合理性分析、监测指标之间相互关系合理性分析，以及采样、监测、数据处理等全过程可比性分析，还包含标准物质准确度、各行业之间、污染物之间、实验室之间监测数据的可比性和统一性。监测数据的可比性评价的范围很广，且专业性很强，不仅要运用环境监测技术规范和国家颁布的分析标准，还要运用各污染物之间相互关系及其在不同环境中的迁移转化规律和浓度变化范围等知识，才能对比各种物质间的关系，对异常值进行合理分析。利用类同监测对象的环境统计资料作类比分析。在环境统计资料分析的基础上，应结合有关的物理、化学、生物及水文

等资料进行分析。（袁之伦　陈竹舟）

huanjing fushe jiance yibiao

**环境辐射监测仪表**（environmental radiation monitoring instruments）用于实现环境中辐射源的外照射剂量（率）以及环境介质中放射性核素浓度监测的仪表。环境辐射监测的对象是环境介质和生物，目的在于检验核设施运行在周围环境中造成的辐射和放射性水平是否符合国家和地方的有关规定，并对人为活动引起的环境辐射水平升高进行监测。

**沿革**　早期的环境辐射监测主要以气体探测器为主，20 世纪 30 年代就出现了用于宇宙射线测量的高气压电离室，自 50 年代起，高气压电离室开始用于核设施环境监测，至 70 年代初，开始用于核设施周围环境γ辐射连续监测。目前高气压电离室、高灵敏盖革-弥勒（GM）计数管和正比计数管仍广泛应用于环境剂量率监测。闪烁探测器用于环境辐射测量是自 20 世纪中叶出现塑料闪烁体和 NaI（Tl）闪烁体后。20 世纪 70 年代较好地改善了 NaI（Tl）闪烁体的能量响应问题，之后基于 NaI（Tl）闪烁体的环境监测仪器得到了更广泛的应用。半导体探测器的出现对于环境辐射监测具有革命性意义，特别是 1962 年出现的 Ge（Li）探测器使得真正的高分辨率能谱测量和复杂核素分析成为可能。1970 年出现的高纯锗（HPGe）探测器解决了 Ge（Li）探测器需要低温保存的问题，从而逐步取代 Ge（Li）探测器在环境辐射监测领域广泛应用。随着电子技术与计算机技术的发展，环境辐射监测仪器的前置电路和数据采集记录系统经过了几代的更新，目前嵌入式数字信号处理技术、网络技术、数据传输技术和嵌入式数据分析算法是辐射监测仪器电子学的发展方向。以此为基础，高气压电离室、GM 计数器、正比计数管、闪烁探测器、硅探测器仍继续在世界各国的环境辐射监测网中应用。

**工作原理**　环境辐射监测仪表一般由辐射探测器和信号处理分析单元两部分组成。①辐射探测器是通过辐射与探测器材料相互作用所产生的电离、原子激发或热效应来实现辐射测量的，其主要作用是把沉积在探测器灵敏区的辐射能量转变为信号处理单元能够记录和分析的信号。主要包括气体探测器、闪烁探测器和半导体探测器。②信号处理分析单元一般由放大器、脉冲成形电路、数据处理和分析模块组成。二者组成的监测仪表的工作模式主要包括脉冲模式和电流模式，其中脉冲模式可记录单个辐射事件，适用于低计数率的环境水平辐射监测，而常用于环境监测的高气压电离室则常工作在电流模式。

**仪表分类**　按照监测对象可分为外照射监测仪表、表面污染监测仪表、就地γ能谱仪、航空放射性监测系统、环境样品分析测量设备。

**外照射监测仪表**　外照射监测的量主要是γ空气吸收剂量（率）。外照射监测仪表中应用最为广泛的是高气压电离室、闪烁探测器、GM 计数管。

高气压电离室　借助于辐射与电离室内气体分子相互作用产生电离，依靠电离产生的离子和电子在电场作用下的漂移运动而输出电信号。此类剂量仪具有自身本底低、灵敏度高、长期稳定性好的特点，具有较好的能量响应特性，对环境γ射线的剂量响应因子与对宇宙射线电离成分的剂量响应因子相近，球形电离室几乎无角响应，非常适合环境辐射场的剂量测量。

闪烁探测器　将闪烁体直接或通过光导与光电转换器件耦合组成的辐射探测器，通过光电转换器件将射线在闪烁体中产生的荧光转化为电信号来实现辐射测量。包括塑料闪烁探测器和 NaI（Tl）闪烁探测器。①塑料闪烁探测器具有较好的能量响应特性、灵敏度高，对宇宙射线的响应需要参照其他仪表进行修正，存在一定的温度效应；②NaI（Tl）闪烁探测器具有很高的灵敏度和较好的稳定性，但其能量响应特性很差，随着计算机和信号处理技术的发展，已能从软件或硬件方面较好地改善能量响应，由于具备一定的核素识别能力，在环境剂量监测方面的应用空间更为广阔。

GM 计数管　工作在盖革-弥勒区的气体探

测器，由充气的圆柱形密封容器和中央的一根细金属阳极丝组成。由于盖革-弥勒区的气体放大倍数远高于 1，输出脉冲幅度与初始电离失去了关系，因而丧失了入射射线的能量信息。GM 计数管有较好的长期稳定性、较大的脉冲输出信号、较宽的工作温度范围、功耗低、通过能量补偿技术改善能量响应特性，可做成高灵敏γ辐射剂量仪，但由于计数管对宇宙射线高能带电粒子和γ射线的计数效率相差悬殊，用于测量环境γ剂量率时应采取修正措施。

外照射监测可分为即时测量和累积剂量测量。①环境γ辐射自动连续监测仪主要针对境内核设施的排放和境外核事故的越界影响，采用固定安装方式，探测器的种类有高气压电离室、NaI（Tl）和塑料闪烁探测器、GM 计数管、正比计数器。由于常年在室外连续运行，对仪器的环境适应能力（温、湿度）有严格的要求，气象因素（特别是降水）等对监测数据的干扰应给予充分考虑。②环境γ辐射外照射累积剂量测量主要以 $CaSO_4$ 和 LiF 热释光剂量计为主，$CaSO_4$（Dy）比 LiF（Mg，Ti） 的灵敏度高，制备工艺简单，经补偿可适当改进能响特性，但低能区响应很低，目前 LiF（Mg，Cu，P）在环境γ累积剂量测量中的应用更广泛。次级宇宙射线的测量常采用正比计数器、高气压电离室、μ介子探测器和中子探测器等。

**表面污染监测仪表** 用于及时发现污染，确定污染点位和范围，并定量给出污染程度甚至是污染核素的信息。各类α/β/γ污染监测仪、低本底α/β测量仪的常用探测器主要有气体正比计数器、闪烁探测器、半导体探测器等。采用位置灵敏探测器或探测器阵列的表面污染监测装置，不仅可准确给出污染点位，还可三维显示污染图像和量值，特别适用于大面积污染场地的测量。超射程α探测器以其极高的α探测灵敏度，为低水平α测量提供了较好的选择方案。

**就地γ能谱仪** 用于距地表一定高度处的剂量率、地表和一定深度土壤中核素活度浓度的测量。就地γ能谱仪通常由 HPGe 探测器或 NaI（Tl）闪烁探测器、多道分析器及相应的能谱分析软件组成。车载γ能谱仪通常由大体积 NaI（Tl）闪烁体组件、电子学设备、卫星定位系统、信息传送设备及车辆运载平台组成，由于其灵敏度高、机动性好，在环境监测、核与辐射事故应急、核反恐等领域广泛应用。

**航空放射性监测系统** 可测量地面和空气中的放射性核素活度浓度，可用于铀矿勘察、核事故大范围放射性污染调查，放射源搜寻以及核设施周围放射性水平的环境监测。航空放射性监测系统主要由航空 HPGe 或 NaI（Tl）γ能谱仪、铯光泵航空磁力仪、数据采集系统、GPS 导航定位系统及辅助系统（高度计、温度测量仪和航迹录像系统）等组成。近年飞艇、热气球、无人机载平台的放射性监测系统也得到越来越多的应用。

**环境样品分析测量设备** 用于各种环境介质中核素的活度浓度测量。目前低本底α/β放射性测量仪主要使用的探测器为正比计数器、闪烁探测器或平面型半导体探测器。样品的取样、处理以及分析测量过程及其相关方法和设备都会对最终测量结果带来重要影响。

α能谱仪常用半导体探测器以及屏栅电离室。半导体探测器（金硅面垒、钝化离子注入平面硅 PIPS）设备简单，分辨率高，但探测面积小，一般需要化学制样，会损失某些核素。屏栅电离室的优点是探测面积很大，可采用直接物理铺样因此可保留样品中的全部核素，制样时间短，如电极污染，易去污。

用于环境样品分析的低本底γ谱仪主要有 NaI（Tl）γ谱仪、HPGeγ谱仪和反符合γ谱仪。为降低γ本底，对于探测器、支撑材料及屏蔽材料的选择，实验室建筑物影响都应精心考虑，必要时还应采用反符合技术。

放射化学分析是利用核素或核反应的特性及化学分离和核辐射测量的方法进行核素或元素分析，放射化学分析测量设备包括样品预处理、化学分离和纯化及放射性测量设备，由于其极高的灵敏度，在辐射环境本底调查、核设施运行、退役、监护、应急、污染环境整治等

方面发挥重要作用。　　　（张庆利　杨华庭）

**huanjing fushe jiance zhiliang baozheng**

**环境辐射监测质量保证**（quality assurance in environmental radiation monitoring）　为使环境辐射监测结果足够可信，在整个环境辐射监测过程中所进行的全部有计划、有系统的活动。环境辐射监测质量保证的任务就是把环境辐射监测的误差降低到可以接受的程度，是环境辐射监测的重要组成部分，也是环境监测工作高水平管理的一个重要方面。

按照ISO 8402—1994的定义，质量保证是为了提供足够的信任表明实体能够满足质量要求，而在质量体系中实施并根据需要进行证实的全部有计划和有系统的活动。质量保证的基本内容可以归纳为严密的组织和人员资质、文件化管理、规范化操作和有效的控制几个方面。

**严密的组织和人员资质**　环境辐射监测质量保证是质量管理的一部分，这就要求建立严密的组织机构，在组织机构中要做到组织分工，落实岗位责任制，明确技术、管理、技术支持服务工作与管理体系的关系，建立由合格的人员组成、具有充分权利和相对独立的内外监督机构。

所有环境辐射监测工作都要通过人员来完成，所以环境辐射监测工作质量的优劣，很大程度上取决人员素质与水平。对实验室人员的资质要求是：①实验室应配备足够的管理、监督、检验人员，这些人员应具备与其承担的任务相应的技术知识和经验。②实验室应确保其人员得到及时、充分的专业知识和实验操作技能的培训，应取得相应的合格证书。不同岗位人员应有不同的专业知识培训内容，除技术专业外还包括实验室认可知识、环境辐射监测质量保证知识、数理统计技术及国家相关质量、认证、计量等法律、法规知识和安全防护知识等。③实验室要保存所有人员有关资格、培训、技能和经历等的技术业绩档案。

**文件化管理**　文件是在环境辐射监测活动中形成的质量信息，它既是环境辐射监测过程质量及质量管理状态与水平的真实反映，又是环境辐射监测质量改进的依据。文件通常分两大类：质量要求文件和质量证明文件。①质量要求文件由质量体系文件构成，包括有关环境辐射监测的法律、法规和标准，实验室质量管理手册，项目工作大纲，项目质量保证大纲，项目的作业指导书或技术规范等。质量要求文件均要处于受控状态。对于这类文件的编制、审核、批准、发放、接收、更改和回收，都有明确的规定，由专人管理，确保环境辐射监测人员在任何时候使用的都是现行有效版本。②质量证明文件属于质量记录，包括人员考核培训和人员证书记录，仪器设备与标准物质合格证书及检定证书，质量监察报告，监测过程中的质量控制记录，来自内部审核和管理评审的报告及纠正和预防措施实施的记录，不符合项报告及处理记录等。

**规范化操作**　指一切用于环境辐射监测的方法（包括野外采样、测量，样品包装、运输，实验室分析测量及数据处理与报告等）都应当按照现行的有关标准，写成作业指导书或技术规范，作为受控文件，有关人员必须熟练掌握，严格遵照执行。

**有效的控制**　是达到质量要求使过程处于受控状态所采取的作业技术活动。其作用是鉴别辐射环境监测全过程造成缺陷的一些操作，以便采取有效措施。通常质量控制包括现场测量的质量控制、采样及制样质量控制、计量器具和测量仪器的检定和检验、放化实验室分析测量质量控制、实验室间的质量控制、数据处理的质量控制。

对于环境本底调查或环境现状调查样品，通常需要保留备份样品，用于项目结束后对测量结果的复查或有争议时再分析。

**现场测量质量控制**　对于常规监测点位，应在现场建有标志或用GPS定位，保证点位的可重复性。现场测量使用的仪器必须经过计量部门的检定，并取得合格的检定证书，在每次维修或使用过程中发现其性能明显变化时，必须重新检定。环境辐射测量仪器经长途运输到达现场后，工作人员应首先查看仪器外形是否有损伤、变形，异常部位应着重检查，以消除隐患；经外观确认正常后，通电检查，按照说明书上的技术要求操作，查看仪器是否工作正常。在测量γ辐射空气吸收剂量率时，仪器使用前后要用检验源进行检验或在固定的稳定辐射场中测量，并将结果绘制到质控图上。现场测量仪器、采样器和样品容器应经常维护，保持清洁，防止交叉污染。

**采样及制样质量控制** 采样人员对在选定的采样地点所采集的样品按照样品编码规定进行标识，要及时真实地填写采样记录表和样品标签，并签名。样品标签应字迹清楚，不得涂改，不得与样品分开。采集的样品应分类进行简单处理，防止样品变质、污染、被容器吸附等。样品从采样点送到实验室过程中采样人员要轻拿轻放，防止标识的脱落、样品的破裂、沾污和变质。样品运输前应认真填写样品清单，清点样品，检查包装是否符合要求。样品送达实验室后，接样人员和送样人员清点样品，并在样品清单上签字。接样人员将接收的样品放于样品室内，避免暴晒，同时防止挤压、刺破样品袋。分析人员应对样品分析的中间过程进行唯一性标识，防止样品间混淆。制样过程要有详细记录，避免样品的交叉污染。

**计量器具和测量仪器的检定和检验** 实验室应根据国家检定规程定期对分析测量仪器进行检定。当测量系统发生某些可能影响工作参数的改变，做了某些调整或长期闲置后，必须重新进行检定。对于α/β测量仪、γ谱仪和液闪计数器等低水平放射性测量仪器，每年要进行一次$\chi^2$检验，以检查其本底计数或长寿命检验源的计数是否满足泊松分布；每季度测量一次本底和探测效率或检验源的计数率，绘制本底和效率质控图。如发现测量仪器的性能发生变化，应查明原因，对仪器状态进行调整，进行检定或校准后重新绘制质控图。

**放化实验室分析测量质量控制** 由于环境辐射监测放射性水平（或活度浓度）比较低，环境样品的成分比较复杂，随机变化比较大，所以在放化分析中一定要有严格的质量控制措施，包括实验室分析方法的选用和验证，标准物质、载体和化学试剂的使用，分析过程中一定数量的平行样分析、空白样分析、掺标样分析、盲样分析，实验室间的比对，防止交叉污染（包括样品污染仪器）。分析测量方法应采用国标、行标或技术规范的方法。任何操作人员不得擅自修改常规采用的方法或程序。分析时用标准溶液配置工作溶液时，应根据国家标准的技术规范执行，并做详细记录。在使用高活度标准溶液时，要防止其对低本底实验室的沾污。实验室使用的试剂溶液和蒸馏水必须贴上标签，试剂溶液的标签必须写明名称、浓度、配置日期，有的试剂还要写明有效期。平行样分析要求从样品采集开始，平行样品的分析数应占分析测量总样品数的 10%～20%。样品平行测定所得相对偏差不得大于标准分析方法规定的相对标准偏差的 3 倍。平行双样总的合格率要求不低于 90%。掺标样品一般要求 1 个批次至少有 1 个，掺标样品中待测核素的含量尽可能接近该样品中核素含量水平，最好不要超过其 3 倍。测量值与参考值的相对偏差，即[(测量值−参考值)/参考值]×100%应不超过±30%。盲样控制也称密码样控制，盲样可以是标准物质、质量控制样品、实际试样和加标试样，甚至是空白样。质量控制的组织者将盲样分发给一个或多个监测分析人员，让其分析测定样品中放射性核素含量已知而分析者未知的核素活度浓度，据此了解分析者的操作水平。盲样样品控制标准与掺标样品相同。在放化分析过程中由于是开放性操作，某些核素（如钚和氚）较易迁移，或吸附在测量仪器表面，容易造成交叉污染，这种污染包括样品间的污染及样品对测量仪器的污染。通常通过空白样或掺标样来控制样品间的污染，通过本底质控图来控制对测量仪器的污染。

**实验室间的质量控制** 实验室分析质量控制除了做好实验室内质量控制外，还必须进行实验室间的质量控制。对于重要项目一般需要设立外部质保单位，从样品采集开始。外部质保单位要选择有资质的单位承担。如果没有外部质保单位，应该定期参加比对，包括参加国内、国际比对，比对项目应该覆盖分析的大部分内容。

**数据处理的质量控制** 包括数据复查、审核、分析、批准等。每个样品从采样、预处理、分析测量到结果计算的全过程及现场监测数据，都要按照规定的格式和内容，用合格的钢笔或签字笔做清楚、详细、准确的记录，不得随意涂改，不得用铅笔和圆珠笔记录。在对原始数据进行必要的整理、分析之前，首先要逐一检查原始记录是否按规定的要求填写完全、正确。如发现有误，要反复核算后予以纠正。在数据处理中，必须选择合适的统计技术，对计算方法和计算结果进行复审。复审应由二人独立地进行计算或由未参加计算的人员进行核算。审核无误后由审核人签字。

（任晓娜　肖雪夫）

**huohua chanwu**

**活化产物**　（activation product）　通过辐照产生的放射性核素。活化是指通过辐照产生放射性核素的过程。根据辐照种类的不同，常见的活化产物为中子活化产物和γ光子活化产物。在核能领域，活化产物是指在反应堆慢化剂、冷却剂以及结构和屏蔽材料中通过中子辐照诱发产生的放射性核素，也包括γ射线诱发产生的放射性核素。核能领域产生的人工放射性核素主要包括裂变产物和活化产物。

在核技术利用领域，通过分析测定用中子、γ光子或其他适当粒子轰击待分析样品分子中的元素获得的活化产物，可以大大提高样品中元素定性和定量分析的灵敏度。中子活化分析和光子活化分析是活化分析中最常用的两种方法。用反应堆、加速器或同位素中子源产生的中子作为轰击粒子的中子活化分析方法，对元素周期表中大多数元素的分析灵敏度可达 $10^{-6}$～$10^{-13}$ g/g，因此在环境、生物、地学、材料、考古、法证学等微量元素分析工作中得到广泛应用。

在核动力厂及研究堆正常运行时，裂变产物被包容在燃料元件的包壳内，活化产物则易溶解到主回路冷却剂中，并随着冷却剂微量泄漏而到达与反应堆相关联的各个系统中，因此，核动力厂及研究堆正常运行时职业照射的主要来源是活化产物，产生的放射性废物中主要存在的核素是活化产物，放射性流出物，特别是液态流出物，向环境排放的放射性核素也主要是活化产物。常见的活化产物为钴-60、钴-58、铬-51、锰-54、铁-59 和银-110m 等。需要注意的是，核动力厂及研究堆运行产生的放射性核素氚和碳-14，既是活化产物，也是裂变产物，同时氚和碳-14 还是自然界中本来就存在的天然放射性核素。

在核动力厂及研究堆退役时，活化产物以表面污染的形式存在于大量退役废物中，也以体污染的形式存在于反应堆结构及屏蔽材料中。反应堆结构材料中的活化产物镍-63 含量较高，可能需要进行中等深度处置。

（刘新华　季松涛）

**huomian**

**豁免**　（exemptions）　实践和实践中的辐射源经确认符合规定的豁免要求或水平，并经监管部门同意后免除执行国家辐射防护基本安全标准规定的辐射防护要求。这里的国家辐射防护基本安全标准是指《电离辐射防护与辐射源安全基本标准》（GB 18871—2002）。该标准等效采用了联合国粮农组织、国际原子能机构、国际劳工组织、经济合作与发展组织核能机构、泛美卫生组织和世界卫生组织批准并联合发布的《国际电离辐射防护和辐射源安全基本安全标准》。豁免是辐射防护管理体系（不包括食品和饮用水的辐射安全管理）的重要组成部分。

**排除、豁免和解控的区别和联系** 在辐射防护管理体系中，为了区分哪些源需要监管，哪些源不需要监管，引入了豁免、排除和解控三个基本概念。

**豁免** 在国际原子能机构安全导则《排除、豁免和解控概念的适用》（IAEA-RS-G-1.7，

2006）中，对豁免给出了进一步的解释：豁免就是在实践和实践中的源符合某些标准时，推论哪些实践和实践中的源可以不受对实践要求的约束。就其本质而言，豁免可以被看作是监管机构准予的一种普通认可，这种认可一旦发出，就是允许该实践或源免除本来应该适用的那些要求的约束，特别是与通知和批准有关的那些要求。

**排除** 指在国家辐射防护基本安全标准的适用范围之外的情况，特指那些本质上不能通过实施国家辐射防护基本安全标准的要求对照射的大小或可能性进行控制的照射情况，包括不可控制的照射和无论其大小如何均难于控制的照射。①不可控制的照射是指在任何可以想象的环境下监管行动均是不可能限制的，例如，进入人体内的放射性核素钾-40 产生的照射。②难以控制的照射是指控制明显是不实际的，如地面宇宙射线的照射。

排除和豁免一起用作确定辐射防护管理体系的性质和适用范围。排除和豁免的区别不是绝对的。排除的概念仅适用于天然照射，豁免概念既可以适用于人工放射性核素引起的照射，也可以适用于天然照射。

**解控** 指监管部门按规定解除对已批准进行的实践中的放射性材料或物品的管理控制。解控旨在确定哪些受到监管控制的放射性材料或物品能够撤销这些控制。和豁免一样，解控应获得监管部门的批准。GB 18871—2002 中规定："已通知或已获准实践中的源（包括物质、材料和物品），如果符合核安全监管机构规定的清洁解控水平，则经审管部门认可，可以不再遵循本标准的要求，即可以将其解控。"认可的含义是指确认其是否低于清洁解控水平，而不是"清洁解控水平"还需审批。解控水平应考虑但不高于 GB 18871—2002 附录 A 中规定的或核安全监管机构根据该附录规定的准则所建立的豁免水平，除非核安全监管机构另有规定。

**豁免准则** GB 18871—2002 附录 A 规定：如果核安全监管机构确认某项实践是正当的，并确认该实践中的源满足本附录所规定的豁免准则或豁免水平，或满足核安全监管机构根据这些豁免准则所规定的其他豁免水平，则该实践和该实践中的源可以被本标准的要求所豁免。

豁免的一般准则是：①被豁免实践或源对个人造成的辐射危险足够低，以至于再对它们加以管理是不必要的；②被豁免实践或源所引起的群体辐射危险足够低，在通常情况下再对它们进行管理控制是不值得的；③被豁免实践和源具有固有安全性，能确保上述准则①和②始终得到满足。

如果经核安全监管机构确认在任何实际可能的情况下下列准则均能满足，则可不做更进一步的考虑而将实践或实践中的源予以豁免：①被豁免实践或源使任何公众成员一年内所受的有效剂量预计为 10 μSv 量级或更小；②实施该实践一年内所引起的集体有效剂量不大于约 1 人·Sv，或防护的最优化评价表明豁免是最优选择。

GB 18871—2002 在 4.2.4.2 规定，对于尚未被证明为正当的实践不应予以豁免。

**豁免源** 根据豁免准则，GB 18871—2002 在附录 A 规定符合下列条件并具有核安全监管机构认可的型式的辐射发生器和符合下列条件的电子管件（如显像用阴极射线管）可被豁免：①正常运行操作条件下，在距设备的任何可达表面 0.1 m 处所引起的周围剂量当量率或定向剂量当量率不超过 1 μSv/h；②所产生辐射的最大能量不大于 5 keV。

**豁免水平** 根据豁免准则，GB 18871—2002 在附录 A 规定，在任何时间段内在进行实践的场所存在的给定核素的总活度或在实践中使用的给定核素的活度浓度不超过 GB 18871—2002 表 A1 所给出的或核安全监管机构所规定的豁免水平可被豁免。但是，GB 18871—2002 表 A1 中给出的豁免水平，仅适用于少量放射性物料，如小量放射性物质和源的工业应用、实验室应用和医学应用等。

GB 18871—2002 附录 A 还规定，在某些

情况下，还可以要求采用更严格的豁免水平。如对于大量放射性物料，参考 IAEA-RS-G-1.7 制订的国家标准《可免于辐射防护监管的物料中放射性核素活度浓度》（GB 27742—2011）给出了各核素的豁免水平。

GB 27742—2011 还规定了天然放射性核素的排除水平为 1 Bq/g。这里的天然放射性核素是指以铀-238、铀-235 和钍-232 为母核的、处于永久平衡的衰变链中的任何一个核素，即包括物料中链首天然放射性核素铀-238、铀-235 和钍-232，分段链的链首核素镭-226，以及它们衰变链中的每一个衰变子体核素。在不考虑氡的贡献情况下，该浓度引起的个人剂量不大可能超过 1 mSv/a。对于天然放射性核素钾-40，尽管 IAEA-RS-G-1.7 给出的排除水平为 10 Bq/g，但考虑到钾-40 的天然丰度比较高，钾肥的使用不应受到控制以及钾元素在人体内的代谢情况，GB 27742—2011 规定不对其进行控制。在国际放射防护委员会 104 号建议书中，也明确钾-40 不属于辐射防护管理体系的控制范围。

**有条件豁免** GB 18871—2002 附录 A 规定，对于符合下列条件但浓度超过表 A1 的放射性物质的设备，可以给予有条件的豁免：①具有核安全监管机构认可的形式；②其放射性物质呈密封源形式，能有效地防止与放射性物质的任何接触或能有效地防止放射性物质的泄漏；③正常运行操作条件下，在距设备的任何可达表面 0.1 m 处所引起的周围剂量当量率或定向剂量当量率不超过 1 μSv/h；④审管部门已明确规定了处置时必须满足的条件。

**其他情况** 除了辐射防护管理体系中不包括的食品和饮用水之外，对于使用含有天然放射性物质的建筑材料，还应按照《建筑材料放射性核素限量》（GB 6566—2010）进行更严格的控制。

（刘新华　潘自强）

# J

**《Jiben Anquan Yuanze》**

**《基本安全原则》** (Fundamental Safety Principles) 在核能开发和核技术利用过程中，为保证安全，保护工作人员、公众和环境免遭不可接受的辐射危害所应遵循的基本原则。国际原子能机构联合欧洲原子能共同体、联合国粮农组织、国际劳工组织、国际海事组织、经济合作与发展组织核能署、泛美卫生组织、联合国环境规划署、世界卫生组织等于2006年发布的《基本安全原则》（SF-1）影响广泛，其所确定的十项基本安全原则得到了国际社会的广泛认可。

**沿革** 国际原子能机构发布的《核设施安全》（安全丛书第110号）、《放射性废物管理原则》（安全丛书第111-F号）以及国际原子能机构与联合国粮农组织、国际劳工组织、经济合作与发展组织核能署、泛美卫生组织、世界卫生组织共同发布的《辐射防护与辐射源安全》（安全丛书第120号）对不同领域的基本安全原则进行了阐述，三个出版物中核安全和辐射防护原则从技术上看是一致，但表述不尽相同。因此，为了形成统一的基本安全原则文本，确保其为所有成员国所接受，国际原子能机构在广泛寻求国际一致的基础上制定了《基本安全原则》（SF-1），形成了十项协调一致的原则，以实现保护人类和环境免于电离辐射的有害影响这一安全基本目标。而三个出版物原先确定的一些原则则在国际原子能机构安全标准文件中以安全要求的形式体现，原有的三个出版物同时废止。

《基本安全原则》尽可能采用了通俗易懂的语言，以保证政府和监管机构高层人士以及对核能发展和核技术利用具有决策责任的非核专业的管理人员了解安全标准的依据和原理。

**十项基本安全原则** 安全原则在相关情况下适用于为和平目的利用的一切现有的和新的核设施和核活动的整个寿期，并适用于为减轻现有辐射危险而采取的防护行动。安全原则为提出要求和采取措施以保护人类和环境免于辐射危险并促进引起辐射危险的设施和活动的安全奠定了基础。

**安全责任** 对引起辐射危险的设施和活动负有责任的人员或组织必须对安全承担主要责任。具体包括建立和保持必要的能力；提供适当的培训和信息；制订旨在保持所有条件下安全的程序和安排；对设施和活动及其相关设备的适当设计和优等质量进行核实；确保对所使用、生产、贮存或运输的所有放射性物质实施安全控制；确保对产生的所有放射性废物实施安全控制等。

**政府职责** 必须建立和保持有效的法律和政府安全框架，包括独立的监管机构。政府应制订减少辐射危险的行动计划，包括紧急行动计划，监测放射性物质向环境的释放以及放射性废物的处置，并规定对任何其他组织均不负责的辐射源和过去一些设施和活动所产生的放射性残留物实施控制。监管机构则必须具备履行职责所需的法律授权、技术和管理能力以及人力和财政资源；具备有效的独立性以避免任何不适当的压力；建立适当的信息通报机制和公众参与方式等。

**对安全的领导和管理** 在与辐射危险有关的组织内以及在引起辐射危险的设施和活动中，必须确立和保持对安全的有效领导和管理。安全事务必须得到最高管理层的重视，并建立有效的管理制度，大力培育核安全文化，强化经验反馈，汲取和共享经验教训并采取适当行动。

**设施和活动的正当性** 引起辐射危险的设施和活动必须能够产生总体效益，即其所产生的效益必须超过所带来的辐射危险。为了评估效益和危险，必须考虑运行设施和开展活动所产生的一切重要后果。与效益和危险有关的决策多数是由政府最高层做出的。而作为特例的辐射照射诊断和治疗，则需要采用具体的程序对患者个体分别考虑照射正当性。

**防护的最优化** 必须实现防护的最优化，以提供可合理达到的最高安全水平，即遵循可合理达到的尽量低的原则进行防护。它需要根据各种因素的相对重要性做出判断，包括可能受到辐射照射的人员（工作人员和公众）的数量；受到照射的可能性；所接受辐射剂量的量级和分布情况；由于不可预见的事件引起的辐射危险；经济、社会和环境因素等。

**限制对个人造成的危险** 控制辐射危险的措施必须确保任何个人都不会承受无法接受的伤害风险，即必须将剂量和辐射风险控制在规定限值内。防护最优化以及剂量和风险限值是达到理想的安全水平所必需的互补性要求。

**保护当代和后代** 必须保护当前和今后的人类和环境免于辐射危险。在判断控制辐射风险的措施是否充分时，既要考虑附近民众，也要考虑远离人群；既要考虑对当代的影响，也要考虑后代得到充分保护。放射性废物管理应避免给子孙后代造成不应有的负担。即产生废物的几代人必须为废物的长期管理寻求并采用安全可靠和环境上可接受的解决方案，并考虑回收和重复利用的可能。

**预防事故** 必须做出一切实际努力预防和缓解核事故或辐射事故。由设施和活动引起的危害最为严重的后果起源于核反应堆堆芯、核链式反应、放射源或其他辐射源的失控。因此，为确保产生有害后果的事故的可能性处于极低水平，必须采取相应的安全措施，并贯彻纵深防御的原则，不同的防御层次应具有足够的独立性。

**应急准备和响应** 必须为核事件或辐射事件的应急准备和响应做出安排。其目的是确保在现场以及适当时候在各行政级别落实对紧急情况有效的各种相应安排，并限制辐射风险，减轻对人类生命、健康以及对环境造成的任何后果。应急准备和响应的范围和程度需反映紧急情况发生的可能性及其可能后果、辐射风险的特征、设施和活动的性质和地点等。应急工作人员在知情同意的基础上接受超出通常职业剂量限值的剂量是可以接受的。

**采取防护行动减少现有的或未受监管的辐射危险** 必须证明为减少现有的或未受监管的辐射危险而采取的防护行动的正当性和最优化。它需要考虑三种情况：一是天然来源的辐射，二是过去开展的人类活动引起的辐射，三是涉及放射性核素不加控制地向环境释放后采取的防护行动，如补救措施。

**《基本安全原则》在中国的应用** 国际原子能机构所确定的《基本安全原则》在中国也得到了广泛的应用，它们基本都体现在中国较为完整的核与辐射安全法规体系中，包括法律、行政法规、部门规章、国家标准、安全导则等，并在实践中予以贯彻。例如，《中华人民共和国放射性污染防治法》明确规定国家对放射性污染防治实行预防为主、防治结合、严格管理、安全第一的方针，同时规定核设施营运单位、核技术利用单位、铀（钍）矿和伴生放射性矿开发利用单位，负责本单位放射性污染防治，并依法对其造成的放射性污染承担责任。《中华人民共和国民用核设施安全监督管理条例》

明确规定，国家核安全局对全国核设施安全实施统一监督，独立行使核安全监督权；核设施营运单位对所营运的核设施的安全、核材料安全、工作人员和群众以及环境的安全承担全面责任。而作为辐射防护三原则的“正当性、最优化和限值”则体现在《电离辐射防护与辐射源安全基本标准》（GB 18871—2002）等一系列国家标准中。中国还通过《核安全公约》《乏燃料管理安全和放射性废物管理安全联合公约》等国际公约机制，积极主动地向国际社会通报安全原则的落实情况。这些基本安全原则的贯彻落实，为我国核能开发和核技术利用事业的健康发展奠定了坚实的基础。

（殷德健　潘自强）

**《Jizao Tongbao Heshigu Gongyue》**

**《及早通报核事故公约》**（Convention on Early Notification of a Nuclear Accident）　又称《核事故及早通报公约》（简称《公约》）。是在切尔诺贝利核事故后不久，根据国际核能应用的发展形势和需求，国际原子能机构（IAEA）大会特别会议通过的核应急两个国际公约之一。《公约》是在 IAEA 主持下制定的一项国际公约，旨在进一步加强安全发展和利用核能方面的国际合作，通过在缔约国之间尽早提供有关核事故的情报，以使可能超越国界的辐射后果减少到最低限度。

《公约》于 1986 年 9 月 24 日至 26 日经在维也纳召开的 IAEA 特别大会通过，1986 年 9 月 26 日和 10 月 6 日分别在维也纳 IAEA 总部和纽约联合国总部开放签署，1986 年 10 月 27 日生效。截至 2012 年 4 月，《公约》共有 114 个成员。

《公约》由序言和正文组成，共十七条，主要内容是：①缔约国有义务对引起或可能引起放射性物质释放并已经造成或可能造成对另一国具有辐射安全重要影响的超越国界的国际性释放的任何事故，向有关国家和 IAEA 通报。但对于核武器事故，缔约国可以自愿选择通报或不通报。②核事故的通报内容，应包括核事故及其性质、发生的时间、地点和有助于减少辐射后果的信息。③事故发生国可以直接，也可以通过 IAEA 间接地向实际受影响或可能受影响的国家或机构（包括缔约国和非缔约国）通报。④各缔约国应将其负责收发核事故通报和信息的主管当局和联络点通知 IAEA，并直接或通过机构通知其他缔约国。这类联络点和机构内的联络中心应可供长期使用。⑤IAEA 在本公约范围内，有义务立即将所收到的核事故通报和信息通知所有缔约国、成员国和有关国际组织。

中国于 1986 年 9 月 26 日签署《公约》，1987 年 9 月 10 日向 IAEA 交存《公约》批准书，并同时声明对《公约》第十一条第二款所规定的两种解决争端程序提出保留。《公约》于 1987 年 10 月 11 日对中国生效。中国的主管当局是国家原子能机构（CAEA），联络点设在国家核事故应急办公室。

截至 2012 年 4 月，IAEA 共组织召开了六次《公约》国家主管当局代表会议，分别为 2001 年、2003 年、2005 年、2007 年、2009 年和 2012 年。会议每两年召开一次，第六次会议因发生福岛核事故，比原计划推迟一年召开。我国参加了这六次会议。　（张建岗　王法）

**jidifang feiwu chuzhi**

**极低放废物处置**（very-low level radioactive waste disposal）　在经核安全监管机构认可（或批准）的专设填埋场或核安全监管机构认可的其他填埋场（如普通废物填埋场）中进行的极低水平放射性固体废物的处置。极低放废物通常采用近地表填埋方式处置，安全隔离期一般为 30 年以上。

极低放废物的污染水平超过了解控水平，属于低水平放射性废物，不能作为普通废物处置，但完全按照低中放废物整备、包装，送低中放废物处置场又是不必要和不经济的，因为：①极低放废物的污染水平仅略高于解控水平，只要采取适当的管理和技术措施就能保证其长期安全；②大型核设施退役产生的极低放废物量非常大，全部送低中放废物处置场将不仅大大增加退役和放射性废物管理的费用，而且增加低、中放废物处置场的库容压力。所以，分出极低放废物进行填埋处置，可以节约低、中放处置场的处置空间，优化利用废物管理资源和减轻废物产生单位的经济负担，意义是很大的。

**处置方式** 极低放固体废物应在保证公众和环境安全的前提下，经济、合理地处置，尽可能就近填埋处置。根据国外经验，极低放废物的处置除了可以为其专建处置设施外，也可在危险废物、城市废物填埋场处置。在城市废物填埋场，可混合处置也可分单元处置极低放废物，其工程屏障设计、关闭、监护控制期与监护方式可参照城市废物填埋场的相关要求。送交处置的极低放废物，主要是低污染的建筑垃圾和土壤，不允许填埋有回取价值的物料，以防被挖出和盗卖，造成危害。

**安全要求** 极低放废物处置通过合理选址、设置必要的工程屏障和严格操作管理来保障安全。专门的极低放废物填埋场要求选址在地质构造相对简单、稳定，没有不良地质作用的地区；场址应在百年一遇洪水标高线以上，并远离规划中的水库等人工蓄水设施、淹没区和保护区，距地表水体和饮用水取水点有适当的距离；处置层一般应距最高地下水位 2 m 以上。处置区的工程屏障一般包括基础层、防渗层和覆盖层。①基础层应将地基土壤夯实，使其能承载整个处置区的负荷，保证处置区在各种条件下的长期稳定性。②防渗层的选择要考虑拟填埋废物的特性和场址的岩土特性、当地的气候条件，以及技术经济因素，可选用高密度聚乙烯膜或膨润土防水毯等。③覆盖层的作用是防止降水冲刷与侵入、风蚀、啮齿类动物和深根植物侵入和人员无意闯入。覆盖层的设计应根据当地气象条件、人员和其他动物的活动情况。为防降水浸泡处置单元，运行时处置单元上应考虑建可移动的防雨帐篷。填埋场可建造也可以不建造专门的处置单元，处置的极低放废物通常采用简易的包装。

《极低水平放射性废物的填埋处置》（GB/T 28178—2011）规定了极低放废物填埋场可接受废物的人工放射性核素的活度浓度指导值，以保证填埋处置过程中直至填埋场开放后公众剂量约束值不大于 0.1 mSv/a。极低放废物中天然放射性核素的活度浓度指导值，对铀-238、铀-235 和钍-232 天然放射性核素衰变链中任何一个核素，取 1 kBq/kg；当每批废物的总量不超过 1 t 时，可放宽到 10 kBq/kg。

极低放废物填埋设施关闭后，至少应进行 30 年的监护控制。监护控制期内，应维护处置区的覆盖层和保留的构筑物，进行渗滤液监测和必要的环境监测，维护标志和防止外来人员闯入场区等。

**发展趋势** 极低放废物管理随着大型核设施退役和环境整治项目的实施越来越受到人们的重视，成为放射性废物管理领域的热点问题之一。现在，国际上极低放废物处置主要有以下 4 种形式：①专建极低放废物填埋场（如法国和西班牙等）；②特建极低放废物填埋场（如日本等）；③处置在工业垃圾填埋场或危险废物场中；④处置在废铀矿井中。

法国极低放废物填埋场莫尔维利埃（Morvilliers）位于奥布（L'Aube）低、中放废物处置场附近。填埋场未建造专门的处置单元，对废物进行简易包装。顶盖的设计类似于奥布处置场，设监测井对地下水进行监测，关闭后监护期为 30 年。2003 年 7 月开始运行，预计运行 30 年，设计处置废物容量 65 万 $m^3$。西班牙考虑核电厂退役会产生很多极低放废物，在埃尔卡博里尔（El Cabril）低、中放废物处置场附近建极低放废物处置场，设计处置容量为 13 万 $m^3$。2006 年 2 月 14 日批准建设，2008 年 10 月开始运行，年接受废物量约为 1 500 $m^3$。日本为处置动力示范堆（JPDR）的极低放废物，在日本原子能研究院东海事务所场地内建造了一个极低放废物填埋场，位于离太平洋海岸约 200 m 的砂层中，极低放混凝土废物装在塑料袋内处置在其简易填埋坑中，总计处置约 1 700 t 废物。填埋场的控制期定为 30 年。

美国、英国、瑞典、芬兰、丹麦等国家，

允许极低放废物进城市固体废物填埋场和危险废物填埋场处置。美国环境保护局允许某些低活度废物（LAW）处置在危险废物场中。危险废物设施和城市固体废物设施的设计，可包容和隔离某些 LAW。美国核管会同密歇根州政府协议，允许大岩角核电厂退役产生的极低放活度废物送到一个固体废物填埋场处置。其他一些州（如得克萨斯州）已决定填埋场为处置一定类型放射性废物提供足够容积。美国北卡罗来纳州和南卡罗来纳州允许极低放废物简易处置。美国能源部也允许污染水平较低的废物送场外垃圾填埋场处置，条件是已得到场外处置设施的许可，可以接受这类废物，且评价结果表明对公众的个人年剂量不超过 0.25 mSv。低活度放射性废物的接受准则由这些州的设施自己规定，而不是美国环保局法规所定。这些危险废物场允许接受大体积的极低放污土、混凝土、碎石、建筑物瓦砾、稀土加工处理产生的矿渣、加速器产生的废物，以及其他废物。美国扬基核电厂退役，已将 5 万 t 混凝土极低放废物处置在危险废物场中。

英国《低放废物政策法》鼓励在普通填埋场处置低活度放射性废物。英国把极低放废物分为两类，施行不同规格处置。①由工业、农业和大学等核技术利用的非核活动产生的小体积极低放废物（产生量＜50 $m^3/a$），不必送到放射性废物审管机构授权的填埋设施中去处置，而可以在环境保护部门授权或允许的填埋场或焚烧炉处置。②由核工业产生的多量极低放废物，如废渣、污土、混凝土废物、污染劳保用品等，要求处置在特定填埋场中。（孙庆红　罗上庚）

**jiti jiliang**

**集体剂量**　(collective dose)　给定源在给定时间间隔 $\Delta T$ 内对其个人有效剂量处在 $E_1$ 和 $E_2$ 之间的人群的集体有效剂量，符号 $S$，定义为：

$$S(E_1,E_2,\Delta T)=\int_{E_1}^{E_2} E\left[\frac{\mathrm{d}N}{\mathrm{d}E}\right]_{\Delta T}\mathrm{d}E$$

它可以近似写为：$S=\sum_i E_i N_i$

式中，$E_i$ 为 $i$ 亚组人群的平均个人有效剂量，Sv；$N_i$ 为该亚组内的人员数。用于有效剂量求和的时间间隔和人员数目通常应当是指明的。

集体有效剂量的单位是焦[耳]/千克（J/kg），其特定名称是“人·希[沃特]（人·Sv）”，其个人有效剂量处在 $E_1$ 到 $E_2$ 之间的人数 $N(E_1, E_2, \Delta T)$ 是：

$$N(E_1,E_2,\Delta T)=\int_{E_1}^{E_2}\left[\frac{\mathrm{d}N}{\mathrm{d}E}\right]_{\Delta T}\mathrm{d}E$$

在时间间隔 $\Delta T$ 内，受到的个人有效剂量处在 $E_1$ 到 $E_2$ 之间的人员平均有效剂量值 $\overline{E}(E_1,E_2,\Delta T)$ 是：

$$\overline{E}(E_1,E_2,\Delta T)=\frac{1}{N(E_1,E_2,\Delta T)}\int_{E_1}^{E_2} E\left[\frac{\mathrm{d}N}{\mathrm{d}E}\right]_{\Delta T}\mathrm{d}E$$

为了防止已经出现过的集体剂量概念被误解和误用的情况（例如，将发生在很长时间段内和很大地理区域内的非常低的个人剂量不加区分地相加在一起），一般不再套用以前采用过的平均个人剂量乘以总人数的简单做法，而是引入某些限制条件，也即采用对受照时间、个人剂量大小、地域等因素进行分段的“矩阵表示法”，即当个人剂量的范围跨若干个数量级时，把个人剂量分成若干子区，每个子区的范围不超过 2 或 3 个量级，对每个子区再分区考虑它们的人群大小、平均个人剂量和不确定度。

必须注意，集体剂量的概念在本质上是在线性无阈模式基础上建立起来的对群体所受总辐射剂量的一种描述，而线性无阈模式是为了便于对随机性效应危险的管理而做出的谨慎假定。因此在使用集体剂量的概念时，不仅应当注意它的正确使用范围，而且还应当注意到它所可能隐含的巨大不确定性。特别注意以下两点：①集体剂量主要用于辐射防护最优化的目的。主要是在职业照射领域内，在通过对预期的个人和集体有效剂量进行评估的基础上，可以对不同防护措施和操作情景之间做出分析比较和进行优化决策。②不要把集体剂量作为流行病学研究工具，把它用于危险预估是不合适的。这是由于隐含在它的计算中的线性无阈假定和用于评价有效剂量的标称因数存在着许多巨大的生物学和统计学不确定性。对于从流行病学推导的所有估计，标称的危害系数决不能用于特定人员。为了估计受照个人或已知人群的可能后果，必须采用有关受照个人的特定资料。那种不考虑个人的特定资料而简单根据由大的人群的微小照射组成的集体剂量来计算癌症死亡率的做法是不合理的，也是十分有害的，应当避免。

（夏益华　潘自强）

**jihua zhaoshe**

**计划照射**　（planned exposure）　在照射发生之前可以对辐射防护进行预先计划的，以及那些合理地对照射的大小和范围进行预估的照射情况。在引入一项计划照射情况时，应当考虑与辐射防护相关的所有方面，如设计、建造、运行、退役、*放射性废物管理*、先前土地的占用和设施的恢复等。运营的实践属于计划照射情况。

计划照射情况一词源自国际放射防护委员会 2007 年建议书，从基于过程的实践和干预的辐射防护方法，发展为基于计划、现存和应急的三种照射情况的防护方法。辐射防护的正当性、最优化和剂量限值应用的三原则均适用于计划照射情况。一旦紧急情况得到控制，计划照射的防护原则也适用于应急和*现存照射*情况。

计划照射情况包括*职业照射*、*公众照射*，也包括对疾病患者的*医疗照射*，以及对抚慰和照料患者的人员的照射。

**职业照射**　计划照射情况下的职业照射首先应当遵守剂量限值，应用低于源相关约束值的最优化程序进行控制。在一个计划照射情况的设计阶段就应当为其运行制定一个约束值。对于计划照射情况下许多类型的操作，可以从管理良好的操作实践中得到人员大致受到的个人剂量水平。这类操作应是应用范围较广的某类操作，如工业照相的操作、核电厂常规操作或医疗机构的操作。

**公众照射**　公众照射也应当遵守公众剂量限值，应用低于源相关约束值的最优化程序进行控制。对于公众照射，每个源会在许多个人中产生一个剂量分布，这时，应当采用代表人的概念来描述受到高端照射的个人。公众成员的约束值必须小于公众剂量限值，具体值由国家核安全监管机构规定。例如，对于废物处置的公众照射控制，一年内不超过 0.3 mSv 的公众成员剂量约束值可能是合适的。

**潜在照射**　计划照射情况应对偏离正常作业条件可能引起的潜在照射给予应有的重视，并对潜在照射评价、辐射源安全与安保相关问题给予关注。

在计划照射情况下，由于偏离操作条件、事故和恶意事件，可能会引起较高的人员照射。这种照射情况是计划所涵盖的，但这种照射却不是按计划发生的，因此称作*潜在照射*。

潜在照射与正常情况下的照射之间常常是相互联系的。如对可以排放的长寿命废物进行储存会减少由于排放引起的公众照射，但会增加潜在照射。而为控制潜在照射进行某种维修活动则可能会增加职业照射。在引入计划照射情况的计划阶段就应当考虑潜在照射，应当考虑降低事件发生概率的措施。应当认识到潜在照射导致行动的可能性，要考虑一旦发生此种事件后应采取的限制和降低照射的行动方案。

（杨华庭　刘森林）

**jiliang dangliang**

**剂量当量**　（dose equivalent）　组织或器官中某点处的*吸收剂量*、辐射品质因数和其他修正因数的乘积。是国际辐射单位与测量委员会（ICRU）所使用的一个量。剂量当量用下式表示，单位是焦[耳]/千克（J/kg），其特定名称是希[沃特]（Sv）。

$$H = DQN$$

式中，$H$ 为剂量当量，Sv；$D$ 为吸收剂量，Gy；$Q$ 为该点处特定辐射的品质因数；$N$ 为修正因数。

品质因数是基于在组织中沿带电粒子轨迹的电离密度，描述辐射生物效能的因数。$Q(L)$ 定义为水中非定限传能线密度为 $L$ 时辐射品质因数。

$$Q(L)=\begin{cases}1 & L<10\ \text{keV}/\mu\text{m}\\ 0.32L-2.2 & 10\ \text{keV}/\mu\text{m}\leqslant L\leqslant 100\ \text{keV}/\mu\text{m}\\ 300/\sqrt{L} & L>100\ \text{keV}/\mu\text{m}\end{cases}$$

在当量剂量的定义中，$Q$ 被辐射权重因数所取代，但是在监测中计算运行实用量时仍然使用它。

随机效应的概率不仅依赖于吸收剂量，而且依赖于产生这个剂量的辐射的种类和能量。因此吸收剂量用一个反映辐射的“质”的有关因数加权。过去这个因数称为辐射的品质因数 $Q$，用于在组织或器官中某个点上的吸收剂量。加权后的吸收剂量称为剂量当量 $H$。所以在国际放射防护委员会（ICRP）1977 年发布的第 26 号出版物中，采用的人体组织和器官的防护量是剂量当量和有效剂量当量。但大量研究发现，放射防护中感兴趣的量是某一组织或器官中的吸收剂量平均值（而不是某一点上的剂量），并按辐射的质加权。因此 ICRP 第 60 号出版物对这些量的定义和计算方法作了修正，给出了由辐射权重因素对平均吸收剂量加权得出的“当量剂量”和“有效剂量”，由此开始，引入了与 ICRU 的剂量当量的定义稍有不同的量。但是 ICRP 目前所采用的外照射运行实用量（周围剂量当量、定向剂量当量和个人剂量当量）仍然采用 ICRU 的剂量当量体系。

（夏益华　潘自强）

**jiliang fudan**

**剂量负担**　(dose commitment)　由于某一特定事件所致人均年剂量率 $\dot{E}(t)$在无限长时间内的积分。用 $E_c$表示。公式如下：

$$E_c=\int_0^\infty \dot{E}(t)\mathrm{d}t$$

式中，$E_c$为剂量负担，Sv；$t$ 为时间，a。

当实践的排放率在无限长时间内为常数时，该实践对特定人群将来所致人均最大年剂量率（$\dot{E}_m$），就等于一年实践的剂量负担，而与人群大小的变化无关。

如果某项实践（或排放）只在某一时期$\tau$内进行（排放仅仅在时期$\tau$ 内是连续的），则该实践对特定人群将来所致人均最大年剂量将由以下给定的所谓“截尾剂量负担”来表示，其定义如下：

$$E_c(\tau)=\int_0^\tau \dot{E}(t)\mathrm{d}t$$

例如，核电厂的寿期假定为 40 年，为了估计它在以后整个运行期（寿期）内由于排放对周围公众所造成的人均最大年剂量为多少，就可以先根据环境评价模式列出核电厂一年的排放通过各个照射途径对公众关键组成员所产生的内、外照射总年剂量随时间（年）变化的关系式，即上述 $\dot{E}(t)$，再对该随时间变化的关系式在 40 年间进行积分：$E_c(40)=\int_0^{40}\dot{E}(t)\mathrm{d}t$，就可以得到核电厂在整个运行期（寿期）内，由排放对周围公众所造成的最大年人均剂量估计值。

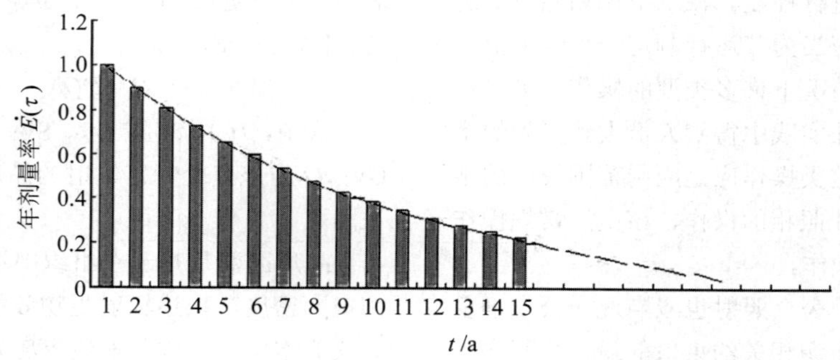


**图 1　单年排放所致年剂量率随时间的变化示意图**

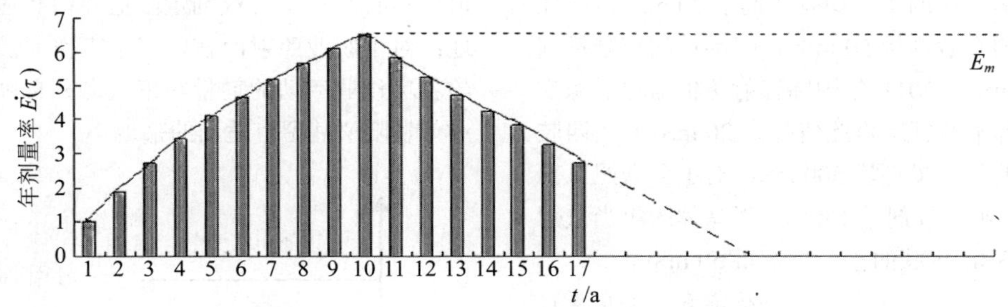


图 2　连续多年排放所致最大年剂量率 $\dot{E}_m$ 示意图

（夏益华　潘自强）

jiliang xianzhi

**剂量限值**　(dose limit)　受控实践使个人所受到的有效剂量或当量剂量不得超过的值。剂量限值一般由国家的法规规定，适用于实践所引起的照射，不适用于医疗照射，也不适用于无任何主要责任方负责的天然源的照射。

剂量限值的确定涉及社会对辐射危害的可接受程度，具有社会发展、经济、健康和道德等多方面的属性，而不仅仅基于辐射生物效应的考虑。

**沿革**　在 1895 年伦琴发现 X 射线不久，就发现照射后发生诸如红斑、脱发和皮炎等不良反应，使人们意识到应当限制过度照射，这是剂量限值的萌芽。那时，因缺乏测量辐射照射的标准方法，并没有定量的剂量限值，常以不发生肉眼可观测到的皮肤红斑等急性效应为原则。

1928 年，国际 X 射线及镭防护委员会[国际放射防护委员会（ICRP）的前身]公布了第一个建议书，剂量限值采用“耐受剂量”的概念，选取可造成红斑剂量的一部分份额，按日结算。当时认为在此剂量之下，年复一年的工作也不会造成危害。显然，此时的剂量限值是作为“安全”与“危险”的分水岭，以防止发生确定性效应为出发点。

1966 年的 ICRP 建议书明确辐射防护的目的是防止出现诸如红斑或脱发等急性效应，并将白血病、白内障和其他恶性疾病等“晚期效应”的危险限制到可接受水平。即剂量限值不再是单纯的安全与否含义，还必须考虑社会的可接受性。

在 1977 年 ICRP 的第 26 号建议书中，确定剂量限值的侧重点已经从有阈的确定性效应变为无阈的随机性效应了，并采用将辐射危险度与其他安全程度较高行业的职业危险度相比较的方法来考虑剂量限值。

与 1977 年建议书相比，1990 年和 2007 年最新的 ICRP 建议书中剂量限值的理念没有重大变化，但职业照射年剂量限值由 50 mSv 降到 20 mSv，年公众照射剂量限值由 5 mSv 降到 1 mSv。

**应用**　几乎任何事物都有一定的危险，辐射也不例外。人们对危险的可接受程度，如果用四个词依次表示，可分别为“不可接受”、“可忍受”、“可接受”和“可忽略”。剂量限值所代表的危险的可接受程度可认为是“不可接受”和“可忍受”的分界线（参见剂量约束的图示）。

辐射防护三原则的正当性针对某一实践，必须利大于弊。最优化针对实践中所涉及的全体人员，使其净利益最大化。而正当性和最优化都不是针对个体的，因此其结果有可能造成个体之间的不公平，甚至使个别人的辐射危害大到不可接受的程度。因此剂量限值作为剂量限制体系的最后一道防线，用以保护每个个体，避免过度的不公平在某个个体身上发生。

《电离辐射防护与辐射源安全基本标准》（GB 18871—2002）规定，对于职业照射剂量限值：连续 5 年的年平均有效剂量 20 mSv，或任何一年的有效剂量 50 mSv；眼晶体的年当量剂量 150 mSv（2011 年国际辐射防护与辐射源安全基本标准暂行版将此值降为 20 mSv），四肢或皮肤的年当量剂量 500 mSv。对于公众照射剂量限值：年有效剂量 1 mSv，眼晶体的年当量剂量 15 mSv，皮肤的年当量剂量 50 mSv。

（杨华庭　潘自强）

**jiliang yueshu**

**剂量约束**　（dose constraint）　对源可能造成的个人剂量预先确定的一种限制，是源相关的，被用作对所考虑的源进行防护和安全最优化时的约束条件。对于*职业照射*，约束是一种与源相关的个人剂量值，用于限制最优化过程所考虑的选择范围。对于*公众照射*，剂量约束是公众成员从一个受控源的计划运行中接受的年剂量上界。剂量约束所指的照射是任何关键人群组在某个受控源的预期运行过程中、经所有照射途径所接受的年剂量之和。对每个源的剂量约束应保证关键人群组所受的来自所有受控源的剂量之和保持在剂量限值之内。

对于*医疗照射*，除医学研究受照人员或照顾受照患者的人员（工作人员除外）的防护最优化以外，剂量约束值应被视为指导水平。

剂量约束首次出自于国际放射防护委员会（ICRP）1990 年的第 60 号建议书，之前曾称为“上界”。其目的是在最优化过程中筛去任何会使个人剂量高于选定约束值的方案。这一限制是需要的，因为各种“合理的”的判断都是以集体的代价和利益为依据。因此，最终的判断结果难免造成个体之间的不公平。这一不公平只有当个人危险全都很小时才是可接受的。因此在这个意义上，剂量约束可看作是“可忍受”和“可接受”的分界线，即是“可接受”的上限值（见下图）。

剂量限值是针对个人受到的几乎所有源的照射的，而剂量约束既是个人相关，又是源相关的。显而易见，对于某个源，其剂量约束值只能是剂量限值的一部分。而且，对于公众照射而言，各个设施对其关键居民组的剂量约束值之和必须小于公众剂量限值并留有适当的余地；对于职业照射而言，每个工作人员所从事的各项作业活动的剂量约束值之和必须小于职业剂量限值并留有适当的余地。

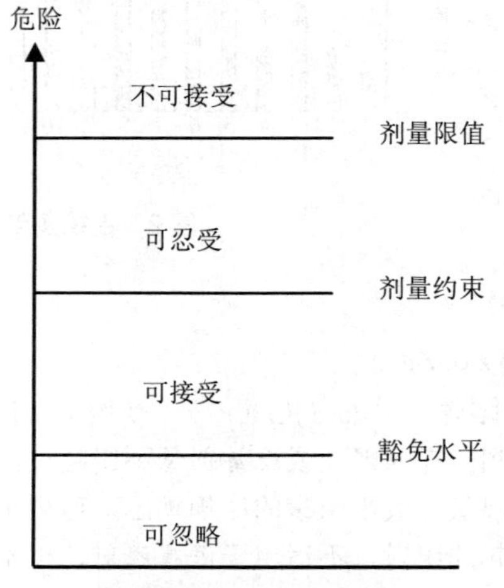


**辐射危险可接受性图示**

一般说来，公众照射的剂量约束值常由国家监管部门规定，而职业照射的剂量约束值常由各个设施或实施某项作业活动的业主借鉴管理良好的运行经验制定。

剂量约束限于对最优化的各个方案起制约作用。若超过规定剂量约束时，要确定防护是否已经达到了最优化，或要求对最优化过程或规定的约束值进行重新考虑。

因为剂量约束是源相关的，因此，视源的不同，其剂量约束值可以不同。

从世界各国的情况来看，各种核或辐射设施的公众照射的剂量约束值在 0.1～0.5 mSv/a。《核动力厂环境辐射防护规定》（GB 6249—2011）中对核动力厂公众照射的剂量约束值是 0.25 mSv/a，而《铀矿冶辐射防护和环境保护规定》（GB 23727—2009）中对铀矿冶设施公众照射的剂量约束值是 0.5 mSv/a。

危险约束是针对*潜在照射*的，同剂量约束一样，也是源相关的，且原则上应等于同一个源相应的剂量约束值所隐含的相同健康危害。然而，估计潜在照射所致的危险可能有很大的不确定性，因此，采用危险约束的通用值是适当的。对于公众的危险约束值，ICRP 的建议值为每年 $1\times10^{-5}$，相当于每年 0.25 mSv 的剂量。

（杨华庭　潘自强）

jiasuqi qudong cilinjie xitong

**加速器驱动次临界系统**（accelerator driven sub-critical system，ADS）　一种高效的长寿命核废料嬗变装置。发展 ADS 技术是实现以核燃料的增殖和长寿命放射性核废料的安全处置为核心的先进核燃料闭式循环的关键技术环节之一。

ADS 系统由中能强流质子加速器、外源中子产生靶和次临界反应堆构成。由加速器产生的质子束流轰击设在次临界反应堆中的重金属中子产生靶件（如铅或铅铋合金），引起散裂反应，再通过核内级联和核外级联产生中子，一个能量为 1 GeV 的质子在厚的铅靶上约产生 30 个中子；次临界反应堆的有效中子倍增因子 $k_{eff}<1$，必须有外中子源驱动才能维持链式反应的进行，中子产生靶为次临界反应堆提供了外中子源。

与临界反应堆相比，ADS 系统有三个重要的特点。①由于 ADS 系统由外中子源驱动，其中子余额数目明显地多于临界反应堆，因此其核燃料的增殖能力和核废料的嬗变能力明显强于其他所有已知的临界反应堆。研究表明，ADS 的嬗变支持比可超过 10。②由于 ADS 系统的能谱很硬，几乎所有长寿命的锕系核素在 ADS 系统中都成为可裂变的资源，因此 ADS 系统中锕系核素的中子经济性明显好于其他所有已知的临界反应堆。计算表明，在 ADS 能谱下，几乎所有的锕系核素的净中子产生率均为正值。③ ADS 具有良好的安全性，ADS 燃料中对次锕系核素的装载量没有严格的限制。在所有已知的嬗变系统中，ADS 是比较理想的核废物焚烧炉。

利用加速器来驱动次临界包层概念的提出和实验研究工作始于 20 世纪 40 年代，60 年代，我国的核科学家也开展了类似的研究工作，但限于当时加速器的技术水平，这些研究工作都中断了。90 年代以来，随着加速器技术的发展和对核废料安全处置问题的关注，ADS 技术领域开始成为国际核科技研究的热点。国际核科技界认为 ADS 是一个有前途的创新技术路线。国际原子能机构把它列入新型核能系统中称之为“新出现的核废物嬗变及能量产生的核能系统”。目前已把它纳入国际原子能机构的快堆与 ADS 技术工作组的年会内容。

通过深入的物理分析和实验验证，ADS 系统所具有的嬗变核废物、固有安全性和增殖核燃料的能力已被广泛确认。目前国际态势已从概念研究、物理和技术可行性研究、关键技术部件研究及小尺度技术集成开始进入建设实验装置的阶段，在美国、欧盟、俄罗斯、日本等地，ADS 系统的研发都已列入国家级中长期发展计划，许多核能研究机构和有关的工业部门都参与开发研究，各国都有建设 ADS 实验装置的计划。

我国进入国家计划的 ADS 研究工作始于 20 世纪 90 年代中期，与先进核能国家比较，虽然资金投入和研究资源都很缺少，但取得了很好的进展，建立了快-热耦合的 ADS 次临界实验平台；建成了强流质子 RFQ（高频四级场）加速器和强流 ECR（电子回旋共振）离子源；建立和配套了 ADS 中子学研究专用数据库和计算机软件系统；建成了 ADS 专用中子和质子微观数据评价库；在 ADS 专用材料和热工水力问题等方面，也开展了一系列的探索性的研究，总体保持了与国际同步的研究态势。目前，正准备建设一个由兆瓦级质子直线加速器、液态铅铋中子产生靶、10 MW 铅铋冷却次临界反应堆组成的实验装置。

ADS 系统目前仍处于研发阶段，到工业规模的实际应用还有 20～30 年的距离，需要解决许多技术上的挑战。

在强流加速器技术方面，10～100 MW 量级束功率的强流中能加速器在物理基础方面的难点在于解决强流束加速与传输中的束晕形成和束流损失问题，在工程技术方面的难点是提高加速器运行的可靠性和可使用率。需要发展提高束流可靠性的技术，目的是将失束频率比现在运行的大多数加速器降低 3～4 个数量级，减少加速器的失束对元件的热冲击。需要发展减少束流损失的技术，目标是将束流损失控制在 $10^{-9}$/MeV 以内，以降低辐射防护的要求，提高系统的可维护性。需要进行束流动力学分析和模拟以评价光学匹配的要求，使束晕最小。需要发展束流损失小的加速结构。

在高功率散裂靶和冷却剂技术方面，液态的铅铋合金或铅是兆瓦级束功率下散裂靶的比较可能的选择。需要解决的关键问题包括：液态的铅铋合金或铅的材料相容性、热工水力特性研究和流致振动问题，辐照性能、机械性能、导热性能、抗腐蚀性能好的靶窗和靶结构材料的评价和选择。

在次临界反应堆技术方面，次临界反应堆中子通量和功率水平与同型临界堆相当，因此发展次临界反应堆没有不可超越的技术障碍。主要的技术难点集中于：由于能谱相当硬的点状或线状外中子源的存在，堆芯功率密度分布严重不均匀，其将导致组件热功率和中子注量率径向和轴向峰因子的变化，需要解决功率展平的问题；作为嬗变装置，堆芯将安排主要由次锕系核素和长寿命裂变产物组成的嬗变元器件，需要研究其对堆芯性能的影响和因此带来的特殊安全问题。

在后处理技术方面，需要从 ADS 乏燃料中有效分离铀、钚、次锕系核素、锝、碘等，以从辐照后的 ADS 燃料回收未嬗变掉的次锕系核素和长寿命裂变产物及萃取新产生的裂变产物，然后通过嬗变系统再循环。

此外，还需要发展能量和能群结构适合于 ADS 设计研究的 ADS 专用核数据库和多群常数库。 （赵志祥　潘自强）

**推荐书目**

赵志祥. 加速器驱动放射性洁净核能系统物理及技术基础研究成果选编. 北京：中国核工业音像出版社，2000.

**jindibiao chuzhi**

## 近地表处置

（near-surface disposal） 将放射性废物堆放在地表面上或浅地表下的工程设施中，最后加几米厚的覆盖层的处置方式。近地表处置主要用来处置放射性核素的半衰期小于或等于 30 年（包括核素铯-137）的低、中放废物。

**沿革** 世界上首个近地表处置场是 1944 年美国田纳西州橡树岭实验室处置场，主要用于处置其核武器研制过程中产生的放射性废物。该处置场由于选址不严格、简易的浅埋沟没有设工程屏障、废物包装简陋、回填和覆盖不善，不断出现问题（“浴盆现象”和核素迁移），被迫关闭。1969 年法国芒什处置场建成运行，该处置场采用混凝土结构，有严格的回填、覆盖和排水措施。这种有工程屏障的近地表处置方式，加上严格的管理措施，标志低、中放废物处置进入一个新的发展时期。当前国际上已有 100 多座近地表处置设施，其中法国的奥布、西班牙的埃尔卡博利尔、日本的青森县六个所村等处置场是近地表处置设施典型代表。

**基本安全要求** ①在废物可能对人类造成不可接受的危险时间内（一般应考虑 300～500 年），将废物中的放射性核素限制在处置场范围内，防止放射性核素以不可接受的浓度或数量向环境释放，而影响人类的健康与环境的安全；②通过各种途径向环境释放的放射性核素对公众个人造成的年有效剂量不超过 0.25 mSv；③保证处置场的长期稳定性，处置场关闭后所需的维护最小；④处置场有组织控制解除后的任何时间内，无意闯入者连续受照的有效剂量不超过 1 mSv，单次急性受照有效剂量不超过 5 mSv。

近地表处置的多重屏障系统通常包括：废物体及包装容器、缓冲/回填材料、处置设施构筑物、地质屏障、对工程设施的监视和监测、防止人员的无意闯入和有控制开放管理等。废物体的基本要求是：①稳定的固化体（或固定体），满足一定的抗压强度，遇水后放射性核素的浸出率低于规定的限值；②废物中放射性核素低于规定的限值；③废物容器内游离液体的体积应小于固体废物体积的 1%，不含自燃、易爆或在常温常压下易发生剧烈反应或易与水发生猛烈反应的物质。

处置场的选址要按程序严格审批，地质、水文地质、地球化学、地表作用、气象条件、人为事件、废物运输、土地利用、人口分布和环境保护等满足法规标准要求。单元构筑物现今多采用混凝土沟壕、混凝土窖仓、混凝土井筒、地表土丘等方式。处置单元装满后要及时浇注顶盖，以防止雨水进入。处置设施关闭后，还需要进行一定时间的控制，主动控制期要做监测、设施维护和监督；被动控制期要防止人无意闯入，限制土地使用（在处置单元上方挖掘、钻孔和打井活动）等。

以法国奥布处置场为例。奥布处置场设计容量为 100 万 $m^3$，处置场采用有工程屏障的全地上结构，共建造 420 个处置单元，分行排布，行与行间隔约 25 m。处置单元是钢筋混凝土结构，下面设置收集入渗水的地下集水管网。每个处置单元废物处置容量约为 2 200 $m^3$，用遥控天车把废物桶放到处置单元给定位置。处置单元上设防雨的活动帐篷。处置单元装满废物后进行覆盖。整个处置库装满后，还要铺设多层结构的顶盖，确保处置设施的安全性。

**近地表处置概况** 《中华人民共和国放射性污染防治法》规定，低、中水平放射性固体废物在符合国家规定的区域实行近地表处置。我国已建成西北和广东北龙两个低、中放固体废物近地表处置场，正在建四川飞凤山处置场。

西北低、中放固体废物处置场于 1998 年建成，首期工程 2 万 $m^3$。废物桶之间的间隙和废物桶与处置单元壁之间的间隙用砂土填充，处置单元装满后浇筑钢筋混凝土顶板。处置库关闭时，在处置单元上铺设 2 m 厚的最终覆盖层。

广东北龙处置场设计处置容量 8 万 $m^3$，首期建 8 个处置单元，处置单元为钢筋混凝土结构，废物桶之间用沙子和水泥砂浆回填。处置单元上面有活动的挡雨帐篷，底板下有渗析液收集系统。处置单元装满废物后用钢筋混凝土顶板封盖，处置场关闭时要铺设 5 m 厚的最终覆盖层。为了防止和减少雨水进入处置单元，在处置场的周边设计了截（排）水沟。

（孙庆红　黄雅文）

**Jinghe Zuzhi Henengshu**

**经合组织核能署**　（Nuclear Energy Agency/Organization of Economic Cooperation and Development，NEA/OECD）　经济合作与发展组织的一个专业化的政府间组织，通过国际合作来帮助其成员维护和开发安全、环境友好以及更加经济的核能所需的科学、技术和法律基础，进行核安全、管理、技术和法律方面的研究。

**沿革**　随着第二次世界大战后欧洲经济恢复和能源需求的快速增长，尤其是核能的潜在发展势头，欧洲经济合作组织[OEEC，1960 年更名为经济合作与发展组织（OECD）]理事会于 1957 年 12 月决定成立欧洲核能署（ENEA）。1972 年该机构因日本加入而更名为核能署（NEA）；1976 年美国加入 NEA，进一步强化了其地位和作用。NEA 的宪章性文件为规约，于 1958 年 2 月 1 日生效。现行版本为 1995 年 7 月 13 日修订版。2013 年 NEA 有 82 名正式雇员。年度预算 1 110 万欧元，数据库的预算为 310 万欧元，此外还有自愿性捐赠作为预算补充。其联合研究和信息共享基于成本分担的原则。

**成员国**　截至 2012 年 12 月，NEA 成员国包括澳大利亚、奥地利、比利时、加拿大、捷克、丹麦、芬兰、法国、德国、希腊、匈牙利、冰岛、爱尔兰、意大利、日本、卢森堡、墨西哥、荷兰、挪威、波兰、葡萄牙、韩国、俄罗斯、斯洛伐克、斯洛文尼亚、西班牙、瑞典、瑞士、土耳其、英国、美国等 31 个国家，主要分布在欧洲、北美和亚太地区。其成员国代表全球 85%以上的核电装机容量，核电占成员国 21%的发电量。

**组织机构**　包括日常秘书机构和技术委员会机构两部分。①日常秘书机构由署长领导，两位副署长分管安全与监管、科学与发展两大领域，下设核安全处、辐射防护和放射性废物管理处、核能发展处、核科学处、核数据库处、秘书和对外关系处、管理支持处、法律事务处等。②技术委员会由核能指导委员会（SCNE）统一协调管理，它由成员国高级官员以及国际原子能机构和欧洲委员会的代表组成，它直接向OECD理事会汇报。SCNE下设7个常设技术委员会，即核设施安全委员会（CSNI，1975年）、核监管活动委员会（CNRA，1989年）、放射性废物管理委员会（RWMC，1975年）、辐射防护和公共健康委员会（CRPPH）、核科学委员会（NSC）、核能发展和核燃料循环的技术及经济研究委员会（NDC）、核法律委员会（NLC）。各技术委员会还下设不同领域的工作组。

相对于国际原子能机构（IAEA）而言，NEA机构规模相对较小，且避免涉及政治性议题，更易专注于一些具体问题，开展有效的合作和交流，且往往能在一定范围内形成共识。

**工作领域** NEA早期工作主要侧重于核能合作基础的构建以及联合研发项目的实施。20世纪70年代随着核能的快速发展，NEA的工作逐渐转移到成员国核能计划的协调和交流，尤其关注健康、安全和监管事务。90年代初，中东欧及前苏联国家的核能安全事务成为NEA的重要关注点。目前NEA的主要工作领域包括核安全和监管、核能发展、放射性废物管理、辐射防护和公众健康、核法律和核责任、核科学、数据库、信息和交流。

按照规约规定，NEA的使命是“通过国际合作，帮助成员国维护和发展相应的科学、技术和法律等基础，从而安全、环保、经济地实现核能和平利用；对重要事项提供权威的评估，铸建共识，为政府核能决策服务，扩大经合组织在能源和可持续发展领域的政策分析”。它与IAEA、欧洲委员会、经合组织框架下的国际能源署和环境总司等机构保持紧密联系。

**主要成就** NEA是第一个民事核责任公约（1960年《巴黎公约》）的倡导者和推动者。自1965年起，NEA便关注全球铀资源生产和需求状况，并与IAEA合作定期发布双年报。1983年NEA启动了电力生产成本分析研究工作，1989年后与国际能源署联合进行定期更新。1972年NEA处理了关于海洋倾倒放射性废物的多国咨询和监督机制，最终促使1995年全面禁止海洋倾倒放射性废物。1979年三哩岛核事故后，NEA于1981年正式创立了第一个国际核事件报告系统（IRS），1983年IAEA将该系统扩展到所有拥有核能的联合国成员国，1986年切尔诺贝利核事故后，NEA和IAEA联合研究，于1990年发布了国际核事件分级表，并被国际核能界广泛使用。1992年发起设立了职业照射信息系统，1993年发起了国际核应急演习。2001年NEA倡导设立了核法律国际课堂，每年对来自全球的核法律工作者提供10 d的学分教育课程。

NEA是2001年成立的“第四代核能系统国际论坛”和2007年成立的“多国设计审查计划”的秘书机构。中国科技部和国家核安全局分别参加这两个国际合作机制。

日本福岛核事故后，NEA促进各国监管活动的信息共享，与IAEA开展相关合作，并给予日本必要的技术支持。 （殷德健 刘华）

jingyanzheng jishu

## 经验证技术

**经验证技术** （proven technology） 经过试验或经验验证过的技术。采用经验证技术是国际原子能机构的国际核安全咨询组（INSAG）确立的核动力厂基本安全原则之一。

INSAG发布的《核动力厂的基本安全原则》（75-INSAG-3）将核动力厂基本安全原则分为基础性原则和特定原则。基础性原则包括“管理责任”、“纵深防御策略”和“通用技术原则”。特定原则分成“选址”、“设计”、“制造和建造”、“调试”、“运行”、“事故管理”和“应急准备”等七个部分。“经验证技术”是一项“设计”特定的原则，是“通用技术原则”中的“经验证工程实践”原则的具体应用。它要求采用的技术是经过试验或经验验证过的。一些新的重要的设计特点或新的堆型，只有在经过深入研究和根据具体情况，在部件、系统或电厂层次上进行过原型试验之后，才能采用。

**起源** 在三哩岛核电厂 2 号机组和切尔诺贝利核电厂 4 号机组发生严重事故后，核安全成为许多国家进一步发展核电的首要问题。虽然核动力厂对环境的不利影响会小于其他电力能源，但是仍必须以技术上的确凿证据使公众相信核电厂的安全水平是足够高的，并且是可以接受的，为此核工业界一直努力减少核动力厂在未来发生事故的可能性和减轻事故的潜在后果。基于以下两点考虑，INSAG 于 1988 年出版了 75-INSAG-3：一是核动力厂的安全保证手段多年来已大有改进，相信现在已经能够阐述对所有核动力厂确保高水平安全而普遍使用的一些原则；二是切尔诺贝利事故的国际影响已经强有力地表明，对所有国家和所有类型的核动力厂，需要有一套普遍使用的安全原则。

总体来说，75-INSAG-3 中的概念并不新颖，只不过提出了当时最佳的基本原则，是对核电国家先进安全政策所依据的各项原则和核工业界最佳实践的见解。75-INSAG-3 强调其所提出的核安全的目标和原则是相互联系的，必须作为整体来看待，而不是作为一份可以加以选择的项目单。

INSAG 于 1999 年出版了 75-INSAG-3 的第一次修订版，并更名为 INSAG-12。INSAG-12 考虑了核动力厂有关研究开发项目的最新进展和广泛的设计运行经验，并对核安全原则进行了扩充和细化。

**基本内容** 包括以下几个方面：①核动力厂的设计，尤其是安全相关构筑物、系统和部件的设计，要恰当使用经批准的规范和标准；②设计中使用的分析方法、物理和数学模型应得到确认；③核动力厂的制造和建造要采用成熟的方法；④核动力厂全寿期内都应采用经验或试验验证过的技术；⑤核动力事业的发展应力求技术创新和成熟工程实践之间的平衡。

核动力厂的设计应遵从适用的国内或国际标准，主要是那些专为核应用而制定的规范和标准，但也包括一些经适当补充和修改的非核专用规范和标准。系统和部件要采用与其安全目标相一致的质量标准进行保守的设计、建造和试验。标准的适用性应经过评价和审批。获得批准的规范和标准应是基于经过研究、以往的应用、试验和可靠的分析验证过的原理，反映了在过去的应用中验证过的工程实践。

大多数工程技术应用都需要使用分析的方法。设计中使用的分析方法、物理和数学模型应通过实验和数据分析得到确认。实验检验过的相关计算可用来验证更复杂分析的结果。在可能的场合，现实模型被用来预测电厂性能、安全裕度以及事故工况的演化。现实模型不可行的情况下，采用保守模型。

依靠有经验并经过批准的供货商从事核动力厂的制造和建造可望提高重要设备的性能。高质量的设备和设施需要充分验证过的成熟的技术和质量保证程序。与以往成功的制造和建造实践的任何偏离，都应在证明其满足相关要求之后才能批准。制造和建造质量通过使用恰当标准、选用合适人员，并对其进行相应的培训和资质认定来保证。核动力厂建造技术的应用应建立在清楚认识设计中重要安全问题的基础之上，并在实施硬件建造之前采取相应应对措施。

核动力厂全寿期内都应采用经验证技术。实施核动力厂修改后，应进行分析和评价以保证所涉及系统恢复到安全分析和技术规格书所涵盖的配置状态。如果出现新的未经评价过的问题，应重新进行分析。

工程实践应力求技术创新和成熟实践之间的平衡。“经验证技术”并不排斥新技术的引入，考虑在核动力厂使用超出现有实践的改进的需求并评价其价值总是必要的，只是这些改进在被称为“验证过的工程实践”之前，需要经过深入研究和根据具体情况进行某种试验验证。新型核动力厂的设计和建造应尽可能基于以前运行电厂的经验或研究项目的成果，以及足够尺寸的原型的运行。改进型的各类反应堆，应该尽可能采用在运行核动力厂中已成功应用的构筑物、系统和部件的设计，至少应该借鉴其他核动力厂中取得的相关运行经验。平衡经验证技术和技术革新的一个例子是 20 世纪 90

年代将非能动安全设施引入核电厂设计。这一创新性设计的优点是它们不依赖于诸如电源这样的外部支持系统、通常比较简单以及提高可靠性的潜在优势。缺点包括流体系统中较小的驱动压头、减少了异常工况下的回旋余地，以及对有关非能动系统性能已有资料的局限性。在实际应用之前，需要对这些性能进行充分的试验和分析论证。

**意义和影响** 要求一定程度的“经验证技术”可以将技术、进度和经济风险降低到一个可接受的水平。这一基本安全原则，即强调了成熟技术对核安全的重要性，又不阻碍新技术的发展和应用。实际上，新技术的引入很大一部分就是为了提高安全性。INSAG 于 1999 年出版的 75-INSAG-4 把能否恰当把握坚持经验证技术原则与允许创新之间的平衡作为核安全文化的评价因子之一。

尽管 INSAG 报告只是提出咨询性建议，但其中的基本安全原则已被成员国普遍采用。中国国家核安全局于 2004 年发布的《核动力厂设计安全规定》（HAF 102—2004）要求，只要可能，安全重要构筑物、系统和部件就必须按照经批准的最新的或当前适用的规范和标准进行设计；其设计必须是此前在相当使用条件下验证过的。当引入未经验证的设计或设施，或存在着偏离已有的工程实践时，必须借助适当的支持性研究计划，或通过其他相关的应用中获得的运行经验的检验，来证明其安全性是合适的。这种开发性工作必须在投入使用前经过充分的试验，并在使用中进行监测，以便验证已达到了预期效果。核安全评价必须基于安全分析得到的数据、以往的运行经验、支持性研究的成果，以及经验证的工程实践。

（孙造占　柴国旱）

# K

**keliebian hesu（cailiao）**

**可裂变核素（材料）** [fissionable nucleus（material）] 在一定能量的γ射线、电子、中子和各种带电粒子轰击下可发生裂变反应的核素。可裂变核包括易裂变核。通常可裂变材料指快中子能引起裂变的核材料，快中子能引起裂变的核素称为可裂变核素。早在 1939 年，玻尔（N. Bohr）和惠勒（J. A. Wheeler）根据液滴模型预言：仅质量数 $A \leqslant 100$的核素在能量上对裂变反应是稳定的。按照这个预言，$A>100$ 的所有核素都应该是可裂变核素。最轻的可裂变核素的质量数是什么，仍然是核科学家们今天所讨论的问题。

**易裂变核素铀-233 和钚-239** 当今的反应堆和核装置基本上都仅限于使用易裂变核素铀-235 或钚-239。自然界中不存在元素钚。在天然铀中，易裂变核素铀-235 仅占总量的 7.14‰，其余的约 99.3%为核素铀-238，即易裂变核材料是一种稀缺资源。钍-232 和铀-238 是自然界中天然丰度分别为 100%和约 99.3%的核素，因此，它们可用于生产易裂变核材料（铀-233 和钚-239）。在钍-铀循环反应堆中，钍-232 的中子俘房反应生成核素钍-233，会经过级联$\beta^-$衰变链钍-233→镤-233→铀-233 转化为易裂变核素铀-233。在以铀为燃料的堆中，铀-238 的中子俘房反应生成核铀-239，也会经过级联$\beta^-$衰变链铀-239→镎-239→钚-239 转化为易裂变核素钚-239。这样的易裂变核素生产方式既可在热中子堆中实现，也可在快中子堆和人们设想的“加速器驱动装置”中完成。

**快中子环境下的可裂变核素铀-238** 由于铀-235 和钚-239 裂变反应出射中子的绝大部分都是能量高于 1 MeV 的快中子，又由于核素铀-238 对于能量高于 1 MeV 的快中子具有不小于 1 b（靶恩，$10^{-28}m^2$）的裂变截面，因此，高机械强度的铀-238 金属材料很适合加工成原子弹或氢弹装置的外壳部件。铀-238 外壳具有三重效果：①外壳的中子反射效应使核装置具有更小的临界体积；②高机械强度外壳延长了核链式反应约束时间；③核材料铀-238 在快中子作用下的裂变能释放增强了核爆炸当量。在快中子反应堆内和设想的“加速器驱动装置”中也存在大量的能量高于 1 MeV 的快中子，核材料钍-232 和铀-238 在这些核装置中的燃烧也会提供附加的核能量输出。

**可裂变核散裂中子源靶** 钨、铅、铋和铀等元素的核在能量高于几百兆电子伏的粒子，例如，质子和氘核的轰击下会成为多个质量数小于靶核质量数的碎块，并发射出多个快中子。一个能量为 1 GeV 质子轰击钨、铅、铋和铀等材料厚靶时可放出 10～20 个散裂中子。散裂中子源在核物理数据、核辐射效应研究以及在材料结构分析等诸多领域都显示出广阔的应用前景。

**可裂变核中子源** 锎-252 具有合适的自发裂变半衰期（$t_{1/2}$约 86 年），每次自发裂变约发射 3.76 个中子，其中子产额约达到 $2.35\times10^{12}$ 中子/(g·s)。因此，锎-252 作为一种小体积和高强度中子源，目前得到广泛应用。例如，反应堆临界条件研究和新建堆的第一次启动；中子测井技术和中子照相技术；中子生物育种技术等。在临床医学上，小尺度的锎-252 裂变中子源可以十分靠近癌变组织，从而减小中子辐射对人体的损害。（韩洪银　许谨诚）

*Keshitemu shigu*

**克什特姆事故**（Kyshtym accident）　1957 年 9 月 29 日发生在前苏联玛雅科乏燃料后处理厂的放射性污染事故。根据《国际核事件分级表》（INES）定为 6 级，为距今为止仅次于切尔诺贝利核电厂和福岛核电厂事故的第三大核事故。事故发生在俄罗斯车里雅宾斯克州的奥焦尔斯克镇。

**事故原因、经过**　前苏联克什特姆附近的车里雅宾斯克-40 钚生产中心的高放废液贮存在有混凝土外壳的水冷的大罐中。1957 年 9 月 29 日，由于腐蚀和工艺监测设备的失效，使一个贮存有 70～80 t 液态废物的 300 $m^3$ 的大罐冷却系统失效，导致升温使放射性活度为 1EBq 的高放废液被蒸干，主要以硝酸盐和乙酸盐形态存在的废物升温到 300～350℃后发生爆炸，估计爆炸当量为 70～100 t TNT 当量。罐中所含放射性的 90%在局部沉积，而其余的（约 100 PBq）则从爆炸地点弥散开去。释出放射性物质中的主要核素是铈-144+镨-144（66%）、锆-95+铌-95（24.9%）、锶-90+钇-90（5.4%）和钌-106+铑-106（3.7%），此外，还释放出铯-137（0.36%）、锶-89（痕量）、钷-147（痕量）、铕-155（痕量）和钚-239、钚 240（痕量）。

**事故影响**　事故时放射性烟云上升到约 1 km 高空。这时烟云在比较平坦的地面上弥散，风的条件比较稳定且没有降雨。因此形成一个从工厂向外延伸 300 km 的椭圆形的放射性沉积区；有一明显确定的轴向，沿轴向及其垂直方向上沉降密度单调降低。实际上，所有沉降是在 11 h 内发生的。受污染区域边界划在锶-90 沉降密度为 4 kBq/$m^2$ 的地方，这是全球落下灰水平的两倍。

已沉积的放射性核素在一定程度上出现了再分布，在事故发生后的最初几天最显著。主要再分布源是树冠和土壤表面。总的来说，到 1958 年沉降地区的轮廓实际上已完全形成，风引起的再分布不足原沉降的 1%。在随后 30 年中，风对污染分布没有明显影响。被污染区域分布在车里雅宾斯克、斯维尔德洛夫斯克和秋明，污染面积估计在 15 000～23 000 $km^2$，涉及人口约 27 万。有 1 154 人在锶-90 沉积密度高于 40 MBq/$m^2$ 的地区，1 500 人在沉积密度高于 4 MBq/$m^2$ 的地区，10 000 人在沉积密度为 70 kBq/$m^2$ 的地区。

在事故发生后最初几个月里，主要的照射途径是外照射。随后，食物中锶的食入成为照射的主要来源。初期，在锶-90 沉积密度为 40 kBq/$m^2$ 的地区，空气中来自γ放射性核素的剂量率约为 1.3 μGy/h；而工厂附近最大值约为 5 mGy/h，相应的锶-90 沉积密度高达 150 MBq/$m^2$。事故发生后 10 d 内，有 1 154 人从受影响最严重的居住地撤离，这些地点锶-90 沉积密度高于 40 MBq/$m^2$。随后，为确保锶-90 的年摄入量不超过 50 kBq 的限值，对食物和农产品中污染水平进行了监测。相对于食品中钙的量，以锶-90 浓度限值对食品加以限制，初期为 7.4 Bq/g 钙，后期为 2.4 Bq/g 钙。根据这一限值，事故后头两年中，有 10 000 t 以上的农产品被销毁，并决定对在锶-90 沉积密度大于 150 kBq/$m^2$ 地区的人口实施进一步的系统地撤出。居民迁居从事故后第八个月开始到事故第十八个月结束，撤出人员共计 10 730 人。在事故后 10 d 内，撤离的居民组所受剂量平均为：外照射 170 mSv，胃肠道剂量 520 mSv。撤出居民所受集体剂量约为 1 300 人·Sv。

未撤出人员在事故后第一年内所受剂量约占总有效剂量的一半，前 10 年占总有效剂量的 90%，而前 30 年几乎为全部总有效剂量。30 年中，单位沉积密度的有效剂量估计为 320 μSv/(kBq/$m^2$)，其中外照射剂量仅占 20%多一些。已报道未撤出人口（大约 260 000 人）所受集体有效剂量为 1 100 人·Sv 和约 5 000 人·Sv。由于锶-90 沉积密度与人口之间的相关性资料很粗略，因此难以判定这些数值的确实性。然而，可表明在 30 年中，在锶-90 沉积密度 40～70 kBq/m$^2$ 地区的居民人口 1 000 人，在锶-90 沉积密度 4～40 kBq/m$^2$ 地区的居民人口 25 000 人，可得出 30 年所受集体有效剂量为 1 200 人·Sv。

**经验教训** 该事故公开后，美国开展了大量的研究工作，进行了“废物罐可燃气体稳定计划”和“废物罐有机物安全计划”等安全项目的研究。汉福特场址 SY-101 罐周期性释放氢气、一氧化二氮、氨气、氮气等混合气（约每年 3 次，俗称“打嗝”），其中氢气浓度大大超过了燃烧限值，应公众的要求，美国能源部组织开展了“汉福特高放废物罐 241-SY-101 的概率安全评价”和“汉福特储存场高放废液储罐概率安全评价”，并在储罐中加设搅拌器以促进混合气体的及时排放，防止可燃气体的累积。英、法、德、日等国亦开展了相应的研究。

我国针对高放废液储存的安全性问题也专门开展了研究，重点分析了有机物、传热、可燃气体、自然事件等的安全性，并提出了相应的安全管理对策。（张建岗　康玉峰）

**kongjian fushe**

## 空间辐射

（space radiation）　存在于天空自然环境的高能粒子辐射，其强度与太阳活动密切相关。空间辐射主要是天然的宇宙射线和地磁场捕获的带电粒子等，包括：高能质子射线、高能电子射线、中子射线、α射线、γ射线等。辐射环境包括空间天然存在的和航天器载荷所产生的电离辐射和非电离辐射。空间天然存在的电离辐射源主要是银河宇宙射线、地磁捕获辐射及随机发生的太阳粒子事件。天然非电离辐射源主要有来自太阳的光辐射和射频辐射等。这里所讲的空间辐射主要是指空间电离辐射。

**分类** 空间的天然电离辐射源主要有三种：银河宇宙辐射、地磁捕获辐射和太阳粒子事件。

**银河宇宙辐射** 可能起源于太阳系外的超新星爆炸，被星际间的磁场加速而到达地球空间。在航天器外未曾与航天器材料发生作用的银河宇宙辐射称为初级宇宙辐射，与航天器发生核相互作用产生的次级粒子成分称为次级宇宙辐射。银河宇宙辐射主要由 87%质子、12%α粒子和 1%的重粒子组成。

**地磁捕获辐射** 由于地球磁场的作用，在地球周围一定的空间中存在着大量被地磁场捕获的高能带电粒子，这些带电粒子在地磁场的作用下，形成了一个辐射带，称为地磁捕获辐射带。地磁捕获辐射带分为内辐射带和外辐射带。内辐射带主要成分是质子，外辐射带主要成分是电子。内辐射带在赤道上空 600～1 000 km，南北纬度边界为 45°。由于地球磁场的不对称，内带在东、西半球不对称。西半球内带下边界低，东半球内带下边界高。在西经 0°～60°、南纬 20°～50°的南大西洋上空是异常区，内带下边界下降到 200 km 左右，这一区域被称为南大西洋异常区（SAA）。外辐射带分布于赤道上空 $1\times10^4$～$6\times10^4$ km 范围内的广大空间。在 55°～77°的高纬度地区，外辐射带的下边界降至 300 km 高度。辐射带中还有少部分高能重粒子。在内外辐射带之间是一个低辐射强度的区域。

**太阳粒子事件** 指太阳色球层有时候发生局部区域短暂增亮的情况，称为太阳耀斑。太阳耀斑一般持续 30～50 min，伴随太阳耀斑发射高强度的电磁辐射和高能带电粒子流，由于其主要成分都是质子，所以，也称为太阳质子事件。只有在太阳经度 30°～45°上发生太阳耀斑时，太阳粒子事件产生的高能粒子流才可能到达地球空间。

**与地面常见辐射源的区别** 空间辐射环境与地面常见的辐射源有很大的不同，主要表现在以下几点：①粒子类型。空间辐射粒子几乎包含元素周期表中所有元素的核，且粒子带有和原子序数相同的电荷，粒子的主要成分是质子、电子和氦核，重离子所占比重较小。②能量范围。空间辐射的粒子能量范围非常宽，能量级为 $10^3 \sim 10^{20}$ eV，且为连续能谱，而不是地面加速器产生的几乎为单能量的粒子。③空间辐射粒子从 4π立体角同时入射到作用靶物质，而地面加速器粒子在某一时刻是单向入射的。④空间辐射环境不是恒定的，由于受到太阳活动和地磁场的调制，其强度随时间和空间而变化，尤其是太阳粒子事件的发生是随机的，发生时间和事件粒子注量目前难以预报，是一种潜在的辐射危险源，航天持续时间越长，遇到太阳粒子事件的概率越大。

**发展简史** 空间辐射的研究是随着航天技术的发展而兴起的一门学科。早在 20 世纪 50 年代，以美国和前苏联为首的航天大国拉开了空间辐射环境及其效应探索的步伐，中国紧随其后。特别是中国 20 世纪 90 年代开始的载人航天工程研究，使该学科的研究迫在眉睫。通过高轨卫星、返回式卫星、载人飞船的研制与发射等，中国已经基本掌握了空间辐射环境监测、航天员空间辐射个人剂量监测、元器件及材料等空间辐射效应评价与防护技术、航天员空间辐射危险评价及防护技术等。

**研究内容** 空间辐射的研究属于应用基础研究，是从人类开始空间探索时兴起的，为保障航天员和飞船的空间飞行安全而服务。主要研究内容包括：空间辐射环境的测量技术，空间辐射对人、器件及材料的效应及危害评价方法和空间辐射防护方法。研究空间辐射的主要任务就是要尽可能减少空间辐射带来的危害，保护在轨飞行器及航天员的安全，完成航天规定的任务。空间辐射主要的分支领域包括空间辐射监测、空间辐射剂量学、空间辐射生物学、空间辐射效应研究和空间辐射防护等。通过对这些分支学科的研究，人类基本认识了空间辐射对航天员及飞船的影响，建立了空间辐射监测、空间辐射危害评价及空间辐射防护体系。在人类进行外太空探索的同时，保障了航天员空间辐射的安全及空间探索的能力。

**研究方法** 主要包括天基实验、地基实验及计算机仿真模拟。①天基实验指利用空间飞行器搭载空间辐射环境探测设备、空间辐射剂量学设备、元器件、材料以及生物体等，获得空间实际测量值及效应数据；②地基实验是指利用地面加速器进行空间探测设备的研制和定标实验、地面模拟材料及生物学效应研究等；③计算机仿真模拟主要指利用蒙特卡洛模拟计算技术，将空间环境谱作为输入条件，进行相关的模拟计算。

**动向与趋势** 空间环境是动态变化的，空间辐射对航天员的影响，在近地轨道主要是由于银河宇宙射线及地磁捕获带高能质子造成的。载人登月飞行中主要需考虑银河宇宙射线的影响。空间辐射对材料及器件的效应与轨道分布有很大的关系，近地轨道飞行中，主要考虑银河宇宙射线及捕获带高能质子对器件造成的单粒子效应；中轨和太阳同步轨道则主要考虑电子造成的表面效应及深层充放电效应。关于空间辐射防护，近地轨道使用质量屏蔽厚度的方法基本可以满足要求，对于载人登月及火星计划等，需要研究新的主动防护方法。空间辐射的研究随着人类对空间环境了解的深入而深入，但是关于空间重离子及高能质子对人和材料的影响，效应评价方法及防护方法等都有待进一步的研究。纳剂量学在空间辐射效应的研究中会成为空间辐射剂量学的发展趋势，用于空间辐射对航天员、材料及器件的危险分析及效应评价。

（贾向红　白延强）

# L

lei-226

**镭-226** （radium-226） 元素镭的一种放射性同位素，原子序数 88，原子量 226.0254，符号为 $^{226}$Ra。

**基本性质** 镭是一种银白色的碱土金属，带有放射性，密度 5g/cm$^3$，熔点 700℃，沸点 1 140℃，常见化合价为+2。在空气中不稳定，易与空气中氮和氧化合。与水作用放出氢气，生成氢氧化镭[$Ra(OH)_2$]。能溶于稀酸，化学性质与钡十分相似。所有镭盐与相应的钡盐是同晶型的。镭能生成仅微溶于水的硫酸盐、碳酸盐、铬酸盐、碘酸盐；镭的氯化物、溴化物、氢氧化物溶于水。镭-226 能放射出α和γ两种射线，并生成放射性气体氡，α射线能量为 4.871 MeV。已知镭有 13 种同位素，其中镭-226 半衰期最长，为 1622 年。镭有剧毒，其照射途径主要为吸入、食入内照射，它能取代人体内的钙并在骨骼中浓集，急性中毒时，会造成骨髓的损伤和造血组织的严重破坏，慢性中毒可引起骨瘤和白血病。

**来源** 镭-226 是天然放射性核素，存在于多种矿石和矿泉中，但含量极稀少，较多的来源于沥青铀矿中。在处理沥青铀矿提取铀时，镭-226 经常与钡一起在不溶于酸的残渣中以硫酸盐形式回收。

**用途** 镭是现代核工业兴起前最重要的放射性物质，广泛应用于医疗、工业和科研领域，其放出的射线能破坏、杀死细胞和细菌，常用来治疗癌症等；把镭盐和硫化锌荧光粉混匀，可制成永久性发光粉；镭盐与铍粉的混合制剂，可作中子放射源，用来探测石油资源、岩石组成等。到 1975 年为止，全世界共生产了约 4 kg 镭，其中 85%用于医疗，10%用来制造发光粉。

**辐射水平** 镭-226 作为天然放射性核素，存在于各类环境介质中。在我国江河中镭-226 的含量范围为 0.5～99.5 mBq/L，均值为 6.24 mBq/L；在土壤中的含量范围为 2.4～425.8Bq/kg，平均 36.5 Bq/kg；在空气中约为 $10^{-2}$ mBq/m$^3$。作为放射性核素，镭污染对环境辐射的影响限于α和γ两种放射线的影响。

**测量方法** 环境样品中镭的含量一般很低，对其测量通常是先进行分离，然后采用测量镭的子体活度的方法，如国家标准推荐的射气闪烁法（镭-226 和镭-228）和水中镭α放射性核素的测定方法。此外，还常用γ能谱方法来测定镭-226。

**射气闪烁法-化学浓集测定水中镭-226** 可先采用以下两种化学浓集方法，最后用射气闪烁法进行测定：①氢氧化铁-碳酸钙载带射气闪烁法：以氢氧化铁-碳酸钙作为载体吸附载带水中镭，沉淀用盐酸溶解，溶解液封闭于扩散器中积累氡，放入闪烁室测量，计算镭-226 含量。②硫酸钡共沉淀射气闪烁法：水中镭与硫酸钡共沉淀，沉淀用碱性 EDTA-2Na 溶液溶解，溶解液封闭于扩散器中积累氡，放入闪烁室测量，计算镭-226 含量。两种方法均适用于天然水、铀矿冶排放废水和矿坑水中镭-226的测定，方法探测限为 $2.0\times10^{-3}$Bq/L。

**射气闪烁法测定食品中镭-226、镭-228** ①镭-226的测定原理如下：食品灰经碱熔融、用盐酸溶解水浸取后的不溶物，以铅、钡为载体，钡-133作为示踪剂，硫酸盐沉淀浓集镭，沉淀用碱性EDTA-2Na溶液溶解后封存于扩散器，以射气闪烁法测量子体氡-222，计算镭-226放射性浓度。方法探测限为 $4.3\times10^{-3}$Bq/g 灰。②镭-228测定中，食品灰经碱熔融、水浸取后过滤，沉淀用盐酸溶解。以钡、铅双载体硫酸盐共沉淀浓集镭。放置2 d后，用二-(2-乙基己基)磷酸-庚烷萃取镭-228的子体锕-228，通过测量锕-228的β放射性来计算镭-228含量。方法探测限为 $5.8\times10^{-2}$Bq/g 灰。

**水中镭的α放射性核素的测定** 方法适用于地表水、地下水和铀矿冶排放废水中镭的α放射性核素的测定。其原理是用氢氧化铁-碳酸钙作载体，共沉淀水中的镭，沉淀物用硝酸溶解。在柠檬酸存在下，再以硫酸铅钡为混合载体共沉淀镭，与其他α放射性核素分离。沉淀用硝酸溶液洗涤净化，并溶于碱性EDTA-2Na溶液中。加冰乙酸重沉淀硫酸钡（镭）以分离铅。将硫酸钡（镭）铺样，用低本底α探测装置测量，计算其结果。

该方法最低探测限为 $8\times10^{-3}$Bq/L。沉淀硫酸铅钡时，硫酸溶液过量不能太多，以避免硫酸钙的析出。必要时可减少铁钙混合载体溶液中的钙量。此外，该方法所得结果可按镭-226的当量来表示，因此在镭-226、镭-223和镭-224的比例关系不清时，可按镭-226的子体增长系数进行修正。

**γ能谱测定方法测定镭-226** 依据γ能谱中全吸收峰下的净面积和与探测器相互作用的该能量的γ射线数成正比的原理。测量镭-226可用子体铅-214的351.9 keV（37.09%）和铋-214的609.3 keV（46.1%）、1 120.3 keV（15.0%）γ射线。样品在γ能谱上测量时，记录镭-226特定子体的γ射线特征峰的净面积和测量时间。测量前样品需放置20 d以上，以保证镭-226与其子体间放射平衡。

**镭-226的生物影响** 镭-226属于中等毒性放射性物质。世界卫生组织饮用水水质标准对其指导水平为1Bq/L。对于食入途径，1Bq产生的待积有效剂量对成人为0.28 μSv，对1岁以下儿童高达4.7 μSv。对于吸入途径（肺中速吸收），1Bq产生的待积有效剂量对成人为3.5 μSv，对1岁以下儿童为15 μSv。

（赵顺平　邵亮　潘苏）

lizi[shu] midu

## 粒子[数]密度 （particle [number] density）

单位体积内自由粒子的数目，用 $n$ 表示，单位为每立方米（$m^{-3}$）。

$$n=\frac{N}{V}$$

式中，$N$ 为粒子数，包括发射、传播或收到的粒子数目；$V$ 为体积。

（冷瑞平　陈竹舟）

Lianheguo Yuanzi Fushe Yingxiang Kexue Weiyuanhui

## 联合国原子辐射影响科学委员会 （United Nations Scientific Committee on the Effects of Atomic Radiation，UNSCEAR）

联合国框架内负责收集、评议、整理与整合电离辐射致人及环境影响的科学组织。UNSCEAR的职责是：每年或不定期向联合国大会提交科学评估报告，评估全球电离辐射的水平与影响，为电离辐射防护提供科学基础。在联合国系统内UNSCEAR的使命是评价和报告电离辐射照射的水平及其影响。

**所在地与建立时间** UNSCEAR是根据1955年12月3日联合国大会通过的第913(Ⅹ)号决议成立的。1974年以前UNSCEAR的日常办事机构设在美国纽约，之后在奥地利维也纳。

**成员国** UNSCEAR最初由15个指定的联合国成员国组成，分别是阿根廷、澳大利亚、比利时、巴西、加拿大、前捷克斯洛伐克、埃及、法国、印度、日本、墨西哥、瑞典、英国、美国和前苏联。并要求成员国政府委任 1 名科学家（包括相应的候补者及其顾问）作为 UNSCEAR 的国家代表。1973 年 12 月 14 日联合国大会通过第 3154C（XXVIII）号决议决定 UNSCEAR 的成员国最多可以增至 20 个，新增的成员国分别是德意志联邦共和国、印度尼西亚、秘鲁、波兰和苏丹。1986 年 12 月 3 日联合国大会通过第 41/62B 号决议决定 UNSCEAR 的成员国最多可以增至 21 个，并邀请中国成为 UNSCEAR 的成员国。20 世纪 90 年代俄罗斯联邦和斯洛伐克分别代替前苏联和前捷克斯洛伐克成为 UNSCEAR 的成员国。2007 年 12 月 17 日联合国大会通过第 62/100 号决议决定邀请其他 6 个成员国，即白俄罗斯、芬兰、巴基斯坦、韩国、西班牙和乌克兰作为观察员参加 UNSCEAR 的会议。2011 年 12 月 9 日联合国大会通过第 66/70 号决议决定 UNSCEAR 的成员国最多可以增至 27 个，并邀请白俄罗斯、芬兰、巴基斯坦、韩国、西班牙和乌克兰成为 UNSCEAR 的成员国。截至目前 UNSCEAR 共有 27 个正式成员国。全世界 50 多个国家机构和多个国际机构为 UNSCEAR 的工作做出了重要贡献。

**内部组织和主要活动** UNSCEAR 推选 1 位主席、1 位副主席和 1 位报告员，组织领导 UNSCEAR 的工作。正常情况下任期是 2 年。传统上，UNSCEAR 的主席从“有核武器国家”之外的其他任何一个成员国中推举产生。

**工作计划** 联合国大会批准 UNSCEAR 的工作计划，以 4～5 年为一个周期。秘书处收集联合国成员国、国际组织和非政府组织提交的资料，聘请专家分析这些资料，研究相关科学文献并做出科学评估。每届年会秘书处向科学委员会提交这些评估，在每个工作计划内，陆续发布独立的审查意见。

**年度会议** 通常情况下，UNSCEAR 每年召开一次全体成员国会议，审议秘书处提出的各项议程内容。第一届会议于 1956 年 3 月 14 日—23 日在美国纽约召开。至 2013 年，UNSCEAR 已经举行了 60 届会议，第 60 届会议于 2013 年 5 月 22 日—27 日在维也纳召开。

**作用和影响** 全世界各国政府和各有关组织都依赖 UNSCEAR 的评价作为评估辐射危险和制定防护措施的科学基础。1958 年和 1962 年 UNSCEAR 向联合国大会提交的两份独立报告，对人类遭受到的电离辐射水平的知识状况以及这些照射的可能影响提供了全面的评估。这两份报告为《关于禁止大气层核武器试验的部分禁止试验条约》谈判达成一致意见及 1963 年签署该条约，提供了科学基础。在 UNSCEAR 取得该重要的首期成就之后的数十年间，UNSCEAR 就成为了有关核能和平利用及军事应用目的以及天然辐射源和人工辐射源所引起的电离辐射水平及其影响的官方国际权威组织。1955 年 UNSCEAR 的第一份报告中就认识到医学诊断及治疗照射是全球人工辐射照射的主要成分，该结论直到今天仍然是正确的。UNSCEAR 系统地审议并评估了全球和区域的医学照射以及公众和工作人员照射的水平及其趋势，结果表明全球人口辐射照射显著减少。这些工作成果持续影响着国际组织（如国际原子能机构、国际劳工组织、世界卫生组织以及国际放射防护委员会）的工作计划。

**日本原爆幸存者健康影响评估** UNSCEAR 对从 1945 年日本原爆幸存者和其他受到照射人群组的研究中获得的辐射诱发健康效应的证据进行了定期评估。委员会也审议了可能发生的辐射诱发健康效应的机制的科学理解的进展。这些评价已为国际放射防护委员会发展其辐射防护建议以及联合国系统内有关机构制定国际电离辐射防护标准提供了科学基础。

**切尔诺贝利事故后果评估** 在该事故早期，UNSCEAR 就介入该事故辐射照射与健康效应的评价。1988 年 UNSCEAR 出版了首个关于切尔诺贝利核电厂事故应急工作人员急性辐射效应及其全球辐射照射的报告，2000 年出版了该事故所致辐射水平及效应的详细评价。后期 UNSCEAR 参加了切尔诺贝利事故论坛，其重要使命覆盖该事故的许多方面，如辐射健康效应的审议。

**评估冷战后的辐射遗产** 在20世纪90年代期间，UNSCEAR主要关注冷战后的辐射遗产，重点开展对武器生产与试验产生的放射性残留物以及辐射遗传效应的评价。

**天然存在放射性物质与氡照射评估** 自21世纪初以来，UNSCEAR的工作涉及与天然存在放射性物质相关的职业照射以及氡的照射，低辐射剂量照射后的生物效应及非人类物种的效应；氡照射的危险，辐射及其癌症和非癌症效应的流行病学研究，免疫系统的辐射效应，辐射照射的细胞响应；医学照射、公众照射和职业照射，事故的辐射照射，切尔诺贝利事故的健康效应，非人类生物的辐射效应；人类辐射健康效应的可归因性，不同能源的环境辐射影响等。

**日本福岛事故后果评估** 2013年UNSCEAR第60届年会讨论了日本福岛核事故的辐射照射与健康效应。

2006年在为庆祝科学委员会第1届年会举行50周年庆典大会上，国际原子能机构原总干事汉斯·布利克斯（Hans Blix）博士讲到“没有UNSCEAR多年来的巨大工作，就不可能实现安全事务必要的国际协调一致”，“本世纪要求UNSCEAR保持其独立性、科学上权威性，并增强处理与日俱增的挑战的信心”，“UNSCEAR的结论需要更加清楚和响亮”。

**重要出版物** UNSCEAR自成立以来出版了20余份重要的综合性出版物，这些权威报告已成为辐射相关科学资料的主要来源。这些出版物主要是：①联合国原子辐射影响科学委员会报告。联合国大会正式记录，第13届会议，补遗编号17（A/3838）。纽约，1958。②联合国原子辐射影响科学委员会报告。联合国大会正式记录，第17届会议，补遗编号16(A/5216)。纽约，1962。③UNSCEAR 1972年报告及科学附件：第I卷 水平，第II卷 效应，联合国销售出版物E.72.IX.17和E.72.IX.18。联合国，纽约，1972。④UNSCEAR 1977年报告及科学附件，联合国销售出版物 E.77.IX.1。联合国，纽约，1977。⑤UNSCEAR 1982年报告及科学附件，联合国销售出版物E.82.IX.8。联合国，纽约，1982。⑥UNSCEAR 1988年报告及科学附件，联合国销售出版物E.88.IX.7。联合国，纽约，1988。⑦UNSCEAR 1993年报告及科学附件，联合国销售出版物E.94.IX.2。联合国，纽约，1993。⑧UNSCEAR 1996年报告及科学附件，联合国销售出版物E.96.IX.3。联合国，纽约，1996。⑨UNSCEAR 2000年报告及科学附件，联合国销售出版物E.00.IX.3和E.00.IX.4。联合国，纽约，2000。⑩UNSCEAR 2001年报告及科学附件，联合国销售出版物 E.01.IX.2。联合国，纽约，2000。⑪UNSCEAR 2006年报告及科学附件，联合国销售出版物 E.08.IX.6（2008）和E.09.IX.5（2009）。⑫UNSCEAR 2008年报告及科学附件，联合国销售出版物 E.10.IX.3（2008）和E.11.IX.3（2011）。

**UNSCEAR秘书处** 1955年成立。当时设在美国纽约。1972年10月17日联合国大会第2905（XXVII）号决议认为，UNSCEAR的职权范围可能成为联合国环境规划署今后非常有价值的要素。1974年秘书处转移到奥地利首都维也纳，在职能上与联合国环境规划署联系，组织UNSCEAR年度会议并为其提供服务，管理UNSCEAR审议文件的准备。

（刘森林　潘自强）

**liebian chanwu**

## 裂变产物　(fission product)

核裂变生成的裂变碎片及其衰变产物的总称。

**分类** 裂变产物包括初始裂变产物与次级裂变产物。①裂变核在断点形成的两个大形变碎片通过无辐射方式将它们的形变能转变为它们的内部激发能，并回到它们各自的基态形状。这种暂态核素称为初始裂变碎片或裂变碎片。②相应于激发能高于或低于中子结合能的不同情形，裂变碎片通过中子级联发射和随后的γ射线级联发射相结合的模式或仅仅通过γ射线级联跃迁模式退激到达它们的同质异能态或核基态。这些核素被称为初始裂变产物。③初始裂变产物核在大多数情况下都是丰中子核，因此，它们还会通过链式$\beta^-$衰变过程最终变成稳定核。将至少经历了一次$\beta^-$衰变形成的核素称为次级裂变产物。

**研究裂变产物的重要性** 裂变产物通常都是丰中子放射性核素，因此，提取锶-90、钼-99、铯-137、钷-147 等核素是工业规模生产人工放射性核素的一个重要途径。

**裂变产物与环境安全** 如果因某种原因造成裂变产物核进入到人们的生活环境，那么，它们在$\beta^-$衰变过程中发射的电子和$\gamma$射线会对人体造成外照射；如果裂变产物通过空气、水和食物等各种途径进入人体，会造成内照射。各种长寿命裂变产物核素，如锆-93、锝-99、碘-129 和铯-135（半衰期 $2.3\times10^6$年）等，以及较长半衰期裂变产物核素锶-90 和铯-137（半衰期 30.174 年）等，影响更为长远。

**缓发中子裂变产物与反应堆设计** 为了在反应堆中实现“可控”链式反应，设计反应堆时应实现条件：仅考虑裂变瞬发中子发射的反应堆中子增殖系数 $K_{eff}$ 值应略微小于 1，但同时考虑瞬发和缓发中子发射的 $K_{eff}$ 值应略微大于 1。由于缓发中子具有的半衰期长达数秒甚至数十秒，因此，在提升控制棒提升堆功率过程中，堆就可从 $K_{eff}<1$的次临界缓慢地到达 $K_{eff}=1$ 的临界状态，并平稳运行。

**慢中子俘获截面大的裂变产物与堆运行** 裂变产物中的任何原子核都会吸收慢中子，而其中的某些产物核又具有特别大的慢中子俘获截面。例如，核素氙-135 和钐-149 的热中子俘获截面分别为 $2.778\ 01\times10^6$ b 和 $4.054\ 4\times10^4$ b。这些裂变产物核随堆运行时间增加而积累，它们对堆内热中子的吸收将改变了反应堆的 $K_{eff}$ 值，从而影响反应堆的运行。

**裂变产物核的衰变能与核安全** 在每次裂变反应中，由裂变产物核的$\beta^-$衰变和$\gamma$衰变产生的能量约占总裂变释放能的 4%～5%。因此，在反应堆停止运转后的一段时间里，堆的冷却系统必须继续工作，以便导出堆内热能；在运输和存储从堆内卸出的燃料棒或乏燃料棒时，必须建立起充分的核安全保障措施。

**裂变产物核是核能装置能量释放量的指示剂** 由于裂变产物核的产额，即核裂变中产生某种质量数为 *A* 和电荷数为 *Z* 核素的份额，仅依赖于裂变核的质量数和电荷数以及导致核裂变反应的激发能；又由于每次裂变释放的能量具有固定的值，因此，在测量了一个核爆炸过程产生的某些选定的核裂变产物放射性活度后，就可利用这些特定产物核的产额值推导出该核爆炸过程中发生核裂变的数值，即推算出核装置的核裂变当量。 （韩洪银 许谨诚）

**linjie zhuangzhi**

## 临界装置

（critical assembly） 又称零功率反应堆装置或零功率反应堆。是一个由足够可裂变材料和其他材料组成，为进行堆物理实验研究而在极低功率水平下维持链式反应的装置。链式反应产生的裂变产物较少，其放射性较弱，装置没有复杂的屏蔽措施，实验人员在链式反应关闭情况下可以根据需要接近堆芯进行操作处理，而不致造成放射性危害。世界上针对不同的反应堆堆型建立了各种各样的临界装置。按国际原子能机构（IAEA）的统计，目前全球约有 60 台临界装置。由于临界装置在设计上结构灵活可变，功率低，无需专门冷却。

**结构** 临界装置由堆本体、操纵保护系统和其他辅助设备组成。由于在低功率下运行，功率仅为数十瓦，中子通量密度在 $10^6\sim10^7$ 中子/($m^2\cdot s$)，因而不需要冷却系统。堆芯在结构上是简单灵活的，容易改装和更换。临界装置一般工作在常温常压下，若慢化剂为固体，堆芯通常用砌块堆积而成，若慢化剂为液体，燃料可以溶液形式或以元件按栅格排列形式放在容纳慢化剂的容器内，为了液体的输运和存贮，可能有由贮存器、泵和管道组成的回路系统或净化系统。工作在高温、高压下的液体慢化剂临界装置，堆芯则安装在可以加温的压力容器内，并附有加热系统。操纵保护系统由辐射探测器、电气控制线路和执行机构组成，用以实现临界装置的操纵、事故保护、功率测量和剂量监督等。对液体慢化剂临界装置，除控制棒和安全棒外，还可能有应急排放阀作为附加安全措施。

**临界实验** 在临界装置内，可以对核燃料和其他材料构成的各种堆芯的布置方式和组成进行堆临界实验和反应堆物理实验，确定反应堆的燃料临界质量（临界装载量）、临界尺寸特性（临界大小），测定控制棒效率、反应性系数、中子通量分布和栅格参数。实验结果可以为校验理论计算提供依据。

燃料临界质量为在一定材料组分和几何布置下，系统达到临界所需要的易裂变物质的最小质量。相应的几何尺寸对应的体积称为临界体积。系统的临界质量与材料成分有关，如易裂变材料种类（铀-233、铀-235、钚-239 和钚-241）及其富集度、慢化剂材料（$H_2O$、$D_2O$、碳和铍）的性质、各种材料在系统所占的比例、反射层材料和厚度等都会影响临界质量。系统内材料的几何配置和系统的形状（球形、圆柱形和长方形）也会影响临界质量。与圆柱形和长方形反应堆形状相比，球形反应堆的表面积与体积之比最小，中子泄漏最少，在相同材料组成和配置情况下，球形反应堆的临界体积最小。

在进行临界实验时，一般采用从次临界向临界逐步过渡的办法。实验开始时，装置处于次临界状态，但反应堆内放了一个强度为 $S$ 中子源，由于中子引起燃料裂变，堆内中子数会有所增加，设有效增殖因子 $K_{eff}$，经过若干代增殖后，反应堆内中子总数 $N=S/(1-K_{eff})$。当 $K_{eff}$ 接近 1 时，即堆接近临界时，中子数趋于无限大，或者说 $1/N$ 趋于零。在实验中，在不同装载量下测量中子数，从而得出 $1/N$ 与装载量之间的关系曲线，经过曲线外推得出在什么条件即多少装载量下 $1/N$ 为零。此时的装载量就是我们所需要的临界质量。

由于反应堆类型和装载方式不同，临界实验的具体方法也不同，常用的有以下几种：①元件法。堆芯组成成分不变，逐步增加燃料元件数量以达到临界。试验结果得到临界燃料装载量。②水位法。用于慢化剂为水或重水的反应堆。堆芯燃料元件数不变，逐步增加慢化剂以达到临界。实验结果得到临界水位高度。③提棒法。堆芯装载量和结构不变，逐步提出控制棒以达到临界。实验得到控制棒的临界棒位。④减硼法。对于慢化剂为含硼水的反应堆，可以用逐步降低硼浓度来达到临界。实验结果得到慢化剂的临界硼浓度。（奚树人　阮可强）

liuchuwu jiance

## 流出物监测

（monitoring of radioactive effluents） 为控制和评价设施流出物排放对周围环境的影响而进行的监视性监测。流出物指实践中源[主要是核设施、核技术利用设施、铀（钍）矿和人为活动引起的天然放射性照射明显增高设施]向环境排放的满足国家相关的排放标准要求，并获得监管部门批准的含有极少量放射性物质的气态流和液态流。流出物监测以前也称放射性流出物监测。鉴于流出物已经被解控，不是放射性废物，属于普通的工业废气或废水，因此将放射性流出物改称流出物。我国对流出物监测实行双轨制，包括设施营运单位实施的流出物监测和设施所在地省级环境保护主管部门对设施流出物实施的监督性监测。流出物分为气态（气载）流出物和液态流出物，因此流出物监测也分为气态流出物监测和液态流出物监测。核电厂液态流出物中还含有的硼、次氯酸钠等化学污染物和核电厂散热系统排放的热量，因此核电厂流出物监测应包括化学污染物和温度监测。铀转化、铀富集和铀燃料元件制造等铀加工设施气态和液态流出物中还含有氟化物，因此其流出物监测中应包括氟离子浓度监测。

流出物排放执行严格的辐射防护要求。流出物监测是流出物排放管理的重要组成部分。流出物排放管理应执行《中华人民共和国放射性污染防治法》和《中华人民共和国环境保护法》等相关环境保护法规标准。

**监测目的** ①判明流出物中的放射性物质的数量，以便与管理限值或运行限值进行比较；②为应用适当的环境模式评价环境质量、估算公众所受的剂量提供源项和资料；③为判明设施运行以及放射性废物处理系统是否正常有效提供数据和资料；④使公众确信设施的放射性释放确实受到严格的控制；⑤迅速发现和鉴定计划外释放的性质（种类）及其规模；⑥给出是否需要启动警报系统或应急警报系统的信息。

**监测计划** 流出物监测计划应根据流出物监测目的编制，满足流出物排放管理的需要。流出物监测一般要考虑以下方面：①应把预计或可能含有设施产生的放射性的所有流出物都置于常规监测之下。②应合理选择监测点的位置，以使得该点的监测结果能代表实际的排放情况。③应根据正常和事故工况下放射性核素的预计和可能排放情况，合理确定核素种类。核素种类一般应包含预计排放的主要放射性核素和能够监测到的所有放射性核素，同时不得少于有管理限值规定的核素种类。④应根据监测和控制的目的合理确定监测方式。对于核电厂等核设施，监测方式包括连续监测和取样监测。要合理确定取样监测的频度。⑤应科学选择采样方法，以使得采集的样品能代表实际的排放情况。⑥应选择合适量程的测量仪表，运行状态下的监测仪表应满足正常运行和预计运行事件工况下的监测需要；事故工况下的监测仪表应满足严重事故工况的监测需要。⑦应选择可靠的、先进的测量技术，在保证排放期间连续获取数据的条件下，尽可能准确地测量出流出物中实际放射性排放量。⑧为合理地评价监测结果，应根据需要测量其他有关的物理量和参数，如流量、体积等。⑨对于核电厂等事故后果比较严重的核设施，为满足事故监测的需要，对气态流出物应设置专门的事故监测装置。该装置应具有报警甚至联锁功能，通常还需要考虑冗余设置，并具有一定的安全等级。⑩流出物监测数据应按有关规定记录，并长期保存。对于核电厂等核设施，至少保存到核设施退役后的十年。⑪应编制和执行严格的质量保证计划。下表简要给出了我国各类设施流出物放射性监测方案。

**我国各类设施流出物放射性监测方案简表**

| 设施 | 监测对象 | | 排放方式 | 监测方式 |
|---|---|---|---|---|
| 压水堆核电厂 | 气态流出物 | 惰性气体 | 连续排放 | 在线连续监测（正常和事故监测，事故监测具有报警和连锁功能）<br>定期取样测量（γ谱） |
| | | 气溶胶 | | 在线连续监测（正常和事故监测，事故监测具有报警功能）<br>连续取样，定期测量（总β、γ谱） |
| | | 碘 | | 在线连续监测（正常和事故监测，事故监测具有报警功能）<br>连续取样，定期测量（总γ、γ谱） |
| | | 氢-3 | | 连续取样，定期测量 |
| | | 碳-14 | | 连续取样，定期测量 |
| | 液态流出物 | | 槽式排放 | 在线连续监测（报警，连锁）每槽排放前取样分析测量（总β或总γ、γ谱、氢-3、碳-14、锶-90）<br>定期取样监测（硼、$Cl^-$、温度） |
| 研究堆 | 气态流出物 | | 连续排放 | 结合本设施排放情况，参考核电厂制定具体监测方案 |
| | 液态流出物 | | 槽式排放 | |
| 铀加工设施 | 气态流出物 | | 连续排放 | 在线连续监测<br>定期取样测量 |
| | 液态流出物 | | 槽式排放 | 每槽排放前取样分析测量 |
| 后处理设施 | 气态流出物 | | 连续排放 | 在线连续监测（气溶胶）<br>连续取样，定期测量（氢-3、碳-14、镍-63、碘-129、钚-239、铀、γ谱） |

| 设施 | 监测对象 | 排放方式 | 监测方式 |
|---|---|---|---|
| 后处理设施 | 液态流出物 | 槽式排放 | 在线连续监测（总 $\beta$）<br>每槽排放前取样分析测量（总 $\alpha$、总 $\beta$） |
| 铀矿山及水冶设施 | 气态流出物 | 连续排放 | 定期取样监测（铀、镭-226、铅-210、钋-210、氡-222 及子体） |
| | 液态流出物 | 槽式排放 | 定期取样监测（总 $\alpha$、总 $\beta$、铀、镭-226、铅-210、钋-210） |
| 核技术利用设施 | 气态流出物 | 连续排放 | 根据流出物排放特性确定 |
| | 液态流出物 | 槽式排放 | |
| 人为活动引起天然放射性增高设施 | 气态流出物 | 连续排放 | 根据流出物排放特性确定 |
| | 液态流出物 | 槽式排放或连续排放 | |

流出物监测还应与前端的放射性废物处理系统工艺监测和后端的环境监测相协调。

设施营运单位应按有关规定期向国务院环境保护行政主管部门和所在地省、自治区、直辖市人民政府环境保护行政主管部门报告监测结果。核电厂营运单位还应向国务院环境保护行政主管部门和所在地省、自治区、直辖市人民政府环境保护行政主管部门在线传输流出物监测结果。

核电厂产生的能量中大约有 2/3 排放到环境中，其对环境的影响主要通过环境监测和生态调查进行评价。核电厂流出物监测中仅包括液态流出物水温监测和冷却塔散热监测，为环境影响评价提供热量排放参数。在极端高温情况下，为保护海洋生态环境，核电厂液态流出物水温监测结果应作为核电厂运行控制参数。

如果流出物中含有化学污染物，应按照相关法规标准规定对流出物进行化学污染物监测。（刘新华　陈凌）

**liuchuwu paifang**

**流出物排放**（effluents discharge）　由实践或实践中的源的正常运行所产生的放射性核素，经过废物处理系统或控制设备（包括就地贮存和衰变）处理到足以满足国家相关标准之后，按照预定的途径以气载（气体、气溶胶）或液态流出物的形式向环境的排放。“源”包括从医用和研究用放射性核素到核反应堆和后处理等核设施（参见源）；“排放”是指来自实践或实践中源的正常运行所产生的、正在进行的或预期产生的放射性核素在满足国家相关法规对排放的要求后，以可控的方式排入大气（气载排放）或排入江、河、湖、海等地表水体（液态排放），并预期在大气和水环境中可以得到进一步的稀释与弥散。

**流出物基本特征**　核设施或辐射设施的流出物是经过严格处理的，其所含放射性核素的活度浓度很低，远低于国家相关标准的要求，通常均低于清洁解控水平（参见清洁解控）或核安全监管机构所建立的豁免水平，已不属于放射性污染物，就其放射性水平而言与其他普通工业的流出物没有本质的差别，因而不属于“排污收费、超标罚款”的监管范围。

不同类型的实践或实践中的源，其流出物中的核素种类、含量、物理和化学性质不尽相同，排放特性也会有差异。此外，流出物在排入的大气环境及受纳水体的弥散、稀释条件各不相同，流出物中的放射性核素在环境中的行为也不尽相同。因此，核设施和辐射设施从选址、设计、建造到运行等各个环节都需要考虑流出物排放的管理要求，必须满足国家相关标准的要求，并采用最佳可用技术使得流出物的排放总量和排放浓度均保持在可合理达到的尽量低水平。

**常规排放**　指核与辐射设施在正常运行和管理情况下，向环境进行的有计划、有控制并实施有效监测的流出物排放。常规排放又可分为正常排放和异常排放两类。

**正常排放**　什么时间排放及如何排放事先均有安排，是在有一定计划和受到控制的情况下进行的排放，预期的核素活度浓度（或比活度）、成分以及排放时间都是预知的。“控制”是指对排放行为设置有监控措施（如监测流出物中放射性核素活度浓度、排放速率，排放物理化性质等），且当发现排放不符合审管要求时可以立即阻断排放。

**异常排放** 这种排放是在事先的排放计划之外，或由于废气、废液处理系统失效，或由于排放系统或设备故障，或操作不当而未按预期计划安排的排放。这种排放有可能导致流出物中放射性核素活度浓度水平短时间内超过营运单位规定的控制值（或管理目标值），但不超过国家规定的排放总量和排放浓度控制值。对于这类排放，要求分析其原因，并及时采取技术措施，实施严格管理，尽量减少和杜绝异常排放。

**非计划释放或无组织释放** 由于设计缺陷而未能按预期计划安排的释放，或未能按设计流程合理收集和适当处理的废气、废液不经过排气筒或排水口的无规则释放。这种释放主要来自那些未能纳入审管范围的实践或实践中的源，或来自基于以前的标准而批准的实践或实践中的源，而按照目前放射性物质向环境排放的控制规定，对纳入审管范围的实践或实践中的源，已禁止放射性物质的非计划释放或无组织释放。

**流出物消减技术** 是流出物排放管理的最佳可行技术，包括所采用的废物管理工艺，以及设计、建造、维护、运行和退役的方法。为减少或消除排放，大量消减工艺的应用是可行的，通常采用这些工艺的组合可产生很高的去污因子。

**液态消减技术** 包括化学沉淀、离子交换、旋液分离、错流过滤（待滤物流方向与过滤介质界面平行的过滤方式，又称横流式过滤）、反渗透、超滤和蒸发等。通常，在向环境最终排放之前，反渗透、超滤和蒸发技术用于去除液态流出物中的少量污染。在高压作用下，反渗透和超滤两者都依赖于较清洁的流出物所通过的敏感渗透膜。当较清洁水和溶解盐物质通过时，在膜上滞留和浓集了分子尺度的粒子。这些技术的组合提供了液态流出物的“近零排放”技术。在常温条件下，蒸发可完全消减多数核素经液态途径的排放。

**气态消减技术** 包括静电沉淀、旋风除尘、化学吸附、高效微粒气体过滤以及低温处理等。现代气态消减技术主要集中于三种技术：①去除锕系气溶胶微粒的干式高效微粒气体过滤技术；②去除可溶性裂变产物微粒和某些气体（如二氧化碳）的湿式气体除尘技术；③去除挥发性化学活性气体（如碘）的碳吸附技术。这些技术相对成熟，其他新技术未必能明显地提高其效能。

**流出物排放控制** 我国对流出物的排放实施年排放总量控制和排放浓度控制。控制的基本原则包括：①排放总量和排放浓度不超过核安全监管机构认可的排放总量和排放浓度控制值，以充分保护公众和环境的安全。②排放是受控的和可核查的，即对流出物排放要有监控、监测和详细记录。其中液态流出物排放应采用槽式排放。③排放所致公众的辐射照射要满足国家规定的剂量限值要求，且低于剂量约束值。为此，必须评价流出物排放的辐射环境影响。④设施营运单位应根据运行经验反馈，以及设施与环境条件的变化，适时进行流出物排放的优化分析，使流出物的排放做到可合理达到的尽可能低的水平。⑤营运单位应按规定向核安全监管机构报告流出物排放的监测结果，及时报告超过核准的申请排放量的任何异常排放。

通常，对于小型核技术利用单位，如小型放射性同位素研究实验室，其放射性核素用量及其相应的排放是非常少的，并且所用源是固有安全的，一般只要采取简单的、标准的、只附带很少条件的排放批准就够了。而对其他源（如一个核反应堆），包含适当条件的排放批准（包括具体的排放限制）将是必要的。

按照放射性物质向环境排放的控制规定，对纳入审管范围的实践或实践中的源，禁止放射性物质的非计划释放或无组织释放。然而，核安全监管机构可能要识别那些已经在释放放射性核素，同时它们又不是所要求条件下运行的现有的实践或源，或者来自基于以前的标准而批准的源的这类非计划释放。经审慎评估后，如有必要，要求采取适当的补救行动。

尽管如此，出于以下目的，对于流出物实施监测仍然是必要的：①为判明设施流出物中的放射性物质的数量，以便与管理限值或运行限值进行比较；②为应用适当的环境模式评价环境质量、估算公众所受的剂量提供源项数据和资料；③为判明设施的运行以及放射性废物的处理和控制装置的工作是否正常有效提供数据和资料；④使公众确信核设施或辐射设施的流出物释放确实受到严格的控制；⑤迅速发现和鉴别计划外释放的性质（种类）及其规模；⑥给出是否需要启动警报系统或应急警报系统的信息。流出物的监测方法和技术参见流出物监测。

**发展趋势** 近年来，人们极大地增加了对环境保护的关注。伴随这种关注已经开发和应用了各种各样的方法来评价和管理各种形式的人类环境影响。以能够使环境保护达到可以接受水平的方式管理流出物，是一项基本原则。在这里，既包括对人类（当代和后代）及人类以外的其他生物的保护，也包括对自然资源（其中有土地、森林、水体和原材料）的保护。在1992年里约热内卢《环境与发展宣言》政府首脑会议后，各国已经将最佳可行技术与最佳环境实践的概念纳入国家环境保护立法中，反映了向着可持续发展的变化趋势。

（姚仁太　陈晓秋　陈竹舟）

# M

mianguan feiwu

**免管废物** （exempt waste） 又称豁免废物。是含有放射性核素，并且放射性浓度、放射性活度浓度或污染水平不超过国家核安全监管机构规定限值的废物。

**确定免管原则** 《电离辐射防护与辐射源安全基本标准》（GB 18871—2002）规定的豁免准则参见清洁解控。《放射性废物的分类》（GB 9133—1995）所规定的免管废物为：对公众成员照射所形成的年剂量小于 0.01 mSv，对公众的集体剂量不超过 1(人·Sv)/a 的含极少放射性核素的废物。国际原子能机构（IAEA）对豁免提出了定值，我国参考 IAEA“安全导则”《排除、豁免和解控概念的应用》（No. RS-G-1.7），结合本国的实际情况，制定和发布了《可免于辐射防护监管的物料中放射性核素活度浓度》（GB 27742—2011），规定了物料中天然放射性核素的免管浓度值和人工放射性核素的免管浓度值，规定了免管浓度值的应用原则和对满足免管浓度值的验证方法。

**免管废物的管理** 严格来说，免管废物不应归为放射性废物，许多国家的放射性废物分类标准中无“免管废物”这一类别废物，但 IAEA 在 1994 年和 2009 年发布的“废物分类”导则中都列有“免管废物”这一类别废物。GB 9133 —1995 也列有“免管废物”。

放射性废物产生单位应对放射性废物分类管理。通过检测废物的剂量率水平、表面污染水平、放射性核素含量等指标进行判定，将免管废物从放射性废物中分拣出来。严禁用人工稀释等方法降低放射性核素活度浓度来达到豁免。核安全监管机构要对放射性废物产生单位的废物豁免情况进行监督检查。对于免管废物，由于放射性核素的含量很少，这些废物可以作为普通的工业废物进行处理，无论是普通的填埋处置或再循环/再利用都无辐射防护方面的要求。

（孙庆红 程理）

# N

neizhaoshe

**内照射** （internal exposure） 进入人体内的放射性核素对人体所产生的照射。

内照射这一术语也用于非人类物种。进入生物体内的放射性核素对生物体所产生的照射也称为内照射。

内照射是相对于外照射而言的。通常对γ射线来说，因穿透力强，内照射与外照射的危害差别不大，但对α和β射线，因穿透力弱，内照射将大于外照射。另外，内照射与外照射的情景也不一样。对于内照射，一旦放射性核素摄入体内，对人体的照射将持续一段时间，有的放射性核素甚至引致人体终身受照。持续时间的长短决定该核素在人体内的转移、排出和物理衰变。对于外照射，只要人体脱离辐射场其受照就停止。

放射性核素进入人体的主要途径有吸入、食入、皮肤和伤口吸收。

在辐射防护领域中，个人内照射的评价量是待积有效剂量和待积当量剂量（器官或组织），单位均为希[沃特]（Sv）。在事故和医学处理中还用待积吸收剂量，单位为戈[瑞]（Gy）。但这些量都不是直接可测的量。其可测的量对场所（环境）监测是空气、饮水和饮食等中核素的浓度；对个人监测是全身或某器官或组织中核素的含量、尿与粪排泄物和其他生物样品中核素的含量以及个人空气采样分析的时间积分空气浓度。根据这些测量结果，再利用摄入模式、生物动力学模型和剂量学模型，可估算出摄入量 $I$ 和待积有效剂量 $E$、待积当量剂量 $H_T$ 以及待积吸收剂量 $D$。

自然界，包括人类体内都存在各种放射性核素。按其来源，人类摄入的放射性核素可分为宇生放射性核素，主要有氚、铍-7、碳-14 和钠-22，其内照射世界人均年有效剂量为 0.01 mSv；陆生放射性核素，主要有铀-238 系、铀-235 系、钍-232 和钾-40，其内照射世界人均年有效剂量为 1.55 mSv（其中氡-222 为 1.15 mSv）；人工产生的（即核武器试验与生产和核能生产产生的）放射性核素，主要有铀、钚、氚、活化产物及裂变产物。大气层核武器试验释放的核素对世界人口产生的内照射人均年有效剂量 1963 年达到峰值（75.8 μSv），1999 年下降至 2.61 μSv。联合国原子辐射影响科学委员会 2008 报告：假定实践持续 100 年，按核电厂运行和燃料后处理过程释放的长寿命核素全球弥散模式推算，核燃料循环释放的放射性核素对世界人口将产生的最大人均总（内外照射）年有效剂量为 0.2 μSv。工业活动增加的天然辐射源导致的公众总（内外照射）年有效剂量通常为 1～10 μSv/a；该剂量是来自天然辐射源总年有效剂量的一个不可忽略的分量。

（马如维　刘立业）

neizhaoshe fanghu

**内照射防护** （protection from internal exposure） 避免或减少内照射的技术和管理措施。

内照射防护包括一切旨在避免或减少人员内照射的技术和管理措施，通常是两种措施的综合应用。对于内照射，一旦放射性核素摄入体内，对人体的照射将持续一段时间，有的甚至使人体终生受照。所以，内照射防护的基本原则是采用一切合理可行的措施，阻断放射性物质进入人体的各种途径，以避免或减少放射性物质进入人体产生照射。值得说明的是，内照射防护与化学有毒有害物质的防护措施基本相似，但因为电离辐射的特殊性，放射性内照射的防护要求通常都远高于普通工业领域的相关要求。

**放射性物质进入人体的途径** 除核医学放射性药物是专门通过注射进入人体外，通常，放射性物质进入人体的途径主要有三种，即放射性核素经由食入、皮肤（完好的或伤口）吸收、吸入进入体内，从而造成放射性核素的体内污染。①食入，即放射性物质经口进入人体。常见的情况是，通过被污染的手接触食品而经饮食进入人体内。当发生核事故时，环境介质可能受到放射性物质污染，进而通过食物、饮用水等导致公众和工作人员受照。②皮肤吸收。一些放射性蒸气或液体（如 HTO）能够渗入完好的皮肤而被人体吸收。当皮肤损伤时，放射性物质则可通过伤口及皮下组织吸收而进入人体。③吸入。通过呼吸被放射性污染的空气，也会造成人员的内照射，这是内照射最为常见的途径。

**防护措施** 内照射防护措施既可以是施加在辐射源之上，如将辐射源密闭包容起来；也可以是施加在人员之上，如佩戴呼吸保护器具；还可以是合理的建筑通风设计、严格的操作规程和管理规定，从而对工作环境进行有效控制，降低发生内照射的风险。在实际工作中，往往是联合使用上述措施，以取得最佳的防护效果。

**源控制** 常用的源控制措施包括“包容、隔离”和“净化、稀释”等。①包容、隔离是开放型放射性工作场所的主要防护措施。包容指采取一定措施将放射性物质密闭起来，使其不与人体接触。例如，手套箱、通风橱等均属于此类措施。此外，在进行高活度放射性物质操作时，一般会在密闭的热室内采用机械手进行操作，从而使之与工作场所的空气隔绝。隔离则是将人员与放射性物质尽可能隔开。例如搭建临时的空气净化隔离间等。此外，根据放射性核素的毒性、操作量大小等，将工作场所进行分区管理也属于一种隔离措施。②净化是采用吸附、过滤、除尘、离子交换等方法，降低空气或水中的放射性物质浓度。稀释则是利用干净的空气或水进一步降低空气或水中的放射性浓度。在净化稀释时，首先是净化，将放射性物质充分收集，然后将剩余的低水平放射性空气进行稀释，从而减少内照射的摄入。

**工作环境控制** 在开放型工作场所设计建造时，就要结合放射性物质的处理流程，合理安排房屋结构、布局、通风等因素，考虑操作台面、地墙面的易去污性；同时，需要加强工作场所表面污染、空气污染以及人员、设备表面污染的监测，控制放射性污染的大小和范围，以降低内照射风险。

**人员防护** 一般采用个人或集体防护器具进行人员防护，它的主要用途是防止放射性物质进入人体或污染体表。防护用具种类较多，包括防护手套、个人防护服、呼吸保护器具等。此外，严格的操作规程和管理规定也是必不可少的。比如在控制区内，身体不能随意接触墙面、地面及设备表面，不要推眼镜，更不能摸脸部，特别是嘴、眼、鼻等部位；工作后进行表面污染监测，出控制区后要坚持洗手等。当发生人体放射性内污染时，可视情况采取灌洗、给予促排药物等医学促排措施，以消除或降低人体内的放射性污染水平，减少内照射。

（刘立业 马如维）

**nie-63**

**镍-63** （nickel-63） 金属元素镍的放射性同位素之一，原子序数 28，质量数 63，半衰期 100.1 年，符号为 $^{63}Ni$。

**基本性质** 半衰期为 100.1 年，属中毒性核素。是纯β衰变，发射能量为 65.87 keV 的β射线后成为铜-63。该β射线在空气中的最大射程为 25.5 cm，在金属铁中的射程小于 0.004 cm。

**来源和产生** 镍-63 是反应堆照射镍-62 [$^{62}$Ni（n，γ）$^{63}$Ni]的产物。镍-63 放射源通常是采用电镀法将堆照生产的镍-63 沉积在极薄的金属基底上而成。核电站中通常使用的堆用不锈钢物品含有金属镍，在反应堆运行后产生活化产物镍-63。

**主要用途** 镍-63 放射源主要用于食品安全、卫生防疫、土壤污染等检测以及探测爆炸物、毒品等安保工作。这类应用是将镀有镍-63 源的金属活性面内卷后置于密闭的电子捕获检测器（ECD）不锈钢套内，并按照检测流程安装于气象色谱仪或爆炸、毒品检测仪中。通过测量待测化合物俘获镍-63 发射电子的情况而对被检物品的成分进行分析，这种方法较为简便、快捷。

**辐射影响** 镍-63 是人工放射性同位素产物，普通环境中正常情况下不应该存在。反应堆金属部件产生的活化产物镍-63 由于是纯β射线，因此通常不会由此造成职业人员的辐射损伤。由于其半衰期长，在进行废物处置时，镍-63 可能成为需要考虑的主要因素。

**安全与防护** 用于 ECD 中的镍-63 放射源活度通常不大于 $5.5\times10^8$ Bq（与镍-63 的Ⅴ类源活度下限值 $1\times10^8$ Bq 处于同一量级），且处于密封的不锈钢套内，这些包裹它的不锈钢套能将它发射的β射线完全屏蔽，对 ECD 外的环境不产生任何附加辐射剂量。因此，这类 ECD 用于测量仪时，这类测量仪中的源可以申请使用豁免，其使用单位免于许可管理。

（刘怡刚　刘华）

# P

**peitai/tai'er fushe xiaoying**

**胚胎/胎儿辐射效应** （radiation effect for embryo / fetus） 辐射照射诱发的胎儿畸形主要发生在主要器官形成期（对人类而言为受孕后 3～7 周）。国际放射防护委员会第 90 号出版物对日本原爆幸存者在生前最敏感时期（受孕后 8～15 周）受照诱发的严重智力迟钝资料的审议认为，在 300 mGy 剂量以下没有这种危险。胚胎/胎儿宫内（出生前）照射的癌症危险最多是全体人群危险的 3 倍。

辐射照射对胚胎和胎儿危险的主要认识和结论汇集于表 1。

**表 1 人类妊娠与辐射照射**

| 效应 | 阈值及主要结论 | 说明 |
|---|---|---|
| 器官畸形 | 100 mGy。器官形成期（29～56 d）和胚胎早期非常敏感，第 4～6 个月次之 | 远低于 100 mGy 的宫内照射不会导致胎儿畸形。预防小于此阈值辐射照射导致的畸形不是终止妊娠的理由 |
| 智力严重障碍 | 300 mGy。8～15 周最敏感，16～25 周次之 | 胎儿受 1 000 mGy 照射，严重智力障碍的发生率为 40% |
| |  | 胎儿受到大于 500 mGy 的照射，而且是在 3～16 周受照，胎儿生长迟缓和中枢神经系统损伤发生概率较大，但胎儿仍可存活。应将这一风险告知胎儿父母 |
| （宫内照射）出生后癌症危险增加 | 与儿童早期受照基本相同，大约数倍（比如 3 倍）于全人群危险 | 宫内受照者在 0～15 岁癌症绝对危险度增加，宫内受到 10 mGy 照射的 1 700 名儿童中有 1 例将死于辐射导致的癌症 |

除了使孕体受到直接射束照射的某些涉及高剂量的特殊程序之外，诊断放射学检查中胎儿吸收剂量通常远低于 50 mGy。拍摄骨盆轴位片会使胎儿受到不合理的较大剂量的照射（可能高于 50 mGy）。大多数的放射学诊断和核医学检查程序都低于致胎儿畸形的剂量阈值。

表 2 是英国健康保护局给出的英国一些常见 X 射线检查所致胎儿典型吸收剂量。

**表 2 常见 X 射线检查所致妊娠早期胎儿典型吸收剂量**

| 检查 | 胎儿典型剂量范围/mGy |
|---|---|
| 头颅、颈、胸部 X 射线摄影（或）X 射线 CT | 0.001～0.01 |
| X 射线 CT 肺血管造影 | 0.01～0.1 |
| 腹部、骨盆和髋关节 X 射线摄影，胸部和肝脏 X 射线 CT | 0.1～1.0 |
| 钡灌肠 X 射线透视 | 1.0～10 |
| X 射线静脉尿路造影 | |
| 腰椎、腹部 X 射线摄影/CT | |
| 骨盆、腹部和胸部 X 射线 CT | 10～50 |

《电离辐射防护与辐射安全基本标准》（GB 18871—2002）要求：除临床上有充分理由证明需要进行的检查外，应避免对怀孕或可能怀孕的妇女施行会引起其腹部或骨盆受到照射的放射学检查；应周密安排对有生育能力的妇女的腹部或骨盆的任何诊断检查，以使可能存在的胚胎或胎儿所受到的剂量最小。

对育龄妇女腹部或骨盆进行 X 射线检查前，应首先问明是否怀孕，了解月经情况。由于月经来潮后的前十天内妊娠的概率最小，国际放射防护委员会早年提出“十日法则”：“在任何可能的情况下，育龄妇女的下腹部或骨盆X线检查应限制在月经来潮后的前十天内”。近来，出于安全考虑，国际原子能机构建议，以“二十八日法则”取代，对于具有正当性的检查，可在月经未过期的整个月经周期内实施。对月经过期的妇女，必要时（如可能导致较高胎儿剂量的检查）做妊娠试验予以排除，除非有确实证据表明其未怀孕，均应当作孕妇对待，并应积极考虑采用不涉及电离辐射的替代方法获取诊断信息的可能性。

在临床实践中，医疗机构应依法尽到对育龄妇女的医疗照射风险告知义务，尽量避免胎儿照射，给受检患者穿戴必要的个人防护用品。

（白光　周平坤）

**pinyoudan**

## 贫铀弹　(depleted uranium ammunition)

用贫化铀为主要合金材料制作弹芯、弹头的枪弹、炮弹或炸弹等。

贫铀是铀浓缩工艺的副产物，因铀-235 和铀-234 等较轻同位素已在浓缩过程中被浓缩分离，故在贫铀中铀-238 含量比天然铀中的要高，半衰期稍长，比活度稍小。

贫化铀的密度约为 19 g/cm$^3$，是铅的 1.7 倍，是钢铁的 2.5 倍，因而与其他材料制作的弹头相比能获得更大的动能，有更强的冲击力；钨等合金材料的弹头在命中装甲时，尖端会变形成蘑菇状而出现趋钝现象，而贫铀弹在命中装甲时，会因出现自锐现象更趋锐利，因此贫铀弹头具有更强的穿透能力；另外，由于铀的熔点较低和易燃等特性，贫铀弹命中目标后极易熔解、破碎、飞散，而飞散的弹片、颗粒物、气溶胶等在空气中会发生激烈的燃烧，可产生高达 3 000℃的烧灼效果。因此贫铀是高密度、高强度、高韧性和能产生高温弹头的良好材料。

军事大国几乎都装备有贫铀弹。以美国为例，其各军兵种都装备了各种型号的贫铀弹。美空军为 A-10 雷霆二式攻击机的 GAU-8/A 型机枪装备了 PGU-14/B 型贫铀穿甲燃烧弹，长约 30 mm，重约 300 g，每分钟可发射 4 200 发子弹。为海军陆战队 AV-8B 型鹞式垂直起降战机的 GAU-12 型机枪装备了 PGU-20 型贫铀弹；为 AH 型眼镜蛇直升机的 M197 型机枪装备了长约为 20 mm 的贫铀弹。此外，还为陆军的主战坦克、主战装甲车和两栖战车，如 M1 和 M60 等装配了 M735A1 等型号的贫铀弹，长度为 105～120 mm，重量分别为 2.2 kg、3.4 kg 和 4.8 kg；为炮兵配备了长 105 mm，重约 3.5 kg 贫铀弹；为步兵配备的贫铀弹，仅长 2.5 mm，重 85 g。其中高动能穿甲弹燃烧弹头，贫铀含量高达 99.25%，钛含量仅占 0.75%（按质量计算）。

在 1991 年海湾战争中，美英战机、坦克等各种战车共使用了各类贫铀弹约 320 t。在 1999 年科索沃战争中北约部队也使用了大量贫铀弹，北约秘书长在致联合国秘书长的信函中陈述，北约部队在约 100 次军事行动中共使用了各类贫铀弹 31 000 发。在个别地区，在大约 200 m×500 m 的面积上，一次发射了多达 1 000 枚贫铀弹，贫铀总量约为 300 kg。

海湾战争和科索沃战争后，使用贫铀弹对人类健康的影响和对环境的影响引起了人们的极大关注。海湾战争和科索沃战争地区各国的有关部门、各参战国相关部门、权威机构和多个国际组织，如联合国环境规划署（UNEP）、世界卫生组织（WHO）和国际原子能机构（IAEA）等为此都进行了大量的调查、研究和评价工作，其结论相当一致。

2000 年，UNEP 组织了一个科学家工作组，包括美国、英国、芬兰、意大利、瑞典、瑞士、

IAEA 和 UNEP 的 14 名专家，从 2000 年 11 月 5 日至 19 日对科索沃遭打击地区进行了实地考察，对 11 个地区进行了彻底调查。用灵敏度高的探测器测量了贫铀尘埃和贫铀弹头、弹片产生的β和γ辐射，提取了大量各类样品，包括贫铀弹头、贫铀弹片、污染点的土壤、农产品、水等，在实验室内进行了测量分析。UNEP 的科学家工作组指出，在贫铀穿甲弹打击过的地点，空气和水中的污染水平很低；土壤的污染面很小，仅为约 10 cm 的范围，铀含量仍在自然界土壤中铀含量的范围之内，不必向公众提出警示；但强调进行相应清理工作是必要的，以免残留物和污染土壤等对居民造成不必要危害；对居民和环境采取防护措施也仍是重要的。

WHO 针对因贫铀弹照射可能造成的健康危险做了专门论述。该专论指出：贫铀既有放射性毒性也有化学毒性，它的两个重要靶器官是肾和肺。长期研究的结果发现，长期受铀照射人员的肾脏功能会有某些损伤，但这种损伤可能是短期的，在铀照射消失后，肾脏功能很快会恢复，损伤程度取决于照射水平；在吸入粒度为 1～10 μm 的非可溶性铀颗粒物后，其有滞留在肺中的可能，如辐射剂量足够大、持续时期很长，可能对肺造成损伤，甚至导致癌症；皮肤直接接触贫铀金属，即使超过几周，也不会因辐射诱发红斑或其他效应；对体内有弹片的退伍军人的跟踪研究表明，即使在尿液中可探测到贫铀的情况下，也未发现明显的健康问题；就被击中的装甲车中的军人而言，其辐射剂量不可能超过本底辐射的年平均水平。该专论认为：没有必要对生活在曾使用过贫铀弹的地区的居民进行与贫铀相关的健康效应的普遍筛查和监测。

IAEA 在题为《聚焦：贫铀》的公开刊物中回答了有关贫铀弹的诸多问题。该文介绍说，贫铀弹对人的照射有四个途径，即吸入、食入、直接接触和弹片嵌入体内。最主要的照射途径是吸入贫铀弹击中硬目标时产生的贫铀烟尘，以及生活在受打击地区居民吸入沉降在土壤中再悬浮的贫铀颗粒物；在贫铀弹打击区的居民会不经意地将污染的土壤等食入，因铀不能在食物链中有效迁移，所以从污染土壤转移到饮用水或当地出产的食品，都不太可能对居民造成危害；皮肤直接接触贫铀造成皮肤损伤的可能性很低；就弹片嵌入体内而言，根据 WHO 的资料，大约 98%的贫铀被排泄掉不会进入血液系统，少量进入血液系统被吸收的铀中有大约 70%经肾脏过滤、在 24 h 内随尿液排出。

该文还指出：基于可靠的科学证据，贫铀不会使人类罹患癌症的可能性增加，也与其他有意义的健康影响和环境影响无任何关联；针对海湾战争中体内嵌有弹片的退伍军人进行了大量研究，迄今尚未发现有因铀的毒性诱发的健康异常；与很多重金属一样，贫铀也是潜在的有毒物，在吸入或食入足够大数量的贫铀时，可能因其化学毒性造成危害，浓度很高时可能引起肾脏的损伤，“贫铀造成的健康危害主要是由放射性毒性引起的”是普遍的错觉；根据 WHO 的资料，在吸入非常大量的贫铀尘埃时，可能会因放射性毒性诱发肺癌，而因放射性诱发其他癌症（包括白血病）的危险非常低；2001 年 WHO 的评价排除了受贫铀照射与发生先天异常的关联性。（冷瑞平　潘自强）

**po-210**

**钋-210**　（polonium-210）　钋元素的一种同位素，原子序数 84，质量数 210，物理半衰期 138.4 d，符号为 $^{210}Po$。钋-210 放射性衰变主要发射能量 5.305 MeV（100%）的α射线（α粒子），并伴随极其微弱的γ射线。目前已知钋元素有 25 种同位素，它们都具有放射性，钋因纪念玛丽·居里（Maria Curie）的祖国波兰而命名。钋-210 俗称镭 F（Ra F）。

**钋的物理、化学性质**　钋元素的化学符号 Po，属元素周期表 VI A 族，是元素周期表中第 84 号元素。①钋的物理性质似铊、铅、铋。钋是一种银白色金属、质软，能在黑暗中发光，其密度 $9.4\times10^3$ kg/m$^3$、熔点 254℃、沸点 962℃。目前已知钋元素有两种同位素异形体：α-Po 为单正方体；β-Po 为单菱形体。在约 36℃时，发生$\alpha$-Po 转化为$\beta$-Po 的相变。钋-210 是钋元素中最普遍、最易得到的一种同位素。②钋的化学性质近似碲。钋溶于稀矿酸和稀氢氧化钾，钋的化合物易于水解并还原。钋的化合物有+2 和+4 价，也有+6 价存在。

**钋-210 的来源** 钋元素在地壳中的含量约100 万亿分之一。天然钋-210 存在于所有铀矿石中，但其含量极其微小，因而主要是通过人工合成获得。

沥青铀矿

**钋-210 的发现** 1898 年 12 月 26 日上午 8 时许，玛丽·居里和她的丈夫皮埃尔·居里（Pierre Curie）在沥青铀矿中发现了钋-210。1896 年贝可勒尔（Antoine Henri Becguerel）发现了铀盐的放射性现象，居里夫人决心研究这一不寻常现象的实质，进而她发现钍及其化合物也具有放射性现象，且意外地发现沥青铀矿中的放射性现象比纯粹的氧化铀要强 4 倍多。随后，他们就确定在铀矿石里不是含有一种，而是含有两种未被发现的新元素。1898 年 7 月他们先把其中一种元素命名为钋；1898 年 12 月把另一种元素命名为镭。

**钋-210 的用途** 钋-210 与铍混合可以用作中子源；也可用作静电消除剂，在该种情况下，钋-210 的放射性使空气发生电离，离子所带电荷中和胶片所带静电。

**钋-210 的环境辐射水平** 钋-210 是天然放射性物质。除铀矿中含有钋-210 之外，其他环境介质中也含有微量的钋-210。例如，我国谷类、肉类、蔬菜和鱼类中钋-210 活度浓度典型值分别为 0.034 Bq/kg、0.12 Bq/kg、0.43 Bq/kg 和 4.9 Bq/kg；而全球谷类、肉类、蔬菜和鱼类中钋-210 活度浓度典型值分别为 0.06 Bq/kg、0.06 Bq/kg、0.1 Bq/kg 和 2.0 Bq/kg。

**钋-210 的测量** 钋-210 几乎是一种纯$\alpha$射线发射体核素。在环境辐射监测中，环境介质中钋-210 的监测主要是采取银箔或镍片电镀制样，低本底$\alpha$计数器或大面积屏栅电离室进行测量。在铀矿地质领域，主要采用一般的质谱法以及近年来发展起来的电感耦合等离子体质谱技术进行测量，也采用测量放射性活度的方法来测量矿样中钋-210 的含量。

**钋-210 的生物影响** 钋-210 是极毒性放射性物质。世界卫生组织饮用水水质标准钋-210 指导水平为 0.1Bq/L，是各种放射性元素中要求最严的核素之一。对于食入途径，1Bq 产生的待积有效剂量对成人为 1.2 μSv，对 1 岁以下儿童高达 26 μSv。对于吸入途径（肺中速吸收），1 Bq 产生的待积有效剂量对成人为 3.3 μSv，对 1 岁以下儿童为 15 μSv。 （刘森林 潘自强）

# Q

qizai liuchuwu paifang

**气载流出物排放** (discharge of airborne effluents) 流出物排放常见的一种方式，即核设施或辐射设施正常运行所产生的含有放射性的废气，经废气处理系统（如延迟和滞留、吸附和过滤）或控制设备（如贮存衰变箱）处理到足以满足国家相关标准之后，按照预定的途径以气载（气体、气溶胶）流出物形式向大气环境的排放，并预期在大气环境中可以得到进一步的稀释与弥散。不同的核设施和辐射设施，气载流出物中的放射性核素种类、物理和化学性质不尽相同，但流出物中放射性核素的活度浓度很低，可达到清洁解控水平，已不属于放射性物质排放，通常以剂量限制和排放总量控制的形式加以管理。

**气载流出物的核素类别** 按照气载流出物中所含有的放射性核素的理化形态通常分为气体、卤素、气溶胶以及气态氚和碳-14 等。通常，惰性气体类有氩-41、氪-85、氙-133 和氡-222 等；蒸气类有氚化水蒸气、汞（汞-203）蒸气等；卤素有碘-131 等；气溶胶类有钴-60、锶-90 和铯-137 等。

**气载流出物的排放方式** 气载流出物主要通过烟囱或厂房顶部的排气筒排出，但也存在一些特殊的排放方式，如铀矿主要通过采矿通风井、尾矿库析出排放。对于烟囱或排气筒排放，视排放景象分为高架排放和地面排放。

高架排放，又称高架源排放，指流出物排放高度足够高，使得烟羽不会进入附近构筑物或地形扰动的流场而产生下泄并卷入构筑物尾流混合区，或排放地点离开能影响烟羽扩散的任一构筑物足够远而使烟羽整体扩散受到较小影响的排放；反之，则视为地面排放，流出物烟羽可因构筑物影响使得烟羽下泄或被夹卷到尾流混合区，在下风向的扩散行为及地面浓度分布与地面上的排放相近，因此称为地面排放。此外，流出物烟羽下泄的性状随风速风向、构筑物形状和几何尺寸以及烟囱与构筑物的配置而不同，要得到普遍而确切的处理方法尚存在困难，一些研究曾根据现场实验和风洞实验结果提出过多种判别计算方案。我国核电厂安全导则《核电厂厂址选址的大气弥散问题》参照采用国际原子能机构的推荐方法：烟囱或排放口高度低于周围建筑物高度的 2～2.5 倍且出口速度小于环境风速时，视为地面排放；出口速度达到环境风速的 5 倍以上时，视为高架排放；介于两种情形之间时可视为混合排放，即有部分时间按照地面排放考虑，而其余时间则按照高架排放考虑。

**气载流出物的环境迁移与影响** 气载流出物进入大气环境后的物理、化学行为与其本身的理化性质和大气的性质有关。大气扩散是从气载流出物排放到产生环境效应之间的必经途径，包括稀释、转化、清除等所有的环节和过程。气载流出物中大多数核素因其物理半衰期较短，或因它们在环境中迁移速率较小，仅需评估其对局地范围的影响，而只有在环境中能够迅速弥散的少数长寿命核素，才需要评估其对区域性或全球性的影响。在进行大气扩散估算时，通常需要考虑放射性核素衰变的影响，对于气溶胶粒子需要考虑干沉积、湿沉积和再悬浮等对迁移扩散的影响。

气载流出物排放进入到大气环境后，对公众可能的辐射照射途径包括：空气浸没照射、地面沉积物外照射、吸入空气内照射和食入动植物产品内照射等（参见照射途径）。

（姚仁太　陈竹舟　陈晓秋）

**qian 210**

**铅-210**　(plumbum-210)　铅元素的一种同位素，原子序数 82，质量数 210，物理半衰期 22.3 年，符号为 $^{210}Pb$。铅-210 放射性衰变发射 16.6 keV（84%）和 63.1 keV（16%）的 β 射线，并伴随发射微弱的能量 46.539 keV（4.25%）的 γ 射线、能量 10.8 keV（25%）的 X 射线，以及极弱的 α 射线（α 粒子）。

**铅的物理、化学性质**　铅元素的化学元素符号 Pb，属元素周期表ⅣA 族金属元素，是元素周期表中第 82 号元素。铅是带蓝色的银白色重金属，密度 11.3437 g/cm$^3$，熔点 327.502℃，沸点 1 740℃，比热容 0.13 kJ/(kg·K)，硬度 1.5，质地柔软，抗张强度小。晶体结构是面心立方晶格。

**铅-210 的来源及其污染**　铅-210 是天然放射性核素铀-238 衰变链中中间衰变子体核素之一，也是该衰变链中子体放射性核素氡-222 的衰变子体核素。铅-210 之后的衰变链主要是：铅-210 经 β 衰变成铋-210，铋-210 经 β 衰变成钋-210，钋-210 经 α 衰变到稳定的同位素铅-206，另外，在该衰变链中也有极少量的汞-206 和铊-206 产生，可以忽略不计。在正常条件下氡-222 以气体形式存在，且易从土壤中逸出，散布到环境中，再被吸附到相关物体或物质的表面。氡-222 的物理半衰期 3.8 d，铅-210 的物理半衰期 22.3 年，氡-222 的其他衰变子体的物理半衰期都小于 1 h。由于在许多环境或场所都存在氡-222，因而铅-210 也是许多环境或场所中表面放射性污染来源之一。

**铅-210 的应用**　在地质科学研究中，利用铀-钍-铅天然衰变系列的测年龄及普通含铅矿物（基本不含放射性铀、钍）铅同位素组成来示踪成岩、成矿物质的来源，划分大地构造单元。此外，现代火山喷发物质及大气沉降物中均含有少量铅-210，因其物理半衰期 22.3 年的特点，也可以用来测定近几百年内形成的地质体的年龄，海洋、湖泊及冰雪沉积的沉积速率。

**铅-210 的环境辐射水平**　除铀矿中含有铅-210 外，其他环境介质也含有微量的铅-210。例如，我国的谷类、肉类、蔬菜和鱼类中铅-210 活度浓度典型值分别为 0.038 Bq/kg、0.14 Bq/kg、0.36 Bq/kg 和 3.5 Bq/kg；而全球谷类、肉类、蔬菜和鱼类中铅-210 活度浓度典型值分别为 0.05 Bq/kg、0.08 Bq/kg、0.08 Bq/kg 和 0.2 Bq/kg。

**铅-210 的测量**　利用钋-210 衰变成铅-206 所释放的 α 粒子是单能（能量为 5.304 MeV）的性质，可以通过测量钋-210 的 α 衰变所发射的 α 粒子来测量铅-210 的含量。类似地，84%铅-210 经 β 衰变伴随释放能量为 46.539 keV 的 γ 射线，利用该性质也可以通过测量铋-210 的 β 衰变所发射的 γ 射线来测量铅-210 的含量。另外，当上述衰变过程达到放射性平衡后，能量为 46.539 keV 的 γ 射线和能量为 5.304 MeV 的 α 粒子的产额比是 0.84∶1，利用该性质可以鉴定某物质中是否含有铅-210。在环境辐射监测中，通常采用化学分离方法制备环境测量样品，然后再利用底本低 α 或 β 计数器测量样品中钋-210 的 α 放射性活度或铋-210 的 β 放射性活度进而得到样品中铅-210 的活度浓度，同样也可以利用 γ 谱仪测量样品中铋-210 的 γ 放射性活度进而得到样品中铅-210 的活度浓度。另外，近年来也采用液体闪烁法测量水中铅-210 活度浓度；同时，也采用近年来迅速发展起来的电感耦合等离子体质谱技术测量环境样品中铅-210 的活度浓度。

**铅-210 的生物影响**　铅-210 属于高毒性

放射性物质。世界卫生组织（WHO）饮用水水质标准铅-210 的指导水平为 0.1 Bq/L，是各种放射性元素中要求最严核素之一。对于食入途径，1 Bq 产生的待积有效剂量对成人为 0.69 μSv，对 1 岁以下儿童高达 8.4 μSv。对于吸入途径（肺中速吸收），1Bq 产生的待积有效剂量对成人为 1.1 μSv，对 1 岁以下儿童为 5 μSv。（刘森林　潘自强）

qianzai zhaoshe

**潜在照射**　（potential exposure）　有一定把握预期不会受到但可能会因为源的事故或某种具有偶然性质的事件或事件序列（包括设备故障和操作错误）所引起的照射。在计划照射情况下，可以合理地预计存在某一确定水平的照射。然而，由于偏离操作程序和发生事故，可能会引起较高的照射。尽管这种情况是计划的，但这种照射却不是计划发生的，把这种照射也称作潜在照射。偏离计划的操作程序和事故是可以预见的，其发生概率也可以估计，但不能对它们进行详细预测。潜在照射发生的可能性及其可能产生的后果和源的状态直接有关，对潜在照射的控制问题实际上主要是辐射源安全问题。

**辐射源安全的重要性**　《电离辐射防护与辐射安全的基本标准》（GB 18871—2002）表明，辐射源安全处于与辐射防护并列的地位。随着近几十年科学技术的不断发展，许多辐射实践中的设施和设备的工艺设计水准、辐射防护设计水平、建（制）造质量及运行控制已成熟和完善。对于许多辐射实践而言，无论对从业的个人还是公众成员，来自现存正常照射水平的已低于或大大低于剂量限值。然而，核设施、放射源和辐射发生器（如 X 光机和加速器）所发生的核与辐射事故，对从业人员、接受诊断的患者和公众造成严重辐射伤害的事例时有发生。还需特别指出，不仅是核设施的核和辐射事故可能对财产和环境造成严重污染，一般的放射源被遗弃、丢失或被盗事故也可以对环境造成重大污染。例如，1985 年发生在巴西戈亚尼亚市的铯-137 源（氯化铯密封源）事故就是一个典型的事例。该事故除了造成 4 人死亡，约 50 人受过量照射外，还造成了严重的财产和环境污染。正因如此，国际原子能机构（IAEA）的安全丛书第 115 号，《国际电离辐射防护和辐射源安全基本安全标准》（IAEA/BSS）和现行国标 GB 18871—2002 都将辐射源安全和辐射防护置于并列地位。在高度重视潜在照射的控制——辐射源安全的同时，丝毫不能放松对正常照射的辐射防护的要求。

**潜在照射的控制**　以预防为主。主要有①潜在照射在发生前，即辐射源处于受控时，其防护按实践防护体系的一个组成部分来处理；②潜在照射在发生前对其发生概率和后果大小常可施预控制，主要应作为实践中的防护来处理；③潜在照射发生前，即变成非正常的实在照射之前，其防护的目标或对策是预防和减缓。预防指减少可能导致照射的事件或事故的发生概率。它涉及保障和保持与安全系统以及相关运行操作程序的可靠性。减缓指一旦发生了这类事件或事故，限制和减少其照射大小或后果严重程度。它涉及在设计和运行时就采取可以控制事件序列和缓解后果的良好工程安全系统及操作程序。

国际放射防护委员会（ICRP）第 103 号出版物指出，在引入一个计划照射情况的计划阶段，就应当考虑潜在照射，应当认识到照射可能导致行动的可能性，即降低事件的发生概率和假如任何一事件发生后限制和降低（缓解）照射的行动。在应用正当性和最优化原则时，应当对潜在照射给予充分的考虑。

**潜在照射的危险限值与危险约束**　IAEA/BSS 未对潜在照射的危险限值和危险约束进行规定。考虑到这一问题的重要性，GB 18871—2002 根据 ICRP 第 64 号和 ICRP 第 76 号出版物的基本思路，对潜在照射危险限值和危险约束作了原则规定。

ICRP 第 103 号出版物指出，在 ICRP 剂量限制体系已得到实施且防护得到最优化的情况下，某些选定类型的操作中平均个人的年职业照射有效剂量可高达 5 mSv。因此，对于工作人员的潜在照射，委员会继续推荐一个通用的危险约束值每年 $2\times10^{-4}$，它相当于平均职业年剂量 5 mSv 的致死癌症概率。对于公众的潜在照射，推荐的危险约束值为每年 $1\times10^{-5}$。

**对潜在照射控制的技术要求**　包括源的实物保护、纵深防御、良好的工程实践。

**源的实物保护**　包括四个方面：①源的定期盘存，确保所有源账物相符；②使源始终处于受保护状态并有可靠的安保措施，确保源万无一失；③不将源转让给不持有效批准证件者，防止落入不法分子手中；④迅速将源失控、丢失、被盗的有关信息通知核安全监管机构，以便必要时在政府部门组织下，启动应急体制，进行源的追寻，缓解可能引起的后果。

**纵深防御**　在各项防护与基本安全原则中，纵深防御是最为重要的。所谓纵深防御指针对给定的安全目标运用多层防御措施，使得当某一层次的防御措施失效时，能由下一层次的防御措施予以弥补或纠正。采用多个独立防御层次比采用单一的防御层次要优越得多。多个独立防御层次所组成的防御体系的总失效概率是单一层次失效概率的乘积，所以很容易达到所要求的低失效概率；此外，设置了多个独立防御层次，某些难以预见的失效模式不大可能对总防御效能产生影响。纵深防御原则对简单的源和复杂的源都是适用和有效的，但其应用程度应与源的潜在照射大小和可能性相适应。此外，还要求在事故预防、事故后果缓解和安全状态的恢复这三个层次上都应用这一原则。当然，最重要的是事故预防。

**良好的工程实践**　采用良好的工程实践可以保证源的防护与安全建立在已有的工程经验的基础上。所谓“良好的工程实践”是经过试验和经验证明了的工程实践。此处所说的“实践”是指工程实践，而不是一般实验室内小规模的研究或实验。良好的工程实践应符合以下四条准则：①所采用的工程实践具有合法性；②有可靠的管理措施和组织措施予以支持；③留有足够的安全裕量；④采用的工程实践具有先进性。

**安全评价**　目的是确认和改进实践和实践中源的防护与安全，即要在批准或开始实施某项活动之前，对已采取和拟采取的防护与安全措施进行分析，确认其防御的完善程度，揭示其可能存在的任何薄弱环节，以便及早加以纠正。评价的结果要详细地写成文件，以便对评价的范围、深度和结论进行独立的审评。如果安全评价报告和对报告的审评证实所有安全问题已恰当地解决，则该报告即可作为进行批准的依据。

**评价要求**　对安全评价有三项具体要求：①要鉴别清楚可能引起正常照射和潜在照射的各种情形，并且这种鉴别要以分析外部事件对源的影响和源及其附属设备自身事件的影响为基础；②要估计正常照射的大小和潜在照射发生的可能性和大小；③要评价防护与安全措施的完善程度。这三项要求的顺序表明，对防护与安全措施完善程度的评价和确认，必须以对前二者的全面、深入和清楚的分析为基础。

**评价方法**　通常是两种互相补充的确定论方法和概率论方法。①在确定论的方法中，选择一些设计基准事件来包络可能造成源防护与安全问题的所有有关的各类始发事件，用分析来证明源及其防护与安全系统对这些设计基准事件的响应，在源的性能和满足安全指标方面，都符合预定的技术规范。确定论方法用可接受的工程分析来预计事件的进程和后果。②概率论分析用来评估任何特定事件序列及其后果的发生概率。这类评估可以考虑各种预防和缓解措施的效果。概率论分析用来评估风险，特别用来鉴别设计和运行中可能存在的对风险贡献过大的任何弱点。这种方法可以用来帮助挑选需要进行确定论分析的事件。对特定源的安全评价是使用一种，还是两种相互补充使用，取决于源的复杂程度、其潜在危险的大小和安全评价要求的严格程度，以及所具备的评价工具条件。　　（张延生　吴德强）

**Qie'ernuobeili hedianchang shigu**

**切尔诺贝利核电厂事故**　（Chernobyl nuclear power plant accident）　1986 年 4 月 26 日凌晨 1

点 24 分，位于前苏联乌克兰基辅市东北 130 km 处（现乌克兰、白俄罗斯和俄罗斯的边界附近）的切尔诺贝利核电厂 4 号反应堆发生的堆芯、反应堆厂房和汽轮机厂房被摧毁，大量放射性外逸的严重事故。该事故被认为是核电历史上最严重的事故，也是国际核事件分级表中第一个被评为第七级（最高级）的事故。

**事故原因、经过** 该事故属于超临界事故。其直接原因是做汽轮发电机惰走带厂用负荷试验时操作不当，但根本原因是反应堆堆芯设计和控制保护系统设计上的弱点，以及核安全文化低。

切尔诺贝利核电厂由 4 座压力管式石墨慢化沸水反应堆（PBMK-1000）组成，电厂的建设始于 1970 年代后期，1 号反应堆于 1977 年启用，2 号、3 号、4 号也相继于 1978 年、1981 年、1983 年启用。该堆型在设计上有两个主要的安全不利因素：随着燃料燃耗加深，堆芯出现正汽泡反应性效应和正功率反应性系数；控制棒挤水棒的正反应性效应（控制棒下端连接着石墨制成的挤水棒，当整个控制棒提到堆芯以上位置时，挤水棒下端堆芯孔道内留有 125 cm 的水柱。当控制棒插入堆芯时，石墨棒挤掉水柱，石墨的中子吸收截面比水的中子吸收截面小得多，因而引入正反应性）。这些负面效应早在 1983 年同类型的立陶宛依格纳里娜核电厂的反应堆上就已被发现，有关研究设计单位也进行了研究并提出过改进措施，但没有引起管理机构的重视，因而没有采取任何措施，甚至没有把这方面的信息通告各运行单位。

1986 年 4 月 25 日乘计划停堆进行检修之前的机会，做汽轮发电机惰走带厂用负荷试验。在 4 月 25 日 1 时开始降低功率做试验准备至 26 日 1 时 23 分开始进行试验长达 24 h 的过程中，由于操作人员安全意识不强和监测显示系统落后而造成的不当操作主要是：反应堆热功率曾降到 30 MW（中子功率为零），随后升高到 200 MW（按试验大纲规定应当在 700 MW 进行）；为了克服当时反应堆严重的氙中毒使功率提高而把原来插在堆芯的控制棒大部分提升到堆芯之上（按安全要求，堆内至少应有 30 根手动棒，而在 4 月 26 日 1 时 22 分 30 秒堆芯内仅有 6～8 根）。

4 月 26 日 1 时 23 分开始做汽轮发电机惰走试验时，反应堆处于正气泡反应性效应占优势的状态，功率反应性系数为正值。1 时 23 分 40 秒，值班长命令按下紧急停堆按钮，使所有控制棒和事故保护棒插入堆芯。由于大多数控制棒高悬于堆芯之上，在初始插入时因前面所述的挤水棒正反应性效应在堆芯下部功率峰值处（此堆轴向功率分布当时具有双峰）引入正反应性，与当时反应堆内的正气泡反应性和正功率反应性效应相结合，在十几秒钟时间内导致中子功率剧增，使得燃料碎裂成热的颗粒，这些热的颗粒使得冷却剂急剧地蒸发，从而引起了蒸汽爆炸，一回路系统和反应堆厂房被破坏，大量放射性物质释入大气。爆炸飞射出的灼热碎片散落到邻近汽轮发电机厂房和其他辅助设施上，引起多处着火。

**事故影响** 前苏联有关部门组织了控制事故和消除事故后果的工作。大火于 26 日 5 时被扑灭。向毁坏的反应堆投掷堆集了碳化硼、白云石、铅、砂子、黏土等材料约 5 000 t，用以封闭反应堆厂房和抑制裂变产物外逸。1986 年 4 月 27 日至 8 月中旬从切尔诺贝利核电厂周围地区（约 30 km 半径）疏散了 116 000 名居民。1986 年 11 月在 4 号堆废墟上建起了钢和混凝土构成的密封建筑物，把废堆埋藏在里面。对切尔诺贝利核电厂厂区和周围地区持续地进行放射性污染清理。参加消除事故后果的总人数达 20 万。

切尔诺贝利核电厂并没有因为 4 号机组出问题而停止运作，只是封闭了电厂的 4 号机，用 200 m 长的水泥与其他机组隔开，乌克兰政府让其他三个机组继续运作。1991 年在 2 号机组发生一场火警，乌克兰政府当局随后宣布 2 号机组终止运作。1996 年 11 月，在乌克兰政府与国际原子能机构的协议下，1 号机组停止运作。2000 年 12 月乌克兰政府关闭了 3 号机组的运作。至此，整个切尔诺贝利发电厂停止发电运作。

事故期间，释放出的放射性物质总量约为 $12\times10^{18}$ Bq，其中包括 $6\times10^{18}$～$7\times10^{18}$ Bq 的惰

性气体。事故时释出的核燃料碎粒约为当时堆内燃料的3%～4%（堆内装载有189 t铀，平均燃耗10.3 MW·d/kgU），燃料中储存的裂变产物中100%的惰性气体和20%～60%的挥发性放射性核素释出。对环境污染有重要意义的放射性核素释放量分别为：碘-131，$1.3\times10^{18}$～$1.8\times10^{18}$ Bq；铯-134，$0.05\times10^{18}$ Bq；铯-137，$0.09\times10^{18}$ Bq。

事故初期（4月26日至5月4日）释放到大气的放射性物质随风飘移，先向北，后向西转西南及其他方向扩散。事故放射云于4月27日到达瑞典和芬兰。4月29日至5月2日，污染空气扩散到欧洲其他国家。长时间大范围的大气运动把释出的放射性物质散布到整个北半球，5月4日到达中国。南半球未受到气载放射云的污染。

释入大气的大部分放射性物质沉积在厂址周围地区。铯-137浓度水平超过185 kBq/$m^2$的白俄罗斯、俄罗斯和乌克兰境内的土地面积分别为16 500 $km^2$、4 600 $km^2$、8 100 $km^2$。

通过对受事故影响的人进行评估，其中530 000名恢复操作人员的平均有效剂量为120 mSv，115 000名撤离人员的平均有效剂量为30 mSv，在事故发生后的20年继续居住在受污染地区的人平均有效剂量为9 mSv。除白俄罗斯、俄罗斯以及乌克兰外，其他欧洲受事故影响的国家，事故发生后第一年的全国平均剂量小于1 mSv，随后几年的剂量逐渐减少。

切尔诺贝利事故造成了较为严重的辐射效应，1986年4月26日清晨在厂址上的600人中，134人接受了较高的剂量（0.8～16 Gy），患上了放射病。其中，造成28人在事故发生后的前三个月内死亡，另有19人在1987—2004年死于各种原因，不一定与辐射照射有关。此外，根据联合国原子辐射影响科学委员会（UNSCEAR）的2008年年报，530 000名恢复操作人员中大多数人在1986—1990年所受剂量为0.02～0.5 Gy。

从切尔诺贝利核电厂事故辐射后果看，局部地区的污染和居民受到的辐照是严重的，但在世界范围内造成的辐射影响仍在天然辐射的涨落水平内。然而，切尔诺贝利核电厂事故造成的各种物质损失和社会影响，特别是对核电工业的冲击是非常巨大的，应当从中吸取教训，防止这类严重事故发生。

**经验教训** 切尔诺贝利事故之后，前苏联、国际原子能机构和核电开发国家都深入广泛地研究了该事故发生的原因及其后果，对运行的各种类型的核电厂进行了全面的检查并针对其薄弱环节采取了不同程度的改进措施。国际原子能机构对核电厂的安全提出了新的国际标准和实施原则，若干国家（特别是前苏联）相应地修改制定了新的核安全法规标准。在新的核安全原则和规范标准中强调了提高核安全文化水平，规定了对超设计基准事故进行全面分析和预防及减轻其后果的措施要求。为了杜绝再次发生切尔诺贝利这样的灾难性事故，新的核电厂应设计成具有高度的内在安全性，其安全保障系统和设施能将万一发生的严重事故后果抑制在核电厂范围内。这些新的要求和措施，是切尔诺贝利事故的教训，也是世界核电工业得以继续发展的必要条件。

（岳会国　王中堂）

qiege jieti

**切割解体** （cutting and disassembly） 减小系统、设备和构筑物等结构尺寸，以便进行拆卸、转运和处理等的活动。切割解体是核设施与辐射设施退役过程的基本活动之一。

对于核电厂的退役来说，有许多大型设备需要切割解体，如压力容器、稳压器、混凝土安全壳等，切割解体任务很艰巨。对于核燃料循环前处理和后处理厂核设施，切割解体的对象多为管道、箱体和贮槽，后处理厂退役有热室、厚壁工作箱和手套箱。核技术利用设施的退役，切割解体的任务相对简单。退役设施的切割解体应重视辐射防护最优化、废物最小化和流出物环境排放最少化。究竟采用哪种方式进行切割解体，应根据需要与可能，做代价-利益分析，优化选择。

**切割解体方法** 切割方式可分为冷切割与热切割两大类。

**冷切割** 包括机械切割、高压水射流切割、磨料射流切割等。机械切割用得最多，有许多常规的成熟技术与设备，如手持锯、液压剪、弓锯、金刚石圆盘锯、金刚石丝锯、金刚石砂轮切割机、直条式锯片往复切割机、旋转切割机、冲击切割机、墙壁开槽机、万能切割机等。

**热切割**　技术很多，如氧炔焰切割、电弧切割、微波切割、等离子体弧切割、聚能爆炸切割、热反应切割、激光切割等。氧炔焰切割应用较多，仅适宜切割碳钢，不宜用来切割铸铁、不锈钢和非铁金属材料。等离子体弧切割可切割多种金属材料以及大尺寸的金属设备，如大罐、大型箱体等。

**方法选择**　切割解体的操作可分为完全人工、人工与遥控混合操作和完全遥控操作等三大类。不同切割解体方法各有其优缺点。几种切割解体方法的比较列于下表。

**几种切割解体方法的比较**

| 工　具 | 适用性 | 优　点 | 缺　点 |
|---|---|---|---|
| 机械往复锯 | 厚度＜30 mm 金属物件 | 产生气溶胶较少 | 速度慢 |
| 砂轮切割器 | 厚度＜300 mm 金属物件 | 投资低 | 设备损耗快 |
| 金刚石丝锯 | 金属、钢筋混凝土 | 速度快，可在无冷却剂下进行切割 | 投资较高 |
| 电弧切割器 | 较厚金属物件 | 高效切割导电材料，可水下远距离使用 | 切口宽，二次废物多，电极损耗快 |
| 等离子弧切割器 | 厚金属物件 | 速度快，适于水下作业 | 设备条件要求高 |
| 激光切割器 | 所有金属、混凝土 | 速度快，可水下切割，遥控操作 | 条件要求较高 |

**安全考虑**　切割解体操作需要高度重视安全问题，采取必要措施，包括：①热切割在切割过程会产生较多的烟雾、粉尘和气溶胶，对辐射防护有更高的要求；冷切割虽然上述问题较少，但切割速度慢、工作人员体力消耗大，应选好切割工具。②存在较多长寿命裂变产物和超铀核素的设施和设备切割解体，要特别重视α废物和α气溶胶污染的扩散。③存在易裂变核素的设施和设备切割解体，要考虑核临界安全。④存在易燃易爆物的设施和设备切割解体，要重视氢、金属钠、铀屑、$UF_6$等危险物可能带来的安全问题。⑤操作人员必须配备必要的防护衣具和剂量检测设备。⑥配置必要的通风风量和换气次数。⑦考虑切割解体的明火导致火灾的风险，配置消防灭火和火灾报警设备。

（刘春秀　张振涛）

**推荐书目**

罗上庚，张振涛，张华. 核设施与辐射设施的退役. 北京：中国环境科学出版社，2010.

qingjie jiekong

## 清洁解控

（clearance）　已通知或已获批准实践中的源（包括物质、材料和物品），如果符合核安全监管机构规定的清洁解控水平，则经核安全监管机构认可，解除进一步放射性审管控制。

**豁免准则**　清洁解控遵循的辐射防护准则是豁免准则。根据《电离辐射防护与辐射源安全基本标准》，豁免的一般准则是：①被豁免实践或源对个人造成的辐射危险足够低，以至于再对它们加以管理是不必要的；②被豁免实践或源所引起的群体辐射危险足够低，在通常情况下再对它们进行控制管理是不值得的；③被豁免的实践和源具有固有安全性，能确保准则①和②始终得到满足。不需进一步的考虑而将实践或实践中的源予以豁免的准则是：①被豁免实践或源使任何公众成员一年内所受的有效剂量预计为 10 μSv 量级或更小；②实施该实践一年内所引起的集体有效剂量不大于约 1 人·Sv，或防护的最优化评价表明豁免是最优选择。

清洁解控与豁免是两个不同但又有密切联系的概念，豁免和清洁解控的源或物料都是指其危害很小而不必浪费资源加以审管控制。其差别是，豁免是实践或实践中的源满足规定的豁免准则和水平，经审管部门确认可以不对其进行审管控制；清洁解控是将授证实践中带有放射性污染的物料，满足规定的清洁解控水平，可将其从进一步控制中解除出来。

**清洁解控水平** 是核安全监管机构规定的、以活度浓度或总活度表示的值，辐射源的活度浓度或总活度等于或低于该值时，不再受审管部门的审管。

除非审管部门另有规定，否则清洁解控水平的确定应考虑符合豁免准则，并且所确定的清洁解控水平不应高于所规定或审管部门根据豁免准则所建立的豁免水平。

由于清洁解控水平的确定与解控后物料所引起的具体照射情景有关，因此很长一段时间内，国际上没有规定普遍适用的清洁解控水平，迄今一些国家（如美国、法国）也没有规定统一的清洁解控水平，而是由审管部门采用“一事一议”的原则确定是否予以解控。2004 年国际原子能机构出版了《排除、豁免和清洁解控概念的应用》安全导则，推荐了普适性的清洁解控水平，我国已参照此导则发布了国家标准《可免于辐射防护监管的物料中放射性核素活度浓度》（GB 27742—2011）。

《排除、豁免和清洁解控概念的应用》分别规定了天然放射性核素和人工放射性核素的清洁解控水平。对于天然放射性核素，是以考虑自然界所有未经扰动的土壤环境中天然放射性核素活度浓度为基础，使得土壤环境予以豁免，而矿石、工业废渣和废物要得到监管，其对公众个人产生的附加有效剂量（氡吸入剂量除外）通常不太可能超过 1 mSv/a。对于人工放射性核素，判断其是否可予以解控的剂量准则是所致个人有效剂量是否在 10 μSv 量级或更小。

对于只有表面污染的物料或设备，《电离辐射防护与辐射源安全基本标准》（GB 18871—2002）规定了可予以解控的表面污染控制水平。

如果污染物料的最终去向明确，则可以根据物料最终去向及其在再循环全过程中可能产生的照射，确定解控水平，这种条件下的解控称为有条件解控。如果污染物料仍在原领域内（如在核领域内）再循环、再利用，可根据可能的照射确定控制水平进行再循环、再利用。后者不属于解控范畴。

我国已发布国家标准《核设施的钢铁、铝、镍和铜再循环、再利用的清洁解控水平》（GB/T 17567—2009），规定了核设施运行和退役产生的钢铁、铝、镍和铜材料、设备和工具再循环、再利用的清洁解控水平。对于属于活化（体）污染的钢铁、铝、镍和铜物料，其活度浓度等于或低于该标准给出的清洁解控水平，或表面污染的物料钢铁、铝、镍和铜物料，其表面污染等于或低于该标准给出的表面污染解控水平，可无条件解控。

**清洁解控水平的应用及验证** 《电离辐射防护与辐射源安全基本标准》等国家标准已规定了不同条件下的清洁解控水平，它们各有其适用范围。《电离辐射防护与辐射源安全基本标准》中规定的作为申报豁免基础的豁免水平，适用于废弃放射源和小批量（小于 1 t）物料的清洁解控。《可免于辐射防护监管的物料中放射性核素活度浓度》规定天然放射性核素免管浓度值和人工放射性核素免管浓度值，适用于大批量（大于 1 t）物料或废物的清洁解控，不适用于：①食品、饮水、动物饲料和任何用于食品或动物饲料的物质；②空气中的氡；③运输中的物料；④已核准实践所产生的液态和气载流出物；⑤环境（包括场地土壤）中的放射性残留物。《核设施的钢铁、铝、镍和铜再循环、再利用的清洁解控水平》适用于核设施运行和退役中产生的钢铁、铝、镍和铜材料、设备和工具再循环、再利用的清洁解控。

对于被多种人工核素污染的物料，其清洁解控应当要求各种人工放射性核素的活度浓度与各自清洁解控水平的比值之和小于 1。

在解控管理中应严格执行国家审管部门规定的清洁解控水平。达到清洁解控水平的物料无须再按放射性物质进行管理，但须经核安全监管机构认可。如果物料中的放射性水平超过了上述国家审管标准规定的清洁解控水平，但辐射防护最优化评价表明，解控是最佳选择，则经核安全监管机构同意，也可予以解控。

（孙庆红　冷瑞平）

# R

ranliao yuanjian

**燃料元件** （fuel element） 反应堆内以核燃料为主要组分的结构上最小的独立部件。燃料元件由燃料芯体和包壳组成。其中燃料芯体主要由不同形态的核燃料组成。包壳有铝合金、锆合金、不锈钢和石墨等。

燃料元件的类型多种，分类方法也很多。①按照核燃料芯体分类，分为金属型燃料元件、陶瓷型燃料元件和弥散型燃料元件等。②按照反应堆类型分类，可分为生产堆元件、试验堆元件、压水堆元件、沸水堆元件、重水堆元件、快堆元件以及高温气冷堆燃料元件等。③按照燃料元件的结构和几何形状分类，可分为棒状元件、管状元件、板状元件和球形元件等。此类燃料元件相应被称为燃料棒、燃料管、燃料板和燃料球等。目前大多数的水冷反应堆中均采用棒状燃料元件，它由二氧化铀（$UO_2$）燃料芯块和锆合金包壳组成，压水堆燃料元件如图所示。快中子反应堆也用棒状元件，采用不锈钢包壳。高温气冷堆采用石墨包覆的球形陶瓷燃料元件。燃料元件按一定的排列方式组成的组合体被称为燃料组件。在反应堆堆芯装卸燃料过程中，燃料组件作为整体操作，无须拆开。轻水堆和快中子反应堆的燃料组件、重水堆的燃料棒束有时也统称为燃料元件。

燃料元件的芯体发生裂变反应，产生热量和各种放射性裂变产物。包壳则起到对燃料芯块包容和保护作用，不仅要导出芯块产生的热量，同时要防止放射性裂变产物从元件内泄漏到冷却剂中，是反应堆中第一道安全屏障。在反应堆内运行时，包壳长期受到高温、高压、强辐照、强腐蚀等的作用，工作条件十分恶劣。为了保证燃料元件在使用寿期内不发生严重变形、破损、泄漏等问题，需要选择力学、抗腐蚀、抗辐照等各方面综合性能都比较优异的材料作为包壳材料。因此，研发性能更好的新型包壳材料，如新锆合金、碳化硅等，是目前压水堆燃料元件的一个重要的发展方向。

压水堆燃料元件

目前燃料元件正从革新元件结构、改进包壳材料性能等角度，朝经济性、安全性更好的方向发展。 （季松涛　张忠岳）

ranseti jibian

**染色体畸变** （chromosome aberration） 染色体发生数目或结构的改变。

电离辐射和多种环境有害因素（如化学毒物、药品以及病毒等）都可以引起DNA损伤，导致错误的有丝分裂或减数分裂，发生了染色体畸变。

染色体畸变主要包括数目畸变和结构畸变。染色体数目畸变包括整个染色体组的成倍增加（多倍体）、个别染色体整条的增加（非整倍体）或减少（单倍体）等。染色体结构畸变包括单体型畸变和染色体型畸变。按染色体型畸变存留时间长短，又可分为非稳定性畸变与稳定性畸变两类。非稳定性畸变包括双着丝粒体、着丝粒环和无着丝粒体等（见下图）；稳定性畸变包括相互易位、缺失、倒位和插入等。电离辐射诱发的染色体畸变多为结构畸变。

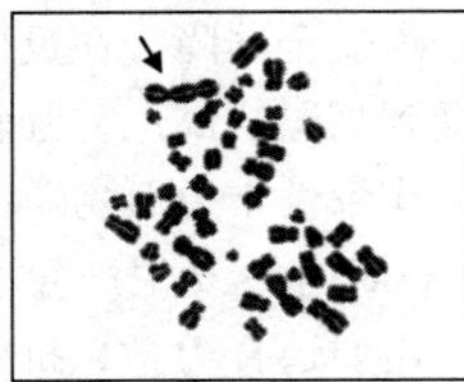
双着丝粒体

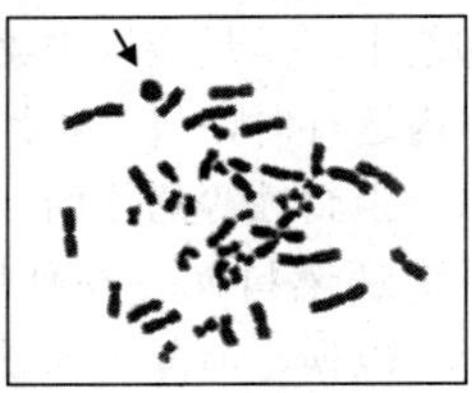
着丝粒环

**染色体双着丝粒体和着丝粒环畸变**

20世纪60年代人们注意到，电离辐射诱发的染色体畸变中，双着丝粒体的自发率相当低，每1 000个淋巴细胞中仅有0.5～1个。畸变的数量与受照剂量之间有一定的依赖关系，可以拟合剂量-效应曲线，利用染色体畸变（双着丝粒+环）可以比较准确地估算出全身受照剂量。因此，染色体畸变也被称为电离辐射的“生物剂量计”，用于辐射事故情况下受照人员的剂量估算。低LET辐射诱发染色体畸变属泊松分布。有条件的实验室建立不同辐射类型不同剂量率的剂量-效应关系曲线，辐射事故需要时，可选取和事故受照条件相近的剂量-效应关系曲线进行剂量估算。

世界卫生组织在1973年出版了人类染色体分析方法手册，统一了方法学。国际原子能机构在2001年出版了405号技术报告，于2011年又进行了修订，更名为《细胞遗传生物剂量学：用于辐射应急准备与响应》，成为目前最具有权威性的指导生物剂量估算的操作手册。

几十年来，我国辐射事故中应用淋巴细胞染色体畸变分析作为生物剂量的实践证明，淋巴细胞非稳定性畸变（主要是双着丝粒体和着丝粒环）分析是最有效的生物剂量学方法。淋巴细胞染色体畸变是目前国际公认的生物剂量的“金标准”。

利用人类淋巴细胞染色体畸变分析可以确定的外照射的剂量范围为 0.1～5.0 Gy。照射后要尽早取血，一般不要超过30天。应分析的细胞数量与照射剂量有关。剂量越小，分析的细胞数量越多，比如0.1 Gy的低LET照射，准确估计剂量大约需要分析 1 000 个细胞。若分析500个细胞，X射线剂量估算的下限是0.04 Gy，γ射线是0.1 Gy。

由于淋巴细胞非稳定性畸变随受照时间的延续而丢失，逐年减少，而染色体稳定性畸变特别是对称性互换并不引起明显的结构改变，但用常规方法难以判别，因此需要特殊的识别手段。常用的有G-显带核型分析与荧光原位杂交方法。将染色体易位作为剂量估算指标，则可在受照后较长时间估算其受照剂量，因此可用于回顾性剂量重建。我国也制定了《用稳定性染色体畸变估算职业受照者剂量的方法》（WS/T 204—2001）。

染色体畸变作为过量辐射照射的定量指示剂，已经成为辐射防护和放射医学不可或缺的指标。（陈英　魏康）

**rengong fangshexing hesu**

## 人工放射性核素 （artificial radionuclide）

自然界中原本不存在而由人工制造出来的放射性核素。相对应的，自然界中原本就存在的放射性核素称为天然放射性核素。至今发现的2 000多种放射性核素，绝大多数是人工放射性核素。最早发现的人工放射性核素是磷-30。1934年，约里奥-居里夫妇用α粒子轰击铝生成了磷-30，磷-30是一个$\beta^+$体，衰变到稳定同位素硅-30，半衰期为2.498 min。1937年人工放射性元素锝（锝-97）的发现，开启了人造元素的历程。自然存在的元素中原子序数最大的是92号铀，原子序数大于92的元素都是人造元素。2010年已经发现到了117号元素。人造元素都是人工放射性核素。

人工放射性核素的发现，大大推动了核物理学的研究速度。人工放射性核素的工业制备，使得放射性同位素在工业、农业、医疗、军事、航天和科学研究等诸多领域得到了广泛的应用。

人工放射性核素主要利用裂变反应堆和粒子加速器制备。通过反应堆制备有以下两个途径：①利用反应堆中产生的强中子流照射靶核，靶核俘获中子而成为放射性核素；②利用中子引起重核裂变，从裂变产物中提取放射性核素。用加速器制备主要是通过加速带电粒子轰击靶核，产生核反应，生成放射性核素。利用反应堆生产的产量高、成本低，是人工放射性核素的主要来源。用反应堆生产的人工放射性核素是丰中子核素，因此它们通常具有$\beta^-$放射性。用加速器生产的人工放射性核素则相反，往往是缺中子核素，因而一般具有$\beta^+$放射性，而且多数核素的半衰期短。

人工放射性核素主要存在于核设施和核技术应用设施。核设施和核技术应用设施对人和环境产生的影响主要来源于人工放射性核素的辐射照射。对核电厂等核设施，人工放射性核素包括裂变产物和活化产物；对核技术应用设施，人工放射性核素主要包括放射源和射线装置产生物。人工放射性核素在给人类带来利益的同时也伴随风险。　　（刘新华　刘森林）

**rengong fushe zhaoshe shuiping**

**人工辐射照射水平**　（man-made radiation exposure level）　人为活动引起的人类辐射照射大小及其分布。人为活动引起的人类辐射照射源称作人工辐射源，主要包括医学诊断与治疗程序、大气层核试验落下灰、事故释放源、核能发电链排放源、核与辐射技术利用排放源，以及人为活动引起的天然辐射增强源。

**人工辐射源的全球人口照射水平**　描述人为活动引起的人类辐射照射可以采用个人有效剂量和集体有效剂量来表达。根据联合国原子辐射影响科学委员会（UNSCEAR）2008 年报告的评估结果，人工辐射源所致全球人口平均年个人有效剂量如表 1 所示。从该表可以看出，医学诊断检查程序是最大的人工照射来源，所致全球人口平均年个人有效剂量约 600 μSv，其次分别是大气层核试验的全球照射、全球人类活动的职业照射、切尔诺贝利事故的全球照射和核燃料循环的全球公众照射，分别约为 5 μSv、5 μSv、2 μSv 和 0.2 μSv。

**我国人工源照射剂量**　表 2 列出了各人工辐射源所致我国公众辐射照射剂量。由该表可以看出，医学诊断检查程序是我国公众最大的人工辐射源，其所致我国人口平均年个人有效剂量约 210 μSv。

**人工辐射源的全球职业照射水平**　根据 UNSCEAR 2008 年报告及中国 2000 年前后职业照射的调查数据，人工辐射源所致全球和中国平均职业照射水平见表 3。

**表 1　人工辐射源所致全球人口平均年个人有效剂量**

| 源 | 全球平均年个人有效剂量/μSv | 范围与趋势 |
|---|---|---|
| 医学诊断检查（不含治疗） | 600 | 全球医学诊断照射的个人剂量典型值在几十毫希范围内。<br>根据不同的医疗保健水平，医学诊断照射的个人剂量平均值范围在 0.03～2.0 mSv 内，某些国家的平均值比天然源的剂量还要高。<br>个人剂量的大小取决于特定的检查 |
| 大气层核试验 | 5 | 某些核试验场址周围仍有较高的剂量。<br>全球核试验照射自 1963 年的最高值 0.11 mSv 逐渐下降。当前照射主要来自 $^{14}C$ |
| 职业照射 | 5 | 全球职业照射年个人有效剂量典型值在 20 mSv 范围以内。<br>全球所有工作人员平均年个人有效剂量是 0.7 mSv。<br>平均剂量的大多数贡献份额以及大多数高剂量都来自于天然辐射（尤其是矿山中的氡） |

| 源 | 全球平均年个人有效剂量/μSv | 范围与趋势 |
|---|---|---|
| 切尔诺贝利事故 | 2 | 在 1986 年，参与事故后恢复工作的 30 多万工作人员接受的平均个人有效剂量接近 150 mSv；35 万余其他人员受到了超过 10 mSv 的照射。<br>北半球年个人有效剂量平均值从 1986 年的最高值 0.04 mSv 不断下降。<br>甲状腺剂量很高 |
| 核燃料循环（公众照射） | 0.2 | 某些核反应堆厂址周围 1 km 范围内关键居民组年个人有效剂量达到 0.02 mSv |

**表 2　2000 年前后主要的人为活动所致我国居民年个人有效剂量**

| 源 | 年个人有效剂量/μSv | 范围与趋势 |
|---|---|---|
| 医学诊断检查* | 210 | 我国主要省份 X 射线诊断辐射照射调查结果表明，1984—1987 年全国人口平均年个人有效剂量约 88 μSv；1997—1998 年全国人口平均年个人有效剂量约 210 μSv。主要原因是 20 世纪中期以后我国 CT 诊断频率明显增加，同时单次 CT 诊断所致患者或受检者个人有效剂量也明显增加。而放射性药物诊断所致患者或受检者个人有效剂量明显地低于 X 射线诊断所引起的照射 |
| 大气层核试验 | 0.5 | 全球大气层核武器试验所致我国居民年个人有效剂量最高值出现在 1959 年，约 203 μSv，自此开始下降，直到 2000 年左右下降至每年约 0.5 μSv |
| 切尔诺贝利事故 | 0.05 | 切尔诺贝利事故释放所致我国居民个人有效剂量负担约 25.6 μSv；事故后第一年交付的个人有效剂量约 12.1 μSv，之后各年预计将交付的个人有效剂量 13.5 μSv。2000 年前后，切尔诺贝利事故释放所致我国居民年均个人有效剂量约 0.05 μSv。<br>切尔诺贝利事故释放所致我国婴儿和成人的个人甲状腺当量剂量分别约 650 μSv 和 65 μSv |
| 核燃料循环（公众照射） | 0.01 | 我国大陆重水堆核电厂 1993—2005 年运行所致关键居民组年最大个人有效剂量约 1.7 μSv，是 UNSCEAR 2000 年报告中典型厂址重水堆核电厂运行所致核电厂附近关键居民组年最大个人有效剂量（约 10 μSv）的 17%。<br>我国大陆压水堆核电厂 1993—2005 年运行所致关键居民组年最大个人有效剂量约 1.4 μSv，是 UNSCEAR 2000 年报告中典型厂址重水堆核电厂运行所致核电厂附近关键居民组年最大个人有效剂量（约 5 μSv）的 28% |

*数据取自我国卫生部门 20 世纪 90 年代中期后的调查工作。

**表 3　人工辐射源所致全球平均或我国平均年职业照射水平**

| 照射源 | 集体有效剂量/（人·Sv） | | 个人有效剂量/mSv | |
|---|---|---|---|---|
| | 中国 | 全球 | 中国 | 全球 |
| 天然增强源* | 22 347.7 | 37 260 | 2.11 | 2.9 |
| 核燃料循环 | 43.29 | 800 | 3.18 | 1.0 |
| 医学应用 | 161.8 | 3 540 | 1.41 | 0.5 |
| 工业应用 | 28.22 | 289 | 1.18 | 0.3 |
| 军事活动 | — | 45 | — | 0.1 |
| 其他活动 | 3.15 | 56 | 2.02 | 0.1 |
| 总计 | 22 584.16 | 41 990 | 2.10 | 0.8 |

* 煤矿开采，除铀矿开采外的其他矿开采，除矿山之外的其他工作场所以及航空机组，也称作人为活动引起的天然辐射源的增强。

（刘森林　潘自强）

**推荐书目**

潘自强，刘森林. 中国辐射水平. 北京：原子能出版社，2010.

**renwei huodong chansheng de tianran fangshexing feiwu**

**人为活动产生的天然放射性废物** （human activity-caused naturally occurring radioactive waste） 开采、加工、利用、处理含天然放射性物质的矿物资源过程中，产生的放射性水平较高、不能豁免的废物。国际上通常简称为NORM（naturally occurring radioactive material）。

**沿革** 天然放射性物质到处存在，人们的生产和生活活动产生的废弃物或多或少地总是含有一定水平的放射性物质，从事含天然放射性矿物资源的冶炼、提取工业产生的废物其放射性水平会增高。由于这类放射性物质是天然存在的，长期以来没有得到应有的重视。然而，由于对天然放射性废物的误用及不恰当处置，全世界曾经发生多起环境污染事件。20世纪后期国际社会开始关注天然放射性和人为活动产生的天然放射性废物，并将其纳入辐射安全管理范畴。人为活动产生的天然放射性废物问题在我国较为突出，20世纪70年代末我国就遇到了人为活动产生的天然放射性废物的纠纷问题。

**来源** 人为活动产生的天然放射性废物主要来自下列人为活动：采矿、冶炼、加工、废渣处理、石油提取、化石燃料燃烧、硝酸钍应用、自来水处理、地热利用等。这些活动有的是把原本埋在地下的较高水平的天然放射性物质提升到地面，有的是把天然放射性物质转移或浓集。这些活动不但会使人们遭受更高的来自天然放射源的照射，并且会产生天然放射性废物。人为活动产生的天然放射性废物，其主要来源是采矿和冶炼。全国第一次污染源普查结果显示，我国有1 000多家超过规定放射性污染水平的矿产资源开发利用企业，年产生固体废物上亿吨。如稀土尾矿、稀土冶炼渣、废水处理产生的渣、磷酸盐工业产生的磷石膏、有色金属工业产生的赤泥、燃煤电站产生的粉煤灰以及相当多的自来水处理厂的淤泥等都有可能达到放射性废物的程度。

需要指出，铀、钍矿采冶虽然处理的也是天然放射性物质，由于铀、钍矿开采和冶炼目的是为核能开发，且铀、钍矿采冶项目属于核燃料循环的一部分，人们一直把铀、钍矿采冶中的辐射防护当作人工放射性来对待。因此，铀、钍矿采冶的废物通常并不归属于人为活动产生的天然放射性废物。

**分类** 人为活动产生的天然放射性废物按物理状态可分为两大类：松散型和分离型废物。

**松散型天然放射性废物** 一般指提取工业所产生的比活度低、体积大的尾渣类废物。例如，包钢每年炼钢消耗约1 000万t矿石，这些矿石伴有约4 000 t钍，约99%的钍最终进入尾渣、高炉渣、合金渣、水浸渣和铁土渣。每年包钢的尾渣产量约600万t，尾渣中放射性的活度为$2\times10^4$～$7\times10^4$ Bq/kg。尾渣坝内堆放尾渣已超过1亿t。

**分离型天然放射性废物** 指石油、天然气开采中放射性物质在管壁上沉积结垢，其体积不大但比活度很高的废物。美国密歇根州的一次调查发现石油提取管管垢中镭浓度高达$5.9\times10^7$ Bq/kg，污染设备产生的外照射剂量率高到53 μGy/h。

**管理** 对人为活动产生的天然放射性废物的安全管理，目标是以适当方式处理废物，使现在和未来的人类健康及环境得到保护，并且不给后代带来不适当的负担。废物的产生必须最小化，并保证放射性废物处理、处置设施的长期安全性。

人为活动产生的天然放射性废物的安全管理，与核工业放射性废物及核技术放射性废物的安全管理基本相同。但也有不同之处。首先，人为活动产生的含天然放射性的废物是否属于放射性废物不能肯定，需经监测确认；其次，矿产资源开发利用活动涉及矿石开采、选矿、冶炼、加工等多个环节，在这些过程中放射性核素会发生转移和再分布。在同一项工程中，即使多数生产环节的废物不属于放射性废物，也不能确定个别环节产生的废物是否属于放射性废物。

对于人为活动产生的天然放射性废物的管理，国际上通行的办法是名录制，即列出最有可能产生并达到放射性废物水平的人为活动。对于列入名录者要做重点监测评估。评估认定为人为活动产生的天然放射性废物的，按放射性废物进行管理。例如，美国环境保护局审定以下10种工业活动的废物最可能为天然放射性废物：铀矿开采产生的废石、废土；磷肥生产废物；磷酸盐工业废物；石油和天然气提取产生的垢和淤泥；水处理淤渣；金属采矿和冶炼废物；造纸和制浆工业；地热生产废物；煤灰；废金属回收和再循环。我国也实行名录制管理，已发布了名录。

人为活动产生的天然放射性废物管理包括流出物的管理和固体放射性废物的管理。对于固体放射性废物的管理，要特别重视尾渣库的长期安全性。对人为活动产生的尾渣等放射性废物，应建造尾矿库进行贮存或处置；因所含的放射性物质的半衰期极长，尾矿库的选址和建造必须符合放射性废物库的长期安全性要求。

对于人为活动产生的天然放射性废物的处理，需特别关注以下两点：第一，若将含放射性的矿渣作建筑和装修材料时，必须同时符合国家建筑材料放射性核素控制标准，因为通常建筑材料放射性核素控制标准比放射性废物的判断标准严格；第二，注意人为活动产生的天然放射性废物会释放出氡，氡在通风不好的房间内会积累。对于人为活动产生的天然放射性废物的处理必须考虑氡的问题。

（赵亚民　潘自强）

**renwei huodong yinqi de tianran fushe shuiping shenggao**

**人为活动引起的天然辐射水平升高**（human activity-caused enhanced exposure level of natural radiation）　泛指因人为活动所引起的天然存在放射性物质（NORM）活度浓度的增加或天然放射性核素分布的改变，进而导致工作场所或周围环境辐射水平明显升高的现象。

天然辐射水平包括天然存在的放射性物质和技术增强的天然存在的放射性物质的水平。①天然存在的放射性物质指天然产生的放射性物质，包含了环境中所发现的各种放射性元素，主要是长寿命放射性核素，包括铀、钍、钾及其各自的放射性衰变产物，如镭和氡。②技术增强的天然存在的放射性物质指因人为过程而导致放射性活度浓度增加或放射性核素分布改变了的天然存在的放射性物质，如某些天然存在的放射性物质在加工过程中，其所含的放射性核素（如铀、钍、镭等）可能会在其沉积物、灰渣、垢物中浓集，这种副产品即为技术增强的天然存在的放射性物质。

引起天然辐射水平变化的人为活动分为两类：一类是人类活动改变了自然原有状况而引起的辐射水平的增加；另一类是人类行为方式的变化（如乘坐飞机、轮船和汽车等）导致人所受辐射水平增加或减少。例如，担任飞机机组人员使其所受辐射水平增加，但在船舶或火车上工作的人员所受辐射水平会减少。通常主要是指前者。当放射性活度浓度或者工作人员及公众所受年有效剂量超过核安全监管机构的规定时，需要进行审管控制。

**沿革**　由于人为活动引起辐射水平增高不仅涉及范围广，各行业加工工艺不同，而且与人们日常生活密切相关，因此，在国际放射防护委员会（ICRP）和国际原子能机构（IAEA）的早期出版物中没有提到对人为活动引起辐射水平升高的管理。但是，某些人为活动使天然放射性物质得到浓集、迁移和扩散，改变了原有状态，使得一些工业工作场所中放射性核素活度浓度或操作人员所受年有效剂量明显高于当地本底水平。近些年国内外的一些调查数据表明：有些国家的一些工业活动产生废弃物活度浓度明显高于当地本底水平2～5个数量级，操作人员所受年有效剂量超过当地公众的十几倍甚至上百倍。从我国已有的一些研究结果看，有些问题十分值得关注，如掺渣建筑材料引起室内氡浓度水平的显著上升，燃煤电厂的放射性排放及其对公众的辐射照射远远高于核电厂的贡献。但这些行业目前还没有纳入规范性管理。

随着工业技术的发展和人们生活水平的提高，人为活动引起的天然辐射水平升高已日益受到国际社会的广泛关注。ICRP 2007 年建议书明确建议把人为活动引起的天然辐射照射纳入其放射防护体系，并正在制订照射情况的控制框架；IAEA 在其基本安全标准的修订中，也把人为活动引起天然照射水平的控制作为重要内容纳入了监管范围，制定了一系列的安全报告和管理导则。欧盟委员会在修订其基本安全标准中也正在制定人为活动引起天然辐射水平升高的照射情况分级管理的新要求。

**涉及范围** 人为活动引起的天然照射水平升高涉及行业范围很广，IAEA 建议主要包括铀矿冶炼及制造、稀土提取、钍萃取和应用、铌提取、石油和天然气、二氧化钛生产、磷酸盐生产、锆和氧化锆、金属生产、燃煤、水处理（温泉）、建筑材料生产等工业。我国法规中将铀矿的冶炼及制造工业纳入核安全监管范畴，因此，我国所涉及的范围不包括铀矿的冶炼及制造工业。

**辐射水平** 最近 IAEA 调查报告和我国公开发表的文献表明，有些行业，比如铌钽加工业、稀土工业、锆及氧化锆工业、钒工业、燃煤特别是石煤开发利用等行业的辐射水平远高于职业人员所受的年有效剂量。

我国对人为活动引起的辐射水平评价的结果表明（表 1），在 1996—2000 年，我国涉及天然辐射职业照射的人员约为 1 000 万人，年集体有效剂量为 22 347.7 人·Sv，年平均有效剂量为 2.1 mSv。从人数上来看，煤矿工人所占比例最高，为 61.4%，其他矿山次之，为 28.3%。从集体剂量的分布来看，煤矿工人占的比例最高，为 65.3%，而金属矿次之，为 24.8%。从年均有效剂量看，金属矿的贡献最高，约为 5.53 mSv，其次煤矿，约为 2.4 mSv。

**表 1 我国人为活动引起辐射水平（1996—2000 年）**

| 种类 | 年均监测人数/千人 | 平均集体有效剂量/（人·Sv） | 年均有效剂量/mSv |
|---|---|---|---|
| 煤矿 | 6 500 | 14 600 | 2.4 |
| 金属矿 | 1 000 | 5 532 | 5.53 |
| 其他矿山 | 3 000 | 2 060 | 0.688 |
| 除矿山外地下场所 | 50 | 78 | 1.56 |
| 机组人员 | 38.4 | 77.7 | 2.0 |
| 总计 | 10 588.4 | 22 347.7 | 2.1 |

**管理标准** IAEA 推荐人为活动引起的天然照射水平升高的工业采用分级管理模式，按照工作人员所受年有效剂量分四级管理（表 2）。如果涉及工业中工作人员年有效剂量超过 1 mSv，或者附近公众所受年有效剂量超过 0.3 mSv，纳入审管范围。

**表 2 国际原子能机构分级管理模式**

| 级别序号 | 管理方式 | 剂量控制 $D$/（mSv/a） | 说明 |
|---|---|---|---|
| I | 豁免标准 | 工作场所：$D<1$<br>公众：$D<0.3$ | 需要综合考虑社会、政治、经济以及生存所需资源限制等因素，同时考虑辐射防护的代价。个别案例可以高于此值 |
| II | 通知 | 工作场所：$0.3<D<1$ | 类似豁免，但应让对方知晓 |
| III | 通知+登记 | 工作场所：$1\leqslant D\leqslant 6$ | 进行备案并通知生产单位。1 mSv/a 为进行调查下限 |
| IV | 告知+许可证 | 工作场所：$D>6$ | 要求许可证，并由专门机构测量以便控制质量，当处理高活度物质时需要这样程序 |

为了便于管理的可操作性，基于剂量分级管理的约束值，考虑照射途径，推导活度浓度值。对于人为活动引起天然辐射水平升高的工业以工作人员 1 mSv/a 或对公众 0.3 mSv/a 为基础，推导出的放射性物质活度浓度与土壤放射性活度浓度进行比较，IAEA 委员们认为如果低于土

壤放射性活度浓度，则可以豁免，否则适宜监督管理，因此建议除了钾-40以外的其他核素为1Bq/g，但对于建筑材料中放射性核素或者被废物污染的饮用水不采用该豁免值。

参考IAEA的管理模式，加拿大、荷兰、新西兰等国家结合本国实际情况，提出了管理程序或管理方法。加拿大提出的分级管理方法见表3。

**表3 加拿大剂量分级管理**

| 级别序号 | 管理方式 | 工作场所剂量控制 $D$/(mSv/a) | 说明 |
|---|---|---|---|
| I | 无限制 | $D<0.3$ | 主要关注金属萃取、浓缩、石油和天然气、金属回收、电解、水处理和地下场所 |
| II | NORM管理 | $0.3\leqslant D<1$ | 0.3 mSv/a 是进行调查下限。高于 0.3 mSv/a 属于NORM管理，对公众剂量应加以限制 |
| III | 剂量管理 | $1\leqslant D<5$ | 1 mSv/a 是剂量管理下限，进行剂量评价、通知和人员培训 |
| IV | 辐射防护管理 | $5\leqslant D<$ DWL① | 5 mSv/a 是辐射防护管理下限。制定 NORM 管理程序，定期进行评价 |

注：① DWL（Derived Working Limit）为导出工作限值。

（刘福东　潘自强）

**推荐书目**

潘自强，刘森林. 中国辐射水平. 北京：原子能出版社，2011.

**renyin gongcheng**

**人因工程** （human factor engineering）　研究人和机器、环境的相互作用及其合理结合，使设计的机器和环境系统适合人的生理、心理等特点，达到在生产中提高效率、安全、健康和舒适目的的工程。人因工程侧重于研究人对环境的精神认知的称为认知工效学人因学，而侧重于研究环境施加给人的物理影响的称为生物力学或人机工程学。人因工程的研究和应用范围非常广。核电厂设计中就明确规定厂区人员的工作场所和工作环境必须按人机工效学原则进行设计，对人的因素和人机关系的全面考虑应始于设计的早期阶段，并贯彻于设计全过程。核电厂设计中的人因工程包括下面12个要素：人因工程大纲管理、运行经验评价、功能分析与分配、任务分析、人员配备与资质、人员可靠性分析、人机接口设计、规程开发、培训大纲开发、人因工程验证与确认、设计实现、人员效能监测。

**沿革**　人因工程的发展经历以下几个阶段：

**早期（19世纪晚期—20世纪初期第二次世界大战前）**　这个时期机械设计对人机关系的考虑是通过选择和培训使人适应于机器，满足工作的需要。研究偏重心理学角度。

**转变期（第二次世界大战期间—20世纪60年代）**　开始重视人的因素，意识到使机械和程序适应人的要求的重要性。

**发展壮大期（20世纪60年代之后）**　主要表现为研究方向的变化，从重视“人因”发展到把“人-机器-环境”系统看作统一的整体来研究；研究和应用扩大到医学和计算机等领域；涉及的专业和学科有解剖学、生理学、心理学和工业卫生学等，并与计算机技术相结合。

**研究目的**　人因工程的目的是使机器和环境适应人的需要，这些需要包括提高工作和生产效率；保障人的健康、安全和舒适。人因工程的主要目的是使人工作得更有效、更安全、更舒适。核电厂设计中人因工程的目的是向电厂运行和控制中心的使用者提供有效的手段来获得和理解电厂数据并进行操作去控制电厂过程和设备。

**研究内容**　人因工程主要研究人-机器-环境系统的相互关系。可以分为两个研究方向：工作环境工效以及产品工效。前者目标主要为设计工作者的工作环境，以减低工作者的工作压力并提高工作效率。后者为产品设计提出友善的操作界面以及舒适的外形设计，以此提高用户的舒适度和加入美学的设计因素。通常在工作环境工效中会把工作者视作独立个体而进行设计。与之相对应的，在产品工效设计中，使用者会以人体模型的形式出现，此时设计者需要对人体生理和心理因素变化（如手臂长度的均值和方差数据）有所考虑。具体研究内容分为以下四部分：

**人体特性的研究** 主要研究工业产品造型设计中与人体有关的问题，包括人体形态特征参数、人的感知特性、人的反应特性以及人的心理特征和人为差错等。

**人机系统的整体设计** 人机系统设计就是要使整个系统工作性能最优化，即系统的工作效果最佳，人完成任务所承受的工作负荷最小。人与机器各有优点，要充分发挥各自的特长，合理地分配人机功能。特别是随着自动化的发展，人们必须解决快反应速度以及信息量增大等问题，因此，在设计新的自动化系统时，必须充分注意人的特性，使自动化条件能对人更有利。

**人与机器间信息传输和工作场所的设计** 人与机器间信息传输包括机器（显示装置）向人传递信息和机器（操作装置）接受人发出的信息。人因工程要从适合于人使用的角度出发，向设计人员提出具体要求，达到设计出界面友好的人机接口的目的。工作场所设计包括工作空间设计、作业场所的总体布置、工作台或操纵台设计以及座位设计等。工作场所设计是否合理对人的工作效率有直接影响，设计目标是既能使人高效地完成工作，又使人感到舒适和不易产生疲劳。

**环境控制装置和人身安全装置的设计** 研究设计环境控制装置的目的是克服不利的环境因素，保证生产的顺利进行，保障人身安全。为了确保安全，不仅要研究产生不安全的因素，并采取预防措施，而且要探索不安全的潜在危险，力争把事故消灭在设计阶段。安全保障技术包括防护装置、冗余性设计、防止人为失误装置、事故控制方法、安全保护措施等。

核电厂的人因工程主要需考虑下述信息：①使人在人体尺寸或身体方面与辅助他们完成任务的机器或环境相适应，如高度、伸展范围和视觉限值；②使人的身体能力和限制在生物力学方面与他所承担任务的要求相适应，如举高限值和推拉限值；③使人的生理能力和限制在生理方面与其所处环境相适应，如对冷、热、有害化学物质等的承受力。

**研究方法** 人因工程对人的能力和行为（生理的、心理的）进行深入研究，把成果用于设计和改善机器与环境。整个人因工程的研究方法是以流行病学、生理学、心理学和生物心理学四者为基础背景，通过系统利用人类的能力、本能极限、行为和动机等相关信息来设计事物和流程以及所属的环境。而相关信息的收集通常需要通过不断的实验和统计分析才能得到。由以上看来，又可简单定义人因工程就是探讨和应用人类行为、能力本能极限和其他的特性等相关信息来设计器具、机器、设备、系统、任务、工作及其相关所属的周围环境，以增加生产力、安全性、舒适感和效率，进而提升人类的生活品质。具体的人因工程研究方法包括实测法、实验法、模拟与模型实验法、系统分析评价法、调查研究法等。

**核电厂人因工程的作用** 核电厂的人因工程注重人机系统的设计，强调设计人机系统时需满足如下基本要求：任务要能被执行；操纵员能够核实任务是否被成功执行；操纵员方便获知工艺系统的容错范围；在出现失误的情况下，提供予以纠正的途径；考虑人员冗余，以进行独立审查；提供适当的信息和培训，以增进对任务的了解并对目标是否达到进行评估；提供清楚可靠的程序指引，减轻操纵员需要临时决策的负担。总而言之，核电厂人因工程可以帮助人们更可靠地执行任务，从而有助于提高核电厂的安全性。

**核电厂人因工程的应用** 根据对核电厂设计、运行和维修过程的整体系统的研究，人因工程将应用于核电厂有重要人机接口的系统、设备和设施中。人因工程在核电厂设计的初始阶段就采用，并贯穿于整个设计过程中。核电厂的人因工程充分重视运行经验的反馈，并制定应用适当的人因工程评价方法的计划。

在核电厂控制室设计过程中，充分应用人机工效学原理，合理设计系统及其自动控制功能，可以减少运行人员的负担。人因工程的应用可以为运行人员提供足够的和易于管理的信息，使运行人员能够清楚地了解核电厂所处状态，包括严重事故状态。在需要运行人员干预前，也为运行人员留有足够的宽容时间。

依据人因工程原理，核电厂的设计规定使电厂进入安全状态所需全部同步操作所要求的最低数量的运行人员。已从类似电厂获得了运行经验的运行人员尽实际可能地积极参与由设计组织实施的设计过程，以确保在设计过程中尽早考虑设备的未来运行和维护。设计要有助于运行人员履行职责和执行任务，并限制操作失误对安全造成的影响。核电厂的设计过程同时注重电厂布置和设备布置以及包括维护程序和检查程序在内的有关程序，以有利于运行人员和电厂之间的相互作用。人机接口的设计做到能够根据需要做出决定和采取行动的时间为操纵员提供全面而易于管理的信息，并且以简洁明了的方式向操纵员提供其做出行动决定所需的资料。

**发展趋势** 人因工程通过提高产质、减少失误、增加信赖度等提高效率；通过降低工作压力和疲劳度、增进安全、提升舒适感和满足感以及改善生活品质等增进人性价值。绿色人因工程、虚拟人因工程、信息化人因工程、数字化人因工程、智能化人因工程将是未来人因工程的发展趋势。 （王忠秋　冯燕　汤搏）

**推荐书目**

孙林岩. 人因工程. 北京：科学出版社，2011.

# S

**Sanlidao hedianchang shigu**

**三哩岛核电厂事故** （Three-miles Island nuclear power plant accident） 简称TMI-2事故。1979年3月28日4时，美国宾夕法尼亚州哈里斯堡附近的三哩岛核电厂2号压水堆发生的堆芯严重损坏事故。2号机组电功率为959MW，1978年3月28日首次临界，1978年12月30日投入商业运行。

**事故原因、经过** 事故起因是二回路给水泵跳闸和应急给水管线上的阀门由于误操作处于关闭状态，造成蒸汽发生器二次侧给水中断。这本是一次比较容易处理的事故，但在处理过程中出现的机械故障和人为误操作等多重原因导致了核电史上第一次反应堆堆芯严重损坏事故。

蒸汽发生器失去给水后，一回路压力升高迫使反应堆自动停堆，并使稳压器卸压阀开启。当一回路压力回降到卸压阀应关闭的整定值时，卸压阀却未关闭，使一回路冷却剂继续经卸压阀流至卸压箱。由于控制室未设置显示卸压阀开关信号的仪表，上述状况达2.5 h之久未被发现。

当一回路压力下降到12 MPa时，应急堆芯冷却系统自动投入。几分钟后，操作人员根据稳压器的水位测量仪表的指示，误认为向堆芯注入的水量可以减少，于是部分关闭应急堆芯冷却系统，只留一台高压安全注射泵继续运行，导致一回路冷却剂从稳压器卸压阀流失的量大于注入的补给量，使反应堆一回路压力继续下降。当一回路压力降到冷却剂饱和压力以下时，反应堆堆芯冷却剂开始汽化，形成气泡。在事故发生后约75 min，由于汽-水混合物的汽蚀作用，反应堆冷却剂泵发生强烈振动。操作人员为了保护主泵并防止损坏一回路管道，先后关闭了4台一次冷却剂泵。这时，只有早先投入的1台高压安全注射泵在运行，其流量仅为导出反应堆余热所需最小冷却剂流量的1/3。因此，堆芯冷却条件严重恶化。约在110 min时，堆芯冷却剂开始沸腾，在反应堆容器内形成汽腔，致使部分核燃料暴露于汽腔之中。燃料温度升高而逐渐达到二氧化铀芯体熔化温度，锆-水反应产生的氢气和水蒸气又不断扩大汽腔，堆芯裂变产物大量释放，致使约2/3的堆芯熔化。在174 min时，两台一次冷却剂泵重新启动，在200 min时高压注射系统也全面投入运转，大量的水注入反应堆容器。直至事故后950 min，一回路系统压力稳定在6.9～7.6 MPa，表明事故序列的结束。

**事故影响** 该事故从反应堆逸入安全壳内放射性裂变产物的数量为：氙-133 $2.22\times10^{18}$ Bq；氙-135 $1.11\times10^{17}$ Bq；碘-131 $1.85\times10^{17}$ Bq。由于安全壳内的压力不高，安全壳泄漏率很小，从安全壳泄漏到大气中的惰性气体很少。但从事故发生后7 min起，安全壳地坑水泵把由卸压阀排出的含有放射性的水输送到辅助厂房储水箱中，直到5 h之后才关闭。期间，储水箱满溢，水流到地板上，挥发性放射性物质散发到空气中，并经通风系统从烟囱排入大气。经实测排放到环境中的放射性总量约为 $9.25 \times 10^{16}$ Bq，其中，氙-133 约占 60%，碘-131 约 $5.55 \times 10^{11}$ Bq。核电厂 80 km 半径内 200 万居民受到的集体剂量当量约 20 人·Sv，公众最大个人剂量小于 1 mSv。该核电厂，只有三人受到的剂量略高于职业照射的季度限值。因此，三哩岛事故造成的辐射影响是很小的。

由于当时对反应堆内锆-水反应产生的氢气数量和氢气爆炸的可能性估计过高，3 月 30 日宾夕法尼亚州发布了要求 8 km 内的学龄前儿童和孕妇撤离、16 km 内的学校全部关闭的通告，曾引起人们惊慌，约有 8 万居民自发进行了撤离。4 月 2 日，宾夕法尼亚州当局宣布，撤离是不必要的。尽管该事故没有造成一人死亡，但其直接经济损失巨大，仅反应堆设备损坏和长期清理费用就约达 20 亿美元。

**经验教训** 从反应堆安全角度看，可以说，三哩岛核电厂事故是一次代价极高的综合性“实验”。它验证了核电厂各种多重安全设施的必要性和可靠性，也暴露了设计、管理和安全研究方面的弱点及不足之处。事故之后，核电界在人-机关系、监测控制、人员培训和事故分析研究等方面做了许多改进。

（岳会国　王中堂）

**se-137**

**铯-137** （cesium-137）　元素铯的一种放射性同位素，原子序数 55，质量数 137，半衰期 30.17 年，符号为 $^{137}$Cs。

**基本性质** 铯是银白色金属，质软，熔点 28.4℃，沸点 669.3℃，密度 1.878 5 g/cm$^3$（15℃）。室温下，金属铯在空气中会猛烈燃烧，在纯氧中则会发生爆炸，生成超氧化铯。铯与水会发生剧烈作用，生成氢氧化铯和氢气。铯-137 原子核内有 55 个质子（原子序数 $Z$=55）和 82 个中子（质量数 $A$=137）。铯-137 是β衰变核素，发射两种β射线，最大能量分别为 0.514 MeV（94.0%）和 1.176 MeV（6.0%），半衰期为 30.07 年。铯-137 发射 0.514 MeV 的β射线后，转变为钡-137 m。钡-137 m 做同质异能跃迁，其γ射线能量为 0.662 MeV。铯-137 在放射性核素毒性分组中属于中毒组。

**来源和产生** 铯-137 是人工放射性核素，主要的核裂变产物之一，也可由氙-137 经过β衰变得到。环境中铯-137 主要来源于 20 世纪 50 年代和 60 年代的全球大气核武器试验，其他来源包括核反应堆运行排放、乏燃料后处理排放和核事故释放。

**主要用途** 铯-137 是一种常用的γ辐射源，是工业中常用的放射性同位素之一。铯-137 可用于建筑行业广泛使用的密度计，检测管道和水箱的液体流量的水平计，测量板材、纸张、薄膜和其他产品厚度的测厚仪，钻井行业中使用的测井设备。铯-137 标准源广泛用于辐射监测仪器、仪表的校准，早期还曾作为辐照装置的辐射源。

**辐射影响** 根据联合国原子辐射影响科学委员会（UNSCEAR）2008 年向联合国大会提交的报告及科学附件中公布的信息数据：切尔诺贝利事故释放的放射性物质总量为 $1 \times 10^{18}$～$2 \times 10^{18}$ Bq，放射性核素中铯-137 约为 $8.5 \times 10^{16}$ Bq，其中 56%已经弥散到前苏联境外，前苏联约 10 000 km$^2$ 的地区受到铯-137 污染（“污染区域”定义为铯-137 的平均沉积密度超过 37 kBq/m$^2$ 的地区），同时据该报告统计数据，在世界大气核试验中产生并向全球环境弥散的铯-137 总量为 $9.48 \times 10^{17}$ Bq。2013 年 UNSCEAR 在其第 60 次大会上估计 2011 年福岛核事故向环境释放的铯-137 总量约在 $0.6 \times 10^{16}$～$2 \times 10^{16}$ Bq 范围内，为主要释放核素之一。

在世界几十年的核电运营中，通过核电厂气、液向环境排放的铯-137 水平一直在降低。核燃料后处理阶段引起的集体剂量主要的部分（>90%）为液态流出物中的铯-137 和钌-106，铯-137 的平均归一化释放量为 0.003 TBq/(GW·a)。

**测量方法** 对于铯的分析测量技术，我国曾颁布国标《生物样品灰中铯-137 的放射化学分析方法》（GB 11221—1989）。该标准适用于动植物样品中铯的分析，基本原理是把将生物样品灰化后经过一系列化学提纯和浓集操作，最后转化成碘铋酸铯沉淀，用低本底β射线测量仪测定铯的活度。此化学分析方法程序复杂，且测量精确度较低，现已很少使用。随着半导体辐射探测技术的发展成熟，现在多使用高纯锗γ谱仪测量铯-137 衰变时发射出的γ射线，以监测核设施流出物和环境介质中的铯-137水平。

**安全与防护** 铯-137 是一种易挥发的人工放射性核素，可以在全球范围内扩散。以前大气核试验产生的铯-137 对北半球温带 40°～50°纬度地区的人口造成的食入有效剂量负担为 280 μSv。照射途径主要为外照射和吸入、食入内照射。铯-137 的年摄入量限值为：食入 $4\times10^6$ Bq，吸入 $6\times10^6$ Bq。

铯-137 在放射性核素的毒性分组中属于中毒组。铯-137 进入人体后，均匀分布于人体软组织中，肌肉中浓度稍高，而骨骼和脂肪中浓度稍低。减少铯-137 的外照射主要通过时间、距离和屏蔽的方法，即：①尽量减少与铯-137源接触的时间；②尽量远离铯-137 源；③进行足够的屏蔽。在发生较大量放射性物质向大气释放的事件时，采取躲在室内、关闭门窗及通风系统等隐蔽措施，可以明显减少放射性铯-137的吸入，避免食用被污染的食品和水可以有效减少铯-137 的食入。国际原子能机构 2006 年发布的《排除、豁免和解控概念的适用》中规定，含铯-137 的大量材料的豁免水平为 0.1 Bq/g，高于此值的材料需按放射性废物处理处置。

（陈凌　杨华庭）

**shengchandui**

**生产堆** (production reactor)　在实践中通常指生产钚的反应堆，有时也可用于生产各种同位素，特别是生产易裂变材料。第二次世界大战期间，建造了一批大型核反应堆，其任务是生产武器级钚。

由于金属铀的原子密度高，伴生俘获中子的损失最小，有利于获得高的燃料转换比，因此生产堆中一般都用天然铀或低富集度金属元件作为燃料。

生产堆的工作原理是把铀-238 通过下列核反应和衰变过程转换为钚-239：

$$^{238}_{92}\mathrm{U} + {}^{1}_{0}\mathrm{n} \longrightarrow {}^{239}_{92}\mathrm{U} \xrightarrow[23.5\ \mathrm{min}]{\beta^-}$$

$$^{239}_{93}\mathrm{Np} \xrightarrow[2.356\,5\ \mathrm{d}]{\beta^-} {}^{239}_{94}\mathrm{Pu}$$

钚-239 是三种主要易裂变同位素之一（其他两种为铀-233 和铀-235），裂变时释放出大量的热能、电磁辐射能和动能。1 kg 钚-239 可以产生相当于 2 万 t TNT 爆炸的能量。

如果钚-239 继续俘获中子，将生成钚-240。燃耗越深，钚-240 在钚中占的份额越大。后者有较高的自发裂变速率，它不仅影响核武器的爆炸威力，而且会增加先期爆炸的风险。基于上述原因，生产堆的燃耗很低，通常在 1 000 MW·d/tU 以下。

**生产堆的发展过程** 1943 年，世界上第一个生产钚的 X10 石墨反应堆在美国橡树岭建成，热功率仅为 3.5 MW。其后，在汉福特工厂建造了 250 MW 的生产反应堆，它为“Trinity”核试验和在日本长崎投掷的原子弹提供了钚装料。接着，美国、前苏联、英国、法国、中国等国家相继建造了多座生产反应堆。据报道，全世界生产的武器级钚已超过百吨，主要由美国和前苏联生产。至 20 世纪末，根据“禁产”公约，绝大多数生产堆已经关闭。

**生产堆的堆型** 有轻水冷却石墨慢化反应堆、气冷石墨慢化反应堆和重水反应堆等。

石墨生产堆的本体是由核纯的石墨块砌成的立方体或圆柱体，其长、宽、高或直径约为 10 m，石墨总重量为 1 200～1 800 t。石墨砌体的中心含有燃料的部分是堆芯，外围不含燃料的部分是反射层。堆芯中有 1 000～3 000 个水平孔道（卧式堆）或垂直孔道（立式堆）。孔道中插有可更换的石墨或金属套管，在套管中装入棒状或管状的天然金属铀燃料元件。气体或水冷却剂流过燃料元件与孔道套管之间的环状间隙，带走裂变反应产生的热量。用含硼（或锂）的控制棒来控制裂变链式反应。全堆重量大于 30 000 t。

美国在汉福特工厂建造了 9 座石墨水冷生产堆，其中 B 堆是世界上第一个大型生产反应堆，最初在 250 MW 热功率下运行，冷战时期，经过一系列技术改进，热功率提高到 2 210 MW。D、F、DR、H&C、KW&KE 也有类似改造。为了利用它发出的热量，美国后来建成热功率为 4 000 MW、电功率为 850 MW 的生产、发电两用堆。

前苏联的典型石墨水冷生产反应堆有 2 700 个垂直燃料孔道，每个孔道充装 70 块棒状铝包壳天然铀元件。当反应堆在通常许可的 1 600 MW 功率运行时，每个铀元件输出约 10 kW 热功率，燃料元件芯体的尺寸为 $\phi$ 34 mm×97 mm，每个堆每年卸出热铀元件约 1 000 t。

为了安全和简单起见，英国、法国建造的是用二氧化碳冷却的石墨气冷堆。

中国建造的也是石墨水冷反应堆，生产的武器级钚为国防建设做出了重要贡献。

此外，快中子反应堆的增殖区也可以生产武器级钚。（张天祥　陈叔平）

**shikong fangsheyuan**

**失控放射源**（orphan source）　从未接受过审管控制或因其被遗弃、丢失、错放、被盗或未经适当授权被转移而未置于审管控制之下的放射源。

**产生原因**　放射源使用的各环节管理和监管不当都可能造成放射源失去控制，成为失控源。失控源的产生主要有：①未纳入审管控制范围。由于管理制度不完善或监管措施不健全，造成放射源从未纳入审管控制范围，如非法进口和购置的放射源。②使用过程中疏于管理、维护不到位，造成放射源被盗、丢失，形成新的失控源。如部分放射源包装容器具有潜在的经济价值，加之管理缺乏，成为犯罪分子的盗窃对象；或者由于工业γ探伤装置维修不善、源导管或驱动器非法连接、随意替换导致连接部位异常，导致放射源和驱动线缆分离，造成放射源的脱落、丢失。③放射源转让混乱，形成新失控源。放射源的转让资料不齐全、数据不准确造成放射源转让过程未能如期实现，放射源失去控制形成新失控源。④废弃放射源不能及时收贮，管理松懈，未使之始终处于控制状况，造成放射源丢失或遗弃，形成新失控源。

**失控放射源的风险及典型案例**　失控源可能会在较长时间内对社会和人员造成潜在危害。失控源可能使无辐射安全知识的人员受到意外照射，甚至导致身体严重损伤或死亡；也可能被怀有恶意的人得到，并利用它伤害人员、污染环境，甚至引发社会恐慌。根据国际原子能机构的统计，截至 2009 年，世界范围内已报道了 96 起失控源熔融，导致金属污染事故，处理污染的费用平均每起约 1 200 万美元。

**闲置或废弃放射源成为失控源案例**　1993 年，在土耳其，运营商将三个废放射治疗源装入运输容器内，其中两个运送到了伊斯坦布尔并贮存在普通仓库里。一段时间后由于仓库库满，容器被运到临近的楼宇内。1998 年楼宇更换了主人，新主人不了解容器的性质，将其作为废旧金属出售。回收商的家人撬开了容器，无意中将自己暴露在 3.3 TBq 的钴-60 源直接照射下，身体出现急性放射病症状。

**在用放射源成为失控源案例**　1984 年，在摩洛哥，一个装有 1.1 TBq 的铱-192 放射源的γ探伤机的线缆控制器与源脱开，放射源掉出了导管落到地上，被一个市民拾到并带回了家，结果导致 8 人死亡。

根据对以往事故的分析及专家估计，我国约有 2 000 枚失控源，并引发了一些辐射事故，如安徽三里庵事故、山西忻州事故。

**控制措施**　如何尽量减少失控源产生，尽快搜寻并安全回收已产生的失控源是放射源安全管理的重要环节。国际上减少失控源产生和恢复失控源控制的主要措施包括：①对放射源实施全寿期的管理，建立放射源身份登记、许可授权，加强销售、运输、使用、贮存过程的安全管理和监管，确保放射源在使用寿期内和在使用寿期终止时得到安全的管理和可靠的保护，这是减少失控源最重要的方法；②制订关于失控源再控制的国家战略，包括恢复失控源控制的职责分工，防止产生失控源的控制措施，失控源的跟踪、搜寻、回收措施；③对废放射源贮存、处置费用作出合理的财政安排；④加大失控源危害知识的宣传，提高相关部门和公众对失控源危害的认识。我国《放射性同位素与射线装置安全和防护条例》《放射性同位素与射线装置安全许可管理办法》《放射性同位素与射线装置安全和防护管理办法》等法律法规已对减少失控源的产生作了规定，包括建立放射源生产、销售、使用的许可和备案制度，放射源全寿期管理制度，放射源强制报废、集中收贮制度；规定了放射源生产、销售、使用、贮存过程中的场所安全和防护要求；要求废旧金属回收冶炼企业，在废旧金属原料入炉前、产品出厂前进行辐射监测等。

（孙庆红　刘怡刚）

shijian yu ganyu

**实践与干预**　（practice and intervention）在辐射防护领域，实践是指任何引入新的照射源或照射途径，或扩大受照人员范围，或改变现有源的照射途径网络，从而使人们受到的照射或受到照射的可能性或受到照射的人数增加的人类活动。而干预是指任何旨在减小或避免不属于受控实践的或因事故而失控的源所致的照射或照射可能性的行动。目前，辐射防护的主要工作属于实践范畴。

**沿革**　国际放射防护委员会（ICRP）1990年的建议书（ICRP第60号出版物）提出辐射防护体系可分为关于实践和干预的防护体系。即对于实践，采用正当性、最优化和剂量限值应用的三原则；而对于干预，剂量限值不适用。

ICRP 2007年的建议书（ICRP第103号出版物）提出了用针对计划照射情况、应急照射情况和现存照射情况三类照射情况（参见计划照射、应急照射和现存照射）的防护体系取代先前的实践和干预的防护体系分类。国际原子能机构2014年《国际电离辐射与辐射源安全基本安全标准》正式版也采用了计划、应急和现存三类照射情况的防护体系方法。尽管在科学研究和一些个别案例中，我国有逐渐向三类照射情况靠拢的趋势，但截至2014年年底，我国现行的法规和标准中采用实践和干预的防护体系依然有效。

实践和干预是基于过程的，对于一些情况难以按实践和干预防护体系进行分类。如一些场所业已存在的照射难以归入实践，也无法归类于干预。另外，采取干预的目的是为了降低干预过程结束后的照射，而干预过程本身却往往会增加照射，因此干预过程本身属于实践范畴，这一点常常会被误解。这些都是从实践与干预防护体系向三类照射情况的防护体系转化的原因。

尽管实践和干预与上述三类照射情况的关系密切，但并非能够一一对应。为方便理解实践和干预与三类照射情况的关系，不妨简单地理解为，计划照射情况与实践的联系紧密些，而应急照射情况和现存照射情况在一些时候则与干预更密切些。

**实践**　实践中的职业照射、医疗照射和公众照射三种照射类型参见职业照射、医疗照射和公众照射。

实践中的潜在照射亦要遵从正当性和最优化原则，但因为是针对可能的照射，因此，使用个人危险约束值或危险限值，而不是直接应用个人剂量约束值或限值。

**干预**　一般来说，干预不是针对受控实践或源的，而干预行动本身的过程一般是属于实践范畴。干预主要应用于事故与应急照射和长期存在的照射两类。

**事故与应急照射**　在事故与应急情况下，首先要根据现有设计和防护系统以及执行事先准备好的应急措施进行限制，理想目标是保持剂量在正常条件下允许的范围之内。但在严重事故或某些特殊情况下，剂量的限制可以比正常情况的控制放宽些。

对于职业人员，在控制事故或必须立即采取的紧迫行动中有效剂量最宽可以放宽到不超过0.5 Sv，这大约相当于确定性效应的阈值。例如，在 2011 年日本福岛核事故中，处理事故的应急人员中有 6 人的剂量超过 0.25 Sv，其中最高剂量超过了 0.68 Sv。

对于公众，则根据事故与应急情况，为防止确定性效应，可采取任何情况下预期都应进行干预的剂量行动水平。或通过综合考虑正当性和最优化因素，采取用可避免剂量表示的通用优化干预水平和针对食品控制用食品中质量活度表示的食品通用行动水平。

**长期存在的照射** 在考虑进行干预的许多情况中，有不少照射是长期存在的，并不要求采取紧迫行动。典型的情况是居室中的氡（氡-222）及以往事件的放射性残留物引起的照射。此时采取的干预常称为补救行动。

多年来的监测数据表明，在自然环境下，居室中的氡及其子体所产生的个人剂量与集体剂量比其他任何源都高，所以需要特别关注。甚至在一些国家，有些个人剂量比职业照射所允许的剂量还要高。如果有必要进行干预，可采取改造住房或改变居住者的生活方式进行。补救行动水平的选定很复杂，不仅取决于照射水平，还取决于行动所涉及的人群规模、所涉及人群及个人的经济问题。

我国的标准规定，在多数情况下，住宅中氡持续照射的优化行动水平的年平均活度浓度在 200～400 $Bq/m^3$，其高限值用于对已建住宅氡持续照射的干预，低限值适用于待建住宅氡持续照射的控制。工作场所氡持续照射的补救行动水平的年平均活度浓度为 500～1 000 $Bq/m^3$，达到 500 $Bq/m^3$ 时宜采取补救行动，而达到 1 000 $Bq/m^3$ 时应采取补救行动。

（杨华庭　潘自强）

**Shijie Hedian Yunyingzhe Xiehui**

**世界核电运营者协会**　（World Association of Nuclear Operators，WANO）　全世界核电营运单位共同签署协议成立的国际性非盈利民间组织。其使命是通过相互支持、信息交流、学习业界最佳实践的方法来提高业绩，并通过相互评价、对标从而最终促使所有核电厂的安全和可靠性达到卓越的标准。

**WANO 的建立** 前苏联切尔诺贝利核电厂事故发生后，世界各核电营运单位意识到任何一次核事故都会对其他核电厂造成影响，加强各核电营运单位之间的交流与合作，推动有效的经验反馈，建立核安全文化，防止核事故的发生成为大家的共识。1989 年 5 月，在美国核动力运行研究所和国际电力生产和配电者协会的大力支持下，由英国中央电力管理局主席马歇尔爵士倡议，世界 144 个核电营运单位在莫斯科签署 WANO 宪章，WANO 组织宣告成立。

**组织机构** 包括 WANO 会员大会、WANO 理事会、地区中心理事会、WANO 主席、WANO 总裁、执行主任、伦敦办公室以及各地区中心。

**WANO 会员大会** 由会员代表和数名观察员组成，每年举行一次例会讨论年度常规问题；每两年对五年资源计划进行讨论，并批准 WANO 下一个周期的费用和资源计划。

**WANO 理事会** 由代表本地区运行、拥有最多机组成员的四名理事、代表四个地区中心的四名理事、地区中心理事会主席、WANO 主席、WANO 总裁组成，承担建立高效统一的组织机构、制定实施 WANO 方针和全球策略、全力促进世界范围内合作的责任。

**地区中心理事会** 对 WANO 理事会负责，保障 WANO 理事会决策在本地区的实施，促进地区成员在区域内部的交流。目前 WANO 设立了亚特兰大中心理事会、莫斯科中心理事会、巴黎中心理事会、东京中心理事会四大地区中心理事会。

**WANO 主席** 由理事会提名一位为实现 WANO 使命做出重大贡献的候选者担任，负责管理 WANO 理事会，牵头制定 WANO 的政策、战略及资源计划。

**WANO 总裁** 负责下一次双年度大会的组织工作，协助 WANO 主席代表 WANO 出席国际活动，并参加 WANO 理事会和 WANO 主席指定的其他活动。

**执行主任** 由 WANO 理事会任命，向 WANO 主席和 WANO 理事会负责，主持日常工作。根据需要，执行主任作为 WANO 代表参加业界会议。

**伦敦办公室** WANO 的总部，是执行主任和下属的工作所在地，通过监管和提供支持确保各地区中心达到 WANO 理事会确立的标准，协助地区中心实现 WANO 使命。

**WANO 地区中心** WANO 设立了亚特兰大中心、莫斯科中心、巴黎中心、东京中心四个地区中心，事务由地区中心主任管理，地区中心主任对执行主任负责，具体推进 WANO 项目在地区的执行。

**主要活动** WANO 组织的活动包括同行评估、运行经验反馈、技术支持以及职业和技术拓展四项基本活动。

**同行评估** 应 WANO 成员单位的要求，由 WANO 各地区中心组织国际专家采用统一的标准和方法，对核电厂的关键领域进行评估，帮助核电厂提高安全性和可靠性。WANO 采用 11 类性能指标来对所有成员电站进行评估，包括机组能力因子、非计划能力损失因子、每 7 000 h 非计划停堆次数、强迫损失率、集体辐照剂量、工业安全事故率、安全系统性能、燃料可靠性、化学指标、电网相关损失率、承包商工业安全事故率。2001 年 WANO 取消了原有的热性能和放射性固体废物体积两个指标。

**运行经验反馈** 通过收集和分析核电厂安全相关的事件，总结其中的经验和教训并分发给各成员单位，避免类似事件的重复发生。这项活动为WANO成员之间相互学习经验和教训提供了平台。

**技术支持** 该项活动包括良好实践、业绩指标、技术支持和操纵员交流四个方面：①良好实践：确定各成员单位采用了能够提高核电厂安全性和可靠性的有效方法并进行推广；②业绩指标：各成员单位可以通过统一量化的业绩指标，同其他核电厂的运行业绩进行比较；③技术支持：由几人组成的专家团队利用其集体的经验协助电厂解决存在的问题；④操纵员交流：通过操纵员之间的交流访问，相互学习经验和教训，从而提高运行业绩。

**职业和技术拓展** WANO 成员单位通过研讨班、交流会、培训班及专家会议等形式相互交流信息和思想，提高职业技术水平，学习其他核电厂的良好实践，从而提高核电厂的安全性和可靠性。

**中国核电厂 WANO 性能指标水平** 与 WANO 11 类共 13 项性能指标的中间值和先进值进行比较，中国核电机组普遍处于国际较好水平，部分机组达到国际先进水平，有些机组名列前茅。例如，按照 WANO 性能指标综合指数，秦山核电厂、大亚湾核电厂、岭澳核电厂和秦山第三核电厂的核电机组 WANO 性能指标综合指数多次为满分，一些机组连续多年达到国际先进水平。以 2012 年为例，秦山核电厂、岭澳核电厂 2 号和 3 号机组 WANO 指标综合指数为满分。总体来看，中国核电厂在能力因子、电网相关损失率等方面与国际先进值存有差距，在非计划自动停堆、安全系统性能、燃料可靠性和化学性能等方面具有良好的表现。

（徐文兵　赵成昆）

**shoukong hejubian**

## 受控核聚变 (controlled nuclear fusion)

让轻原子核以可以控制的方式发生核聚变反应合成较重原子核并获取可观的能量增益的过程。最容易实现的是氢同位素氘和氚的核聚变反应，它将产生一个氦原子核（α 粒子）和一个中子，同时释放 17.6 MeV 能量。核聚变燃料“氘”广泛存在于自然界（海水中氘含量约为 33 g/m$^3$），且易于提取。人造核素“氚”可以通过中子和锂来增殖。计算表明，充分利用全球锂储量，氘氚核聚变可供人类使用 3 000 万年；如果采用氘氘核聚变（条件比氘氚聚变更苛刻），则可以满足人类上百亿年的能源需求。由于核聚变反应不产生高放射性废物，无核临界事故，不排放温室气体，资源丰富等原因，所以是理想的清洁能源。我国已将开发核聚变能作为“核能发展规划”的第三步战略目标。

**反应条件** 为了实现核聚变反应，需要将核聚变燃料气体电离成“等离子体”，再把等离子体的温度提高至上亿摄氏度，使原子核有足够高的动能，能够克服库仑排斥力而彼此接近，进而发生核聚变反应。因此受控核聚变的首要条件是将聚变燃料加热到“高的温度”；其次是维持等离子体的“高的密度”，因为过于稀薄时原子核之间碰撞或发生核反应的机会小；第三是“好的能量约束时间”，其物理本质是高的约束效率——小的能量损失率，使得已达到“高温高密度”的聚变燃料能够有高的聚变反应概率。

由于受控核聚变是通过高温、高密度等离子体来实现的，所以等离子体物理学成为受控核聚变的基础科学。半个世纪以来，人们在探索受控核聚变的过程中，形成了两种约束高温等离子体的途径，分别是磁约束核聚变（MCF）和惯性约束核聚变（ICF）。

**磁约束核聚变**　用特殊形态的磁场把氘、氚等轻原子核和自由电子组成的、处于热核反应状态的超高温等离子体约束在有限的体积内，使它受控制地发生大量的原子核聚变反应，释放出原子核所蕴藏的能量。

**磁约束等离子体位形**　磁约束是利用带电粒子在横越磁力线的方向不能自由运动的特性，将高温等离子体置于强磁场中，使之与器壁隔离，从而减小带电粒子横越磁力线损失而实现的约束。约束等离子体的磁场形态，称为磁约束位形。按照磁约束位形的几何形态，可以将磁约束核聚变装置分为直线形装置和环形装置两类。直线形磁约束核聚变装置有磁镜、Z箍缩装置及紧凑环等，等离子体被包容在直线形真空室内。环形磁约束核聚变装置有托卡马克、仿星器、反向场箍缩装置及球形环等，等离子体被包容在环形真空室内。因为存在粒子“端损失”问题，直线形装置已经全部关闭。由于环形系统不存在粒子的端损失，而“环形螺旋线”结构的磁力线有助于改善等离子体的整体约束，因此，托卡马克类装置获得巨大成功。自 20 世纪 90 年代以来，实验研究取得突破性进展，初步验证了磁约束聚变的科学可行性。图 1 为磁约束等离子体位形示意图。

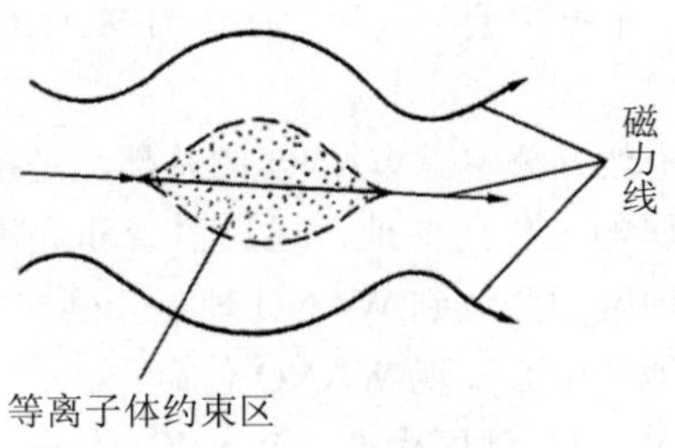


（a）磁镜位形示意

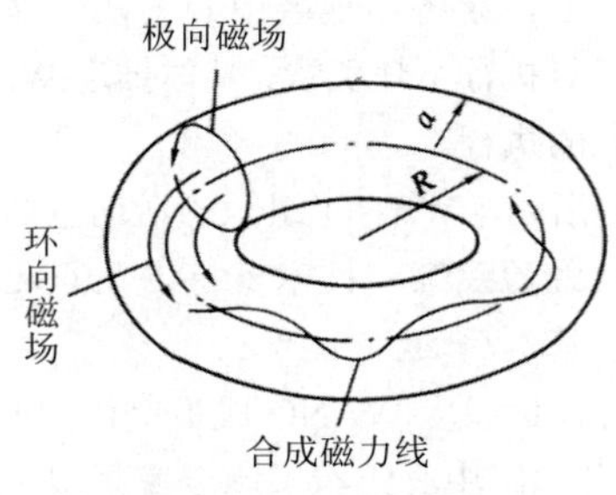


（b）托卡马克位形示意

**图 1　磁约束等离子体位形示意**

**磁约束等离子体物理学进展**　磁约束聚变等离子体物理学包括色散介质电动力学、等离子体统计力学和（电）磁流体力学，是物理学的重要分支。研究领域包括等离子体不稳定性、等离子体输运及约束定标、等离子体二级加热及电流驱动、等离子体与器壁相互作用及杂质控制等。①等离子体不稳定性：分为宏观不稳定性及微观不稳定性两类。宏观不稳定性为大尺度扰动，严重时可破坏等离子体平衡。经过几十年的理论和实验研究，已经找到了各种宏观不稳定性的识别方法，通过选取适当的参数范围，大体实现了托卡马克装置的稳定运行。微观不稳定性为空间小尺度扰动，能引起等离子体湍流，是反常输运的成因。实验和理论研究发现，通过激发“剪切流”能够有效抑制多种微观不稳定性，改善等离子体约束。②等离子体输运及约束定标：等离子体能量约束时间与位形参数和等离子体参数之间的关系，称为定标律。根据原有定标律，通常情况下，随着加热功率的增加，托卡马克能量约束时间按 $P_t^{-1/2}$ 规律减小（低约束模式）。后来的理论和实验研究表明，通过优化位形参数和改善器壁条件，可以获得高约束模式（高出低约束模式2倍左右），使输运损失大大减小，从而大幅度提高磁约束核聚变的经济性。③等离子体二级加热及电流驱动：为了加热和驱动电流，需要向等离子体注入高功率射频波和高能中性粒子。因此，射频波/高能粒子束与等离子体的相互作用成为重要的研究课题，经过多年努力，已经掌握了射频波/高能粒子束与等离子体相互作用的物理机制，成功解决了相关的工程技术问题。

**磁约束核聚变工程技术进展** 从20世纪40年代末至60年代，磁约束核聚变研究总体上处于“原理探索阶段”。早期的实验装置规模较小（如会切场、最小场、直线箍缩、角向箍缩及简单磁镜等）。1958年，美国和前苏联相继公开了研究成果，磁约束核聚变研究从保密走向国际合作，先后出现了串级磁镜、反向场箍缩及仿星器等结构复杂装置。从20世纪70年代至世纪末，是磁约束核聚变研究的“规模化实验研究阶段”，这期间，前苏联科学家提出的“托卡马克”装置成为磁约束核聚变研究的主流，发现了“先进托卡马克运型模式”，实现了核聚变功率输出，并初步验证了受控核聚变的科学可行性。当前，以国际热核实验堆（ITER）计划实施为标志，世界范围的磁约束核聚变研究已经进入点火装置和氘氚燃烧试验阶段。以后还要经历反应堆工程物理实验阶段、核聚变示范堆（DEMO）阶段和商用核聚变电厂阶段。我国的受控核聚变研究始于20世纪50年代，形成核工业西南物理研究院和中国科学院等离子体物理所两大研究机构。中国科技大学、清华大学、中国科学院物理所、华中科技大学、中国原子能科学研究院、北京科技大学等单位也开展了相关研究工作。1984年，核工业西南物理研究院建成中国环流器一号装置（HL-1），我国核聚变研究从原理性探索进入规模化实验研究阶段；1995年建成环流器新一号装置（HL-1M）；2002年建成偏滤器位形托卡马克HL-2A装置，部分研究成果达到国际先进水平。中国科学院等离子体物理研究所先后建成了HT-6B、HT-6M铜导体托卡马克装置和HT-7超导托卡马克装置，之后又设计建造了具有大拉长非圆截面的全超导托卡马克EAST，在其上开展了长脉冲、偏滤器、高约束模实验。

总体上，磁约束核聚变工程技术包括装置设计与建造、强场磁体、供电与控制、辅助加热与电流驱动、等离子体控制与诊断等。此外，还需要发展高热负荷材料、低活化材料、氚增殖技术及其相关的功能材料等“聚变堆核技术”。经过近50年的努力，我国在以下方面取得了进展：①在磁约束核聚变装置研制、等离子体控制与诊断、装置物理实验等方面达到国际先进水平。成功研制和建造了系列环流器装置和超导托卡马克装置，开发出单台功率超过1MW的多台辅助加热和电流加热设备，研制出一批有时空分辨能力的诊断设备，实现了托卡马克装置高约束模放电，取得了一批国际前沿科研成果。②已经建成超导股线和超导导体的工业生产能力，能够提供成套的托卡马克供电与控制设备。是ITER计划最大的超导导体供应商（提供70%的NbTi导体、6.9%的$Nb_3Sn$导体和全部校正场线圈），并为该计划提供脉冲功率电源与交直流变换的成套设备。③在聚变堆核工程技术方面取得重要进展。成功研制出高纯度铍材，承担ITER装置50%中子屏蔽模块和10%第一壁部件的加工任务；承接该装置“中子通量计”和氚气注入等核设备的加工制造任务；成功研制出吨级“低活化铁素体马氏体钢”、公斤级中子倍增材料与氚增殖材料，设计和建造了满足氚增殖实验要求的多条（套）实验回路，我国研制的氚增殖包层模块CN HCCB-TBM将安装到ITER装置上，开展“氚在线增殖”实验。

**惯性约束核聚变** 用极高功率密度加热靶丸，使之气化并形成高温高密度等离子体，在等离子体因惯性集聚而尚未飞散前完成核聚变反应，称为惯性约束核聚变。

**惯性约束核聚变途径** 主要包括激光核聚变和Z箍缩两种途径。

激光核聚变 在各种惯性约束途径中，激

光驱动的惯性约束核聚变（简称激光核聚变）技术比较成熟。激光驱动的方式有两种：直接驱动和间接驱动。直接驱动由多路激光对称地辐照靶丸；间接驱动则先用“黑腔”将激光能转变成X射线能量，再由后者驱动靶丸。此外，直接驱动的点火方式也有两种：热斑点火和快点火。热斑点火即“激波压缩中心加热点火”，要求较大激光能量（兆焦级）和精准设计的靶丸与驱动源；快点火则把点火过程分为“靶丸预压缩”和“点火”两个阶段，先用较长脉冲（$10^{-10}$s 量级）的强激光（$10^{18}$ W/cm$^2$）对靶丸进行预压缩，然后在靶丸上打一个洞，顺此洞射入第二束短脉冲（$10^{-10}$s 量级）超强激光（$10^{20}$ W/cm$^2$），加热芯部，形成热斑，实现点火。

Z 箍缩　除激光核聚变外，Z 箍缩的发展也受到关注。基本过程是，在圆柱形布置的金属丝阵列中通以强大电流，金属丝气化形成等离子体并向圆柱中心压缩，上百根金属丝阵列可以产生约 2MJ X 射线，成为惯性约束核聚变的一种重要途径。

**惯性约束核聚变等离子体物理学进展**　惯性约束核聚变的核心过程是内爆。驱动源（如激光）的能量沉积在靶丸表面，表层物质电离成等离子体，炽热等离子体快速向外膨胀，因动量守恒形成向内传播的冲击波，即为烧蚀过程，同时引起靶丸的聚心运动，称为内爆。内爆的压缩效应使聚变燃料呈“高能量密度”状态，达到点火和燃烧。内爆和点火燃烧包含许多复杂的高温高压等离子体物理问题，涉及直接驱动中的高强度激光与等离子体的相互作用、等离子体流体力学不稳定性及高收缩比内爆过程，以及间接驱动中的黑腔激光等离子体物理学、辐射驱动等离子体流体力学不稳定性、辐射驱动内爆动力学及内爆的对称性等。

**惯性约束核聚变工程技术进展**　我国已经成功研制出多种材质的泡沫微型靶、直径 350～550 μm 的空心薄壁（＜1 μm）玻璃球形靶、不同材质/结构/形状的黑腔靶，在钕玻璃固体激光器、分子气体激光器（KrF 激光器）、光学角多路脉冲宽度压缩技术方面取得重要进展。我国于 20 世纪 80 年代建成神光Ⅰ激光装置，先后开展了靶物理理论及数值模拟研究、诊断技术及靶物理实验研究、微靶制备工艺研究及钕玻璃激光器单元技术研究，相继取得重要进展。2000 年神光Ⅱ激光装置正式运行，首轮实验即测得 $4\times10^9$ 个中子。目前，输出能量近 10 万 J 的神光Ⅲ激光装置的原型机正在建造之中。此外，还开展了 Z 箍缩驱动的惯性约束核聚变研究。为了发展快点火技术，近年来，在小型化超强超短激光技术方面取得国际领先成就。

**国际热核试验堆计划**　ITER 计划是 1985 年由美国和前苏联首脑倡议、国际原子能机构支持，用以验证磁约束核聚变的科学可行性和工程技术可行性的超大型国际合作项目。1998 年完成工程设计，其后对设计进行改进，造价由原来 100 亿美元降至 50 亿美元（按 1998 年不变价计算）。ITER 装置建在法国南部卡达哈什（Cadarache），建设周期 10 年、建成后运行 20 年、退役期 5 年。根据目前进度，预计 2020 年建成并投入运行。ITER 装置由复杂的子系统/部件组成：超导磁体系统、真空室系统、真空室内部件、低温杜瓦系统、水冷系统、低温站、等离子体加热和电流驱动系统、供电系统、加料和抽气系统、氚系统、诊断系统、遥控操作系统、运行控制和安全监控系统等。欧盟、美国、日本等花费约 15 亿美元，经过近 14 年技术预研和样件试制，解决了大部分关键技术和生产工艺问题。

我国于 2003 年 2 月参加 ITER 计划国际谈判，2004 年年初正式申请加入该计划，2006 年 11 月 21 日，与欧盟、日本、韩国、俄罗斯、美国和印度等六方一道签署《国际热核实验堆联合实施协定》，成为正式成员。根据联合实施协定：ITER 装置选址法国，欧盟承担总经费的 45.45%，其余六方各承担 9.09%；各方贡献额中，90%为实物（加工并提交装置部件）、10%为现金；各方原有的背景知识产权有偿转让，装置上产生的知识产权和研究成果则平等分享。

ITER 为首座托卡马克型核聚变堆（如图 2

所示），其输出聚变功率为40万～70万kW，等离子体放电时间为400～3 000 s。ITER装置由复杂的子系统和部件组成，为了便于七方分摊部件研制任务，装置部件被拆分成22个采购包和97个具体包。我国承担12个具体包（分属6个采购包），分别为：环向场/极向场/校正场线圈超导导体、磁体支撑、磁体馈线、校正场线圈、包层第一壁、包层屏蔽模块、气体加料和辉光放电清洗系统、高压变电站设备、交-直流转换器、电源无功补偿系统和诊断系统。为了组织实施ITER计划，国家设立了"国际热核聚变试验堆计划专项"，成立了"中国国际核聚变能源计划执行中心"负责项目管理。我国将通过参与该项计划，全面掌握设计、制造的关键技术，分享研究成果。同时加强国内核聚变研究基地建设，培养人才，构建我国独立发展磁约束核聚变能的能力。

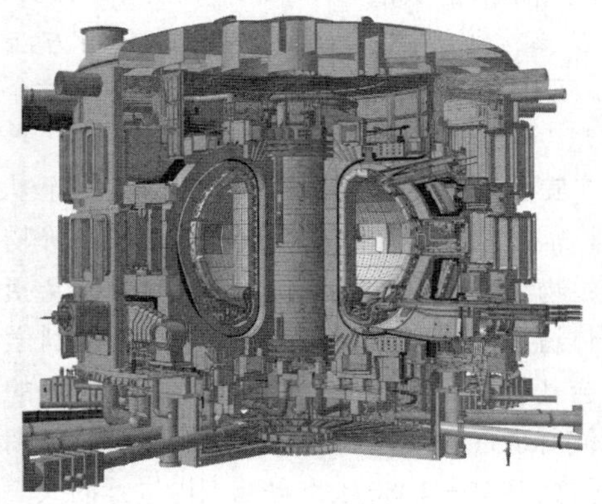

图2　国际热核试验堆示意

（潘传红　万元熙）

**shouyuneng**

**授予能**　(energy imparted)　电离辐射授予某一体积中的物质的能量，即沉积在该体积内的物质的所有能量之和。用$\varepsilon$表示，单位为焦耳（J）。可表示为

$$\varepsilon = \sum \varepsilon_{in} - \sum \varepsilon_{ex} + \sum Q$$

式中，$\sum \varepsilon_{in}$为进入该体积的所有带电和不带电电离粒子的能量（不包括静止能量）之和；$\sum \varepsilon_{ex}$为离开该体积的所有带电和不带电电离粒子的能量（不包括静止能量）之和；$\sum Q$为该体积内的核和基本粒子静止能量变化之和（$Q>0$为静止能量减少；$Q<0$为静止能量增加），即该体积内发生的所有的核变化，基本粒子变化所释放的总能量与引起这些变化而消耗的总能量之差。

$\varepsilon$是一个随机量，如其概率分布函数为$F(\varepsilon)$，则其概率密度$f(\varepsilon)$为

$$f(\varepsilon) = \frac{\mathrm{d}F(\varepsilon)}{\mathrm{d}\varepsilon}$$

平均授予能，即授予能的期望值$\overline{\varepsilon}$为

$$\overline{\varepsilon} = \frac{\int_0^\infty \varepsilon f(\varepsilon)\mathrm{d}\varepsilon}{\int_0^\infty f(\varepsilon)\mathrm{d}\varepsilon} = \int_0^\infty \varepsilon f(\varepsilon)\mathrm{d}\varepsilon$$

因此，可用$\varepsilon$的实验平均值作为$\overline{\varepsilon}$的估计值。

（冷瑞平　陈竹舟）

**si-90**

**锶-90**　(strontium-90)　元素锶的一种放射性同位素，原子序数38，质量数90，半衰期28.79年，符号为$^{90}Sr$。

**基本性质**　锶是银白色软金属，密度2.6 g/cm$^3$，熔点769℃，沸点1 384℃，常见化合价为+2价，化学性质活泼，易与水和酸作用而放出氢，在空气中加热时能燃烧。锶-90原子核内有38个质子（原子序数$Z$=38）和52个中子（质量数$A$=90）。锶-90是纯β放射性核素，β射线最大能量为0.546 MeV，半衰期为28.79年。锶-90属于高毒性核素，化学性质近似于同为碱金属元素的钙，因此主要积聚在骨骼内，并且很难排除，在人体内的有效半减期约为16年。

**来源**　锶-90是主要的裂变产物之一，对于易裂变核素铀-235、铀-233和钚-239，裂变产额分别为5.9%、6.8%和2.1%。环境中的锶-90主要来源于20世纪50年代到60年代的全球大气层

核武器试验，其后主要由反应堆运行产生。联合国原子辐射影响科学委员会2008年向联合国大会提交的报告及科学附件中统计数据显示，由大气核试验产生并向全球范围扩散的锶-90总量为$6.22\times10^{17}$ Bq。一些微小的放射性粉尘能悬浮在大气中很多年，随着降水等水循环运动进入地表径流。大量的锶-90是作为核燃料后处理工厂的副产品从回收铀和钚的高放射性废液中分离得到的。

**用途** 锶-90被制成测厚仪、料位计等的配套辐射源，用于工业生产过程中有关参数的测定和自动控制。借助于与锶-90平衡的子体钇-90高能β辐射（最大能量2.28 MeV）。

锶-90可应用于放射治疗，适用于骨癌、血管瘤类疾病、皮肤癌及其他皮肤病。利用锶-90/钇-90制成的敷贴器可以治疗皮肤癌及其他皮肤病。在生物学研究中，用锶-90作指示剂，可以研究某些毛细管的渗透性和新陈代谢过程的机理等。

**辐射影响** 锶-90是核武器试验产生的放射性沉降物的主要组成成分。锶-90在放射性核素的毒性分组中被划分到高毒组，其照射途径主要为吸入或食入内照射。锶-90在放射性工作场所空气中的最大容许浓度为$3.7\times10^{-2}$ Bq/L，在露天水源中的最大容许浓度为2.6 Bq/L。锶-90的年摄入量限值见下表。

**锶-90的年摄入量限值**

| 摄入途径 | 年摄入量限值/Bq | |
|---|---|---|
| 食入 | $F_1$=0.3 | $10^6$ |
| | $F_1$=0.01 | $2\times10^7$ |
| 吸入 | D类 | $10^5$ |
| | Y类 | $7\times10^5$ |

锶-90被人体摄入后，70%～80%会被排出体外，剩余的都储存在骨骼和骨髓，另外还有极少量的锶-90（1%）存在于血液、细胞、软组织和骨骼的表面。锶-90进入骨骼有可能诱发骨癌及邻近组织癌变或白血病。由于钙可与锶-90竞争在骨骼中沉积，从而减少对锶-90的吸收，因此食用高钙食物可防止锶-90对身体的危害，也有利于让锶-90排出体外，另外茶叶中的单宁也可将锶-90从骨骼中置换出来。

从锶-90的产生量、半衰期、通过食物链进入人体的效率及其在人体内的代谢这些因素看，锶-90是对人体危害较大的放射性核素。因此，核泄漏后有必要对环境样品中锶-90浓度进行监测，监测结果也可作为环境是否受到放射性污染的依据之一。2011年3月日本福岛核事故导致大量放射性核素释放到环境中，其中锶-90也是污染物之一。

**测量方法** 在锶-90的监测中，通常是对样品进行放射化学分析后，通过测量其子体钇-90浓度从而计算锶-90的浓度，我国现行国家标准中《水中锶-90的放射化学分析方法》（GB/T 6764～6766—1986）、《生物样品灰中锶-90的放射化学分析方法 二(2-乙基己基)磷酸酯萃取色层法》（GB/T 11222.1—1989），以及核行业标准《土壤锶-90的分析方法》（EJ/T 1035—1996）分别规范了不同环境介质中锶-90的测定方法及操作流程。

**安全及防护** 由于锶-90对人体危害较大，所以需要定期监测水、空气、土壤、沉降物以及生物等介质中锶-90的活度浓度，以避免摄入人体造成内照射。联合国原子辐射影响科学委员会基于易挥发的放射性核素锶-90实测的沉积值所进行的全球剂量评价仍在继续，以期准确估算1945—1980年世界范围内进行的大气核试验产生的人工辐射源对全球公众产生的照射后果。锶-90的沉积是由世界范围内50～200个监测站网监测的。我国标准《核动力厂环境辐射防护规定》（GB 6249—2011）规定了含有锶-90的气载放射性流出物中“粒子（半衰期≥8 d）”控制值，轻水堆和重水堆为$5\times10^{10}$ Bq/a；同时规定了含有锶-90的液态放射性流出物中“其余核素”控制值，轻水堆为$5.0\times10^{10}$ Bq/a，重水堆为$2\times10^{11}$ Bq/a（除氚外）。

（陈凌 杨华庭）

# T

**tan-14**

**碳-14** （carbon-14） 碳的一种同位素，质量数为 14，经β衰变后形成稳定的 $^{14}N$。符号为 $^{14}C$。

**基本性质** 碳-14 是一种纯β射线的发射体，半衰期为 5 730 年，它的β射线最大能量为 185 keV，平均能量为 49.47 keV。碳是所有生命现象中最基本的元素之一，参与地球上大部分生物和地球化学过程。碳-14 与碳的稳定同位素（碳-12 和约 1.1%的碳-13）一起，也进入到碳循环中。

**来源** 天然碳-14 由宇宙射线中的中子与同温层和对流层内上部的氮原子作用而自然产生，据联合国原子辐射影响科学委员会（UNSCEAR）2000 年报告估计其每年的自然生成率为 $1.54\times10^{15}$ Bq。在核爆炸中，由于大气中的氮捕获了过量的中子而形成碳-14，其归一化的产生量为 $8.5\times10^{14}$ Bq/Mt，全球释放量为 $2.13\times10^{17}$ Bq。由于在核燃料，堆芯的结构材料和中子慢化剂中存在有杂质氮和氧结果使核动力反应堆产生碳-14，据 UNSCEAR 2000 年报告估计，截止到 1997 年全球核电厂反应堆和燃料后处理碳-14 的释放总量为 $2.80\times10^{15}$ Bq。

**用途** 生物圈中碳-14 的放射性水平测定常被用于考古断代。

**辐射影响** 排放到环境中的碳-14 进入碳循环，主要通过呼吸道和各种食物转移到人体，产生内照射危害。UNSCEAR 2000 年报告假定在厂址 2 000 km 以内，平均人口密度为 20 人/$km^2$，在厂址 50 km 以内，平均人口密度为 400 人/$km^2$，反应堆和后处理厂单位活度碳-14 释放产生的待积集体剂量（10 000 年）为 $7\times10^{-11}$ 人·Sv/Bq，这里释放时假定的世界人口数为 100 亿。

**测量方法** 放射性的测量早期碳-14 需转化成二氧化碳（$CO_2$）气体用气流β闪烁室或气流β正比计数器测定，后来主要是将 $CO_2$ 合成为碳化锂，然后水解变成乙炔，最后合成转变为苯，用低本底液体闪烁谱仪进行计数测定。目前，加速器质谱已被认为是测量痕量样品的放射性碳含量更为精确可靠的方法。

**安全与防护** 在大气层核爆炸后，大部分碳-14 进入同温层，经过 1～2 年的半减期，同温层和对流层中的碳-14 达到平衡。由于反应堆堆型以及在其中碳-14 的产生部位不同，反应堆内碳-14 可以有 $CH_4$、CO、$CO_2$ 等多种形式产生，但存在与排放的主要形态为 $CO_2$。最终，反应堆排放的碳-14 存在于大气 $CO_2$ 中、生物圈中以及溶解在海洋的重碳酸盐中。

我国的控制标准主要是《核动力厂环境辐射防护规定》（GB 6249—2011），要求核动力厂必须按每堆实施放射性流出物年排放总量的控制，对于 3 000 MW 热功率的反应堆，其碳-14 的排放控制值，对于气载碳-14 流出物，轻水堆为 $7\times10^{11}$ Bq/a，重水堆为 $1.6\times10^{12}$ Bq/a；对于液态碳-14 流出物，轻水堆为 $1.5\times10^{11}$ Bq/a，重水堆为 $2.0\times10^{11}$ Bq/a；对于同一堆型的多堆厂址，所有机组的年总排放量应控制在上述控制值的

4 倍以内。（杨怀元　杨华庭）

**tianran fangshexing hesu**

## 天然放射性核素　（natural radionuclide）

自然界中原本就存在的放射性核素。相对应的，自然界中原本不存在而由人工制造出来的放射性核素称为人工放射性核素。天然放射性核素包括原生放射性核素和宇生放射性核素。

**原生放射性核素**　从地球形成开始一直存在于地壳中的放射性核素。以铀-238（$T_{1/2}$=4.47×$10^9$年）为首的铀系，以铀-235（$T_{1/2}$=7.04×$10^8$年）为首的锕系和以钍-232（$T_{1/2}$=1.41×$10^{10}$年）为首的钍系衰变链以及钾-40（$T_{1/2}$=1.25×$10^9$年）是主要的原生放射性核素。①铀系衰变链包含的放射性核素主要有钍-234、镤-234m、铀-234、钍-230、镭-226、氡-222、钋-218、铅-214、铋-214、钋-214、铅-210、铋-210 和钋-210 等。②锕系衰变链包含的放射性核素主要有钍-231、镤-231、锕-227、钍-227、钫-223、镭-223、氡-219、钋-215、铅-211、铋-211、钋-211、铊-207 和铅-207 等。③钍系衰变链包含的放射性核素主要有镭-228、锕-228、钍-228、镭-224、氡-220、钋-216、铅-212、铋-212、铊-208 和钋-212 等。其他原生放射性核素包括铷-87（$T_{1/2}$=4.92×$10^{10}$年）、镧-138（$T_{1/2}$=1.02×$10^{11}$年）、钐-147（$T_{1/2}$=1.06×$10^{11}$年）、镥-176（$T_{1/2}$=3.85×$10^{10}$年）和铼-187（$T_{1/2}$=4.12×$10^{10}$年）等。三个衰变系母体的半衰期和其他原生放射性核素的半衰期都很长，因此在地壳中有相对稳定的丰度。如天然铀中铀-238、铀-235 和铀-234 的丰度分别是 99.27%、0.72% 和 0.005 4%，天然钾中钾-40 的丰度是 0.011 67%。

原生放射性核素在地表中的分布是不均匀的。由于各类岩石的成因不同、地质构造不同、矿物成分的差异等，原生放射性核素含量明显不同。土壤中原生放射性核素含量大小主要是由地质环境决定的。火山活动喷发出的岩浆冷却形成的岩浆岩中，一般酸性岩浆岩（如花岗岩）中放射性核素铀和钍含量较高，碳酸盐岩、石膏、岩盐中放射性核素铀和钍含量较低。矿产资源的开发利用导致原生放射性核素在环境中的再分布，从而可能对辐射环境产生影响（参见人为活动引起的天然辐射水平升高）。

**宇生放射性核素**　初级宇宙射线粒子在生成次级宇宙射线过程中，与空气中的碳、氢、氮、氧、氩、硫等原子核发生核反应，产生一系列其他粒子，即宇生放射性核素，通过这些粒子与周围物质的相互作用及自身的转变形成次级宇宙射线。宇生放射性核素通过气象运动、分子热运动、生物代谢等大自然的活动方式分布于地球表面。常见的宇生放射性核素为氚、铍-7、碳-14 和钠-22，其他还有铍-10、铝-26、硅-32、磷-32、磷-33、硫-35、氯-36、氩-37、氩-39 和氪-81 等。联合国原子辐射影响科学委员会 2000 年向联合国大会提交的报告及科学附件中给出了宇生放射性核素在大气层中的产生率及浓度，见下表。宇生放射性核素也是天然辐射的主要来源之一（参见天然辐射水平）。

**宇生放射性核素在大气层中的产生率及浓度**

| 核素 | 半衰期 | 产生率/（PBq/a） | 全球总量/PBq | 在对流层中的浓度/（$mBq/m^3$） |
|---|---|---|---|---|
| $^{3}H$ | 12.32 a | 72 | 1 275 | 1.4 |
| $^{7}Be$ | 53.22 d | 1 960 | 413 | 12.5 |
| $^{10}B$ | 1.51×$10^6$ a | 6.4×$10^{-5}$ | 230 | 0.15 |
| $^{14}C$ | 5.70×$10^3$ a | 1.54 | 1.275×$10^4$ | 56.3 |
| $^{22}Na$ | 2.601 9 a | 0.12 | 0.44 | 2.1×$10^{-3}$ |
| $^{26}Al$ | 7.17×$10^5$ a | 1×$10^{-6}$ | 0.71 | 1.5×$10^{-8}$ |
| $^{32}Si$ | 132 a | 8.7×$10^{-4}$ | 0.82 | 2.5×$10^{-5}$ |
| $^{32}P$ | 14.263 d | 73 | 4.1 | 0.27 |
| $^{33}P$ | 25.34 d | 35 | 3.5 | 0.15 |
| $^{35}S$ | 87.51 d | 21 | 7.1 | 0.16 |
| $^{36}Cl$ | 3.01×$10^5$ a | 1.3×$10^{-5}$ | 5.6 | 9.3×$10^{-8}$ |
| $^{37}Ar$ | 35.04 d | 31 | 4.2 | 0.43 |
| $^{39}Ar$ | 269 a | 0.074 | 28.6 | 6.5 |
| $^{81}Kr$ | 2.29×$10^5$ a | 1.7×$10^{-8}$ | 0.005 | 1.2×$10^{-3}$ |

注：假定对流层的体积为 3.622 75×$10^{18}m^3$；假定地球表面面积为 5.100 5×$10^{14}m^2$。

（刘新华　刘森林）

tianran fushe shuiping

**天然辐射水平** （natural radiation level） 天然存在的辐射源对人类产生的辐射照射剂量的大小及其分布。

**天然辐射源** 在地球环境中，所有生物和人类都始终受到天然辐射源的照射。天然辐射源主要包括地壳中的天然放射性核素和来自外层空间的宇宙射线及宇生放射性核素。另外，也包括人为活动引起的天然存在放射物质（NORM）增强源。

**地壳中的原生放射性核素** 包括 3 个天然存在放射性衰变链中的放射性核素。①铀系：铀-238 衰变链，该链中任何一个核素的质量数 $M$ 符合 $4n+2$ 规律，即 $M=4n+2$，$n$ 为正整数，$51\leqslant n\leqslant 59$；②锕系：铀-235 衰变链，该链中任何一个核素的质量数 $M$ 符合 $4n+3$ 规律，即 $M=4n+3$，$n$ 为正整数，$51\leqslant n\leqslant 58$；③钍系：钍-232 衰变链，该链中任何一个核素的质量数 $M$ 符合 $4n$ 规律，即 $M=4n$，$n$ 为正整数，$52\leqslant n\leqslant 58$。还有其他原生放射性核素，如钾-40、铷-87、镧-138、钐-147、镥-176 等。这些陆地来源的天然存在放射性核素也称作原生放射性核素，它们的一个重要特征是具有与地球年龄可比拟的物理半衰期。

**来自外层空间的宇宙射线及宇生放射性核素** ①宇宙射线。来自银河系到达大气层顶部的宇宙射线，由核子（占 98%）和电子（$e^-$，占 2%）组成，其中，核子成分中主要是质子（n，占 88%）和阿尔法粒子（α，占 11%），其余就是重离子核（1%）。这些高能初级宇宙射线粒子与大气层空间中的原子与分子相互作用产生一系列的次级带电粒子和非带电粒子，包括质子（p）、中子（n）、介子（π）和低原子序数原子核。这些核子与大气层相互作用还将产生某些次级粒子，如渺子（μ子，也称作缪子）、光子（伽马射线）、电子、正电子（$e^+$）等。②宇生放射性核素。来自外层空间到达大气层的宇宙射线粒子与大气层中原子核相互作用产生大量的宇生放射性核素，如氚、铍-7、碳-14、钠-22 等。

**NORM 增强源** 虽然天然辐射源是天然存在的，但是与人类核能和平利用相关或不相关的某些设施或活动却可以引起工业产品、副产品、废物和局地环境中天然存在 NORM 活度浓度增强，其辐射照射已引起人们日益广泛的关注。这些活动涉及许多人类生产与科学试验活动，例如，铀矿采冶工业、煤矿开采和燃煤电厂、金属开采与冶炼、稀土提取工业、磷酸盐工业、锆和氧化锆工业、建筑材料生产与加工、石油和天然气开采工业、航空航天工业、钍萃取及其应用工业、铌提取工业、二氧化钛工业等，还有一些与人类耕种与生活密切相关的一般活动，例如，水处理淤泥的农业应用、工业废渣用作陆地回填和建筑材料等，这些人类活动都已被证明明显地增加了人类的天然辐射照射。某些人为活动也可以减少人类的天然辐射照射，例如，乘轮船旅行与乘飞机旅行相比较，虽然没有改变天然辐射源的大小及其分布，但是却改变了人们受照射的途径，使人们受到的天然辐射源照射减少。

**天然辐射照射水平及其变化** 天然辐射源所致人类的辐射照射，包括宇宙辐射、宇生放射性核素和陆地天然辐射产生的照射。通常情况下，人们所受天然辐射源照射的大小及其变化与人类生活的地点及其方式密切相关，因此，天然辐射照射随时间、地点及社会发展状况变化而变化。联合国原子辐射影响科学委员会（UNSCEAR）估计照射水平如下。

**宇宙辐射产生的个人有效剂量** 宇宙射线对地球海平面处照射剂量最主要的贡献者是介子的衰变产物渺子，在航空飞行高度处中子、电子、正电子、光子和质子是主要的照射剂量贡献者，而在更高的高度上还需要考虑重原子核的剂量贡献。在地球海平面处，宇宙辐射场的主要成分是渺子，能量范围在 1～20 GeV，它们对因宇宙射线直接电离辐射成分产生的自由空气吸收剂量率的贡献约占 80%，其余的贡献主要来自渺子产生的电子或电磁簇射中的电子。它们也分别称作宇宙射线电离成分的“硬”成分和“软”成分。根据 UNSCEAR 2000 年报告及其科学附件的估计，宇宙射线直接电离成分和光子成分所致世界年平均有效剂量约 280 μSv（室内屏蔽因子 0.8，室内居留因子 0.8）；中子成分产生的相应年平均有效剂量是 100 μSv，小计为 380 μSv。

**宇生放射性核素产生的公众个人有效剂量** 除具有生命代谢功能的天然放射性核素氚、碳-14、钠-22 之外，其他宇生放射性核素对辐射照射贡献较小，在大气环境和沉积到水体环境中的含量也极其低。根据 UNSCEAR 2000 年报告及其科学附件的估计，宇生放射性核素氚、铍-7、碳-14、钠-22 所致世界人口年平均有效剂量分别为 0.01 μSv、0.03 μSv、12 μSv 和 0.15 μSv，共计为 12.19 μSv。

**陆地辐射产生的公众个人有效剂量** 陆地天然辐射对人类产生的辐射照射可以分为外照射、内照射以及氡及其子体的照射。①根据 UNSCEAR 2000 年报告估计，陆地辐射所致全球居民平均外照射年个人有效剂量、吸入内照射年个人有效剂量和食入内照射年个人有效剂量分别为 480 μSv、1 260 μSv 和 290 μSv，其中陆地辐射外照射所致室内和室外有效剂量分别为 410 μSv、70 μSv。②陆地辐射所致吸入内照射包括吸入铀系和钍系核素、氡-222 及其子体、钍-220 及其子体的剂量贡献，分别为 6 μSv、1 150 μSv 和 100 μSv。③陆地辐射所致食入内照射包括食入钾-40 及铀系和钍系核素的剂量贡献，分别为 170 μSv 和 120 μSv。

**天然辐射源所致全球居民平均年个人有效剂量及其分布** UNSCEAR 根据成员国和有关国际或国家研究机构的科学调查研究资料对全球居民所受到的天然辐射照射进行定期评估。下表是根据我国 20 世纪 80 年代末期的调查监测结果以及 20 世纪 90 年代以来的调查监测数据分别估算得到的我国居民在 20 世纪 90 年代初和 21 世纪初（2000 年前后）天然辐射照射剂量的评估结果，以及 UNSCEAR 给出的 21 世纪初全球居民所受天然辐射照射剂量的评估结果。

**天然辐射源的中国和全球居民平均年个人有效剂量**

单位：μSv

| 辐射来源 | | 中国 | | 全球估算值① |
|---|---|---|---|---|
| | | 21 世纪初估算值② | 20 世纪 90 年代初估算值③ | |
| 外照射 | 宇宙射线④ | — | — | — |
| | 电离成分 | 260 | 260 | 280 |
| | 中子 | 100 | 57 | 100 |
| | 陆地伽马射线 | 540 | 540 | 480 |
| 内照射 | 氡及其子体 | 1 560 | 916 | 1 150 |
| | 钍及其子体 | 185 | 185 | 100 |
| | 钾-40 | 170 | 170 | 170 |
| | 其他核素 | 315 | 170 | 120 |
| 总计 | | 3 100 | 2 300 | 2 400 |

注：①UNSCEAR 2000 年报告给出的全球评估结果；②根据中国 2002 年前调查评估的结果；③主要根据中国 1990 年前调查评估的结果；④因宇生放射性核素引起的全球居民照射相对较小，在本表中未列入。

从表中可以看出，第一，天然辐射源所致全球居民平均年个人有效剂量为 2 400 μSv；第二，室内氡照射是致全球居民天然辐射照射剂量的主要贡献者，每年约 1 260 μSv，另外，陆地伽马辐射、宇宙射线、食入内照射引起的辐射剂量分别为 480 μSv、390 μSv 和 290 μSv；第三，21 世纪初我国居民天然辐射照射剂量约 3 100 μSv，而 20 世纪 90 年代初我国居民天然辐射照射剂量约 2 300 μSv。因此，与 20 世纪 90 年代前相比，目前我国居民天然辐射照射水平有明显的升高。 （刘森林 潘自强）

**推荐书目**

潘自强，刘森林. 中国辐射水平. 北京：原子能出版社，2010.

**tu**

**钍** （thorium） ⅢB 族锕系放射性元素，元素符号 Th，原子序数 90，原子量 232.038。这里指天然钍。

**基本性质** 钍呈银白色，长期暴露在大气中渐变为灰色，质较软，可锻造。密度 11.72 g/cm$^3$，熔点约 1 750℃，沸点约 4 790℃。在 1 400℃以下原子排列成面心立方晶体；当加热达到此温度时，便改为体心立方晶体。钍在所有钍盐中都显示出+4 价，在化学性质上与锆、铪相似。不溶于稀酸和氢氟酸，但溶于发烟的盐酸、硫酸和王水中。主要以钍-232 放射性核素形态存在，半衰期为 $1.39\times10^{10}$ 年。

**来源** 1828 年，伯齐利厄斯（J.J.Berzelius）在分析挪威南部勒峰岛上所产的黑色花岗石时发现了钍元素。钍主要以化合物的形式存在于矿物内（如独居石和钍石），通常与稀土金属连系在一起。钍-232 经过 10 次连续衰变最后到稳定核素铅-208。

**用途** 钍一般用来制造合金，提高金属强度和煤气灯的白热纱罩。钍所储藏的能量，比铀、煤、石油和其他燃料总和还要多许多，是一种极有前途的能源。还可用于制造高强度合金与紫外线光电管。钍还是制造高级透镜的常用原料。用中子轰击钍可以得到一种核燃料铀-233，目前印度正在研究以钍替代传统核燃料铀和钚的技术方法。

**辐射水平** 钍是一种天然放射性核素，广泛存在于土壤、水体和建筑材料中。我国江河水中钍的含量在＜0.01～9.07 μg/L 范围内，平均为 0.33 μg/L。土壤中钍-232 的含量范围 1～437.8 Bq/kg，平均 49 Bq/kg。我国土壤中钍的浓度偏高，比美国高 40%～50%，其中香港等地区较高，约为 146 Bq/kg。我国建筑材料中钍的浓度数据也偏高，加上砖混和泥土房结构较多，窑洞在某些地区也占有相当比例，因此，对于我国居民来自钍贡献的辐射剂量影响不容忽视。

**测量方法** 钍的分析方法很多，但环境样品中钍的含量很低，一般在 $10^{-8}$～$10^{-6}$g/L 范围内，因此必须采用灵敏度高、准确性好的分析方法，测量前还必须进行浓集。目前分析环境样品中钍所采用的较为普遍的方法是分光光度法。样品中的钍经浓集、分离纯化后用分光光度计测定，方法的最低可探测限为 $10^{-7}$g。对含量低于 $10^{-7}$g 钍的样品，可采用中子活化分析法，即待测样品经中子辐照和简单的分离后，用高纯锗谱仪测定。这种方法的最低可探测限为 $1.5\times10^{-9}$g，但它需要一个中子源和较昂贵的仪器，因此应用并不普遍。现行的国家标准主要有《水中钍的分析方法》（GB/T 11224—1989）、《食品中放射性物质检验 天然钍和铀的测定》（GB 14883.7—1994）和《钍矿石中钍的测定》（GB/T 17863—2008）。

钍的分离纯化方法很多，有萃取、反相色层、离子交换法等。其中萃取和反相色层法使用更为广泛。使用的萃取剂主要是三正辛胺、三正辛基氧化膦等。

用分光光度法测定钍时，采用的显色剂有桑色素、钍试剂和偶氮胂III。其中偶氮胂为最佳。

**土壤中微量钍的测定** 土壤经过氧化钠熔融后，在 1～2 mol/L $HNO_3$ 介质中以硝酸铝作盐析剂，在酒石酸存在下，用甲基磷酸二甲庚脂萃取钍，用 $CH_3COONa$ 溶液反萃后，在 4 mol/L HCl 溶液中用铀试剂III显色，进行分光光度测定，回收率为 95%。

**水中微量钍的测定** 在盐析剂硝酸铝存在下，含 8～10 个碳原子的长链胺 $N_{235}$ 能从硝酸溶液中萃取钍的络合物。然后利用钍在盐酸介质中不能形成稳定阴离子络合物的特点，用 8mol/L 盐酸选择性反萃钍。在饱和硝酸铝掩蔽剂存在下，以偶氮胂 III 为显色剂，用分光光度法测定钍。

**钍的生物影响** 天然钍属于中等毒性放射性物质。世界卫生组织饮用水水质标准指导水平为 1Bq/L。对于食入途径，1 Bq 产生的待积有效剂量对成人为 0.23 μSv，对 1 岁以下儿童高达 4.6 μSv。对于吸入途径（肺中速吸收），1 Bq 产生的待积有效剂量对成人为 45 μSv，对 1 岁以下儿童为 83 μSv。

（赵顺平 许宏 潘苏）

**tuiyi celüe**

## 退役策略 （decommissioning strategy）

为实现核设施与辐射设施退役所采取的行动方式。

核设施退役在 20 世纪 60 年代就已经提出，

但较多退役项目的出现，则是80年代后的事情。早先，人们把核设施退役分为一级退役（封存监护）、二级退役（有限制开放）和三级退役（无限制开放）3 个等级。实践证明，这种分类缺乏科学性和普遍适用性，这个三级退役概念已逐渐弃之不用。

**退役策略类型** 国际原子能机构（IAEA）把核设施退役分为以下三种策略：立即拆除、延缓拆除和封固埋葬。

**立即拆除** 在核设施永久关闭后（一般在5年之内），尽可能快地除去和处理核设施内放射性物质，原场址可以有限制或无限制利用。这是国际上较多核设施退役倾向的方案。

**延缓拆除** 又称安全贮存或安全封存。设施在保证安全条件下进行长期贮存，让放射性核素进行衰变，然后再进行拆除活动。延缓拆除封存的时间有长有短。对于核电站反应堆，长者计划五六十年，短者计划一二十年。现在普遍倾向于缩短封存时间，遥控技术和设备的发展为缩短封存时间创造了有利条件。

**封固埋葬** 把核设施整体或它的主要部分，处置在它的现在位置或核设施边界范围的地下，让其衰变到允许从审管控制释放的水平。实施埋葬前，反应堆燃料元件需要从设施中取出和运到场外，或者临时贮存在一个独立的设施中，埋葬系统内的液体要排出进行处理，放射性物质封存在原来结构体中，与环境隔离起来并防止人员的闯入，实际上是把核设施场址变成了近地表处置场。

三种退役策略的优缺点比较见下表。

**退役策略的选择** 需要考虑：①法律和法规标准要求；②国家方针政策；③设施类型和特性；④设施的安全状况；⑤废物处理与处置安排；⑥乏燃料管理；⑦经费可得性；⑧合格的技术人员和管理人员可得性；⑨环境、社会和经济影响；⑩场址再利用考虑及类似退役项目的经验教训。

**一些国家的退役策略** 不同国家退役策略有很大不同，即使同一类型核设施在同一个国家中，也可能采取不同的退役策略。下面介绍一些核国家的退役策略和实施情况。

**三种退役策略优缺点比较**

| 退役策略 | 优点 | 缺点 |
|---|---|---|
| 立即拆除 | ①可较早利用现在的设施场址，场址可较快用于其他活动；<br>②容易得到熟悉设施的人员参加退役活动；<br>③减少设施封闭对当地社会可能的影响；<br>④减少将来物价上升的影响；<br>⑤可以较好地利用现有的辅助设施和设备；<br>⑥档案资料失散较少；<br>⑦场址可较早利用 | ①工作人员可能受到较高照射；<br>②较大初始经费负担；<br>③废物立即贮存或处置量大；<br>④可能需要研发适当的退役机具 |
| 延缓拆除 | ①由于放射性衰变降低放射性水平；<br>②封存后拆卸工作人员受照剂量少；<br>③要求处置废物量减少；<br>④因为放射性衰变，运输去贮存、处置放射性废物时公众受照减少；<br>⑤获得必要退役经费和先进退役技术时间充裕 | ①在封存期内场址不能做他用；<br>②以后拆卸时，熟悉设施的人员和文档资料可能散失；<br>③辅助系统和支持系统能力减弱或失效；<br>④审管要求、退役经费和废物处置成本可能变化；<br>⑤需要连续维护和监督，要有经费保障；<br>⑥由于物价上升，退役总费用可能升高 |
| 封固埋葬 | ①废物运输和处置成本低；<br>②减少工作人员去污和拆卸的受照；<br>③减少废物运出公众的受照；<br>④可能利用或转化为其他设施的废物处置场 | ①不适于含长寿命放射性核素的设施；<br>②需要长期监测和有组织控制费用；<br>③转变为一个近地表处置设施，需要公众的接受；<br>④场址必须具备处置场条件，经过审管机构批准才可实施 |

**美国** 正在进行或已完成一批研究堆、示范堆的退役，许多早期军工核设施正在进行退

役中。美国早期关闭的反应堆采用延缓拆除策略者居多，而后期关闭的反应堆采取立即拆除策略者居多。美国核管会（NRC）要求所有核电站停止服役关闭之后，封存时间不超过60年，晚于60年完成退役者要经NRC批准。

**英国** 有一些研究堆已经完成退役整治转变成绿地，几个燃料循环设施和研究设施（如钠冷快堆）也在退役。因为英国缺乏废物处置场，核电站退役采取延缓拆除策略。早先，英国对镁诺克斯堆要求延缓135年之后做最终拆除。后来，改为封存100年之后进行最终拆除。现在英国主管核设施退役的核退役局希望还要缩短封存时间。

**法国** 核电站退役政策是关闭10年之后，再经过30～40年衰变，进入最终拆除。对第一代核电站，法国主张早点拆除的呼声较高。法国已经关闭的9个核电站计划要在25年内全部完成拆除工作。

**德国** 核设施退役以立即拆除为首选方案。德国除了格拉斯伐尔德核电站采取延缓拆除外都采取立即拆除策略。有的已退役到场址完全开放。

**日本** 已完成研究堆JRR-1、JRR-3和陆奥核动力船退役，JRR-2和后处理试验设施正在退役。日本采用最终关闭后封存5～10年之后进行拆除的策略。

**我国退役策略** 我国退役策略和IAEA推荐的策略相同，除大型反应堆采取延缓拆除外，其他基本都采取立即拆除策略。我国自1955年组建核工业部已有50多年历史，现在，众多的核设施与辐射设施面临退役。已成功完成了一批核设施、废物贮存库、辐照装置、加速器和放化实验室的退役，例如，我国青海省海晏县金银滩上，在20世纪50年代建立的我国第一个核武器研究基地，在那里研制成功了第一颗原子弹和第一颗氢弹。1988年实行退役，多个单位协同作战，经过5年努力，全面完成了退役。6 000 $m^3$污土进行了填埋处置，300多桶放射性废物运出做了安全处置。1993年通过国家验收，成功实现无限制开放使用，现在这里已经建成一座绿荫遮盖的花园城市，昔日的原子城转变成了今天的两弹成功升天博物馆。上海微型中子源反应堆和山东微型中子源反应堆采取立即拆除退役策略，圆满达到了无限制开放使用目标。此外，北京平谷核技术利用废物库、吉林永吉核技术利用废物库也已成功退役实现无限制开放，还有许多钴源辐照装置也成功完成了退役，达到无限制开放使用目标。

（罗上庚　刘华）

tuiyi jihua

## 退役计划 （decommissioning planning）

运营机构进行符合国家安全要求和标准的退役活动所制订的计划。

**沿革** 世界各国早期建设的核设施与辐射设施都没有在设计、建造阶段就制订退役计划，给现在的退役带来了很多不便。因此，总结历史经验教训，将及早制订退役计划规定为一种新的制度。

**退役计划的要求** 对于核设施与辐射设施的退役，营运者（许可证持有者）必须制订退役计划，确定退役策略和终态目标、退役技术措施、退役废物的处理和处置（或临时贮存）方案，考虑经费资源筹措和退役的安全问题等，确保工作人员、公众和环境安全。

在设计、建造阶段就应制订退役计划，开始制定的退役计划不要求也不可能完善，应在运行阶段不断修订和完善，到设施关闭时候形成正式退役计划上报核安全监管机构。

营运者应依据国家法律、法规和标准编制退役计划，经过审管部门批准之后实施。退役计划并不是固定不变的，随着退役的进展，需要适时调整或修改，修改的计划和方案必须得到监管部门的认可。

**退役计划的格式与内容** 国际原子能机构（IAEA）在2005年发布了适用于核燃料循环设施、核电厂、核技术应用和大学、研究所核设施的《有关安全退役文件的标准格式与内容》（SRS. NO.45，2005）。该标准指出，退役计划是整个退役活动的关键文件，应始于核设施的设计阶段，终于从审管控制下最终释放，不断修改和完善，保证退役安全和有效进行。IAEA要求，现在尚没有退役计划的核设施尽可能快地准备退役计划。为便于退役，保存好各种记录和准备退役经费对实施退役均有重要意义。

IAEA 在安全标准中提出，“退役计划”包含如下 15 个部分内容：①引言。②设施描述。包括场址位置和描述，构筑物和系统描述，辐射状态（构筑物污染、系统和设备污染、表面土壤污染、地下土壤污染、地表水污染、地下水污染），设施运行历史（授权的活动、许可或授权的历史、溅洒和事故对退役的影响、以前做过的退役活动、以前现场做过的埋藏活动）。③退役策略。包括可供选择的方案，选择退役策略的合理性。④项目管理。包括法律和审管要求，项目管理方案，项目管理机构和职责，安全文化，培训，合同支持单位，日程安排。⑤退役活动。包括构筑物去污，系统和设备去污，土壤去污，地表和地下水去污等。⑥监督和维护。包括要求监督和维护的设备和系统，需要监督维护的时间。⑦废物管理。包括废物分类（固体放射性废物、液体放射性废物、混合废物）。⑧经费预算和筹资。包括经费预算，经费筹集。⑨安全保证。包括相关的安全准则，运行限值和条件，正常退役活动危险分析，事故危害分析，可能后果的评价，防止和减少危害的措施，风险评价，分析结果与相关安全准则的比较，结论。⑩环境影响评价。包括本底数据，项目描述，环境保护大纲，流出物监测大纲，流出物控制大纲。⑪健康和安全。包括辐射防护计划，核临界安全，工业健康和安全计划，监督和检查，记录保存计划，优化分析和计划，剂量估算和重要任务的优化方案，清洁解控准则，最终开放准则。⑫质量保证。包括组织，质量保证大纲，文件控制，测定和测试设备的控制，纠正行动，质量保证记录，监督和调查，取得的教训。⑬应急计划。包括应急组织和职责，应急情况，记录。⑭保安和核材料安全保障。包括组织和职责，保安计划和措施，核材料保障计划和措施。⑮最终辐射调查。包括调查计划和检验等。

美国能源部环境管理办公室提出“退役计划”格式和内容如下：①引言。②设施描述和历史。包括设施的运行和作用史，已做的计划和评价活动，与公众、利益相关者及审管者间的关系，对退役项目的影响。③退役的目标和范围。包括整个退役目标，开放准则（终态条件），再利用/再循环的准则。④特性调查。包括放射性污染情况，危险物情况，设施的实体情况和状态。⑤技术方案。包括可供考虑的方案，实行退役的方法，活动规范、规定的操作文件和终态文件，退役设备、构筑物的释放准则，项目的技术基础资料和设想。⑥项目管理。包括管理方法（包括合同方），经费控制，进度控制，采取的报告系统，配置控制，效率改善，组织机构，培训，质量保证，吸取教训，费用，实施时间。⑦工作人员和环境保护。包括健康和安全计划，职业安全，工业卫生，保健物理，整体安全管理系统，危险识别，环境安全和健康要求行动措施，合理可能尽量低（ALARA）原则，职业照射预估，应急准备和应急响应计划，环境保护计划，减少环境影响的承诺，安全分析和退役活动评价。⑧废物管理。包括废物最小化，废物处理、包装、运输和处置，废物量估计。⑨场址终态调查。包括调查计划和准则，独立检验。⑩附件（典型资料）。包括活动规格书，工程研究，结构拆卸，经费预算，进度安排等。

**退役计划的编制** 实际上，核设施与辐射设施退役计划的编写，各国要求有所不同，就是在同一个国家内，不同类型设施的编写深度也不同，取决于退役设施的类型、复杂程度和安全风险大小，由核安全监管机构确定。医疗、工业、农业、国防和研究院校为核技术应用的核辐射设施，因为其放射性盘存量少，潜在危害性小，退役工程相对简单，所以其退役的控制和管理与核电厂、大型研究堆和后处理厂的退役要求相比，要简单得多。

（罗上庚　刘华）

tuiyi jishu

**退役技术** (decommissioning technology) 为解除核设施的部分或全部审管控制，场址实现最终无限制开放利用所用的各种技术，使退役工程顺利进行，达到计划的退役目标，并保障操作人员和公众的健康与环境的安全。

**退役技术多样性** 核设施与辐射设施在运行过程往往被放射性污染或活化，设备、场地往往有放射性污染，退役任务的艰巨性和复杂性远大于其原本的设计和建造。核设施和辐射设施类型繁多，其规模大小、复杂程度、场址条件、运行状况有很大不同，有的比较简单，如一些核技术利用的辐射设施，有的规模庞大，如核电站和后处理厂，因此，退役任务的艰巨性和复杂性有很大不同，所要求的退役技术差别很大。

退役技术包括源项调查（参见退役源项调查）、去污（参见放射性去污）、系统和设备切割解体、厂房拆除、废物处理和处置、场址清污和修复等。有的设备很大，辐照剂量很高，如反应堆安全壳、压力容器、热室等；有的系统很复杂，如高放废液贮槽系统、玻璃固化电熔炉等；有的数量很多，如退役的管道、阀门、贮罐、风机、泵和手套箱等。退役的厂房更是形形色色，道路、地面水和地下水污染程度也很不相同。退役有的要用遥控技术，有的遥控和手工相结合，有的完全手工操作就可以。为了适应安全、经济、高效完成退役任务，退役技术正在不断发展与完善。

**退役技术的选择** 核设施与辐射设施退役与正常运行活动有很大不同，原本封闭的体系被打开了，放射性物质可能被暴露或泄漏出来；多数退役核设施超期服役，设备老化，所包容的放射性物质有可能已进入了周围的环境，操作环境条件恶劣。所以，退役技术的选择应该重视如下方面：①安全可靠，设备维修更换要求少；②技术容易被掌握，设备容易得到，经费可以承受；③速度快，效率高，能按计划圆满完成退役任务；④产生二次废物少，二次废物容易处理和处置；⑤操作人员受照剂量少，流出物排放和对环境的影响小；⑥有较多物料和场所能安全释放和再利用。

**研究开发** 核设施与辐射设施退役有许多共性地方，但也有各自特性，经常要求解决个例某些特殊问题，例如：①退役中难点问题、关键问题或“瓶颈”问题，顺利完成退役任务；②避免意外/未知事件，提高安全性，减少工作人员受照剂量；③实现废物最小化；④降低成本，减少退役费用；⑤限期内完成任务或提前完成任务等。

近 30 多年来，国外核设施退役已积累了不少经验。目前国际上能利用现有技术进行多数项目的退役，但仍然需要许多改进和提高，例如：①遥控技术的安全使用。②大量污染土、地下水和混凝土的清污。③废钢铁、混凝土中放射性核素的准确测定。④数学模型的建立和使用。开发遥控物理数据获取系统，收集强辐射环境中要拆除设备的辐射数据，建立三维图像，进行核设施退役三维模拟，制定协调的拆卸程序，对大型核设施退役中强辐射设备的切割解体和拆除活动十分重要。⑤数据库建立与利用。现在国际上已有许多计算机软件可用于：编制项目计划；退役方案设计；估算放射性盘存量；估算成本；估算受照剂量，实现辐射防护最优化；进行人员培训；制订拆卸方案等。

欧盟已花费大量经费，研发退役的去污、拆卸、废钢铁熔炼、退役策略、遥控操作工具等废物最小化技术。

**示范工程** 为了保证核设施退役工作顺利进行，国际社会联合组织了许多示范工程。例如：经合组织核能署于 1985 年开始了一项退役合作计划，包括 27 个反应堆、9 个后处理厂、2 个核燃料工厂和 1 个同位素生产厂。20 世纪 90 年代初，欧盟选择以下 4 个中间工厂作为退役示范项目：①法国拉阿格 AT-I 燃料后处理厂；②英国温斯凯尔 WAGR 气冷堆；③德国 KRB-A 沸水堆；④比利时 BR-3 压水堆。后来，增加了德国 Greifswald WWER 堆。美国能源部对研究堆退役、生产堆退役、铀生产厂退役、燃料元件制造厂退役、钚手套箱退役、氚生产设施退役，各选取了 1 个退役工程作为示范工程。日本以日本核动力验证堆（JPDR）的退役作为核电厂退役的示范工程。这些示范工程开发了许多退役技术，攻克了不少难点，培养了大批退役技术人员和管理干部，总结了很多经验和教训、为核设施的安全和经济退役奠定了基础。

（张振涛　顾志杰）

**tuiyi qiju**

**退役器具**　(decommissioning tools)　退役过程中独立使用或与其他退役设备配合使用并能够完成特定动作要求的专用工具。

**多样性**　退役器具广泛应用于退役过程的各个环节，目前得到应用的退役器具很多，如多功能机器人、真空集尘装置、可循环喷砂去污装置、可移动式通排风装置、可移动式气帐、可移动式操作平台、自动脚手架、自动吊具、自动回取抓具、自动开合取样器、遥控自动监测车、去污剂自动喷洒器等。

有快速接口可配置多种工具头的机器人，可根据需要更换液压破碎锤、液压钻、液压剪、铣刨头、抓取机、铲斗、挖斗、夹斗等器具，能以 360°/240°回转，有大操作空间覆盖（如下图），可在人无法接近的强辐射区或存在燃爆风险的区域操作，功能强大。

机器人操作

**选用**　退役器具是根据现场情况或操作实际需要而设计制造或加工改造而成的。一般为了实现自动或半自动远距离操作，或者起到屏蔽射线的目的。例如：蛤式自动取样器利用自身开合结构可以对高放废液罐底部泥浆实现自动取样；液压自动抓具可以通过液压动力对废物桶自动抱紧吊装；履带式机器人通过更换不同的工器具实现远距离切割、挖掘、回取等多种操作。

机械擦拭法去污利用擦、刷、磨、刮、削、刨、共振等作业除去表面的锈斑、污垢或表面涂层、氧化膜层以除去表面的放射性污染。各种器具效果不一样，所产生的二次废物、耗电和耗费体力不一样，根据需要与可能择优而从。

混凝土广泛用作结构材料和屏蔽材料，有的厚达几米。核设施厂房、地面、反应堆安全壳都可能出现不同程度放射性污染或活化。核设施退役混凝土去污往往是一项繁重而艰巨的任务。混凝土污染取决于所处位置和历史情况，污染深度可以几毫米到几厘米。一般，污染核素向内渗透 3～5 mm，有的达 1～2 cm，甚至更深。混凝土表面去污是广泛需求技术，有许多器具可供选择，如地面刨削机、旋转金刚石圆盘刨削机、带金刚石旋转切割头的自动刨削机和遥控地面刨削机等。气动粗琢机产生的尘埃用一个包括真空泵和脉冲空气过滤器组成的收集系统抽吸。在粗琢深度为 3 mm 的情况下，地面粗琢机的平均工作速率为 4～5 $m^2$/h，手动墙面粗琢机平均工作速率为墙面刨削机的一半。地面刨削机比普通粗琢机去污速率高得多，可达 14 $m^2$/h，并且降低振动，减轻操作者的劳动强度。地面刨削机和自动墙面刨削机产生的废物量比粗琢机少 30%～45%。金刚石旋转切割头的自动墙面刨削机速率可达 15～25 $m^2$/h，去污深度 5 cm。钻石旋转切割头能将螺钉和其他金属物品切断，可以得到光滑的切削面，较容易进行放射性测量和去污后表面再涂漆。

**开发研究**　核设施退役中经常遇到一些难点问题需要解决，例如，高放废液贮罐罐底物的回取存在以下难点：①辐射水平高；②化学成分复杂；③贮罐内有冷却蛇管和仪表套管等许多物件，影响回取操作；④底部沉积物的性状难以确定；⑤各个贮罐情况差别较大。美国开发了一种称为“砂螳螂”的器具，装在多关节机械手上，伸进罐内，喷射高压蒸汽、高压水或二氧化碳干冰粒等破碎沉积物，然后用真空回取系统抽出罐外，对回取高放废液贮罐罐底板结的沉积物发挥了很好作用。

退役器具的研发，应该预先计划，做好调研和准备，以达到：①有明确目标，符合实际的需求；②有时间规定，适应退役需要；③有经费保证，满足研发的需要。

（张振涛　黄雅文）

**tuiyi yuanxiang diaocha**

**退役源项调查**　（source term survey for decommissioning）　对退役核与辐射设施的放射性物项和非放射性物项做调查。

**调查范围和内容**　核设施或辐射设施退役要对其去污、切割解体、拆除、场址清污、废物处理与处置、环境整治，必须做好源项调查。源项调查边界范围为退役的核或辐射设施部分，重点在系统、设备和厂房，也包括周围环境的土壤及地表和地下水的污染情况。退役是动态过程，退役源项调查并不能一次奏效，涉及退役全过程，退役前期、退役过程中与退役终了都需要做源项调查。

**退役前期的调查**　退役的前期为确定退役策略和目标，制订退役方案和计划，优选退役技术，预估退役废物量，估算退役费用和受照剂量，编写退役可行性研究报告、安全分析报告、环境影响报告和应急预案等，必须收集足够的信息资料，了解放射性物质盘存量和放射性污染分布；掌握放射性废物的类型、数量、活度、主要核素；此外，还要掌握设施的运行历史及现状，发生过的事故及其所发生的影响；是否存在核材料，化学危险物的存在数量和分布，设施老化情况和安全隐患等。所以退役前期的源项调查最为重要，它为退役前期准备工作创造条件、奠定基础。

**退役过程中的调查**　退役过程需要评价去污效果，控制流出物的排放，对废物进行分类，实行处理和处置，确定是否属于豁免，是否可以进行解控。初始的源项调查不可能是十分完善的，随着退役的进展不断深入，源项调查结果得到补充、修正和完善，以保证退役的顺利进行。

**调查方法**　核设施或辐射设施的规模和复杂程度相差很大，历史背景和老化状况不同，涉及的核素种类和辐射水平很不一样。源项调查往往有诸多不利因素，例如，空间狭窄，通风和照明失效，环境恶劣，辐射场强，难于接近或难于实施调查；资料散失，历史情况和事故污染情况不清；或经过多次改造，埋在地下和墙体中的部件分布和走向不清，难于确定管道路线和连接情况等。这些不利因素导致退役设施的源项调查难度较大，特别是核电厂、后处理厂、MOX 燃料厂等的退役源项调查非常艰巨，必须做好周密的调查计划，有足够人力和财力资源做保障，配备适当的仪器设备和防护用具。源项调查方法很多，主要包括以下几种：

**文档调查**　尽可能地收集核设施的档案材料、历史记载，包括审批文件、设计建造图纸、调试记录、大修改建记载、运行日志、监测数据及事故报告等，也包括对当事人的调查。通过回访调查，建立抢救性文档。

**计算**　包括物料衡算和通过适当计算机软件做计算。物料衡算可估计设备中易裂变物质和其他物料的残存量。例如，查阅原始操作记录，统计进料量，扣除产出量、工艺流出物及废物中的量，经过校正得到当前的残留量；结合能量、空间和辐射时间有关的中子注量数据和材料组分数据，计算出中子活化产物的放射性活度，经过衰变校正之后得到当前的残留量；当被测量对象可以近似视为点源，并且所含放射性核素已知时，用γ辐射测量仪测量照射量率，依据该核素的γ照射量率常数和探头与源之间的距离可以估算出被测对象辐射水平。工作人员进入强辐射场困难，可用遥控获取的数据，用计算机软件推算放射性水平，建立辐射三维图像。

**现场调查**　包括剂量率测量、放射性活变测量、同位素成分测量等。测量方法分为现场直接测量和取样回实验室分析。因为有些场区不可进入或不可接近，需采用遥控取样设备和遥控探测设备。被测量物体的表面状况和污染分布的不均匀性、强辐射场的干扰影响、α辐射体和低能纯β辐射体测定的困难性等原因会影响测量的准确性。源项调查中需要取样分析的污染物种类很多，包括表面采样、场地采样、空气采样、废物和污染物采样以及水体、土壤及动植物采样，较多为钢铁、塑料、墙面、瓷砖、管道、土壤、水和沉淀物等，采集的样品应具有代表性。墙壁、地面采样多用网格法；场所表面污染监测，常用α、β表面污染测量仪（对氚，用氚表面污染测量仪）对污染表面进行扫描测量和定点测量；对不能直接测量的场所，利用采样擦拭法（间接测量法）取样制源后测量。空气污染通过对调查场所的空气进行气溶胶取样测量。空气采样多用装有滤膜的空气取样器抽取空气，采样口距离地面 1.5 m，采样流量控制在 0.05～0.15 $m^3$/min，采样总体积约 10 $m^3$，记录采样时的温度、压力；对于氚，用硅胶、分子筛或全氚取样器采样。

**航测** 航测技术对面积较大的场址污染调查有一定作用，可以帮助找到放射性散落物或遗留点。但是实施航测的条件要求高。

**质量保证和要求** 退役设施的源项在不断变化，因为退役是设施“从有到无”的动态变化过程，放射性源项总趋势是不断减弱，但在核设施拆卸过程中也可能出现辐射水平的“新高峰”。做好源项调查是把握核设施安全退役的关键。源项调查成果的应用价值取决于调查结果的可信度，而结果的可信度依赖于质量保证。源项调查结果应保证准确、可靠，全过程执行质量保证大纲和实行质量控制，特别要重视：①源项调查范围和内容紧密符合退役设施的实际边界和退役的实际需要。源项调查的设计布置和操作程序密切结合退役设施的具体条件。②取样有代表性，取样方法正确，测量分析达到要求的准确度和精密度，数据处理正确，尽可能给出不确定度。③正确记录和保存数据，源项调查数据的收集、传递、处理、贮存和使用都有严格的管理。④退役的核设施存在易裂变物质（如铀-235、钚-239 和铀-233），源项调查高度重视易裂变物质的数量和存在位置，疏忽或轻视残留的易裂变物质，可能会导致发生核临界事故严重后果。（苑国琪　王拓）

**推荐书目**

罗上庚，张振涛，张华. 核设施与辐射设施退役. 北京：中国环境科学出版社，2010.

美国国防部. 核设施退役辐射检测与场址调查手册. 顺忠，顾建德，张太明，等，译. 北京：原子能出版社，2002.

陈式. 放射性废物安全通论. 北京：原子能出版社，2006.

**tuiyi zhongtai mubiao**

## 退役终态目标

（final objective of decommissioning） 退役活动结束后，对原核设施所在场址的一种描述。退役终态目标是开放和利用场址程度及前景，应在退役实践开始前确定，是检验退役活动是否完成的标志。

**退役终态目标确定** 核设施退役终态目标可分为两类，即场址无限制开放利用和场址有限制开放利用。影响退役终态目标的因素主要有政策法规、核设施发展情况、退役后场址的利用前景、退役核设施所处的地理位置、退役废物处置的可行性、现有的退役技术、财政状况、公众态度。

**场址无限制开放利用** 通常，核设施的运行寿期有几十年，在运行过程中，由于多种原因，场地、设备及建筑物不可避免地被放射性物质污染，在停止运行后的退役实践活动中，必须采取各种退役技术及整治措施将残留在场地、设备及建筑物上的放射性物质清除到不再对人类及环境有超过限值的辐射照射。场址无限制开放利用是指公众成员可任意进入经退役整治后的原核设施场址和保留的建筑物，并可不受限制地从事各种活动，包括经营工农商业、房地产开发、娱乐游览等。此时，原核设施场址的边界已经消失，与社会地界融为一体。在场址无限制开放利用的情况下，公众关键组成员受到的剂量必须低于经过辐射防护最优化的某一约束值，而这一约束值因诸多因素（原场址的地理位置、气象气候、水文地质条件及退役前从事的核活动内容等）对不同的核设施是不同的。国际原子能机构建议用 0.3 mSv/a 作为无限制开放利用场址的剂量约束值（WS-G-5.1）。在退役整治时以此约束值导出场址土壤、建筑物表面的污染清除水平。

**场址有限制开放利用** 经退役整治后原核设施场址和保留的建筑物上的放射性残留物不符合无限制开放利用标准，但在满足某一剂量约束值的情况下可考虑作有限制开放使用，通常，这一有效年剂量不超过约束值 1 mSv。在场址有限制开放利用时，公众成员不能随意进入场址，不能在其范围内任意活动，应在规定的限制条件下进入和活动。场址有限制开放利用，应明确场址受控开放的限制范围、程度和时间，规定检测与监督方式，并要求采取行政措施，以实施必要的限制，如明确规定原场址禁入的场区范围和工号、限制在场区停留的时间、限制从事活动的类别等。

**终态目标的验收** 在核设施退役结束、场址开放前，营运者必须为监管机构提供场址放射性核素残留水平及辐射水平的实测数据文件，监管机构组织验收，根据前述剂量约束值判定终态场址是否可以无限制开放利用。

（谷存礼　顾志杰）

# W

waizhaoshe

**外照射** (external exposure) 体外辐射源对生物体所产生的照射。这一术语也用于非人类物种。外照射是相对于内照射而言的。外照射时辐射源位于人体外部，当人体远离辐射源或采取足够的屏蔽防护措施后，则不再受到照射；而对于内照射，放射性核素一旦进入人体，它对人体的照射将持续一段时间，甚至使人体终生受照。这是外照射与内照射的明显区别。强贯穿电离辐射都会对人体产生外照射，例如，X射线、γ射线、中子等。弱贯穿电离辐射主要对人体皮肤、浅表组织或器官造成外照射，例如，高能β射线若防护不当，会造成皮肤烧伤；而有些弱贯穿辐射，如α射线，则因其射程很短以及人体皮肤角质层的阻挡，通常不会造成外照射。

在辐射防护领域中，个人外照射的评价量是有效剂量 $E$ 和当量剂量 $H_T$（器官或组织），单位均为希[沃特]（Sv）。在事故和医学处理中还使用吸收剂量 $D_T$，单位为戈[瑞]（Gy）。因为人体组织或器官的吸收剂量无法直接测量，上述评价量都不是可直接测量的量。可测量的量称为实用量，对于个人剂量监测是个人剂量当量 $H_p$（d），其中，对于强贯穿辐射是 $H_p$（10），弱贯穿辐射是 $H_p$（0.07），对于眼晶体则需要测量 $H_p$（3）。在个人外照射监测中，常采用佩戴在人体特定部位的个人剂量计进行测量，具体应根据照射情况，选择合适的剂量计和佩戴位置。对于场所（环境）监测，通常测量的量是空气比释动能 $K_a$、周围剂量当量 $H^*$（10）、定向剂量当量 $H'$（d，Ω）等。

在人类生存的环境中，自然地存在着一些电离辐射，称为天然辐射。世界范围内，宇宙射线外照射的人均年有效剂量约为 0.39 mSv；陆生放射性核素，主要有铀-238 系、铀-235 系、钍-232 系、钾-40 等，其外照射人均年有效剂量为 0.48 mSv。除天然辐射外，现代人或多或少都会受到人工辐射源的照射。人工辐射主要来自核武器的试验和生产、核能生产、核技术应用、核事故以及电离辐射在医学诊断与治疗中的应用。其中，核试验是环境中人工辐射照射的最大贡献者，其所致年人均有效剂量目前为 5 μSv（外照射约占 53%）；而医学照射是所有人工辐射照射的最大者且增长较快，例如，X射线放射诊断所造成的外照射年有效剂量约为 0.62 mSv，占到人工辐射源年有效剂量的 95%。此外，金属矿开采与冶炼、磷酸盐工业等人为活动引起天然辐射水平的增加，近年来也引起了人们的关注，特定情况下，其对关键人群组的照射剂量可以达到毫希水平。

（刘立业　杨华庭）

waizhaoshe fanghu

**外照射防护** (protection from external exposure) 避免或减少外照射的技术和管理措施。

从广义上讲，外照射防护包括一切旨在避免或减少人员外照射的技术和管理措施，通常是两种措施的综合应用。①技术措施一般包括减少辐射源的活度、缩短照射时间、远离辐射源、增加屏蔽等；②管理措施包括建立防护管理制度、设立警示标志、控制人员出入、合理的工作安排等。X 射线、γ射线、中子等强贯穿辐射是外照射防护的重点。此外，高能β射线会造成皮肤烧伤，也应注意防护。

**外照射防护的原则** 理论上讲，从辐射源释放射线到使人体受照的一系列环节上，均可采取干预措施以减少对人体的照射。其原则和措施包括减少辐射源、缩短照射时间、远离辐射源、增加屏蔽等。其中，后三个措施适用范围较广，常简称为外照射防护的三原则，有时也称为三要素，即时间、距离、屏蔽。

**减少辐射源** 辐射场的强度与辐射源的强度成正比。减少辐射源的强度，可以降低人体所处辐射场的强度，进而减少受照剂量。一般可通过减少放射性的产生量、去污、衰变等方式减少辐射源。通常核技术应用领域所使用的放射源，已经综合考虑了经济、防护等因素，其放射性活度无法继续减少。在核设施工作场所，则可通过适当方法减少放射性的产生量，并通过去污等措施进一步降低现场的放射性水平。有些情况下，只能利用放射性原子核的自身衰变，即等待一段时间，来降低放射源的活度。

**时间** 人体所受外照射剂量是照射剂量率与受照时间的乘积，所以缩短照射时间可以有效降低人体的受照剂量。通常，可通过提高作业人员的工作效率、合理安排作业方案等方式，减少受照时间。

**距离** 距离辐射源越远，照射剂量率越小，人体所受剂量也就越小。例如，对于点放射源来讲，当空气散射因素可忽略时，照射剂量率与距离的平方成反比。所以，距离防护是十分有效且成本较低的外照射防护方法之一。通常，在工作过程中，应尽可能与辐射源保持最大距离；工间休息时，应远离辐射源在低剂量率区进行休息；同时，应注意选取远距离操作工具开展工作。

**屏蔽** 是外照射防护中最主要的一种方法。在反应堆、加速器及高活度辐射源的应用中，仅靠缩短操作时间和增大距离远远达不到防护要求，此时，必须采取适当的屏蔽措施。在辐射源与受照人体之间放置合适的屏蔽体，使射线通过屏蔽物质时被减弱，从而减少对人体的照射。一般来讲，射线穿透物质的能力越强，外照射屏蔽的难度越大。不带电粒子的穿透能力要远大于带电粒子。以常见的几种射线为例，当具有相同的能量时，它们在物质中穿透能力的排序是中子＞γ射线＞β射线＞α射线，如下图所示。

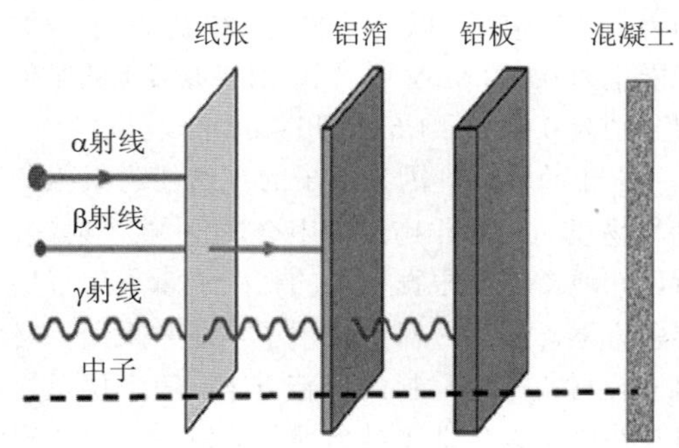


不同射线穿透物质能力的示意图

通常，材料原子序数 *Z* 越大、密度越大，吸收射线的能力也会越强。具体屏蔽设计中，应根据需屏蔽射线的类型、能量等特点，选择合适的屏蔽材料、厚度以及屏蔽体形状；同时，还需要特别考虑散射因素的影响。

**β射线的屏蔽** 高能β射线在铅、钨等高 *Z*（*Z* 为中子数）材料中，会产生较多的韧致辐射 X 射线，后者的穿透能力远大于β射线，从而造成额外的照射源。所以，应先采用塑料、玻璃等低 *Z* 材料屏蔽β射线，必要时，再附加一层高 *Z* 材料进一步屏蔽所产生的韧致辐射 X 射线。β射线的外照射风险主要是造成皮肤或浅表软组织烧伤，例如，能量为 1 MeV 的单能电子，在软组织的射程大约为 4.2 mm。通常，对于磷-32、锶-90 等高能 β 发射体（射线平均能量大于

0.2 MeV），1 cm 厚的塑料或有机玻璃即可得到有效屏蔽；而对于磷-33、硫-35、碳-14 等低能β射线发射体，因其射程很短，一般不需要采取特别的屏蔽措施。

X、γ射线的屏蔽　X、γ射线本质上是相同的，均是一种能量较高（波长很短）的电磁辐射。X、γ射线不带电，属于间接电离辐射。相比β射线，X、γ射线穿透物质的能力要强得多。X、γ射线是工作场所最经常遇到的一种电离辐射，常用铅、钨等高原子序数、高密度材料来进行屏蔽。γ射线屏蔽计算中常用的一个术语是半值层或半减层，用来描述特定能量光子穿越特定物质时的减弱特性，含义是：当γ射线减弱为原来强度的一半时，所需要的屏蔽层的厚度，即为一个半值层。以常见的铯-137 源为例（γ射线能量为 0.662 MeV），铅、钢和混凝土的半值层分别为 0.6 cm、1.6 cm 和 4.8 cm。

中子的屏蔽　因为中子的穿透能力很强，且与物质的相互作用过程中会产生 X、γ射线，所以，通常需要根据中子的初始能量采用多层屏蔽方案。例如，对于快中子，通常采用重材料—轻材料—重材料的屏蔽方案。第一层重材料与快中子发生非弹性散射使其减速；第二层轻材料则一方面与低能中子发生弹性散射，进一步使其慢化，同时与中子发生辐射俘获等反应吸收中子。第三层重材料则用于吸收因非弹性散射、辐射俘获等反应释放出来的γ射线和次级电子产生的轫致辐射 X 射线。

**管理措施**　在采取技术措施的同时，严格的管理措施也是必不可少的。这方面涉及各管理部门辐射安全的职责划分、工作监督的岗位职责、工作场所的分区控制、个人及场所监测的安排、人员教育与培训、定期评估、干预计划、健康监护计划等一系列规定和要求。例如，工作场所可以分为控制区、监督区和非限制区等，不同区域的安全规定不同。控制区的出入人员有严格的限制，出入口及其他适当位置要设立警告标志并表明辐射水平和污染水平，出入控制区要穿配防护衣具，并进行相应的监测和冲洗等，此外，良好的工作组织也是降低外照射的重要管理措施，应做好充分的工作准备，包括工作文件、作业规程、工作器具、防护用品的准备等，要合理调配现场人力、加强现场监督，同时及时进行经验反馈，从而提高现场辐射防护最优化水平。　　　（刘立业　杨华庭）

**weixing chongfan shigu**

## 卫星重返事故　(satellite re-entry accident)

用核能供电的人造卫星大多采用放射性同位素热-电发生器装置和小型核反应堆。在卫星发生事故处于失控状态重返地球大气层时，可能会因爆炸和燃烧等原因使放射性装置和核反应堆的完整性遭到破坏，丧失原有的安全性，使放射性物质散落，因而对地球的环境造成严重放射性污染，致使人口放射性照射剂量增加。两次典型的卫星重返事故是 1964 年 4 月的美国 SNAP-9A 卫星事故和 1978 年 1 月的前苏联 Cosmos 954 卫星事故。

自前苏联于 1957 年 10 月 4 日发射第一颗人造地球卫星至 21 世纪初，估计有近 60 个国家的 4 000 颗卫星围绕不同的地球轨道运行（并非均由拥有国发射）。现人造卫星已广泛用于天文、气象、通信、广播、导航、侦察、预警以及空间实验等目的。人造卫星多由核能、化学能和太阳能转化为电能向卫星各分系统供电。有些卫星是返回式的，有些则是非返回式的。

SNAP-9A **卫星重返事故**　SNAP-9A 是美国 Transit-5BN-3 导航卫星中使用的放射性同位素热-电发生器，内装 630 TBq（17 000 Ci）金属钚-238。Transit-5BN-3 于 1964 年 4 月 21 日发射，但未能进入预定轨道，从南半球重返大气层时燃烧，约 600 TBq 的放射性核素释放到平流层。

根据卫星重返事故释放的放射性核素总量至沉积密度的转移系数，以及由沉积转至剂量的转换系数可推算得出卫星重返事故给人类造成的集体剂量。

对 SNAP-9A 事故而言：①通过食入途径，钚-238 在温带地区的剂量负担为 1.8 nSv。南半球的平均值为 1.2 nSv；北半球的平均值为 0.3 nSv。以人口加权的世界平均值为 0.4 nSv（89%的人口居住在北半球）。因钚-238 的半衰期较长，估计有 60 亿的世界人口会受到该事故的照射。因此，由于 SNAP-9A 卫星重返事故，通过食入途径造成的集体有效剂量估计为 2.4 人·Sv。②通过吸入途径，钚-238 在南半球温带地区的剂量负担为 2 400 nSv。在南半球平均值为 1 600 nSv，北半球平均值为 400 nSv，全球平均 530 nSv。由于 SNAP-9A 重返大气层事故，40 亿人口因吸入引起的集体剂量为 2 100 人·Sv。

集体剂量的主要贡献来自吸入途径，这与大气层核试验产生的钚-238 引起的有效剂量较相近。大气层核试验释放的钚-238 约为 0.33 PBq，约是 SNAP-9A 卫星重返事故释放量的 1/2。但是，核试验中的钚-238 大部分释放在北半球的大气层中。

**Cosmos 954 卫星事故** 1978 年 1 月 24 日前苏联发射了一颗用核反应堆做动力的侦察卫星 Cosmos 954。卫星发射后不久即发现其未能进入稳定轨道。因反应堆体积较大，不可能在重返大气层时完全燃烧，放射性物质有可能散落在地球上，造成灾难，因而引起高度关注，立即进行密切跟踪。最后，卫星残留的放射性物质散落在加拿大西北部人烟稀少的荒漠地带，碎片散落面积约为 124 000 $km^2$，反应堆堆芯则深陷在北极圈内的永久冻土地带。

据估算，反应堆的燃料含 20 kg 浓缩铀-235，卫星共计运行 128 天，稳定输出功率 100 kW，燃耗为 $2×10^{18}$ 裂变/gU。在卫星返回大气层时，大约 75%的放射性核素弥散在高空大气层，25%沉积在荒漠地带，大部分放射性碎片被收回。对回收样品的分析未发现碘和铯等元素，表明卫星重返并在大气层燃烧时这些元素的核素已 100%弥散。利用相同的方法，估算得出 Cosmos 954 卫星事故造成的集体剂量为 16 人·Sv，主要是对北半球人口的剂量。

从上述数据可以看出，仅一次 SNAP-9A 卫星事故中钚-238 引起的集体有效剂量即约为 2 100 人·Sv，几乎与全部大气层核试验中钚-238 引起的有效剂量相当；其虽远比切尔诺贝利事故（在国际原子能机构的事件分级表中属最严重级别的事故，即第 7 级事故）的 600 000 人·Sv 低，但比三哩岛事故（事件分级表中属第 5 级事故）造成的集体剂量 20 人·Sv 的数值高很多。另外，Cosmos 954 卫星事故造成的集体剂量为 16 人·Sv，也与三哩岛事故造成的集体剂量极为相近。因此，应对核能供电卫星的安全性予以高度重视，在设计阶段就必须考虑到当卫星出现严重事故时，仍能保证其完整性和安全性，并应对可能发生的重返事故及其可能造成的辐射危害，制订应急计划，并做好各项预案准备；虽然发生卫星失控重返事故的概率很低，但对重返事故及其因放射性物质散落引起的人类、环境和非人类物种的辐射危害必须予以高度重视。（冷瑞平　潘自强）

**Wensikai'er shigu**

## 温斯凯尔事故（Windscale accident）

1957 年 10 月 7 日在温斯凯尔反应堆发生的英国历史上最严重的核事故。该事故估计向邻近农村释放了 740 TBq（20 000 Ci）的碘-131，22 TBq（594 Ci）的铯-137 和 12 000 TBq（324 000 Ci）的碘-133，按照国际核事件分级表（INES）定为 5 级。

温斯凯尔两座反应堆作为英国原子弹计划的一部分而建。

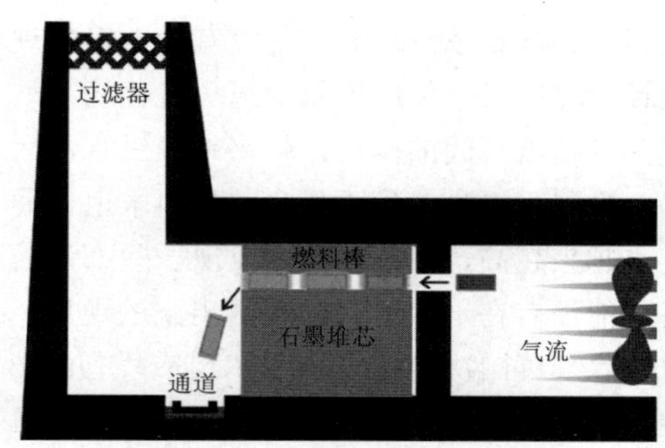


反应堆原理示意图

**温斯凯尔反应堆** 第二次世界大战后，英国政府为了尽可能快地制造出自己的原子弹，在坎伯兰郡附近建成了用于生产武器钚的石墨慢化和空气冷却的反应堆温斯凯尔 1 号堆和 2 号堆，其中一号机组于 1950 年 10 月开始运行，二号机组于 1951 年 6 月开始运行。反应堆的原理如上图所示，其中用于冷却反应堆堆芯的冷空气由鼓风机驱动，进入反应堆冷却石墨砌体中的热燃料管，经堆芯加热的热空气由烟囱排出。

**事故原因** 天然金属铀包在带有翅片的铝金属管内，形成燃料棒，经过核反应用来产生金属钚。反应堆堆芯为石墨砌体，铀燃料棒及其同位素缶水平布置在中间通道中。燃料和同位素放在通道的前段，称为“装料端”，乏燃料穿过整个通道，从“卸料端”卸出，进入水管冷却，然后取出用来提炼钚。作为用来制造武器级的钚，为了减少产生重核钚同位素，要保持较低的燃耗深度。

匈牙利物理学家发现石墨在中子轰击下，其晶体结构发生移位，积累巨大的潜能（维格纳能量），当温度上升到阈值时，潜能会瞬时大量释放出来。反应堆在建造时，英国对石墨的维格纳能量释放缺乏深入研究。温斯凯尔 2 号堆曾由于维格纳能量的释放，发生了一次堆芯温度升高。经研究，最终找到了一个安全释放维格纳能量的方法，即石墨退火，也就是将石墨堆芯升温到 250℃，使移位的分子复位并逐步释放能量。退火操作能阻止维格纳能的积聚，但是温斯凯尔的监视设备、反应堆及其附属设备（如冷却系统等），都没有为此操作进行设计。温斯凯尔反应堆每次退火过程均不一样，并且随着时间的推移，越来越难进行，后来的多次退火操作必须重做，并且要求退火的温度也越来越高，在此期间还发现一些部位的维格纳能没有在退火过程中释放出来的现象。

但后来英国决定用温斯凯尔反应堆使锂-6 被中子活化以生产氚。这就需要更高的中子通量。为此，决定减小铝燃料管上的冷却翅片尺寸，提高中子通量。由于温升超过了反应堆的设计值，科学家们不得不改变堆芯功率分布，引起在 1 号堆出现了“热点”。由于退火操作不是原始设计，所以热电偶的安放位置仅适合监视正常操作，不能很好地监视退火操作，造成某些热点不能被及时发现。当在 1 号反应堆成功生产氚后，热量问题被认为可以忽略，所以继续大量生产。同时，不像现在的反应堆使用的是二氧化铀，该反应堆使用的是金属铀，其在富氧情况下很容易燃烧。

本次事故是铀燃料着火，并不是广泛猜测的石墨慢化剂着火。2005 年的检查表明，石墨仅仅在着火燃料周边有些损伤。

**事故进程** 1957 年 10 月 7 日，1 号反应堆的操纵员先将冷却风扇和反应堆维持在低功率运行，开始石墨砌体退火操作。次日，操纵员进一步提高功率，升高温度进行退火。当看到堆芯似乎已有退火迹象，操纵员下插控制棒停堆，但实际上退火并未发生。于是再次提棒提高功率，由于热电偶测点有限，操纵员未能得到最高温度的信息。事后官方报告认为，最热点的铀的铝包壳破坏使铀氧化、过热和着火（但是最近的报告说是镁锂及其同位素）。

10 月 10 日，与理应结束的退火情况相反，观察到堆芯温度还在上升。操纵员为了冷却堆芯，鼓入更多的空气。烟囱的辐射监测器发出高辐射水平报警。根据规程，现场指挥宣布场区应急。现场人员打开检查孔发现周边四个燃料通道已经着火，此时石墨砌体已经着火约有 48 h。操纵员随后使用 25 t 液态二氧化碳灭火，但并未成功，一方面是二氧化碳很难注入堆芯，另一方面是二氧化碳在高温下容易分解出氧气。10 月 11 日早晨，火灾达到最严重的时候，有 11 t 铀在“燃烧”，有一个热电偶指示温度为 1 300℃，导致反应堆生物屏蔽层被严重损坏。

面对危机，操纵员决定用水灭火。但这是有风险的，因为熔化的金属与水反应会生成氧气和氢气，与进入的空气混合可能发生爆炸，甚至会摧毁脆弱的安全壳。在没有其他办法的情况下，操纵员决定向石墨砌体中的燃料管道灌水，水位超过火灾中心上方 1 m，但是检查发现火灾并未熄灭，要求采取进一步的措施。

现场指挥人员要求除自己和消防员外，其余人员全部撤离，然后关闭所有进入反应堆的冷却通风空气。最后，在卸料端检查才发现火焰慢慢熄灭，幸运的是在此过程中没有发生爆炸。灌水持续了 24 h，一直到堆芯全部处于冷态。事故后，反应堆保持完整，并有 15 t 铀燃料藏在里面。当时考虑有氢化铀的存在，有复燃的可能。后来的研究表明，不可能复燃。

**事故影响**　这次事故估计向邻近农村释放了 740 TBq（20 000 Ci）的碘-131、22 TBq（594 Ci）的铯-137 和 12 000 TBq（324 000 Ci）的碘-133（后来的研究表明，实际释放可能高于这个估计的数据），但没有人从周围地区撤离。事故后，英国政府花了一个月的时间将邻近 500 $km^2$ 内的牛奶稀释 1 000 倍后排放至爱尔兰海。这次事故的放射性物质释放影响到了英国和欧洲地区。

在此次事故中 1 号反应堆大约有 6 700 根着火受损的燃料元件和 1 700 盒着火损坏的同位素缶留在堆内，由于堆内持续的核反应，损坏的堆芯至今还保持轻微的温暖。2 号堆虽未损坏，但考虑其可能的不安全性，随后也永久关闭。2008 年开始移除损坏堆芯内的燃料，该项行动将持续 4 年。

**经验教训**　1957 年 10 月 17 日—25 日，事件调查委员会组成。调查报告提交给英国原子能委员会，并作为政府白皮书的基础，在 1957 年 11 月发给议会。报告在 1988 年对公众公布，在 1989 年再版，对原始报告进行了修正。

调查报告总结了四条结论：①事件的主因是 10 月 8 日的第二次加热，太早太快。②发现事故后，一步步的处理措施均“迅速，有效，有强大的责任感”。③处理事故后果的措施是得当的，对温斯凯尔的工人和公众的健康没有造成立即的伤害，并且将来不太可能造成进一步的伤害。但报告对技术和政府职能的缺失十分不满。④需要更详细地评估，以引导政府转变职能，在健康和安全方面有更清晰的责任，以及更好的剂量限值定义。

（陶书生　王中堂）

# X

xishou jiliang

**吸收剂量** （absorbed dose） 电离辐射授予某一体积元中的物质的总能量除以该体积的质量的商，用 $D$ 表示。

基本的剂量学量，定义为

$$D=\frac{\mathrm{d}\bar{\varepsilon}}{\mathrm{d}m}$$

式中，$\mathrm{d}\bar{\varepsilon}$ 表示电离辐射授予物质质量 d$m$ 的平均能量。吸收剂量的 SI 单位是焦[耳]/千克（J/kg），其特定名称为戈[瑞]（Gy）。过去曾使用过的单位是拉德（rad），1 rad=0.01 Gy。

吸收剂量，本来是描述任何介质中吸收能量大小的普通物理量，早就在很多领域中得到应用。电离辐射被人类发现并最早在医学中得到应用以后，很快发现了红斑等可能伤害。人们为了描述人体受到电离辐射作用的“大小”，很自然地借用了医学中用来描述一次或一定时间内服用的药物量，即“剂量”来度量所受电离辐射的“多少”，并且引入了“吸收剂量”来度量所吸收电离辐射的“剂量”大小。但以后的长期研究表明，电离辐射照射可以在受照生物体中引起物理的、化学的、生物学的一系列变化，其全过程是受多种因素影响的复杂过程。除了可直接引起急性效应的大剂量照射情况应采用吸收剂量来描述照射大小以外，在通常的低剂量照射情况下，代表单位质量吸收能量大小的“吸收剂量”只能为估计生物效应的大小提供物理学基础（可假定生物效应的大小与吸收剂量成比例），要估计最终生物效应的大小，还必须以吸收剂量为基础再进一步推导出当量剂量和有效剂量（参见当量剂量和有效剂量）。

国际放射防护委员会 1990 年第 60 号出版物以后，吸收剂量均改指为某一组织或器官内的平均吸收剂量。因为在诱发某一随机效应的概率与剂量的关系是线性无阈的假定下，在有限的剂量范围内采用这种平均剂量来指示随后发生的随机效应的概率是合理的。在实际的辐射防护评价中，组织或器官内的平均吸收剂量一般都是依靠人体模型计算得到的。吸收剂量，在物理上是可以测定的，其基本测量方法有空腔电离室法、量热法和化学剂量计法等。

（夏益华　潘自强）

xiwote

**希沃特** （Sievert） 当量剂量、有效剂量和运行实用量的 SI 单位的特定名称，符号为 Sv，是为纪念杰出的瑞典生物物理学家希沃特（Rolf Maximilian Sievert）而命名的。1 Sv=1 J/kg。

由于生物物质中吸收剂量的大小只反映生物物质所吸收能量的大小，是一种纯粹的物理量，还不能完全反映电离辐射对生物物质生物效应的大小，因此在辐射防护中需要用辐射权重因数对吸收剂量加权，以获得组织或器官中相应的当量剂量，再用组织权重因数对当量剂量加权后求和以获得反映全身生物效应大小的有效剂量。希[沃特]就是度量当量剂量或有效剂量大小的剂量学单位。

当量剂量或有效剂量都是适用于低剂量随机性效应的范围；对于大剂量的确定性效应范围，一般应采用吸收剂量。

与戈[瑞]（Gy）取代拉德（rad）类似，希[沃特]取代了以前曾用过的雷姆（rem），1 Sv=100 rem。

实用中，常采用其千分之一单位（毫希[沃特]，mSv）或百万分之一单位（微希[沃特]，μSv），即：

1 mSv=0.001 Sv

1 μSv=0.000 001 Sv

例如，天然辐射源对全球每人每年所产生的总有效剂量平均约为 2.4 mSv，其中由氡引起的吸入内照射剂量平均约每年 1.15 mSv。

（夏益华　陈竹舟）

**xiancun zhaoshe**

**现存照射**　（existing exposure）　当不得不采取控制决定时已经存在的照射情况，包括天然本底辐射和过去实践的残留物引起的照射。

现存照射情况一词源自国际放射防护委员会（ICRP）2007 年建议书，即从基于过程的实践和干预的辐射防护方法，发展为基于计划、现存和应急的三种照射情况的防护方法。

一些现存照射情况可能会产生较高的照射，应当对此采取防护行动。住宅和工作场所的氡，以及天然存在的放射性物质是常见的例子。另外，对现存的人工照射也可能有必要考虑防护行动。如过去实践的环境残留物或切尔诺贝利等事故造成的土地污染情况。当然，对绝大多数现存照射，采取减少照射的行动是不合理的。至于哪些现存照射情况需要进行控制，取决于源或照射的可控性以及经济、社会和文化等因素，需要监管部门做出判断。这时，排除和豁免原则可供参考。

现存照射情况可能很复杂，可以涉及多个照射途径，对人员造成的年剂量可能很低，也可能达到几十毫希。还与受照人员的起居、饮食等生活习性密切相关。

辐射防护的正当性和最优化原则适用于现存照射情况。

用个人剂量表示的参考水平可用于现存照射情况，但须与最优化过程一并使用，应努力把个人剂量降到参考水平以下。这并不意味着低于参考水平就行了，应对照射情况进行评价，以辨明防护是否已经是最优化了。现存照射情况的参考水平一般在 1～20 mSv 的预期剂量范围之内。制定参考水平所考虑的主要因素是控制照射情况的可行性，以及类似情况的既往管理经验。在多数情况下，把照射降低到接近“正常”情况的水平是受照人员和主管部门的共同意愿。

从国内外情况来看，对天然现存照射情况已经采取行动的主要对象是针对氡的照射。一方面氡与其他天然源的照射途径不同，并且氡-222 及其子体有特殊的剂量学和流行病学问题；更重要的一方面是对于许多人来讲，氡是一个重要的、原则上能够控制的照射源。

目前矿工流行病学研究和居民氡病例对照研究表明氡照射和危险之间有显著的一致性，其危害主要是氡-222 及其子体照射引起的肺癌。ICRP 2007 年建议书，对于氡及其子体，建议个人剂量的参考水平上限为 10 mSv，以活度浓度表示的参考水平的上限值对于工作场所是 1 500 Bq/m$^3$，对于居室内是 600 Bq/m$^3$。2014 年国际原子能机构发布的《国际辐射防护与辐射源安全基本标准》正式版中建议工作场所和居室内参考水平分别是 1 000 Bq/m$^3$ 和 300 Bq/m$^3$。

（杨华庭　刘森林）

**xianxing wuyu moxing**

**线性无阈模型**　（linear-non-threshold model，LNT）　基于在低剂量范围内，癌或遗传疾病超额发病率是按简单正比方式随辐射剂量（大于零）而增加的这一假设的剂量响应模式。

放射防护体系建立在如下的假定之上，在剂量低于大约 100 mSv 的情况下，给定的剂量增量与归因于辐射的癌症或遗传效应概率的增量成正比，即 LNT 模型。LNT 模型是以有关自发的和辐射诱发的 DNA 损伤相对丰富的资料为依据的。国际放射防护委员会（ICRP）认为，联合采用LNT模型及剂量和剂量率效能因数的判断值，能为放射防护的实际目的，即小剂量辐射危险的管理提供谨慎的基础。

然而，LNT 模型不能被普遍视为生物学真理，在某些组织中存在诱发癌症的小剂量阈不是不可能的。ICRP 第 99 号出版物指出，没有明显的证据证明辐射导致某些人类癌症增加，如慢性淋巴性白血病、睾丸癌及黑素瘤皮肤癌。

新资料和假说的出现也对LNT模型的正确性及其实际应用提出疑问，主要有两种类型挑战，两者都是假定非线性小剂量响应。①癌症诱发的辐射剂量响应在小剂量情况下具有超线性组分（即双峰或多峰剂量响应关系），因此由在高剂量下的观察结果预测小剂量危险将明显低估真正危险。②存在剂量阈值。在低线性能量传递辐射的小剂量和低剂量率情况下，各部位癌症危险与辐射剂量成正比的假设，忽略了存在阈剂量的可能性。

ICRP 第 99 号出版物指出，尽管对于某些组织的辐射诱发癌症来说存在一小剂量阈，而且将所有癌症视作一组时也不能排除小剂量阈存在的可能性，但是从总体上看目前的证据，包括流行病学、动物实验研究结果、细胞和分子模型，并不支持存在通用的阈剂量。因此，为了辐射防护目的，没有特殊理由在危险计算中考虑阈值的可能性。实际上，即使可以证明剂量响应关系不是直线，在辐射防护中仍然要使用线性近似，否则辐射防护会变得无法管理。

国际重要学术团体对LNT假说的正确性问题也存在争议，争议焦点集中在对低剂量致癌危险的估计上。法国科学院认为，低于100 mSv的照射对健康危害可以忽略，没有必要降低职业照射的剂量限值。而美国科学院2005年发表的《低水平电离辐射对健康的危害》认为：低水平辐射也会增加癌症的发生率。低线性能量传递辐射所致癌症危险的真正低剂量阈存在与否的不确定性也许永远解决不了，因而，在可预见到的将来可能将继续采用实际判断。

由于小剂量情况下健康效应的这种不确定性，ICRP认为，为了公众健康计划的目的，计算许多人在很长时期内接受很小辐射剂量所产生的癌症和遗传疾病例数的理论数字是不合适的。（白光　潘自强）

**xiangdui shengwu xiaoneng**

**相对生物效能**　(relative biological effectiveness，RBE）　衡量不同辐射种类在诱发特定健康效应效能方面的一种相对标准，RBE是产生相同生物效应的低传能线密度（LET）参考辐射的剂量相对于所考虑的辐射的剂量之比。参考辐射的选取并不一致，多选用钴-60和铯-137的γ射线，或大于200 kV的高能X射线，资料中需注明。

RBE 值来自离体或活体的实验。几种辐射的典型的RBE值见表1。

**表1　各种辐射的RBE值**

| 辐射 | RBE |
|---|---|
| 镭的γ射线，0.1～3 MeV的X射线、β射线 | 1 |
| 质子 | 10 |
| ＜20 MeV的快中子 | 10 |
| α射线 | 20 |

低能X射线的RBE值明显高于钴-60的γ射线。细胞的实验显示，20 kV的X射线RBE值是常规X射线（200 kV）的2～3倍，是钴-60γ射线的2倍。氚水（HTO）的实验证实，HTO的RBE值是γ射线的1～3倍，是X射线的1～2倍。HTO的RBE值在1～3.5波动，多认为处于1～1.5的范围。关注俄歇电子的生物效应时，当碘-125以脱氧尿嘧啶核苷（UdR）与DNA结合时，其RBE值达7～9，仅在细胞核中但不与DNA结合时，RBE值为4，当其仅停留于胞浆中则RBE值为1。

α粒子的RBE值因所考虑的生物效应终点而有较大差异，在同一生物效应终点时，则因所在器官和组织位置而异。根据有限的人类数据估算的α粒子RBE值，肺癌和肝癌为10～20，骨肿瘤和白血病则略低些。α粒子和He离子诱发人淋巴细胞染色体双着丝粒体畸变的RBE值见表2。

表 2　α 粒子诱发人淋巴细胞染色体双着丝粒体畸变的 RBE 值

| α 粒子和 He 离子能量/MeV | 参考辐射 | |
|---|---|---|
| | X 射线，250 kVp | γ 射线，$^{60}$Co |
| 5.1 | 8 | 24 |
| 6.1 | 6 | 18 |
| 23.0 | 16 | 48 |

中子的 RBE 值要高得多，与其能量相关。不同能量中子以钴-60γ 射线为参考辐射时诱发人淋巴细胞染色体畸变的 RBE 值见表 3。

表 3　不同能量中子诱发人淋巴细胞染色体畸变的 RBE 值

| 中子来源及能量/MeV | RBE |
|---|---|
| 裂变中子，0.7 | 53 |
| 裂变中子，0.9 | 46 |
| 锎-252 中子，2.13 | 38 |
| 加速器中子，7.6 | 30 |

表 4 中列出了产生严重确定健康效应放射性 RBE 值。

表 4　严重确定健康效应的 RBE 值

| 放射性 | 肺 | 红骨髓 |
|---|---|---|
| 光子（γ 射线和 X 射线） | 1 | 1 |
| 正、负电子 | 1 | 1 |
| 中子 | 3 | 3 |
| α 粒子 | 7 | 2 |

辐射防护中使用的辐射权重因数（$W_R$）就是根据不同辐射在随机效应的 RBE 的评价得出的。RBE 值随所考虑的剂量、剂量率和生物学终点而变化。在低剂量下的随机效应 RBE 对辐射防护有特别意义。

对于给定种类和能量的辐射，RBE 值将是一个范围。在低剂量和低剂量率时，RBE 达最大值（$RBE_M$）。因此，对于确定辐射防护中使用的辐射权重因数来讲，$RBE_M$ 是特别重要的。在低剂量范围内，$W_R$ 与剂量和剂量率无关。

（白光　潘自强）

Xinzhou fushe shigu

**忻州辐射事故**　（Xinzhou radiological accident）　发生在 1992 年 11 月山西省忻州地区的一起因钴-60 放射源失控致公众死伤多人的特别重大辐射事故。事故造成 3 人死亡，数十人受到超剂量辐射照射。

**事故经过**　1973 年，忻州地区行署科技局为了培养良种，筹建了钴-60 辐照装置。1980 年，该单位另建新址，决定将原址产权（钴-60 辐照装置仍归科技局所有）归属忻州地区环境监测站。1981 年 9 月忻州地区行署科技局搬迁后，即停止使用辐照室，就地封存。1991 年 6 月忻州地区环境监测站基建用地，与忻州地区行署科技局联合开始送贮放射源。请山西省放射环境管理站收贮，在讨论收贮方案及收贮过程中，忻州地区行署科技局人员均称有 4 枚放射源。山西省放射环境管理站将放射源悉数收贮。忻州地区环境监测站于 1991 年 8 月完成了钴源房爆破拆除。

1992 年 11 月 19 日上午 9 时许，民工张某在钴-60 辐照装置附近拾到一圆柱形钢体装入身穿的皮夹克口袋内，大约 11 时即感到头晕、恶心，发生呕吐，由同事将其送回家中。该枚失控源最终造成张某、张某兄及张某父 3 人死亡。张某妻于 12 月 17 日到北京某医院就诊，根据染色体畸变率增高诊断为急性放射病。

经查该放射源是一枚失控源，活度约为 12.6 Ci（$1\ Ci=3.7\times10^{10}Bq$）。

**事故影响**　这次事故发生后，省卫生防疫站、卫生部工卫所、中辐院等单位对放射事故开展了生物剂量估算及血象分析。按受照剂量大小将受照人员分为七类，见下表。

受照剂量当量分类

| 有效剂量范围 $H_E$/Sv | 人数 |
|---|---|
| $H_E>1$ | 5 人 |
| $0.5<H_E<1$ | 3 人 |
| $0.25<H_E<0.5$ | 7 人 |
| $0.1<H_E<0.25$ | 25 人 |
| $0.05<H_E<0.1$ | 28 人 |

| 有效剂量范围 $H_E$/Sv | 人数 |
|---|---|
| $0.01 < H_E < 0.05$ | 58 人 |
| $0.005 < H_E < 0.01$ | 16 人 |
| 共计 | 142 人 |

**经验教训** 尽管目前对肇事源究竟何时及如何失控尚无定论，但事故造成恶劣影响是毋庸置疑的。从这起恶性事故中，应吸取的经验教训主要有：①放射源的使用单位应对安全负有最终责任，必须重视放射源的安全管理，健全规章制度，务必使放射源时时处处都处于有效监控之下；监管单位应依照国家相关法律、法规、部门规章，认真履行好对使用放射源的单位的监督管理职责，对放射源的使用单位要定期或不定期进行安全检查，每次检查做好书面记录；收贮放射源的单位务必严密收贮程序，送贮放射源的数目及实际收贮放射源的数目都必须以文件形式签署。

②放射源的使用、监管、倒装和收贮（源）是一项技术性、专业性很强的工作，需制订周密的工作计划，专业人员经过培训和实际操作训练后方可从事此项工作；要提高专业技术人员的基本专业知识，树立认真负责的工作精神及严谨的工作方法和实事求是的科学态度。

③医务人员缺乏放射病诊断治疗的基本知识。在这起事故中，所发生的放射病临床症状典型，但很长时间被认为是传染病甚至说是瘟疫，造成误诊耽误治疗。

随着放射性同位素与射线装置在科研、医疗、工业、农业等领域的广泛应用，放射源丢失、被盗、失控等辐射事故屡有发生。只有按照《中华人民共和国放射性污染防治法》《放射性同位素与射线装置安全和防护条例》等法律、法规加强对放射源的安全管理，强化辐射安全防护监督检查，宣传并普及辐射安全防护知识，才能减少或杜绝类似悲剧的发生。

（周启甫　康玉峰　赵亚民）

# Y

**《Yanjiudui Anquan Xingwei Zhunze》**

**《研究堆安全行为准则》**（The Code of Conduct on the Safety of Research Reactors）2004年9月24日国际原子能机构（IAEA）大会采纳并认可（简称《准则》）。《准则》为国家、监管机构和营运单位进行研究堆安全管理提供了“最佳实践”的指导，它的核心目的是保证公众、环境和工作人员的安全。

**背景** 20世纪90年代早期起草的国际《核安全公约》，没有包含研究堆的相关内容。1998年，国际核安全咨询组（INSAG）向IAEA总干事通报了有关研究堆安全的关切问题。2000年9月，IAEA大会在GC（44）/RES/14号决议中要求秘书处探索加强民用研究堆核安全管理的方案。秘书处按照该要求召集的一个工作组建议编写一份行为准则，以清晰表达在研究堆安全管理方面所需的要素。随着世界上大量研究堆运行时间逼近其设计寿期，尤其是2001年在美国遭受“9·11”恐怖袭击之后，日益增长的恐怖威胁和对核安全的担忧增加了制定研究堆安全行为准则的迫切性。

2004年3月，该准则的最终草案提交理事会通过。2004年9月24日IAEA大会在GC（48）/RES/10.A.8号决议中欢迎理事会通过该准则，对该准则中提出的研究堆安全管理导则表示赞成。大会鼓励成员国将该准则中的导则应用于研究堆的安全管理。

**适用范围和对象** 《准则》适用于研究堆从选址到退役的所有阶段的安全管理；不适用于研究堆的实物保护和属于军事领域的研究堆。

**准则条款和主要内容** 《准则》正文包括范围、目的、导则的适用性、定义、国家的职责、监管机构的职责、营运单位的职责等共七章35条。其中“国家的职责”、“监管机构的职责”以及“营运单位的职责”三章是该准则的重点内容，在强调营运单位对安全负主要责任的前提下，分别规定了国家、监管机构和营运单位在研究堆安全管理中的不同职责和定位。

国家处于研究堆安全管理体系的最高层次，其主要的职责是建立和维持一套用来规范研究堆安全行为的法律和监管框架，建立一个依据国家法律负责对研究堆实施监管控制的监管机构。国家在研究堆安全管理中起到如下作用：通过法律明确研究堆的营运单位承担研究堆安全的主要责任，研究堆经过合法批准才可以运行，未经授权的行为应被禁止；赋予监管机构必要的权力和提供充足的资源，以确保其能够履行所赋予的职责；在机制上为研究堆营运单位在研究堆安全运行、长期停堆状态以及退役等阶段提供资金和资源；建立有效的政府应急响应体系以及与研究堆有关的干预能力；对研究堆退役提供充分的法律支持和基础资源保障。

监管机构在研究堆安全管理体系中代表国家执行具体的研究堆安全监管职能。具体为：制定用于指导研究堆具体安全行为的规定或导则，对营运单位在行政许可申请、安全评价和安全检查、财政和人力资源配备、质量保证、人因、辐射防护和应急准备等方面做出规定；对研究堆的选址、设计、建造和调试、运行、维护、修改和实验应用等制定管理规范，制定有关长期停堆的研究堆的安全准则和退役研究堆解除管控的准则；负责研究堆寿期内所有阶段行政许可的审查和批准；对研究堆进行监督检查和安全评价，审查相关安全报告；执法，包括中止、更改或撤销已生效的行政许可。监管机构应当有效地独立于负责促进核技术或负责研究堆运行的组织和机构。

营运单位应当按照国家要求制定自身的政策，并将安全事项放在最优先地位：在建造和调试研究堆之前应进行全面和系统的安全分析，并编写安全分析报告，在研究堆整个寿期内进行定期安全审查；确保为研究堆安全运行（包括长期停堆）及退役提供充足的资金；制定和实施有效的质量保证大纲，以保证所有安全重要的活动满足要求；考虑在运行状态和事故工况下人员的因素；确保任何个人受到的辐射剂量不超过国家规定的剂量限值，并在考虑社会和经济因素的基础上，使工作人员和公众受到的辐射照射控制在可合理达到的尽量低的水平；按照监管机构制定的准则，通过培训和演习来制订和保持适当的应急计划，以便对紧急情况做出有效的响应。

营运单位应该制定、执行和维护适当的程序，以保证研究堆的选址、设计、建造和调试、运行、维护、修改和实验应用等活动得到必要的控制，活动和结论满足相关要求。如果研究堆需要进入长期停堆状态，营运单位应该制定相关的措施，以保持反应堆和反应堆燃料的安全；这些措施应该得到监管机构的批准。营运单位应当确保在进行研究堆的选址、设计、建造、运行、维护和利用时始终考虑该装置的最终退役。在退役活动开始之前，营运单位应制订一项全面的退役计划并编写环境影响评定报告，供监管机构审查和核准。

**作用和意义** 《准则》对IAEA各成员国和相关组织与机构建立和制定有关研究堆安全的法律、条例和政策方面起到指导作用，它为国家、监管机构和营运组织进行研究堆安全管理提供了“最佳实践”指导；在世界范围内统一研究堆安全监管的方法和标准，为同行之间的评价和交流创造了基础。《准则》对促进研究堆安全管理方法的统一化和标准化，为各国建立统一的研究堆最低安全标准产生积极的影响。

我国核安全法律法规中对研究堆安全做出了严格规定，鉴于我国全面采用IAEA安全标准作为我国的安全法规，因此我国对研究堆的安全管理符合《准则》的相关要求。（宋琛修　刘华）

yanjiudui shigu yingji

**研究堆事故应急**（emergency on research reactor accident）　又称研究堆核事故应急。是在研究堆核事故发生时，按照事故状态及时采取的必要和适当的响应行动，它是纵深防御的最后一个环节。研究堆核事故是研究堆运行中很少发生的严重偏离运行工况的状态。研究堆的纵深防御通常由燃料元件包壳、堆本体和堆密闭主厂房三道屏障组成。

**沿革和现状** 根据国际原子能机构统计，从1942年世界上第一座研究堆临界到2011年5月，全世界约70个国家和地区共有研究堆853座（包括临界、次临界装置和脉冲堆），其中正在运行的有246座，研究堆的功率水平从零功率到100MW左右。这853座研究堆的安全运行记录已超过1万堆年，未发生过需要场外应急的全堆芯熔化事故。

在这些研究堆中，我国共有19座，堆的功率水平从零功率到100MW。总体上，我国所有研究堆处于安全受控状态，运行状况良好。尽管如此，针对可能发生研究堆核事故，为了使工作人员和公众免受过量辐射照射，国家制定了“常备不懈、积极兼容，统一指挥、大力协同，保护公众、保护环境”的国家核应急工作方针和国家核应急预案。1996年，国家编制了《国家核应急计划》。2004年12月，《国家核应急计划》更名为《国家核应急预案》。2012年4月6日新修订并审议通过的《国家核应急预案》，汲取了我国5·12汶川大地震和日本福岛核事故的经验教训。

同时，按照我国核安全法规规定，研究堆营运单位应编制应急计划并得到国家核安全部门批准。研究堆的核应急计划主要包括核设施及环境概括、应急组织与职责、应急状态分级、应急响应、干预水平、应急设施和设备、应急计划区、应急恢复、培训和演习。

**应急内容** 由应急体系的建立、应急状态分级和应急行动水平、应急计划区划分、应急终止和恢复四个部分组成。

**应急体系** 我国研究堆事故应急体系包括三级，自下而上分别为研究堆营运机构及其上级主管单位的应急组织、省区市核应急组织、国家核应急协调委。每级组织中都有相应的应急预案、专家团队和救援团队，由此形成一个应急网络。

**应急状态分级** 研究堆事故应急状态按其事件或事故的实际辐射后果或预期可能的辐射后果的影响范围一般分为四级：应急待命、厂房应急、场区应急和场外应急。

*应急待命* 出现可能危及研究堆安全的工况或事件的状态，但此时尚有时间采取预防性的和积极的措施来防止紧急状况的发生或减小其后果。宣布应急待命后，应迅速采取措施缓解后果和进行评价，加强营运单位的响应准备，并视情况加强地方政府的响应准备。

*厂房应急* 研究堆发生或可能即将发生放射性物质的释放，但实际的或者预期的辐射后果仅限于场区局部区域的状态。宣布厂房应急后，营运单位应迅速采取行动缓解事故后果和保护现场人员。

*场区应急* 研究堆发生放射性物质的释放、事故的辐射后果已经或者可能扩大到整个场区，但场区边界处的辐射水平没有或者预期不会达到干预水平的状态。宣布场区应急后，应迅速采取行动缓解事故后果和保护场区人员，并根据情况做好场外采取防护行动的准备。

*场外应急* 研究堆发生放射性物质的释放，事故的辐射后果已经或者预期可能超越场区边界，场外需要采取紧急防护行动的状态。宣布场外应急后，应迅速采取行动缓解事故后果，保护场区人员和受影响的公众。

**应急状态的应急行动水平** 按可能的辐射后果划分，见表1。

表1 研究堆应急状态分级

| 应急状态 | 行动水平 |
|---|---|
| 应急待命 | 厂址边界的放射性流出物24 h以上平均浓度大于10倍导出空气浓度或厂址边界全身24 h累计剂量已经或预计超过0.15 mSv。获悉将在设施周围发生严重的自然现象，如台风、地震等 |
| 厂房应急 | 厂址边界的放射性流出物24 h以上平均浓度大于50倍导出空气浓度或厂址边界全身24 h累计剂量已经或预计超过0.75 mSv。厂址边界处，全身1 h平均剂量已经或预计超过0.2 mSv，或甲状腺1 h平均剂量已经或预计超过1.0 mSv |
| 场区应急 | 厂址边界的放射性流出物24 h以上平均浓度大于250倍导出空气浓度或厂址边界全身24 h累计剂量已经或预计超过3.75 mSv。厂址边界处，全身1 h平均剂量已经或预计超过1.0 mSv，或甲状腺1 h平均剂量已经或预计超过5.0 mSv |
| 场外应急（总体应急） | 厂址边界的全身1 h平均剂量已经或预计超过5.0 mSv。厂址边界处，烟云照射途径的全身累计剂量已经或预计超过10 mSv，或烟云照射途径的甲状腺剂量已经或预计超过50 mSv |

**应急计划区划分** 对于研究堆应急计划区大小的确定，国际上没有与核电厂应急计划区划分相类似的方法和定量准则。我国核安全导则推荐的研究堆应急计划区范围见表2。

表2 研究堆应急计划区的推荐值

| 额定功率水平 $P$/MW | 应急计划区范围（以反应堆为中心）/m |
|---|---|
| $P \leq 2$ | 运行边界 |
| $2 < P \leq 10$ | 100 |
| $10 < P \leq 20$ | 400 |
| $20 < P \leq 50$ | 800 |
| $P > 50$ | 视具体情况而定 |

如采取的应急计划区大小和表 2 不一致，则营运单位应详细说明其确定的依据和方法。

**应急终止和恢复** 符合下列条件之一，即满足应急终止条件：①事故得到控制，事故条件已经消除；②放射性物质的释放业已降到规定限值之内；③已采取并继续采取一切必要的防护措施以保护公众免受污染，并使事故的长期后果可能引起的照射降至合理可行尽量低的水平。

对研究堆应急状态的终止，由研究堆营运单位应急指挥长发布核事故应急终止的命令，并报主管部门、地方与国家核应急协调委和国家环保部核与辐射事故应急办公室。

必要时，省和地方环保部门应当继续进行辐射环境的巡测、采样和评价工作，直到由于自然过程的作用，或由于采取了恢复措施使得以上工作无需继续进行下去。

应急终止后，环境保护部核与辐射事故应急技术中心、核与辐射安全监督站、辐射环境应急监测技术中心和省级环保部门还应执行下列行动：①评价所有的应急工作日志、记录、书面信息等。②评价造成应急状态的核事故，指导有关部门和事故责任单位查出原因，防止类似事故的重复出现。③评价核事故应急期间所采取的一切行动。④根据实践的经验，及时修订现有的核事故应急预案和实施程序。⑤根据需要，继续进行辐射环境监测。

**应急的作用** 当研究堆核事故发生时，应急的作用是控制或缓解核事故、减轻事故后果，将核事故对现场工作人员、公众和环境的危害减少到尽可能低的程度。做好核应急准备工作既是确保我国核事业可持续、安全发展的重要环节，也是政府和有关企事业单位必须承担的社会责任；既是我国法规和相关国际公约的要求，也是我国公共危机管理和核事业的组成部分。虽然与一般的商用核电厂相比，研究堆堆芯放射性核素的数量少，万一发生核事故可能在环境中产生的辐射照射水平一般来说也比较低，但研究堆的运行经验表明，有效地将运行经验反馈到应急管理工作中，增强对研究堆核事故应急的动态响应能力，对于确保工作人员和周围公众的健康与安全、保护和避免研究堆受到更严重的损坏，确保我国研究堆运行和应用工作的健康发展将产生积极影响。

（刘汉刚　刘开武）

yanjiuxing fanyingdui

**研究型反应堆** (research reactor) 简称研究堆。指用于开展科学实验研究的反应堆（包括临界装置）。参见反应堆。

**发展概况** 自 1942 年美国芝加哥大学建成世界上第一座反应堆以来，到 2012 年全世界 69 个国家和地区共建造了 717 座研究堆。其中，美国 238 座，俄罗斯 117 座，德国 46 座，中国 19 座。目前仍在服役的研究堆共有 248 座，其中，美国 42 座，俄罗斯 65 座，中国 15 座，日本 11 座，法国 10 座，德国 8 座。

进入 21 世纪以来，新建以及升级改造的研究堆共有 30 余座。对这些研究堆进行分析，可以发现，高性能、多用途、高安全可靠性、低富集度燃料等，已成为当前研究堆的主要发展趋势。

按中子能谱划分，现有研究堆中约 5%为快堆，其余均为热堆。稳定运行功率从近似零功率到超过 100 MW，中子注量率水平已达到 $10^{15}$ 中子/($cm^2 \cdot s$)量级。

**工作原理** 可裂变材料发生裂变时，除释放出热能外还放出大量的中子，研究堆利用的就是这些中子。在研究堆内设置垂直孔道，利用中子与辐照样品的各类核反应可以进行科学研究和辐照生产。这些垂直孔道可以布置在活性区内，也可以布置在反射层内，按照材料辐照性能研究和辐照生产需要可以获得快中子、超热中子或热中子。另外，通过设置水平孔道和中子导管，从研究堆内引出中子束流，结合各类谱仪进行中子散射实验等，开展多学科的基础研究。

**应用** 研究堆对人类的历史、政治、经济、军事、医疗卫生、环境保护和科技发展产生了巨大和深远的影响，尤其在核工程技术的研发、基础科学研究、核技术应用等方面做出了卓越贡献。

**核工程技术领域应用** ①核燃料研究。利用研究堆可以开展燃料及燃料组件的辐照考验，包括运行状况下的综合性能考验、事故工况下的安全试验、加深燃耗考验及新型燃料（UMo 合金燃料、混合氧化物燃料和环形燃料等）的研发。核燃料辐照考验通常需要建立专门实验回路，以模拟核燃料的运行条件。②材料辐照性能考验。反应堆中的各部件，如控制棒、压力容器、吊篮、屏蔽层、反射层等均在强辐照环境下工作，因此需要利用研究堆进行辐照，以检查这些设备和部件的辐照性能，以及在经历了足够的辐照后劣化的程度。③核测量和检测技术。研究堆可以为核探测器（如电离室、计数管、闪烁探测器、半导体探测器、自给能探测器等）和热工参数测量装置的研发与考验提供有效的试验平台。

**基础科学研究** ①核物理研究。与粒子加速器产生的中子束流相比，研究堆可以为核数据测量提供能区较宽、注量率较高的中子源，是核数据测量的重要平台之一。②中子散射技术应用。该技术是研究物质结构的重要工具，广泛应用于凝聚态物理、生物物理、材料科学等领域，被认为是研究固体磁性、微观动力学和生物大分子结构的最好探针。研究堆可引出多种能量的中子束流，用于中子散射实验。除直接引出热中子外，在研究堆上安装烫中子源装置、冷中子源装置，可引出烫中子和冷中子，以满足特定实验的需要。③反应堆物理研究。在研究堆上可开展多种反应堆物理试验和研究，包括中子注量率测量、中子能谱测量、反应性测量、动态参数测量、屏蔽试验、反应堆物理堆芯设计程序验证和核临界安全研究等。

**核技术应用** ①同位素生产。通过在研究堆内辐照固体靶件、气体靶件和裂变靶件，可以生产碘-131、钐-153、钼-99、碘-125 等上百种核素，用于医学、工业、农业、食品生产、探矿、测井等。②单晶硅嬗变掺杂。中子嬗变掺杂的单晶硅，均匀性明显好于常规掺杂的单晶硅，可以生产出优质的半导体材料。③中子活化分析。利用中子活化法，分析样品（气态、液态、固态）中的微量元素含量，几乎涉及所有学科，如地质学、地球化学、环境学、生命科学、气象学、食品科学、考古、医学、农业、工业等。可分为反应堆活化分析、瞬发中子活化分析和中子深度剖面分析等。④中子照相。作为一种射线成像无损检测技术，可以提供 X 射线成像或 γ 射线成像所不能获取的补充信息，并可生成三维材料分布图像。中子照相需要经过准直的高中子束流。⑤中子俘获治疗。利用研究堆的水平孔道引出中子束流并经准直后，配备必要的医疗设施，即可开展中子俘获治疗。硼中子俘获治疗是一种比较有效的肿瘤治疗方法，与现行的方法相比，具有定位准确、疗效显著的特点。⑥辐照改性。在研究堆上开展黄玉辐照改性应用，可显著地提升宝石的色泽、品质等。⑦教学和人员培训。与核电厂反应堆需要长期稳定运行不同，研究堆具有启停方便、操作简单等优点，适用于运行人员、实验人员的教学和操作培训。

（柯国土　周永茂）

yetai liuchuwu paifang

**液态流出物排放** （discharge of liquid effluents） 流出物排放的一种方式，即核设施或辐射设施（包括放射性实验室）正常运行所产生的含有放射性核素的废水，经分类收集后通过废水处理系统（如化学沉淀、离子交换、旋液分离、错流过滤、反渗透、超滤和蒸发等）处理到足以满足国家相关标准之后，采用槽式排放以可控的方式排入江、河、湖、海等地表水体（称液态排放），并预期在水环境中可以得到进一步的稀释与弥散。“槽式排放”是指在排放前必须储存到与外部水体有实体隔离的排放控制设备（如排放贮存罐或贮存槽），能够进行取样检测，一旦检测不合格，可以实现返回处理系统再次进行处理的功能，最终要满足排放控制要求。液态流出物中放射性核素的活度浓度极低，与其他工业排出流没有区别，属于“近零排放”。

**液态流出物中的核素类别** 不同类型的核或辐射设施的液态流出物中所含的核素种类不同。铀矿冶液态流出物中主要有铀-238、铀-235、铀-234、钍-230、镭-226、钋-210和铅-210等；铀浓缩和转化、燃料制造系统液态流出物中主要有铀-238、铀-235和铀-234；反应堆运行液态流出物中主要有氚和其他放射性核素银-110m、钌-106、铌-95、锌-65、钴-60、铁-59、锰-54等；燃料后处理液态流出物中主要有钚-239、铀-238、铀-235、铀-234、铯-137和锶-90等；核科学与技术研究院所的液态流出物中主要有铀-238、铀-235、铀-234、钍-230、镭-226、钋-210、铅-210、铯-137和钴-60等。

**液态流出物的排放方式** 液态流出物的排放通常以剂量限制、排放总量和浓度控制的形式加以管理。常见的排放方式有水面排放和水下淹没排放，其出流形式分单孔和多孔排放。不同的排放方式和出流形式可以改变放射性核素在排放口附近的初始稀释，为了减小放射性核素对近岸环境的影响，增强流出物的初始掺混，应尽可能实现离岸排放。

**液态流出物的环境迁移与影响** 液态流出物进入水环境后的物理、化学行为与其本身的理化性质和在水体中的平流迁移、湍流扩散和泥沙吸附沉积等过程有关。影响液态流出物中放射性核素在地表水中弥散的主要机制是迁移、混合、介质间传递、降解和衰变以及转化。通常将流出物的稀释分为两个区域加以考虑，即近场与远场。

在近场，液态流出物和排放口结构特征在混合中起主导作用；在远场，周围水体的平流和扩散过程决定混合程度。近场的范围和混合程度取决于液态流出物的动量和浮力、受纳水体的深度和周围水流的流态。远场混合取决于周围水体的特征。地表水中放射性核素的浓度可以受挥发影响和悬浮物、底部沉积物吸附的影响。在细小粒子浓度高的水域，要考虑沉积物和放射性核素相互作用的因素。此外，地表水、地下水以及海洋之间也存在着补给、径流和排泄关系，应根据厂址相关的特征进行环境影响评估。

对于河流、湖泊等流场比较简单、单一的受纳水域，常用解析解模式就可以很好地计算放射性核素在受纳水域的浓度分布，而对于受纳水域是河口、近岸等复杂流场的受纳水域，通常需要采用数值模拟计算核素在受纳水域中的浓度场分布及其变化过程。此外，采用能较好地模拟排水口附近三维水流特性和浮力分层影响的物理模型可为优化排水口结构和形式的设计提供参考依据。

液态流出物排放进入到水环境后，对公众可能的辐射照射途径包括水浸没照射、岸边沉积物外照射、饮水内照射、食入有关陆生动植物产品的内照射以及食入水生动植物产品的内照射等（参见照射途径）。

（韩新生　杨华庭　陈晓秋）

**《1997nian Xiuzheng〈1963nian Guanyu Hesunhai Minshi Zeren De Weiyena Gongyue〉Yidingshu》**

**《1997年修正〈1963年关于核损害民事责任的维也纳公约〉议定书》** （Protocol to Amend the 1963 Vienna Convention on Civil Liability for Nuclear Damage in 1997） 1997年9月12日，在维也纳召开的外交大会上通过，同年9月29日开放供签署（简称《议定书》）。于2004年1月5日生效。中国参加了《议定书》的制订和审议，但迄今未签署该《议定书》。

**沿革** 1986年前苏联的切尔诺贝利核事故后，国际社会普遍认识到，原核损害第三方责任的国际条法，不足以为核事故的受害者提供充分的赔偿。经国际原子能机构关于核损害责任问题常设委员会研究，认为需对《1963年关于核损害民事责任的维也纳公约》（简称《维也纳公约》）进行修订，使受害者得到更充分合理的赔偿。经过8年的谈判，就《议定书》达成一致。由于1963年《维也纳公约》中虽有关于召开审议“修约”会议的规定，却没有通过这种修约文书并使之生效的具体程序。因此，议定书只能以一项新条约的形式出现。这样，经《议定书》修订的1963年《维也纳公约》就成为了一个新的公约，即1997年《关于核损害民事责任的维也纳公约》。未经修订的老《维也纳公约》依然存在，继续适用。也可以直接签署本《议定书》，或直接加入新的《维也纳公约》。由于新、老《维也纳公约》并存，就出现了两公约缔约方之间的关系问题。对此，议定书做了相关规定。

**修订内容** 《议定书》共24条，大部分为对老《维也纳公约》条款的修订和增加的新条款。主要内容为：

**扩展了核损害的定义** 将原定义中“由核装置内任何其他辐照源所发射的其他电离辐射”引起的损害无条件地涵盖。关于损害的类别，将只含“生命丧失或人身伤害”、“财产的损失或损坏”，扩大到包括“受损坏环境（轻微者除外）的恢复措施费”、“由于环境的明显损坏所引起的收入损失”、“预防措施费用以及由此类措施引起的进一步的损失或损害”。在“核装置”的定义中，增加了包括“国际原子能机构理事会确定的含有核燃料或放射性产物或废物的其他此类装置”，在必要时，可将其扩展到涵盖放射性废物处置设施、退役过程中的装置或其他类型的核装置。

**重新定义核损害范围** 将适用的地理范围扩大到“任何地方所遭受的核损害”，但同时又规定，可排除不提供对等互惠的国家所遭受的损害。

**大幅度地提高了运营者的赔偿限额** 对每一核事件的责任，提高到“不少于3亿特别提款权（SDR）；或不少于1.5亿SDR，条件是差额应由装置国提供公共资金赔偿”。考虑到一些国家的困难，同时又规定了一个过渡额，即在《议定书》生效之日起的15年过渡期中，装置国可将赔偿额限定为不少于1亿SDR。

**关于无限责任的规定** 《议定书》增加了一项新的规定，即在运营者的责任为无限的情况下，装置国对运营者必须取得的财政保证金规定的限额不得低于3亿SDR。在财政保证金不足以满足对运营者提出的所有索赔时，装置国仍须确保对上述索赔的偿付，但最多为3亿SDR。

**赔偿办法** 增加了一项新的规定，即如果需赔偿的损害超过或可能超过规定的最大赔偿数额，则赔偿应优先分配给生命丧失或人身伤害的索赔。

**延长了诉讼时效** 规定为“就生命丧失和人身伤害而言，从核事件发生之日起30年”。

**缩小了免责范围** 取消了对于“具有非常性质的严重自然灾害”的免责。

（傅济熙）

**《1963nian Guanyu Hesunhai Minshi Zeren De Weiyena Gongyue》**

**《1963年关于核损害民事责任的维也纳公约》** （Vienna Convention on Civil Liability for Nuclear Damage in 1963） 有关核损害第三方责任的国际公约（简称《维也纳公约》）。1963年5月19日，在国际原子能机构（IAEA）的主持下，经关于核损害民事责任的国际大会通过并开放供签署，1977年11月12日生效。截至2011年3月29日，共有38个缔约国。《维也纳公约》的主要目的是统一各国的核损害民事责任立法，在核损害民事责任领域建立一个全球性的法律体系。

《维也纳公约》共29条，主要内容包括以下几方面：

**适用范围** 用于和平目的的核设施及在运输过程中的核材料所发生的核事故造成的核损害。核装置包括：①任何反应堆，但不包括在海空运输工具上作推进动力用的反应堆；②用核燃料生产或加工核材料的工厂，包括辐照过的核燃料后处理的任何工厂；③贮存核材料的设施，但不包括为运输而临时贮存的仓库。《维也纳公约》还规定，“装置国可以决定：在同一地点的数个核装置，若在同一运营者的运营下，应视为一个核装置”。此规定为降低核装置的保险负担提供了可能。

《维也纳公约》没有明确规定适用的地理范围。1964年IAEA一项解释认为，它适用于在缔约国领土内以及在公海上或公海上空所遭受的核损害。这意味着，在缔约国领土以外所受到的核损害，原则上得不到赔偿。就地点而言，《维也纳公约》主要适用于在缔约国领土内发生的核事件。但当核事件发生在运输过程中，而装置是在非缔约国领土上时，也适用于缔约国领土以外。

**核损害的定义**　指由装置中的“核燃料”或“放射性产物或废物”，或来自或源于或送往核装置的“核材料”的放射性质（或放射性同毒性、爆炸性或其他危险性相结合）而引起或造成的“生命丧失、人身伤害以及财产损失或损坏”，以及“由此引起或造成的在主管法院法律规定范围之内的任何其他损失或损坏”。但不包括对核装置本身的损害，或在核装置场址的任何财产的损害；也不包括运输工具的损害。

《维也纳公约》还规定，当核事件或核事件和其他事件同时发生，并同时“造成核损害和非核损害时，此种非核损害在无法合理地同核损害区分的情况下，在本公约内也应视为由该次核事件造成的核损害”。

《维也纳公约》对于“放射性产物或废物”的定义，不包括“已达到制造的最后阶段，因而可以用于任何科学、医学、农业、商业或工业目的的放射性同位素”。这意味着，《维也纳公约》的责任制度，不适用于医院等设施和工业中使用的放射源造成的辐射损害。

**责任与豁免**　《维也纳公约》规定，运营者对核事件造成的核损害承担唯一责任，而且这种责任是“绝对的”。受害者只需“证明核损害是运营者负责的核装置中发生的一次核事件造成的”，或者“证明核事件造成的核损害所涉及的核材料是来自或产生于该营运者的核装置”。

运营者只有在下述情况下才可免除责任，即：①核损害是完全或部分地由受到损害的人的重大疏忽或蓄意行为或失职所造成的，则可以全部或部分地免除运营者对此人的赔偿义务；②核损害是直接由武装冲突、敌对行为、内战或暴乱等行为引起的核事件所造成的，可免除责任。

**连带责任**　《维也纳公约》规定，当核损害涉及不止一个运营者时，所涉及的各运营者要承担“连带”责任，受害者所得到的赔偿总额就是有关运营者赔偿额之和。

**责任限额和财务保证**　缔约国可规定，对一次核事件所造成的核损害，运营者的赔偿额应不低于 500 万美元（其价值指，1963 年 4 月 29 日美元与黄金的比价，即每一盎司纯金合 35 美元）。运营者必须投保与其责任限额相当的保险，或以其他财政保证金来担保其确能履行赔偿责任；如对核损害的赔偿额超过运营者的最高赔偿限额，国家应提供有限的补充赔偿。

**赔偿的办法**　《维也纳公约》规定，关于赔偿的性质、方式、赔偿程度以及平均分摊的办法，在遵照本公约各项规定的情况下，受主管法院的法律管辖。

**诉讼时效和主管法院**　《维也纳公约》规定的诉讼时效为 10 年。主管法院为在其境内发生核事件的缔约国的法院。当核事件发生在缔约国领土之外，或核事件的地点不能确定时，其审判权属于应负责任的运营者所属装置国的法院。当不止一个缔约国的法院可以成为主管法院时，则由这些缔约国之间达成的协议规定主管法院。

前苏联的切尔诺贝利核事故后，国际社会普遍认识到，原有的核损害第三方责任国际条法不能为受害者提供充分的保护，遂于 1997 年对《维也纳公约》进行了修订，并于 1997 年另签了《核损害补充赔偿公约》。

中国迄今未加入《维也纳公约》。

（傅济熙　刘永德）

**yiliao zhaoshe**

**医疗照射**　（medical exposure）　受检者与患者由于各种身体健康检查需要和基于自身疾病的诊断或治疗目的而不得不接受各类放射诊疗所产生的电离辐射照射。一些生物医学研究志愿者在有关医学科研计划中有意识接受的，以及施行放射诊疗过程中知情但自愿帮助护理及慰问医疗照射患者的人员所接受的电离辐射照射，也划归医疗照射范畴，不过所占比重很小。含有电离辐射技术的近代放射诊疗包括普及最广的X射线诊断（又称放射学），以及临床核医学的诊断或治疗、肿瘤放射治疗（近代称放射肿瘤学）、介入放射学等。几乎所有公众成员的一生中，至少因定期健康查体需要均可能接受多次各类放射诊断检查的医疗照射。因此，医疗照射是既重要又特殊的一类电离辐射照射。

**沿革** 1895年11月伦琴发现X射线后，首先在医学上开始应用，医学诊断与治疗方法发生了“革命”，医疗照射随之存在。一个多世纪以来，具有独特功能的电离辐射在医学领域的应用不断蓬勃发展，形成了X射线诊断学、临床核医学、放射肿瘤学、介入放射学等多个分支学科的放射诊疗，已经成为现代医学不可或缺的组成部分。各类放射诊疗的新设备、新技术、新方法层出不穷，医学上应用的各种密封放射源、开放型放射性物质（放射性核素标记的显像剂和治疗药物）、各种各样的射线装置（如传统与数字化的各类医用诊断X射线机、各类透射型X射线CT、发射型ECT、γ射线刀、X射线刀和各类医用加速器等）竞相研发而投入临床医学实践，人们接受各类放射诊疗的机会大增，来源于各类放射诊疗所产生的医疗照射不断地增加。因而医疗照射的防护越来越受到有关学术界乃至全社会的强烈关注。

**特点** 基于放射防护目的，电离辐射对人员的照射依对象不同可分为职业照射、公众照射和医疗照射三大类。但三类照射具体人员的角色可互换，例如，所有公众成员以及放射工作人员当进行自身健康查体时，如果需要拍摄胸片或进行脏器核医学显像检查等，就都成了接受医疗照射的受检者。可见接受医疗照射的对象几乎涉及每一个人。核科学和电离辐射技术在各行各业的日益广泛应用中，当数其医学应用的历史最久、应用最广、影响最大。正如联合国原子辐射影响科学委员会（UNSCEAR）、国际放射防护委员会（ICRP）等早就指出的，医疗照射是最大的并且必将不断增加的人工电离辐射照射来源，且绝对多数为普及面最广的X射线诊断所产生。根据2010年8月出版的UNSCEAR 2008年报告，在人工电离辐射照射来源中，医学放射诊断占据绝大多数，所致全世界人均年有效剂量已达0.62 mSv，远远高于所有其他人工源好几个数量级。

显然，医疗照射的放射防护不仅关系到保障受检者或患者个体的健康与放射安全，而且从合理减少辐射诱发随机性效应的发生概率考虑，还密切关系到这个最大的人工电离辐射照射来源所致公众群体的集体剂量负担问题。此外，受检者或患者自身为获取医疗利益而不得不接受含有潜在放射危险的医疗照射，在利与弊的权衡上颇特殊，相应的医疗照射防护也就难度大。同时，适应经济发展和医疗保健需求日益增强的需要，越来越广泛普及的各类放射诊疗不仅让接受医疗照射的受检者或患者人数不断迅速增加，而且导致各地区各级医院中医学放射工作人员也相应不断增员而成为很大的一支职业照射群体；同时各类放射诊疗工作场所必然涉及周围公众照射的防护以及环境保护。于是，包括医疗照射防护在内的医用辐射防护已经成为当代放射防护领域新进展的突出重点和热点课题。

**评价方法** 分析评价各类医疗照射是加强其防护的基础和前提。为了综合比较世界不同国家或地区的医疗照射水平，进而掌握发展趋势并提供医疗照射防护指南，UNSCEAR积累多年经验，在了解各国或各地区各类放射诊疗基本状况（有关的医疗机构、工作人员、设备数及其分布）基础上，采用应用频率——公众每1 000人口的年诊治人次数（或放疗例数）来表征各种医疗照射的应用水平，并调查（监测）估算各类医疗照射每次诊治所致受检者或患者的剂量以及所产生集体剂量水平进行比较评价。而UNSCEAR分析评价模式中的这种应用频率同单位人群中医生的拥有量之间有较好相关性。于是确定选取每单位人群的医生拥有量作为特征参数，把不同国家或地区划分为四类“医疗保健水平”：凡每

1 000 人口至少拥有 1 名医生的为Ⅰ类；每 1 000～3 000 人口拥有 1 名医生的为Ⅱ类；每 3 000～10 000 人口拥有 1 名医生的为Ⅲ类；超过 1 万人口才拥有 1 名医生的为Ⅳ类。UNSCEAR 借此把可获取的数据外推至全世界的各种医疗照射水平。UNSCEAR 历次报告书公布比较了不同历史时期各国、各地区的放射诊疗基本现状、医疗照射的应用频率和剂量水平。

我国于 20 世纪 80 年代中期曾经探索开展全国性医疗照射水平调查研究；后来总结经验教训并采纳 UNSCEAR 模式，又成功进行了“九五”期间全国医疗照射水平的大规模调查研究，得到国内外业界重视与好评；上海市继续进行了“十一五”期间的相应调查研究。这些调查研究先后取得一大批颇有价值的基本资料，为放射诊疗资源的宏观调控、合理配置与有效利用，为推动防护最优化来指导正确合理应用各类医疗照射，并为推进放射诊疗事业健康发展等发挥了重要作用。

**现状** 当下全世界各种电离辐射来源的照射水平中，医学放射诊断所致年人均剂量占据所有人工照射源的绝对多数。表 1 仅以居最大份额的 X 射线诊断为例，展示了其所致医疗照射的年应用频率和剂量水平的迅速增长趋势，突出反映了医疗照射的特点。以 X 射线诊断的医疗照射所致全世界人均年有效剂量计，2008 年比 2000 年增加了约 55%。尤其在经济发达国家与地区的增加趋势更为显著，仅占世界总人口约 24%的Ⅰ类医疗保健水平的国家或地区，已经达到全世界平均水平的 3 倍多。

**表 1 全世界医用 X 射线诊断检查所致医疗照射的发展趋势**

| UNSCEAR 报告书年份 | 年检查人次数/$10^6$ | 年检查频率/（人次数×$10^{-3}$） | 所致年集体有效剂量/（$10^3$ 人·Sv） | 所致人均年有效剂量/mSv |
|---|---|---|---|---|
| 1988 | 1 380 | 280 | 1 800 | 0.35 |
| 1993 | 1 600 | 300 | 1 600 | 0.3 |
| 2000 | 1 910 | 330 | 2 300 | 0.4 |
| 2008 | 3 143 | 488 | 4 000 | 0.62 |

我国北京市早在 1983 年的医用 X 射线诊断应用的年频率已达 672 人次数/千人口，已经达到Ⅰ类医疗保健水平；所致全北京市民人均年剂量约 0.4 mSv。但由于各地区发展很不平衡，全国平均仍属于Ⅱ类医疗保健水平。表 2 给出了我国大陆 31 省份医用 X 射线诊断应用的年频率发展趋势。表 3 则反映了经济发达的上海市近十几年三大分支放射诊疗应用频率的发展概貌。可见如今约占 3/4 的上海市常住人口平均每年进行 1 次 X 射线诊断检查。随着国民经济持续发展和医疗保健需求的剧增，我国放射诊疗事业的发展速度名列世界前茅。例如，截至 2009 年，我国大陆开展 X 射线诊断的医疗机构逾 4.7 万家，拥有各种 X 射线 CT 机接近 7 900 台；截至 2010 年，新融合一体机 PET/CT 已经安装 133 台，2009 年的检查总数超过 15.5 万例；截至 2011 年，我国大陆 31 省份拥有医用加速器 1 296 台，每百万人口拥有量已经升至 0.97 台，是 1986 年的 18 倍多。因此，我国的医疗照射防护任务非常迫切和十分繁重，必须充分重视并大力加强医疗照射的防护。

**表 2 我国大陆 31 省份 X 射线诊断应用的平均年频率水平** 单位：$10^{-3}$ 人次数

| 年 份 | 总年频率 | 其中胸透频率 | X-CT 频率 | 年总检查人次数 |
|---|---|---|---|---|
| 1985 | 155.2 | 98.3 | — | 1.64 亿 |
| 1996 | 186.4 | — | 12.6 | 2.28 亿 |
| 1998 | 196.2 | 22.1 | 15.6 | 2.45 亿 |
| 1998/1985① | +26.4% | −22.5% | — | +53.1% |

注：①表示 1998 年与 1995 年相比。

**表 3 上海市各类放射诊疗应用的年频率发展趋势**

| 年份 | X 射线诊断年频率/（$10^{-3}$ 人次数） | 临床核医学年频率/（$10^{-3}$ 人次数） | | 肿瘤放疗年频率/（$10^{-3}$ 例数） |
|---|---|---|---|---|
| | | 临床核医学诊断 | 放射性药物治疗 | |
| 1996 | 493.01 | 2.769 | 0.132 | 0.788 |
| 1998 | 519.99 | 3.457 | 0.145 | 0.954 |
| 2005 | 689.32 | — | — | — |
| 2007 | 745.44 | — | — | — |
| 2008 | — | 6.63 | 0.41 | 1.26 |

**防护原则** 电离辐射技术是把“双刃剑”，各类放射诊疗已经为公众健康查体和防病治病做出了卓越贡献，但同时也存在着辐射安全隐患和潜在的放射危险。强化医疗照射防护势在必行。而与职业照射和公众照射的防护不同的是，个人剂量限值不适用于医疗照射防护。医疗照射的特殊性决定了其防护只能遵从正当性判断和防护最优化两条原则。究其核心即强调必须正确合理施行各种医疗照射，尽量避免一切不必要的照射，并严防发生医疗照射事故。因此，凡确有正当理由的诊断性医疗照射，在获取所需高质量诊断信息的同时，必须力求其所致受检者剂量降低到可合理达到的尽可能低水平。而对确有正当理由的治疗性医疗照射，应确保准确地施予患者靶器官达到治疗效果的恰到好处的照射剂量，并尽量保护患者的正常组织。显然，针对面广量多、类型繁杂、照射参数多元、个体差异很大的各种医疗照射，按照国家放射防护与安全法规标准贯彻执行这些防护原则，必然涉及诸多环节和因素，例如，各类放射诊疗设备的质量控制、工作场所的合格建造及配备相应防护设施与用品、临床医学实践中的安全防护操作技术、医疗照射的全面质量保证、防范事故的技术保障和应急准备、相关防护监管制度与措施等。还必须要求有关人员具备医疗照射防护的意识和素养，可见医疗照射防护是个综合系统工程。随着各类放射诊疗新设备、新技术、新方法的不断涌现，还必须加强研究新的防护技术，尤其在不断探索寻求高影像质量与低辐射剂量的优化匹配方法，以及各类辐射剂量的监测估算与评价模式研究等方面更需不断开拓创新，从而支撑并促进医疗照射防护获取更显著的成效。

为更好推动医疗照射防护最优化，20 世纪 90 年代起国际上提出建立诊断性医疗照射的剂量约束概念，随后落实到研究建立不作为限值的放射诊断医疗照射指导（参考）水平。我国几个主管部门联合组织制定的《电离辐射防护与辐射源安全基本标准》（GB 18871—2002），与国际接轨，首次建立了放射诊断的医疗照射指导（参考）水平。

把广大受检者与患者所接受医疗照射的防护，作为放射防护领域突出重点提上议事日程，是科技进步和社会发展的必然趋势。加强医疗照射防护，势必促进放射诊疗事业更好地健康发展，从而不断推动电离辐射的医学应用实现“趋利避害，造福于民”。 （郑钧正　岳保荣）

**yiliebian hesu（cailiao）**

**易裂变核素（材料）** [fissile nucleus（material）] 热中子或能量为 0.025 3 eV 的单能热中子具有显著裂变截面的核的统称。早期常见的如铀-233、铀-235 和钚-239 等。随着核技术的发展，越来越多的核素被纳入到工程学上定义的易裂变核范围内。由这些核构成的材料则统称为易裂变核材料。

**奇中子数易裂变核** 审视中子裂变截面测量数据可看到一个规律：在电荷数 $Z \geqslant 90$ 的元素中，只有那些具有奇中子数目的核素才是易裂变核素。例如，钍-231、钍-233、镤-232、铀-233、铀-235、镎-238、钚-237、钚-239、钚-241、镅-242、锔-243、锔-245、锫-250、锎-249 和锿-254 等。核理论表明：奇中子数核吸收一个热中子具有的激发能比偶中子数核吸收一个热中子的激发能大约高 1 MeV。这样一来，奇中子核素吸收一个热中子形成偶中子核所具有的激发能高于形成核的裂变位垒，从而发生裂变；相反的是，偶中子核素吸收一个热中子形成奇中子核所具有的激发能则通常都低于形成核的裂变位垒，而不发生裂变反应。例如，铀-235 核吸收一个热中子生成铀-236 核所释放的能量 $Q$=6.52 MeV，实验对核素铀-236 测定的裂变位垒高度 $V_b$=5.9 MeV，$Q-V_b$=0.62 MeV，因此，铀-235 是易裂变核素；但对铀-236 吸收一个热中子形成铀-237 核的反应来说，$Q$=5.17 MeV，$V_b$=5.8 MeV，结果是 $Q-V_b$=–0.63 MeV，因此，铀-236 不是易裂变核素。

**偶中子数易裂变核** 由于裂变核的位垒高度具有强烈的核壳效应和对效应，而核壳效应和对效应与核素的中子数和质子数有密切的关系，这样一来，某些偶中子核素在吸收热中子后形成的奇中子核的激发能可能仅略低于形成核的裂变位垒高度。量子理论表明，裂变发生概率 $P_f$ 与裂变位垒参数（位垒高度 $V_b$ 和位垒曲率能 $E_\omega$）有关系式 $P_f=1/\{1+\exp[2(V_b-Q)/E_\omega]\}$，那么，某些偶中子核素还是有可能在热中子照射下发生可观测到的裂变，而成为定义下的易裂变核素。例如，钚-236 和钚-238 均为偶中子核素，但它们的热中子裂变反应截面分别为 139.96 b 和 17.77 b。又如，实验对偶中子核素锎-252 也测到了 33.03 b 的热中子裂变反应截面。

**临界安全问题** 如果含有易裂变核的材料其堆积尺度大于临界体积，即 $K_{eff}>1$，那么，宇宙射线和环境中的天然辐射或核材料中的微量自发裂变核素发射的中子都能在材料堆积中引发链式裂变，从而导致核临界事故的发生。因此，在存贮或处置有一定含量易裂变核（铀-235 和钚-239）的材料时，要充分注意这种易裂变核材料的临界安全问题。 （韩洪银 许谨诚）

**yingji jihuaqu**

## 应急计划区

（nuclear accident emergency planning zone） 在核设施周围建立的，制订有核事故应急计划，并预计采取核事故应急对策和应急防护措施的区域。应急计划区分为烟羽应急计划区和食入应急计划区。前者针对放射性烟羽产生的直接外照射、吸入内照射和沉积外照射；后者针对摄入被事故释放的放射性核素污染的食物和水而产生的内照射。

**设置应急计划区的目的** 在该区域内进行相应的应急准备，在应急干预的情况下便于迅速组织有效的应急响应行动，最大限度地降低事故对公众和环境可能产生的影响。

**确定应急计划区范围的原则** 确定应急计划区，既要考虑设计基准事故，也要考虑严重事故，以使在所确定的应急计划区所进行的应急准备能应对严重程度不同的事故后果。同时，还应考虑核设施周围的具体环境特征（如地形、行政区划边界、人口分布、交通和通信条件等）、社会经济状况和公众心理等因素。为此，应急计划区不一定是圆形，可以依据场址特征和周围行政管辖情况等决定实际的形状，使划定的应急计划区实际边界符合当地的实际情况，便于进行应急准备和应急响应。

应急计划区和事故时实际应急响应的区域可能是不同的，在多数事故情况下，需要采取应急响应行动的区域可能只限于应急计划区的一部分，但在发生严重核事故的极个别情况下，有可能需要在应急计划区之外的区域采取应急响应行动。三哩岛核事故、切尔诺贝利核事故，特别是福岛核事故验证了实际应急响应区域与应急计划区的差别。

**应急计划区的背景** 国际原子能机构（IAEA）在 20 世纪 80 年代提出了应急计划区的概念。各国/地区核安全管理当局基于对核设施安全性能的判断和实际情况的考虑，在选择应急计划应考虑的事故（和源项）及确定应急计划区所要满足的安全要求（或准则）时有比较大的差别，各国核电厂的应急计划区大小也各不相同。美国、西班牙、南非、菲律宾等国均对本国的应急计划区进行了相应的规定。美国烟羽应急计划区的范围为 16 km，食入应急计划区为 80 km；西班牙烟羽应急计划区的范围为 10 km，食入应急计划区为 30 km；南非烟羽应急计划区的范围为 18 km，食入应急计划区为 80 km。各国/地区核电厂应急计划区大小范围参见表 1。

**表 1 2012 年前部分国家/地区核电厂应急计划区大小范围** 单位：km

| 国家/地区 | 烟羽应急计划区 | 撤离 | 隐蔽 | 服碘 | 报警 | 食入应急计划区 | 食物控制 | 辐射监测 |
|---|---|---|---|---|---|---|---|---|
| 美国 | 16 | 16 | 16 | | | 80 | 80 | |
| 法国 | | 5 | 10 | | | | | |
| 日本 | | 8～10 | 8～10 | 8～10 | | | | |
| 加拿大 | 10～13 | 10～13 | | | | | | |
| 德国 | | 10 | 25 | 10 | 25 | | | 25 |
| 韩国 | | 8～10 | 8～10 | | | | | |
| 中国台湾 | | 5 | | | | | | |

**应急计划区划分准则** 我国主要参照美国相关标准，确定如下准则：①在烟羽应急计划区外，所考虑的后果最严重的事故序列使公众个人可能受到的最大预期剂量不应超过国家标准规定的发生严重确定性健康剂量阈值。②在烟羽应急计划区外，对于各种设计基准事故和大多数严重事故序列，所采取防护行动的可防止剂量一般应小于国家标准规定的通用干预水平，即一般不需要采取隐蔽、撤离等紧急防护行动。③在食入应急计划区外，大多数严重事故序列所造成的食品或饮用水污染水平不应超过国家标准规定的食品和饮水通用行动水平。

**核电厂应急计划区** 中国已运行的核电厂大多为一址多堆。一址多堆厂址的应急计划区应有统一的考虑，其范围应包括对每一反应堆机组所确定的应急计划区的范围，其边界可以是各机组应急计划区边界的包络线。

我国核电厂烟羽应急计划区的范围一般在7～10 km，食入应急计划区范围一般在 30～50 km。

**研究堆应急计划区** 研究堆功率通常较小，可能的事故影响范围也较小，因此研究堆的应急计划区没有像核电厂那样分为烟羽和食入应急计划区两类。根据我国核安全导则《研究堆应急计划和准备》，确定研究堆的应急计划区可以按照划分核电厂应急计划区的办法计算可能的事故后果，结合厂址特征来确定应急计划区的范围；也可以根据功率水平确定应急计划区的范围，推荐值见表 2。

**表 2 我国研究堆应急计划区的推荐值**

| 额定功率水平 $P$/MW | 应急计划区范围（以反应堆为中心）/m |
|---|---|
| $P\leqslant 2$ | 运行边界（通常是堆建筑物） |
| $2<P\leqslant 10$ | 100 |
| $10<P\leqslant 20$ | 400 |
| $20<P\leqslant 50$ | 800 |
| $P>50$ | 视具体情况而定 |

（岳会国 张健）

yingji xingdong shuiping

## 应急行动水平

（emergency action level, EAL） 用来建立、识别和确定应急等级和开始执行相应的应急措施的预先确定和可以观测的参数或判据。应急行动水平可以是特定仪表读数或观测值、辐射剂量或剂量率、气载、水载和地表放射性物质或化学有害物质的特定的污染水平、分析结果以及进入某个应急操作规程的条件等。

**基本特征** 在核设施的应急计划中，应根据设施的设计特征和厂址特征提出应急行动水平。营运单位所制定的应急行动水平应具有以下基本特征：

**一致性** 触发相同应急状态等级的应急行动水平应表征相同的风险水平。当出现某一种应急状态时，有可能会在不同初始条件和应急行动水平上表现出来，应保证不同的初始条件和应急行动水平所触发的应急状态等级一致。

**合理性** 触发不同应急状态等级的应急行动水平应表征不同的风险水平，只有在工作人员和公众受到的健康和安全威胁增加时，才能由相应的应急行动水平触发应急状态升级。

**完整性** 应急行动水平应表明触发每个应急状态等级的所有适用条件；触发不同应急状态等级的同类应急行动水平应具备逻辑上的完整性。

**易操作性** 应急行动水平应易于快速、正确地识别，并能依据其判断应触发的应急状态等级。

**初始条件** 初始条件是预先确定的、触发核设施进入某种应急状态的一类应急行动水平的征兆或标志，描述初始条件和应急状态的对应关系。通常，初始条件和应急状态等级共同构成初始条件矩阵，可快速判断是否需要进入应急状态以及确定应急状态的等级。在初始条件矩阵中，通常按应急等级依次递增或递减的顺序说明各种识别类中，每个初始条件与应急等级之间的对应关系以及这种对应关系的使用条件。

**识别类** 对初始条件及应急行动水平按照

一定的方式进行分类，称之为识别类。分类目的不同，产生的识别类可以不同。

核电厂建立的初始条件及应急行动水平识别类应便于操作，并能够覆盖所有制定的应急行动水平。通常采用如下四种识别类进行初始条件和应急行动水平的说明。

A 类：辐射水平和放射性流出物排放异常。该类初始条件和应急行动水平给出非计划和不可控的环境放射性释放分级界线。

F 类：裂变产物屏障降级。该类是根据裂变产物屏障受到威胁的程度来确定响应的状态等级。裂变产物屏障受到威胁的程度涉及屏障的丧失或潜在丧失，以及同时受到威胁的屏障数目。

H 类：影响核电厂安全的灾害和其他事件。该类初始条件和应急行动水平依据可能或即将发生的危害和其他事件对核电厂安全的损害程度，确定相应的应急状态等级，以确保核电厂人员和场外应急组织做好准备，应对这类危害的后续影响。

S 类：系统故障。该类初始条件和应急行动水平依据核电厂执行安全功能系统、监测安全功能的系统及执行安全功能系统的支持系统的损伤确定响应的应急状态等级。

**适用条件** 应急行动水平的制定需考虑其适用条件。适用条件主要包括放射性物质存在的位置及所经历的运行模式。

核电厂运行模式包括了具有相近热力学和堆物理特性的多个标准运行工况和标准状态。压水堆核电厂营运单位制定应急行动水平时，适用条件中所使用的运行模式应与技术规格书中规定的运行模式保持一致。例如，压水堆核电厂运行模式通常分为功率运行、启动、热备用、热停堆、冷停堆、换料、卸料等。

**应用** 应急行动水平的使用主要是核设施的操控人员。

核电厂应急行动水平的使用主要是主控室的操纵员和正副值长（以下简称运行人员）。在核事故应急状态下，尤其是发生了比较严重的核事件/核事故情况下，运行人员必须高度负责地、准确无误地、迅速快捷地将反应堆控制在安全（停堆）状态。在具体应用应急行动水平时，还需要对瞬态事件加以考虑。当确认瞬态事件没有造成后果或满足其他的终止准则时，可以不对瞬态事件进行应急状态分级，或终止对瞬态事件的应急状态。对于一些瞬态事件，应判断在实施纠正措施的过程中，核电厂是否进一步受损，并根据判断结论对瞬态事件进行分级。

**管理** 应急行动水平是应急计划的一部分，应和应急计划一起进行修订。

当核设施发生修改时，应及时对其初始条件和应急行动水平进行相应的修订，以确保所制定的应急行动水平能够反映核设施的实际情况。一般而言，需要对应急行动水平进行修订的核设施修改包括：①放射性物质总量的增加；②放射性物质处理或贮存场所位置变化；③放射性物质贮存或使用条件变化；④防止或缓解放射性物质释放的工程控制、行政控制或安保措施变化，如自动、手动或非能动的放射性物质释放缓解系统、工程几何结构、对某个场所放射性物质总量的限制、安全保障等发生变化。

在使用新的或修订后的应急行动水平之前，应对核设施运行人员和相关应急组织的人员进行适当的培训，以保证运行人员和相关应急组织的人员理解有关应急行动水平的基本概念，熟悉和掌握应急行动水平的有关内容。

（岳会国　陈竹舟）

yingji zhaoshe

**应急照射** （emergency exposure） 在实践的过程中，需要采取紧急行动所导致的非预期的照射情况。

应急照射情况一词源自国际放射防护委员会 2007 年建议书，从基于过程的实践和干预的辐射防护方法，发展为基于计划、现存和应急的三种照射情况的防护方法。

应急照射情况是针对意外情况的，即便在一个实践的设计阶段已经采取了各种合理措施以降低潜在照射发生概率和后果的严重性，但仍需要对这些照射考虑相关的应急准备和响应。根据具体情况，也许要求实施紧急的甚至是长期的防护行动。可能涉及工作人员和公众成员的照射，也可能污染环境。

实际的应急照射情况是难以预测的，因此确切的防护行动不可能预先知道，只能灵活地、逐步地适应实际情况变化的需要。但应急照射情况可以预先评价，并对响应行动作出计划。其准确度高低，取决于装置或情况的类型。

假定未采取防护行动时因应急照射情况预期导致的总剂量称作预期剂量；实施了全部防护行动后可能产生的剂量称作剩余剂量；实施每个防护行动都可能会避免一部分照射所对应的剂量称作可避免剂量。

辐射防护的正当性和最优化原则适用于应急照射情况。对于应急照射情况，主要应侧重于防护总体策略最优化，而不是个人措施的最优化。应根据应急照射情况的主要部分选择合适参考水平，在此水平之下设计并优化防护行动。计划允许发生的照射水平高于参考水平是不适当的。应急照射情况下参考水平一般在20～100 mSv的预期剂量范围。

在应急照射情况下，应对在短时间内剂量可能会达到产生严重确定健康效应的预防给予特别关注。在重大应急情况下，仅基于健康效应评价是不充分的，必须对社会、经济和其他后果给予应有的考虑。切尔诺贝利核电厂事故和福岛核事故便是很好的例证。

当为一个特定照射情况制定防护策略时，要考虑受照人群的多样性，可能需要分清要求特殊防护措施的不同人群。在应急情况初期，各种照射条件不明朗时，可采用代表人受到的照射为基础。但计划的防护措施应逐渐演变以适应所考虑的所有人群的实际照射情况，并对孕妇和儿童给予特别关注。

通常，应急照射情况可分为早期（还可细分为报警和可能的释放阶段）、中期（以任何释放的停止和释放源的再次得到控制为标志）和晚期（到应急状态宣布结束为止）三个阶段。在任一阶段，决策者对实际情况都必然会有不完整的了解和滞后的信息反馈。如对现阶段对未来的影响、防护措施的有效性、主要因素和次要因素的相互影响和随时间的转化等都会对决策带来影响。因此，一个有效的响应必须随着其影响的及时评价以灵活推进。参考水平为这个评价提供了一个重要的输入信息，同时也为不断变化照射情况和施行的防护措施的有效性比较提供了准则。

应急状态结束后，应急照射情况所导致的长期污染的管理则应归于现存照射情况。

（杨华庭　刘森林）

**you**

**铀**　（uranium）　元素周期表中第Ⅶ周期ⅢB族元素，锕系元素之一，元素符号U，原子序数92，原子量238.028 9。这里指天然铀。

**基本性质**　铀是一种致密而有延展性的银白色放射性金属，熔点1 132.5℃，沸点3 745℃，在接近绝对零度时有超导性，有延展性。铀的化学性质活泼，能和所有的非金属作用（惰性气体除外），能与多种金属形成合金。空气中易氧化，生成一层发暗的氧化膜，能与酸作用。铀-234、铀-235、铀-238混合体存在于铀矿中，少量存在于独居石等稀土矿石中。

铀有15种同位素，其原子量为227～240。所有铀同位素皆不稳定，具有微弱放射性。除铀-232、铀-233、铀-236和铀-238为长半衰期α辐射体外，其他均为短半衰期的α或β辐射体，有些伴有γ射线。铀的天然同位素组成为：铀-238（自然丰度99.275%，原子量238.050 8，半衰期$4.51\times10^9$年）、铀-235（自然丰度0.720%，原子量235.043 9，半衰期$7.00\times10^8$年）、铀-234（自然丰度0.005%，原子量234.040 9，半衰期$2.47\times10^5$年）。尽管含量极低，但是铀-234的放射性比活度远高于铀-235和铀-238，是天然铀α辐射的主要来源。

铀的人体毒性来自两个方面，即化学毒性和放射性毒性。一般来说，铀的化学毒性主要基于其重金属毒性，肾是主要的受损器官。铀的放射性毒性主要是指铀放射性对所沉积组织器官的内照射损伤，肺是主要受损的器官。

**来源** 铀是一种重要的天然放射性核素，主要以化合形态存在于各类铀矿物中，但铀的提取难度较大。海水中铀的浓度相当低，每吨海水平均只含 3.3 mg 铀，但由于海水总量极大（海水中总含铀量可达 $4.5\times10^9$ t），且从水中提取有其方便之处，所以目前不少国家，特别是那些缺少铀矿资源的国家，正在探索海水提铀的方法。

铀主要从铀矿石中提取，首先将矿石破碎和磨细，然后通过浸取、矿浆固液分离、离子交换法、萃取法等一系列步骤提取和精制铀，直到制成核纯铀化合物。

**用途** 铀-235 是唯一天然可裂变核素，受热中子轰击时吸收一个中子后发生裂变，放出总能量为 195 MeV，同时放出 2～3 个中子，可引发链式核裂变。纯度为 3%的铀-235 为核电厂发电用低浓缩铀，纯度大于 80%的为高浓缩铀，其中纯度大于 90%的称为武器级高浓缩铀，主要用于制造核武器；铀-238 是制取核燃料钚的原料。在去除了浓缩部分之后遗留下的铀称为贫铀，按质量计算，贫铀一般约含有 99.8% 的铀-238、0.2% 的铀-235 和 0.000 6%的铀-234。

**环境辐射水平** 地壳中铀的平均含量约为百万分之 2.5，即平均每吨地壳物质中约含 2.5 g 铀。铀的衰变伴随着 α、β、γ 三种类型射线。我国江河中天然铀浓度在 0.02～42.35 μg/L，平均值为 2.56 μg/L。土壤中放射性核素含量在 1.8～520.0 Bq/kg，平均值为 39.5 Bq/kg。

**测量方法** 通常，环境和生物样品中铀的含量很低，准确测定样品中铀的含量需要灵敏度高的监测方法，如分光光度法、固体荧光法、激光荧光法、X 射线荧光法、缓发中子法、中子活化法和裂变径迹法等。微量铀的测定方法很多，现行的国家标准主要有《水中微量铀的测定》（GB/T 6768—1986）、《空气中微量铀的分析方法 激光荧光法》（GB/T 12377—1990）、《空气中微量铀的分析方法 TBP 萃取荧光法》（GB/T 12378—1990）、《生物样品灰中铀的测定 固体荧光法》（GB/T 11223.1—1989）和《生物样品灰中铀的测定 激光液体荧光法》（GB/T 11223.2—1989），目前应用较多的是分光光度法、固体荧光法和激光荧光法。

**分光光度法** 在酸性介质中，铀酰离子与硫氰酸根离子生成的络合物被磷酸三丁酯（TBP）萃取后，用铀试剂Ⅲ反萃取。然后用分光光度法测定。这种方法对排放废水中铀的测定范围为 2～100 μg/L，回收率大于 90%，精密度为±10%。

**固体荧光法** 原理是 $UO_2^{2+}$与氟化钠在适宜温度下熔融制成熔珠并在一定波长的紫外线照射下产生荧光。基强度与铀含量成正比。这种方法最低可探测限一般为 $0.5\times10^{-6}$。

**激光荧光法** 利用氮激发器作为激发 $UO_2^{2+}$荧光的光源并通过测定荧光强度来测定样品中铀的浓度，激光荧光法的最低可探测限为 $0.5\times10^{-7}$。但是由于激光管使用寿命较短，近年来带紫外光源的微量铀分析仪已经投入使用，其操作方法与激光荧光法类似，但使用寿命较长，有逐步取代激光荧光法的趋势，最低探测限可达 $0.2\times10^{-7}$。

铀测定应用最广泛的方法是激光荧光法。该方法的特点是灵敏、快速，可以直接测定水中铀，而不经化学分离，对于土壤和其他生物样品，经简单的化学处理就可以测定。

**铀的生物影响** 天然铀属于中等毒性放射性物质。世界卫生组织饮用水水质标准指导水平为 10 Bq/L。对于食入途径，1 Bq 产生的待积有效剂量对成人为 $4.5\times10^{-2}$ μSv，对 1 岁以下儿童高达 0.34 μSv。对于吸入途径（肺中速吸收），1 Bq 产生的待积有效剂量对成人为 2.9 μSv，对 1 岁以下儿童为 12 μSv。

（赵顺平 许宏 潘苏）

**you chunhua**

## 铀纯化

（uranium purification） 铀矿冶炼厂的产品铀化学浓缩物（黄饼）中含有相当数量的杂质，为后续制备核燃料的需要，必须进行进一步的精制，并生产出达到核纯或核电级二氧化铀（$UO_2$）的过程。铀纯化包括了精制和煅烧两个工序。

**精制** 铀纯化过程的精制，通常是对铀化学浓缩物通过萃取与反萃取提纯后，再通过转化为三碳酸铀酰铵[$(NH_4)_4UO_2(CO_3)_3$]，实现进一步纯化目的。生产中的精制工艺，常用硝酸溶解铀化学浓缩物，经过滤后，再通过萃取与反萃取得硝酸铀酰[$UO_2(NO_3)_2$]，再加入碳酸铵[$(NH_4)_2CO_3$]，使其转化为三碳酸铀酰铵。其中萃取过程的萃取剂常用磷酸三丁酯（TBP）[$(C_4H_9)_3PO_4$]，载体（有机溶剂）多采用磺化煤油；反萃取剂多采用加入一定浓度硝酸的纯水。

**煅烧** 大多数情况下采用三碳酸铀酰铵热解的方法制备核纯或核电极二氧化铀产品。①在隔绝空气条件下，三碳酸铀酰铵在170℃左右开始分解，在240～385℃时，全部分解为三氧化铀；在385～460℃时，三氧化铀重结晶，并生成组成接近八氧化三铀的氧化物；继续加热，当温度超过620℃时，全部转化为二氧化铀产品。煅烧设备多采用回转煅烧炉。②三碳酸铀酰铵在氢气气氛中进行热解还原，可生产陶瓷级二氧化铀，其热解温度比在隔绝空气条件略低，生产上多采用流化床设备进行热解还原反应，一般控制温度在500～600℃条件下进行。

铀纯化也可以将铀化学浓缩物用碳酸铵溶解，经过滤、蒸氨、再过滤，然后经转化和重结晶，再经过滤后得中间产品三碳酸铀酰铵，最后经热分解得二氧化铀。

（栾弘　潘英杰）

**youkuang kaicai yu yelian**

## 铀矿开采与冶炼

（uranium mining and milling）　对含铀矿石的开采和选冶的处理过程，经铀矿开采和冶炼，到生产出铀的化学浓缩物。

**铀矿开采** 根据铀矿体的埋藏和赋存状况，可选择不同的开采方法。

**地下开采** 开掘从地表至地下矿体的一系列井巷工程，使矿床与地面形成完整的运输、提升、通风、压气、给水、排水、供输电及其他必要系统，构成矿床开拓系统。按主要井巷型式可分为平硐开拓、斜井开拓、竖井开拓，以及上述两种方法以上的联合开拓，如平硐-（盲）竖井开拓、平硐（或竖井）-（盲）斜井开拓等。

井下运输多采用架线式轨道电机车牵引，固定式或翻斗式轨道矿车运输矿石或废石；竖井提升采用绞车-罐笼提升；斜井采用绞车-串车或箕斗提升。在巷道和采场内，以胶轮式或履带式装卸和运输设备替代轨道运输的作业方法，称为无轨采矿。

为了排除和降低井下工作面的炮烟和氡气，地下开采必须有合理的通风系统和有效的通风方式。通常有中央对角式通风系统和侧翼对角式通风系统。通风方式有压入式或抽出式。风流流动的动力来源于通风机。

地下涌水和生产排水汇集成井下废水。出露地表的平硐开拓，废水多自流排至硐口外地表；竖井、斜井和盲井在地下的废水，多通过井下设置的水仓与水泵房，由一段或多段接力式机械排水设施，将废水排至地表。

地下开采的主要采矿方法有：充填采矿法（如干式充填法、水砂充填法和胶结充填法）；空场采矿法（如留矿法、全面法、房柱法等）；崩落采矿法（如壁式崩落法、分段或分层崩落法等）。

**露天开采** 通过开掘露天沟道，剥离覆盖矿体的表土和岩层，使矿体露出，在敞露地表对矿体进行采剥的开采方式。有山坡露天和凹陷露天之分。露天开采多采用汽车运输的开拓方式，也可采用平硐-漏斗、溜槽、皮带运输机、卷扬机和准轨运输的开拓方式。

**原地浸出开采** 通过钻孔将浸出剂注入自然埋藏条件下的矿体，将铀溶浸，并将浸出液自抽液孔中抽出，经水冶提取回收铀的采矿方法。简称地浸。地浸开采是一种将铀矿开采与湿法冶炼融于一体的采矿方法，分为酸法、碱法、弱碱法（或称中性）地浸。为了不使浸出液在地下流散，采用抽略大于注的生产方式。

**原地爆破浸出开采** 选择适宜的矿体，采出矿体的30%后采用微差挤压爆破的方法，将矿体原地爆破成有一定渗透性和裂隙并形成一定块度的矿石，就地实施浸出，并将浸出液抽至地表，经水冶处理回收铀的采矿方法。

**铀矿冶炼** 铀矿冶炼采用湿法冶金技术，通常称为水冶。水冶产品为铀化学浓缩物，主要是重铀酸铵[$(NH_4)_2U_2O_7$]或重铀酸钠（$Na_2U_2O_7$），俗称黄饼。也可以通过不同工艺，生产出纯度不同的八氧化三铀（$U_3O_8$）、三碳酸铀酰铵[$(NH_4)_4UO_2(CO_3)_3$]等。

水冶加工通常从铀矿石开始，经预处理-浸出-提取工序，由于采用浸出剂的不同，浸出体系分为酸法浸出工艺和碱法浸出工艺；在浸出工序中，又有常规水冶工艺、堆置浸出工艺和原地浸出工艺之分。

**铀矿石预处理** 通常包括选矿、破碎和磨矿。①选矿：依据铀矿石放射性的特点，将含铀矿石和岩石区分开。每一个矿山出口，均设置放射性计量检查站，满足工业品位的矿石送选冶厂，废石送废石堆场。根据需要可建立专门的放射性选矿厂。②破碎：采用机械撞击和挤压的方式，将矿石破碎到一定粒度范围。③磨矿：通过球磨、棒磨和自磨方式获取更细颗粒的矿浆。

**浸出工艺** 通过酸或碱配置成的浸出剂与铀矿石发生化学反应，把铀从矿石中溶解并分离，形成铀的浸出液的过程。浸出剂由水、浸出试剂和氧化剂构成。酸法浸出多以硫酸作浸出试剂；而碱法浸出多以碳酸钠或碳酸铵作浸出试剂。为使矿石中难溶的四价铀氧化为易溶的六价铀，常用的氧化剂有软锰矿、双氧水、氧气或空气。利用某类细菌促进矿石中铀的浸出以降低酸耗，称为细菌浸出。

*常规浸出* 又称搅拌浸出或混合浸出。通过搅拌的方法使矿石与浸出剂均匀混合，发生化学反应而浸出有用金属的过程，包括浸出、固液分离两个工序。一般浸出工序为常压浸出，对于难溶矿石，多采用加热、加压的高压釜进行浸出。浸出工序后，绝大部分铀呈溶解于水的状态，需要将含铀量很低的固体颗粒与含铀溶液进行固液分离，通常采用浓密-过滤来实现。矿浆经浓密、过滤后获取的清液即浸出合格液，送提取工序进行提纯与沉淀，制备铀化学浓缩物。尾渣通过洗涤回收残留铀，再经过滤后送尾矿库储存。

*堆置浸出* 将开采出的铀矿石破碎后，堆积在底部与侧壁作单层或复合层的防腐、防渗处理的场地上，用酸性或碱性浸出剂喷洒在矿堆表面，借重力向下流经矿层，以达到溶解铀的浸出方法。简称堆浸。堆浸的矿石堆应保持良好的渗透性和矿粒本身的裂隙，对含矿泥和细颗粒成分较多的矿石，需进行造粒。为强化浸出过程，预先将矿石与酸混合再筑堆，俗称拌酸熟化。堆浸产出的浸出合格液送提取工序进行提纯和沉淀，制备铀化学浓缩物。堆浸有地表堆浸、槽（池）浸和地下堆浸之分。

*原地浸出* 见本条目中“原地浸出开采”和“原地爆破浸出开采”的内容。

**铀提取工艺** 从浸出合格液开始，到获取铀化学浓缩物为止，完成铀冶炼过程。

*酸性浸出液的提取工艺* 酸性浸出液的杂质含量较高，需通过提纯-沉淀工序实现铀的提取。通常可通过离子交换方法或者萃取方法实现去除杂质、提高含铀纯度的目的。①离子交换法是利用某些离子交换树脂对不同金属离子亲和力的差别，使铀与其他金属离子分离，实现铀溶液的提纯。离子交换工艺要通过吸附、解析两道工序，其过程是：浸出液与离子交换树脂充分接触，树脂将浸出液中铀吸附，待树脂吸附达到饱和后，再用解析剂将树脂中铀解析下来，形成含铀纯度较高的解析液，解析过程又称淋洗工艺。通常使用强碱性阴离子交换树脂进行吸附，而解析剂常采用氯化钠、硝酸钠、硫酸、碳酸铵的溶液。解析后的树脂进行洗涤回收残留铀，经再生后，重复使用。离子交换工序的产品是经提纯的离子交换解析合格液。②提纯的另一方法为萃取工艺，是利用某种化学元素在特定的有机相和水溶液之间的溶解度不同和两相的互不相溶性，采用有机萃取剂从浸出液中提取铀，使铀与杂质分离，实现铀溶液的提纯。萃取工艺要通过萃取、反萃取两个工序，其过程是：由有机萃取剂、添加剂和有机溶剂（稀释剂）组成的有机相，与浸出

液通过搅动充分混合，将浸出液中的铀转入萃取剂中，再用反萃取剂把铀重新转入水相，得反萃取合格液。反萃取后的贫有机相经再生后返回使用。萃取工艺的萃取剂一般采用酸性磷类萃取剂和胺类萃取剂，如二(2-乙基己基)磷酸、三脂肪胺或三辛胺等；而有机溶剂多采用磺化煤油。反萃取剂多采用碳酸钠、氢氧化钠等。提纯后的解析合格液或反萃取合格液用于铀化学浓缩物制备，常采用沉淀法将溶液中铀转化为固体状态并分离出来，其步骤为沉淀—固液分离—干燥，过程为：在提取合格液中加入沉淀剂，使之沉淀，沉淀剂多采用氨或氨水、苛性钠、氧化镁、双氧水等。沉淀之后采用浓密和过滤方式进行固液分离，以获取滤饼。为进一步去除滤饼中可溶性杂质，要对滤饼进行洗涤。洗涤后滤饼经干燥降低产品含水量，即获取铀化学浓缩物。酸法浸出也可以由浸出后矿浆直接进行离子交换吸附，然后用硫酸解析、溶剂萃取、反萃取、结晶、三相分离和过滤，获得三碳酸铀酰铵，此即矿浆吸附淋萃流程。

*碱性浸出液的提取工艺* 碱性浸出液的杂质含量较低，可简化或取消提纯工序，其工艺过程为将碱性浸出液通过季铵萃取、碳酸钠或碳酸铵反萃取、结晶，经三相分离和过滤后，获得三碳酸铀酰铵；也可以用氢氧化钠作沉淀剂，从碱性浸出液中直接进行沉淀，过滤后得重铀酸钠产品。（栾弘 潘英杰）

you kuangye feiwu

## 铀矿冶废物

（waste from mining and milling of uranium） 铀矿开采和选冶加工过程产生的含有天然放射性及其他有害元素的气载流出物、液态流出物和固体废物的总称。

**铀矿山气载流出物** 矿山生产的凿岩、爆破、除渣、搬运等过程产生的含有放射性铀矿尘，氡气、氡子体，α放射性气溶胶，钋-210、铅-210 核素，以及非放射性的矽尘，有毒、有害颗粒物及炮烟（$NO_x$、CO）等。

**铀选冶厂气载流出物** 选冶过程的破碎、筛分、磨矿、浸出等岗位产生的含有放射性铀矿尘，氡气、氡子体，α放射性气溶胶，钋-210、铅-210 等核素，及酸、碱蒸汽，$NO_x$，有机蒸气和化学有毒、有害物颗粒物等。

**铀矿山液态流出物** 矿山开拓和采矿生产过程产生的矿井涌水及生产用水，一般含有铀、钍、镭、钋-210、铅-210 等核素，及总α、β放射性，以及采矿过程产生的有毒、有害重金属元素等。

**铀选冶厂液态流出物** 选冶过程产生的工艺废水，一般含有铀、钍、镭、钋-210、铅-210 等核素，总α、β放射性，以及氟、锰、铵、砷、铅、锌、硫酸根、硝酸根等非放射性有毒、有害元素，无机盐类以及胺类和磷类萃取剂、煤油、高碳链醇有机物等。

此外，还有含上述有害物的尾矿（渣）库渗、排出水等液态流出物。

**铀矿山固体废物** 开拓和采矿生产过程产生的剥土、废石、表外矿石。污染废旧铁轨、各种管线、工具、坑木以及废弃劳保用品等。

**铀选冶厂固体废物** 选冶生产过程产生的尾矿（渣）、废水处理残渣、废树脂、化工废料及污染废旧设备器材、管道、槽、塔、罐、工具，以及废弃劳保用品等。

铀矿冶加工过程所产生的固体废物中最主要的是废石和尾矿。

**铀矿冶废物产生率** 由于中国铀矿床工业类型多，规模小而分散，矿体形态复杂，矿化不均匀，品位低，埋藏条件多变，造成了矿山开拓工程量大，采矿损失率、贫化率高，且水冶加工流程类型多而复杂，相对矿石处理量大，导致“三废”产生率高。中国常规铀矿山的“三废”产生率见表 1。堆浸、原地浸出采铀及常规选冶生产过程的“三废”产生率见表 2。

**表 1 常规铀矿山生产过程的“三废”产生率**

| 类别 | | 氡析出量/($10^{10}$ Bq/tU) | 废水/($10^3$ t/tU) | 废石/($10^3$ t/tU) |
|---|---|---|---|---|
| 铀矿开采 | 地下矿 | 7.1～36.0 | 0.3～8.0 | 0.7～1.5 |
| | 露天矿 | 约 8.5 | 0.1～0.6 | 5～8 |

注：表中数据根据中国实际资料整理。

**表 2　铀矿堆浸、原地浸出及常规选冶生产过程的“三废”产生率**

| 类别 | | 氡析出量/（$10^{10}$ Bq/tU） | 废水量/（$10^3$ t/tU） | 废渣量/（$10^3$ t/tU） | |
|---|---|---|---|---|---|
| | | | | 废石 | 尾矿（渣） |
| 堆浸 | 地表堆浸 | 约 0.6（不含井下氡） | 0.1～2.0 | 0.7～1.5 | 约 1.2 |
| 堆浸 | 井下原地爆破浸出 | 36.0～50.0（井下氡） | 0.5～3.0 | 0.3～0.7 | 0.4 |
| 原地浸出采铀 | | $1.0\times10^{-2}$ | 0.05～0.1 | 0 | 0.05 |
| 放射性选矿 | | $2.0\times10^{-8}$ | 0.2～1.0 | | 0.2～0.3 |
| 常规水冶 | | $5.0\times10^{-2}$ | 8.0～10.0 | | 约 1.2 |

注：表中数据根据中国实际资料整理。

从表 1、表 2 可知，铀矿山的氡气产生量比选冶厂高 2～3 个数量级。铀尾矿（渣）产生率与矿石铀品位有关，品位越低，尾矿（渣）量越大。由于采用的生产工艺不同，“三废”的产生率也有很大差别。如堆浸、原地浸出采铀工艺的废水、废石、尾渣产生率明显少于常规铀矿冶。原地浸出采铀生产的废水和废石、尾矿（渣）均比常规生产少数倍和 2 个量级。但铀原地浸出受到严格的地质条件限制，比如仅适用于砂岩类铀矿床且矿床顶底板岩性要致密不渗透等。此外，为了保护地下水环境，必须采取有效监控和防范措施，防止在地浸过程中污染地下水。特别在退役后还要对地下水进行修复。

铀废石、尾矿（渣）及尾矿废水中放射性核素含量见表 3。废石场、尾矿库上方γ照射量率及空气中氡浓度见表 4。

中国铀矿冶生产年废气、废水归一化放射性排放量为：①铀矿山采矿生产年归一化氡及氡子体排放量：氡-222 为 $0.8\times10^8$～$2.8\times10^8$ Bq/tU；氡子体排放量为 $0.7\times10^8$～$5.5\times10^8$ J/tU。②铀水冶厂生产年归一化气溶胶总排放量为 $1.0\times10^8$～$1.8\times10^8$ Bq/tU，平均为 $1.69\times10^8$ Bq/tU。③铀矿冶外排废水中年归一化铀、镭排放量：铀为 14.6～43.8 kg/tU，平均为 22.8 kg/tU；镭为 $5.5\times10^3$～$16.8\times10^3$ Bq/tU，平均为 $8.7\times10^3$ Bq/tU。

**表 3　铀废石、尾矿及尾矿水中放射性核素含量**

单位：kBq/kg

| | | 铀-238 | 镭-226 | 钍-232 | 钋-210 | 总α | 氡析出率 |
|---|---|---|---|---|---|---|---|
| 废石 | | 0.062～2.60 | 0.25～19.6 | — | — | 4.19～25.9 | 1.85～11.83 |
| 尾矿 | 粗砂 | 0.89～8.06 | 2.33～24.1 | 11.8 | 11.1～14.8 | 23.7～40.7 | 1.65～26.53 |
| 尾矿 | 细泥 | 2.10～9.18 | 11.1～48.1 | — | 55.5～66.6 | 74.0～92.5 | — |
| 普通岩石 | | 0.001 2～0.058 | 0.18～1.41 | — | — | — | 0.015～0.67 |
| 土壤本底 | | 0.001 8～0.052 | 0.002 4～0.43 | 0.001～0.44 | — | 1.29～2.20 | 0.003～0.046 |
| 尾矿废水 | | 0.014～1.88 | 0.37～2.62 | 0.060～3.8 | 0.056～0.26 | 0.011～3.96 | （0.029～0.15）* |
| 江河本底 | | 0.000 2～0.042 | 0.003 5～0.10 | 0.000 1～0.010 | — | ～0.026 | — |

注：表中尾矿废水、江河本底数据单位为 mg/L；镭、钋-210、铅-210 及总α含量数据单位为 Bq/kg；氡析出率单位为 Bq/（$m^2\cdot s$）。表中数据均根据中国实际监测资料整理；土壤及江河本底数据取自《辐射安全手册》（潘自强主编）。*表示尾矿废水中铅-210 含量数据。

**表 4　废石场、尾矿库上方γ照射量率及空气中氡浓度**

| 地点 | 实际测量值 | |
|---|---|---|
| | γ辐射剂量率/（μGy/h） | 氡浓度/（$Bq/m^3$） |
| 废石场 | 0.52～4.7 | 37～390 |
| 尾矿库 | 0.87～8.4 | 37～390 |
| 尾渣库 | 0.87～8.4 | 37～390 |
| 原野本底 | 0.1～3.4 | 18～180 |

注：表中数据根据中国实际监测资料整理；原野本底数据取自《辐射安全手册》（潘自强主编）。

（潘英杰　顾志杰）

**you kuangye feiwu chuzhi**

**铀矿冶废物处置**　（waste disposal of uranium mining and milling）　对铀矿采冶生产过程和退役活动产生的废物采用工程、物理、化学、生物等综合技术措施进行最终处置，使铀矿冶废物满足环境保护要求。对铀矿冶废物进行最终处置，特别是应对铀废石场、尾矿库进行永久性隔离封闭，使氡析出率、γ辐射照射水平达到国家环境标准要求，满足生态安全要求。

**沿革** 从20世纪40年代核武器出现到原子破冰船的诞生，特别是随着核电的发展，天然铀的生产也得到极大的发展。与此同时，也产生了数量庞大的铀矿冶废物（废石和尾矿）。铀尾矿含有原矿中98%以上的镭-226、钍-232、钋-210和铅-210等一系列子体，且约1/3的核素为长寿命核素（如钍-232半衰期为$1.4\times10^{10}$年，镭-226半衰期为1 600年等），因此铀废石、尾矿不断释放出氡气及一系列氡子体。此外，还有化学有毒有害物质。初期由于世界各产铀国对环境保护认识不足，没有采取妥善的铀矿冶废物处置和环保措施，一些国家都曾不同程度地发生过铀尾矿人为扩散事件及铀尾矿库事故，造成了对环境的污染，如美国20世纪40年代中期开始的曼哈顿工程，其铀矿开采及选冶导致科罗拉多州和犹他州必须采取一系列的补救行动。加拿大的埃利奥特湖等铀尾矿对环境的影响，引起了公众和有关国际组织的高度重视，废石、铀尾矿处置成为一大国际难题。从20世纪70年代初开始，美国、法国、加拿大、俄罗斯、德国、澳大利亚等产铀国及国际原子能机构（IAEA）、经济合作与发展组织（OECD）等国际组织对铀矿冶设施的退役和环境治理，特别是对铀矿山废石场和尾矿库的最终处置问题给予了极大关注。

IAEA与OECD等国际组织自20世纪70年代以来，组织了相当多的关于铀水冶尾矿管理、处理处置、稳定化及其对环境影响的国际会议，对铀矿冶废物的安全和处置技术问题进行交流和合作，并出版了一系列安全丛书。IAEA还组织出版了相关的技术报告No333、No335、No336、No362号等。上述丛书和报告等出版物对指导世界产铀国的铀矿冶废物处理和处置、环境保护工作，发挥了巨大作用。至今有关铀矿冶废物方面的国际会议仍在不断地组织和召开，探讨铀废石、尾矿处理处置技术和环境保护以及管理等问题。

**处置意义和作用** 由于铀矿开采和加工产生大量铀废石、尾矿，它们含有大量极长半衰期的放射性核素，如铀-238的半衰期为4.5亿年，钍-232的半衰期为140亿年，镭-226的半衰期为1 600年，铅-210的半衰期为22年等，所以铀废石、尾矿是长久作用于环境的放射性污染源（如要想使尾矿中$2.8\times10^4$ Bq/kg的镭衰减到80 Bq/kg，最少需要1万年）。因此，对铀矿冶设施退役治理要求较高，特别是铀尾矿库的处置更是如此。随着铀矿冶工业的发展，铀废石、尾矿产生量将与日俱增。据推测，目前世界上的铀废石总量约为400亿t，铀尾矿总量约为200亿t，并且随着铀矿品位的降低，铀废石、尾矿量还将大幅度增加。现实中的铀废石和尾矿基本是采用在地表以废石场、尾矿库储存的办法进行处置，仅有少数铀水冶厂的尾矿是采用回填到地下采空区或其他地下储存的处置措施。目前国外绝大多数铀水冶厂的尾矿都是采用在地表建造尾矿库的储存形式。由于时时受到自然风化和侵蚀作用，还可能受到自然灾害的影响而破坏，因此尾矿库是一个较大的危险源。

由于废石、尾矿中含有的天然铀含量为$1\times10^{-4}$～$3\times10^{-4}$ g/g，比正常土壤天然本底高4～10倍；废石中含镭量为1.8～54 kBq/kg，比正常土壤天然本底高1.5～25倍；废石表面γ辐照剂量率为$77\times10^{-8}$～$200\times10^{-8}$ Gy/h，比正常地面天然本底高3～15倍；废石表面氡析出率为$7\times10^{-2}$～$200\times10^{-2}$ Bq/(m$^2$·s)，比正常地面平均氡析出率高5～70倍；铀废石、尾矿中还含有大量有毒有害化学物质，所以铀尾矿库是对环境造成长期潜在危害的重大污染源。这些放射性核素及化学有毒有害元素可以通过多种途径（大气、水体和生物链）扩散、迁移，造成对废石场、尾矿库周围环境的污染，给公众带来较大的附加剂量负担和危害。

因此，对铀废石场、尾矿库的处理和处置，引起了世界各产铀国和有关国际组织的高度重视。世界各产铀国对铀水冶工艺、尾矿库的选址建造、运行管理和退役治理等方面问题开展了大量试验研究和科学实践，取得了很多富有成效的科研成果和实际经验。

**处置要求** 为了确保环境公众的安全和健

康，必须对退役后的铀矿废物（废石和尾矿）进行专门储存防止流失扩散；严防将其用于公众建材；必须进行隔离覆盖处理：控制废石场、尾矿库表面氡析出率满足国家标准［小于 0.74 Bq/(m$^2$·s)］；控制渗、排出水满足地表水及地下水质要求。

**处置方法** 国外铀废石、尾矿处置主要有以下几种：

**就地处置** 废石、尾矿不搬迁，原地封存隔离，将坝体整治加固，表面尾矿平整后覆盖植被。该模式工程量小，不存在二次污染问题。世界上大多数国家的铀尾矿库均采用该模式。

**搬迁集中处理** 水文地质条件差，受洪水威胁，在城镇区的分散尾矿堆非集中处置不可的，应将分散尾矿堆搬迁集中，修建坚固坝体，然后覆盖植被。该模式可消除分散的源项，达到彻底清污目的。美国格林里弗尾矿、加拿大、德国均采用此模式。

**露天废墟处置** 露天剥离土石料暂存另一处，采出矿石经水冶加工后的尾矿放入临时尾矿库，待露天矿床采尽后将临时尾矿库的尾矿堆放于露天坑中，先在尾矿上覆盖废石，然后再覆盖剥离土石料并植被。该模式基本上可恢复原来地貌，由于放射性废渣返回了原来采坑，故大大减少了地面的堆存量。

**水覆盖处理** 当废堆与地下水无水力学联系时，将铀尾矿放在露天矿坑底部或湖泊中，上面用天然水覆盖。这种模式工程量小，操作简单，但可能存在核素等有害物质的返溶问题。澳大利亚拉姆章格尔矿采用此模式处置尾矿，加拿大一些铀尾矿采用湖泊处置。据报道，加拿大正在研究将尾矿堆表面灌上 1 m 深的水将其淹没（该尾矿堆表面已用黏土覆盖，但因植物作用使氡析出率较高），水覆盖后使氡析出率降低 75%～80%。

**地下矿井处置** 将铀尾矿充填至废矿井中，但尾矿返回率仅 50%～70%，这是由尾砂粒级比，即细泥一般占 30%～50%决定的。剩余的尾矿还必须采取其他处置方法加以解决。瑞典 Ransted 矿采用此模式处置尾矿。

目前一些国家，如加拿大、澳大利亚、俄罗斯等正在进行铀尾矿除镭无害化研究和其他处置方法的研究，但都未能形成工业治理的模式。

我国铀废石、尾矿的处置与国际采用的模式基本一样，唯有地下处置刚刚处于研究阶段。

**覆盖隔离** 覆盖隔离可控制氡析出率满足国家标准要求。

*覆盖隔离厚度* 根据我国铀矿冶设施退役治理实践，得到废石、尾矿覆土厚度经验公式为：

$$X_c=\alpha \ln J/0.74+\beta$$

式中，$X_c$ 为覆土厚度，cm；$\alpha$、$\beta$ 为常数，见下表；$J$ 为实测介质表面平均氡析出率，Bq/(m$^2$·s)；0.74 为氡析出率控制限值，Bq/(m$^2$·s)；ln 为自然对数。

**$\alpha$、$\beta$ 常数参考值（实测）**

| 铀废石、尾矿类型 | $\alpha$ | $\beta$ | 备注 |
|---|---|---|---|
| R（湖南南部地区） | 71.64 | −2.70 | 0.903 |
| Y（江西中部地区） | 68.97 | −28.07 | 0.972 |
| Z（甘肃中部地区） | 65.0 | 23.49 | 0.988 |
| M（广东北部地区） | 95.19 | 3.17 | 0.998 |
| L（辽宁南部地区） | 36.3 | 11.23 | 0.981 9 |
| A（浙江中部地区） | 94.22 | −2.56 | 0.998 |

*覆盖层设计* 废石、尾矿表面覆盖隔离层的设计应该考虑多重防护作用，一般应按下图进行。

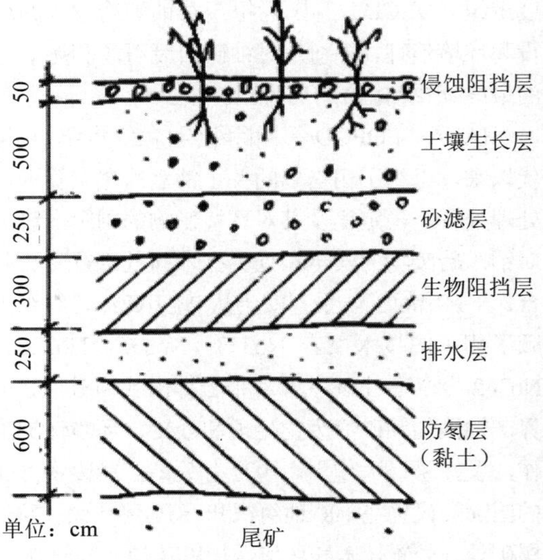


**尾矿表面覆盖隔离层多重防护设计**

**长期监护** 铀废石场、尾矿库退役治理后应满足环境保护标准要求，确保长期安全稳定，国际上很多国家如美国、加拿大、澳大利亚、西班牙等及国际组织如 IAEA 等在铀矿冶退役治理标准中规定：“铀尾矿库治理范围内的控制设计应达到 1 000 年有效，而任何情况下至少 200 年有效”。

我国规定铀废石场、尾矿库治理后的工程达到长期安全稳定，在治理工程竣工验收移交后，应对其治理工程的安全有效性进行长期监护。（潘英杰 潘自强）

**you tongweisu fenli**

**铀同位素分离** （uranium isotopes separation） 又称铀浓缩。用人工方法把铀-235 和铀-238 两种同位素分离，使铀-235 丰度提高的过程。目前轻水堆核电厂需要用铀-235 丰度为 2%～5%的核燃料，一些研究试验堆和快中子堆需要丰度更高的铀-235 作燃料。

人工获得浓缩铀的方法有多种，但形成工业规模的生产方法只有气体扩散法和气体离心法，激光法的生产尚处于工业化应用的试验阶段。当前，气体离心法是生产浓缩铀的主要方法。

**气体扩散法** 最早大规模实现铀同位素分离的生产方法，其工作介质是六氟化铀（$UF_6$）。工作原理是基于 $^{235}UF_6$ 和 $^{238}UF_6$ 两种不同分子量的气体混合物在热运动平衡时，两种分子平均动能相同而速度不同，轻分子的平均速度较大，与多孔膜（又称扩散膜或分离膜）的碰撞次数相对较多。当膜孔径足够小，混合气体压力足够低，并维持一定的进出口压差，$^{235}UF_6$ 和 $^{238}UF_6$ 气体以不同的速度通过多孔膜而扩散，在过膜的低压侧 $^{235}UF_6$ 有微小的加浓，从而实现铀同位素的分离。

一级分离前后铀同位素的相对丰度比称为分离系数。理论上，扩散分离系数最大值等于两种组分的分子量比的平方根 1.004 3，实际分离系数远低于此值，一般为 1.002 左右。由于一级分离系数很低，为了生产丰度为 3%的低浓铀产品，需要把上千级的扩散机串联起来组成级联运行。

由于不断把气体重新压缩，使之通过扩散膜，气体扩散法生产单位产品所消耗的电能要远大于其他方法。英国和俄罗斯的气体扩散厂早已停止生产，法国和美国的气体扩散厂在 2010 年后停止生产。

**气体离心法** 当前生产浓缩铀的主要方法，其工作介质是 $UF_6$。在高速旋转的离心机中，由于很强的离心力场作用，较重的 $^{238}UF_6$ 分子靠近外周富集，较轻的 $^{235}UF_6$ 分子靠近轴线富集，采用机械驱动和转子上下端温度差驱动，使 $UF_6$ 气体在离心机内形成轴向环流，同位素分离形成倍增效应，从离心机上下两端靠近外周和中心处分别引出气体流，就可以得到轻、重分子量略有不同的两股气流，从而实现铀同位素分离。

离心机的生产能力取决于转子的转速和长度。离心机的理论最大分离功率与转子线速度的四次方成正比，与转子的长度成正比，但实际分离过程中一般与线速度的 2.0～2.5 次方成正比。因此提高离心机分离能力的首选是通过研制高比强度的材料来提高离心机转速；其次，通过提高设计水平，增加转子的长度。由于离心机单机分离能力很小，一级分离系数约为 1.2，为了实现大规模低浓铀生产，一般需要几十级串联，在每一级中并联很多离心机，一个商用离心分离工厂往往需要安装几十万台离心机。

与气体扩散法相比，气体离心法的主要优点是：①比能耗低，生产单位产品的耗电量只有气体扩散法的 4%～5%；②单机浓缩系数大。

随着高性能材料的研制，机器结构的改进和加工工艺的不断提高，气体离心法的经济性也越来越好，其分离成本已远低于气体扩散法。我国目前低浓铀生产采用的是气体离心法，离心机为旋风 1#机。旋风 2#机已定型，准备批量生产，用于铀浓缩厂的建设。

**激光法** 基本原理是利用同位素质量差所引起同位素原子（或由其组成的分子）能级的微小差别（称为同位素位移），用线宽极窄即单色性极好的激光，选择性地将某一种原子（或分子）激发到特定的激发态，再用物理或化学方法使之与未被激发的原子（或分子）相分离。

激光法分离铀同位素根据其工作介质的不同可分为原子激光法和分子激光法。原子激光法是激光法中较为成熟的一种，其基本过程为：用多台 YAG 固体激光器泵浦三列染料激光放大链，将三列染料激光束输出波长精确调谐到铀-235 原子的共振吸收波长，用三色合成后的染料激光束照射由电子枪蒸发器产生的铀原子蒸气束，使其中的铀-235 原子产生共振吸收而被激发和电离，未被激发的铀-238 原子始终处于中性基态，此时，加一电磁场，使铀-235 离子发生偏移与中性的铀-238 原子束分开，分别予以收集，从而实现铀同位素分离。

激光法的突出优点是分离系数大，一级分离即可获得核电厂适用的低浓铀。激光法是一种先进的同位素分离方法，目前尚处于工业化应用的试验阶段。（吴秀花　张志忠）

**you zhuanhua**

**铀转化**　（uranium conversion）　在核燃料生产及循环过程中铀及其化合物的化工转化过程。铀转化的内容广义上包含天然铀转化、同位素分离后的铀转化和乏燃料后处理的铀再转化。

**天然铀转化**　铀矿石经水冶方法提取后，制得含有一定杂质的铀矿浓缩物（又称黄饼或铀化学浓缩物），通常为铵、钠、镁的重铀酸盐，或重铀酸铵煅烧得到的粗八氧化三铀（$U_3O_8$）。天然铀转化，就是将铀矿浓缩物加工到符合核燃料使用要求的二氧化铀（$UO_2$）、六氟化铀（$UF_6$）或金属铀的生产过程。从铀矿浓缩物到符合技术条件的天然六氟化铀产品，其生产过程可分为前端湿法纯化和后端干法纯化。

**前端湿法纯化**　又分为 ADU 法、AUC 法和 UNH 法。①ADU 法是铀矿浓缩物经溶解、萃取纯化、氨水沉淀得到重铀酸铵（ADU），重铀酸铵再经煅烧得到三氧化铀（$UO_3$），$UO_3$ 再经还原、氢氟化、氟化、冷凝液化等工序制备出天然 $UF_6$ 产品。②AUC 法前端与 ADU 法相同，得到重铀酸铵溶液后，再经碳酸铵转化结晶得到三碳酸铀酰铵（AUC），AUC 再经煅烧还原制得 $UO_2$，$UO_2$ 再经氢氟化、氟化、冷凝液化等工序制备出天然 $UF_6$ 产品。③UNH 法即脱硝法，将铀矿浓缩物经溶解、萃取纯化、蒸发浓缩、脱硝得到 $UO_3$，$UO_3$ 再经还原、氢氟化、氟化、冷凝液化等工序制备出天然 $UF_6$ 产品。

**后端干法纯化**　又称为氟化物挥发法。粗 $U_3O_8$ 经还原、氢氟化、氟化、冷凝液化制得粗 $UF_6$，粗 $UF_6$ 再经精馏得到符合技术条件的天然 $UF_6$ 产品。

**同位素分离后的铀转化**　天然铀转化生产 $UF_6$ 的主要目的是用以进行铀同位素分离，得到铀-235 丰度更高的浓缩铀，供核武器制造及核反应堆燃料元件制造。同位素分离后的铀转化，就是将经铀同位素分离后得到的不同铀-235 丰度的 $UF_6$（即高浓铀、低浓铀和贫化铀）还原制备四氟化铀（$UF_4$）、$UO_2$、金属铀或 $U_3O_8$ 等的过程。

**乏燃料后处理的铀再转化**　核燃料在反应堆内“燃烧”不可能一次完全燃烧，同时在“燃烧”的过程中产生质量数较高的人工可裂变核素，具有较强的放射性。因而，反应堆使用后的燃料（通称乏燃料）需进行后处理，提取人工可裂变核素，并回收残余的铀原料，生产新的核燃料，以充分利用核资源。反应堆后处理的铀再转化，就是将乏燃料后处理得到的硝酸铀酰（UNH）再转化为 $UF_6$ 的过程。

（吴秀花　张志忠）

**youxiao jiliang**

**有效剂量**　（effective dose）　人体各组织或器官的当量剂量经相应的组织权重因数加权后所得之积，符号为 $E$，公式如下

$$E=\sum_{T}\omega_T\times H_T$$

式中，$H_T$ 为组织或器官 T 所受的当量剂量；$\omega_T$ 为组织或器官 T 的组织权重因数。

由当量剂量的定义，可以得到

$$E=\sum_{T}\omega_T\times\sum_{R}\omega_R\times D_{T,R}$$

式中，$\omega_R$ 为辐射 R 的辐射权重因数；$D_{T,R}$

为组织或器官 T 中的平均吸收剂量。

有效剂量的单位是 J/kg，特定名称为希[沃特]（Sv）。

**组织权重因数** 在辐射防护中，为了考虑不同器官或组织对发生辐射随机效应的不同敏感性而对器官或组织的当量剂量所乘以的修正因数。

关于组织权重因数的规定值，《电离辐射防护和辐射源安全基本标准》（GB 18871—2002）规定如表 1 所示：

**表 1 不同组织或器官的组织权重因数**

| 组织或器官 | 组织权重因数$\omega_T$ | 组织或器官 | 组织权重因数$\omega_T$ |
|---|---|---|---|
| 性腺 | 0.20 | 肝 | 0.05 |
| （红）骨髓 | 0.12 | 食道 | 0.05 |
| 结肠[①] | 0.12 | 甲状腺 | 0.05 |
| 肺 | 0.12 | 皮肤 | 0.01 |
| 胃 | 0.12 | 骨表面 | 0.01 |
| 膀胱 | 0.05 | 其余组织或器官[②] | 0.05 |
| 乳腺 | 0.05 | | |

注：①结肠的权重因数适用于在大肠上部和下部肠壁中当量剂量的质量平均。

②为进行计算用，表中其余组织或器官包括肾上腺、脑、外胸区域、小肠、肾、肌肉、胰、脾、胸腺和子宫。在上述其余组织或器官中有一单个组织或器官受到超过 12 个规定了权重因数的器官的最高当量剂量的例外情况下，该组织或器官应取权重因数 0.025，而余下的上列其余组织或器官所受的平均当量剂量亦应取权重因数 0.025。

近年来，国际放射防护委员会（ICRP）第 103 号出版物给出的组织权重因数如表 2 所示：

**表 2 ICRP 第 103 号报告中的组织权重因数**

| 组织 | $\omega_T$ | $\sum\omega_T$ |
|---|---|---|
| （红）骨髓，结肠，肺，胃，乳腺<br>其余组织* | 0.12 | 0.72 |
| 性腺 | 0.08 | 0.08 |
| 膀胱、食道、肝、甲状腺 | 0.04 | 0.16 |
| 骨表面、脑、唾腺、皮肤 | 0.01 | 0.04 |

注：*其余组织指肾上腺、外胸（ET）区、胆囊、心脏、肾、淋巴结、肌肉、口腔黏膜、胰脏、前列腺、小肠、脾、胸腺、子宫/颈。对其余组织的$\omega_T$（0.12）是应用于上述 14 个器官和组织的算术平均剂量。

**有效剂量的推算及其应用** 有效剂量是以参考人中定义的人体器官和组织中的平均剂量为基础推导的，它不考虑具体的个人特征，特别是组织权重因数，它代表了很多两种性别的个人的平均值。可见，有效剂量旨在作为一种建立在参考值基础上的防护量使用，不适用于个体评价。除此以外，在低剂量范围内采用线性无阈假定，它包含巨大的生物学和统计学不确定性，因此不适用于流行病学评估，也不应当用于详细具体的个人照射和危险的回顾性调查。此时应当采用吸收剂量，并伴以最合适的生物动力学、生物效能和危险因子数据。对受照个体中的癌症诱发概念的评估，需要采用器官或组织剂量，而不是有效剂量。另外，采用有效剂量来评估确定效应（组织反应）也是不合适的。此时，必须估计吸收剂量，同时考虑适当的相对生物效能作为评估任何辐射效应的基础。

有效剂量在职业照射和公众照射防护中，用于计划目的和防护最优化的前瞻性剂量评价，还用于验证符合剂量限值，或者与剂量约束值或参考水平进行比较的回顾性剂量评价。

（夏益华 潘自强）

**yuzhou shexian**

## 宇宙射线

（cosmic ray） 又称宇宙线。泛指一切来自地球之外的高能粒子、γ射线乃至现在还未知的各种粒子。

**宇宙射线的组成** “高能”指 $10^9$～$10^{20}$ eV 的能量范围。$10^9$ eV 以下的宇宙射线粒子比例不高，高于 $10^{20}$ eV 的也极其稀少。已知的银河宇宙辐射主要由 87%的质子，12%的α粒子和 1%的重粒子组成。此外还有反质子、电子、反电子、中微子、γ射线等。在银河系里，宇宙射线粒子的数密度大约是 $10^{-9}$/cm$^3$，能量密度大约是 1 eV/cm$^3$。

**宇宙射线的起源** 当前所观测到的最高宇宙射线粒子的能量达到 3×$10^{20}$ eV，约 50 J，如此高能的粒子是从什么地方，又是如何被加速到这样的能量是人们极为关心的科学问题。已知物理学基本规律在此能量下是否还成立也是重要的科学问题。宇宙射线的能谱中携带了很多有关宇宙射线起源、加速和传播的信息。此外，宇宙射线中的基本粒子，如正电子（$e^+$）、负电子（$e^-$）、γ射线、中微子（ν）对量子引力、天文学和宇宙学研究有重要意义。

宇宙射线在传播过程中会和星际介质发生相互作用，裂变产生各种较轻的核。如同碳-14用于考古学中的年龄测定，通过测量具有较长半衰期的宇宙射线核子的相对丰度（比如稳定元素铍-9和长寿命元素铍-10间的比率），人们可以推断出宇宙射线的年龄大概为一千万年。根据银河系的宇宙射线的能量密度和体积我们可以估计出银河宇宙射线的能量，再根据年龄可以推算出为保持稳定的流强所需要补充的银河宇宙射线的功率大概是 $10^{34}$ J/s，这个功率是超新星爆发释放的功率的 10%，因而人们一般认为超新星遗迹上的激波是宇宙射线的主要加速场所。

宇宙射线在加速源上会辐射出高能的γ射线。对高能γ射线的观测表明，恒星风、脉冲星、微类星体、OB 星协、恒星形成区、星系中心的超大质量黑洞及γ射线暴都是高能宇宙射线电子的加速源，它们也极可能是宇宙射线核子的加速源，但直接证据尚未发现，有待于进一步观测更高能的γ射线和中微子的发射。太阳上的剧烈活动也可以加速能量高达 $10^{10}$ eV 的宇宙射线，这些短暂但强度很大的太阳宇宙射线粒子会对航天员和空间飞行器造成辐射损伤。研究太阳活动及其相关的宇宙射线辐射被称为空间天气预报，具有重要的现实意义。

银河系及宇宙空间普遍存在微弱的磁场，它们对宇宙射线的传播有重要的影响。通过宇宙射线在不同方向上强度变化（各向异性）的测量，人们发现银河宇宙射线在银河系中和环境气体一样整体上绕银心转动。这很可能是因为固定在银盘上的无规磁场束缚住了宇宙射线，正如地球表面的地形可以带动底层大气随地球一起转动。传播到太阳系的低能宇宙射线（小于 $10^{10}$ eV）会受太阳系磁场的调制，太阳活动的高峰年里，因太阳磁场增强，其屏蔽作用增强，观测到的低能宇宙射线强度显著减小。类似的，传播到地球上的以正电为主的宇宙射线也因地球磁场的调制，表现出东西效应和经纬效应：西边的比东边的略多，高纬度的比低纬度的略多。

**进入地球的宇宙射线** 到达地球的宇宙射线将在一瞬间结束它的太空旅行。宇宙射线在进入大气层之后，会和大气层里的物质发生相互作用，产生次级粒子。次级粒子或衰变，或继续和物质发生相互作用产生更多的次级粒子。在这个过程中，次级粒子的数量先是增多，但当它们的能量下降到一个阈值以后，产生次级粒子的反应就不再发生。大气物质会有效损耗次级粒子的能量，使相当一部分的次级粒子无法传播到地面，通常能到达地面的是贯穿能力很强从而不造成辐射伤害的μ介子。可以说地球的大气层给我们防止宇宙射线的辐射提供了一个天然的屏蔽。

到达地表的宇宙射线可分为电离成分和中子成分。影响宇宙射线导致的电离辐射剂量率的主要因素是海拔高度，其次是地磁纬度、太阳调制等。宇宙射线导致的电离辐射剂量率随着地磁纬度及海拔高度升高而增加。联合国原子辐射影响科学委员会2000年报告中考虑到世界人口大部分生活在纬度小于30°的地区，按人口加权考虑高度因子和屏蔽因素，得出宇宙射线电离成分造成的世界平均有效剂量为每年 0.28 mSv，中国的估算值为每年 0.26 mSv；宇宙射线中子成分造成的世界平均有效剂量为每年 0.1 mSv，中子成分造成的有效剂量约占宇宙射线所致总有效剂量的 26%。

（胡红波　马宇蒨　陈凌）

**yuan**

**源** （source）　为了放射防护的目的能够作为一个整体进行优化的实体。它表示任何导致某个人或某一组人受到潜在的可计量的辐射剂量的物理实体。它可以是一个物理的源（如放射性物质或 X 射线机），也可以是一个设施（如一所医院或一座核电厂），或具有相似特征的物理源组（本底或环境照射）。如果放射性物质由某个设施释放到环境中，则该设施整体可以视作一个源；如果放射性物质已经弥散在环境中，人们受到它们的照射的那部分可以视为一个源。多数情况对任何个人将有一个占主导地位的源，这使得在考虑防护行动时可以单独地处理各个源。

一般而言，源的定义与选择相应适当的最优化防护策略有关。但如果这一策略被曲解，那么就会产生许多困难，例如，通过人为地分割一个源来避开采取防护措施的要求，或者过分地聚集放射源以夸大采取行动的需要。假如监管机构和用户（当可以被明确时）都贯彻最优化防护的精神，在源的定义上可以达到实际的一致。

**源相关的评价** 每一个人都会受到天然及人造辐射源的电离辐射的照射。造成人类照射的过程，可以方便地看成事件与情况的网络。网络的每一部分从一个源开始。然后，辐射或放射性物质通过环境或其他途径导致个人受照。最终，辐射或放射性物质对个人的照射造成受照个人的剂量。人们可以对放射源或照射途径的某些环节采取措施，或者偶尔通过改变受照个人的位置或特征以达到防护的目的。为方便起见，环境途径经常被包含到照射源与受照个人所接受剂量的连接环节中，而可采取防护措施的部分对防护体系具有实质性影响。

在处理由多种照射途径构成的网络时，对与源相关的考虑和与个人相关的考虑加以区别。尽管在每类照射中个人可能受到几个源的照射，为了放射防护的目的，每个源或每组源仍可各自分别处理。这就有必要考虑可能受到这个源或这组源照射的所有个人。这个方法称作“源相关的评价”。强调源相关方法的极端重要性，因为对源采取措施可保证对受到该源照射的人群组的防护。

**源相关的防护原则** 两项原则是源相关的，适用于所有照射情况：①正当性原则，意味着通过引入新的辐射源，减小现存照射，或减低潜在照射的危险，人们能够取得足够的个人或社会利益以弥补其引起的损害。②辐射防护最优化原则，意味着在主要情况下防护水平应当是最佳的，取利弊之差的最大值。为了避免这种优化过程的严重不公平的结果，应当对个人受到特定源的剂量或危险需要加以限制（剂量约束或危险约束以及参考水平）。

**源相关的剂量约束、危险约束和参考水平** 对于计划照射情况，个人可能遭受到的剂量的源相关限制是剂量约束；对于潜在照射情况，相应的概念为危险约束；对于应急照射和现存照射情况，源相关限制是参考水平。在诊断和介入医疗程序的照射中，使用诊断参考水平来达到防护最优化的目的，而不采用对个体或者剂量实行约束的办法。这一机制是通过管理患者剂量来使其与医疗目的相适应。

**剂量约束** 来自某一个源的预期的和源相关的个人剂量限制，对来自某个源的最高被照射个人提供一个基本防护水平，用作源防护最优化的剂量上限。对于职业照射，剂量约束是在研究最优化的过程中用于限制选择范围的个人剂量数值。对于公众照射，剂量约束是公众成员预期从任何可控源的有计划操作所接受的年剂量上限。

**危险约束** 从一个源产生的个人危险的（因潜在照射产生的危害概率）前瞻的和源相关的限制，对受到来自一个源的最危险的个人提供一个基本防护水平，在对源的防护最优化中作为个人危险的上限。这一危险是引起剂量的意外事件的概率以及这一剂量产生危害的概率的函数。危险约束相应于剂量约束，但它是针对潜在照射。

**参考水平** 在应急照射或可控的现存照射情况下，参考水平表示这样的剂量或危险水平，计划允许发生的照射在该水平以上时就判断为不合适，因而应当设计并优化防护行动。所选择的参考水平数值将依赖于所考虑的照射情况的主要情况。当一个应急照射情况已经发生或已经鉴明一个现存照射情况，且已经采取了防护行动时，可以对工作人员和公众成员的剂量进行测量或评价。此时，参考水平可以作为一种具有不同功能的基准，通过它能够对防护选择进行回顾性判断。实施某个计划的防护策略引起的剂量分布可能包含也可能不包含参考水平以上的照射，这取决于该策略的成效。然而，如果可能的话，都应该努力把参考水平以上的照射降低到参考水平之下。

**诊断参考水平** 应用于在进行医学成像程序时患者所受到的辐射照射。它们不适用于放射治疗。实际上，参考水平的数值是根据观察到的患者或参考患者的剂量分布的某个百分数而选定的。此外，核医学诊断程序结束后很少需要对公众进行防范，但有些核医学治疗程序，尤其是涉及碘-131 的核医学治疗程序可对其他人员产生较高的剂量，特别是对那些参与陪护和照顾患者的人。因此，对在医院或家中照顾这些患者的公众成员需要个别考虑。

（陈晓秋　潘自强）

# Z

zhaosheliang

**照射量** （exposure） 表征X或γ射线穿过空气时，在空气中产生电离电量大小的物理量，用$X$表示。一束X或γ射线穿过空气时与质量为d$m$的体积元内空气发生相互作用而产生次级电子，假定这些次级电子在空气中损失其全部能量而产生的离子对被全部收集，取其中一种符号离子的总电荷的绝对值d$Q$除以该体积元内空气质量所得商，即得照射量$X$

$$X=\frac{\mathrm{d}Q}{\mathrm{d}m}$$

式中，d$Q$中不包括在所考察的体积之中释放的次级电子所产生的轫致辐射在d$m$外被吸收后所产生的电离。

照射量的SI单位为库[仑]/千克（C/kg），曾用单位是伦琴（R）。$1\,\mathrm{R}=2.58\times10^{-4}\ \mathrm{C/kg}$。

“照射量”是人类辐射防护历史上最早引入、旨在度量辐射“剂量”大小的物理量，曾经沿用过相当长时间。

从辐射种类来看，照射量的定义只适用于X和γ辐射，不适用于其他辐射；从介质来看，它是对空气介质定义的，不直接适用于其他介质。因此，从本质上讲，它实际上只是反映了X或γ射线对空气的电离特性，而不能全面反映射线与不同介质之间的相互作用的特性，正是由于它定义上的局限性，近年来逐渐为吸收剂量、比释动能等量所替代。

当X或γ射线在空气中所产生的轫致辐射能量可以忽略时（即所谓满足电子平衡条件时），以伦琴（R）表示的X或γ射线在空气中所产生的照射量$X$可以换算为空气中的吸收剂量$D_{\mathrm{a}}$（Gy），其转换关系为：

$$D_{\mathrm{a}}=8.76\times10^{-3}X$$

如照射量单位用SI单位C/kg表示，则有：

$$D_{\mathrm{a}}=33.97X$$

（夏益华　潘自强）

zhaoshe tujing

**照射途径** （exposure pathway） 放射性物质能够到达或者照射人体的途径。照射途径可区分为外照射途径与内照射途径。前者指人体外的辐射源对人产生的照射，主要由γ射线、中子和β射线产生；后者则指放射性核素进入人体内对人体产生照射的途径，包括吸入途径、食入途径和经皮肤或皮肤伤口的摄入途径，主要由α、β射线产生。

核与辐射环境影响评价中，主要考虑的照射途径是来自辐射源的直接外照射和排入大气或水体的放射性物质引起的各种内、外照射途径。此外，放射性废物储存、处置设施的泄漏以及被污染的地表水的下渗将造成放射性核素在地下水的流动、弥散和岩土对核素的吸附滞留，从而可能产生相应的内、外照射途径。

**气载释放的照射途径** 核与辐射设施或活动向大气环境释放的放射性核素引起的照射途

径。排入大气的放射性核素经过大气的迁移、扩散、沉积以及在环境介质中的转移将通过烟羽外照射、地面沉积外照射、食入内照射、再悬浮吸入内照射以及皮肤、衣服的沉积外照射等途径，对人体产生照射（图 1）。①烟羽外照射，又称烟羽浸没照射、烟云外照射，是由烟羽中的放射性物质产生的外照射；②地面沉积外照射，是由沉积在土壤、地面、道路等表面的放射性物质产生的外照射；③食入内照射，是因食入被放射性物质污染的食物或水产生的内照射；④再悬浮吸入内照射，是由沉积于各种表面的放射性物质的再悬浮的吸入产生的内照射；⑤皮肤、衣服的沉积外照射，是由沉积于皮肤或衣服上的放射性物质产生的外照射。

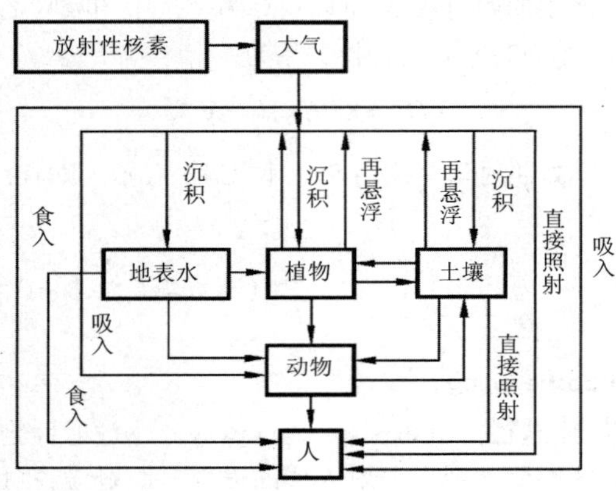


图 1　气载释放的照射途径

**液态释放的照射途径**　核与辐射设施或活动向水体环境（主要是河流、湖泊、海洋等地表水）释放的放射性核素引起的照射途径。排入水体的放射性核素经过平流或对流、湍流弥散、沉积和悬浮以及吸附-解吸、蒸发、生物浓集等过程，将通过水浸没照射、饮水或食入水产品引起的食入内照射，以及岸边沉积外照射等途径，对人体产生照射（图 2）。①水浸没照射，是由水中放射性核素通过乘船、游泳等途径对人的外照射；②食入内照射，是因食入污染的水、水产品引起的食入内照射；③岸边沉积外照射，是由受放射性污染的岸边沉积物产生的外照射；④在用污染水灌溉农作物时还要考虑由此产生的地面沉积外照射和食入内照射。

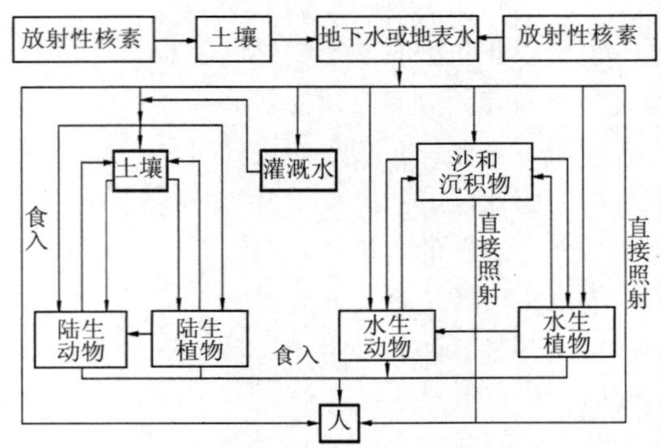


图 2　液态释放的照射途径

**辐射对非人类物种的照射途径**　辐射对非人类物种的影响评价已成为辐射环境影响评价的内容之一，而评价辐射对非人类物种的影响，需要确定辐射对非人类物种的照射途径。从已开发的评价辐射对非人类物种影响的方法看，目前只考虑两种照射途径：非人类物种体内辐射源引起的内照射和体外辐射源引起的外照射。　　（陈竹舟　潘自强）

**zhiye zhaoshe**

**职业照射**　（occupational exposure）　除了国家有关法规和标准所排除的照射，以及根据国家有关法规和标准予以豁免的实践或源所产生的照射以外，工作人员在工作过程中所受的所有照射。

职业照射是与源或实际的照射相关，而不管工作在何处进行，在特定区域内或外，讨论个人剂量是否被评价。这样，就很可能包括某些非核领域的工作，如某些非铀矿山等地下工作场所的照射。只要符合职业照射的定义，就应当按职业照射进行控制和管理。

从辐射防护与安全管理的角度必须分清何种照射属于职业照射，以便按照对职业照射的要求进行管理和控制。

**控制职业照射的责任**　注册者、许可证持有者和用人单位应对工作人员所受职业照射负责，应当向所有从事涉及或可能涉及职业照射活动的工作人员承诺：按国标关于剂量限值的要求，限制职业照射；使职业防护与安全最优化；记录职业防护与安全措施的决定，并将此类决定通知有关方面；建立实施相关标准要求的防护与安全方针、程序和组织机构，并优先考虑控制职业照射的工程设计和技术措施；提供适当而又足够的防护和安全设施、设备和服务；提供相应的防护装置和监测设备，并为正确使用这些装置和设备做出安排；提供必要的健康监护和服务；提供适当而足够的人力资源，为防护和安全培训做出安排；按照国标的要求保存有关职业照射的记录；为促进安全文化素养的提高提供所需条件等。

工作人员也有义务和责任：遵守有关防护和安全的规定、规则和程序；正确使用监测仪表、防护设备和衣具；在防护与安全方面（包括健康监护和剂量评价等）与注册者、许可证持有者和用人单位合作，提供有关保护自己和他人的经验和信息。当然，也应当学习有关防护与安全知识，接受必要的防护与安全培训和指导，使自己能按相关标准的要求进行工作。

**职业照射的剂量控制** 国际放射防护委员会（ICRP）按照射危险可接受程度将职业照射分为不可接受、可忍受、可接受。可忍受意指这种照射不受欢迎，但还可以忍受；可接受表示不需要进一步改进，已达到最优化要求。

**剂量限值的制定原则和含义** 剂量限值是“不可接受”和“可忍受”区域的分界线，也是辐射防护最优化约束的上限。ICRP 第 60 号出版物认为，确定剂量限值主要依据是辐射危害，但剂量限值的确定又不仅仅是根据对健康的影响，还要考虑社会因素，而辐射危害除以前（ICRP 第 26 号出版物）考虑的癌症死亡率及子孙两代的严重遗传效应外，还考虑了非致死癌症的发生率及寿命缩短的相对长短和全部后裔的严重遗传效应。ICRP 第 60 号出版物选取职业照射剂量限值的方法与 ICRP 第 26 号出版物不同，它采用多属性分析方法。在终身均匀受照的条件下，算出不同剂量所对应的终身归因死亡条件下的时间损失、归因死亡概率的年分布和在给定年龄上的死亡率等属性，然后对这些属性的数据进行分析。ICRP 判断，职业照射个人剂量限值每年 20 mSv 是一个可以采纳的数值，这正是现行国标《电离辐射防护与辐射源安全基本标准》（GB 18871—2002）规定的剂量限值。ICRP 还就选定的剂量限值广泛征求了各方面的意见。这样，限值将具有较好的稳定性。

**剂量限值及其适用范围** 《电离辐射防护与辐射源安全基本标准》规定的职业照射剂量限值如下表所示：

**职业照射剂量限值**

| 应用范围 | 剂量限值 | |
|---|---|---|
| | 职业工作者 | 年龄 16～18 岁青年 |
| 有效剂量 | 5 年 100 mSv，每年平均 20 mSv；<br>任何一年不得大于 50 mSv；<br>剂量约束值不得大于 20 mSv/a | 6 mSv |
| 当量剂量 | 眼晶体：150 mSv* | 50 mSv |
| | 皮肤：500 mSv | 50 mSv |
| | 手和足：500 mSv | |
| | 胎儿：在确诊后的余下妊娠期内孕妇下腹表面的剂量限值不大于 1 mSv | |

注：*国际原子能机构（IAEA）《国际辐射防护和辐射源安全的基本安全标准》（2014 年正式版），职业照射眼晶体年剂量限值已改为 20 mSv。

现行国标规定的职业照射基本限值按连续 5 年结算不超过 100 mSv。但必须是由核安全监管机构决定的连续 5 年平均有效剂量（不可做任何追溯性的平均）20 mSv，而且任何一年的有效剂量应低于 50 mSv。对眼晶体和皮肤及手足的当量剂量按一年结算，但皮肤剂量要在任意 1 $cm^2$ 的面积上平均，标称深度为 7 $mg/cm^2$。

上表中所列剂量限值适用于在规定期间内外照射引起的剂量和同一期间内摄入所致待积剂量之和。计算待积剂量的期限，对成年人的摄入一般应为 50 年，对儿童则应算至 70 年。

在计划照射的情况下，职业照射应当用低于源相关约束值的最优化程序和应用指令性的剂量限值进行控制。剂量约束是一个用来限制选择范围的个人剂量数值，是对某辐射源引起的个人剂量的一种限制。它是预期的且为源相关的，在对该源进行最优化时作为预期剂量值的上限。计划照射情况下职业照射的剂量约束值代表防护的基本水平，且将总是低于有关的剂量限值。在设计过程中，必须确保源相关的剂量不得超过约束值。防护的最优化将确定一个约束值以下的可接受的剂量水平。

在超过剂量约束时必要的行动包括：确定防护是否已达到了最优化，是否已选择了适当的剂量约束，以及将剂量降低到可接受水平进一步措施是否是适当的。

**特殊情况下的职业照射剂量控制** 如果某一实践是正当的，是根据良好的工程实践设计和实施的，其辐射防护已按标准的要求进行了优化，但其职业照射仍然超过正常照射的剂量限值，预计经过合理的努力，可以使有关职业照射剂量处于正常照射剂量限值之下，则在这种情况下，核安全监管机构可根据相关标准的规定，例外地认可对剂量限值做某种临时改变。

对剂量限值做任何改变应：①剂量平均期可以例外地延长到 10 个连续年，在该期间内，任何工作人员所接受的年平均有效剂量不超过 20 mSv，任何单一年份不超过 50 mSv；此外，当任何工作人员自此延长期开始以来所接受的累积剂量达到 100 mSv 时，应对这种情况进行审查，或按核安全监管机构的规定临时更改剂量限值，但更改的剂量限值在一年之内不得超过 50 mSv。②限定改变的期限。③逐年接受审查。④不得延期。⑤限于规定的工作场所。

**控制职业照射的措施**

**工作场所的分区** 把工作场所分为“控制区”和“监督区”，目的在于方便辐射防护管理和职业照射控制。注册者和许可证持有者应把需要和可能需要专门防护手段或安全措施的区域定为控制区，以便控制正常条件下的正常照射或防止污染扩散，并预防潜在照射或限制潜在照射的范围。把未定为控制区，在其中工作通常不需要专门的防护手段或安全措施，但需要经常对职业照射条件进行监督和评价的区域定为监督区。应当根据预辐射防护评价的结果提出工作场所的区分方案。

**非密封源工作场所的分级** 在核工业和其他核技术应用领域，有很多放射性同位素实验室及其他一些工作场所需要操作非密封源，这可能对工作人员和环境产生一定的影响，为此，针对所操作的密封源的特性，对这种工作场所进行分级，对于合理设计这些工作场所和采取有效的防护措施是非常必要的。非密封源工作场所分级的依据是放射性核素的日等效操作量。日等效操作量与非密封源的活度、核素毒性、源的状态以及操作方式有关。具体分级方法和要求参见《电离辐射防护与辐射源安全基本标准》（GB 18871—2002）附录 C。

**个人防护用具的配备和应用** 注册者、许可证持有者和用人单位应根据需要为工作人员提供适用、足够和符合有关标准的个人防护衣具，如各类防护服、手套、面罩及呼吸防护器具等，并应使他们了解防护用具的性能和使用方法，还应指导工作人员正确使用呼吸防护器具并检查配戴是否合适。对于需要使用特殊防护用具的工作，只有经健康监护医师确认健康合格并经培训和授权的人员才能担任。

**职业照射的监测和评价** 注册者、许可证持有者和用人单位，应按照辐射防护最优化的原则制定适当的职业照射监测大纲，进行相应的监测和评价。应将监测和评价的结果定期向核安全监管机构报告，发生异常情况应及时报告。为了避免用于监测和保存记录的人力物力的浪费，有必要识别出需要监测的人群组。对一个人群组是否提供个人监测取决于很多因素，运行管理部应做出决定，但需经核安全监管机构审定。影响决定的三个主要因素是预期剂量或摄入量水平、剂量和摄入量的可能变化以及测量结果解释的复杂程度。依照 ICRP 第 75 号出版物的建议，我国现行标准规定：对任何在控制区工作的人员，或有时进入控制区工作并可能受到显著职业照射的工作人员，或其职业照射剂量大于每年 5 mSv 的工作人员，均应进行个人监测；在进行个人监测不现实或不可行的情况下，经核安全监管机构认可后可根据工作场所监测的结果和受照地点和时间的资料对工作人员的职业照射做出评价。对于在监督区域偶尔进入控制区的工作人员，如果预期职业照射剂量在每年 1～5 mSv 范围内，则尽可能进行监测。应对这类人员的职业照射进行评价，这种评价以个人剂量监测或工作场所监测的结果为基础；如果有可能，对所有受到职业照射的人员均应进行个人监测，但对于受照剂量始终不大可能大于每年 1 mSv 的人员一般可不进行个人监测。此外，应对可能受到放射性物质体内污染的工作人员安排相应的内照射监测，以证明所实施的防护措施的有效性，并在必要时为内照射评价提供摄入量和待积当量剂量的数据。

**职业健康监护** 受职业照射工作人员的健康监护，应基于国际职业卫生委员会提出的职业医学一般原则。健康监护的主要目的是评价工作人员的健康；决定工作人员在特定情况下承担预定任务的适任性；提供事故照射的职业病等有用信息。

**职业照射记录** 职业照射控制和管理不可缺少的一部分。职业照射记录应包括：涉及职业照射工作的一般资料；达到或超过有关记录水平的剂量和摄入量等资料以及剂量评价所依据的资料；对调换工作单位的工作人员，其在各单位工作的时间和所接受的剂量和摄入量等资料；因应急干预或事故所受到的剂量和摄入量等记录，这种记录应附有有关的调查报告，并应与正常工作期间所受的剂量和摄入量分开。在工作人员年满 75 岁之前应为他们保存职业照射记录，在工作人员停止辐射工作后，其职业照射记录至少要保存 30 年。

（张延生　潘自强）

**zhiye zhaoshe zuiyouhua xiangguan jiance**

## 职业照射最优化相关监测

（occupational exposure ALARA- related monitoring）　以职业照射防护最优化为目的，所开展的相关监测和数据收集分析工作。

辐射防护最优化是辐射防护体系的三原则之一，是否推行和实施最优化已成为判断辐射防护实践优劣的重要标志。最优化相关监测是为辐射防护最优化设计、最优化技术的研究应用、最优化评估以及现场防护最优化管理等提供支持，而开展的相关监测和数据收集分析工作。

与通常的辐射防护监测相比，最优化相关监测具有更强的指向性和任务相关性。它或者是为了在同类核设施中发现某种良好的实践而进行的某种常规性监测；或者是在防护最优化过程中，为了明确各种方案中的参数和数据而对已有监测数据进行整理分析；或者是为验证某种辐射防护最优化新技术的应用效果而专门开展的监测项目。考虑到辐射防护最优化贯穿于辐射源、照射途径、防护方案等各个环节，并且伴随着相关技术的进步而不断发展，最优化相关监测的具体内容也在发展之中。

**与源相关的监测** 防护的最优化主要是源相关的，防护方案本身可能就是针对源采取措施（这常常是最有效的）。防护最优化首先是用于任一实践的设计阶段，而对于设计的优化和改进，通常需要建立在已有运行数据的反馈基础之上，其中与源相关的监测则是最为重要的一个方面。此外，核设施（如核电厂）运行工况也会对照射源项产生较大影响，为了改进某些运行工况从而减少照射源项，也会开展源项相关的监测分析工作。比较典型的例子是，法国 EDF 等单位长期开展的核电厂主系统冷却剂源项及沉积源项的监测工作。

**与辐射场相关的监测** 防护的最优化，有可能是针对源与人之间的照射环境采取措施。它或者在现场采取更为有效的屏蔽防护措施，或者采取更为合理的分区管理措施，这些需要对辐射场开展相应的监测或数据整理工作。此外，有时为了对同类核设施的辐射水平进行对比研究，从中发现良好的实践，也会专门开展一些较为常规性的辐射场监测项目。比较典型的例子是，美国 EPRI 组织开展的核电厂标准化辐射监测项目 SRMP。

**与个人剂量相关的监测** 防护的最优化，也可能是针对个人采取措施。为了优化防护措施，并对其有效性进行评估，需要开展与个人剂量相关的最优化监测工作。它或者是为了制定更为合理的作业方案，开展更为细致的剂量监测和数据分析工作；或者是为了对某些高辐射作业进行有效管理，对现场图像、个人剂量等作业过程进行全方位的监控。此外，为了对同类实践或核设施的照射剂量水平进行对比研究，也会专门建立相应的剂量数据库。这方面比较典型例子则是核能机构的职业照射信息系统。 （刘立业　杨华庭）

**zhiliang jianruo xishu**

## 质量减弱系数 （mass attenuation coefficient）

用于表征非带电粒子在某物质中被阻止减弱的物理量。是入射非带电粒子在密度为 $\rho$ 的物质（也称阻止物质、靶物质或吸收体）中穿行距离 d$L$ 时发生相互作用的份额 d$N$/$N$ 除以 $\rho$d$L$ 而得的商，即

$$\frac{\mu}{\rho}=\frac{1}{\rho \mathrm{d}L}\frac{\mathrm{d}N}{N}$$

式中，$\frac{\mu}{\rho}$ 的单位为 m$^2$/kg。若该式两边乘以 $\rho$，得到

$$\mu=\frac{1}{\mathrm{d}L}\frac{\mathrm{d}N}{N}$$

$\mu$是线减弱系数。在垂直入射时，入射非带电粒子在厚度为 d$L$ 的物质层内经受相互作用的概率为$\mu$d$L$。$\mu$的倒数称作入射非带电粒子的平均自由程。入射非带电粒子的线减弱系数$\mu$依赖于靶物质或吸收体的密度$\rho$。采用质量减弱系数（$\mu/\rho$）可以显著地降低这种依赖性。

质量减弱系数可以用靶物质的总截面 $\sigma$ 表示，即

$$\frac{\mu}{\rho}=\frac{N_{\mathrm{A}}}{M}\sigma=\frac{N_{\mathrm{A}}}{M}\sum_J \sigma_J$$

式中，$N_{\mathrm{A}}$ 为阿伏加德罗常数；$M$ 为靶物质的摩尔质量；$\sigma_J$ 是入射非带电粒子与靶物质发生第 $J$ 类型相互作用的分截面。该式可进一步表达为

$$\frac{\mu}{\rho}=\frac{n_t}{\rho}\sigma$$

式中，$n_t$ 是靶物质数密度，即是某体积单元中的靶物质数除以该体积单元的体积。

在处理化合物靶物质的质量减弱系数时，通常把化合物视为独立原子混合物，于是入射非带电粒子的质量减弱系数可进一步表示为

$$\frac{\mu}{\rho}=\frac{1}{\rho}\sum_L (n_t)_L\sigma_L=\frac{1}{\rho}\sum_L (n_t)_L\sum_J (\sigma_{L,J})$$

式中，$(n_t)_L$ 是第 $L$ 种化合物数密度；$\sigma_L$ 是入射非带电粒子与第 $L$ 类型靶物质相互作用的总截面；$\sigma_{L,J}$ 是第 $J$ 类型入射非带电粒子与单种类型靶物质 $L$ 发生相互作用的截面。需要指出的是，该式忽略了截面的分子环境、化学环境或原子的晶体环境效应。（刘森林　陈竹舟）

**zhiliang zuzhi benling**

## 质量阻止本领 （mass stopping power）

用于表示带电粒子在物质中能量损失的物理量。是入射带电粒子在密度为$\rho$的物质或阻止物质中穿行距离为 d$L$ 时损失的能量 d$E$ 除以 $\rho$d$L$ 而得的商，即

$$\frac{S}{\rho}=\frac{1}{\rho}\frac{\mathrm{d}E}{\mathrm{d}L}$$

式中，$S/\rho$ 又称总质量阻止本领，单位是 J·m$^2$/kg；$E$ 的单位为电子伏（eV）。因此，$S/\rho$ 可以用 eV·m$^2$/kg 表示，或以某一适当倍数或约数表示，例如 MeV·cm$^2$/g。

用入射带电粒子在阻止物质中的能量损失与穿过的路程之比来定量描述入射带电粒子损失能量的过程，这就是阻止本领的概念。阻止本领中的能量损失，为入射带电粒子与物质相互作用的所有过程的全部能量损失。

某物质的总质量阻止本领，可以用各独立分量之和表示，即

$$\frac{S}{\rho}=\frac{1}{\rho}\left(\frac{\mathrm{d}E}{\mathrm{d}L}\right)_{\mathrm{el}}+\frac{1}{\rho}\left(\frac{\mathrm{d}E}{\mathrm{d}L}\right)_{\mathrm{rad}}+\frac{1}{\rho}\left(\frac{\mathrm{d}E}{\mathrm{d}L}\right)_{\mathrm{nuc}}$$

式中，$\frac{1}{\rho}\left(\frac{\mathrm{d}E}{\mathrm{d}L}\right)_{\mathrm{el}}$ 是由于入射带电粒子与阻止物质原子核外电子发生碰撞的质量电子阻止本领，又称质量碰撞阻止本领；$\frac{1}{\rho}\left(\frac{\mathrm{d}E}{\mathrm{d}L}\right)_{\mathrm{rad}}$ 是由于入射带电粒子在阻止物质原子核或核外电子电场中发射轫致辐射的质量阻止本领；$\frac{1}{\rho}\left(\frac{\mathrm{d}E}{\mathrm{d}L}\right)_{\mathrm{nuc}}$ 是由于入射带电粒子与阻止物质发生弹性库仑碰撞时授予阻止物质原子的反冲能量的质量核阻止本领。需要指出的是，在该相互作用过程中入射带电粒子与阻止物质的原子核没有发生核相互作用。

此外，还可以考虑由于入射带电粒子与阻止物质发生非弹性核相互作用过程的能量损失。但是，通常不用阻止本领描述该相互作用过程。

上述各相互作用过程独立的质量阻止本领分量可以采用相互作用截面描述。例如，质量电子阻止本领可以表示为

$$\frac{1}{\rho}s_{\mathrm{el}}=\frac{N_{\mathrm{A}}}{M}Z\int\varepsilon\frac{\mathrm{d}\sigma}{\mathrm{d}\varepsilon}\mathrm{d}\varepsilon$$

式中，$N_{\mathrm{A}}$ 是阿伏加德罗常数；$M$ 是阻止物质的摩尔质量；$Z$ 是阻止物质的原子序数；$\frac{\mathrm{d}\sigma}{\mathrm{d}\varepsilon}$ 是入射带电粒子与阻止物质电子碰撞相互作用的微分截面（每原子核外电子）；$\varepsilon$ 是能量损失。

（刘森林　陈竹舟）

**zhongdeng shendu chuzhi**

## 中等深度处置 （intermediate-depth disposal）

将含长寿命核素的放射性废物处置在地下几十到几百米（通常为 30～300 m）深的地层中。

**沿革**　20 世纪四五十年代，一些国家把军工研发活动产生的含多种人工放射性核素或天然放射性核素的低、中放废物浅埋在简易土沟中或丢扔在大西洋和太平洋中。简易浅埋出现了水泡的“浴盆现象”和核素迁移，造成对环境的影响。海洋投弃处置已被国际法所禁止。低、中放废物处置发展了工程结构的近地表处置。

对于不含或只含很少长寿命核素的低、中放废物，经过 300～500 年隔离，废物中放射性核素已衰减到允许进入环境的水平，但对含长寿命核素的低、中放废物，经过 500 年甚至 600 年还不足以衰减到环境可接受水平，所以需要增加工程屏蔽和天然屏蔽的作用，人们提出了采用中等深度地质处置。

国际原子能机构在 1994 年发布的废物分类标准就指出，长寿命核素含量较高的低、中放废物需要地质处置。美国、英国都要求对长寿命核素废物作地质处置，美国已对超铀废物实施了地质处置。瑞典、芬兰、韩国对所有的低、中放固体废物都实行中等深度处置。德国对所有低、中放固体废物实行废矿井处置，这属于地质处置。南非拟对所有需处置的废放射源采取中等深度处置。法国正在为长寿命核素废物开发中等深度处置设施。

**处置废物类别**　中等深度地质处置的对象为比可近地表处置的低、中放废物要求高，但比高放废物要求低的废物和废放射源。此类废物的特点为：①所含长寿命放射性核素的活度浓度高于近地表处置场的接收限值；②活度浓度和总活度相当高，但不属于高放废物；③释热，但释热率不太大；④所需的包容和隔离要求比近地表处置高，300～500 年隔离不会衰减到环境可接受水平。

要求中等深度地质处置的废物主要有长寿命核素含量较高的中放废物、反应堆石墨废物、反应堆堆芯构件等活化金属废物、含镭废物和不适于近地表处置的废密封放射源等。

**处置深度**　中等深度处置比近地表处置的处置深度深，深度的增加不仅可以减少对地表的辐射作用和生物闯入的风险，更重要的是增强天然屏障，延迟废物中长寿命核素进入人类生物圈的时间，这对安全处置长寿命核素含量高的废物是绝对必要的。

因为锶-90 和铯-137 经过 300 年处置，活度可衰降到千分之一水平，经过 600 年可降到百万分之一水平，所以，短寿命低、中放废物经

过300～500年隔离足以达到无害化水平。但是，对于长寿命核素和辐射水平高的中放废物，特别是对于含长寿命核素多的废物，隔离 600 年也还不能达到无害化水平。也就是说，这类废物靠近地表处置是不安全的，需要更严格的包容和隔离措施。深地质处置可以保证长寿命中放废物和废放射源处置的安全，但其技术难度较大，费用较高。

**处置实施状况** 国外现有中等深度处置设施的结构主要有三种类型：拱道式、筒仓式和钻孔式。由废物包装容器、填充物、膨润土回填材料和混凝土墙体构成人工屏障，由处置设施周围的岩土圈构成天然屏障。

芬兰奥基洛托（Olkiluoto）处置库位于海底下 60～100 m 深的结晶岩中，由两个筒仓组成。一个厚壁混凝土筒仓用于处置沥青固化的中放废物，另一个筒仓处置核电站运行废物。

瑞典福斯马克（Forsmark）处置库（SFR），位于波罗的海海底以下 60 m 深处的花岗岩中，采用拱道和筒仓相结合的结构，由四条拱道和一个筒仓组成。拱道主要用来处置活度较低、半衰期较短的低、中放废物；筒仓用来处置活度高中放废物和半衰期长的低、中放废物，大多采用遥控操作。SFR 处置库从 1988 年开始接受废物，监测结果表明，工作人员的受照剂量远小于核安全监管机构规定的限值，而且没有发现放射性核素释放到环境中。

美国能源部在内华达州试验场址进行了核爆钻孔处置放射性废物，钻孔直径 3 m，深度为 36 m，钻孔底部距地下水位约 200 m，用当地冲积层岩土回填。该场址主要处置两类废物：比活度较高的低放废物和少量超铀放射性废物。美国能源部委托圣地亚国家实验室对该场址进行了安全评价，评价表明，内华达试验场址钻孔处置废物可以长期有效隔离放射性核素。

南非计划对废放射源实施中等深度处置，处置深度距地表 50～100 m，废放射源处置容器材料为不锈钢，直径为 114 mm，高为 230 mm，厚度约为 3 mm。将废放射源放置于不锈钢封装管中，封装管盖焊接密封后，将整个封装管用水泥固定在处置容器内，构成一个废物包。然后将废物包放入钻孔中，并用水泥浆对废物包周围及上下进行回填。一个一个废物包装入孔中。废物处置满后，先浇注水泥浆封堵，最后用附近的岩土进行封堵。 （孙庆红　顾志杰）

zhongzi shexian

**中子射线** （neutron ray） 由中子组成的粒子束流。中子是组成原子核的基本粒子，不带电荷，其质量接近于质子，由查德威克于 1932 年发现。自由中子不稳定，通过弱相互作用衰变成一个质子、一个电子和一个反中微子，其半衰期约为 12 min。通常通过一些核反应来获取中子射线，常见的三类中子源有：

**反应堆中子源** 裂变材料（铀-235、钚-239 等）在核反应堆中进行链式反应时会放出大量中子，其特点为中子注量率大，可高达 $10^{10}$～$10^{14}$/（s·cm）。

**加速器中子源** 用粒子加速器将质子、氘核或α粒子等加速，轰击质量数较小的靶核，发生（p，n）、（d，n）或（α，n）反应而获得中子，其特点是可以在相当宽的能量范围内，获得强度适中、能量单一的中子束流。

**同位素中子源** 一类利用放射性核素衰变时放出的射线与某些轻靶核发生（α，n）或（γ，n）反应而放出中子，如镅-铍中子源等；还有一类是超钚元素中的某些核素（如锎-252），它们可以发生自发裂变发射出中子射线。

根据能量大小可以将中子大致分为慢中子、中能中子、快中子、极快中子和相对论中子五类。由于中子本身不带电，不能直接和物质中原子的轨道电子发生相互作用引起电离，而只与原子核发生相互作用，这种作用主要包括以下两种类型：

**中子散射** 又分为弹性散射和非弹性散射。弹性散射可以看成是中子与原子核发生弹性碰撞，中子损失部分甚至全部动能，转变成靶核的动能。与中子碰撞的原子核越轻，中子转移给反冲核的能量就越多。而发生非弹性散射时，中子的部分能量用于激发原子核，使其处于激发态，被激发的原子核通过放出γ光子回到基态。非弹性散射是有阈能的，只有入射中子的能量高于靶核的最低激发能时才能发生非弹性散射，而重核的最低激发能比轻核要低，因此中子与重核更易发生非弹性散射。

**中子吸收反应** 指中子行近原子核时，被原子核俘获形成复合核，随后复合核再发生反应。处于激发态的复合核若放出γ光子退激，则该过程称为辐射俘获；若放出质子、α粒子等带电粒子，即发生了（n，p）、（n，α）等核反应。复合核还可能分裂成两个或多个核裂块，该过程称为裂变反应，用（n，f）表示。

相同能量下，中子在物质中的穿透能力比带电粒子更强，可以穿透大块物质，因此，对中子的外照射防护很重要。视中子的能量选择高原子序数、低原子序数物质对其进行慢化，待中子能量降低到热能区后，再选择对热中子吸收截面大、辐射俘获反应截面小的材料进行吸收。

中子的应用很广泛。例如，利用中子裂变反应制造核武器和建造核电厂，利用辐射俘获等核反应生产放射性同位素、中子活化分析、中子测井、中子治癌等。另外，中子散射技术也被广泛应用于凝聚态物质、生物大分子和高分子聚合物等结构特性研究中。

（李君利　程建平）

zhuliang

## 注量

（fluence）　表征辐射场的空间疏密程度的物理量。在对辐射测量和辐射效应进行研究中，需要用一些辐射量来描写所研究那一点的辐射场的特性，这些量涉及粒子的数目和能量等，为此国际放射防护委员会（ICRP）的相关报告中共定义了 10 个这类量，其中包括粒子注量、粒子注量率、能注量、能注量率。

描述辐射场中某点的特性，通常用两类量，一类是粒子数量，如粒子注量或粒子注量率；另一类是粒子输运的能量，如能注量或能注量率。辐射场可能是由各种辐射类型形成的，所以用基于粒子数目描述辐射场时，通常需在注量前加上粒子的辐射类型，如中子注量。

**粒子注量** 计数入射到或进入以研究那一点为球心的小球体的粒子数目。“入射到”或“进入”是强调仅经过小球体一次，且只考虑进入，不考虑是否出来。粒子注量的严格定义为：粒子注量$\Phi$是 d$N$ 除以 d$a$ 所得的商，即

$$\Phi = \frac{\mathrm{d}N}{\mathrm{d}a}$$

式中，d$N$ 是入射到截面积为 d$a$ 的小球体的粒子的数目。粒子注量的单位为 $\mathrm{m}^{-2}$。

因为小球体的截面可在任意方向上选取，即对任何方向入射到小球体上的粒子都可找到相应的截面，所以此处定义的粒子注量既适用于定向辐射场也适用于非定向辐射场，即粒子注量与进入小球体的粒子的方向无关。此外，不能按注量的单位理解这个量，因为进入小球体内的粒子数是按射入到整个小球表面的粒子数计算的，而 $\Phi$ 定义中分母的面积元则是小球的截面积。

计算粒子注量还可用其他方式，如用穿过一个小体积 d$V$ 的粒子轨迹的长度来表示，即粒子注量可用下式给出：

$$\Phi = \frac{\mathrm{d}l}{\mathrm{d}V}$$

式中，d$l$ 为通过该小体积 d$V$ 的轨迹长度的总和，m。

在辐射场中，穿过一个小球体的粒子的数目通常是随机涨落的。然而，粒子注量及其相关量却定义为非随机量，因此在一个给定点和给定时间的粒子注量只有唯一值，不考虑涨落，故应将注量值视为一个期望值。

如上所述，粒子注量是描述辐射场的一个量，在辐射防护中应用时，以及需要确定用注量表示限值时，除需要知道粒子数量外，还需要知道粒子的类型、能量及其粒子的方向分布、空间分布和时间分布等资料。

**粒子注量率** 单位时间内进入单位截面球体内的粒子数目，用$\phi$表示。其严格的定义为

$$\phi = \frac{\mathrm{d}\Phi}{\mathrm{d}t} = \frac{\mathrm{d}^2 N}{\mathrm{d}a\mathrm{d}t}$$

式中，d$\Phi$是在时间间隔 d$t$ 内粒子注量的增量。粒子注量率的单位为 $\mathrm{m}^{-2}\cdot\mathrm{s}^{-1}$。

**能注量** 进入单位截面积小球体内的全部粒子的能量（不包括静止能量），用$\Psi$表示。其定义为$\mathrm{d}E_{fi}$除以$\mathrm{d}a$所得的商，即

$$\Psi = \frac{\mathrm{d}E_{fi}}{\mathrm{d}a}$$

式中，$\mathrm{d}E_{fi}$为进入截面为$\mathrm{d}a$的球体内的全部粒子的能量总和（不包括静止能量），J。

国际辐射量和单位委员会的相关报告中还引入了辐射能的概念，“辐射能$R$是发射、传播或接受的粒子能量（不包括静止能量）”。因此能注量又可作如下定义：

能注量$\Psi$是$\mathrm{d}R$除以$\mathrm{d}a$所得的商，即

$$\Psi = \frac{\mathrm{d}R}{\mathrm{d}a}$$

式中，$\mathrm{d}R$表示入射到截面为$\mathrm{d}a$的球体内的辐射能。能注量的单位为$\mathrm{J/m^2}$，专用单位为$\mathrm{MeV/cm^2}$。

**能注量率** 描述单位时间内进入单位截面的球体内的粒子的动能总和的物理量，用$\psi$表示。

能注量率$\psi$是$\mathrm{d}\Psi$除以$\mathrm{d}t$所得的商，即

$$\psi = \frac{\mathrm{d}\Psi}{\mathrm{d}t} = \frac{\mathrm{d}^2 R}{\mathrm{d}a\mathrm{d}t}$$

式中，$\mathrm{d}\Psi$是在时间间隔$\mathrm{d}t$内能注量的增量。能注量率的单位为$\mathrm{W/m^2}$。

**粒子注量和能注量的关系** 粒子注量和能注量都是描写辐射场性质的量，前者着眼于进入辐射场某点的粒子数目，后者着眼于进入辐射场某点的能量。对单能为$E$的粒子的辐射场，辐射场中某点的能注量$\Psi$，即是同位置上粒子注量与粒子能量的乘积：

$$\Psi = \Phi \cdot E$$

如粒子的能量为谱分布，则对整个谱积分即可得到：

$$\Psi = \int_0^E E \cdot \mathrm{d}\Phi_E \cdot \mathrm{d}E$$

（冷瑞平　陈竹舟）

**zuzhi qiguan jiliang**

**组织/器官剂量** （tissue/organ dose） 组织或器官T中的平均吸收剂量，用$D_\mathrm{T}$表示。

$$D_\mathrm{T} = \frac{\varepsilon_\mathrm{T}}{m_\mathrm{T}}$$

式中，$\varepsilon_\mathrm{T}$为在某个组织或器官T中平均总授予能量，J；$m_\mathrm{T}$为该组织或器官的质量，kg。

虽然物理学中广泛应用的吸收剂量是在物质中某一点定义的，但在辐射防护中它被改为按组织或器官中的平均吸收剂量来定义。对于低剂量情况，可以假定组织或器官中的平均吸收剂量是与照射在该组织或器官中所引起的随机性效应的辐射危害相关联，这一假定对于辐射防护目的来讲其精确度是足够的。因此，组织或器官中的平均吸收剂量提供了用于低剂量情况下限制随机性效应的防护量的定义基础。

这里是组织/器官平均剂量和组织/器官当量剂量的总称，组织/器官当量剂量参见当量剂量。

（夏益华　潘自强）

# 条目分类索引

**【总论】**

**【基础知识】**



**【辐射生物效应】**



**【辐射量与单位】**

**【核安全】**



**【辐射安全】**

**【辐射环境保护】**



**【核与辐射应急】**

**【放射性废物安全及核与辐射设施退役】**



**【核安保】**

# 条目汉字笔画索引

说　明

一、本索引供读者按条目标题的汉字笔画查检条目。

二、条目标题按第一字笔画数由少到多的顺序排列，同画数的按笔顺横(一)、竖(丨)、撇(丿)、点(丶)、折（乛，包括乚く等）的顺序排列，笔画数和笔顺都相同的按下一个字的笔画数和笔顺排列。第一字相同的，依次按后面各字的笔画数和笔顺排列。

三、以拉丁字母开头的条目标题，依次排在汉字条目标题的后面。

**二画**



**三画**



**四画**

## 五画



## 六画



## 七画



## 八画

**九画**



**十画**

**十一画**

**十二画**



**十三画**



**十四画**



**十五画**



**十六画**



**十七画**



**十八画**



**其他**

# 条目外文索引

说　明

1. 本索引按照条目外文标题的逐词排列法顺序排列。
2. 条目外文标题中英文以外的字母，按与其对应形式的英文字母顺序列入“Others”（其他）。

E



F



G



H



I

O



P



Q



R

S



T

# 本书主要编辑、出版人员

社　　长：王新程

首席编审：刘志荣

总 编 辑：罗永席

副总编辑：朱丹琪　沈　建

主任编辑：刘　杨　任海燕

责任编辑：曹靖凯　赵亚娟

编　　辑：张　娣　安子莹　谷妍妍　何若鋆

装帧设计：彭　杉　宋　瑞

责任校对：尹　芳

责任印制：郝　明　王　焱

图书在版编目（CIP）数据

核与辐射安全/《核与辐射安全》编写委员会编著. —北京：中国环境出版社，2013.12

（《中国环境百科全书》选编本）

ISBN 978-7-5111-1587-4

Ⅰ. ①核… Ⅱ. ①核… Ⅲ. ①辐射防护—基本知识 Ⅳ. ①TL7

中国版本图书馆 CIP 数据核字（2013）第 237806 号

出版发行 中国环境出版社
（100062 北京市东城区广渠门内大街 16 号）
网　　址：http://www.cesp.com.cn
电子邮箱：bjgl@cesp.com.cn
联系电话：010-67112765（编辑管理部）
发行热线：010-67125803，010-67113405（传真）

印　　刷 北京盛通印刷股份有限公司
经　　销 各地新华书店
版　　次 2015 年 3 月第 1 版
印　　次 2015 年 3 月第 1 次印刷
开　　本 787×1092 1/16
印　　张 30.5
字　　数 781 千字
定　　价 165.00 元